Kleinlogel/Haselbach Rahmenformeln

KLEINLOGEL / HASELBACH

RAHMENFORMELN

Gebrauchsfertige Formeln
für alle statischen Größen zu allen praktisch
vorkommenden Einfeld-Rahmenformen
aus Stahlbeton, Stahl oder Holz

114 Rahmenformen mit 1716 Abbildungen. Mit Fällen allgemeiner und bestimmter Belastung einschließlich Wärmeänderung, nebst Einleitung und Anhang mit Belastungsgliedern und Anwendungsbeispielen

Sechzehnte, durchgesehene Auflage

Bearbeitet von
PROFESSOR DIPL.-ING. WERNER HASELBACH

1979
VERLAG VON WILHELM ERNST & SOHN
BERLIN · MÜNCHEN · DÜSSELDORF

CIP-Kurztitelaufnahme der Deutschen Bibliothek

Kleinlogel, Adolf:
Rahmenformeln: gebrauchsfertige Formeln für alle stat. Größen zu allen prakt. vorkommenden Einfeld-Rahmenformen aus Stahlbeton, Stahl oder Holz; 114 Rahmenformen mit 1716 Abb.; mit Fällen allg. u. bestimmter Belastung einschl. Wärmeänderung, nebst Einl. u. Anh. mit Belastungsgliedern u. Anwendungsbeispielen / Kleinlogel-Haselbach. - 16., durchges. Aufl. / bearb. von Werner Haselbach. - Berlin, München, Düsseldorf: Ernst, 1979.
ISBN 3-433-00843-4

NE: Haselbach, Arthur; Haselbach, Werner [Bearb.] Kleinlogel-Haselbach,...

Printed in Germany
Druck: Ludwig Auer, Donauwörth

ISBN 3-433-00843-4 (Bestell-Nr.)

Vorwort zur sechzehnten Auflage

Das vorliegende Buch erscheint nun in einer weitgehend stabilisierten Form, was seinen Umfang, seinen Inhalt und seine Gliederung betrifft.

Dies ist nicht zuletzt dem langjährigen regen Gedanken- und Erfahrungsaustausch zwischen den Benutzern des Buches und dem Herausgeber zu verdanken. Verfasser und Verlag wünschen, daß dieser Kontakt nicht abreißen möge.

Zum Umfang des Buches sei aus den Vorworten der ersten Auflagen zitiert:

Schon bei der ersten Auflage (1914) hatte es sich gezeigt, daß die Herausgabe des Buches einem wirklichen Bedürfnis entsprochen hatte. Die sofort nach dem Kriege fertiggestellte zweite Auflage (1919) zeigte gegenüber der ersten eine Vermehrung um 58 Rahmenfälle. Eine wesentliche Ausdehnung war bei der dritten Auflage (1921) noch nicht in dem gewünschten Ausmaß möglich. Erst bei der vierten Auflage (1923) war es dank des weitgehenden Entgegenkommens des Verlages möglich geworden, die von den verschiedensten Seiten gewünschte wesentliche Erweiterung des Buches vorzunehmen.

Rahmenfälle hießen damals spezielle Lastfälle eines bestimmten Rahmens.

Seit der sechsten Auflage (1929) besteht die Gliederung in einzelne ,,Rahmenformen", für die jeweils allgemeine Lastfälle durch die **„Belastungsglieder"**, Einflußliniengleichungen und wenige zusätzliche spezielle Lastfälle geboten waren. Aufgrund der oben erwähnten Anregungen aus der Praxis wurde seit der achten Auflage (1939) bis zur vierzehnten Auflage (1967) die Anzahl der speziellen, häufiger gebrauchten Lastfälle wichtiger Rahmenformen stark vergrößert. Hierzu aus dem Vorwort zur vierzehnten Auflage:

Das vorliegende Buch dient dem Ingenieur der Praxis als Formelsammlung, aus der er die gerade benötigten Rahmen-Lastfälle möglichst schnell, sicher und bequem entnehmen kann. Wie aus vielen Zuschriften hervorgeht, und in Vorworten zu früheren Auflagen bereits besprochen wurde, sind fertige Formeln für ganz bestimmte Lastfälle zu diesem Zweck am besten. Aus leicht ersichtlichen Gründen können jedoch bei der großen Anzahl der gebotenen Rahmenformen nur besonders oft vorkommende Lastfälle direkt gebracht werden. Bei der jetzigen Überarbeitung habe ich die Anzahl der Lastfälle für die wichtigen Rahmenformen 39, 41, 44, 109 und 110 von insgesamt 43 auf 70 erhöht. Zusätzlich sichern die Lastfälle ,,Beliebige Belastung" für alle Rahmenformen in Verbindung mit den **„Belastungsgliedern"** die allgemeine Verwendbarkeit des Buches.

Weitere Möglichkeiten für den Benutzer sind zum Beispiel die symmetrischen und antimetrischen Lastfälle als Grundlagen zum B.-U.-Verfahren, die von der zwölften Auflage (1957) an vorliegen:

Bei allen symmetrischen Rahmenformen (das sind 32 Formen) wurden außer den Fällen symmetrischer Lastanordnung durchweg auch Fälle antimetrischer Lastanordnung hinzugenommen. Hierdurch hat der Benutzer die Möglichkeit, nach Belieben sich selbst unsymmetrische Lastfälle nach dem Belastungs-Umordnungs-Verfahren (B -U.-Verf.) bilden zu können.

Die Einleitung und der Anhang des Werkes waren in früheren Auflagen viel umfangreicher als heute. In der vorliegenden Auflage sind nur die Grundlagen, Anwendungsregeln und einige wenige Belastungsglieder sowie Anwendungsbeispiele über Momentenangriffe, Einflußlinien und Wärmeänderung abgedruckt. Früher waren außerdem längere Abschnitte über die eigentlichen Belastungsglieder und die ω-Zahlen in der Einleitung enthalten. Diese Abschnitte sind in das selbständige Buch **„Belastungsglieder“** eingefügt worden, mit dessen Hilfe nun alle dort vorgegebenen Lastfälle für die Tragwerke berechnet werden können, die in den vorliegenden **„Rahmenformeln“** — und in den anderen Kleinlogelschen Formelbüchern — vorkommen.

Da der Formelaufbau durchweg den Abläufen für eine EDV-Programmierung entspricht, hat sich durch die weite Verbreitung programmierbarer Taschenrechner ein zusätzlicher Verwendungszweck der **„Rahmenformeln“** ergeben.

Darmstadt, im Februar 1979 Werner Haselbach

Inhaltsverzeichnis

Einleitung

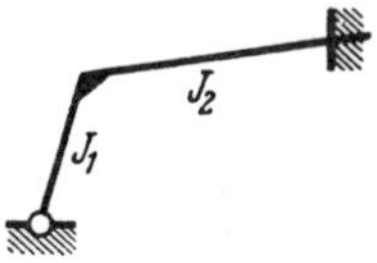

Rahmenform 13 Seite 36 bis 38	Rahmenform 21 Seite 87 bis 93
Rahmenform 14 Seite 39 bis 41	Rahmenform 22 Seite 94 bis 96
Rahmenform 15 Seite 42 bis 46	Rahmenform 23 Seite 97 bis 100
Rahmenform 16 Seite 47 bis 50	Rahmenform 24 Seite 101
Rahmenform 17 Seite 51 bis 61	Rahmenform 25 Seite 102
Rahmenform 18 Seite 62 bis 71	Rahmenform 26 Seite 103 bis 105
Rahmenform 19 Seite 72 bis 75	Rahmenform 27 Seite 106 bis 108
Rahmenform 20 Seite 76 bis 86	Rahmenform 28 Seite 109 bis 111

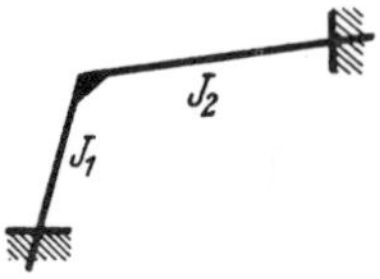

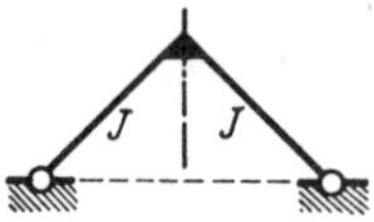

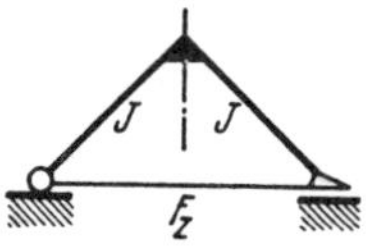

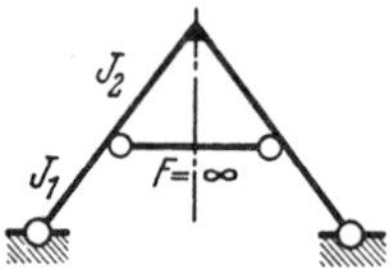

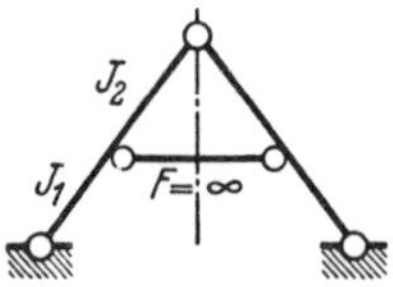

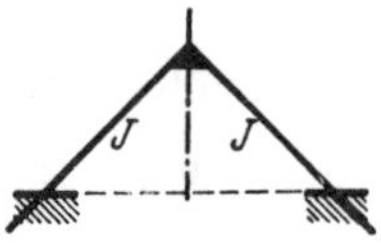

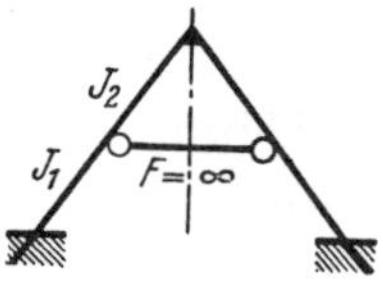

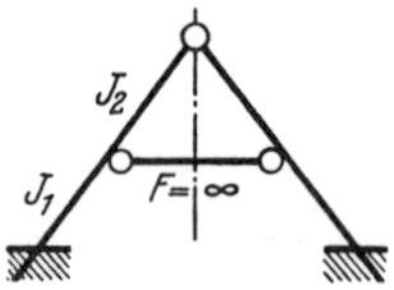

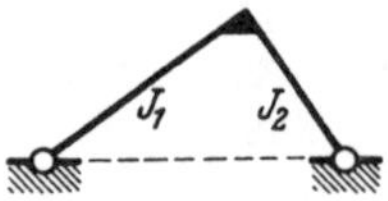

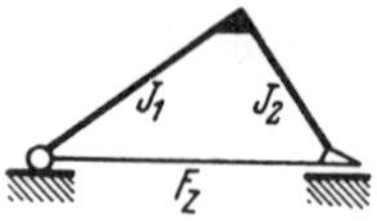

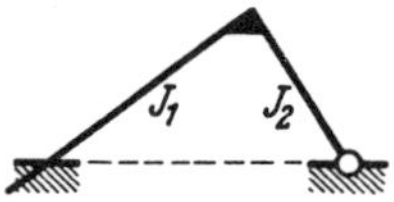

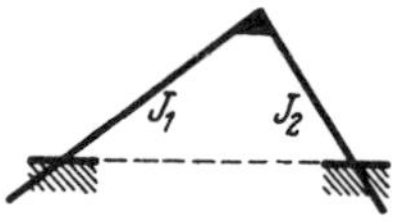

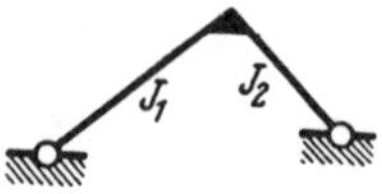

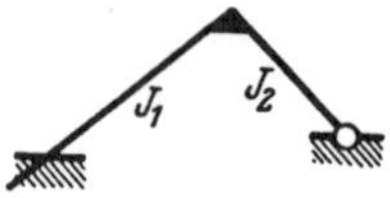

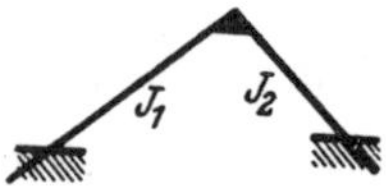

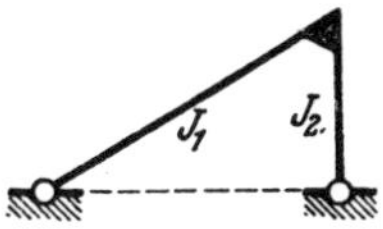

Rahmenform 29
Seite 112 und 113

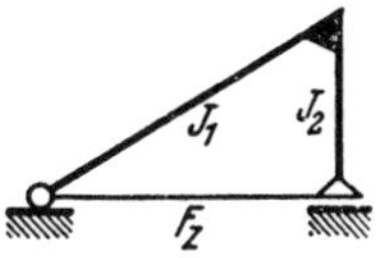

Rahmenform 30
Seite 114 bis 116

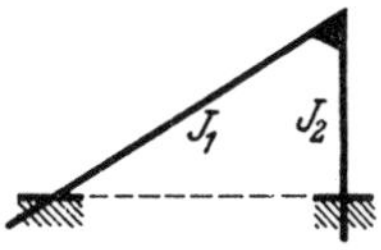

Rahmenform 31
Seite 117 bis 119

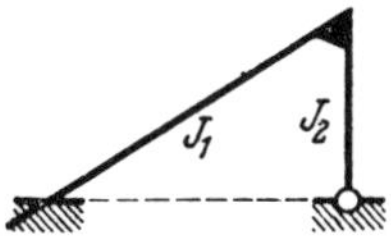

Rahmenform 32
Seite 120 und 121

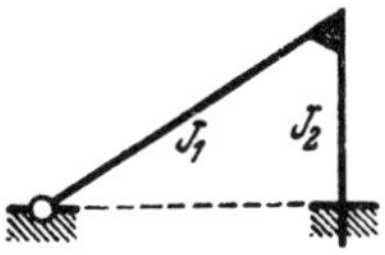

Rahmenform 33
Seite 122 und 123

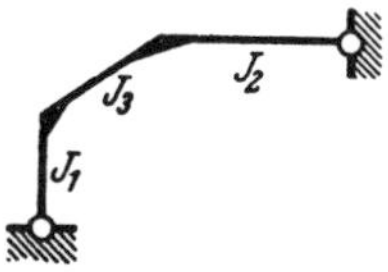

Rahmenform 34
Seite 124 bis 127

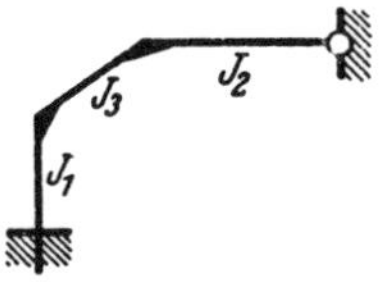

Rahmenform 35
Seite 128 bis 131

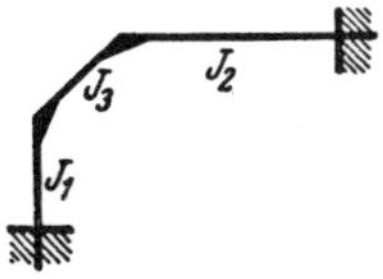

Rahmenform 36
Seite 132 bis 135

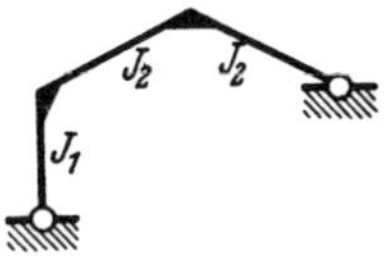

Rahmenform 37
Seite 136 bis 138

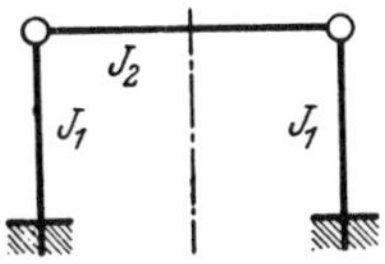

Rahmenform 38
Seite 139 und 140

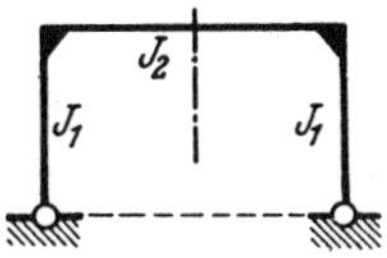

Rahmenform 39
Seite 141 bis 151

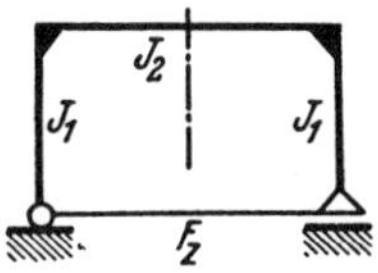

Rahmenform 40
Seite 152 bis 154

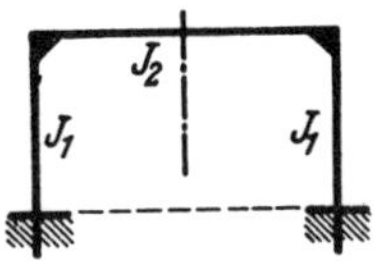

Rahmenform 41
Seite 155 bis 166

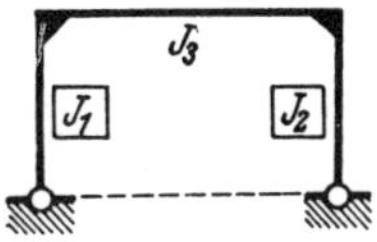

Rahmenform 42
Seite 167 bis 169

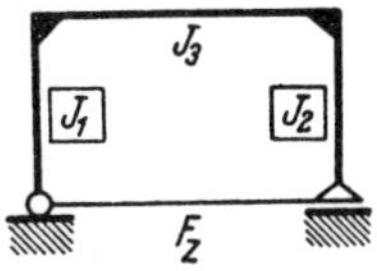

Rahmenform 43
Seite 170 bis 172

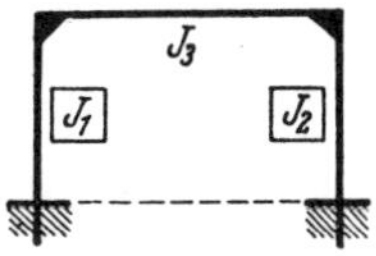

Rahmenform 44
Seite 173 bis 175

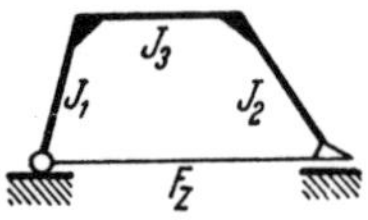

Rahmenform 77 Seite 299 bis 302	Rahmenform 85 Seite 321 bis 324
Rahmenform 78 Seite 303	Rahmenform 86 Seite 325 und 326
Rahmenform 79 Seite 304 bis 307	Rahmenform 87 Seite 327 bis 331
Rahmenform 80 Seite 308 bis 311	Rahmenform 88 Seite 332
Rahmenform 81 Seite 312	Rahmenform 89 Seite 333 bis 340
Rahmenform 82 Seite 313 bis 315	Rahmenform 90 Seite 341 bis 344
Rahmenform 83 Seite 316 bis 319	Rahmenform 91 Seite 345 und 346
Rahmenform 84 Seite 320	Rahmenform 92 Seite 347 bis 354

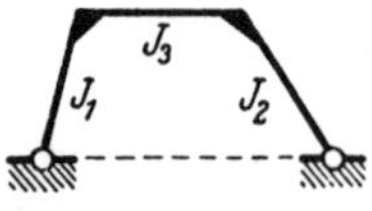

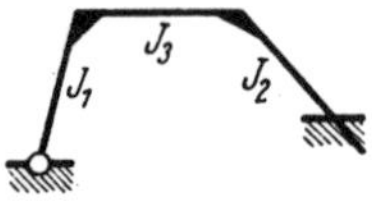

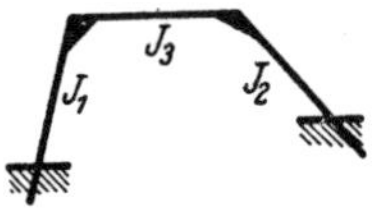

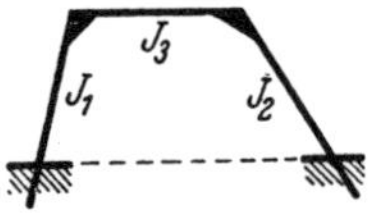

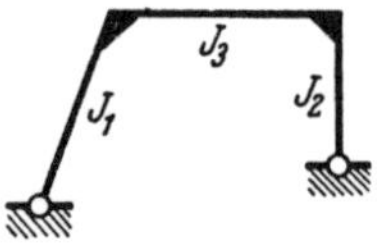

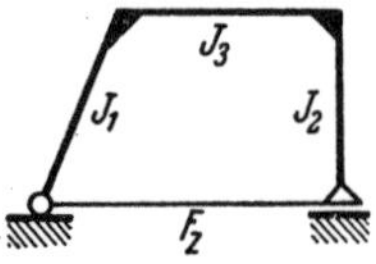

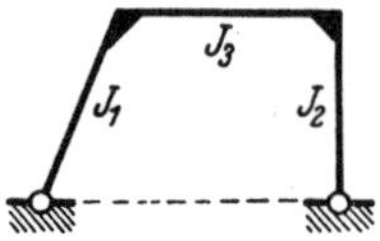

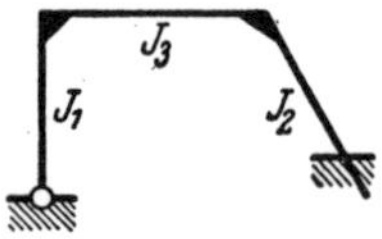

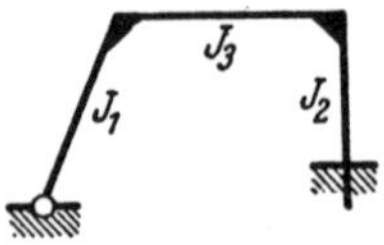

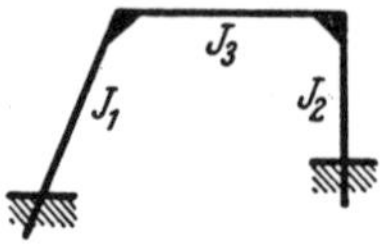

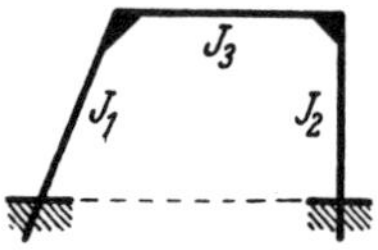

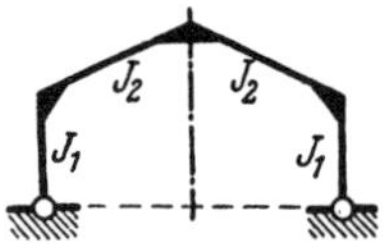

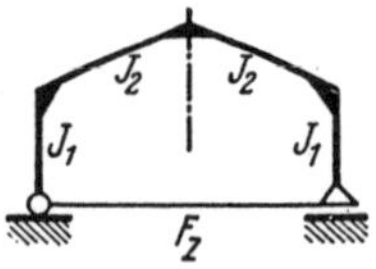

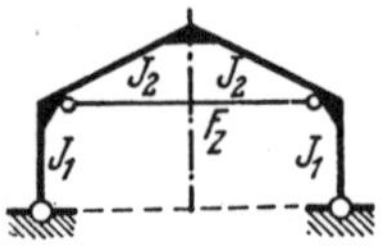

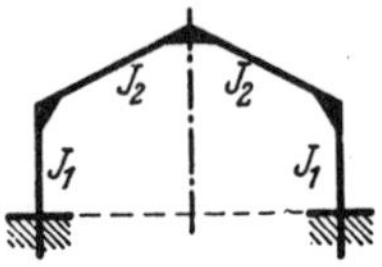

Anhang

Einleitung

1. Gliederung und Aufbau des Werkes

Die im Inhaltsverzeichnis in Bildern aufgeführten 114 Rahmenformen stellen ebenso viele in sich geschlossene Abschnitte dar.

Jeder „Rahmenform" ist ein Titelblatt vorangestellt, welches zwei Übersichtsbilder sowie die Rahmen-Festwerte und bei einigen Rahmenformen auch weitere allgemeine Angaben enthält. Das jeweils linke Titelbild zeigt die betreffende Rahmenform samt der Art der Auflagerung und enthält die Einschriebe aller Stablängen, Stabträgheitsmomente und Eckbuchstaben. In dem jeweils rechten Titelbild ist die positive Richtung aller Stützkräfte festgelegt. Außerdem sind die Koordinaten beliebiger Stabquerschnitte eingetragen, nebst der gestrichelten Linie zur Festlegung des Vorzeichens der Biegungsmomente im Stabzug.

Auf den weiteren Seiten einer „Rahmenform" befinden sich die als „Fall R/N" bezeichneten Belastungsfälle; hierbei bedeutet R die Nummer der Rahmenform und N die laufende Nummer des Falles. Bei allen Rahmenformen sind zumindest die Fälle beliebiger Stabbelastungen und der Fall gleichmäßiger Wärmeänderung behandelt. Für die Fälle beliebiger Stabbelastungen ist noch das selbständige Hilfsbuch **„Belastungsglieder*)"** oder — als Notbehelf — der Abschnitt „Belastungsglieder" im Anhang dieses Buches erforderlich. Je nach der praktischen Wichtigkeit oder Häufigkeit einer bestimmten Rahmenform sind dann noch einige oder mehrere Sonderlastfälle, d. h. Fälle mit ganz bestimmter Belastung zum rascheren Gebrauch wiedergegeben.

Jedem „Fall R/N" sind in der Regel zwei Bilder beigegeben. Während das jeweils linke Bild das vollständige Rahmensystem mit der Belastung zeigt, gibt das jeweils rechte den ungefähren Momentenverlauf nebst den zugehörigen Auflagerkräften wieder. Den Fällen gleichmäßiger Wärmeänderung und einigen Fällen mit nur Eckeinzellasten ist jeweils nur ein Bild beigegeben.

Für jeden „Fall R/N" sind die formelmäßigen Anschriebe für mindestens alle Eck- und Einspannmomente, senkrechte und waagerechte Auflagerkräfte sowie für die Momente an beliebigen Stabpunkten gegeben. Bei Raummangel sind letztere Momente für alle nicht direkt belasteten Stäbe für alle Belastungsfälle zusammengefaßt angeschrieben. Bei solchen Rahmenformen, bei denen die Ermittlung der Querkräfte und insbesondere der Axialkräfte nicht so einfach ist, sind auch hierfür fertige Formeln entwickelt. Für einige Rahmenformen erschien es sogar ratsam, auch bestimmte Eckschnittkräfte bildlich und formelmäßig in Erscheinung treten zu lassen (s. z. B. Rahmenformen 17, 18, 20, 21).

---

*) Kleinlogel/Haselbach „Belastungsglieder, Statische und elastische Werte für den einfachen und eingespannten Balken als Element von Stabwerken." Neunte Auflage, vollständig neu bearbeitet von Dipl.-Ing. W. Haselbach, Baurat. Berlin/München 1966. Verlag von Wilhelm Ernst & Sohn. XII, und 268 Seiten.

2. Einiges über den Formelaufbau

Sämtliche Rahmen wurden nach der Maxwell-Mohrschen Arbeitsgleichung (Prinzip der virtuellen Verschiebungen) berechnet.

In der Regel sind zuerst und unmittelbar die Formeln für die Eck- und Einspannmomente angeschrieben. Die Auflagerkräfte und insbesondere die Momente an beliebiger Stabstelle sind dann mittels dieser Eckmomente zu berechnen.

Die Gestalt der Formeln ist abhängig vom Grad der statischen Unbestimmtheit und von der Form des biegungsfesten Stabzuges. Wo direkte Anschriebe der statischen Größen zu umständlich oder unübersichtlich würden, oder wo es sonstwie zweckmäßig erschien, wurden Hilfswerte X eingeführt, die dann zuerst zu berechnen sind. Bei schwierigeren zwei- und dreifach statisch unbestimmten Rahmen wurde die Darstellung der X-Werte in sehr übersichtlicher Matrixform gewählt. Die einzelnen Formelglieder erscheinen dann als Produkte aus „zusammengesetzten Belastungsgliedern B_i" und „Einflußzahlen n_{ik}".

Bei symmetrischen Rahmenformen sind in der Regel je zwei symmetrisch liegende Momente oder Kräfte nach dem sog. Belastungs-Umordnungsverfahren in einer Doppelformel zusammengefaßt. Eine solche hat ganz allgemein die Form

$$\left.\begin{matrix} G_1 \\ G_2 \end{matrix}\right\rangle = Y_1 \pm Y_2$$

und schließt also in sich ein die beiden Formeln

$$G_1 = Y_1 + Y_2 \text{ und } G_2 = Y_1 - Y_2.$$

Hierin entspricht das Glied Y_1 einer symmetrischen, und das Glied Y_2 einer antimetrischen Lastanordnung in bezug auf den ganzen Rahmen.

3. Die wichtigsten Bezeichnungen

a) Punkte und Längen:

$A, B, C \ldots$	ausgezeichnete Punkte des Rahmenstabzuges (Auflager, Ecken, Zugbandanschlüsse).
$a, b, c \ldots ; l, h, s$	Stablängen und sonstige Längenabmessungen;
$\alpha, \beta, \gamma \ldots ; m, n$	Verhältniszahlen.
$x, x'; y, y'; z, z'$	veränderliche Längen (Koordinaten beliebiger Stabpunkte)

b) Festwerte:

$J_1, J_2, J_3 \ldots$	Stabträgheitsmomente;
$k_1, k_2, k_3 \ldots$	Biegsamkeitszahlen[1]) ($k = 0$ bedeutet starren Stab; $k = \infty$ bedeutet unendlich biegsamen Stab).
$N, F; N_Z, L, G$	Nenner der statisch unbestimmten Größen und Zusatzglieder bei Rahmen mit Zugband;
$A, B, C \ldots; K, R, L$	Festwerte (Komplexe von k-Zahlen usw.);
n_{ik}	Einflußzahlen in Matrixform (Festwerte).

[1]) Die Bezeichnung der k-Zahlen als „Biegsamkeitszahlen" ist zutreffender als die bisher gebrauchte Bezeichnung „Steifigkeitszahlen". Letztere Bezeichnung kommt richtiger den Kehrwerten $K = 1/k$ zu. (Vgl. hierzu auch die Fußnote 2, S. 5, im Hilfsbuch „Belastungsglieder", 9. Aufl.)

c) Lasten, Kräfte und Momente:

P	äußere Einzellast (senkrecht oder waagrecht);
q, p	auf die Längeneinheit bezogene verteilte Lasten.
M	Biegungs- und Angriffsmomente.
V	senkrechter Auflagerwiderstand (Auflagerdruck);
H	waagerechter Auflagerwiderstand (Horizontalschub).
Q	Stabquerkraft;
N	Stablängskraft (Axialkraft).
Z	Zugkraft im Zugband.
X	Hilfsgröße (statisch unbestimmtes Biegungsmoment).
T	Hilfsgröße bei Temperaturfällen.

d) Belastungsglieder:

$\boldsymbol{S}$, $\boldsymbol{W}$	Lastresultierende bei beliebiger senkrechter bzw. waagerechter Stablast;
$\mathfrak{S}_r$, $\mathfrak{S}_l$	statisches Moment der Lastresultierenden, bezogen auf den rechten bzw. linken Stabendpunkt[2]);
$\mathfrak{L}$, $\mathfrak{R}$	Belastungsglieder (im engeren Sinne);
$\boldsymbol{M^0{}_x M^0{}_y}$	Biegungsmomente eines „Rahmenstabes als einfacher Balken" bei beliebiger senkrechter bzw. waagerechter Belastung.
$\mathfrak{B}_1$, $\mathfrak{B}_2$, $\mathfrak{B}_3$	zusammengesetzte Belastungsglieder.

Bemerkung: Mit Ausnahme der zusammengesetzten Belastungsglieder erscheinen alle vorstehenden **Belastungsglieder im Satz stets fettgedruckt.**

e) Sonstiges:

Die Eckbuchstaben A, B, C . . . werden als Zeiger für die statischen Größen M, V und H verwendet (z. B. M_B, V_A, H_C usw.).

Die Momente und Querkräfte an beliebiger Stabstelle werden durch die Zeiger x, y oder z gekennzeichnet.

Alle sonstigen noch verwendeten Zeichen bzw. Größen sind jeweils an Ort und Stelle erklärt.

4. Vorzeichenregeln

Als allgemeiner Rechnungsgrundsatz gilt beim Gebrauch der „Rahmenformeln", stets algebraisch zu rechnen. Jede Größe muß also immer mit ihrem Vorzeichen zusammen verwendet werden. Bei strenger Einhaltung dieser Grundregel muß sich automatisch jeder Formelwert, sowohl der Größe als auch dem Richtungssinn nach, richtig ergeben.

Die im Belastungsbild (das ist stets das linke Bild eines jeden „Lastfalles") dargestellte **Belastung** gilt als positiv. Ist die Belastung mit entgegengesetztem Richtungs-, Dreh- oder Wirkungssinn gegeben, so ist dieselbe mit negativem Vorzeichen in die Rahmenformeln einzusetzen.

Für die positive Richtung aller **Auflagerkräfte** ist jeweils das rechte Titelbild einer „Rahmenform" maßgebend. Hiernach sind die Auflagerwiderstände posi-

---

[2]) Die in der 6. bis 11. Auflage für die statischen Momente der Lastresultierenden benutzten Zeichen $\mathfrak{M}r$ und $\mathfrak{M}l$ werden künftighin durch die besser geeigneten Zeichen $\mathfrak{S}r$ und $\mathfrak{S}l$ ersetzt. Die Größen $\mathfrak{M}r$ und $\mathfrak{M}l$ bleiben — auch in Übereinstimmung mit anderen Autoren — für die Bezeichnung der Volleinspannmomente vorbehalten. (Vgl. hierzu auch die Fußnote 2, S. 4, im Hilfsbuch „Belastungsglieder", 9. Aufl.)

tiv, wenn dieselben von unten nach oben (V) bzw. von außen nach innen (H) gerichtet sind.

Ein **Biegungsmoment** ist positiv, wenn dasselbe an der gestrichelten Stabseite Zug erzeugt. Die Festlegung des Vorzeichens von Biegungsmomenten hat also mit deren Drehsinn nicht unmittelbar etwas zu tun.

Die **Momentenflächen** sind stets an derjenigen Stabseite aufgetragen, an der die Momente Zug erzeugen. Positive Momentenflächen sind also an der gestrichelten (inneren) Stabseite, negative Momentenflächen an der ungestrichelten (äußeren) Stabseite anzutragen.

Der in jedem rechten Bild eines „Belastungsfalles" dargestellte **Momentenverlauf nebst zugehörigen Auflagerkräften** entspricht etwa den im Bild angenommenen Stablängenverhältnissen in Verbindung mit der vereinfachenden Annahme $k = 1$ für alle Rahmenstäbe. Bei Rahmenformen mit anderen Annahmen ist dies jeweils besonders vermerkt. Der beigegebene Momentenverlauf ist überhaupt nur als Anhalt zu werten. Für die einfachen Rahmenformen mit normalen Abmessungs- und Trägheitsmomentenverhältnissen dürfte der dargestellte Momentenverlauf in der Regel zutreffend sein. Hingegen kann derselbe bei Rahmenformen mit mehreren elastisch verschieblichen Eckpunkten oder bei Vorhandensein außergewöhnlicher Abmessungs- und Trägheitsmomentenverhältnisse erheblich von dem dargestellten abweichen; insbesondere können sogar Vorzeichenwechsel eintreten. **Die tatsächlichen Momenten- und Kräftevorzeichen ergeben sich** — wie schon gesagt — **automatisch richtig nur aus den Formeln.**

Ist eine Auflagerkraft bzw. ein Einspannmoment (V, H, Z bzw. M) oder ein Biegungsmoment an beliebiger Stabstelle (M_x, M_y, M_z) in dem jeweils rechten Bild eines „Belastungsfalles" negativ wirkend dargestellt, so ist der betreffende Einschrieb folgerichtig mit einem Minuszeichen versehen worden.

Eine **Querkraft** ist positiv, wenn dieselbe an einem linken Stabende nach oben bzw. an einem rechten Stabende nach unten gerichtet ist. Dabei ist es gleichgültig, von welcher Seite aus man den Stab betrachtet. Das Vorzeichen der Querkräfte ist unabhängig vom Vorzeichen der Biegungsmomente und daher auch unabhängig von der Lage der gestrichelten Linie.

Eine **Axialkraft** ist postiv, wenn dieselbe im Rahmenstab Druck erzeugt. Negatives Vorzeichen oder Rechenergebnis bedeutet mithin Zug im Rahmenstab.

Ergibt sich bei irgendeinem Lastfall für die **Zugkraft in einem elastischen Zugband** ein negativer Zahlenwert, so würde dies bedeuten, daß das Zugband Druck bekommt. Dieser Druck ist nur dann zulässig, wenn derselbe bei Addition jeder möglichen Gruppe von Lastfällen wieder verschwindet; das heißt mit anderen Worten: Bei jedem praktisch möglichen einfachen oder zusammengesetzten Lastfall muß im Zugband eine Zugkraft verbleiben (welche natürlich auch den Grenzwert null annehmen kann). Bleibt die resultierende Zugkraft aber negativ, so ist das Zugband wirkungslos, weil dasselbe als schlaffes Gebilde keinen Druck aufzunehmen imstande ist. In einem solchen Fall ist dann so zu rechnen, als sei kein Zugband vorhanden.

5. Rechnerische Voraussetzungen

Die **Entwicklung sämtlicher Formeln** beruht auf der Annahme starrer Widerlager, d. h. Unverschieblichkeit und Unverdrehbarkeit der Einspannstellen, Unverschieblichkeit der Auflagergelenke und in lotrechter Richtung unnachgiebiger Gleit- oder Rollenlager.

Bei der Herleitung der Formeln ist der **Einfluß der Längs- und Querkräfte auf die Formänderungen** vernachlässigt worden. Es wurde vielmehr nur der Einfluß der Biegungsmomente auf die statisch unbestimmten Größen berücksichtigt. Praktische Erfahrungen haben gezeigt, daß die Vernachlässigung der Längskräfte und vollends diejenige der Querkräfte ihres geringen Betrages wegen im allgemeinen — abgesehen von außergewöhnlichen Fällen (z. B. gedrungene Rahmen) — statthaft ist. Der Rechenmehraufwand steht in den meisten Fällen in keinem Verhältnis zu der erreichten größeren Genauigkeit. Trotzdem muß hier darauf aufmerksam gemacht werden, daß es nicht als „Regel" gelten darf, den Einfluß der Längs- und Querkräfte auf die statisch unbestimmten Größen zu vernachlässigen.

Die **Verschiedenheit der Trägheitsmomente** der Rahmenstäbe ist durchweg berücksichtigt worden. Dies kommt in den Biegsamkeitszahlen k zum Ausdruck, von denen jedem Einzelstab eine solche zugeordnet ist. Eine derselben ist immer zu 1 angenommen. Ferner ist vorausgesetzt, daß das Trägheitsmoment eines Stabes auf dessen ganze Länge gleichbleibend ist.

Die **Elastizitätszahl** E **(Elastizitätsmodul)** ist für sämtliche biegungsfest zusammenhängenden Rahmenstäbe gleich groß vorausgesetzt worden. Für die Zugbänder gilt indessen eine andere Elastizitätszahl als für die Stäbe (E_Z). Die Elastizitätszahlen erscheinen nur in den Formeln für Zugbandkräfte und für Wärmeänderung.

Der **Einfluß von Wärmeänderung** wurde für jede Rahmenform ermittelt. Die Ableitung der Formeln erfolgte unter Voraussetzung gleichmäßiger Wärmeänderung sämtlicher Rahmenstäbe. Bei Rahmen mit unten liegendem elastischem Zugband ist aber angenommen, daß dieses Zugband der gegebenen Wärmeänderung nicht mit unterliegt. Im anderen Fall entstehen im Rahmen keine Momente, Längs- und Querkräfte — vorausgesetzt, daß die Wärmeausdehnungszahlen des Rahmen- und des Zugbandmaterials gleich groß sind. Bei den äußerlich statisch bestimmt gelagerten allseitig geschlossenen Rahmen treten infolge gleichmäßiger Wärmeänderung sämtlicher Stäbe ebenfalls keine Momente, Quer- und Längskräfte auf. Bei Rahmen mit höher liegendem elastischem Zugband oder starrem Zug- bzw. Druckstab sind die Annahmen bezüglich Wärmeänderungen jeweils an Ort und Stelle vermerkt.

Besondere Annahmen, die nur für einzelne Fälle in Frage kommen, sind an der betreffenden Stelle angegeben.

6. Beliebige Stabbelastungen

Bei jedem Einzelstab aller Rahmenformen dieses Buches ist immer eine der zwei Stabseiten in der Biegeebene durch Strichlierung hervorgehoben, und zwar hier stets die innere Seite. Es sei nun ein für allemal vereinbart, jeden einzelnen Rahmenstab stets von seiner strichlierten, also hier von seiner inneren Seite her zu betrachten — um dann eindeutig von einer oberen und einer unteren Stabseite sowie von einem linken und einem rechten Stabendpunkt sprechen zu können.

Beliebige unsymmetrische Stablast ist in den Lastbildern stets durch Beigabe der strichpunktierten Lastresultierenden ***S*** bzw. ***W*** gekennzeichnet. Außerdem ist das Vorhandensein der eigentlichen Belastungsglieder $\mathfrak{L}$ und $\mathfrak{R}$ schematisch angedeutet durch Doppelstriche ‖ dicht an den Enden der jeweils belasteten Stäbe selbst oder — bei schrägen Stäben — entsprechend an den Enden der senkrechten oder waagerechten Projektionen dieser Stäbe (siehe hierzu beispielsweise Fall 8/1 und Fall 8/2, Seite 23; ferner siehe das Hilfsbuch **„Belastungsglieder"**,

Abschn. B, Ziff. 4 und Abschn. C, Ziff. 2: „Schräge Belastung und schräge Stäbe"). Größe und Bedeutung der statischen Momente $\mathfrak{S}_r$ und $\mathfrak{S}_l$ sowie des Momentes M^0_x bzw. M^0_y gehen aus Bild 1 Seite 459 im „Anhang" hervor.

Bei **beliebiger symmetrischer und antimetrischer Lastanordnung** bei symmetrischen Rahmenformen sind sämtliche Belastungsglieder stets so zu nehmen, wie dieselben auf die linke Rahmenhälfte wirken.

Wegen der elastischen Bedeutung und Herleitung der Belastungsglieder $\mathfrak{L}$ und $\mathfrak{R}$ sowie wegen aller sonstigen Fragen und Zusammenhänge betreffend beliebige Stablast wird ausdrücklich auf das **Hilfsbuch „Belastungsglieder"** hingewiesen (siehe die *-Fußnote Seite XXI).

7. Windlast nach DIN 1055

Nach DIN 1055, Blatt 4, Abschnitt 2.5, ist die an sich waagerecht gerichtete Windlast rechtwinklig zu der vom Wind getroffenen Fläche wirkend anzunehmen. Auf eine ebene Fläche, die unter dem Winkel α gegen die Waagerechte geneigt ist, entfällt nach Tafel 2, Abschnitt 1.1.2, ein Winddruck von $\underline{cq \sin\alpha}$ in N/m², welche Belastung nach Bild 3 bis 5, gemäß Abschnitt 4.5, auch in Druck und Sog aufgespalten werden kann. Es erhalten dann alle dem Winde zugekehrten Flächen eine Druckbelastung von $\underline{(c \sin\alpha - 0{,}4)\, q}$**) und alle dem Winde abgekehrten Flächen eine Sogbelastung von $\underline{0{,}4\, q}$. Hierbei bedeutet in den vorstehend unterstrichenen Formeln die Größe c einen Beiwert (s. Tafel 2) und q den Staudruck in N/m² (s. Tafel 1).

Bezeichnen wir allgemein die auf die Längeneinheit der geneigten Fläche rechtwinklig auftreffende Windlast mit p_w (in N/m), wobei unter p_w jede der drei im vorigen Absatz unterstrichenen Windlasten — noch mit einer Flächentiefe b multipliziert (z. B. Binderabstand) — verstanden sein soll, so läßt sich diese schräge Windlast stets durch deren senkrechte und waagerechte Komponente ersetzen, und zwar einfach in der Weise, daß jeder der beiden Komponenten die

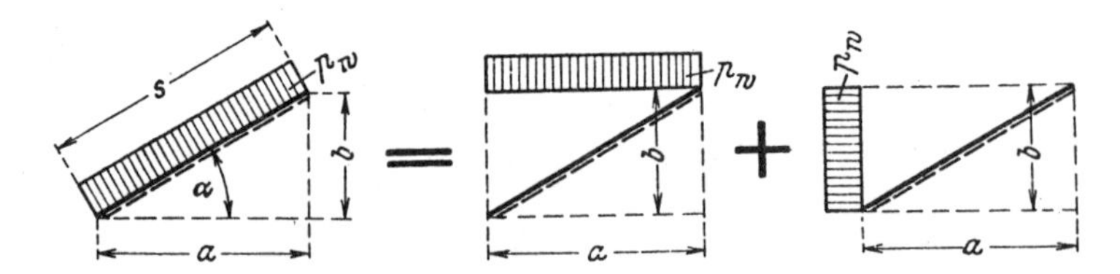

gleiche Längeneinheitslast p_w (in N/m) zukommt — wie es in beistehendem Bild veranschaulicht ist. Der allgemeine Beweis für die Richtigkeit dieser nützlichen Beziehung ist leicht zu erbringen (s. z. B. das Hilfsbuch **„Belastungsglieder"**, S. 19, mit Bild 10, sowie S. 27/28, mit Bild 15).

In den **„Rahmenformeln"** sind Windlastfälle nach DIN 1055, Blatt 4, Bild 3, nur bei einigen Rahmenformen direkt behandelt (und zwar bei den neu aufgenommenen Kehlbalkenbindern 17, 18, 20, 21 sowie bei den ausgesprochenen Hallenrahmen 89, 92, 94, 97). Bei allen anderen hierfür in Frage kommenden Rahmenformen mit Schrägstäben ist der Windeinfluß leicht an Hand obiger Bildbeziehung zu erfassen.

**) Bei kleinem Winkel α überwiegt das negative Glied in der Klammer, so daß der Druck in Sog übergeht.

Rahmenform 1

Einhüftiger Zweigelenkrahmen mit senkrechtem Stiel und waagerechtem Riegel

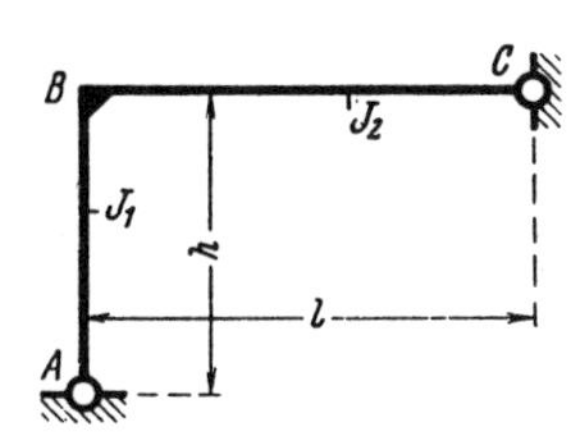

Rahmenform, Abmessungen und Bezeichnungen

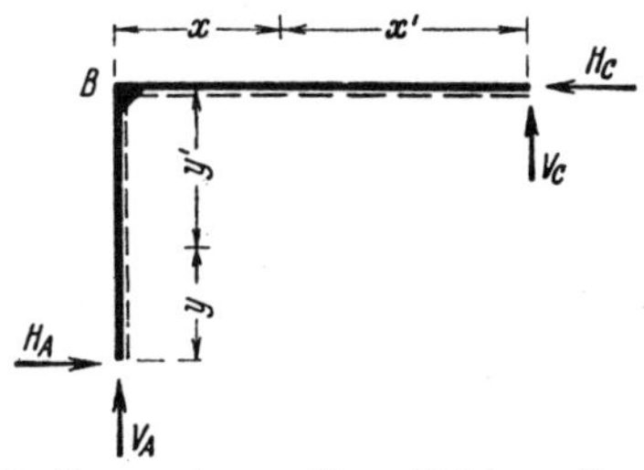

Festlegung der positiven Richtung aller Stützkräfte und der Koordinaten beliebiger Stabpunkte. Positive Biegungsmomente erzeugen an der gestrichelten Stabseite Zug.

Festwerte: $k = \frac{J_2}{J_1} \cdot \frac{h}{l}$ $N = k + 1\,.$

Fall 1/1: Rechteck-Vollast auf dem Riegel

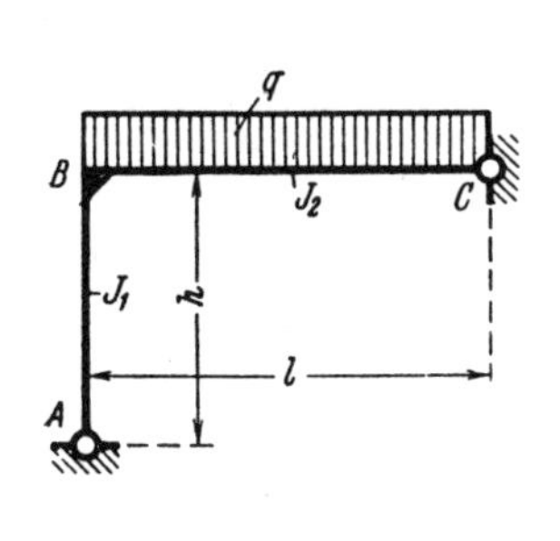

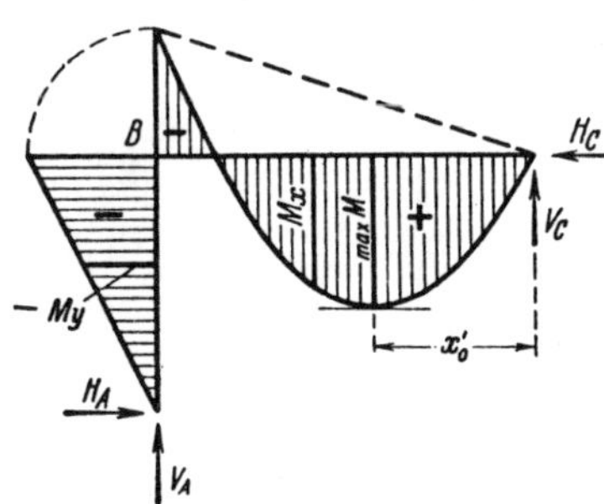

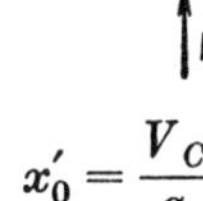

$$M_B = -\frac{q\,l^2}{8\,N}\,;$$

$$H_A = H_C = \frac{-M_B}{h}$$

$$\left.\begin{matrix} V_A \\ V_C \end{matrix}\right\rangle = \frac{q\,l}{2} \mp \frac{M_B}{l}\,;$$

$$M_x = \frac{q\,x\,x'}{2} + \frac{x'}{l}\,M_B \qquad x_0' = \frac{V_C}{q} \qquad \max M = \frac{V_C\,x_0'}{2} \qquad M_y = \frac{y}{h}\,M_B\,.$$

Fall 1/2: Rechteck-Vollast am Stiel

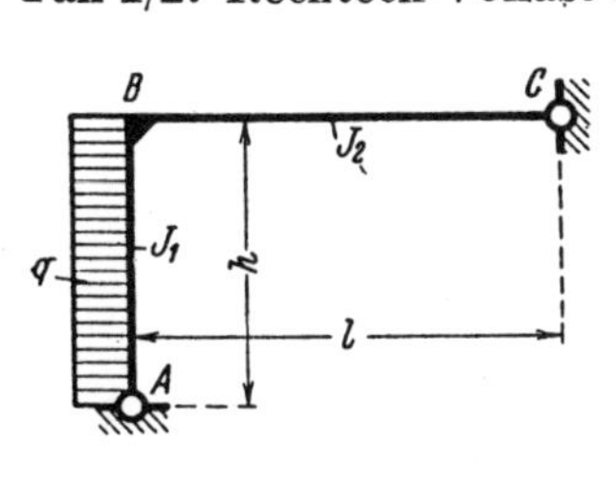

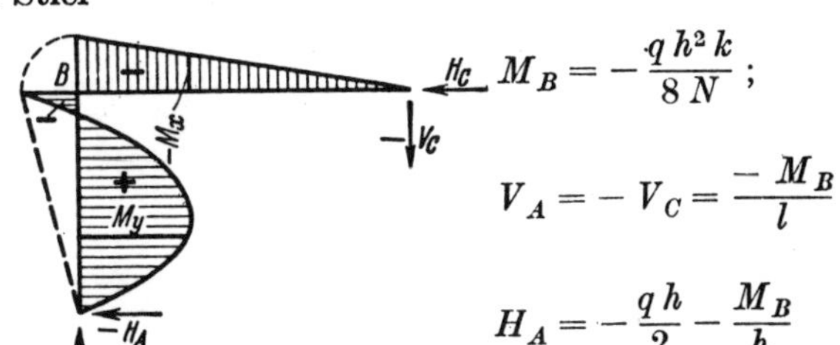

$$M_B = -\frac{q\,h^2\,k}{8\,N}\,;$$

$$V_A = -V_C = \frac{-M_B}{l}$$

$$H_A = -\frac{q\,h}{2} - \frac{M_B}{h}$$

$$M_x = \frac{x'}{l}\,M_B \qquad M_y = \frac{q\,y\,y'}{2} + \frac{y}{h}\,M_B\,; \qquad H_C = \frac{q\,h}{2} - \frac{M_B}{h}\,.$$

Rahmenform 1

Festwerte: $k = \frac{J_2}{J_1} \cdot \frac{h}{l}$ $\quad N = k + 1$

Fall 1/3: Momentenangriff im Eckpunkt B

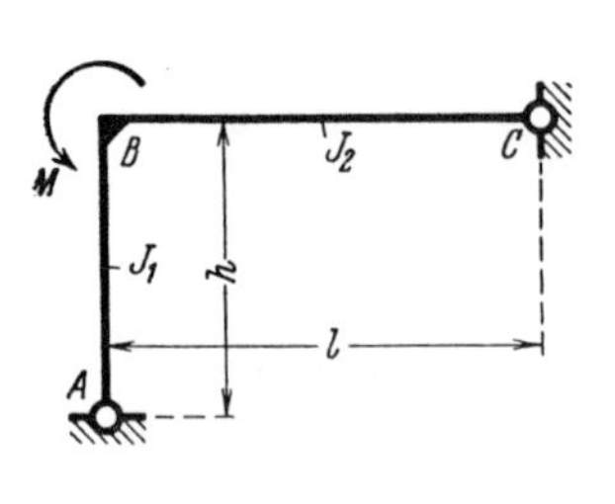

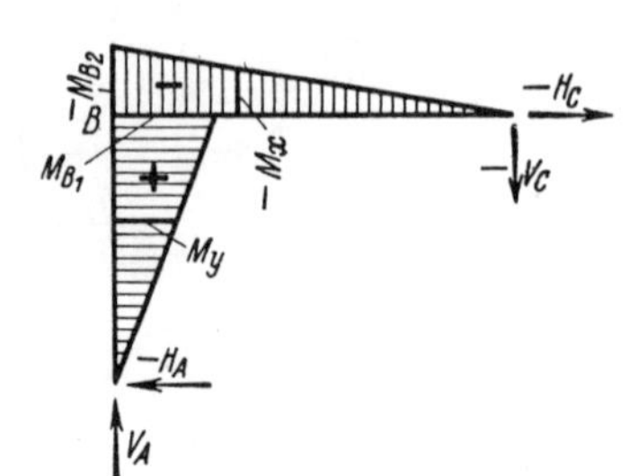

$$M_{B1} = + \frac{M}{N}$$

$$M_{B2} = - \frac{M\,k}{N}$$

$$(M_{B1} - M_{B2} = M);$$

$$H_A = H_C = - \frac{M_{B1}}{h} \qquad V_A = - V_C = \frac{-M_{B2}}{l}; \qquad M_x = \frac{x'}{l} M_{B2} \qquad M_y = \frac{y}{h} M_{B1}.$$

Fall 1/4: Momentenangriff am Gelenkpunkt C

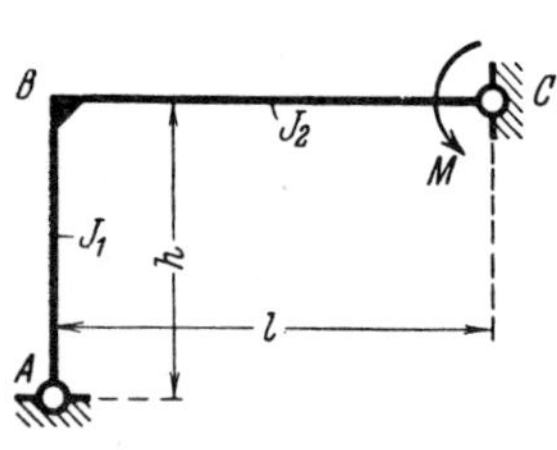

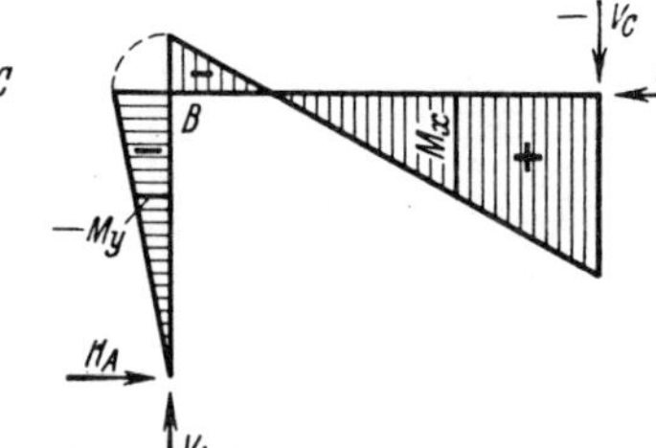

$$M_B = - \frac{M}{2\,N}$$

$$M_C = + M;$$

$$M_y = \frac{y}{h} M_B$$

$$H_A = H_C = \frac{-M_B}{h} \qquad V_A = - V_C = \frac{M - M_B}{l}; \qquad M_x = \frac{x}{l} M + \frac{x'}{l} M_B.$$

Fall 1/5: Momentenangriff am Gelenkpunkt A

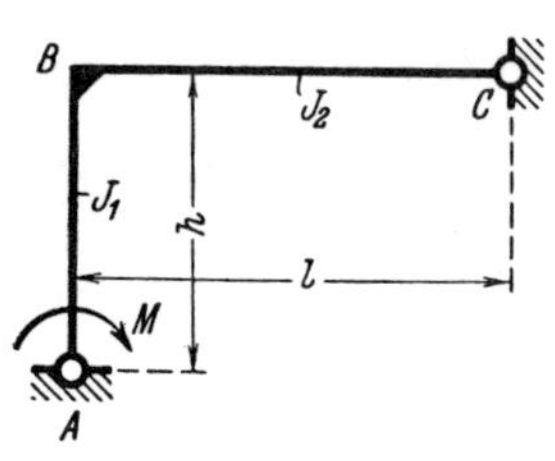

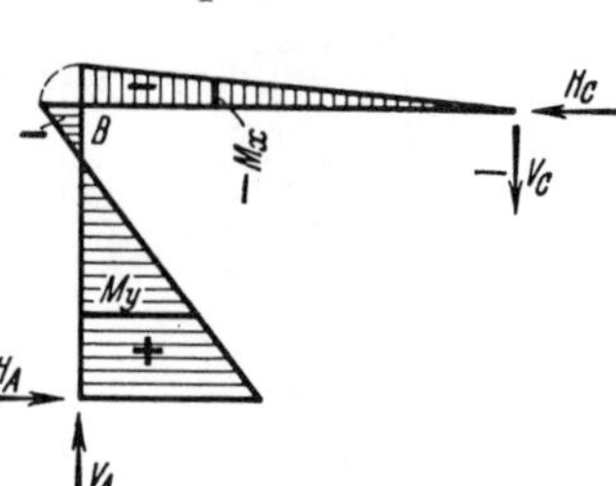

$$M_A = + M$$

$$M_B = - \frac{M\,k}{2\,N};$$

$$M_x = \frac{x'}{l} M_B$$

$$H_A = H_C = \frac{M - M_B}{h} \qquad V_A = - V_C = \frac{-M_B}{l}; \qquad M_y = \frac{y'}{h} M + \frac{y}{h} M_B.$$

Siehe hierzu den Abschnitt „**Belastungsglieder**“

Fall 1/6: Riegel beliebig senkrecht belastet

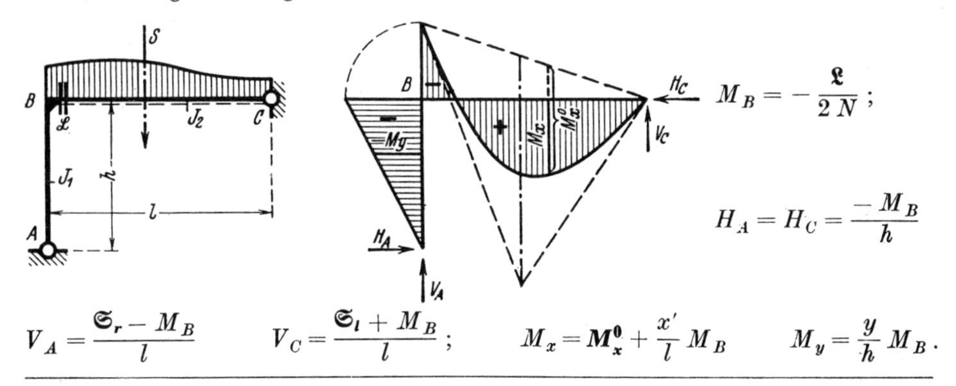

$$M_B = -\frac{\mathfrak{L}}{2N};$$

$$H_A = H_C = \frac{-M_B}{h}$$

$$V_A = \frac{\mathfrak{S}_r - M_B}{l} \qquad V_C = \frac{\mathfrak{S}_l + M_B}{l}; \qquad M_x = \mathbf{M}_x^0 + \frac{x'}{l} M_B \qquad M_y = \frac{y}{h} M_B.$$

Fall 1/7: Stiel beliebig waagerecht belastet

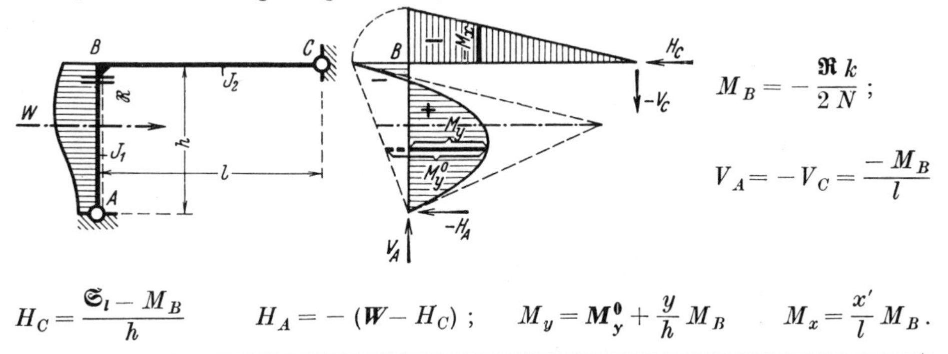

$$M_B = -\frac{\mathfrak{R}\,k}{2N};$$

$$V_A = -V_C = \frac{-M_B}{l}$$

$$H_C = \frac{\mathfrak{S}_l - M_B}{h} \qquad H_A = -(W - H_C); \qquad M_y = \mathbf{M}_y^0 + \frac{y}{h} M_B \qquad M_x = \frac{x'}{l} M_B.$$

Fall 1/8: Gleichmäßige Wärme**zu**nahme im ganzen Rahmen

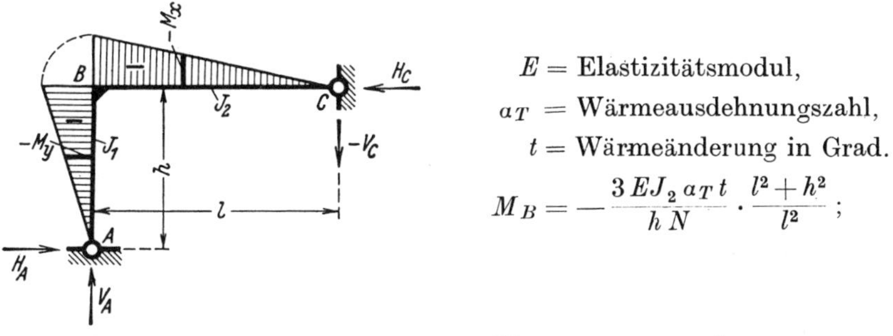

E = Elastizitätsmodul,

α_T = Wärmeausdehnungszahl,

t = Wärmeänderung in Grad.

$$M_B = -\frac{3\,E J_2\,\alpha_T\,t}{h\,N} \cdot \frac{l^2 + h^2}{l^2};$$

$$H_A = H_C = \frac{-M_B}{h} \qquad V_A = -V_C = \frac{-M_B}{l}; \qquad M_x = \frac{x'}{l} M_B \qquad M_y = \frac{y}{h} M_B.$$

Bemerkung: Bei Wärme**ab**nahme kehren alle Kräfte ihren Pfeilsinn um und alle Momente erhalten entgegengesetztes Vorzeichen.

Rahmenform 2

Einhüftiger Rahmen mit senkrechtem, gelenkig gelagertem Stiel und waagerechtem, eingespanntem Riegel

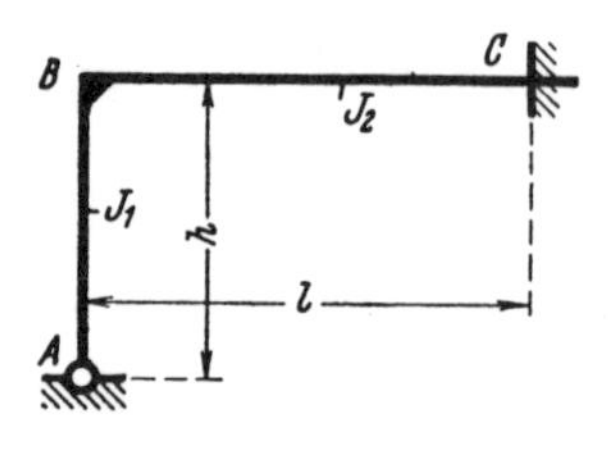

Rahmenform, Abmessungen und Bezeichnungen

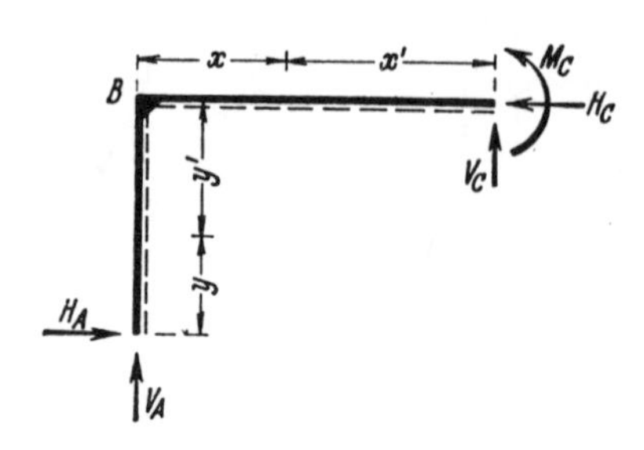

Festlegung der positiven Richtung der Stützkräfte und der Koordinaten beliebiger Stabpunkte. Positive Biegungsmomente erzeugen an der gestrichelten Stabseite Zug

Festwerte: $k = \frac{J_2}{J_1} \cdot \frac{h}{l}$ $\qquad N = 4k + 3.$

Fall 2/1: Gleichmäßige Wärmezunahme im ganzen Rahmen

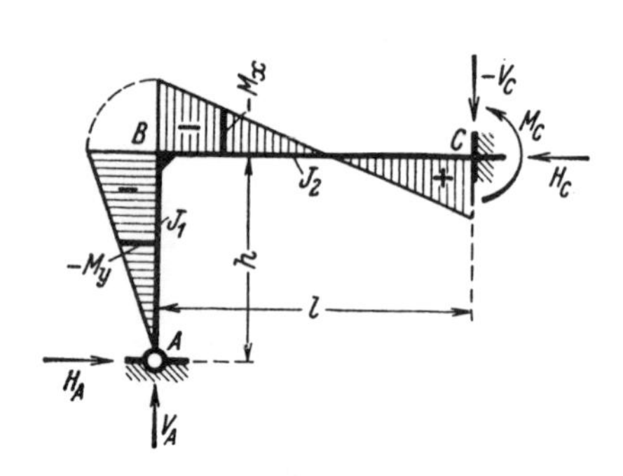

E = Elastizitätsmodul,
α_T = Wärmeausdehnungszahl,
t = Wärmeänderung in Grad.

Hilfswerte:

$$T = \frac{6\,EJ_2\,\alpha_T\,t}{l\,N}, \qquad B = \frac{l^2 + h^2}{l\,h}.$$

$$M_C = +T\left[B + \frac{2\,h\,(k+1)}{l}\right]$$

$$M_B = -T\left[2\,B + \frac{h}{l}\right]; \qquad M_y = \frac{y}{h}\,M_B$$

$$H_A = H_C = \frac{-M_B}{h}; \qquad V_A = -V_C = \frac{M_C - M_B}{l}; \qquad M_x = \frac{x'}{l}\,M_B + \frac{x}{l}\,M_C.$$

Bemerkung: Bei Wärmeabnahme kehren alle Kräfte ihren Pfeilsinn um und alle Momente erhalten entgegengesetztes Vorzeichen.

Fall 2/2: Rechteck-Vollast auf dem Riegel

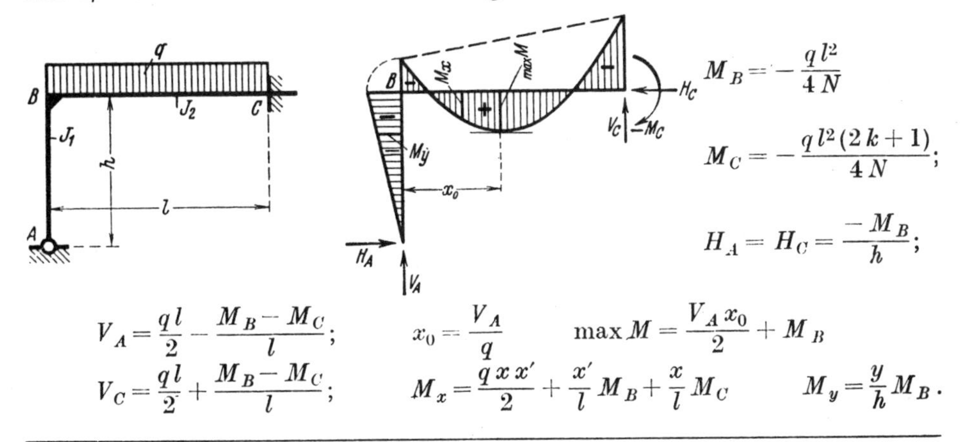

$$M_B = -\frac{q\,l^2}{4\,N}$$

$$M_C = -\frac{q\,l^2\,(2\,k+1)}{4\,N};$$

$$H_A = H_C = \frac{-M_B}{h};$$

$$V_A = \frac{q\,l}{2} - \frac{M_B - M_C}{l}; \qquad x_0 = \frac{V_A}{q} \qquad \max M = \frac{V_A\,x_0}{2} + M_B$$

$$V_C = \frac{q\,l}{2} + \frac{M_B - M_C}{l}; \qquad M_x = \frac{q\,x\,x'}{2} + \frac{x'}{l} M_B + \frac{x}{l} M_C \qquad M_y = \frac{y}{h} M_B .$$

Fall 2/3: Rechteck Vollast am Stiel

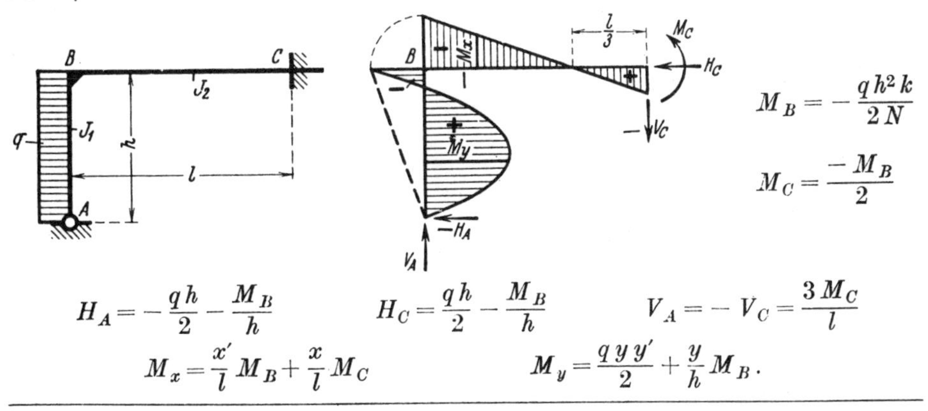

$$M_B = -\frac{q\,h^2\,k}{2\,N}$$

$$M_C = \frac{-M_B}{2}$$

$$H_A = -\frac{q\,h}{2} - \frac{M_B}{h} \qquad H_C = \frac{q\,h}{2} - \frac{M_B}{h} \qquad V_A = -V_C = \frac{3\,M_C}{l}$$

$$M_x = \frac{x'}{l} M_B + \frac{x}{l} M_C \qquad M_y = \frac{q\,y\,y'}{2} + \frac{y}{h} M_B .$$

Fall 2/4: Momentenangriff im Eckpunkt B

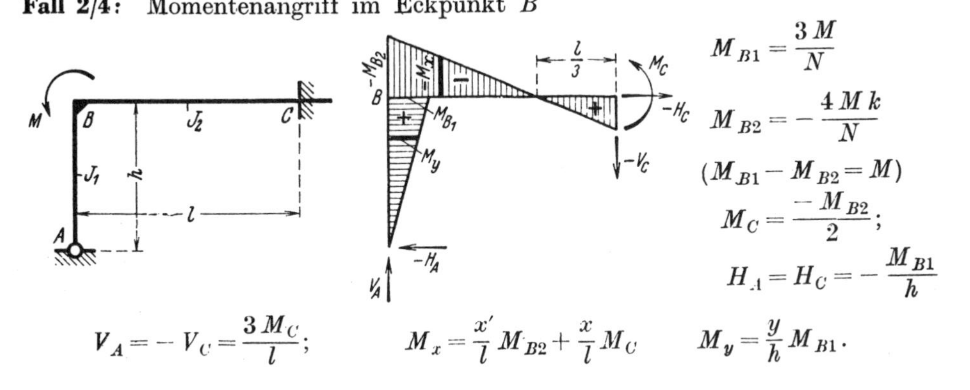

$$M_{B1} = \frac{3\,M}{N}$$

$$M_{B2} = -\frac{4\,M\,k}{N}$$

$$(M_{B1} - M_{B2} = M)$$

$$M_C = \frac{-M_{B2}}{2};$$

$$H_A = H_C = -\frac{M_{B1}}{h}$$

$$V_A = -V_C = \frac{3\,M_C}{l}; \qquad M_x = \frac{x'}{l} M_{B2} + \frac{x}{l} M_C \qquad M_y = \frac{y}{h} M_{B1} .$$

Rahmenform 2

Festwerte: $k = \frac{J_2}{J_1} \cdot \frac{h}{l}$ $N = 4k + 3$.

Siehe hierzu den Abschnitt „**Belastungsglieder**"

Fall 2/5: Riegel beliebig senkrecht belastet

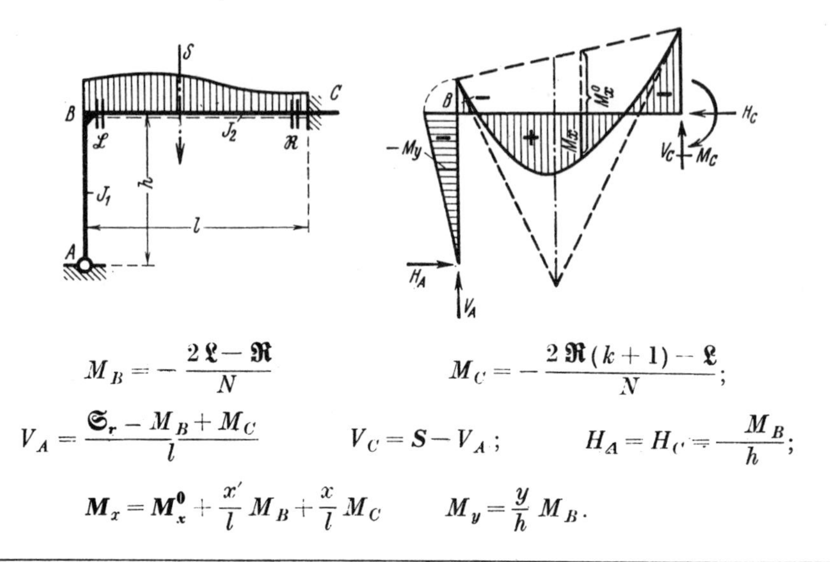

$$M_B = -\frac{2\mathfrak{L} - \mathfrak{R}}{N} \qquad M_C = -\frac{2\mathfrak{R}(k+1) - \mathfrak{L}}{N};$$

$$V_A = \frac{\mathfrak{S}_r - M_B + M_C}{l} \qquad V_C = S - V_A; \qquad H_A = H_C = \frac{M_B}{h};$$

$$\mathbf{M}_x = \mathbf{M}_x^0 + \frac{x'}{l} M_B + \frac{x}{l} M_C \qquad M_y = \frac{y}{h} M_B.$$

Fall 2/6: Stiel beliebig waagerecht belastet

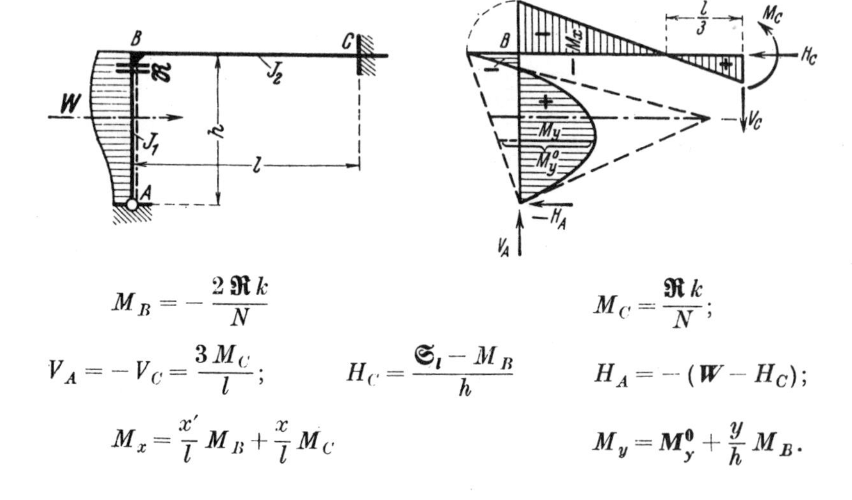

$$M_B = -\frac{2\mathfrak{R}k}{N} \qquad M_C = \frac{\mathfrak{R}k}{N};$$

$$V_A = -V_C = \frac{3M_C}{l}; \qquad H_C = \frac{\mathfrak{S}_l - M_B}{h} \qquad H_A = -(\mathbf{W} - H_C);$$

$$M_x = \frac{x'}{l} M_B + \frac{x}{l} M_C \qquad M_y = \mathbf{M}_y^0 + \frac{y}{h} M_B.$$

Rahmenform 3

Einhüftiger Rahmen mit senkrechtem, eingespanntem Stiel und waagerechtem, gelenkig gelagertem Riegel

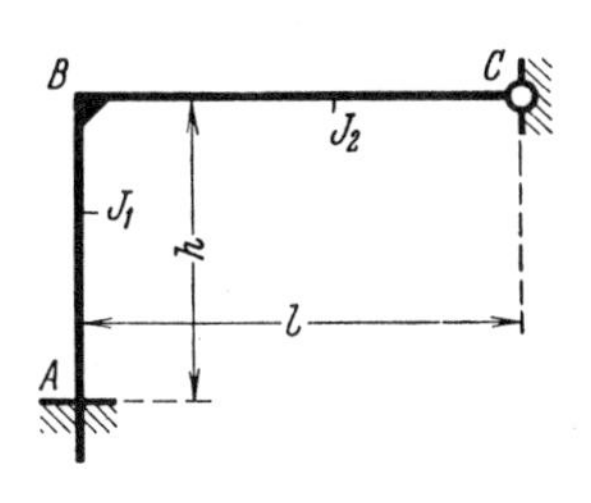

Rahmenform, Abmessungen und Bezeichnungen

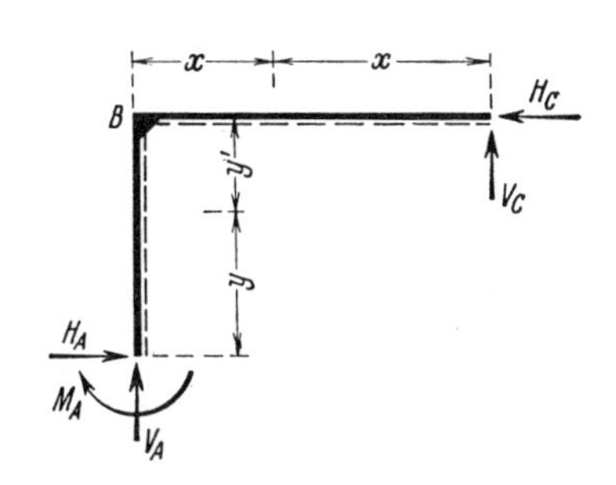

Festlegung der positiven Richtung der Stützkräfte und der Koordinaten beliebiger Stabpunkte. Positive Biegungsmomente erzeugen an der gestrichelten Stabseite Zug

Festwerte: $k = \frac{J_2}{J_1} \cdot \frac{h}{l}$ $\qquad N = 3k + 4$.

Fall 3/1: Gleichmäßige Wärmezunahme im ganzen Rahmen

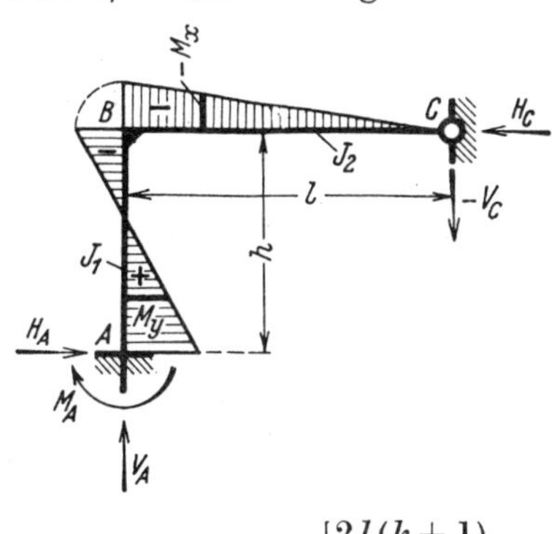

E = Elastizitätsmodul,

α_T = Wärmeausdehnungszahl,

t = Wärmeänderung in Grad.

Hilfswerte:

$$T = \frac{6 E J_2 \alpha_T t}{l N}, \qquad B = \frac{l^2 + h^2}{l h}.$$

$$M_A = + T \left[\frac{2l(k+1)}{hk} + B\right] \qquad M_B = - T \left[\frac{l}{h} + 2B\right]; \qquad M_x = \frac{x'}{l} M_B$$

$$H_A = H_C = \frac{M_A - M_B}{h}; \qquad V_A = - V_C = \frac{-M_B}{l}; \qquad M_y = \frac{y'}{h} M_A + \frac{y}{h} M_B.$$

Bemerkung: Bei Wärmeabnahme kehren alle Kräfte ihren Pfeilsinn um und alle Momente erhalten entgegengesetztes Vorzeichen.

Fall 3/2: Rechteck-Vollast auf dem Riegel

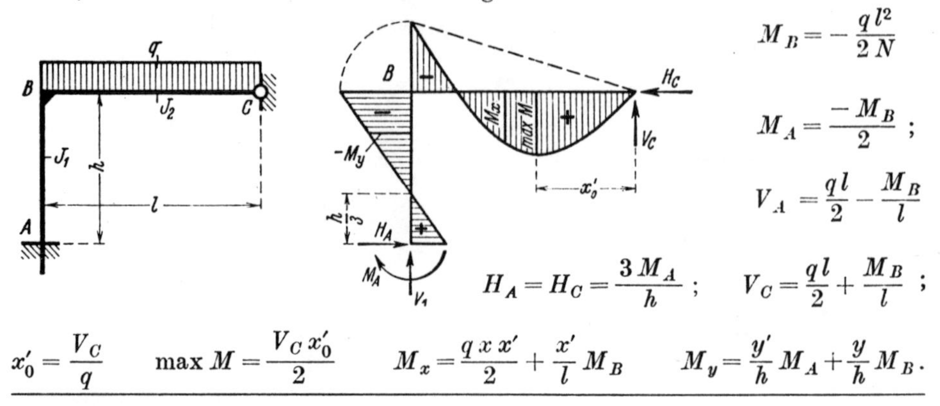

$$M_B = -\frac{q\,l^2}{2\,N}$$

$$M_A = \frac{-M_B}{2}\,;$$

$$V_A = \frac{q\,l}{2} - \frac{M_B}{l}$$

$$H_A = H_C = \frac{3\,M_A}{h}\,; \qquad V_C = \frac{q\,l}{2} + \frac{M_B}{l}\,;$$

$$x'_0 = \frac{V_C}{q} \qquad \max M = \frac{V_C\,x'_0}{2} \qquad M_x = \frac{q\,x\,x'}{2} + \frac{x'}{l}\,M_B \qquad M_y = \frac{y'}{h}\,M_A + \frac{y}{h}\,M_B\,.$$

Fall 3/3: Rechteck-Vollast am Stiel

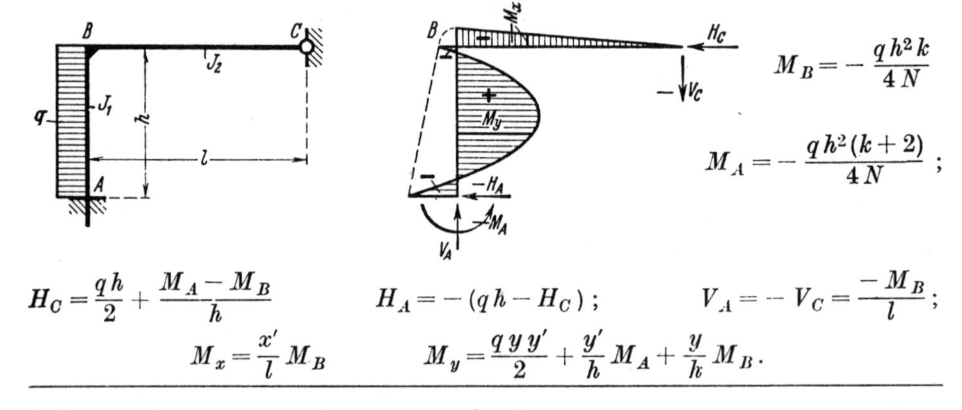

$$M_B = -\frac{q\,h^2\,k}{4\,N}$$

$$M_A = -\frac{q\,h^2\,(k+2)}{4\,N}\,;$$

$$H_C = \frac{q\,h}{2} + \frac{M_A - M_B}{h} \qquad H_A = -(q\,h - H_C)\,; \qquad V_A = -V_C = \frac{-M_B}{l}\,;$$

$$M_x = \frac{x'}{l}\,M_B \qquad M_y = \frac{q\,y\,y'}{2} + \frac{y'}{h}\,M_A + \frac{y}{h}\,M_B\,.$$

Fall 3/4: Momentenangriff im Eckpunkt B

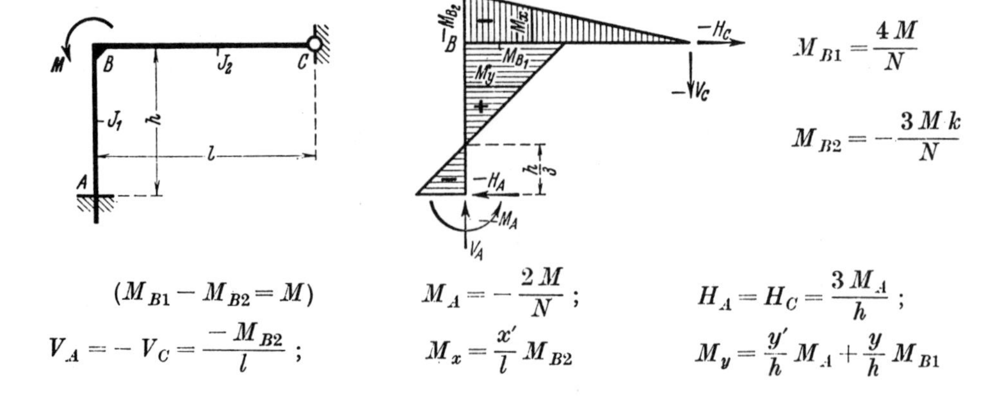

$$M_{B1} = \frac{4\,M}{N}$$

$$M_{B2} = -\frac{3\,M\,k}{N}$$

$$(M_{B1} - M_{B2} = M) \qquad M_A = -\frac{2\,M}{N}\,; \qquad H_A = H_C = \frac{3\,M_A}{h}\,;$$

$$V_A = -V_C = \frac{-M_{B2}}{l}\,; \qquad M_x = \frac{x'}{l}\,M_{B2} \qquad M_y = \frac{y'}{h}\,M_A + \frac{y}{h}\,M_{B1}$$

Festwerte: $k = \frac{J_2}{J_1} \cdot \frac{h}{l}$ $\qquad N = 3k + 4.$

Siehe hierzu den Abschnitt **„Belastungsglieder"**

Fall 3/5: Riegel beliebig senkrecht belastet

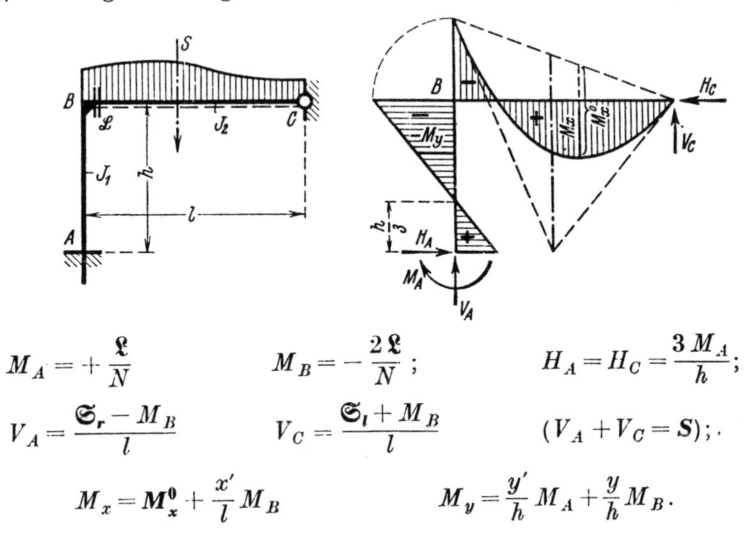

$$M_A = +\frac{\mathfrak{L}}{N} \qquad M_B = -\frac{2\,\mathfrak{L}}{N}; \qquad H_A = H_C = \frac{3\,M_A}{h};$$

$$V_A = \frac{\mathfrak{S}_r - M_B}{l} \qquad V_C = \frac{\mathfrak{S}_l + M_B}{l} \qquad (V_A + V_C = \mathbf{S});$$

$$M_x = \mathbf{M}_x^0 + \frac{x'}{l} M_B \qquad M_y = \frac{y'}{h} M_A + \frac{y}{h} M_B.$$

Fall 3/6: Stiel beliebig waagerecht belastet

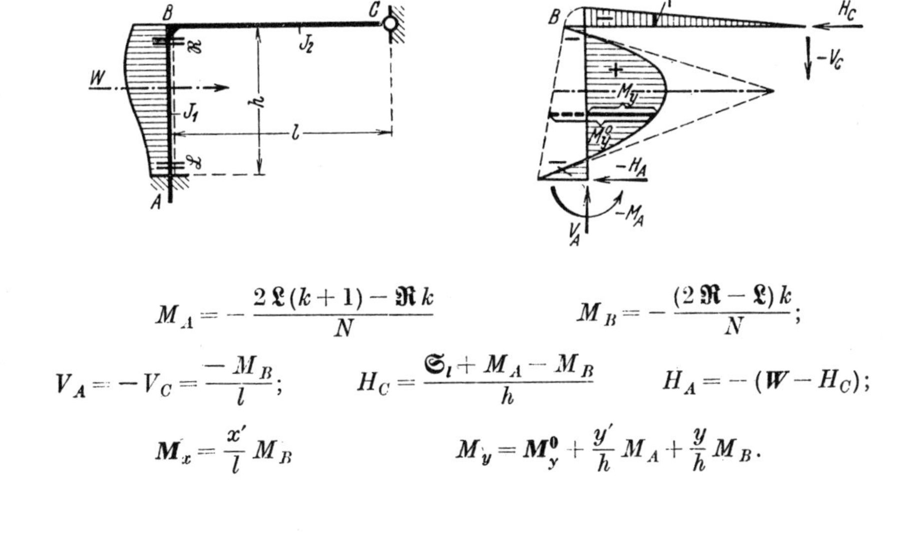

$$M_A = -\frac{2\,\mathfrak{L}(k+1) - \mathfrak{R}\,k}{N} \qquad M_B = -\frac{(2\,\mathfrak{R} - \mathfrak{L})\,k}{N};$$

$$V_A = -V_C = \frac{-M_B}{l}; \qquad H_C = \frac{\mathfrak{S}_l + M_A - M_B}{h} \qquad H_A = -(\mathbf{W} - H_C);$$

$$M_x = \frac{x'}{l} M_B \qquad M_y = \mathbf{M}_y^0 + \frac{y'}{h} M_A + \frac{y}{h} M_B.$$

Rahmenform 4

Einhüftiger eingespannter Rahmen mit senkrechtem Stiel und waagerechtem Riegel

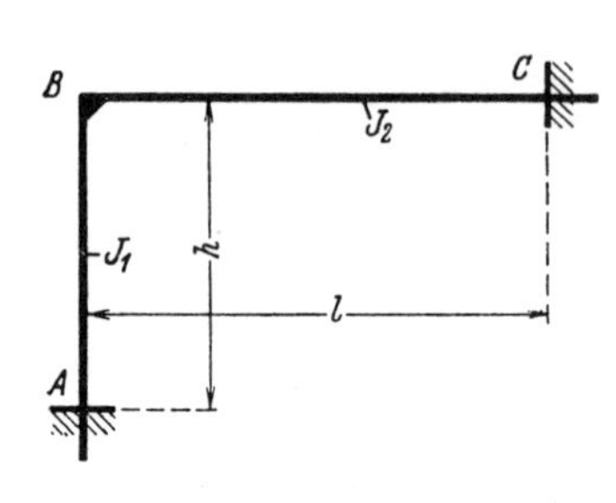

Rahmenform, Abmessungen und Bezeichnungen

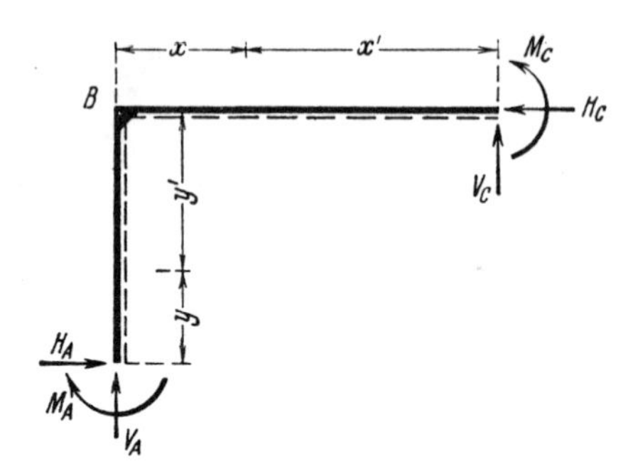

Festlegung der positiven Richtung der Stützkräfte und der Koordinaten beliebiger Stabpunkte. Positive Biegungsmomente erzeugen an der gestrichelten Stabseite Zug

Festwerte:

$$k = \frac{J_2}{J_1} \cdot \frac{h}{l} \qquad N = k + 1 .$$

Fall 4/1: Gleichmäßige Wärmezunahme im ganzen Rahmen

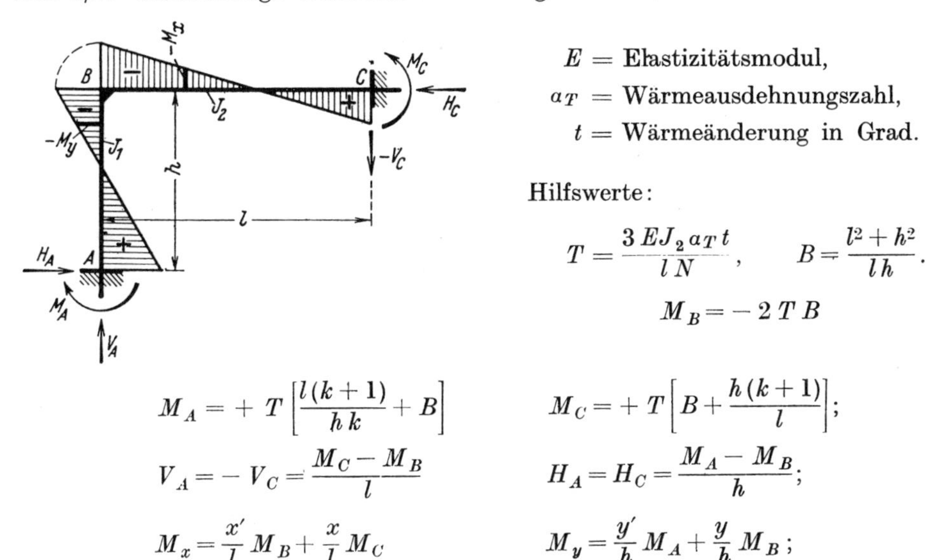

E = Elastizitätsmodul,

α_T = Wärmeausdehnungszahl,

t = Wärmeänderung in Grad.

Hilfswerte:

$$T = \frac{3\,E J_2\,\alpha_T\,t}{l\,N}, \qquad B = \frac{l^2 + h^2}{l\,h}.$$

$$M_B = -2\,T\,B$$

$$M_A = +\,T\left[\frac{l\,(k+1)}{h\,k} + B\right] \qquad M_C = +\,T\left[B + \frac{h\,(k+1)}{l}\right];$$

$$V_A = -\,V_C = \frac{M_C - M_B}{l} \qquad H_A = H_C = \frac{M_A - M_B}{h};$$

$$M_x = \frac{x'}{l}\,M_B + \frac{x}{l}\,M_C \qquad M_y = \frac{y'}{h}\,M_A + \frac{y}{h}\,M_B;$$

Bemerkung: Bei Wärmeabnahme kehren alle Kräfte ihren Pfeilsinn um und alle Momente erhalten entgegengesetztes Vorzeichen.

Fall 4/2: Momentenangriff im Eckpunkt B

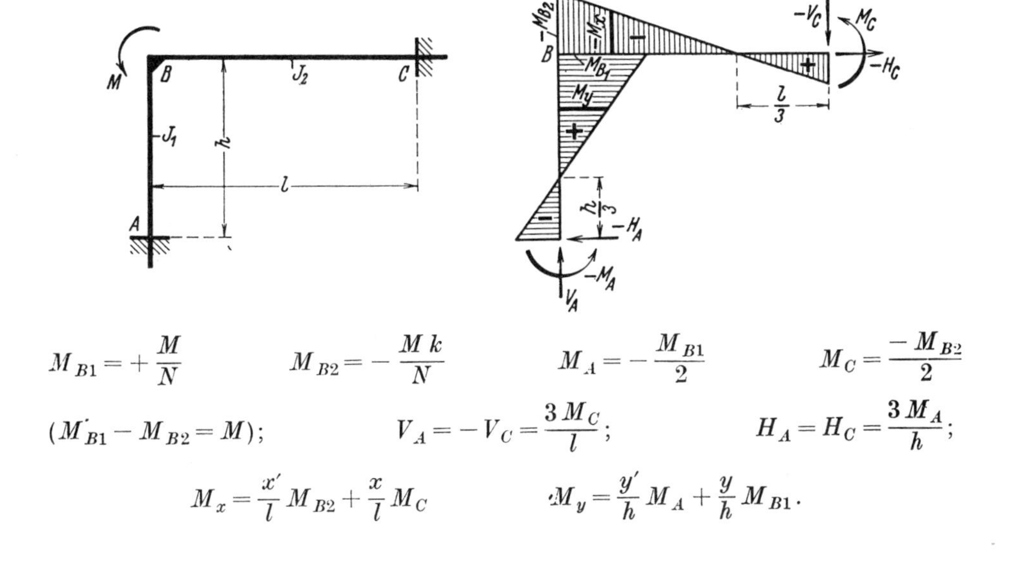

$$M_{B1} = +\,\frac{M}{N} \qquad M_{B2} = -\,\frac{M\,k}{N} \qquad M_A = -\,\frac{M_{B1}}{2} \qquad M_C = \frac{-\,M_{B2}}{2}$$

$$(M_{B1} - M_{B2} = M); \qquad V_A = -\,V_C = \frac{3\,M_C}{l}; \qquad H_A = H_C = \frac{3\,M_A}{h};$$

$$M_x = \frac{x'}{l}\,M_{B2} + \frac{x}{l}\,M_C \qquad M_y = \frac{y'}{h}\,M_A + \frac{y}{h}\,M_{B1}.$$

Rahmenform 4

Festwerte: $k = \frac{J_2}{J_1} \cdot \frac{h}{l}$ $N = k + 1$.

Fall 4/3: Rechteck-Vollast auf dem Riegel

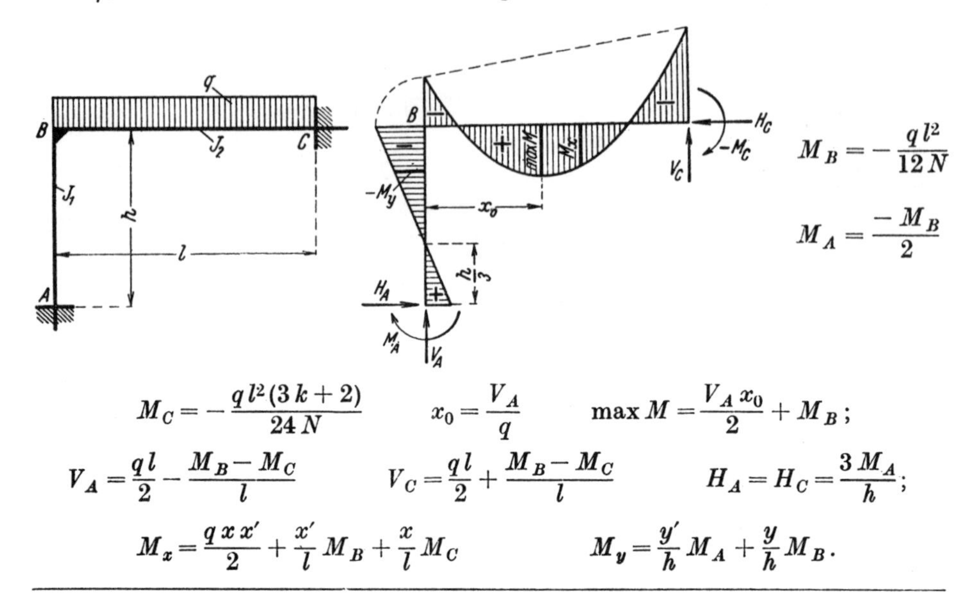

$$M_B = -\frac{q\,l^2}{12\,N}$$

$$M_A = \frac{-M_B}{2}$$

$$M_C = -\frac{q\,l^2\,(3\,k+2)}{24\,N} \qquad x_0 = \frac{V_A}{q} \qquad \max M = \frac{V_A\,x_0}{2} + M_B;$$

$$V_A = \frac{q\,l}{2} - \frac{M_B - M_C}{l} \qquad V_C = \frac{q\,l}{2} + \frac{M_B - M_C}{l} \qquad H_A = H_C = \frac{3\,M_A}{h};$$

$$M_x = \frac{q\,x\,x'}{2} + \frac{x'}{l} M_B + \frac{x}{l} M_C \qquad M_y = \frac{y'}{h} M_A + \frac{y}{h} M_B.$$

Fall 4/4: Rechteck-Vollast am Stiel

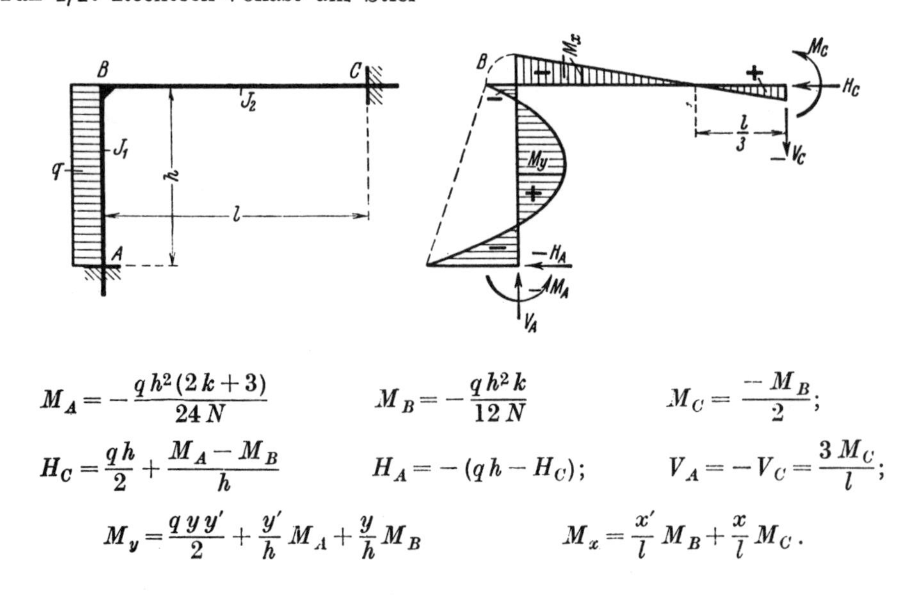

$$M_A = -\frac{q\,h^2\,(2\,k+3)}{24\,N} \qquad M_B = -\frac{q\,h^2\,k}{12\,N} \qquad M_C = \frac{-M_B}{2};$$

$$H_C = \frac{q\,h}{2} + \frac{M_A - M_B}{h} \qquad H_A = -(q\,h - H_C); \qquad V_A = -V_C = \frac{3\,M_C}{l};$$

$$M_y = \frac{q\,y\,y'}{2} + \frac{y'}{h} M_A + \frac{y}{h} M_B \qquad M_x = \frac{x'}{l} M_B + \frac{x}{l} M_C.$$

Siehe hierzu den Abschnitt **„Belastungsglieder"**

Fall 4/5: Riegel beliebig senkrecht belastet

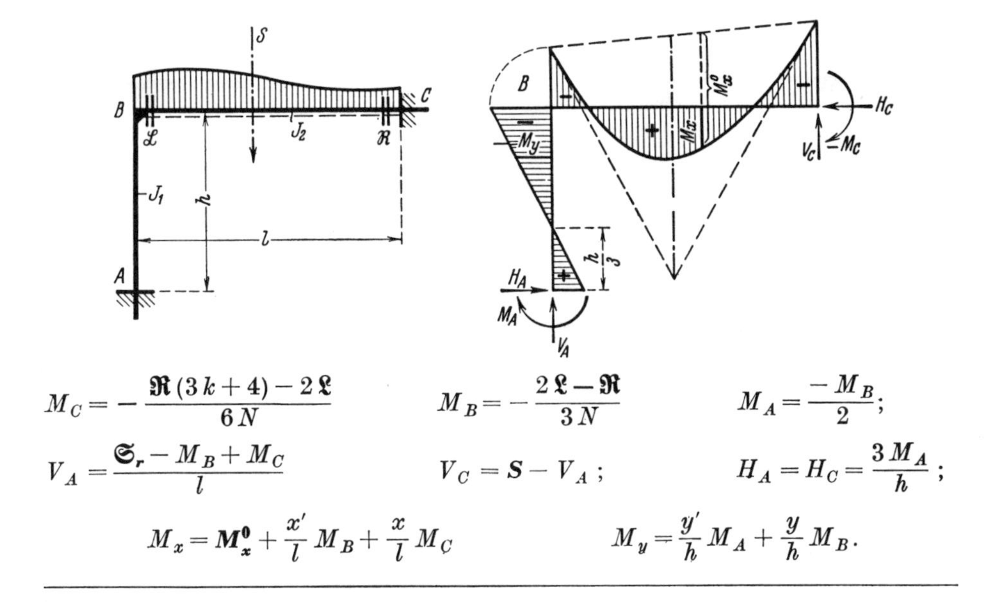

$$M_C = -\frac{\mathfrak{R}(3k+4) - 2\mathfrak{L}}{6N} \qquad M_B = -\frac{2\mathfrak{L} - \mathfrak{R}}{3N} \qquad M_A = \frac{-M_B}{2};$$

$$V_A = \frac{\mathfrak{S}_r - M_B + M_C}{l} \qquad V_C = \boldsymbol{S} - V_A; \qquad H_A = H_C = \frac{3M_A}{h};$$

$$M_x = \boldsymbol{M}_x^0 + \frac{x'}{l}M_B + \frac{x}{l}M_C \qquad M_y = \frac{y'}{h}M_A + \frac{y}{h}M_B.$$

Fall 4/6: Stiel beliebig waagerecht belastet

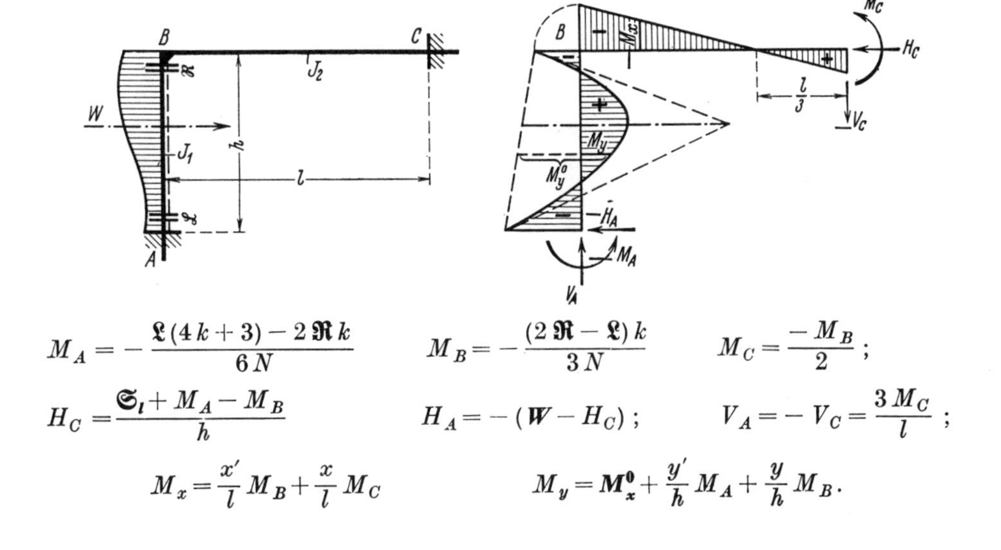

$$M_A = -\frac{\mathfrak{L}(4k+3) - 2\mathfrak{R}k}{6N} \qquad M_B = -\frac{(2\mathfrak{R} - \mathfrak{L})k}{3N} \qquad M_C = \frac{-M_B}{2};$$

$$H_C = \frac{\mathfrak{S}_l + M_A - M_B}{h} \qquad H_A = -(\boldsymbol{W} - H_C); \qquad V_A = -V_C = \frac{3M_C}{l};$$

$$M_x = \frac{x'}{l}M_B + \frac{x}{l}M_C \qquad M_y = \boldsymbol{M}_x^0 + \frac{y'}{h}M_A + \frac{y}{h}M_B.$$

Rahmenform 5

Einhüftiger Rahmen mit senkrechtem, eingespanntem Stiel und waagerechtem Riegel mit waagerecht beweglichem Kipplager

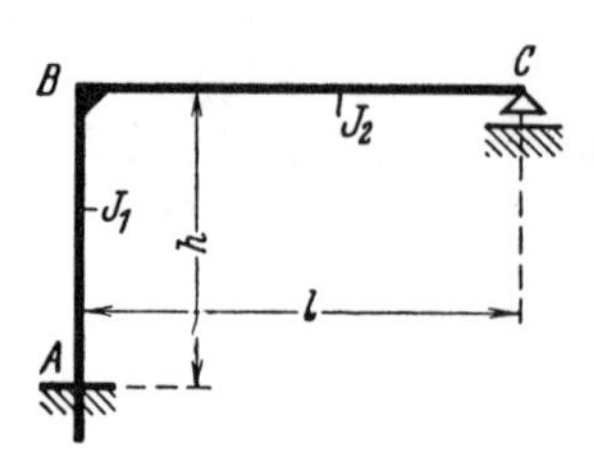

Rahmenform, Abmessungen und Bezeichnungen

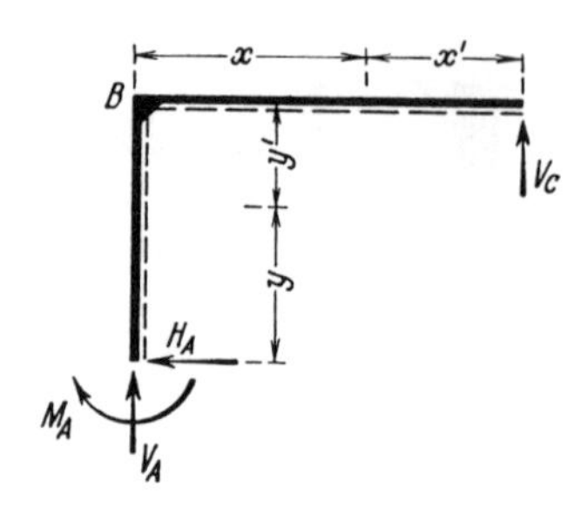

Festlegung der positiven Richtung der Stützkräfte*) und der Koordinaten beliebiger Stabpunkte. Positive Biegungsmomente erzeugen an der gestrichelten Stabseite Zug

Festwerte: $k = \frac{J_2}{J_1} \cdot \frac{h}{l}$ $\qquad N = 3k + 1$.

Fall 5/1: Gleichmäßige Wärmezunahme im ganzen Rahmen

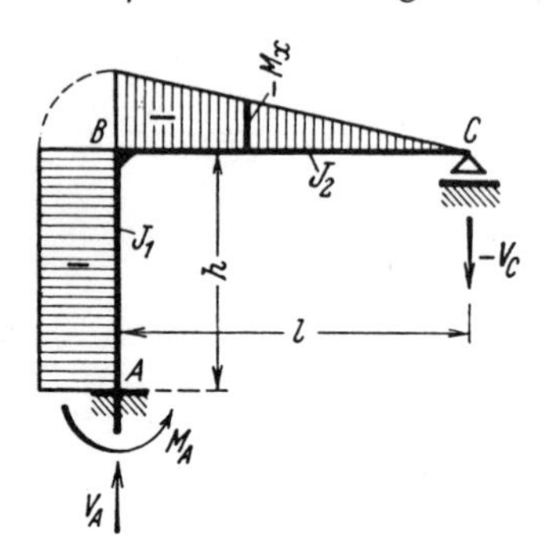

E = Elastizitätsmodul,

α_T = Wärmeausdehnungszahl,

t = Wärmeänderung in Grad.

$$M_A = M_B = -\frac{3\,EJ_2\,\alpha_T\,t\,h}{l^2\,N}\,;$$

$$V_A = -V_C = \frac{-M_B}{l}\,; \qquad M_x = \frac{x'}{l}\,M_B\,.$$

Bemerkung: Bei Wärmeabnahme kehren alle Kräfte ihren Pfeilsinn um und alle Momente erhalten entgegengesetztes Vorzeichen.

---

*) Abweichend von den Festlegungen bei allen anderen Rahmen ist hier die positive Richtung des Schubes H_A aus leicht ersichtlichen Gründen von innen nach außen wirkend angesetzt.

Fall 5/2: Rechteck-Vollast auf dem Riegel

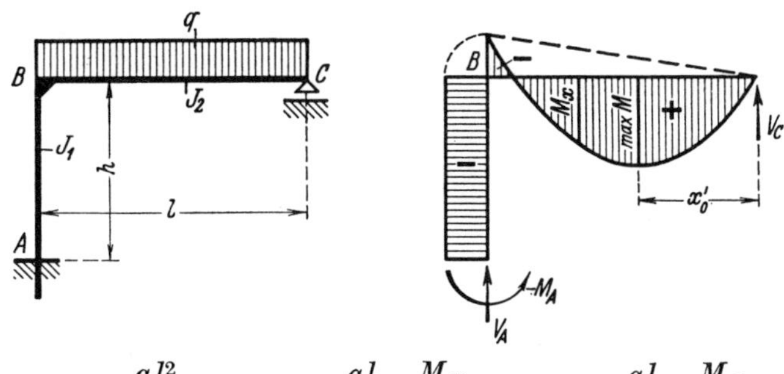

$$M_A = M_B = -\frac{q\,l^2}{8\,N} \qquad V_A = \frac{q\,l}{2} - \frac{M_B}{l} \qquad V_C = \frac{q\,l}{2} + \frac{M_B}{l}$$

$$x_0' = \frac{V_C}{q} \qquad \max M = \frac{V_C\,x_0'}{2} \qquad M_x = \frac{q\,x\,x'}{2} + \frac{x'}{l}\,M_B\,.$$

Fall 5/3: Rechteck-Vollast am Stiel

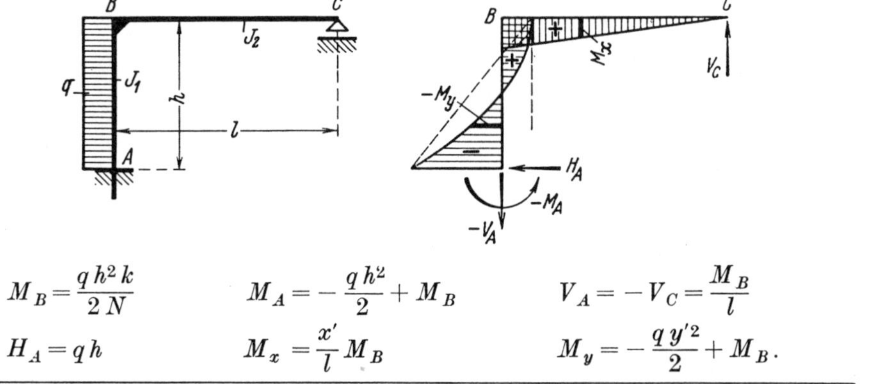

$$M_B = \frac{q\,h^2\,k}{2\,N} \qquad M_A = -\frac{q\,h^2}{2} + M_B \qquad V_A = -V_C = \frac{M_B}{l}$$

$$H_A = q\,h \qquad M_x = \frac{x'}{l}\,M_B \qquad M_y = -\frac{q\,y'^2}{2} + M_B\,.$$

Fall 5/4: Waagerechte Einzellast in Riegelhöhe

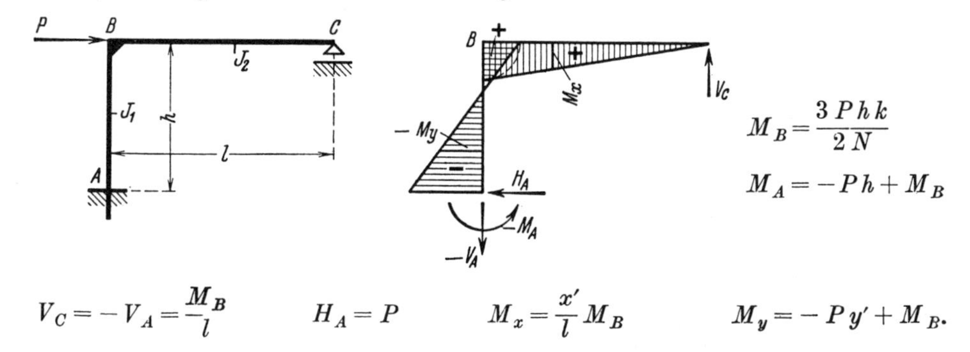

$$M_B = \frac{3\,P\,h\,k}{2\,N}$$

$$M_A = -P\,h + M_B$$

$$V_C = -V_A = \frac{M_B}{l} \qquad H_A = P \qquad M_x = \frac{x'}{l}\,M_B \qquad M_y = -P\,y' + M_B\,.$$

Rahmenform 5

Festwerte: $k = \frac{J_2}{J_1} \cdot \frac{h}{l}$ $N = 3k + 1$.

Siehe hierzu den Abschnitt „**Belastungsglieder**"

Fall 5/5: Riegel beliebig senkrecht belastet

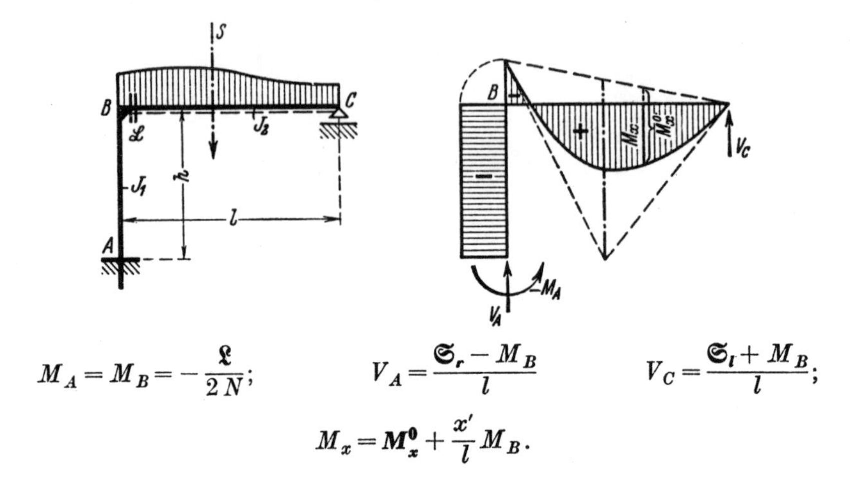

$$M_A = M_B = -\frac{\mathfrak{L}}{2N}; \qquad V_A = \frac{\mathfrak{S}_r - M_B}{l} \qquad V_C = \frac{\mathfrak{S}_l + M_B}{l};$$

$$M_x = \mathbf{M}_x^0 + \frac{x'}{l} M_B.$$

Fall 5/6: Stiel beliebig waagerecht belastet

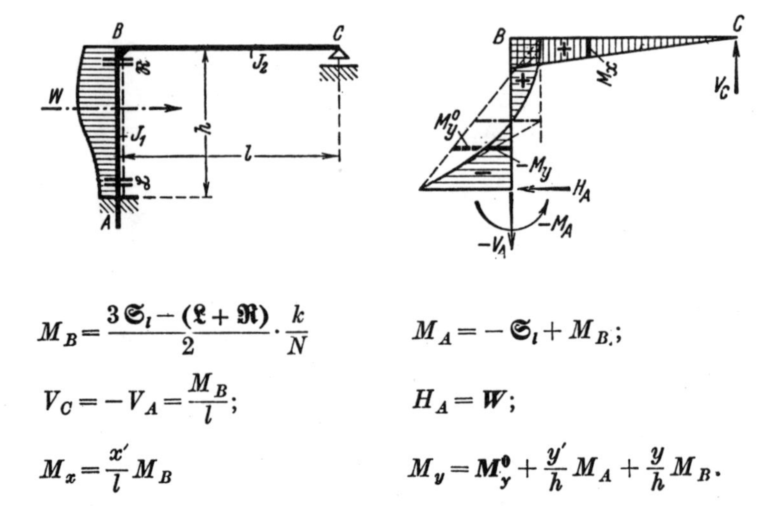

$$M_B = \frac{3\,\mathfrak{S}_l - (\mathfrak{L} + \mathfrak{R})}{2} \cdot \frac{k}{N} \qquad M_A = -\mathfrak{S}_l + M_B;$$

$$V_C = -V_A = \frac{M_B}{l}; \qquad H_A = W;$$

$$M_x = \frac{x'}{l} M_B \qquad M_y = \mathbf{M}_y^0 + \frac{y'}{h} M_A + \frac{y}{h} M_B.$$

Rahmenform 6

Einhüftiger Rahmen mit waagerechtem, eingespanntem Riegel und senkrechtem Stiel mit waagerecht beweglichem Kipplager

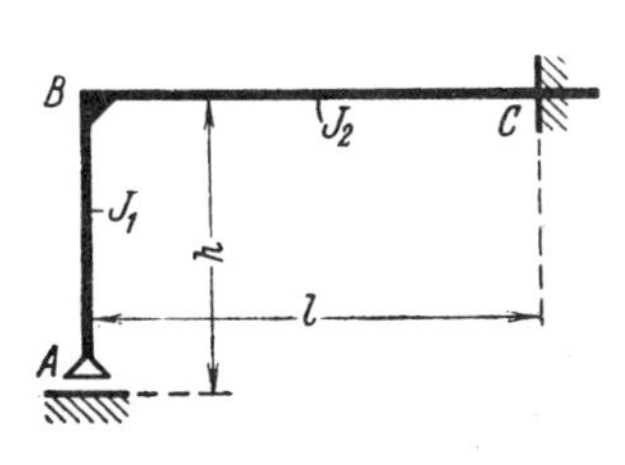

Rahmenform, Abmessungen und Bezeichnungen

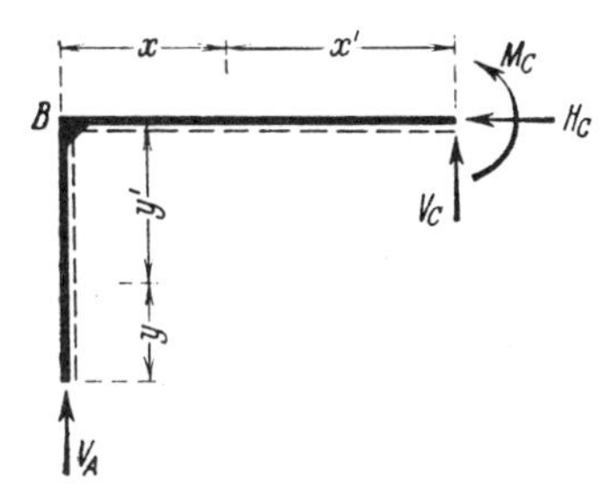

Festlegung der positiven Richtung aller Stützkräfte und der Koordinaten beliebiger Stabpunkte. Positive Biegungsmomente erzeugen an der gestrichelten Stabseite Zug

Bemerkung: Bei dieser Rahmenform sind die Biegungsmomente unabhängig von dem Verhältnis der Stabträgheitsmomente. Deshalb tritt auch keine Biegsamkeitszahl k in Erscheinung.

Fall 6/1: Gleichmäßige Wärmezunahme im ganzen Rahmen[1])

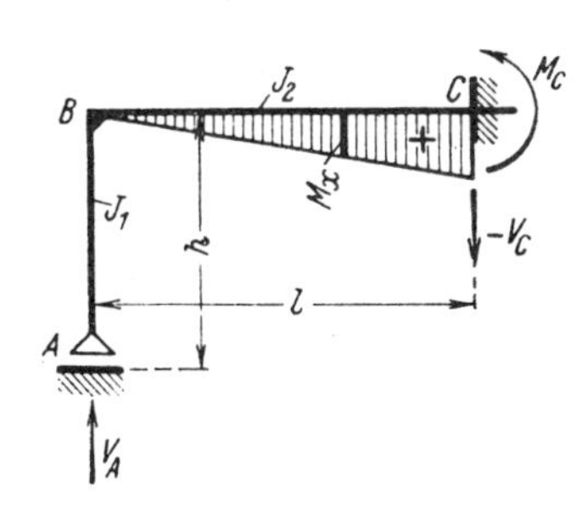

E = Elastizitätsmodul.

α_T = Wärmeausdehnungszahl,

t = Wärmeänderung in Grad.

$$M_B = 0 \qquad M_C = \frac{3\,E J_2\,\alpha_T\,t\,h}{l^2};$$

$$V_A = -V_C = \frac{M_C}{l} \qquad M_x = \frac{x}{l}\,M_C.$$

Bemerkung: Bei Wärmeabnahme kehren alle Kräfte ihren Pfeilsinn um und alle Momente erhalten entgegengesetztes Vorzeichen.

[1]) Bei dem vorliegenden Rahmen hat nur die Wärmeänderung des Stieles einen Einfluß.

Rahmenform 6

Fall 6/2: Rechteck-Vollast auf dem Riegel

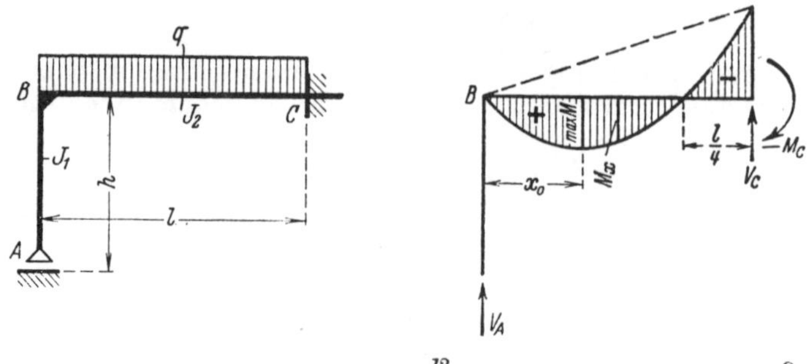

$$M_B = 0 \qquad M_C = -\frac{q l^2}{8} \qquad \max M = \frac{9 q l^2}{128};$$

$$V_A = \frac{3 q l}{8} \qquad V_C = \frac{5 q l}{8}; \qquad M_x = \frac{q x}{2}\left(\frac{3 l}{4} - x\right) \qquad x_0 = \frac{3 l}{8}.$$

Fall 6/3: Rechteck-Vollast am Stiel

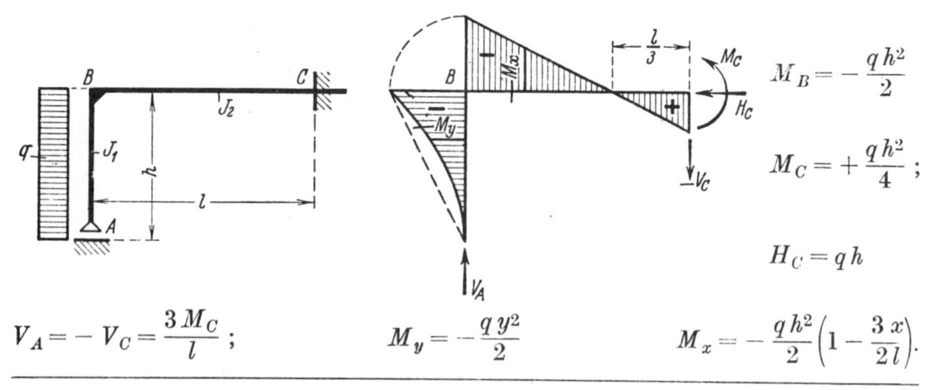

$$M_B = -\frac{q h^2}{2}$$

$$M_C = +\frac{q h^2}{4};$$

$$H_C = q h$$

$$V_A = -V_C = \frac{3 M_C}{l}; \qquad M_y = -\frac{q y^2}{2} \qquad M_x = -\frac{q h^2}{2}\left(1 - \frac{3 x}{2 l}\right).$$

Fall 6/4: Momentenangriff am Eckpunkt B

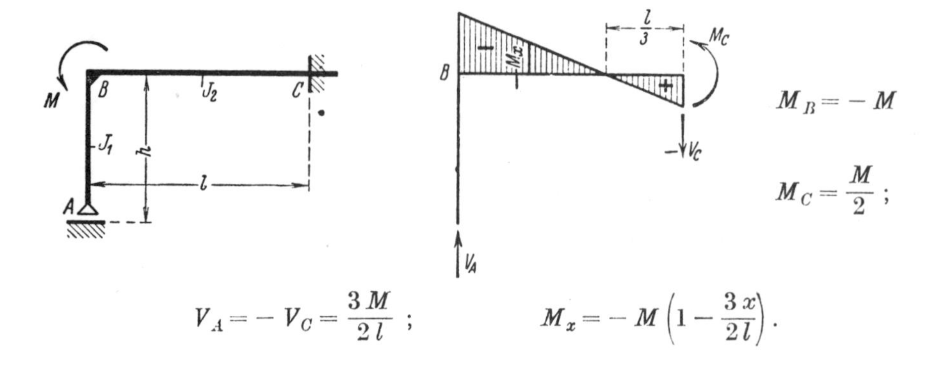

$$M_B = -M$$

$$M_C = \frac{M}{2};$$

$$V_A = -V_C = \frac{3 M}{2 l}; \qquad M_x = -M\left(1 - \frac{3 x}{2 l}\right).$$

Siehe hierzu den Abschnitt **„Belastungsglieder"**

Fall 6/5: Riegel beliebig senkrecht belastet

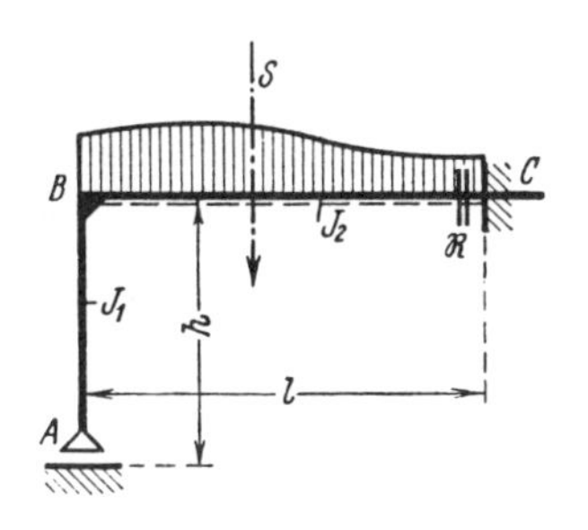

$$M_B = 0 \qquad M_C = -\frac{\mathfrak{R}}{2} \qquad M_x = \boldsymbol{M_x^0} + \frac{x}{l} M_C\,;$$

$$V_A = \frac{\mathfrak{S}_r + M_C}{l} \qquad V_C = \frac{\mathfrak{S}_l - M_C}{l}$$

Fall 6/6: Stiel beliebig waagerecht belastet

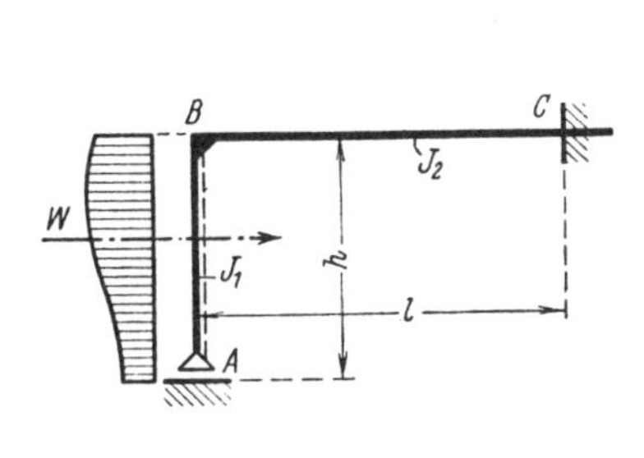

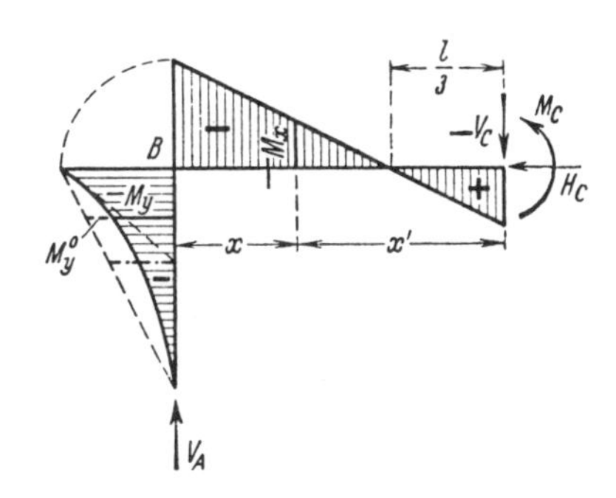

$$M_B = -\mathfrak{S}_r \qquad M_C = \frac{-M_B}{2}\,;$$

$$V_A = -V_C = \frac{3\,M_C}{l} \qquad H_C = \boldsymbol{W}\,;$$

$$M_x = \frac{x'}{l} M_B + \frac{x}{l} M_C \qquad M_y = \boldsymbol{M_y^0} + \frac{y}{h} M_B\,.$$

Rahmenform 7

Einhüftiger eingespannter Zweigelenkrahmen mit senkrechtem Stiel und geneigtem Riegel

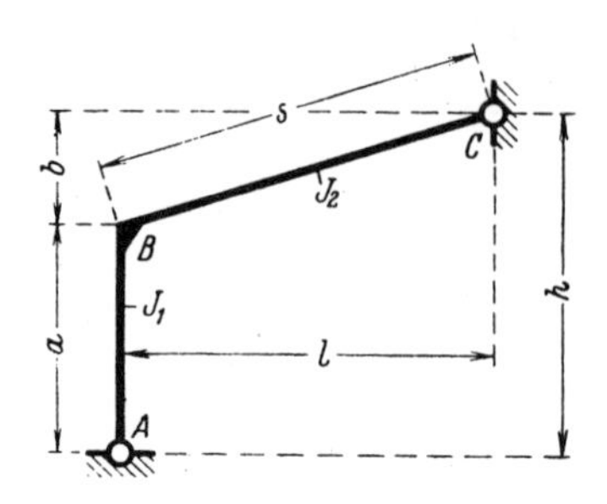

Rahmenform, Abmessungen und Bezeichnungen

Festlegung der positiven Richtung aller Stützkräfte und der Koordinaten beliebiger Stabpunkte. Positive Biegungsmomente erzeugen an der gestrichelten Stabseite Zug

Festwerte: $k = \frac{J_2}{J_1} \cdot \frac{a}{s}$ $N = k + 1$ $\alpha = \frac{h}{a}$.

Fall 7/1: Gleichmäßige Wärmezunahme im ganzen Rahmen

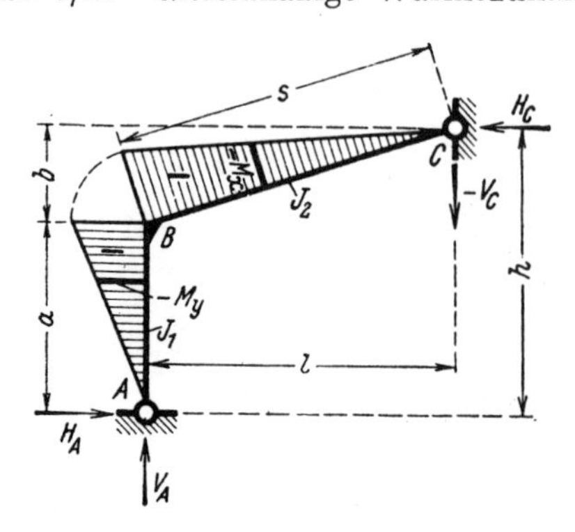

E = Elastizitätsmodul,

a_T = Wärmeausdehnungszahl,

t = Wärmeänderung in Grad.

$$M_B = -\frac{3\,EJ_2\,a_T\,t}{s\,N} \cdot \frac{l^2 + h^2}{l\,a}$$

$$V_A = -V_C = \frac{-M_B\,\alpha}{l}$$

$$H_A = H_C = \frac{-M_B}{a} \qquad M_y = \frac{y}{a} M_B \qquad M_x = \frac{x'}{l} M_B.$$

Bemerkung: Bei Wärme**ab**nahme kehren alle Kräfte ihren Pfeilsinn um und alle Momente erhalten entgegengesetztes Vorzeichen.

Festwerte siehe Seite 20

Siehe hierzu den Abschnitt „**Belastungsglieder**“

Fall 7/2: Riegel beliebig senkrecht belastet

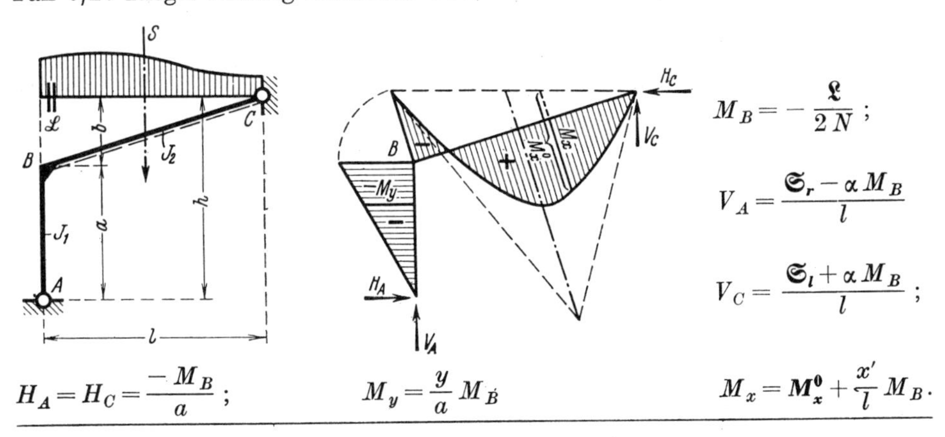

$$M_B = -\frac{\mathfrak{L}}{2N}\,;\qquad V_A = \frac{\mathfrak{S}_r - \alpha M_B}{l}\qquad V_C = \frac{\mathfrak{S}_l + \alpha M_B}{l}\,;$$

$$H_A = H_C = \frac{-M_B}{a}\,;\qquad M_y = \frac{y}{a} M_B\qquad M_x = \mathbf{M}_x^0 + \frac{x'}{l} M_B\,.$$

Fall 7/3: Riegel beliebig waagerecht belastet

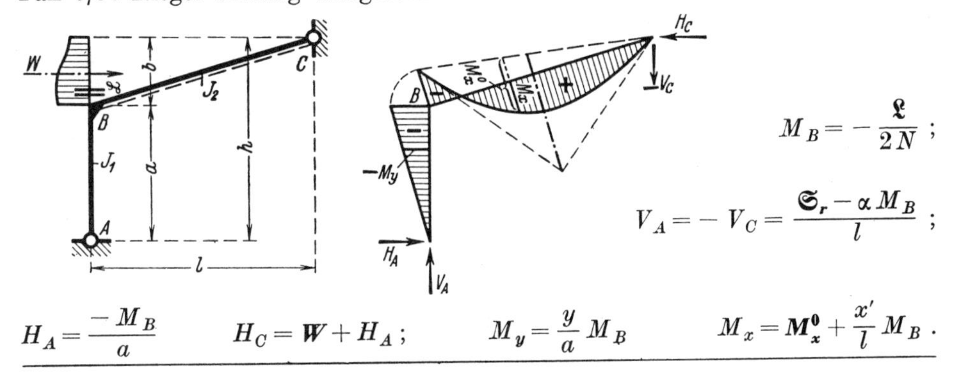

$$M_B = -\frac{\mathfrak{L}}{2N}\,;\qquad V_A = -V_C = \frac{\mathfrak{S}_r - \alpha M_B}{l}\,;$$

$$H_A = \frac{-M_B}{a}\qquad H_C = \mathfrak{W} + H_A\,;\qquad M_y = \frac{y}{a} M_B\qquad M_x = \mathbf{M}_x^0 + \frac{x'}{l} M_B\,.$$

Fall 7/4: Stiel beliebig waagerecht belastet

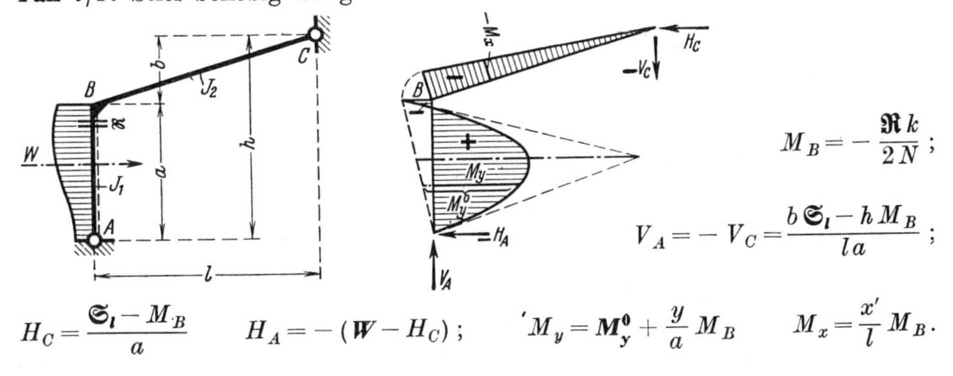

$$M_B = -\frac{\mathfrak{R}\,k}{2N}\,;\qquad V_A = -V_C = \frac{b\,\mathfrak{S}_l - h\,M_B}{l\,a}\,;$$

$$H_C = \frac{\mathfrak{S}_l - M_B}{a}\qquad H_A = -(\mathfrak{W} - H_C)\,;\qquad M_y = \mathbf{M}_y^0 + \frac{y}{a} M_B\qquad M_x = \frac{x'}{l} M_B\,.$$

Rahmenform 8

Einhüftiger eingespannter Rahmen mit senkrechtem Stiel und geneigtem Riegel

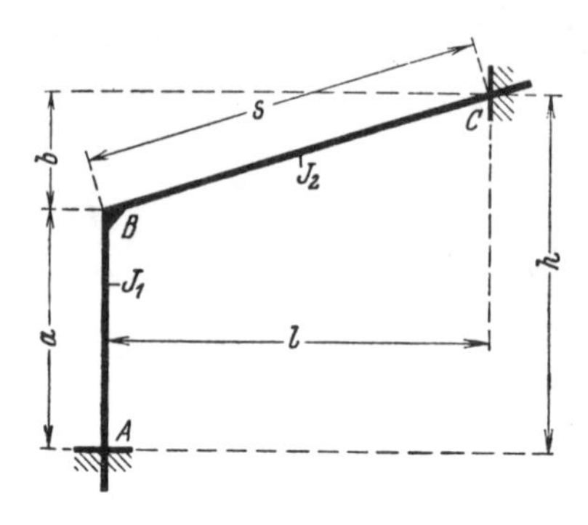

Rahmenform, Abmessungen und Bezeichnungen

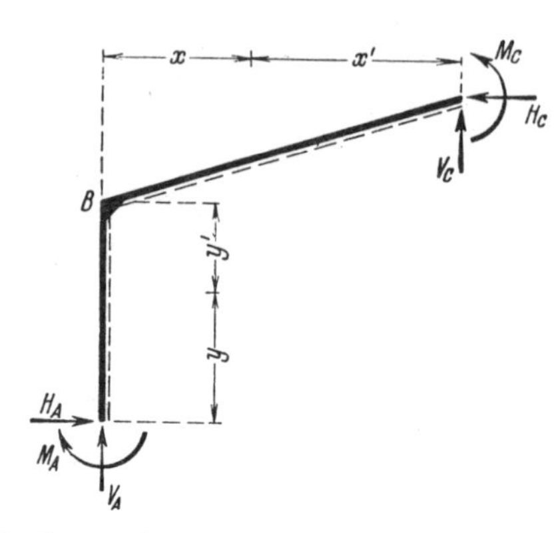

Festlegung der positiven Richtung aller Stützkräfte und der Koordinaten beliebiger Stabpunkte. Positive Biegungsmomente erzeugen an der gestrichelten Stabseite Zug

Festwerte:

$$k = \frac{J_2}{J_1} \cdot \frac{a}{s} \qquad N = k + 1\,.$$

Veränderliche:

$$\xi = \frac{x}{l} \qquad \xi' = \frac{x'}{l}\,; \qquad \eta = \frac{y}{a} \qquad \eta' = \frac{y'}{a}\,;$$

$$(\xi + \xi' = 1)\,. \qquad (\eta + \eta' = 1)\,.$$

Siehe hierzu den Abschnitt „**Belastungsglieder**“

Fall 8/1: Riegel beliebig senkrecht belastet

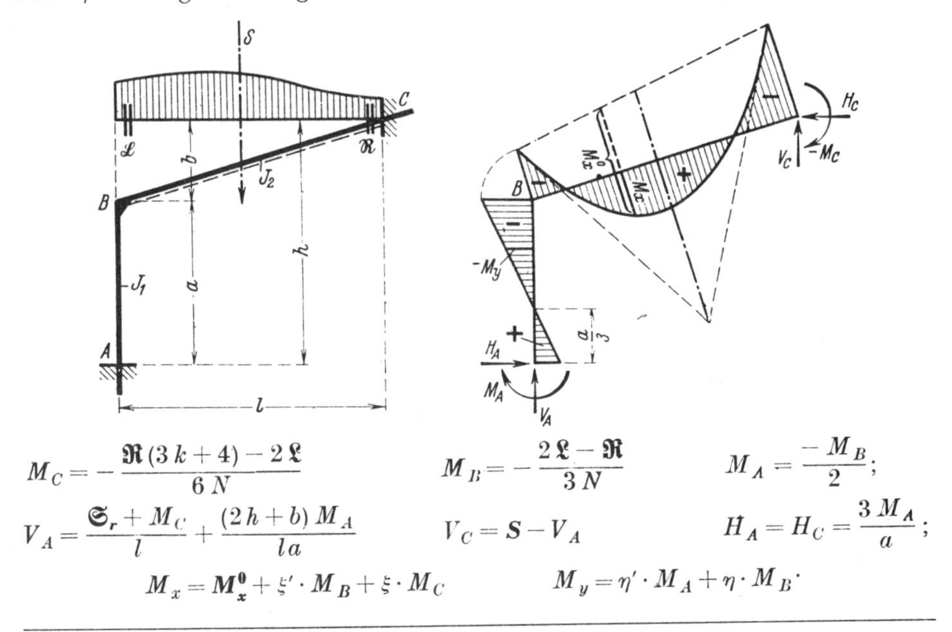

$$M_C = -\frac{\mathfrak{R}(3k+4) - 2\mathfrak{L}}{6N} \qquad M_B = -\frac{2\mathfrak{L} - \mathfrak{R}}{3N} \qquad M_A = \frac{-M_B}{2};$$

$$V_A = \frac{\mathfrak{S}_r + M_C}{l} + \frac{(2h+b)M_A}{la} \qquad V_C = S - V_A \qquad H_A = H_C = \frac{3M_A}{a};$$

$$M_x = M_x^0 + \xi' \cdot M_B + \xi \cdot M_C \qquad M_y = \eta' \cdot M_A + \eta \cdot M_B.$$

Fall 8/2: Riegel beliebig waagerecht belastet

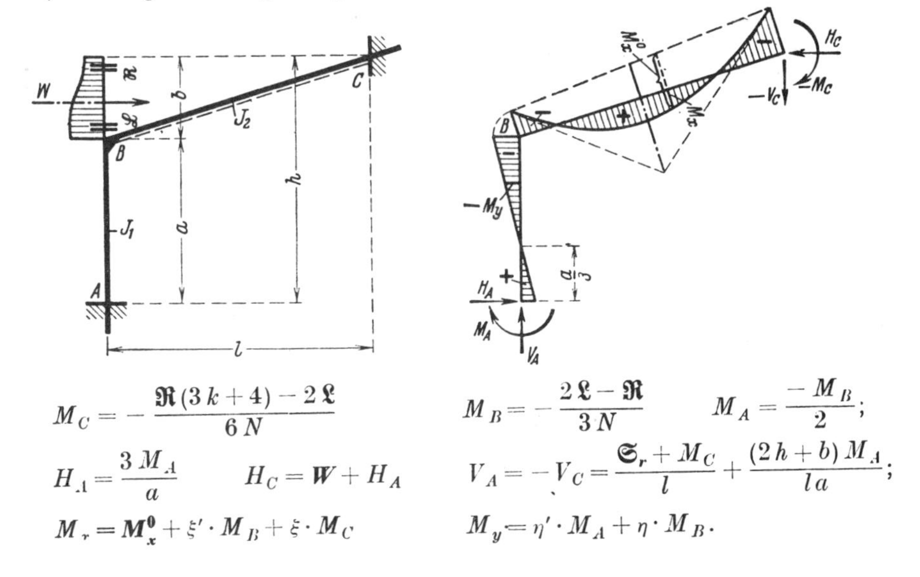

$$M_C = -\frac{\mathfrak{R}(3k+4) - 2\mathfrak{L}}{6N} \qquad M_B = -\frac{2\mathfrak{L} - \mathfrak{R}}{3N} \qquad M_A = \frac{-M_B}{2};$$

$$H_A = \frac{3M_A}{a} \qquad H_C = W + H_A \qquad V_A = -V_C = \frac{\mathfrak{S}_r + M_C}{l} + \frac{(2h+b)M_A}{la};$$

$$M_x = M_x^0 + \xi' \cdot M_B + \xi \cdot M_C \qquad M_y = \eta' \cdot M_A + \eta \cdot M_B.$$

Siehe hierzu den Abschnitt „**Belastungsglieder**"

Fall 8/3: Stiel beliebig waagerecht belastet

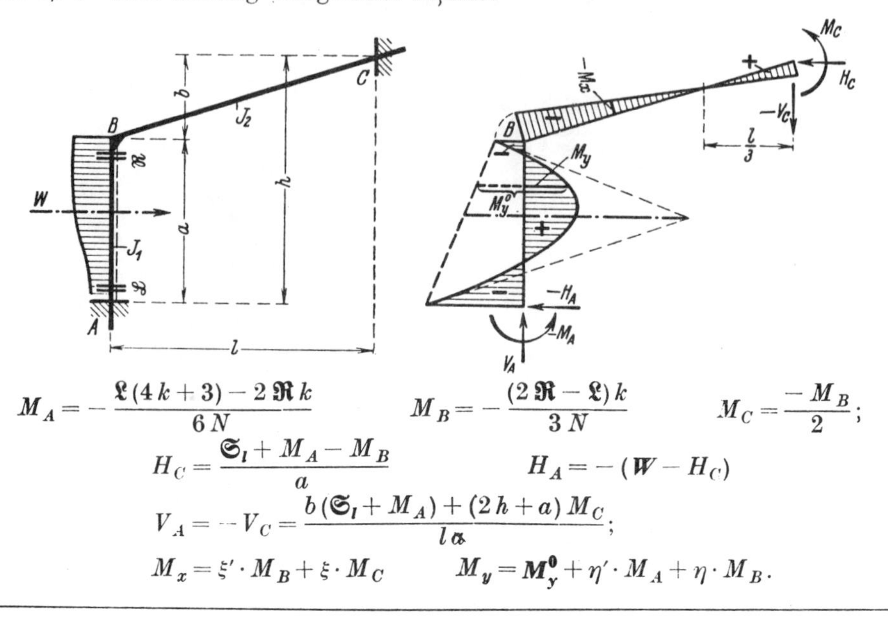

$$M_A = -\frac{\mathfrak{L}(4k+3) - 2\mathfrak{R}k}{6N} \qquad M_B = -\frac{(2\mathfrak{R} - \mathfrak{L})k}{3N} \qquad M_C = \frac{-M_B}{2};$$

$$H_C = \frac{\mathfrak{S}_l + M_A - M_B}{a} \qquad H_A = -(W - H_C)$$

$$V_A = -V_C = \frac{b(\mathfrak{S}_l + M_A) + (2h+a)M_C}{la};$$

$$M_x = \xi' \cdot M_B + \xi \cdot M_C \qquad M_y = M_y^0 + \eta' \cdot M_A + \eta \cdot M_B.$$

Fall 8/4: Gleichmäßige Wärmezunahme im ganzen Rahmen

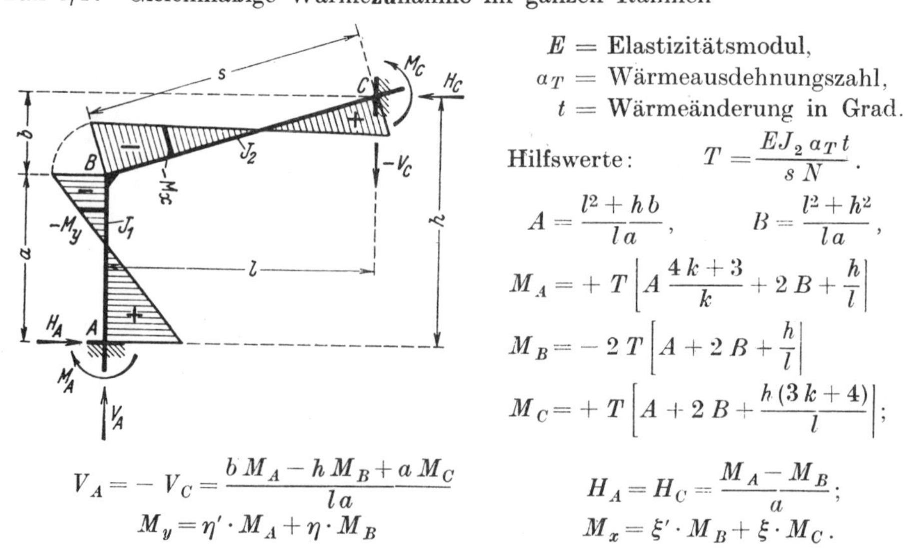

E = Elastizitätsmodul,
a_T = Wärmeausdehnungszahl,
t = Wärmeänderung in Grad.

Hilfswerte: $T = \frac{EJ_2\, a_T\, t}{s\, N}$.

$$A = \frac{l^2 + hb}{la}, \qquad B = \frac{l^2 + h^2}{la},$$

$$M_A = +T\left[A\frac{4k+3}{k} + 2B + \frac{h}{l}\right]$$

$$M_B = -2T\left[A + 2B + \frac{h}{l}\right]$$

$$M_C = +T\left[A + 2B + \frac{h(3k+4)}{l}\right];$$

$$V_A = -V_C = \frac{bM_A - hM_B + aM_C}{la} \qquad H_A = H_C = \frac{M_A - M_B}{a};$$

$$M_y = \eta' \cdot M_A + \eta \cdot M_B \qquad M_x = \xi' \cdot M_B + \xi \cdot M_C.$$

Bemerkung: Bei Wärme**abnahme** kehren alle Kräfte ihren Pfeilsinn um und alle Momente erhalten entgegengesetztes Vorzeichen.

Rahmenform 9

Einhüftiger Zweigelenkrahmen mit schrägem Stiel und waagerechtem Riegel

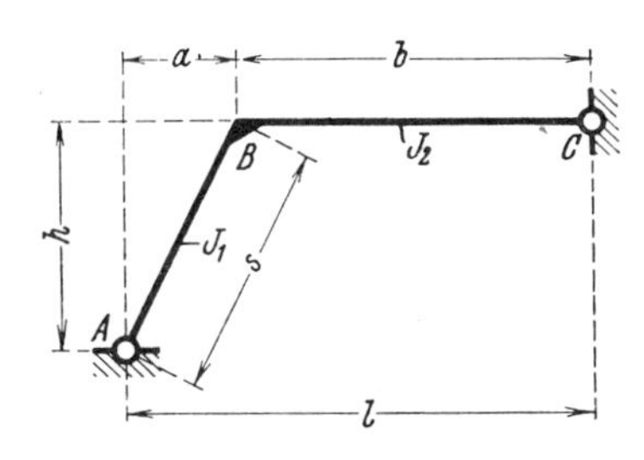

Rahmenform, Abmessungen und Bezeichnungen

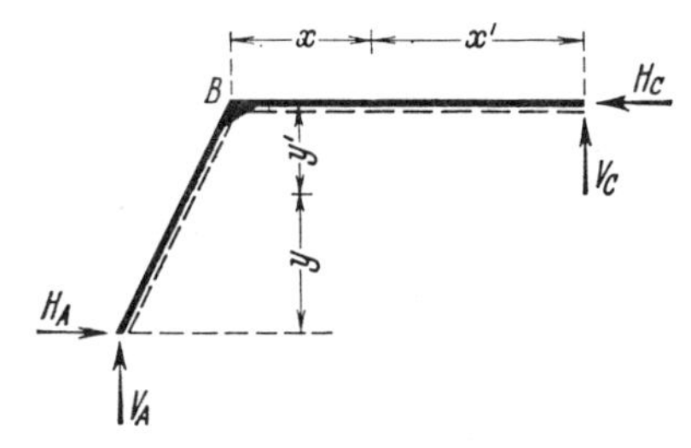

Festlegung der positiven Richtung aller Stützkräfte und der Koordinaten beliebiger Stabpunkte. Positive Biegungsmomente erzeugen an der gestrichelten Stabseite Zug

Festwerte:

$$k = \frac{J_2}{J_1} \cdot \frac{s}{b} \qquad N = k + 1 \qquad \beta = \frac{l}{b}.$$

Fall 9/1: Gleichmäßige Wärmezunahme im ganzen Rahmen

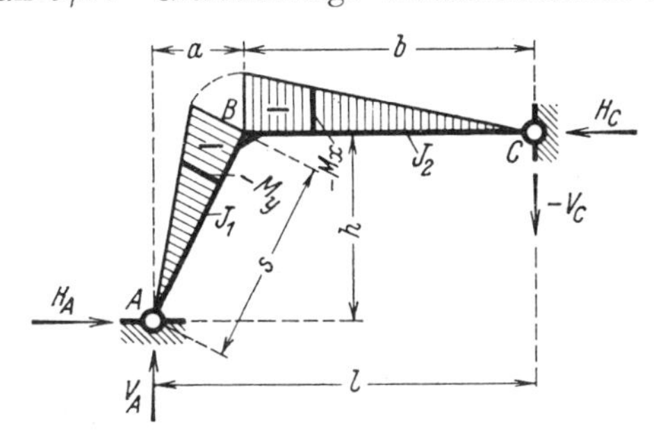

E = Elastizitätsmodul,

a_T = Wärmeausdehnungszahl,

t = Wärmeänderung in Grad.

$$M_B = -\frac{3EJ_2\,a_T\,t}{h\,N} \cdot \frac{l^2 + h^2}{b^2};$$

$$V_A = -V_C = \frac{-M_B}{b} \qquad H_A = H_C = \frac{-M_B\beta}{h};$$

$$M_y = \frac{y}{h} M_B \qquad M_x = \frac{x'}{b} M_B.$$

Bemerkung: Bei Wärmeabnahme kehren alle Kräfte ihren Pfeilsinn um und alle Momente erhalten entgegengesetztes Vorzeichen.

Siehe hierzu den Abschnitt „**Belastungsglieder**"

Fall 9/2: Stiel beliebig senkrecht belastet

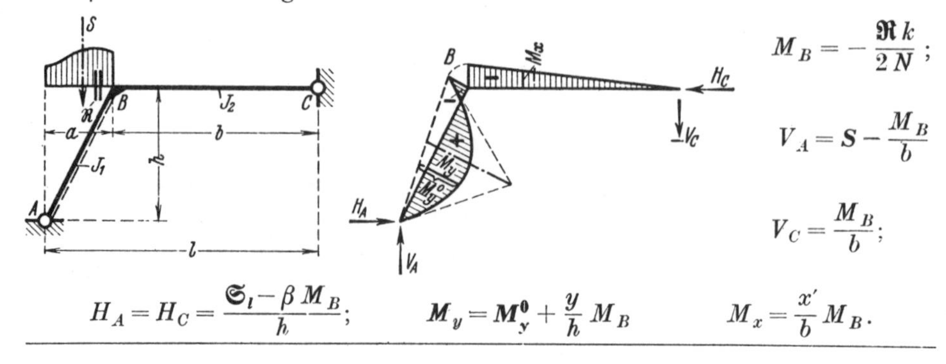

$$M_B = -\frac{\mathfrak{R}\,k}{2N};\qquad V_A = \boldsymbol{S} - \frac{M_B}{b}\qquad V_C = \frac{M_B}{b};$$

$$H_A = H_C = \frac{\mathfrak{S}_l - \beta M_B}{h};\qquad \boldsymbol{M}_y = \boldsymbol{M}_y^0 + \frac{y}{h} M_B\qquad M_x = \frac{x'}{b} M_B.$$

Fall 9/3: Riegel beliebig senkrecht belastet

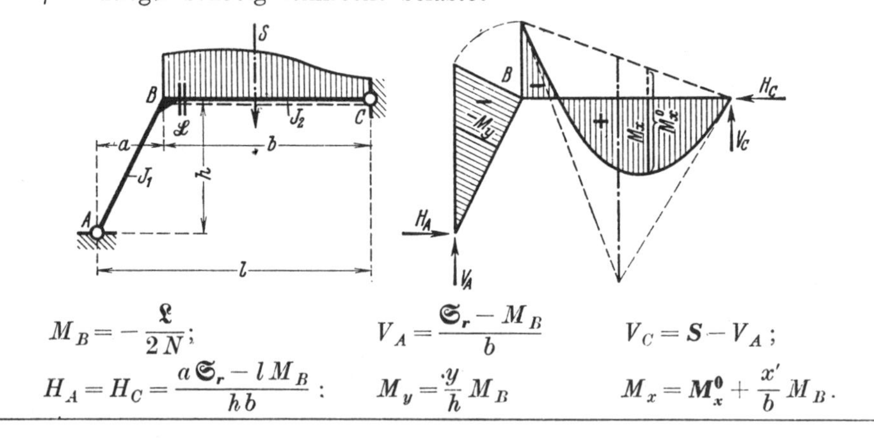

$$M_B = -\frac{\mathfrak{L}}{2N};\qquad V_A = \frac{\mathfrak{S}_r - M_B}{b}\qquad V_C = \boldsymbol{S} - V_A;$$

$$H_A = H_C = \frac{a\,\mathfrak{S}_r - l\,M_B}{h\,b};\qquad M_y = \frac{y}{h} M_B\qquad M_x = \boldsymbol{M}_x^0 + \frac{x'}{b} M_B.$$

Fall 9/4: Stiel beliebig waagerecht belastet

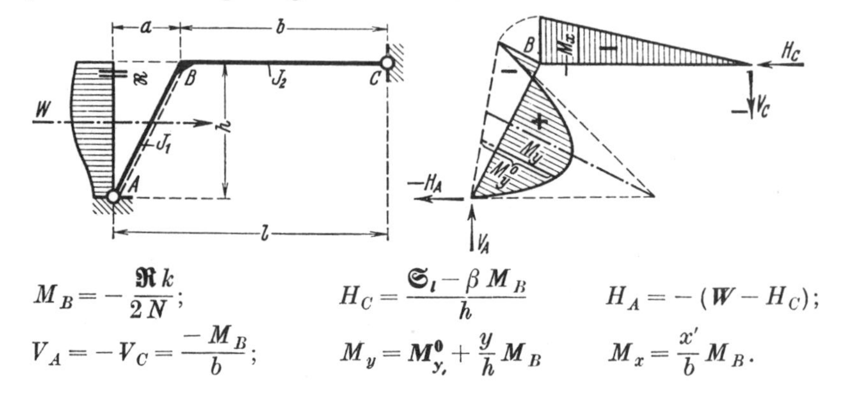

$$M_B = -\frac{\mathfrak{R}\,k}{2N};\qquad H_C = \frac{\mathfrak{S}_l - \beta M_B}{h}\qquad H_A = -(\boldsymbol{W} - H_C);$$

$$V_A = -V_C = \frac{-M_B}{b};\qquad M_y = \boldsymbol{M}_y^0 + \frac{y}{h} M_B\qquad M_x = \frac{x'}{b} M_B.$$

Rahmenform 10

Einhüftiger eingespannter Rahmen mit schrägem Stiel und waagerechtem Riegel

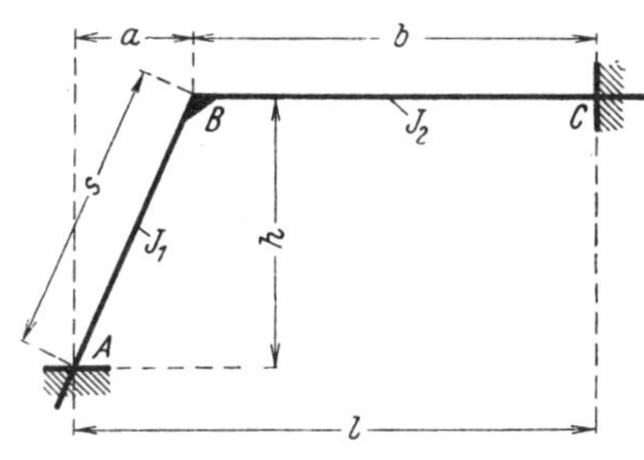

Rahmenform, Abmessungen und Bezeichnungen

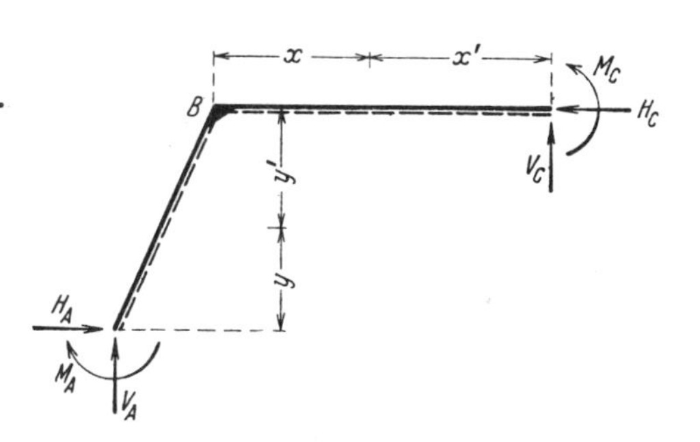

Festlegung der positiven Richtung aller Stützkräfte und der Koordinaten beliebiger Stabpunkte. Positive Biegungsmomente erzeugen an der gestrichelten Stabseite Zug

Festwerte:

$$k = \frac{J_2}{J_1} \cdot \frac{s}{b} \qquad N = k + 1 .$$

Veränderliche:

$$\xi = \frac{x}{b} \qquad \xi' = \frac{x'}{b} ; \qquad \eta = \frac{y}{h} \qquad \eta' = \frac{y'}{h} ;$$

$$(\xi + \xi' = 1) . \qquad (\eta + \eta' = 1) .$$

Rahmenform 10 Festwerte siehe Seite 27

Siehe hierzu den Abschnitt „**Belastungsglieder**“

Fall 10/1: Stiel beliebig senkrecht belastet

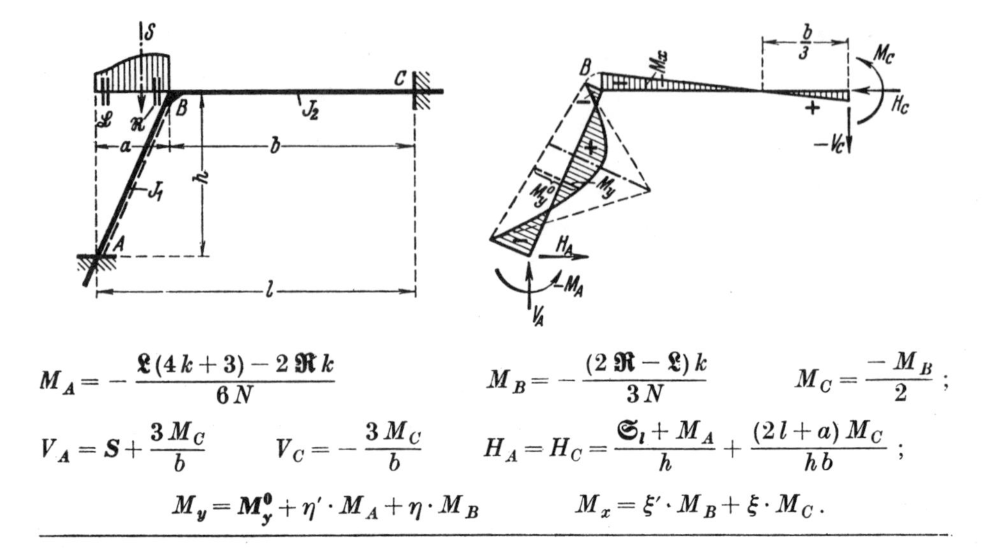

$$M_A = -\frac{\mathfrak{L}(4k+3) - 2\mathfrak{R}k}{6N} \qquad M_B = -\frac{(2\mathfrak{R} - \mathfrak{L})k}{3N} \qquad M_C = \frac{-M_B}{2};$$

$$V_A = S + \frac{3M_C}{b} \qquad V_C = -\frac{3M_C}{b} \qquad H_A = H_C = \frac{\mathfrak{S}_l + M_A}{h} + \frac{(2l+a)M_C}{hb};$$

$$M_y = M_y^0 + \eta' \cdot M_A + \eta \cdot M_B \qquad M_x = \xi' \cdot M_B + \xi \cdot M_C .$$

Fall 10/2: Riegel beliebig senkrecht belastet

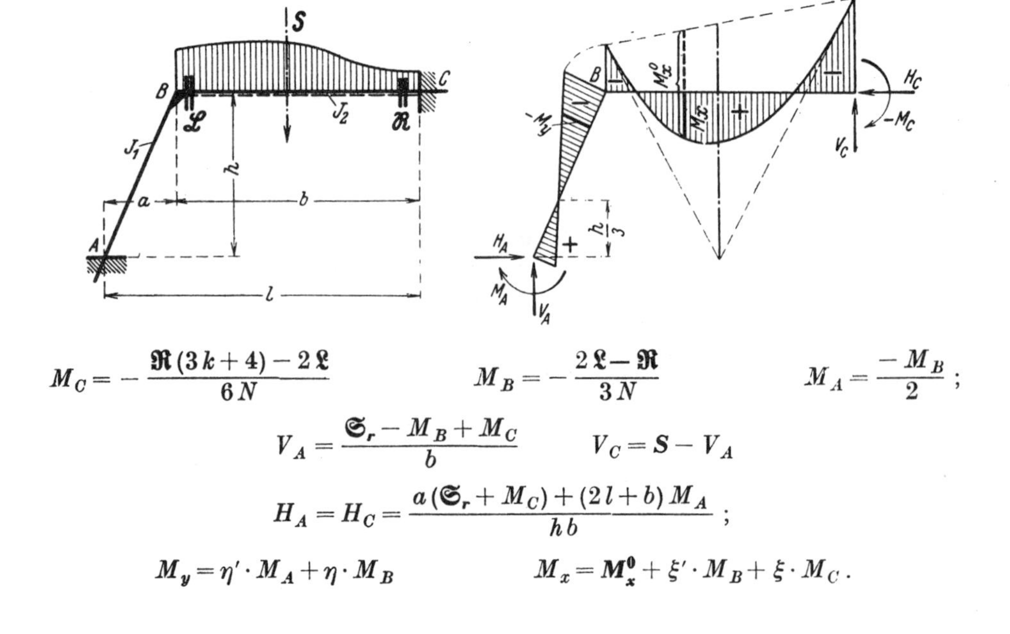

$$M_C = -\frac{\mathfrak{R}(3k+4) - 2\mathfrak{L}}{6N} \qquad M_B = -\frac{2\mathfrak{L} - \mathfrak{R}}{3N} \qquad M_A = \frac{-M_B}{2};$$

$$V_A = \frac{\mathfrak{S}_r - M_B + M_C}{b} \qquad V_C = S - V_A$$

$$H_A = H_C = \frac{a(\mathfrak{S}_r + M_C) + (2l+b)M_A}{hb};$$

$$M_y = \eta' \cdot M_A + \eta \cdot M_B \qquad M_x = M_x^0 + \xi' \cdot M_B + \xi \cdot M_C .$$

Siehe hierzu den Abschnitt „**Belastungsglieder**"

Fall 10/3: Stiel beliebig waagerecht belastet

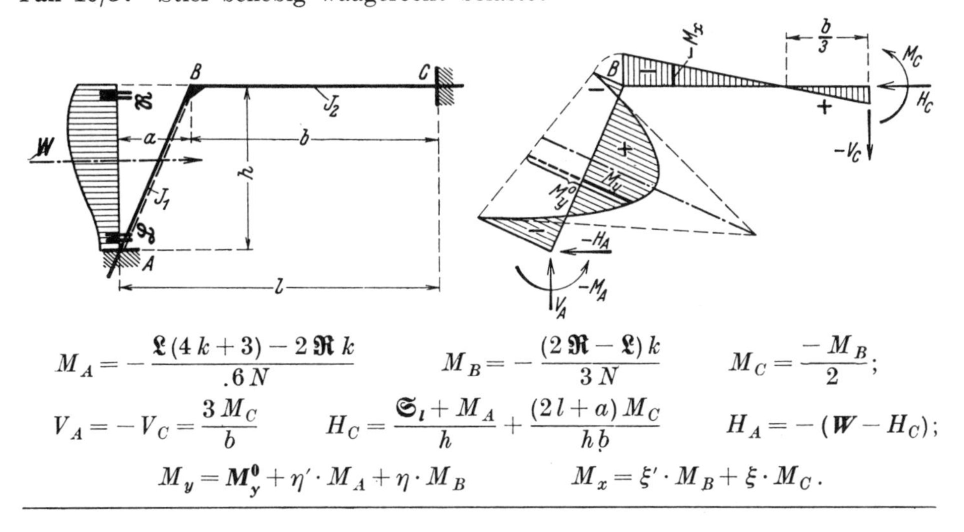

$$M_A = -\frac{\mathfrak{L}(4k+3) - 2\mathfrak{R}k}{6N}\qquad M_B = -\frac{(2\mathfrak{R} - \mathfrak{L})k}{3N}\qquad M_C = \frac{-M_B}{2};$$

$$V_A = -V_C = \frac{3M_C}{b}\qquad H_C = \frac{\mathfrak{S}_l + M_A}{h} + \frac{(2l+a)M_C}{hb}\qquad H_A = -(W - H_C);$$

$$M_y = M_y^0 + \eta' \cdot M_A + \eta \cdot M_B\qquad M_x = \xi' \cdot M_B + \xi \cdot M_C.$$

Fall 10/4: Gleichmäßige Wärmezunahme im ganzen Rahmen

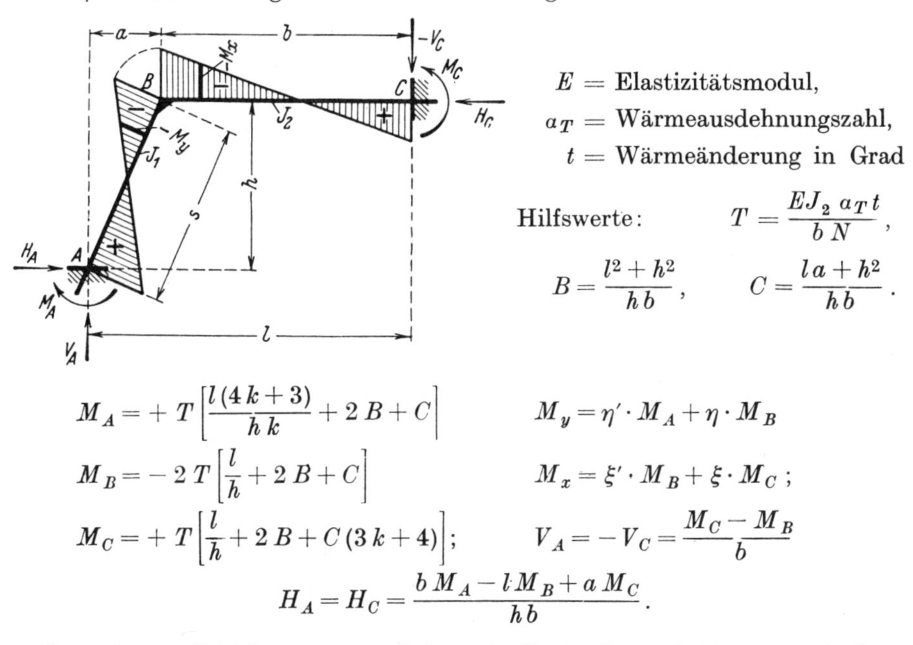

E = Elastizitätsmodul,

α_T = Wärmeausdehnungszahl,

t = Wärmeänderung in Grad

Hilfswerte: $T = \frac{EJ_2\,\alpha_T\,t}{bN}$,

$$B = \frac{l^2 + h^2}{hb},\qquad C = \frac{la + h^2}{hb}.$$

$$M_A = +T\left[\frac{l(4k+3)}{hk} + 2B + C\right]\qquad M_y = \eta' \cdot M_A + \eta \cdot M_B$$

$$M_B = -2T\left[\frac{l}{h} + 2B + C\right]\qquad M_x = \xi' \cdot M_B + \xi \cdot M_C;$$

$$M_C = +T\left[\frac{l}{h} + 2B + C(3k+4)\right];\qquad V_A = -V_C = \frac{M_C - M_B}{b}$$

$$H_A = H_C = \frac{bM_A - lM_B + aM_C}{hb}.$$

Bemerkung: Bei Wärme**ab**nahme kehren alle Kräfte ihren Pfeilsinn um und alle Momente erhalten entgegengesetztes Vorzeichen.

Rahmenform 11

Einhüftiger Zweigelenkrahmen mit schrägem Stiel und geneigtem Riegel

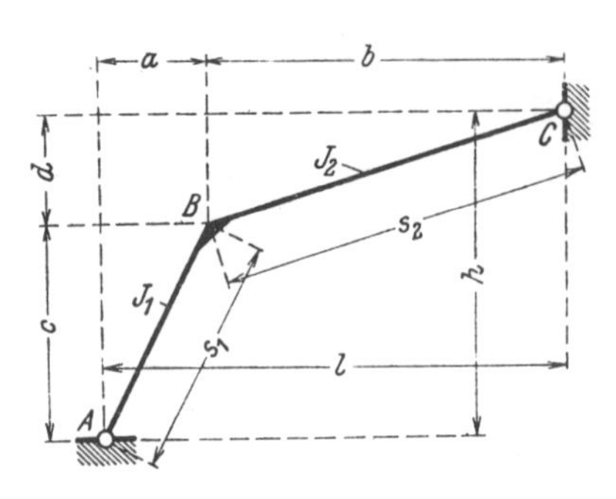

Rahmenform, Abmessungen und Bezeichnungen

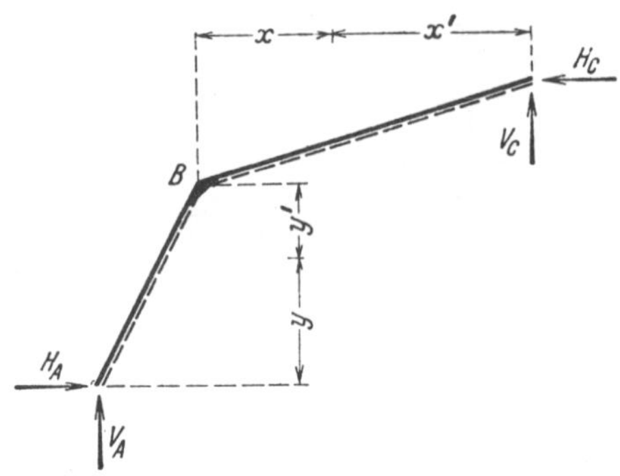

Festlegung der positiven Richtung aller Stützkräfte und der Koordinaten beliebiger Stabpunkte. Positive Biegungsmomente erzeugen an der gestrichelten Stabseite Zug

Festwerte: $k = \frac{J_2}{J_1} \cdot \frac{s_1}{s_2}$ $N = k + 1$ $F = b\,c - a\,d\,.$

Fall 11/1: Gleichmäßige Wärmezunahme im ganzen Rahmen

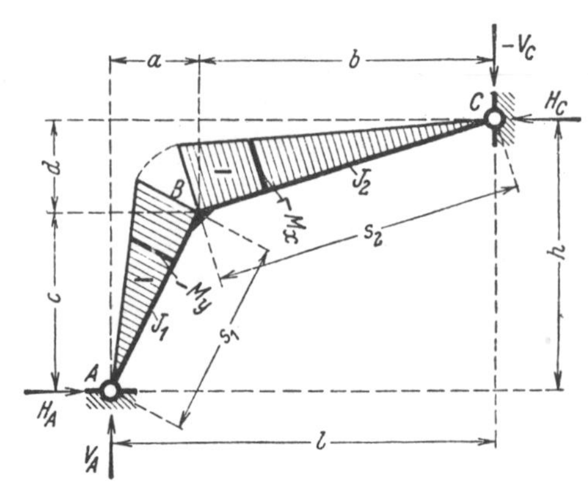

E = Elastizitätsmodul,

α_T = Wärmeausdehnungszahl,

t = Wärmeänderung in Grad.

$$M_B = -\frac{3\,E J_2\,\alpha_T\,t}{s_2\,N} \cdot \frac{l^2 + h^2}{F}\,;$$

$$V_A = -V_C = \frac{-M_B\,h}{F}$$

$$H_A = H_C = \frac{-M_B\,l}{F}\,; \qquad M_y = \frac{y}{c}\,M_B \qquad M_x = \frac{x'}{b}\,M_B\,.$$

Bemerkung: Bei Wärmeabnahme kehren alle Kräfte ihren Pfeilsinn um und alle Momente erhalten entgegengesetztes Vorzeichen.

Siehe hierzu den Abschnitt **„Belastungsglieder"**

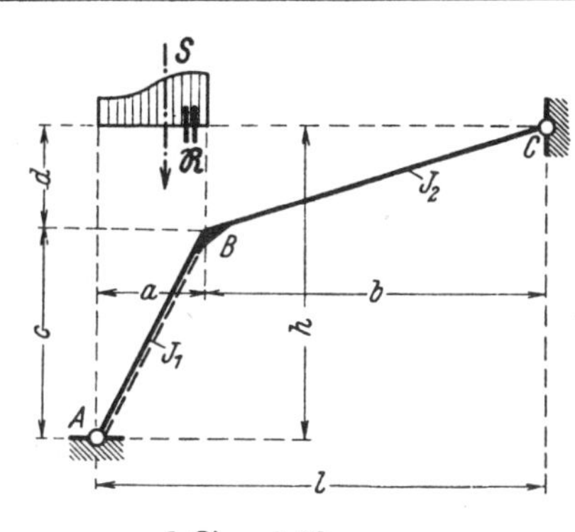

Fall 11/2: Stiel beliebig senkrecht belastet

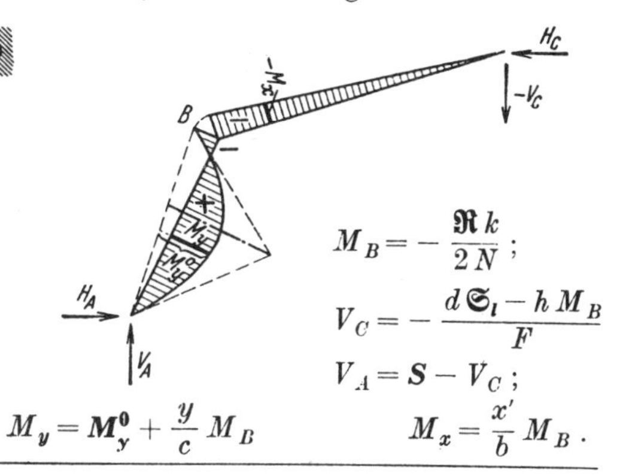

$$M_B = -\frac{\mathfrak{R}\,k}{2\,N};$$

$$V_C = -\frac{d\,\mathfrak{S}_l - h\,M_B}{F}$$

$$V_A = \mathbf{S} - V_C;$$

$$H_A = H_C = \frac{b\,\mathfrak{S}_l - l\,M_B}{F}; \qquad M_y = \mathbf{M}_y^0 + \frac{y}{c}\,M_B \qquad M_x = \frac{x'}{b}\,M_B.$$

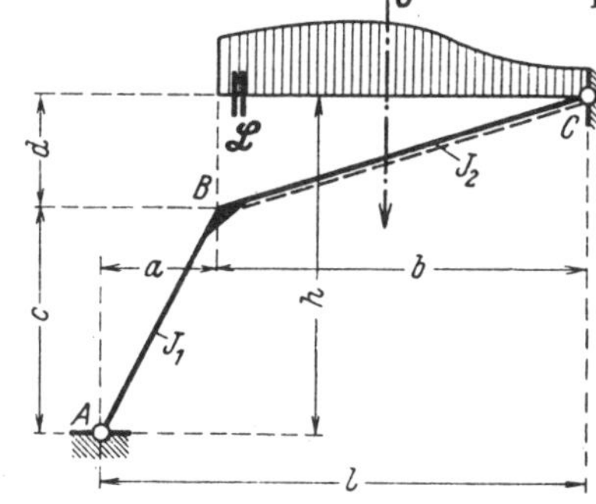

Fall 11/3: Riegel beliebig senkrecht belastet

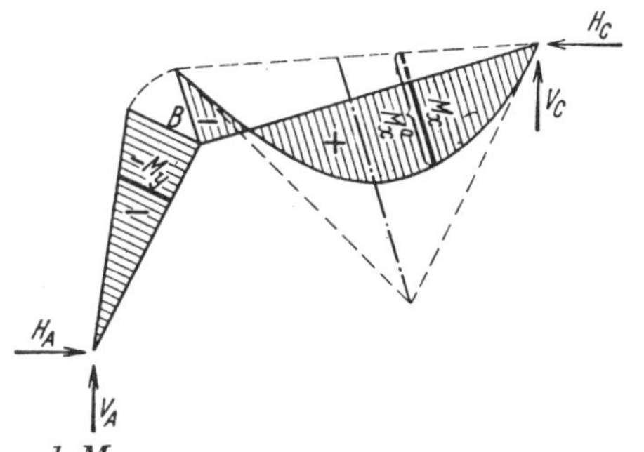

$$M_B = -\frac{\mathfrak{L}}{2\,N}; \qquad V_A = \frac{c\,\mathfrak{S}_r - h\,M_B}{F} \qquad V_C = \mathbf{S} - V_A;$$

$$H_A = H_C = \frac{a\,\mathfrak{S}_r - l\,M_B}{F}; \qquad M'_y = \frac{y}{c}\,M_B \qquad M_x = \mathbf{M}_x^0 + \frac{x'}{b}\,M_B.$$

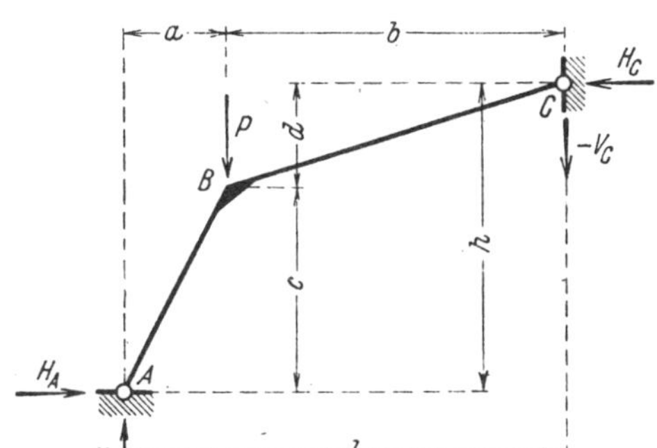

Fall 11/4: Senkrechte Einzellast am Eckpunkt B

Es treten keine Biegungsmomente auf.

$$V_A = \frac{P\,b\,c}{F} \qquad V_C = -\frac{P\,a\,d}{F}$$

$$H_A = H_C = \frac{P\,a\,b}{F}.$$

Siehe hierzu den Abschnitt „**Belastungsglieder**“

Fall 11/5: Riegel beliebig waagerecht belastet

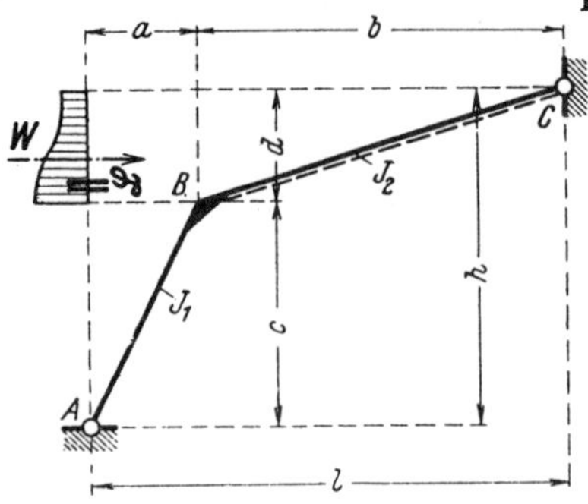

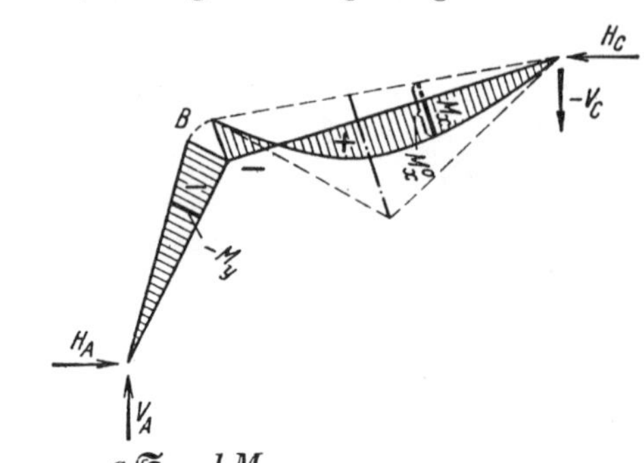

$$M_B = -\frac{\mathfrak{L}}{2N}; \qquad H_A = \frac{a\,\mathfrak{S}_r - l\,M_B}{F} \qquad H_C = \boldsymbol{W} + H_A;$$

$$V_A = -V_C = \frac{c\,\mathfrak{S}_r - h\,M_B}{F}; \qquad M_y = \frac{y}{c} M_B \qquad M_x = \mathbf{M}_x^0 + \frac{x'}{b} M_B.$$

Fall 11/6: Stiel beliebig waagerecht belastet

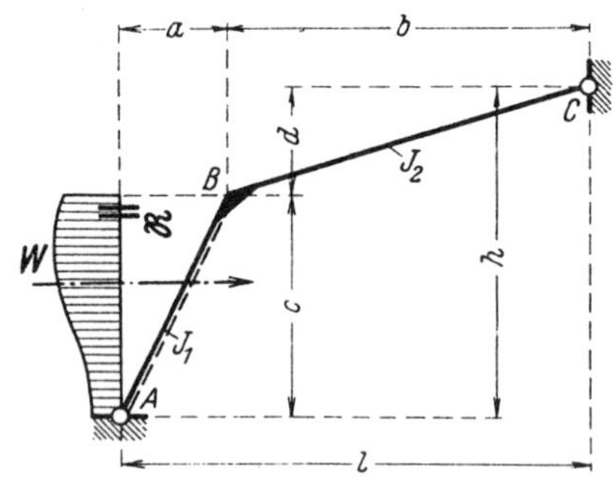

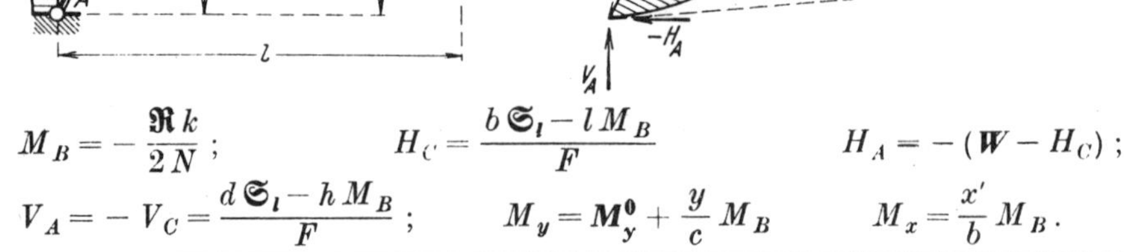

$$M_B = -\frac{\mathfrak{R}\,k}{2N}; \qquad H_C = \frac{b\,\mathfrak{S}_l - l\,M_B}{F} \qquad H_A = -(\boldsymbol{W} - H_C);$$

$$V_A = -V_C = \frac{d\,\mathfrak{S}_l - h\,M_B}{F}; \qquad M_y = \mathbf{M}_y^0 + \frac{y}{c} M_B \qquad M_x = \frac{x'}{b} M_B.$$

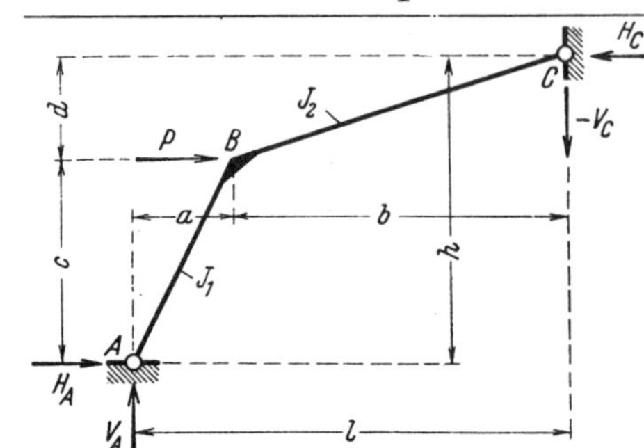

Fall 11/7: Waagerechte Einzellast am Eckpunkt B

Es treten keine Biegungsmomente auf.

$$H_A = \frac{P\,a\,d}{F} \qquad H_C = \frac{P\,b\,c}{F}$$

$$V_A = -V_C = \frac{P\,c\,d}{F}.$$

Rahmenform 12

Einhüftiger Rahmen mit schrägem, eingespanntem Stiel und geneigtem, gelenkig gelagertem Riegel

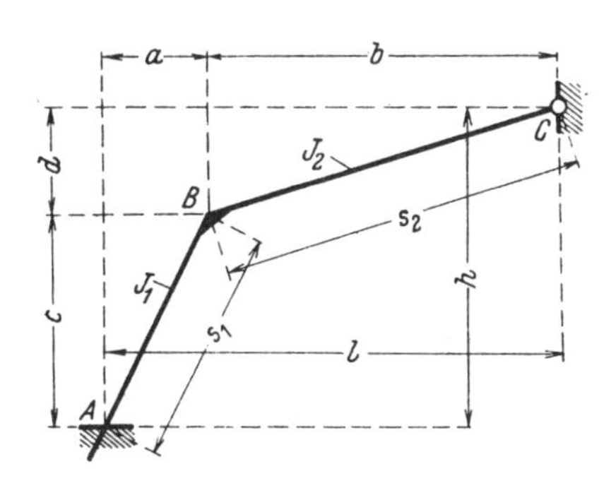

Rahmenform, Abmessungen und Bezeichnungen

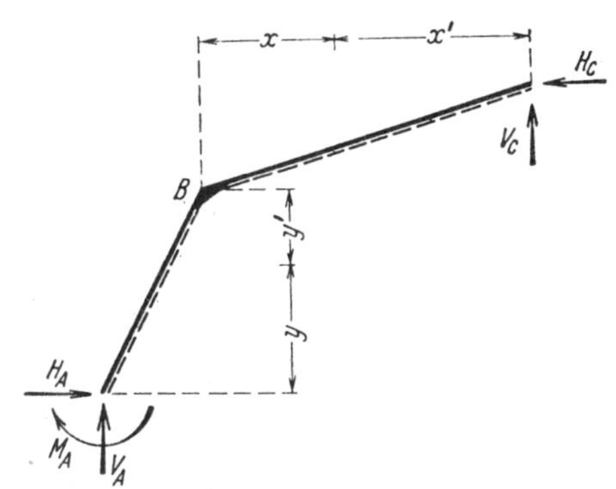

Festlegung der positiven Richtung aller Stützkräfte und der Koordinaten beliebiger Stabpunkte. Positive Biegungsmomente erzeugen an der gestrichelten Stabseite Zug

Festwerte: $k = \frac{J_2}{J_1} \cdot \frac{s_1}{s_2}$ $\qquad N = 3k + 4$ $\qquad F = bc - ad.$

Fall 12/1: Gleichmäßige Wärmezunahme im ganzen Rahmen

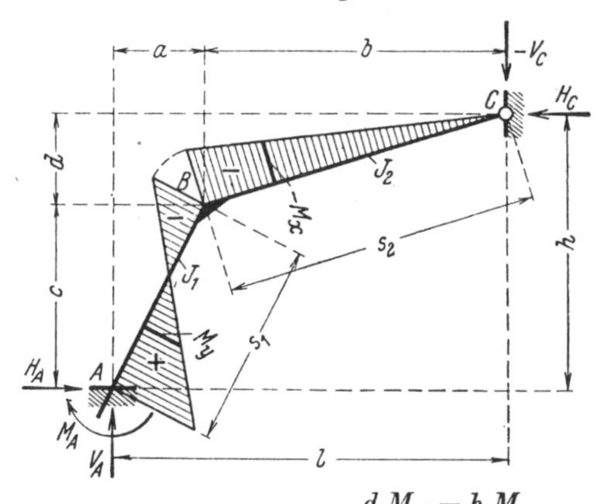

E = Elastizitätsmodul,

α_T = Wärmeausdehnungszahl,

t = Wärmeänderung in Grad.

Hilfswerte: $T = \frac{6 E J_2 \alpha_T t}{s_2 N}$,

$$A = \frac{lb + hd}{F}, \qquad B = \frac{l^2 + h^2}{F}.$$

$$M_A = +T\left(2A\frac{k+1}{k} + B\right)$$

$$V_A = -V_C = \frac{d M_A - h M_B}{F}; \qquad M_B = -T(A + 2B)$$

$$H_A = H_C = \frac{b M_A - l M_B}{F}; \qquad M_y = \frac{y'}{c} M_A + \frac{y}{c} M_B \qquad M_x = \frac{x'}{b} M_B.$$

Bemerkung: Bei Wärmeabnahme kehren alle Kräfte ihren Pfeilsinn um und alle Momente erhalten entgegengesetztes Vorzeichen.

Rahmenform 12 Festwerte siehe Seite 33

Siehe hierzu den Abschnitt „**Belastungsglieder**"

Fall 12/2: Stiel beliebig senkrecht belastet

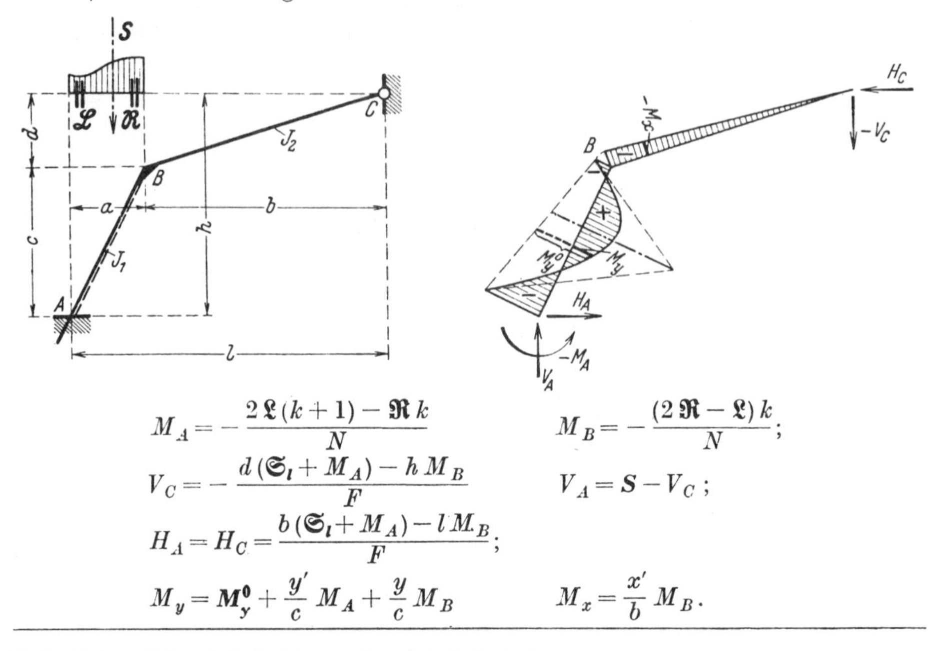

$$M_A = -\frac{2\,\mathfrak{L}(k+1) - \mathfrak{R}\,k}{N} \qquad M_B = -\frac{(2\,\mathfrak{R} - \mathfrak{L})\,k}{N};$$

$$V_C = -\frac{d(\mathfrak{S}_l + M_A) - h\,M_B}{F} \qquad V_A = \boldsymbol{S} - V_C;$$

$$H_A = H_C = \frac{b(\mathfrak{S}_l + M_A) - l\,M_B}{F};$$

$$M_y = \boldsymbol{M_y^0} + \frac{y'}{c}\,M_A + \frac{y}{c}\,M_B \qquad M_x = \frac{x'}{b}\,M_B.$$

Fall 12/3: Riegel beliebig senkrecht belastet

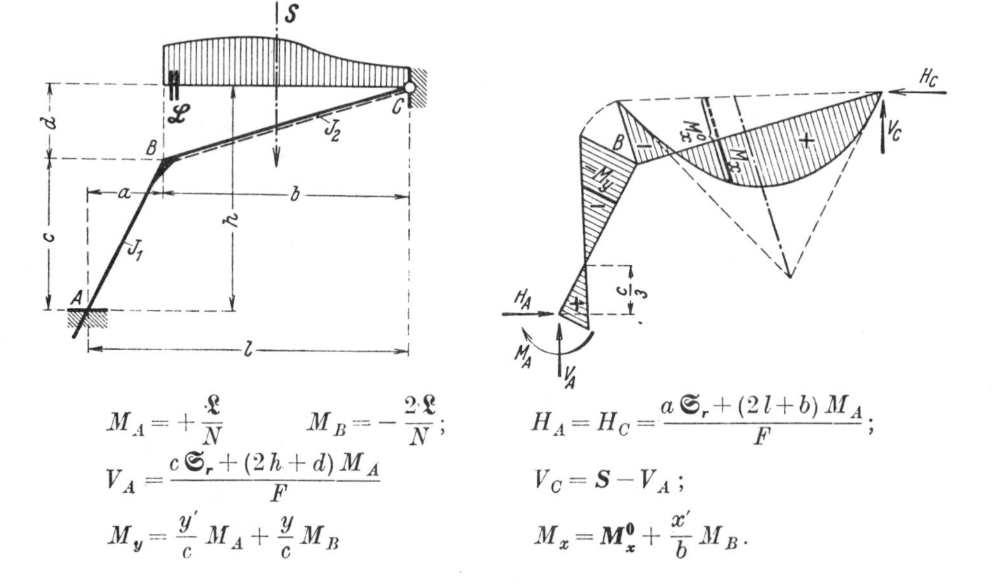

$$M_A = +\frac{\mathfrak{L}}{N} \qquad M_B = -\frac{2\,\mathfrak{L}}{N}; \qquad H_A = H_C = \frac{a\,\mathfrak{S}_r + (2\,l + b)\,M_A}{F};$$

$$V_A = \frac{c\,\mathfrak{S}_r + (2\,h + d)\,M_A}{F} \qquad V_C = \boldsymbol{S} - V_A;$$

$$M_y = \frac{y'}{c}\,M_A + \frac{y}{c}\,M_B \qquad M_x = \boldsymbol{M_x^0} + \frac{x'}{b}\,M_B.$$

Siehe hierzu den Abschnitt „**Belastungsglieder**"

Fall 12/4: Riegel beliebig waagerecht belastet

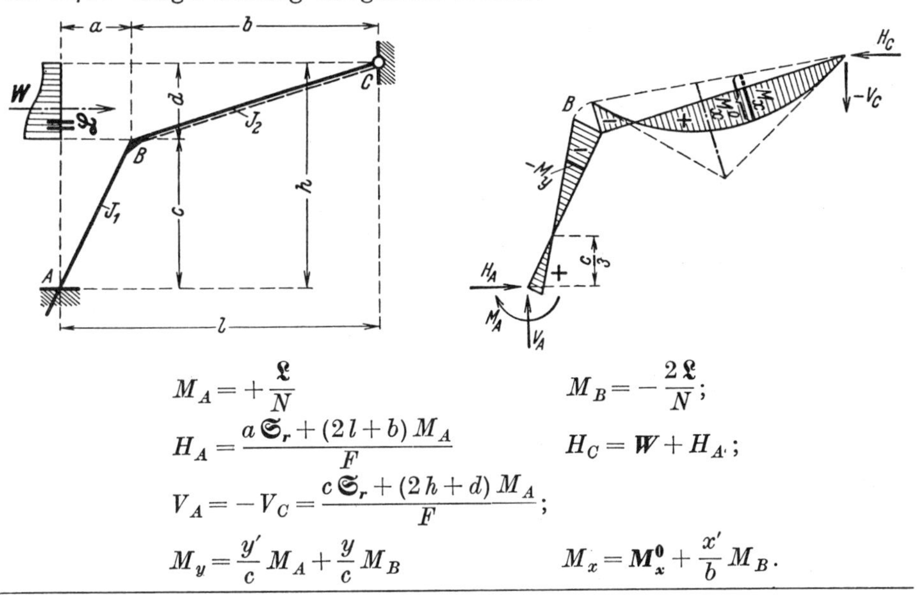

$$M_A = +\frac{\mathfrak{L}}{N} \qquad M_B = -\frac{2\,\mathfrak{L}}{N};$$

$$H_A = \frac{a\,\mathfrak{S}_r + (2\,l + b)\,M_A}{F} \qquad H_C = \boldsymbol{W} + H_A;$$

$$V_A = -V_C = \frac{c\,\mathfrak{S}_r + (2\,h + d)\,M_A}{F};$$

$$M_y = \frac{y'}{c}\,M_A + \frac{y}{c}\,M_B \qquad M_x = \boldsymbol{M}_x^0 + \frac{x'}{b}\,M_B.$$

Fall 12/5: Stiel beliebig waagerecht belastet

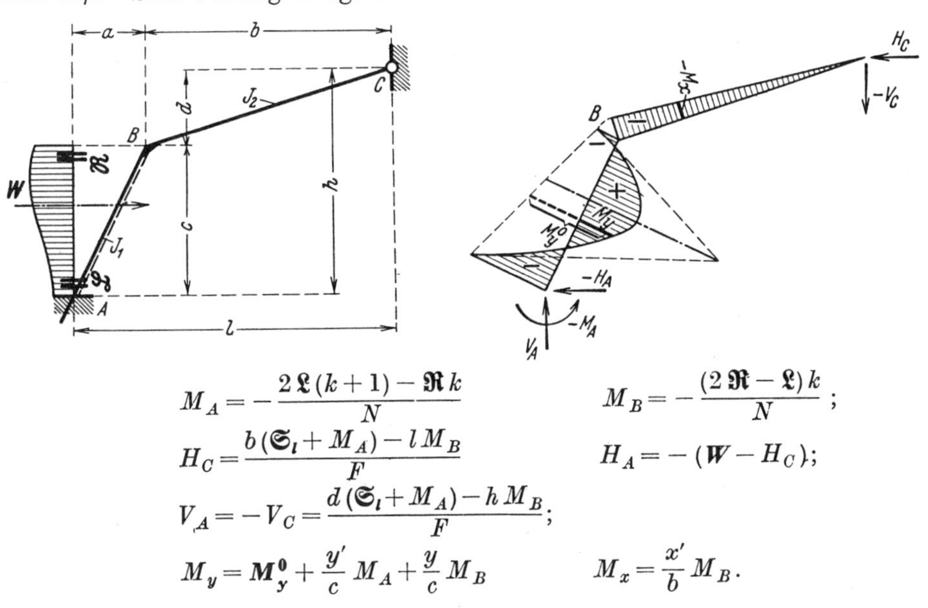

$$M_A = -\frac{2\,\mathfrak{L}\,(k+1) - \mathfrak{R}\,k}{N} \qquad M_B = -\frac{(2\,\mathfrak{R} - \mathfrak{L})\,k}{N};$$

$$H_C = \frac{b\,(\mathfrak{S}_l + M_A) - l\,M_B}{F} \qquad H_A = -(\boldsymbol{W} - H_C);$$

$$V_A = -V_C = \frac{d\,(\mathfrak{S}_l + M_A) - h\,M_B}{F};$$

$$M_y = \boldsymbol{M}_y^0 + \frac{y'}{c}\,M_A + \frac{y}{c}\,M_B \qquad M_x = \frac{x'}{b}\,M_B.$$

Rahmenform 13

Einhüftiger Rahmen mit schrägem, gelenkig gelagertem Stiel und geneigtem, eingespanntem Riegel

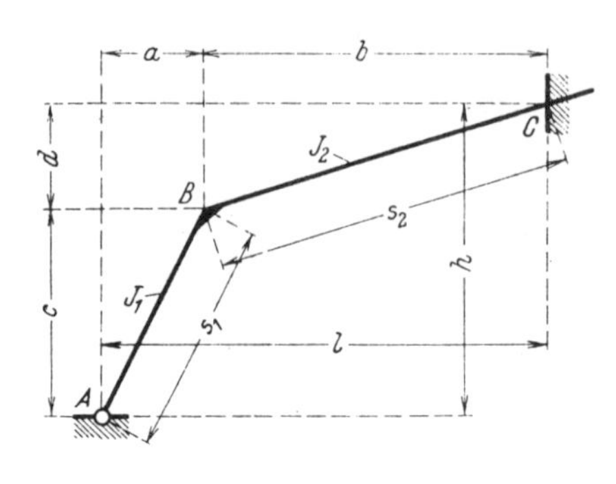

Rahmenform, Abmessungen und Bezeichnungen

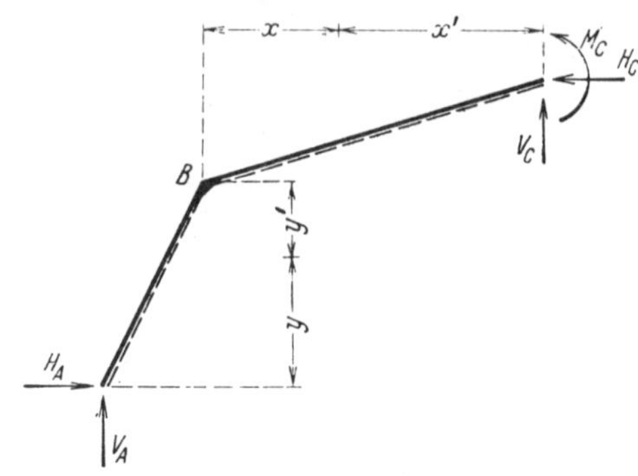

Festlegung der positiven Richtung aller Stützkräfte und der Koordinaten beliebiger Stabpunkte. Positive Biegungsmomente erzeugen an der gestrichelten Stabseite Zug

Festwerte: $k = \frac{J_2}{J_1} \cdot \frac{s_1}{s_2}$ $N = 4k + 3$ $F = bc - ad$.

Fall 13/1: Gleichmäßige Wärmezunahme im ganzen Rahmen

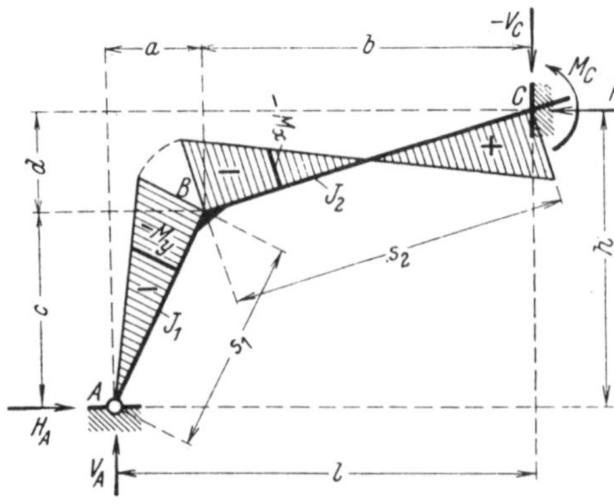

E = Elastizitätsmodul,

α_T = Wärmeausdehnungszahl,

t = Wärmeänderung in Grad.

Hilfswerte: $T = \frac{6 E J_2 \alpha_T t}{s_2 N}$,

$$B = \frac{l^2 + h^2}{F}, \qquad C = \frac{la + hc}{F}.$$

$$M_B = -T[2B + C]$$

$$M_C = +T[B + 2C(k+1)]; \qquad M_x = \frac{x'}{b} M_B + \frac{x}{b} M_C$$

$$V_A = -V_C = \frac{c M_C - h M_B}{F} \qquad H_A = H_C = \frac{a M_C - l M_B}{F}; \qquad M_y = \frac{y}{c} M_B.$$

Bemerkung: Bei Wärme**ab**nahme kehren alle Kräfte ihren Pfeilsinn um und alle Momente erhalten entgegengesetztes Vorzeichen.

Siehe hierzu den Abschnitt „**Belastungsglieder**"

Fall 13/2: Stiel beliebig senkrecht belastet

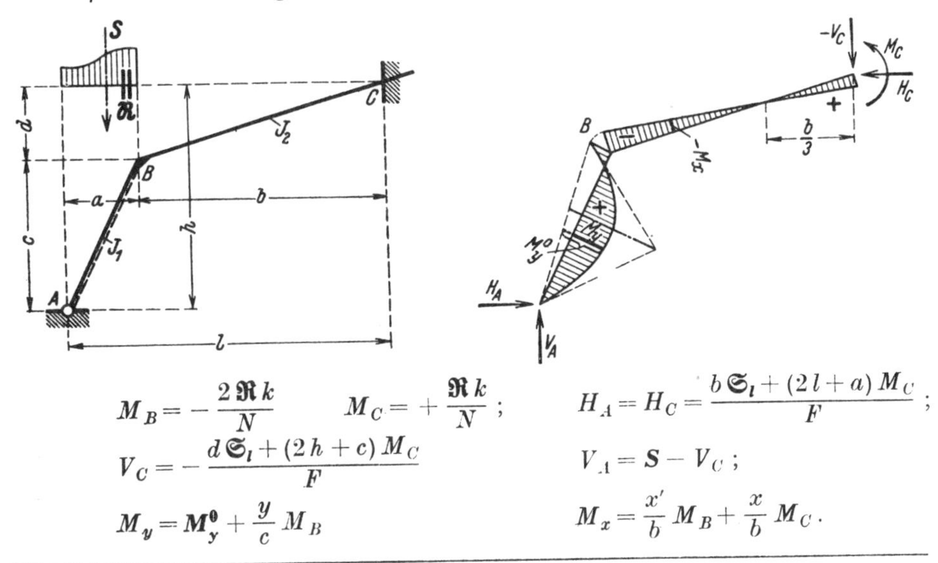

$$M_B = -\frac{2\,\mathfrak{R}\,k}{N} \qquad M_C = +\frac{\mathfrak{R}\,k}{N}\,; \qquad H_A = H_C = \frac{b\,\mathfrak{S}_l + (2\,l + a)\,M_C}{F}\,;$$

$$V_C = -\frac{d\,\mathfrak{S}_l + (2\,h + c)\,M_C}{F} \qquad V_A = \mathbf{S} - V_C\,;$$

$$M_y = \mathbf{M}_y^0 + \frac{y}{c}\,M_B \qquad M_x = \frac{x'}{b}\,M_B + \frac{x}{b}\,M_C\,.$$

Fall 13/3: Riegel beliebig senkrecht belastet

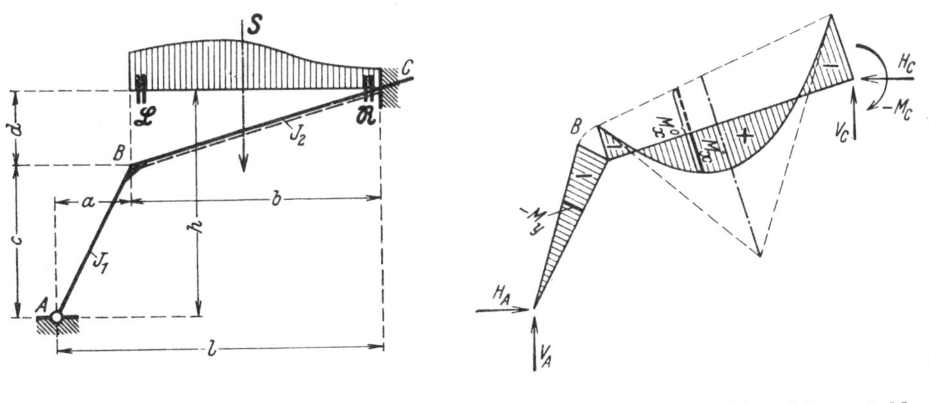

$$M_B = -\frac{2\,\mathfrak{L} - \mathfrak{R}}{N} \qquad M_C = -\frac{2\,\mathfrak{R}\,(k+1) - \mathfrak{L}}{N}\,; \qquad V_A = \frac{c\,(\mathfrak{S}_r + M_C) - h\,M_B}{F}$$

$$H_A = H_C = \frac{a\,(\mathfrak{S}_r + M_C) - l\,M_B}{F}\,; \qquad V_C = \mathbf{S} - V_A\,;$$

$$M_y = \frac{y}{c}\,M_B \qquad M_x = \mathbf{M}_x^0 + \frac{x'}{b}\,M_B + \frac{x}{b}\,M_C\,.$$

Siehe hierzu den Abschnitt „**Belastungsglieder**"

Fall 13/4: Riegel beliebig waagerecht belastet

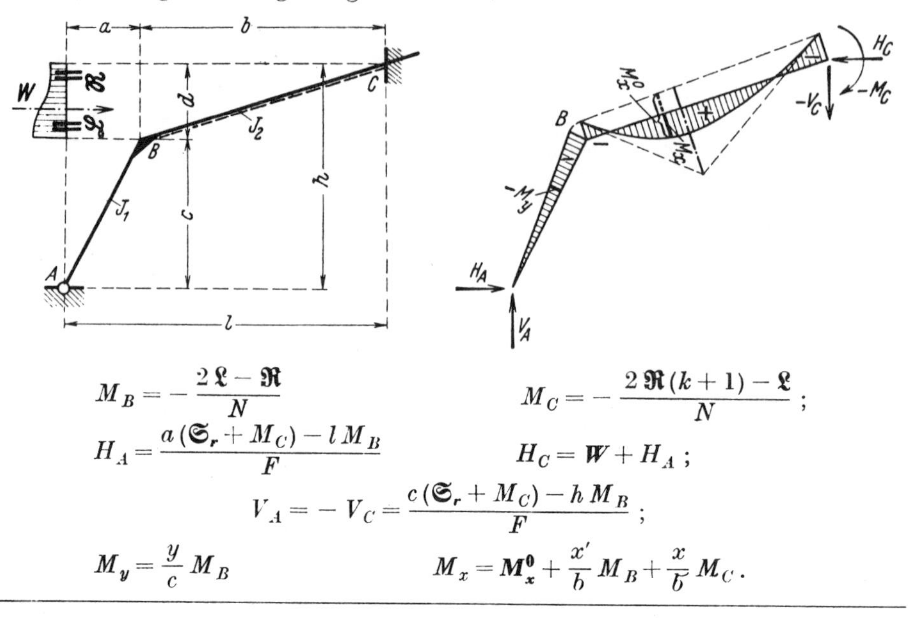

$$M_B = -\frac{2\mathfrak{L} - \mathfrak{R}}{N} \qquad M_C = -\frac{2\mathfrak{R}(k+1) - \mathfrak{L}}{N};$$

$$H_A = \frac{a(\mathfrak{S}_r + M_C) - l M_B}{F} \qquad H_C = \boldsymbol{W} + H_A;$$

$$V_A = -V_C = \frac{c(\mathfrak{S}_r + M_C) - h M_B}{F};$$

$$M_y = \frac{y}{c} M_B \qquad M_x = \boldsymbol{M}_x^0 + \frac{x'}{b} M_B + \frac{x}{b} M_C.$$

Fall 13/5: Stiel beliebig waagerecht belastet

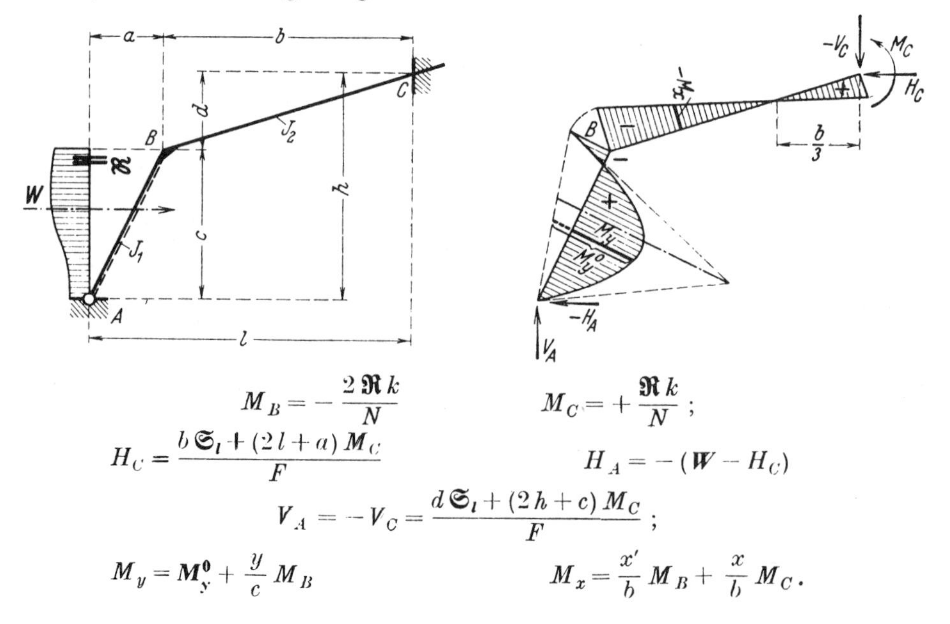

$$M_B = -\frac{2\mathfrak{R}k}{N} \qquad M_C = +\frac{\mathfrak{R}k}{N};$$

$$H_C = \frac{b\mathfrak{S}_l + (2l + a)M_C}{F} \qquad H_A = -(\boldsymbol{W} - H_C)$$

$$V_A = -V_C = \frac{d\mathfrak{S}_l + (2h + c)M_C}{F};$$

$$M_y = \boldsymbol{M}_y^0 + \frac{y}{c} M_B \qquad M_x = \frac{x'}{b} M_B + \frac{x}{b} M_C.$$

Rahmenform 14

Einhüftiger eingespannter Rahmen mit schrägem Stiel und geneigtem Riegel

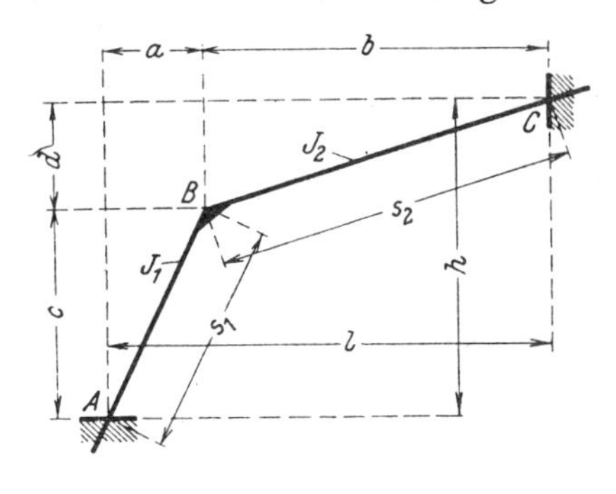

Rahmenform, Abmessungen und Bezeichnungen

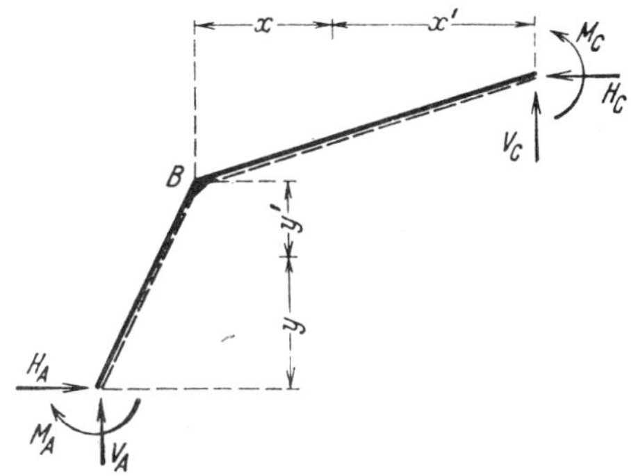

Festlegung der positiven Richtung aller Stützkräfte und der Koordinaten beliebiger Stabpunkte. Positive Biegungsmomente erzeugen an der gestrichelten Stabseite Zug

Festwerte: $k = \frac{J_2}{J_1} \cdot \frac{s_1}{s_2}$ $\quad N = k + 1 \quad$ $F = b\,c - a\,d\,.$

Veränderliche: $\xi = \frac{x}{b}$ $\quad \xi' = \frac{x'}{b};$ $\quad \eta = \frac{y}{c}$ $\quad \eta' = \frac{y'}{c}\,.$

Fall 14/1: Gleichmäßige Wärmezunahme im ganzen Rahmen

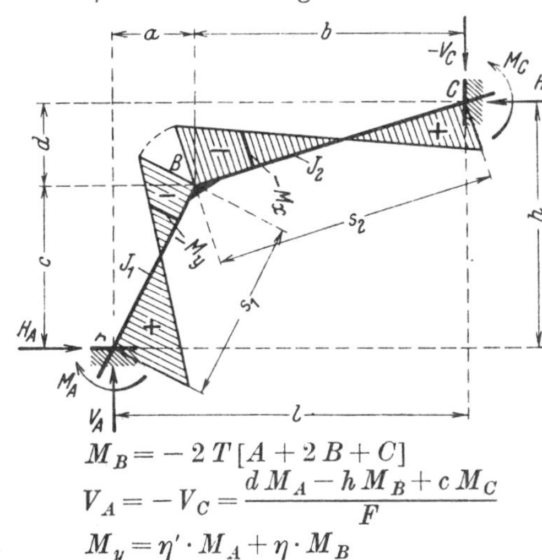

E = Elastizitätsmodul,
a_T = Wärmeausdehnungszahl,
t = Wärmeänderung in Grad.

Hilfswerte:

$$T = \frac{E\,J_2\,a_T\,t}{s_2 N}, \quad A = \frac{l\,b + h\,d}{F},$$

$$B = \frac{l^2 + h^2}{F}, \quad C = \frac{l\,a + h\,c}{F}.$$

$$M_A = +\,T\left[A\,\frac{4\,k + 3}{k} + 2\,B + C\right]$$

$$M_B = -\,2\,T\,[A + 2\,B + C] \qquad M_C = +\,T\,[A + 2\,B + C\,(3\,k + 4)];$$

$$V_A = -\,V_C = \frac{d\,M_A - h\,M_B + c\,M_C}{F} \qquad H_A = H_C = \frac{b\,M_A - l\,M_B + a\,M_C}{F};$$

$$M_y = \eta' \cdot M_A + \eta \cdot M_B \qquad M_x = \xi' \cdot M_B + \xi \cdot M_C\,.$$

Bemerkung: Bei Wärme**ab**nahme kehren alle Kräfte ihren Pfeilsinn um und alle Momente erhalten entgegengesetztes Vorzeichen.

Siehe hierzu den Abschnitt **„Belastungsglieder“**

Fall 14/2: Stiel beliebig senkrecht belastet

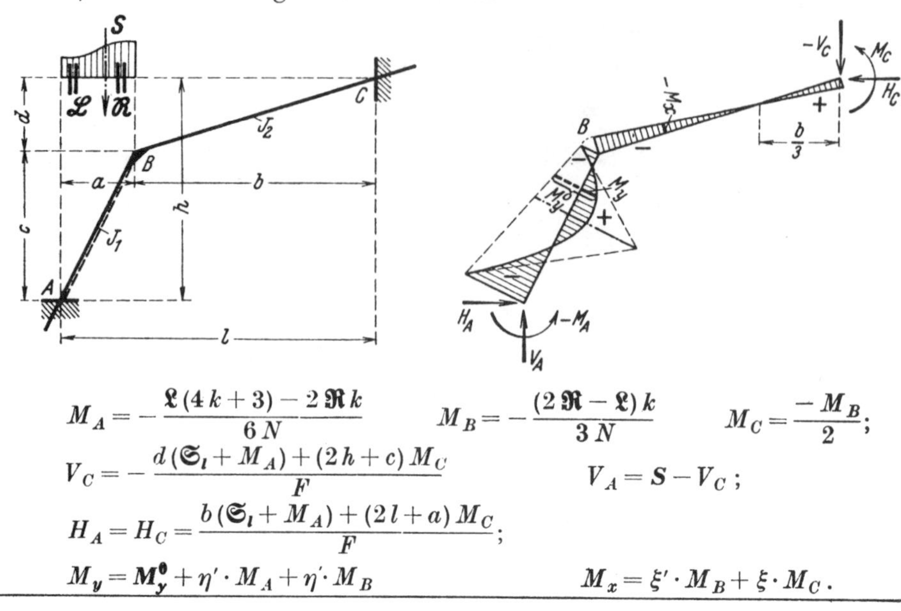

$$M_A = -\frac{\mathfrak{L}(4k+3) - 2\,\mathfrak{R}\,k}{6N} \qquad M_B = -\frac{(2\,\mathfrak{R} - \mathfrak{L})\,k}{3N} \qquad M_C = \frac{-M_B}{2};$$

$$V_C = -\frac{d(\mathfrak{S}_l + M_A) + (2h + c)\,M_C}{F} \qquad V_A = \boldsymbol{S} - V_C\,;$$

$$H_A = H_C = \frac{b(\mathfrak{S}_l + M_A) + (2l + a)\,M_C}{F};$$

$$M_y = \boldsymbol{M}_y^0 + \eta' \cdot M_A + \eta' \cdot M_B \qquad M_x = \xi' \cdot M_B + \xi \cdot M_C\,.$$

Fall 14/3: Riegel beliebig senkrecht belastet

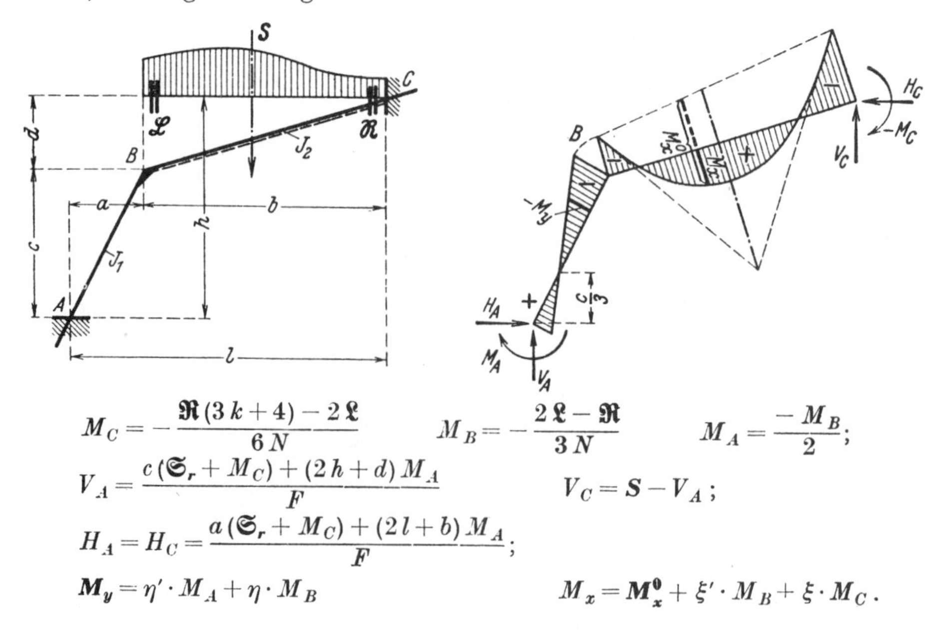

$$M_C = -\frac{\mathfrak{R}(3k+4) - 2\,\mathfrak{L}}{6N} \qquad M_B = -\frac{2\,\mathfrak{L} - \mathfrak{R}}{3N} \qquad M_A = \frac{-M_B}{2};$$

$$V_A = \frac{c(\mathfrak{S}_r + M_C) + (2h + d)\,M_A}{F} \qquad V_C = \boldsymbol{S} - V_A\,;$$

$$H_A = H_C = \frac{a(\mathfrak{S}_r + M_C) + (2l + b)\,M_A}{F};$$

$$\boldsymbol{M}_y = \eta' \cdot M_A + \eta \cdot M_B \qquad M_x = \boldsymbol{M}_x^0 + \xi' \cdot M_B + \xi \cdot M_C\,.$$

Siehe hierzu den Abschnitt **„Belastungsglieder“**

Fall 14/4: Riegel beliebig waagerecht belastet

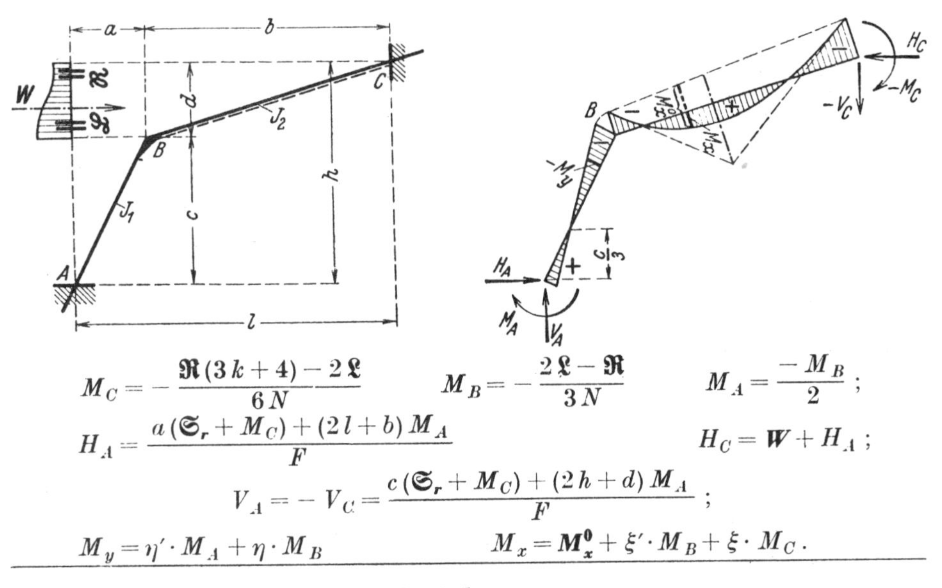

$$M_C = -\frac{\mathfrak{R}(3k+4) - 2\mathfrak{L}}{6N} \qquad M_B = -\frac{2\mathfrak{L} - \mathfrak{R}}{3N} \qquad M_A = \frac{-M_B}{2};$$

$$H_A = \frac{a(\mathfrak{S}_r + M_C) + (2l+b)M_A}{F} \qquad H_C = \boldsymbol{W} + H_A;$$

$$V_A = -V_C = \frac{c(\mathfrak{S}_r + M_C) + (2h+d)M_A}{F};$$

$$M_y = \eta' \cdot M_A + \eta \cdot M_B \qquad M_x = \boldsymbol{M_x^0} + \xi' \cdot M_B + \xi \cdot M_C.$$

Fall 14/5: Stiel beliebig waagerecht belastet

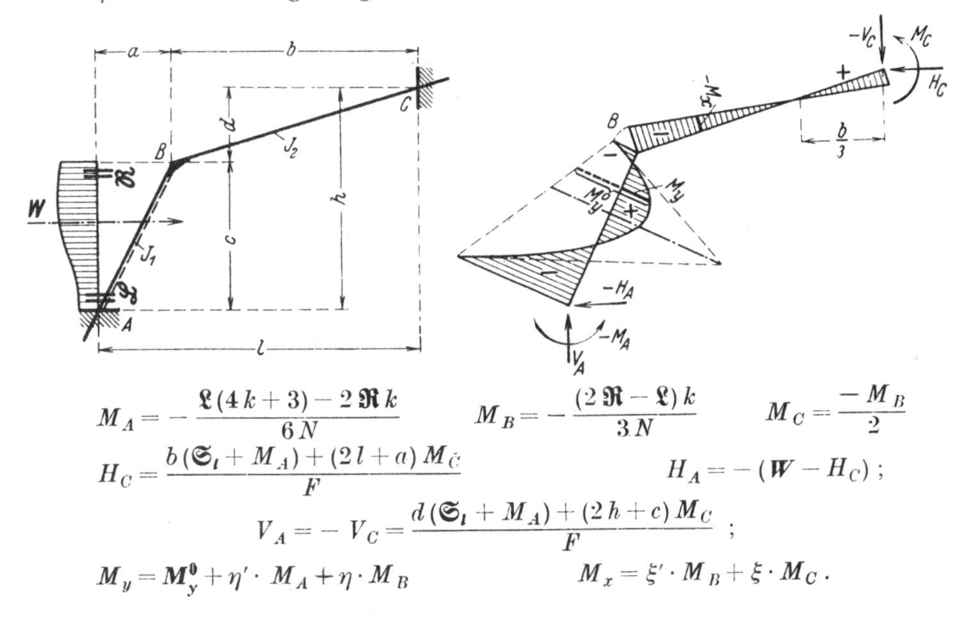

$$M_A = -\frac{\mathfrak{L}(4k+3) - 2\mathfrak{R}k}{6N} \qquad M_B = -\frac{(2\mathfrak{R} - \mathfrak{L})k}{3N} \qquad M_C = \frac{-M_B}{2}$$

$$H_C = \frac{b(\mathfrak{S}_l + M_A) + (2l+a)M_C}{F} \qquad H_A = -(\boldsymbol{W} - H_C);$$

$$V_A = -V_C = \frac{d(\mathfrak{S}_l + M_A) + (2h+c)M_C}{F};$$

$$M_y = \boldsymbol{M_y^0} + \eta' \cdot M_A + \eta \cdot M_B \qquad M_x = \xi' \cdot M_B + \xi \cdot M_C.$$

Rahmenform 15

Symmetrischer Dreieckrahmen mit Fußgelenken

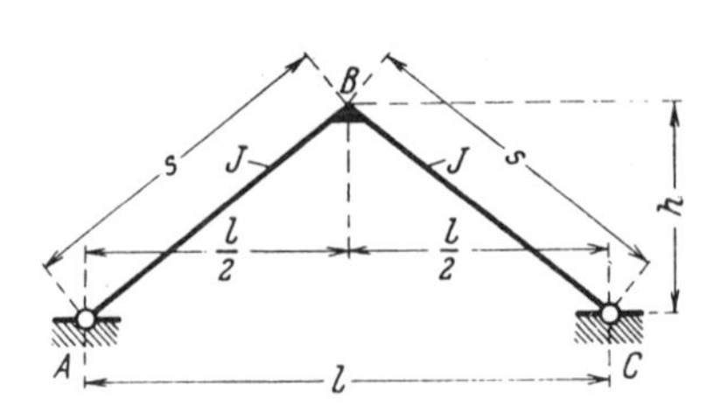

Rahmenform, Abmessungen und Bezeichnungen

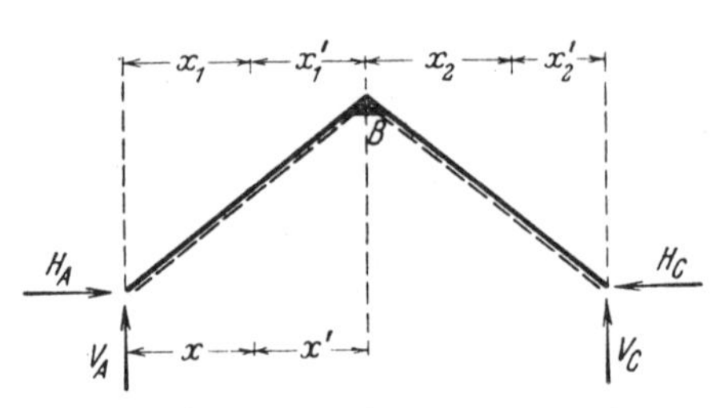

Festlegung der positiven Richtung aller Stützkräfte und der Koordinaten beliebiger Stabpunkte. Bei symmetrischer Rahmenlast wird x und x' verwendet. Positive Biegungsmomente erzeugen an der gestrichelten Stabseite Zug

---

Fall 15/1: Gleichmäßige Wärmezunahme im ganzen Rahmen

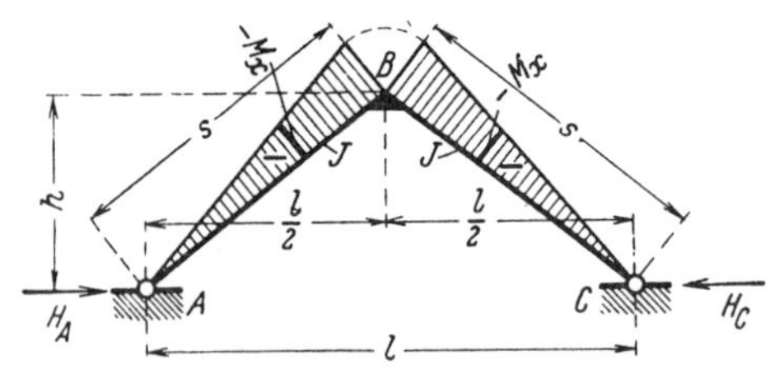

E = Elastizitätsmodul,

α_T = Wärmeausdehnungszahl,

t = Wärmeänderung in Grad.

$$M_B = -\frac{3\,E\,J\,\alpha_T\,t\,l}{2\,s\,h} \qquad H_A = H_C = \frac{-M_B}{h} \qquad M_x = 2\,M_B\,\frac{x}{l}\,.$$

Bemerkung: Bei Wärmeabnahme kehren alle Kräfte ihren Pfeilsinn um und alle Momente erhalten entgegengesetztes Vorzeichen.

Fall 15/2: Rechteck-Vollast auf dem linken Stab

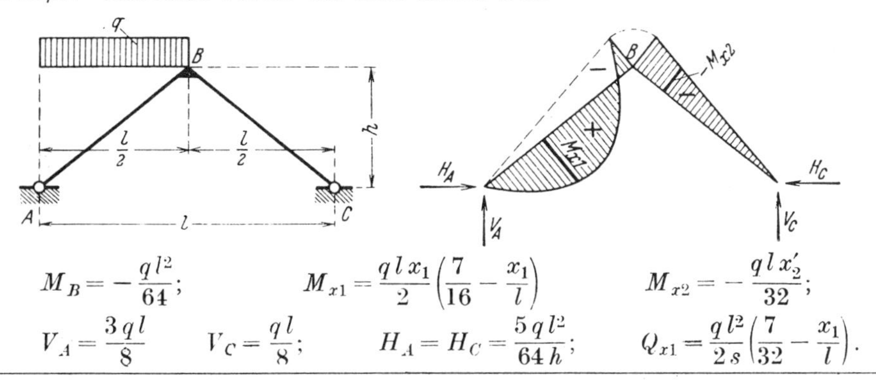

$$M_B = -\frac{q l^2}{64}; \qquad M_{x1} = \frac{q l x_1}{2}\left(\frac{7}{16} - \frac{x_1}{l}\right) \qquad M_{x2} = -\frac{q l x_2'}{32};$$

$$V_A = \frac{3 q l}{8} \qquad V_C = \frac{q l}{8}; \qquad H_A = H_C = \frac{5 q l^2}{64 h}; \qquad Q_{x1} = \frac{q l^2}{2 s}\left(\frac{7}{32} - \frac{x_1}{l}\right).$$

Fall 15/3: Rechteck-Vollast über dem ganzen Rahmen

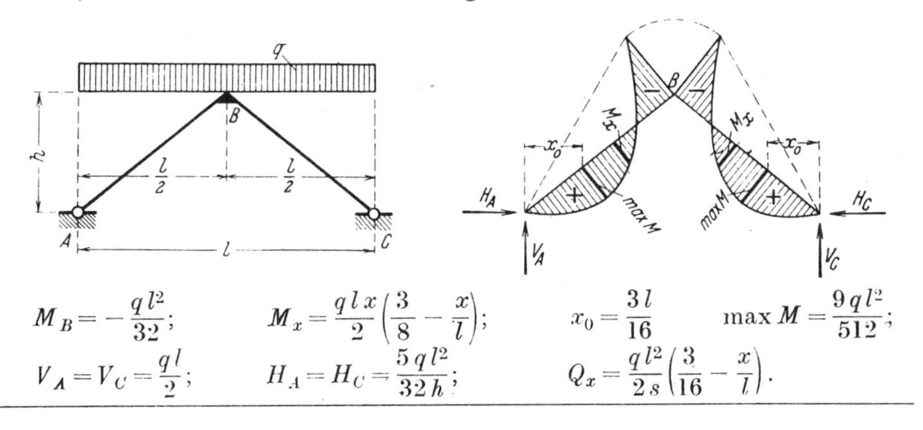

$$M_B = -\frac{q l^2}{32}; \qquad M_x = \frac{q l x}{2}\left(\frac{3}{8} - \frac{x}{l}\right); \qquad x_0 = \frac{3 l}{16} \qquad \max M = \frac{9 q l^2}{512};$$

$$V_A = V_C = \frac{q l}{2}; \qquad H_A = H_C = \frac{5 q l^2}{32 h}; \qquad Q_x = \frac{q l^2}{2 s}\left(\frac{3}{16} - \frac{x}{l}\right).$$

Fall 15/4: Waagerechte Rechteck-Vollast von links her

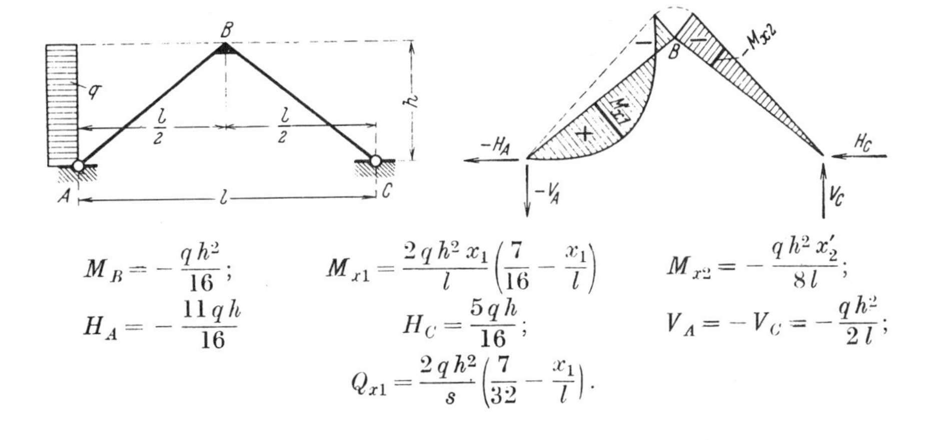

$$M_B = -\frac{q h^2}{16}; \qquad M_{x1} = \frac{2 q h^2 x_1}{l}\left(\frac{7}{16} - \frac{x_1}{l}\right) \qquad M_{x2} = -\frac{q h^2 x_2'}{8 l};$$

$$H_A = -\frac{11 q h}{16} \qquad H_C = \frac{5 q h}{16}; \qquad V_A = -V_C = -\frac{q h^2}{2 l};$$

$$Q_{x1} = \frac{2 q h^2}{s}\left(\frac{7}{32} - \frac{x_1}{l}\right).$$

Rahmenform 15 Siehe hierzu Titel-Seite 42

Siehe hierzu den Abschnitt **„Belastungsglieder“**

Fall 15/5: Linker Stab beliebig senkrecht belastet

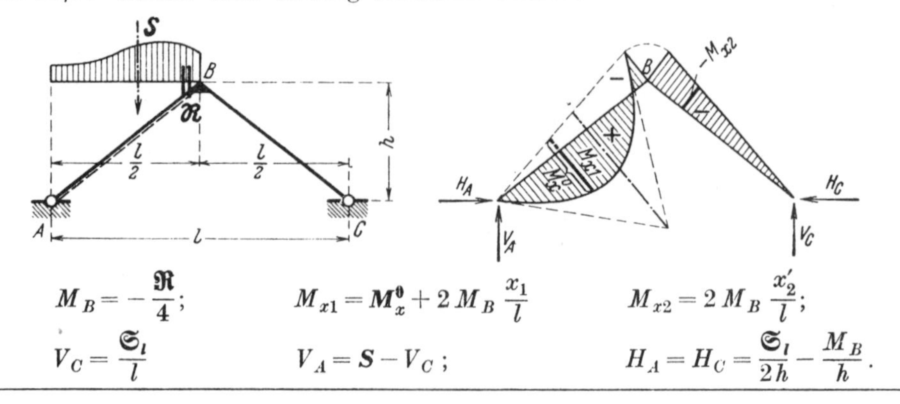

$$M_B = -\frac{\mathfrak{N}}{4}; \qquad M_{x1} = \mathbf{M}_x^0 + 2\,M_B\,\frac{x_1}{l} \qquad M_{x2} = 2\,M_B\,\frac{x_2'}{l};$$

$$V_C = \frac{\mathfrak{S}_l}{l} \qquad V_A = \mathbf{S} - V_C; \qquad H_A = H_C = \frac{\mathfrak{S}_l}{2h} - \frac{M_B}{h}.$$

Fall 15/7: Beide Stäbe beliebig senkrecht, aber gleich und antimetrisch zur Rahmen-Symmetrieachse belastet

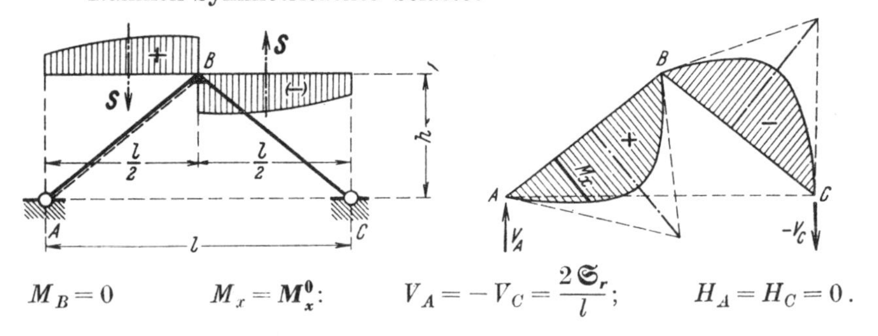

$$M_B = 0 \qquad M_x = \mathbf{M}_x^0; \qquad V_A = -V_C = \frac{2\,\mathfrak{S}_r}{l}; \qquad H_A = H_C = 0.$$

Bemerkung: Alle Belastungsglieder sind auf den linken Stab bezogen.

Fall 15/9: Linker Stab beliebig waagerecht belastet

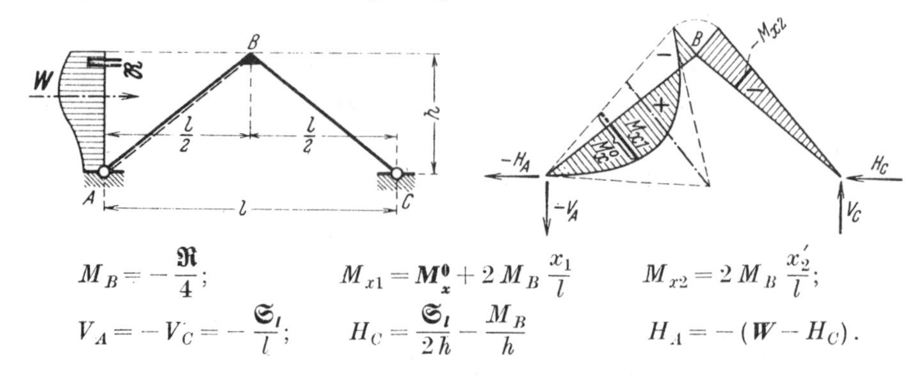

$$M_B = -\frac{\mathfrak{N}}{4}; \qquad M_{x1} = \mathbf{M}_x^0 + 2\,M_B\,\frac{x_1}{l} \qquad M_{x2} = 2\,M_B\,\frac{x_2'}{l};$$

$$V_A = -V_C = -\frac{\mathfrak{S}_l}{l}; \qquad H_C = \frac{\mathfrak{S}_l}{2h} - \frac{M_B}{h} \qquad H_A = -(\mathbf{W} - H_C).$$

Siehe hierzu den Abschnitt „**Belastungsglieder**"

Fall 15/6: Beide Stäbe beliebig senkrecht, aber gleich und symmetrisch zur Rahmen-Symmetrieachse belastet

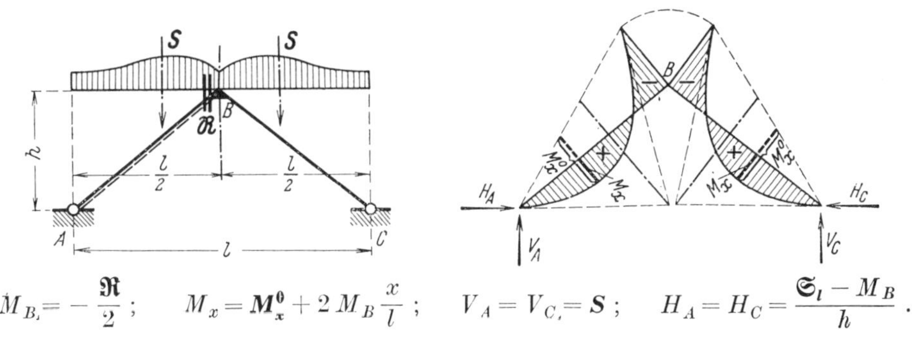

$$M_B = -\frac{\mathfrak{R}}{2}\,; \qquad M_x = \boldsymbol{M}_x^0 + 2\,M_B\,\frac{x}{l}\,; \qquad V_A = V_C = \boldsymbol{S}\,; \qquad H_A = H_C = \frac{\mathfrak{S}_l - M_B}{h}\,.$$

Bemerkung: Alle Belastungsglieder sind auf den linken Stab bezogen.

Fall 15/8: Beide Stäbe beliebig waagerecht, aber gleich und antimetrisch zur Rahmen-Symmetrieachse belastet

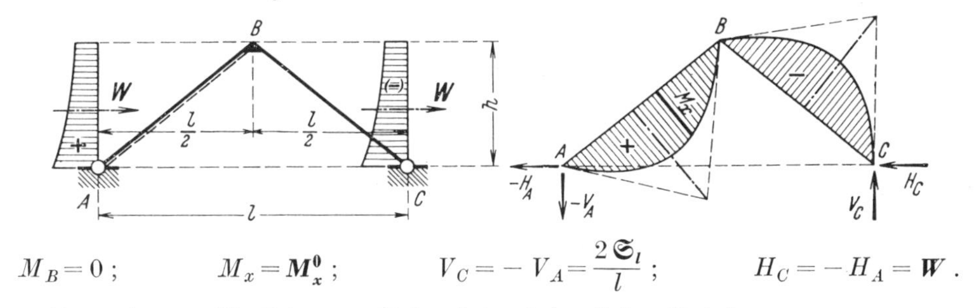

$$M_B = 0\,; \qquad M_x = \boldsymbol{M}_x^0\,; \qquad V_C = -\,V_A = \frac{2\,\mathfrak{S}_l}{l}\,; \qquad H_C = -\,H_A = \boldsymbol{W}\,.$$

Bemerkung: Alle Belastungsglieder sind auf den linken Stab bezogen.

Fall 15/10: Beide Stäbe beliebig, aber gleich belastet

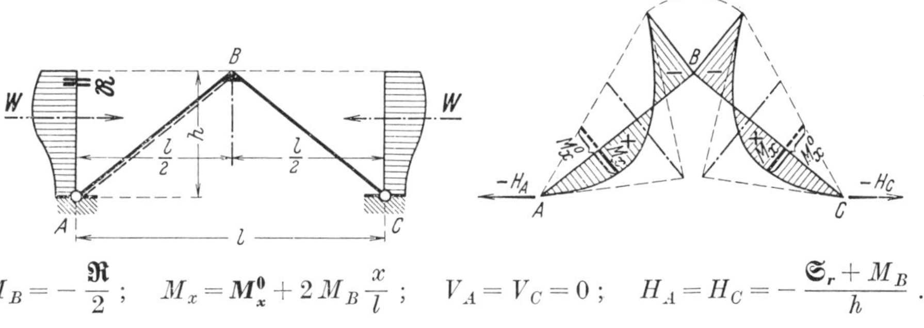

$$M_B = -\frac{\mathfrak{R}}{2}\,; \quad M_x = \boldsymbol{M}_x^0 + 2\,M_B\,\frac{x}{l}\,; \quad V_A = V_C = 0\,; \quad H_A = H_C = -\,\frac{\mathfrak{S}_r + M_B}{h}\,.$$

Bemerkung: Alle Belastungsglieder sind auf den linken Stab bezogen.

Rahmenform 15 Siehe hierzu Titel-Seite 42

Fall 15/11: Senkrechte Einzellast am Eckpunkt B

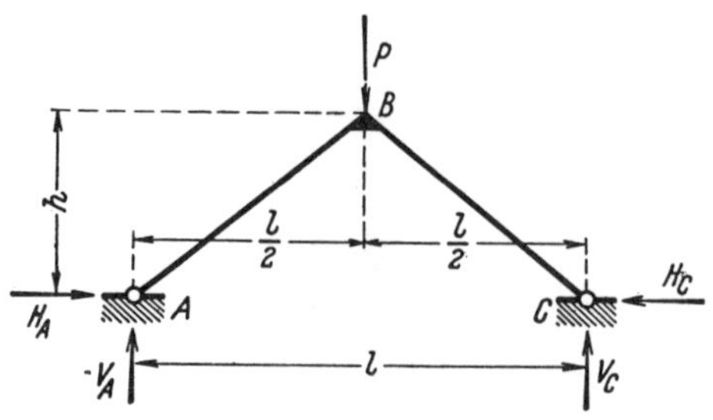

Es treten keine Biegungsmomente auf.

$$V_A = V_C = \frac{P}{2}$$

$$H_A = H_C = \frac{P\,l}{4\,h}.$$

Fall 15/12: Waagerechte Einzellast am Eckpunkt B

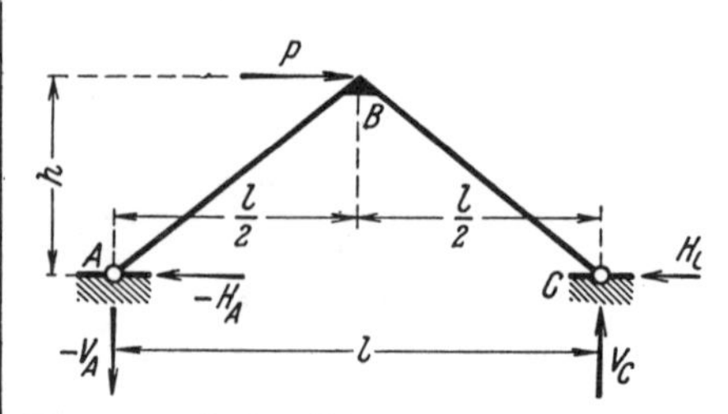

Es treten keine Biegungsmomente auf.

$$H_A = -H_C = -\frac{P}{2}$$

$$V_A = -V_C = -\frac{P\,h}{l}.$$

Fall 15/13: 3 gleiche Einzellasten in den Stabmitten und im Firstpunkt

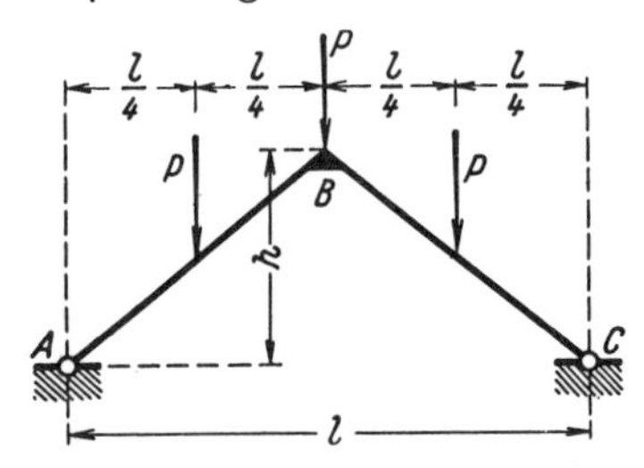

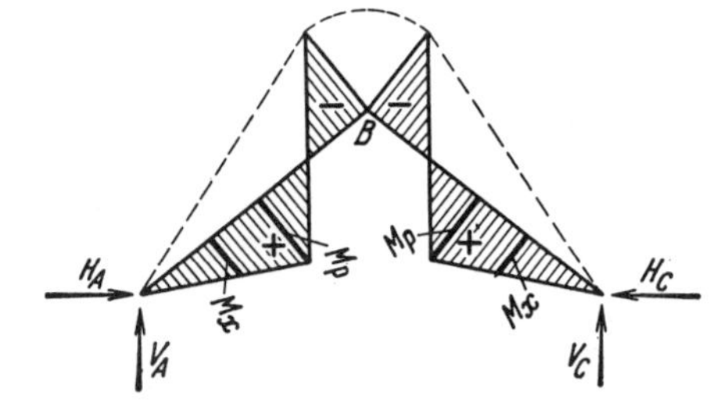

$M_B = -\dfrac{3\,P\,l}{32}$ $\quad V_A = V_C = \dfrac{3\,P}{2}$ $\quad H_A = H_C = \dfrac{19\,P\,l}{32\,h}$ $\quad M_P = \dfrac{5\,P\,l}{64}$

Im Bereich $A\,P$: $M_x = \dfrac{5\,P}{16}\,x$ $\quad$ Im Bereich $P\,B$: $M_x = \dfrac{P\,l}{4} - \dfrac{11\,P}{16}\,x$.

Fall 15/14: Momentenangriff im Firstpunkt B

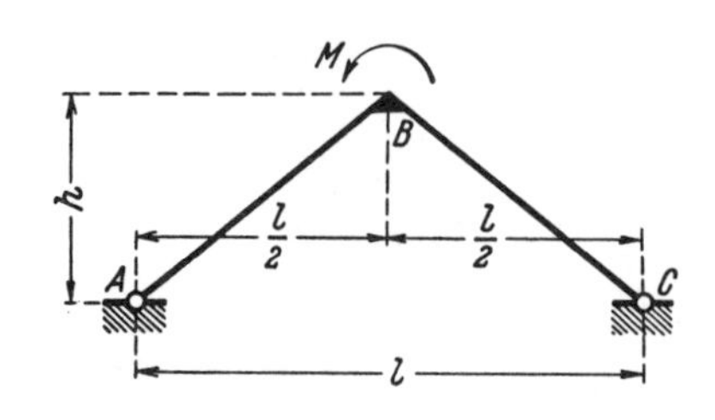

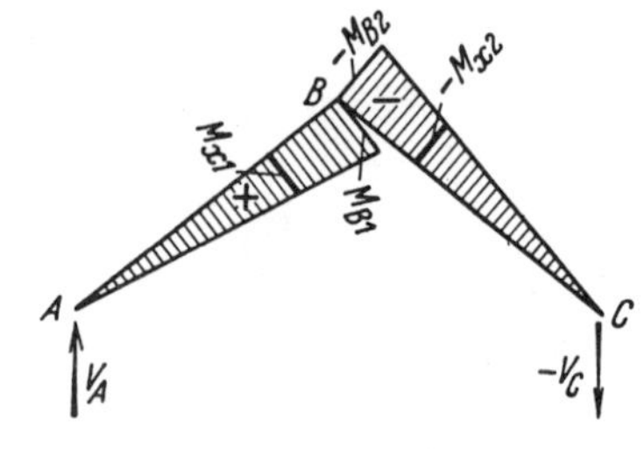

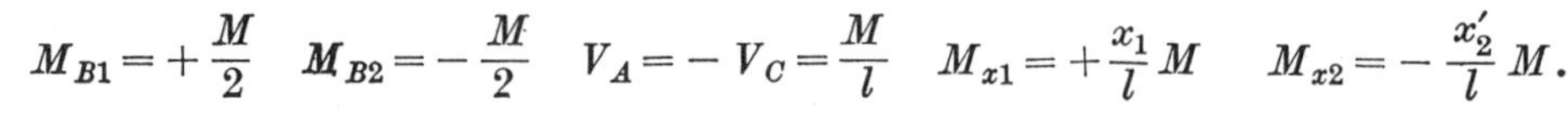

$M_{B1} = +\dfrac{M}{2}$ $\quad M_{B2} = -\dfrac{M}{2}$ $\quad V_A = -V_C = \dfrac{M}{l}$ $\quad M_{x1} = +\dfrac{x_1}{l}\,M$ $\quad M_{x2} = -\dfrac{x_2'}{l}\,M.$

Rahmenform 16

Symmetrischer Dreieckrahmen mit einem Fußgelenk und einem waagerecht beweglichen Auflager, verbunden durch ein elastisches Zugband

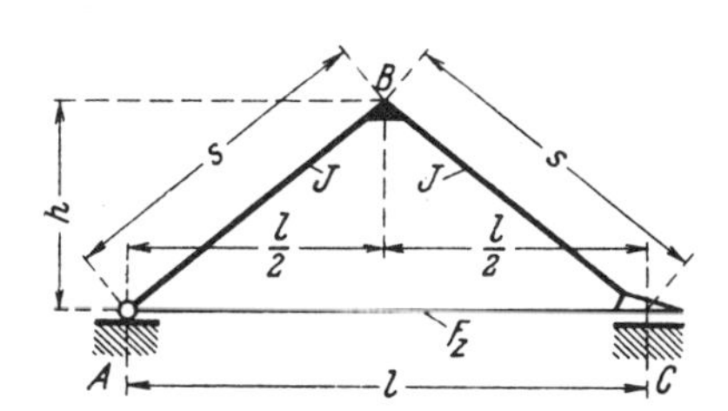

Rahmenform, Abmessungen und Bezeichnungen

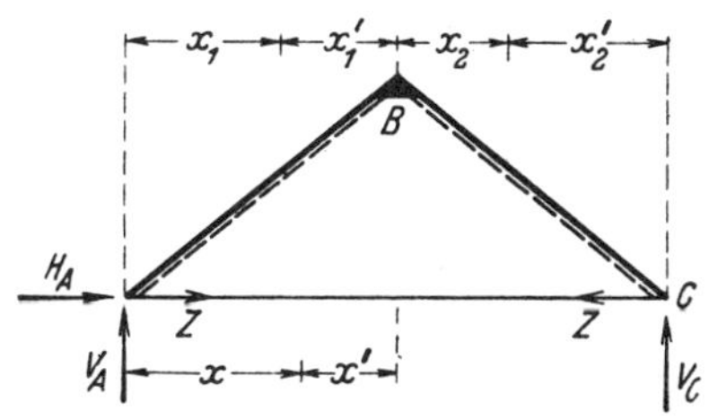

Festlegung der positiven Richtung aller Stützkräfte und der Koordinaten beliebiger Stabpunkte. Bei symmetrischer Rahmenlast wird x und x' verwendet. Positive Biegungsmomente erzeugen an der gestrichelten Stabseite Zug

Festwerte:

$$L = \frac{3J}{h^2 F_Z} \cdot \frac{l}{s} \cdot \frac{E}{E_Z} \qquad N_Z = 2 + L.$$

E = Elastizitätsmodul des Rahmenbaustoffes,
E_Z = Elastizitätsmodul des Zugbandstoffes,
F_Z = Querschnittfläche des Zugbandes.

Bemerkung betreffend antimetrische Lastfälle

Der antimetrische Fall 15/7, Seite 44, hat auch Gültigkeit für Rahmenform 16, da wegen $H = 0$ auch $Z = 0$ wird.

Für den antimetrischen Fall 15/8, Seite 45, wird mit elastischem Zugband und festem Gelenk bei A:

$$Z = \frac{2\,W}{N_Z} \qquad H_A = 2\,W; \qquad V_C = -V_A = \frac{2\mathfrak{S}_r}{l}; \qquad M_B = W h \cdot \frac{L}{N_Z}.$$

Siehe hierzu den Abschnitt **„Belastungsglieder“**

Fall 16/1: Linker Stab beliebig senkrecht belastet

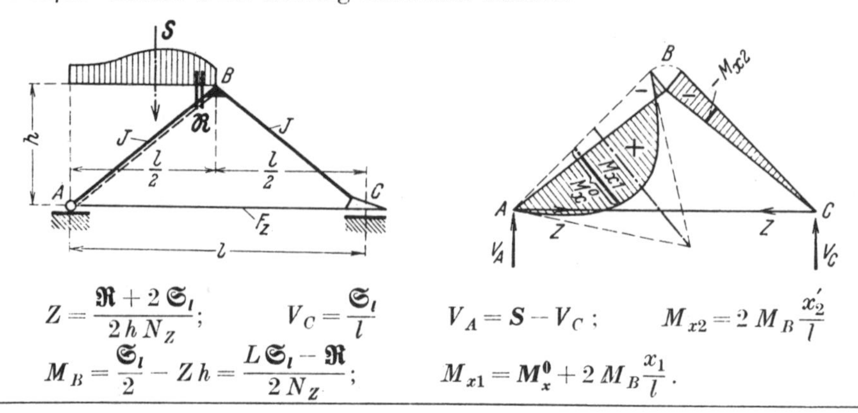

$$Z = \frac{\mathfrak{R} + 2\,\mathfrak{S}_l}{2\,h\,N_Z};\qquad V_C = \frac{\mathfrak{S}_l}{l}\qquad V_A = \boldsymbol{S} - V_C;\qquad M_{x2} = 2\,M_B\,\frac{x_2'}{l}$$

$$M_B = \frac{\mathfrak{S}_l}{2} - Z\,h = \frac{L\,\mathfrak{S}_l - \mathfrak{R}}{2\,N_Z};\qquad M_{x1} = \boldsymbol{M}_x^0 + 2\,M_B\,\frac{x_1}{l}.$$

Fall 16/2: Beide Stäbe beliebig senkrecht, aber gleich und symmetrisch zur Rahmen-Symmetrieachse belastet

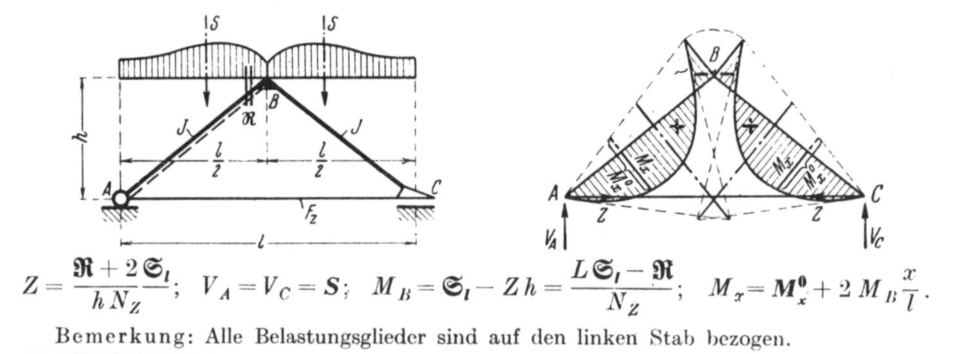

$$Z = \frac{\mathfrak{R} + 2\,\mathfrak{S}_l}{h\,N_Z};\quad V_A = V_C = \boldsymbol{S};\quad M_B = \mathfrak{S}_l - Z\,h = \frac{L\,\mathfrak{S}_l - \mathfrak{R}}{N_Z};\quad M_x = \boldsymbol{M}_x^0 + 2\,M_B\,\frac{x}{l}.$$

Bemerkung: Alle Belastungsglieder sind auf den linken Stab bezogen.

Fall 16/3: Linker Stab beliebig waagerecht belastet

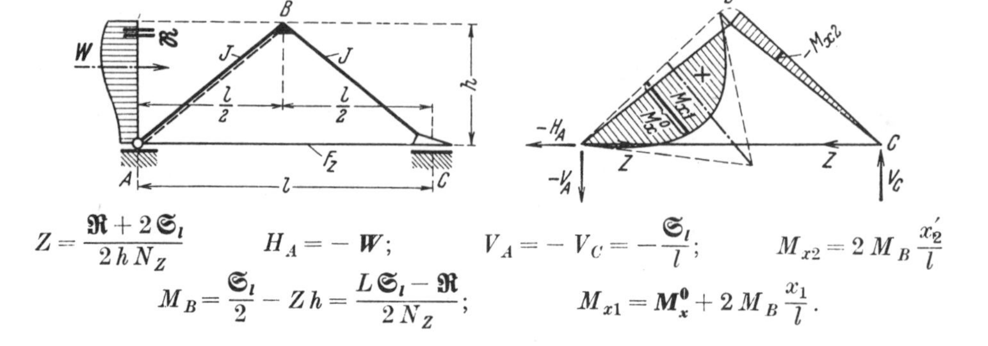

$$Z = \frac{\mathfrak{R} + 2\,\mathfrak{S}_l}{2\,h\,N_Z}\qquad H_A = -\,\boldsymbol{W};\qquad V_A = -\,V_C = -\frac{\mathfrak{S}_l}{l};\qquad M_{x2} = 2\,M_B\,\frac{x_2'}{l}$$

$$M_B = \frac{\mathfrak{S}_l}{2} - Z\,h = \frac{L\,\mathfrak{S}_l - \mathfrak{R}}{2\,N_Z};\qquad M_{x1} = \boldsymbol{M}_x^0 + 2\,M_B\,\frac{x_1}{l}.$$

Siehe hierzu den Abschnitt **„Belastungsglieder"**

Fall 16/4: Rechter Stab beliebig waagerecht belastet

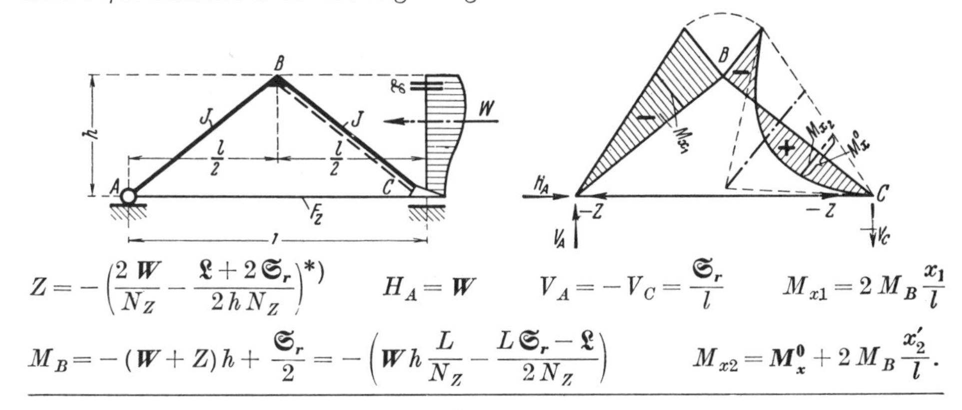

$$Z = -\left(\frac{2\,W}{N_Z} - \frac{\mathfrak{L} + 2\,\mathfrak{S}_r}{2\,h\,N_Z}\right)^{*)} \qquad H_A = W \qquad V_A = -V_C = \frac{\mathfrak{S}_r}{l} \qquad M_{x1} = 2\,M_B\,\frac{x_1}{l}$$

$$M_B = -\,(W + Z)\,h + \frac{\mathfrak{S}_r}{2} = -\left(W h\,\frac{L}{N_Z} - \frac{L\,\mathfrak{S}_r - \mathfrak{L}}{2\,N_Z}\right) \qquad M_{x2} = M_x^0 + 2\,M_B\,\frac{x_2'}{l}.$$

Fall 16/5: Beide Stäbe beliebig waagerecht, aber gleich belastet

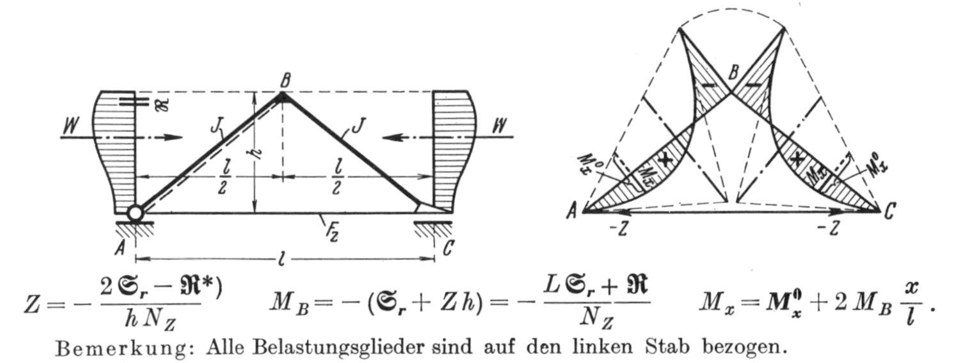

$$Z = -\,\frac{2\,\mathfrak{S}_r - \mathfrak{R}^{*)}}{h\,N_Z} \qquad M_B = -\,(\mathfrak{S}_r + Z\,h) = -\,\frac{L\,\mathfrak{S}_r + \mathfrak{R}}{N_Z} \qquad M_x = M_x^0 + 2\,M_B\,\frac{x}{l}.$$

Bemerkung: Alle Belastungsglieder sind auf den linken Stab bezogen.

Fall 16/6: Waagerechte Einzellast am Firstpunkt B von rechts her

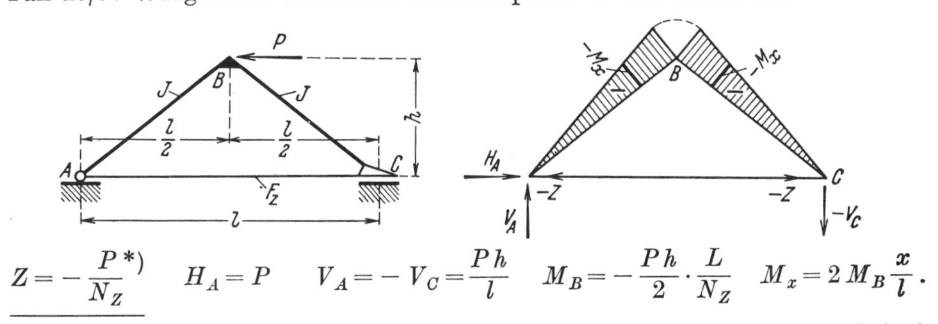

$$Z = -\,\frac{P^{*)}}{N_Z} \qquad H_A = P \qquad V_A = -\,V_C = \frac{P h}{l} \qquad M_B = -\,\frac{P h}{2}\cdot\frac{L}{N_Z} \qquad M_x = 2\,M_B\,\frac{x}{l}.$$

*) Bei obigen drei Belastungsfällen sowie bei Wärmeabnahme (s. S. 50) wird Z negativ, d. h. das Zugband erhält Druck. Dieser Umstand hat selbstverständlich nur dann einen Sinn, wenn die Druckkraft kleiner bleibt als die Zugkraft aus ständiger Last, so daß stets ein Rest Zugkraft im Zugbande verbleibt.

Fall 16/7: Senkrechte Einzellast am Firstpunkt B

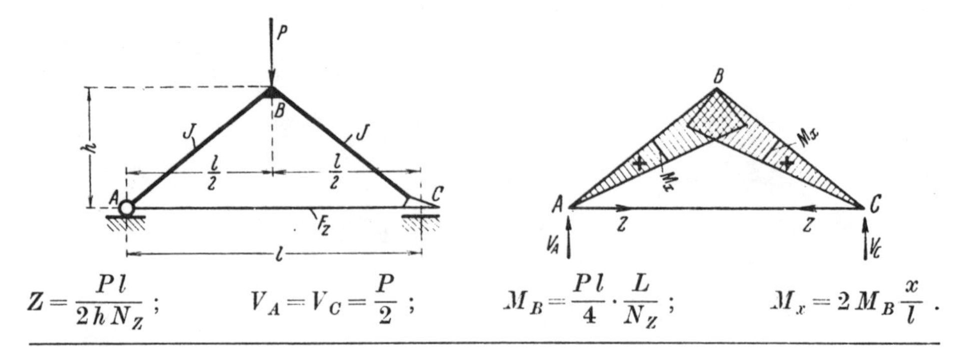

$$Z = \frac{P\,l}{2\,h\,N_Z}\,; \qquad V_A = V_C = \frac{P}{2}\,; \qquad M_B = \frac{P\,l}{4} \cdot \frac{L}{N_Z}\,; \qquad M_x = 2\,M_B \frac{x}{l}\,.$$

Fall 16/8: Waagerechte Einzellast am Firstpunkt *B* von links her

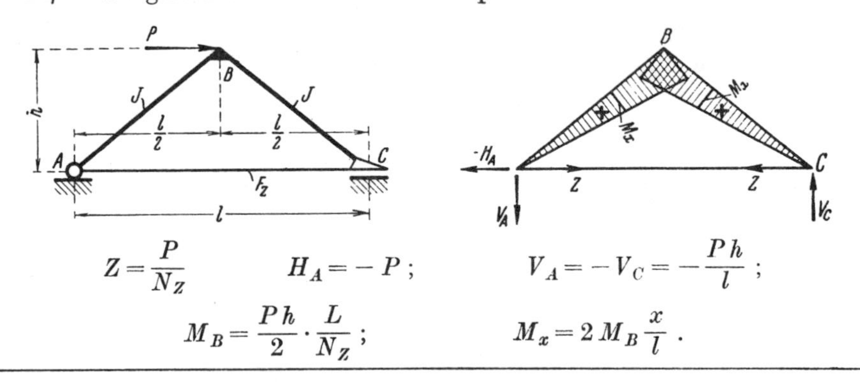

$$Z = \frac{P}{N_Z} \qquad H_A = -P\,; \qquad V_A = -V_C = -\frac{P\,h}{l}\,;$$

$$M_B = \frac{P\,h}{2} \cdot \frac{L}{N_Z}\,; \qquad M_x = 2\,M_B \frac{x}{l}\,.$$

Fall 16/9: Gleichmäßige Wärmezunahme im ganzen Rahmen

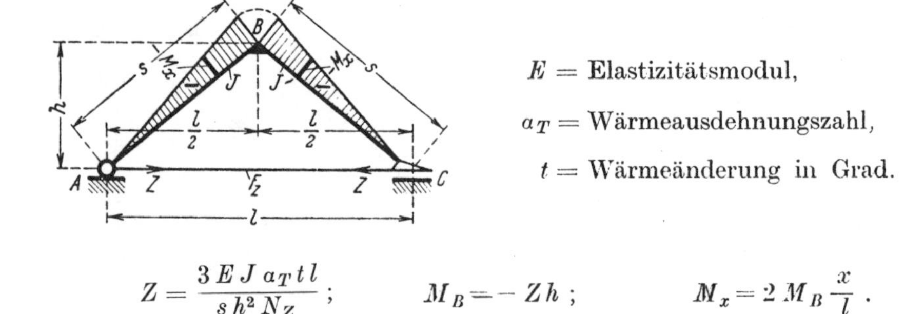

E = Elastizitätsmodul,

α_T = Wärmeausdehnungszahl,

t = Wärmeänderung in Grad.

$$Z = \frac{3\,E\,J\,\alpha_T\,t\,l}{s\,h^2\,N_Z}\,; \qquad M_B = -Z\,h\,; \qquad M_x = 2\,M_B \frac{x}{l}\,.$$

Bemerkung: Bei Wärme**ab**nahme kehren alle Kräfte ihren Pfeilsinn um und alle Momente erhalten entgegengesetztes Vorzeichen*).

*) Siehe hierzu die Fußnote Seite 49.

Rahmenform 17

Symmetrischer Dreieck-Zweigelenkbinder mit in beliebiger Höhenlage gelenkig angeschlossenem starrem Druckstab und mit verschiedenen am Druckstabanschluß sich sprunghaft ändernden Trägheitsmomenten[1]) (Kehlbalkenbinder mit biegungssteifer Firstecke)

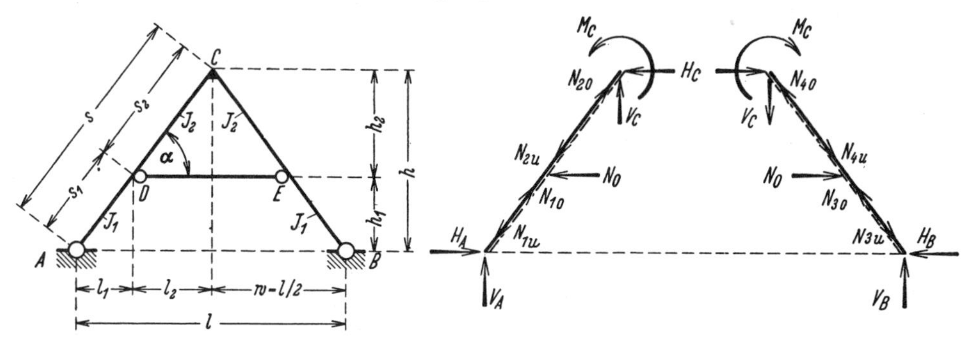

Rahmenform, Abmessungen und Bezeichnungen

Festlegung der positiven Richtung aller Stützkräfte, Schnittkräfte im First und Axialkräfte[2])

Festwerte:

$$k = \frac{J_2}{J_1} \cdot \frac{s_1}{s_2}\,^{1)}; \quad \left(\frac{s_1}{s_2} = \frac{l_1}{l_2} = \frac{h_1}{h_2}\right); \quad \beta_1 = \frac{l_1}{w} = \frac{h_1}{h}; \quad \beta_2 = \frac{l_2}{w} = \frac{h_2}{h};$$

$$F = 4k + 3. \qquad (\beta_1 + \beta_2 = 1).$$

Bemerkung: Die Momentenbilder der Fälle 17/1 bis 17/6 entsprechen mit der Annahme $J_1 = J_2$ jeweils dem zugehörigen Sonderfall b mit $q_1 = q_2$.

---

[1]) Für konstantes Trägheitsmoment J des ganzen Stabes s, also für $(J_1 = J_2) = J$, ist einfach $k = s_1/s_2$.

[2]) Positive Biegungsmomente M erzeugen an der gestrichelten Stabseite Zug. Positive Axialkräfte N erzeugen im Stab Druck.

Siehe hierzu den Abschnitt **„Belastungsglieder“**

Fall 17/1: Ganzer Rahmen beliebig senkrecht, aber symmetrisch belastet

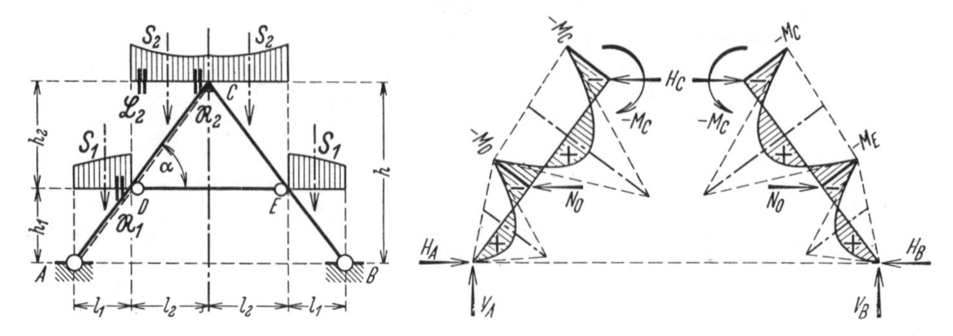

Hilfswert und Momente:

$$X = \frac{2\,\mathfrak{R}_1 k + (2\,\mathfrak{L}_2 - \mathfrak{R}_2)}{F}\,; \qquad M_C = \frac{-\,\mathfrak{R}_2 + X}{2} \qquad M_D = M_E = -\,X\,.$$

Stütz- und Schnittkräfte:

$$H_A = H_B = \frac{\mathfrak{S}_{l1} + \boldsymbol{S}_2 l_1 - M_D}{h_1} \qquad H_C = \frac{\mathfrak{S}_{l2} - M_C + M_D}{h_2}\,;$$

$$V_A = V_B = \boldsymbol{S}_1 + \boldsymbol{S}_2 \qquad V_C = 0\,; \qquad N_0 = H_A - H_C\,.$$

Axialkräfte:

$$N_{1u} = N_{3u} = V_A \cdot \sin\alpha + H_A \cdot \cos\alpha \qquad N_{2o} = N_{4o} = H_C \cdot \cos\alpha$$

$$N_{1o} = N_{3o} = \boldsymbol{S}_2 \cdot \sin\alpha + H_A \cdot \cos\alpha \qquad N_{2u} = N_{4u} = H_C \cdot \cos\alpha + \boldsymbol{S}_2 \cdot \sin\alpha\,.$$

Bemerkung: Alle Belastungsglieder sind auf die linke Rahmenhälfte bezogen.

Sonderfall 17/1a: Symmetrische Feldlasten ($\mathfrak{R} = \mathfrak{L}$)

$$H_A = H_B = \left(\frac{\boldsymbol{S}_1}{2} + \boldsymbol{S}_2\right) \cdot \cot\alpha - \frac{M_D}{h_1} \qquad H_C = \frac{\boldsymbol{S}_2}{2} \cdot \cot\alpha + \frac{M_D - M_C}{h_2}\,;$$

$$X = \frac{2\,\mathfrak{L}_1 k + \mathfrak{L}_2}{F}\,.$$ Alle übrigen Formeln lauten wie vor.

Sonderfall 17/1b: Gleichmäßig verteilte Feldlasten q_1 und q_2

In vorstehende Formeln werden eingesetzt:

$$\boldsymbol{S}_1 = q_1 l_1 \qquad \boldsymbol{S}_2 = q_2 l_2\,; \qquad \mathfrak{L}_1 = \frac{\boldsymbol{S}_1 l_1}{4} \qquad \mathfrak{L}_2 = \frac{\boldsymbol{S}_2 l_2}{4}\,.$$

Siehe hierzu den Abschnitt **„Belastungsglieder"**

Fall 17/2: Ganzer Rahmen beliebig waagerecht, aber symmetrisch belastet

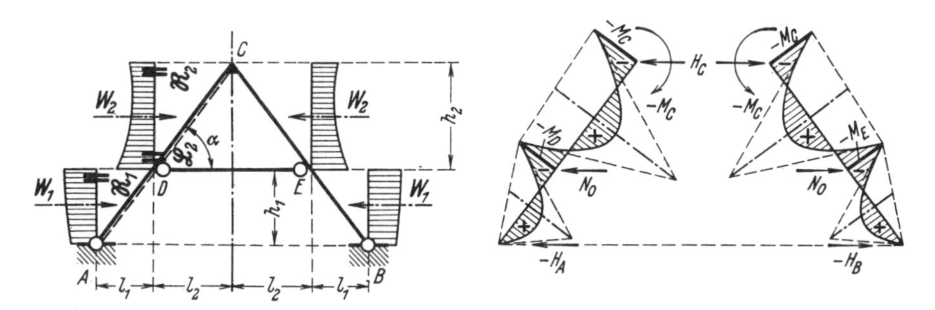

Hilfswert und Momente

$$X = \frac{2\,\mathfrak{R}_1 k + (2\,\mathfrak{L}_2 - \mathfrak{R}_2)}{F}; \qquad M_C = \frac{-\mathfrak{R}_2 + X}{2} \qquad M_D = M_E = -X.$$

Stütz- und Schnittkräfte

$$H_A = H_B = -\frac{\mathfrak{S}_{r1} + M_D}{h_1} \qquad H_C = \frac{\mathfrak{S}_{l2} - M_C + M_D}{h_2};$$

$$V_A = V_B = 0 \qquad V_C = 0; \qquad N_0 = \boldsymbol{W}_1 + \boldsymbol{W}_2 + H_A - H_C.$$

Axialkräfte:

$$N_{1u} = N_{3u} = H_A \cdot \cos\alpha \qquad N_{2o} = N_{4o} = H_C \cdot \cos\alpha$$

$$N_{1o} = N_{3o} = (H_A + \boldsymbol{W}_1) \cdot \cos\alpha \qquad N_{2u} = N_{4u} = (H_C - \boldsymbol{W}_2) \cdot \cos\alpha.$$

Bemerkung: Alle Belastungsglieder sind auf die linke Rahmenhälfte bezogen.

Sonderfall 17/2a: Symmetrische Feldlasten ($\mathfrak{R} = \mathfrak{L}$)

$$H_A = H_B = -\frac{\boldsymbol{W}_1}{2} - \frac{M_D}{h_1} \qquad H_C = \frac{\boldsymbol{W}_2}{2} + \frac{M_D - M_C}{h_2};$$

$$X = \frac{2\,\mathfrak{L}_1 k + \mathfrak{L}_2}{F}.$$ Alle übrigen Formeln lauten wie vor.

Sonderfall 17/2b: Gleichmäßig verteilte Feldlasten q_1 und q_2

In vorstehende Formeln werden eingesetzt:

$$\boldsymbol{W}_1 = q_1 h_1 \qquad \boldsymbol{W}_2 = q_2 h_2; \qquad \mathfrak{L}_1 = \frac{\boldsymbol{W}_1 h_1}{4} \qquad \mathfrak{L}_2 = \frac{\boldsymbol{W}_2 h_2}{4}.$$

Siehe hierzu den Abschnitt **„Belastungsglieder“**

Fall 17/3: Ganzer Rahmen beliebig senkrecht, aber antimetrisch belastet

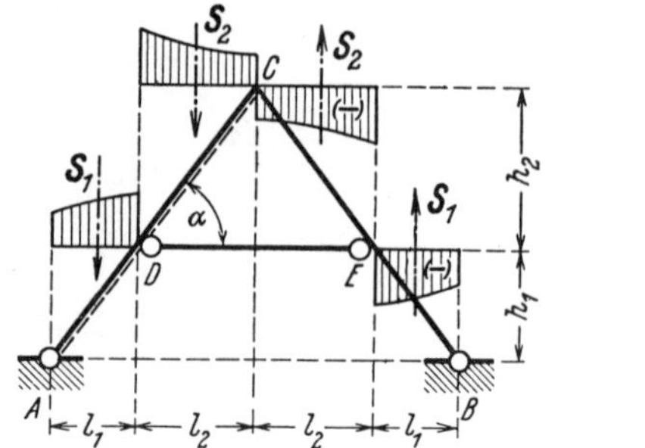

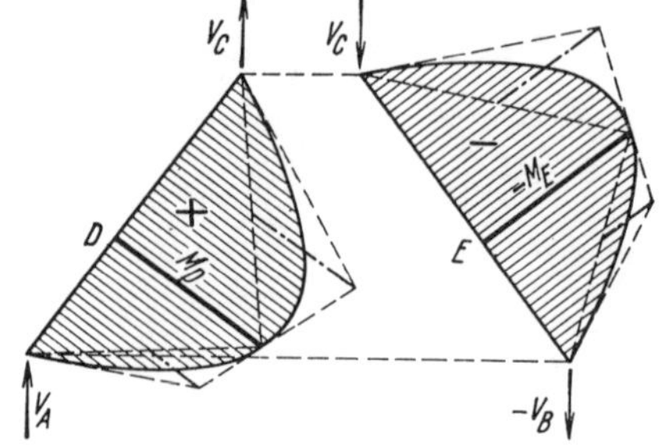

Momente:

$$M_C = 0 \qquad M_D = -M_E = \mathfrak{S}_{l1} \cdot \beta_2 + \mathfrak{S}_{r2} \cdot \beta_1 .$$

Stütz- und Schnittkräfte:

$$V_A = -V_B = \frac{\mathfrak{S}_{r1} + S_1 l_2 + \mathfrak{S}_{r2}}{w} \qquad V_C = \frac{\mathfrak{S}_{l1} + S_2 l_1 + \mathfrak{S}_{l2}}{w};$$

$$H_A = H_B = 0 \qquad H_C = 0; \qquad N_0 = 0 .$$

Axialkräfte:

$$N_{1u} = -N_{3u} = V_A \cdot \sin\alpha \qquad N_{2o} = -N_{4o} = -V_C \cdot \sin\alpha$$

$$N_{1o} = -N_{3o} = (V_A - S_1)\sin\alpha = N_{2u} = -N_{4u} = (S_2 - V_C)\sin\alpha .$$

Bemerkung: Alle Belastungsglieder sind auf die linke Rahmenhälfte bezogen.

Sonderfall 17/3a: Symmetrische Feldlasten ($\mathfrak{S}_l = \mathfrak{S}_r$)

$$V_A = -V_B = \frac{S_1(1+\beta_2) + S_2 \cdot \beta_2}{2} \qquad V_C = \frac{S_1 \cdot \beta_1 + S_2(1+\beta_1)}{2};$$

$$M_D = -M_E = \frac{(S_1 + S_2)\, l_1 l_2}{l} .$$ Alle übrigen Formeln lauten wie vor.

Sonderfall 17/3b: Gleichmäßig verteilte Feldlasten q_1 und q_2

In vorstehende Formeln werden eingesetzt:

$$S_1 = q_1 l_1 \qquad S_2 = q_2 l_2 .$$

Siehe hierzu den Abschnitt „**Belastungsglieder**“

Fall 17/4: Ganzer Rahmen beliebig waagrecht, aber antimetrisch belastet

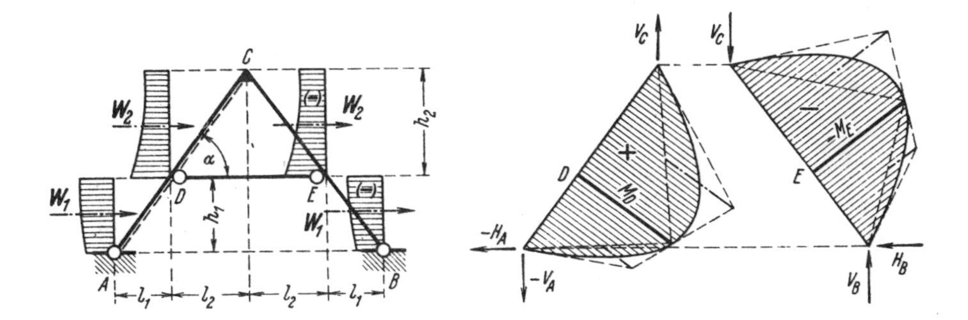

Momente:

$$M_C = 0 \qquad M_D = -M_E = \mathfrak{S}_{l1} \cdot \beta_2 + \mathfrak{S}_{r2} \cdot \beta_1 .$$

Stütz- und Schnittkräfte:

$$V_B = V_C = -V_A = \frac{\mathfrak{S}_{l1} + W_2 h_1 + \mathfrak{S}_{l2}}{w}$$

$$H_B = -H_A = W_1 + W_2 \qquad H_C = 0 \qquad N_0 = 0 .$$

Axialkräfte:

$$N_{3u} = -N_{1u} = V_B \cdot \sin\alpha + H_B \cdot \cos\alpha \qquad N_{4o} = -N_{2o} = V_C \cdot \sin\alpha$$

$$N_{3o} = -N_{1o} = N_{3u} - W_1 \cdot \cos\alpha = N_{4u} = -N_{2u} = V_C \cdot \sin\alpha + W_2 \cdot \cos\alpha .$$

Bemerkung: Alle Belastungsglieder sind auf die linke Rahmenhälfte bezogen.

Sonderfall 17/4a: Symmetrische Feldlasten ($\mathfrak{S}_l = \mathfrak{S}_r$)

$$M_D = -M_E = \frac{(W_1 + W_2) h_1 h_2}{2h} ; \qquad V_B = V_C = -V_A = \frac{W_1 h_1 + W_2 (h + h_1)}{l}$$

Alle übrigen Formeln lauten wie vor.

Sonderfall 17/4b: Gleichmäßig verteilte Feldlasten q_1 und q_2

In vorstehende Formeln werden eingesetzt:

$$W_1 = q_1 h_1 \qquad W_2 = q_2 h_2 .$$

Siehe hierzu den Abschnitt **„Belastungsglieder"**

Fall 17/5: Linke Rahmenhälfte beliebig senkrecht belastet*).

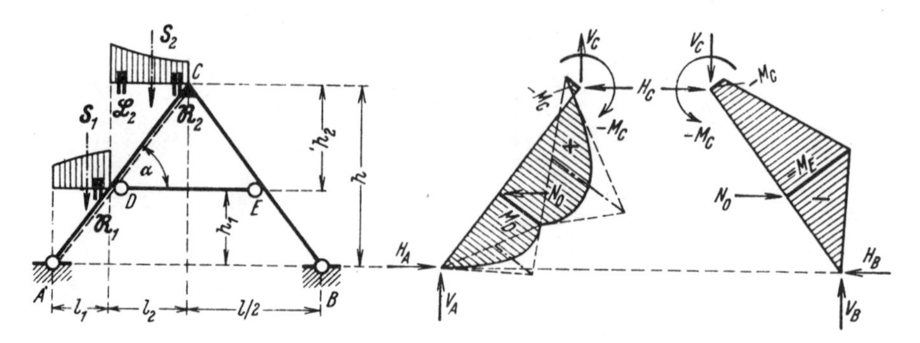

Momente (Hilfswert X genau wie beim Fall 17/1, Seite 52):

$$M_C = \frac{-\mathfrak{R}_2 + X}{4} \qquad \begin{matrix} M_D \\ M_E \end{matrix} \Big\rangle = -\frac{X}{2} \pm \frac{\mathfrak{S}_{l1} \cdot \beta_2 + \mathfrak{S}_{r2} \cdot \beta_1}{2}.$$

Stütz- und Schnittkräfte:

$$V_B = V_C = \frac{\mathfrak{S}_{l1} + S_2 l_1 + \mathfrak{S}_{l2}}{l} \qquad V_A = S_1 + S_2 - V_B;$$

$$H_A = H_B = \frac{V_B \cdot l_1 - M_E}{h_1} \qquad H_C = \frac{V_C \cdot l_2 - M_C + M_E}{h_2}; \qquad N_0 = H_B - H_C.$$

Axialkräfte:

$$N_{1u} = V_A \cdot \sin\alpha + H_A \cdot \cos\alpha \qquad N_{2o} = -V_C \cdot \sin\alpha + H_C \cdot \cos\alpha$$

$$N_{1o} = N_{1u} - S_1 \cdot \sin\alpha; \qquad N_{2u} = N_{2o} + S_2 \cdot \sin\alpha;$$

$$N_3 = V_B \cdot \sin\alpha + H_B \cdot \cos\alpha \qquad N_4 = V_C \cdot \sin\alpha + H_C \cdot \cos\alpha.$$

Sonderfall 17/5a: Symmetrische Feldlasten ($\mathfrak{R} = \mathfrak{L}$)

$$\begin{matrix} M_D \\ M_E \end{matrix} \Big\rangle = -\frac{X}{2} \pm \frac{(S_1 + S_2) l_1 l_2}{2l}; \qquad V_B = V_C = \frac{S_1 \cdot \beta_1 + S_2 (1 + \beta_1)}{4}.$$

Alle übrigen Formeln lauten wie vor. (Hilfswert X genau wie beim Sonderfall 17/1a, Seite 52).

Sonderfall 17/5b: Gleichmäßig verteilte Feldlasten q_1 und q_2.
In vorstehende Formeln werden eingesetzt:

$$S_1 = q_1 l_1 \qquad S_2 = q_2 l_2; \qquad (\mathfrak{L}_1 = S_1 l_1 / 4 \quad \mathfrak{L}_2 = S_2 l_2 / 4).$$

*) Für den Fall 17/5 könnten auch alle Kräfte nach dem B-U-Verfahren aus den Fällen 17/1 und 17/3 gebildet werden, wie es hier nur teilweise geschehen ist.

Siehe hierzu den Abschnitt **„Belastungsglieder“**

Fall 17/6: Linke Rahmenhälfte beliebig waagerecht belastet*)

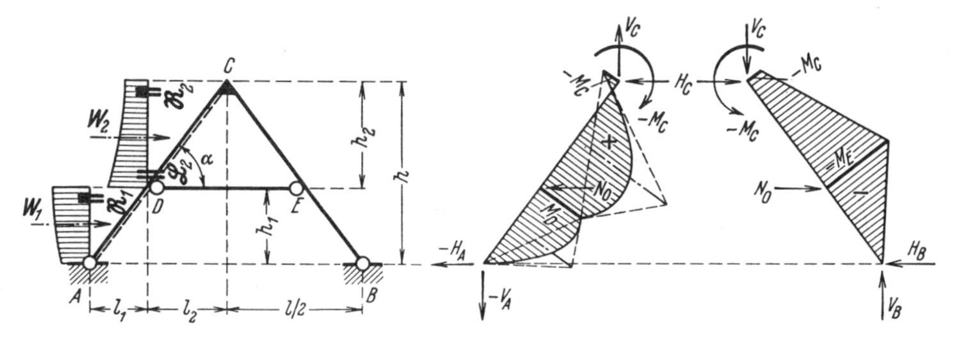

Momente (Hilfswert X genau wie beim Fall 17/2, Seite 53):

$$M_C = \frac{-\mathfrak{R}_2 + X}{4} \qquad \begin{matrix} M_D \\ M_E \end{matrix} \Big\rangle = -\frac{X}{2} \pm \frac{\mathfrak{S}_{l1} \cdot \beta_2 + \mathfrak{S}_{r2} \cdot \beta_1}{2}.$$

Stütz- und Schnittkräfte:

$$V_B = V_C = -V_A = \frac{\mathfrak{S}_{l1} + W_2 h_1 + \mathfrak{S}_{l2}}{l}; \qquad H_C = \frac{V_C \cdot l_2 - M_C + M_E}{h_2}$$

$$H_B = \frac{V_B \cdot l_1 - M_E}{h_1} \qquad H_A = -W_1 - W_2 + H_B; \qquad N_0 = H_B - H_C.$$

Axialkräfte:

$$N_{1u} = V_A \cdot \sin\alpha + H_A \cdot \cos\alpha \qquad N_{2o} = -V_C \cdot \sin\alpha + H_C \cdot \cos\alpha$$

$$N_{1o} = N_{1u} + W_1 \cdot \cos\alpha; \qquad N_{2u} = N_{2o} - W_2 \cdot \cos\alpha;$$

$$N_3 = V_B \cdot \sin\alpha + H_B \cdot \cos\alpha \qquad N_4 = V_C \cdot \sin\alpha + H_C \cdot \cos\alpha.$$

Sonderfall 17/6a: Symmetrische Feldlasten **($\mathfrak{R} = \mathfrak{L}$)**

$$\begin{matrix} M_D \\ M_E \end{matrix} \Big\rangle = -\frac{X}{2} \pm \frac{(W_1 + W_2) h_1 h_2}{4h}; \qquad V_B = V_C = -V_A = \frac{W_1 h_1 + W_2 (h + h_1)}{2l}.$$

Alle übrigen Formeln lauten wie vor. (Hilfswert X genau wie beim Sonderfall 17/2a, Seite 53).

Sonderfall 17/6b: Gleichmäßig verteilte Feldlasten q_1 und q_2

In vorstehende Formeln werden eingesetzt:

$$W_1 = q_1 h_1 \qquad W_2 = q_2 h_2; \qquad (\mathfrak{L}_1 = W_1 h_1 / 4 \qquad \mathfrak{L}_2 = W_2 h_2 / 4).$$

*) Für den Fall 17/6 könnten auch alle **Kräfte** nach dem B-U-Verfahren aus den Fällen 17/2 und 17/4 gebildet werden, wie es hier nur teilweise geschehen ist.

Fall 17/7: Gleichmäßig verteilte symmetrische Vollast, rechtwinklig zu den Schrägstäben wirkend

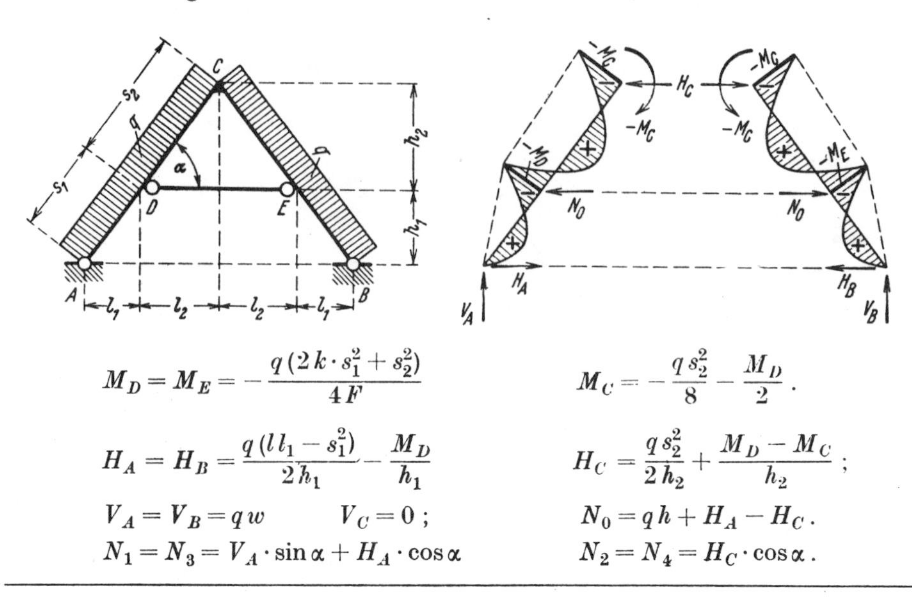

$$M_D = M_E = -\frac{q(2k \cdot s_1^2 + s_2^2)}{4F} \qquad M_C = -\frac{q s_2^2}{8} - \frac{M_D}{2}.$$

$$H_A = H_B = \frac{q(l l_1 - s_1^2)}{2h_1} - \frac{M_D}{h_1} \qquad H_C = \frac{q s_2^2}{2h_2} + \frac{M_D - M_C}{h_2};$$

$$V_A = V_B = q w \qquad V_C = 0; \qquad N_0 = q h + H_A - H_C.$$

$$N_1 = N_3 = V_A \cdot \sin\alpha + H_A \cdot \cos\alpha \qquad N_2 = N_4 = H_C \cdot \cos\alpha.$$

Fall 17/8: Gleichmäßig verteilte antimetrische Vollast, rechtwinklig zu den Schrägstäben wirkend (Druck und Sog)

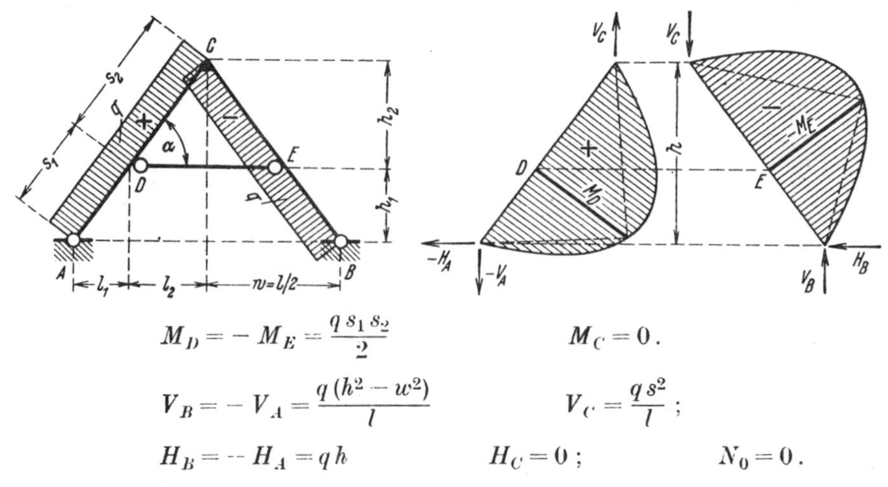

$$M_D = -M_E = \frac{q s_1 s_2}{2} \qquad M_C = 0.$$

$$V_B = -V_A = \frac{q(h^2 - w^2)}{l} \qquad V_C = \frac{q s^2}{l};$$

$$H_B = -H_A = q h \qquad H_C = 0; \qquad N_0 = 0.$$

Axialkräfte:

$$N_3 = N_4 = -N_1 = -N_2 = \frac{q s h}{l}$$

Fall 17/9: Symmetrische Anordnung von Einzellasten

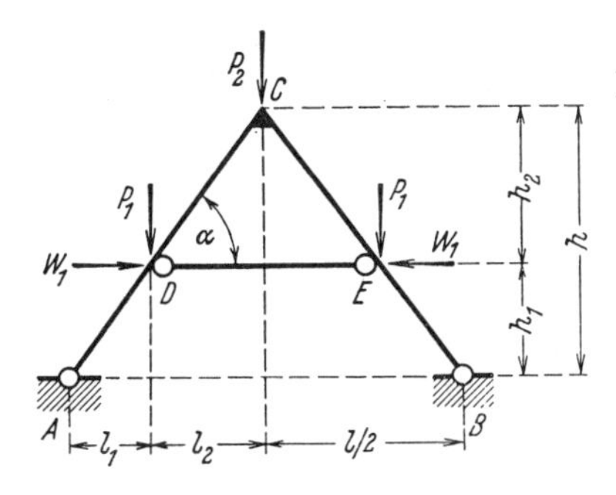

Biegungsmomente treten nicht auf.

$$(M_C = M_D = M_E = 0)\,.$$

$$V_A = V_B = P_1 + \frac{P_2}{2} \qquad V_C = 0\,.$$

$$H_A = H_B = V_A \cdot \cot\alpha \qquad H_C = \frac{P_2}{2} \cdot \cot\alpha\,; \qquad N_0 = P_1 \cdot \cot\alpha + W_1\,.$$

Axialkräfte:

$$N_1 = N_3 = \frac{V_A}{\sin\alpha} \qquad N_2 = N_4 = \frac{P_2}{2\sin\alpha}\,.$$

Bemerkung: Das waagerechte Lastenpaar W_1 wirkt sich nur als zusätzliche Axialkräft im gelenkigen Druckstab aus.

Fall 17/10: Antimetrische Anordnung von Einzellasten

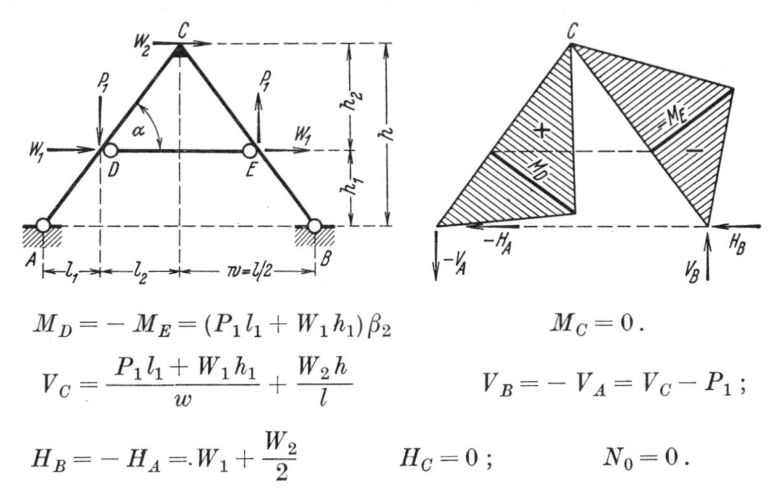

$$M_D = -M_E = (P_1 l_1 + W_1 h_1)\beta_2 \qquad M_C = 0\,.$$

$$V_C = \frac{P_1 l_1 + W_1 h_1}{w} + \frac{W_2 h}{l} \qquad V_B = -V_A = V_C - P_1\,;$$

$$H_B = -H_A = W_1 + \frac{W_2}{2} \qquad H_C = 0\,; \qquad N_0 = 0\,.$$

Axialkräfte:

$$N_3 = -N_1 = V_B \cdot \sin\alpha + H_B \cdot \cos\alpha \qquad N_4 = -N_2 = V_C \cdot \sin\alpha + \frac{W_2}{2} \cdot \cos\alpha.$$

Bemerkung: Infolge W_2 allein treten keine Biegungsmomente auf.

Fall 17/11: Unsymmetrische Anordnung von Einzellasten

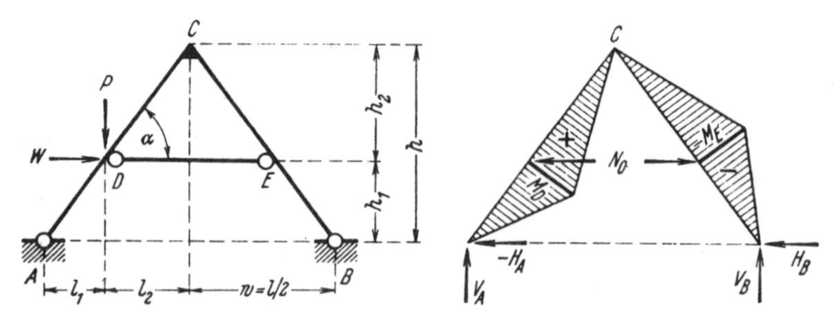

$$V_B = V_C = \frac{P l_1 + W h_1}{l} \qquad V_A = P - V_C\,; \qquad M_D = -M_E = V_C \cdot l_2$$

$$H_A = \frac{P w}{2h} - \frac{W}{2} \qquad H_B = N_0 = \frac{P w}{2h} + \frac{W}{2} \qquad H_C = 0\,; \qquad M_C = 0\,.$$

Axialkräfte:

$$N_1 = V_A \cdot \sin\alpha + H_A \cdot \cos\alpha \qquad N_4 = V_C \cdot \sin\alpha$$

$$N_2 = -V_C \cdot \sin\alpha\,; \qquad N_3 = V_B \cdot \sin\alpha + H_B \cdot \cos\alpha\,.$$

Fall 17/12: Gleichmäßige Wärmezunahme des Druckstabes DE allein um t_0 Grad

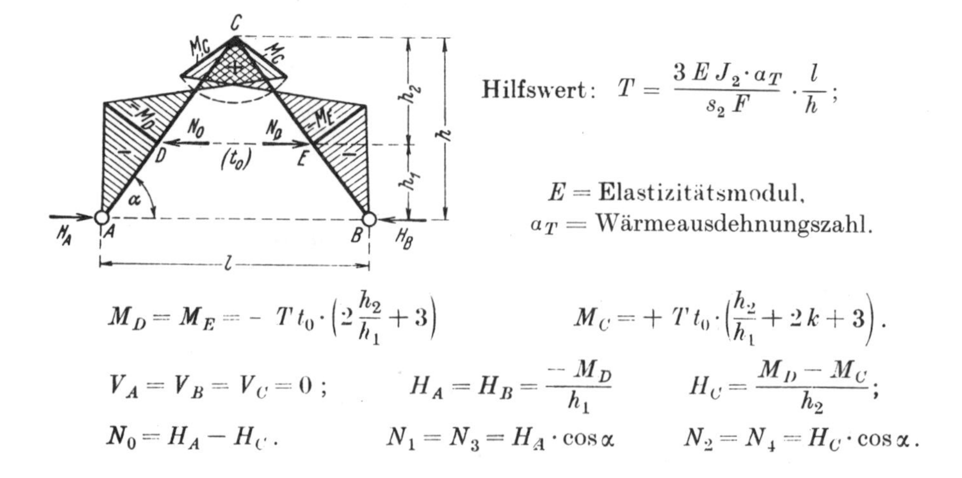

Hilfswert: $T = \frac{3 E J_2 \cdot a_T}{s_2 F} \cdot \frac{l}{h}\,;$

E = Elastizitätsmodul,
a_T = Wärmeausdehnungszahl.

$$M_D = M_E = -\,T t_0 \cdot \left(2 \frac{h_2}{h_1} + 3\right) \qquad M_C = +\,T t_0 \cdot \left(\frac{h_2}{h_1} + 2k + 3\right).$$

$$V_A = V_B = V_C = 0\,; \qquad H_A = H_B = \frac{-M_D}{h_1} \qquad H_C = \frac{M_D - M_C}{h_2}\,;$$

$$N_0 = H_A - H_C\,. \qquad N_1 = N_3 = H_A \cdot \cos\alpha \qquad N_2 = N_4 = H_C \cdot \cos\alpha\,.$$

Bemerkung: Bei Wärmeabnahme kehren alle Momente und Kräfte ihren Wirkungssinn um.

Fall 17/13: Gleichmäßige Wärmezunahme der unteren Schrägstäbe um t_1 Grad bzw. der oberen Schrägstäbe um t_2 Grad (Symmetrischer Lastfall)

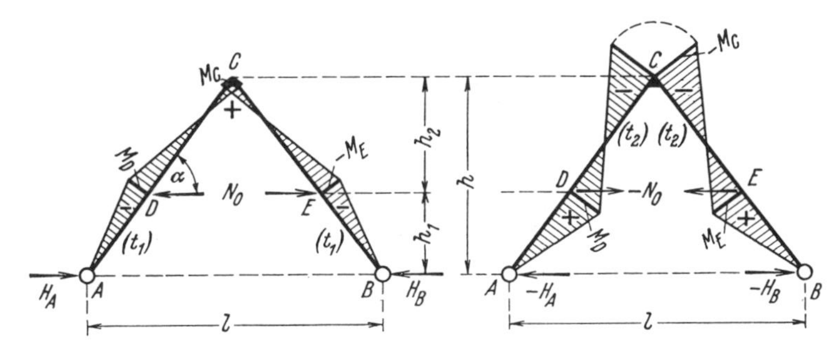

Hilfswert T sowie E und α_T genau wie bei Fall 17/12, Seite 60.

$$M_D = M_E = T \cdot [-2t_1 + 3t_2] \qquad M_C = T \cdot [+t_1 - (2k+3)t_2].$$

Formeln für alle V-, H- und N-Kräfte genau wie beim Fall 17/12.

Fall 17/14: Unsymmetrischer Wärmezunahmefall

Wenn die Schrägstäbe nur einer Rahmenhälfte (der linken oder der rechten) einer Wärmezunahme um t_1 bzw. t_2 unterworfen sind, so werden alle Momente und Kräfte halb so groß wie beim Fall 17/13. (Der Momentenverlauf bleibt symmetrisch.)

Fall 17/15: Gleichmäßige Wärmezunahme des ganzen Rahmens (einschließlich Druckstab DE) um t Grad

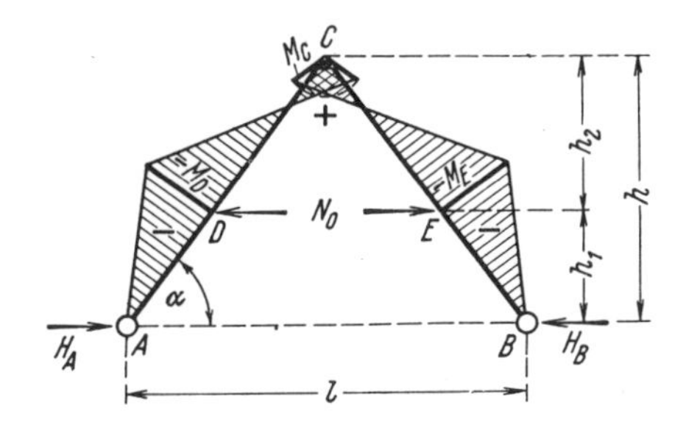

E = Elastizitätsmodul,
α_T = Wärme-Dehnungszahl.

$$M_D = M_E = -\frac{6\,E\,J_2 \cdot \alpha_T}{s_2\,F} \cdot \frac{l}{h_1} \cdot t$$

$$M_C = \frac{-M_D}{2}.$$

Formeln für alle V-, H- und N-Kräfte genau wie beim Fall 17/12.

Bemerkung: Bei Wärmeabnahme kehren alle Momente und Kräfte ihren Wirkungssinn um.

Rahmenform 18

Symmetrischer Dreieck-Dreigelenkbinder mit in beliebiger Höhenlage gelenkig angeschlossenem starrem Druckstab und mit verschiedenen am Druckstabanschluß sich sprunghaft ändernden Trägheitsmomenten[1]) (Kehlbalkenbinder)

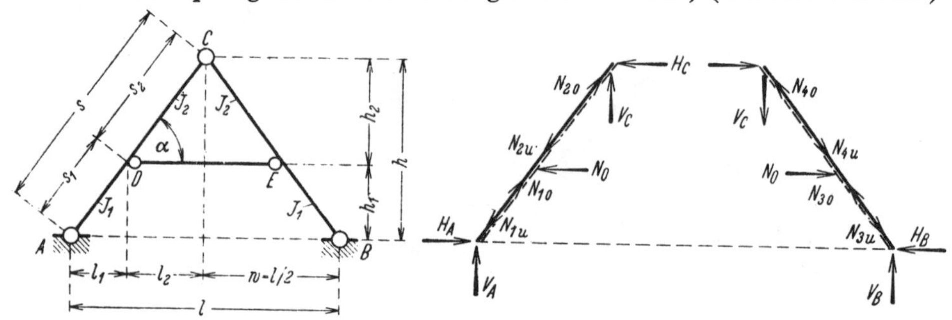

Rahmenform, Abmessungen und Bezeichnungen

Festlegung der positiven Richtung aller Stützkräfte, Schnittkräfte im First und Axialkräfte[2])

Festwerte:

$$k = \frac{J_2}{J_1} \cdot \frac{s_1}{s_2}\,^{1)}; \qquad \left(\frac{s_1}{s_2} = \frac{l_1}{l_2} = \frac{h_1}{h_2}\right); \qquad \beta_1 = \frac{l_1}{w} = \frac{h_1}{h} \qquad \beta_2 = 1 - \beta_1 .$$

Achtung! Die einzelnen Fälle der Rahmenform 18 sind in Anlehnung an Rahmenform 17 benannt worden. Hierbei konnte auf die Wiedergabe der folgenden Fälle verzichtet werden, weil diese mit den entsprechenden Fällen der Rahmenform 17 wegen $M_C = 0$ genau übereinstimmen:

Fall 18/3: Ganzer Rahmen beliebig senkrecht, aber antimetrisch belastet; wie Fall 17/3, Seite 54

Fall 18/4: Ganzer Rahmen beliebig waagrecht, aber antimetrisch belastet; wie Fall 17/4, Seite 55

Fall 18/9: Symmetrische Anordnung von Einzellasten; wie Fall 17/9, Seite 59

Fall 18/10: Antimetrische Anordnung von Einzellasten; wie Fall 17/10, Seite 59

Fall 18/11: Unsymmetrische Anordnung von Einzellasten; wie Fall 17/11, Seite 60

Bemerkung: Die Momentenbilder der Fälle 18/1, 2, 5 und 6 entsprechen mit der Annahme $J_1 = J_2$ jeweils dem zugehörigen Sonderfall b mit $q_1 = q_2$.

[1]) Für konstantes Trägheitsmoment J des ganzen Stabes s, also für $(J_1 = J_2) = J$, ist einfach $k = s_1/s_2$.

[2]) Positive Biegungsmomente M erzeugen an der gestrichelten Stabseite Zug. Positive Axialkräfte N erzeugen im Stab Druck.

Fall 18/7: Gleichmäßig verteilte symmetrische Vollast, rechtwinklig zu den Schrägstäben wirkend

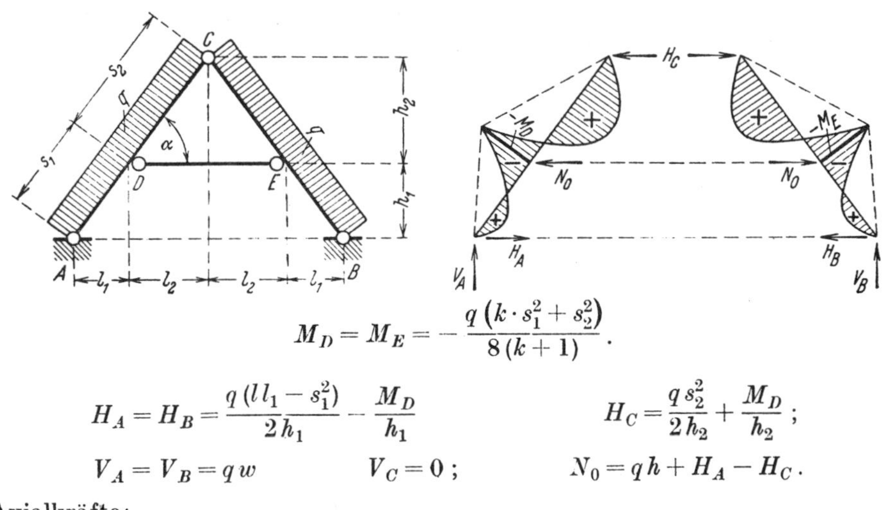

$$M_D = M_E = -\frac{q\,(k \cdot s_1^2 + s_2^2)}{8\,(k+1)}\,.$$

$$H_A = H_B = \frac{q\,(l\,l_1 - s_1^2)}{2\,h_1} - \frac{M_D}{h_1} \qquad H_C = \frac{q\,s_2^2}{2\,h_2} + \frac{M_D}{h_2}\,;$$

$$V_A = V_B = q\,w \qquad V_C = 0\,; \qquad N_0 = q\,h + H_A - H_C\,.$$

Axialkräfte:

$$N_1 = N_3 = V_A \cdot \sin\alpha + H_A \cdot \cos\alpha \qquad N_2 = N_4 = H_C \cdot \cos\alpha\,.$$

Fall 18/7a: Gleichmäßig verteilte symmetrische Vollast, in Richtung der Schrägstäbe in deren Achse wirkend

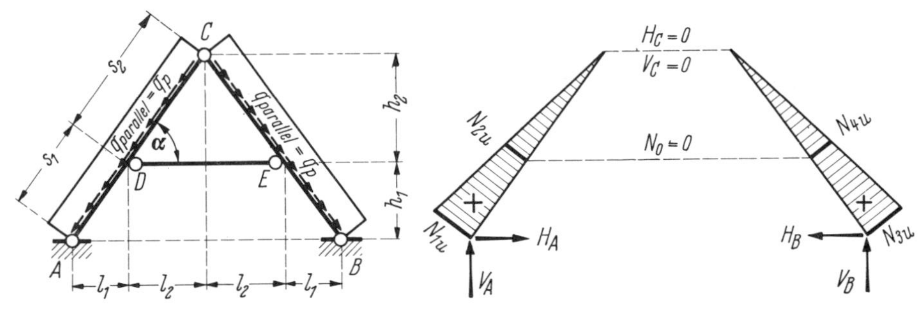

$$M_D = M_E = H_C = V_C = N_0 = 0$$

$$H_A = H_B = q_p \cdot s \cdot \cos a\,; \quad V_A = V_B = q_p \cdot s \cdot \sin a$$

Axialkräfte: $N_{2u} = N_{4u} = q_p \cdot s_2\,;\ N_{1u} = N_{3u} = q_p \cdot s\,.$

Bemerkung: Eine senkrechte gleichmäßig verteilte Belastung q an dem unter a geneigten Stab läßt sich zerlegen in die Anteile $q_{\text{senkrecht}} = q \cdot \cos^2 a$ (siehe Lastfall 18/7 bzw. 18/8) und $q_{\text{parallel}} = q \cdot \cos a \cdot \sin a$ (siehe Lastfall 18/7a bzw. 18/8a).

Fall 18/8: Gleichmäßig verteilte antimetrische Vollast, rechtwinklig zu den Schrägstäben wirkend (Druck und Sog)

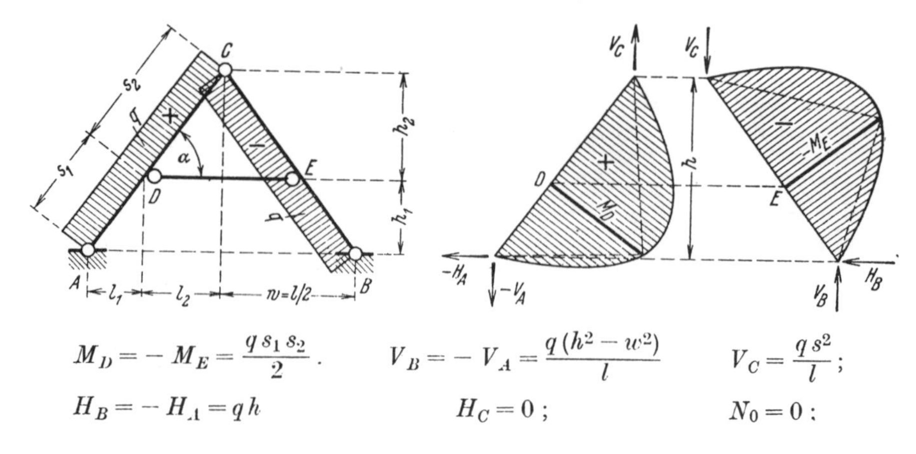

$$M_D = -M_E = \frac{q\,s_1\,s_2}{2}. \qquad V_B = -V_A = \frac{q\,(h^2 - w^2)}{l} \qquad V_C = \frac{q\,s^2}{l};$$

$$H_B = -H_A = q\,h \qquad H_C = 0; \qquad N_0 = 0;$$

Axialkräfte:

$$N_3 = N_4 = -N_1 = -N_2 = \frac{q\,s\,h}{l}.$$

Fall 18/8a: Gleichmäßig verteilte antimetrische Vollast, in Richtung der Schrägstäbe in deren Achse wirkend.

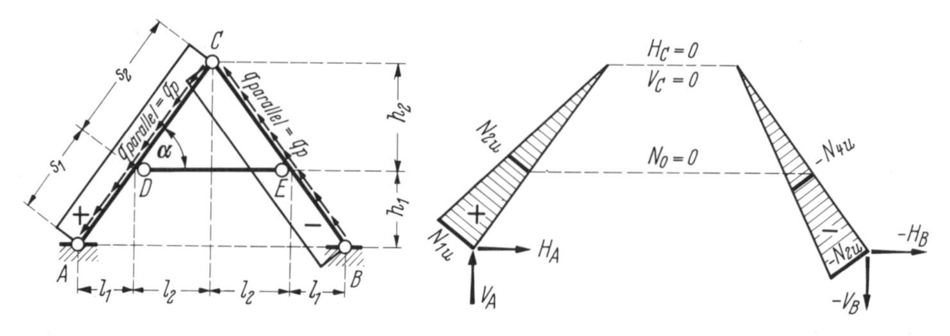

$$M_D = M_E = H_C = V_C = N_0 = 0$$

$$H_A = -H_B = q_p \cdot s \cdot \cos\alpha; \quad V_A = -V_B = q_p \cdot s \cdot \sin\alpha$$

Axialkräfte:

$$N_{2u} = -N_{4u} = q_p \cdot s_2; \quad N_{1u} = -N_{3u} = q_p \cdot s.$$

Bemerkung zur Belastung siehe vorige Seite.

Siehe hierzu den Abschnitt **„Belastungsglieder"**

Fall 18/1: Ganzer Rahmen beliebig senkrecht, aber symmetrisch belastet

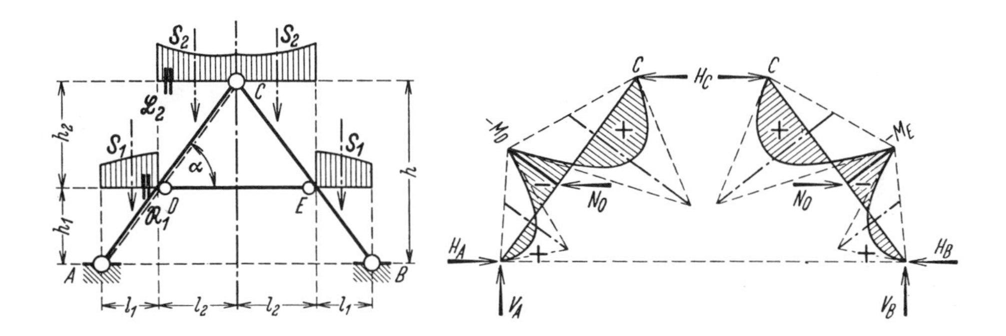

Momente, Stütz- und Schnittkräfte:

$$M_D = M_E = -\frac{\mathfrak{R}_1 k + \mathfrak{L}_2}{2(k+1)}. \qquad H_A = H_B = \frac{\mathfrak{S}_{l1} + S_2 l_1 - M_D}{h_1}$$

$$H_C = \frac{\mathfrak{S}_{l2} + M_D}{h_2}; \qquad N_0 = H_A - H_C. \qquad V_A = V_B = S_1 + S_2 \qquad V_C = 0.$$

Axialkräfte:

$$N_{1u} = N_{3u} = V_A \cdot \sin\alpha + H_A \cdot \cos\alpha \qquad N_{2o} = N_{4o} = H_C \cdot \cos\alpha$$

$$N_{1o} = N_{3o} = S_2 \cdot \sin\alpha + H_A \cdot \cos\alpha \qquad N_{2u} = N_{4u} = H_C \cdot \cos\alpha + S_2 \cdot \sin\alpha.$$

Bemerkung: Alle Belastungsglieder sind auf die linke Rahmenhälfte bezogen.

Sonderfall 18/1a: Symmetrische Feldlasten ($\mathfrak{R} = \mathfrak{L}$)

$$H_A = H_B = \left(\frac{S_1}{2} + S_2\right) \cdot \cot\alpha - \frac{M_D}{h_1} \qquad H_C = \frac{S_2}{2} \cdot \cot\alpha + \frac{M_D}{h_2}.$$

Alle übrigen Formeln lauten wie vor.

Sonderfall 18/1b: Gleichmäßig verteilte Feldlasten q_1 und q_2
In vorstehende Formeln werden eingesetzt:

$$S_1 = q_1 l_1 \qquad S_2 = q_2 l_2; \qquad \mathfrak{L}_1 = \frac{S_1 l_1}{4} \qquad \mathfrak{L}_2 = \frac{S_2 l_2}{4}.$$

Siehe hierzu den Abschnitt „**Belastungsglieder**"

Fall 18/2: Ganzer Rahmen beliebig waagerecht, aber symmetrisch belastet

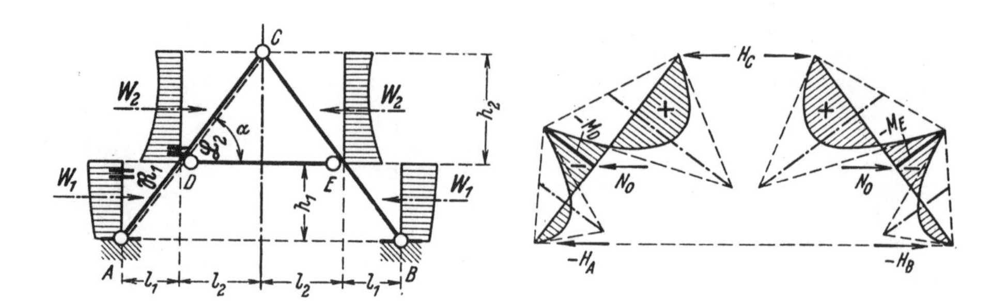

Momente, Stütz- und Schnittkräfte:

$$M_D = M_E = -\frac{\mathfrak{R}_1 k + \mathfrak{L}_2}{2(k+1)}. \qquad H_A = H_B = -\frac{\mathfrak{S}_{r1} + M_D}{h_1}$$

$$H_C = \frac{\mathfrak{S}_{l2} + M_D}{h_2}; \qquad N_0 = W_1 + W_2 + H_A - H_C; \qquad V_A = V_B = V_C = 0$$

Axialkräfte:

$$N_{1u} = N_{3u} = H_A \cdot \cos\alpha \qquad N_{2o} = N_{4o} = H_C \cdot \cos\alpha$$

$$N_{1o} = N_{3o} = (H_A + W_1) \cdot \cos\alpha; \qquad N_{2u} = N_{4u} = (H_C - W_2) \cdot \cos\alpha.$$

B e m e r k u n g: Alle Belastungsglieder sind auf die l i n k e Rahmenhälfte bezogen.

Sonderfall 18/2a: Symmetrische Feldlasten $(\mathfrak{R} = \mathfrak{L})$

$$H_A = H_B = -\frac{W_1}{2} - \frac{M_D}{h_1} \qquad H_C = \frac{W_2}{2} + \frac{M_D}{h_2}.$$

Alle übrigen Formeln lauten wie vor.

Sonderfall 18/2b: Gleichmäßig verteilte Feldlasten q_1 und q_2

In vorstehende Formeln werden eingesetzt:

$$W_1 = q_1 h_1 \qquad W_2 = q_2 h_2; \qquad \mathfrak{L}_1 = \frac{W_1 h_1}{4} \qquad \mathfrak{L}_2 = \frac{W_2 h_2}{4}$$

Siehe hierzu den Abschnitt „**Belastungsglieder**“

Fall 18/5: Linke Rahmenhälfte beliebig senkrecht belastet*)

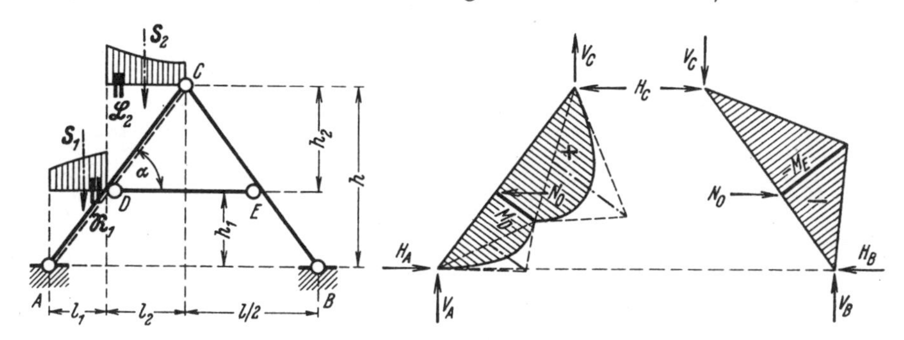

Momente:
$$\left.\begin{matrix}M_D\\M_E\end{matrix}\right\rangle = -\frac{\mathfrak{R}_1 k + \mathfrak{L}_2}{4(k+1)} \pm \frac{\mathfrak{S}_{l1}\cdot\beta_2 + \mathfrak{S}_{r2}\cdot\beta_1}{2}.$$

Stütz- und Schnittkräfte:
$$V_B = V_C = \frac{\mathfrak{S}_{l1} + S_2 l_1 + \mathfrak{S}_{l2}}{l} \qquad V_A = S_1 + S_2 - V_B;$$
$$H_A = H_B = \frac{V_B\cdot l_1 - M_E}{h_1} \qquad H_C = \frac{V_C\cdot l_2 + M_E}{h_2}; \qquad N_0 = H_B - H_C.$$

Axialkräfte:
$$N_{1u} = V_A\cdot\sin\alpha + H_A\cdot\cos\alpha \qquad N_{2o} = -V_C\cdot\sin\alpha + H_C\cdot\cos\alpha$$
$$N_{1o} = N_{1u} - S_1\cdot\sin\alpha; \qquad N_{2u} = N_{2o} + S_2\cdot\sin\alpha;$$
$$N_3 = V_B\cdot\sin\alpha + H_B\cdot\cos\alpha \qquad N_4 = V_C\cdot\sin\alpha + H_C\cdot\cos\alpha.$$

Sonderfall 18/5a: Symmetrische Feldlasten ($\mathfrak{R} = \mathfrak{L}$)
$$\left.\begin{matrix}M_D\\M_E\end{matrix}\right\rangle = -\frac{\mathfrak{L}_1 k + \mathfrak{L}_2}{4(k+1)} \pm \frac{(S_1+S_2)\,l_1 l_2}{2l};$$
$$V_B = V_C = \frac{S_1\cdot\beta_1 + S_2(1+\beta_1)}{4}.$$

Alle übrigen Formeln lauten wie vor.

Sonderfall 18/5b: Gleichmäßig verteilte Feldlasten q_1 und q_2

In vorstehende Formeln werden eingesetzt:
$$S_1 = q_1 l_1 \qquad S_2 = q_2 l_2; \qquad (\mathfrak{L}_1 = S_1 l_1/4 \qquad \mathfrak{L}_2 = S_2 l_2/4).$$

*) Für den Fall 18/5 könnten auch alle Kräfte nach dem B-U-Verfahren aus den Fällen 18/1 und (18/3 = 17/3) gebildet werden, wie es hier nur teilweise geschehen ist.

Siehe hierzu den Abschnitt **„Belastungsglieder"**

Fall 18/6: Linke Rahmenhälfte beliebig waagerecht belastet*)

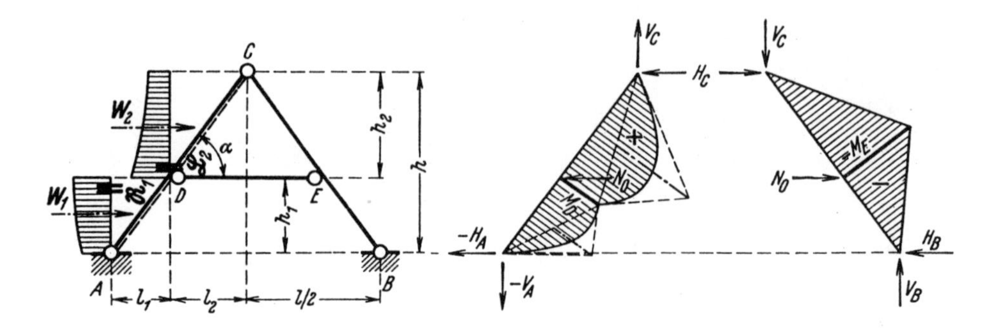

Momente:
$$\left.\begin{matrix}M_D\\M_E\end{matrix}\right\rangle = -\frac{\mathfrak{R}_1 k + \mathfrak{L}_2}{4(k+1)} \pm \frac{\mathfrak{S}_{l1}\cdot\beta_2 + \mathfrak{S}_{r2}\cdot\beta_1}{2}$$

Stütz- und Schnittkräfte:

$$V_B = V_C = -V_A = \frac{\mathfrak{S}_{l1} + W_2 h_1 + \mathfrak{S}_{l2}}{l}; \qquad H_C = \frac{V_C\cdot l_2 + M_E}{h_2}$$

$$H_B = \frac{V_B\cdot l_1 - M_E}{h_1} \qquad H_A = -W_1 - W_2 + H_B; \qquad N_0 = H_B - H_C.$$

Axialkräfte:

$$N_{1u} = V_A\cdot\sin\alpha + H_A\cdot\cos\alpha \qquad N_{2o} = -V_C\cdot\sin\alpha + H_C\cdot\cos\alpha$$
$$N_{1o} = N_{1u} + W_1\cdot\cos\alpha; \qquad N_{2u} = N_{2o} - W_2\cdot\cos\alpha;$$
$$N_3 = V_B\cdot\sin\alpha + H_B\cdot\cos\alpha \qquad N_4 = V_C\cdot\sin\alpha + H_C\cdot\cos\alpha.$$

Sonderfall 18/6a: Symmetrische Feldlasten ($\mathfrak{R} = \mathfrak{L}$)

$$\left.\begin{matrix}M_D\\M_E\end{matrix}\right\rangle = -\frac{\mathfrak{L}_1 k + \mathfrak{L}_2}{4(k+1)} \pm \frac{(W_1 + W_2) h_1 h_2}{4h}; \qquad V_B = V_C = -V_A = \frac{W_1 h_1 + W_2 (h + h_1)}{2l}.$$

Alle übrigen Formeln lauten wie vor.

Sonderfall 18/6b: Gleichmäßig verteilte Feldlasten q_1 und q_2
In vorstehende Formeln werden eingesetzt:

$$W_1 = q_1 h_1 \qquad W_2 = q_2 h_2; \qquad (\mathfrak{L}_1 = W_1 h_1 / 4 \quad \mathfrak{L}_2 = W_2 h_2 / 4).$$

*) Für den Fall 18/6 könnten auch alle Kräfte nach dem B-U-Verfahren aus den Fällen 18/2 und (18/4 = 17/4) gebildet werden, wie es hier nur teilweise geschehen ist.

Fall 18/12: Gleichmäßige Wärmezunahme des Druckstabes DE allein um t_0 Grad*)

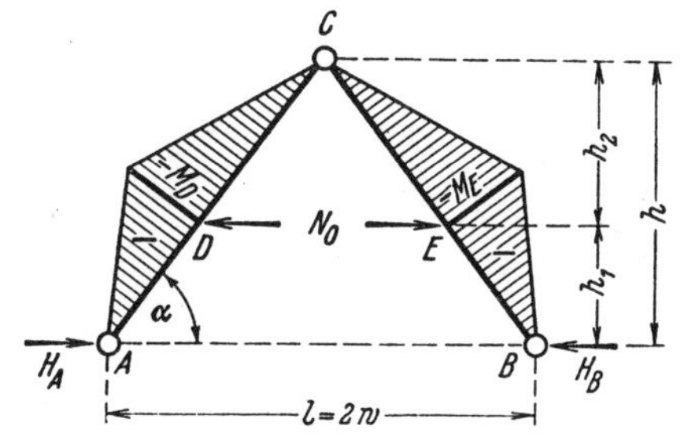

E = Elastizitätsmodul,
a_T = Wärmeausdehnungszahl.

$$M_D = M_E = -\frac{3\,E\,J_2 \cdot a_T}{s_2(k+1)} \cdot \frac{w}{h_1} \cdot t_0\,;$$

$$H_A = H_B = \frac{-M_D}{h_1} \qquad H_C = \frac{M_D}{h_2}\,; \qquad N_0 = H_A - H_C = \frac{-M_D \cdot h}{h_1 h_2}\,;$$

$$V_A = V_B = V_C = 0\,. \qquad N_1 = N_3 = H_A \cdot \cos\alpha \qquad N_2 = N_4 = H_C \cdot \cos\alpha.$$

Fall 18/13: Gleichmäßige Wärmezunahme der unteren Schrägstäbe um t_1 Grad bzw. der oberen Schrägstäbe um t_2 Grad (symmetrischer Lastfall)*)

$$M_D = M_E = \frac{3\,E\,J_2 \cdot a_T}{s_2(k+1)} \cdot \frac{l_1}{h_1} \cdot (t_2 - t_1)^{**})\,; \qquad E \text{ und } a_T \text{ wie vor.}$$

Alle übrigen Formeln lauten wie beim Fall 18/12.

Momentenbilder, unter Beachtung der Vorzeichen, der Form nach wie beim Fall 18/12.

Fall 18/14: Unsymmetrischer Wärmezunahmefall*)

Wenn die Schrägstäbe nur einer Rahmenhälfte (der linken oder der rechten) einer Wärmezunahme um t_1 bzw. t_2 Grad unterworfen sind, so werden alle Momente und Kräfte halb so groß wie beim Fall 18/13. (Der Momentenverlauf bleibt symmetrisch.)

Fall 18/15: Gleichmäßige Wärmezunahme des ganzen Rahmens (einschließlich Druckstab DE) um t Grad*)

$$M_D = M_E = -\frac{3\,E\,J_2 \cdot a_T}{s_2(k+1)} \cdot \frac{w}{h_1} \cdot t\,.$$

Alle übrigen Formeln lauten wie beim Fall 18/12.

---

*) Bei Wärmeabnahme kehren alle Momente und Kräfte ihren Wirkungssinn um.

**) Bei gleichzeitiger Wirkung von $(t_1 = t_2) = t$ wird $M_D = M_E = 0$.

Ergänzung zu Rahmenform 18

Rahmenform 18a

Kehlbalkenbinder wie Rahmenform 18, jedoch mit seitlicher Festhaltung in Höhe des Kehlbalkens

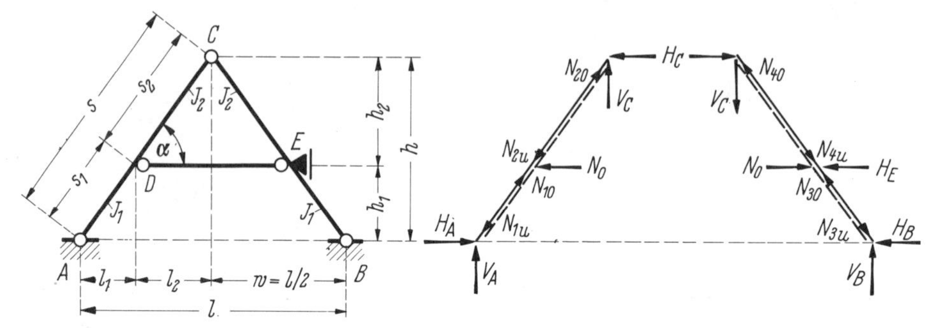

Rahmenform, Abmessungen und Bezeichnungen

Festlegung der positiven Richtung aller Stützkräfte, Schnittkräfte im First und Axialkräfte[2])

Festwerte: (wie bei Rahmenform 18)

$$k = \frac{J_2}{J_1} \cdot \frac{s_1}{s_2} \;^{1}\Big); \quad \left(\frac{s_1}{s_2} = \frac{l_1}{l_2} = \frac{h_1}{h_2}\right); \quad \beta_1 = \frac{l_1}{w} = \frac{h_1}{h} \quad \beta_2 = 1 - \beta_1 .$$

Achtung! Die einzelnen Fälle der Rahmenform 18a sind in Anlehnung an Rahmenform 18 bzw. 17 benannt worden. Die symmetrischen Lastfälle sind wegen $H_E = 0$ genau wie bei Rahmenform 18.

Fall 18a/8a: Gleichmäßig verteilte antimetrische Vollast, in Richtung der Schrägstäbe in deren Achse wirkend
$H_E = 0$; die anderen Schnittgrößen wie bei Lastfall 18/8a

---

[1]) Für konstantes Trägheitsmoment J des ganzen Stabes s, also für $(J_1 = J_2) = J$, ist einfach $k = s_1/s_2$.

[2]) Positive Biegemomente M erzeugen an der gestrichelten Stabseite Zug. Positive Axialkräfte N erzeugen im Stab Druck.

Fall 18a/8: Gleichmäßig verteilte antimetrische Vollast, rechtwinklig zu den Schrägstäben wirkend

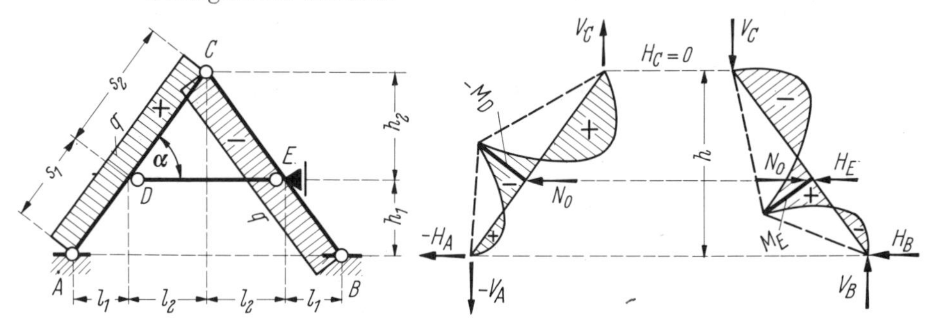

$$M_D = -M_E = -\frac{q(ks_1^2 + s_2^2)}{8(k+1)}$$

$$V_B = -V_A = \frac{q \cdot l}{4}(1 + \beta_1 + \beta_2 \tan^2 \alpha) - \frac{M_D}{l_2} \qquad V_C = \frac{qss_2}{l} + \frac{M_D}{l_2}$$

$$H_B = -H_A = qh \cdot \left(\frac{s^2}{2h^2} - 1\right) - \frac{M_D}{\beta_1 h_2} \qquad H_C = 0 \qquad H_E = \frac{qs^2}{h} - \frac{2M_D}{\beta_1 h_2} \qquad N_0 = \frac{H_E}{2}$$

Axialkräfte: $N_3 = -N_1 = V_A \cdot \sin \alpha + H_A \cdot \cos \alpha \qquad N_4 = -N_2 = V_C \cdot \frac{h}{s}$

Fall 18a/10: Antimetrische Anordnung von Einzellasten

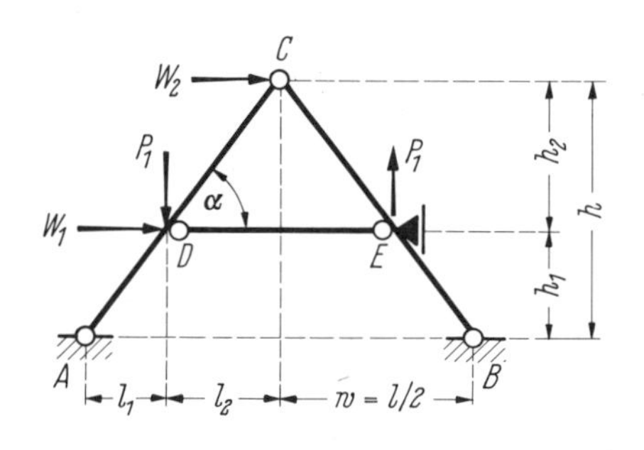

Biegemomente treten nicht auf

$(M_D = M_E = 0)$

$$V_A = -V_B = P - \frac{W_2 h}{l}$$

$$V_C = \frac{W_2 h}{l}$$

$$H_A = -H_B = \frac{P \cdot w}{h} - \frac{W_2}{2} \qquad H_C = 0 \qquad H_E = W_1 + \frac{2Pw}{h} \qquad N_0 = W_1 + \frac{P \cdot w}{h}$$

Axialkräfte: $N_1 = -N_3 = -\frac{W_2 s}{l} + \frac{P \cdot s}{h} \qquad N_2 = -N_4 = -\frac{W_2 s}{l}$

Rahmenform 19

Symmetrischer, eingespannter Dreieckrahmen

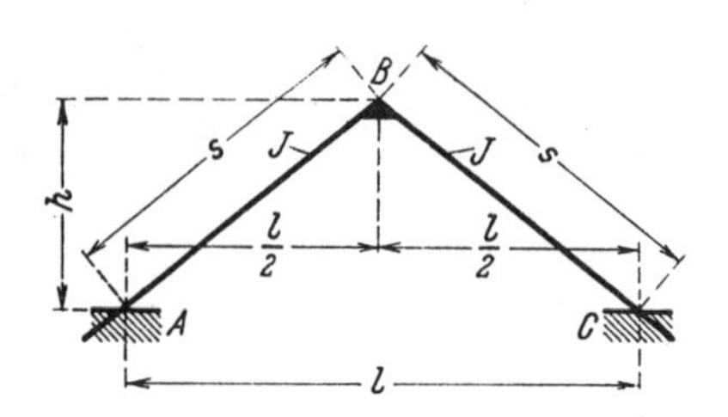

Rahmenform, Abmessungen und Bezeichnungen

$$\frac{l}{2} = w\,.$$

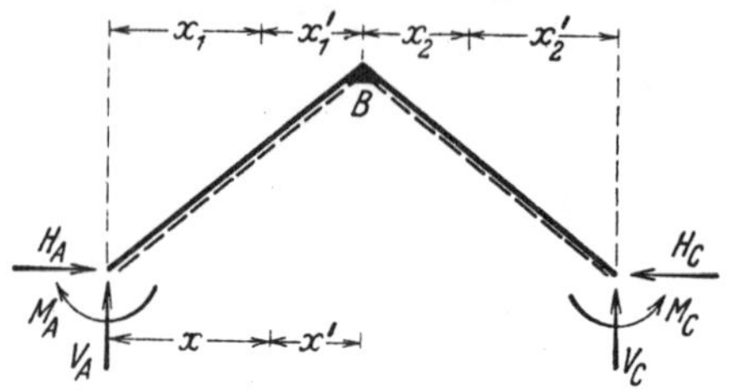

Festlegung der positiven Richtung aller Stützkräfte und der Koordinaten beliebiger Stabpunkte. Bei symmetrischer Rahmenlast wird x und x' verwendet. Positive Biegungsmomente erzeugen an der gestrichelten Stabseite Zug

---

Fall 19/1: Gleichmäßige Wärmezunahme im ganzen Rahmen

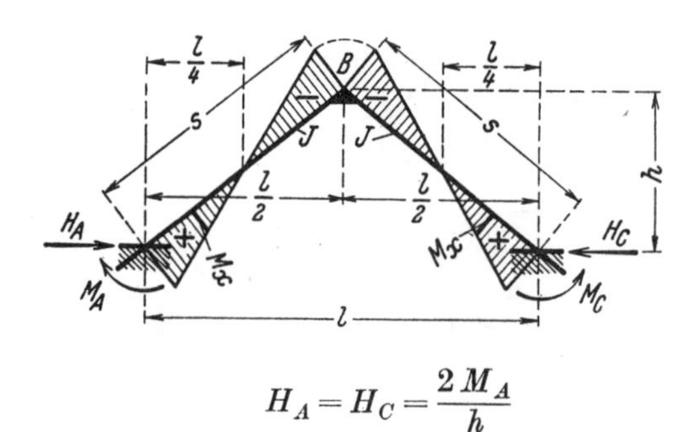

E = Elastizitätsmodul,

α_T = Wärmeausdehnungszahl,

t = Wärmeänderung in Grad.

$$M_A = M_C = -M_B = \frac{3\,E\,J\,\alpha_T\,t}{s} \cdot \frac{l}{h}$$

$$H_A = H_C = \frac{2\,M_A}{h} \qquad M_x = \frac{M_A}{w}\,(x' - x)\,.$$

Bemerkung: Bei Wärmeabnahme kehren alle Kräfte ihren Pfeilsinn um und alle Momente erhalten entgegengesetztes Vorzeichen.

Siehe hierzu den Abschnitt **„Belastungsglieder“**

Fall 19/2: Beide Stäbe beliebig senkrecht, aber gleich und symmetrisch zur Rahmen-Symmetrieachse belastet

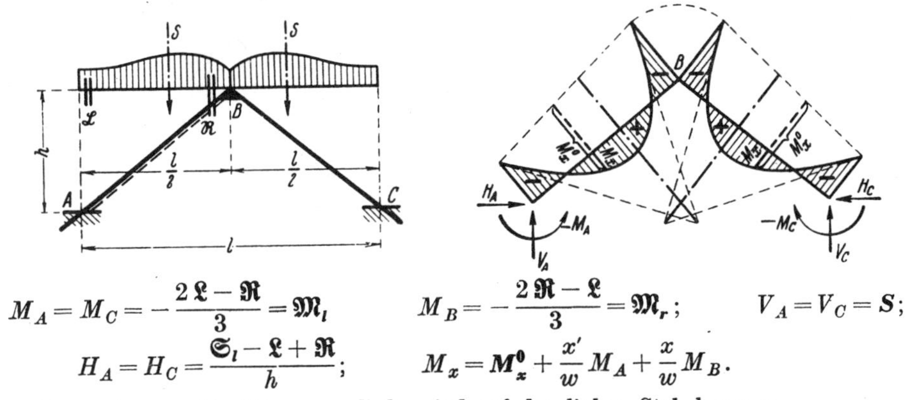

$$M_A = M_C = -\frac{2\mathfrak{L} - \mathfrak{R}}{3} = \mathfrak{M}_l \qquad M_B = -\frac{2\mathfrak{R} - \mathfrak{L}}{3} = \mathfrak{M}_r; \qquad V_A = V_C = S;$$

$$H_A = H_C = \frac{\mathfrak{S}_l - \mathfrak{L} + \mathfrak{R}}{h}; \qquad M_x = M_x^0 + \frac{x'}{w} M_A + \frac{x}{w} M_B.$$

Bemerkung: Alle Belastungsglieder sind auf den linken Stab bezogen.

Fall 19/4: Beide Stäbe beliebig senkrecht, aber gleich und antimetrisch zur Rahmen-Symmetrieachse belastet

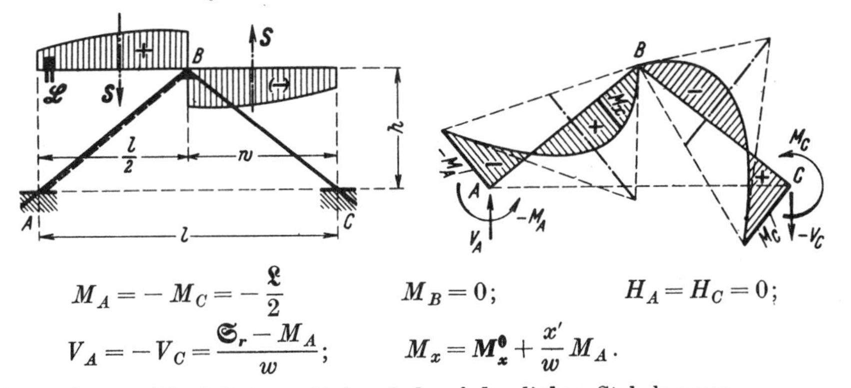

$$M_A = -M_C = -\frac{\mathfrak{L}}{2} \qquad M_B = 0; \qquad H_A = H_C = 0;$$

$$V_A = -V_C = \frac{\mathfrak{S}_r - M_A}{w}; \qquad M_x = M_x^0 + \frac{x'}{w} M_A.$$

Bemerkung: Alle Belastungsglieder sind auf den linken Stab bezogen.

Fall 19/6: Senkrechte Einzellast im Firstpunkt

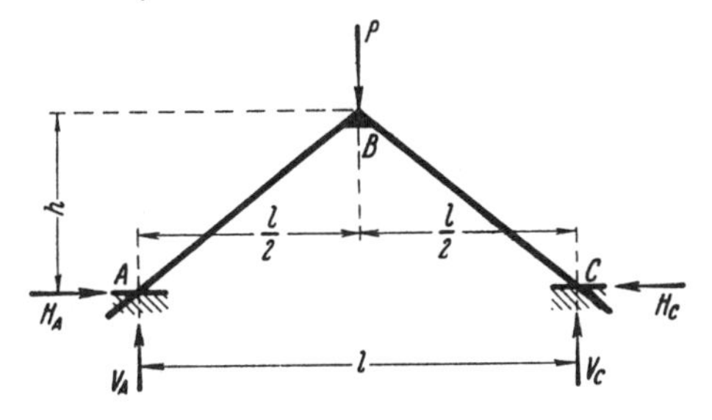

Es treten keine Biegungsmomente auf.

$$V_A = V_C = \frac{P}{2}$$

$$H_A = H_C = \frac{P\,l}{4\,h}.$$

Siehe hierzu den Abschnitt **„Belastungsglieder“**

Fall 19/3: Beide Stäbe beliebig waagerecht, aber gleich belastet

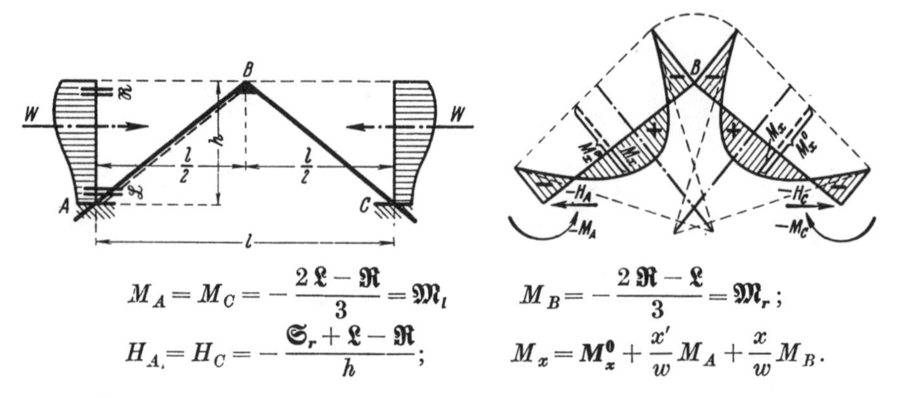

$$M_A = M_C = -\frac{2\mathfrak{L} - \mathfrak{R}}{3} = \mathfrak{M}_l \qquad M_B = -\frac{2\mathfrak{R} - \mathfrak{L}}{3} = \mathfrak{M}_r;$$

$$H_A = H_C = -\frac{\mathfrak{S}_r + \mathfrak{L} - \mathfrak{R}}{h}; \qquad M_x = \boldsymbol{M}_x^0 + \frac{x'}{w} M_A + \frac{x}{w} M_B.$$

Bemerkung: Alle Belastungsglieder sind auf den linken Stab bezogen.

Fall 19/5: Beide Stäbe beliebig waagerecht, aber gleich und antimetrisch zur Rahmen-Symmetrieachse belastet

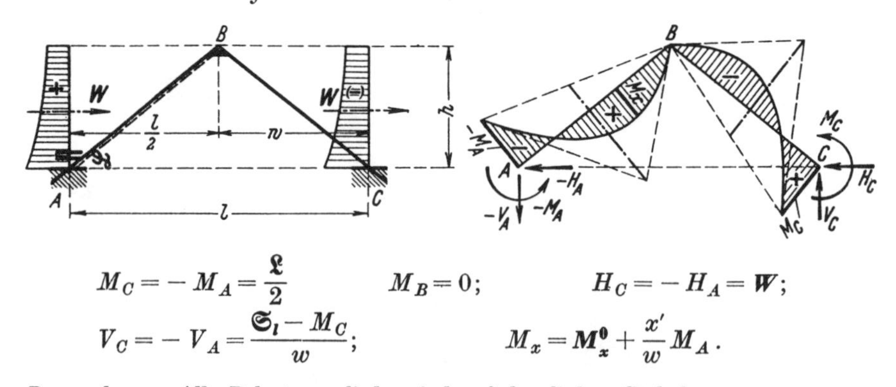

$$M_C = -M_A = \frac{\mathfrak{L}}{2} \qquad M_B = 0; \qquad H_C = -H_A = \boldsymbol{W};$$

$$V_C = -V_A = \frac{\mathfrak{S}_l - M_C}{w}; \qquad M_x = \boldsymbol{M}_x^0 + \frac{x'}{w} M_A.$$

Bemerkung: Alle Belastungsglieder sind auf den linken Stab bezogen.

Fall 19/7: Waagerechte Einzellast am Firstpunkt

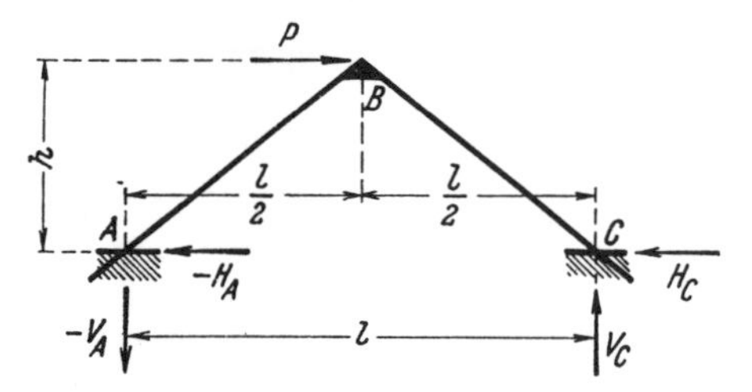

Es treten keine Biegungsmomente auf.

$$H_C = -H_A = \frac{P}{2}$$

$$V_C = -V_A = \frac{Ph}{l}.$$

Siehe hierzu den Abschnitt **„Belastungsglieder"**

Fall 19/8: Linker Stab beliebig senkrecht belastet

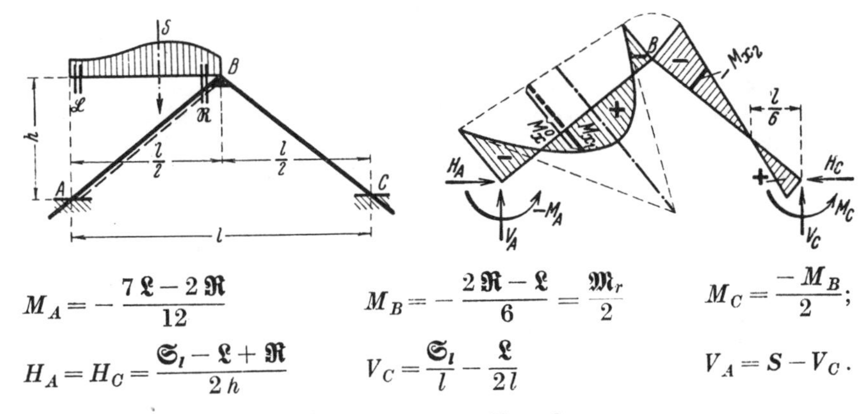

$$M_A = -\frac{7\,\mathfrak{L} - 2\,\mathfrak{R}}{12} \qquad M_B = -\frac{2\,\mathfrak{R} - \mathfrak{L}}{6} = \frac{\mathfrak{M}_r}{2} \qquad M_C = \frac{-M_B}{2};$$

$$H_A = H_C = \frac{\mathfrak{S}_l - \mathfrak{L} + \mathfrak{R}}{2h} \qquad V_C = \frac{\mathfrak{S}_l}{l} - \frac{\mathfrak{L}}{2l} \qquad V_A = S - V_C\,.$$

Sonderfall 19/8a: Symmetrische Feldlast $(\mathfrak{R} = \mathfrak{L})$

$$M_A = -\frac{5\,\mathfrak{L}}{12} \qquad M_B = -\frac{\mathfrak{L}}{6} \qquad M_C = +\frac{\mathfrak{L}}{12};$$

$$H_A = H_C = \frac{S\,l}{8h} \qquad V_C = \frac{S}{4} - \frac{\mathfrak{L}}{2l} \qquad V_A = S - V_C\,.$$

Fall 19/9: Linker Stab beliebig waagerecht belastet

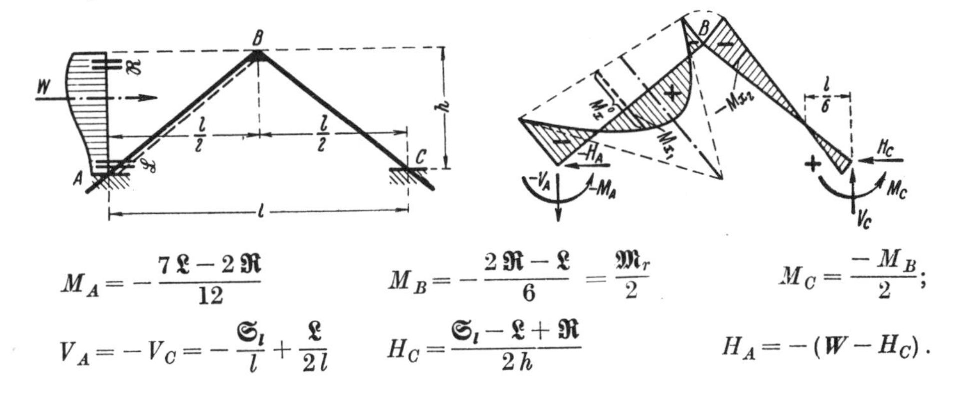

$$M_A = -\frac{7\,\mathfrak{L} - 2\,\mathfrak{R}}{12} \qquad M_B = -\frac{2\,\mathfrak{R} - \mathfrak{L}}{6} = \frac{\mathfrak{M}_r}{2} \qquad M_C = \frac{-M_B}{2};$$

$$V_A = -V_C = -\frac{\mathfrak{S}_l}{l} + \frac{\mathfrak{L}}{2l} \qquad H_C = \frac{\mathfrak{S}_l - \mathfrak{L} + \mathfrak{R}}{2h} \qquad H_A = -(W - H_C)\,.$$

Sonderfall 19/9a: Symmetrische Feldlast $(\mathfrak{R} = \mathfrak{L})$

$$M_A = -\frac{5\,\mathfrak{L}}{12} \qquad M_B = -\frac{\mathfrak{L}}{6} \qquad M_C = +\frac{\mathfrak{L}}{12};$$

$$V_C = -V_A = \frac{W h - \mathfrak{L}}{2l} \qquad H_C = \frac{W}{4} \qquad H_A = -\frac{3\,W}{4}\,.$$

Rahmenform 20

Symmetrischer eingespannter Dreieckbinder mit in beliebiger Höhenlage gelenkig angeschlossenem starrem Druckstab und mit verschiedenen am Druckstabanschluß sich sprunghaft ändernden Trägheitsmomenten[1]. (Kehlbalkenbinder mit eingespannten Fußpunkten und biegungssteifer Firstecke)

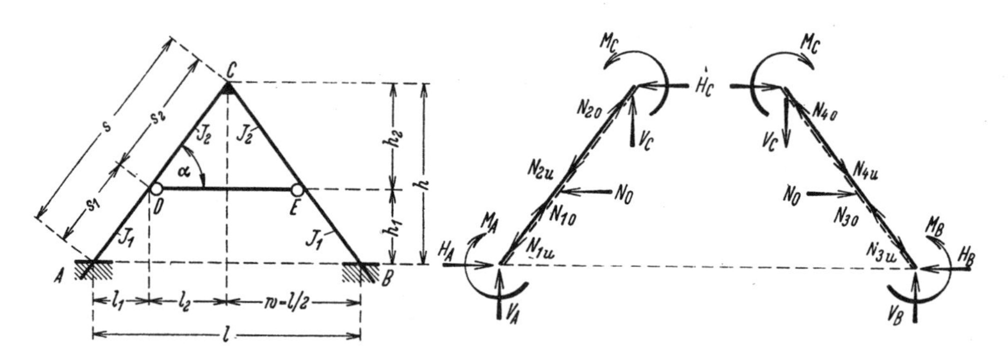

Rahmenform, Abmessungen und Bezeichnungen

Festlegung der positiven Richtung aller Stützkräfte, Schnittkräfte im First und Axialkräfte[2])

Festwerte:

$$k = \frac{J_2}{J_1} \cdot \frac{s_1}{s_2}\,^{1)}\,; \qquad \left(\frac{s_1}{s_2} = \frac{l_1}{l_2} = \frac{h_1}{h_2}\right); \qquad \beta_1 = \frac{l_1}{w} = \frac{h_1}{h} \qquad \beta_2 = 1 - \beta_1\,.$$

$$K_1 = k + 2\beta_2\,(k+1) \qquad K_2 = k\,(2 + \beta_2)\,; \qquad G = K_1\beta_2 + K_2$$

Bemerkung: Die Momentenbilder der Fälle 20/1 bis 20/6 entsprechen mit der Annahme $J_1 = J_2$ jeweils dem zugehörigen Sonderfall b mit $q_1 = q_2$.

---

[1]) Für konstantes Trägheitsmoment J des ganzen Stabes s, also für $(J_1 = J_2) = J$, ist einfach $k = s_1/s_2$.

[2]) Positive Biegungsmomente M erzeugen an der gestrichelten Stabseite Zug. Positive Axialkräfte N erzeugen im Stab Druck.

Siehe hierzu den Abschnitt „**Belastungsglieder**"

Fall 20/1: Ganzer Rahmen beliebig senkrecht, aber symmetrisch belastet.

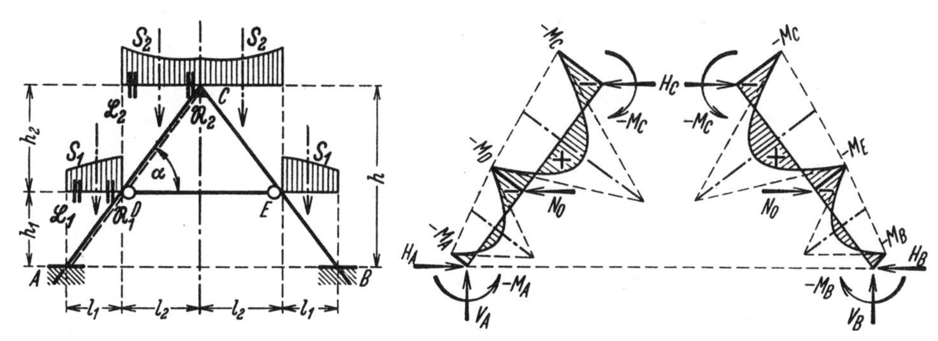

Hilfswert und Momente:
$$X = \frac{(2\,\mathfrak{R}_1 - \mathfrak{L}_1)\,k + (2\,\mathfrak{L}_2 - \mathfrak{R}_2)}{3\,(k+1)} = -\frac{\mathfrak{M}_{r1}\,k - \mathfrak{M}_{l2}}{k+1};$$

$$M_A = M_B = \frac{-\,\mathfrak{L}_1 + X}{2} \qquad M_D = M_E = -X \qquad M_C = \frac{-\,\mathfrak{R}_2 + X}{2}.$$

Stütz- und Schnittkräfte:
$$H_A = H_B = \frac{\mathfrak{S}_{l1} + S_2 l_1 + M_A - M_D}{h_1} \qquad H_C = \frac{\mathfrak{S}_{l2} - M_C + M_D}{h_2};$$
$$V_A = V_B = S_1 + S_2 \qquad V_C = 0; \qquad N_0 = H_A - H_C.$$

Axialkräfte:
$$N_{1u} = N_{3u} = V_A \cdot \sin\alpha + H_A \cdot \cos\alpha \qquad N_{2o} = N_{4o} = H_C \cdot \cos\alpha$$
$$N_{1o} = N_{3o} = S_2 \cdot \sin\alpha + H_A \cdot \cos\alpha; \qquad N_{2u} = N_{4u} = H_C \cdot \cos\alpha + S_2 \cdot \sin\alpha.$$

Bemerkung: Alle Belastungsglieder sind auf die linke Rahmenhälfte bezogen.

Sonderfall 20/1a: Symmetrische Feldlasten ($\mathfrak{R} = \mathfrak{L}$)
$$H_A = H_B = \left(\frac{S_1}{2} + S_2\right) \cdot \cot\alpha + \frac{M_A - M_D}{h_1} \qquad H_C = \frac{S_2}{2} \cdot \cot\alpha + \frac{M_D - M_C}{h_2};$$
$$X = \frac{\mathfrak{L}_1 k + \mathfrak{L}_2}{3\,(k+1)}.$$
Alle übrigen Formeln lauten wie vor.

Sonderfall 20/1b: Gleichmäßig verteilte Feldlasten q_1 und q_2

In vorstehende Formeln werden eingesetzt:
$$S_1 = q_1 l_1 \qquad S_2 = q_2 l_2; \qquad \mathfrak{L}_1 = \frac{S_1 l_1}{4} \qquad \mathfrak{L}_2 = \frac{S_2 l_2}{4}$$

Siehe hierzu den Abschnitt „**Belastungsglieder**"

Fall 20/2: Ganzer Rahmen beliebig waagerecht, aber symmetrisch belastet

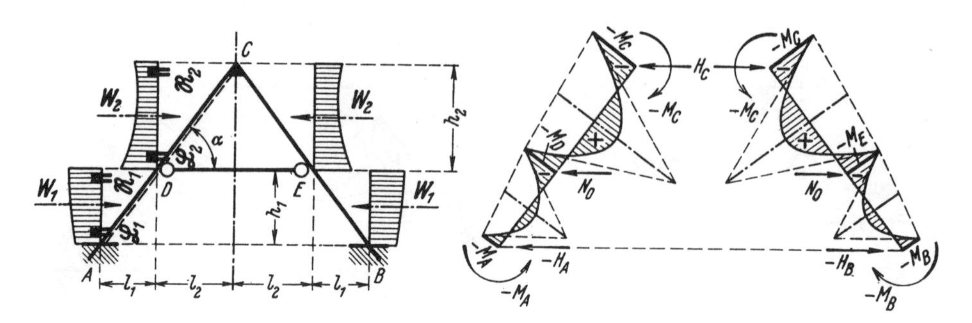

Hilfswert und Momente:

$$X = \frac{(2\,\mathfrak{R}_1 - \mathfrak{L}_1)\,k + (2\,\mathfrak{L}_2 - \mathfrak{R}_2)}{3\,(k+1)} = -\frac{\mathfrak{M}_{r1}\,k + \mathfrak{M}_{l2}}{k+1};$$

$$M_A = M_B = \frac{-\mathfrak{L}_1 + X}{2} \qquad M_D = M_E = -X \qquad M_C = \frac{-\mathfrak{R}_2 + X}{2}.$$

Stütz- und Schnittkräfte:

$$H_A = H_B = \frac{-\mathfrak{S}_{r1} + M_A - M_D}{h_1} \qquad H_C = \frac{\mathfrak{S}_{l2} - M_C + M_D}{h_2};$$

$$V_A = V_B = 0 \qquad V_C = 0; \qquad N_0 = W_1 + W_2 + H_A - H_C.$$

Axialkräfte:

$$N_{1u} = N_{3u} = H_A \cdot \cos\alpha \qquad N_{2o} = N_{4o} = H_C \cdot \cos\alpha$$

$$N_{1o} = N_{3o} = (H_A + W_1) \cdot \cos\alpha; \qquad N_{2u} = N_{4u} = (H_C - W_2) \cdot \cos\alpha.$$

Bemerkung: Alle Belastungsglieder sind auf die linke Rahmenhälfte bezogen.

Sonderfall 20/2a: Symmetrische Feldlasten ($\mathfrak{R} = \mathfrak{L}$)

$$H_A = H_B = -\frac{W_1}{2} + \frac{M_A - M_D}{h_1} \qquad H_C = \frac{W_2}{2} + \frac{M_D - M_C}{h_2};$$

$$X = \frac{\mathfrak{L}_1\,k + \mathfrak{L}_2}{3\,(k+1)}.$$ Alle übrigen Formeln lauten wie vor.

Sonderfall 20/2b: Gleichmäßig verteilte Feldlasten q_1 und q_2
In vorstehende Formeln werden eingesetzt:

$$W_1 = q_1\,h_1 \qquad W_2 = q_2\,h_2; \qquad \mathfrak{L}_1 = \frac{W_1\,h_1}{4} \qquad \mathfrak{L}_2 = \frac{W_2\,h_2}{4}.$$

Siehe hierzu den Abschnitt „**Belastungsglieder**"

Fall 20/3: Ganzer Rahmen beliebig senkrecht, aber antimetrisch belastet

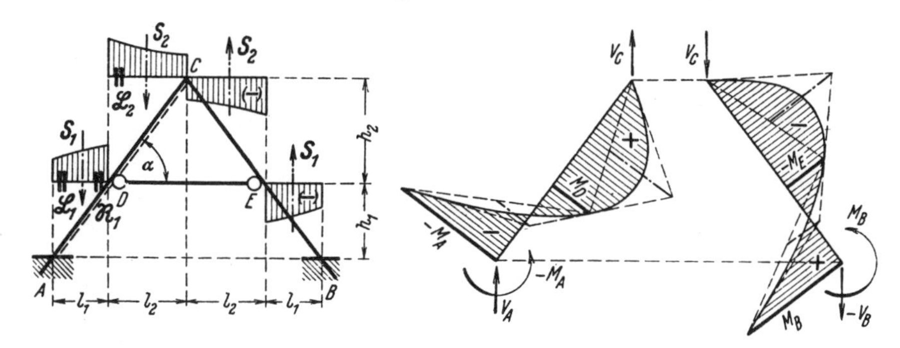

Hilfswerte und Momente:

$$\mathfrak{S} = \mathfrak{S}_{l1} \cdot \beta_2 + \mathfrak{S}_{r2} \cdot \beta_1 \qquad \mathfrak{B} = (\mathfrak{L}_1 + \mathfrak{R}_1 \beta_2)\,k + \mathfrak{L}_2 \beta_2\,;$$

$$M_A = -M_B = -\frac{\mathfrak{S} \cdot K_1 + \mathfrak{B}}{G} \qquad M_D = -M_E = \frac{\mathfrak{S} \cdot K_2 - \mathfrak{B} \cdot \beta_2}{G} \qquad M_C = 0\,.$$

Stütz- und Schnittkräfte:

$$V_A = -V_B = \frac{\mathfrak{S}_{r1} + S_1 l_2 + \mathfrak{S}_{r2} - M_A}{w} \qquad V_C = S_1 + S_2 - V_A\,;$$

$$H_A = H_B = 0 \qquad H_C = 0\,; \qquad N_0 = 0\,.$$

Axialkräfte:

$$N_{1u} = -N_{3u} = V_A \cdot \sin\alpha \qquad N_{2o} = -N_{4o} = -V_C \cdot \sin\alpha$$

$$N_{1o} = -N_{3o} = (V_A - S_1)\sin\alpha \quad = \quad N_{2u} = -N_{4u} = (S_2 - V_C)\sin\alpha\,.$$

Bemerkung: Alle Belastungsglieder sind auf die linke Rahmenhälfte bezogen.

Sonderfall 20/3a: Symmetrische Feldlasten $(\mathfrak{R} = \mathfrak{L})$

$$\mathfrak{S} = \frac{(S_1 + S_2)\,l_1 l_2}{l} \qquad \mathfrak{B} = \mathfrak{L}_1 k (1 + \beta_2) + \mathfrak{L}_2 \beta_2\,;$$

$$V_A = -V_B = \frac{S_1(1 + \beta_2) + S_2 \beta_2}{2} - \frac{M_A}{w}\,.$$

Alle übrigen Formeln lauten wie vor.

Sonderfall 20/3b: Gleichmäßig verteilte Feldlasten q_1 und q_2

In vorstehende Formeln werden eingesetzt:

$$S_1 = q l_1 \qquad S_2 = q_2 l_2\,; \qquad \mathfrak{L}_1 = \frac{S_1 l_1}{4} \qquad \mathfrak{L}_2 = \frac{S_2 l_2}{4}\,.$$

Siehe hierzu den Abschnitt „**Belastungsglieder**"

Fall 20/4: Ganzer Rahmen beliebig waagerecht, aber antimetrisch belastet

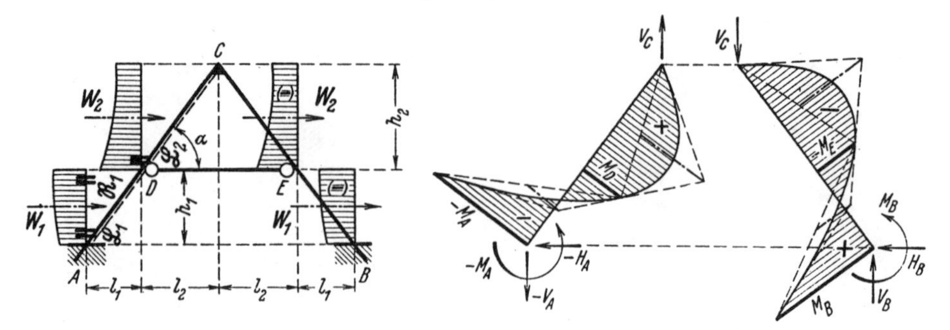

Hilfswerte und Momente:

$$\mathfrak{S} = \mathfrak{S}_{l1} \cdot \beta_2 + \mathfrak{S}_{r2} \cdot \beta_1 \qquad \mathfrak{B} = (\mathfrak{L}_1 + \mathfrak{R}_1 \beta_2)\, k + \mathfrak{L}_2 \beta_2\,;$$

$$M_A = -M_B = -\frac{\mathfrak{S} \cdot K_1 + \mathfrak{B}}{G} \qquad M_D = -M_E = \frac{\mathfrak{S} \cdot K_2 - \mathfrak{B} \cdot \beta_2}{G} \qquad M_C = 0\,.$$

Stütz- und Schnittkräfte:

$$V_B = V_C = -V_A = \frac{\mathfrak{S}_{l1} + \boldsymbol{W}_2 h_1 + \mathfrak{S}_{l2} + M_A}{w}$$

$$H_B = -H_A = \boldsymbol{W}_1 + \boldsymbol{W}_2 \qquad H_C = 0; \qquad N_0 = 0\,.$$

Axialkräfte:

$$N_{3u} = -N_{1u} = V_B \cdot \sin\alpha + H_B \cdot \cos\alpha \qquad N_{4o} = -N_{2o} = V_C \cdot \sin\alpha$$

$$N_{3o} = -N_{1o} = N_{3u} - \boldsymbol{W}_1 \cdot \cos\alpha = N_{4u} = -N_{2u} = V_C \cdot \sin\alpha + \boldsymbol{W}_2 \cdot \cos\alpha\,.$$

Bemerkung: Alle Belastungsglieder sind auf die linke Rahmenhälfte bezogen.

Sonderfall 20/4a: Symmetrische Feldlasten ($\mathfrak{R} = \mathfrak{L}$)

$$\mathfrak{S} = \frac{(\boldsymbol{W}_1 + \boldsymbol{W}_2)\, h_1 h_2}{2h} \qquad \mathfrak{B} = \mathfrak{L}_1 k\,(1 + \beta_2) + \mathfrak{L}_2 \beta_2\,;$$

$$V_B = V_C = -V_A = \frac{\boldsymbol{W}_1 h_1 + \boldsymbol{W}_2 (h + h_1)}{l} + \frac{M_A}{w}\,.$$

Alle übrigen Formeln lauten wie vor.

Sonderfall 20/4b: Gleichmäßig verteilte Feldlasten q_1 und q_2

In vorstehende Formeln werden eingesetzt:

$$\boldsymbol{W}_1 = q_1 h_1 \qquad \boldsymbol{W}_2 = q_2 h_2 \qquad \mathfrak{L}_1 = \frac{\boldsymbol{W}_1 h_1}{4} \qquad \mathfrak{L}_2 = \frac{\boldsymbol{W}_2 h_2}{4}\,.$$

Siehe hierzu den Abschnitt „**Belastungsglieder**“

Fall 20/5: Linke Rahmenhälfte beliebig senkrecht belastet*)

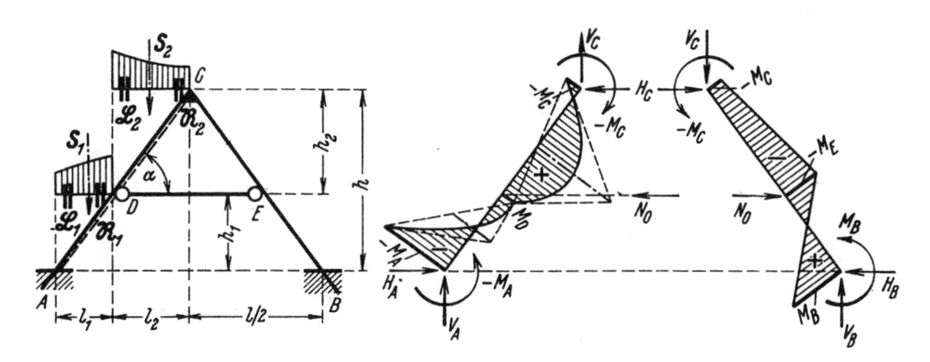

Momente:

Hilfswerte X sowie $\mathfrak{S}$ und $\mathfrak{B}$ wie beim Fall 20/1 bzw. 20/3.

$$M_C = \frac{-\mathfrak{R}_2 + X}{4}$$

$$\left.\begin{matrix} M_A \\ M_B \end{matrix}\right\rangle = \frac{-\mathfrak{L}_1 + X}{4} \mp \frac{\mathfrak{S} \cdot K_1 + \mathfrak{B}}{2\,G} \qquad \left.\begin{matrix} M_D \\ M_E \end{matrix}\right\rangle = -\frac{X}{2} \pm \frac{\mathfrak{S} \cdot K_2 - \mathfrak{B} \cdot \beta_2}{2\,G}.$$

Stütz- und Schnittkräfte:

$$V_B = V_C = \frac{\mathfrak{S}_{l1} + S_2 l_1 + \mathfrak{S}_{l2}}{l} + \frac{M_A - M_B}{l} \qquad V_A = S_1 + S_2 - V_B;$$

$$H_A = H_B = \frac{V_B \cdot l_1 + M_B - M_E}{h_1} \qquad H_C = \frac{V_B \cdot l_2 - M_C + M_E}{h_2}; \qquad N_0 = H_B - H_C.$$

Axialkräfte:

$$N_{1u} = V_A \cdot \sin\alpha + H_A \cdot \cos\alpha \qquad N_{2o} = -V_C \cdot \sin\alpha + H_C \cdot \cos\alpha$$

$$N_{1o} = N_{1u} - S_1 \cdot \sin\alpha; \qquad N_{2u} = N_{2o} + S_2 \cdot \sin\alpha;$$

$$N_3 = V_B \cdot \sin\alpha + H_B \cdot \cos\alpha \qquad N_4 = V_C \cdot \sin\alpha + H_C \cdot \cos\alpha.$$

Sonderfall 20/5a: Symmetrische Feldlasten ($\mathfrak{R} = \mathfrak{L}$)

Hilfswerte X sowie $\mathfrak{S}$ und $\mathfrak{B}$ wie beim Sonderfall 20/1a bzw. 20/3a.

$$V_B = V_C = \frac{S_1 \cdot \beta_1 + S_2 (1 + \beta_1)}{4} + \frac{M_A - M_B}{l}.$$

Alle übrigen Formeln lauten wie vor.

Sonderfall 20/5b: Vgl. die Sonderfälle 20/1b und 20/3b

*) Für den Fall 20/5 könnten auch alle Kräfte nach dem B-U-Verfahren aus den Fällen 20/1 und 20/3 gebildet werden. wie es hier nur teilweise geschehen ist.

Siehe hierzu den Abschnitt „**Belastungsglieder**“

Fall 20/6: Linke Rahmenhälfte beliebig waagerecht belastet*)

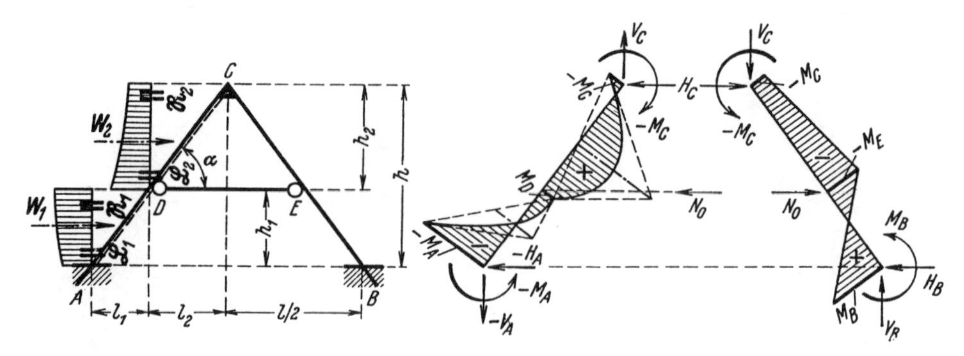

Momente:

Hilfswerte X, sowie $\mathfrak{S}$ und $\mathfrak{B}$ wie beim Fall 20/2, bzw. 20/4.

$$M_C = \frac{-\mathfrak{R}_2 + X}{4}$$

$$\left.\begin{matrix} M_A \\ M_B \end{matrix}\right\rangle = \frac{-\mathfrak{L}_1 + X}{4} \mp \frac{\mathfrak{S}\cdot K_1 + \mathfrak{B}}{2G} \qquad \left.\begin{matrix} M_D \\ M_E \end{matrix}\right\rangle = -\frac{X}{2} \pm \frac{\mathfrak{S}\cdot K_2 - \mathfrak{B}\cdot \beta_2}{2G}$$

Stütz- und Schnittkräfte:

$$V_B = V_C = -V_A = \frac{\mathfrak{S}_{l1} + \boldsymbol{W}_2 h_1 + \mathfrak{S}_{l2}}{l} + \frac{M_A - M_B}{l}; \qquad N_0 = H_B - H_C;$$

$$H_B = \frac{V_B\cdot l_1 + M_B - M_E}{h_1} \quad H_C = \frac{V_B\cdot l_2 - M_C + M_E}{h_2} \quad H_A = -\boldsymbol{W}_1 - \boldsymbol{W}_2 + H_B.$$

Axialkräfte:

$$N_{1u} = V_A\cdot\sin\alpha + H_A\cdot\cos\alpha \qquad N_{2o} = -V_C\cdot\sin\alpha + H_C\cdot\cos\alpha$$
$$N_{1o} = N_{1u} + \boldsymbol{W}_1\cdot\cos\alpha; \qquad N_{2u} = N_{2o} - \boldsymbol{W}_2\cdot\cos\alpha;$$
$$N_3 = V_B\cdot\sin\alpha + H_B\cdot\cos\alpha \qquad N_4 = V_C\cdot\sin\alpha + H_C\cdot\cos\alpha.$$

Sonderfall 20/6a: Symmetrische Feldlasten ($\mathfrak{R} = \mathfrak{L}$)

Hilfswerte X sowie $\mathfrak{S}$ und $\mathfrak{B}$ wie beim Sonderfall 20/2a bzw. 20/4a.

$$V_B = V_C = -V_A = \frac{\boldsymbol{W}_1 l_1 + \boldsymbol{W}_2 (h + h_1)}{2l} + \frac{M_A - M_B}{l}$$

Alle übrigen Formeln lauten wie vor.

Sonderfall 20/6b: Vgl. die Sonderfälle 20/2b und 20/4b

*) Für den Fall 20/6 könnten auch alle Kräfte nach dem B-U-Verfahren aus den Fällen 20/2 und 20/4 gebildet werden, wie es hier nur teilweise geschehen ist.

Fall 20/7: Gleichmäßig verteilte symmetrische Vollast, rechtwinklig zu den Schrägstäben wirkend

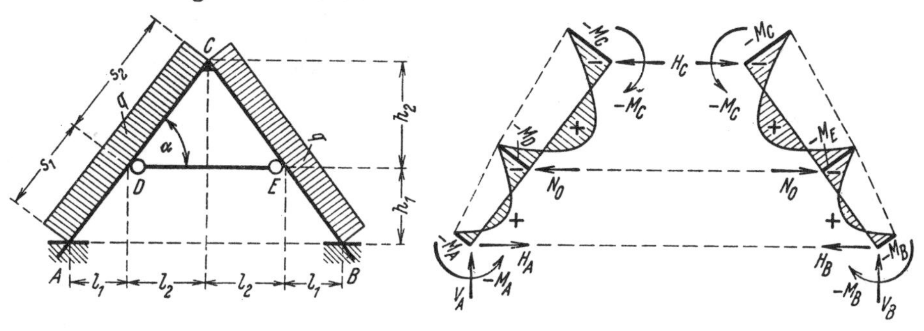

$$M_D = M_E = -\frac{q\,(k \cdot s_1^2 + s_2^2)}{12\,(k+1)} \qquad M_A = M_B = -\frac{q\,s_1^2}{8} - \frac{M_D}{2} \qquad M_C = -\frac{q\,s_2^2}{8} - \frac{M_D}{2};$$

$$H_A = H_B = \frac{q\,(l\,l_1 - s_1^2)}{2\,h_1} + \frac{M_A - M_D}{h_1} \qquad H_C = \frac{q\,s_2^2}{2\,h_2} + \frac{M_D - M_C}{h_2};$$

$$V_A = V_B = q\,w \qquad V_C = 0; \qquad N_0 = q\,h + H_A - H_C.$$

Axialkräfte:

$$N_1 = N_3 = V_A \cdot \sin\alpha + H_A \cdot \cos\alpha \qquad N_2 = N_4 = H_C \cdot \cos\alpha.$$

Fall 20/8: Gleichmäßig verteilte antimetrische Vollast, rechtwinklig zu den Schrägstäben wirkend (Druck und Sog)

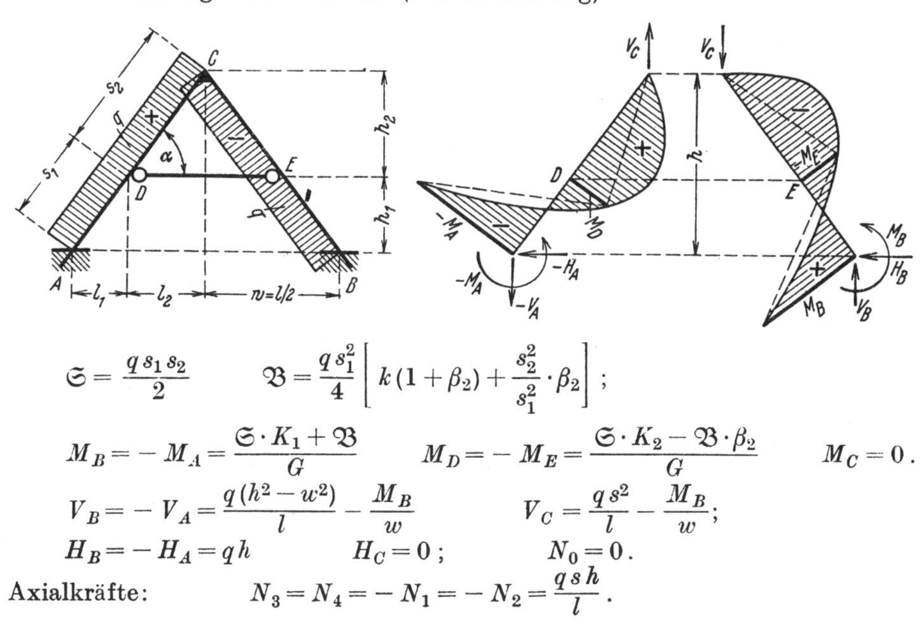

$$\mathfrak{S} = \frac{q\,s_1\,s_2}{2} \qquad \mathfrak{B} = \frac{q\,s_1^2}{4}\left[k\,(1+\beta_2) + \frac{s_2^2}{s_1^2} \cdot \beta_2\right];$$

$$M_B = -M_A = \frac{\mathfrak{S} \cdot K_1 + \mathfrak{B}}{G} \qquad M_D = -M_E = \frac{\mathfrak{S} \cdot K_2 - \mathfrak{B} \cdot \beta_2}{G} \qquad M_C = 0.$$

$$V_B = -V_A = \frac{q\,(h^2 - w^2)}{l} - \frac{M_B}{w} \qquad V_C = \frac{q\,s^2}{l} - \frac{M_B}{w};$$

$$H_B = -H_A = q\,h \qquad H_C = 0; \qquad N_0 = 0.$$

Axialkräfte: $N_3 = N_4 = -N_1 = -N_2 = \frac{q\,s\,h}{l}$.

Fall 20/9: Symmetrische Anordnung von Einzellasten

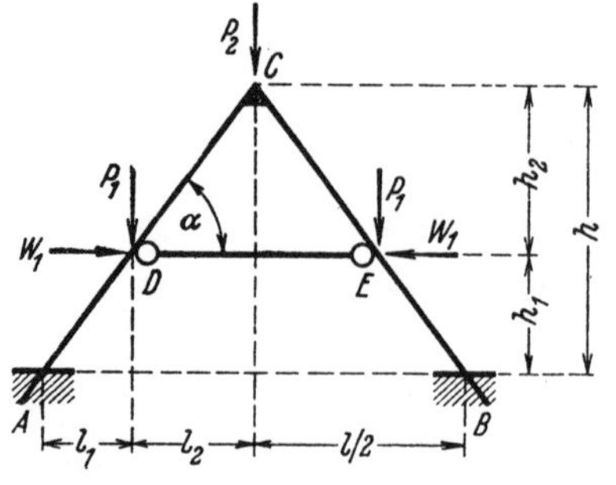

Biegungsmomente treten nicht auf.

$$(M_A = M_B = M_C = M_D = M_E = 0.)$$

$$V_A = V_B = P_1 + \frac{P_2}{2} \qquad V_C = 0.$$

$$H_A = H_B = V_A \cdot \cot\alpha \qquad H_C = \frac{P_2}{2} \cdot \cot\alpha; \qquad N_0 = P_1 \cdot \cot\alpha + W_1.$$

Axialkräfte:

$$N_1 = N_3 = \frac{V_A}{\sin\alpha} \qquad N_2 = N_4 = \frac{P_2}{2\sin\alpha}.$$

Bemerkung: Das waagerechte Lastenpaar W_1 wirkt sich nur als zusätzliche Axialkraft im gelenkigen Druckstab aus.

Fall 20/10: Antimetrische Anordnung von Einzellasten

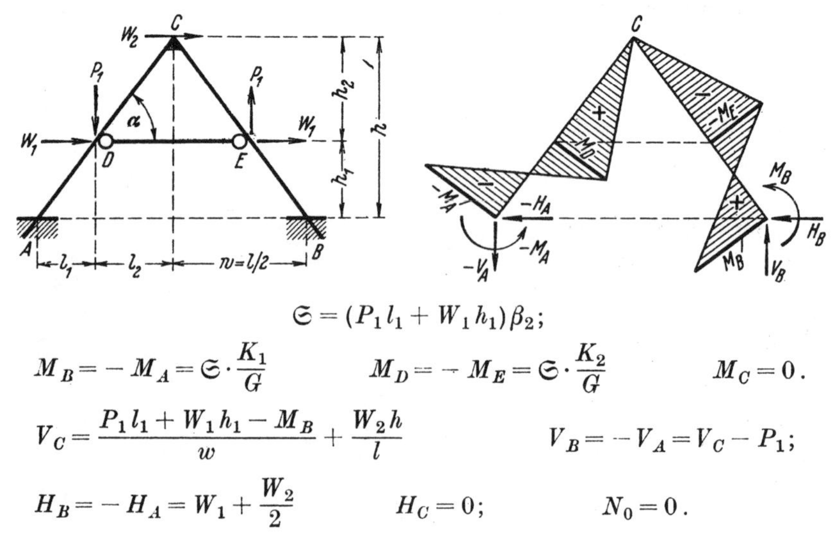

$$\mathfrak{S} = (P_1 l_1 + W_1 h_1)\beta_2;$$

$$M_B = -M_A = \mathfrak{S} \cdot \frac{K_1}{G} \qquad M_D = -M_E = \mathfrak{S} \cdot \frac{K_2}{G} \qquad M_C = 0.$$

$$V_C = \frac{P_1 l_1 + W_1 h_1 - M_B}{w} + \frac{W_2 h}{l} \qquad V_B = -V_A = V_C - P_1;$$

$$H_B = -H_A = W_1 + \frac{W_2}{2} \qquad H_C = 0; \qquad N_0 = 0.$$

Axialkräfte:

$$N_3 = -N_1 = V_B \cdot \sin\alpha + H_B \cdot \cos\alpha \qquad N_4 = -N_2 = V_C \cdot \sin\alpha + \frac{W_2}{2} \cdot \cos\alpha.$$

Bemerkung: Infolge W_2 allein treten keine Biegungsmomente auf.

Fall 20/11: Unsymmetrische Anordnung von Einzellasten

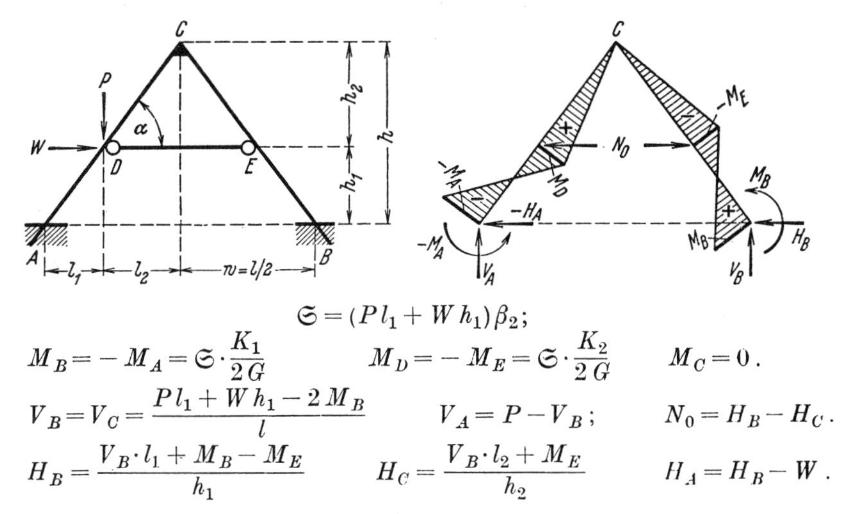

$$\mathfrak{S} = (P l_1 + W h_1)\beta_2;$$

$$M_B = -M_A = \mathfrak{S}\cdot\frac{K_1}{2G} \qquad M_D = -M_E = \mathfrak{S}\cdot\frac{K_2}{2G} \qquad M_C = 0.$$

$$V_B = V_C = \frac{P l_1 + W h_1 - 2 M_B}{l} \qquad V_A = P - V_B; \qquad N_0 = H_B - H_C.$$

$$H_B = \frac{V_B\cdot l_1 + M_B - M_E}{h_1} \qquad H_C = \frac{V_B\cdot l_2 + M_E}{h_2} \qquad H_A = H_B - W.$$

Axialkräfte:

$$N_1 = V_A\cdot\sin\alpha + H_A\cdot\cos\alpha \qquad N_4 = V_C\cdot\sin\alpha + H_C\cdot\cos\alpha$$
$$N_2 = -V_C\cdot\sin\alpha + H_C\cdot\cos\alpha \qquad N_3 = V_B\cdot\sin\alpha + H_B\cdot\cos\alpha.$$

Fall 20/12: Gleichmäßige Wärmezunahme des Druckstabes DE allein um t_0 Grad

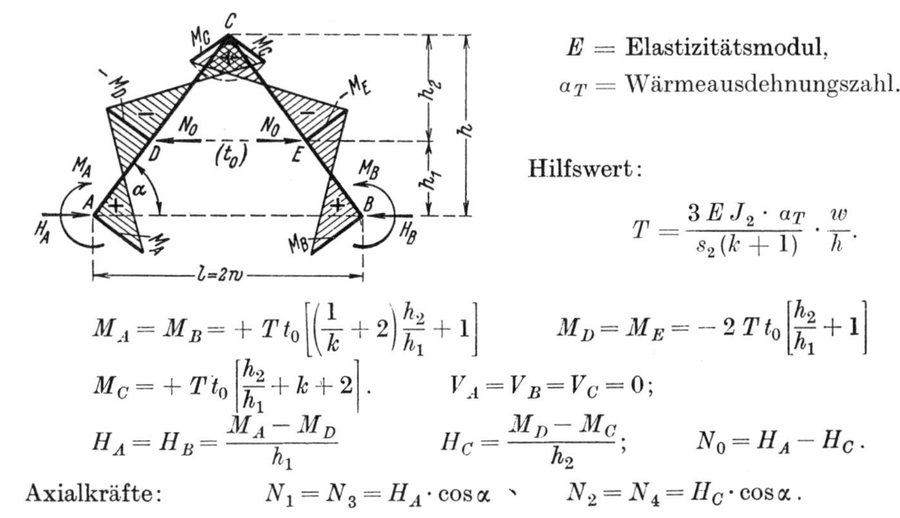

E = Elastizitätsmodul,

α_T = Wärmeausdehnungszahl.

Hilfswert:

$$T = \frac{3 E J_2\cdot\alpha_T}{s_2(k+1)}\cdot\frac{w}{h}.$$

$$M_A = M_B = +T t_0\left[\left(\frac{1}{k}+2\right)\frac{h_2}{h_1}+1\right] \qquad M_D = M_E = -2 T t_0\left[\frac{h_2}{h_1}+1\right]$$

$$M_C = +T t_0\left[\frac{h_2}{h_1}+k+2\right]. \qquad V_A = V_B = V_C = 0;$$

$$H_A = H_B = \frac{M_A - M_D}{h_1} \qquad H_C = \frac{M_D - M_C}{h_2}; \qquad N_0 = H_A - H_C.$$

Axialkräfte: $N_1 = N_3 = H_A\cdot\cos\alpha$, $N_2 = N_4 = H_C\cdot\cos\alpha$.

Bemerkung: Bei Wärme**ab**nahme kehren alle Momente und Kräfte ihren Wirkungssinn um.

Fall 20/13: Symmetrische Wärmezunahme der Schrägstäbe

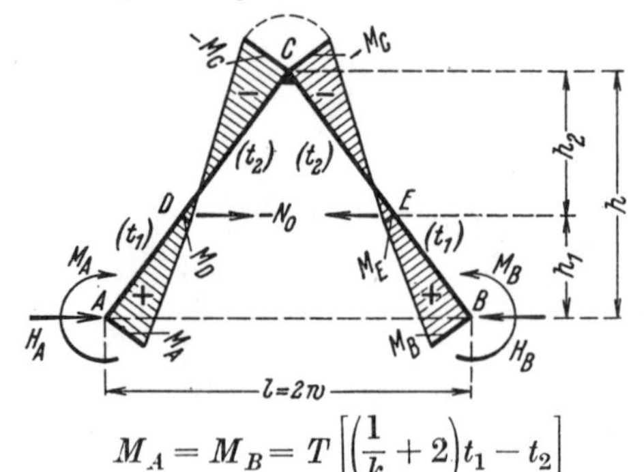

t_1 in Grad für die Stäbe s_1,

t_2 in Grad für die Stäbe s_2.

Hilfswert T sowie E und a_T wie beim Fall 20/12, Seite 82.

$$M_C = T\,[+t_1 - (k+2)\,t_2]$$

$$M_A = M_B = T\left[\left(\frac{1}{k}+2\right)t_1 - t_2\right] \qquad M_D = M_E = 2\,T\,[-t_1 + t_2]\,.$$

Formeln für alle V-, H- und N-Kräfte wie beim Fall 20/12.

Bemerkung: Für den Sonderfall $t_1 = t_2$ werden $M_D = M_E = 0$ und es verhalten sich $M_A : (-M_C) = 1 : k$.

Fall 20/14: Antimetrischer Wärmeänderungsfall der Schrägstäbe

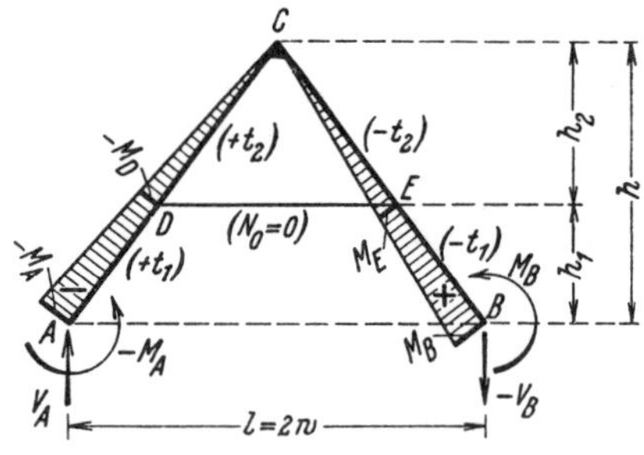

t_1 und t_2 wie vor, jedoch für die rechte Rahmenhälfte negativ.
E und a_T wie beim Fall 20/12.

$$H_A = H_B = H_C = 0\,; \qquad N_0 = 0\,.$$

$$M_E = -M_D = \beta_2 \cdot M_B \qquad M_C = 0\,;$$

$$M_B = -M_A = \frac{6\,E\,J_2 \cdot a_T}{s_2\,G} \cdot \frac{h}{w}\,(\beta_1 t_1 + \beta_2 t_2)\,; \quad V_A = -V_B = -V_C = \frac{M_B}{w}\,.$$

Axialkräfte: $N_1 = N_2 = -N_3 = -N_4 = V_A \cdot \sin\alpha\,.$

Fall 20/15: Gleichmäßige Wärmezunahme des ganzen Rahmens (einschließlich Druckstab DE) um t Grad

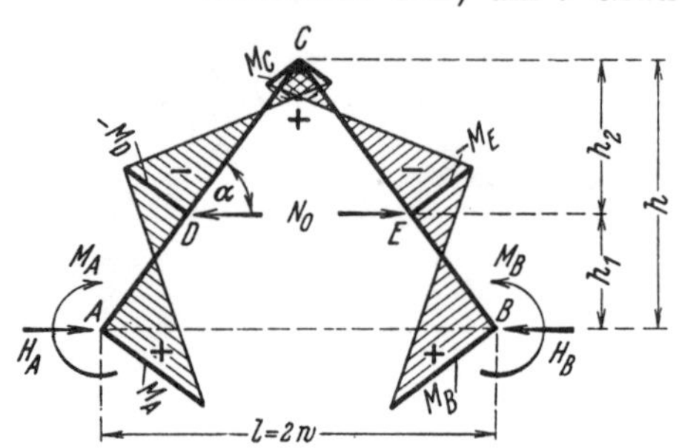

E und a_T wie beim Fall 20/12.

$$M_D = M_E = -\frac{3\,E\,J_2 \cdot a_T}{s_2\,(k+1)} \cdot \frac{l}{h_1} \cdot t$$

$$M_A = M_B = \frac{-M_D}{2}\left(\frac{1}{k}+2\right) \quad M_C = \frac{-M_D}{2}$$

Formeln für alle V-, H- und N-Kräfte wie beim Fall 20/12.

Rahmenform 21

Symmetrischer Dreieck-Eingelenkbinder mit in beliebiger Höhenlage gelenkig angeschlossenem starrem Druckstab mit verschiedenen am Druckstabanschluß sich sprunghaft ändernden Trägheitsmomenten[1]) (Kehlbalkenbinder mit eingespannten Fußpunkten)

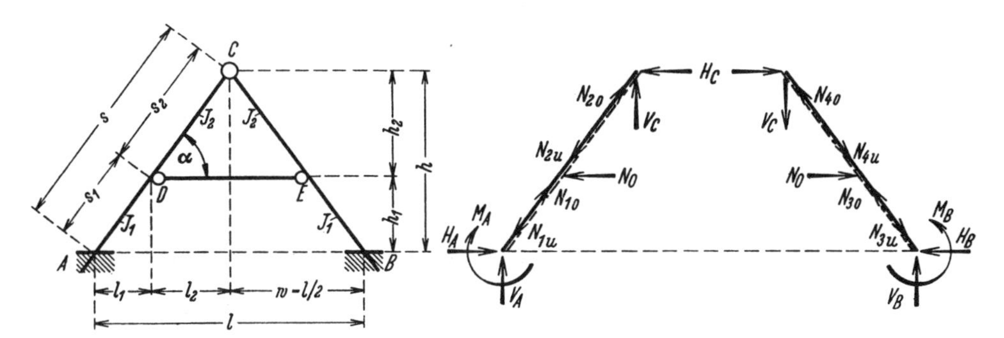

Rahmenform, Abmessungen und Bezeichnungen

Festlegung der positiven Richtung aller Stützkräfte im First und Axialkräfte[2])

Festwerte:

$$k = \frac{J_2}{J_1} \cdot \frac{s_1}{s_2}{}^{1)}; \quad \left(\frac{s_1}{s_2} = \frac{l_1}{l_2} = \frac{h_1}{h_2}\right); \quad \beta_1 = \frac{l_1}{w} = \frac{h_1}{h} \quad \beta_2 = \frac{l_2}{w} = \frac{h_2}{h};$$

$$F = 3k + 4. \qquad (\beta_1 + \beta_2 = 1).$$

$$K_1 = k + 2\beta_2 (k+1) \qquad K_2 = k(2 + \beta_2); \qquad G = K_1 \beta_2 + K_2.$$

Achtung! Die einzelnen Fälle der Rahmenform 21 sind in Anlehnung an Rahmenform 20 benannt worden. Hierbei konnte auf die Wiedergabe der Fälle 21/3, 4, 9, 10, 11 und 14 verzichtet werden, weil dieselben mit den entsprechenden Fällen 20/3, 4, 9, 10, 11 und 14 wegen $M_C = 0$ genau übereinstimmen.

Bemerkung: Die Momentenbilder der Fälle 21/1, 2, 5 und 6 entsprechen mit der Annahme $J_1 = J_2$ jeweils dem zugehörigen Sonderfall b mit $q_1 = q_2$.

[1]) Für konstantes Trägheitsmoment J des ganzen Stabes s, also für $(J_1 = J_2) = J$. ist einfach $k = s_1/s_2$.

[2]) Positive Biegungsmomente M erzeugen an der gestrichelten Stabseite Zug. Positive Axialkräfte N erzeugen im Stab Druck.

Fall 21/7: Gleichmäßig verteilte symmetrische Vollast, rechtwinklig zu den Schrägstäben wirkend

$$M_D = M_E = -\frac{q\left(k \cdot s_1^2 + 2 \cdot s_2^2\right)}{4F} \qquad M_A = M_B = -\frac{q s_1^2}{8} - \frac{M_D}{2}.$$

$$H_A = H_B = \frac{q\left(l l_1 - s_1^2\right)}{2 h_1} + \frac{M_A - M_D}{h_1} \qquad H_C = \frac{q s_2^2}{2 h_2} + \frac{M_D}{h_2};$$

$$V_A = V_B = q w \qquad V_C = 0; \qquad N_0 = q h + H_A - H_C.$$

Axialkräfte: $N_1 = N_3 = V_A \cdot \sin\alpha + H_A \cdot \cos\alpha \qquad N_2 = N_4 = H_C \cdot \cos\alpha.$

Fall 21/8: Gleichmäßig verteilte antimetrische Vollast, rechtwinklig zu den Schrägstäben wirkend (Druck und Sog)

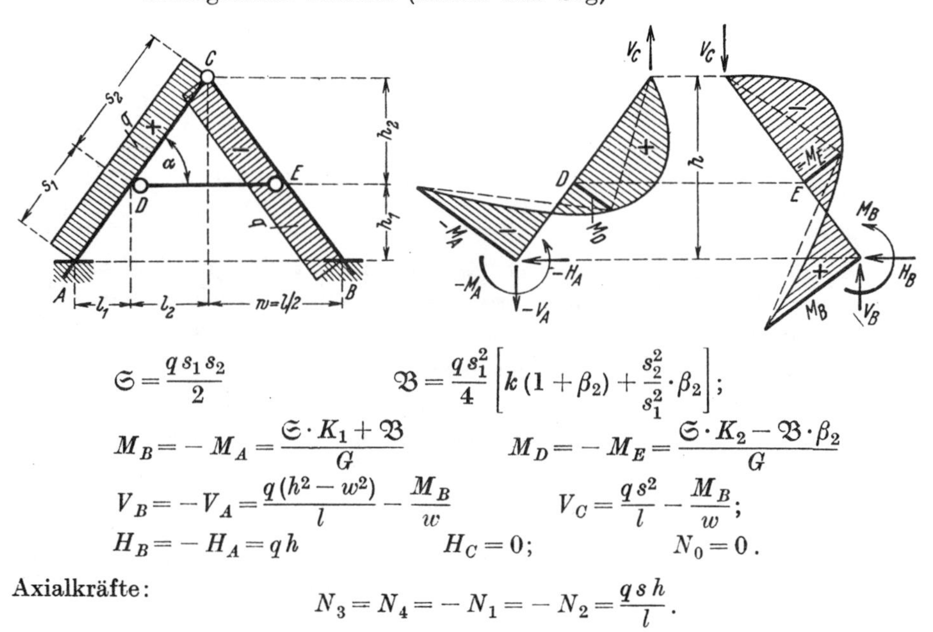

$$\mathfrak{S} = \frac{q s_1 s_2}{2} \qquad \mathfrak{B} = \frac{q s_1^2}{4}\left[k\left(1 + \beta_2\right) + \frac{s_2^2}{s_1^2} \cdot \beta_2\right];$$

$$M_B = -M_A = \frac{\mathfrak{S} \cdot K_1 + \mathfrak{B}}{G} \qquad M_D = -M_E = \frac{\mathfrak{S} \cdot K_2 - \mathfrak{B} \cdot \beta_2}{G}$$

$$V_B = -V_A = \frac{q\left(h^2 - w^2\right)}{l} - \frac{M_B}{w} \qquad V_C = \frac{q s^2}{l} - \frac{M_B}{w};$$

$$H_B = -H_A = q h \qquad H_C = 0; \qquad N_0 = 0.$$

Axialkräfte:

$$N_3 = N_4 = -N_1 = -N_2 = \frac{q s h}{l}.$$

Siehe hierzu den Abschnitt „**Belastungsglieder**“

Fall 21/1: Ganzer Rahmen beliebig senkrecht, aber symmetrisch belastet

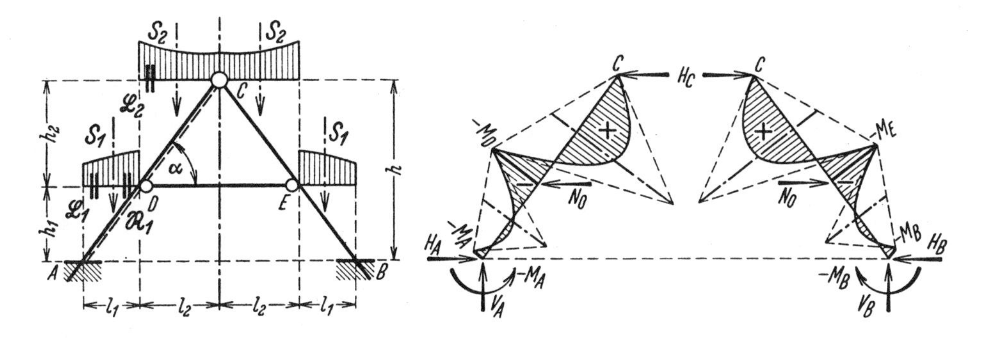

Hilfswert und Momente:

$$X = \frac{(2\,\mathfrak{R}_1 - \mathfrak{L}_1)\,k + 2\,\mathfrak{L}_2}{F}; \qquad M_A = M_B = \frac{-\mathfrak{L}_1 + X}{2} \qquad M_D = M_E = -X.$$

Stütz- und Schnittkräfte:

$$H_A = H_B = \frac{\mathfrak{S}_{l1} + S_2 l_1 + M_A - M_D}{h_1} \qquad H_C = \frac{\mathfrak{S}_{l2} + M_D}{h_2};$$

$$V_A = V_B = S_1 + S_2 \qquad V_C = 0; \qquad N_0 = H_A - H_C.$$

Axialkräfte:

$$N_{1u} = N_{3u} = V_A \cdot \sin\alpha + H_A \cdot \cos\alpha \qquad N_{2o} = N_{4o} = H_C \cdot \cos\alpha$$

$$N_{1o} = N_{3o} = S_2 \cdot \sin\alpha + H_A \cdot \cos\alpha; \qquad N_{2u} = N_{4u} = H_C \cdot \cos\alpha + S_2 \cdot \sin\alpha.$$

Bemerkung: Alle Belastungsglieder sind auf die linke Rahmenhälfte bezogen.

Sonderfall 21/1a: Symmetrische Feldlasten ($\mathfrak{R} = \mathfrak{L}$)

$$H_A = H_B = \left(\frac{S_1}{2} + S_2\right) \cdot \cot\alpha + \frac{M_A - M_D}{h_1} \qquad H_C = \frac{S_2}{2} \cdot \cot\alpha + \frac{M_D}{h_2};$$

$$X = \frac{\mathfrak{L}_1 k + 2\,\mathfrak{L}_2}{F}$$

Alle übrigen Formeln lauten wie vor.

Sonderfall 21/1b: Gleichmäßig verteilte Feldlasten q_1 und q_2

In vorstehende Formeln werden eingesetzt:

$$S_1 = q_1 l_1 \qquad S_2 = q_2 l_2; \qquad \mathfrak{L}_1 = \frac{S_1 l_1}{4} \qquad \mathfrak{L}_2 = \frac{S_2 l_2}{4}$$

Siehe hierzu den Abschnitt **„Belastungsglieder"**

Fall 21/2: Ganzer Rahmen beliebig waagerecht, aber symmetrisch belastet

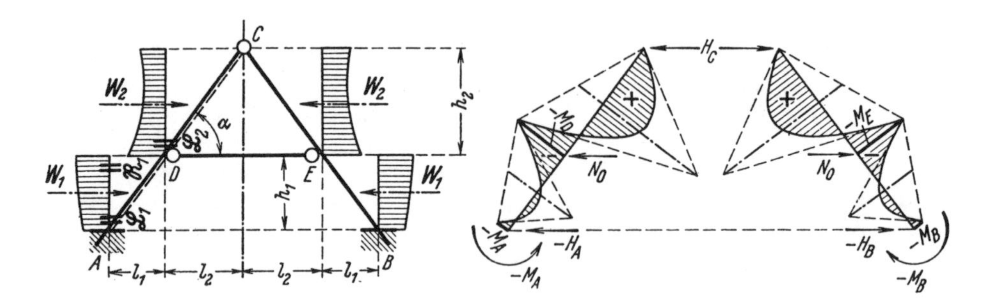

Hilfswert und Momente:

$$X = \frac{(2\,\mathfrak{R}_1 - \mathfrak{L}_2)\,k + 2\,\mathfrak{L}_2}{F}; \qquad M_A = M_B = \frac{-\,\mathfrak{L}_1 + X}{2} \qquad M_D = M_E = -\,X.$$

Stütz- und Schnittkräfte:

$$H_A = H_B = \frac{-\,\mathfrak{S}_{r1} + M_A - M_D}{h_1} \qquad H_C = \frac{\mathfrak{S}_{l2} + M_D}{h_2};$$

$$V_A = V_B = 0 \qquad V_C = 0; \qquad N_0 = \mathfrak{W}_1 + \mathfrak{W}_2 + H_A - H_C.$$

Axialkräfte:

$$N_{1u} = N_{3u} = H_A \cdot \cos\alpha \qquad N_{2o} = N_{4o} = H_C \cdot \cos\alpha$$

$$N_{1o} = N_{3o} = (H_A + \mathfrak{W}_1) \cdot \cos\alpha; \qquad N_{2u} = N_{4u} = (H_C - \mathfrak{W}_2)\cos\alpha.$$

Bemerkung: Alle Belastungsglieder sind auf die linke Rahmenhälfte bezogen.

Sonderfall 21/2a: Symmetrische Feldlasten **($\mathfrak{R} = \mathfrak{L}$)**

$$X = \frac{\mathfrak{L}_1 k + 2\,\mathfrak{L}_2}{F}; \qquad H_A = H_B = -\frac{\mathfrak{W}_1}{2} + \frac{M_A - M_D}{h_1} \qquad H_C = \frac{\mathfrak{W}_2}{2} + \frac{M_D}{h_2}.$$

Alle übrigen Formeln lauten wie vor.

Sonderfall 21/2b: Gleichmäßig verteilte Feldlasten q_1 und q_2
In vorstehende Formeln werden eingesetzt:

$$\mathfrak{W}_1 = q_1 h_1 \qquad \mathfrak{W}_2 = q_2 h_2; \qquad \mathfrak{L}_1 = \frac{\mathfrak{W}_1 h_1}{4} \qquad \mathfrak{L}_2 = \frac{\mathfrak{W}_2 h_2}{4}.$$

Siehe hierzu den Abschnitt **„Belastungsglieder"**

Fall 21/5: Linke Rahmenhälfte beliebig senkrecht belastet*)

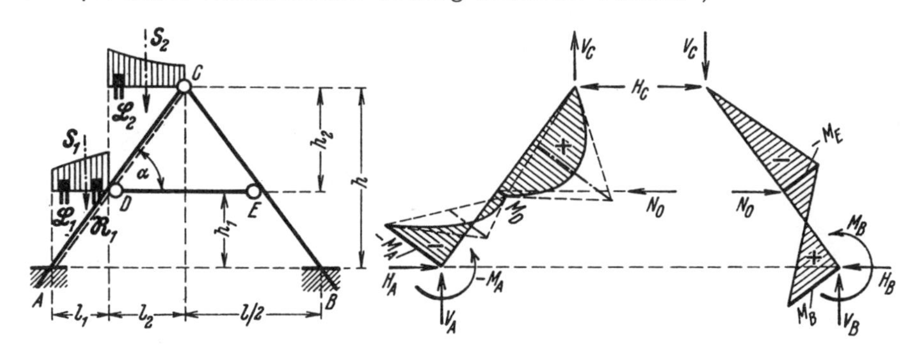

Hilfswerte und Momente:

$$X = \frac{(2\,\mathfrak{R}_1 - \mathfrak{L}_1)\,k + 2\,\mathfrak{L}_2}{F}; \qquad \mathfrak{S} = \mathfrak{S}_{l1} \cdot \beta_2 + \mathfrak{S}_{r2} \cdot \beta_1$$

$$\mathfrak{B} = (\mathfrak{L}_1 + \mathfrak{R}_1 \beta_2)\,k + \mathfrak{L}_2 \beta_2 .$$

$$\left.\begin{matrix} M_A \\ M_B \end{matrix}\right\rangle = \frac{-\mathfrak{L}_1 + X}{4} \mp \frac{\mathfrak{S} \cdot K_1 + \mathfrak{B}}{2G} \qquad \left.\begin{matrix} M_D \\ M_E \end{matrix}\right\rangle = -\frac{X}{2} \pm \frac{\mathfrak{S} \cdot K_2 - \mathfrak{B} \cdot \beta_2}{2G}.$$

Stütz- und Schnittkräfte:

$$V_B = V_C = \frac{\mathfrak{S}_{l1} + S_2 l_1 + \mathfrak{S}_{l2}}{l} + \frac{M_A - M_B}{l} \qquad V_A = S_1 + S_2 - V_B;$$

$$H_A = H_B = \frac{V_B \cdot l_1 + M_B - M_E}{h_1} \qquad H_C = \frac{V_B \cdot l_2 + M_E}{h_2}; \qquad N_0 = H_B - H_C .$$

Axialkräfte:

$$N_{1u} = V_A \cdot \sin\alpha + H_A \cdot \cos\alpha \qquad N_{2o} = -V_C \cdot \sin\alpha + H_C \cdot \cos\alpha$$

$$N_{1o} = N_{1u} - S_1 \cdot \sin\alpha; \qquad N_{2u} = N_{2o} + S_2 \cdot \sin\alpha;$$

$$N_3 = V_B \cdot \sin\alpha + H_B \cdot \cos\alpha \qquad N_4 = V_C \cdot \sin\alpha + H_C \cdot \cos\alpha .$$

Sonderfall 21/5a: Symmetrische Feldlasten ($\mathfrak{R} = \mathfrak{L}$)

$$X = \frac{\mathfrak{L}_1 k + 2\,\mathfrak{L}_2}{F}; \qquad \mathfrak{S} = \frac{(S_1 + S_2)\,l_1 l_2}{l} \qquad \mathfrak{B} = \mathfrak{L}_1 k (1 + \beta_2) + \mathfrak{L}_2 \beta_2 .$$

$$V_B = V_C = \frac{S_1 \cdot \beta_1 + S_2 (1 + \beta_1)}{4} + \frac{M_A - M_B}{l}$$

Alle übrigen Formeln lauten wie vor

Sonderfall 21/5b: Anschriebe genau wie beim Sonderfall 21/1b

*) Für den Fall 21/5 könnten auch alle Kräfte nach dem *B-U*-Verfahren aus den Fällen 21/1 und (21/3 = 20/3) gebildet werden, wie es hier nur teilweise geschehen ist.

Siehe hierzu den Abschnitt **„Belastungsglieder“**

Fall 21/6: Linke Rahmenhälfte beliebig waagerecht belastet*)

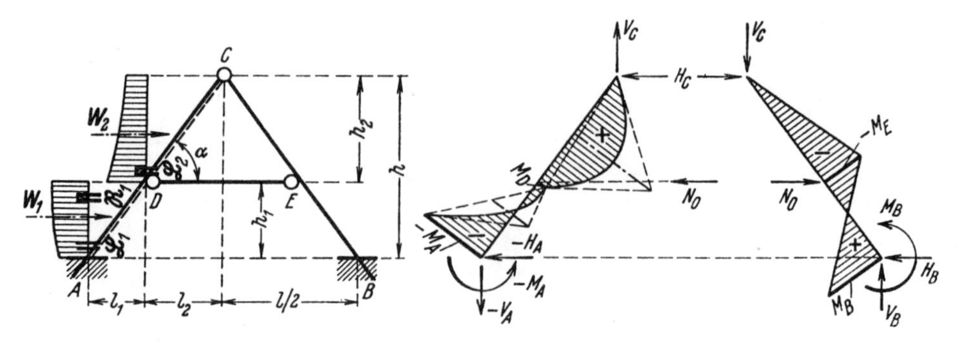

Hilfswerte und Momente:

$$X = \frac{(2\,\mathfrak{R}_1 - \mathfrak{L}_1)\,k + 2\,\mathfrak{L}_2}{F};$$

$$\mathfrak{S} = \mathfrak{S}_{l1}\cdot\beta_2 + \mathfrak{S}_{r2}\cdot\beta_1$$

$$\mathfrak{B} = (\mathfrak{L}_1 + \mathfrak{R}_1\,\beta_2)\,k + \mathfrak{L}_2\,\beta_2\,.$$

$$\left.\begin{matrix} M_A \\ M_B \end{matrix}\right\rangle = \frac{-\,\mathfrak{L}_1 + X}{4} \mp \frac{\mathfrak{S}\cdot K_1 + \mathfrak{B}}{2\,G} \qquad \left.\begin{matrix} M_D \\ M_E \end{matrix}\right\rangle = -\frac{X}{2} \pm \frac{\mathfrak{S}\cdot K_2 - \mathfrak{B}\cdot\beta_2}{2\,G}\,.$$

Stütz- und Schnittkräfte:

$$V_B = V_C = -V_A = \frac{\mathfrak{S}_{l1} + W_2\,h_1 + \mathfrak{S}_{l2}}{l} + \frac{M_A - M_B}{l}; \qquad N_0 = H_B - H_C\,;$$

$$H_B = \frac{V_B\cdot l_1 + M_B - M_E}{h_1} \qquad H_C = \frac{V_B\cdot l_2 + M_E}{h_2} \qquad H_A = -\,W_1 - W_2 + H_B\,.$$

Axialkräfte:

$$N_{1u} = V_A\cdot\sin\alpha + H_A\cdot\cos\alpha \qquad N_{2o} = -\,V_C\cdot\sin\alpha + H_C\cdot\cos\alpha$$

$$N_{1o} = N_{1u} + W_1\cdot\cos\alpha; \qquad N_{2u} = N_{2o} - W_2\cdot\cos\alpha;$$

$$N_3 = V_B\cdot\sin\alpha + H_B\cdot\cos\alpha \qquad N_4 = V_C\cdot\sin\alpha + H_C\cdot\cos\alpha\,.$$

Sonderfall 21/6a: Symmetrische Feldlasten ($\mathfrak{R} = \mathfrak{L}$)

$$X = \frac{\mathfrak{L}_1\,k + 2\,\mathfrak{L}_2}{F}; \qquad \mathfrak{S} = \frac{(W_1 + W_2)\,h_1\,h_2}{2\,h} \qquad \mathfrak{B} = \mathfrak{L}_1\,k\,(1 + \beta_2) + \mathfrak{L}_2\,\beta_2;$$

$$V_B = V_C = -V_A = \frac{W_1\,l_1 + W_2\,(h + h_2)}{2\,l} + \frac{M_A - M_B}{l}.$$

Alle übrigen Formeln lauten wie vor.

Sonderfall 21/6b: Anschriebe genau wie beim Sonderfall 21/2b

*) Für den Fall 21/6 könnten auch alle Kräfte nach dem B-U-Verfahren aus den Fällen 21/2 und (21/4 = 20/4) gebildet werden, wie es hier nur teilweise geschehen ist.

Fall 21/12: Gleichmäßige Wärmezunahme des Druckstabes DE allein um t_0 Grad*)

E = Elastizitätsmodul,

α_T = Wärmeausdehnungszahl.

Hilfswerte:

$$T = \frac{3\,E\,J_2 \cdot \alpha_T}{s_2 F} \cdot \frac{l}{h}.$$

$$M_A = M_B = +\,T\,t_0\left[\left(\frac{2}{k}+3\right)\frac{h_2}{h_1}+1\right] \qquad M_D = M_E = -\,T\,t_0\left[3\frac{h_2}{h_1}+2\right];$$

$$H_A = H_B = \frac{M_A - M_D}{h_1} \quad H_C = \frac{M_D}{h_2}; \quad N_0 = H_A - H_C; \quad V_A = V_B = V_C = 0.$$

Axialkräfte: $N_1 = N_3 = H_A \cdot \cos\alpha \qquad N_2 = N_4 = H_C \cdot \cos\alpha.$

Fall 21/13: Symmetrische Wärmezunahme der Schrägstäbe*)

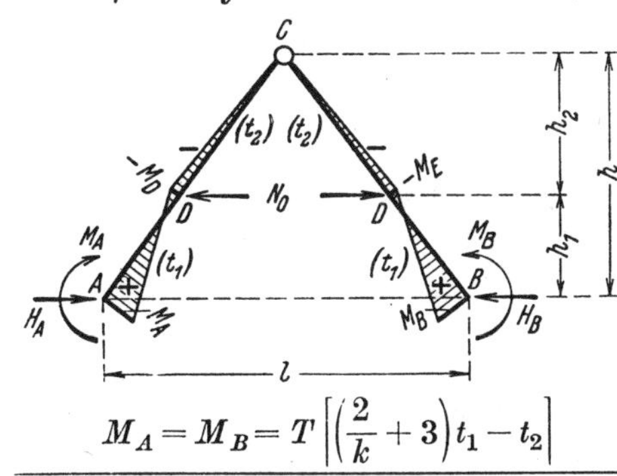

t_1 in Grad für die Stäbe s_1,

t_2 in Grad für die Stäbe s_2.

Hilfswert T sowie E und α_T wie beim Fall 21/12.

Formeln für alle V-, H- und N-Kräfte wie beim Fall 21/12.

$$M_A = M_B = T\left[\left(\frac{2}{k}+3\right)t_1 - t_2\right] \qquad M_D = M_E = T\,[-\,3\,t_1 + 2\,t_2].$$

Fall 21/15: Gleichmäßige Wärmezunahme des ganzen Rahmens (einschließlich Druckstab DE) um t Grad*)

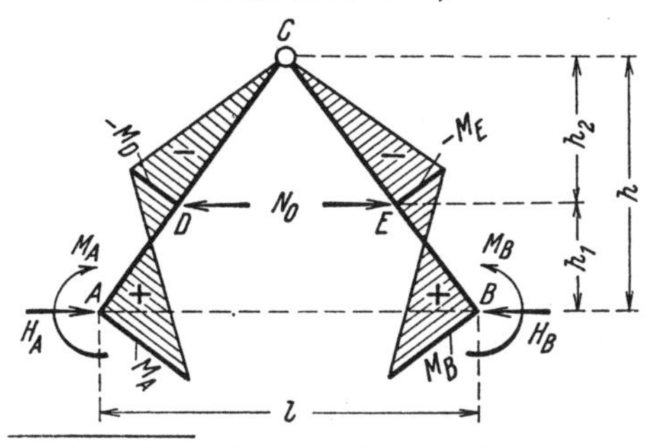

E und α_T siehe beim Fall 21/12.

$$M_D = M_E = -\frac{9\,E\,J_2 \cdot \alpha_T}{s_2 F} \cdot \frac{l}{h_1} \cdot t$$

$$M_A = M_B = -\,M_D \cdot \left(\frac{2}{3\,k}+1\right).$$

Formeln für alle V-, H- und N-Kräfte wie beim Fall 21/12.

*) Bei Wärme**abnahme** kehren alle Momente und Kräfte ihren Wirkungssinn um.

Rahmenform 22

Unsymmetrischer Dreieckrahmen mit Fußgelenken in gleicher Höhenlage

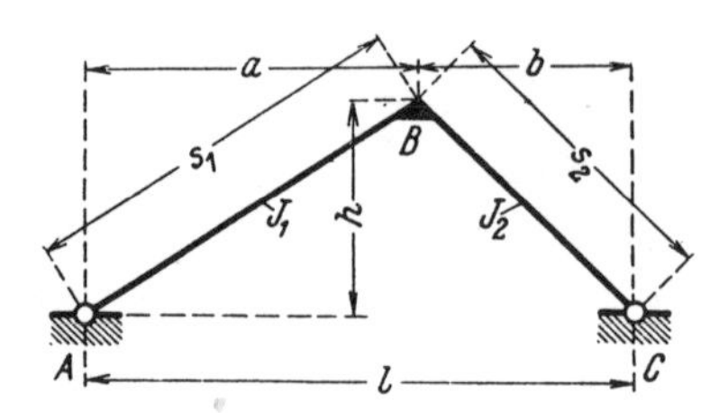

Rahmenform, Abmessungen und Bezeichnungen

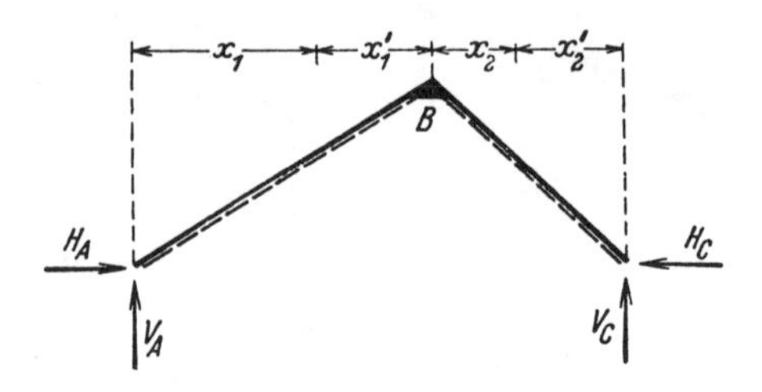

Festlegung der positiven Richtung aller Stützkräfte und der Koordinaten beliebiger Stabpunkte. Positive Biegungsmomente erzeugen an der gestrichelten Stabseite Zug

Festwerte:

$$k = \frac{J_1}{J_2} \cdot \frac{s_2}{s_1} \qquad N = 1 + k\,; \qquad \alpha = \frac{a}{l} \qquad \beta = \frac{b}{l} \qquad (\alpha + \beta = 1)\,.$$

Fall 22/1: Gleichmäßige Wärmezunahme im ganzen Rahmen

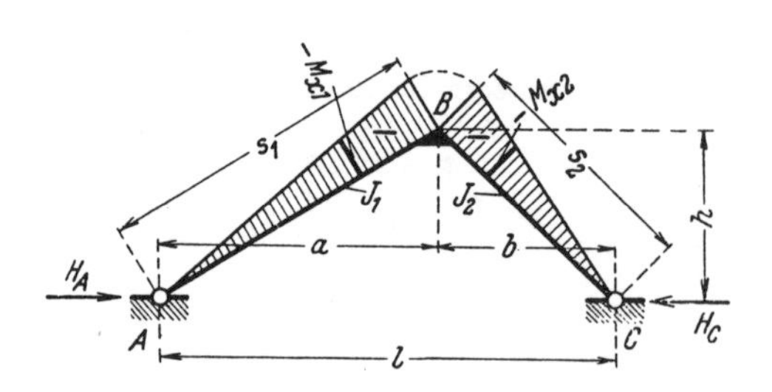

E = Elastizitätsmodul,

a_T = Wärmeausdehnungszahl,

t = Wärmeänderung in Grad.

$$M_B = -\frac{3\,E\,J_1\,a_T\,t\,l}{s_1\,h\,N}\,;$$

$$H_A = H_C = \frac{-M_B}{h}\,; \qquad M_{x1} = \frac{x_1}{a}\,M_B \qquad M_{x2} = \frac{x_2'}{b}\,M_B\,.$$

Bemerkung: Bei Wärmeabnahme kehren alle Kräfte ihren Pfeilsinn um und alle Momente erhalten entgegengesetztes Vorzeichen.

Siehe hierzu den Abschnitt **„Belastungsglieder“**

Fall 22/2: Linker Stab beliebig senkrecht belastet

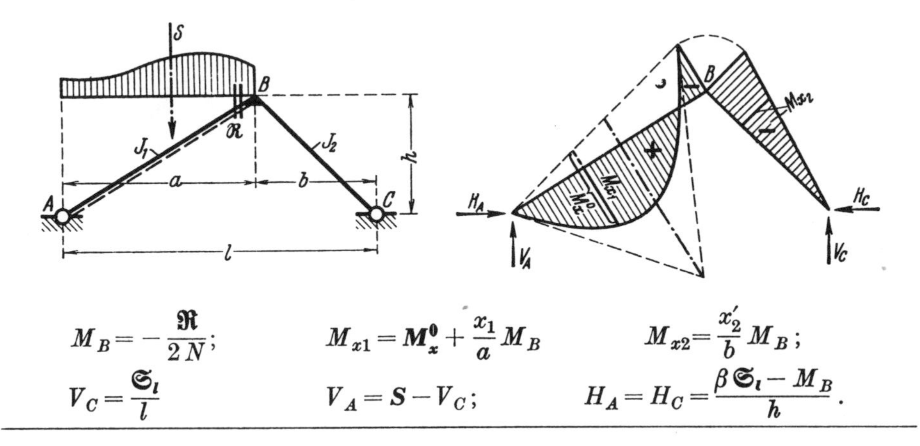

$$M_B = -\frac{\mathfrak{R}}{2N}; \qquad M_{x1} = \boldsymbol{M_x^0} + \frac{x_1}{a} M_B \qquad M_{x2} = \frac{x_2'}{b} M_B;$$

$$V_C = \frac{\mathfrak{S}_l}{l} \qquad V_A = \boldsymbol{S} - V_C; \qquad H_A = H_C = \frac{\beta\,\mathfrak{S}_l - M_B}{h}.$$

Fall 22/4: Rechter Stab beliebig senkrecht belastet

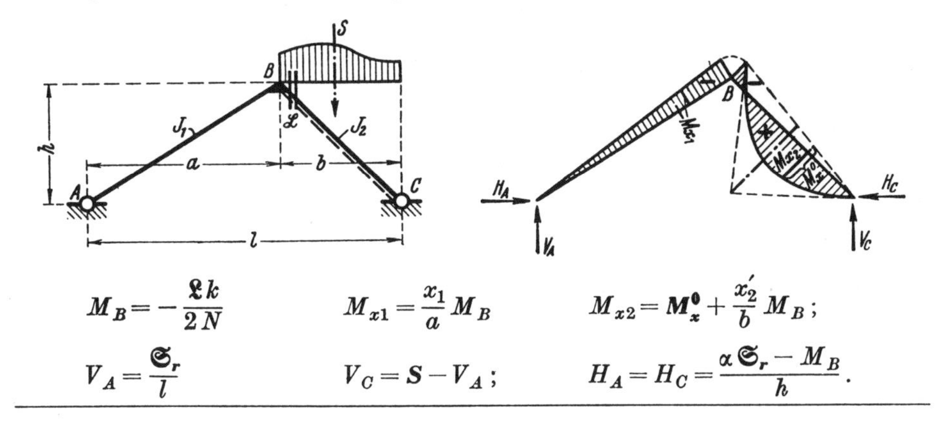

$$M_B = -\frac{\mathfrak{L}\,k}{2N} \qquad M_{x1} = \frac{x_1}{a} M_B \qquad M_{x2} = \boldsymbol{M_x^0} + \frac{x_2'}{b} M_B;$$

$$V_A = \frac{\mathfrak{S}_r}{l} \qquad V_C = \boldsymbol{S} - V_A; \qquad H_A = H_C = \frac{\alpha\,\mathfrak{S}_r - M_B}{h}.$$

Fall 22/6: Senkrechte Einzellast im Firstpunkt B

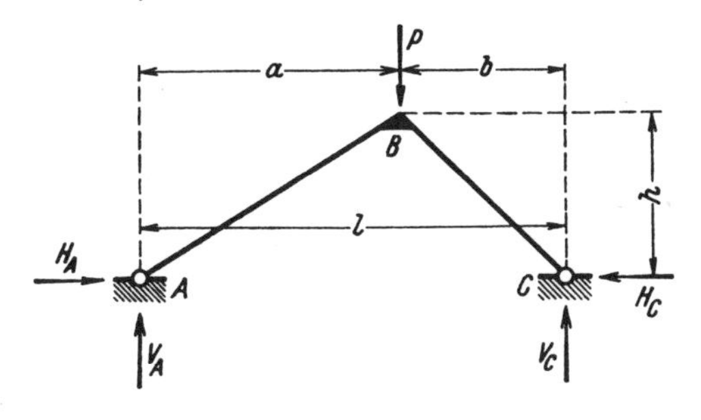

Es treten keine Biegungsmomente auf.

$$V_A = \beta P \qquad V_C = \alpha P;$$

$$H_A = H_C = \frac{P a b}{l h}.$$

Siehe hierzu den Abschnitt „**Belastungsglieder**"

Fall 22/3: Linker Stab beliebig waagerecht belastet

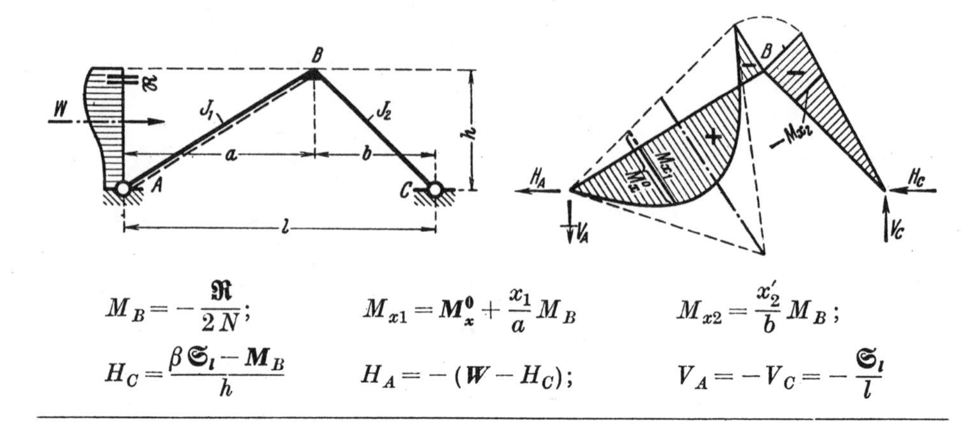

$$M_B = -\frac{\mathfrak{R}}{2N}; \qquad M_{x1} = \mathbf{M}_x^0 + \frac{x_1}{a} M_B \qquad M_{x2} = \frac{x_2'}{b} M_B;$$

$$H_C = \frac{\beta \mathfrak{S}_l - \mathbf{M}_B}{h} \qquad H_A = -(\mathbf{W} - H_C); \qquad V_A = -V_C = -\frac{\mathfrak{S}_l}{l}$$

Fall 22/5: Rechter Stab beliebig waagerecht belastet

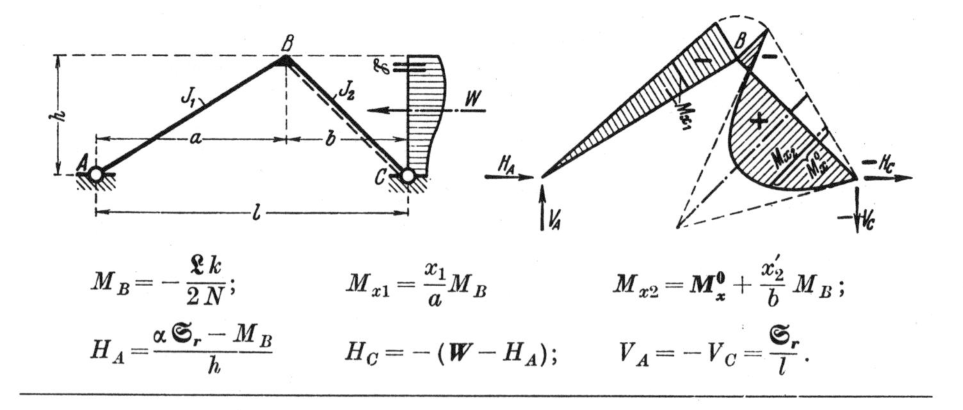

$$M_B = -\frac{\mathfrak{L} k}{2N}; \qquad M_{x1} = \frac{x_1}{a} M_B \qquad M_{x2} = \mathbf{M}_x^0 + \frac{x_2'}{b} M_B;$$

$$H_A = \frac{\alpha \mathfrak{S}_r - M_B}{h} \qquad H_C = -(\mathbf{W} - H_A); \qquad V_A = -V_C = \frac{\mathfrak{S}_r}{l}.$$

Fall 22/7: Waagerechte Einzellast am Firstpunkt B

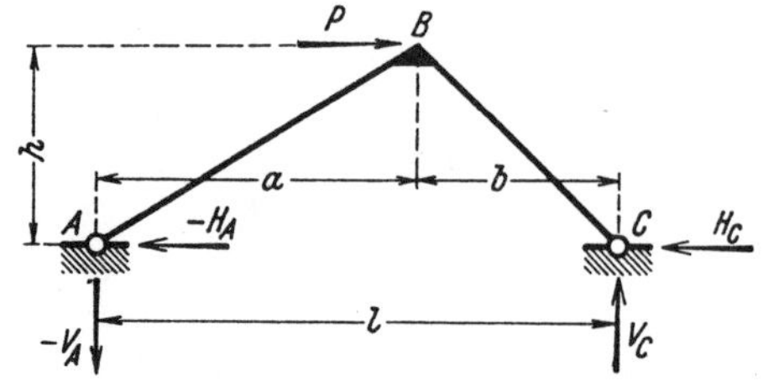

Es treten keine Biegungsmomente auf.

$$H_A = -\alpha P \qquad H_C = \beta P;$$

$$V_A = -V_C = -\frac{P h}{l}.$$

Rahmenform 23

Unsymmetrischer Dreieckrahmen mit einem Fußgelenk und einem waagerecht beweglichen Auflager, verbunden durch ein waagerechtes, elastisches Zugband

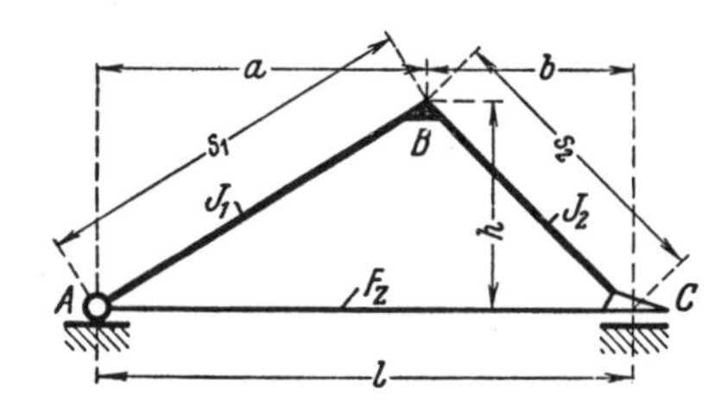

Rahmenform, Abmessungen und Bezeichnungen

Festlegung der positiven Richtung aller Stützkräfte und der Koordinaten beliebiger Stabpunkte. Positive Biegungsmomente erzeugen an der gestrichelten Stabseite Zug

Festwerte:

$$k = \frac{J_1}{J_2} \cdot \frac{s_2}{s_1}; \qquad \alpha = \frac{a}{l} \qquad \beta = \frac{b}{l} \qquad (\alpha + \beta = 1);$$

$$N = 1 + k \qquad L = \frac{3 J_1}{h^2 F_Z} \cdot \frac{l}{s_1} \cdot \frac{E}{E_Z} \qquad N_Z = N + L.$$

E = Elastizitätsmodul des Rahmenbaustoffes,
E_Z = Elastizitätsmodul des Zugbandstoffes,
F_Z = Querschnittsfläche des Zugbandes.

Formeln zu Fall 23/3 von Seite 98:

$$Z = \frac{\mathfrak{R} + 2 N \beta \mathfrak{S}_l}{2 h N_Z}; \quad H_A = -\mathfrak{W} \quad V_A = -V_C = -\frac{\mathfrak{S}_l}{l}; \quad M_{x2} = \frac{x_2'}{b} M_B$$

$$M_B = \beta \mathfrak{S}_l - Z h = \frac{2 L \beta \mathfrak{S}_l - \mathfrak{R}}{2 N_Z}; \qquad M_{x1} = \mathbf{M}_x^0 + \frac{x_1}{a} M_B$$

Siehe hierzu den Abschnitt „**Belastungsglieder**"

Fall 23/1: Linker Stab beliebig senkrecht belastet

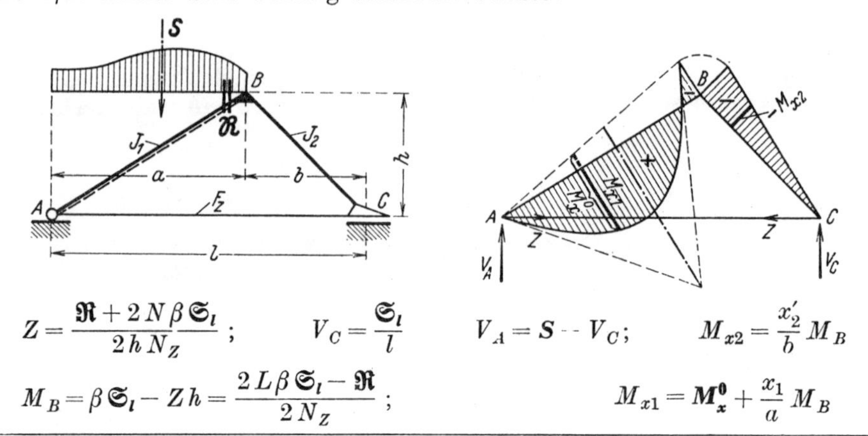

$$Z = \frac{\mathfrak{R} + 2N\beta\mathfrak{S}_l}{2hN_Z}; \qquad V_C = \frac{\mathfrak{S}_l}{l} \qquad V_A = S - V_C; \qquad M_{x2} = \frac{x_2'}{b} M_B$$

$$M_B = \beta\mathfrak{S}_l - Zh = \frac{2L\beta\mathfrak{S}_l - \mathfrak{R}}{2N_Z}; \qquad M_{x1} = \mathbf{M}_x^0 + \frac{x_1}{a} M_B$$

Fall 23/2: Rechter Stab beliebig senkrecht belastet

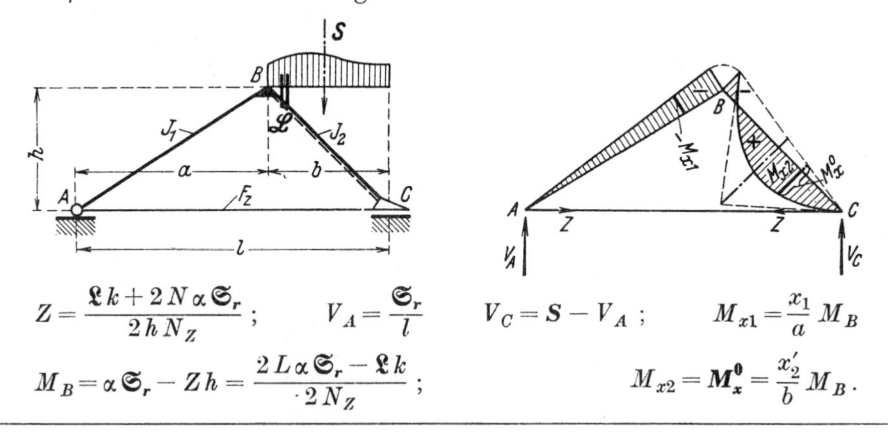

$$Z = \frac{\mathfrak{L}k + 2N\alpha\mathfrak{S}_r}{2hN_Z}; \qquad V_A = \frac{\mathfrak{S}_r}{l} \qquad V_C = S - V_A; \qquad M_{x1} = \frac{x_1}{a} M_B$$

$$M_B = \alpha\mathfrak{S}_r - Zh = \frac{2L\alpha\mathfrak{S}_r - \mathfrak{L}k}{2N_Z}; \qquad M_{x2} = \mathbf{M}_x^0 = \frac{x_2'}{b} M_B.$$

Fall 23/3: Linker Stab beliebig waagerecht belastet

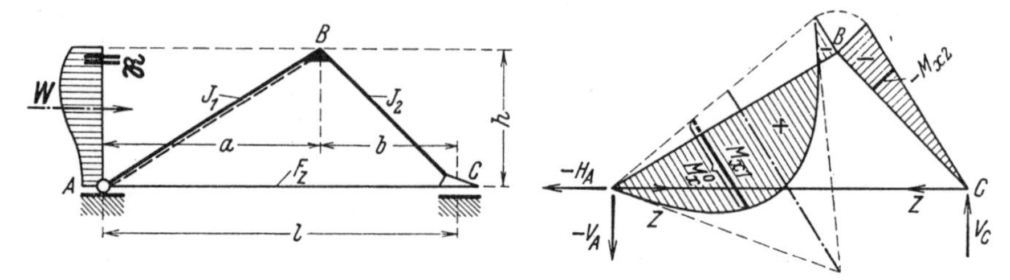

Formeln zu Fall 23/3 siehe Seite 97, unten.

Fall 23/4: Senkrechte Einzellast im Firstpunkt B

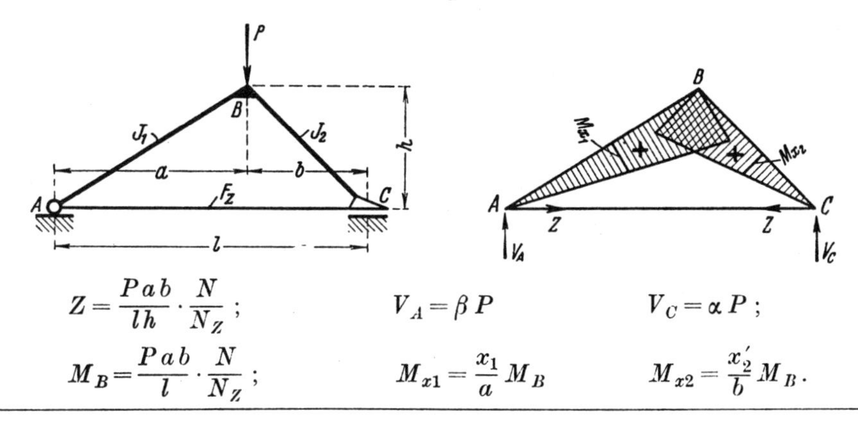

$$Z = \frac{P a b}{l h} \cdot \frac{N}{N_Z}; \qquad V_A = \beta P \qquad V_C = \alpha P;$$

$$M_B = \frac{P a b}{l} \cdot \frac{N}{N_Z}; \qquad M_{x1} = \frac{x_1}{a} M_B \qquad M_{x2} = \frac{x_2'}{b} M_B.$$

Fall 23/5: Waagerechte Einzellast von links her am Firstpunkt B

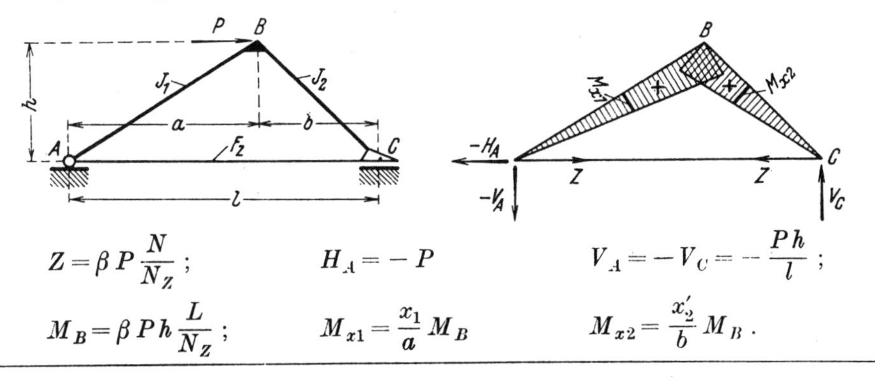

$$Z = \beta P \frac{N}{N_Z}; \qquad H_A = -P \qquad V_A = -V_C = -\frac{P h}{l};$$

$$M_B = \beta P h \frac{L}{N_Z}; \qquad M_{x1} = \frac{x_1}{a} M_B \qquad M_{x2} = \frac{x_2'}{b} M_B.$$

Fall 23/6: Gleichmäßige Wärmezunahme im ganzen Rahmen

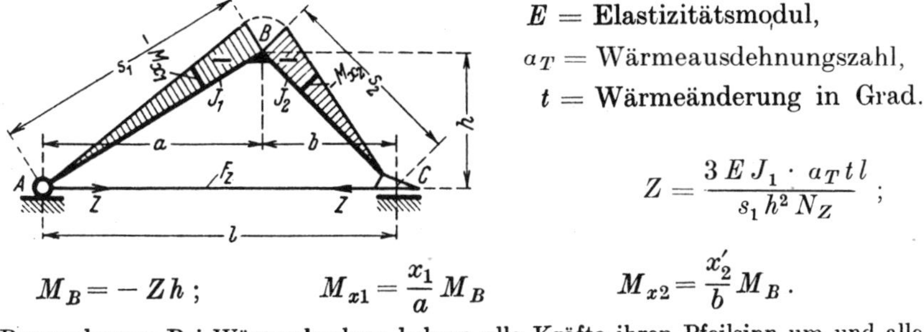

E = Elastizitätsmodul,
α_T = Wärmeausdehnungszahl,
t = Wärmeänderung in Grad.

$$Z = \frac{3 E J_1 \cdot \alpha_T t l}{s_1 h^2 N_Z};$$

$$M_B = -Z h; \qquad M_{x1} = \frac{x_1}{a} M_B \qquad M_{x2} = \frac{x_2'}{b} M_B.$$

Bemerkung: Bei Wärmeabnahme kehren alle Kräfte ihren Pfeilsinn um und alle Momente erhalten entgegengesetztes Vorzeichen*).

*) Siehe hierzu die Fußnote Seite 100.

Fall 23/7: Rechter Stab beliebig waagerecht belastet

(Siehe hierzu den Abschnitt „**Belastungsglieder**")

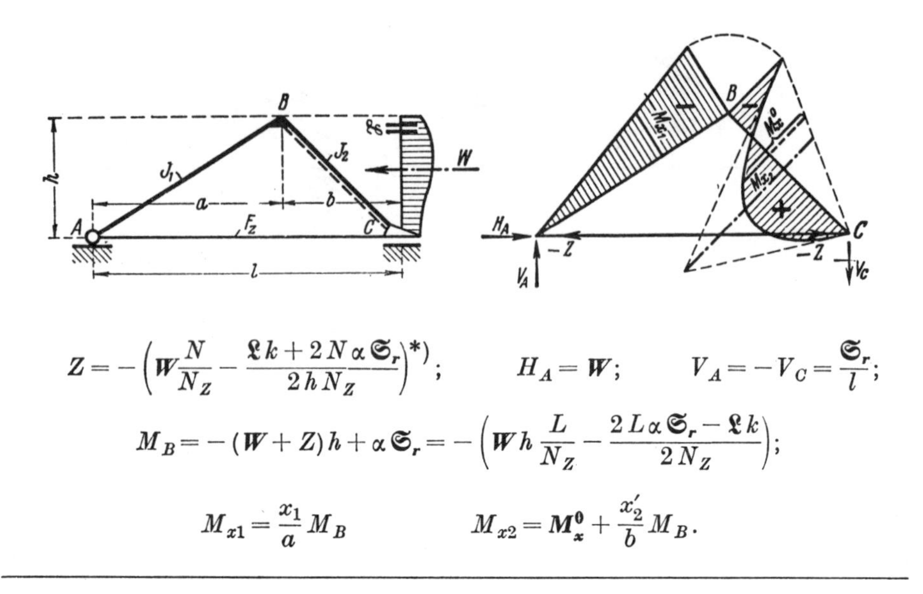

$$Z = -\left(W\frac{N}{N_Z} - \frac{\mathfrak{L}k + 2N\alpha\mathfrak{S}_r}{2hN_Z}\right)^{*)}; \qquad H_A = W; \qquad V_A = -V_C = \frac{\mathfrak{S}_r}{l};$$

$$M_B = -(W + Z)h + \alpha\mathfrak{S}_r = -\left(Wh\frac{L}{N_Z} - \frac{2L\alpha\mathfrak{S}_r - \mathfrak{L}k}{2N_Z}\right);$$

$$M_{x1} = \frac{x_1}{a}M_B \qquad M_{x2} = M_x^0 + \frac{x_2'}{b}M_B.$$

Fall 23/8: Waagerechte Einzellast von rechts her am Firstpunkt B

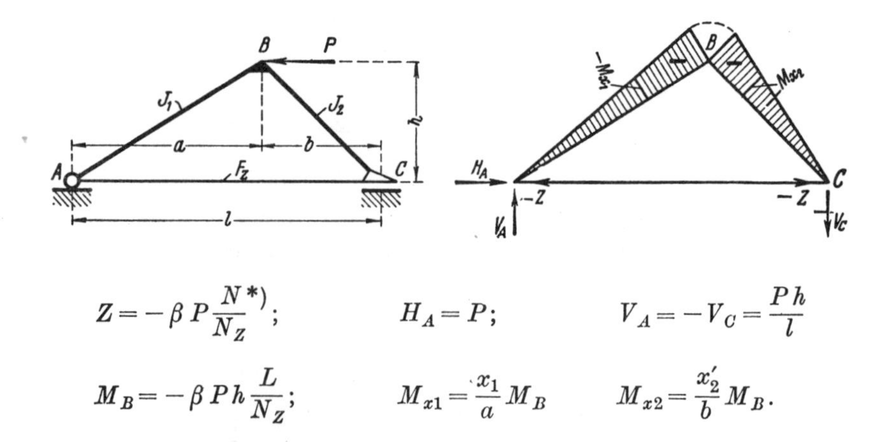

$$Z = -\beta P\frac{N}{N_Z}^{*)}; \qquad H_A = P; \qquad V_A = -V_C = \frac{Ph}{l}$$

$$M_B = -\beta Ph\frac{L}{N_Z}; \qquad M_{x1} = \frac{x_1}{a}M_B \qquad M_{x2} = \frac{x_2'}{b}M_B.$$

---

*) Bei den obigen Belastungsfällen sowie bei Wärmeabnahme (s. S. 99) wird Z negativ, d. h. das Zugband erhält Druck. Dieser Umstand hat selbstverständlich nur dann einen Sinn, wenn die Druckkraft kleiner bleibt als die Zugkraft aus ständiger Last, so daß stets ein Rest Zugkraft im Zugbande verbleibt.

Rahmenform 24

Unsymmetrischer Dreieckrahmen mit einer Fußeinspannung und einem Fußgelenk in gleicher Höhenlage

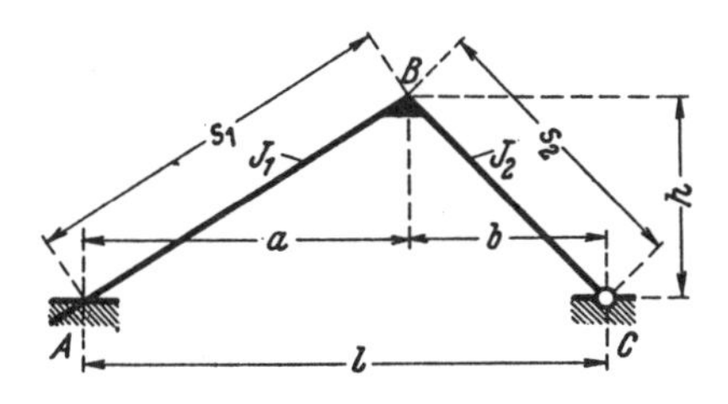

Rahmenform, Abmessungen und Bezeichnungen

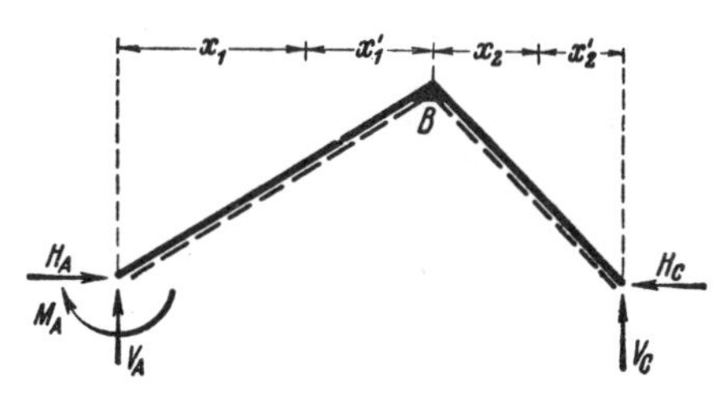

Festlegung der positiven Richtung aller Stützkräfte und der Koordinaten beliebiger Stabpunkte. Positive Biegungsmomente erzeugen an der gestrichelten Stabseite Zug

Alle **Festwerte** und **Formeln für äußere Belastung** lauten wie bei Rahmenform 27 (siehe Seite 106—108) mit folgenden Vereinfachungen:

$$(h_1 = h_2) = h \qquad v = 0 \qquad F = l\,h\,.$$

Fall 24/1: Gleichmäßige Wärmezunahme im ganzen Rahmen

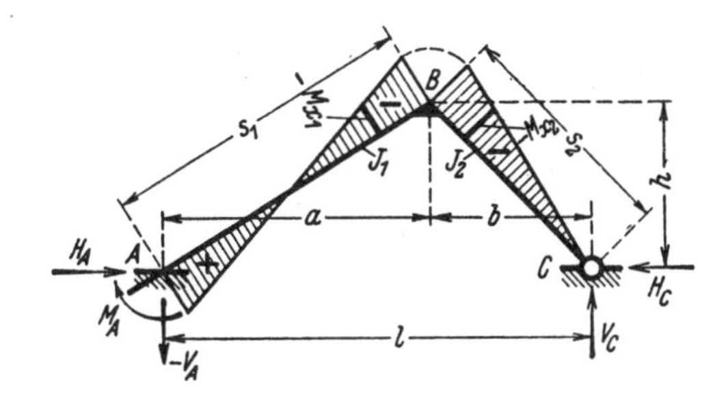

E = Elastizitätsmodul,

α_T = Wärmeausdehnungszahl

t = Wärmeänderung in Grad.

Hilfswert: $T = \dfrac{6\,E\,J_1\,\alpha_T\,t}{s_1 N}$.

$$M_A = +\,T \cdot \frac{2(1+k)\,b + l}{h} \qquad M_B = -\,T \cdot \frac{2\,l + b}{h}; \qquad M_{x2} = \frac{x_2'}{b} M_B$$

$$V_C = -V_A = \frac{M_A}{l} \qquad H_A = H_C = \frac{b\,M_A - l\,M_B}{l\,h}; \qquad M_{x1} = \frac{x_1'}{a} M_A + \frac{x_1}{a} M_B.$$

Bemerkung: Bei Wärmeabnahme kehren alle Kräfte ihren Pfeilsinn um und alle Momente erhalten entgegengesetztes Vorzeichen.

Rahmenform 25

Unsymmetrischer Dreieckrahmen mit Fußeinspannungen in gleicher Höhenlage

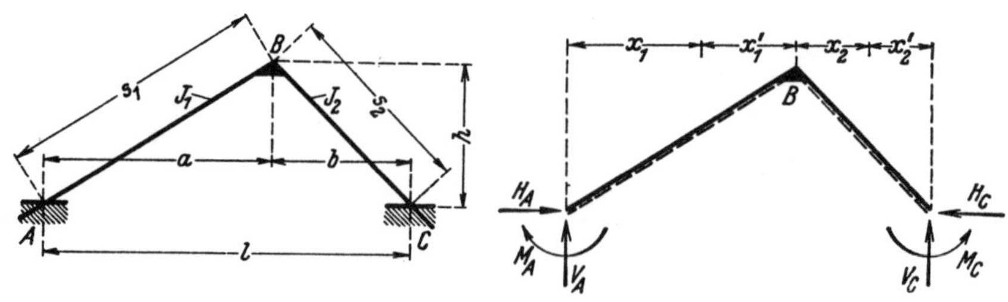

Rahmenform, Abmessungen und Bezeichnungen

Festlegung der positiven Richtung aller Stützkräfte und der Koordinaten beliebiger Stabpunkte. Positive Biegungsmomente erzeugen an der gestrichelten Stabseite Zug

Alle **Festwerte** und **Formeln für äußere Belastung** lauten wie bei Rahmenform 28 (siehe Seite 109—111) mit folgenden Vereinfachungen:

$$(h_1 = h_2) = h \qquad v = 0 \qquad F = l\,h\,.$$

Fall 25/1: Gleichmäßige Wärmezunahme im ganzen Rahmen

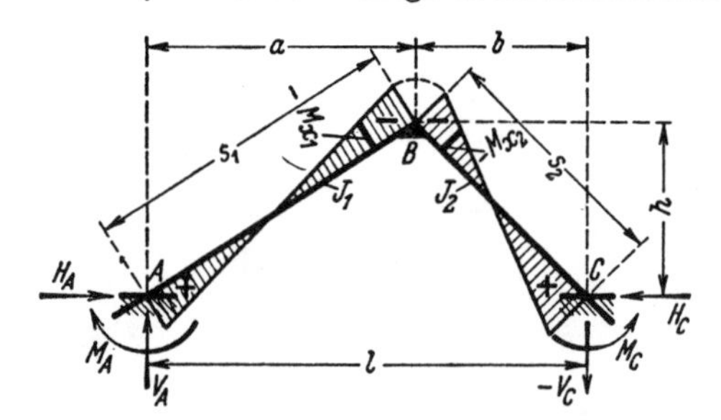

E = Elastizitätsmodul,

α_T = Wärmeausdehnungszahl,

t = Wärmeänderung in Grad.

Hilfswert: $T = \dfrac{3\,E\,J_1\,\alpha_T\,t}{s_1 N}$.

$$M_A = +\,T\cdot\frac{N\,b + l}{h} \qquad M_B = -\,2\,T\cdot\frac{l}{h} \qquad M_C = +\,T\cdot\frac{l + a\cdot N/k}{h}\,;$$

$$V_A = -V_C = \frac{M_C - M_A}{l} \qquad H_A = H_C = \frac{b\,M_A - l\,M_B + a\,M_C}{l\,h}\,;$$

$$M_{x1} = \frac{x_1'}{a}\,M_A + \frac{x_1}{a}\,M_B \qquad M_{x2} = \frac{x_2'}{b}\,M_B + \frac{x_2}{b}\,M_C\,.$$

Bemerkung: Bei Wärmeabnahme kehren alle Kräfte ihren Pfeilsinn um und alle Momente erhalten entgegengesetztes Vorzeichen.

Rahmenform 26

Unsymmetrischer Dreieckrahmen mit Fußgelenken in verschiedener Höhenlage

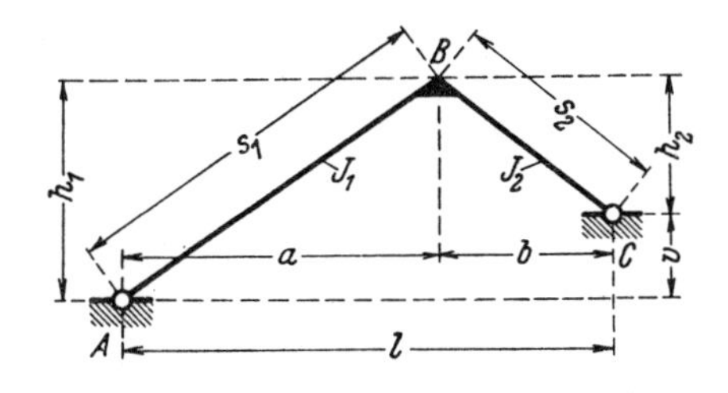

Rahmenform, Abmessungen und Bezeichnungen

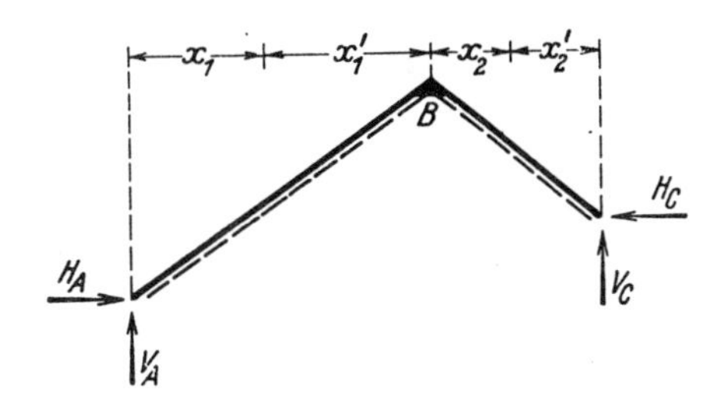

Festlegung der positiven Richtung aller Stützkräfte und der Koordinaten beliebiger Stabpunkte. Positive Biegungsmomente erzeugen an der gestrichelten Stabseite Zug

Festwerte:

$v = h_1 - h_2$*) $\qquad k = \frac{J_1}{J_2} \cdot \frac{s_2}{s_1}; \qquad N = 1 + k \qquad F = b\,h_1 + a\,h_2.$

Fall 26/1: Gleichmäßige Wärmezunahme im ganzen Rahmen

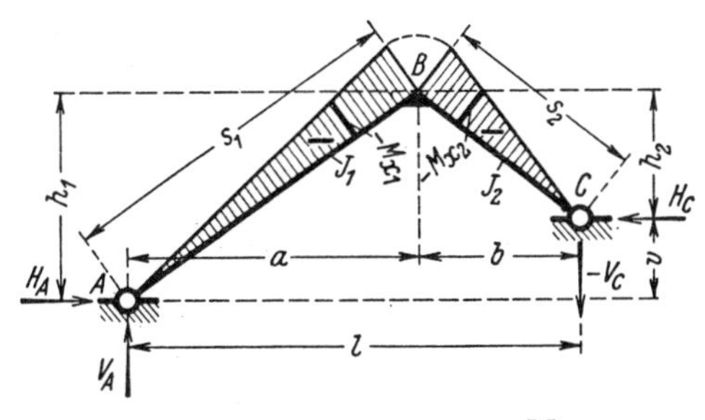

E = Elastizitätsmodul,

α_T = Wärmeausdehnungszahl,

t = Wärmeänderung in Grad.

$$M_B = -\frac{3\,E\,J_1\,\alpha_T\,t}{s_1 N} \cdot \frac{l^2 + v^2}{F};$$

$$V_A = -V_C = \frac{-M_B \cdot v}{F} \qquad H_A = H_C = \frac{-M_B \cdot l}{F};$$

$$M_{x1} = \frac{x_1}{a} M_B \qquad M_{x2} = \frac{x_2'}{b} M_B.$$

Bemerkung: Bei Wärme**ab**nahme kehren alle Kräfte ihren Pfeilsinn um und alle Momente erhalten entgegengesetztes Vorzeichen.

*) Für $h_2 > h_1$ wird v negativ!

Siehe hierzu den Abschnitt „**Belastungsglieder**"

Fall 26/2: Linker Stab beliebig senkrecht belastet

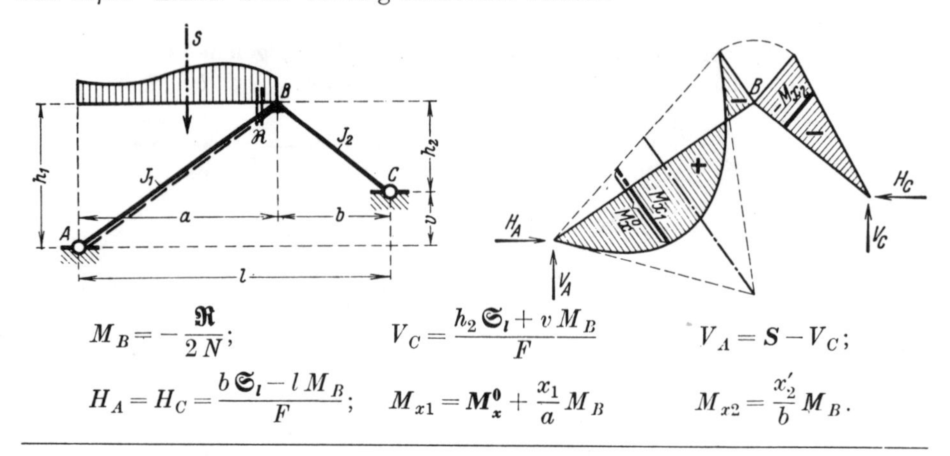

$$M_B = -\frac{\mathfrak{R}}{2N}; \qquad V_C = \frac{h_2 \mathfrak{S}_l + v M_B}{F} \qquad V_A = \boldsymbol{S} - V_C;$$

$$H_A = H_C = \frac{b \mathfrak{S}_l - l M_B}{F}; \qquad M_{x1} = \boldsymbol{M}_x^0 + \frac{x_1}{a} M_B \qquad M_{x2} = \frac{x_2'}{b} M_B.$$

Fall 26/3: Rechter Stab beliebig senkrecht belastet

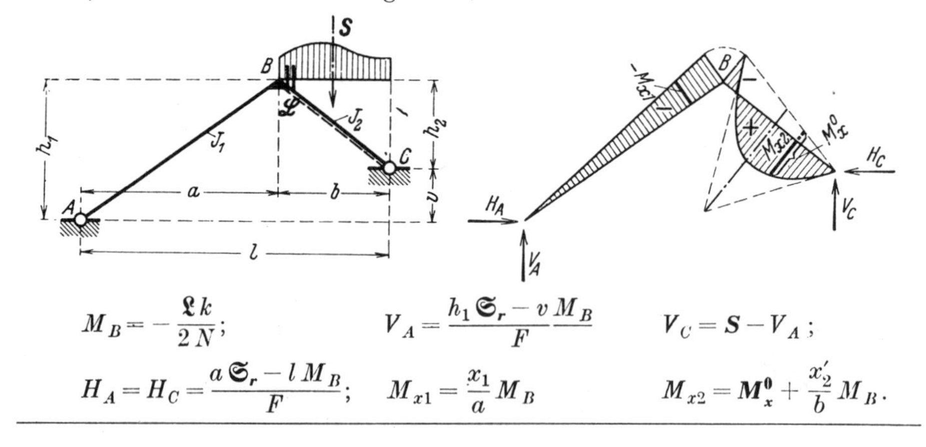

$$M_B = -\frac{\mathfrak{L} k}{2N}; \qquad V_A = \frac{h_1 \mathfrak{S}_r - v M_B}{F} \qquad V_C = \boldsymbol{S} - V_A;$$

$$H_A = H_C = \frac{a \mathfrak{S}_r - l M_B}{F}; \qquad M_{x1} = \frac{x_1}{a} M_B \qquad M_{x2} = \boldsymbol{M}_x^0 + \frac{x_2'}{b} M_B.$$

Fall 26/4: Senkrechte Einzellast im Firstpunkt B

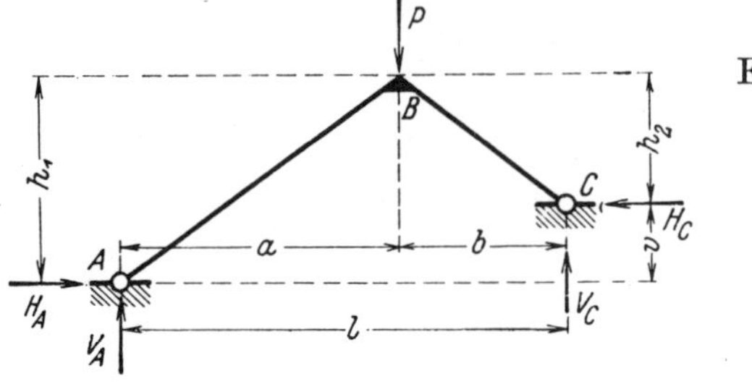

Es treten keine Biegungsmomente auf.

$$H_A = H_C = \frac{P a b}{F};$$

$$V_A = \frac{P b h_1}{F} \qquad V_C = \frac{P a h_2}{F}.$$

Siehe hierzu den Abschnitt **„Belastungsglieder"**

Fall 26/5: Linker Stab beliebig waagerecht belastet

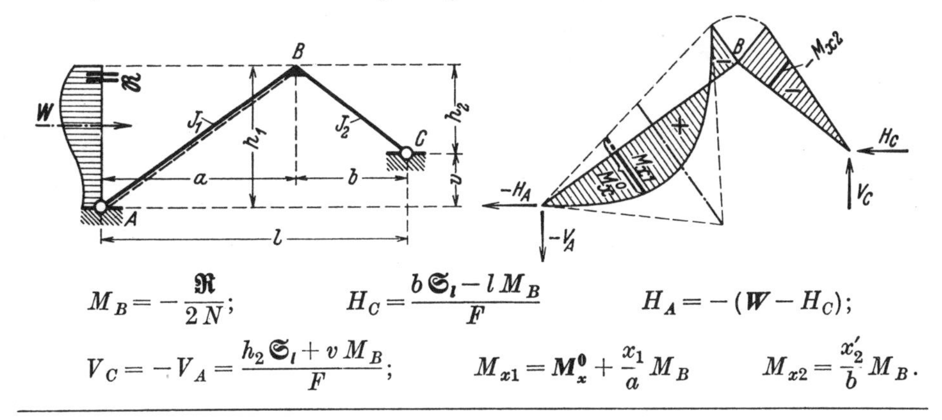

$$M_B = -\frac{\mathfrak{R}}{2N}; \qquad H_C = \frac{b\,\mathfrak{S}_l - l\,M_B}{F} \qquad H_A = -(W - H_C);$$

$$V_C = -V_A = \frac{h_2\,\mathfrak{S}_l + v\,M_B}{F}; \qquad M_{x1} = \mathbf{M}_x^0 + \frac{x_1}{a} M_B \qquad M_{x2} = \frac{x_2'}{b} M_B.$$

Fall 26/6: Rechter Stab beliebig waagerecht belastet

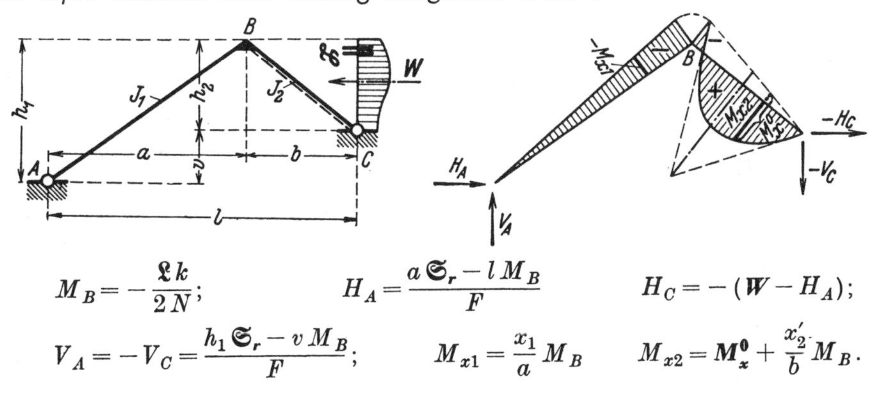

$$M_B = -\frac{\mathfrak{L}\,k}{2N}; \qquad H_A = \frac{a\,\mathfrak{S}_r - l\,M_B}{F} \qquad H_C = -(W - H_A);$$

$$V_A = -V_C = \frac{h_1\,\mathfrak{S}_r - v\,M_B}{F}; \qquad M_{x1} = \frac{x_1}{a} M_B \qquad M_{x2} = \mathbf{M}_x^0 + \frac{x_2'}{b} M_B.$$

Fall 26/7: Waagerechte Einzellast am Firstpunkt B

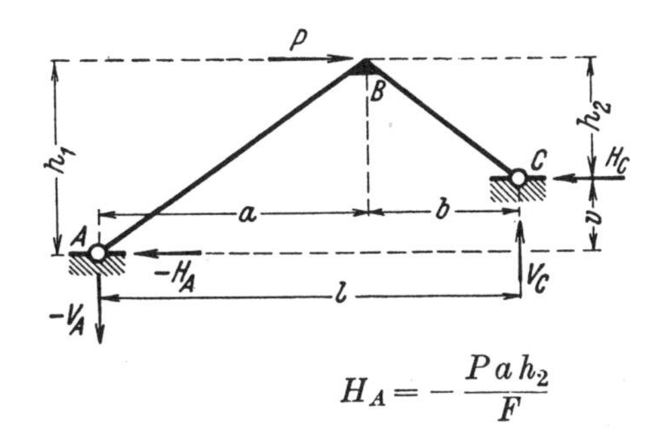

Es treten keine Biegungsmomente auf.

$$V_C = -V_A = \frac{P\,h_1\,h_2}{F};$$

$$H_A = -\frac{P\,a\,h_2}{F} \qquad H_C = \frac{P\,b\,h_1}{F}.$$

Rahmenform 27

Unsymmetrischer Dreieckrahmen mit einem Fußgelenk und einer Fußeinspannung

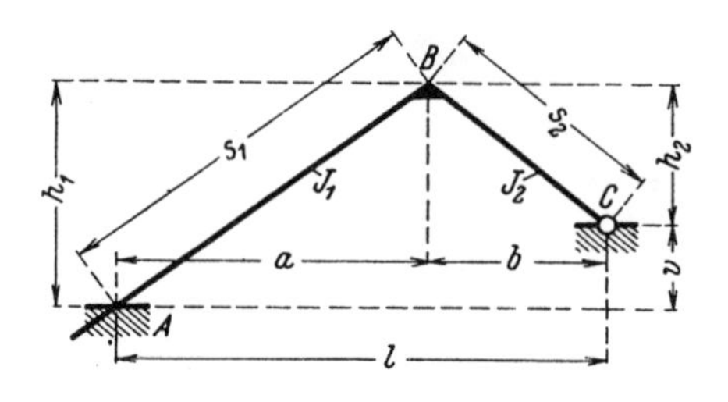

Rahmenform, Abmessungen und Bezeichnungen

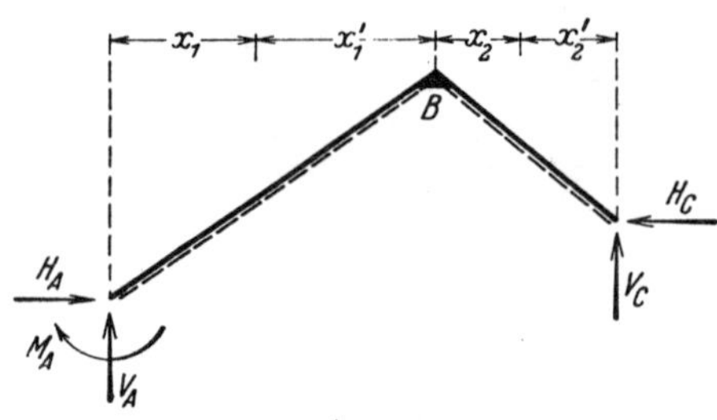

Festlegung der positiven Richtung aller Stützkräfte und der Koordinaten beliebiger Stabpunkte. Positive Biegungsmomente erzeugen an der gestrichelten Stabseite Zug

Festwerte:

$v = h_1 - h_2$*) $\qquad k = \frac{J_1}{J_2} \cdot \frac{s_2}{s_1}$; $\qquad N = 3 + 4k \qquad F = b h_1 + a h_2$.

Fall 27/1: Gleichmäßige Wärmezunahme im ganzen Rahmen

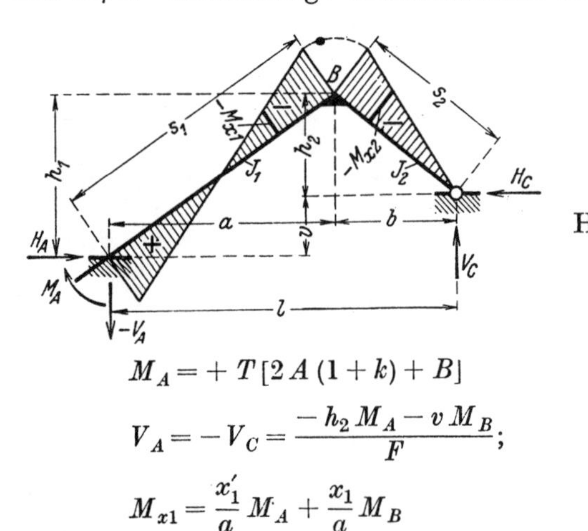

E = Elastizitätsmodul,

α_T = Wärmeausdehnungszahl,

t = Wärmeänderung in Grad.

Hilfswerte: $\qquad T = \frac{6 E J_1 \alpha_T t}{s_1 N}$,

$$A = \frac{l b - v h_2}{F},$$

$$M_A = + T[2A(1+k) + B] \qquad M_B = - T[A + 2B];$$

$$V_A = - V_C = \frac{- h_2 M_A - v M_B}{F}; \qquad H_A = H_C = \frac{b M_A - M_B}{F};$$

$$M_{x1} = \frac{x_1'}{a} M_A + \frac{x_1}{a} M_B \qquad M_{x2} = \frac{x_2'}{b} M_B.$$

Bemerkung: Bei Wärmeabnahme kehren alle Kräfte ihren Pfeilsinn um und alle Momente erhalten entgegengesetztes Vorzeichen.

*) Für $h_2 > h_1$ wird v negativ!

Siehe hierzu den Abschnitt „**Belastungsglieder**"

Fall 27/2: Linker Stab beliebig senkrecht belastet

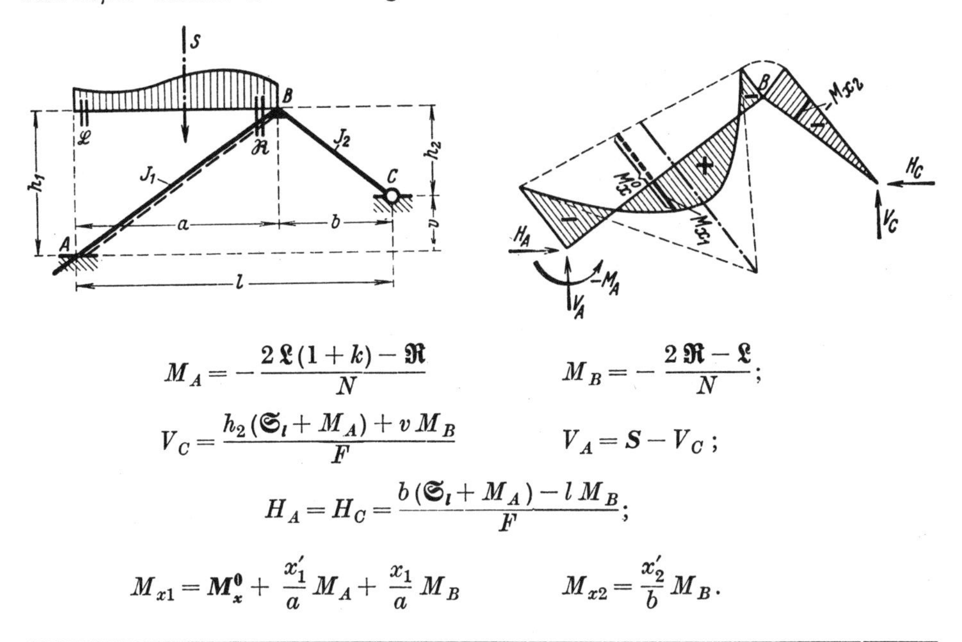

$$M_A = -\frac{2\mathfrak{L}(1+k) - \mathfrak{R}}{N} \qquad M_B = -\frac{2\mathfrak{R} - \mathfrak{L}}{N};$$

$$V_C = \frac{h_2(\mathfrak{S}_l + M_A) + v M_B}{F} \qquad V_A = \boldsymbol{S} - V_C;$$

$$H_A = H_C = \frac{b(\mathfrak{S}_l + M_A) - l M_B}{F};$$

$$M_{x1} = \boldsymbol{M}_x^0 + \frac{x_1'}{a} M_A + \frac{x_1}{a} M_B \qquad M_{x2} = \frac{x_2'}{b} M_B.$$

Fall 27/3: Rechter Stab beliebig senkrecht belastet

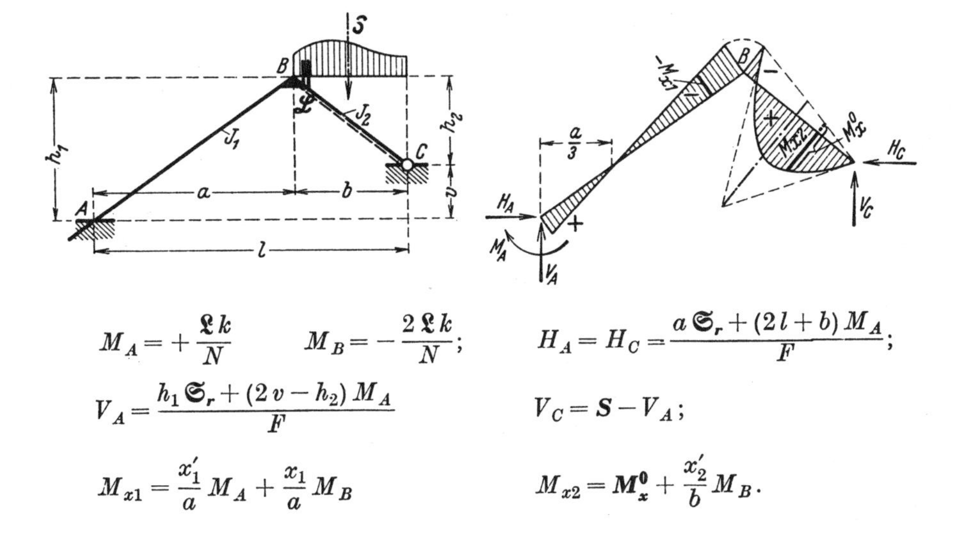

$$M_A = +\frac{\mathfrak{L}k}{N} \qquad M_B = -\frac{2\mathfrak{L}k}{N}; \qquad H_A = H_C = \frac{a\mathfrak{S}_r + (2l+b) M_A}{F};$$

$$V_A = \frac{h_1 \mathfrak{S}_r + (2v - h_2) M_A}{F} \qquad V_C = \boldsymbol{S} - V_A;$$

$$M_{x1} = \frac{x_1'}{a} M_A + \frac{x_1}{a} M_B \qquad M_{x2} = \boldsymbol{M}_x^0 + \frac{x_2'}{b} M_B.$$

Siehe hierzu den Abschnitt „**Belastungsglieder**“

Fall 27/4: Linker Stab beliebig waagerecht belastet

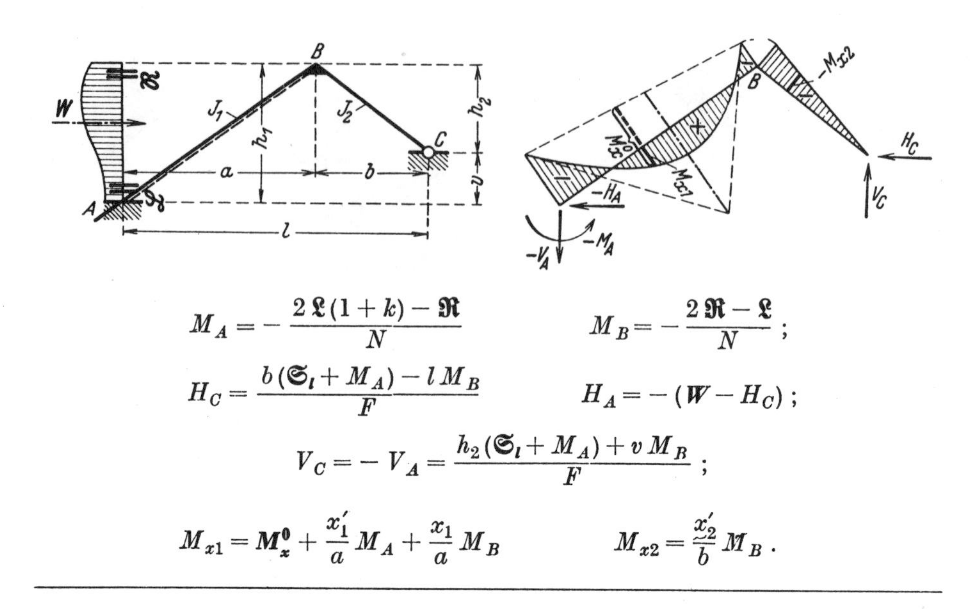

$$M_A = -\frac{2\,\mathfrak{L}(1+k) - \mathfrak{R}}{N} \qquad M_B = -\frac{2\,\mathfrak{R} - \mathfrak{L}}{N};$$

$$H_C = \frac{b(\mathfrak{S}_l + M_A) - l\,M_B}{F} \qquad H_A = -(W - H_C);$$

$$V_C = -V_A = \frac{h_2(\mathfrak{S}_l + M_A) + v\,M_B}{F};$$

$$M_{x1} = M_x^0 + \frac{x_1'}{a} M_A + \frac{x_1}{a} M_B \qquad M_{x2} = \frac{x_2'}{b} M_B.$$

Fall 27/5: Rechter Stab beliebig waagerecht belastet

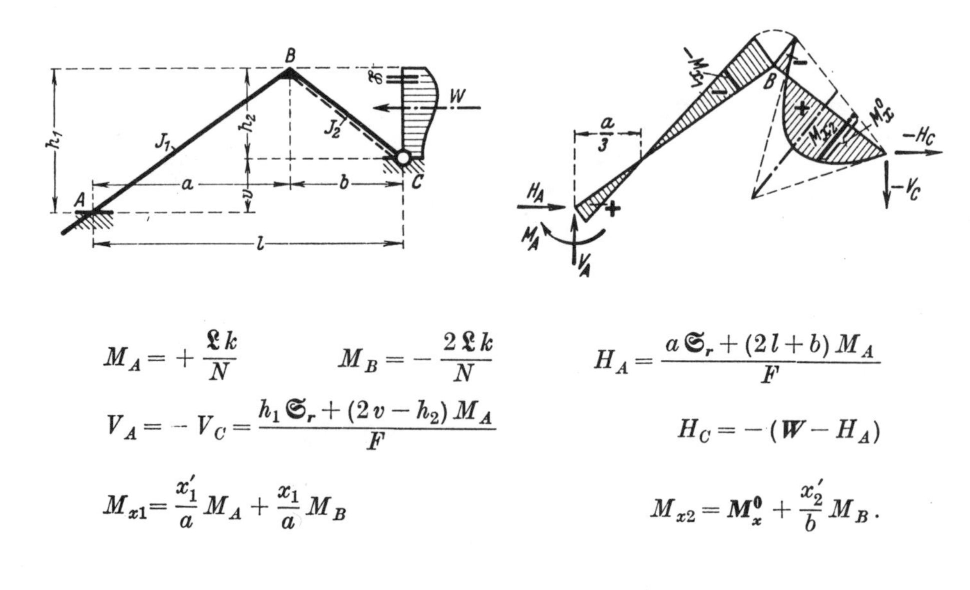

$$M_A = +\frac{\mathfrak{L}\,k}{N} \qquad M_B = -\frac{2\,\mathfrak{L}\,k}{N} \qquad H_A = \frac{a\,\mathfrak{S}_r + (2l+b)\,M_A}{F}$$

$$V_A = -V_C = \frac{h_1\,\mathfrak{S}_r + (2v - h_2)\,M_A}{F} \qquad H_C = -(W - H_A)$$

$$M_{x1} = \frac{x_1'}{a} M_A + \frac{x_1}{a} M_B \qquad M_{x2} = M_x^0 + \frac{x_2'}{b} M_B.$$

Rahmenform 28

Unsymmetrischer eingespannter Dreieckrahmen mit verschieden hohen Fußpunkten

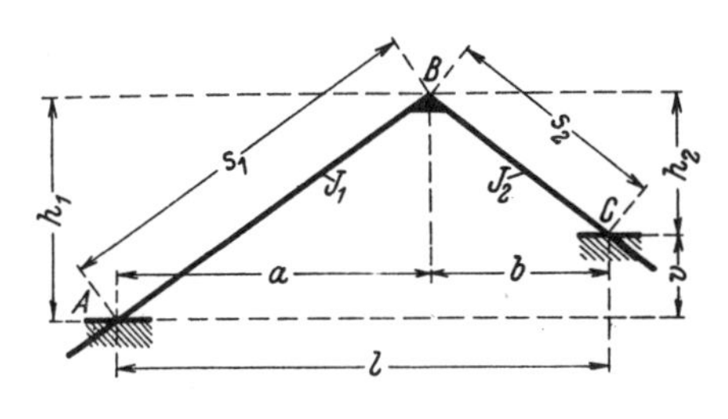

Rahmenform, Abmessungen und Bezeichnungen

Festlegung der positiven Richtung aller Stützkräfte und der Koordinaten beliebiger Stabpunkte. Positive Biegungsmomente erzeugen an der gestrichelten Stabseite Zug

Festwerte:

$$v = h_1 - h_2\,^{*)} \qquad k = \frac{J_1}{J_2} \cdot \frac{s_2}{s_1}\,; \qquad N = 1 + k \qquad F = b\,h_1 + a\,h_2\,.$$

Fall 28/1: Gleichmäßige Wärmezunahme im ganzen Rahmen

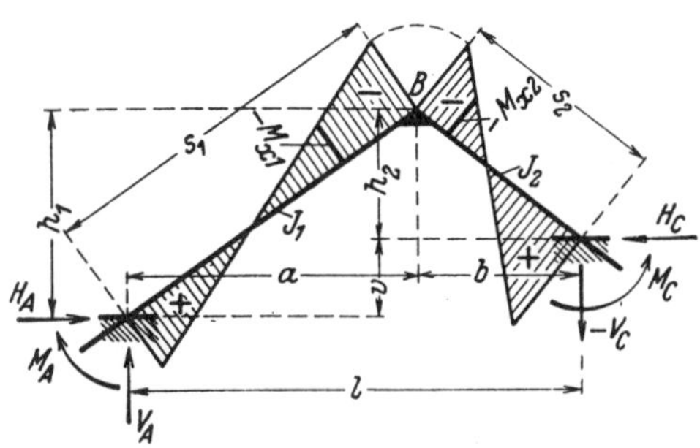

E = Elastizitätsmodul,

α_T = Wärmeausdehnungszahl,

t = Wärmeänderung in Grad.

Hilfswerte:

$$T = \frac{E\,J_1\,\alpha_T\,t}{s_1 N}\,, \qquad A = \frac{l\,b - v\,h_2}{F}\,,$$

$$B = \frac{l^2 + v^2}{F}\,, \qquad C = \frac{l\,a + v\,h_1}{F}\,.$$

$$M_A = +\,T\,[A\,(4 + 3\,k) + 2\,B + C]$$

$$M_B = -\,2\,T\,[A + 2\,B + C]$$

$$M_C = +\,T\left[A + 2\,B + C\,\frac{3 + 4\,k}{k}\right]$$

$$V_A = -\,V_C = \frac{-\,h_2\,M_A - v\,M_B + h_1\,M_C}{F}$$

$$H_A = H_C = \frac{b\,M_A - l\,M_B + a\,M_C}{F}\,;$$

$$M_{x1} = \frac{x_1'}{a}\,M_A + \frac{x_1}{a}\,M_B \qquad M_{x2} = \frac{x_2'}{b}\,M_B + \frac{x_2}{b}\,M_C\,.$$

Bemerkung: Bei Wärmeabnahme kehren alle Kräfte ihren Pfeilsinn um und alle Momente erhalten entgegengesetztes Vorzeichen.

---

*) Für $h_2 > h_1$ wird v negativ!

Rahmenform 28 Festwerte siehe Seite 109

Siehe hierzu den Abschnitt „**Belastungsglieder**"

Fall 28/2: Linker Stab beliebig senkrecht belastet

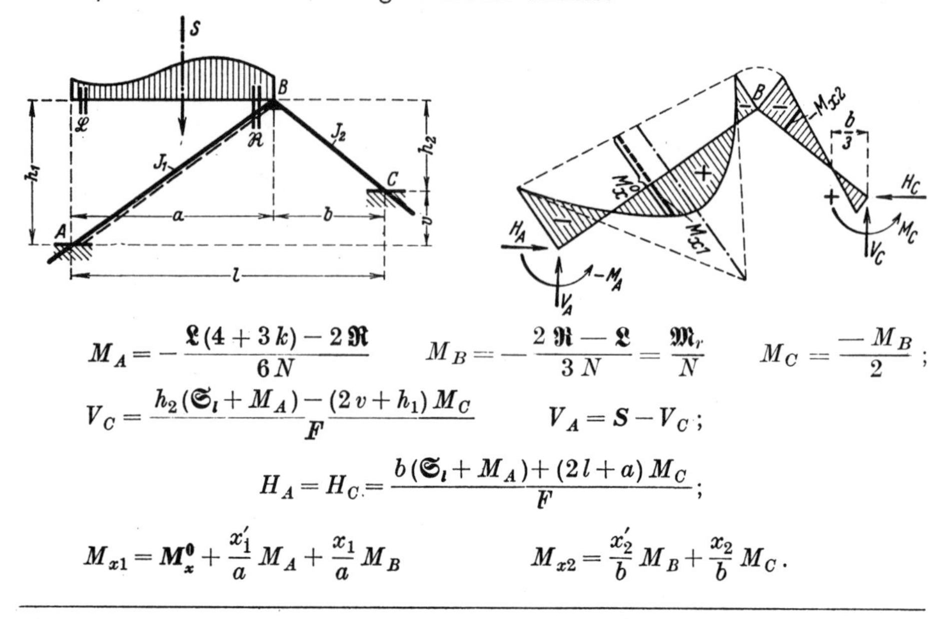

$$M_A = -\frac{\mathfrak{L}(4+3k) - 2\mathfrak{R}}{6N} \qquad M_B = -\frac{2\mathfrak{R} - \mathfrak{L}}{3N} = \frac{\mathfrak{M}_r}{N} \qquad M_C = \frac{-M_B}{2};$$

$$V_C = \frac{h_2(\mathfrak{S}_l + M_A) - (2v + h_1) M_C}{F} \qquad V_A = S - V_C;$$

$$H_A = H_C = \frac{b(\mathfrak{S}_l + M_A) + (2l + a) M_C}{F};$$

$$M_{x1} = M_x^0 + \frac{x_1'}{a} M_A + \frac{x_1}{a} M_B \qquad M_{x2} = \frac{x_2'}{b} M_B + \frac{x_2}{b} M_C.$$

Fall 28/3: Rechter Stab beliebig senkrecht belastet

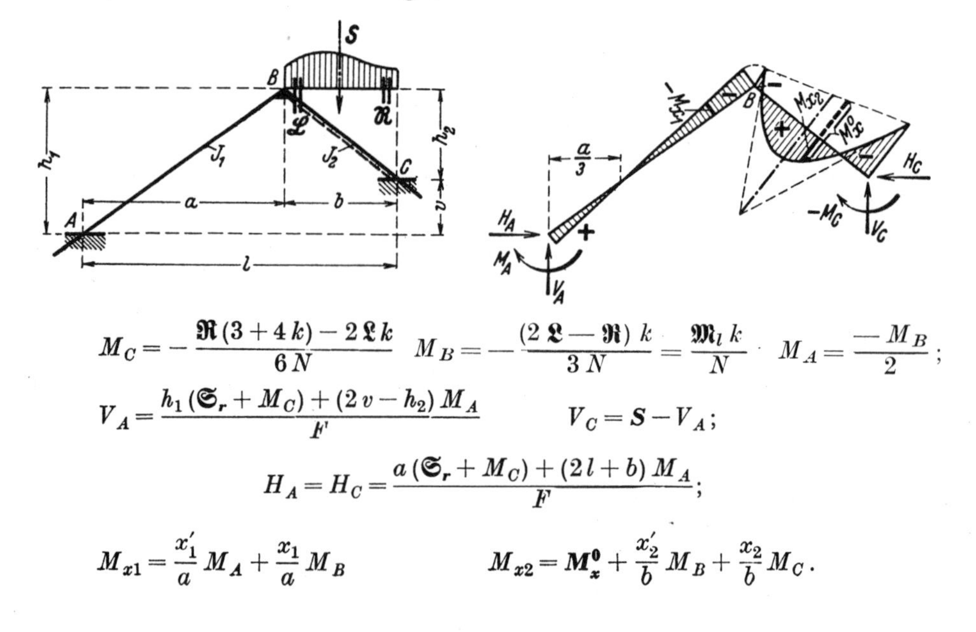

$$M_C = -\frac{\mathfrak{R}(3+4k) - 2\mathfrak{L}k}{6N} \qquad M_B = -\frac{(2\mathfrak{L} - \mathfrak{R})k}{3N} = \frac{\mathfrak{M}_l k}{N} \qquad M_A = \frac{-M_B}{2};$$

$$V_A = \frac{h_1(\mathfrak{S}_r + M_C) + (2v - h_2) M_A}{F} \qquad V_C = S - V_A;$$

$$H_A = H_C = \frac{a(\mathfrak{S}_r + M_C) + (2l + b) M_A}{F};$$

$$M_{x1} = \frac{x_1'}{a} M_A + \frac{x_1}{a} M_B \qquad M_{x2} = M_x^0 + \frac{x_2'}{b} M_B + \frac{x_2}{b} M_C.$$

Siehe hierzu den Abschnitt „**Belastungsglieder**"

Fall 28/4: Linker Stab beliebig waagerecht belastet

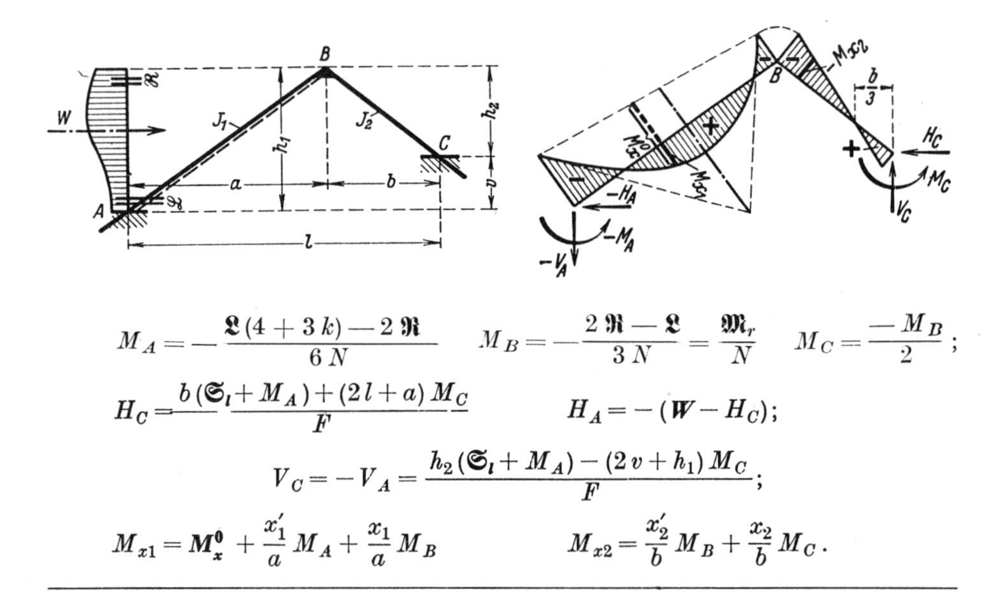

$$M_A = -\frac{\mathfrak{L}(4+3k) - 2\,\mathfrak{R}}{6N} \qquad M_B = -\frac{2\,\mathfrak{R} - \mathfrak{L}}{3N} = \frac{\mathfrak{M}_r}{N} \qquad M_C = \frac{-M_B}{2};$$

$$H_C = \frac{b(\mathfrak{S}_l + M_A) + (2l + a)M_C}{F} \qquad H_A = -(W - H_C);$$

$$V_C = -V_A = \frac{h_2(\mathfrak{S}_l + M_A) - (2v + h_1)M_C}{F};$$

$$M_{x1} = M_x^0 + \frac{x_1'}{a}M_A + \frac{x_1}{a}M_B \qquad M_{x2} = \frac{x_2'}{b}M_B + \frac{x_2}{b}M_C.$$

Fall 28/5: Rechter Stab beliebig waagerecht belastet

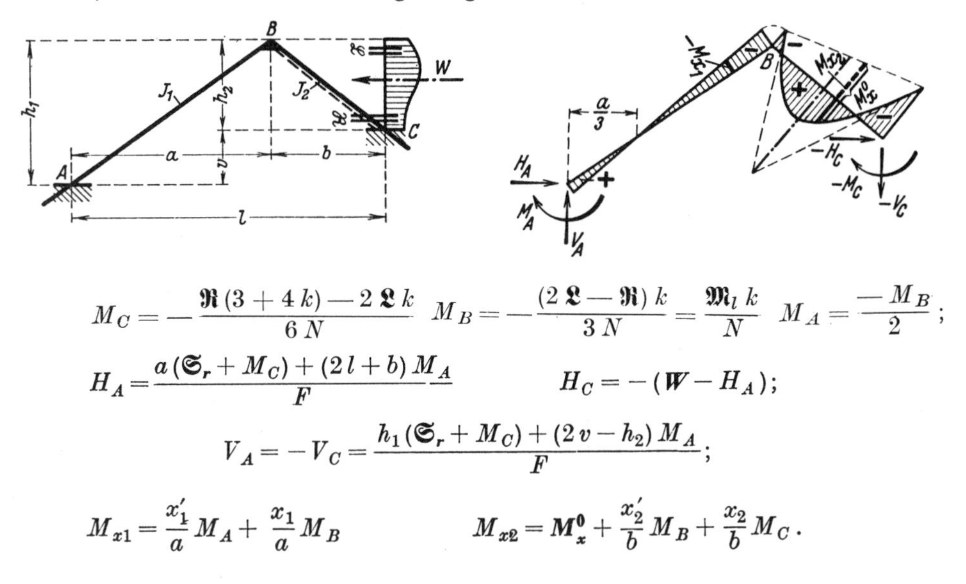

$$M_C = -\frac{\mathfrak{R}(3+4k) - 2\,\mathfrak{L}\,k}{6N} \qquad M_B = -\frac{(2\,\mathfrak{L} - \mathfrak{R})\,k}{3N} = \frac{\mathfrak{M}_l\,k}{N} \qquad M_A = \frac{-M_B}{2};$$

$$H_A = \frac{a(\mathfrak{S}_r + M_C) + (2l + b)M_A}{F} \qquad H_C = -(W - H_A);$$

$$V_A = -V_C = \frac{h_1(\mathfrak{S}_r + M_C) + (2v - h_2)M_A}{F};$$

$$M_{x1} = \frac{x_1'}{a}M_A + \frac{x_1}{a}M_B \qquad M_{x2} = M_x^0 + \frac{x_2'}{b}M_B + \frac{x_2}{b}M_C.$$

Rahmenform 29

Dreieckrahmen mit einem schrägen und einem senkrechten Stab und mit Fußgelenken in gleicher Höhenlage

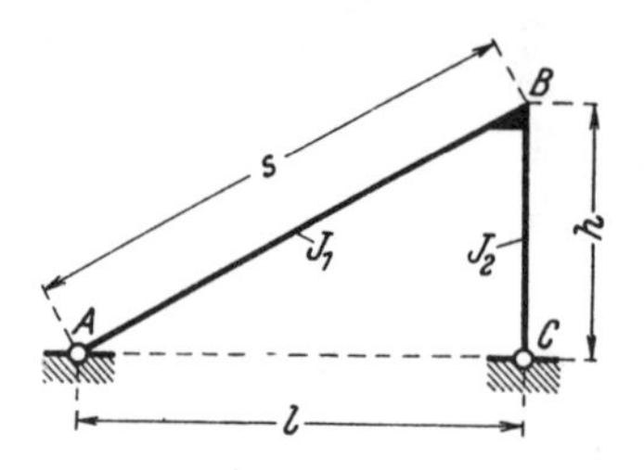

Rahmenform, Abmessungen und Bezeichnungen

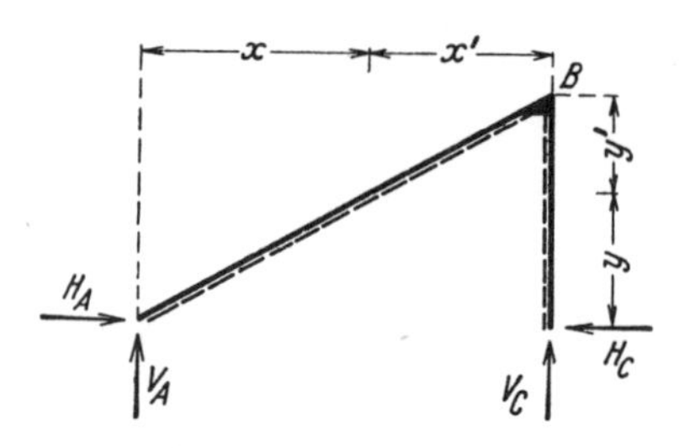

Festlegung der positiven Richtung aller Stützkräfte und der Koordinaten beliebiger Stabpunkte. Positive Biegungsmomente erzeugen an der gestrichelten Stabseite Zug

Festwerte: $k = \frac{J_1}{J_2} \cdot \frac{h}{s}$ $\qquad N = 1 + k\,.$

Fall 29/1: Gleichmäßige Wärmezunahme im ganzen Rahmen

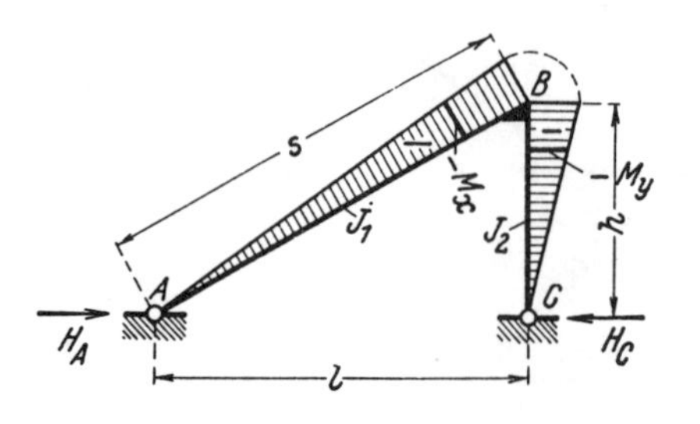

E = Elastizitätsmodul,

α_T = Wärmeausdehnungszahl,

t = Wärmeänderung in Grad.

$$M_B = -\frac{3\,E\,J_1\,\alpha_T\,t\,l}{s\,h\,N}\,;$$

$$H_A = H_C = \frac{-M_B}{h}\,; \qquad M_x = \frac{x}{l} M_B \qquad M_y = \frac{y}{h} M_B\,.$$

Bemerkung: Bei Wärmeabnahme kehren alle Kräfte ihren Pfeilsinn um und alle Momente erhalten entgegengesetztes Vorzeichen.

Festwerte siehe Seite 112

Siehe hierzu den Abschnitt „**Belastungsglieder**"

Fall 29/2: Schrägstab beliebig senkrecht belastet

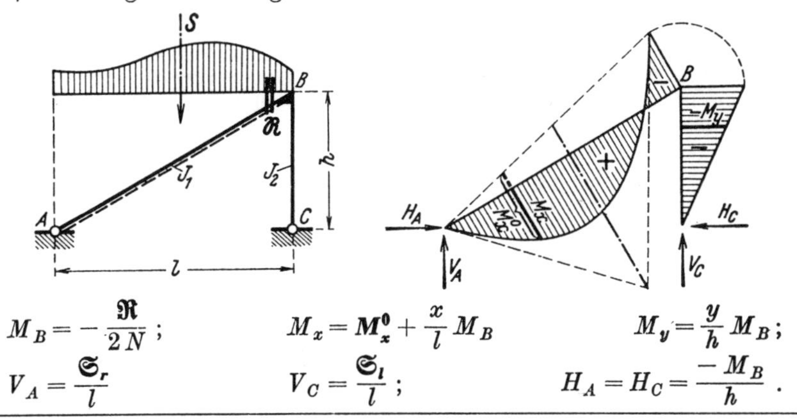

$$M_B = -\frac{\mathfrak{R}}{2N}; \qquad M_x = \mathbf{M}_x^0 + \frac{x}{l} M_B \qquad M_y = \frac{y}{h} M_B;$$

$$V_A = \frac{\mathfrak{S}_r}{l} \qquad V_C = \frac{\mathfrak{S}_l}{l}; \qquad H_A = H_C = \frac{-M_B}{h}.$$

Fall 29/3: Schrägstab beliebig waagerecht belastet

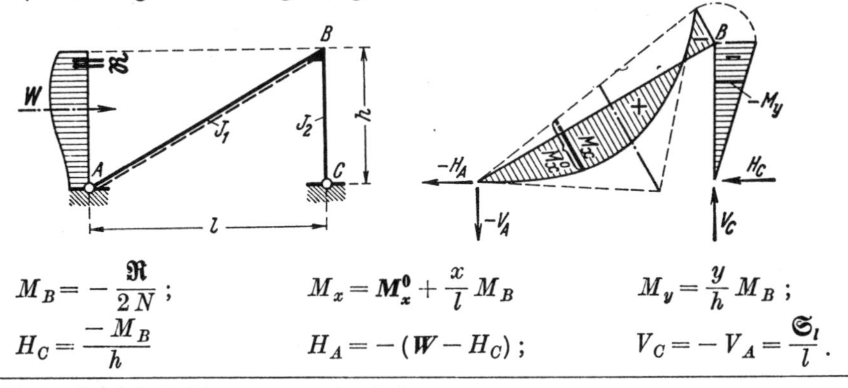

$$M_B = -\frac{\mathfrak{R}}{2N}; \qquad M_x = \mathbf{M}_x^0 + \frac{x}{l} M_B \qquad M_y = \frac{y}{h} M_B;$$

$$H_C = \frac{-M_B}{h} \qquad H_A = -(W - H_C); \qquad V_C = -V_A = \frac{\mathfrak{S}_l}{l}.$$

Fall 29/4: Stiel beliebig waagerecht belastet

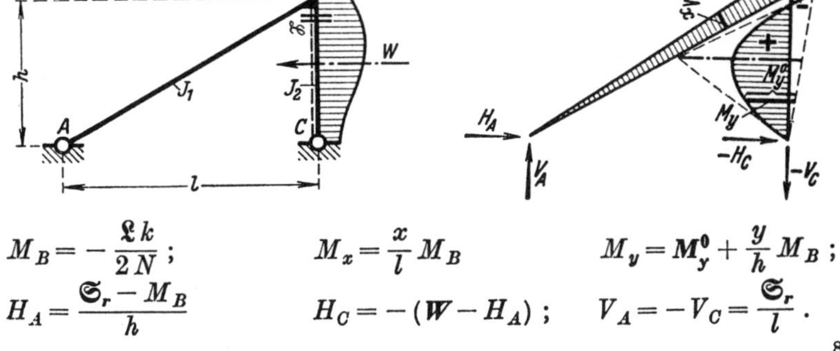

$$M_B = -\frac{\mathfrak{L}k}{2N}; \qquad M_x = \frac{x}{l} M_B \qquad M_y = \mathbf{M}_y^0 + \frac{y}{h} M_B;$$

$$H_A = \frac{\mathfrak{S}_r - M_B}{h} \qquad H_C = -(W - H_A); \qquad V_A = -V_C = \frac{\mathfrak{S}_r}{l}.$$

Rahmenform 30

Dreieckrahmen mit einem schrägen und einem senkrechten Stab und mit einem Fußgelenk und einem waagerecht beweglichen Auflager, verbunden durch ein waagerechtes, elastisches Zugband

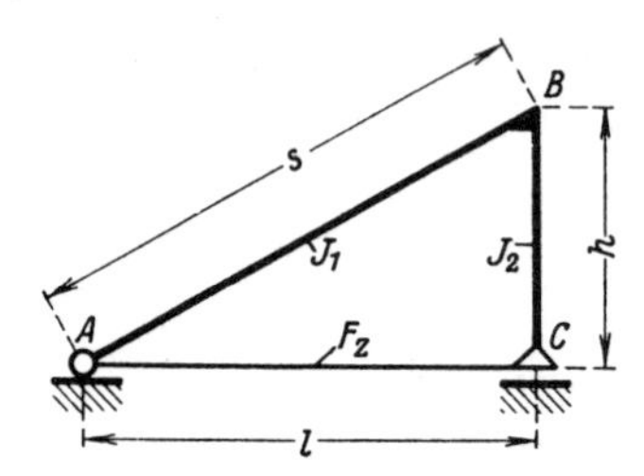

Rahmenform, Abmessungen und Bezeichnungen

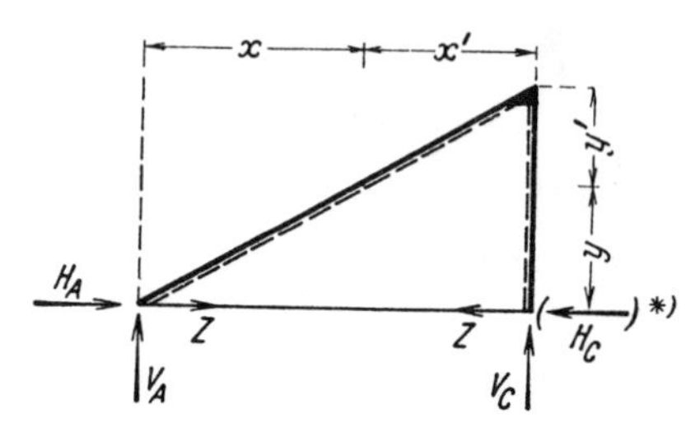

Festlegung der positiven Richtung aller Stützkräfte und der Koordinaten beliebiger Stabpunkte. Positive Biegungsmomente erzeugen an der gestrichelten Stabseite Zug

Festwerte:

$$k = \frac{J_1}{J_2} \cdot \frac{h}{s}\,; \qquad L = \frac{3\,J_1}{h^2 F_Z} \cdot \frac{l}{s} \cdot \frac{E}{E_Z} \qquad N = 1 + k\,; \qquad N_Z = N + L\,.$$

E = Elastizitätsmodul des Rahmenbaustoffes,
E_Z = Elastizitätsmodul des Zugbandstoffes,
F_Z = Querschnittsfläche des Zugbandes.

*) H_C tritt auf, wenn das feste Gelenk bei C ist.

Siehe hierzu den Abschnitt **„Belastungsglieder“**

Fall 30/1: Schrägstab beliebig senkrecht belastet (Festes Gelenk bei A oder C)

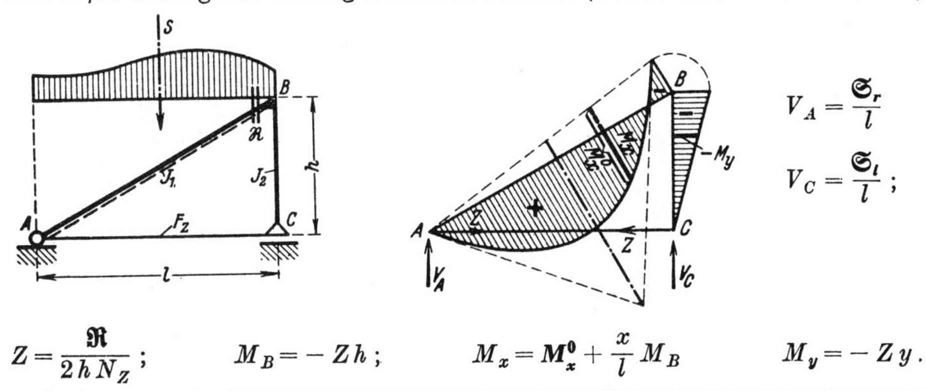

$$V_A = \frac{\mathfrak{S}_r}{l} \qquad V_C = \frac{\mathfrak{S}_l}{l};$$

$$Z = \frac{\mathfrak{N}}{2\,h\,N_Z}; \qquad M_B = -Z\,h; \qquad M_x = \mathbf{M}_x^0 + \frac{x}{l}\,M_B \qquad M_y = -Z\,y.$$

Fall 30/2: Schrägstab beliebig waagerecht belastet (Festes Gelenk bei A)

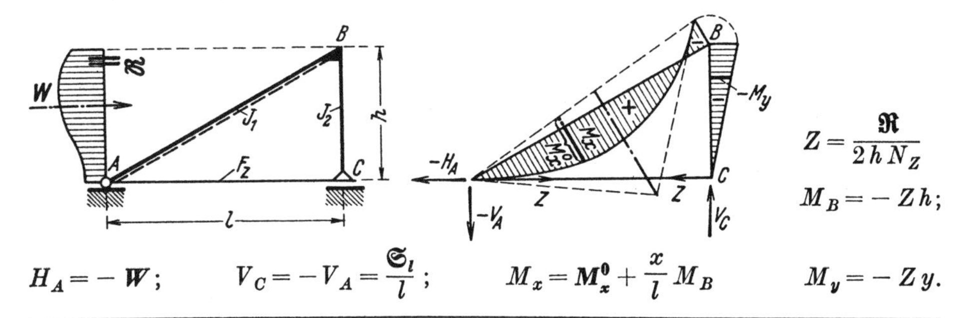

$$Z = \frac{\mathfrak{N}}{2\,h\,N_Z} \qquad M_B = -Z\,h;$$

$$H_A = -\boldsymbol{W}; \qquad V_C = -V_A = \frac{\mathfrak{S}_l}{l}; \qquad M_x = \mathbf{M}_x^0 + \frac{x}{l}\,M_B \qquad M_y = -Z\,y.$$

Fall 30/3: Stiel beliebig waagerecht belastet (Festes Gelenk bei C)

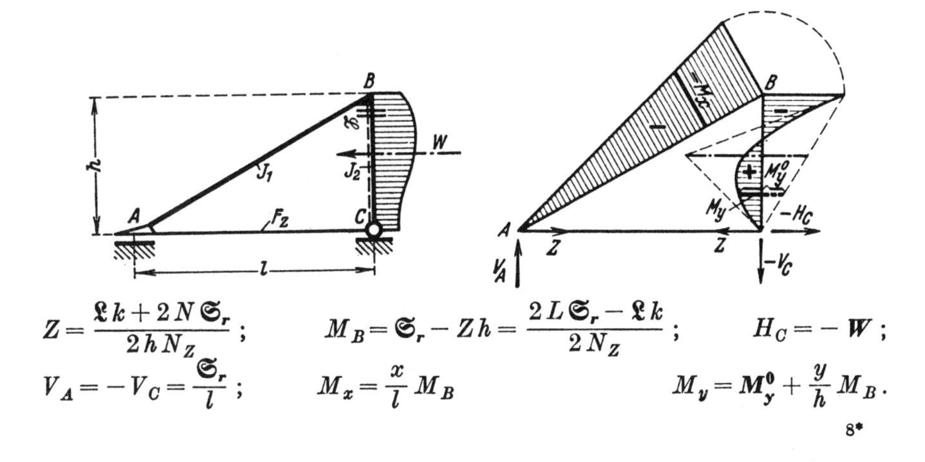

$$Z = \frac{\mathfrak{L}\,k + 2\,N\,\mathfrak{S}_r}{2\,h\,N_Z}; \qquad M_B = \mathfrak{S}_r - Z\,h = \frac{2\,L\,\mathfrak{S}_r - \mathfrak{L}\,k}{2\,N_Z}; \qquad H_C = -\boldsymbol{W};$$

$$V_A = -V_C = \frac{\mathfrak{S}_r}{l}; \qquad M_x = \frac{x}{l}\,M_B \qquad M_y = \mathbf{M}_y^0 + \frac{y}{h}\,M_B.$$

Rahmenform 30 Festwerte siehe Seite 114

Siehe hierzu den Abschnitt „**Belastungsglieder**"

Fall 30/4: Schrägstab beliebig waagerecht belastet (Festes Gelenk bei C)

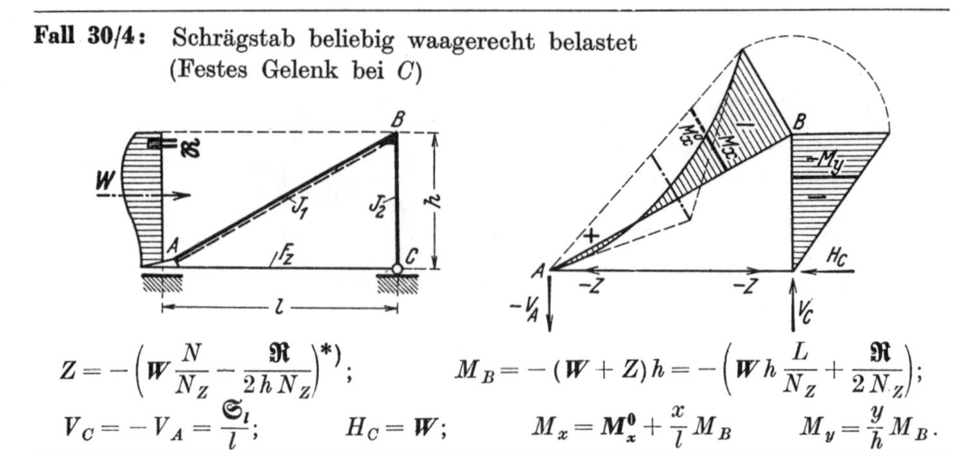

$$Z = -\left(\mathbf{W}\frac{N}{N_Z} - \frac{\mathfrak{R}}{2\,h\,N_Z}\right)^{*)}; \qquad M_B = -(\mathbf{W}+Z)\,h = -\left(\mathbf{W}\,h\,\frac{L}{N_Z} + \frac{\mathfrak{R}}{2\,N_Z}\right);$$

$$V_C = -V_A = \frac{\mathfrak{S}_l}{l}; \qquad H_C = \mathbf{W}; \qquad M_x = \mathbf{M}_x^0 + \frac{x}{l}M_B \qquad M_y = \frac{y}{h}M_B.$$

Fall 30/5: Stiel beliebig waagerecht belastet (Festes Gelenk bei A)

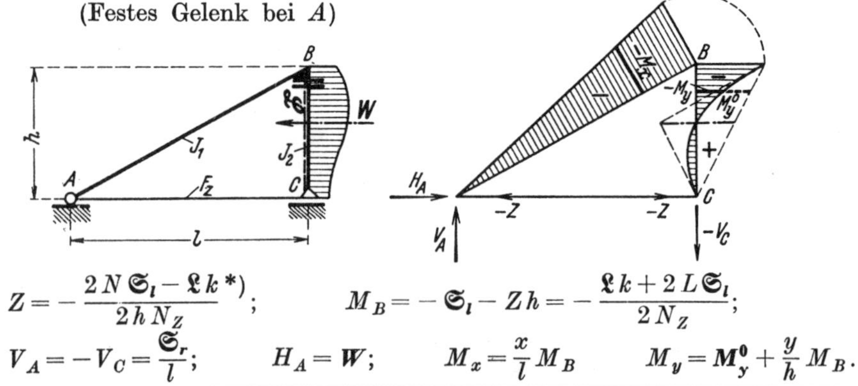

$$Z = -\frac{2\,N\,\mathfrak{S}_l - \mathfrak{L}\,k}{2\,h\,N_Z}^{*)}; \qquad M_B = -\mathfrak{S}_l - Z\,h = -\frac{\mathfrak{L}\,k + 2\,L\,\mathfrak{S}_l}{2\,N_Z};$$

$$V_A = -V_C = \frac{\mathfrak{S}_r}{l}; \qquad H_A = \mathbf{W}; \qquad M_x = \frac{x}{l}M_B \qquad M_y = \mathbf{M}_y^0 + \frac{y}{h}M_B.$$

Fall 30/6: Gleichmäßige Wärmezunahme im ganzen Rahmen

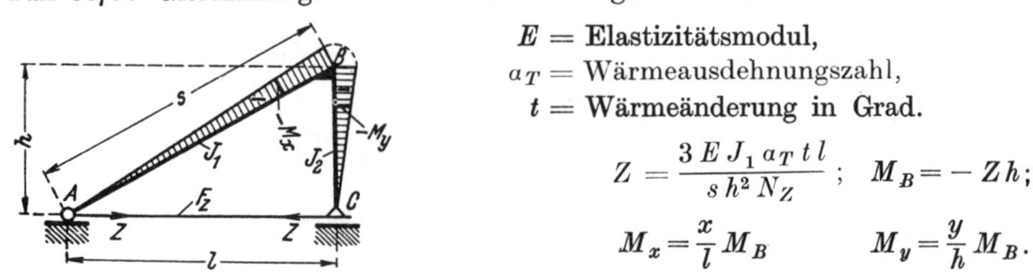

E = Elastizitätsmodul,

α_T = Wärmeausdehnungszahl,

t = Wärmeänderung in Grad.

$$Z = \frac{3\,E\,J_1\,\alpha_T\,t\,l}{s\,h^2\,N_Z}; \qquad M_B = -Z\,h;$$

$$M_x = \frac{x}{l}M_B \qquad M_y = \frac{y}{h}M_B.$$

Bemerkung: Bei Wärme**ab**nahme kehren alle Kräfte ihren Pfeilsinn um und alle Momente erhalten entgegengesetztes Vorzeichen*).

*) Bei obigen Belastungsfällen einschließlich bei Wärme**ab**nahme wird Z negativ, d. h. das Zugband erhält Druck. Dieser Umstand hat selbstverständlich nur dann einen Sinn, wenn die Druckkraft kleiner bleibt als die Zugkraft aus ständiger Last, so daß stets ein Rest Zugkraft im Zugbande verbleibt.

Rahmenform 31

Dreieckrahmen mit einem schrägen und einem senkrechten Stab und mit Fußeinspannungen in gleicher Höhenlage

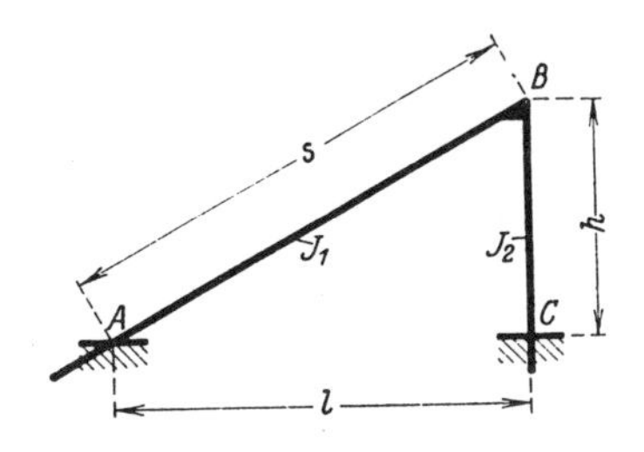

Rahmenform, Abmessungen und Bezeichnungen

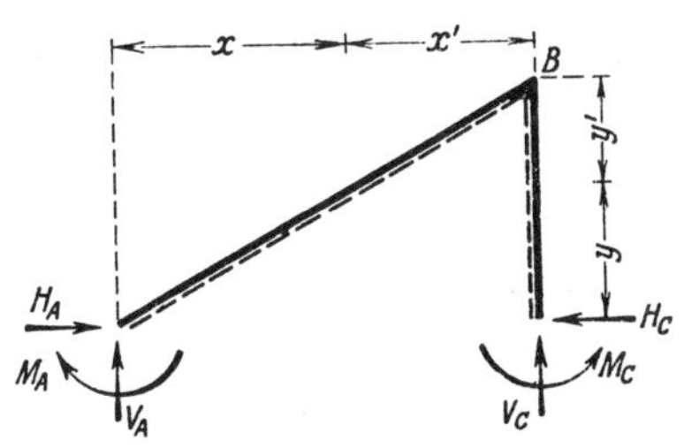

Festlegung der positiven Richtung aller Stützkräfte und der Koordinaten beliebiger Stabpunkte. Positive Biegungsmomente erzeugen an der gestrichelten Stabseite Zug

Festwerte: $k = \frac{J_1}{J_2} \cdot \frac{h}{s}$ $\qquad N = 1 + k\,.$

Fall 31/1: Gleichmäßige Wärmezunahme im ganzen Rahmen

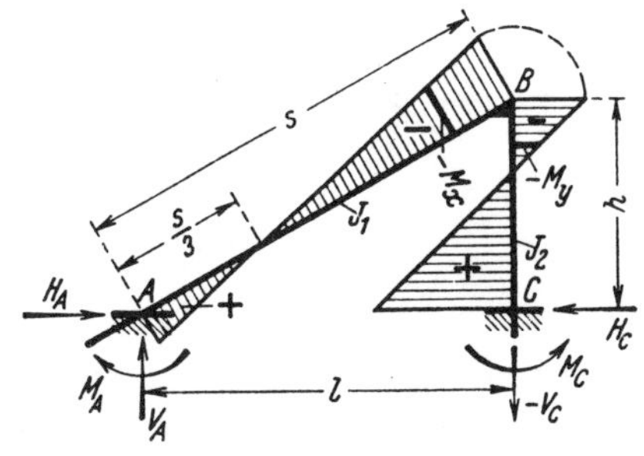

E = Elastizitätsmodul,
α_T = Wärmeausdehnungszahl,
t = Wärmeänderung in Grad.

Hilfswert: $T = \frac{3\,E\,J_1\,\alpha_T\,t\,l}{s\,h\,N}\,.$

$$M_A = +T \qquad M_B = -2\,T \qquad M_C = +T\,\frac{1+2k}{k}; \qquad H_A = H_C = \frac{M_C - M_B}{h};$$

$$V_A = -V_C = \frac{M_C - M_A}{l}; \qquad M_x = \frac{x'}{l}\,M_A + \frac{x}{l}\,M_B \qquad M_y = \frac{y}{h}\,M_B + \frac{y'}{h}\,M_C\,.$$

Bemerkung: Bei Wärmeabnahme kehren alle Kräfte ihren Pfeilsinn um und alle Momente erhalten entgegengesetztes Vorzeichen.

Siehe hierzu den Abschnitt „**Belastungsglieder**"

Fall 31/2: Schrägstab beliebig waagerecht belastet

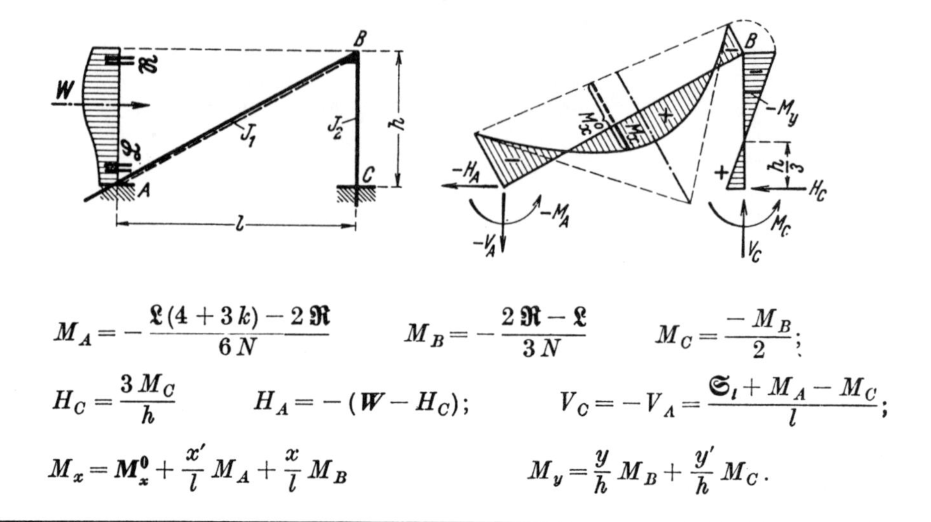

$$M_A = -\frac{\mathfrak{L}(4+3k) - 2\,\mathfrak{R}}{6N} \qquad M_B = -\frac{2\,\mathfrak{R} - \mathfrak{L}}{3N} \qquad M_C = \frac{-M_B}{2};$$

$$H_C = \frac{3M_C}{h} \qquad H_A = -(W - H_C); \qquad V_C = -V_A = \frac{\mathfrak{S}_l + M_A - M_C}{l};$$

$$M_x = \mathbf{M}_x^0 + \frac{x'}{l} M_A + \frac{x}{l} M_B \qquad M_y = \frac{y}{h} M_B + \frac{y'}{h} M_C\,.$$

Fall 31/3: Stiel beliebig waagerecht belastet

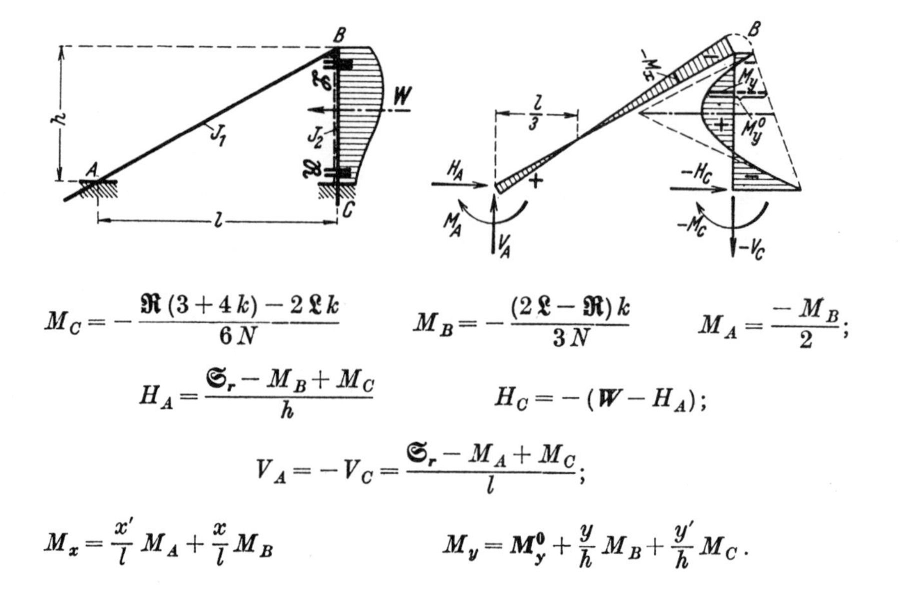

$$M_C = -\frac{\mathfrak{R}(3+4k) - 2\,\mathfrak{L}k}{6N} \qquad M_B = -\frac{(2\,\mathfrak{L} - \mathfrak{R})\,k}{3N} \qquad M_A = \frac{-M_B}{2};$$

$$H_A = \frac{\mathfrak{S}_r - M_B + M_C}{h} \qquad H_C = -(W - H_A);$$

$$V_A = -V_C = \frac{\mathfrak{S}_r - M_A + M_C}{l};$$

$$M_x = \frac{x'}{l} M_A + \frac{x}{l} M_B \qquad M_y = \mathbf{M}_y^0 + \frac{y}{h} M_B + \frac{y'}{h} M_C\,.$$

Siehe hierzu den Abschnitt „**Belastungsglieder**“

Fall 31/4: Schrägstab beliebig senkrecht belastet

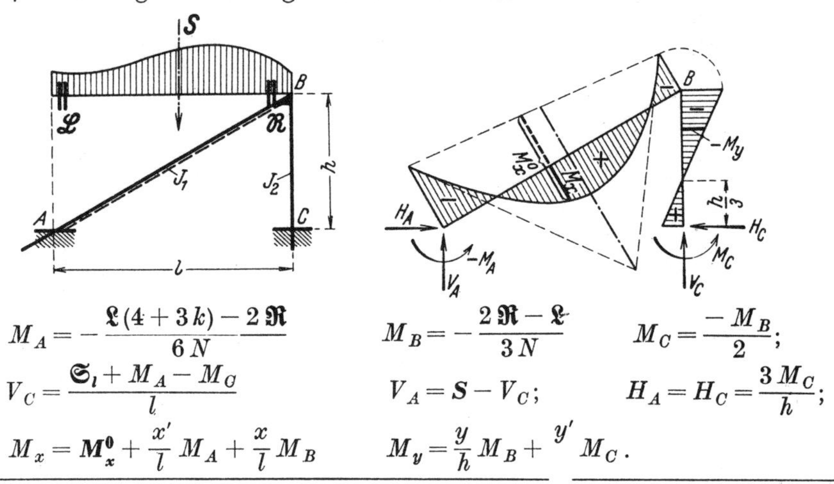

$$M_A = -\frac{\mathfrak{L}(4+3k) - 2\,\mathfrak{R}}{6N} \qquad M_B = -\frac{2\,\mathfrak{R} - \mathfrak{L}}{3N} \qquad M_C = \frac{-M_B}{2};$$

$$V_C = \frac{\mathfrak{S}_l + M_A - M_C}{l} \qquad V_A = \boldsymbol{S} - V_C; \qquad H_A = H_C = \frac{3\,M_C}{h};$$

$$M_x = \boldsymbol{M}_x^0 + \frac{x'}{l} M_A + \frac{x}{l} M_B \qquad M_y = \frac{y}{h} M_B + y' \, M_C.$$

Fall 31/5: Momentenangriff am Eckpunkt B

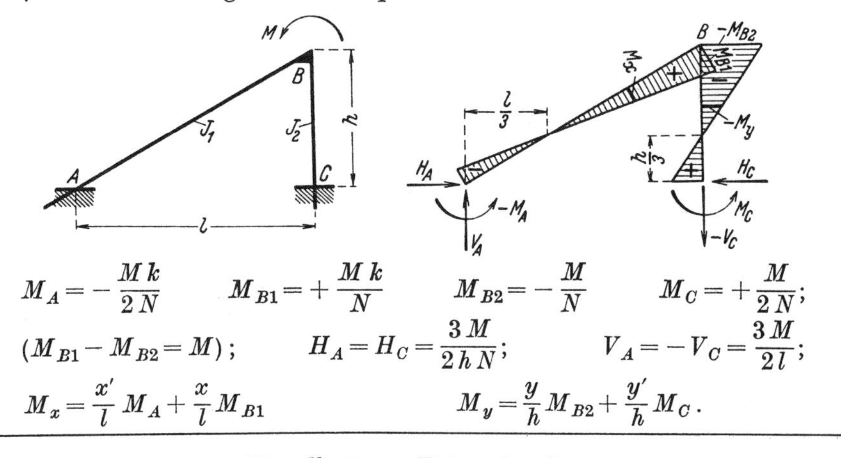

$$M_A = -\frac{M\,k}{2N} \qquad M_{B1} = +\frac{M\,k}{N} \qquad M_{B2} = -\frac{M}{N} \qquad M_C = +\frac{M}{2N};$$

$$(M_{B1} - M_{B2} = M); \qquad H_A = H_C = \frac{3\,M}{2\,h\,N}; \qquad V_A = -V_C = \frac{3\,M}{2\,l};$$

$$M_x = \frac{x'}{l} M_A + \frac{x}{l} M_{B1} \qquad M_y = \frac{y}{h} M_{B2} + \frac{y'}{h} M_C.$$

Fall 31/6: Waagerechte Einzellast am Eckpunkt B

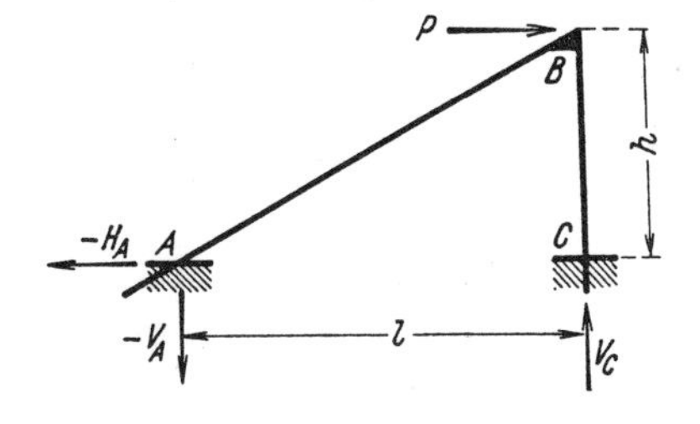

Es treten keine Biegungsmomente auf.

$$V_C = -V_A = \frac{P\,h}{l} \qquad H_A = -P.$$

Rahmenform 32

Dreieckrahmen mit einem schrägen, eingespannten Stab und einem senkrechten Stab mit Fußgelenk in gleicher Höhenlage der Einspannung

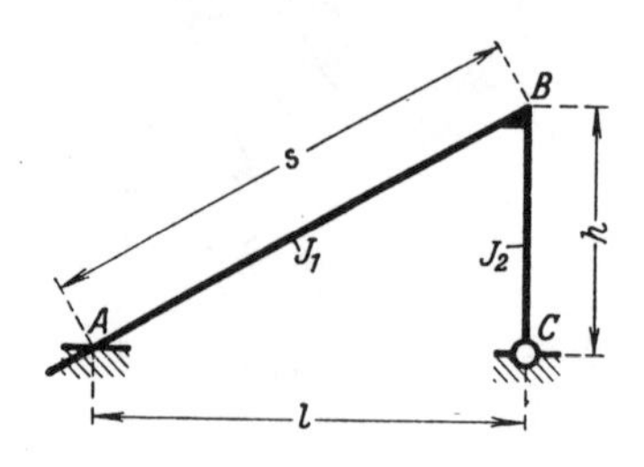

Rahmenform, Abmessungen und Bezeichnungen

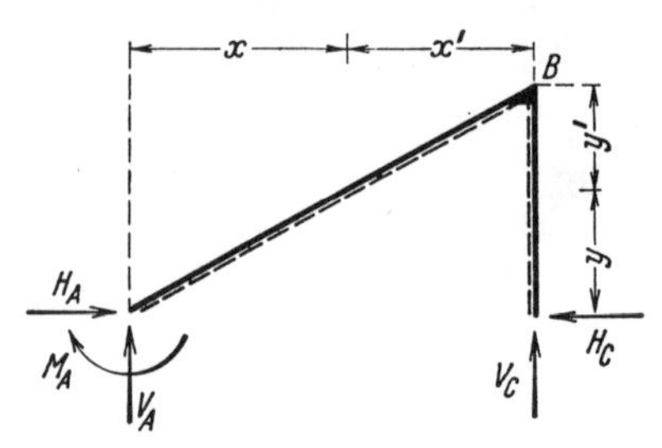

Festlegung der positiven Richtung aller Stützkräfte und der Koordinaten beliebiger Stabpunkte. Positive Biegungsmomente erzeugen an der gestrichelten Stabseite Zug

Festwerte: $k = \frac{J_1}{J_2} \cdot \frac{h}{s}$ $N = 3 + 4k$.

Fall 32/1: Gleichmäßige Wärmezunahme im ganzen Rahmen

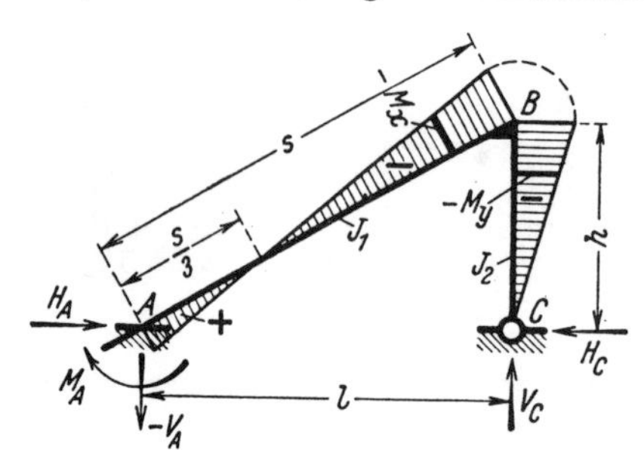

E = Elastizitätsmodul,

α_T = Wärmeausdehnungszahl,

t = Wärmeänderung in Grad.

$$M_A = \frac{6\,E\,J_1\,\alpha_T\,t\,l}{s\,h\,N} \qquad M_B = -2\,M_A\,; \qquad V_C = -V_A = \frac{M_A}{l}\,;$$

$$H_A = H_C = \frac{-M_B}{h}\,; \qquad M_x = \frac{x'}{l}\,M_A + \frac{x}{l}\,M_B \qquad M_y = \frac{y}{h}\,M_B\,.$$

Bemerkung: Bei Wärmeabnahme kehren alle Kräfte ihren Pfeilsinn um und alle Momente erhalten entgegengesetztes Vorzeichen.

Siehe hierzu den Abschnitt „**Belastungsglieder**"

Fall 32/2: Schrägstab beliebig senkrecht belastet

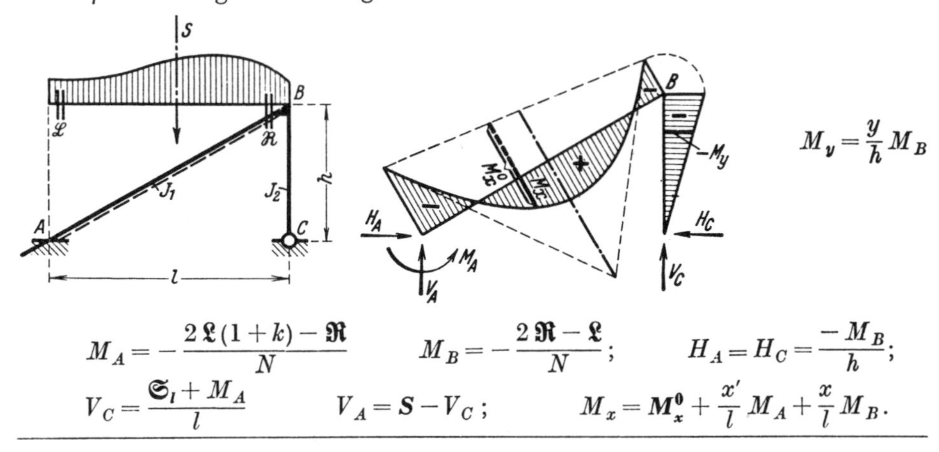

$$M_y = \frac{y}{h} M_B$$

$$M_A = -\frac{2\,\mathfrak{L}(1+k) - \mathfrak{R}}{N} \qquad M_B = -\frac{2\,\mathfrak{R} - \mathfrak{L}}{N}; \qquad H_A = H_C = \frac{-M_B}{h};$$

$$V_C = \frac{\mathfrak{S}_l + M_A}{l} \qquad V_A = \mathbf{S} - V_C; \qquad M_x = \mathbf{M}_x^0 + \frac{x'}{l} M_A + \frac{x}{l} M_B.$$

Fall 32/3: Schrägstab beliebig waagerecht belastet

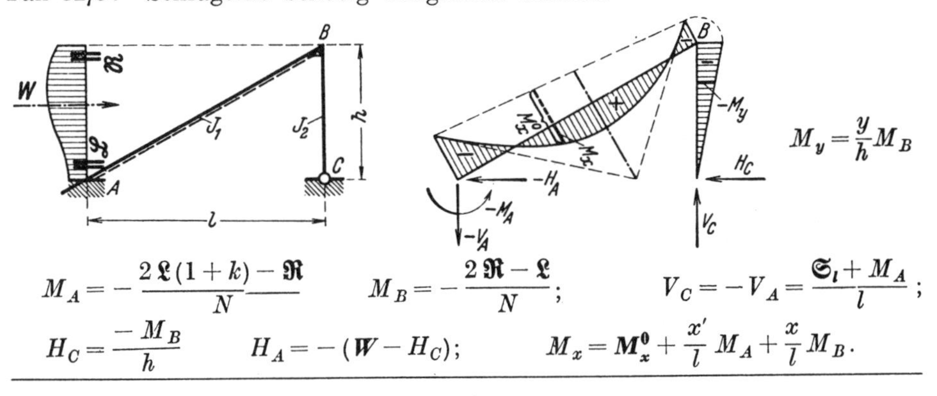

$$M_y = \frac{y}{h} M_B$$

$$M_A = -\frac{2\,\mathfrak{L}(1+k) - \mathfrak{R}}{N} \qquad M_B = -\frac{2\,\mathfrak{R} - \mathfrak{L}}{N}; \qquad V_C = -V_A = \frac{\mathfrak{S}_l + M_A}{l};$$

$$H_C = \frac{-M_B}{h} \qquad H_A = -(\mathbf{W} - H_C); \qquad M_x = \mathbf{M}_x^0 + \frac{x'}{l} M_A + \frac{x}{l} M_B.$$

Fall 32/4: Stiel beliebig waagerecht belastet

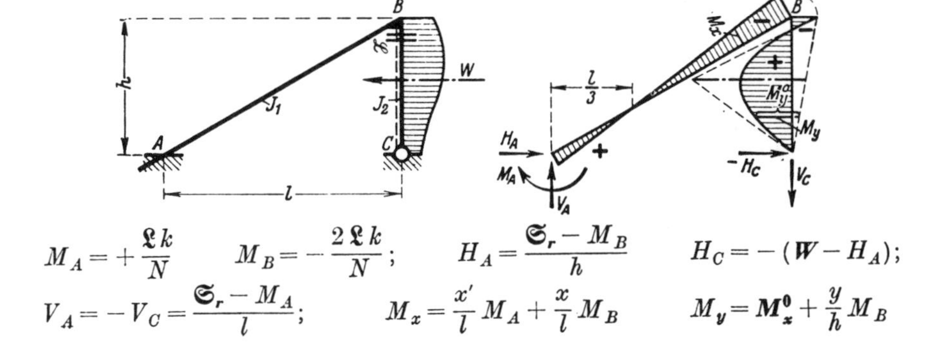

$$M_A = +\frac{\mathfrak{L}\,k}{N} \qquad M_B = -\frac{2\,\mathfrak{L}\,k}{N}; \qquad H_A = \frac{\mathfrak{S}_r - M_B}{h} \qquad H_C = -(\mathbf{W} - H_A);$$

$$V_A = -V_C = \frac{\mathfrak{S}_r - M_A}{l}; \qquad M_x = \frac{x'}{l} M_A + \frac{x}{l} M_B \qquad M_y = \mathbf{M}_x^0 + \frac{y}{h} M_B$$

Rahmenform 33

Dreieckrahmen mit einem schrägen, gelenkig gelagerten Stab und einem senkrechten Stab mit Fußeinspannung in gleicher Höhenlage des Gelenkes

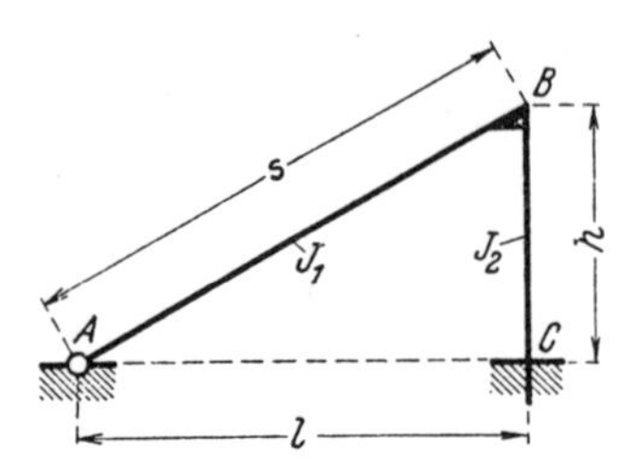

Rahmenform, Abmessungen und Bezeichnungen

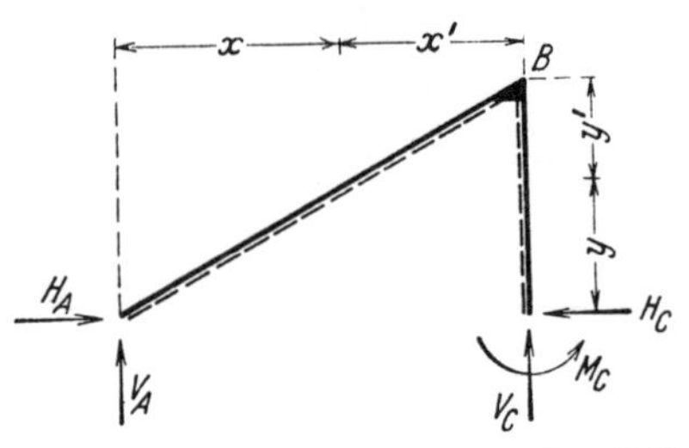

Festlegung der positiven Richtung aller Stützkräfte und der Koordinaten beliebiger Stabpunkte. Positive Biegungsmomente erzeugen an der gestrichelten Stabseite Zug

Festwerte: $k = \frac{J_1}{J_2} \cdot \frac{h}{s}$ $N = 4 + 3k$.

Fall 33/1: Gleichmäßige Wärmezunahme im ganzen Rahmen

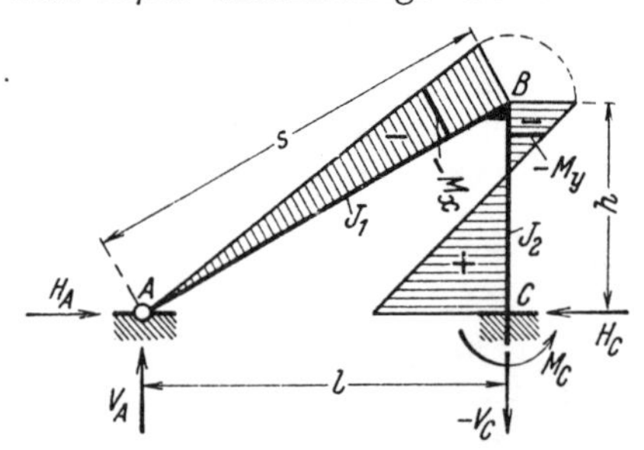

E = Elastizitätsmodul,
α_T = Wärmeausdehnungszahl,
t = Wärmeänderung in Grad.

Hilfswert: $T = \frac{6 E J_1 \alpha_T t l}{s h N}$.

$$M_B = -3T \qquad M_C = +T \frac{3k+2}{k}; \qquad V_A = -V_C = \frac{M_C}{l}$$

$$H_A = H_C = \frac{M_C - M_B}{h}; \qquad M_x = \frac{x}{l} M_B \qquad M_y = \frac{y}{h} M_B + \frac{y'}{h} M_C.$$

Bemerkung: Bei Wärmeabnahme kehren alle Kräfte ihren Pfeilsinn um und alle Momente erhalten entgegengesetztes Vorzeichen.

Siehe hierzu den Abschnitt „**Belastungsglieder**"

Fall 33/2: Schrägstab beliebig senkrecht belastet

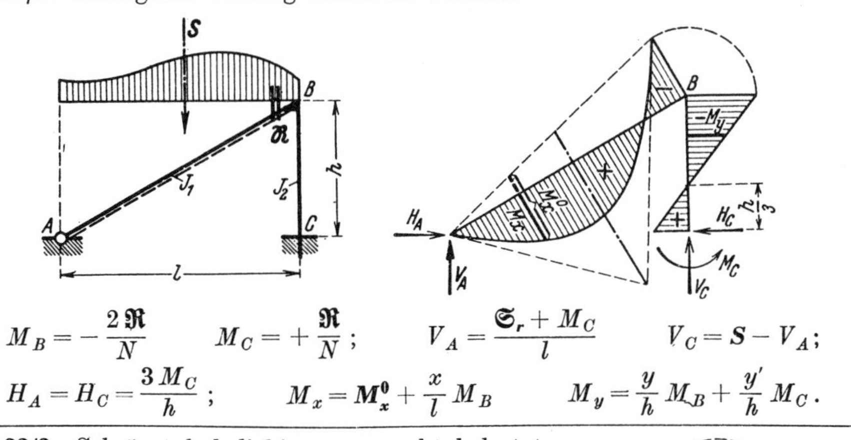

$$M_B = -\frac{2\mathfrak{R}}{N} \qquad M_C = +\frac{\mathfrak{R}}{N}; \qquad V_A = \frac{\mathfrak{S}_r + M_C}{l} \qquad V_C = \boldsymbol{S} - V_A;$$

$$H_A = H_C = \frac{3\,M_C}{h}; \qquad M_x = \boldsymbol{M}_x^0 + \frac{x}{l} M_B \qquad M_y = \frac{y}{h} M_B + \frac{y'}{h} M_C.$$

Fall 33/3: Schrägstab beliebig waagerecht belastet

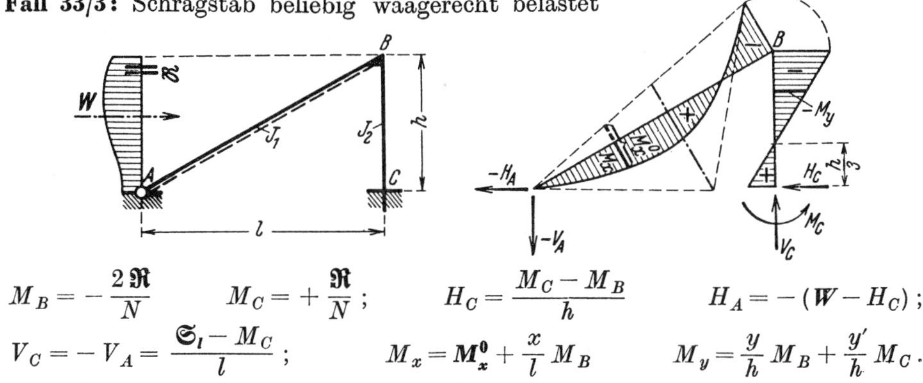

$$M_B = -\frac{2\mathfrak{R}}{N} \qquad M_C = +\frac{\mathfrak{R}}{N}; \qquad H_C = \frac{M_C - M_B}{h} \qquad H_A = -(\boldsymbol{W} - H_C);$$

$$V_C = -V_A = \frac{\mathfrak{S}_l - M_C}{l}; \qquad M_x = \boldsymbol{M}_x^0 + \frac{x}{l} M_B \qquad M_y = \frac{y}{h} M_B + \frac{y'}{h} M_C.$$

Fall 33/4: Stiel beliebig waagerecht belastet

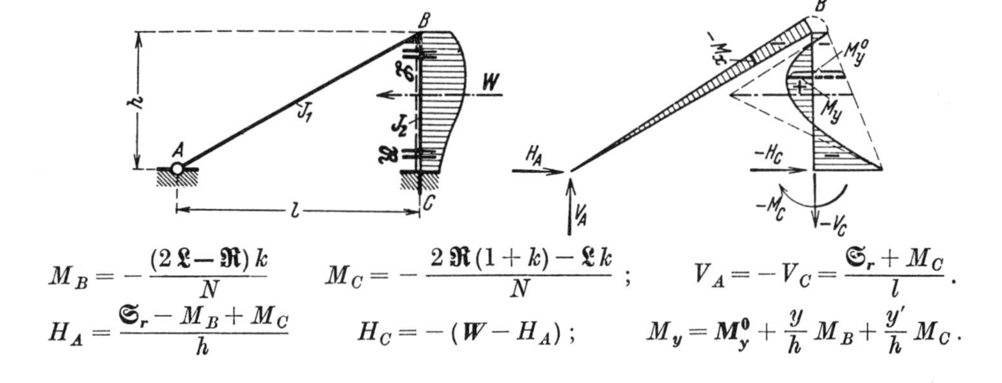

$$M_B = -\frac{(2\mathfrak{L} - \mathfrak{R})\,k}{N} \qquad M_C = -\frac{2\mathfrak{R}(1+k) - \mathfrak{L}k}{N}; \qquad V_A = -V_C = \frac{\mathfrak{S}_r + M_C}{l}.$$

$$H_A = \frac{\mathfrak{S}_r - M_B + M_C}{h} \qquad H_C = -(\boldsymbol{W} - H_A); \qquad M_y = \boldsymbol{M}_y^0 + \frac{y}{h} M_B + \frac{y'}{h} M_C.$$

Rahmenform 34

Einhüftiger Zweigelenkrahmen mit senkrechtem Stiel, waagerechtem Riegel und schrägem Eckstab

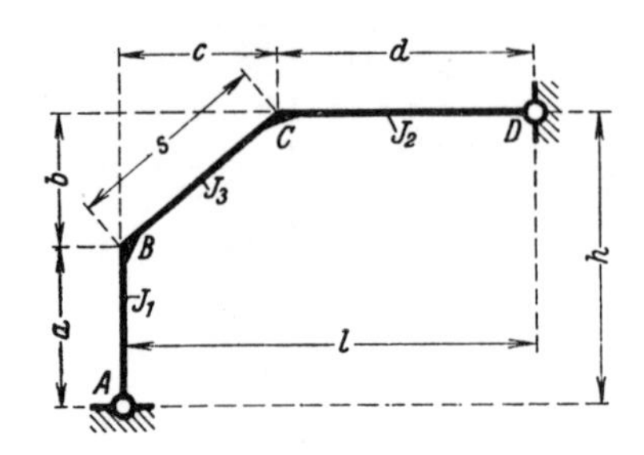

Rahmenform, Abmessungen und Bezeichnungen

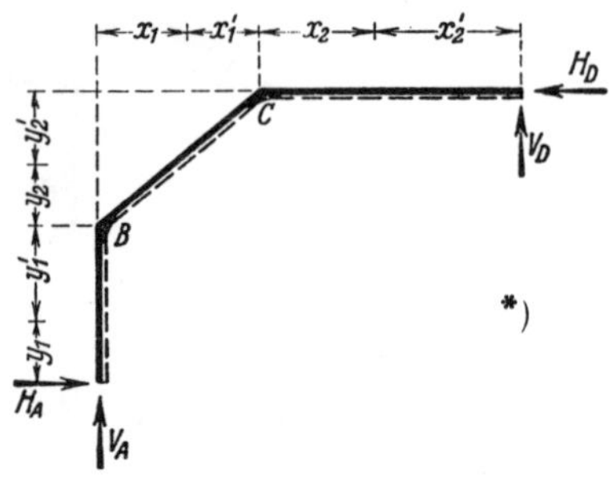

Festlegung der positiven Richtung aller Stützkräfte und der Koordinaten beliebiger Stabpunkte. Positive Biegungsmomente erzeugen an der gestrichelten Stabseite Zug

Festwerte:

$$k_1 = \frac{J_3}{J_1} \cdot \frac{a}{s} \qquad \alpha = \frac{a}{h} \qquad \beta = \frac{b}{h} \qquad (\alpha + \beta = 1)$$

$$k_2 = \frac{J_3}{J_2} \cdot \frac{d}{s} \qquad \gamma = \frac{c}{l} \qquad \delta = \frac{d}{l} \qquad (\gamma + \delta = 1);$$

$$B = 2\alpha(k_1 + 1) + \delta \qquad C = \alpha + 2\delta(1 + k_2); \qquad N = \alpha B + C\delta.$$

*) Bei dem Schrägstab werden die x für senkrechte, die y für waagerechte Stablast benutzt. Es besteht die Beziehung $y_2 : x_1 = y_2' : x_1' = b : c$.

Siehe hierzu den Abschnitt „**Belastungsglieder**"

Fall 34/1: Schrägstab beliebig senkrecht belastet

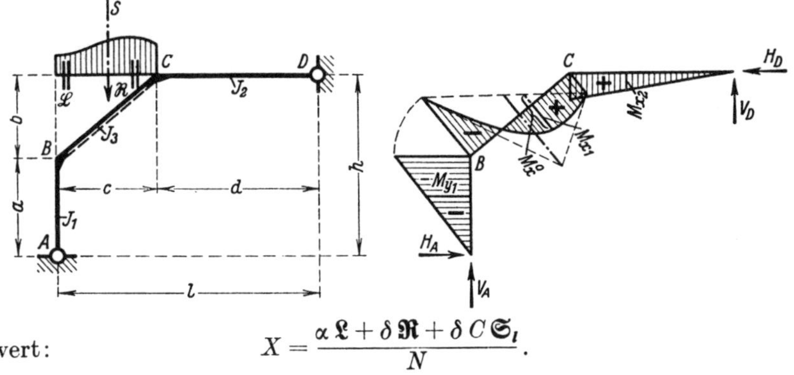

Hilfswert:
$$X = \frac{\alpha\,\mathfrak{L} + \delta\,\mathfrak{R} + \delta\,C\,\mathfrak{S}_l}{N}.$$

$$M_B = -\alpha X \qquad M_C = \delta(\mathfrak{S}_l - X);$$

$$V_D = \frac{\mathfrak{S}_l - X}{l} \qquad V_A = \boldsymbol{S} - V_D; \qquad H_A = H_D = \frac{X}{h};$$

$$M_{y1} = \frac{y_1}{a} M_B \qquad M_{x1} = \boldsymbol{M}_x^0 + \frac{x_1'}{c} M_B + \frac{x_1}{c} M_C \qquad M_{x2} = \frac{x_2'}{d} M_C.$$

Fall 34/2: Riegel beliebig senkrecht belastet

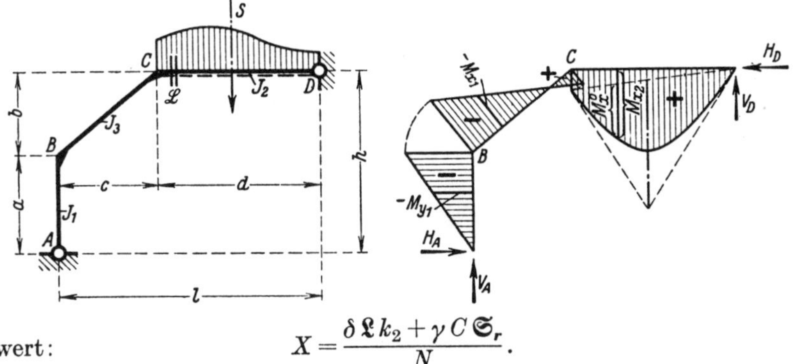

Hilfswert:
$$X = \frac{\delta\,\mathfrak{L}\,k_2 + \gamma\,C\,\mathfrak{S}_r}{N}.$$

$$M_B = -\alpha X \qquad M_C = \gamma\,\mathfrak{S}_r - \delta X;$$

$$V_A = \frac{\mathfrak{S}_r + X}{l} \qquad V_D = \boldsymbol{S} - V_A; \qquad H_A = H_D = \frac{X}{h};$$

$$M_{y1} = \frac{y_1}{a} M_B \qquad M_{x1} = \frac{x_1'}{c} M_B + \frac{x_1}{c} M_C \qquad M_{x2} = \boldsymbol{M}_x^0 + \frac{x_2'}{d} M_C.$$

Rahmenform 34 Festwerte siehe Seite 124

Siehe hierzu den Abschnitt „**Belastungsglieder**"

Fall 34/3: Schrägstab beliebig waagerecht belastet

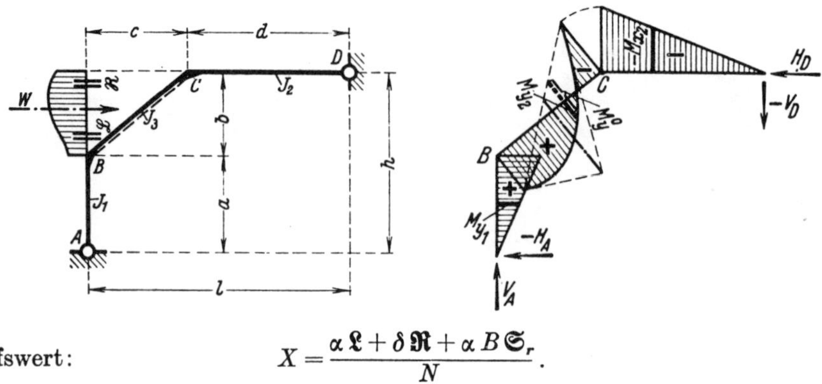

Hilfswert:
$$X = \frac{\alpha\,\mathfrak{L} + \delta\,\mathfrak{R} + \alpha\,B\,\mathfrak{S}_r}{N}.$$

$$M_B = \alpha(\mathfrak{S}_r - X) \qquad M_C = -\delta X;$$

$$H_A = -\frac{\mathfrak{S}_r - X}{h} \qquad H_D = \boldsymbol{W} + H_A; \qquad V_A = -V_D = \frac{X}{l};$$

$$M_{y1} = \frac{y_1}{a} M_B \qquad M_{y2} = \boldsymbol{M}_y^0 + \frac{y_2'}{b} M_B + \frac{y_2}{b} M_C \qquad M_{x2} = \frac{x_2'}{d} M_C.$$

Fall 34/4: Stiel beliebig waagerecht belastet

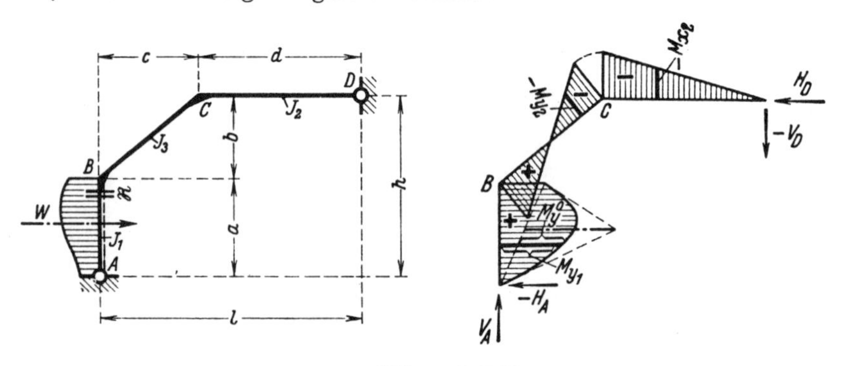

Hilfswert:
$$X = \frac{\alpha\,\mathfrak{R}\,k_1 + \beta\,B\,\mathfrak{S}_l}{N}.$$

$$M_B = \beta\,\mathfrak{S}_l - \alpha X \qquad M_C = -\delta X;$$

$$H_D = \frac{\mathfrak{S}_l + X}{h} \qquad H_A = -(\boldsymbol{W} - H_D); \qquad V_A = -V_D = \frac{X}{l};$$

$$M_{y1} = \boldsymbol{M}_y^0 + \frac{y_1}{a} M_B \qquad M_{y2} = \frac{y_2'}{b} M_B + \frac{y_2}{b} M_C \qquad M_{x2} = \frac{x_2'}{d} M_C.$$

Fall 34/5: Gleichmäßige Wärmezunahme im ganzen Rahmen

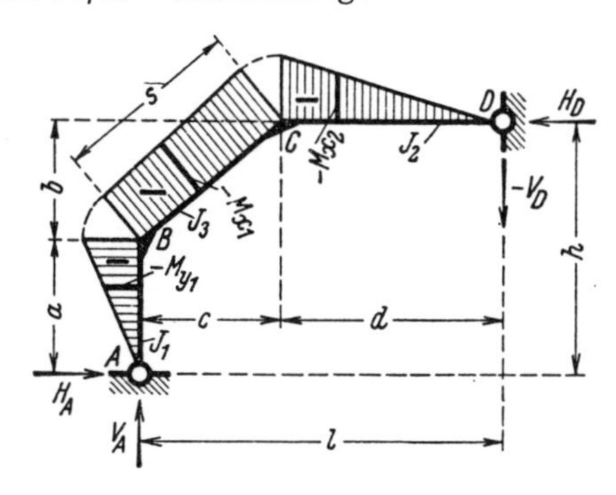

E = Elastizitätsmodul,
α_T = Wärmeausdehnungszahl,
t = Wärmeänderung in Grad.

Hilfswert:

$$X = \frac{6\,E\,J_3\,\alpha_T\,t}{s\,N}\left(\frac{h}{l}+\frac{l}{h}\right).$$

$$M_B = -\alpha X \qquad M_C = -\delta X; \qquad H_A = H_D = \frac{X}{h}; \qquad V_A = -V_D = \frac{X}{l};$$

$$M_{y1} = \frac{y_1}{a}M_B \qquad M_{x1} = \frac{x_1'}{c}M_B + \frac{x_1}{c}M_C \qquad M_{x2} = \frac{x_2'}{d}M_C.$$

Bemerkung: Bei Wärme**ab**nahme kehren alle Kräfte ihren Pfeilsinn um und alle Momente erhalten entgegengesetztes Vorzeichen.

Fall 34/6: Momentenangriff im Eckpunkt B

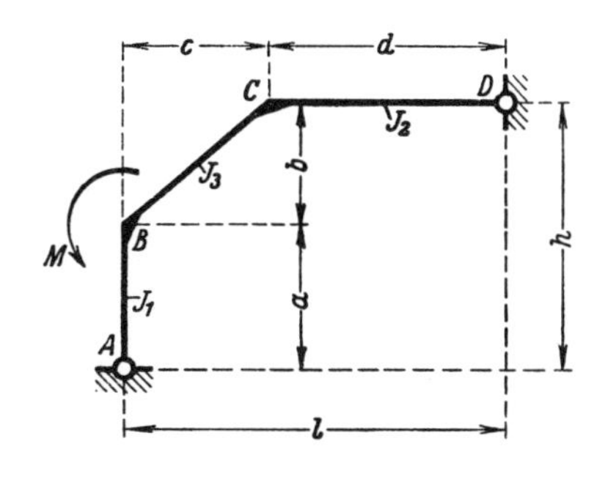

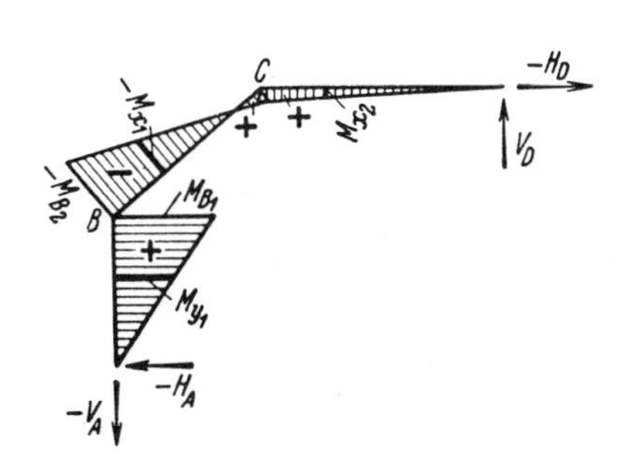

Hilfswert:

$$X = \frac{M}{N}[\alpha(B-2)-\delta].$$

$$H_A = H_D = -\frac{M-X}{h} \qquad V_A = -V_D = \frac{X}{l};$$

$$M_{B1} = \alpha(M-X) \qquad M_{B2} = -M + M_{B1} \qquad M_C = -\delta X;$$

$$M_{y1} = \frac{y_1}{a}M_{B1} \qquad M_{x1} = \frac{x_1'}{c}M_{B2} + \frac{x_1}{c}M_C \qquad M_{x2} = \frac{x_2'}{d}M_C.$$

Rahmenform 35

Einhüftiger Rahmen mit senkrechtem, eingespanntem Stiel, waagerechtem, gelenkig gelagertem Riegel und schrägem Eckstab

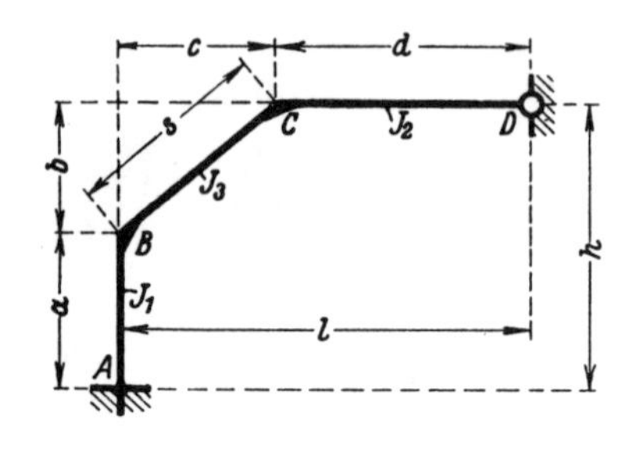

Rahmenform, Abmessungen und Bezeichnungen

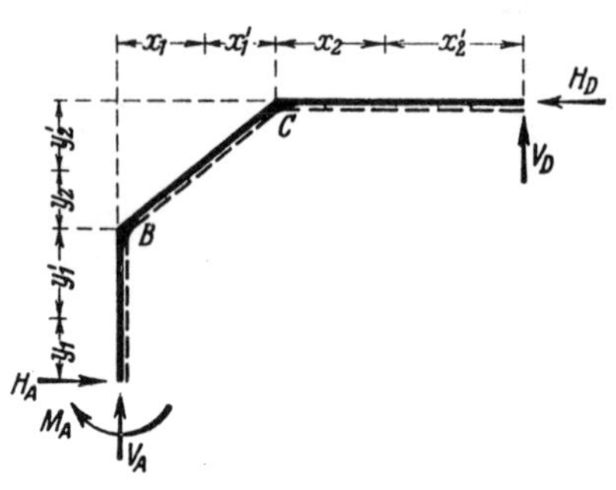

Festlegung der positiven Richtung aller Stützkräfte und der Koordinaten beliebiger Stabpunkte. Positive Biegungsmomente erzeugen an der gestrichelten Stabseite Zug

Festwerte: $k_1 = \frac{J_3}{J_1} \cdot \frac{a}{s}$ $\qquad k_2 = \frac{J_3}{J_2} \cdot \frac{d}{s}$;

$$\alpha = \frac{a}{h} \qquad \beta = 1 - \alpha \qquad \delta = \frac{d}{l} \qquad \gamma = 1 - \delta ;$$

$$B_1 = 3\,k_1 + 2 + \delta \qquad C_1 = 1 + 2\,\delta\,(1 + k_2)$$

$$B_2 = 2\,\alpha\,(k_1 + 1) + \delta \qquad C_2 = \alpha + 2\,\delta\,(1 + k_2) ;$$

$$R_1 = 3\,k_1 + B_1 + \delta\,C_1 \qquad R_2 = \alpha\,B_2 + \delta\,C_2 \qquad K = \alpha\,B_1 + \delta\,C_1 ;$$

$$N = R_1\,R_2 - K^2 ;$$

$$n_{11} = \frac{R_2}{N} \qquad n_{12} = n_{21} = \frac{K}{N} \qquad n_{22} = \frac{R_1}{N} .$$

Siehe hierzu den Abschnitt **„Belastungsglieder“**

Fall 35/1: Schrägstab beliebig senkrecht belastet

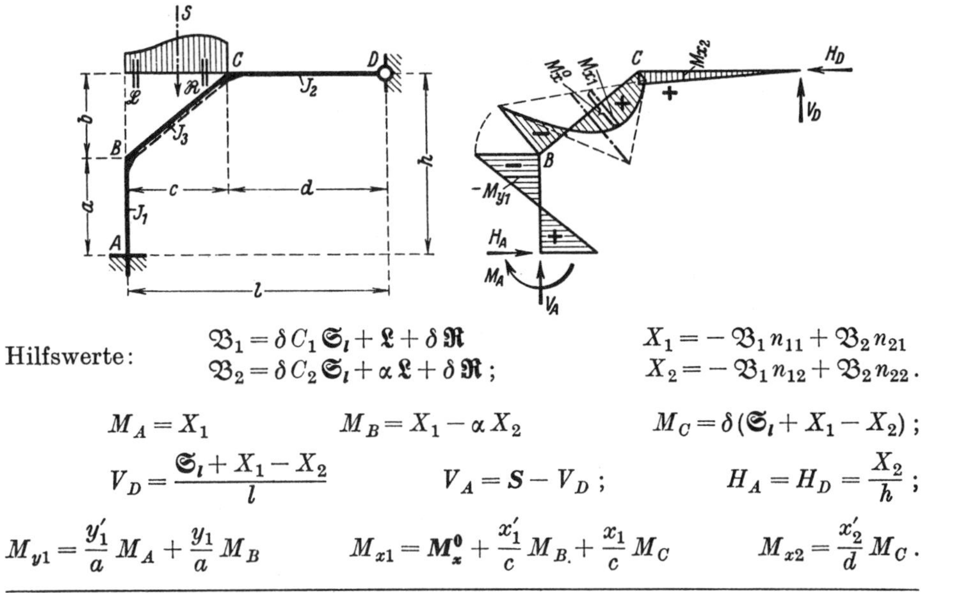

Hilfswerte:

$$\mathfrak{B}_1 = \delta C_1 \mathfrak{S}_l + \mathfrak{L} + \delta \mathfrak{R} \qquad X_1 = -\mathfrak{B}_1 n_{11} + \mathfrak{B}_2 n_{21}$$
$$\mathfrak{B}_2 = \delta C_2 \mathfrak{S}_l + \alpha \mathfrak{L} + \delta \mathfrak{R}\,; \qquad X_2 = -\mathfrak{B}_1 n_{12} + \mathfrak{B}_2 n_{22}\,.$$

$$M_A = X_1 \qquad M_B = X_1 - \alpha X_2 \qquad M_C = \delta(\mathfrak{S}_l + X_1 - X_2)\,;$$

$$V_D = \frac{\mathfrak{S}_l + X_1 - X_2}{l} \qquad V_A = \boldsymbol{S} - V_D\,; \qquad H_A = H_D = \frac{X_2}{h}\,;$$

$$M_{y1} = \frac{y_1'}{a} M_A + \frac{y_1}{a} M_B \qquad M_{x1} = \boldsymbol{M}_x^0 + \frac{x_1'}{c} M_B + \frac{x_1}{c} M_C \qquad M_{x2} = \frac{x_2'}{d} M_C\,.$$

Fall 35/2: Riegel beliebig senkrecht belastet

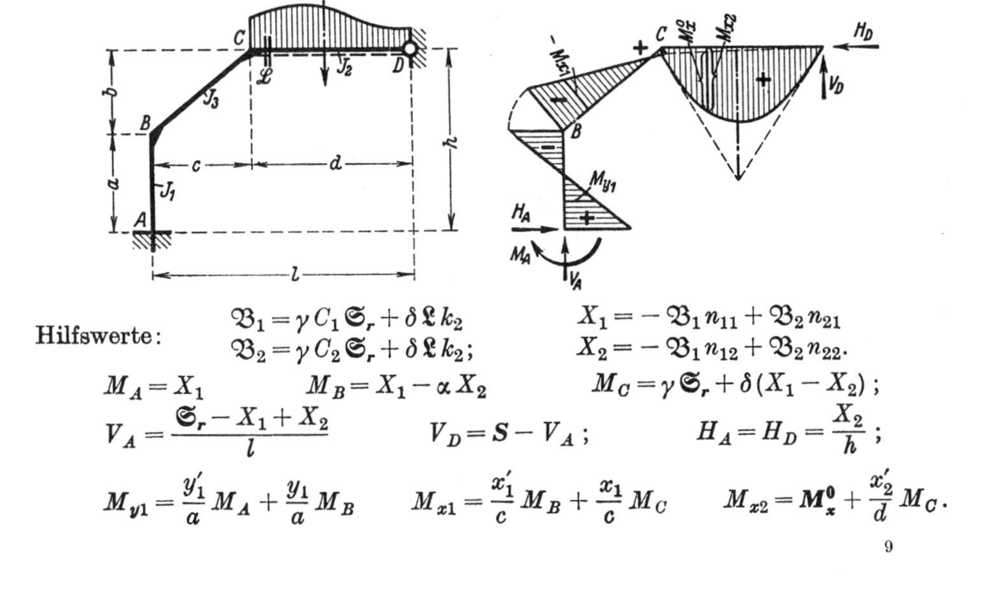

Hilfswerte:

$$\mathfrak{B}_1 = \gamma C_1 \mathfrak{S}_r + \delta \mathfrak{L} k_2 \qquad X_1 = -\mathfrak{B}_1 n_{11} + \mathfrak{B}_2 n_{21}$$
$$\mathfrak{B}_2 = \gamma C_2 \mathfrak{S}_r + \delta \mathfrak{L} k_2\,; \qquad X_2 = -\mathfrak{B}_1 n_{12} + \mathfrak{B}_2 n_{22}.$$

$$M_A = X_1 \qquad M_B = X_1 - \alpha X_2 \qquad M_C = \gamma \mathfrak{S}_r + \delta(X_1 - X_2)\,;$$

$$V_A = \frac{\mathfrak{S}_r - X_1 + X_2}{l} \qquad V_D = \boldsymbol{S} - V_A\,; \qquad H_A = H_D = \frac{X_2}{h}\,;$$

$$M_{y1} = \frac{y_1'}{a} M_A + \frac{y_1}{a} M_B \qquad M_{x1} = \frac{x_1'}{c} M_B + \frac{x_1}{c} M_C \qquad M_{x2} = \boldsymbol{M}_x^0 + \frac{x_2'}{d} M_C\,.$$

Siehe hierzu den Abschnitt **„Belastungsglieder"**

Fall 35/3: Schrägstab beliebig waagerecht belastet

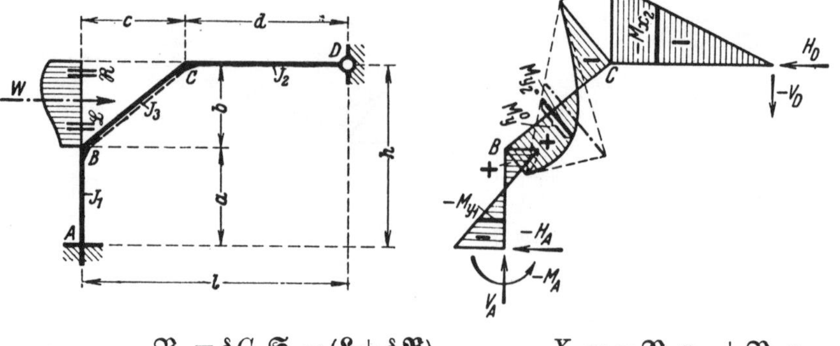

Hilfswerte:

$$\mathfrak{B}_1 = \delta C_1 \mathfrak{S}_r - (\mathfrak{L} + \delta \mathfrak{R}) \qquad X_1 = -\mathfrak{B}_1 n_{11} + \mathfrak{B}_2 n_{21}$$

$$\mathfrak{B}_2 = \delta C_2 \mathfrak{S}_r - (\alpha \mathfrak{L} + \delta \mathfrak{R})\,; \qquad X_2 = -\mathfrak{B}_1 n_{12} + \mathfrak{B}_2 n_{22}\,.$$

$$M_A = -X_1 \qquad M_B = \alpha X_2 - X_1 \qquad M_C = -\delta(\mathfrak{S}_r + X_1 - X_2)\,;$$

$$H_A = -\frac{X_2}{h} \qquad H_D = \boldsymbol{W} + H_A\,; \qquad V_A = -V_D = \frac{\mathfrak{S}_r + X_1 - X_2}{l}\,;$$

$$M_{y1} = \frac{y_1'}{a} M_A + \frac{y_1}{a} M_B \qquad M_{y2} = \boldsymbol{M}_y^0 + \frac{y_2'}{b} M_B + \frac{y_2}{b} M_C \qquad M_{x2} = \frac{x_2'}{d} M_C\,.$$

Fall 35/4: Stiel beliebig waagerecht belastet

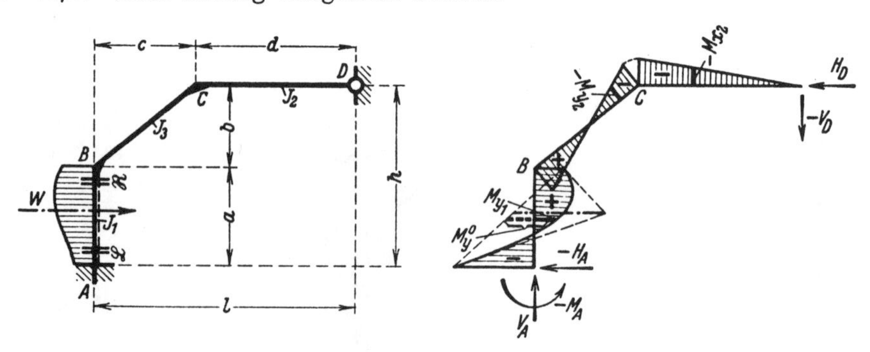

Hilfswerte:

$$\mathfrak{B}_1 = (B_1 + \delta C_1)\mathfrak{S}_l + (\mathfrak{L} + \mathfrak{R}) k_1 \qquad X_1 = +\mathfrak{B}_1 n_{11} - \mathfrak{B}_2 n_{21}$$

$$\mathfrak{B}_2 = (B_2 + \delta C_2)\mathfrak{S}_l + \alpha \mathfrak{R} k_1\,; \qquad X_2 = -\mathfrak{B}_1 n_{12} + \mathfrak{B}_2 n_{22}\,.$$

$$M_A = -X_1 \qquad M_B = \mathfrak{S}_l - X_1 - \alpha X_2 \qquad M_C = \delta(\mathfrak{S}_l - X_1 - X_2)\,;$$

$$H_D = \frac{X_2}{h} \qquad H_A = -(\boldsymbol{W} - H_D)\,; \qquad V_A = -V_D = -\frac{\mathfrak{S}_l - X_1 - X_2}{l}\,;$$

$$M_{y1} = \boldsymbol{M}_y^0 + \frac{y_1'}{a} M_A + \frac{y_1}{a} M_B \qquad M_{y2} = \frac{y_2'}{b} M_B + \frac{y_2}{b} M_C \qquad M_{x2} = \frac{x_2'}{d} M_C\,.$$

Fall 35/5: Gleichmäßige Wärme**zu**nahme im ganzen Rahmen

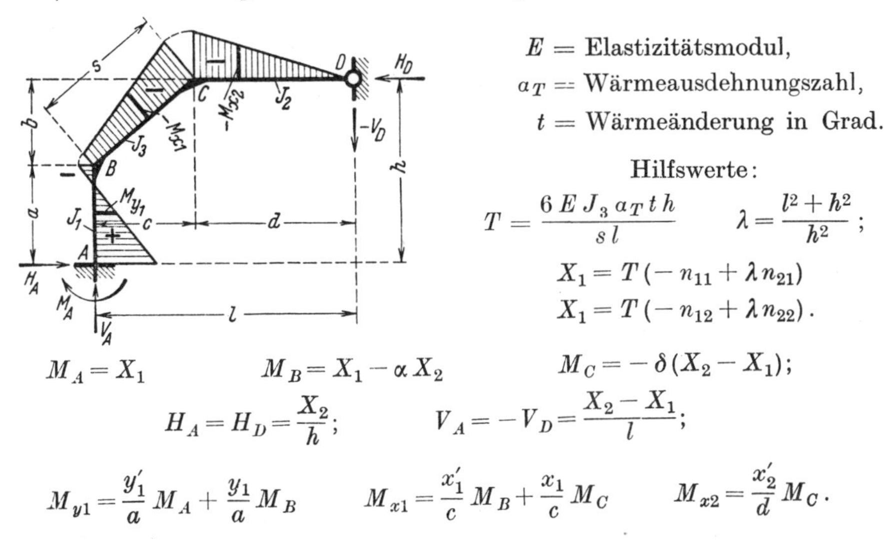

E = Elastizitätsmodul,

α_T = Wärmeausdehnungszahl,

t = Wärmeänderung in Grad.

Hilfswerte:

$$T = \frac{6\,E\,J_3\,\alpha_T\,t\,h}{s\,l} \qquad \lambda = \frac{l^2 + h^2}{h^2};$$

$$X_1 = T\,(-n_{11} + \lambda\,n_{21})$$

$$X_1 = T\,(-n_{12} + \lambda\,n_{22}).$$

$$M_A = X_1 \qquad M_B = X_1 - \alpha\,X_2 \qquad M_C = -\,\delta\,(X_2 - X_1);$$

$$H_A = H_D = \frac{X_2}{h}; \qquad V_A = -\,V_D = \frac{X_2 - X_1}{l};$$

$$M_{y1} = \frac{y_1'}{a}\,M_A + \frac{y_1}{a}\,M_B \qquad M_{x1} = \frac{x_1'}{c}\,M_B + \frac{x_1}{c}\,M_C \qquad M_{x2} = \frac{x_2'}{d}\,M_C.$$

Bemerkung: Bei Wärme**ab**nahme kehren alle Kräfte ihren Pfeilsinn um und alle Momente erhalten entgegengesetztes Vorzeichen.

Fall 35/6: Senkrechte Einzellast im Eckpunkt C

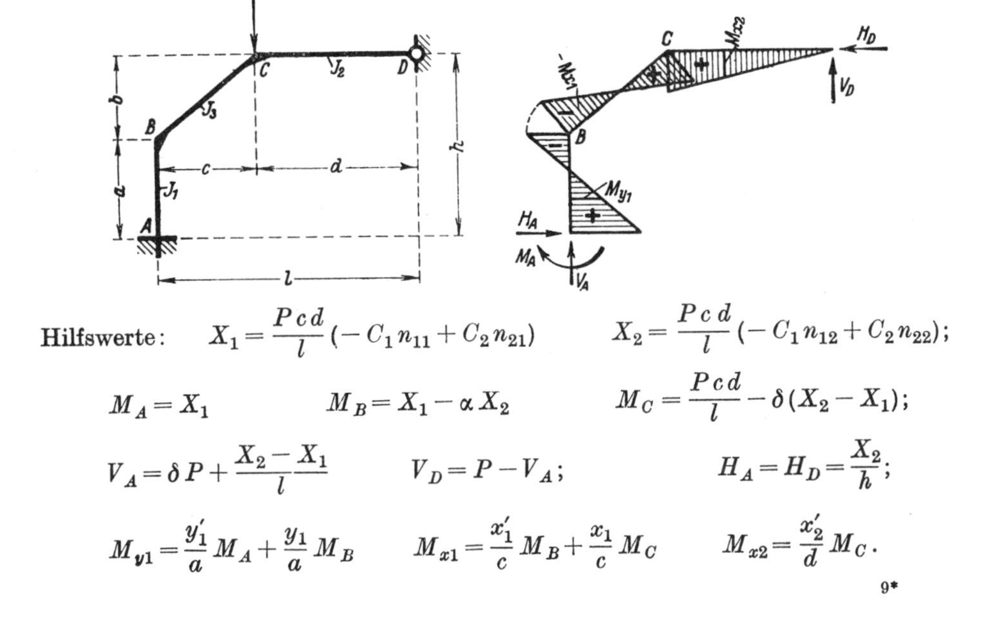

Hilfswerte: $X_1 = \frac{P\,c\,d}{l}\,(-\,C_1\,n_{11} + C_2\,n_{21})$ $\qquad X_2 = \frac{P\,c\,d}{l}\,(-\,C_1\,n_{12} + C_2\,n_{22});$

$$M_A = X_1 \qquad M_B = X_1 - \alpha\,X_2 \qquad M_C = \frac{P\,c\,d}{l} - \delta\,(X_2 - X_1);$$

$$V_A = \delta\,P + \frac{X_2 - X_1}{l} \qquad V_D = P - V_A; \qquad H_A = H_D = \frac{X_2}{h};$$

$$M_{y1} = \frac{y_1'}{a}\,M_A + \frac{y_1}{a}\,M_B \qquad M_{x1} = \frac{x_1'}{c}\,M_B + \frac{x_1}{c}\,M_C \qquad M_{x2} = \frac{x_2'}{d}\,M_C.$$

Rahmenform 36

Einhüftiger eingespannter Rahmen mit senkrechtem Stiel, waagerechtem Riegel und schrägem Eckstab

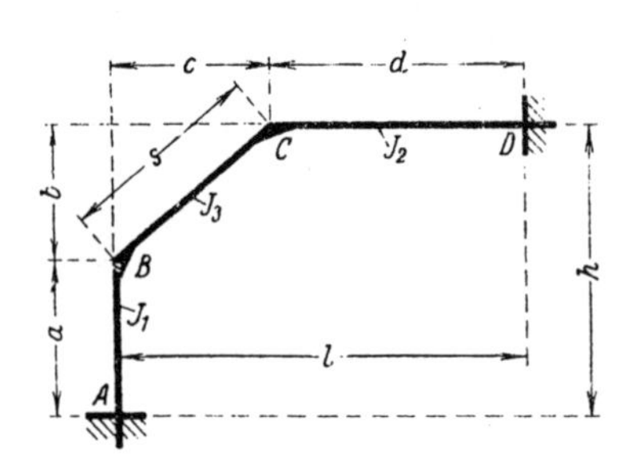

Rahmenform, Abmessungen und Bezeichnungen

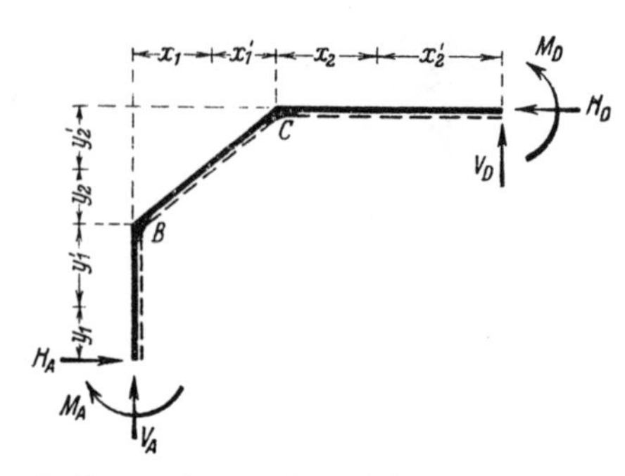

Festlegung der positiven Richtung aller Stützkräfte und der Koordinaten beliebiger Stabpunkte. Positive Biegungsmomente erzeugen an der gestrichelten Stabseite Zug

Festwerte:

$$k_1 = \frac{J_3}{J_1} \cdot \frac{a}{s} \qquad k_2 = \frac{J_3}{J_2} \cdot \frac{d}{s};$$

$$\alpha = \frac{a}{h} \qquad \beta = 1 - \alpha \qquad \delta = \frac{d}{l} \qquad \gamma = 1 - \delta;$$

$$B_1 = 3k_1 + 2 + \delta \qquad B_3 = 2\alpha(k_1 + 1) + \delta;$$

$$C_1 = 1 + 2\delta(1 + k_2) \qquad C_2 = 2\gamma(1 + k_2) + k_2 \qquad C_3 = \alpha + 2\delta(1 + k_2)$$

$$R_1 = 3k_1 + B_1 + \delta C_1 \qquad K_1 = \alpha\gamma + \delta C_2$$

$$R_2 = (\gamma + 2)k_2 + \gamma C_2 \qquad K_2 = \alpha B_1 + \delta C_1$$

$$R_3 = \alpha B_3 + \delta C_3 \qquad K_3 = \gamma + \delta C_2;$$

$$N = R_1 R_2 R_3 + 2K_1 K_2 K_3 - R_1 K_1^2 - R_2 K_2^2 - R_3 K_3^2;$$

$$n_{11} = \frac{R_2 R_3 - K_1^2}{N} \qquad n_{12} = n_{21} = \frac{K_1 K_2 - R_3 K_3}{N}$$

$$n_{22} = \frac{R_1 R_3 - K_2^2}{N} \qquad n_{13} = n_{31} = \frac{R_2 K_2 - K_1 K_3}{N}$$

$$n_{33} = \frac{R_1 R_2 - K_3^2}{N} \qquad n_{23} = n_{32} = \frac{R_1 K_1 - K_2 K_3}{N}$$

Siehe hierzu den Abschnitt **„Belastungsglieder“**

Fall 36/1: Schrägstab beliebig senkrecht belastet

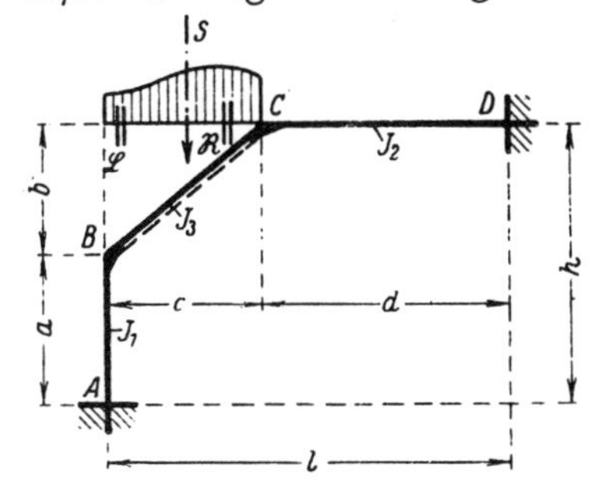

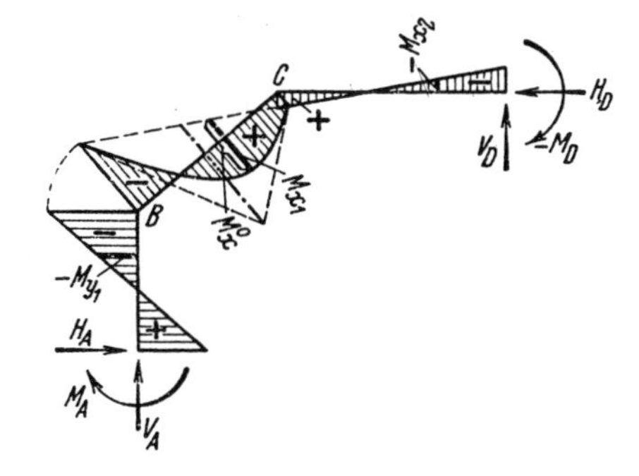

Hilfswerte:

$\mathfrak{B}_1 = \delta C_1 \mathfrak{S}_l + \mathfrak{L} + \delta \mathfrak{R}$

$\mathfrak{B}_2 = \delta C_2 \mathfrak{S}_l + \gamma \mathfrak{R}$

$\mathfrak{B}_3 = \delta C_3 \mathfrak{S}_l + \alpha \mathfrak{L} + \delta \mathfrak{R}$;

$M_A = X_1$

$M_B = X_1 - \alpha X_3$

$V_D = \dfrac{\mathfrak{S}_l + X_1 + X_2 - X_3}{l}$

$X_1 = -\mathfrak{B}_1 n_{11} - \mathfrak{B}_2 n_{21} + \mathfrak{B}_3 n_{31}$

$X_2 = +\mathfrak{B}_1 n_{12} + \mathfrak{B}_2 n_{22} - \mathfrak{B}_3 n_{32}$

$X_3 = -\mathfrak{B}_1 n_{13} - \mathfrak{B}_2 n_{23} + \mathfrak{B}_3 n_{33}$.

$M_C = \delta(\mathfrak{S}_l + X_1 - X_3) - \gamma X_2$

$M_D = -X_2$;

$V_A = \boldsymbol{S} - V_D$; $H_A = H_D = \dfrac{X_3}{h}$.

Anschriebe für die M_y und M_x wie beim Fall 36/5, plus $\boldsymbol{M}_x^0$ bei M_{x1}.

Fall 36/2: Riegel beliebig senkrecht belastet

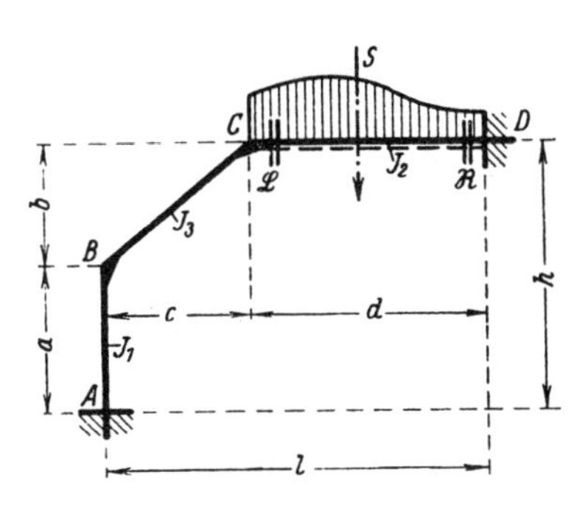

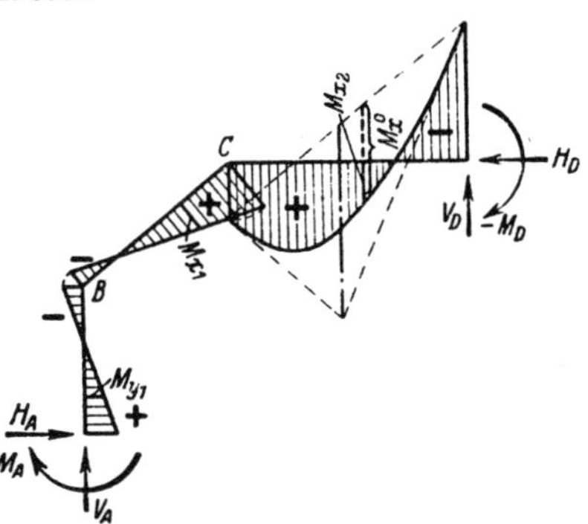

Hilfswerte:

$\mathfrak{B}_1 = \gamma C_1 \mathfrak{S}_r + \delta \mathfrak{L} k_2$

$\mathfrak{B}_2 = \gamma C_2 \mathfrak{S}_r + (\gamma \mathfrak{L} + \mathfrak{R}) k_2$

$\mathfrak{B}_3 = \gamma C_3 \mathfrak{S}_r + \delta \mathfrak{L} k_2$;

$M_A = X_1$

$M_B = X_1 - \alpha X_3$

$V_A = \dfrac{\mathfrak{S}_r - X_1 - X_2 + X_3}{l}$

$X_1 = -\mathfrak{B}_1 n_{11} - \mathfrak{B}_2 n_{21} + \mathfrak{B}_3 n_{31}$

$X_2 = +\mathfrak{B}_1 n_{12} + \mathfrak{B}_2 n_{22} - \mathfrak{B}_3 n_{32}$

$X_3 = -\mathfrak{B}_1 n_{13} - \mathfrak{B}_2 n_{23} + \mathfrak{B}_3 n_{33}$.

$M_C = \gamma(\mathfrak{S}_r - X_2) + \delta(X_1 - X_3)$

$M_D = -X_2$;

$V_D = \boldsymbol{S} - V_A$; $H_A = H_D = \dfrac{X_3}{h}$.

Anschriebe für die M_y und M_x wie beim Fall 36/5, plus $\boldsymbol{M}_x^0$ bei M_{x2}.

Siehe hierzu den Abschnitt „**Belastungsglieder**"

Fall 36/3: Schrägstab beliebig waagerecht belastet

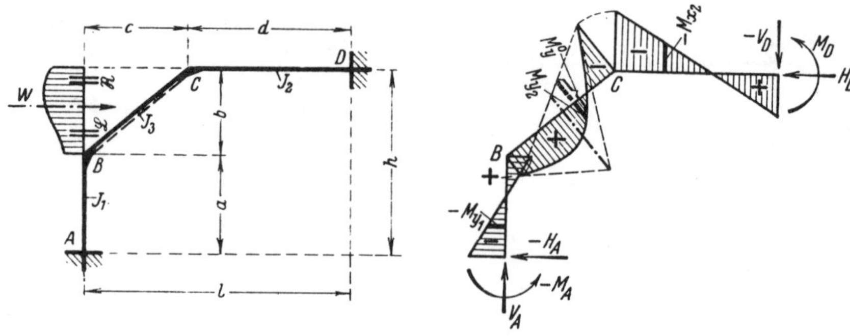

Hilfswerte:

$$\mathfrak{B}_1 = \delta C_1 \mathfrak{S}_r - (\mathfrak{L} + \delta \mathfrak{R}) \qquad X_1 = -\mathfrak{B}_1 n_{11} - \mathfrak{B}_2 n_{21} + \mathfrak{B}_3 n_{31}$$
$$\mathfrak{B}_2 = \delta C_2 \mathfrak{S}_r - \gamma \mathfrak{R} \qquad X_2 = +\mathfrak{B}_1 n_{12} + \mathfrak{B}_2 n_{22} - \mathfrak{B}_3 n_{32}$$
$$\mathfrak{B}_3 = \delta C_3 \mathfrak{S}_r - (\alpha \mathfrak{L} + \delta \mathfrak{R}); \qquad X_3 = -\mathfrak{B}_1 n_{13} - \mathfrak{B}_2 n_{23} + \mathfrak{B}_3 n_{33}.$$

$$M_A = -X_1 \qquad M_C = -\delta(\mathfrak{S}_r + X_1 - X_3) + \gamma X_2$$
$$M_B = \alpha X_3 - X_1 \qquad M_D = X_2;$$

$$H_A = -\frac{X_3}{h} \qquad H_D = \boldsymbol{W} + H_A; \qquad V_A = -V_D = \frac{\mathfrak{S}_r + X_1 + X_2 - X_3}{l}.$$

Anschriebe für die M_y und M_x wie beim Fall 36/5, plus $\boldsymbol{M_y^0}$ bei M_{y2}.

Fall 36/4: Stiel beliebig waagerecht belastet

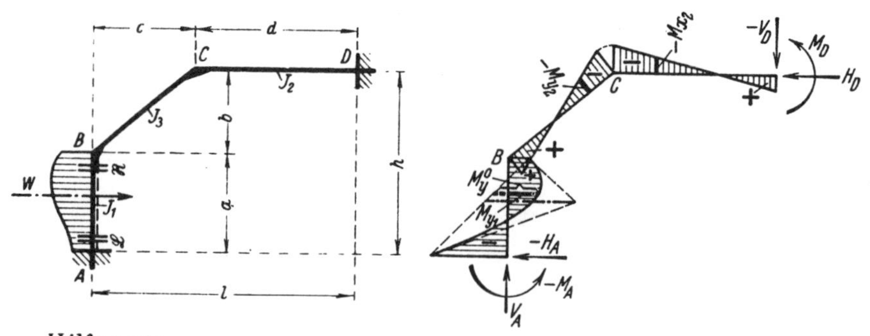

Hilfswerte:

$$\mathfrak{B}_1 = (B_1 + \delta C_1)\mathfrak{S}_l + (\mathfrak{L} + \mathfrak{R}) k_1 \qquad X_1 = +\mathfrak{B}_1 n_{11} + \mathfrak{B}_2 n_{21} - \mathfrak{B}_3 n_{31}$$
$$\mathfrak{B}_2 = (\gamma + \delta C_2)\mathfrak{S}_l \qquad X_2 = -\mathfrak{B}_1 n_{12} - \mathfrak{B}_2 n_{22} + \mathfrak{B}_3 n_{32}$$
$$\mathfrak{B}_3 = (B_3 + \delta C_3)\mathfrak{S}_l + \alpha \mathfrak{R} k_1; \qquad X_3 = -\mathfrak{B}_1 n_{13} - \mathfrak{B}_2 n_{23} + \mathfrak{B}_3 n_{33}.$$

$$M_A = -X_1 \qquad M_C = \delta(\mathfrak{S}_l - X_1 - X_3) + \gamma X_2$$
$$M_B = \mathfrak{S}_l - X_1 - \alpha X_3 \qquad M_D = X_2;$$

$$V_A = -V_D = \frac{X_1 + X_2 + X_3 - \mathfrak{S}_l}{l}; \qquad H_D = \frac{X_3}{h} \qquad H_A = -(\boldsymbol{W} - H_D).$$

Anschriebe für die M_y und M_x wie beim Fall 36/5, plus $\boldsymbol{M_y^0}$ bei M_{y1}.

Fall 36/5: Gleichmäßige Wärmezunahme im ganzen Rahmen

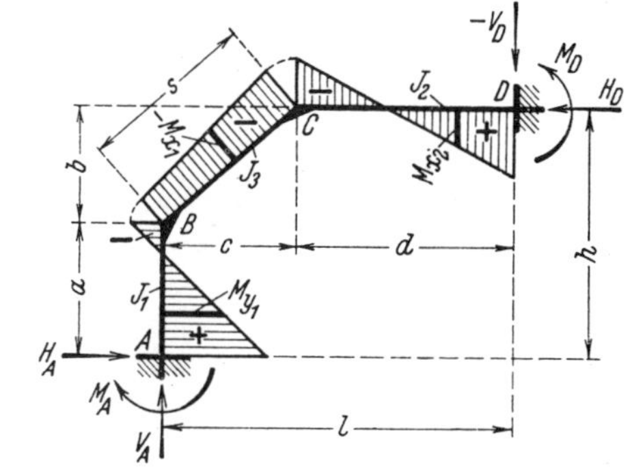

E = Elastizitätsmodul,
α_T = Wärmeausdehnungszahl,
t = Wärmeänderung in Grad.

Hilfswerte:

$$T = \frac{6\,E\,J_3\,\alpha_T\,t\,h}{s\,l} \qquad \lambda = \frac{l^2 + h^2}{h^2};$$

$$X_1 = T\,(-n_{11} + n_{21} + \lambda\,n_{31})$$
$$X_2 = T\,(-n_{12} + n_{22} + \lambda\,n_{32})$$
$$X_3 = T\,(-n_{13} + n_{23} + \lambda\,n_{33})$$

$$M_A = X_1 \qquad M_D = X_2 \qquad M_B = X_1 - \alpha\,X_3 \qquad M_C = \delta\,(X_1 - X_3) + \gamma\,X_2;$$

$$H_A = H_D = \frac{X_3}{h}; \qquad V_A = -V_D = \frac{X_3 + X_2 - X_1}{l};$$

$$M_{y1} = \frac{y_1'}{a}\,M_A + \frac{y_1}{a}\,M_B \qquad M_{x1} = \frac{x_1'}{c}\,M_B + \frac{x_1}{c}\,M_C \qquad M_{x2} = \frac{x_2'}{d}\,M_C + \frac{x_2}{d}\,M_D.$$

Bemerkung: Bei Wärmeabnahme kehren alle Kräfte ihren Pfeilsinn um und alle Momente erhalten entgegengesetztes Vorzeichen.

Fall 36/6: Senkrechte Einzellast am Eckpunkt C

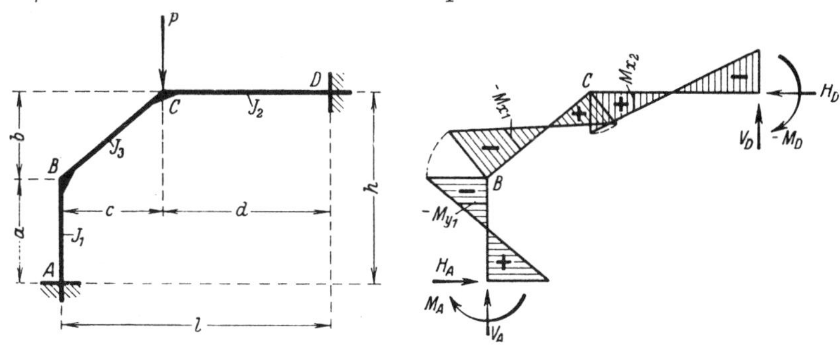

Hilfswerte:

$$X_1 = \frac{P\,c\,d}{l}\,(-C_1\,n_{11} - C_2\,n_{21} + C_3\,n_{31}) \qquad M_A = X_1 \qquad M_D = -X_2$$

$$X_2 = \frac{P\,c\,d}{l}\,(+C_1\,n_{12} + C_2\,n_{22} - C_3\,n_{32}) \qquad M_B = X_1 - \alpha\,X_3$$

$$X_3 = \frac{P\,c\,d}{l}\,(-C_1\,n_{13} - C_2\,n_{23} + C_3\,n_{33}). \qquad M_C = \frac{P\,c\,d}{l} + \delta\,(X_1 - X_3) - \gamma\,X_2;$$

$$V_A = \delta\,P + \frac{X_3 - X_2 - X_1}{l} \qquad V_D = P - V_A; \qquad H_A = H_D = \frac{X_3}{h}.$$

Anschriebe für die M_y und M_x wie vor.

Rahmenform 37

Einhüftiger Zweigelenkrahmen mit senkrechtem Stiel und satteldachförmig geknicktem Riegel

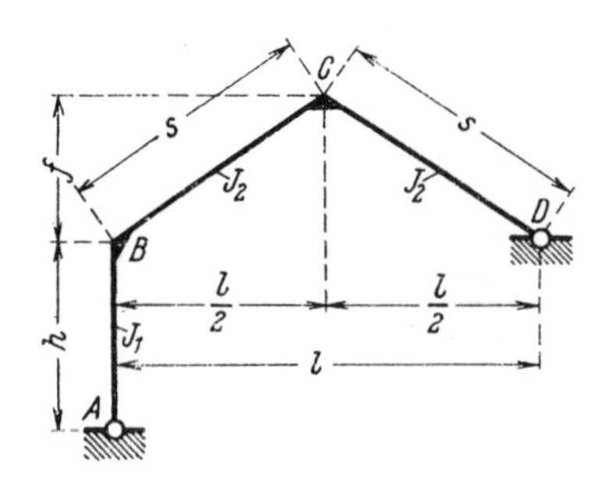

Rahmenform, Abmessungen und Bezeichnungen

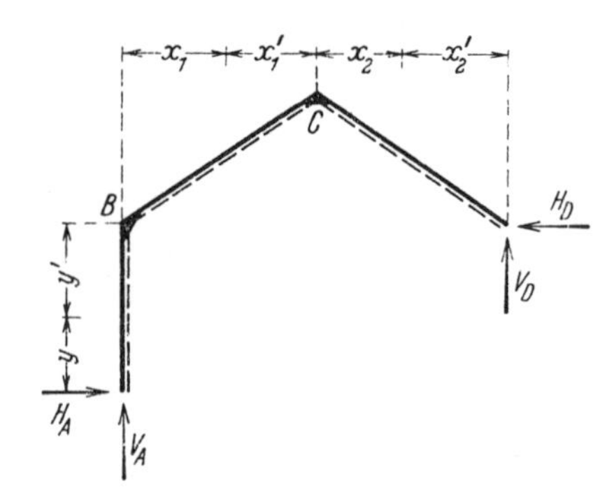

Festlegung der positiven Richtung aller Stützkräfte und der Koordinaten beliebiger Stabpunkte. Positive Biegungsmomente erzeugen an der gestrichelten Stabseite Zug

Festwerte: $k = \frac{J_2}{J_1} \cdot \frac{h}{s}$; $\varphi = \frac{f}{h}$ $\gamma = \frac{1}{2} + \varphi$;

$B = 2k + \frac{5}{2} + \varphi$ $C = \frac{3}{2} + 2\varphi$; $N = B + 2\gamma C$.

Fall 37/1: Gleichmäßige Wärmezunahme im ganzen Rahmen

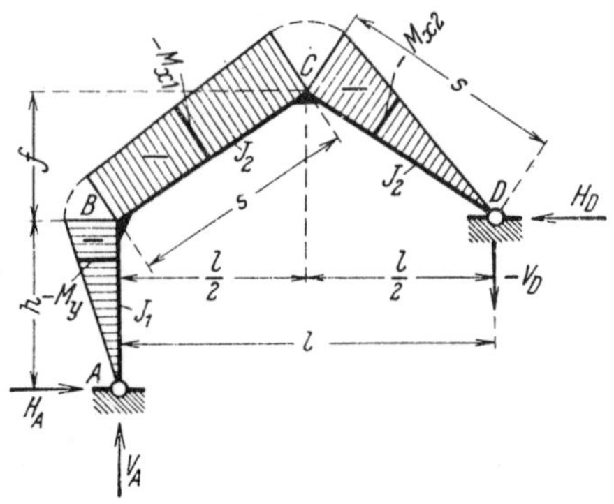

E = Elastizitätsmodul,

α_T = Wärmeausdehnungszahl,

t = Wärmeänderung in Grad.

Hilfswert:

$$X = \frac{6 E J_2 \alpha_T t}{s N} \left(\frac{h}{l} + \frac{l}{h} \right).$$

$$M_B = -X \qquad M_C = -\gamma X; \qquad V_C = -V_D = \frac{X}{l}; \qquad H_A = H_D = \frac{X}{h};$$

$$M_y = \frac{y}{h} M_B \qquad M_{x1} = \frac{2 x_1'}{l} M_B + \frac{2 x_1}{l} M_C \qquad M_{x2} = \frac{2 x_2'}{l} M_C.$$

Bemerkung: Bei Wärmeabnahme kehren alle Kräfte ihren Pfeilsinn um und alle Momente erhalten entgegengesetztes Vorzeichen.

Siehe hierzu den Abschnitt „**Belastungsglieder**"

Fall 37/2: Beide Riegelhälften beliebig senkrecht belastet

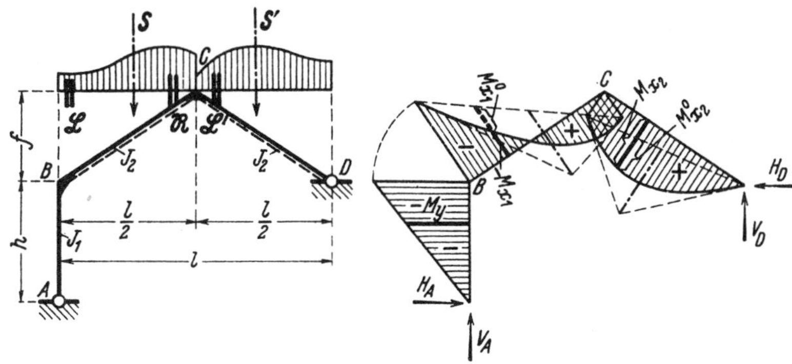

Hilfswert: $$X = \frac{C(\mathfrak{S}_l + \mathfrak{S}_r') + \mathfrak{L} + \gamma(\mathfrak{R} + \mathfrak{L}')}{N}.$$

$$M_B = -X \qquad M_C = \frac{\mathfrak{S}_l + \mathfrak{S}_r'}{2} - \gamma X; \qquad H_A = H_D = \frac{X}{h};$$

$$V_A = \left(S - \frac{\mathfrak{S}_l}{l}\right) + \frac{\mathfrak{S}_r'}{l} + \frac{X}{l} \qquad V_D = \frac{\mathfrak{S}_l}{l} + \left(S' - \frac{\mathfrak{S}_r'}{l}\right) - \frac{X}{l};$$

$$M_y = \frac{y}{h} M_B \qquad M_{x1} = \mathbf{M}_{x1}^0 + \frac{2x_1'}{l} M_B + \frac{2x_1}{l} M_C \qquad M_{x2} = \mathbf{M}_{x2}^0 + \frac{2x_2'}{l} M_C.$$

Fall 37/3: Stiel beliebig waagerecht belastet

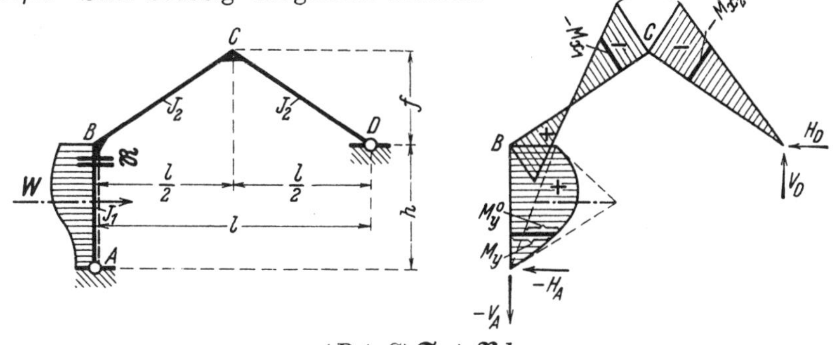

Hilfswert: $$X = \frac{(B + C)\mathfrak{S}_l + \mathfrak{R}k}{N}.$$

$$M_B = \mathfrak{S}_l - X \qquad M_C = \frac{\mathfrak{S}_l}{2} - \gamma X;$$

$$V_D = -V_A = \frac{\mathfrak{S}_l - X}{l}; \qquad H_D = \frac{X}{h} \qquad H_A = -(W - H_D);$$

$$M_y = \mathbf{M}_y^0 + \frac{y}{h} M_B \qquad M_{x1} = \frac{2x_1'}{l} M_B + \frac{2x_1}{l} M_C \qquad M_{x2} = \frac{2x_2'}{l} M_C.$$

Siehe hierzu den Abschnitt „**Belastungsglieder**"

Fall 37/4: Linke Riegelhälfte beliebig waagerecht belastet

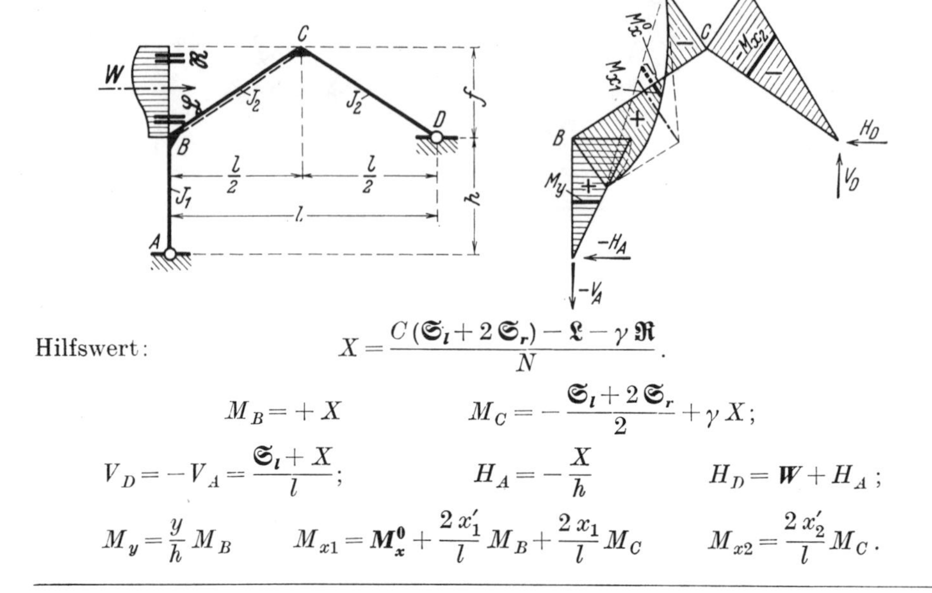

Hilfswert:
$$X = \frac{C(\mathfrak{S}_l + 2\,\mathfrak{S}_r) - \mathfrak{L} - \gamma\,\mathfrak{R}}{N}.$$

$$M_B = +X \qquad M_C = -\frac{\mathfrak{S}_l + 2\,\mathfrak{S}_r}{2} + \gamma X;$$

$$V_D = -V_A = \frac{\mathfrak{S}_l + X}{l}; \qquad H_A = -\frac{X}{h} \qquad H_D = \boldsymbol{W} + H_A;$$

$$M_y = \frac{y}{h} M_B \qquad M_{x1} = \boldsymbol{M_x^0} + \frac{2\,x_1'}{l} M_B + \frac{2\,x_1}{l} M_C \qquad M_{x2} = \frac{2\,x_2'}{l} M_C.$$

Fall 37/5: Rechte Riegelhälfte beliebig waagerecht belastet

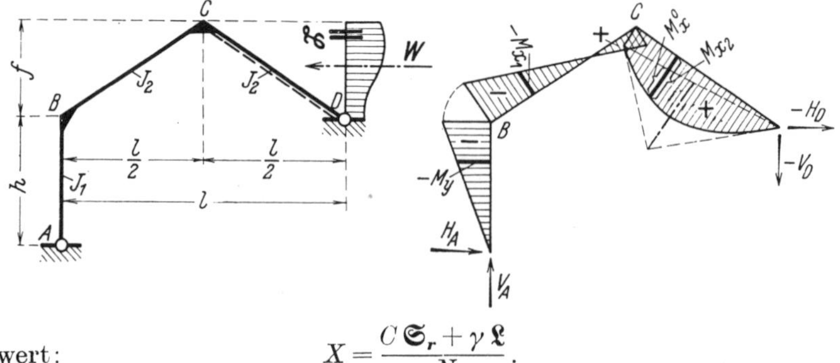

Hilfswert:
$$X = \frac{C\,\mathfrak{S}_r + \gamma\,\mathfrak{L}}{N}.$$

$$M_B = -X \qquad M_C = \frac{\mathfrak{S}_r}{2} - \gamma X;$$

$$V_A = -V_D = \frac{\mathfrak{S}_r + X}{l}; \qquad H_A = \frac{X}{h} \qquad H_D = -(\boldsymbol{W} - H_A);$$

$$M_y = \frac{y}{h} M_B \qquad M_{x1} = \frac{2\,x_1'}{l} M_B + \frac{2\,x_1}{l} M_C \qquad M_{x2} = \boldsymbol{M_x^0} + \frac{2\,x_2'}{l} M_C.$$

Rahmenform 38

Symmetrischer eingespannter Rechteckrahmen mit gelenkig eingefügtem Riegel

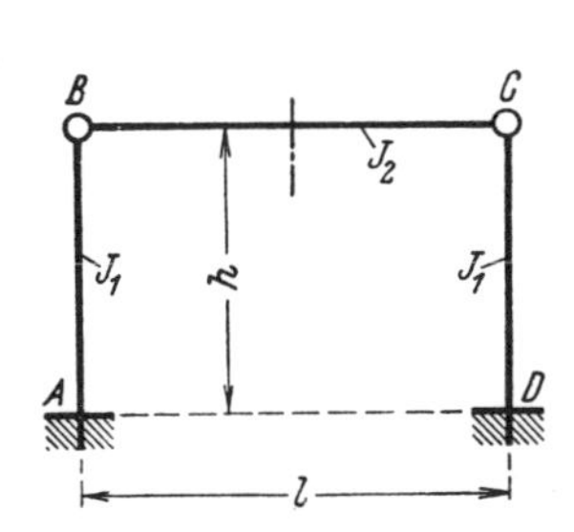

Rahmenform, Abmessungen und Bezeichnungen

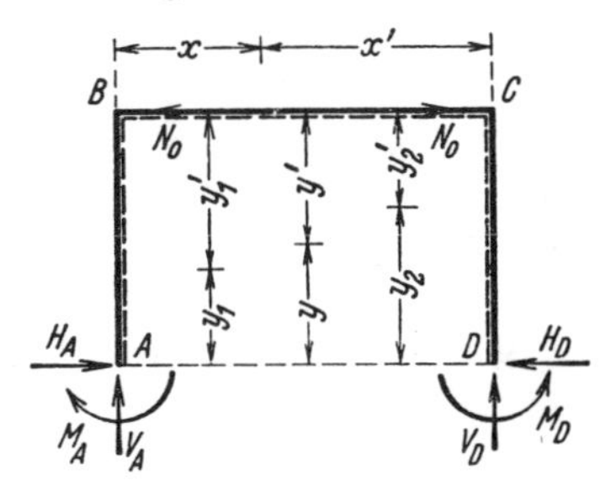

Festlegung der positiven Richtung aller Stützkräfte und der Axialkraft im Riegel[1])

Fall 38/1: Gleichmäßige Wärmezunahme des Riegels um t Grad[2])[3])

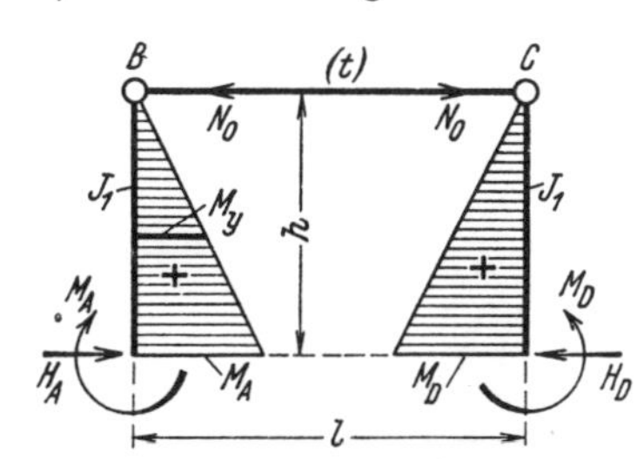

E = Elastizitätsmodul,

α_T = Wärmeausdehnungszahl,

$$M_A = M_D = \frac{3\,E\,J_1\,l\,\alpha_T\,t}{2\,h^2};$$

$$M_y = \frac{y'}{h} M_A; \qquad H_A = H_D = N_0 = \frac{M_A}{h}.$$

Bemerkung: Bei Wärme**ab**nahme kehren alle Momente und Kräfte ihren Wirkungssinn um.

Fall 38/2: Beliebige Belastung des Riegels

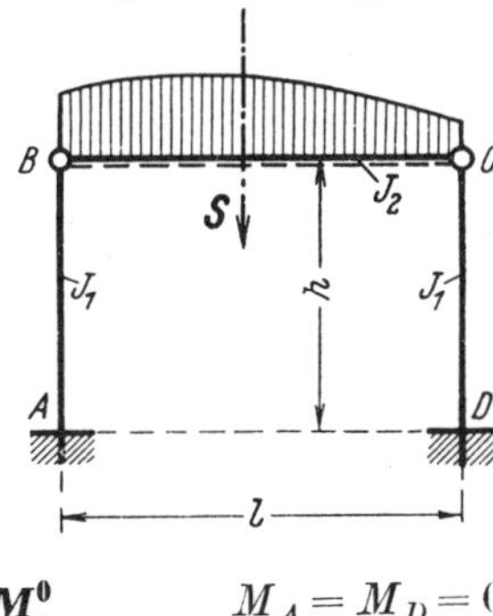

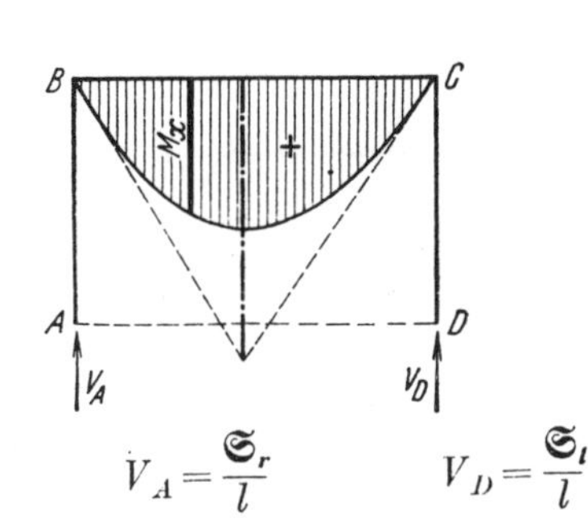

$$M_x = \mathbf{M}_x^0 \qquad M_A = M_D = 0; \qquad V_A = \frac{\mathfrak{S}_r}{l} \qquad V_D = \frac{\mathfrak{S}_l}{l}.$$

---

[1]) Positive Biegungsmomente M erzeugen an der gestrichelten Stabseite Zug. Positive Axialkräfte N erzeugen im Stab Druck.

[2]) Wärmeänderung der Stiele hat keinen statischen Einfluß.

[3]) Bei einer Riegelverkürzung $\Delta l = \varepsilon \cdot l$ ist ε anstatt $\alpha_T \cdot t$ in die Formeln für Wärme**ab**nahme einzusetzen.

Siehe hierzu den Abschnitt „**Belastungsglieder**"

Fall 38/3: Beide Stiele beliebig von außen her, aber gleich belastet (Symmetrischer Lastfall)

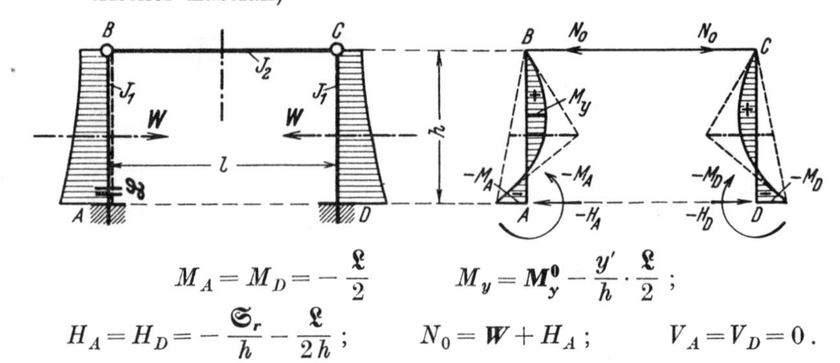

$$M_A = M_D = -\frac{\mathfrak{L}}{2} \qquad M_y = \boldsymbol{M}_y^0 - \frac{y'}{h} \cdot \frac{\mathfrak{L}}{2};$$

$$H_A = H_D = -\frac{\mathfrak{S}_r}{h} - \frac{\mathfrak{L}}{2h}; \qquad N_0 = \boldsymbol{W} + H_A; \qquad V_A = V_D = 0.$$

Bemerkung: Alle Belastungsglieder sind auf den linken Stiel bezogen.

Fall 38/4: Beide Stiele beliebig von links her, aber gleich belastet (Antimetrischer Lastfall)

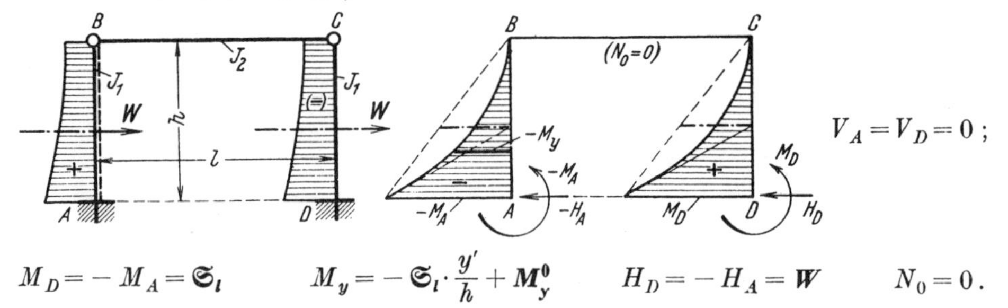

$$V_A = V_D = 0;$$

$$M_D = -M_A = \mathfrak{S}_l \qquad M_y = -\mathfrak{S}_l \cdot \frac{y'}{h} + \boldsymbol{M}_y^0 \qquad H_D = -H_A = \boldsymbol{W} \qquad N_0 = 0.$$

Bemerkung: Alle Belastungsglieder sind auf den linken Stiel bezogen.

Fall 38/5: Linker Stiel beliebig belastet

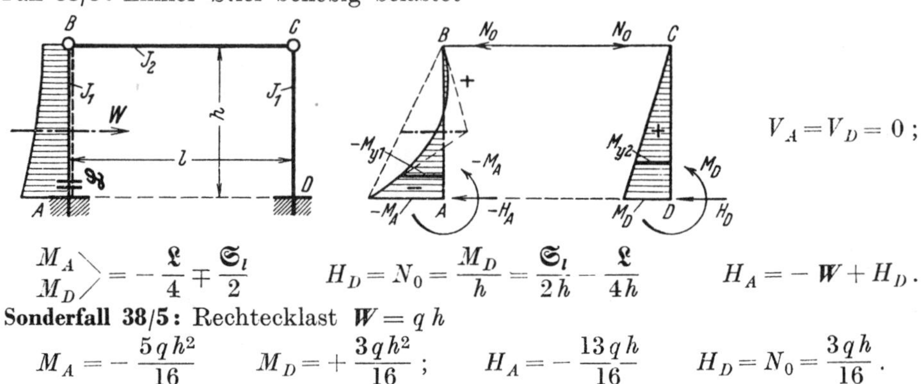

$$V_A = V_D = 0;$$

$$\left.\begin{matrix} M_A \\ M_D \end{matrix}\right\rangle = -\frac{\mathfrak{L}}{4} \mp \frac{\mathfrak{S}_l}{2} \qquad H_D = N_0 = \frac{M_D}{h} = \frac{\mathfrak{S}_l}{2h} - \frac{\mathfrak{L}}{4h} \qquad H_A = -\boldsymbol{W} + H_D.$$

Sonderfall 38/5: Rechtecklast $\boldsymbol{W} = q\,h$

$$M_A = -\frac{5qh^2}{16} \qquad M_D = +\frac{3qh^2}{16}; \qquad H_A = -\frac{13qh}{16} \qquad H_D = N_0 = \frac{3qh}{16}.$$

Rahmenform 39

Symmetrischer rechteckiger Zweigelenkrahmen

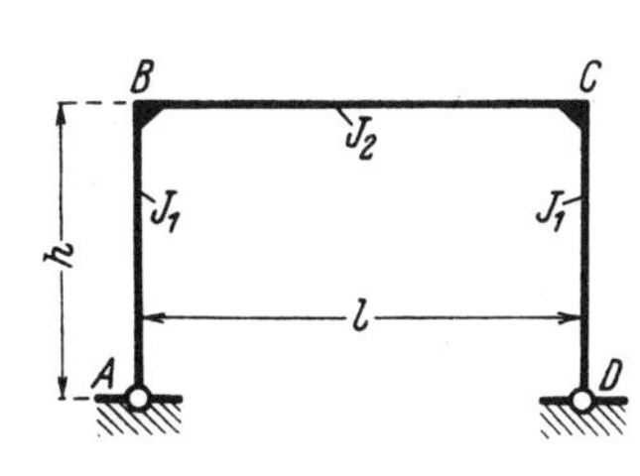

Rahmenform, Abmessungen und Bezeichnungen

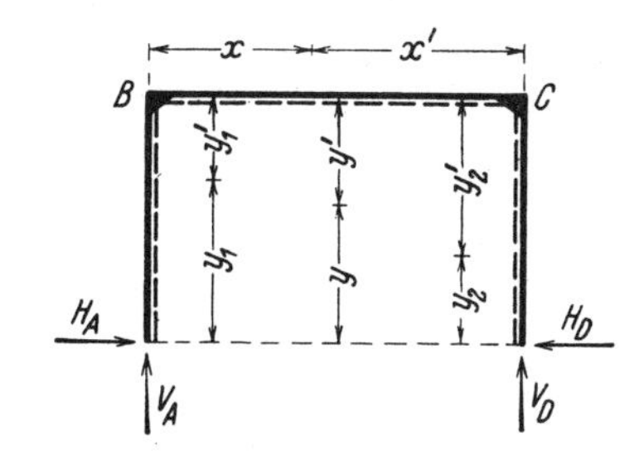

Festlegung der positiven Richtung aller Stützkräfte und der Koordinaten beliebiger Stabpunkte. Bei symmetrischer Rahmenlast wird y und y' verwendet. Positive Biegungsmomente erzeugen an der gestrichelten Stabseite Zug

Festwerte:

$$k = \frac{J_2}{J_1} \cdot \frac{h}{l} \qquad N = 2k + 3.$$

Fall 39/1: Gleichmäßige Wärmezunahme im ganzen Rahmen

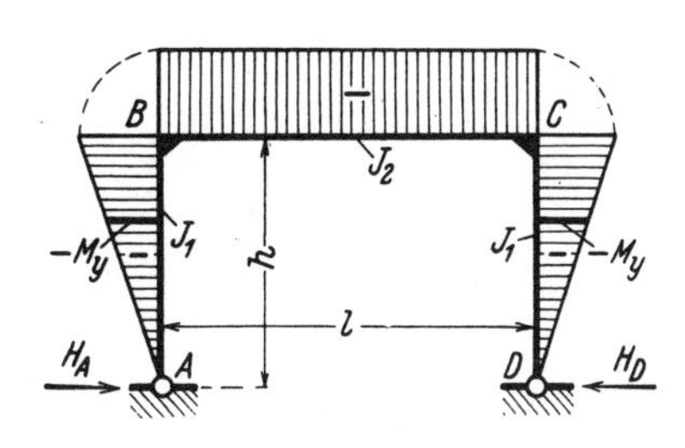

E = Elastizitätsmodul,
α_T = Wärmeausdehnungszahl,
t = Wärmeänderung in Grad.

$$M_B = M_C = -\frac{3\,E\,J_2\,\alpha_T\,t}{h\,N};$$

$$H_A = H_D = \frac{-M_B}{h}; \qquad M_y = \frac{y}{h}\,M_B.$$

Bemerkung: Bei Wärme**ab**nahme kehren alle Kräfte ihren Pfeilsinn um und alle Momente erhalten entgegengesetztes Vorzeichen.
Bei einer Riegelverkürzung $\Delta l = \varepsilon \cdot l$ (z. B. aus Vorspannung) ist ε anstatt $\alpha_T \cdot t$ in die Formel für Wärme**ab**nahme einzusetzen: $M_B = M_C = +\frac{3\,E\,J_2 \cdot \varepsilon}{h \cdot N}$

Fall 39/2: Rechteck-Vollast auf dem Riegel

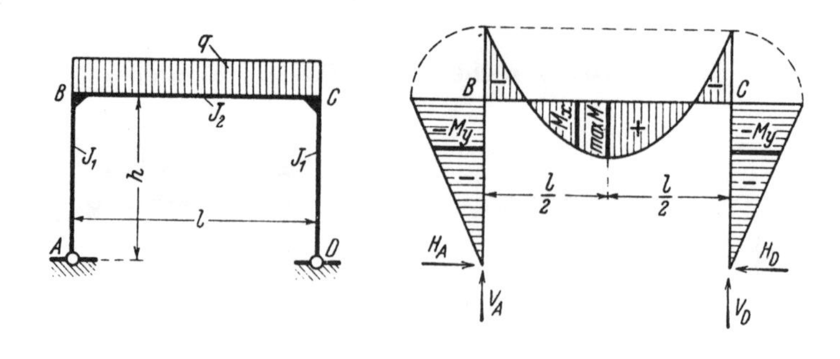

$$M_B = M_C = -\frac{q\,l^2}{4\,N} \qquad \max M = \frac{q\,l^2}{8} + M_B \qquad M_x = \frac{q\,x\,x'}{2} + M_B;$$

$$V_A = V_D = \frac{q\,l}{2} \qquad H_A = H_D = \frac{-M_B}{h}; \qquad M_y = \frac{y}{h} M_B.$$

Fall 39/3: Rechteck-Streckenlast von links her auf dem Riegel

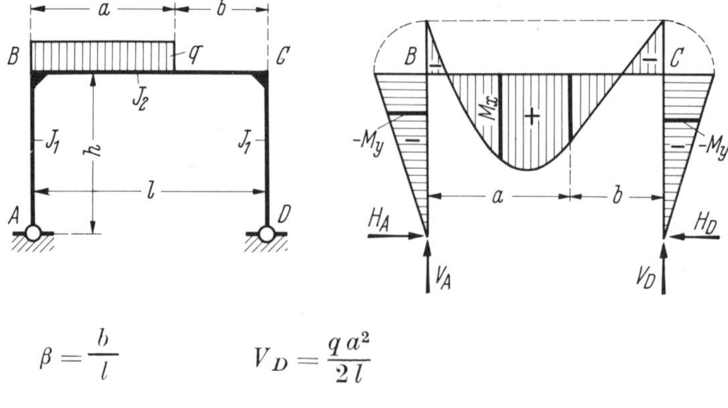

$$\beta = \frac{b}{l} \qquad V_D = \frac{q\,a^2}{2\,l}$$

$$M_B = M_C = -\frac{q\,a^2\,(1 + 2\,\beta)}{4\,N} \qquad H_A = H_D = \frac{-M_B}{h} \qquad V_A = q\,a - V_D$$

Im Bereich a: Im Bereich b:

$$M_x = \left(V_A - \frac{q\,x}{2}\right) x + M_B \qquad M_x = V_D\,x' + M_C \qquad M_y = \frac{y}{h} M_B.$$

Fall 39/4: Einzellast an beliebiger Stelle des Riegels

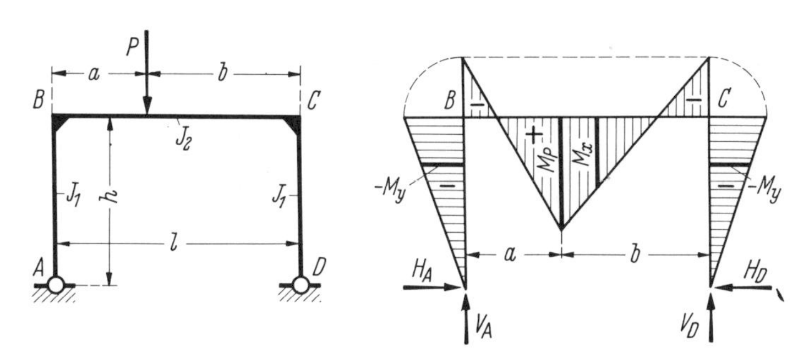

$$M_B = M_C = -\frac{P\,a\,b}{l} \cdot \frac{3}{2\,N} \qquad M_P = \frac{P\,a\,b}{l} + M_B \qquad V_A = \frac{P\,b}{l} \qquad V_D = \frac{P\,a}{l}$$

Im Bereich a: Im Bereich b:

$$H_A = H_D = \frac{-M_B}{h} \qquad M_x = V_A\,x + M_B \qquad M_x = V_D\,x' + M_C \qquad M_y = \frac{y}{h} M_B\,.$$

Fall 39/5: Zwei gleiche Einzellasten in beliebiger aber symmetrischer Stellung auf dem Riegel

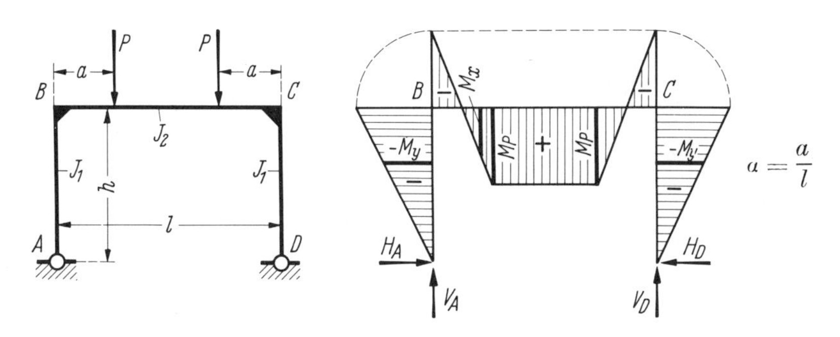

$$M_B = M_C = -\frac{3\,P\,a\,(1-\alpha)}{N} \qquad V_A = V_D = P \qquad H_A = H_D = \frac{-M_B}{h}$$

$$M_P = P\,a + M_B \qquad M_x = P\,x + M_B \qquad M_y = \frac{y}{h} M_B\,.$$

Fall 39/6: Einzellast in der Mitte des Riegels (Symmetrischer Lastfall)

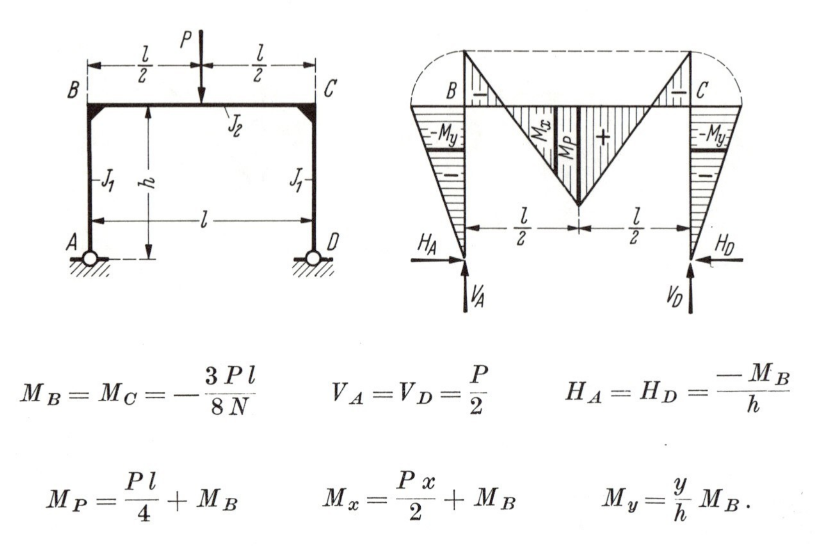

$$M_B = M_C = -\frac{3\,P\,l}{8\,N} \qquad V_A = V_D = \frac{P}{2} \qquad H_A = H_D = \frac{-M_B}{h}$$

$$M_P = \frac{P\,l}{4} + M_B \qquad M_x = \frac{P\,x}{2} + M_B \qquad M_y = \frac{y}{h}\,M_B\,.$$

Fall 39/7: Drei gleiche Einzellasten in den Viertelspunkten des Riegels (Symmetrischer Lastfall)

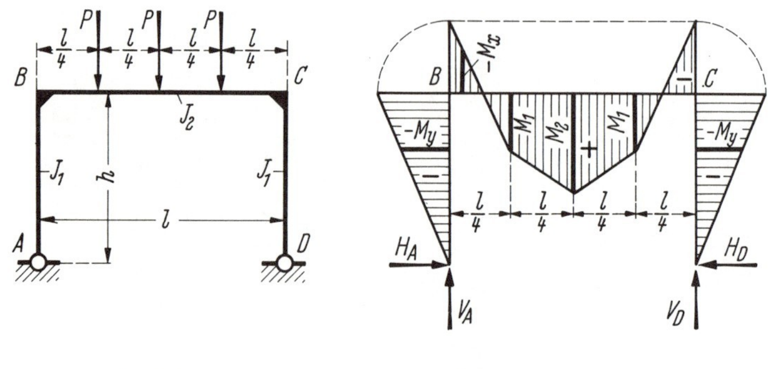

$$M_B = M_C = -\frac{15\,P\,l}{16\,N} \qquad V_A = V_D = \frac{3\,P}{2} \qquad H_A = H_D = \frac{-M_B}{h}$$

Im Bereich $B - 1$:

$$M_1 = \frac{3\,P\,l}{8} + M_B \qquad M_2 = \frac{P\,l}{2} + M_B \qquad M_x = V_A\,x + M_B \qquad M_y = \frac{y}{h}\,M_B\,.$$

Zu Seite 145 und 146 siehe den Abschnitt „**Belastungsglieder**"

Fall 39/8: Riegel beliebig senkrecht belastet

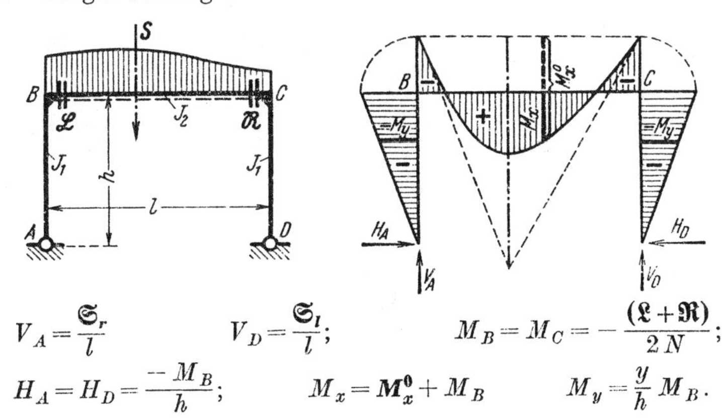

$$V_A = \frac{\mathfrak{S}_r}{l} \qquad V_D = \frac{\mathfrak{S}_l}{l}; \qquad M_B = M_C = -\frac{(\mathfrak{L}+\mathfrak{R})}{2N};$$

$$H_A = H_D = \frac{-M_B}{h}; \qquad M_x = \mathbf{M}_x^0 + M_B \qquad M_y = \frac{y}{h} M_B .$$

Sonderfall 39/8a: Symmetrische Feldlast ($\mathfrak{R} = \mathfrak{L}$)

$$V_A = V_D = \boldsymbol{S}/2; \qquad M_B = M_C = -\mathfrak{L}/N .$$

Fall 39/9: Riegel beliebig antimetrisch belastet ($\mathfrak{R} = -\mathfrak{L}$)

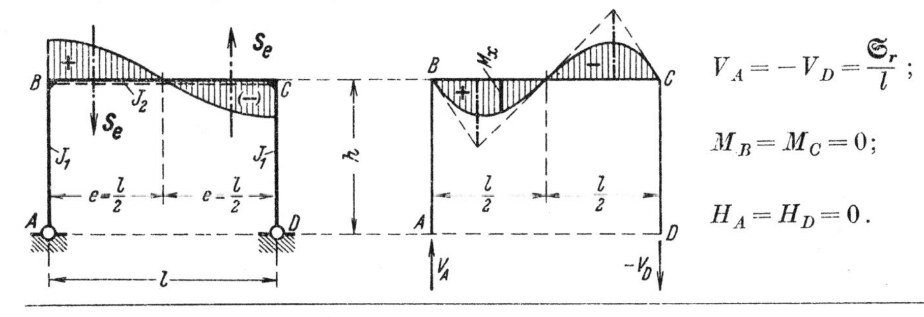

$$V_A = -V_D = \frac{\mathfrak{S}_r}{l};$$

$$M_B = M_C = 0;$$

$$H_A = H_D = 0 .$$

Fall 39/10: Waagerechte Einzellast in Riegelhöhe

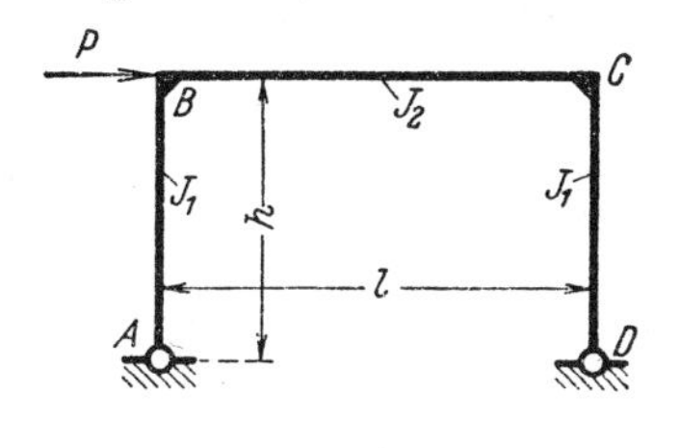

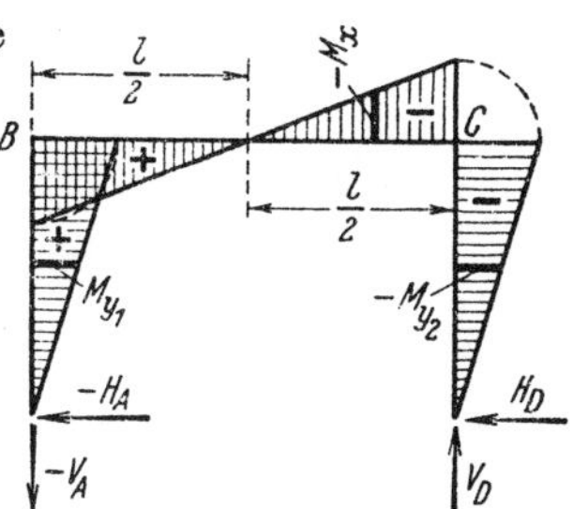

$$V_D = -V_A = \frac{Ph}{l}; \qquad H_D = -H_A = \frac{P}{2};$$

$$M_B = -M_C = +\frac{Ph}{2}; \qquad M_x = Ph\left(\frac{1}{2} - \frac{x}{l}\right) \qquad M_{y1} = -M_{y2} = \frac{P}{2} y .$$

Fall 39/11: Beide Stiele beliebig von außen her, aber gleich belastet (Symmetrischer Lastfall)*)

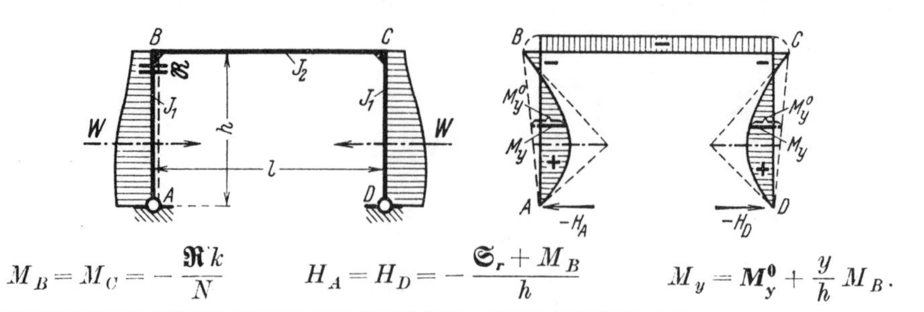

$$M_B = M_C = -\frac{\mathfrak{R}k}{N} \qquad H_A = H_D = -\frac{\mathfrak{S}_r + M_B}{h} \qquad M_y = \mathbf{M}_y^0 + \frac{y}{h} M_B.$$

Fall 39/12: Beide Stiele beliebig von links her, aber gleich belastet (Antimetrischer Lastfall)*)

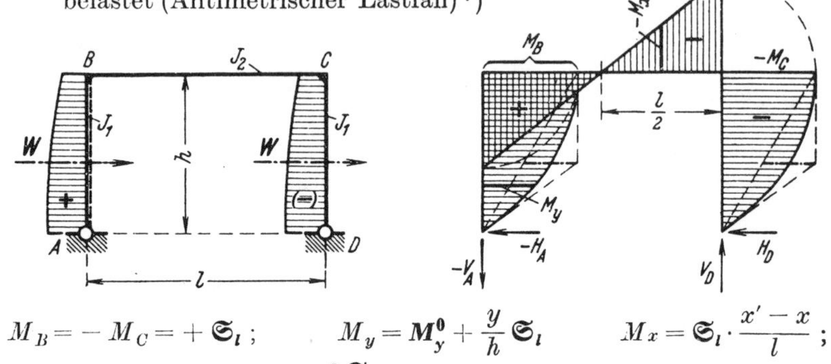

$$M_B = -M_C = +\mathfrak{S}_l; \qquad M_y = \mathbf{M}_y^0 + \frac{y}{h}\mathfrak{S}_l \qquad M_x = \mathfrak{S}_l \cdot \frac{x' - x}{l};$$

$$V_D = -V_A = \frac{2\mathfrak{S}_l}{l} \qquad H_D = -H_A = \mathbf{W}.$$

Fall 39/13: Linker Stiel beliebig waagerecht belastet

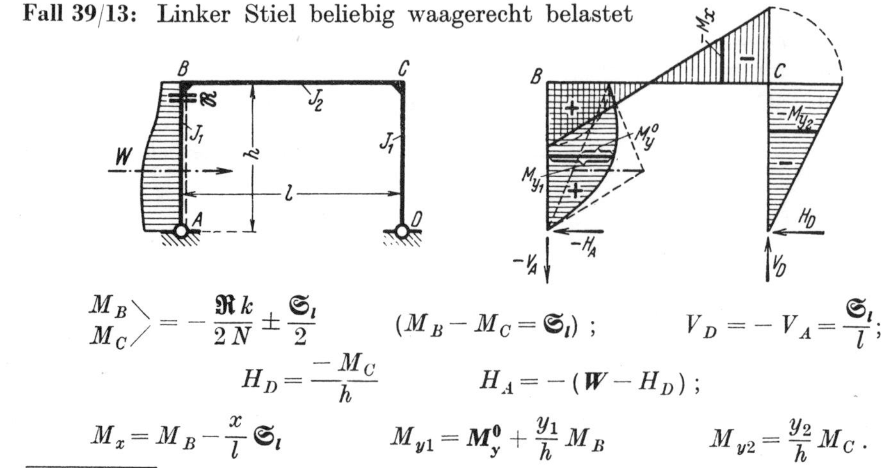

$$\left.\begin{matrix} M_B \\ M_C \end{matrix}\right\rangle = -\frac{\mathfrak{R}k}{2N} \pm \frac{\mathfrak{S}_l}{2} \qquad (M_B - M_C = \mathfrak{S}_l); \qquad V_D = -V_A = \frac{\mathfrak{S}_l}{l};$$

$$H_D = \frac{-M_C}{h} \qquad H_A = -(\mathbf{W} - H_D);$$

$$M_x = M_B - \frac{x}{l}\mathfrak{S}_l \qquad M_{y1} = \mathbf{M}_y^0 + \frac{y_1}{h} M_B \qquad M_{y2} = \frac{y_2}{h} M_C.$$

*) Alle Belastungsglieder sind auf den linken Stiel bezogen.

Fall 39/14: Einzellast an beliebiger Stelle des linken Stieles

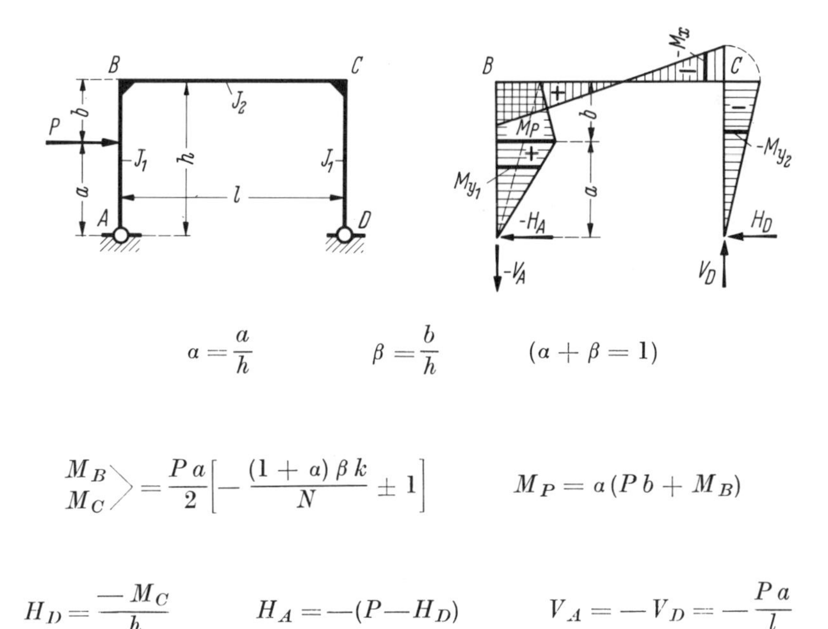

$$\alpha = \frac{a}{h} \qquad \beta = \frac{b}{h} \qquad (\alpha + \beta = 1)$$

$$\left.\begin{matrix} M_B \\ M_C \end{matrix}\right\rangle = \frac{P\,a}{2}\left[-\frac{(1+\alpha)\,\beta\,k}{N} \pm 1\right] \qquad M_P = \alpha\,(P\,b + M_B)$$

$$H_D = \frac{-M_C}{h} \qquad H_A = -(P - H_D) \qquad V_A = -V_D = -\frac{P\,a}{l}$$

Im Bereich a: Im Bereich b:

$$M_{y1} = (-H_A)\,y_1 \quad M_{y1} = P\,a - H_D\,y_1 \quad M_x = M_C + V_D\,x' \quad M_{y2} = -H_D\,y_2\,.$$

Fall 39/15: Rechteck-Vollast an beiden Seiten (Symmetrischer Lastfall)

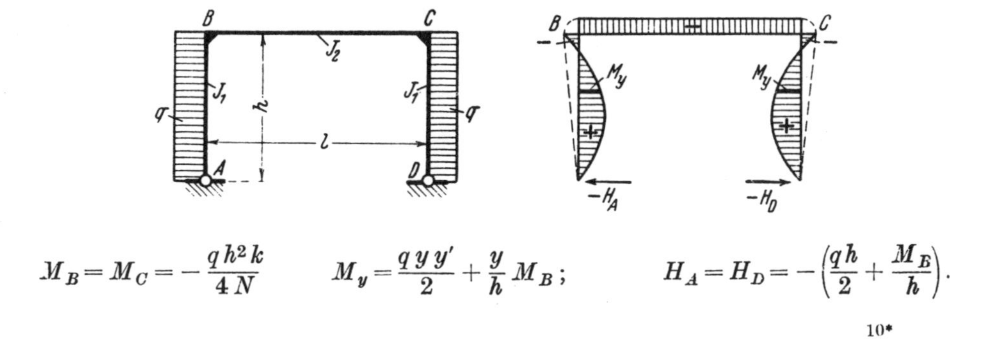

$$M_B = M_C = -\frac{q\,h^2\,k}{4\,N} \qquad M_y = \frac{q\,y\,y'}{2} + \frac{y}{h}\,M_B\,; \qquad H_A = H_D = -\left(\frac{q\,h}{2} + \frac{M_B}{h}\right).$$

Fall 39/16: Rechteck-Vollast am linken Stiel

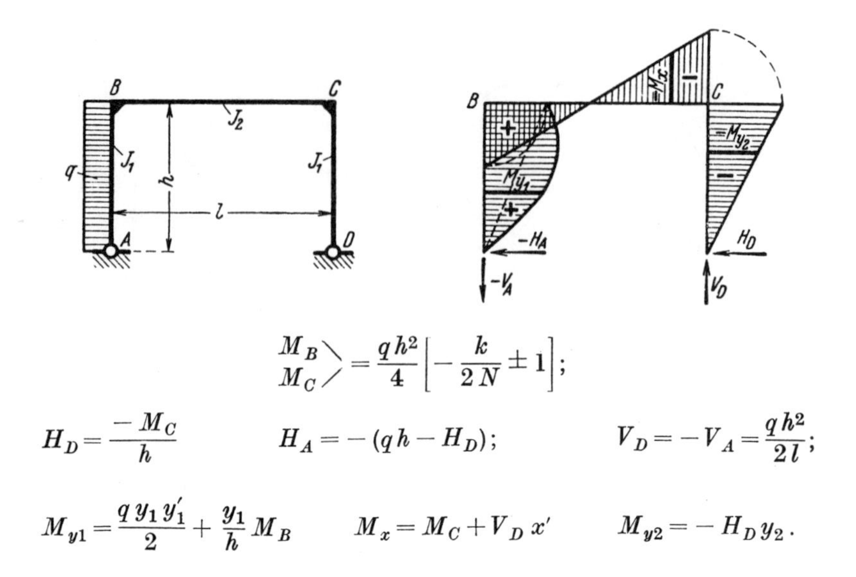

$$\left.\begin{matrix} M_B \\ M_C \end{matrix}\right\rangle = \frac{q\,h^2}{4}\left[-\frac{k}{2\,N} \pm 1\right];$$

$$H_D = \frac{-M_C}{h} \qquad H_A = -(q\,h - H_D); \qquad V_D = -V_A = \frac{q\,h^2}{2\,l};$$

$$M_{y1} = \frac{q\,y_1\,y_1'}{2} + \frac{y_1}{h}\,M_B \qquad M_x = M_C + V_D\,x' \qquad M_{y2} = -H_D\,y_2\,.$$

Fall 39/17: Rechteck-Streckenlast von unten her am linken Stiel

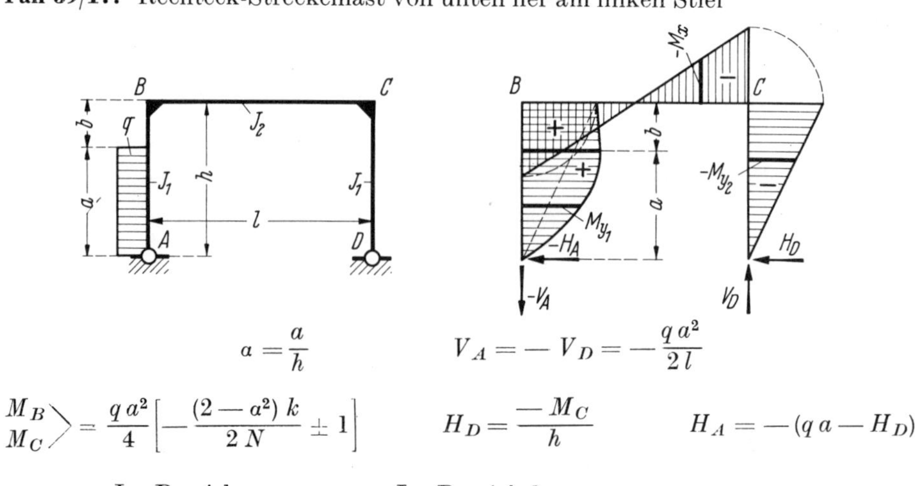

$$\alpha = \frac{a}{h} \qquad V_A = -V_D = -\frac{q\,a^2}{2\,l}$$

$$\left.\begin{matrix} M_B \\ M_C \end{matrix}\right\rangle = \frac{q\,a^2}{4}\left[-\frac{(2 - \alpha^2)\,k}{2\,N} \pm 1\right] \qquad H_D = \frac{-M_C}{h} \qquad H_A = -(q\,a - H_D)$$

Im Bereich a:

$$M_{y1} = \left(-H_A - \frac{q\,y_1}{2}\right)y_1$$

Im Bereich b:

$$M_{y1} = \frac{q\,a^2}{2} - H_D\,y_1$$

$$M_x = M_C + V_D\,x'$$
$$M_{y2} = -H_D\,y_2\,.$$

Fall 39/18: Rechteck-Streckenlasten von unten her an beiden Stielen (Symmetrischer Lastfall)

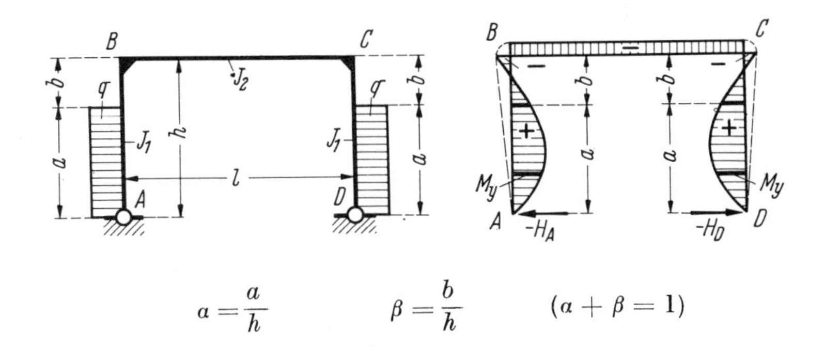

$$\alpha = \frac{a}{h} \qquad \beta = \frac{b}{h} \qquad (\alpha + \beta = 1)$$

$$M_B = M_C = -\frac{q\,a^2\,(2 - \alpha^2)\,k}{4\,N} \qquad H_A = H_D = -\left[\frac{q\,a\,(1+\beta)}{2} + \frac{M_B}{h}\right]$$

Im Bereich a: $M_y = \left(-H_A - \frac{q\,y}{2}\right)y$

Im Bereich b: $M_y = \frac{q\,a^2}{2\,h}\,y' + \frac{y}{h}\,M_B\,.$

Fall 39/19: Dreiecklast an beiden Stielen (Symmetrischer Lastfall)

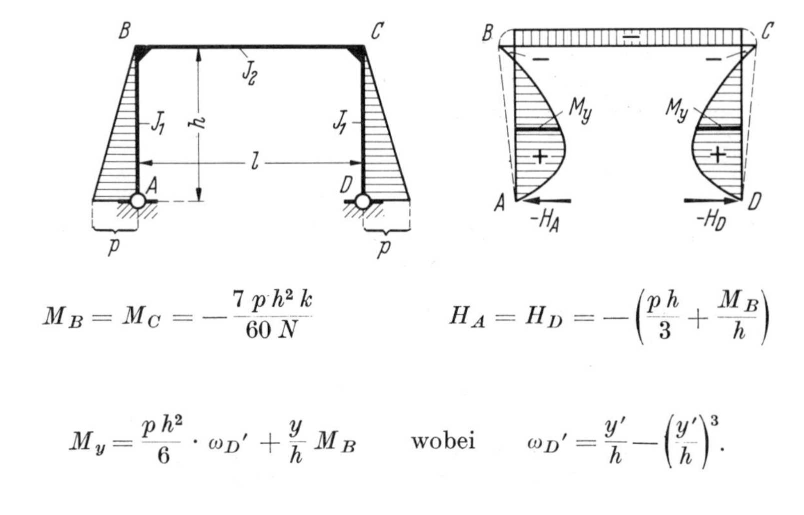

$$M_B = M_C = -\frac{7\,p\,h^2\,k}{60\,N} \qquad H_A = H_D = -\left(\frac{p\,h}{3} + \frac{M_B}{h}\right)$$

$$M_y = \frac{p\,h^2}{6}\cdot\omega_D' + \frac{y}{h}\,M_B \qquad \text{wobei} \qquad \omega_D' = \frac{y'}{h} - \left(\frac{y'}{h}\right)^3.$$

Fall 39/20: Symmetrisches Drehmomentenpaar an den Rahmenecken

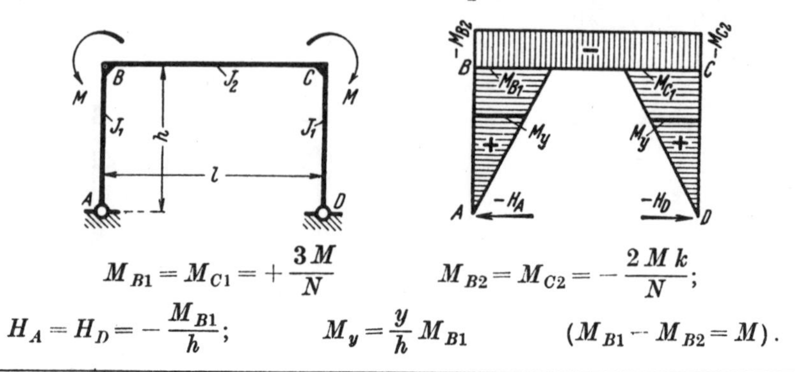

$$M_{B1} = M_{C1} = +\frac{3M}{N} \qquad M_{B2} = M_{C2} = -\frac{2Mk}{N};$$

$$H_A = H_D = -\frac{M_{B1}}{h}; \qquad M_y = \frac{y}{h} M_{B1} \qquad (M_{B1} - M_{B2} = M).$$

Fall 39/21: Antimetrisches Drehmomentenpaar an den Rahmenecken

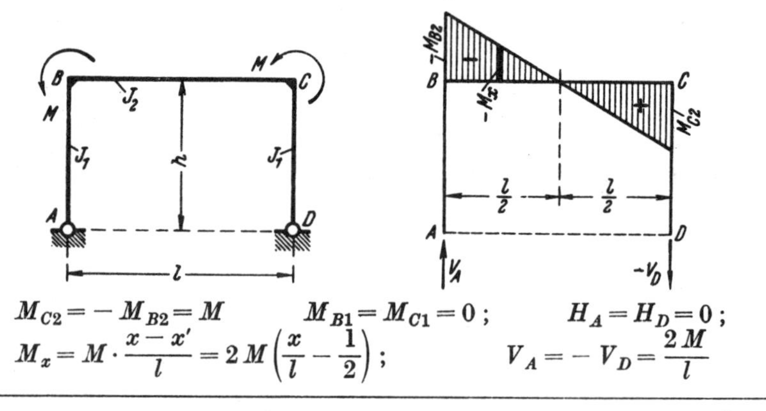

$$M_{C2} = -M_{B2} = M \qquad M_{B1} = M_{C1} = 0; \qquad H_A = H_D = 0;$$

$$M_x = M \cdot \frac{x - x'}{l} = 2M\left(\frac{x}{l} - \frac{1}{2}\right); \qquad V_A = -V_D = \frac{2M}{l}$$

Fall 39/22: Drehmoment am Eckpunkt B

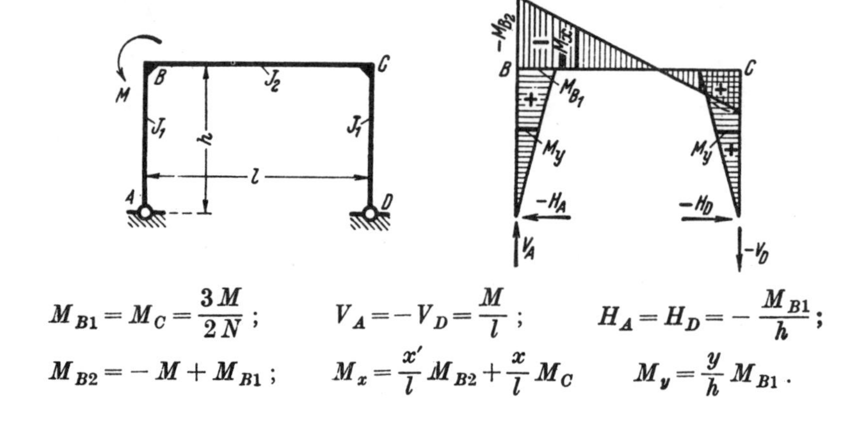

$$M_{B1} = M_C = \frac{3M}{2N}; \qquad V_A = -V_D = \frac{M}{l}; \qquad H_A = H_D = -\frac{M_{B1}}{h};$$

$$M_{B2} = -M + M_{B1}; \qquad M_x = \frac{x'}{l} M_{B2} + \frac{x}{l} M_C \qquad M_y = \frac{y}{h} M_{B1}.$$

Siehe hierzu Titelseite 141

Festwerte: $k = \frac{J_2}{J_1} \cdot \frac{h}{l}$ $N = 2k + 3.$

Fall 39/23: Konsollast am linken Stiel

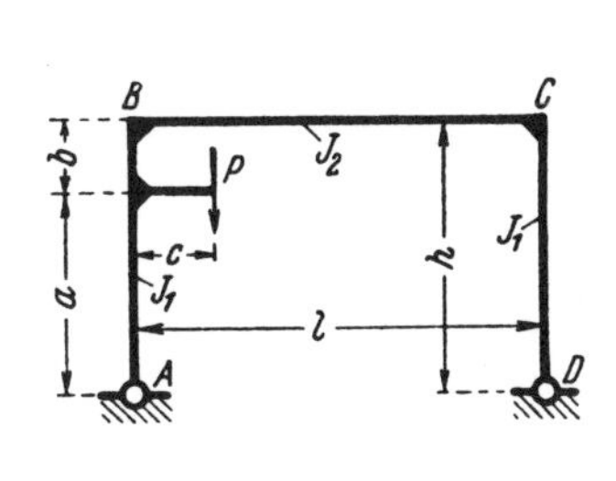

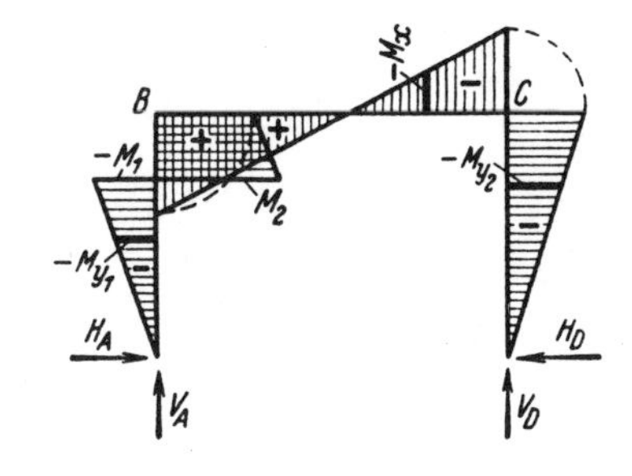

$\alpha = \frac{a}{h};$ $\left.\begin{matrix} M_B \\ M_C \end{matrix}\right\rangle = \frac{Pc}{2}\left[\frac{(3\alpha^2 - 1)k}{N} \pm 1\right]$

$M_1 = -H_A a$ $M_2 = Pc - H_A a;$

$V_D = \frac{Pc}{l}$ $V_A = P - V_D;$ $H_A = H_D = \frac{-M_C}{h}$

Im Bereich a: $M_{y1} = -H_A y_1$

Im Bereich b: $M_{y1} = Pc - H_A y_1$ $M_x = M_C + V_D x'$ $M_{y2} = -H_D y_2.$

Fall 39/24: Gleiche Konsollasten an den Stielen (Symmetrischer Lastfall)

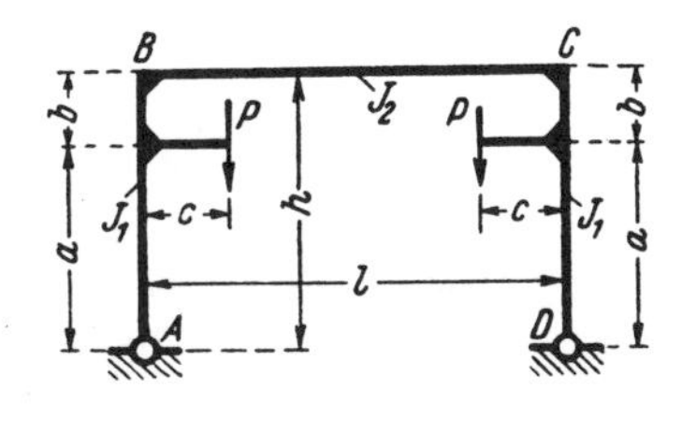

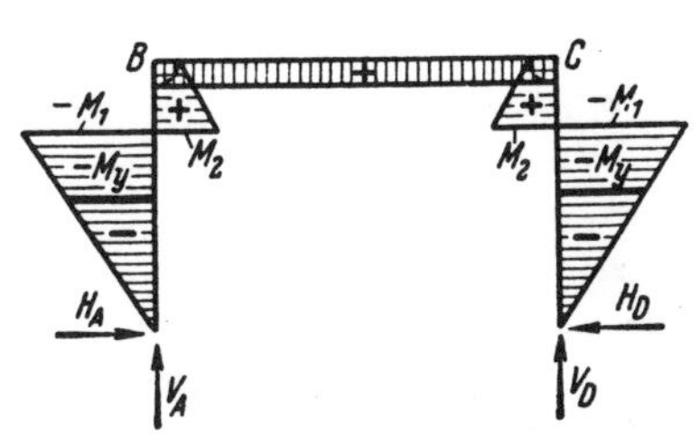

$\alpha = \frac{a}{h};$ $M_B = M_C = \frac{Pc(3\alpha^2 - 1)k}{N};$

$H_A = H_D = \frac{Pc - M_B}{h};$ $V_A = V_D = P.$

$M_1 = -H_A a$ $M_2 = Pc - H_A a;$

Im Bereich a: $M_y = -H_A y$

Im Bereich b: $M_y = Pc - H_A y.$

Rahmenform 40

Symmetrischer Rechteckrahmen mit einem festen Fußgelenk und einem waagerecht beweglichen Auflager, verbunden durch ein elastisches Zugband

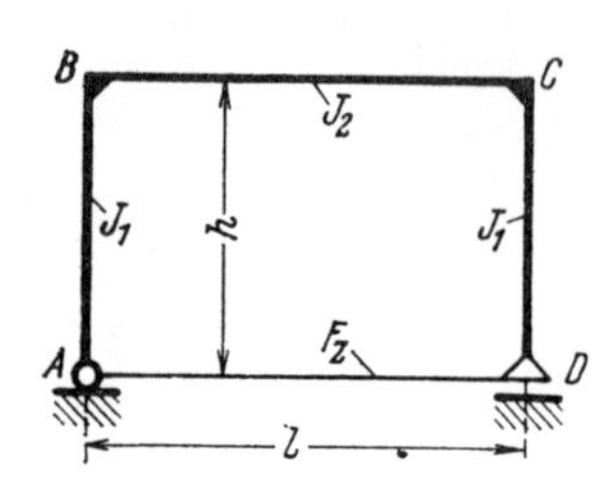

Rahmenform, Abmessungen und Bezeichnungen

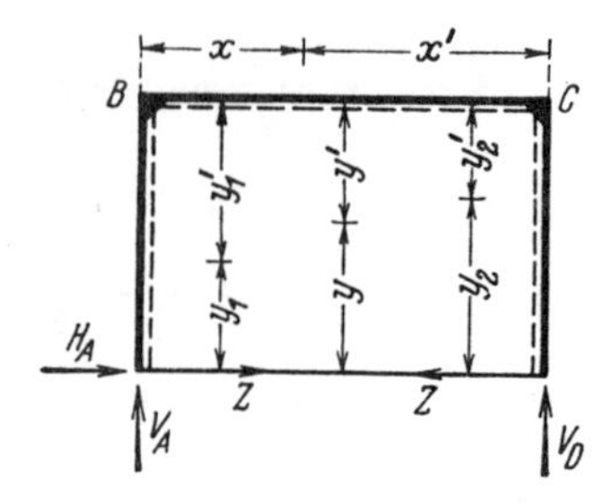

Festlegung der positiven Richtung aller Stützkräfte und der Koordinaten beliebiger Stabpunkte. Bei symmetrischer Rahmenlast wird y und y' verwendet. Positive Biegungsmomente erzeugen an der gestrichelten Stabseite Zug

Festwerte:

$$k = \frac{J_2}{J_1} \cdot \frac{h}{l} \qquad L = \frac{3\,J_2}{h^2 F_Z} \cdot \frac{E}{E_Z} \qquad N = 2k + 3 \qquad N_Z = N + L\,.$$

E = Elastizitätsmodul des Rahmenbaustoffes,
E_Z = Elastizitätsmodul des Zugbandstoffes,
F_Z = Querschnittsfläche des Zugbandes.

Fall 40/1: Gleichmäßige Wärme**zu**nahme im ganzen Rahmen[1])

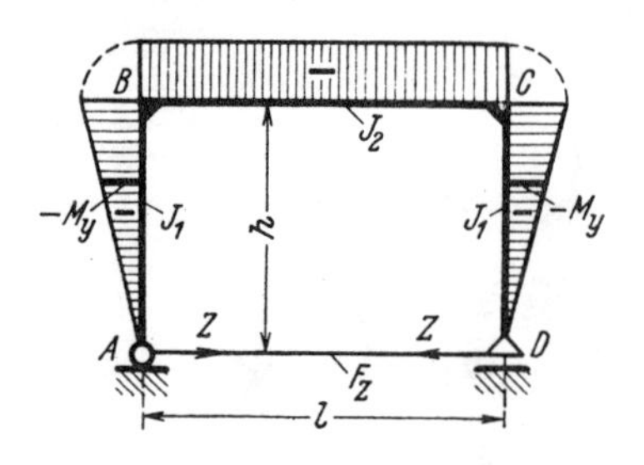

E = Elastizitätsmodul,
α_T = Wärmeausdehnungszahl,
t = Wärmeänderung in Grad.

$$Z = \frac{3\,E\,J_2\,\alpha_T\,t}{h^2\,N_Z}\,;$$

$$M_B = M_C = -Z\,h \qquad M_y = -Z\,y.$$

Bemerkung: Bei Wärme**ab**nahme kehren alle Kräfte ihren Pfeilsinn um und alle Momente erhalten entgegengesetztes Vorzeichen[2]).

[1]) Bei einer Riegelverkürzung $\Delta l = \varepsilon \cdot l$ ist ε anstatt $\alpha_T \cdot t$ in die Formeln für Wärme**ab**nahme einzusetzen.
[2]) Siehe hierzu die Fußnote Seite **154**.

Siehe hierzu den Abschnitt **„Belastungsglieder“**

Fall 40/2: Riegel beliebig senkrecht belastet*)

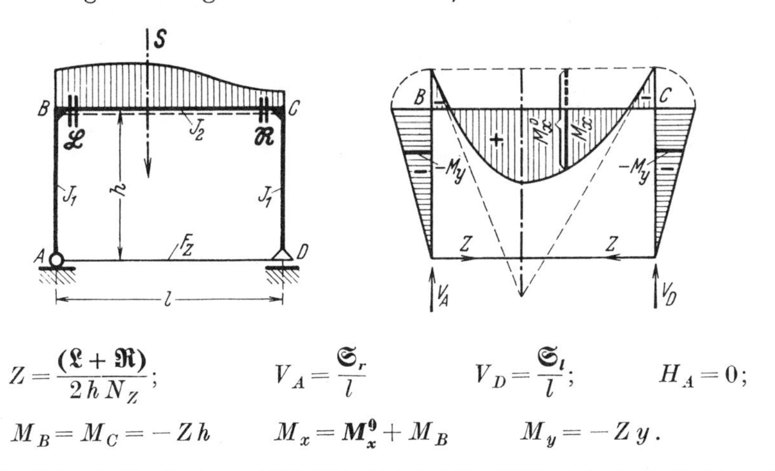

$$Z = \frac{(\mathfrak{L} + \mathfrak{R})}{2 h N_Z}; \qquad V_A = \frac{\mathfrak{S}_r}{l} \qquad V_D = \frac{\mathfrak{S}_l}{l}; \qquad H_A = 0;$$

$$M_B = M_C = -Z h \qquad M_x = \mathbf{M}_x^0 + M_B \qquad M_y = -Z y.$$

Fall 40/3: Linker Stiel beliebig waagerecht belastet

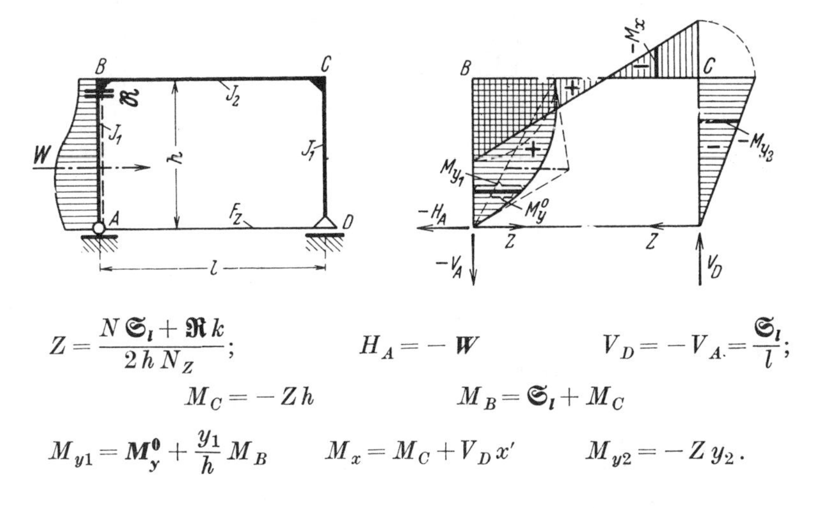

$$Z = \frac{N \mathfrak{S}_l + \mathfrak{R} k}{2 h N_Z}; \qquad H_A = -\mathfrak{W} \qquad V_D = -V_A = \frac{\mathfrak{S}_l}{l};$$

$$M_C = -Z h \qquad M_B = \mathfrak{S}_l + M_C$$

$$M_{y1} = \mathbf{M}_y^0 + \frac{y_1}{h} M_B \qquad M_x = M_C + V_D x' \qquad M_{y2} = -Z y_2.$$

Sonderfall 40/3a: Nur waagerechte Einzellast P in Riegelhöhe

$$(\mathfrak{W} = P; \qquad \mathfrak{S}_l = P h; \qquad \mathfrak{R} = 0).$$

$$Z = \frac{P}{2} \cdot \frac{N}{N_Z}; \qquad V_D = -V_A = \frac{P h}{l}; \qquad M_B = (P - Z) h \qquad M_C = -Z h;$$

$$H_A = -P; \qquad M_{y1} = (P - Z) y_1 \qquad M_x = M_C + V_D x' \qquad M_{y2} = -Z y_2.$$

Siehe hierzu den Abschnitt **„Belastungsglieder“**

Fall 40/4: Beide Stiele beliebig, aber gleich belastet

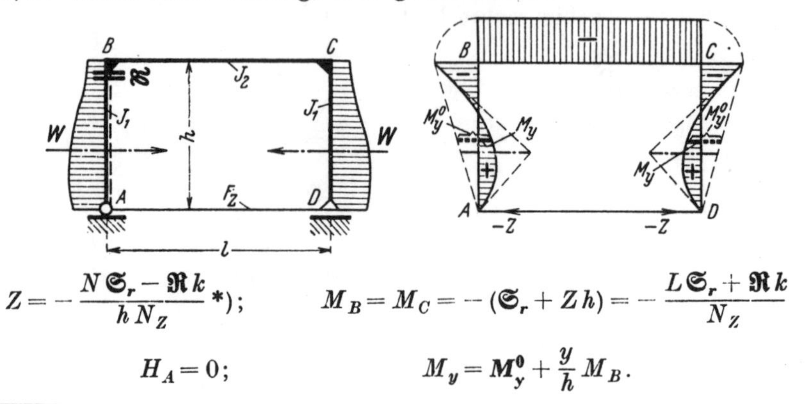

$$Z = -\frac{N\mathfrak{S}_r - \mathfrak{R}k}{hN_Z}\,^{*)};\qquad M_B = M_C = -(\mathfrak{S}_r + Zh) = -\frac{L\mathfrak{S}_r + \mathfrak{R}k}{N_Z}$$

$$H_A = 0;\qquad M_y = \mathbf{M}_y^0 + \frac{y}{h}M_B.$$

Fall 40/5: Rechter Stiel beliebig waagerecht belastet

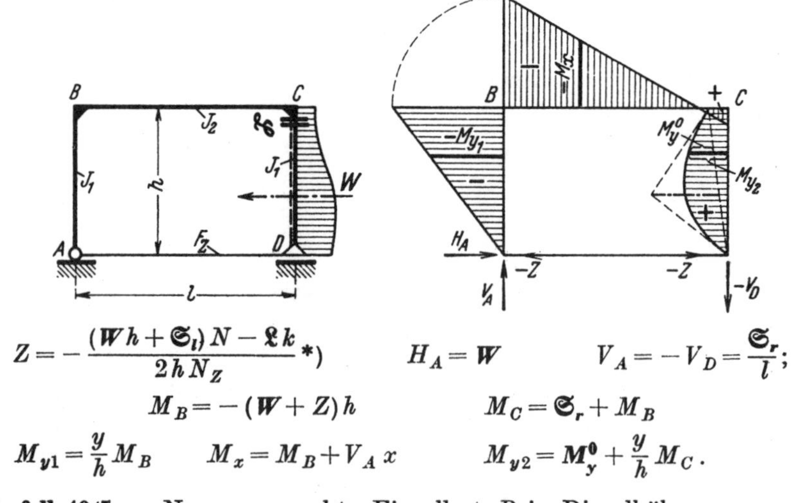

$$Z = -\frac{(\boldsymbol{W}h + \mathfrak{S}_l)N - \mathfrak{L}k}{2hN_Z}\,^{*)}\qquad H_A = \boldsymbol{W}\qquad V_A = -V_D = \frac{\mathfrak{S}_r}{l};$$

$$M_B = -(\boldsymbol{W} + Z)h\qquad M_C = \mathfrak{S}_r + M_B$$

$$M_{y1} = \frac{y}{h}M_B\qquad M_x = M_B + V_A x\qquad M_{y2} = \mathbf{M}_y^0 + \frac{y}{h}M_C.$$

Sonderfall 40/5a: Nur waagerechte Einzellast P in Riegelhöhe
($\boldsymbol{W} = P$; $\mathfrak{S}_l = 0$ $\mathfrak{S}_r = Ph$ $\mathfrak{L} = 0$).

$$Z = -\frac{P}{2}\cdot\frac{N}{N_Z}\,^{*)}\qquad V_A = -V_D = \frac{Ph}{l};\qquad H_A = P;$$

$$M_B = -(P + Z)h\qquad M_C = (-Z)h$$

$$M_{y1} = -(P + Z)y_1\qquad M_x = M_B + V_A x\qquad M_{y2} = (-Z)y_2.$$

*) Bei obigen drei Belastungsfällen sowie bei Wärmeabnahme (s. S. 152 unten) wird Z negativ, d. h. das Zugband erhält Druck. Dieser Umstand hat selbstverständlich nur dann einen Sinn, wenn die Druckkraft kleiner bleibt als die Zugkraft aus ständiger Last, so daß stets ein Rest Zugkraft im Zugbande verbleibt.

Rahmenform 41

Symmetrischer eingespannter Rechteckrahmen

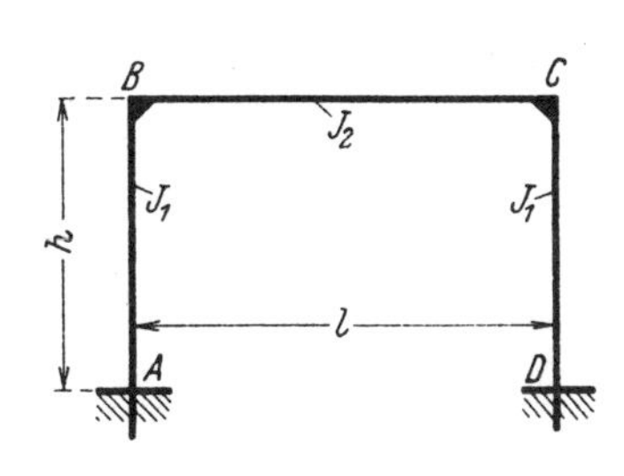

Rahmenform, Abmessungen und Bezeichnungen

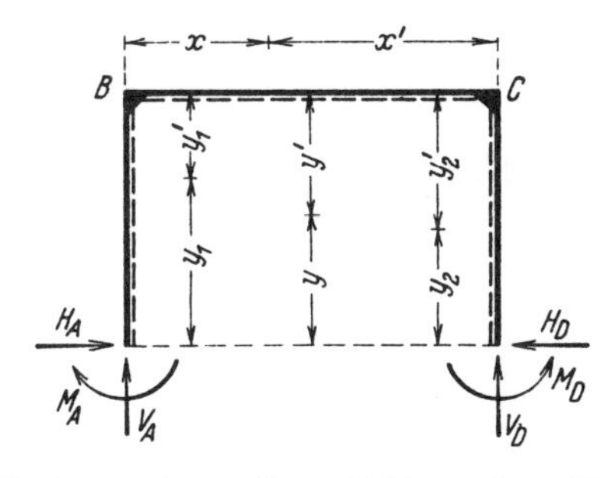

Festlegung der positiven Richtung aller Stützkräfte und der Koordinaten beliebiger Stabpunkte. Für symmetrische Lastfälle werden y und y' verwendet. Positive Biegungsmomente erzeugen an der gestrichelten Stabseite Zug

Festwerte:

$$k = \frac{J_2}{J_1} \cdot \frac{h}{l} \qquad N_1 = k + 2 \qquad N_2 = 6k + 1.$$

Fall 41/1: Gleichmäßige Wärmezunahme im ganzen Rahmen*)

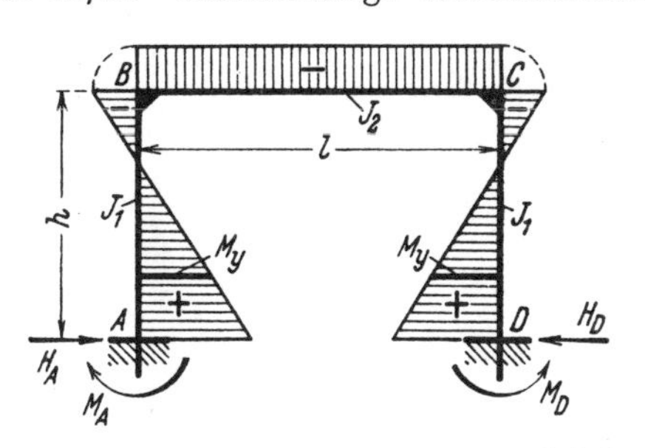

E = Elastizitätsmodul,

a_T = Wärmeausdehnungszahl,

t = Wärmeänderung in Grad.

Hilfswert: $$T = \frac{3\,E\,J_2\,a_T\,t}{h\,N_1}.$$

$$M_A = M_D = +\,T \cdot \frac{k+1}{k} \qquad M_B = M_C = -\,T$$

$$M_y = M_A - H_A\,y\,; \qquad H_A = H_D = \frac{T}{h} \cdot \frac{2k+1}{k}.$$

Bemerkung: Bei Wärme**ab**nahme kehren alle Kräfte ihren Pfeilsinn um und alle Momente erhalten entgegengesetztes Vorzeichen.

---

*) Einen statischen Einfuß liefert nur die Wärmeänderung des Riegels. Bei einer Riegelverkürzung $\Delta l = \varepsilon \cdot l$ ist ε anstatt $a_T \cdot t$ in die Formeln für Wärme**ab**nahme einzusetzen. — Für den **antimetrischen Wärmeänderungsfall** (d. h. linker Stiel mit $+t$ rechter mit $-t$) ist in den Formeln der Fußnote Seite **159** zu setzen $\mathfrak{L} = 12\,E\,J_2\,h\,a_T t/l^2$, sowie $\mathfrak{S}_r = 0$.

Fall 41/2: Rechteck-Vollast auf dem Riegel (Symmetrischer Lastfall)

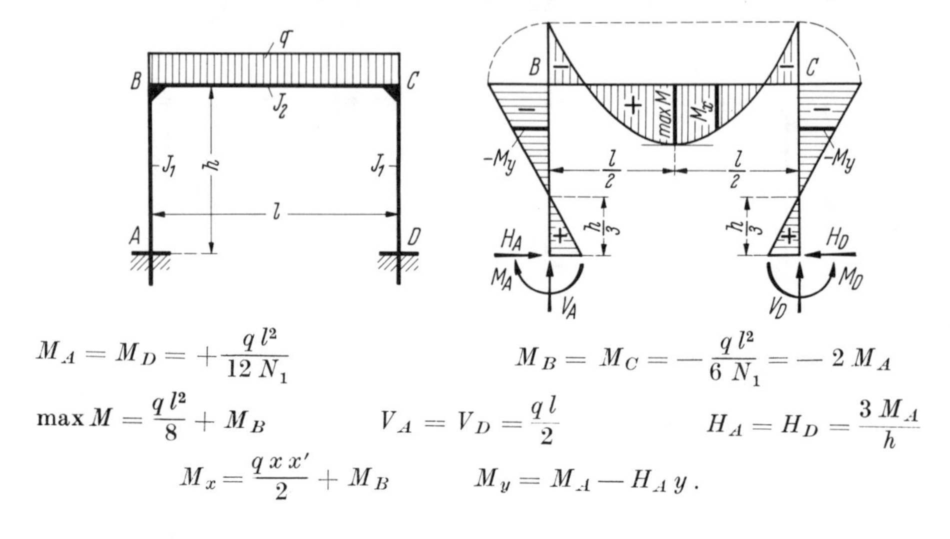

$$M_A = M_D = +\frac{q\,l^2}{12\,N_1} \qquad M_B = M_C = -\frac{q\,l^2}{6\,N_1} = -2\,M_A$$

$$\max M = \frac{q\,l^2}{8} + M_B \qquad V_A = V_D = \frac{q\,l}{2} \qquad H_A = H_D = \frac{3\,M_A}{h}$$

$$M_x = \frac{q\,x\,x'}{2} + M_B \qquad M_y = M_A - H_A\,y\,.$$

Fall 41/3: Rechteck Streckenlast von links her auf dem Riegel

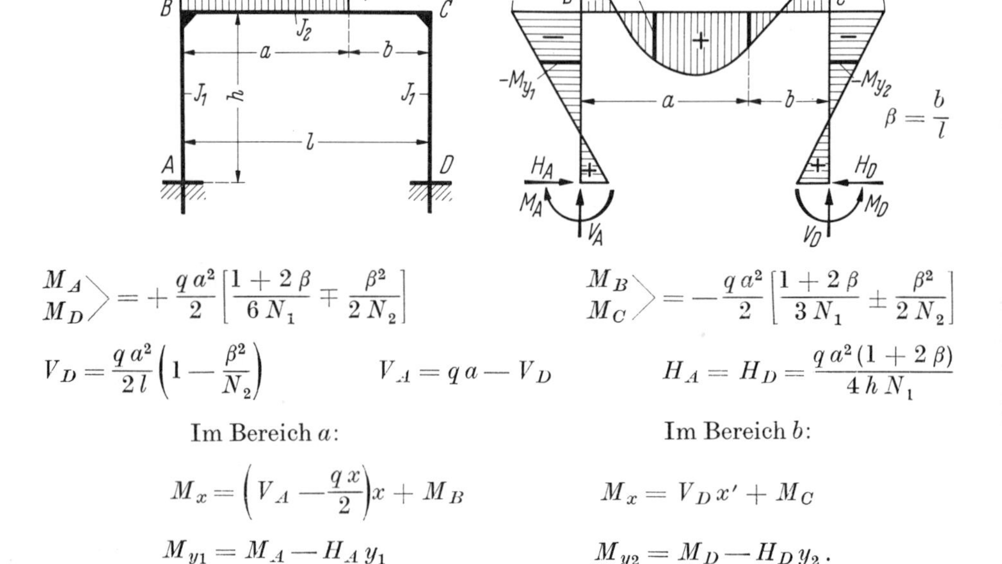

$$\left.\begin{matrix} M_A \\ M_D \end{matrix}\right\rangle = +\frac{q\,a^2}{2}\left[\frac{1+2\,\beta}{6\,N_1} \mp \frac{\beta^2}{2\,N_2}\right] \qquad \left.\begin{matrix} M_B \\ M_C \end{matrix}\right\rangle = -\frac{q\,a^2}{2}\left[\frac{1+2\,\beta}{3\,N_1} \pm \frac{\beta^2}{2\,N_2}\right]$$

$$V_D = \frac{q\,a^2}{2\,l}\left(1 - \frac{\beta^2}{N_2}\right) \qquad V_A = q\,a - V_D \qquad H_A = H_D = \frac{q\,a^2\,(1+2\,\beta)}{4\,h\,N_1}$$

Im Bereich a:

$$M_x = \left(V_A - \frac{q\,x}{2}\right)x + M_B$$

$$M_{y1} = M_A - H_A\,y_1$$

Im Bereich b:

$$M_x = V_D\,x' + M_C$$

$$M_{y2} = M_D - H_D\,y_2\,.$$

Fall 41/4: Einzellast an beliebiger Stelle des Riegels

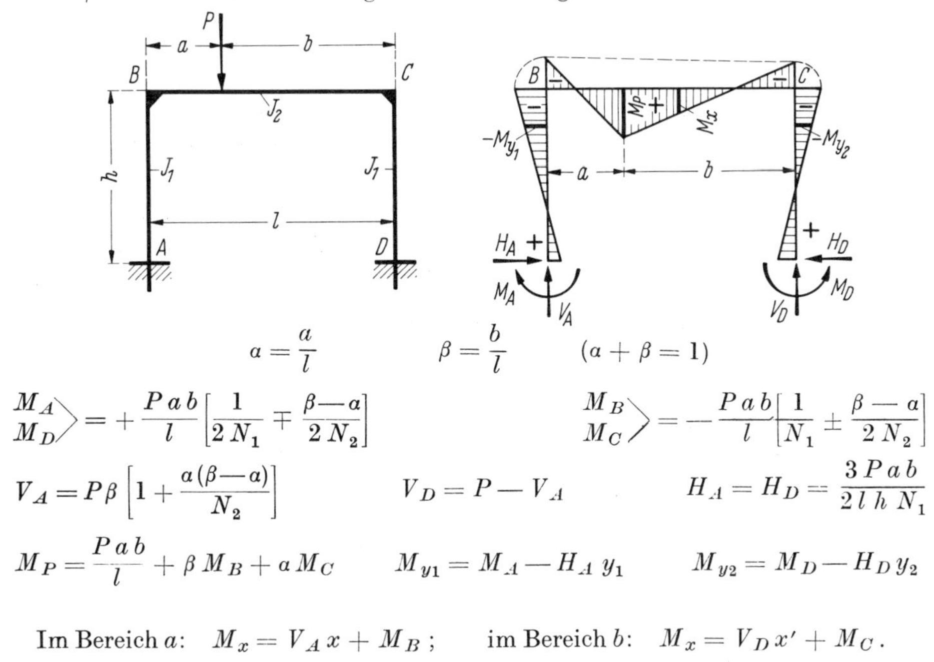

$$\alpha = \frac{a}{l} \qquad \beta = \frac{b}{l} \qquad (\alpha + \beta = 1)$$

$$\left.\begin{matrix} M_A \\ M_D \end{matrix}\right\rangle = + \frac{P\,a\,b}{l}\left[\frac{1}{2\,N_1} \mp \frac{\beta - \alpha}{2\,N_2}\right] \qquad \left.\begin{matrix} M_B \\ M_C \end{matrix}\right\rangle = - \frac{P\,a\,b}{l}\left[\frac{1}{N_1} \pm \frac{\beta - \alpha}{2\,N_2}\right]$$

$$V_A = P\beta\left[1 + \frac{\alpha(\beta - \alpha)}{N_2}\right] \qquad V_D = P - V_A \qquad H_A = H_D = \frac{3\,P\,a\,b}{2\,l\,h\,N_1}$$

$$M_P = \frac{P\,a\,b}{l} + \beta\,M_B + \alpha\,M_C \qquad M_{y1} = M_A - H_A\,y_1 \qquad M_{y2} = M_D - H_D\,y_2$$

Im Bereich a: $M_x = V_A\,x + M_B$; im Bereich b: $M_x = V_D\,x' + M_C$.

Fall 41/5: Zwei gleiche Einzellasten in beliebiger aber symmetrischer Stellung auf dem Riegel

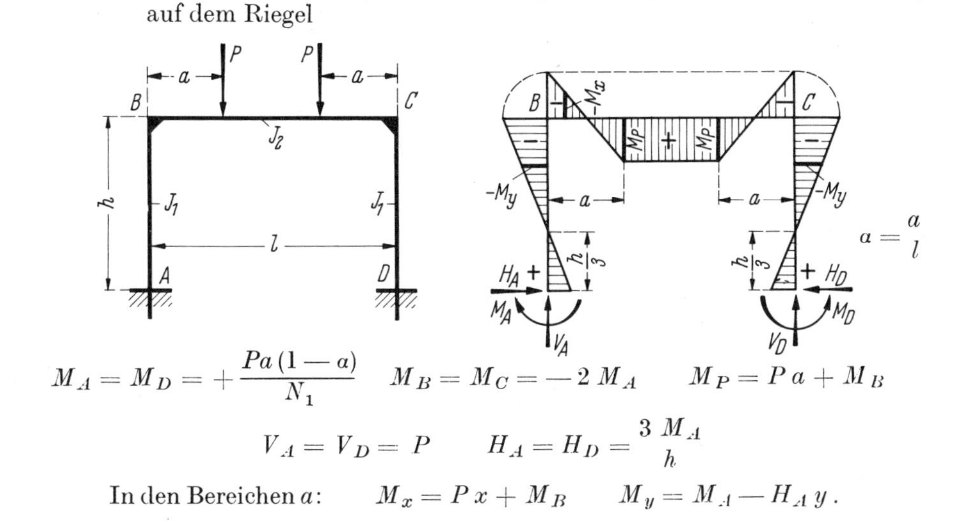

$$\alpha = \frac{a}{l}$$

$$M_A = M_D = + \frac{Pa\,(1 - \alpha)}{N_1} \qquad M_B = M_C = -2\,M_A \qquad M_P = P\,a + M_B$$

$$V_A = V_D = P \qquad H_A = H_D = \frac{3\,M_A}{h}$$

In den Bereichen a: $M_x = P\,x + M_B$ $\qquad M_y = M_A - H_A\,y$.

Fall 41/6: Einzellast in der Mitte des Riegels (Symmetrischer Lastfall)

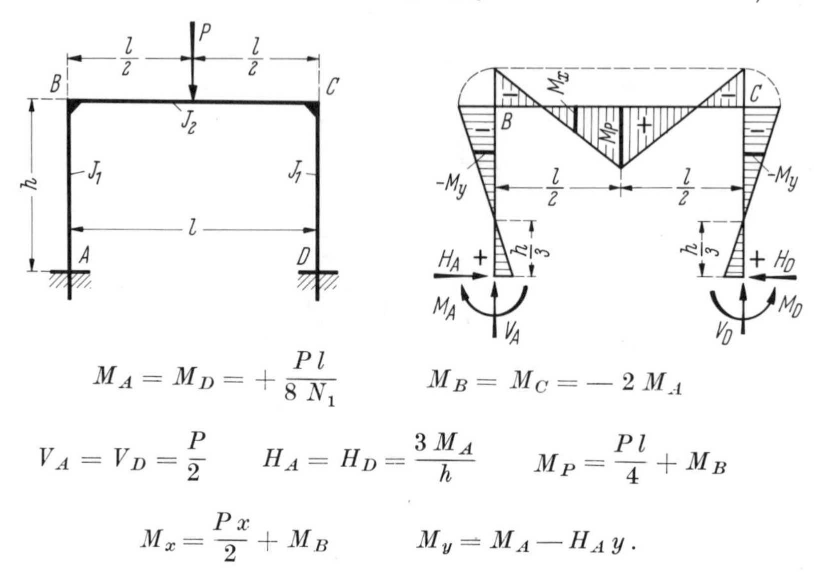

$$M_A = M_D = +\frac{P\,l}{8\,N_1} \qquad M_B = M_C = -2\,M_A$$

$$V_A = V_D = \frac{P}{2} \qquad H_A = H_D = \frac{3\,M_A}{h} \qquad M_P = \frac{P\,l}{4} + M_B$$

$$M_x = \frac{P\,x}{2} + M_B \qquad M_y = M_A - H_A\,y\,.$$

Fall 41/7: Drei gleiche Einzellasten in den Viertelspunkten (Symmetrischer Lastfall)

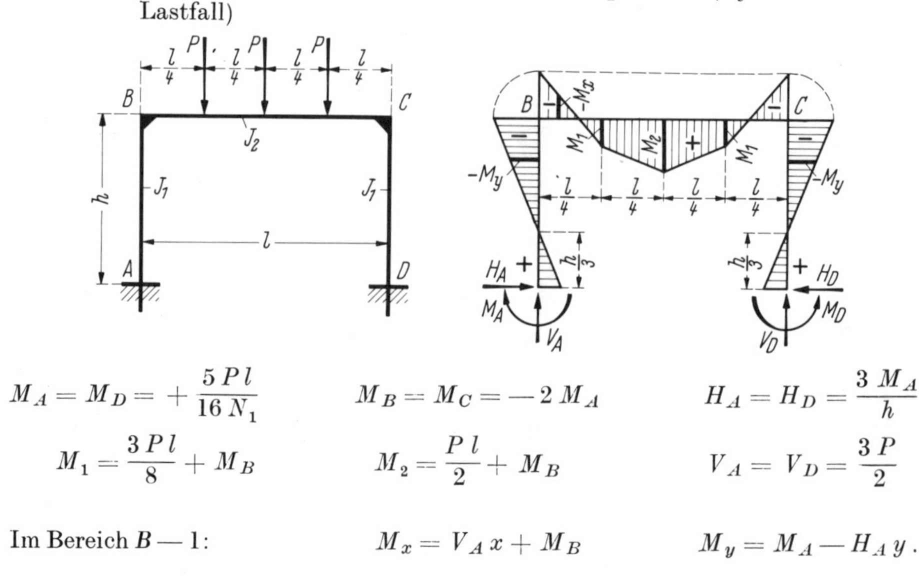

$$M_A = M_D = +\frac{5\,P\,l}{16\,N_1} \qquad M_B = M_C = -2\,M_A \qquad H_A = H_D = \frac{3\,M_A}{h}$$

$$M_1 = \frac{3\,P\,l}{8} + M_B \qquad M_2 = \frac{P\,l}{2} + M_B \qquad V_A = V_D = \frac{3\,P}{2}$$

Im Bereich $B - 1$: $\quad M_x = V_A\,x + M_B \qquad M_y = M_A - H_A\,y\,.$

Siehe hierzu den Abschnitt **„Belastungsglieder"**

Fall 41/8: Riegel beliebig senkrecht belastet*)

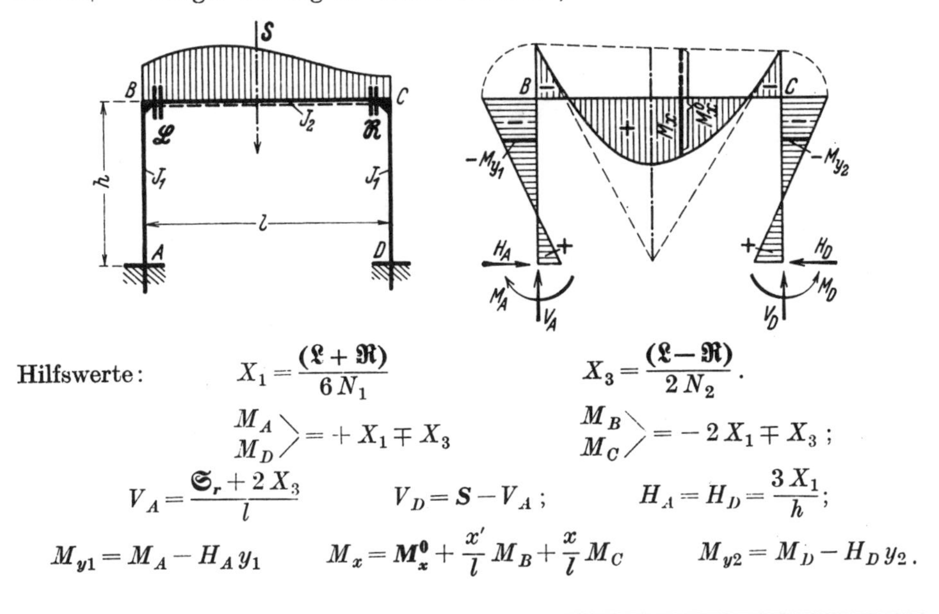

Hilfswerte: $X_1 = \frac{(\mathfrak{L} + \mathfrak{R})}{6 N_1}$ $X_3 = \frac{(\mathfrak{L} - \mathfrak{R})}{2 N_2}$.

$\left.\begin{matrix} M_A \\ M_D \end{matrix}\right\rangle = + X_1 \mp X_3$ $\left.\begin{matrix} M_B \\ M_C \end{matrix}\right\rangle = - 2 X_1 \mp X_3$;

$V_A = \frac{\mathfrak{S}_r + 2 X_3}{l}$ $V_D = \mathbf{S} - V_A$; $H_A = H_D = \frac{3 X_1}{h}$;

$M_{y1} = M_A - H_A y_1$ $M_x = \mathbf{M}_x^0 + \frac{x'}{l} M_B + \frac{x}{l} M_C$ $M_{y2} = M_D - H_D y_2$.

Fall 41/9: Riegel beliebig senkrecht, aber symmetrisch belastet

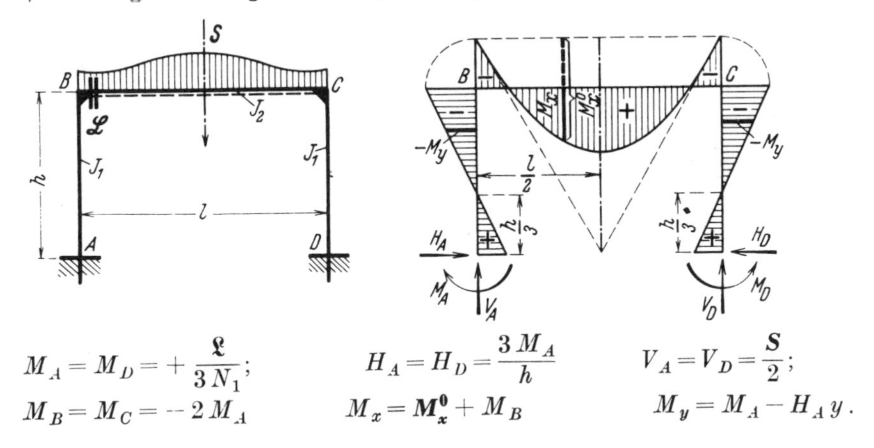

$M_A = M_D = + \frac{\mathfrak{L}}{3 N_1}$; $H_A = H_D = \frac{3 M_A}{h}$ $V_A = V_D = \frac{\mathbf{S}}{2}$;

$M_B = M_C = - 2 M_A$ $M_x = \mathbf{M}_x^0 + M_B$ $M_y = M_A - H_A y$.

*) Bei antimetrischer Riegellast ($\mathfrak{R} = - \mathfrak{L}$) werden $X_1 = 0$ und $X_3 = \mathfrak{L}/N_2$; somit weiter $M_D = M_C = - M_A = - M_B = \mathfrak{L}/N_2$ und $H_A = H_D = 0$.

Siehe hierzu den Abschnitt „**Belastungsglieder**“

Fall 41/10: Beide Stiele beliebig von außen her, aber gleich belastet (Symmetrischer Lastfall)*)

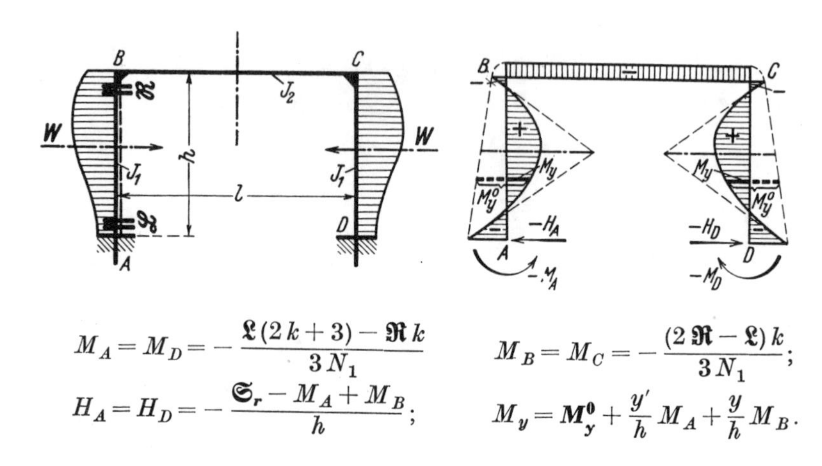

$$M_A = M_D = -\frac{\mathfrak{L}(2k+3) - \mathfrak{R}k}{3N_1} \qquad M_B = M_C = -\frac{(2\mathfrak{R} - \mathfrak{L})k}{3N_1};$$

$$H_A = H_D = -\frac{\mathfrak{S}_r - M_A + M_B}{h}; \qquad M_y = \mathbf{M}_y^0 + \frac{y'}{h} M_A + \frac{y}{h} M_B.$$

Fall 41/11: Beide Stiele beliebig von links her, aber gleich belastet (Antimetrischer Lastfall)*)

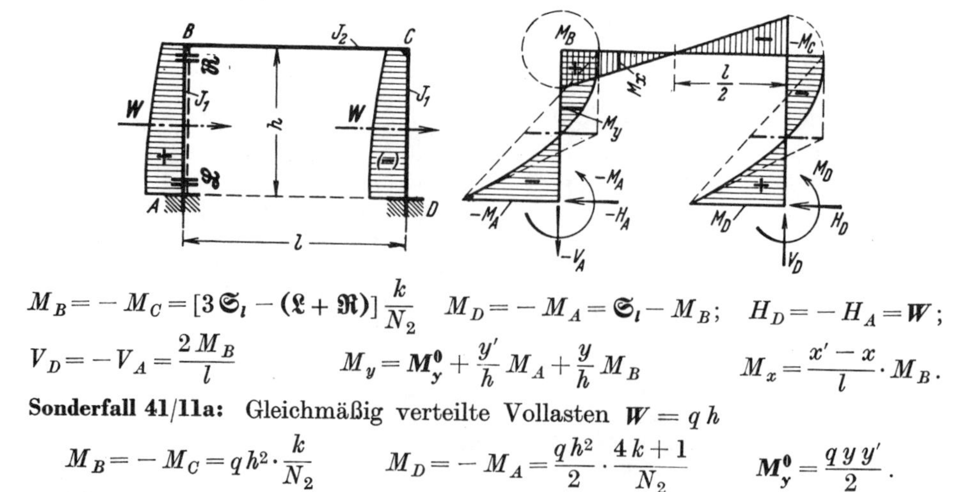

$$M_B = -M_C = [3\mathfrak{S}_l - (\mathfrak{L} + \mathfrak{R})]\frac{k}{N_2} \qquad M_D = -M_A = \mathfrak{S}_l - M_B; \qquad H_D = -H_A = \mathbf{W};$$

$$V_D = -V_A = \frac{2M_B}{l} \qquad M_y = \mathbf{M}_y^0 + \frac{y'}{h} M_A + \frac{y}{h} M_B \qquad M_x = \frac{x' - x}{l} \cdot M_B.$$

Sonderfall 41/11a: Gleichmäßig verteilte Vollasten $\mathbf{W} = qh$

$$M_B = -M_C = qh^2 \cdot \frac{k}{N_2} \qquad M_D = -M_A = \frac{qh^2}{2} \cdot \frac{4k+1}{N_2} \qquad \mathbf{M}_y^0 = \frac{qyy'}{2}.$$

Alle übrigen Formeln lauten wie vor.

*) Alle Belastungsglieder sind auf den linken Stiel bezogen.

Fall 41/12: Linker Stiel beliebig waagerecht belastet

(Siehe hierzu den Abschnitt **„Belastungsglieder“**)

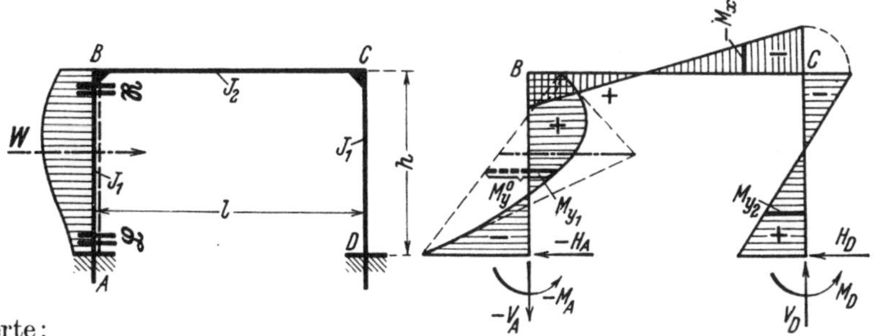

Hilfswerte:

$$X_1 = \frac{\mathfrak{L}(2k+3) - \mathfrak{R}k}{6N_1} \qquad X_2 = \frac{(2\mathfrak{R} - \mathfrak{L})k}{6N_1} \qquad X_3 = \frac{[3\mathfrak{S}_l - (\mathfrak{L} + \mathfrak{R})]k}{2N_2}$$

$$\begin{matrix} M_A \\ M_D \end{matrix} \Big\rangle = -X_1 \mp \left(\frac{\mathfrak{S}_l}{2} - X_3\right) \qquad \begin{matrix} M_B \\ M_C \end{matrix} \Big\rangle = -X_2 \pm X_3;$$

$$H_D = \frac{\mathfrak{S}_l}{2h} - \frac{X_1 - X_2}{h} \qquad H_A = -(\boldsymbol{W} - H_D) \qquad V_D = -V_A = \frac{2X_3}{l};$$

$$M_{y1} = \boldsymbol{M}_y^0 + \frac{y_1'}{h} M_A + \frac{y_1}{h} M_B \qquad M_x = M_C + V_D x' \qquad M_{y2} = M_D - H_D y_2$$

Fall 41/13: Waagerechte Einzellast in Riegelhöhe

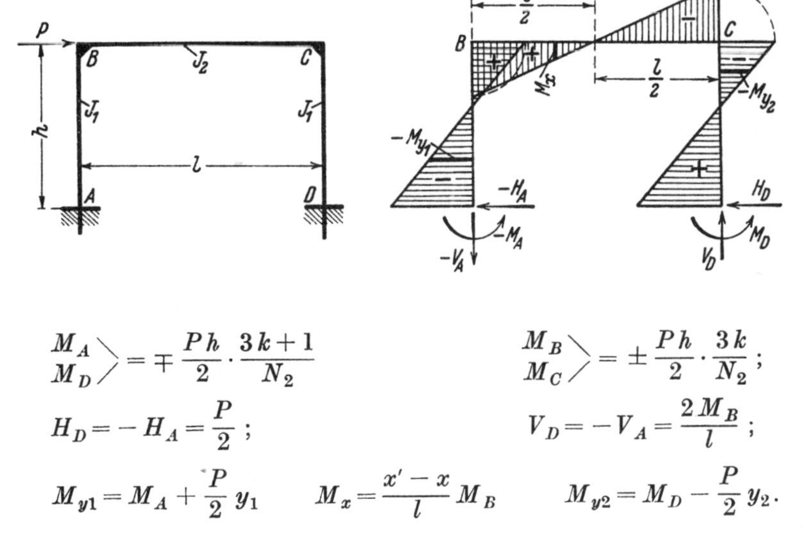

$$\begin{matrix} M_A \\ M_D \end{matrix} \Big\rangle = \mp \frac{Ph}{2} \cdot \frac{3k+1}{N_2} \qquad \begin{matrix} M_B \\ M_C \end{matrix} \Big\rangle = \pm \frac{Ph}{2} \cdot \frac{3k}{N_2};$$

$$H_D = -H_A = \frac{P}{2}; \qquad V_D = -V_A = \frac{2M_B}{l};$$

$$M_{y1} = M_A + \frac{P}{2} y_1 \qquad M_x = \frac{x' - x}{l} M_B \qquad M_{y2} = M_D - \frac{P}{2} y_2.$$

Fall 41/14: Einzellast an beliebiger Stelle des linken Stieles

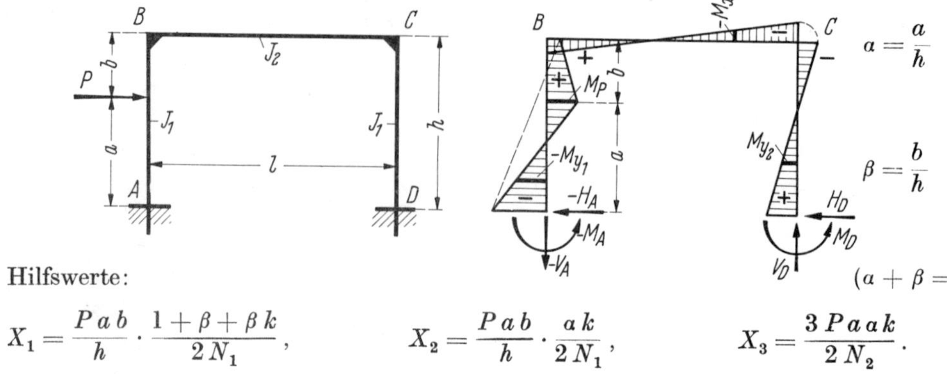

$\alpha = \frac{a}{h}$ $\beta = \frac{b}{h}$ $(\alpha + \beta = 1)$

Hilfswerte:

$$X_1 = \frac{P\,a\,b}{h} \cdot \frac{1 + \beta + \beta k}{2 N_1}, \qquad X_2 = \frac{P\,a\,b}{h} \cdot \frac{\alpha k}{2 N_1}, \qquad X_3 = \frac{3 P \alpha a k}{2 N_2}.$$

$$\left.\begin{matrix} M_A \\ M_D \end{matrix}\right\rangle = -X_1 \mp \left(\frac{P\,a}{2} - X_3\right) \qquad \left.\begin{matrix} M_B \\ M_C \end{matrix}\right\rangle = -X_2 \pm X_3$$

$$H_D = \frac{P\,a}{2\,h} - \frac{X_1 - X_2}{h} \qquad H_A = -(P - H_D) \qquad V_A = -V_D = -\frac{2 X_3}{l}$$

$$M_P = \frac{P\,a\,b}{h} + \beta M_A + \alpha M_B \qquad M_x = M_C + V_D x' \qquad M_{y2} = M_D - H_D y_2$$

Im Bereich a: $M_{y1} = M_A - H_A y_1$; im Bereich b: $M_{y1} = M_B + H_D y_1'$.

Fall 41/15: Gleichmäßig verteilte Vollast am linken Stiel

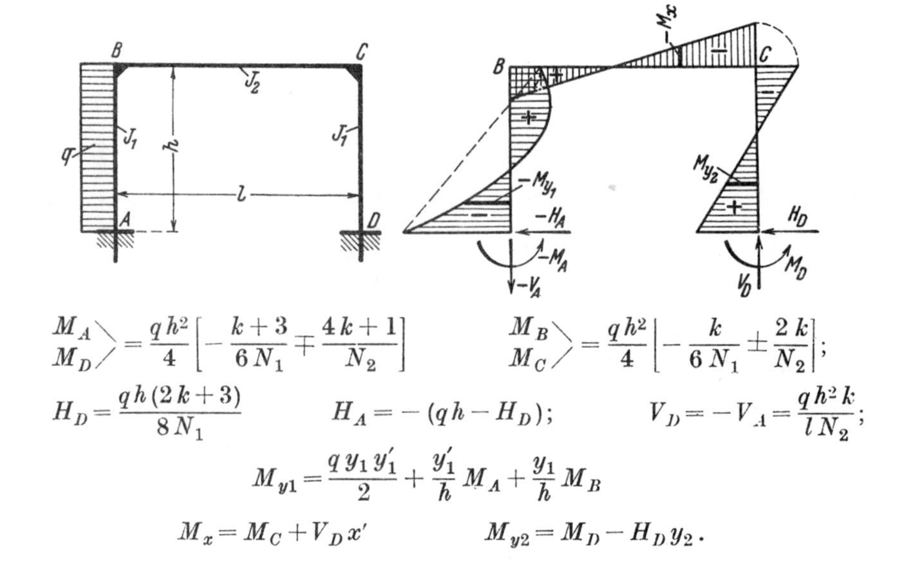

$$\left.\begin{matrix} M_A \\ M_D \end{matrix}\right\rangle = \frac{q h^2}{4}\left[-\frac{k+3}{6 N_1} \mp \frac{4k+1}{N_2}\right] \qquad \left.\begin{matrix} M_B \\ M_C \end{matrix}\right\rangle = \frac{q h^2}{4}\left[-\frac{k}{6 N_1} \pm \frac{2k}{N_2}\right];$$

$$H_D = \frac{q h (2k+3)}{8 N_1} \qquad H_A = -(q h - H_D); \qquad V_D = -V_A = \frac{q h^2 k}{l N_2};$$

$$M_{y1} = \frac{q\, y_1 y_1'}{2} + \frac{y_1'}{h} M_A + \frac{y_1}{h} M_B$$

$$M_x = M_C + V_D x' \qquad M_{y2} = M_D - H_D y_2 .$$

Fall 41/16: Rechteck-Vollast an beiden Stielen (Symmetrischer Lastfall)

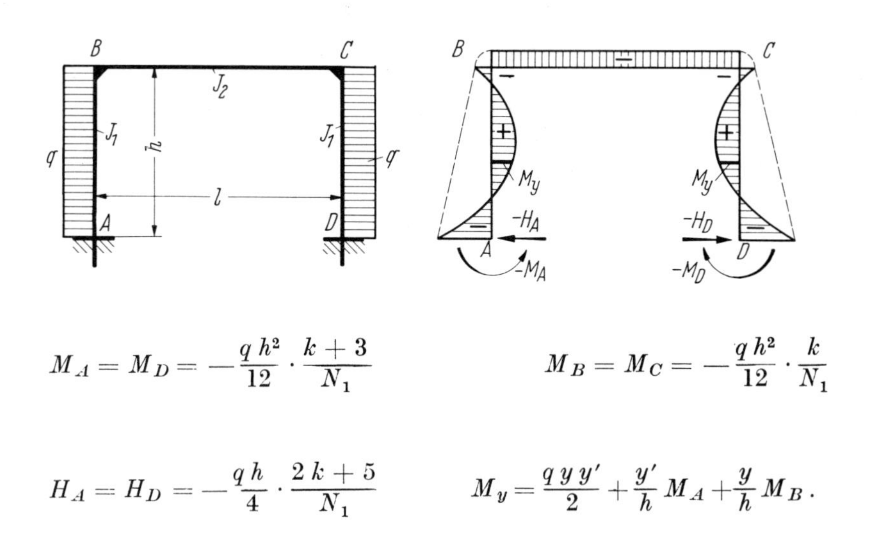

$$M_A = M_D = -\frac{q\,h^2}{12} \cdot \frac{k+3}{N_1} \qquad M_B = M_C = -\frac{q\,h^2}{12} \cdot \frac{k}{N_1}$$

$$H_A = H_D = -\frac{q\,h}{4} \cdot \frac{2\,k+5}{N_1} \qquad M_y = \frac{q\,y\,y'}{2} + \frac{y'}{h} M_A + \frac{y}{h} M_B\,.$$

Fall 41/17: Dreiecklast an beiden Stielen (Symmetrischer Lastfall)

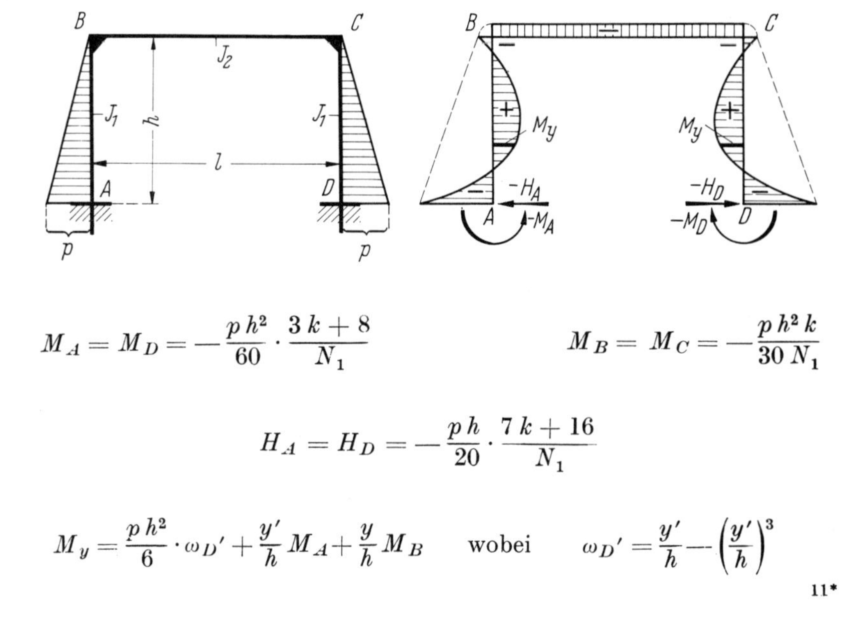

$$M_A = M_D = -\frac{p\,h^2}{60} \cdot \frac{3\,k+8}{N_1} \qquad M_B = M_C = -\frac{p\,h^2\,k}{30\,N_1}$$

$$H_A = H_D = -\frac{p\,h}{20} \cdot \frac{7\,k+16}{N_1}$$

$$M_y = \frac{p\,h^2}{6} \cdot \omega_D' + \frac{y'}{h} M_A + \frac{y}{h} M_B \qquad \text{wobei} \qquad \omega_D' = \frac{y'}{h} - \left(\frac{y'}{h}\right)^3$$

Fall 41/18: Symmetrisches Drehmomentenpaar an den Rahmenecken

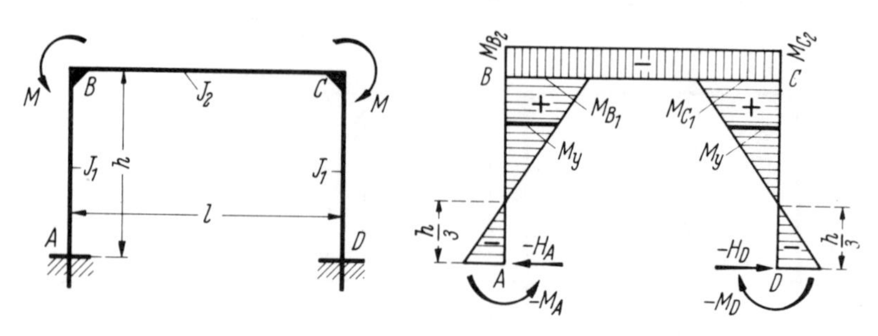

$$M_A = M_D = -\frac{M}{N_1} \qquad M_{B1} = M_{C1} = +\frac{2\,M}{N_1} \qquad M_{B2} = M_{C2} = -\frac{M\,k}{N_1}$$

$$(M_{B1} - M_{B2} = M) \qquad H_A = H_D = -\frac{3\,M}{h\,N_1} \qquad M_y = M_A - H_A\,y\,.$$

Fall 41/19: Drehmoment am Eckpunkt B

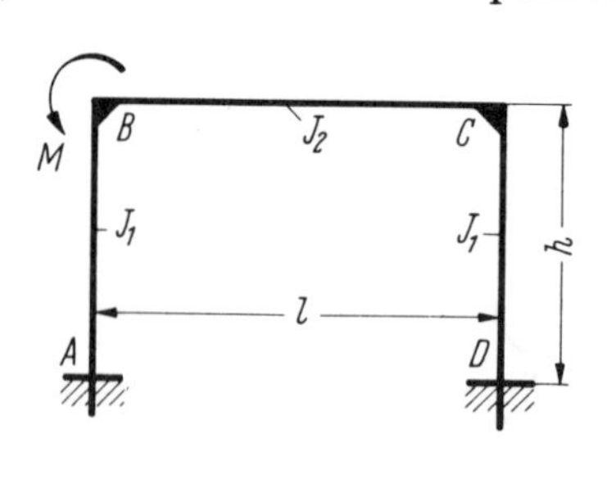

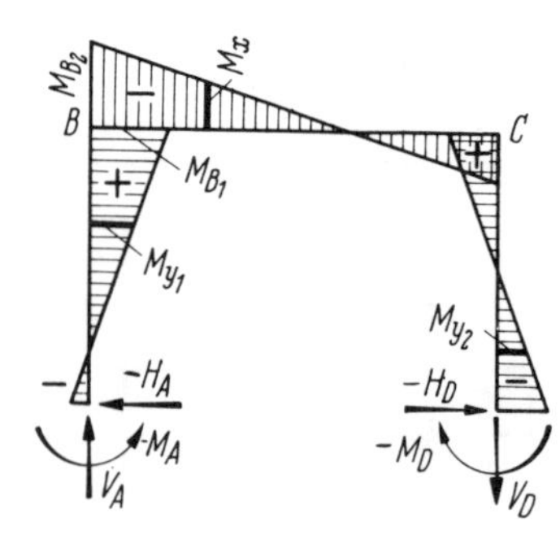

$$\left.\begin{matrix} M_A \\ M_D \end{matrix}\right\rangle = -\frac{M}{2\,N_1} \pm \frac{M}{2\,N_2} \qquad \left.\begin{matrix} M_{B1} \\ M_C \end{matrix}\right\rangle = +\frac{M}{N_1} \pm \frac{M}{2\,N_2}$$

$$M_{B2} = -(M - M_{B1}) \qquad H_A = H_D = -\frac{3\,M}{2\,h\,N_1} \qquad V_A = -V_D = \frac{6\,M\,k}{l\,N_2}$$

$$M_{y1} = M_A - H_A\,y_1 \qquad M_x = M_C + V_D\,x' \qquad M_{y2} = M_D - H_D\,y_2\,.$$

Fall 41/20: Konsollast am linken Stiel

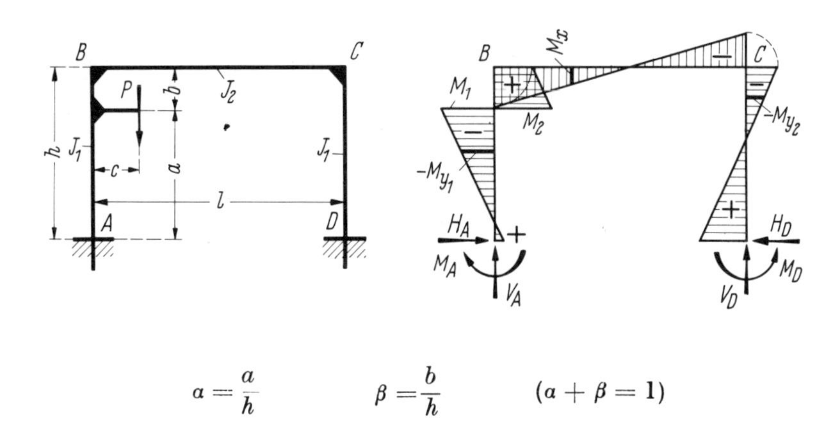

$$\alpha = \frac{a}{h} \qquad \beta = \frac{b}{h} \qquad (\alpha + \beta = 1)$$

Hilfswerte:

$$X_1 = \frac{P\,c}{2\,N_1}\,[1 + 2\,\beta\,k - 3\,\beta^2\,(k+1)]\,, \qquad X_2 = \frac{P\,c\,k\,\alpha\,(3\,\alpha - 2)}{2\,N_1}\,,$$

$$X_3 = \frac{3\,P\,c\,k\,\alpha}{N_2}. \qquad \begin{matrix} M_A \\ M_D \end{matrix} \Big\rangle = +\,X_1 \mp \left(\frac{P\,c}{2} - X_3\right) \qquad \begin{matrix} M_B \\ M_C \end{matrix} \Big\rangle = +\,X_2 \pm X_3$$

$$H_A = H_D = \frac{P\,c}{2\,h} + \frac{X_1 - X_2}{h} \qquad V_D = \frac{2\,X_3}{l} \qquad V_A = P - V_D$$

$$M_1 = M_A - H_A\,a \qquad M_2 = M_B + H_D\,b \qquad (M_2 - M_1 = P\,c)$$

Im Bereich a: $M_{y1} = M_A - H_A\,y_1$ $\qquad M_x = M_C + V_D\,x'$

Im Bereich b: $M_{y1} = M_B + H_D\,y_1'$ $\qquad M_{y2} = M_D - H_D\,y_2\,.$

Fall 41/21: Gleiche Konsollasten an den Stielen (S y m m e t r i s c h e r Lastfall)

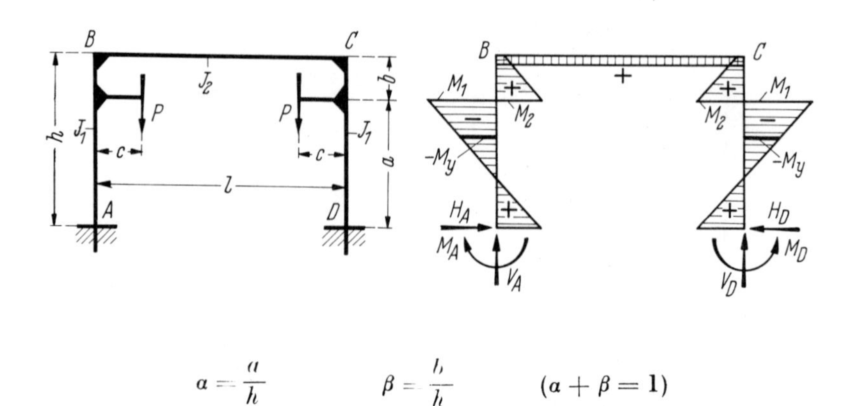

$$\alpha = \frac{a}{h} \qquad \beta = \frac{b}{h} \qquad (\alpha + \beta = 1)$$

$$M_A = M_D = \frac{P\,c}{N_1}\left[1 + 2\,\beta\,k - 3\,\beta^2\,(k+1)\right] = 2\,X_1{}^{1)} \qquad V_A = V_D = P$$

$$M_B = M_C = \frac{P\,c\,k\,\alpha\,(3\,\alpha - 2)}{N_1} = 2\,X_2{}^{1)} \qquad H_A = H_D = \frac{P\,c + M_A - M_B}{h}$$

$$M_1 = M_A - H_A\,a \qquad M_2 = M_B + H_D\,b \qquad (M_2 - M_1 = P\,c)$$

Im Bereich a: $M_y = M_A - H_A\,y$; im Bereich b: $M_y = M_B + H_D\,y'$.

[1]) X_1 und X_2 wie Seite 165.

Rahmenform 42

Rechteckiger Zweigelenkrahmen mit verschiedenen Stiel-Trägheitsmomenten

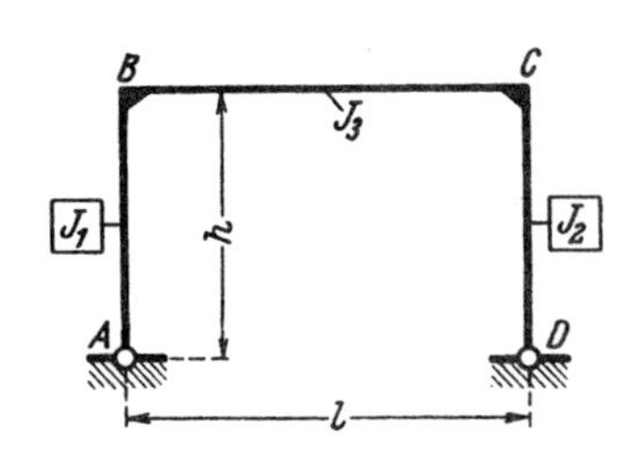

Rahmenform, Abmessungen und Bezeichnungen

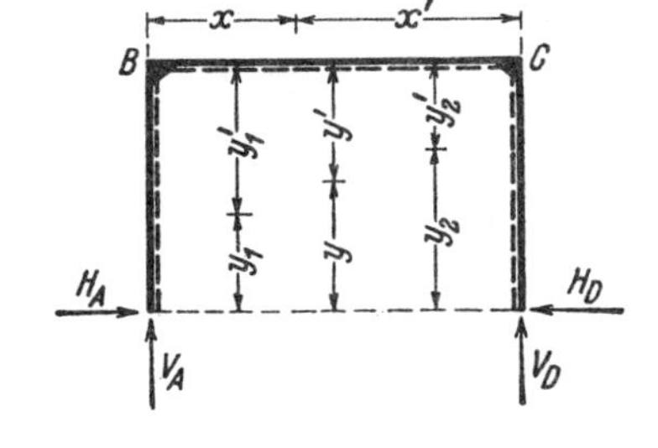

Festlegung der positiven Richtung aller Stützkräfte und der Koordinaten beliebiger Stabpunkte. Für die Fälle mit gleichen Stielmomenten werden y und y' verwendet. Positive Biegungsmomente erzeugen an der gestrichelten Stabseite Zug

Festwerte:

$$k_1 = \frac{J_3}{J_1} \cdot \frac{h}{l} \qquad k_2 = \frac{J_3}{J_2} \cdot \frac{h}{l} \,;$$

$$B = 2\,k_1 + 3 \qquad C = 2\,k_2 + 3\,; \qquad N = B + C\,.$$

Bemerkung: Die Momentenflächenbilder dieser Rahmenform entsprechen einer Annahme $J_2 > J_1$.

Formeln zu Fall 42/3 von Seite 168:

$$M_B = -\frac{\mathfrak{S}_r C + \mathfrak{L} k_2}{N} \qquad M_C = \mathfrak{S}_r + M_B\,;$$

$$H_A = \frac{-M_B}{h} \qquad H_D = -(W - H_A) \qquad V_A = -V_D = \frac{\mathfrak{S}_r}{l}\,;$$

$$M_{y1} = -H_A y_1 \qquad M_x = M_B + V_A x \qquad M_{y2} = \mathbf{M}_y^0 + \frac{y_2}{h} M_C\,.$$

Siehe hierzu den Abschnitt „**Belastungsglieder**"

Fall 42/1: Riegel beliebig senkrecht belastet

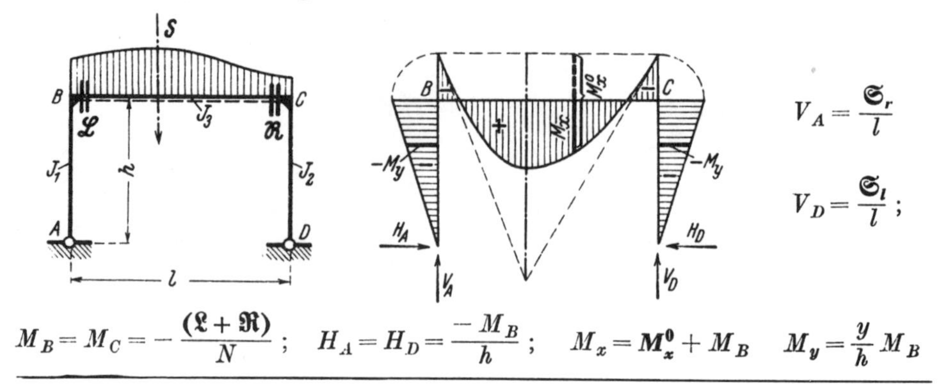

$$V_A = \frac{\mathfrak{S}_r}{l}$$

$$V_D = \frac{\mathfrak{S}_l}{l};$$

$$M_B = M_C = -\frac{(\mathfrak{L} + \mathfrak{R})}{N}; \quad H_A = H_D = \frac{-M_B}{h}; \quad M_x = \mathbf{M}_x^0 + M_B \quad M_y = \frac{y}{h} M_B$$

Fall 42/2: Linker Stiel beliebig waagerecht belastet

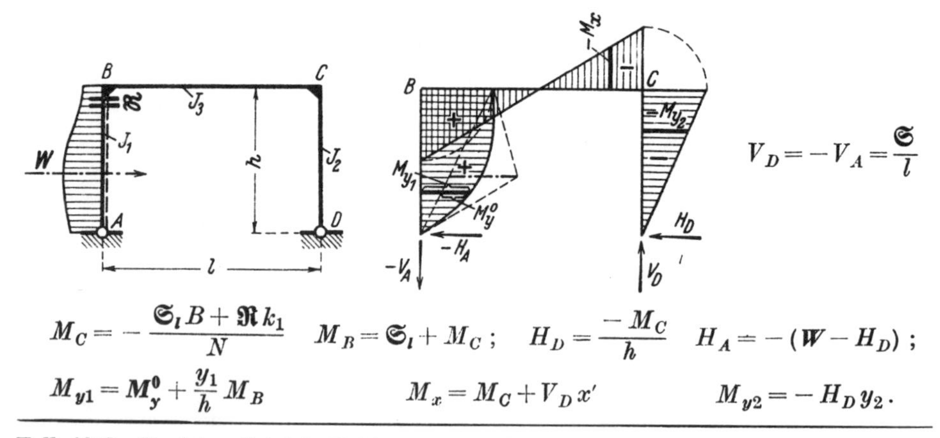

$$V_D = -V_A = \frac{\mathfrak{S}}{l}$$

$$M_C = -\frac{\mathfrak{S}_l B + \mathfrak{R} k_1}{N} \quad M_B = \mathfrak{S}_l + M_C; \quad H_D = \frac{-M_C}{h} \quad H_A = -(\mathbf{W} - H_D);$$

$$M_{y1} = \mathbf{M}_y^0 + \frac{y_1}{h} M_B \qquad M_x = M_C + V_D x' \qquad M_{y2} = -H_D y_2.$$

Fall 42/3: Rechter Stiel beliebig waagerecht belastet

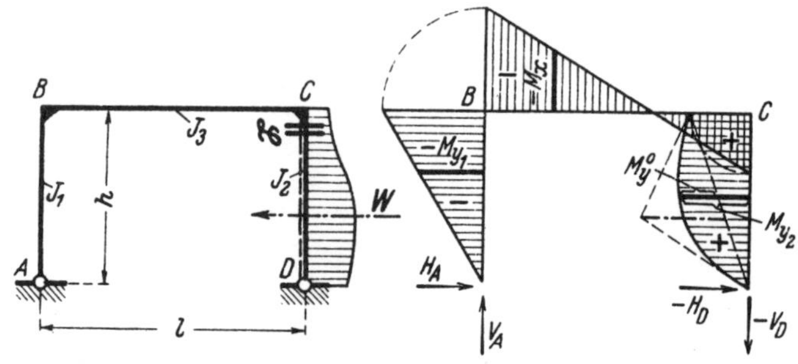

Formeln zu Fall 42/3 siehe Seite 167.

Fall 42/4: Beide Stiele beliebig, aber gleich belastet[1])
(Siehe hierzu den Abschnitt **„Belastungsglieder“**)

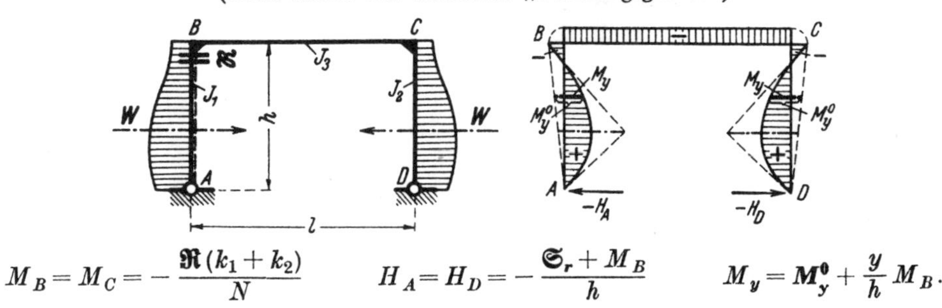

$$M_B = M_C = -\frac{\mathfrak{R}(k_1 + k_2)}{N} \qquad H_A = H_D = -\frac{\mathfrak{S}_r + M_B}{h} \qquad M_y = M_y^0 + \frac{y}{h} M_B.$$

Bemerkung: Alle Belastungsglieder sind auf den linken Stiel bezogen.

Fall 42/5: Waagerechte Einzellast in Riegelhöhe

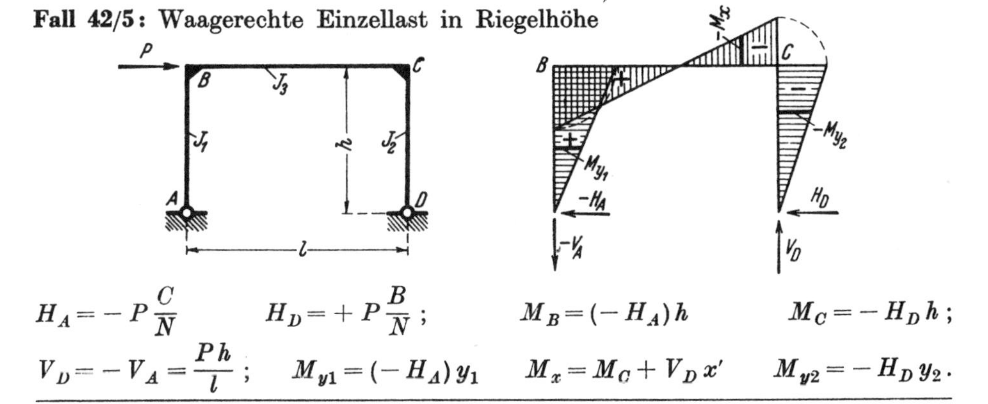

$$H_A = -P\frac{C}{N} \qquad H_D = +P\frac{B}{N}; \qquad M_B = (-H_A)h \qquad M_C = -H_D h;$$

$$V_D = -V_A = \frac{Ph}{l}; \qquad M_{y1} = (-H_A)y_1 \qquad M_x = M_C + V_D x' \qquad M_{y2} = -H_D y_2.$$

Fall 42/6: Gleichmäßige Wärmezunahme im ganzen Rahmen[2])

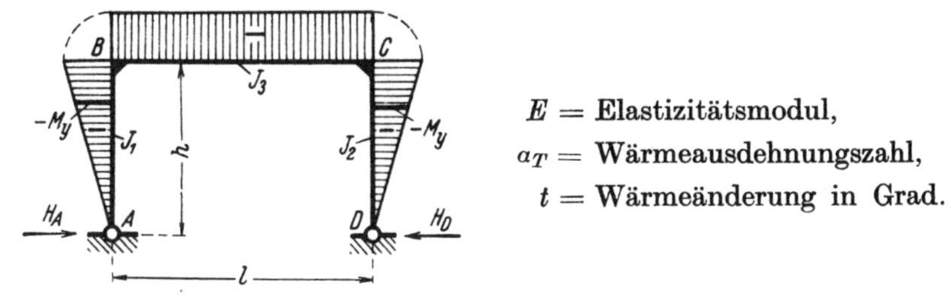

E = Elastizitätsmodul,
α_T = Wärmeausdehnungszahl,
t = Wärmeänderung in Grad.

$$M_B = M_C = -\frac{6\,E\,J_3\,\alpha_T\,t}{h\,N}; \qquad H_A = H_D = \frac{-M_B}{h}; \qquad M_y = -H_A\,y.$$

Bemerkung: Bei Wärmeabnahme kehren alle Kräfte ihren Pfeilsinn um und alle Momente erhalten entgegengesetztes Vorzeichen.

[1]) Symmetrischer Belastungsfall. Auch der Momentenverlauf ist symmetrisch – trotz Verschiedenheit der Stielträgheitsmomente.

[2]) Bei einer Riegelverkürzung $\Delta l = \varepsilon \cdot l$ ist ε anstatt $\alpha_T \cdot t$ in die Formeln für Wärmeabnahme einzusetzen.

Rahmenform 43

Rechteckrahmen mit verschiedenen Stiel-Trägheitsmomenten und mit einem festen Fußgelenk und einem waagerecht beweglichen Auflager, verbunden durch ein elastisches Zugband

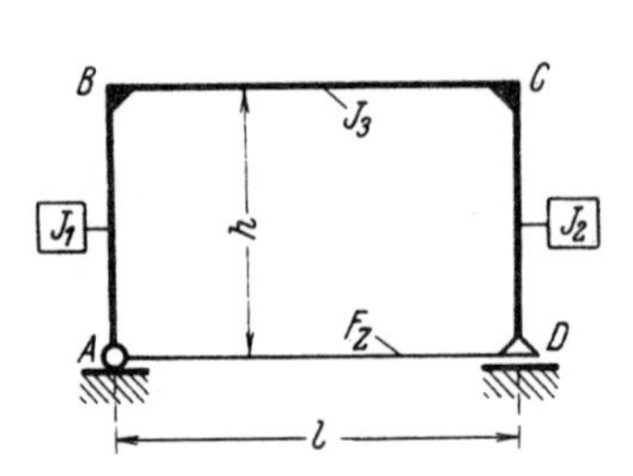

Rahmenform, Abmessungen und Bezeichnungen

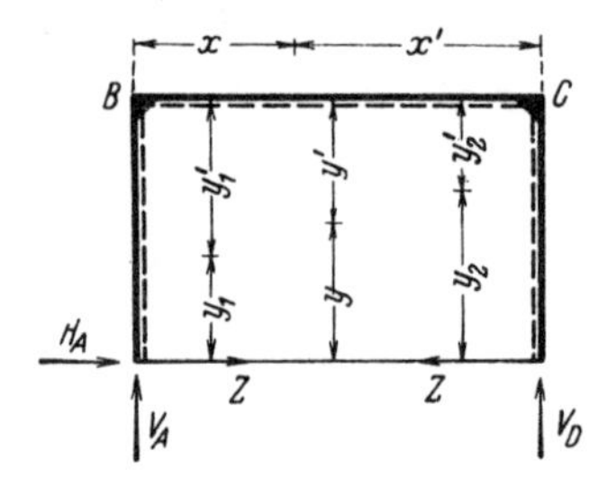

Festlegung der positiven Richtung aller Stützkräfte und der Koordinaten beliebiger Stabpunkte. Für die Fälle mit gleichen Stielmomenten werden y und y' benutzt. Positive Biegungsmomente erzeugen an der gestrichelten Stabseite Zug

Festwerte:

$$k_1 = \frac{J_3}{J_1} \cdot \frac{h}{l} \qquad k_2 = \frac{J_3}{J_2} \cdot \frac{h}{l}; \qquad B = 2\,k_1 + 3 \qquad C = 3 + 2\,k_2;$$

$$N = B + C \qquad L = \frac{6\,J_3}{h^2 F_Z} \cdot \frac{E}{E_Z}; \qquad N_Z = N + L.$$

E = Elastizitätsmodul des Rahmenbaustoffes,
E_Z = Elastizitätsmodul des Zugbandstoffes,
F_Z = Querschnittsfläche des Zugbandes.

Bemerkung: Die Momentenflächenbilder dieser Rahmenform entsprechen einer Annahme $J_2 > J_1$.

Fall 43/1: Gleichmäßige Wärmezunahme im ganzen Rahmen[1])

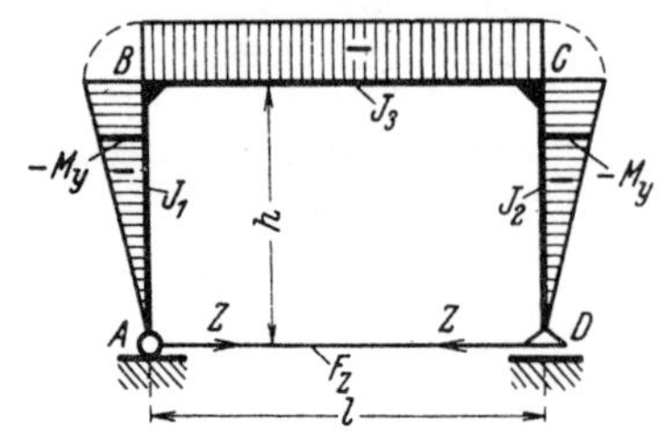

E = Elastizitätsmodul,
a_T = Wärmeausdehnungszahl,
t = Wärmeänderung in Grad.

$$Z = \frac{6\,E\,J_3\,a_T\,t}{h^2 N_Z};$$

$$M_B = M_C = -Z\,h \qquad M_y = -Z\,y.$$

Bemerkung: Bei Wärme**ab**nahme kehren alle Kräfte ihren Pfeilsinn um und alle Momente erhalten entgegengesetztes Vorzeichen[2]).

---

[1]) Bei einer Riegelverkürzung $\Delta\,l = \varepsilon \cdot l$ ist ε anstatt $a_T \cdot t$ in die Formeln für Wärme**ab**nahme einzusetzen.

[2]) Siehe hierzu die Fußnote Seite 172.

Zu den Fällen Seite 171/172 siehe den Abschnitt **„Belastungsglieder"**

Fall 43/2: Riegel beliebig senkrecht belastet

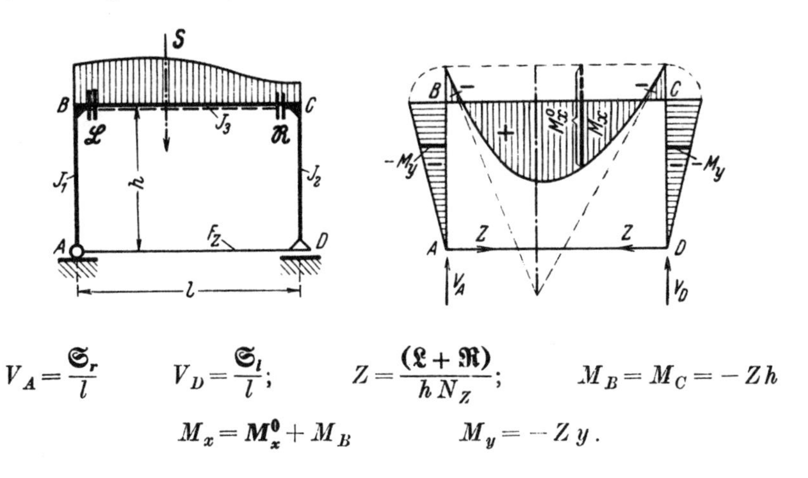

$$V_A = \frac{\mathfrak{S}_r}{l} \qquad V_D = \frac{\mathfrak{S}_l}{l}; \qquad Z = \frac{(\mathfrak{L} + \mathfrak{R})}{h N_Z}; \qquad M_B = M_C = -Z h$$

$$M_x = \mathbf{M}_x^0 + M_B \qquad M_y = -Z y.$$

Fall 43/3: Linker Stiel beliebig waagerecht belastet

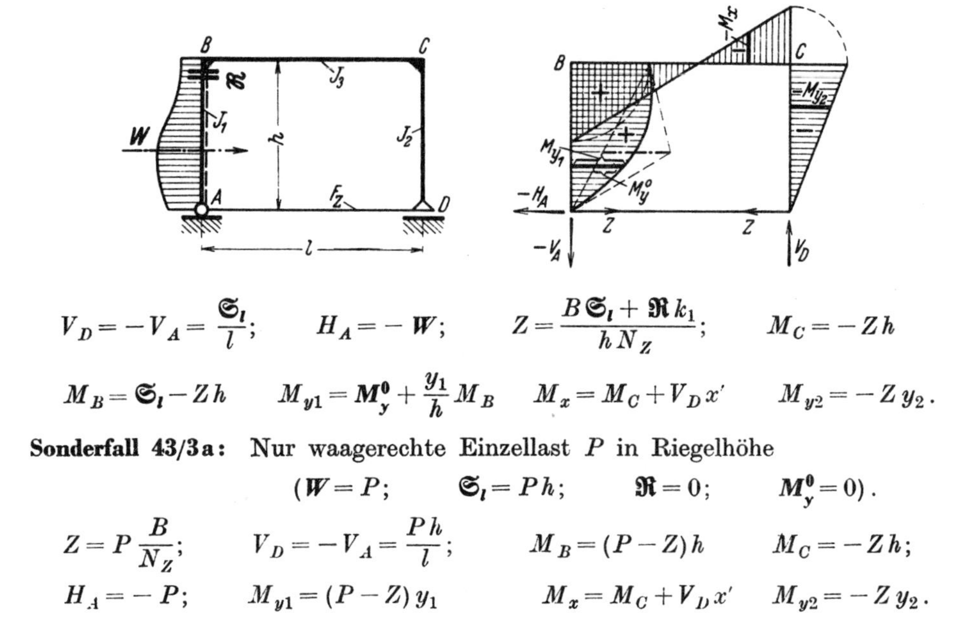

$$V_D = -V_A = \frac{\mathfrak{S}_l}{l}; \qquad H_A = -\mathfrak{W}; \qquad Z = \frac{B\,\mathfrak{S}_l + \mathfrak{R}\,k_1}{h N_Z}; \qquad M_C = -Z h$$

$$M_B = \mathfrak{S}_l - Z h \qquad M_{y1} = \mathbf{M}_y^0 + \frac{y_1}{h} M_B \qquad M_x = M_C + V_D x' \qquad M_{y2} = -Z y_2.$$

Sonderfall 43/3a: Nur waagerechte Einzellast P in Riegelhöhe

$$(\mathfrak{W} = P; \qquad \mathfrak{S}_l = P h; \qquad \mathfrak{R} = 0; \qquad \mathbf{M}_y^0 = 0).$$

$$Z = P \frac{B}{N_Z}; \qquad V_D = -V_A = \frac{P h}{l}; \qquad M_B = (P - Z) h \qquad M_C = -Z h;$$

$$H_A = -P; \qquad M_{y1} = (P - Z) y_1 \qquad M_x = M_C + V_D x' \qquad M_{y2} = -Z y_2.$$

Fall 43/4: Beide Stiele beliebig, aber gleich belastet**)

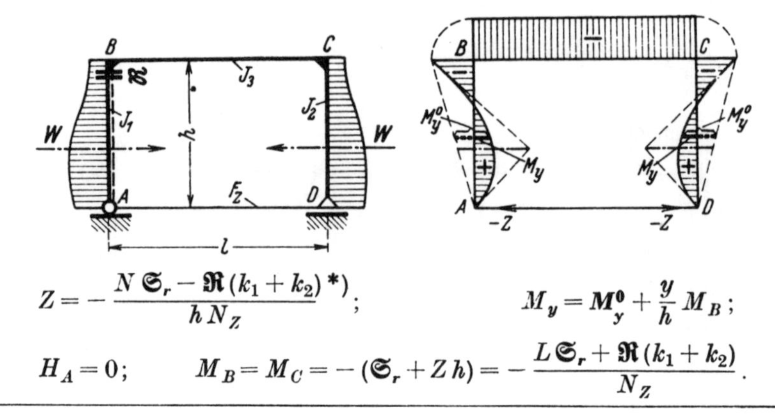

$$Z = -\frac{N\,\mathfrak{S}_r - \mathfrak{N}\,(k_1 + k_2)\ ^{*)}}{h\,N_Z}; \qquad M_y = \boldsymbol{M}_y^0 + \frac{y}{h}\,M_B;$$

$$H_A = 0; \qquad M_B = M_C = -(\mathfrak{S}_r + Z\,h) = -\frac{L\,\mathfrak{S}_r + \mathfrak{N}\,(k_1 + k_2)}{N_Z}.$$

Fall 43/5: Rechter Stiel beliebig waagerecht belastet

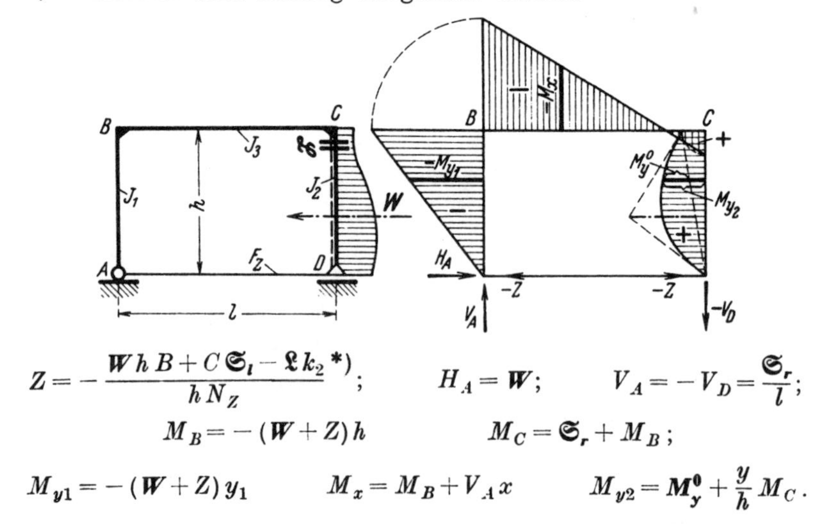

$$Z = -\frac{\boldsymbol{W}\,h\,B + C\,\mathfrak{S}_l - \mathfrak{L}\,k_2\ ^{*)}}{h\,N_Z}; \qquad H_A = \boldsymbol{W}; \qquad V_A = -V_D = \frac{\mathfrak{S}_r}{l};$$

$$M_B = -(\boldsymbol{W} + Z)\,h \qquad M_C = \mathfrak{S}_r + M_B;$$

$$M_{y1} = -(\boldsymbol{W} + Z)\,y_1 \qquad M_x = M_B + V_A\,x \qquad M_{y2} = \boldsymbol{M}_y^0 + \frac{y}{h}\,M_C.$$

Sonderfall 43/5a: Nur waagerechte Einzellast P in Riegelhöhe

$$(\boldsymbol{W} = P; \qquad \mathfrak{S}_l = 0; \qquad \mathfrak{S}_r = P\,h; \qquad \mathfrak{L} = 0; \qquad \boldsymbol{M}_y^0 = 0).$$

$$Z = -P\,\frac{B}{N_Z}\ ^{*)}; \qquad V_A = -V_D = \frac{P\,h}{l}; \qquad \begin{array}{l} M_B = -(P + Z)\,h \\ M_C = (-Z)\,h; \end{array}$$

$$H_A = P; \qquad M_{y1} = -(P + Z)\,y_1 \qquad M_x = M_B + V_A\,x \qquad M_{y2} = (-Z)\,y_2.$$

---

*) Bei den obigen drei Belastungsfällen sowie bei Wärme**ab**nahme (s. S. 170 unten) wird Z negativ, d. h. das Zugband erhält Druck. Dieser Umstand hat selbstverständlich nur dann einen Sinn, wenn die Druckkraft kleiner bleibt als die Zugkraft aus ständiger Last, so daß stets ein Rest Zugkraft im Zugbande verbleibt.

**) Siehe hierzu die erste Fußnote von Seite 169.

Rahmenform 44

Eingespannter Rechteckrahmen mit verschiedenen Stiel-Trägheitsmomenten

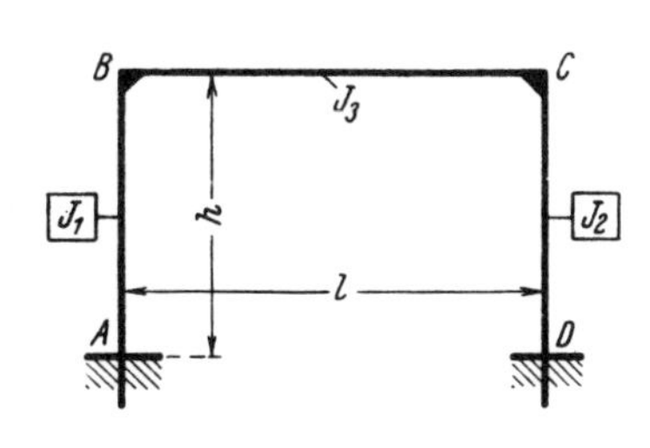

Rahmenform, Abmessungen und Bezeichnungen

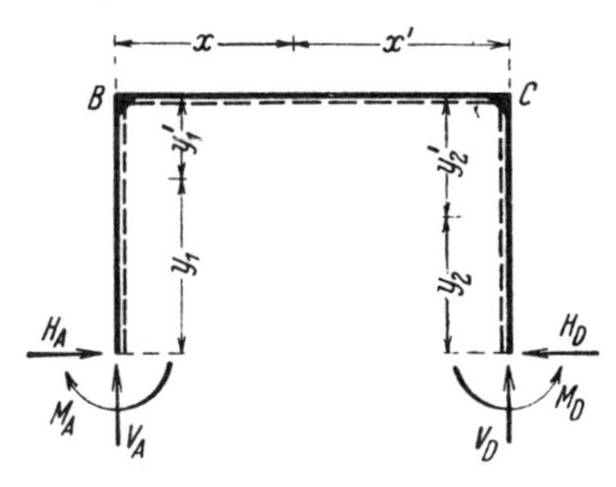

Festlegung der positiven Richtung aller Stützkräfte und der Koordinaten beliebiger Stabpunkte. Positive Biegungsmomente erzeugen an der gestrichelten Stabseite Zug

Alle **Festwerte** sind wie bei Rahmenform 48 (siehe Seite 185) zu berechnen mit folgenden Vereinfachungen:

$$(h_1 = h_2) = h \qquad n = 1 \qquad (v = 0).$$

Fall 44/1: Gleichmäßige Wärmezunahme im ganzen Rahmen[1])

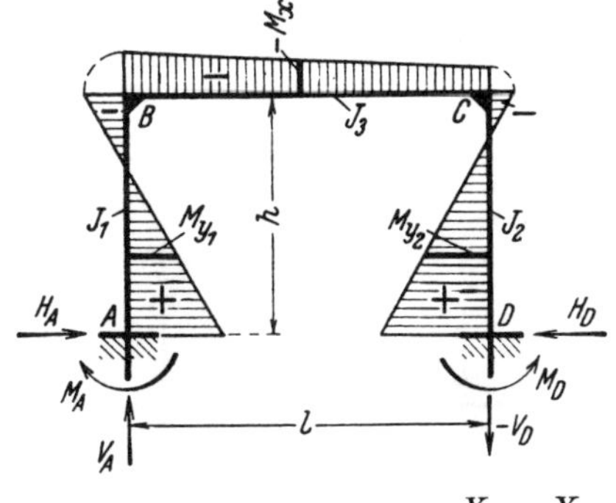

E = Elastizitätsmodul,
α_T = Wärmeausdehnungszahl,
t = Wärmeänderung in Grad.

Hilfswerte:

$$T = \frac{6\,E\,J_3\,\alpha_T\,t}{h} \qquad X_1 = T\,n_{31}$$

$$X_2 = T\,n_{32} \qquad X_3 = T\,n_{33}.$$

$$M_A = X_3 - X_1 \qquad M_B = -X_1$$

$$M_C = -X_2 \qquad M_D = X_3 - X_2;$$

$$V_A = -V_D = \frac{X_1 - X_2}{l} \qquad H_A = H_D = \frac{X_3}{h};$$

$$M_{y1} = \frac{y_1'}{h} M_A + \frac{y_1}{h} M_B \qquad M_x = \frac{x'}{l} M_B + \frac{x}{l} M_C \qquad M_{y2} = \frac{y_2}{h} M_C + \frac{y_2'}{h} M_D.$$

Bemerkung: Bei Wärmeabnahme kehren alle Kräfte ihren Pfeilsinn um und alle Momente erhalten entgegengesetztes Vorzeichen.

---

[1]) Bei einer Riegelverkürzung $\Delta l = \varepsilon \cdot l$ ist ε anstatt $\alpha_T \cdot t$ in die Formeln für Wärmeabnahme einzusetzen.

Fall 44/2: Rechteck-Vollast auf dem Riegel

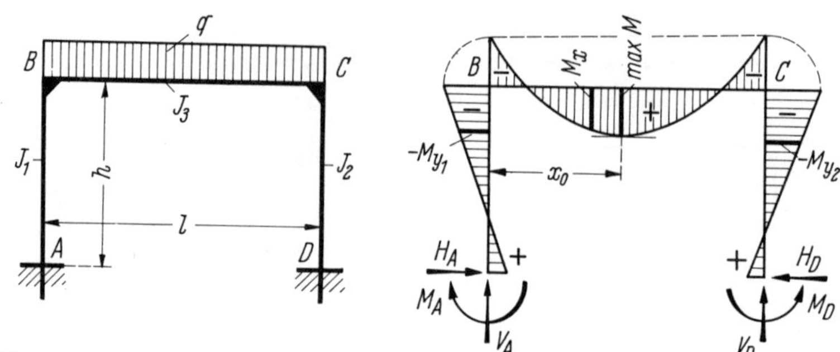

Hilfswerte:

$$X_1 = \frac{q\,l^2}{4}(n_{11} + n_{21})\,, \qquad X_2 = \frac{q\,l^2}{4}(n_{12} + n_{22})\,, \qquad X_3 = \frac{q\,l^2}{4}(n_{13} + n_{23})\,.$$

$$M_A = X_3 - X_1 \qquad M_B = -X_1 \qquad M_C = -X_2 \qquad M_D = X_3 - X_2$$

$$V_A = \frac{q\,l}{2} + \frac{X_1 - X_2}{l} \qquad V_D = \frac{q\,l}{2} - \frac{X_1 - X_2}{l} \qquad x_0 = \frac{V_A}{q} \qquad H_A = H_D = \frac{X_3}{h}$$

$$M_{y1} = \frac{y_1'}{h} M_A + \frac{y_1}{h} M_B \qquad M_x = \frac{q\,x\,x'}{2} + \frac{x'}{l} M_B + \frac{x}{l} M_C$$

$$M_{y2} = \frac{y_2}{h} M_C + \frac{y_2'}{h} M_D\,.$$

Fall 44/3: Waagrechte Einzellast in Riegelhöhe

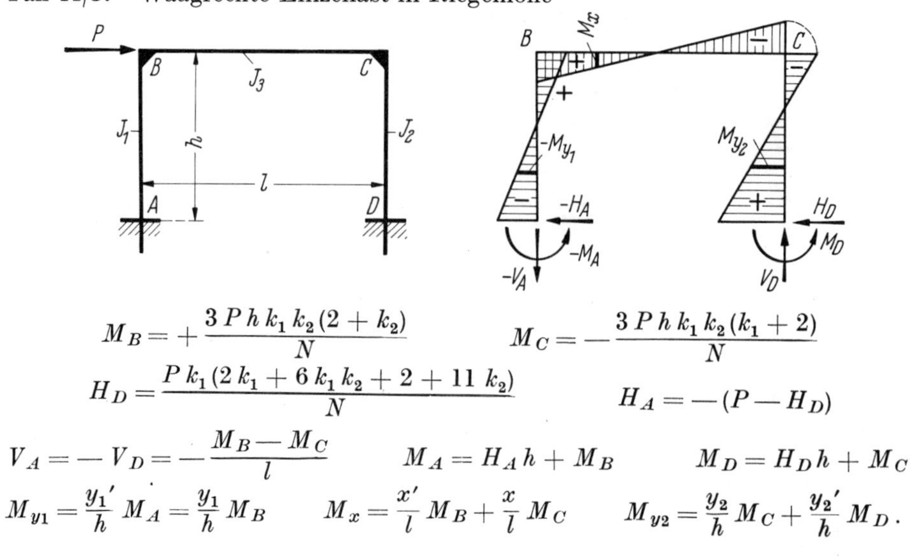

$$M_B = +\frac{3\,P\,h\,k_1\,k_2\,(2 + k_2)}{N} \qquad M_C = -\frac{3\,P\,h\,k_1\,k_2\,(k_1 + 2)}{N}$$

$$H_D = \frac{P\,k_1\,(2\,k_1 + 6\,k_1\,k_2 + 2 + 11\,k_2)}{N} \qquad H_A = -(P - H_D)$$

$$V_A = -V_D = -\frac{M_B - M_C}{l} \qquad M_A = H_A\,h + M_B \qquad M_D = H_D\,h + M_C$$

$$M_{y1} = \frac{y_1'}{h} M_A = \frac{y_1}{h} M_B \qquad M_x = \frac{x'}{l} M_B + \frac{x}{l} M_C \qquad M_{y2} = \frac{y_2}{h} M_C + \frac{y_2'}{h} M_D\,.$$

Fall 44/4: Rechteck-Vollast am linken Stiel

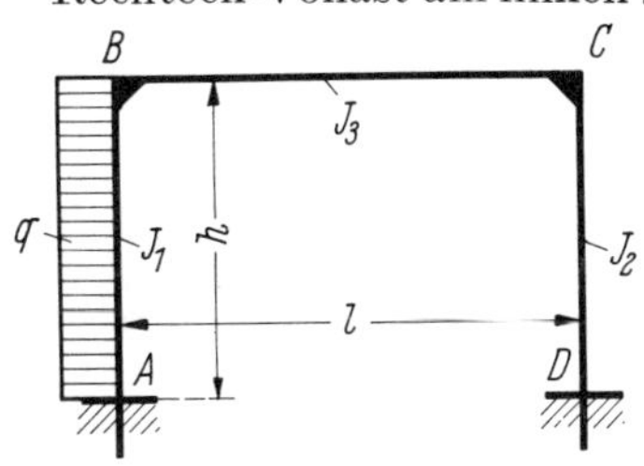

Hilfswerte:

$$X_1 = \frac{q\,h^2\,k_1}{4}(+\,4n_{11} - 3\,n_{31})\,,\qquad M_A = -\frac{q\,h^2}{2} + X_1 + X_3$$

$$X_2 = \frac{q\,h^2\,k_1}{4}(-\,4\,n_{12} + 3\,n_{32})\,,\qquad M_B = X_1 \qquad M_C = -\,X_2$$

$$X_3 = \frac{q\,h^2\,k_1}{4}(-\,4\,n_{13} + 3\,n_{33})\,.\qquad M_D = X_3 - X_2$$

$$V_A = -\,V_D = -\,\frac{X_1 + X_2}{l} \qquad H_D = \frac{X_3}{h} \qquad H_A = -(q\,h - H_D)$$

$$M_{y1} = \frac{q\,y_1\,y_1'}{2} + \frac{y_1'}{h}\,M_A + \frac{y_1}{h}\,M_B$$

$$M_x = \frac{x'}{l}\,M_B + \frac{x}{l}\,M_C \qquad M_{y2} = \frac{y_2}{h}\,M_C + \frac{y_2'}{h}\,M_D\,.$$

Fall 44/5: Rechteck-Vollast am rechten Stiel

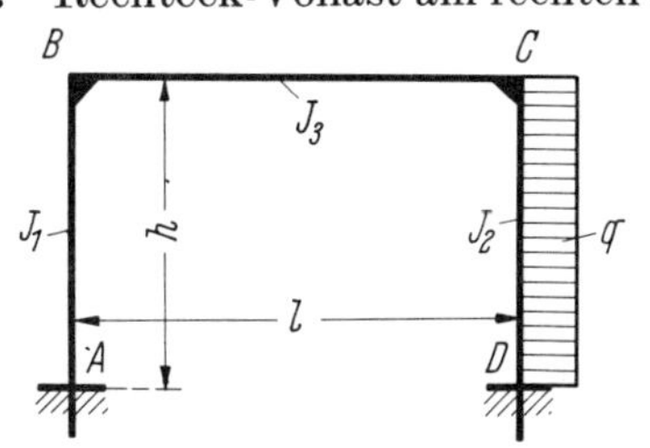

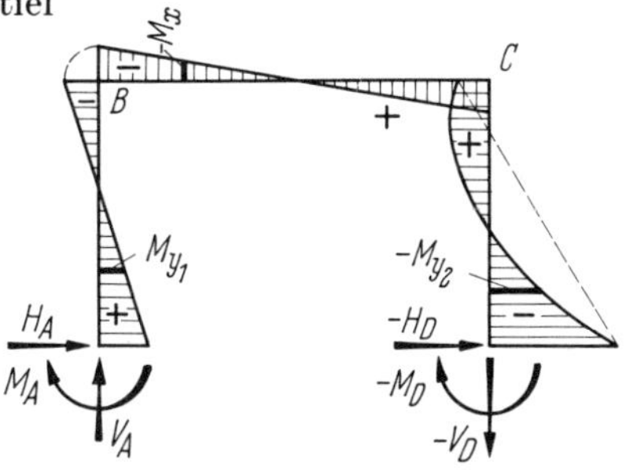

Hilfswerte:

$$X_1 = \frac{q\,h^2\,k_2}{4}(-\,4\,n_{21} + 3\,n_{31})\,,\qquad M_A = X_3 - X_1$$

$$X_2 = \frac{q\,h^2\,k_2}{4}(+\,4\,n_{22} - 3\,n_{32})\,,\qquad M_B = -\,X_1 \qquad M_C = X_2$$

$$X_3 = \frac{q\,h^2\,k_2}{4}(-\,4\,n_{23} + 3\,n_{33})\,.\qquad M_D = -\frac{q\,h^2}{2} + X_2 + X_3$$

$$V_A = -\,V_D = \frac{X_1 + X_2}{l} \qquad H_A = \frac{X_3}{h} \qquad H_D = -(q\,h - H_A)$$

$$M_{y1} = \frac{y_1'}{h}\,M_A + \frac{y_1}{h}\,M_B \qquad M_x = \frac{x'}{l}\,M_B + \frac{x}{l}\,M_C$$

$$M_{y2} = \frac{q\,y_2\,y_2'}{2} + \frac{y_2}{h}\,M_C + \frac{y_2'}{h}\,M_D\,.$$

Bemerkung: **Alle Formeln für allgemeine äußere Belastung** lauten wie bei Rahmenform 48 (s. Seite 185) mit folgenden Vereinfachungen:

$$(h_1 = h_2) = h \qquad n = 1 \qquad (v = 0)$$

Rahmenform 45

Eingespannter Rahmen mit verschieden hohen senkrechten Stielen und gelenkig eingefügtem waagerechtem Riegel

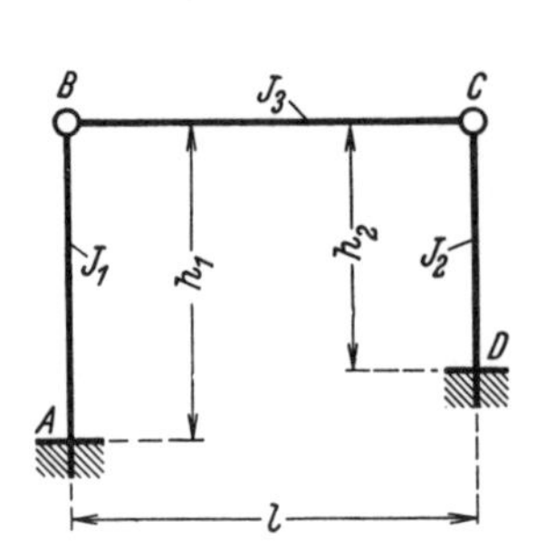

Rahmenform, Abmessungen und Bezeichnungen

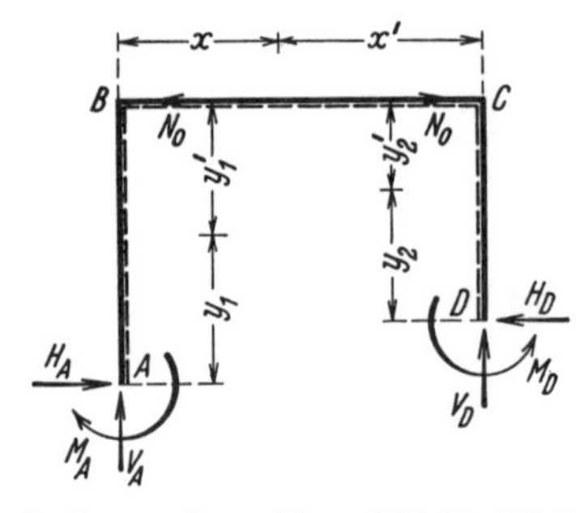

Festlegung der positiven Richtung aller Stützkräfte und der Axialkraft im Riegel[1])

Festwerte:

$$K_1 = \frac{J_1}{h_1^3} \qquad K_2 = \frac{J_2}{h_2^3}\,; \qquad \alpha = \frac{K_1}{K_1 + K_2} \qquad \delta = \frac{K_2}{K_1 + K_2} = 1 - \alpha\,; \qquad n = \frac{h_2}{h_1}\,.$$

Fall 45/1: Beliebige senkrechte Belastung des Riegels

Der Riegel verhält sich wie ein einfacher Balken. Formelanschriebe genau wie beim Fall 38/2, Seite 139.

Fall 45/2: Gleichmäßige Wärmezunahme des Riegels um t Grad[2])[3])

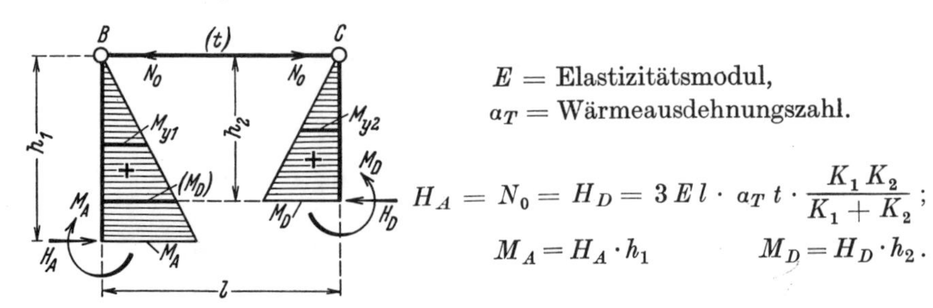

E = Elastizitätsmodul,
a_T = Wärmeausdehnungszahl.

$$H_A = N_0 = H_D = 3\,E\,l \cdot a_T\,t \cdot \frac{K_1\,K_2}{K_1 + K_2}\,;$$

$$M_A = H_A \cdot h_1 \qquad M_D = H_D \cdot h_2\,.$$

Bemerkung: Bei Wärmeabnahme kehren alle Momente und Kräfte ihren Wirkungssinn um.

---

[1]) Positive Biegungsmomente M erzeugen an der gestrichelten Stabseite Zug. Positive Axialkräfte N erzeugen im Stab Druck.

[2]) Wärmeänderung der Stiele hat keinen statischen Einfluß.

[3]) Bei einer Riegelverkürzung $\Delta\, l = \varepsilon \cdot l$ ist ε anstatt $a_T \cdot t$ in die Formeln für Wärmeabnahme einzusetzen

Siehe hierzu den Abschnitt **„Belastungsglieder“**

Fall 45/3: Linker Stiel beliebig belastet

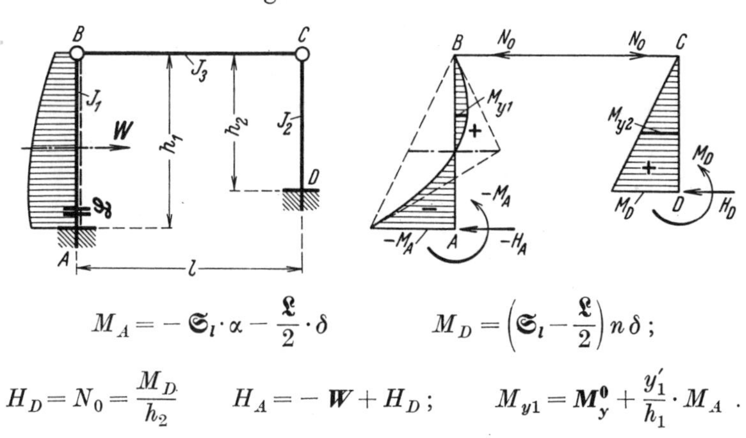

$$M_A = -\mathfrak{S}_l \cdot \alpha - \frac{\mathfrak{L}}{2} \cdot \delta \qquad M_D = \left(\mathfrak{S}_l - \frac{\mathfrak{L}}{2}\right) n\,\delta\,;$$

$$H_D = N_0 = \frac{M_D}{h_2} \qquad H_A = -\boldsymbol{W} + H_D\,; \qquad M_{y1} = \boldsymbol{M}_y^0 + \frac{y_1'}{h_1} \cdot M_A\,.$$

Sonderfall 45/3a: Nur waagerechte Einzellast P am Eckpunkt B

$$(\boldsymbol{W} = P\,; \qquad \mathfrak{S}_l = P h_1\,; \qquad \mathfrak{L} = 0\,; \qquad \boldsymbol{M}_y^0 = 0)\,.$$

$$H_A = -P\alpha \qquad H_D = N_0 = P\delta\,; \qquad M_A = -P\alpha \cdot h_1 \qquad M_D = +P\delta \cdot h_2\,.$$

Fall 45/4: Rechter Stiel beliebig belastet

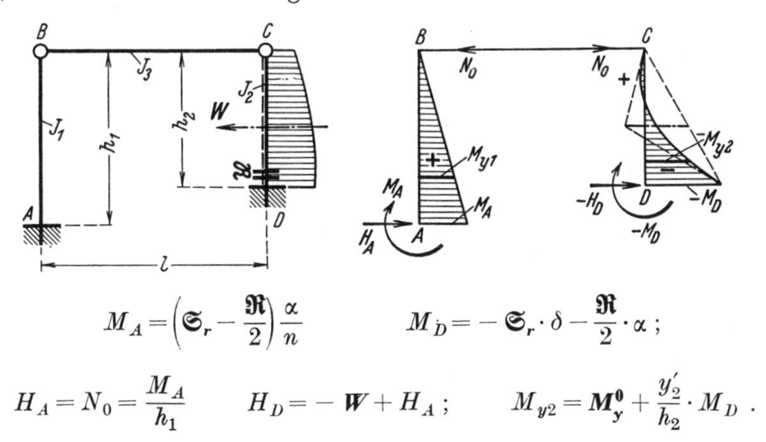

$$M_A = \left(\mathfrak{S}_r - \frac{\mathfrak{R}}{2}\right) \frac{\alpha}{n} \qquad M_D = -\mathfrak{S}_r \cdot \delta - \frac{\mathfrak{R}}{2} \cdot \alpha\,;$$

$$H_A = N_0 = \frac{M_A}{h_1} \qquad H_D = -\boldsymbol{W} + H_A\,; \qquad M_{y2} = \boldsymbol{M}_y^0 + \frac{y_2'}{h_2} \cdot M_D\,.$$

Sonderfall 45/4a: Nur waagerechte Einzellast P am Eckpunkt C

$$(\boldsymbol{W} = P\,; \qquad \mathfrak{S}_r = P h_2\,; \qquad \mathfrak{R} = 0\,; \qquad \boldsymbol{M}_y^0 = 0)\,.$$

$$H_A = N_0 = P\alpha \qquad H_D = -P\delta\,; \qquad M_A = +P\alpha \cdot h_1 \qquad M_D = -P\delta \cdot h_2\,.$$

Bemerkung: Mit Ausnahme von N_0 ist der Fall 45/4a gleich dem negativen Fall 45/3a.

Rahmenform 46

Zweigelenkrahmen mit waagerechtem Riegel und verschieden hohen senkrechten Stielen

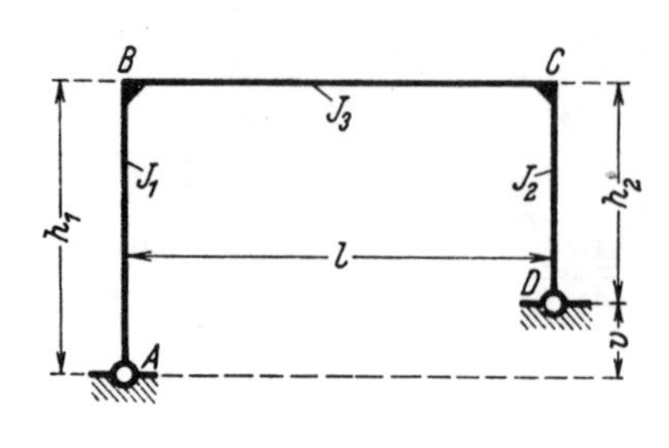

Rahmenform, Abmessungen und Bezeichnungen

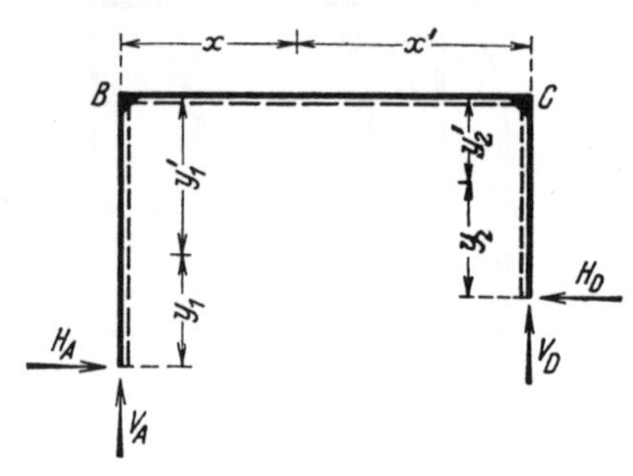

Festlegung der positiven Richtung aller Stützkräfte und der Koordinaten beliebiger Stabpunkte. Positive Biegungsmomente erzeugen an der gestrichelten Stabseite Zug

Festwerte:

$$k_1 = \frac{J_3}{J_1} \cdot \frac{h_1}{l} \qquad k_2 = \frac{J_3}{J_2} \cdot \frac{h_2}{l}; \qquad n = \frac{h_2}{h_1};$$

$$B = 2(k_1 + 1) + n \qquad C = 1 + 2n(1 + k_2); \qquad N = B + nC.$$

Fall 46/1: Waagerechte Einzellast in Riegelhöhe

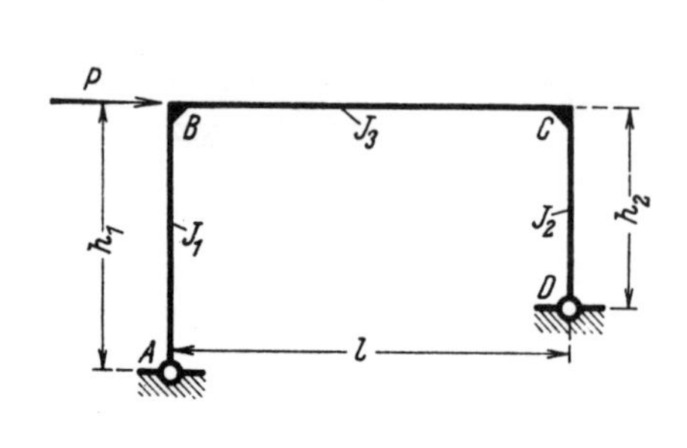

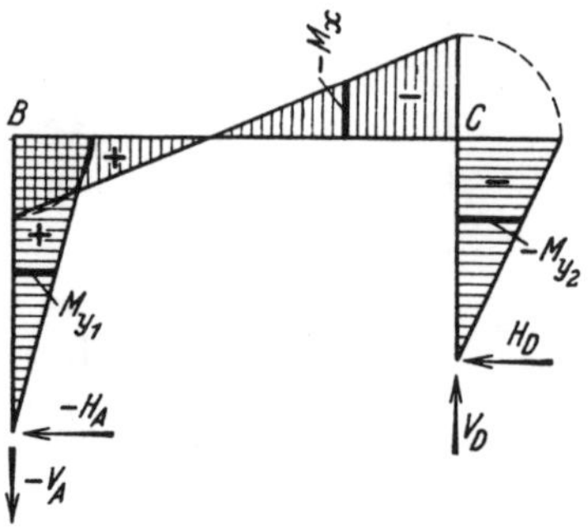

$$H_A = -P \cdot \frac{nC}{N} \qquad H_D = P \cdot \frac{B}{N}; \qquad V_D = -V_A = \frac{M_B - M_C}{l};$$

$$M_B = (-H_A)\, h_1 \qquad M_C = -H_D h_2;$$

$$M_{y1} = (-H_A)\, y_1 \qquad M_x = \frac{x'}{l} M_B + \frac{x}{l} M_C \qquad M_{y2} = -H_D y_2.$$

Siehe hierzu den Abschnitt **„Belastungsglieder"**

Fall 46/2: Linker Stiel beliebig waagerecht belastet

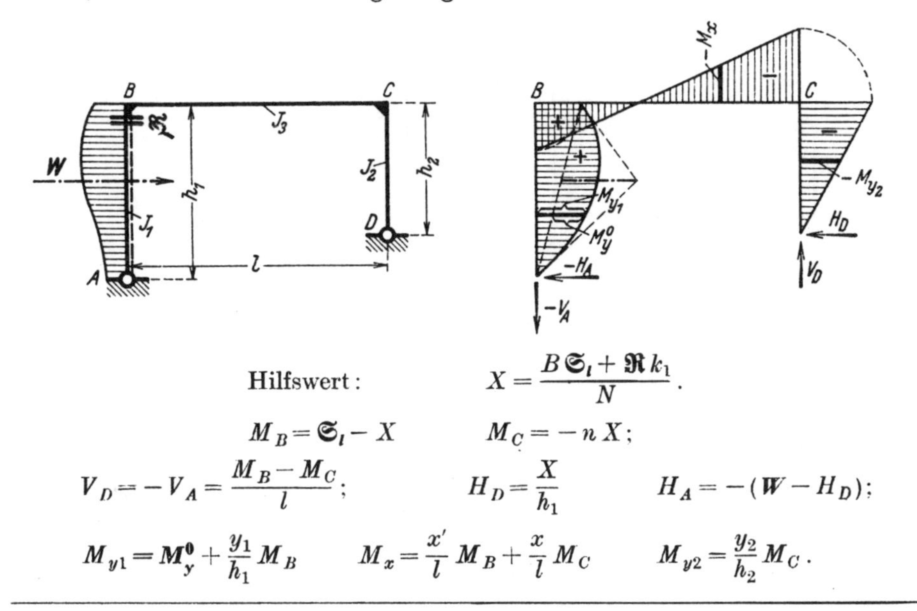

Hilfswert: $X = \dfrac{B\,\mathfrak{S}_l + \mathfrak{R}\,k_1}{N}$.

$M_B = \mathfrak{S}_l - X \qquad M_C = -n\,X;$

$V_D = -V_A = \dfrac{M_B - M_C}{l}; \qquad H_D = \dfrac{X}{h_1} \qquad H_A = -(W - H_D);$

$M_{y1} = M_y^0 + \dfrac{y_1}{h_1} M_B \qquad M_x = \dfrac{x'}{l} M_B + \dfrac{x}{l} M_C \qquad M_{y2} = \dfrac{y_2}{h_2} M_C.$

Fall 46/3: Rechter Stiel beliebig waagerecht belastet

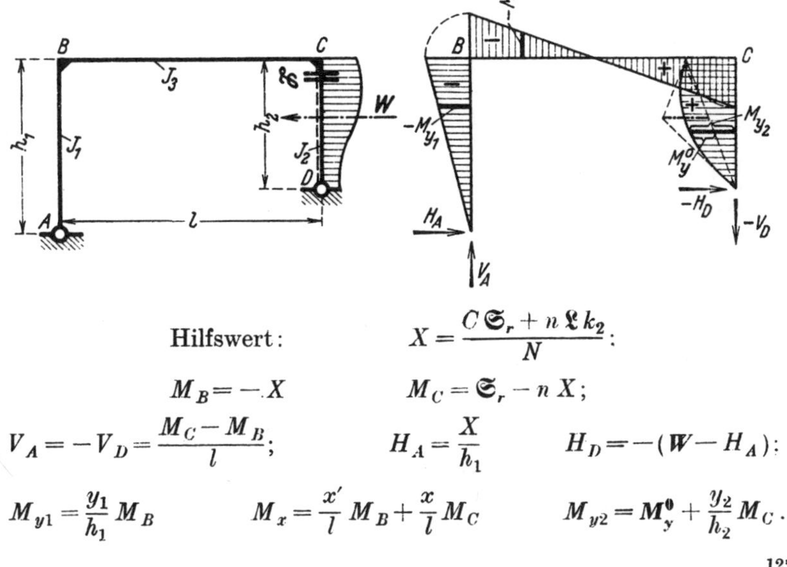

Hilfswert: $X = \dfrac{C\,\mathfrak{S}_r + n\,\mathfrak{L}\,k_2}{N};$

$M_B = -X \qquad M_C = \mathfrak{S}_r - n\,X;$

$V_A = -V_D = \dfrac{M_C - M_B}{l}; \qquad H_A = \dfrac{X}{h_1} \qquad H_D = -(W - H_A);$

$M_{y1} = \dfrac{y_1}{h_1} M_B \qquad M_x = \dfrac{x'}{l} M_B + \dfrac{x}{l} M_C \qquad M_{y2} = M_y^0 + \dfrac{y_2}{h_2} M_C.$

Siehe hierzu den Abschnitt **„Belastungsglieder“**

Fall 46/4: Riegel beliebig senkrecht belastet

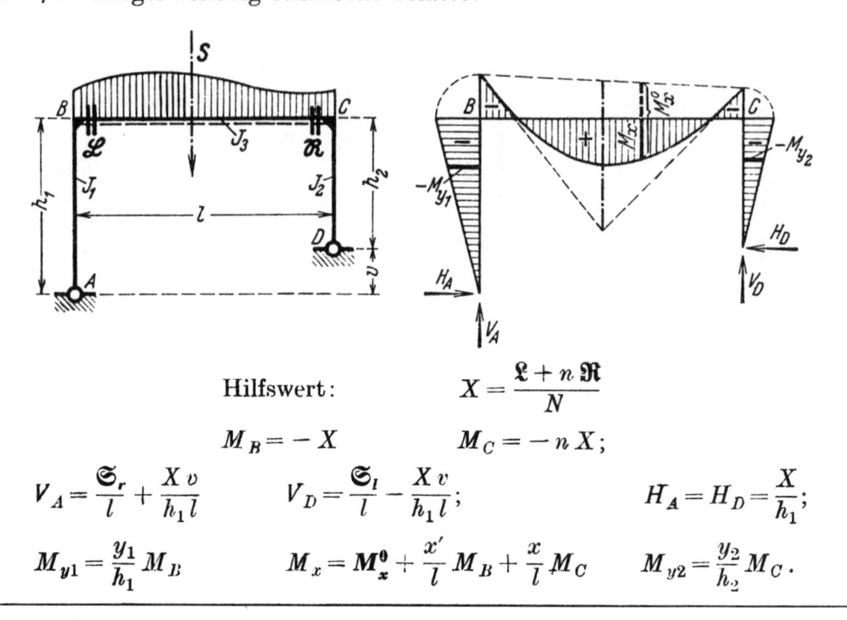

Hilfswert: $X = \frac{\mathfrak{L} + n\,\mathfrak{R}}{N}$

$$M_B = -X \qquad M_C = -n\,X;$$

$$V_A = \frac{\mathfrak{S}_r}{l} + \frac{X\,v}{h_1\,l} \qquad V_D = \frac{\mathfrak{S}_l}{l} - \frac{X\,v}{h_1\,l}; \qquad H_A = H_D = \frac{X}{h_1};$$

$$M_{y1} = \frac{y_1}{h_1} M_B \qquad M_x = \mathbf{M}_x^0 + \frac{x'}{l} M_B + \frac{x}{l} M_C \qquad M_{y2} = \frac{y_2}{h_2} M_C.$$

Fall 46/5: Gleichmäßige Wärme**zu**nahme im ganzen Rahmen[1])

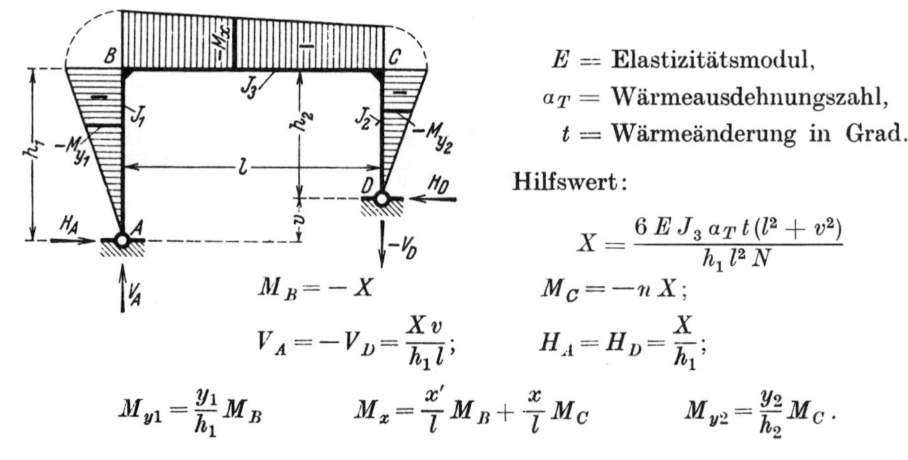

E = Elastizitätsmodul,
α_T = Wärmeausdehnungszahl,
t = Wärmeänderung in Grad.

Hilfswert:

$$X = \frac{6\,E\,J_3\,\alpha_T\,t\,(l^2 + v^2)}{h_1\,l^2\,N}$$

$$M_B = -X \qquad M_C = -n\,X;$$

$$V_A = -V_D = \frac{X\,v}{h_1\,l}; \qquad H_A = H_D = \frac{X}{h_1};$$

$$M_{y1} = \frac{y_1}{h_1} M_B \qquad M_x = \frac{x'}{l} M_B + \frac{x}{l} M_C \qquad M_{y2} = \frac{y_2}{h_2} M_C.$$

Bemerkung: Bei Wärmeabnahme kehren alle Kräfte ihren Pfeilsinn um und alle Momente erhalten entgegengesetztes Vorzeichen.

[1]) Bei einer Riegelverkürzung $\Delta l = \varepsilon \cdot l$ wird $X = \frac{6\,E\,J_3\,\varepsilon}{h_1 \cdot N}$

Rahmenform 47

Rahmen mit waagerechtem Riegel und verschieden hohen senkrechten Stielen mit einem festen Fußgelenk und einem waagerecht beweglichen Auflager, verbunden durch ein schräg liegendes elastisches Zugband

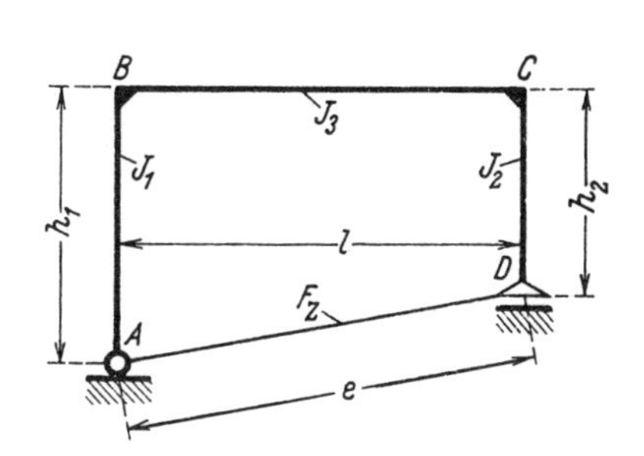

Rahmenform, Abmessungen und Bezeichnungen

Festlegung der positiven Richtung aller Stützkräfte und der Koordinaten beliebiger Stabpunkte. Positive Biegungsmomente erzeugen an der gestrichelten Stabseite Zug

Festwerte:

$$k_1 = \frac{J_3}{J_1} \cdot \frac{h_1}{l} \qquad k_2 = \frac{J_3}{J_2} \cdot \frac{h_2}{l}; \qquad n = \frac{h_2}{h_1};$$

$$B = 2(k_1 + 1) + n \qquad C = 1 + 2n(1 + k_2);$$

$$N = B + nC \qquad L = \frac{6J_3}{h_1^2 F_Z} \cdot \frac{E}{E_Z}; \qquad N_Z = N\frac{l}{e} + L\frac{e^2}{l^2}.$$

E = Elastizitätsmodul des Rahmenbaustoffes.

E_Z = Elastizitätsmodul des Zugbandstoffes,

F_Z = Querschnittsfläche des Zugbandes.

Siehe hierzu den Abschnitt „**Belastungsglieder**“

Fall 47/1: Riegel beliebig senkrecht belastet

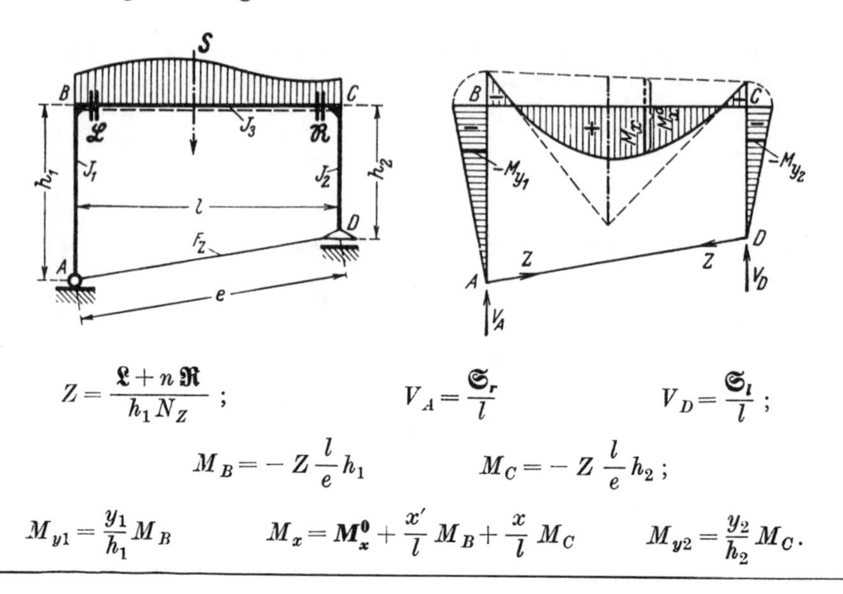

$$Z = \frac{\mathfrak{L} + n\,\mathfrak{R}}{h_1 N_Z}\,; \qquad V_A = \frac{\mathfrak{S}_r}{l} \qquad V_D = \frac{\mathfrak{S}_l}{l}\,;$$

$$M_B = -Z\,\frac{l}{e}\,h_1 \qquad M_C = -Z\,\frac{l}{e}\,h_2\,;$$

$$M_{y1} = \frac{y_1}{h_1} M_B \qquad M_x = \mathbf{M}_x^0 + \frac{x'}{l} M_B + \frac{x}{l} M_C \qquad M_{y2} = \frac{y_2}{h_2} M_C\,.$$

Fall 47/2: Linker Stiel beliebig waagerecht belastet

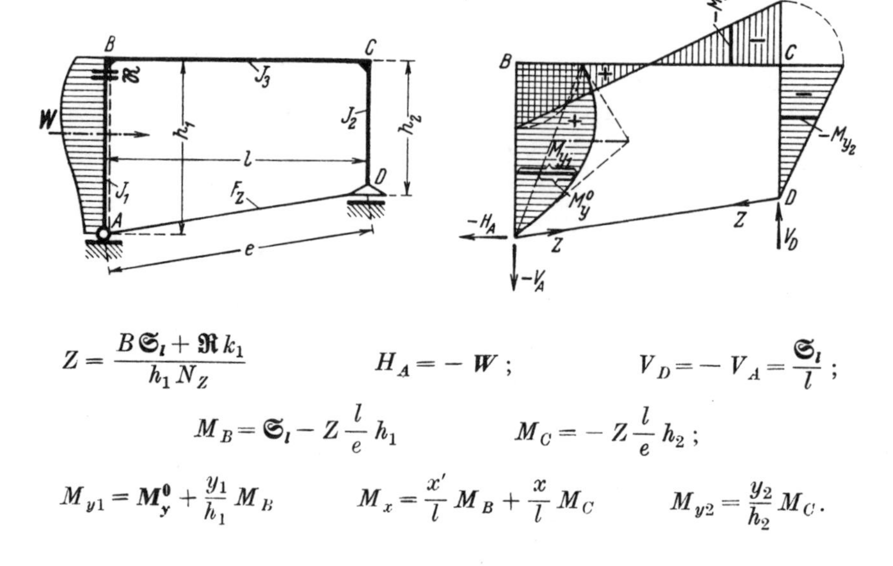

$$Z = \frac{B\,\mathfrak{S}_l + \mathfrak{R}\,k_1}{h_1 N_Z} \qquad H_A = -W\,; \qquad V_D = -V_A = \frac{\mathfrak{S}_l}{l}\,;$$

$$M_B = \mathfrak{S}_l - Z\,\frac{l}{e}\,h_1 \qquad M_C = -Z\,\frac{l}{e}\,h_2\,;$$

$$M_{y1} = \mathbf{M}_y^0 + \frac{y_1}{h_1} M_B \qquad M_x = \frac{x'}{l} M_B + \frac{x}{l} M_C \qquad M_{y2} = \frac{y_2}{h_2} M_C\,.$$

Siehe hierzu den Abschnitt „**Belastungsglieder**"

Fall 47/3: Rechter Stiel beliebig waagerecht belastet

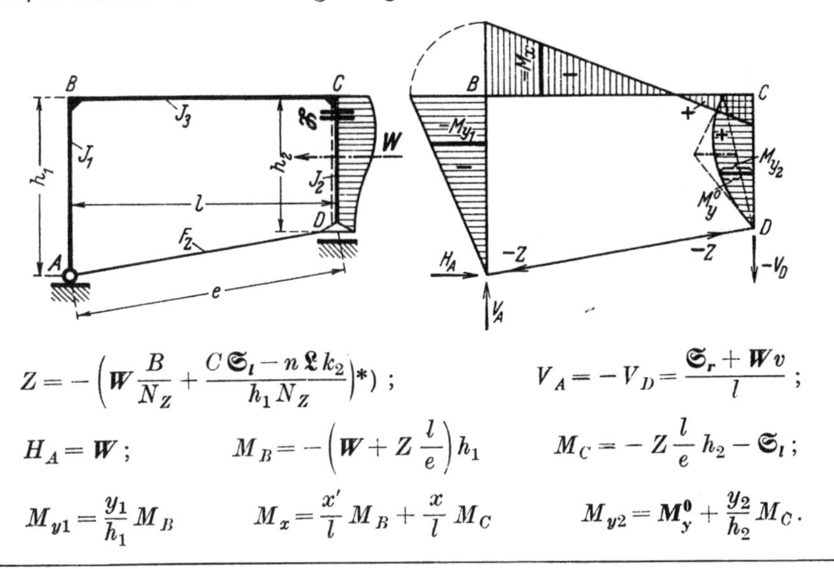

$$Z = -\left(\mathbf{W}\frac{B}{N_Z} + \frac{C\,\mathfrak{S}_l - n\,\mathfrak{L}\,k_2}{h_1 N_Z}\right)^{*)}; \qquad V_A = -V_D = \frac{\mathfrak{S}_r + \mathbf{W}v}{l};$$

$$H_A = \mathbf{W}; \qquad M_B = -\left(\mathbf{W} + Z\frac{l}{e}\right)h_1 \qquad M_C = -Z\frac{l}{e}h_2 - \mathfrak{S}_l;$$

$$M_{y1} = \frac{y_1}{h_1}M_B \qquad M_x = \frac{x'}{l}M_B + \frac{x}{l}M_C \qquad M_{y2} = \mathbf{M}_y^0 + \frac{y_2}{h_2}M_C.$$

Fall 47/4: Gleichmäßige Wärmezunahme im ganzen Rahmen

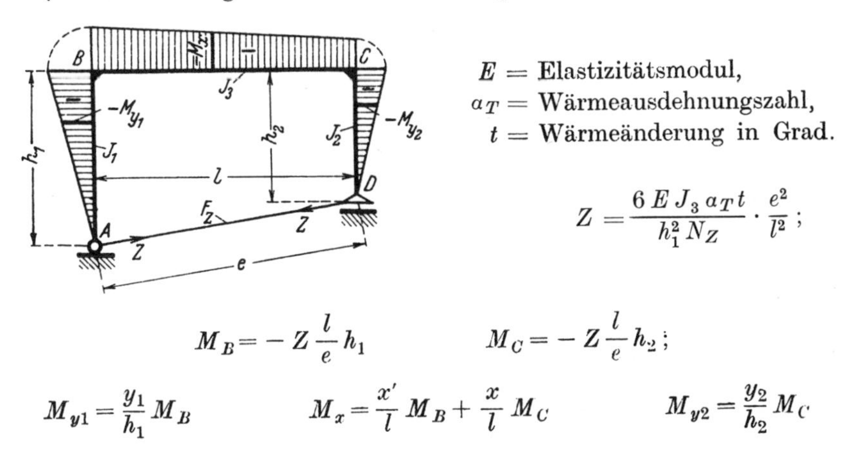

E = Elastizitätsmodul,
α_T = Wärmeausdehnungszahl,
t = Wärmeänderung in Grad.

$$Z = \frac{6\,E\,J_3\,\alpha_T\,t}{h_1^2\,N_Z}\cdot\frac{e^2}{l^2};$$

$$M_B = -Z\frac{l}{e}h_1 \qquad M_C = -Z\frac{l}{e}h_2;$$

$$M_{y1} = \frac{y_1}{h_1}M_B \qquad M_x = \frac{x'}{l}M_B + \frac{x}{l}M_C \qquad M_{y2} = \frac{y_2}{h_2}M_C$$

Bemerkung: Bei Wärme**ab**nahme kehren alle Kräfte ihren Pfeilsinn um und alle Momente erhalten entgegengesetztes Vorzeichen.

*) Bei dem obigen Lastfall, bei Wärme**ab**nahme sowie bei dem Lastfall 47/6, Seite 184, wird Z negativ, d. h. das Zugband erhält Druck. Dieser Umstand hat selbstverständlich nur dann einen Sinn wenn die Druckkraft kleiner bleibt als die Zugkraft aus ständiger Last, so daß stets ein Rest Zugkraft im Zugbande verbleibt.

Fall 47/5: Waagerechte Einzellast in Riegelhöhe

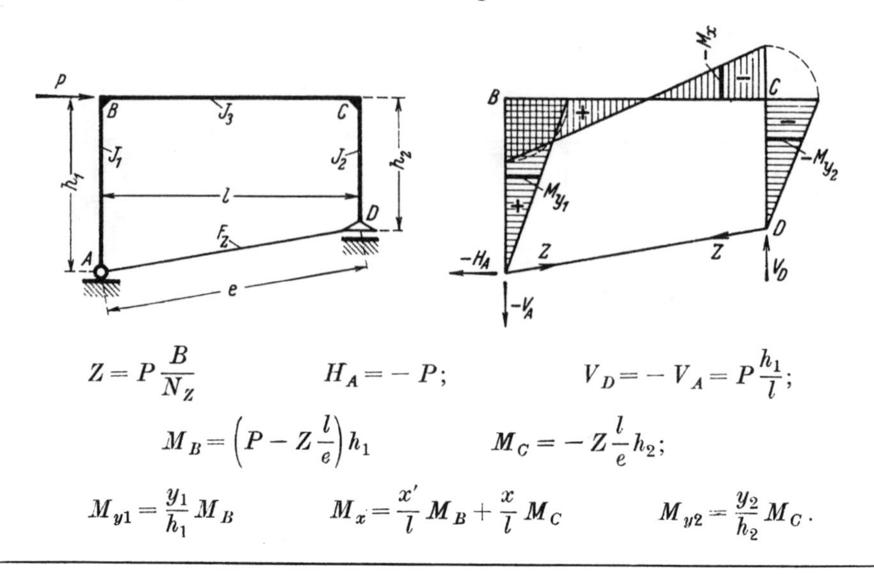

$$Z = P\frac{B}{N_Z} \qquad H_A = -P; \qquad V_D = -V_A = P\frac{h_1}{l};$$

$$M_B = \left(P - Z\frac{l}{e}\right)h_1 \qquad M_C = -Z\frac{l}{e}h_2;$$

$$M_{y1} = \frac{y_1}{h_1}M_B \qquad M_x = \frac{x'}{l}M_B + \frac{x}{l}M_C \qquad M_{y2} = \frac{y_2}{h_2}M_C.$$

Fall 47/6: Verschiedene Drehmomente in den Eckpunkten B und C

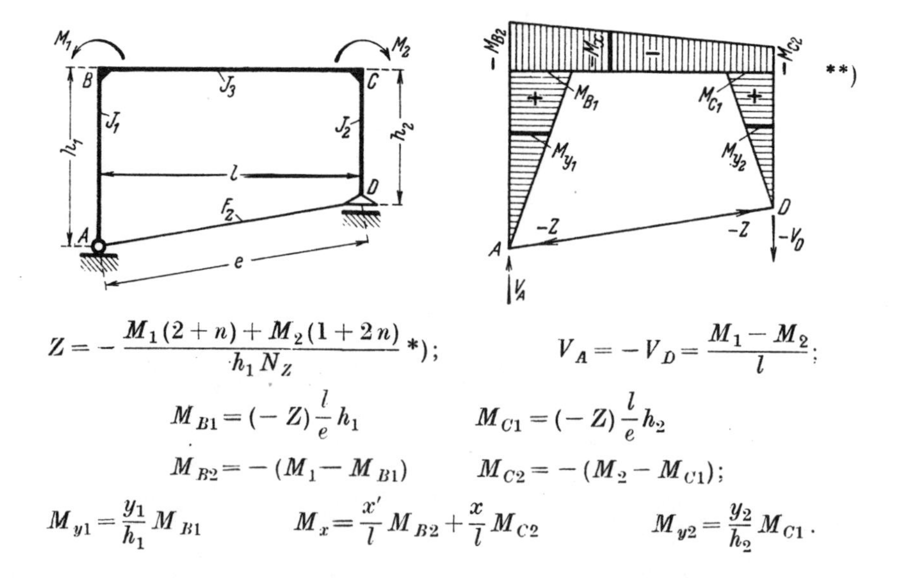

$$Z = -\frac{M_1(2+n) + M_2(1+2n)}{h_1 N_Z} \,*); \qquad V_A = -V_D = \frac{M_1 - M_2}{l};$$

$$M_{B1} = (-Z)\frac{l}{e}h_1 \qquad M_{C1} = (-Z)\frac{l}{e}h_2$$

$$M_{B2} = -(M_1 - M_{B1}) \qquad M_{C2} = -(M_2 - M_{C1});$$

$$M_{y1} = \frac{y_1}{h_1}M_{B1} \qquad M_x = \frac{x'}{l}M_{B2} + \frac{x}{l}M_{C2} \qquad M_{y2} = \frac{y_2}{h_2}M_{C1}.$$

*) Siehe hierzu die Fußnote Seite 183.

**) Das Momentenflächenbild entspricht einer Annahme $M_1 > M_2$.

Rahmenform 48

Eingespannter Rahmen mit waagerechtem Riegel und verschieden hohen senkrechten Stielen

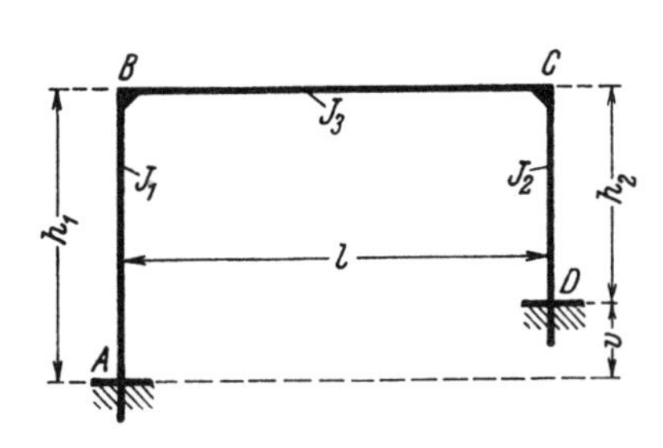

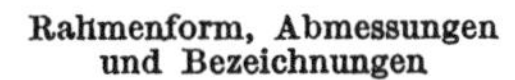

Rahmenform, Abmessungen und Bezeichnungen

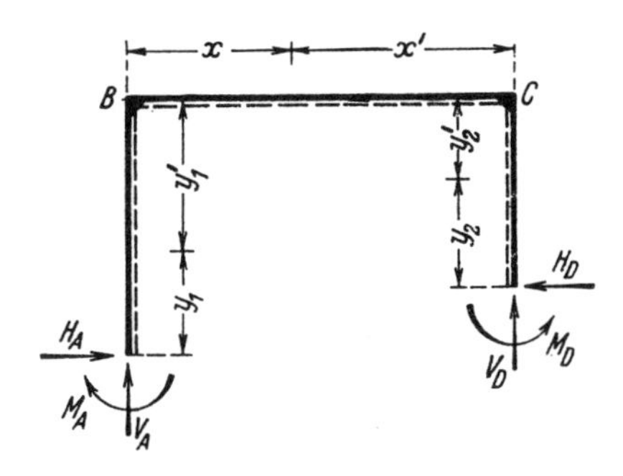

Festlegung der positiven Richtung aller Stützkräfte und der Koordinaten beliebiger Stabpunkte. Positive Biegungsmomente erzeugen an der gestrichelten Stabseite Zug

Festwerte:

$$k_1 = \frac{J_3}{J_1} \cdot \frac{h_1}{l} \qquad k_2 = \frac{J_3}{J_2} \cdot \frac{h_2}{l}; \qquad n = \frac{h_2}{h_1};$$

$$R_1 = 2(3k_1 + 1) \qquad R_2 = 2(1 + 3k_2) \qquad R_3 = 2(k_1 + n^2 k_2);$$

$$N = R_3(k_1 + 1 + k_2) + 6k_1 k_2 (k_1 + 1 + n + n^2 + n^2 k_2)$$

$$n_{11} = \frac{R_2 R_3 - 9n^2 k_2^2}{3N} \qquad n_{12} = n_{21} = \frac{9n k_1 k_2 - R_3}{3N}$$

$$n_{22} = \frac{R_1 R_3 - 9k_1^2}{3N} \qquad n_{13} = n_{31} = \frac{k_1 R_2 - n k_2}{N}$$

$$n_{33} = \frac{R_1 R_2 - 1}{3N} \qquad n_{23} = n_{32} = \frac{n k_2 R_1 - k_1}{N}$$

Fall 48/1: Waagerechte Einzellast in Riegelhöhe

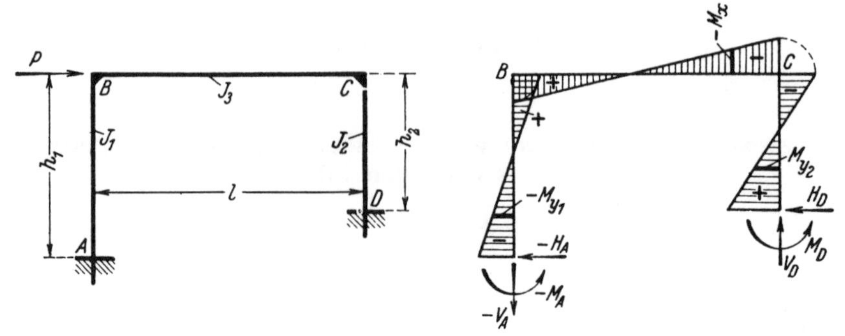

Hilfswerte:

$$X_1 = P h_1 k_1 (+3 n_{11} - 2 n_{31})$$
$$X_2 = P h_1 k_1 (-3 n_{12} + 2 n_{32})$$
$$X_3 = P h_1 k_1 (-3 n_{13} + 2 n_{33}).$$

$$M_A = -P h_1 + X_1 + X_3$$
$$M_B = X_1 \qquad M_C = -X_2$$
$$M_D = n X_3 - X_2;$$

$$V_D = -V_A = \frac{X_1 + X_2}{l}; \qquad H_D = \frac{X_3}{h_1} \qquad H_A = -(P - H_D);$$

$$M_{y1} = \frac{y_1'}{h_1} M_A + \frac{y_1}{h_1} M_B \qquad M_x = \frac{x'}{l} M_B + \frac{x}{l} M_C \qquad M_{y2} = \frac{y_2}{h_2} M_C + \frac{y_2'}{h_2} M_D.$$

Fall 48/2: Verschieden große Drehmomente in den Eckpunkten B und C

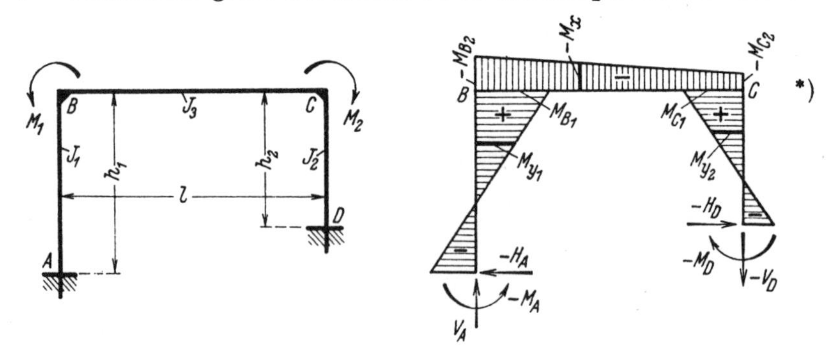

Hilfswerte:

$$X_1 = +M_1 (2 n_{11} + n_{21}) + M_2 (n_{11} + 2 n_{21})$$
$$X_2 = +M_1 (2 n_{12} + n_{22}) + M_2 (n_{12} + 2 n_{22})$$
$$X_3 = -M_1 (2 n_{13} + n_{23}) - M_2 (n_{13} + 2 n_{23}).$$

$$M_A = X_1 + X_3$$
$$M_{B1} = X_1 \qquad M_{C1} = X_2$$
$$M_{B2} = -(M_1 - X_1)$$
$$M_{C2} = -(M_2 - X_2)$$
$$M_D = X_2 + n X_3;$$

$$V_A = -V_D = \frac{M_{C2} - M_{B2}}{l}; \qquad H_A = H_D = \frac{X_3}{h_1};$$

$$M_{y1} = \frac{y_1'}{h_1} M_A + \frac{y_1}{h_1} M_{B1} \qquad M_x = \frac{x'}{l} M_{B2} + \frac{x}{l} M_{C2} \qquad M_{y2} = \frac{y_2}{h_2} M_{C1} + \frac{y_2'}{h_2} M_D.$$

*) Das Momentenflächenbild entspricht einer Annahme $M_1 > M_2$.

Siehe hierzu den Abschnitt **„Belastungsglieder“**

Fall 48/3: Linker Stiel beliebig waagerecht belastet

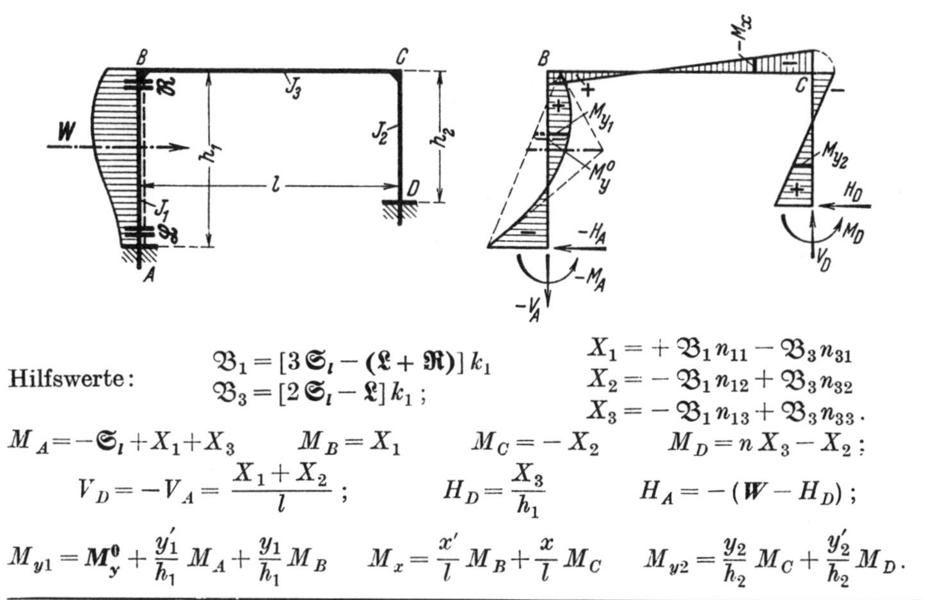

Hilfswerte: $\mathfrak{B}_1 = [3\,\mathfrak{S}_l - (\mathfrak{L} + \mathfrak{R})]\,k_1$ $\quad X_1 = +\,\mathfrak{B}_1 n_{11} - \mathfrak{B}_3 n_{31}$

$\mathfrak{B}_3 = [2\,\mathfrak{S}_l - \mathfrak{L}]\,k_1$; $\quad X_2 = -\,\mathfrak{B}_1 n_{12} + \mathfrak{B}_3 n_{32}$

$X_3 = -\,\mathfrak{B}_1 n_{13} + \mathfrak{B}_3 n_{33}$.

$M_A = -\mathfrak{S}_l + X_1 + X_3 \qquad M_B = X_1 \qquad M_C = -\,X_2 \qquad M_D = n\,X_3 - X_2$;

$$V_D = -V_A = \frac{X_1 + X_2}{l}\,; \qquad H_D = \frac{X_3}{h_1} \qquad H_A = -\,(\boldsymbol{W} - H_D)\,;$$

$$M_{y1} = \mathbf{M}_y^0 + \frac{y_1'}{h_1} M_A + \frac{y_1}{h_1} M_B \qquad M_x = \frac{x'}{l} M_B + \frac{x}{l} M_C \qquad M_{y2} = \frac{y_2}{h_2} M_C + \frac{y_2'}{h_2} M_D\,.$$

Fall 48/4: Rechter Stiel beliebig waagerecht belastet

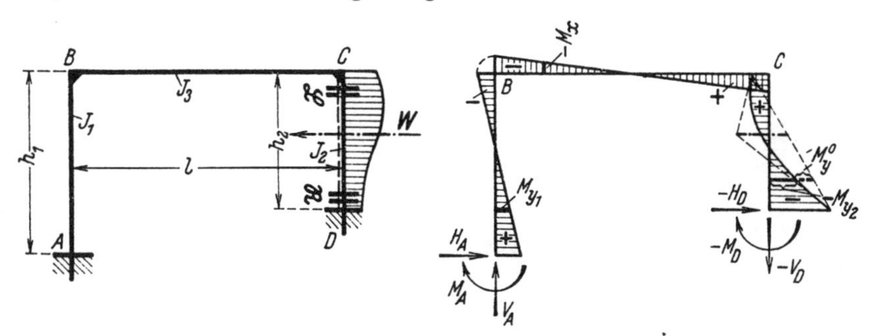

Hilfswerte: $\mathfrak{B}_2 = [3\,\mathfrak{S}_r - (\mathfrak{L} + \mathfrak{R})]\,k_2$ $\quad X_1 = -\,\mathfrak{B}_2 n_{21} + \mathfrak{B}_3 n_{31}$

$\mathfrak{B}_3 = [2\,\mathfrak{S}_r - \mathfrak{R}]\,n\,k_2$; $\quad X_2 = +\,\mathfrak{B}_2 n_{22} - \mathfrak{B}_3 n_{32}$

$X_3 = -\,\mathfrak{B}_2 n_{23} + \mathfrak{B}_3 n_{33}$.

$M_A = X_3 - X_1 \qquad M_B = -\,X_1 \qquad M_C = X_2 \qquad M_D = -\,\mathfrak{S}_r + X_2 + n\,X_3$;

$$V_A = -\,V_D = \frac{X_1 + X_2}{l}\,; \qquad H_A = \frac{X_3}{h_1} \qquad H_D = -\,(\boldsymbol{W} - H_A)\,;$$

$$M_{y1} = \frac{y_1'}{h_1} M_A + \frac{y_1}{h_1} M_B \qquad M_x = \frac{x'}{l} M_B + \frac{x}{l} M_C \qquad M_{y2} = \mathbf{M}_y^0 + \frac{y_2}{h_2} M_C + \frac{y_2'}{h_2} M_D\,.$$

Siehe hierzu den Abschnitt „**Belastungsglieder**“

Fall 48/5: Riegel beliebig senkrecht belastet

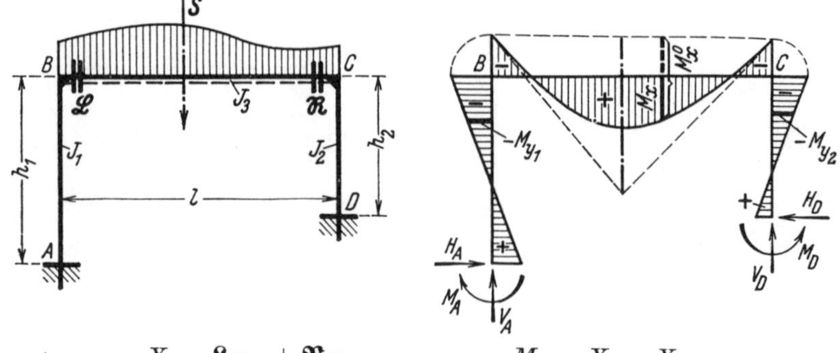

Hilfswerte:

$$X_1 = \mathfrak{L} n_{11} + \mathfrak{R} n_{21} \qquad M_A = X_3 - X_1$$
$$X_2 = \mathfrak{L} n_{12} + \mathfrak{R} n_{22} \qquad M_B = -X_1 \qquad M_C = -X_2$$
$$X_3 = \mathfrak{L} n_{13} + \mathfrak{R} n_{23}. \qquad M_D = n X_3 - X_2;$$

$$V_A = \frac{\mathfrak{S}_r + X_1 - X_2}{l} \qquad V_D = S - V_A; \qquad M_x = M_x^0 + \frac{x'}{l} M_B + \frac{x}{l} M_C$$

$$H_A = H_D = \frac{X_3}{h_1}; \qquad M_{y1} = \frac{y_1'}{h_1} M_A + \frac{y_1}{h_1} M_B \qquad M_{y2} = \frac{y_2}{h_2} M_C + \frac{y_2'}{h_2} M_D.$$

Fall 48/6: Gleichmäßige Wärmezunahme im ganzen Rahmen

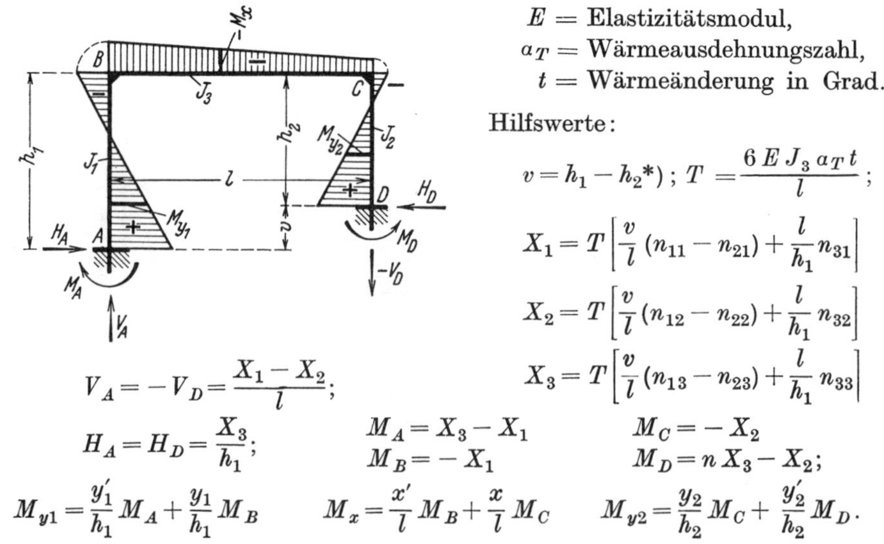

E = Elastizitätsmodul,
α_T = Wärmeausdehnungszahl,
t = Wärmeänderung in Grad.

Hilfswerte:

$$v = h_1 - h_2{}^{*}); \quad T = \frac{6 E J_3 \alpha_T t}{l};$$

$$X_1 = T\left[\frac{v}{l}(n_{11} - n_{21}) + \frac{l}{h_1} n_{31}\right]$$

$$X_2 = T\left[\frac{v}{l}(n_{12} - n_{22}) + \frac{l}{h_1} n_{32}\right]$$

$$X_3 = T\left[\frac{v}{l}(n_{13} - n_{23}) + \frac{l}{h_1} n_{33}\right]$$

$$V_A = -V_D = \frac{X_1 - X_2}{l};$$

$$H_A = H_D = \frac{X_3}{h_1}; \qquad M_A = X_3 - X_1 \qquad M_C = -X_2$$
$$M_B = -X_1 \qquad M_D = n X_3 - X_2;$$

$$M_{y1} = \frac{y_1'}{h_1} M_A + \frac{y_1}{h_1} M_B \qquad M_x = \frac{x'}{l} M_B + \frac{x}{l} M_C \qquad M_{y2} = \frac{y_2}{h_2} M_C + \frac{y_2'}{h_2} M_D.$$

Bemerkung: Bei Wärme**ab**nahme kehren alle Kräfte ihren Pfeilsinn um und alle Momente erhalten entgegengesetztes Vorzeichen.

*) Für $h_2 > h_1$ wird v negativ!

Rahmenform 49

Rahmen mit waagerechtem Riegel und verschieden hohen senkrechten Stielen mit einer Fußeinspannung und einem Fußgelenk

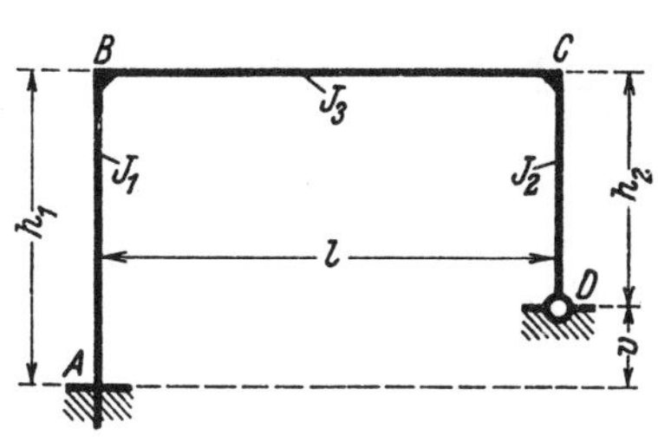

Rahmenform, Abmessungen und Bezeichnungen

Festlegung der positiven Richtung aller Stützkräfte und der Koordinaten beliebiger Stabpunkte. Positive Biegungsmomente erzeugen an der gestrichelten Stabseite Zug

Festwerte:

$$k_1 = \frac{J_3}{J_1} \cdot \frac{h_1}{l} \qquad k_2 = \frac{J_3}{J_2} \cdot \frac{h_2}{l}; \qquad m = \frac{h_1}{h_2};$$

$$N = 3(m k_1 + 1)^2 + 4 k_1 (3 + m^2) + 4 k_2 (3 k_1 + 1);$$

$$n_{11} = \frac{2(m^2 k_1 + 1 + k_2)}{N} \qquad n_{22} = \frac{2(3 k_1 + 1)}{N}$$

$$n_{12} = n_{21} = \frac{3 m k_1 - 1}{N}$$

Siehe hierzu den Abschnitt „**Belastungsglieder**"

Fall 49/1: Linker Stiel beliebig waagerecht belastet

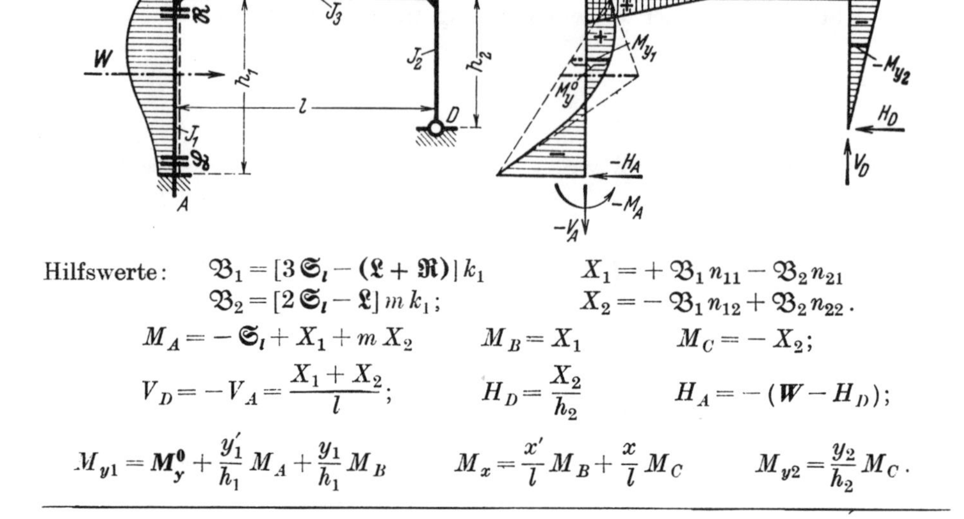

Hilfswerte: $\mathfrak{B}_1 = [3\,\mathfrak{S}_l - (\mathfrak{L} + \mathfrak{R})]\,k_1$ $\quad X_1 = +\,\mathfrak{B}_1 n_{11} - \mathfrak{B}_2 n_{21}$

$\mathfrak{B}_2 = [2\,\mathfrak{S}_l - \mathfrak{L}]\,m\,k_1;$ $\quad X_2 = -\,\mathfrak{B}_1 n_{12} + \mathfrak{B}_2 n_{22}.$

$$M_A = -\,\mathfrak{S}_l + X_1 + m\,X_2 \qquad M_B = X_1 \qquad M_C = -\,X_2;$$

$$V_D = -\,V_A = \frac{X_1 + X_2}{l}; \qquad H_D = \frac{X_2}{h_2} \qquad H_A = -\,(\boldsymbol{W} - H_D);$$

$$M_{y1} = \mathbf{M}_y^0 + \frac{y_1'}{h_1} M_A + \frac{y_1}{h_1} M_B \qquad M_x = \frac{x'}{l} M_B + \frac{x}{l} M_C \qquad M_{y2} = \frac{y_2}{h_2} M_C.$$

Fall 49/2: Rechter Stiel beliebig waagerecht belastet

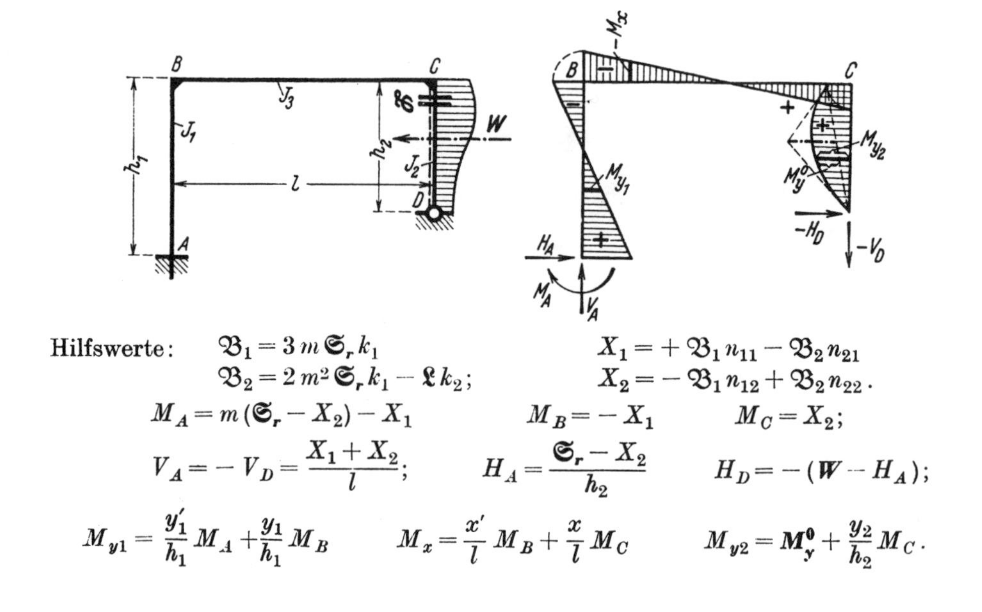

Hilfswerte: $\mathfrak{B}_1 = 3\,m\,\mathfrak{S}_r\,k_1$ $\quad X_1 = +\,\mathfrak{B}_1 n_{11} - \mathfrak{B}_2 n_{21}$

$\mathfrak{B}_2 = 2\,m^2\,\mathfrak{S}_r\,k_1 - \mathfrak{L}\,k_2;$ $\quad X_2 = -\,\mathfrak{B}_1 n_{12} + \mathfrak{B}_2 n_{22}.$

$$M_A = m\,(\mathfrak{S}_r - X_2) - X_1 \qquad M_B = -\,X_1 \qquad M_C = X_2;$$

$$V_A = -\,V_D = \frac{X_1 + X_2}{l}; \qquad H_A = \frac{\mathfrak{S}_r - X_2}{h_2} \qquad H_D = -\,(\boldsymbol{W} - H_A);$$

$$M_{y1} = \frac{y_1'}{h_1} M_A + \frac{y_1}{h_1} M_B \qquad M_x = \frac{x'}{l} M_B + \frac{x}{l} M_C \qquad M_{y2} = \mathbf{M}_y^0 + \frac{y_2}{h_2} M_C.$$

Siehe hierzu den Abschnitt „**Belastungsglieder**“

Fall 49/3: Riegel beliebig senkrecht belastet

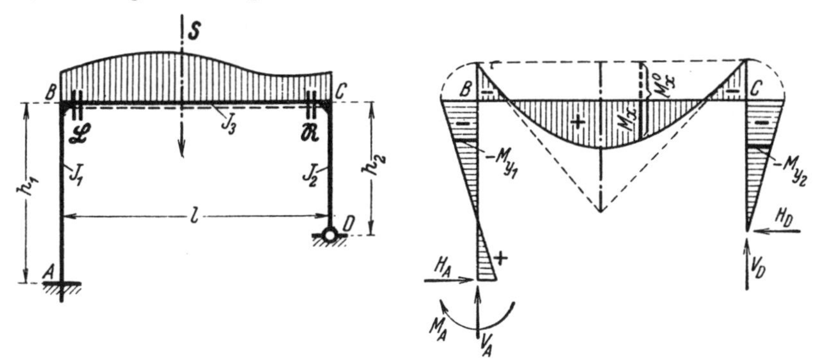

Hilfswerte: $X_1 = \mathfrak{L}\, n_{11} + \mathfrak{R}\, n_{21}$ $\quad X_2 = \mathfrak{L}\, n_{12} + \mathfrak{R}\, n_{22}$.

$$M_A = m X_2 - X_1 \qquad M_B = -X_1 \qquad M_C = -X_2;$$

$$V_A = \frac{\mathfrak{S}_r}{l} + \frac{X_1 - X_2}{l} \qquad V_D = \frac{\mathfrak{S}_l}{l} - \frac{X_1 - X_2}{l}; \qquad H_A = H_D = \frac{X_2}{h_2};$$

$$M_{y1} = \frac{y_1'}{h_1} M_A + \frac{y_1}{h_1} M_B \qquad M_x = M_x^0 + \frac{x'}{l} M_B + \frac{x}{l} M_C \qquad M_{y2} = \frac{y_2}{h_2} M_C.$$

Fall 49/4: Gleichmäßige Wärmezunahme im ganzen Rahmen

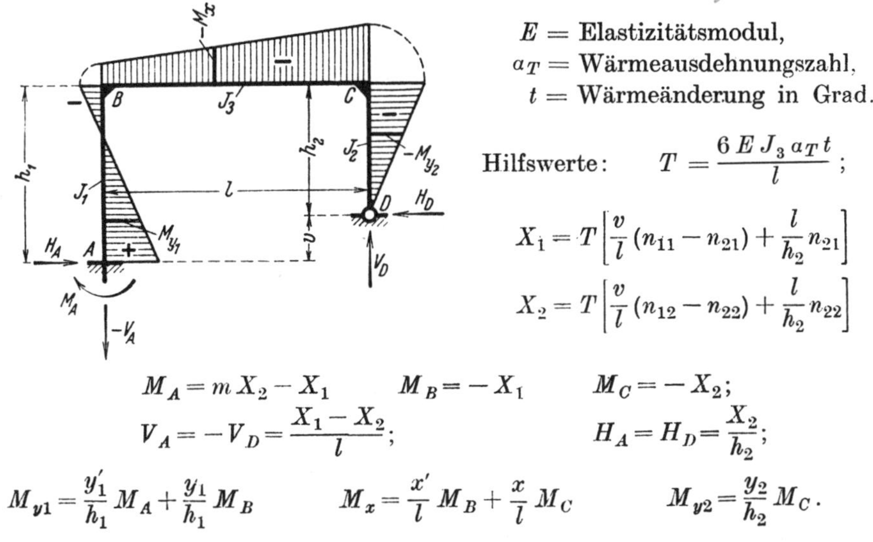

E = Elastizitätsmodul,
α_T = Wärmeausdehnungszahl,
t = Wärmeänderung in Grad.

Hilfswerte: $T = \dfrac{6\, E\, J_3\, \alpha_T\, t}{l}$;

$$X_1 = T\left[\frac{v}{l}(n_{11} - n_{21}) + \frac{l}{h_2} n_{21}\right]$$

$$X_2 = T\left[\frac{v}{l}(n_{12} - n_{22}) + \frac{l}{h_2} n_{22}\right]$$

$$M_A = m X_2 - X_1 \qquad M_B = -X_1 \qquad M_C = -X_2;$$

$$V_A = -V_D = \frac{X_1 - X_2}{l}; \qquad H_A = H_D = \frac{X_2}{h_2};$$

$$M_{y1} = \frac{y_1'}{h_1} M_A + \frac{y_1}{h_1} M_B \qquad M_x = \frac{x'}{l} M_B + \frac{x}{l} M_C \qquad M_{y2} = \frac{y_2}{h_2} M_C.$$

Bemerkung: Bei Wärmeabnahme kehren alle Kräfte ihren Pfeilsinn um und alle Momente erhalten entgegengesetztes Vorzeichen.

Rahmenform 50

Symmetrischer rechteckiger Zweigelenkrahmen mit elastischem Zugband in halber Stielhöhe*)

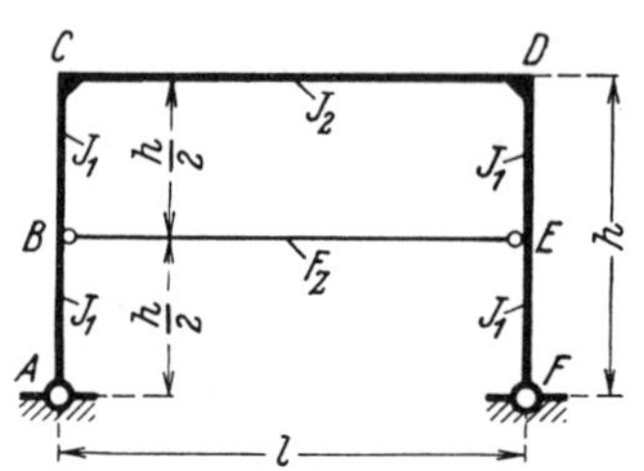

Rahmenform, Abmessungen und Bezeichnungen

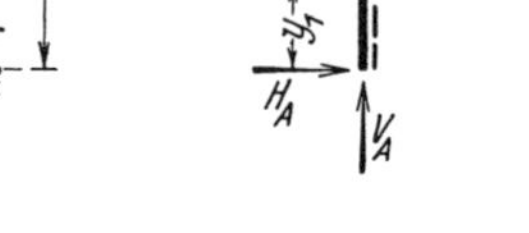

Festlegung der positiven Richtung aller Stützkräfte und der Koordinaten beliebiger Stabpunkte. Positive Biegungsmomente erzeugen an der gestrichelten Stabseite Zug

Festwerte:

$$\left(v = \frac{h}{2}\right), \qquad k = \frac{J_2}{J_1} \cdot \frac{h}{l} \qquad L = \frac{6\,J_2}{v^2 F_Z} \cdot \frac{E}{E_Z}\,^{*)}\;;$$

$$K_1 = 7\,k + 24 \qquad K_2 = 5\,k + 12 \qquad K_3 = 2\,k + 6\;;$$

$$N = K_1 + 8\,(2\,k + 3) \cdot \frac{L}{k}\;.$$

E = Elastizitätsmodul des Rahmenbaustoffes,
E_Z = Elastizitätsmodul des Zugbandstoffes,
F_Z = Querschnittsfläche des Zugbandes.

Bemerkung: Bei den Fällen 50/1, 3, 5, 5a, 7, 8, 12 und 13 wird die Zugbandkraft Z negativ, d. h. das Zugband erhält Druck. Wenn das Zugband (z. B. als schlaffes Gebilde) nicht imstande ist, Druck aufzunehmen, so hat dieser Umstand selbstverständlich nur dann einen Sinn, wenn die Gesamtdruckkraft kleiner bleibt als die Zugkraft aus ständiger Last, so daß stets ein Rest Zugkraft im Zugbande verbleibt.

*) Mit dem Sonderwert $L = 0$ gelten alle Formeln der Rahmenform 50 auch für die gleiche Rahmenform mit starrem Zugband bzw. mit gelenkig eingefügtem starrem Druckstab.

Siehe hierzu den Abschnitt „**Belastungsglieder**“

Fall 50/1: Beide obere Stielhälften beliebig von außen her, aber gleich belastet (Symmetrischer Lastfall)

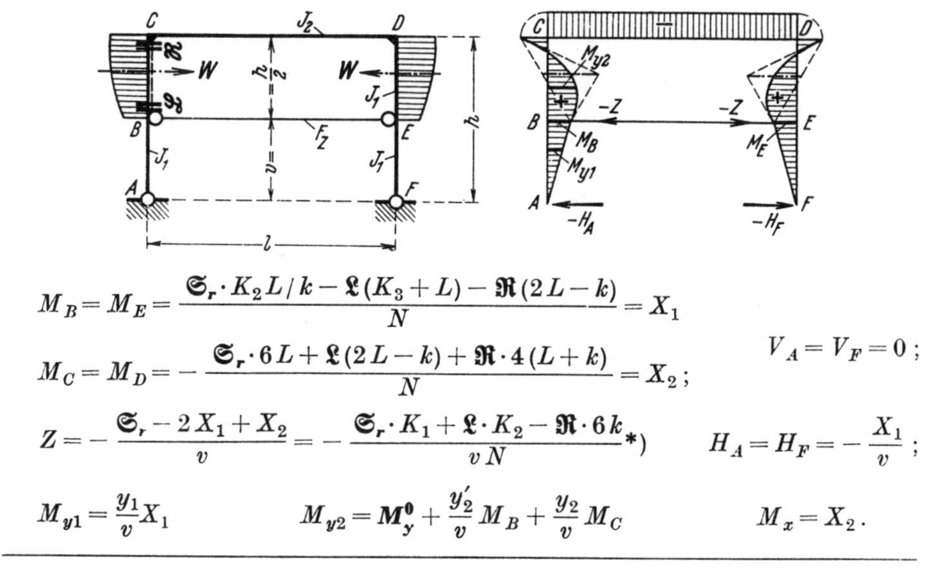

$$M_B = M_E = \frac{\mathfrak{S}_r \cdot K_2 L / k - \mathfrak{L}(K_3 + L) - \mathfrak{R}(2L - k)}{N} = X_1$$

$$M_C = M_D = -\frac{\mathfrak{S}_r \cdot 6L + \mathfrak{L}(2L - k) + \mathfrak{R} \cdot 4(L + k)}{N} = X_2; \qquad V_A = V_F = 0;$$

$$Z = -\frac{\mathfrak{S}_r - 2X_1 + X_2}{v} = -\frac{\mathfrak{S}_r \cdot K_1 + \mathfrak{L} \cdot K_2 - \mathfrak{R} \cdot 6k}{vN} \text{*)} \qquad H_A = H_F = -\frac{X_1}{v};$$

$$M_{y1} = \frac{y_1}{v} X_1 \qquad M_{y2} = \mathbf{M}_y^0 + \frac{y_2'}{v} M_B + \frac{y_2}{v} M_C \qquad M_x = X_2.$$

Fall 50/2: Beide obere Stielhälften beliebig von links her, aber gleich belastet (Antimetrischer Lastfall)

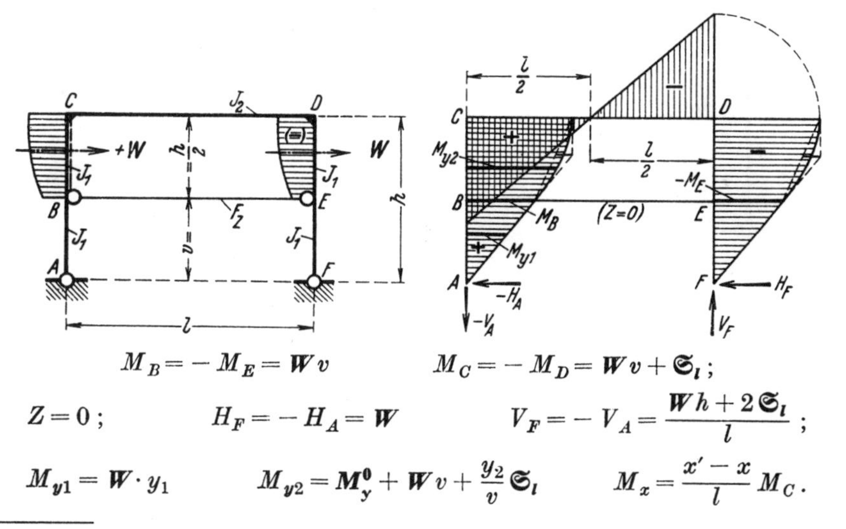

$$M_B = -M_E = \mathbf{W} v \qquad M_C = -M_D = \mathbf{W} v + \mathfrak{S}_l;$$

$$Z = 0; \qquad H_F = -H_A = \mathbf{W} \qquad V_F = -V_A = \frac{\mathbf{W} h + 2\mathfrak{S}_l}{l};$$

$$M_{y1} = \mathbf{W} \cdot y_1 \qquad M_{y2} = \mathbf{M}_y^0 + \mathbf{W} v + \frac{y_2}{v} \mathfrak{S}_l \qquad M_x = \frac{x' - x}{l} M_C.$$

*) Wegen Z negativ siehe die Bemerkung Seite 192.

Fall 50/3: Linke obere Stielhälfte beliebig belastet

(Siehe hierzu den Abschnitt **„Belastungsglieder"**)

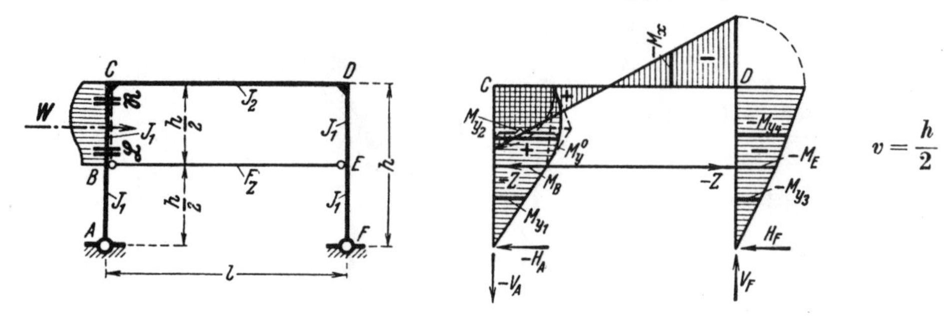

$$v = \frac{h}{2}$$

Hilfswerte X_1 und X_2 genau wie beim Fall 50/1, Seite 193.

$$\begin{matrix} M_B \\ M_E \end{matrix} \Big\rangle = \frac{X_1}{2} \pm \frac{\boldsymbol{W} v}{2} \qquad \begin{matrix} M_C \\ M_D \end{matrix} \Big\rangle = \frac{X_2}{2} \pm \frac{\boldsymbol{W} v + \mathfrak{S}_l}{2}; \qquad \begin{matrix} H_A \\ H_F \end{matrix} \Big\rangle = -\frac{X_1}{h} \mp \frac{\boldsymbol{W}}{2};$$

$$Z = -\frac{\mathfrak{S}_r - 2X_1 + X_2}{h} = -\frac{\mathfrak{S}_r \cdot K_1 + \mathfrak{L} \cdot K_2 - \mathfrak{R} \cdot 6k}{hN}\;{}^{*)}; \qquad V_F = -V_A = \frac{\boldsymbol{W} v + \mathfrak{S}_l}{l};$$

$$M_{y1} = (-H_A)\, y_1 \qquad M_{y3} = -H_F \cdot y_3 \qquad M_{y4} = -H_F \cdot v - (H_F + Z)\, y_4$$

$$M_{y2} = \boldsymbol{M}_y^0 + \frac{y_2'}{v} M_B + \frac{y_2}{v} M_C \qquad M_x = \frac{x'}{l} M_C + \frac{x}{l} M_D .$$

Fall 50/4: Waagerechte Einzellast in Riegelhöhe

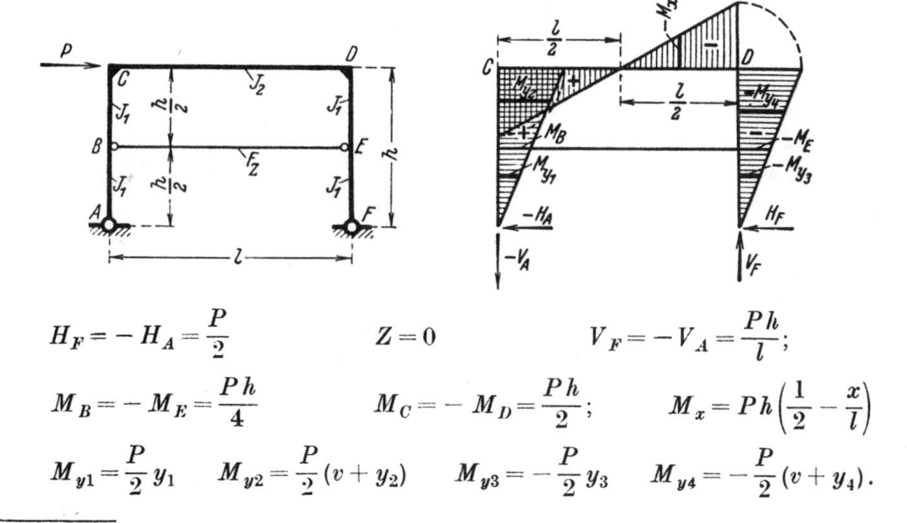

$$H_F = -H_A = \frac{P}{2} \qquad Z = 0 \qquad V_F = -V_A = \frac{Ph}{l};$$

$$M_B = -M_E = \frac{Ph}{4} \qquad M_C = -M_D = \frac{Ph}{2}; \qquad M_x = Ph\left(\frac{1}{2} - \frac{x}{l}\right)$$

$$M_{y1} = \frac{P}{2} y_1 \qquad M_{y2} = \frac{P}{2}(v + y_2) \qquad M_{y3} = -\frac{P}{2} y_3 \qquad M_{y4} = -\frac{P}{2}(v + y_4).$$

---

*) Wegen Z negativ siehe die Bemerkung Seite 192. Z beim Fall 50/3 ist halb so groß wie Z beim Fall 50/1.

Siehe hierzu den Abschnitt „**Belastungsglieder**"

Fall 50/5: Beide untere Stielhälften beliebig von außen her, aber gleich belastet (Symmetrischer Lastfall)

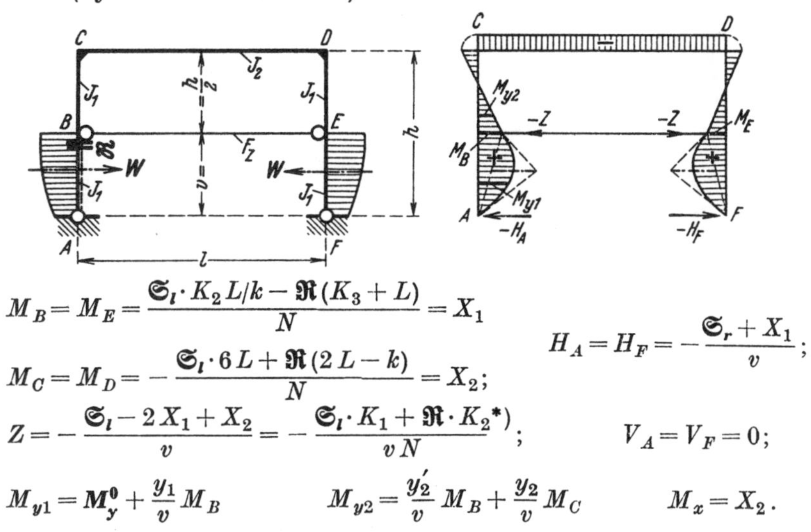

$$M_B = M_E = \frac{\mathfrak{S}_l \cdot K_2 L/k - \mathfrak{R}(K_3 + L)}{N} = X_1 \qquad H_A = H_F = -\frac{\mathfrak{S}_r + X_1}{v};$$

$$M_C = M_D = -\frac{\mathfrak{S}_l \cdot 6L + \mathfrak{R}(2L - k)}{N} = X_2;$$

$$Z = -\frac{\mathfrak{S}_l - 2X_1 + X_2}{v} = -\frac{\mathfrak{S}_l \cdot K_1 + \mathfrak{R} \cdot K_2{}^{*)}}{vN}; \qquad V_A = V_F = 0;$$

$$M_{y1} = M_y^0 + \frac{y_1}{v} M_B \qquad M_{y2} = \frac{y_2'}{v} M_B + \frac{y_2}{v} M_C \qquad M_x = X_2.$$

Sonderfall 50/5a: Nur symmetrisches waagerechtes Einzellasten-Paar von außen her in Zugbandhöhe ($\mathfrak{S}_l = Wv$; $\mathfrak{S}_r = 0$; $\mathfrak{R} = 0$; $M_y^0 = 0$)

$$X_1 = \frac{Wv \cdot K_2 L}{kN} \qquad X_2 = -\frac{Wv \cdot 6L}{N}; \qquad Z = -W \cdot \frac{K_1{}^{*)}}{N} \qquad H_A = H_F = -\frac{X_1}{v}.$$

Alle übrigen Formeln lauten wie vor.

Fall 50/6: Beide untere Stielhälften beliebig von links her, aber gleich belastet (Antimetrischer Lastfall)

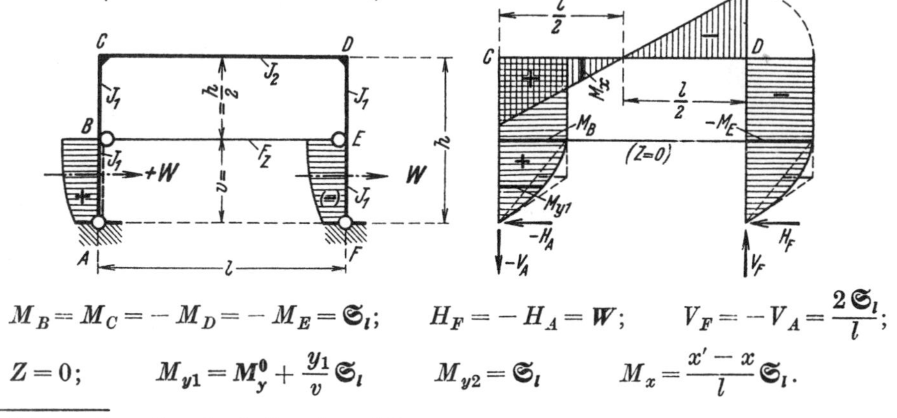

$$M_B = M_C = -M_D = -M_E = \mathfrak{S}_l; \qquad H_F = -H_A = W; \qquad V_F = -V_A = \frac{2\mathfrak{S}_l}{l};$$

$$Z = 0; \qquad M_{y1} = M_y^0 + \frac{y_1}{v}\mathfrak{S}_l \qquad M_{y2} = \mathfrak{S}_l \qquad M_x = \frac{x' - x}{l}\mathfrak{S}_l.$$

*) Wegen Z negativ siehe die Bemerkung Seite 192.

Fall 50/7: Linke untere Stielhälfte beliebig belastet

(Siehe hierzu den Abschnitt **„Belastungsglieder"**)

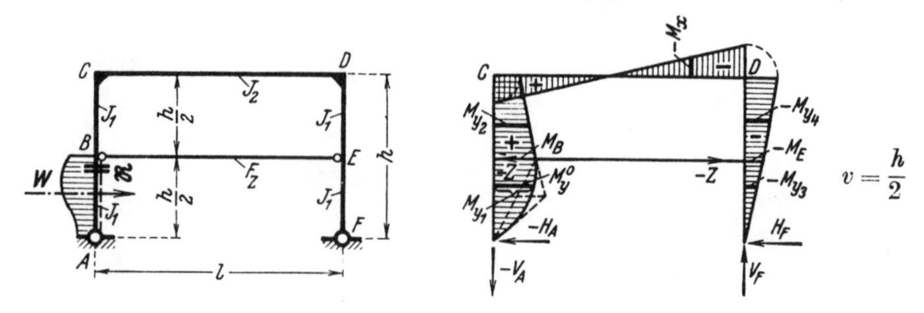

$$v = \frac{h}{2}$$

Hilfswerte X_1 und X_2 genau wie beim Fall 50/5, Seite 195.

$$\left.\begin{matrix} M_B \\ M_E \end{matrix}\right\rangle = \frac{X_1}{2} \pm \frac{\mathfrak{S}_l}{2} \qquad \left.\begin{matrix} M_C \\ M_D \end{matrix}\right\rangle = \frac{X_2}{2} \pm \frac{\mathfrak{S}_l}{2}; \qquad \left.\begin{matrix} H_A \\ H_F \end{matrix}\right\rangle = -\frac{\mathfrak{S}_r + X_1}{h} \mp \frac{W}{2};$$

$$Z = -\frac{\mathfrak{S}_l - 2X_1 + X_2}{h} = -\frac{\mathfrak{S}_l \cdot K_1 + \mathfrak{R} \cdot K_2}{hN} {}^{*)} \qquad V_F = -V_A = \frac{\mathfrak{S}_l}{l};$$

$$M_{y1} = M_y^0 + \frac{y_1}{v} M_B \qquad M_{y2} = \frac{y_2'}{v} M_B + \frac{y_2}{v} M_C \qquad M_x = \frac{x'}{l} M_C + \frac{x}{l} M_D$$

$$M_{y3} = -H_F \cdot y_3 \qquad M_{y4} = -H_F \cdot v - (H_F + Z)\, y_4 .$$

Fall 50/8: Waagerechte Einzellast von links her in Zugbandhöhe

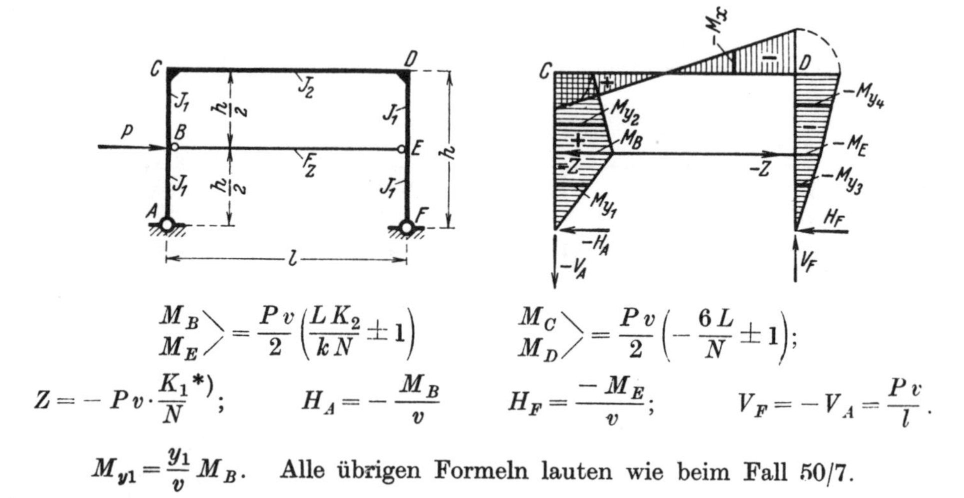

$$\left.\begin{matrix} M_B \\ M_E \end{matrix}\right\rangle = \frac{Pv}{2}\left(\frac{LK_2}{kN} \pm 1\right) \qquad \left.\begin{matrix} M_C \\ M_D \end{matrix}\right\rangle = \frac{Pv}{2}\left(-\frac{6L}{N} \pm 1\right);$$

$$Z = -Pv \cdot \frac{K_1}{N} {}^{*)}; \qquad H_A = -\frac{M_B}{v} \qquad H_F = \frac{-M_E}{v}; \qquad V_F = -V_A = \frac{Pv}{l}.$$

$M_{y1} = \frac{y_1}{v} M_B .$ Alle übrigen Formeln lauten wie beim Fall 50/7.

*) Wegen Z negativ siehe die Bemerkung Seite 192. Z beim Fall 50/7 ist halb so groß wie beim Fall 50/5.

Fall 50/9: Riegel beliebig senkrecht belastet

(Siehe hierzu den Abschnitt **„Belastungsglieder"**)

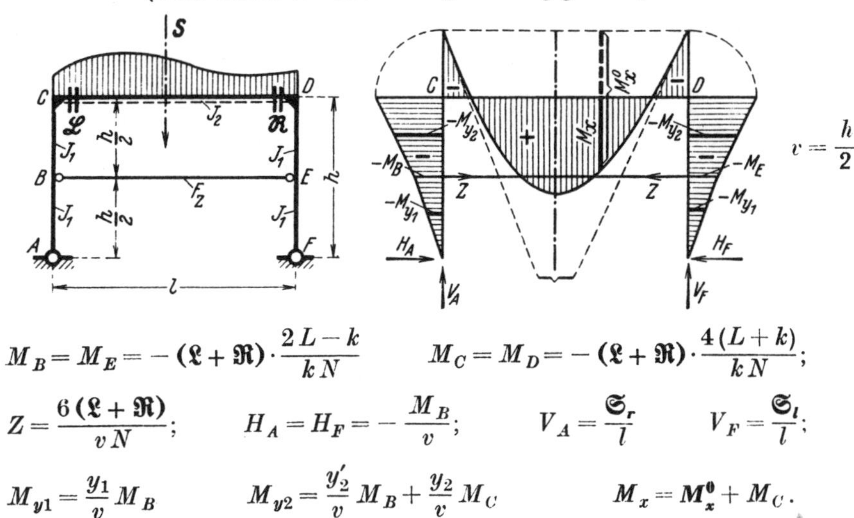

$$v = \frac{h}{2}$$

$$M_B = M_E = -(\mathfrak{L} + \mathfrak{R}) \cdot \frac{2L - k}{kN} \qquad M_C = M_D = -(\mathfrak{L} + \mathfrak{R}) \cdot \frac{4(L + k)}{kN};$$

$$Z = \frac{6(\mathfrak{L} + \mathfrak{R})}{vN}; \qquad H_A = H_F = -\frac{M_B}{v}; \qquad V_A = \frac{\mathfrak{S}_r}{l} \qquad V_F = \frac{\mathfrak{S}_l}{l};$$

$$M_{y1} = \frac{y_1}{v} M_B \qquad M_{y2} = \frac{y_2'}{v} M_B + \frac{y_2}{v} M_C \qquad M_x = \mathbf{M}_x^0 + M_C.$$

Sonderfall 50/9a: Symmetrische Feldlast

$\mathfrak{R} = \mathfrak{L}$ $\qquad (\mathfrak{L} + \mathfrak{R}) = 2\mathfrak{L}.$ $\qquad$ Alle Formeln wie vor.

Sonderfall 50/9b: Antimetrische Feldlast

$\mathfrak{R} = -\mathfrak{L}$ $\qquad (\mathfrak{L} + \mathfrak{R}) = 0;$ $\qquad M_B = M_C = M_D = M_E = 0;$ $\qquad Z = 0.$

Bemerkung: Dieser Fall ist identisch mit Fall 39/9, Seite 145.

Fall 50/10: Riegel beliebig senkrecht belastet — jedoch für den Rahmen mit starrem Zugband ($L = 0$)

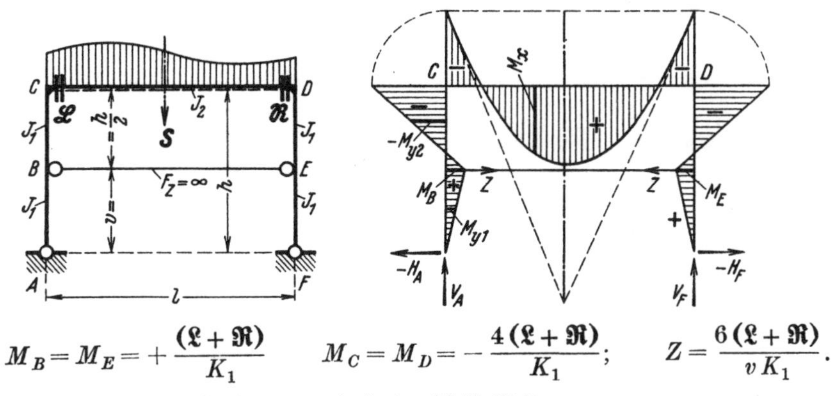

$$M_B = M_E = +\frac{(\mathfrak{L} + \mathfrak{R})}{K_1} \qquad M_C = M_D = -\frac{4(\mathfrak{L} + \mathfrak{R})}{K_1}; \qquad Z = \frac{6(\mathfrak{L} + \mathfrak{R})}{vK_1}.$$

Alle übrigen Formeln lauten wie beim Fall 50/9.

Fall 50/11: Gleichmäßige Wärmezunahme des Riegels[1])

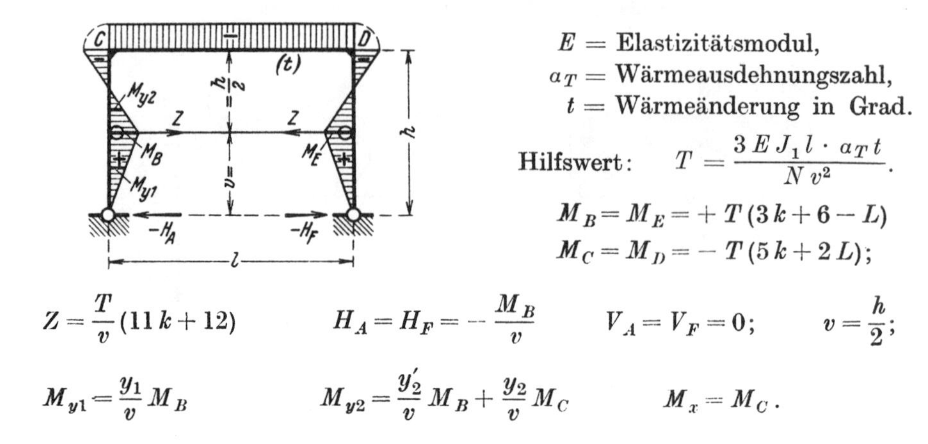

E = Elastizitätsmodul,
α_T = Wärmeausdehnungszahl,
t = Wärmeänderung in Grad.

Hilfswert: $T = \frac{3\,E\,J_1\,l\cdot\alpha_T\,t}{N\,v^2}$.

$$M_B = M_E = +T(3k+6-L)$$
$$M_C = M_D = -T(5k+2L);$$

$$Z = \frac{T}{v}(11k+12) \qquad H_A = H_F = -\frac{M_B}{v} \qquad V_A = V_F = 0; \qquad v = \frac{h}{2};$$

$$M_{y1} = \frac{y_1}{v}M_B \qquad M_{y2} = \frac{y_2'}{v}M_B + \frac{y_2}{v}M_C \qquad M_x = M_C.$$

Fall 50/12: Gleichmäßige Wärmezunahme des Zugbandes[1])

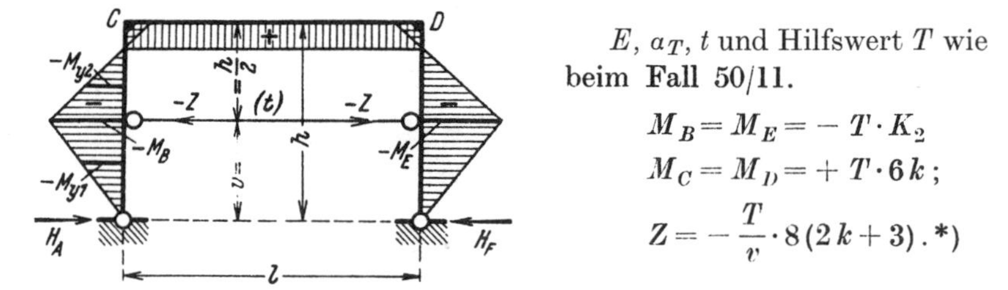

E, α_T, t und Hilfswert T wie beim Fall 50/11.

$$M_B = M_E = -T\cdot K_2$$
$$M_C = M_D = +T\cdot 6k;$$
$$Z = -\frac{T}{v}\cdot 8(2k+3).*)$$

Alle übrigen Formeln lauten wie beim Fall 50/11.

Fall 50/13: Gleichmäßige Wärmezunahme des ganzen Rahmens[1])
(Überlagerung der Fälle 50/11 und 50/12)

$$M_B = M_C = -T(K_3+L) \qquad M_C = M_D = -T(2L-k); \qquad Z = -\frac{T}{v}\cdot K_2{*}).$$

Alle übrigen Formeln lauten wie beim Fall 50/11.

[1]) Gleichmäßige Wärmeänderung eines oder beider Stiele erzeugt keine Momente und Kräfte. — Bei Wärmeabnahme kehren alle Momente und Kräfte ihren Wirkungssinn um.

*) Wegen Z negativ siehe die Bemerkung Seite 192.

Rahmenform 51

Rechteckiger Zweigelenkrahmen mit elastischem Zugband in beliebiger Höhe und mit verschiedenen, in Zugbandhöhe sich sprunghaft ändernden Stiel-Trägheitsmomenten*)

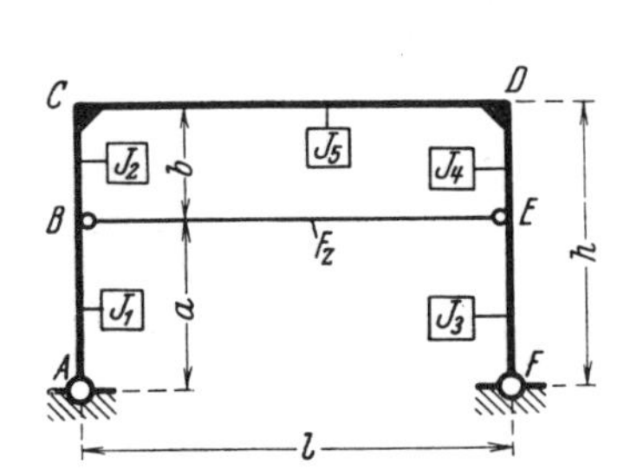

Rahmenform, Abmessungen und Bezeichnungen

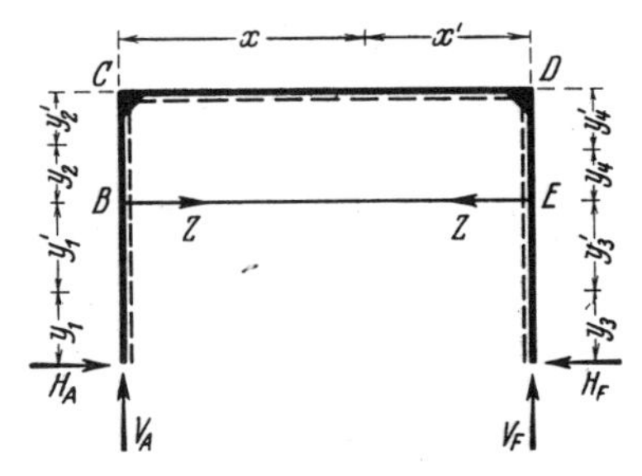

Festlegung der positiven Richtung aller Stützkräfte und der Koordinaten beliebiger Stabpunkte. Positive Biegungsmomente erzeugen an der gestrichelten Stabseite Zug

Festwerte:

$$k_1 = \frac{J_5}{J_1} \cdot \frac{a}{l} \qquad k_2 = \frac{J_5}{J_2} \cdot \frac{b}{l} \qquad k_3 = \frac{J_5}{J_3} \cdot \frac{a}{l} \qquad k_4 = \frac{J_5}{J_4} \cdot \frac{b}{l};$$

$$\alpha = \frac{a}{h} \qquad \beta = \frac{b}{h} \qquad (\alpha + \beta = 1); \qquad L = \frac{6\,J_5}{b^2 F_Z} \cdot \frac{E_R}{E_Z}{}^{*)};$$

$$B = 2\,\alpha\,(k_1 + k_2) + k_2 \qquad D = 3 + (2 + \alpha)\,k_4$$

$$C = (\alpha + 2)\,k_2 + 3 \qquad E = k_4 + 2\,\alpha\,(k_3 + k_4)$$

$$R_1 = 2\,(k_2 + 3 + k_4) + L \qquad R_2 = \alpha\,(B + E) + (C + D)$$

$$K = C + D; \qquad N = R_1\,R_2 - K^2 = \alpha^2 \cdot G + R_2 \cdot L;$$

$$G = 4\,(k_1 + k_3)\,(k_2 + 3 + k_4) + 3\,(k_2 + k_4)\,(k_2 + 4 + k_4).$$

E_R = Elastizitätsmodul des Rahmenbaustoffes*),
E_Z = Elastizitätsmodul des Zugbandstoffes,
F_Z = Querschnittsfläche des Zugbandes.

Bemerkung: Die Momentenflächenbilder dieser Rahmenform entsprechen einer Annahme J_3, $J_4 > J_1$, J_2.

*) Um einer Verwechslung mit dem Festwert E vorzubeugen, wurde bei vorliegender Rahmenform dem Elastizitätsmodul E der Zeiger R beigegeben. — Mit dem Sonderwert $L = 0$ gelten alle Formeln der Rahmenform 51 auch für die gleiche Rahmenform mit starrem Zugband bzw. mit gelenkig eingefügtem starren Druckstab (siehe z. B. Fall 51/2, Seite 200).

Fall 51/1: Riegel beliebig senkrecht belastet

(Siehe hierzu den Abschnitt „**Belastungsglieder**")

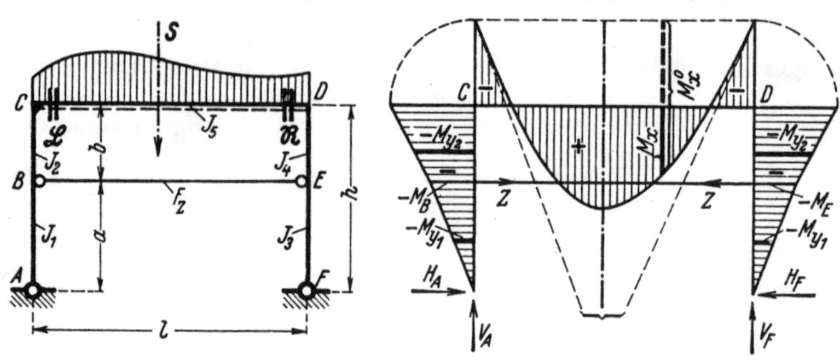

Hilfswerte: $X_1 = (\mathfrak{L} + \mathfrak{R}) \cdot \frac{R_1 - K}{N}$ $\quad X_2 = (\mathfrak{L} + \mathfrak{R}) \cdot \frac{\alpha(B+E)}{N}$.

$M_B = M_E = -\alpha X_1$ $\quad M_C = M_D = -(X_1 + X_2)$;

$V_A = \frac{\mathfrak{S}_r}{l}$ $\quad V_F = \frac{\mathfrak{S}_l}{l}$ $\quad H_A = H_F = \frac{X_1}{h}$ $\quad Z = \frac{X_2}{b}$;

$M_{y1} = -H_A y_1$ $\quad M_{y2} = M_B - (H_A + Z) y_2$ $\quad M_x = M_x^0 + M_C$.

Sonderfall 51/1a: Symmetrische Feldlast

$\mathfrak{R} = \mathfrak{L}$ $\quad (\mathfrak{L} + \mathfrak{R}) = 2\mathfrak{L}$. Alle Formeln wie vor.

Sonderfall 51/1b: Antimetrische Feldlast

$\mathfrak{R} = -\mathfrak{L}$ $\quad (\mathfrak{L} + \mathfrak{R}) = 0$; $\quad M_B = M_C = M_D = M_E = 0$; $\quad Z = 0$.

Bemerkung: Dieser Fall gleicht dem Fall 39/9, Seite **145**; die Verschiedenheit der Stielträgheitsmomente tritt nicht in Erscheinung.

Fall 51/2: Riegel beliebig senkrecht belastet — jedoch für den Rahmen mit starrem Zugband ($L = 0$)

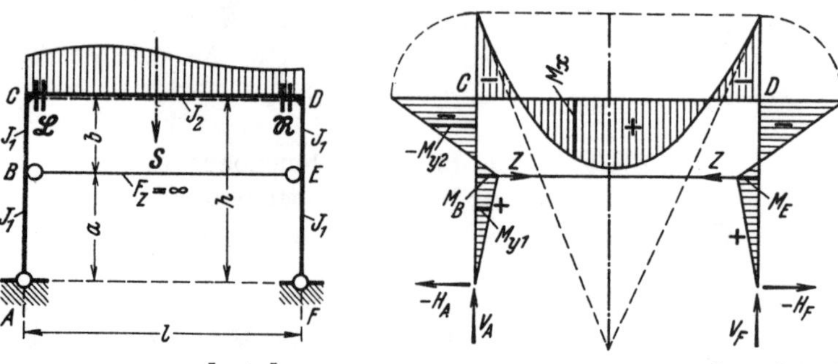

$M_B = M_E = +(\mathfrak{L} + \mathfrak{R}) \cdot \frac{k_2 + k_4}{G}$ $\quad M_C = M_D = -2(\mathfrak{L} + \mathfrak{R}) \cdot \frac{k_1 + k_2 + k_3 + k_4}{G}$;

$H_A = H_F = -\frac{M_B}{a}$; $\quad Z = \frac{(\mathfrak{L} + \mathfrak{R}) h}{a b} \cdot \frac{B + E}{G}$; $\quad V_A = \frac{\mathfrak{S}_r}{l}$ $\quad V_F = \frac{\mathfrak{S}_l}{l}$;

$M_{y1} = (-H_A) y_1$ $\quad M_{y2} = M_B - (H_A + Z) y_2$ $\quad M_x = M_x^0 + M_C$.

Siehe hierzu den Abschnitt „**Belastungsglieder**"

Fall 51/3: Linker Stiel oberhalb des Zugbandes beliebig waagerecht belastet

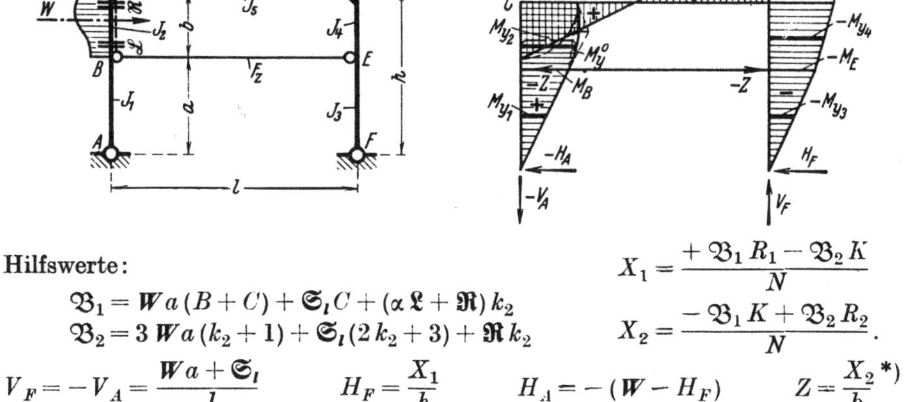

Hilfswerte:

$$\mathfrak{B}_1 = \boldsymbol{W} a\,(B + C) + \mathfrak{S}_l C + (\alpha\,\mathfrak{L} + \mathfrak{R})\,k_2 \qquad X_1 = \frac{+\,\mathfrak{B}_1 R_1 - \mathfrak{B}_2 K}{N}$$

$$\mathfrak{B}_2 = 3\,\boldsymbol{W} a\,(k_2 + 1) + \mathfrak{S}_l(2\,k_2 + 3) + \mathfrak{R}\,k_2 \qquad X_2 = \frac{-\,\mathfrak{B}_1 K + \mathfrak{B}_2 R_2}{N}.$$

$$V_F = -V_A = \frac{\boldsymbol{W} a + \mathfrak{S}_l}{l} \qquad H_F = \frac{X_1}{h} \qquad H_A = -(\boldsymbol{W} - H_F) \qquad Z = \frac{X_2}{b}\,{}^{*)}\;;$$

$$M_B = \boldsymbol{W} a - \alpha X_1 \qquad M_C = \boldsymbol{W} a + \mathfrak{S}_l - (X_1 + X_2) \qquad M_D = -(X_1 + X_2)$$

$$M_E = -\alpha X_1 \qquad M_{y3} = -H_F\,y_3 \qquad M_{y4} = -H_F a - (H_F + Z)\,y_4$$

$$M_{y1} = (-H_A)\,y_1 \qquad M_{y2} = \boldsymbol{M}_y^0 + \frac{y_2'}{b} M_B + \frac{y_2}{b} M_C \qquad M_x = \frac{x'}{l} M_C + \frac{x}{l} M_D.$$

Fall 51/4: Linker Stiel unterhalb des Zugbandes beliebig waagerecht belastet

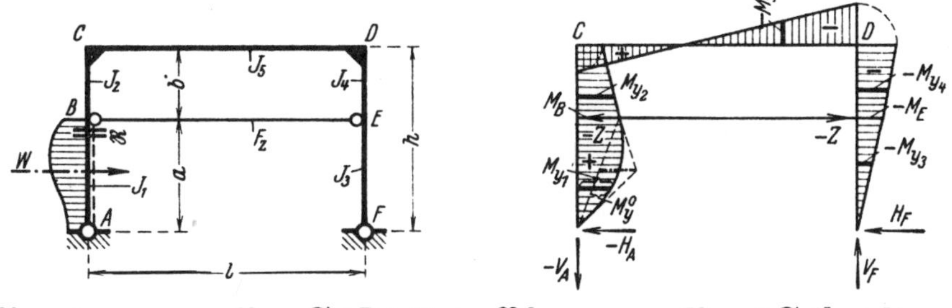

Hilfswerte: $\mathfrak{B}_1 = \mathfrak{S}_l(B + C) + \alpha\,\mathfrak{R}\,k_1 \qquad \mathfrak{B}_2 = 3\,\mathfrak{S}_l(k_2 + 1)$.

Die Formeln für X_1 und X_2 lauten genau wie oben.

$$V_F = -V_A = \frac{\mathfrak{S}_l}{l} \qquad M_B = \mathfrak{S}_l - \alpha X_1 \qquad M_C = \mathfrak{S}_l - (X_1 + X_2)$$

$$M_{y1} = \boldsymbol{M}_y^0 + \frac{y_1}{a} M_B \qquad M_{y2} = \frac{y_2'}{b} M_B + \frac{y_2}{b} M_C.$$

Die Formeln für H_F, H_A, Z*), M_D, M_E, M_x, M_{y3} und M_{y4} lauten genau wie oben.

*) Siehe hierzu die Fußnote 2 Seite 205.

Siehe hierzu den Abschnitt **„Belastungsglieder"**

Fall 51/5: Rechter Stiel oberhalb des Zugbandes beliebig waagerecht belastet

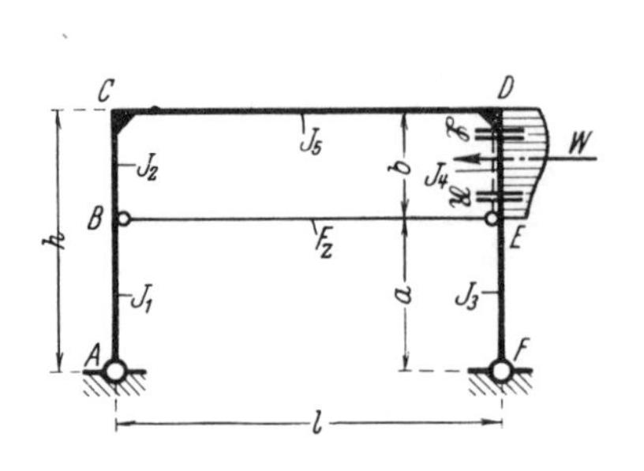

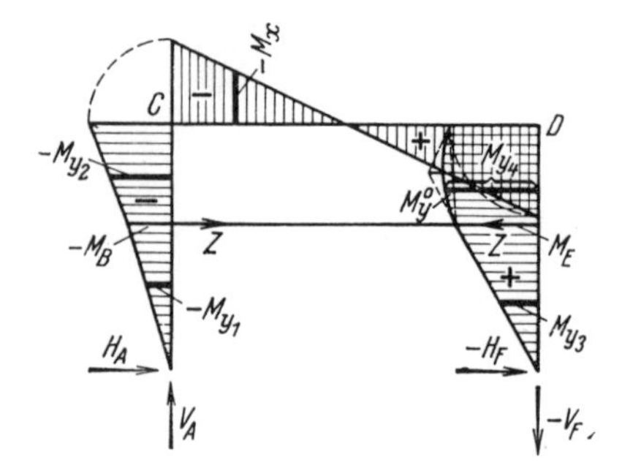

Hilfswerte:

$$\mathfrak{B}_1 = \boldsymbol{W} a\,(D+E) + \mathfrak{S}_r D + (\mathfrak{L} + \alpha\,\mathfrak{R})\,k_4 \qquad X_1 = \frac{+\mathfrak{B}_1 R_1 - \mathfrak{B}_2 K}{N}$$

$$\mathfrak{B}_2 = 3\,\boldsymbol{W} a\,(1+k_4) + \mathfrak{S}_r (3+2\,k_4) + \mathfrak{L}\,k_4 \qquad X_2 = \frac{-\mathfrak{B}_1 K + \mathfrak{B}_2 R_2}{N}.$$

$$V_A = -V_F = \frac{\boldsymbol{W} a + \mathfrak{S}_r}{l} \qquad H_A = \frac{X_1}{h} \qquad H_F = -(\boldsymbol{W} - H_A) \qquad Z = \frac{X_2}{b}\,^{*)};$$

$$M_B = -\alpha X_1 \qquad M_C = -(X_1 + X_2) \qquad M_D = \boldsymbol{W} a + \mathfrak{S}_r - (X_1 + X_2)$$

$$M_E = \boldsymbol{W} a - \alpha X_1 \qquad M_{y1} = -H_A\,y_1 \qquad M_{y2} = -H_A a - (H_A + Z)\,y_2$$

$$M_x = \frac{x'}{l} M_C + \frac{x}{l} M_D \qquad M_{y3} = (-H_F)\,y_3 \qquad M_{y4} = \mathbf{M}_y^0 + \frac{y_4}{b} M_D + \frac{y_4'}{b} M_E.$$

Fall 51/6: Rechter Stiel unterhalb des Zugbandes beliebig waagerecht belastet

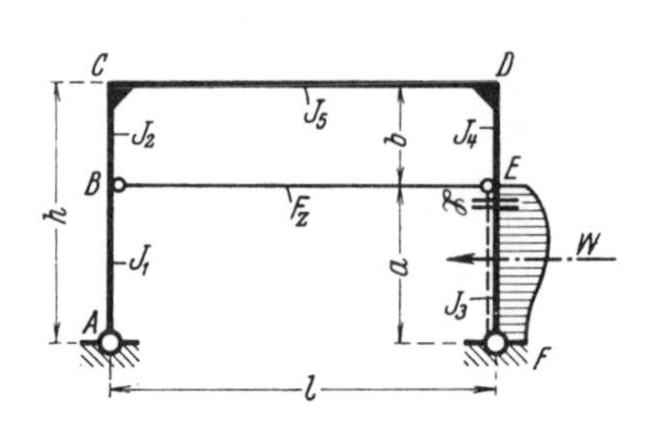

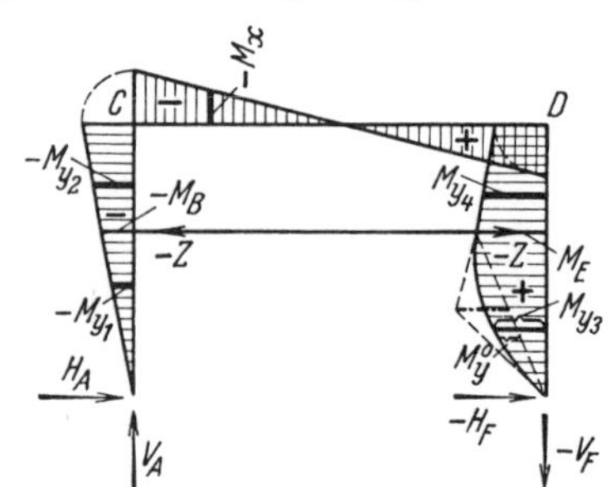

Hilfswerte: $\mathfrak{B}_1 = \mathfrak{S}_r (D+E) + \alpha\,\mathfrak{L}\,k_3$ $\qquad \mathfrak{B}_2 = 3\,\mathfrak{S}_r (1+k_4)$.

Die Formeln für X_1 und X_2 lauten genau wie oben.

$$V_A = -V_F = \frac{\mathfrak{S}_r}{l} \qquad M_D = \mathfrak{S}_r - (X_1 + X_2) \qquad M_E = \mathfrak{S}_r - \alpha X_1$$

$$M_{y3} = \mathbf{M}_y^0 + \frac{y_3}{a} M_E \qquad M_{y4} = \frac{y_4}{b} M_D + \frac{y_4'}{b} M_E.$$

Die Formeln für H_A, H_F, Z*), M_B, M_C, M_{y1}, M_{y2} und M_x lauten genau wie oben.

*) Siehe hierzu die Fußnote 2 Seite 205.

Fall 51/7: Gleichmäßig verteilte Vollast auf dem Riegel

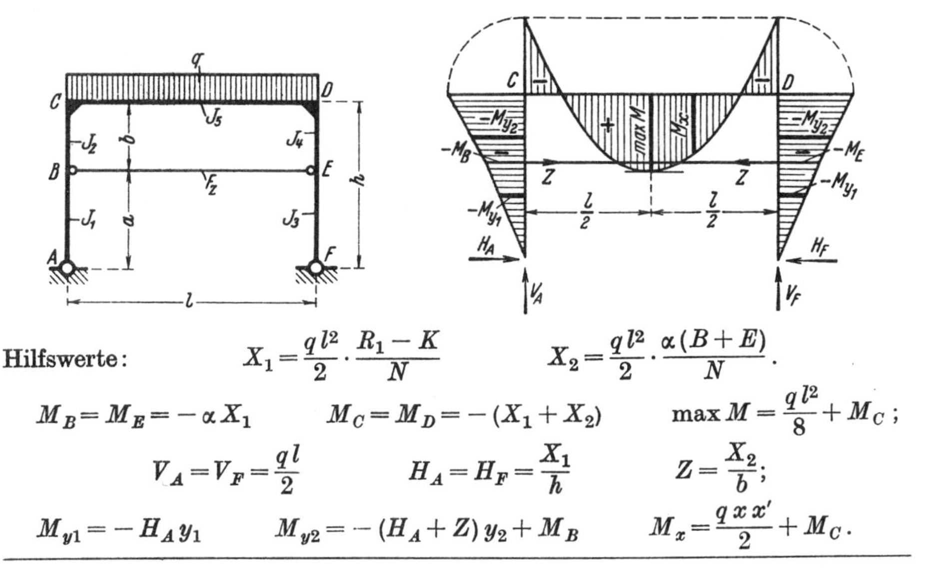

Hilfswerte: $X_1 = \frac{q\,l^2}{2} \cdot \frac{R_1 - K}{N}$ $X_2 = \frac{q\,l^2}{2} \cdot \frac{\alpha(B+E)}{N}$.

$M_B = M_E = -\alpha X_1$ $M_C = M_D = -(X_1 + X_2)$ $\max M = \frac{q\,l^2}{8} + M_C$;

$V_A = V_F = \frac{q\,l}{2}$ $H_A = H_F = \frac{X_1}{h}$ $Z = \frac{X_2}{b}$;

$M_{y1} = -H_A\,y_1$ $M_{y2} = -(H_A + Z)\,y_2 + M_B$ $M_x = \frac{q\,x\,x'}{2} + M_C$.

Fall 51/8: Waagerechte Einzellast in Riegelhöhe

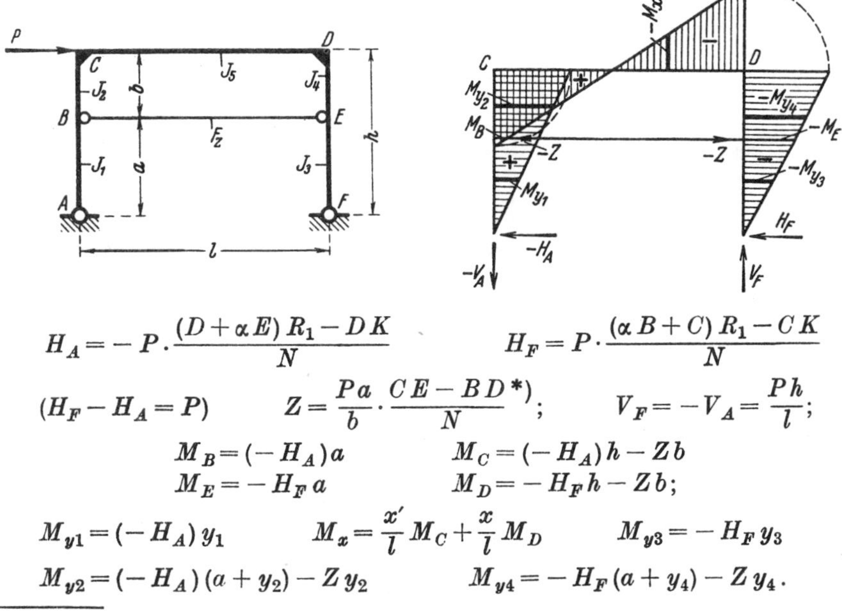

$H_A = -P \cdot \frac{(D + \alpha E)\,R_1 - D\,K}{N}$ $H_F = P \cdot \frac{(\alpha B + C)\,R_1 - C\,K}{N}$

$(H_F - H_A = P)$ $Z = \frac{P\,a}{b} \cdot \frac{C\,E - B\,D}{N}$*); $V_F = -V_A = \frac{P\,h}{l}$;

$M_B = (-H_A)\,a$ $M_C = (-H_A)\,h - Z\,b$

$M_E = -H_F\,a$ $M_D = -H_F\,h - Z\,b$;

$M_{y1} = (-H_A)\,y_1$ $M_x = \frac{x'}{l} M_C + \frac{x}{l} M_D$ $M_{y3} = -H_F\,y_3$

$M_{y2} = (-H_A)\,(a + y_2) - Z\,y_2$ $M_{y4} = -H_F\,(a + y_4) - Z\,y_4$.

*) Z kann auch negativ werden. Siehe hierzu die Fußnote 2 Seite 205.

Fall 51/9: Waagerechte Einzellast von links her in Zugbandhöhe

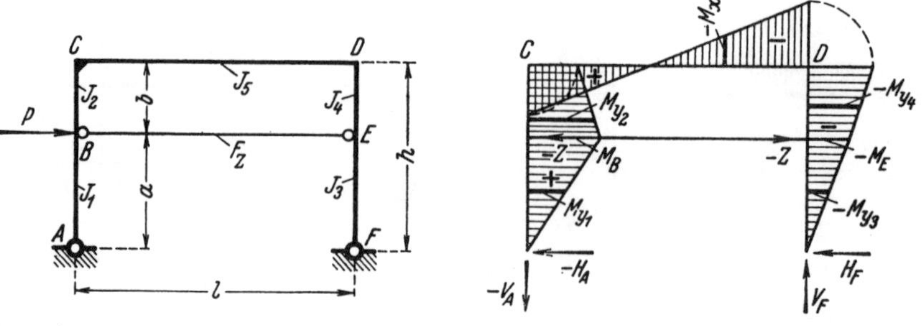

Hilfswerte:

$$X_1 = Pa \cdot \frac{(B+C)\,R_1 - 3\,(k_2+1)\,K}{N} \qquad X_2 = Pa \cdot \frac{3\,(k_2+1)\,R_2 - (B+C)\,K}{N}.$$

$$V_F = -V_A = \frac{Pa}{l} \qquad H_F = \frac{X_1}{h} \qquad Z = \frac{X_2}{b}\text{*)}; \qquad M_x = \frac{x'}{l} M_C + \frac{x}{l} M_D;$$

$$H_A = -(P - H_F); \qquad M_B = Pa - \alpha X_1 \qquad M_C = Pa - (X_1 + X_2)$$

$$M_D = -(X_1 + X_2) \qquad M_E = -\alpha X_1; \qquad M_{y1} = (-H_A)\,y_1 \qquad M_{y3} = -H_F\,y_3$$

$$M_{y2} = (P - H_F)\,a - (H_F + Z)\,y_2 \qquad M_{y4} = -H_F\,a - (H_F + Z)\,y_4.$$

Fall 51/10: Waagerechte Einzellast von rechts her in Zugbandhöhe

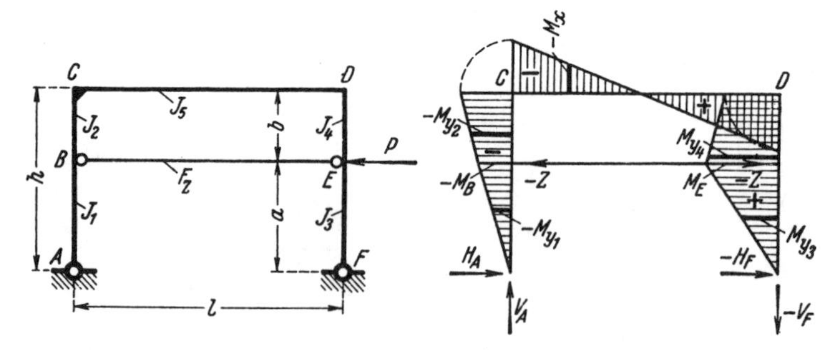

Hilfswerte:

$$X_1 = Pa \cdot \frac{(D+E)\,R_1 - 3\,(1+k_4)\,K}{N} \qquad X_2 = Pa \cdot \frac{3\,(1+k_4)\,R_2 - (D+E)\,K}{N}$$

$$V_A = -V_F = \frac{Pa}{l} \qquad H_A = \frac{X_1}{h} \qquad Z = \frac{X_2}{b}\text{*)}; \qquad M_x = \frac{x'}{l} M_C + \frac{x}{l} M_D;$$

$$H_F = -(P - H_A); \qquad M_E = Pa - \alpha X_1 \qquad M_D = Pa - (X_1 + X_2)$$

$$M_B = -\alpha X_1 \qquad M_C = -(X_1 + X_2); \qquad M_{y1} = -H_A\,y_1 \qquad M_{y3} = (-H_F)\,y_3$$

$$M_{y2} = -H_A\,a - (H_A + Z)\,y_2 \qquad M_{y4} = (P - H_A)\,a - (H_A + Z)\,y_4.$$

*) Siehe hierzu die Fußnote 2 Seite 205.

Fall 51/11: Gleichmäßige Wärmezunahme des Riegels[1])

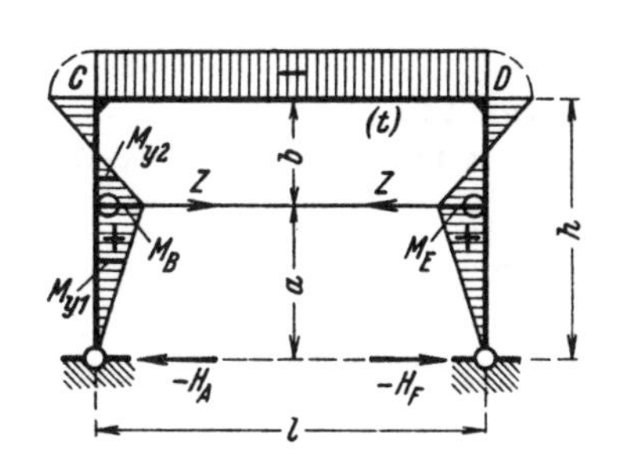

E_R = Elastizitätsmodul,
α_T = Wärmeausdehnungszahl,
t = Wärmeänderung in Grad.

Hilfswerte: $T = \frac{6 E_R J_5 \alpha_T t}{h N}$;

$$X_1 = T\left(R_1 - \frac{K}{\beta}\right)$$

$$X_2 = T\left(\frac{R_2}{\beta} - K\right).$$

$M_B = M_E = -\alpha X_1$ $\quad M_C = M_D = -(X_1 + X_2)$; $\quad H_A = H_F = \frac{X_1}{h}$;

$Z = \frac{X_2}{b}$; $\quad M_{y1} = -H_A y_1$ $\quad M_{y2} = -(H_A + Z) y_2 + M_B$.

Fall 51/12: Gleichmäßige Wärmezunahme des Zugbandes[1])

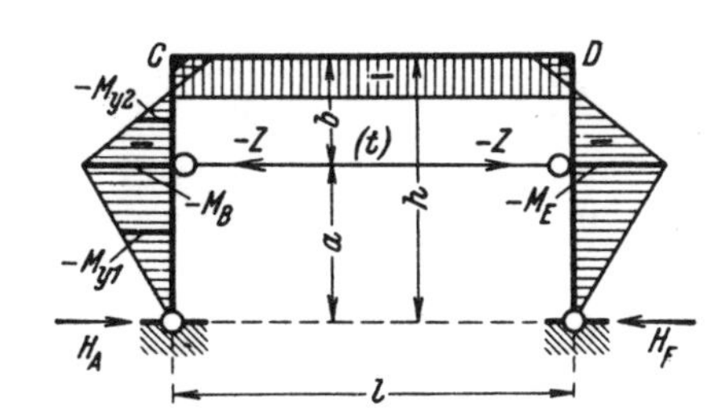

E_R, α_T, t und Hilfswert T wie beim Fall 51/11.

$$X_1 = +T \cdot \frac{K}{\beta} \qquad X_2 = -T \cdot \frac{R_2}{\beta}.$$

Alle übrigen Formeln lauten wie beim Fall 51/11.[2])

Fall 51/13: Gleichmäßige Wärmezunahme des ganzen Rahmens[1]) (Überlagerung der Fälle 51/11 und 51/12)

$$X_1 = +T \cdot R_1 \qquad X_2 = -T \cdot K.$$

Alle übrigen Formeln lauten wie beim Fall 50/11.

[1]) Gleichmäßige Wärmeänderung eines oder beider Stiele erzeugt keine Momente und Kräfte. — Bei Wärmeabnahme kehren alle Momente und Kräfte ihren Wirkungssinn um.

[2]) Beim Fall 51/12 sowie bei den Fällen 51/3, 4, 5, 6, 9 und 10 wird die Zugbandkraft Z negativ, und bei den Fällen 51/8 und 13 kann dieselbe negativ werden, d. h. das Zugband erhält Druck. Wenn das Zugband (z. B. als schlaffes Gebilde) nicht imstande ist, Druck aufzunehmen, so hat dieser Umstand selbstverständlich nur dann einen Sinn, wenn die Gesamtdruckkraft kleiner bleibt als die Zugkraft aus ständiger Last, so daß stets ein Rest Zugkraft im Zugbande verbleibt.

Rahmenform 52

Zweigelenkrahmen mit geneigtem Riegel und senkrechten Stielen mit Fußpunkten in gleicher Höhenlage

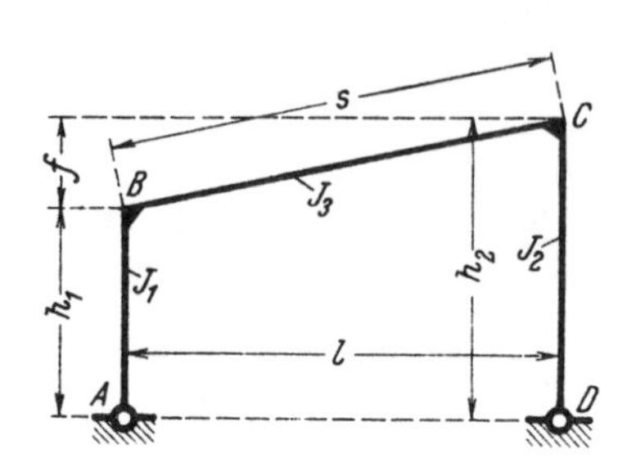

Rahmenform, Abmessungen und Bezeichnungen

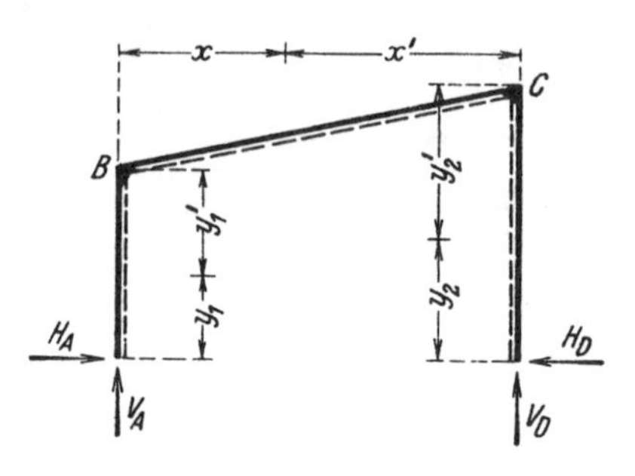

Festlegung der positiven Richtung aller Stützkräfte und der Koordinaten beliebiger Stabpunkte. Positive Biegungsmomente erzeugen an der gestrichelten Stabseite Zug

Festwerte:

$$k_1 = \frac{J_3}{J_1} \cdot \frac{h_1}{s} \qquad k_2 = \frac{J_3}{J_2} \cdot \frac{h_2}{s}\,; \qquad n = \frac{h_2}{h_1};$$

$$B = 2\,(k_1 + 1) + n \qquad C = 1 + 2\,n\,(1 + k_2)\,; \qquad N = B + n\,C\,.$$

Fall 52/1: Gleichmäßige Wärmezunahme im ganzen Rahmen

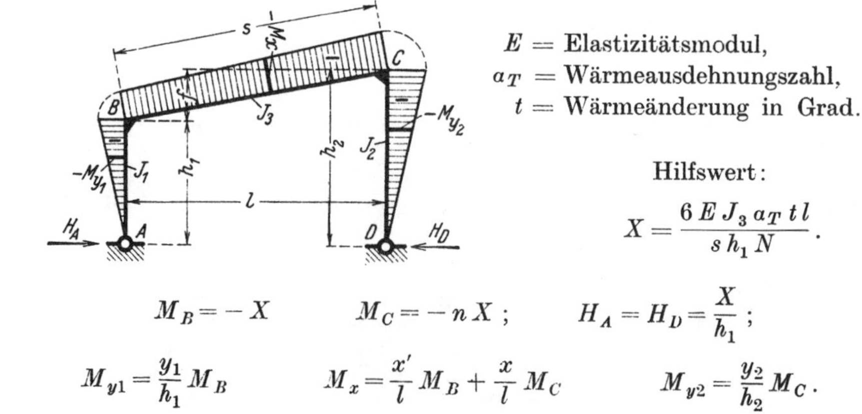

E = Elastizitätsmodul,
α_T = Wärmeausdehnungszahl,
t = Wärmeänderung in Grad.

Hilfswert:

$$X = \frac{6\,E\,J_3\,\alpha_T\,t\,l}{s\,h_1\,N}\,.$$

$$M_B = -X \qquad M_C = -n\,X\,; \qquad H_A = H_D = \frac{X}{h_1}\,;$$

$$M_{y1} = \frac{y_1}{h_1} M_B \qquad M_x = \frac{x'}{l} M_B + \frac{x}{l} M_C \qquad M_{y2} = \frac{y_2}{h_2} M_C\,.$$

Bemerkung: Bei Wärmeabnahme kehren alle Kräfte ihren Pfeilsinn um und alle Momente erhalten entgegengesetztes Vorzeichen.

Fall 52/2: Senkrechte Rechteck-Vollast auf dem Riegel

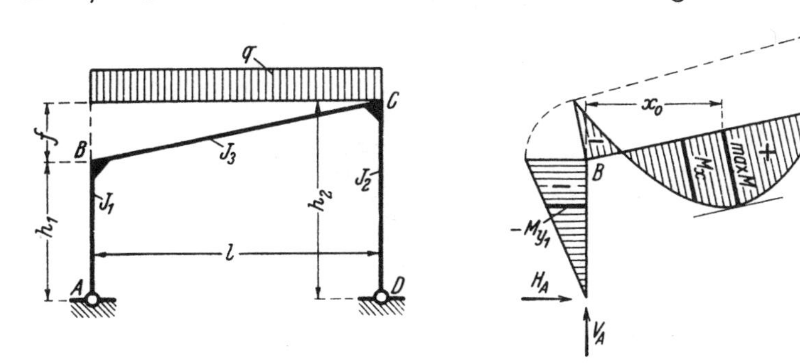

Hilfswert: $X = \frac{q l^2}{4} \cdot \frac{1+n}{N}$ $\qquad M_B = -X$ $\qquad M_C = -n X$;

$$V_A = V_D = \frac{q l}{2}; \qquad H_A = H_D = \frac{X}{h_1}; \qquad x_0 = \frac{l}{2} - \frac{X(n-1)}{q l};$$

$$M_{y1} = \frac{y_1}{h_1} M_B \qquad M_x = \frac{q x x'}{2} + \frac{x'}{l} M_B + \frac{x}{l} M_C \qquad M_{y2} = \frac{y_2}{h_2} M_C.$$

Fall 52/3: Waagerechte Rechteck-Vollast auf dem Riegel

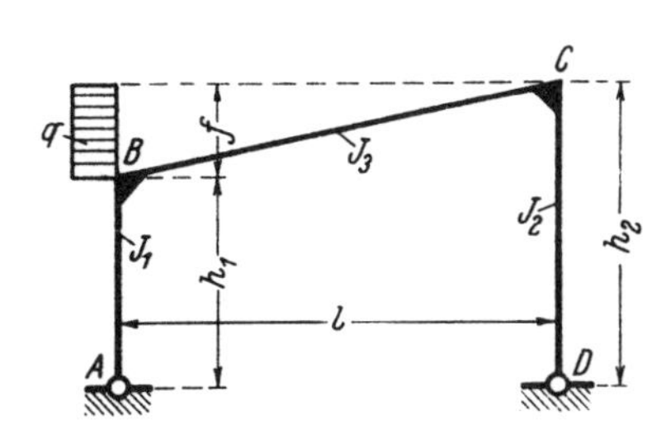

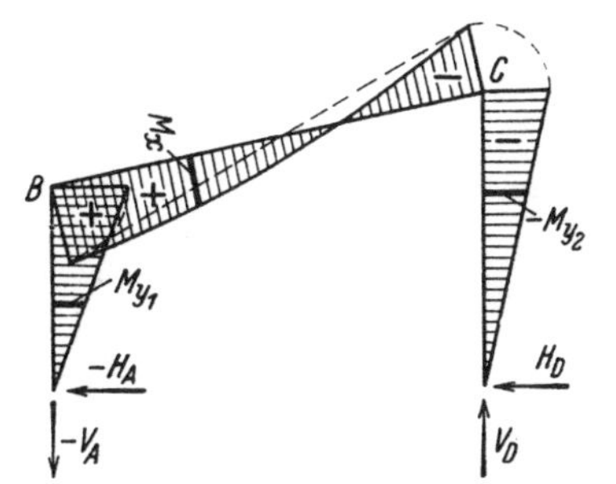

Hilfswerte:

$$\varphi = \frac{h_1}{f}; \qquad X = \frac{p f^2}{4} \cdot \frac{4 B \varphi + 1 + n}{N} \qquad M_B = q f h_1 - X \qquad M_C = -n X;$$

$$V_D = -V_A = \frac{q f^2 (2\varphi + 1)}{2 l}; \qquad H_D = \frac{X}{h_1} \qquad H_A = -(q f - H_D);$$

$$M_{y1} = \frac{y_1}{h_1} M_B \qquad M_x = \frac{q x x'}{2} \cdot \frac{f^2}{l^2} + \frac{x'}{l} M_B + \frac{x}{l} M_C \qquad M_{y2} = \frac{y_2}{h_2} M_C.$$

Fall 52/4: Schräge Rechteck-Vollast q_s auf dem Riegel, rechtwinklig zur Stabachse s (Windlast)

Überlagerung der beiden Fälle 52/2 und 52/3 für die gleiche Einheitslast q.

Fall 52/5: Rechteck-Vollast am linken Stiel

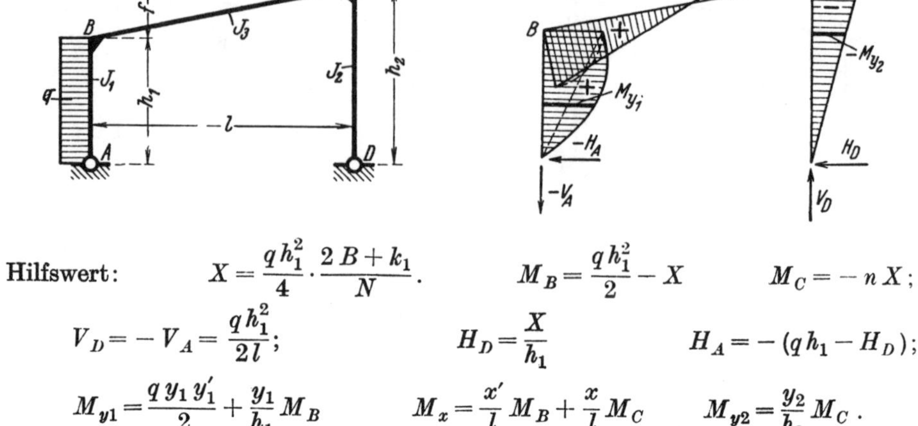

Hilfswert: $X = \frac{q h_1^2}{4} \cdot \frac{2B + k_1}{N}$. $\quad M_B = \frac{q h_1^2}{2} - X \quad M_C = -nX;$

$$V_D = -V_A = \frac{q h_1^2}{2l}; \qquad H_D = \frac{X}{h_1} \qquad H_A = -(q h_1 - H_D);$$

$$M_{y1} = \frac{q y_1 y_1'}{2} + \frac{y_1}{h_1} M_B \qquad M_x = \frac{x'}{l} M_B + \frac{x}{l} M_C \qquad M_{y2} = \frac{y_2}{h_2} M_C .$$

Fall 52/6: Rechteck-Vollast am rechten Stiel

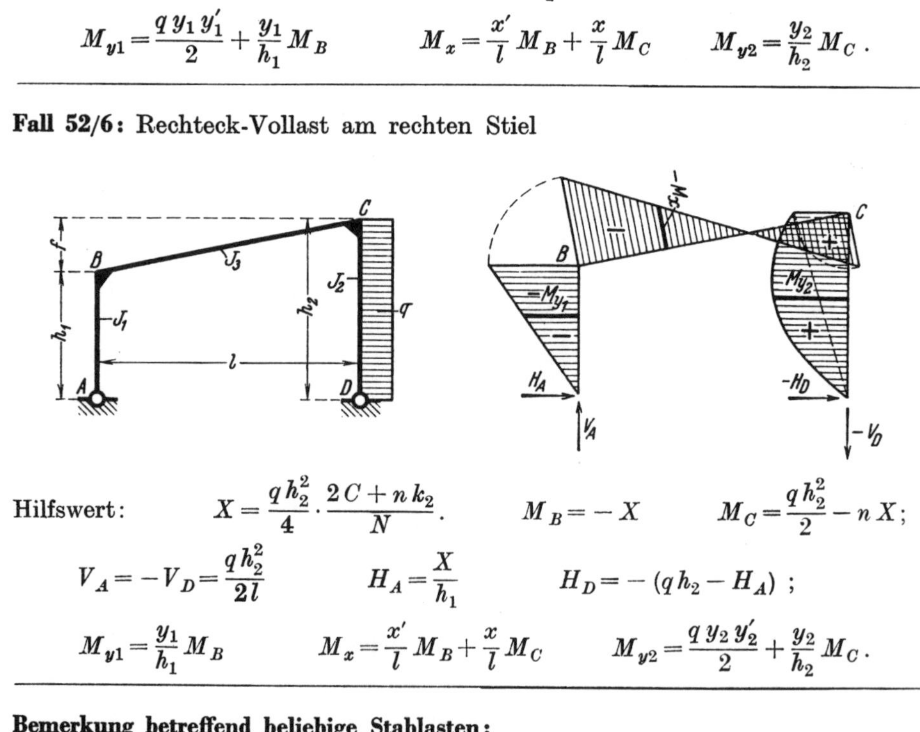

Hilfswert: $X = \frac{q h_2^2}{4} \cdot \frac{2C + n k_2}{N}$. $\quad M_B = -X \quad M_C = \frac{q h_2^2}{2} - nX;$

$$V_A = -V_D = \frac{q h_2^2}{2l} \qquad H_A = \frac{X}{h_1} \qquad H_D = -(q h_2 - H_A);$$

$$M_{y1} = \frac{y_1}{h_1} M_B \qquad M_x = \frac{x'}{l} M_B + \frac{x}{l} M_C \qquad M_{y2} = \frac{q y_2 y_2'}{2} + \frac{y_2}{h_2} M_C .$$

Bemerkung betreffend beliebige Stablasten:

Die Fälle 54/2 und 54/3, Seite 215, sowie 54/4 und 54/5, Seite 216, gelten für Rahmenform 52 mit der Vereinfachung $r = 0$ (wegen $v = 0$).

Rahmenform 53

Rahmen mit geneigtem Riegel und senkrechten Stielen mit einem festen Fußgelenk und einem waagerecht beweglichen Auflager, verbunden durch ein elastisches Zugband

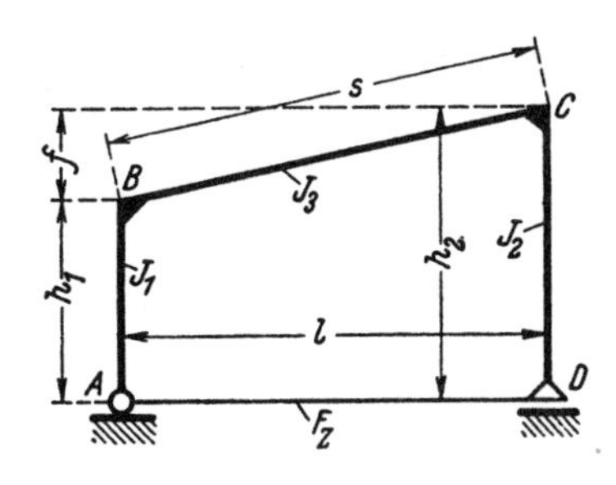

Rahmenform, Abmessungen und Bezeichnungen

Festlegung der positiven Richtung aller Stützkräfte und der Koordinaten beliebiger Stabpunkte. Positive Biegungsmomente erzeugen an der gestrichelten Stabseite Zug

Festwerte:

$$k_1 = \frac{J_3}{J_1} \cdot \frac{h_1}{s} \qquad k_2 = \frac{J_3}{J_2} \cdot \frac{h_2}{s}; \qquad n = \frac{h_2}{h_1};$$

$$B = 2(k_1 + 1) + n \qquad C = 1 + 2n(1 + k_2); \qquad N = B + nC;$$

$$L = \frac{6 J_3}{h_1^2 F_Z} \cdot \frac{E}{E_Z} \cdot \frac{l}{s}; \qquad N_Z = N + L.$$

E = Elastizitätsmodul des Rahmenbaustoffes,
E_Z = Elastizitätsmodul des Zugbandstoffes,
F_Z = Querschnittsfläche des Zugbandes.

*) H_D tritt auf, wenn das feste Gelenk bei D ist.

Siehe hierzu den Abschnitt **„Belastungsglieder“**

Fall 53/1: Riegel beliebig senkrecht belastet (Festes Gelenk bei A oder D)

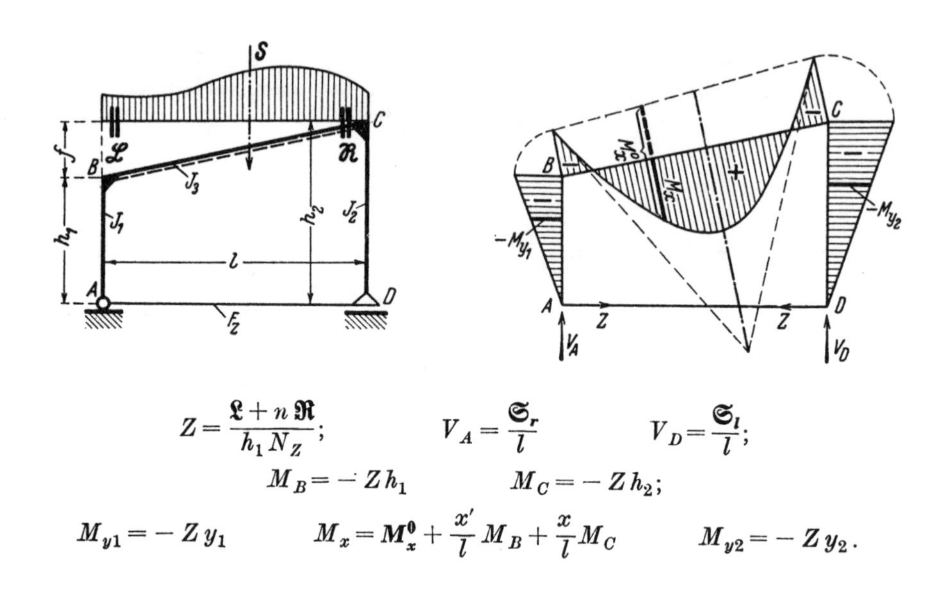

$$Z = \frac{\mathfrak{L} + n\,\mathfrak{R}}{h_1 N_Z}; \qquad V_A = \frac{\mathfrak{S}_r}{l} \qquad V_D = \frac{\mathfrak{S}_l}{l};$$

$$M_B = -Z h_1 \qquad M_C = -Z h_2;$$

$$M_{y1} = -Z y_1 \qquad M_x = \mathbf{M}_x^0 + \frac{x'}{l} M_B + \frac{x}{l} M_C \qquad M_{y2} = -Z y_2 .$$

Fall 53/2: Riegel beliebig waagerecht belastet (Festes Gelenk bei A)

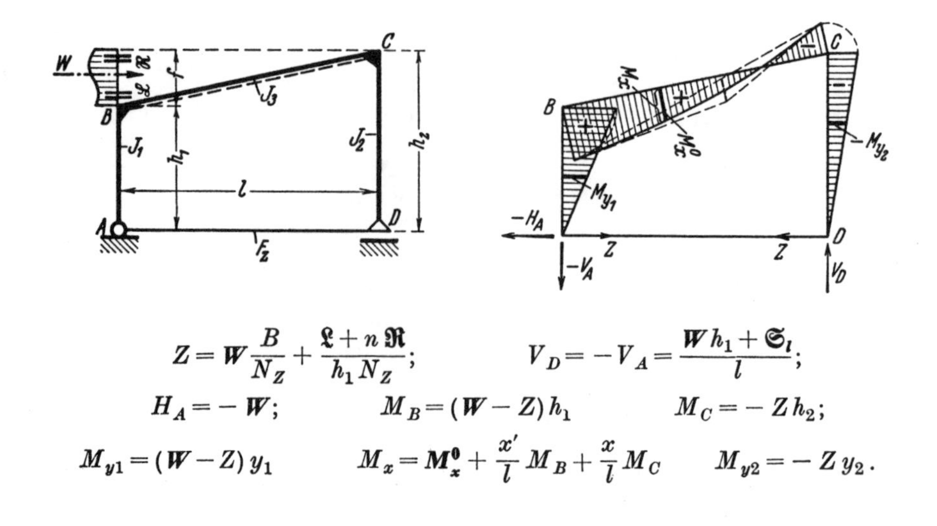

$$Z = \mathbf{W}\frac{B}{N_Z} + \frac{\mathfrak{L} + n\,\mathfrak{R}}{h_1 N_Z}; \qquad V_D = -V_A = \frac{\mathbf{W} h_1 + \mathfrak{S}_l}{l};$$

$$H_A = -\mathbf{W}; \qquad M_B = (\mathbf{W} - Z)\,h_1 \qquad M_C = -Z h_2;$$

$$M_{y1} = (\mathbf{W} - Z)\,y_1 \qquad M_x = \mathbf{M}_x^0 + \frac{x'}{l} M_B + \frac{x}{l} M_C \qquad M_{y2} = -Z y_2 .$$

Siehe hierzu den Abschnitt „**Belastungsglieder**"

Fall 53/3: Linker Stiel beliebig waagerecht belastet (Festes Gelenk bei A)

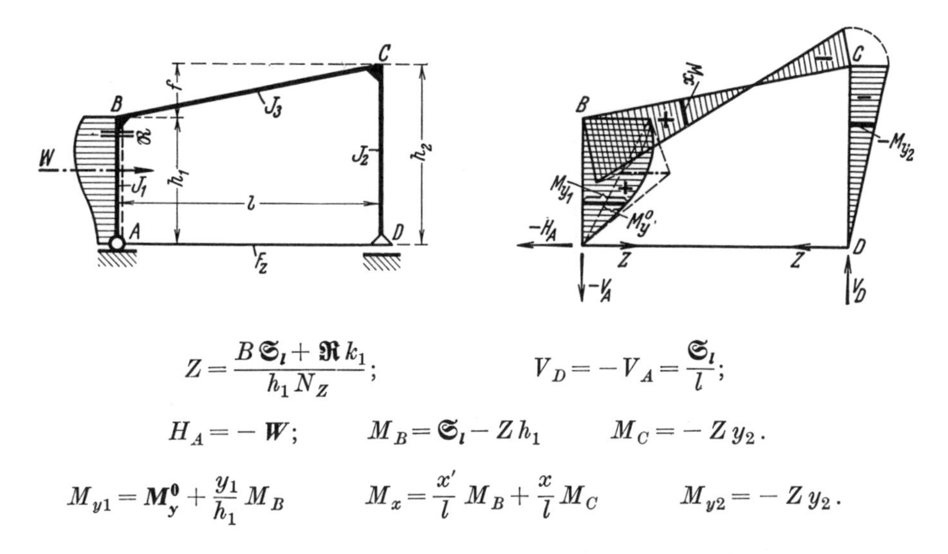

$$Z = \frac{B\,\mathfrak{S}_l + \mathfrak{R}\,k_1}{h_1 N_Z}; \qquad V_D = -V_A = \frac{\mathfrak{S}_l}{l};$$

$$H_A = -\boldsymbol{W}; \qquad M_B = \mathfrak{S}_l - Z h_1 \qquad M_C = -Z y_2.$$

$$M_{y1} = \boldsymbol{M}_y^0 + \frac{y_1}{h_1} M_B \qquad M_x = \frac{x'}{l} M_B + \frac{x}{l} M_C \qquad M_{y2} = -Z y_2.$$

Fall 53/4: Rechter Stiel beliebig waagerecht belastet (Festes Gelenk bei D)

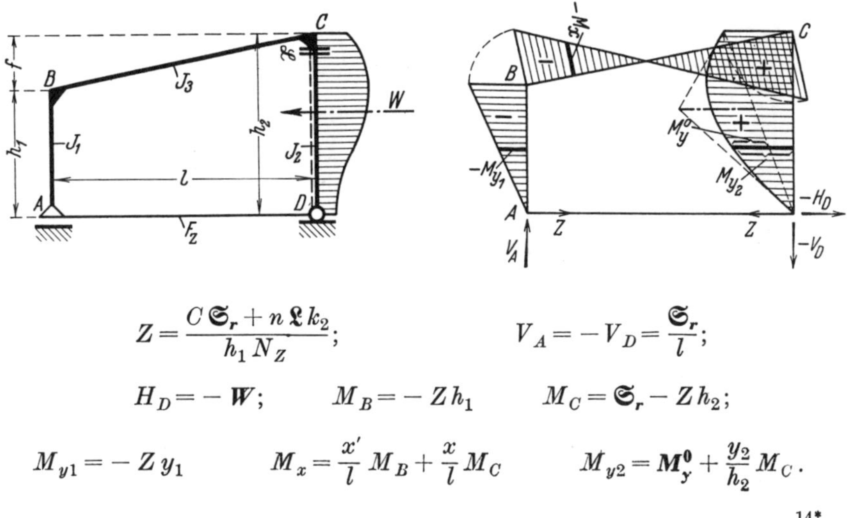

$$Z = \frac{C\,\mathfrak{S}_r + n\,\mathfrak{L}\,k_2}{h_1 N_Z}; \qquad V_A = -V_D = \frac{\mathfrak{S}_r}{l};$$

$$H_D = -\boldsymbol{W}; \qquad M_B = -Z h_1 \qquad M_C = \mathfrak{S}_r - Z h_2;$$

$$M_{y1} = -Z y_1 \qquad M_x = \frac{x'}{l} M_B + \frac{x}{l} M_C \qquad M_{y2} = \boldsymbol{M}_y^0 + \frac{y_2}{h_2} M_C.$$

Siehe hierzu den Abschnitt „**Belastungsglieder**"

Fall 53/5: Linker Stiel beliebig waagerecht belastet (Festes Gelenk bei D)

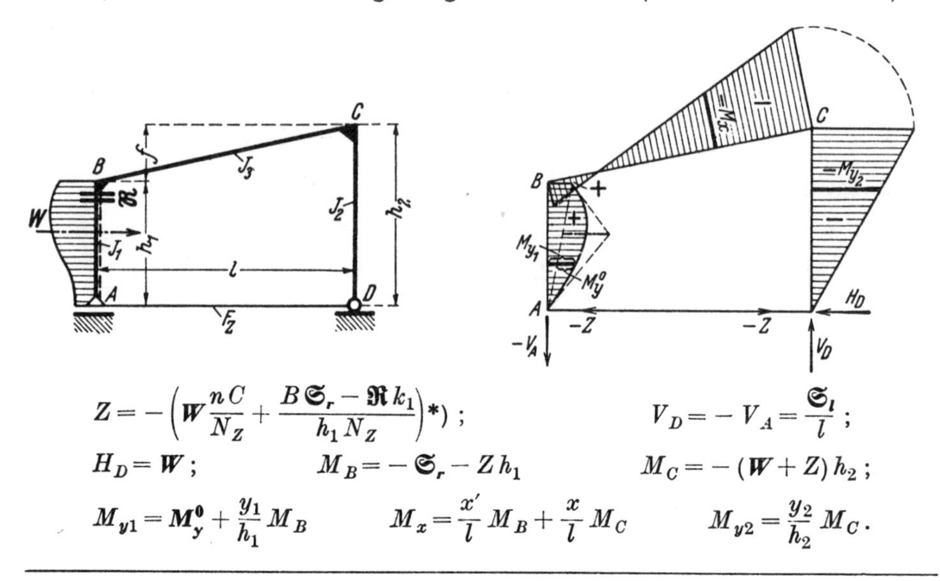

$$Z = -\left(W\frac{n\,C}{N_Z} + \frac{B\,\mathfrak{S}_r - \mathfrak{R}\,k_1}{h_1 N_Z}\right)^{*)}; \qquad V_D = -V_A = \frac{\mathfrak{S}_l}{l};$$

$$H_D = W; \qquad M_B = -\mathfrak{S}_r - Z\,h_1 \qquad M_C = -(W + Z)\,h_2;$$

$$M_{y1} = M_y^0 + \frac{y_1}{h_1} M_B \qquad M_x = \frac{x'}{l} M_B + \frac{x}{l} M_C \qquad M_{y2} = \frac{y_2}{h_2} M_C.$$

Fall 53/6: Rechter Stiel beliebig waagerecht belastet (Festes Gelenk bei A)

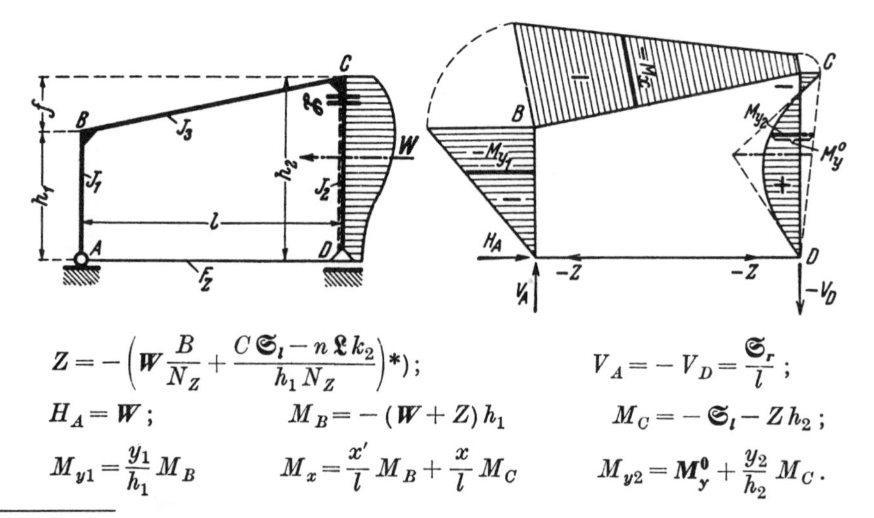

$$Z = -\left(W\frac{B}{N_Z} + \frac{C\,\mathfrak{S}_l - n\,\mathfrak{L}\,k_2}{h_1 N_Z}\right)^{*)}; \qquad V_A = -V_D = \frac{\mathfrak{S}_r}{l};$$

$$H_A = W; \qquad M_B = -(W + Z)\,h_1 \qquad M_C = -\mathfrak{S}_l - Z\,h_2;$$

$$M_{y1} = \frac{y_1}{h_1} M_B \qquad M_x = \frac{x'}{l} M_B + \frac{x}{l} M_C \qquad M_{y2} = M_y^0 + \frac{y_2}{h_2} M_C.$$

*) Bei den obigen zwei Belastungsfällen sowie beim Fall 53/7, Seite 213, oben und bei Wärme**ab**nahme (s. S. 213 unten) wird Z negativ, d. h. das Zugband erhält Druck. Dieser Umstand hat selbstverständlich nur dann einen Sinn, wenn die Druckkraft kleiner bleibt als die Zugkraft aus ständiger Last, so daß stets ein Rest Zugkraft im Zugbande verbleibt.

Fall 53/7: Riegel beliebig waagerecht belastet (Festes Gelenk bei D)

(Siehe hierzu den Abschnitt **„Belastungsglieder“**)

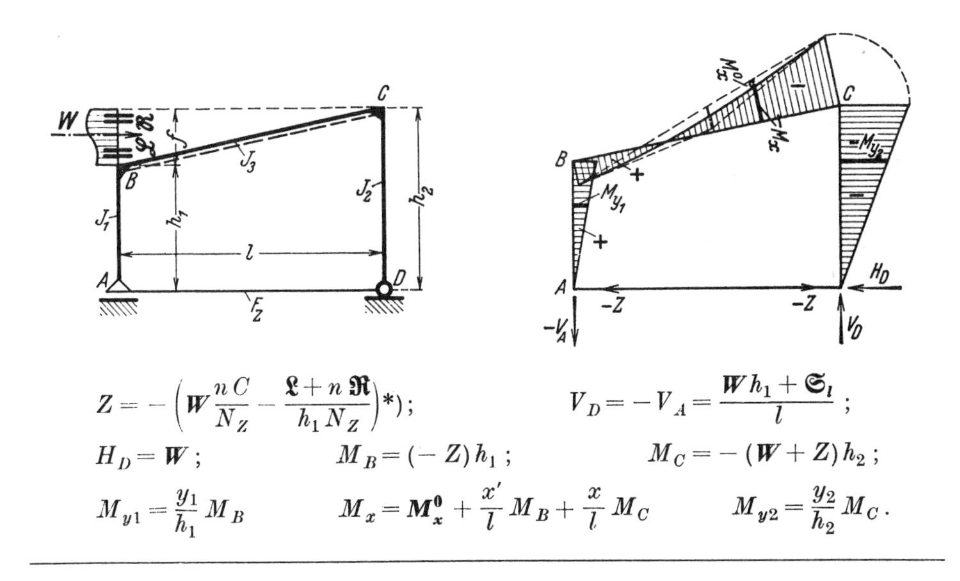

$$Z = -\left(\boldsymbol{W}\frac{nC}{N_Z} - \frac{\mathfrak{L} + n\,\mathfrak{R}}{h_1 N_Z}\right)^*); \qquad V_D = -V_A = \frac{\boldsymbol{W}h_1 + \mathfrak{S}_l}{l};$$

$$H_D = \boldsymbol{W}; \qquad M_B = (-Z)\,h_1; \qquad M_C = -(\boldsymbol{W} + Z)\,h_2;$$

$$M_{y1} = \frac{y_1}{h_1} M_B \qquad M_x = \boldsymbol{M}_x^0 + \frac{x'}{l} M_B + \frac{x}{l} M_C \qquad M_{y2} = \frac{y_2}{h_2} M_C.$$

Fall 53/8: Gleichmäßige Wärmezunahme im ganzen Rahmen

(Festes Gelenk bei A oder D)

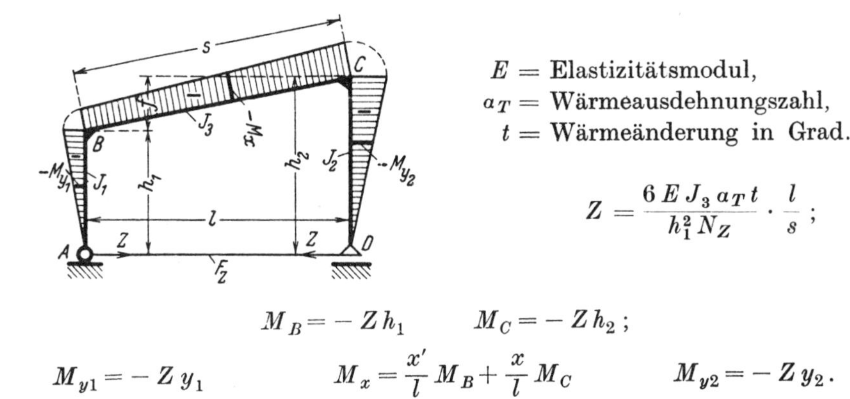

E = Elastizitätsmodul,

α_T = Wärmeausdehnungszahl,

t = Wärmeänderung in Grad.

$$Z = \frac{6\,E\,J_3\,\alpha_T\,t}{h_1^2 N_Z} \cdot \frac{l}{s};$$

$$M_B = -Z\,h_1 \qquad M_C = -Z\,h_2;$$

$$M_{y1} = -Z\,y_1 \qquad M_x = \frac{x'}{l} M_B + \frac{x}{l} M_C \qquad M_{y2} = -Z\,y_2.$$

Bemerkung: Bei Wärmeabnahme kehren alle Kräfte ihren Pfeilsinn um und alle Momente erhalten entgegengesetztes Vorzeichen*).

*) Siehe hierzu die Fußnote Seite 212.

Rahmenform 54

Zweigelenkrahmen mit geneigtem Riegel und verschieden hohen senkrechten Stielen

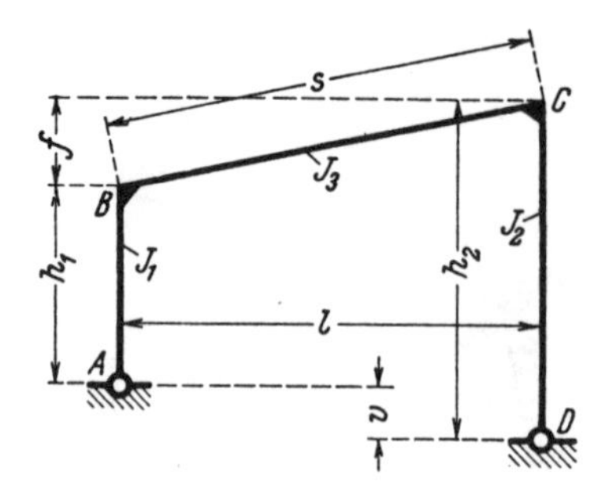

Rahmenform, Abmessungen und Bezeichnungen

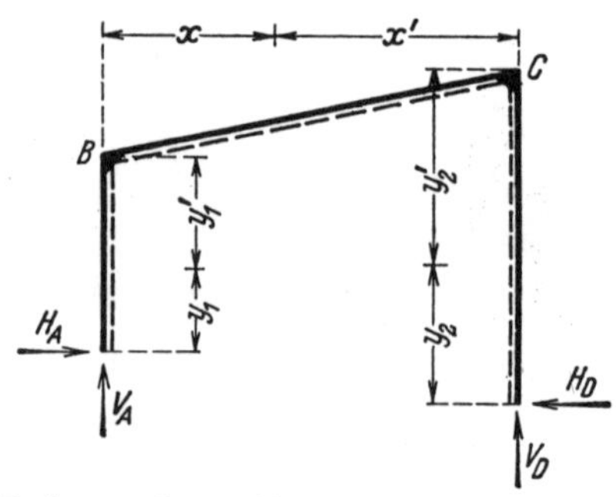

Festlegung der positiven Richtung aller Stützkräfte und der Koordinaten beliebiger Stabpunkte. Positive Biegungsmomente erzeugen an der gestrichelten Stabseite Zug

Festwerte: $v = h_2 - (h_1 + f)$ *);

$$k_1 = \frac{J_3}{J_1} \cdot \frac{h_1}{s} \qquad k_2 = \frac{J_3}{J_2} \cdot \frac{h_2}{s}; \qquad n = \frac{h_2}{h_1} \qquad r = \frac{v}{h_1} \text{ *)};$$

$$B = 2(k_1 + 1) + n \qquad C = 1 + 2n(1 + k_2); \qquad N = B + nC.$$

Fall 54/1: Gleichmäßige Wärmezunahme im ganzen Rahmen

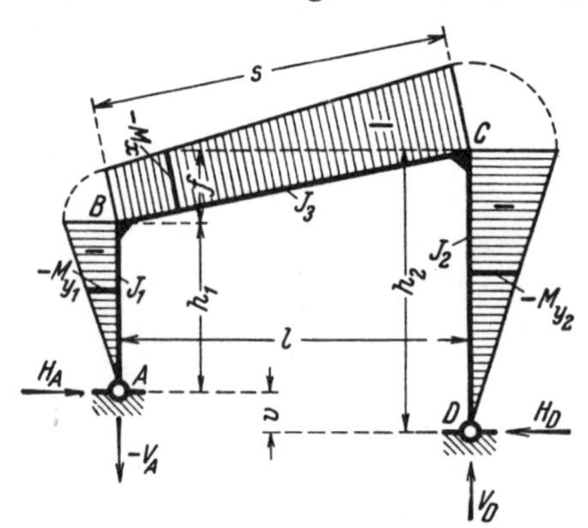

E = Elastizitätsmodul,
α_T = Wärmeausdehnungszahl,
t = Wärmeänderung in Grad.

Hilfswert:

$$X = \frac{6 E J_3 \alpha_T t (l^2 + v^2)}{s\, l\, h_1 N}$$

$$M_B = -X \qquad M_C = -nX; \qquad V_D = -V_A = \frac{rX}{l}; \qquad H_A = H_D = \frac{X}{h_1};$$

$$M_{y1} = \frac{y_1}{h_1} M_B \qquad M_x = \frac{x'}{l} M_B + \frac{x}{l} M_C \qquad M_{y2} = \frac{y_2}{h_2} M_C.$$

Bemerkung: Bei Wärme**ab**nahme kehren alle Kräfte ihren Pfeilsinn um und alle Momente erhalten entgegengesetztes Vorzeichen.

---

*) Für $(h_1 + f) > h_2$ wird v und somit auch r negativ!

Siehe hierzu den Abschnitt **„Belastungsglieder“**

Fall 54/2: Riegel beliebig senkrecht belastet

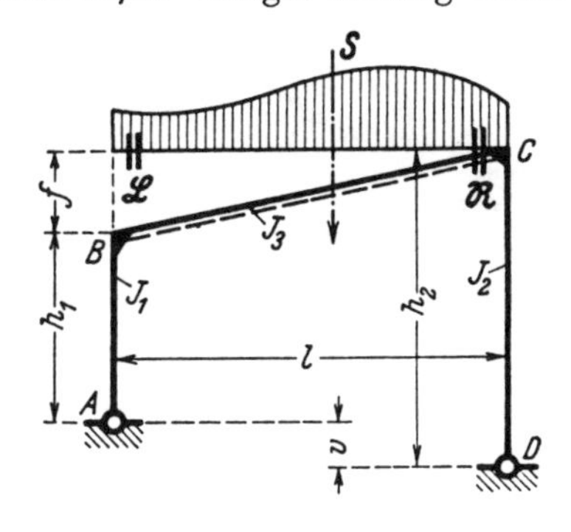

Hilfswert: $X = \dfrac{\mathfrak{L} + n\,\mathfrak{R}}{N}$. $\quad M_B = -X \quad M_C = -n\,X;$

$$V_A = \frac{\mathfrak{S}_r - r\,X\,^{*})}{l} \qquad V_D = \frac{\mathfrak{S}_l + r\,X\,^{*})}{l}; \qquad H_A = H_D = \frac{X}{h_1};$$

$$M_{y1} = \frac{y_1}{h_1} M_B \qquad M_x = \mathbf{M}_x^0 + \frac{x'}{l} M_B + \frac{x}{l} M_C \qquad M_{y2} = \frac{y_2}{h_2} M_C.$$

Fall 54/3: Riegel beliebig waagerecht belastet

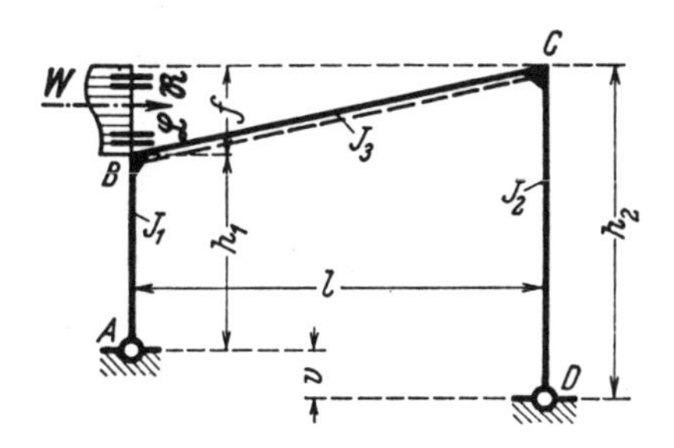

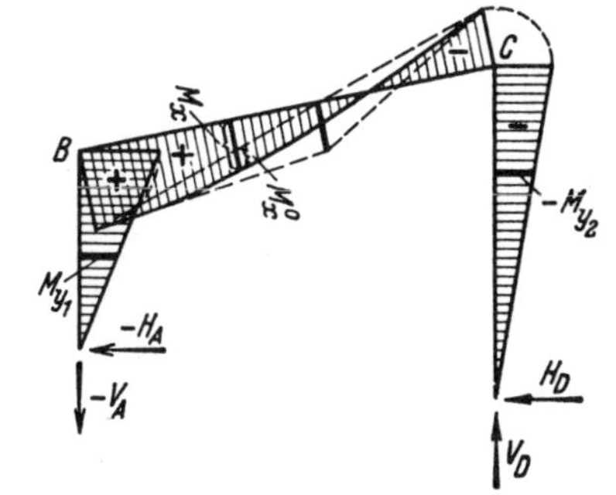

Hilfswert: $X = \dfrac{\boldsymbol{W} h_1 B + \mathfrak{L} + n\,\mathfrak{R}}{N}$.

$$M_B = \boldsymbol{W} h_1 - X \qquad M_C = -n\,X; \qquad H_A = -(\boldsymbol{W} - H_D);$$

$$V_D = -V_A = \frac{\boldsymbol{W} h_1 + \mathfrak{S}_l + r\,X\,^{*})}{l}; \qquad H_D = \frac{X}{h_1};$$

$$M_{y1} = \frac{y_1}{h_1} M_B \qquad M_x = \mathbf{M}_x^0 + \frac{x'}{l} M_B + \frac{x}{l} M_C \qquad M_{y2} = \frac{y_2}{h_2} M_C.$$

---

*) Siehe hierzu die Fußnote Seite 216.

Siehe hierzu den Abschnitt **„Belastungsglieder"**

Fall 54/4: Linker Stiel beliebig waagerecht belastet

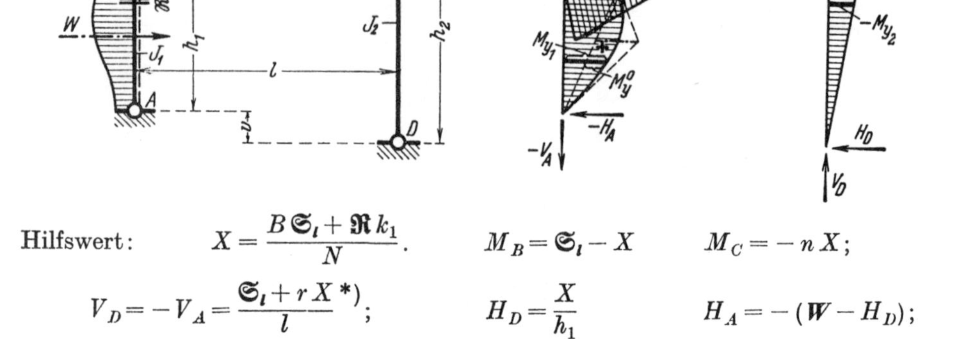

Hilfswert: $X = \dfrac{B\,\mathfrak{S}_l + \mathfrak{R}\,k_1}{N}$. $\quad M_B = \mathfrak{S}_l - X \qquad M_C = -\,n\,X;$

$$V_D = -V_A = \frac{\mathfrak{S}_l + r\,X\;{}^{*)}}{l}; \qquad H_D = \frac{X}{h_1} \qquad H_A = -\,(\mathfrak{W} - H_D);$$

$$M_{y1} = \mathbf{M}_y^0 + \frac{y_1}{h_1}\,M_B \qquad M_x = \frac{x'}{l}\,M_B + \frac{x}{l}\,M_C \qquad M_{y2} = \frac{y_2}{h_2}\,M_C.$$

Fall 54/5: Rechter Stiel beliebig waagerecht belastet

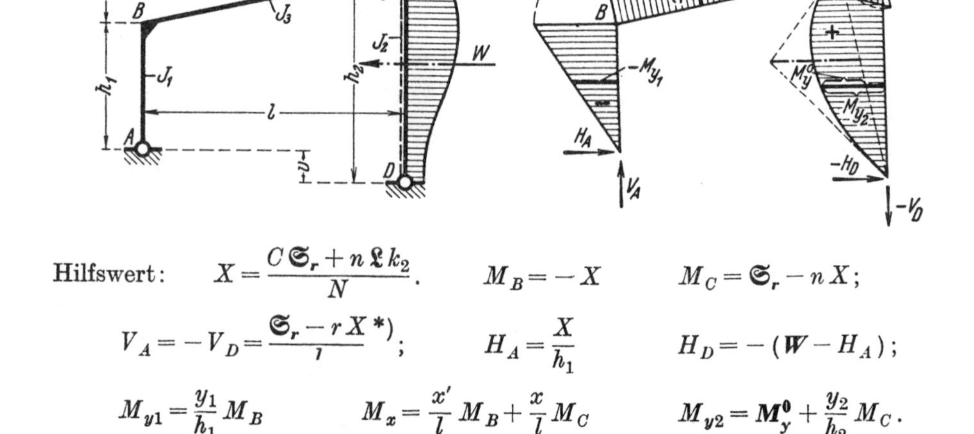

Hilfswert: $X = \dfrac{C\,\mathfrak{S}_r + n\,\mathfrak{L}\,k_2}{N}$. $\quad M_B = -\,X \qquad M_C = \mathfrak{S}_r - n\,X;$

$$V_A = -V_D = \frac{\mathfrak{S}_r - r\,X\;{}^{*)}}{l}; \qquad H_A = \frac{X}{h_1} \qquad H_D = -\,(\mathfrak{W} - H_A);$$

$$M_{y1} = \frac{y_1}{h_1}\,M_B \qquad M_x = \frac{x'}{l}\,M_B + \frac{x}{l}\,M_C \qquad M_{y2} = \mathbf{M}_y^0 + \frac{y_2}{h_2}\,M_C.$$

---

*) Bei gleich hoch liegenden Fußgelenken A und D wird $v = 0$ und somit auch $r = 0$, so daß der Anteil von X in den Formeln für V_A und V_D verschwindet. Vgl. hierzu **Rahmenform 52**, besonders die Bemerkung Seite 208.

Fall 54/6: Waagerechte Einzellast am Eckpunkt B*)

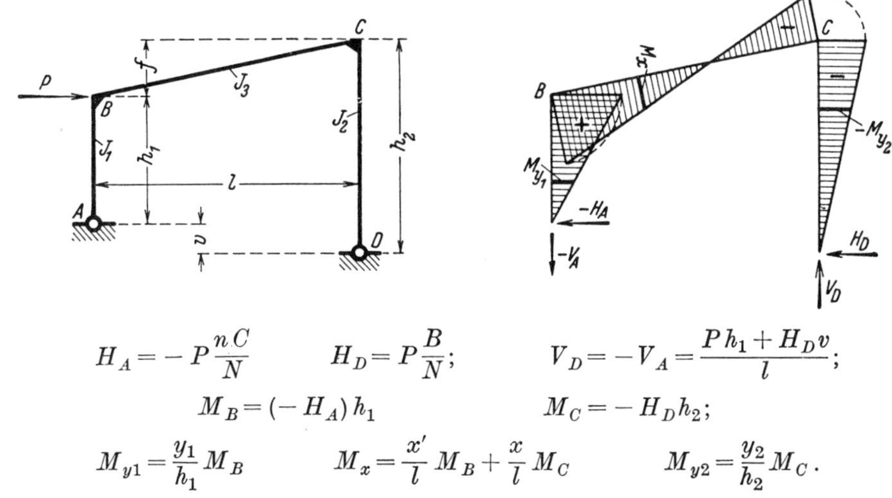

$$H_A = -P\frac{nC}{N} \qquad H_D = P\frac{B}{N}; \qquad V_D = -V_A = \frac{Ph_1 + H_D v}{l};$$

$$M_B = (-H_A)\,h_1 \qquad M_C = -H_D h_2;$$

$$M_{y1} = \frac{y_1}{h_1} M_B \qquad M_x = \frac{x'}{l} M_B + \frac{x}{l} M_C \qquad M_{y2} = \frac{y_2}{h_2} M_C\,.$$

Sonderfall 54/6a: Fußgelenke gleich hoch ($v = 0$; Rahmenform 52)

$V_D = -V_A = Ph_1/l.$ Alle übrigen Formeln bleiben wie vor.

Fall 54/7: Waagerechte Einzellast am Eckpunkt C*)

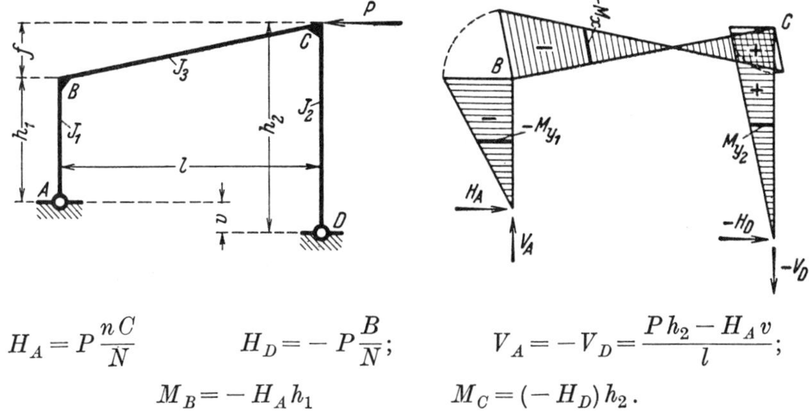

$$H_A = P\frac{nC}{N} \qquad H_D = -P\frac{B}{N}; \qquad V_A = -V_D = \frac{Ph_2 - H_A v}{l};$$

$$M_B = -H_A h_1 \qquad M_C = (-H_D)\,h_2\,.$$

Sonderfall 54/7a: Fußgelenke gleich hoch ($v = 0$; Rahmenform 52)

$V_A = -V_D = Ph_2/l.$ Alle übrigen Formeln bleiben wir vor.

*) Abgesehen von dem entgegengesetzten Vorzeichen aller Momente und Querkräfte sind die beiden vorstehenden Lastfälle nur in den V-Kräften verschieden. Der absolute Unterschied beträgt $\Delta V = \frac{Pf}{l}$. Diese Verschiedenheit der V-Kräfte wirkt sich auch in einer Verschiedenheit der Stab-Längskräfte aus.

Rahmenform 55

Rahmen mit geneigtem Riegel und verschieden hohen senkrechten Stielen mit einer Fußeinspannung und einem Fußgelenk

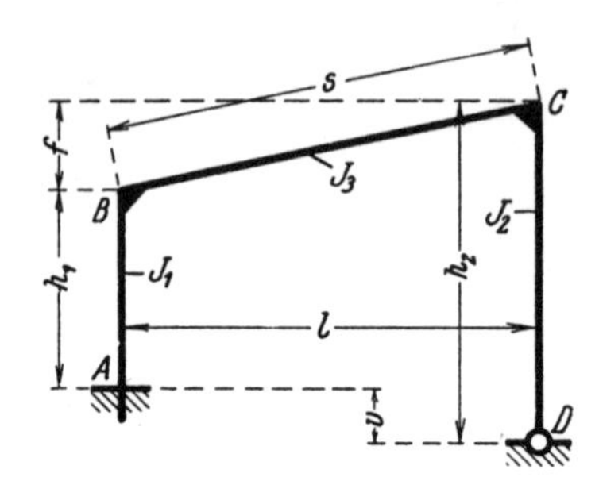

Rahmenform, Abmessungen und Bezeichnungen

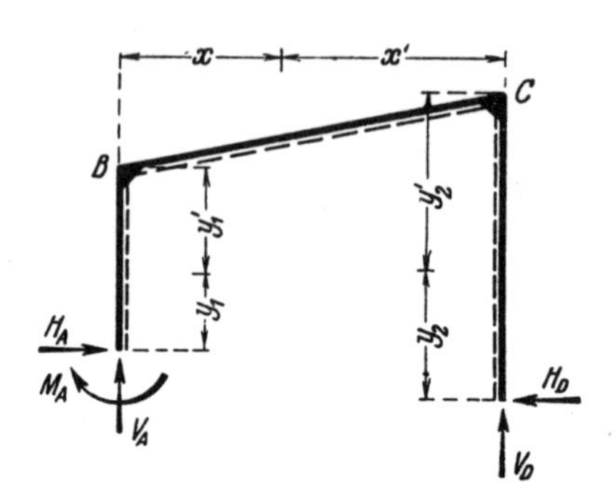

Festlegung der positiven Richtung aller Stützkräfte und der Koordinaten beliebiger Stabpunkte. Positive Biegungsmomente erzeugen an der gestrichelten Stabseite Zug

Festwerte:

$$k_1 = \frac{J_3}{J_1} \cdot \frac{h_1}{s} \qquad k_2 = \frac{J_3}{J_2} \cdot \frac{h_2}{s}; \qquad m = \frac{h_1}{h_2} \qquad \varphi = \frac{f}{h_2};$$

$$N = 3\,(m\,k_1 + 1)^2 + 4\,k_1\,(3 + m^2) + 4\,k_2\,(3\,k_1 + 1);$$

$$n_{11} = \frac{2\,(m^2\,k_1 + 1 + k_2)}{N} \qquad n_{22} = \frac{2\,(3\,k_1 + 1)}{N}$$

$$n_{12} = n_{21} = \frac{3\,m\,k_1 - 1}{N}.$$

Siehe hierzu den Abschnitt „**Belastungsglieder**"

Fall 55/1: Riegel beliebig senkrecht belastet

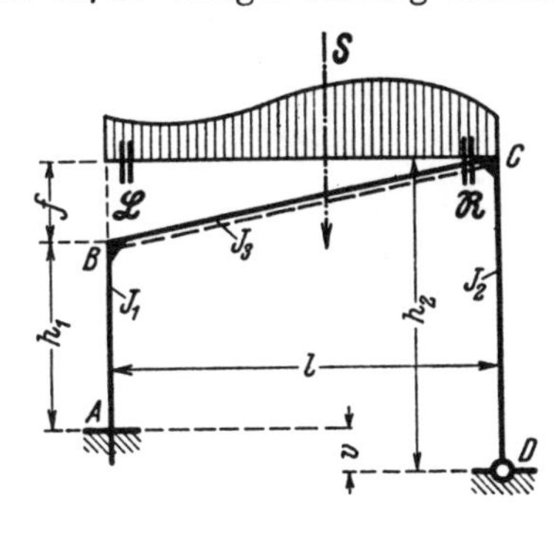

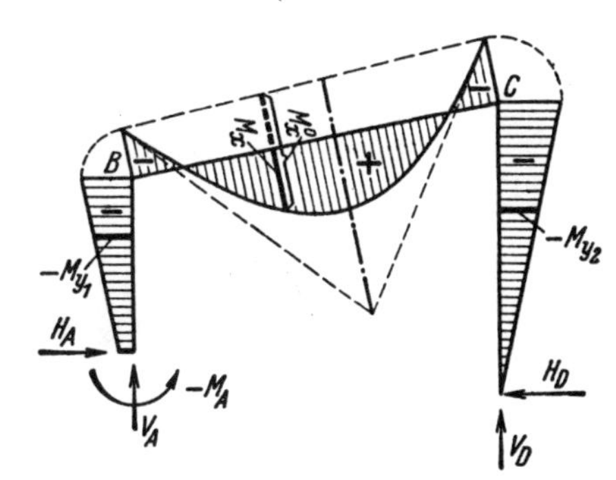

Hilfswerte:

$$X_1 = \mathfrak{L}\, n_{11} + \mathfrak{R}\, n_{21} \qquad X_2 = \mathfrak{L}\, n_{12} + \mathfrak{R}\, n_{22}.$$

$$M_A = m\, X_2 - X_1 \qquad M_B = -X_1 \qquad M_C = -X_2;$$

$$V_A = \frac{\mathfrak{S}_r + X_1 - (1-\varphi)\, X_2}{l} \qquad V_D = \boldsymbol{S} - V_A; \qquad H_A = H_D = \frac{X_2}{h_2};$$

$$M_{y1} = \frac{y_1'}{h_1} M_A + \frac{y_1}{h_1} M_B \qquad M_x = \boldsymbol{M}_x^0 + \frac{x'}{l} M_B + \frac{x}{l} M_C \qquad M_{y2} = \frac{y_2}{h_2} M_C.$$

Fall 55/2: Riegel beliebig waagerecht belastet

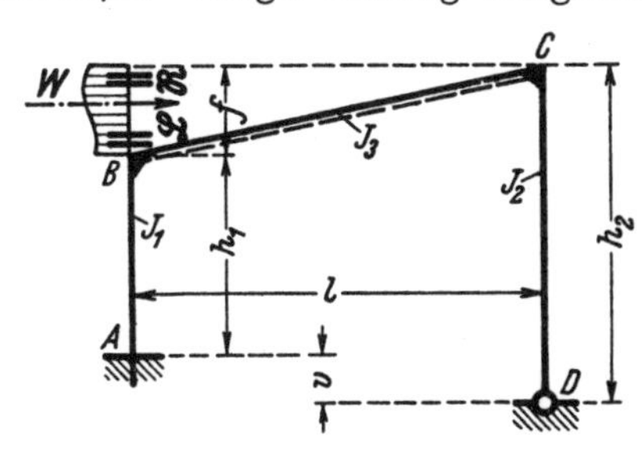

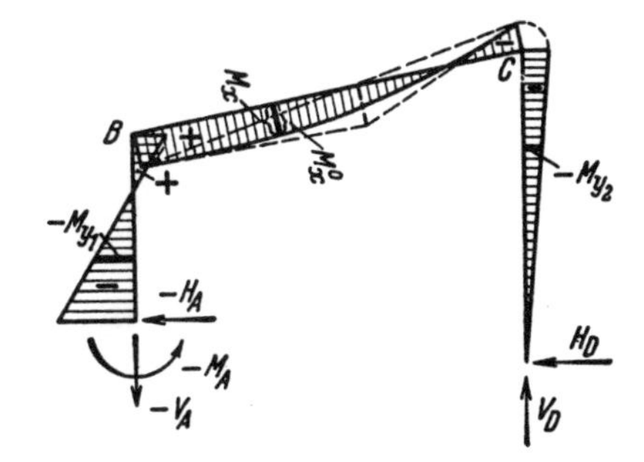

Hilfswerte:

$$\mathfrak{B}_1 = 3\, \boldsymbol{W} h_1 k_1 - \mathfrak{L} \qquad X_1 = +\mathfrak{B}_1 n_{11} - \mathfrak{B}_2 n_{21}$$

$$\mathfrak{B}_2 = 2m\, \boldsymbol{W} h_1 k_1 - \mathfrak{R}; \qquad X_2 = -\mathfrak{B}_1 n_{12} + \mathfrak{B}_2 n_{22}.$$

$$M_A = -\boldsymbol{W} h_1 + X_1 + m\, X_2 \qquad M_B = X_1 \qquad M_C = -X_2;$$

$$V_D = -V_A = \frac{\mathfrak{S}_l + X_1 + (1-\varphi)\, X_2}{l}; \qquad H_D = \frac{X_2}{h_2} \qquad H_A = -(\boldsymbol{W} - H_D);$$

$$M_{y1} = \frac{y_1'}{h_1} M_A + \frac{y_1}{h_1} M_B \qquad M_x = \boldsymbol{M}_x^0 + \frac{x'}{l} M_B + \frac{x}{l} M_C \qquad M_{y2} = \frac{y_2}{h_2} M_C.$$

Siehe hierzu den Abschnitt „**Belastungsglieder**“

Fall 55/3: Linker Stiel beliebig waagerecht belastet

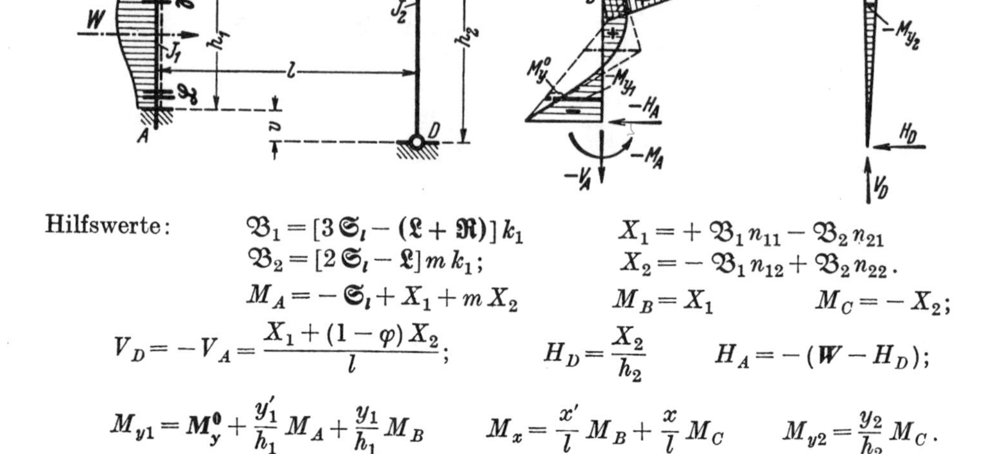

Hilfswerte:

$$\mathfrak{B}_1 = [3\,\mathfrak{S}_l - (\mathfrak{L} + \mathfrak{R})]\,k_1 \qquad X_1 = +\mathfrak{B}_1 n_{11} - \mathfrak{B}_2 n_{21}$$

$$\mathfrak{B}_2 = [2\,\mathfrak{S}_l - \mathfrak{L}]\,m\,k_1; \qquad X_2 = -\mathfrak{B}_1 n_{12} + \mathfrak{B}_2 n_{22}.$$

$$M_A = -\mathfrak{S}_l + X_1 + m\,X_2 \qquad M_B = X_1 \qquad M_C = -X_2;$$

$$V_D = -V_A = \frac{X_1 + (1-\varphi)\,X_2}{l}; \qquad H_D = \frac{X_2}{h_2} \qquad H_A = -(W - H_D);$$

$$M_{y1} = M_y^0 + \frac{y_1'}{h_1} M_A + \frac{y_1}{h_1} M_B \qquad M_x = \frac{x'}{l} M_B + \frac{x}{l} M_C \qquad M_{y2} = \frac{y_2}{h_2} M_C.$$

Fall 55/4: Rechter Stiel beliebig waagerecht belastet

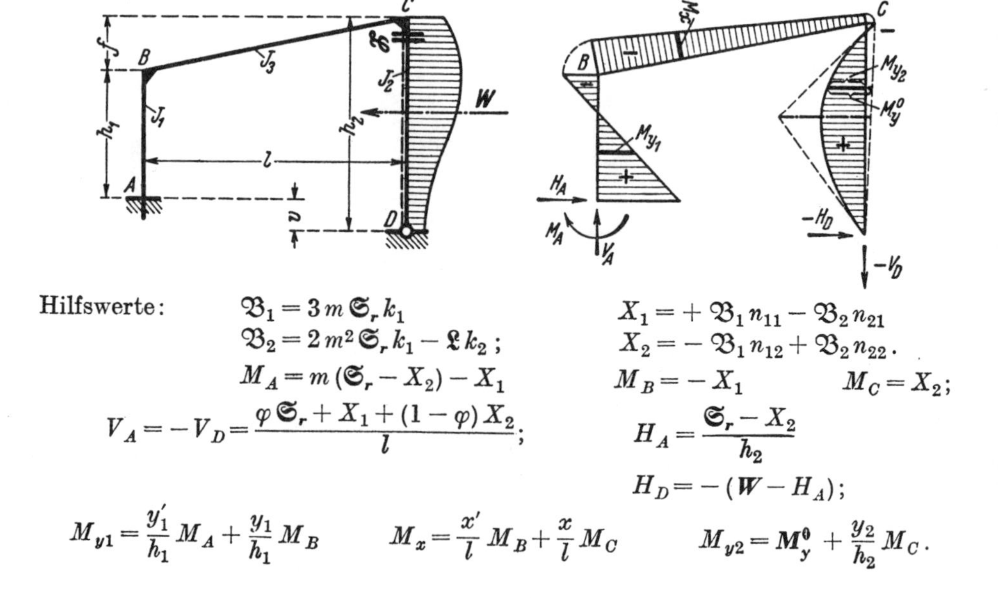

Hilfswerte:

$$\mathfrak{B}_1 = 3\,m\,\mathfrak{S}_r\,k_1 \qquad X_1 = +\mathfrak{B}_1 n_{11} - \mathfrak{B}_2 n_{21}$$

$$\mathfrak{B}_2 = 2\,m^2\,\mathfrak{S}_r\,k_1 - \mathfrak{L}\,k_2; \qquad X_2 = -\mathfrak{B}_1 n_{12} + \mathfrak{B}_2 n_{22}.$$

$$M_A = m\,(\mathfrak{S}_r - X_2) - X_1 \qquad M_B = -X_1 \qquad M_C = X_2;$$

$$V_A = -V_D = \frac{\varphi\,\mathfrak{S}_r + X_1 + (1-\varphi)\,X_2}{l}; \qquad H_A = \frac{\mathfrak{S}_r - X_2}{h_2}$$

$$H_D = -(W - H_A);$$

$$M_{y1} = \frac{y_1'}{h_1} M_A + \frac{y_1}{h_1} M_B \qquad M_x = \frac{x'}{l} M_B + \frac{x}{l} M_C \qquad M_{y2} = M_y^0 + \frac{y_2}{h_2} M_C.$$

Fall 55/5: Gleichmäßige Wärmezunahme im ganzen Rahmen

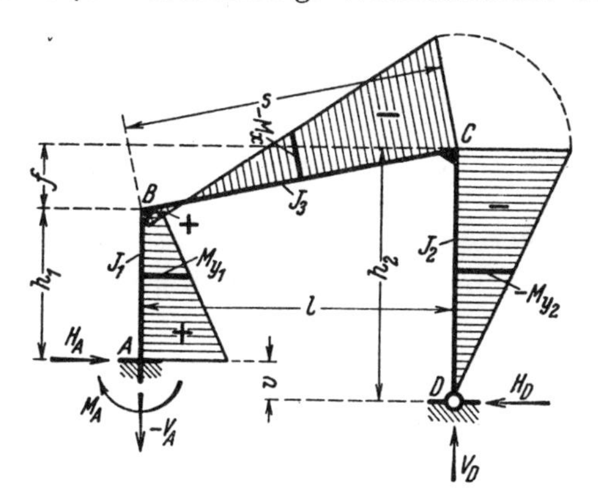

E = Elastizitätsmodul,

α_T = Wärmeausdehnungszahl,

t = Wärmeänderung in Grad.

Hilfswerte:

$$v = h_2 - (h_1 + f)\,{}^{*});$$

$$T = \frac{6\,E\,J_3\,\alpha_T\,t}{s};$$

$$X_1 = T\left[-\frac{v}{l}n_{11} + \left(\frac{l}{h_2} + \frac{(1-\varphi)\,v}{l}\right)n_{21}\right]$$

$$X_2 = T\left[-\frac{v}{l}n_{12} + \left(\frac{l}{h_2} + \frac{(1-\varphi)\,v}{l}\right)n_{22}\right].$$

$$M_A = m\,X_2 - X_1 \qquad M_B = -X_1 \qquad M_C = -X_2;$$

$$V_D = -V_A = \frac{(1-\varphi)X_2 - X_1}{l}; \qquad H_A = H_D = \frac{X_2}{h_2};$$

$$M_{y1} = \frac{y_1'}{h_1}M_A + \frac{y_1}{h_1}M_B \qquad M_x = \frac{x'}{l}M_B + \frac{x}{l}M_C \qquad M_{y2} = \frac{y_2}{h_2}M_C.$$

Bemerkung: Bei Wärmeabnahme kehren alle Kräfte ihren Pfeilsinn um und alle Momente erhalten entgegengesetztes Vorzeichen.

Sonderfall (Rahmenform 56, s. S. 222);

$v = 0$ (Fußpunkte auf gleicher Höhe).

Hilfswerte: $\quad T' = \dfrac{6\,E\,J_3\,\alpha_T\,t}{s} \cdot \dfrac{l}{h_2};$

$$X_1 = T'\,n_{21} \qquad X_2 = T'\,n_{22}.$$

Alle anderen Anschriebe genau wie oben.

*) Für $(h_1 + f) > h_2$ wird v negativ!

Rahmenform 56

Rahmen mit geneigtem Riegel und senkrechten Stielen mit einer Fußeinspannung und einem festen Gelenk in gleicher Höhenlage

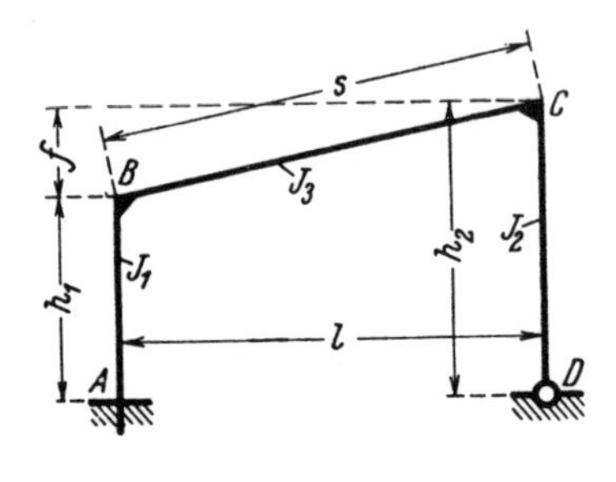

Rahmenform, Abmessungen und Bezeichnungen

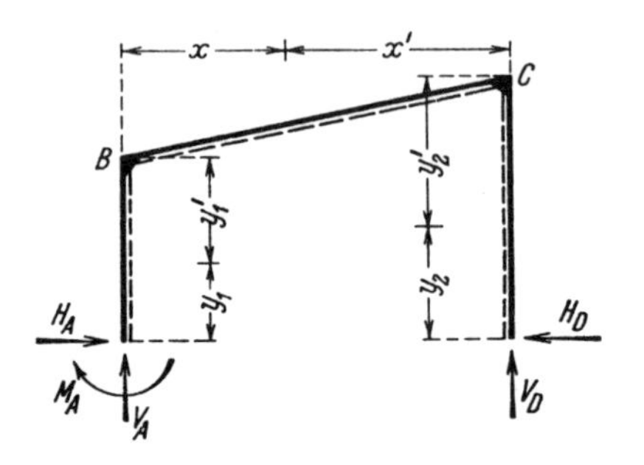

Festlegung der positiven Richtung aller Stützkräfte und der Koordinaten beliebiger Stabpunkte. Positive Biegungsmomente erzeugen an der gestrichelten Stabseite Zug

Alle **Festwerte** und **Formeln für äußere Belastung** lauten genau wie für Rahmenform 55. Siehe hierzu die Seiten 218, 219 und 220.

Die Formeln für **gleichmäßige Wärmeänderung** siehe Seite 221, Sonderfall.

Rahmenform 57

Rahmen mit geneigtem Riegel und verschieden hohen senkrechten Stielen mit einem Fußgelenk und einer Fußeinspannung

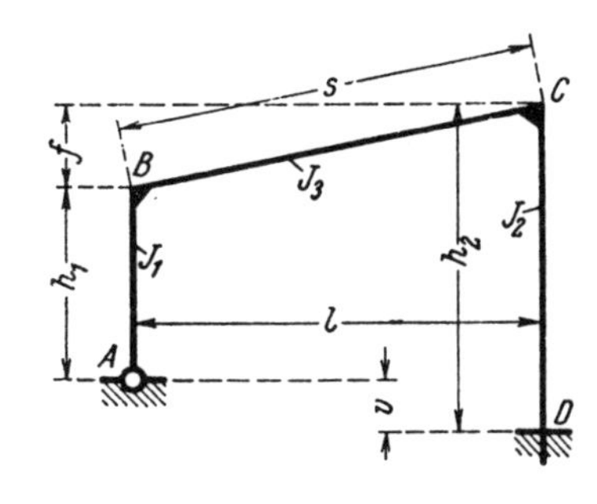

Rahmenform, Abmessungen und Bezeichnungen

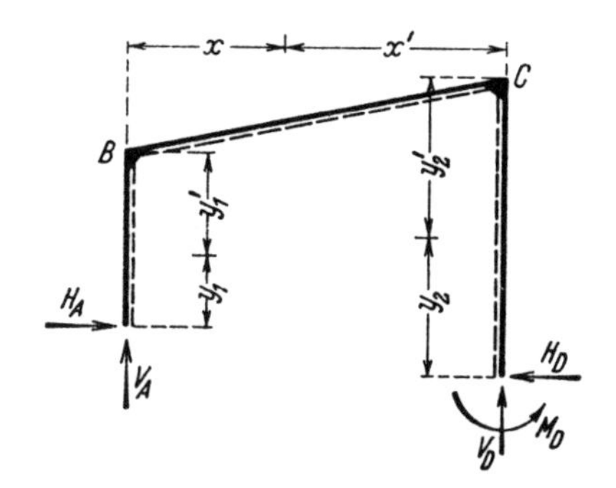

Festlegung der positiven Richtung aller Stützkräfte und der Koordinaten beliebiger Stabpunkte. Positive Biegungsmomente erzeugen an der gestrichelten Stabseite Zug

Festwerte:

$$k_1 = \frac{J_3}{J_1} \cdot \frac{h_1}{s} \qquad k_2 = \frac{J_3}{J_2} \cdot \frac{h_2}{s}; \qquad n = \frac{h_2}{h_1} \qquad \varphi = \frac{f}{h_1};$$

$$N = 3(1 + n k_2)^2 + 4 k_1 (1 + 3 k_2) + 4 k_2 (3 + n^2);$$

$$n_{11} = \frac{2(1 + 3 k_2)}{N} \qquad n_{22} = \frac{2(k_1 + 1 + n^2 k_2)}{N}$$

$$n_{12} = n_{21} = \frac{3 n k_2 - 1}{N}.$$

Fall 57/1: Gleichmäßige Wärmezunahme im ganzen Rahmen

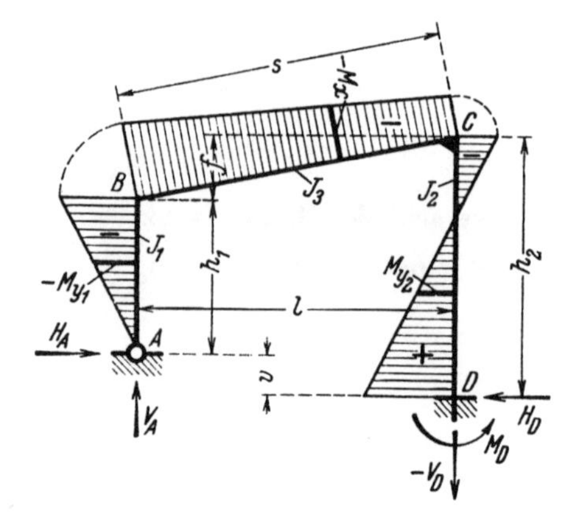

E = Elastizitätsmodul,
α_T = Wärmeausdehnungszahl,
t = Wärmeänderung in Grad.

Hilfswerte:

$$v = h_2 - (h_1 + f)\,^*);$$

$$T = \frac{6\,E\,J_3\,\alpha_T\,t}{s};$$

$$X_1 = T\left[\left(\frac{l}{h_1} - \frac{(1+\varphi)\,v}{l}\right) n_{11} + \frac{v}{l}\,n_{21}\right]$$

$$X_2 = T\left[\left(\frac{l}{h_1} - \frac{(1+\varphi)\,v}{l}\right) n_{12} + \frac{v}{l}\,n_{22}\right].$$

$$M_B = -X_1 \qquad M_C = -X_2 \qquad M_D = n\,X_1 - X_2;$$

$$V_A = -V_D = \frac{(1+\varphi)\,X_1 - X_2}{l}; \qquad H_A = H_D = \frac{X_1}{h_1};$$

$$M_{y1} = \frac{y_1}{h_1} M_B \qquad M_x = \frac{x'}{l} M_B + \frac{x}{l} M_C \qquad M_{y2} = \frac{y_2}{h_2} M_C + \frac{y_2'}{h_2} M_D.$$

Bemerkung: Bei Wärmeabnahme kehren alle Kräfte ihren Pfeilsinn um und alle Momente erhalten entgegengesetztes Vorzeichen.

Sonderfall Rahmenform 58, (s. S. 227)

$v = 0$ (Fußpunkte auf gleicher Höhe).

Hilfswerte:

$$T' = \frac{6\,E\,J_3\,\alpha_T\,t}{s} \cdot \frac{l}{h_1}; \qquad X_1 = T'\,n_{11} \qquad X_2 = T'\,n_{12}.$$

Alle anderen Anschriebe genau wie oben.

*) Für $(h_1 + f) > h_2$ wird v negativ!

Siehe hierzu den Abschnitt „**Belastungsglieder**"

Fall 57/2: Riegel beliebig senkrecht belastet

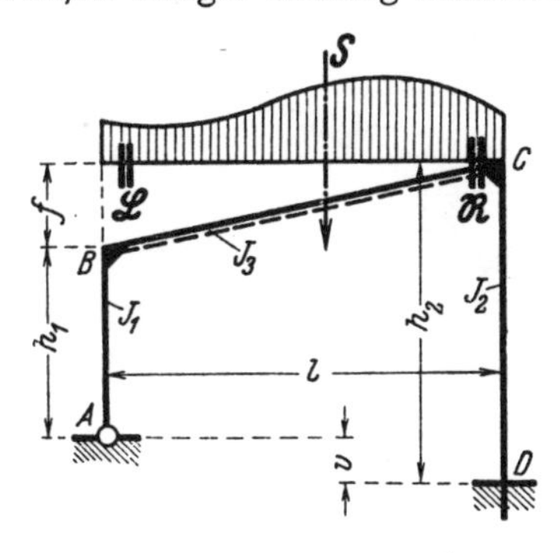

Hilfswerte:

$$X_1 = \mathfrak{L}\, n_{11} + \mathfrak{R}\, n_{21} \qquad M_B = -X_1 \qquad M_C = -X_2$$
$$X_2 = \mathfrak{L}\, n_{12} + \mathfrak{R}\, n_{22}. \qquad M_D = n\, X_1 - X_2;$$

$$V_A = \frac{\mathfrak{S}_r + (1+\varphi)\, X_1 - X_2}{l} \qquad V_D = \mathbf{S} - V_A; \qquad H_A = H_D = \frac{X_1}{h_1};$$

$$M_{y1} = \frac{y_1}{h_1} M_B \qquad M_x = \mathbf{M}_x^0 + \frac{x'}{l} M_B + \frac{x}{l} M_C \qquad M_{y2} = \frac{y_2}{h_2} M_C + \frac{y_2'}{h_2} M_D.$$

Fall 57/3: Riegel beliebig waagerecht belastet

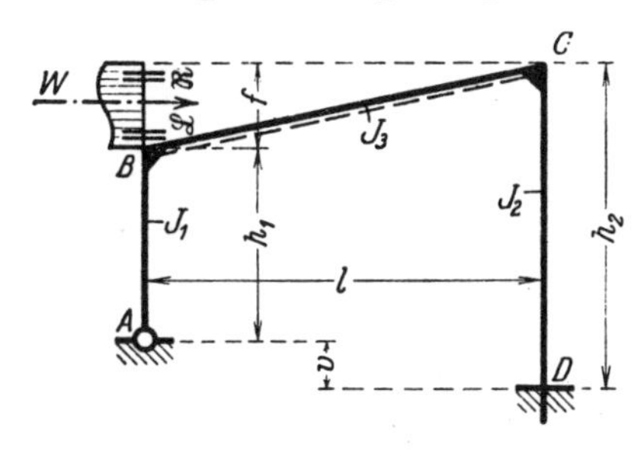

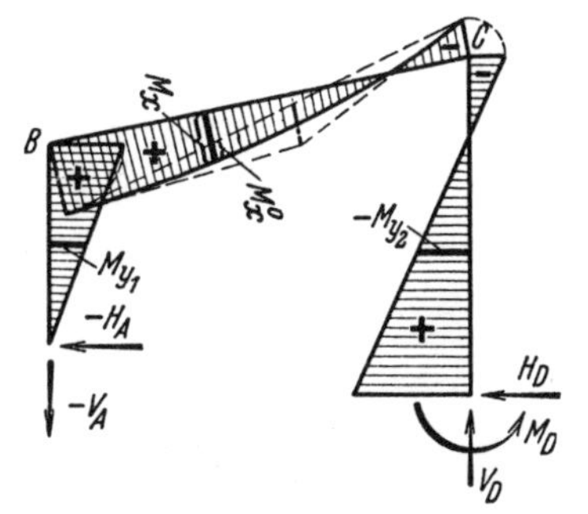

Hilfswerte:

$$\mathfrak{B}_1 = 2n\, \mathbf{W} h_2 k_2 - \mathfrak{L} \qquad X_1 = +\mathfrak{B}_1 n_{11} - \mathfrak{B}_2 n_{21}$$
$$\mathfrak{B}_2 = 3\, \mathbf{W} h_2 k_2 + \mathfrak{R}; \qquad X_2 = -\mathfrak{B}_1 n_{12} + \mathfrak{B}_2 n_{22}.$$
$$M_B = X_1 \qquad M_C = -X_2 \qquad M_D = \mathbf{W} h_2 - n\, X_1 - X_2;$$

$$V_A = -V_D = \frac{\mathfrak{S}_r - (1+\varphi)\, X_1 - X_2}{l}; \qquad H_A = -\frac{X_1}{h_1} \qquad H_D = \mathbf{W} - \frac{X_1}{h_1};$$

$$M_{y1} = \frac{y_1}{h_1} M_B \qquad M_x = \mathbf{M}_x^0 + \frac{x'}{l} M_B + \frac{x}{l} M_C \qquad M_{y2} = \frac{y_2}{h_2} M_C + \frac{y_2'}{h_2} M_D.$$

Siehe hierzu den Abschnitt „**Belastungsglieder**“

Fall 57/4: Linker Stiel beliebig waagerecht belastet

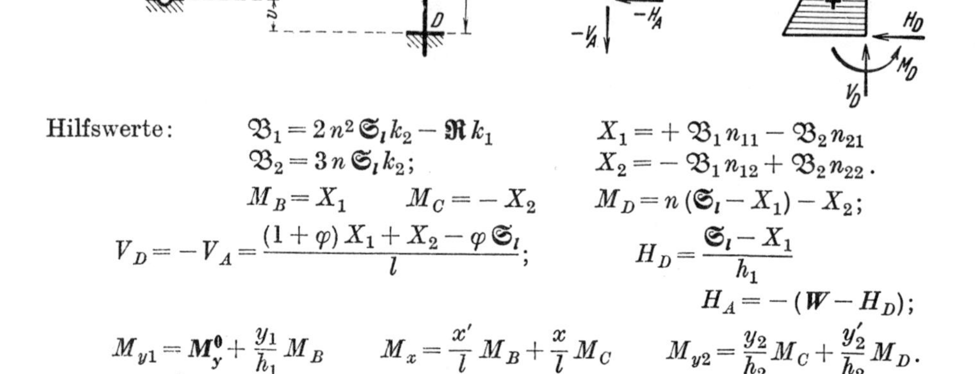

Hilfswerte:

$$\mathfrak{B}_1 = 2n^2\mathfrak{S}_l k_2 - \mathfrak{N} k_1 \qquad X_1 = +\mathfrak{B}_1 n_{11} - \mathfrak{B}_2 n_{21}$$

$$\mathfrak{B}_2 = 3n\mathfrak{S}_l k_2; \qquad X_2 = -\mathfrak{B}_1 n_{12} + \mathfrak{B}_2 n_{22}.$$

$$M_B = X_1 \qquad M_C = -X_2 \qquad M_D = n(\mathfrak{S}_l - X_1) - X_2;$$

$$V_D = -V_A = \frac{(1+\varphi)X_1 + X_2 - \varphi\mathfrak{S}_l}{l}; \qquad H_D = \frac{\mathfrak{S}_l - X_1}{h_1}$$

$$H_A = -(\mathbf{W} - H_D);$$

$$M_{y1} = \mathbf{M}_y^0 + \frac{y_1}{h_1}M_B \qquad M_x = \frac{x'}{l}M_B + \frac{x}{l}M_C \qquad M_{y2} = \frac{y_2}{h_2}M_C + \frac{y_2'}{h_2}M_D.$$

Fall 57/5: Rechter Stiel beliebig waagerecht belastet

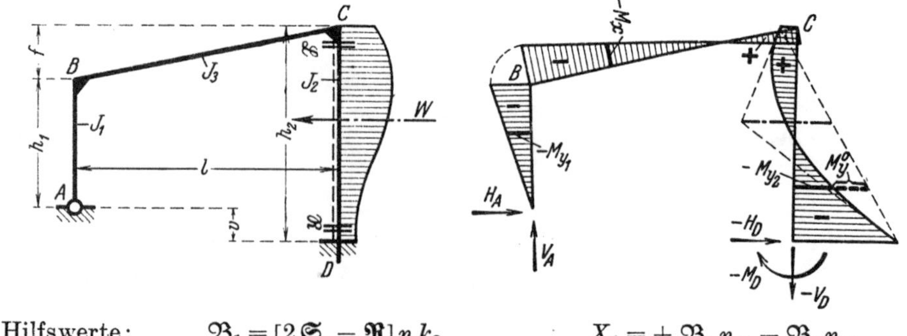

Hilfswerte:

$$\mathfrak{B}_1 = [2\mathfrak{S}_r - \mathfrak{N}]\,n k_2 \qquad X_1 = +\mathfrak{B}_1 n_{11} - \mathfrak{B}_2 n_{21}$$

$$\mathfrak{B}_2 = [3\mathfrak{S}_r - (\mathfrak{L} + \mathfrak{N})]\,k_2; \qquad X_2 = -\mathfrak{B}_1 n_{12} + \mathfrak{B}_2 n_{22}.$$

$$M_B = -X_1 \qquad M_C = X_2 \qquad M_D = -\mathfrak{S}_r + nX_1 + X_2;$$

$$V_A = -V_D = \frac{(1+\varphi)X_1 + X_2}{l}; \qquad H_A = \frac{X_1}{h_1} \qquad H_D = -(\mathbf{W} - H_A);$$

$$M_{y1} = \frac{y_1}{h_1}M_B \qquad M_x = \frac{x'}{l}M_B + \frac{x}{l}M_C \qquad M_{y2} = \mathbf{M}_y^0 + \frac{y_2}{h_2}M_C + \frac{y_2'}{h_2}M_D.$$

Rahmenform 58

Rahmen mit geneigtem Riegel und senkrechten Stielen mit einem Fußgelenk und einer Fußeinspannung in gleicher Höhenlage

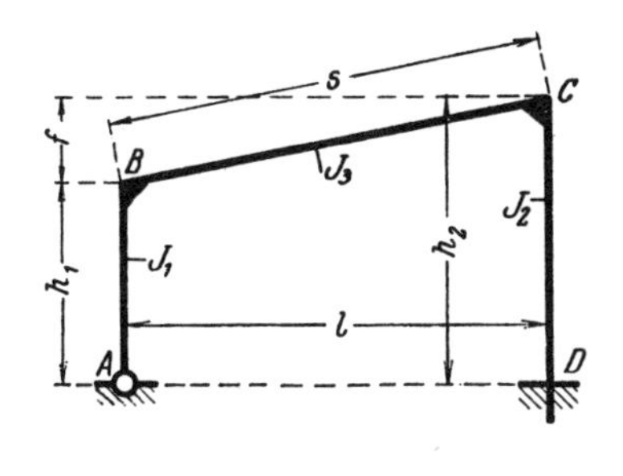

Rahmenform, Abmessungen und Bezeichnungen

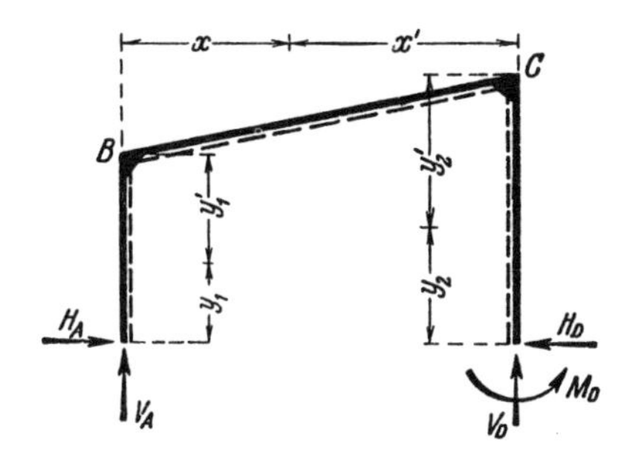

Festlegung der positiven Richtung aller Stützkräfte und der Koordinaten beliebiger Stabpunkte. Positive Biegungsmomente erzeugen an der gestrichelten Stabseite Zug

Alle **Festwerte** und **Formeln für äußere Belastung** lauten genau wie für Rahmenform 57. Siehe hierzu die Seiten 223, 225 und 226.

Die Formeln für **gleichmäßige Wärmeänderung** siehe Seite 224, Sonderfall.

Rahmenform 59

Eingespannter Rahmen mit geneigtem Riegel und senkrechten Stielen mit Fußpunkten in verschiedener Höhenlage

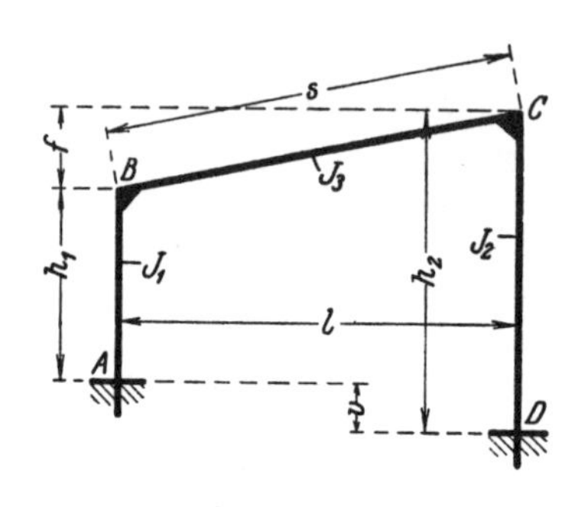

Rahmenform, Abmessungen und Bezeichnungen

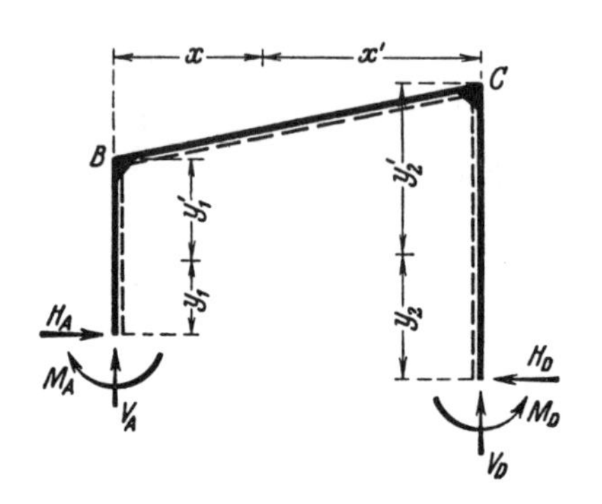

Festlegung der positiven Richtung aller Stützkräfte und der Koordinaten beliebiger Stabpunkte. Positive Biegungsmomente erzeugen an der gestrichelten Stabseite Zug

Festwerte:

$$k_1 = \frac{J_3}{J_1} \cdot \frac{h_1}{s} \qquad k_2 = \frac{J_3}{J_2} \cdot \frac{h_2}{s}; \qquad n = \frac{h_2}{h_1} \qquad \varphi = \frac{f}{h_1};$$

$$R_1 = 2(3k_1 + 1) \qquad R_2 = 2(1 + 3k_2) \qquad R_3 = 2(k_1 + n^2 k_2);$$

$$N = R_3(k_1 + 1 + k_2) + 6k_1 k_2 (k_1 + 1 + n + n^2 + n^2 k_2);$$

$$n_{11} = \frac{R_2 R_3 - 9n^2 k_2^2}{3N} \qquad n_{12} = n_{21} = \frac{9n k_1 k_2 - R_3}{3N}$$

$$n_{22} = \frac{R_1 R_3 - 9k_1^2}{3N} \qquad n_{13} = n_{31} = \frac{k_1 R_2 - n k_2}{N}$$

$$n_{33} = \frac{R_1 R_2 - 1}{3N} \qquad n_{23} = n_{32} = \frac{n k_2 R_1 - k_1}{N}$$

Festwerte siehe Seite 228

Siehe hierzu den Abschnitt „**Belastungsglieder**"

Fall 59/1: Riegel beliebig senkrecht belastet

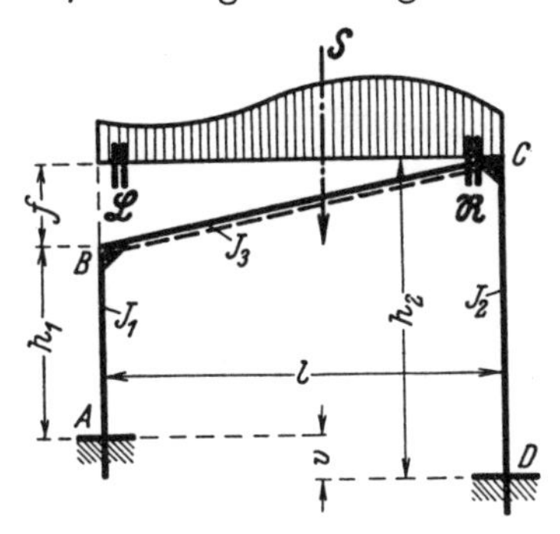

Hilfswerte:

$$X_1 = \mathfrak{L} n_{11} + \mathfrak{R} n_{21} \qquad M_A = X_3 - X_1$$
$$X_2 = \mathfrak{L} n_{12} + \mathfrak{R} n_{22} \qquad M_B = -X_1 \qquad M_C = -X_2$$
$$X_3 = \mathfrak{L} n_{13} + \mathfrak{R} n_{23}. \qquad M_D = n X_3 - X_2;$$

$$V_A = \frac{\mathfrak{S}_r + X_1 - X_2 + \varphi X_3}{l} \qquad V_D = \boldsymbol{S} - V_A; \qquad H_A = H_D = \frac{X_3}{h_1};$$

$$M_x = \boldsymbol{M}_x^0 + \frac{x'}{l} M_B + \frac{x}{l} M_C \qquad M_{y1} = \frac{y_1'}{h_1} M_A + \frac{y_1}{h_1} M_B \qquad M_{y2} = \frac{y_2}{h_2} M_C + \frac{y_2'}{h_2} M_D.$$

Fall 59/2: Riegel beliebig waagerecht belastet

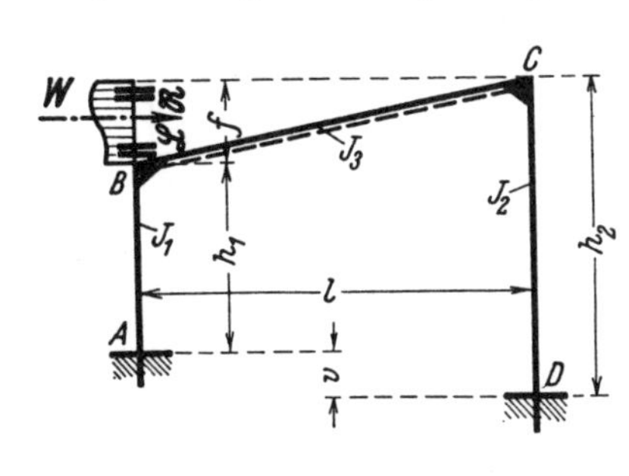

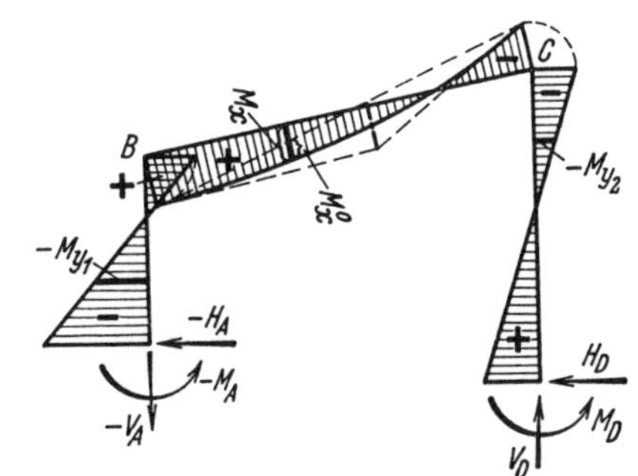

Hilfswerte:

$$\mathfrak{B}_1 = 3\,\boldsymbol{W} h_1 k_1 - \mathfrak{L} \qquad X_1 = +\mathfrak{B}_1 n_{11} - \mathfrak{R} n_{21} - \mathfrak{B}_3 n_{31}$$
$$\mathfrak{B}_3 = 2\,\boldsymbol{W} h_1 k_1; \qquad X_2 = -\mathfrak{B}_1 n_{12} + \mathfrak{R} n_{22} + \mathfrak{B}_3 n_{32}$$
$$X_3 = -\mathfrak{B}_1 n_{13} + \mathfrak{R} n_{23} + \mathfrak{B}_3 n_{33}.$$

$$M_A = -\boldsymbol{W} h_1 + X_1 + X_3 \qquad M_B = +X_1 \qquad M_C = -X_2 \qquad M_D = n X_3 - X_2;$$

$$V_D = -V_A = \frac{\mathfrak{S}_l + X_1 + X_2 - \varphi X_3}{l}; \qquad H_D = \frac{X_3}{h_1} \qquad H_A = -(\boldsymbol{W} - H_D);$$

$$M_x = \boldsymbol{M}_x^0 + \frac{x'}{l} M_B + \frac{x}{l} M_C \qquad M_{y1} = \frac{y_1'}{h_1} M_A + \frac{y_1}{h_1} M_B \qquad M_{y2} = \frac{y_2}{h_2} M_C + \frac{y_2'}{h_2} M_D.$$

Siehe hierzu den Abschnitt „**Belastungsglieder**“

Fall 59/3: Linker Stiel beliebig waagerecht belastet

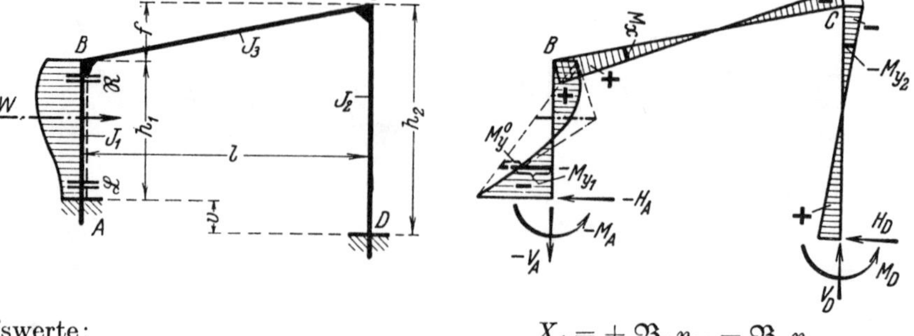

Hilfswerte:

$$\mathfrak{B}_1 = [3\,\mathfrak{S}_l - (\mathfrak{L} + \mathfrak{R})]\,k_1 \qquad X_1 = +\,\mathfrak{B}_1 n_{11} - \mathfrak{B}_3 n_{31}$$

$$\mathfrak{B}_3 = [2\,\mathfrak{S}_l - \mathfrak{L}]\,k_1; \qquad X_2 = -\,\mathfrak{B}_1 n_{12} + \mathfrak{B}_3 n_{32}$$

$$X_3 = -\,\mathfrak{B}_1 n_{13} + \mathfrak{B}_3 n_{33}.$$

$$M_A = -\,\mathfrak{S}_l + X_1 + X_3 \qquad M_B = X_1 \qquad M_C = -\,X_2 \qquad M_D = n\,X_3 - X_2;$$

$$V_D = -\,V_A = \frac{X_1 + X_2 - \varphi X_3}{l}; \qquad H_D = \frac{X_3}{h_1} \qquad H_A = -\,(W - H_D);$$

$$M_x = \frac{x'}{l} M_B + \frac{x}{l} M_C \qquad M_{y1} = \boldsymbol{M}_y^0 + \frac{y_1'}{h_1} M_A + \frac{y_1}{h_1} M_B \qquad M_{y2} = \frac{y_2}{h_2} M_C + \frac{y_2'}{h_2} M_D.$$

Fall 59/4: Rechter Stiel beliebig waagerecht belastet

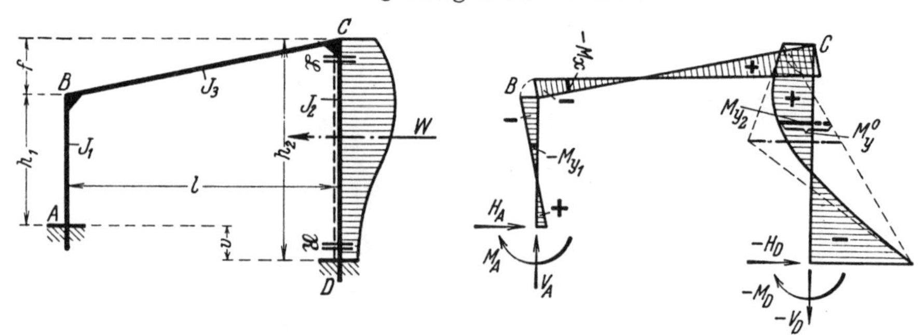

Hilfswerte:

$$\mathfrak{B}_2 = [3\,\mathfrak{S}_r - (\mathfrak{L} + \mathfrak{R})]\,k_2 \qquad X_1 = -\,\mathfrak{B}_2 n_{21} + \mathfrak{B}_3 n_{31}$$

$$\mathfrak{B}_3 = [2\,\mathfrak{S}_r - \mathfrak{R}]\,n\,k_2; \qquad X_2 = +\,\mathfrak{B}_2 n_{22} - \mathfrak{B}_3 n_{32}$$

$$X_3 = -\,\mathfrak{B}_2 n_{23} + \mathfrak{B}_3 n_{33}.$$

$$M_A = X_3 - X_1 \qquad M_B = -\,X_1 \qquad M_C = X_2 \qquad M_D = -\,\mathfrak{S}_r + X_2 + n\,X_3;$$

$$V_A = -\,V_D = \frac{X_1 + X_2 + \varphi X_3}{l}; \qquad H_A = \frac{X_3}{h_1} \qquad H_D = -\,(W - H_A);$$

$$M_x = \frac{x'}{l} M_B + \frac{x}{l} M_C \qquad M_{y1} = \frac{y_1'}{h_1} M_A + \frac{y_1}{h_1} M_B \qquad M_{y2} = \boldsymbol{M}_y^0 + \frac{y_2}{h_2} M_C + \frac{y_2'}{h_2} M_D.$$

Fall 59/5: Gleichmäßige Wärmezunahme im ganzen Rahmen

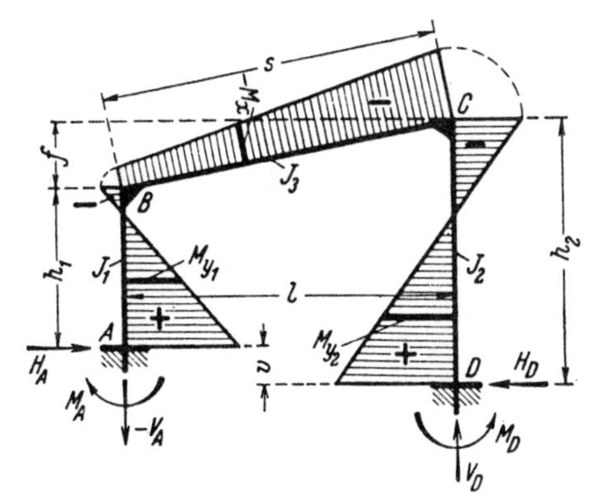

E = Elastizitätsmodul,

α_T = Wärmeausdehnungszahl,

t = Wärmeänderung in Grad.

Hilfswerte:

$$v = h_2 - (h_1 + f)\,^*);$$

$$T = \frac{6\,E\,J_3\,\alpha_T\,t}{s};$$

$$X_1 = T\left[\frac{v}{l}(-n_{11} + n_{21}) + \left(\frac{l}{h_1} - \frac{\varphi v}{l}\right) n_{31}\right]$$

$$X_2 = T\left[\frac{v}{l}(-n_{12} + n_{22}) + \left(\frac{l}{h_1} - \frac{\varphi v}{l}\right) n_{32}\right]$$

$$X_3 = T\left[\frac{v}{l}(-n_{13} + n_{23}) + \left(\frac{l}{h_1} - \frac{\varphi v}{l}\right) n_{33}\right]$$

$$M_A = X_3 - X_1 \qquad M_B = -X_1 \qquad M_C = -X_2 \qquad M_D = n\,X_3 - X_2;$$

$$V_A = -V_D = \frac{X_1 - X_2 + \varphi X_3}{l}; \qquad H_A = H_D = \frac{X_3}{h_1};$$

$$M_{y1} = \frac{y_1'}{h_1} M_A + \frac{y_1}{h_1} M_B \qquad M_{y2} = \frac{y_2}{h_2} M_C + \frac{y_2'}{h_2} M_D$$

$$M_x = \frac{x'}{l} M_B + \frac{x}{l} M_C.$$

Bemerkung: Bei Wärmeabnahme kehren alle Kräfte ihren Pfeilsinn um und alle Momente erhalten entgegengesetztes Vorzeichen.

Sonderfall (**Rahmenform 60,** s. S. 232);

$v = 0$ (Fußpunkte auf gleicher Höhe).

Hilfswerte:

$$T' = \frac{6\,E\,J_3\,\alpha_T\,t}{s} \cdot \frac{l}{h_1}; \qquad X_1 = T' \cdot n_{31} \qquad X_2 = T' \cdot n_{32} \qquad X_3 = T' \cdot n_{33}.$$

Alle anderen Anschriebe genau wie oben.

*) Für $(h_1 + f) > h_2$ wird v negativ!

Rahmenform 60

Eingespannter Rahmen mit geneigtem Riegel und senkrechten Stielen mit Fußpunkten in gleicher Höhenlage

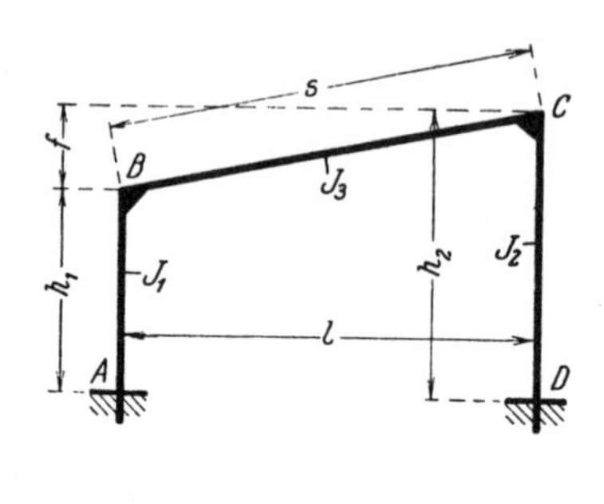

Rahmenform, Abmessungen und Bezeichnungen

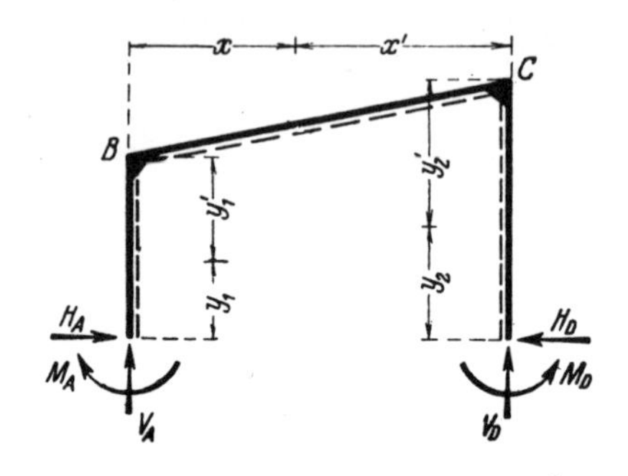

Festlegung der positiven Richtung aller Stützkräfte und der Koordinaten beliebiger Stabpunkte. Positive Biegungsmomente erzeugen an der gestrichelten Stabseite Zug

Alle **Festwerte** und **Formeln für äußere Belastung** lauten genau wie für Rahmenform 59. Siehe hierzu die Seiten 228, 229 und 230.

Die Formeln für **gleichmäßige Wärmeänderung** siehe Seite 231, Sonderfall.

Rahmenform 61

Zweigelenkrahmen mit einseitig abgeschrägtem waagerechtem Riegel und senkrechten Stielen mit Fußpunkten in verschiedener Höhenlage

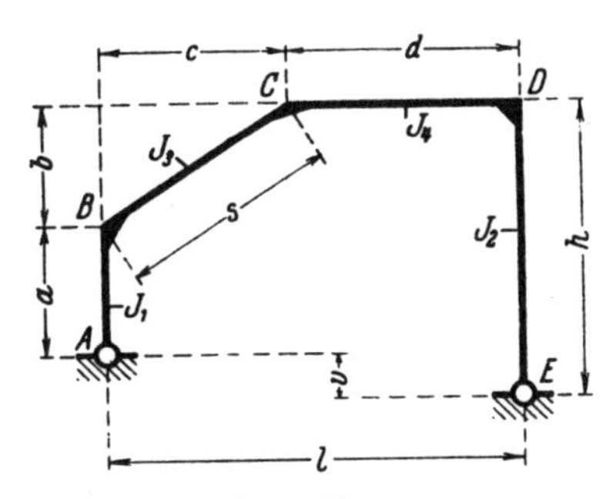

Rahmenform, Abmessungen und Bezeichnungen

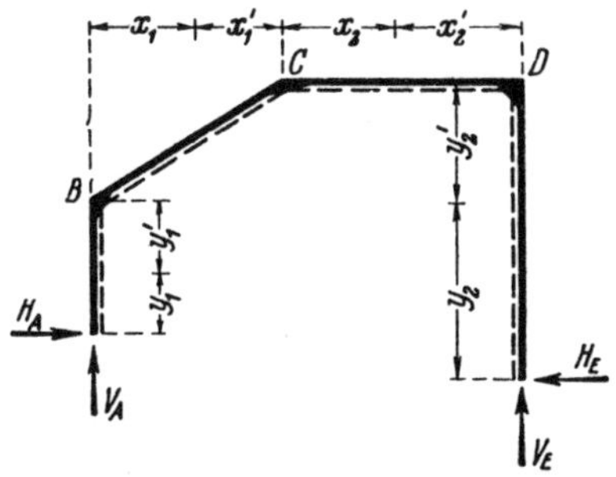

Festlegung der positiven Richtung aller Stützkräfte und der Koordinaten beliebiger Stabpunkte. Positive Biegungsmomente erzeugen an der gestrichelten Stabseite Zug

Festwerte:

$$k_1 = \frac{J_4}{J_1} \cdot \frac{a}{d} \qquad k_2 = \frac{J_4}{J_2} \cdot \frac{h}{d} \qquad k_3 = \frac{J_4}{J_3} \cdot \frac{s}{d}\,;$$

$$\alpha = \frac{a}{h} \qquad \gamma = \frac{c}{l} \qquad \delta = \frac{d}{l} \qquad (\gamma + \delta = 1)\,;$$

$$v = h - (a + b)\,^{*)} \qquad n = \frac{v}{h}\,^{*)} \qquad m = 1 - \delta n\,;$$

$$B = 2\alpha (k_1 + k_3) + m k_3 \qquad C = \alpha k_3 + 2m (k_3 + 1) + 1$$

$$D = m + 2(1 + k_2)\,; \qquad N = \alpha B + m C + D\,.$$

Anschriebe für die Momente in beliebigen Stabpunkten aller nicht direkt belasteten Stäbe für alle Lastfälle der Rahmenform 61

$$M_{x1} = \frac{x_1'}{c} \cdot M_B + \frac{x_1}{c} \cdot M_C \qquad M_{x2} = \frac{x_2'}{d} \cdot M_C + \frac{x_2}{d} \cdot M_D$$

$$M_{y1} = \frac{y_1}{a} \cdot M_B \qquad M_{y2} = \frac{y_2}{h} \cdot M_D\,.$$

---

*) Für $(a + b) > h$ wird v und somit auch n negativ!

Siehe hierzu den Abschnitt **„Belastungsglieder“**

Fall 61/1: Schrägstab beliebig senkrecht belastet

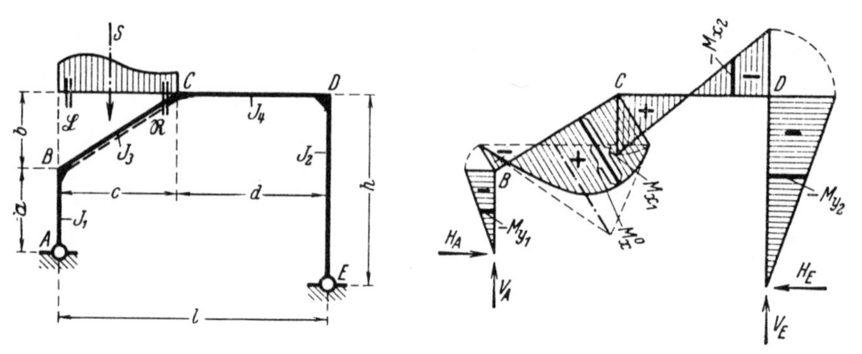

Hilfswert: $X = \dfrac{C\,\delta\,\mathfrak{S}_l + (\alpha\,\mathfrak{L} + m\,\mathfrak{R})\,k_3}{N}$. $M_{x1} = \boldsymbol{M}_x^0 + \dfrac{x_1'}{c} M_B + \dfrac{x_1}{c} M_C$;

$M_B = -\alpha X$ $M_C = \delta\,\mathfrak{S}_l - m X$ $M_D = -X$;

$V_E = \dfrac{\mathfrak{S}_l + n X}{l}$ $V_A = \boldsymbol{S} - V_E$; $H_A = H_E = \dfrac{X}{h}$.

Fall 61/2: Riegel beliebig senkrecht belastet

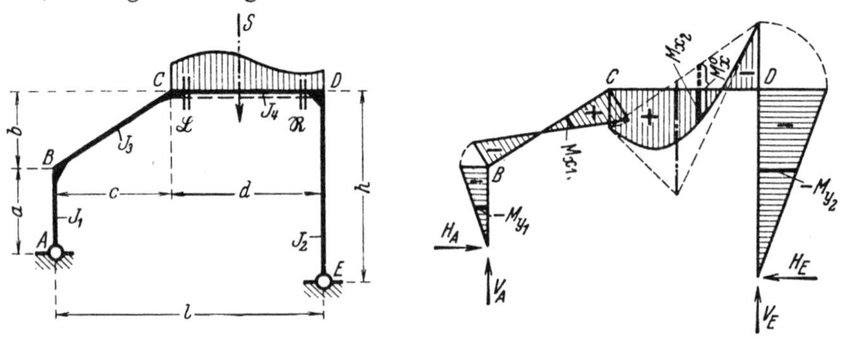

Hilfswert: $X = \dfrac{C\,\gamma\,\mathfrak{S}_r + m\,\mathfrak{L} + \mathfrak{R}}{N}$. $M_{x2} = \boldsymbol{M}_x^0 + \dfrac{x_2'}{d} M_C + \dfrac{x_2}{d} M_D$;

$M_B = -\alpha X$ $M_C = \gamma\,\mathfrak{S}_r - m X$ $M_D = -X$;

$V_A = \dfrac{\mathfrak{S}_r - n X}{l}$ $V_E = \boldsymbol{S} - V_A$; $H_A = H_E = \dfrac{X}{h}$.

Fall 61/3: Senkrechte Einzellast P am Eckpunkt C

In Fall 61/1 ist zu setzen:

$\boldsymbol{S} = P$ $\mathfrak{S}_l = P c$; $\mathfrak{L} = \mathfrak{R} = 0$ $\boldsymbol{M}_x^0 = 0$;

oder in Fall 61/2 ist zu setzen:

$\boldsymbol{S} = P$ $\mathfrak{S}_r = P d$; $\mathfrak{L} = \mathfrak{R} = 0$ $\boldsymbol{M}_x^0 = 0$.

Siehe hierzu den Abschnitt „**Belastungsglieder**"

Fall 61/4: Schrägstab beliebig waagerecht belastet

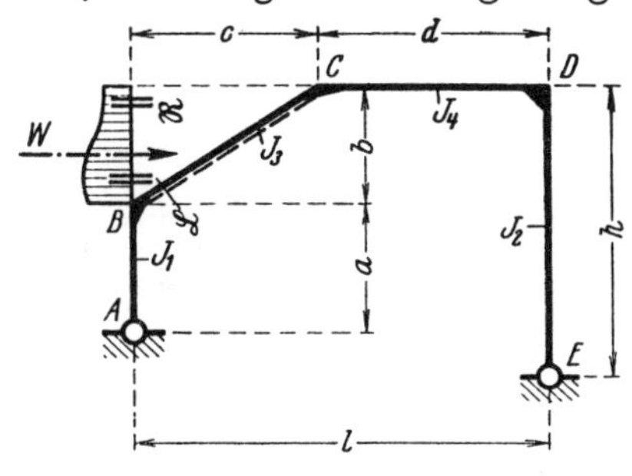

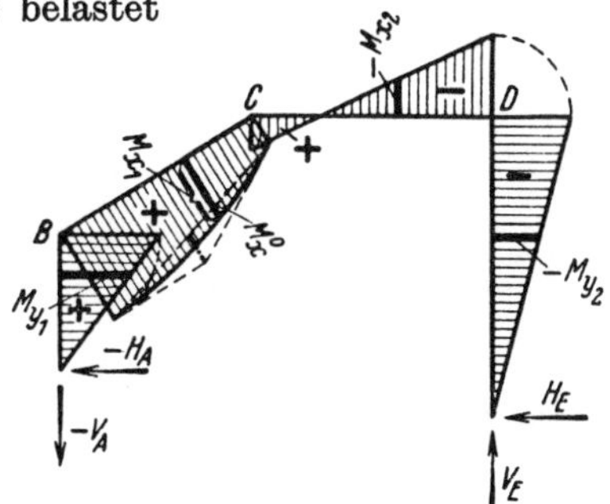

Hilfswert: $$X = \frac{\mathfrak{W} a (B + \delta C) + \delta C \mathfrak{S}_l + (\alpha \mathfrak{L} + m \mathfrak{R}) k_3}{N}.$$

$$M_B = \mathfrak{W} a - \alpha X \qquad M_C = (\mathfrak{W} a + \mathfrak{S}_l) \delta - m X \qquad M_D = -X;$$

$$V_E = -V_A = \frac{\mathfrak{W} a + \mathfrak{S}_l + n X}{l}; \qquad H_E = \frac{X}{h} \qquad H_A = -(\mathfrak{W} - H_E);$$

$$M_{x1} = M_x^0 + \frac{x_1'}{c} M_B + \frac{x_1}{c} M_C.$$

Fall 61/5: Linker Stiel beliebig waagerecht belastet

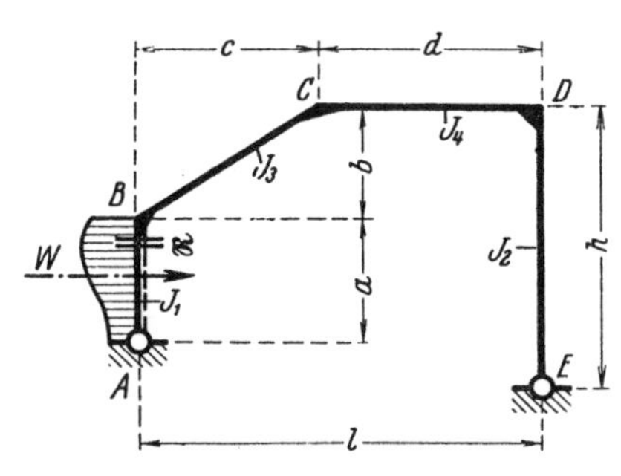

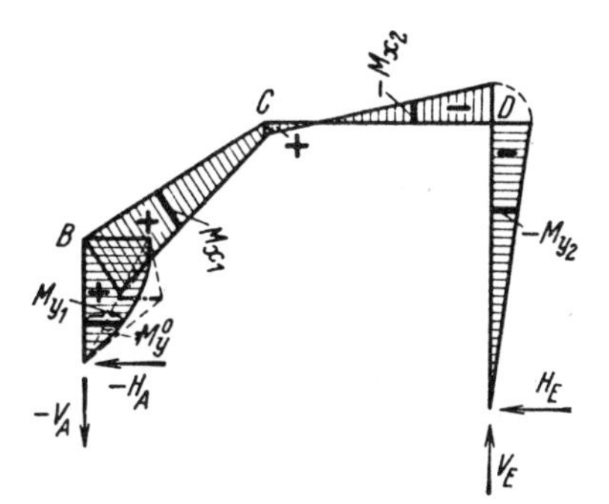

Hilfswert: $$X = \frac{\mathfrak{S}_l (B + \delta C) + \alpha \mathfrak{R} k_1}{N}. \qquad M_{y1} = M_y^0 + \frac{y_1}{a} M_B;$$

$$M_B = \mathfrak{S}_l - \alpha X \qquad M_C = \delta \mathfrak{S}_l - m X \qquad M_D = -X;$$

$$V_E = -V_A = \frac{\mathfrak{S}_l + n X}{l}; \qquad H_E = \frac{X}{h} \qquad H_A = -(\mathfrak{W} - H_E).$$

Fall 61/6: Waagerechte Einzellast P am Eckpunkt B

In Fall 61/4 ist zu setzen:

$$\mathfrak{W} = P; \qquad \mathfrak{S}_l = 0 \qquad \mathfrak{L} = \mathfrak{R} = 0 \qquad M_x^0 = 0;$$

oder in Fall 61/5 ist zu setzen:

$$\mathfrak{W} = P \qquad \mathfrak{S}_l = P a; \qquad \mathfrak{R} = 0 \qquad M_y^0 = 0.$$

Fall 61/7: Rechter Stiel beliebig waagerecht belastet

(Siehe hierzu den Abschnitt **„Belastungsglieder"**)

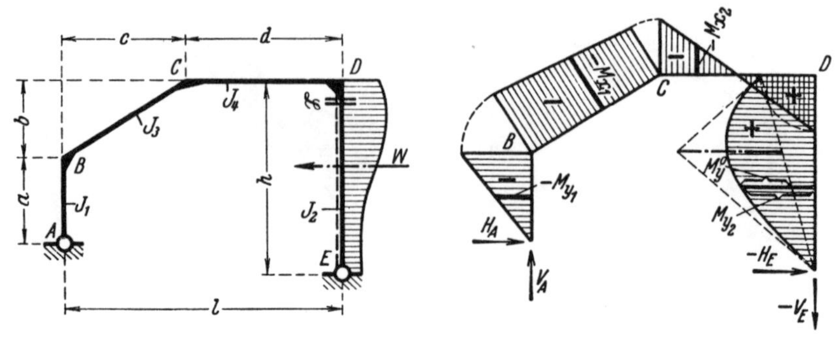

Hilfswert: $X = \dfrac{\mathfrak{S}_r(\gamma C + D) + \mathfrak{L} k_2}{N}$ $\qquad M_{y2} = M_y^0 + \dfrac{y_2}{h} M_D;$

$M_B = -\alpha X \qquad M_C = \gamma \mathfrak{S}_r - m X \qquad M_D = \mathfrak{S}_r - X;$

$V_A = -V_E = \dfrac{\mathfrak{S}_r - n X}{l}; \qquad H_A = \dfrac{X}{h} \qquad H_E = -(W - H_A).$

Fall 61/8: Waagerechte Einzellast P am Eckpunkt D

In Fall 61/7 ist zu setzen:

$W = P \qquad \mathfrak{S}_r = P h; \qquad \mathfrak{L} = 0 \qquad M_y^0 = 0.$

Fall 61/9: Gleichmäßige Wärmezunahme im ganzen Rahmen

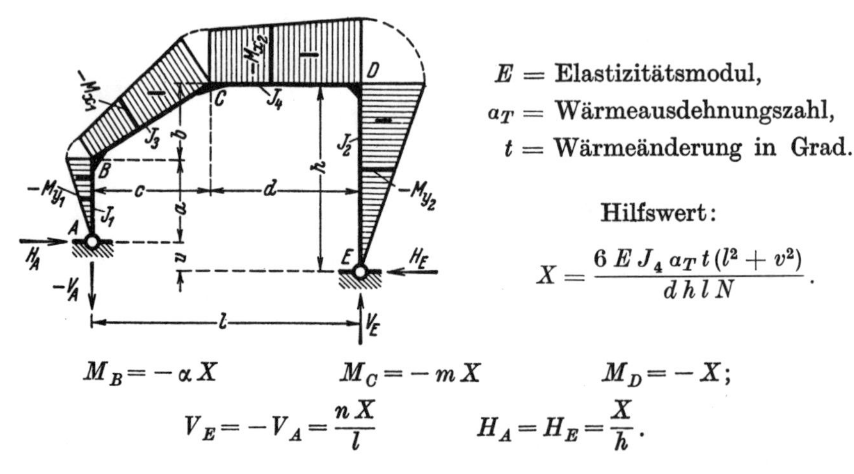

E = Elastizitätsmodul,

α_T = Wärmeausdehnungszahl,

t = Wärmeänderung in Grad.

Hilfswert:

$$X = \frac{6 E J_4 \alpha_T t (l^2 + v^2)}{d h l N}.$$

$M_B = -\alpha X \qquad M_C = -m X \qquad M_D = -X;$

$V_E = -V_A = \dfrac{n X}{l} \qquad H_A = H_E = \dfrac{X}{h}.$

Bemerkung: Bei Wärmeabnahme kehren alle Kräfte ihren Pfeilsinn um und alle Momente erhalten entgegengesetztes Vorzeichen.

Rahmenform 62

Rechteckförmiger Rahmen mit einer abgeschrägten Ecke, einem festen Fußgelenk und einem waagerecht beweglichen Auflager, verbunden durch ein elastisches Zugband

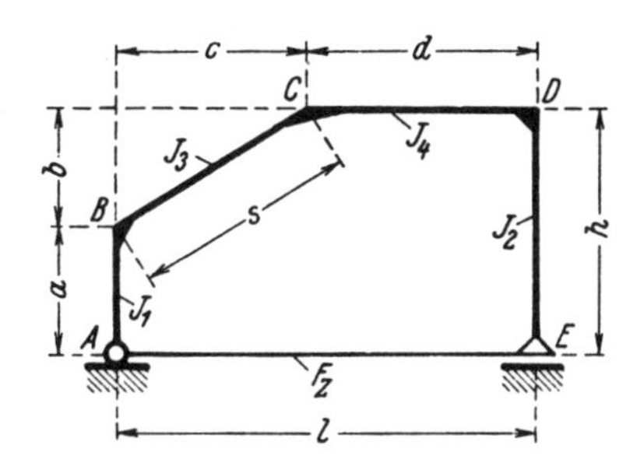

Rahmenform, Abmessungen und Bezeichnungen

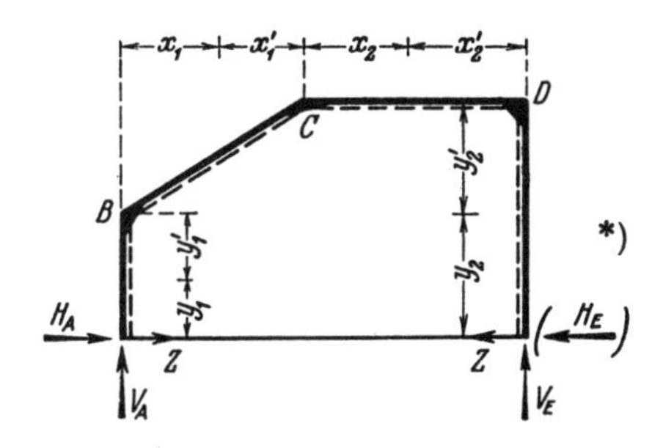

Festlegung der positiven Richtung aller Stützkräfte und der Koordinaten beliebiger Stabpunkte. Positive Biegungsmomente erzeugen an der gestrichelten Stabseite Zug

Festwerte:

$$k_1 = \frac{J_4}{J_1} \cdot \frac{a}{d} \qquad k_2 = \frac{J_4}{J_2} \cdot \frac{h}{d} \qquad k_3 = \frac{J_4}{J_3} \cdot \frac{s}{d};$$

$$\alpha = \frac{a}{h} \qquad \beta = 1 - \alpha \qquad \delta = \frac{d}{l} \qquad \gamma = 1 - \delta;$$

$$B = 2\alpha(k_1 + k_3) + k_3 \qquad C = (\alpha + 2) k_3 + 3 \qquad D = 3 + 2k_2;$$

$$N = \alpha B + C + D \qquad L = \frac{6 J_4}{h^2 F_Z} \cdot \frac{E}{E_Z} \cdot \frac{l}{d}; \qquad N_Z = N + L.$$

E = Elastizitätsmodul des Rahmenbaustoffes,
E_Z = Elastizitätsmodul des Zugbandstoffes,
F_Z = Querschnittsfläche des Zugbandes.

---

*) H_E tritt auf, wenn das feste Gelenk bei E ist.

Fall 62/1: Schrägstab und Riegel beliebig senkrecht belastet (Festes Gelenk bei A oder E)

(Siehe hierzu den Abschnitt **„Belastungsglieder"**)

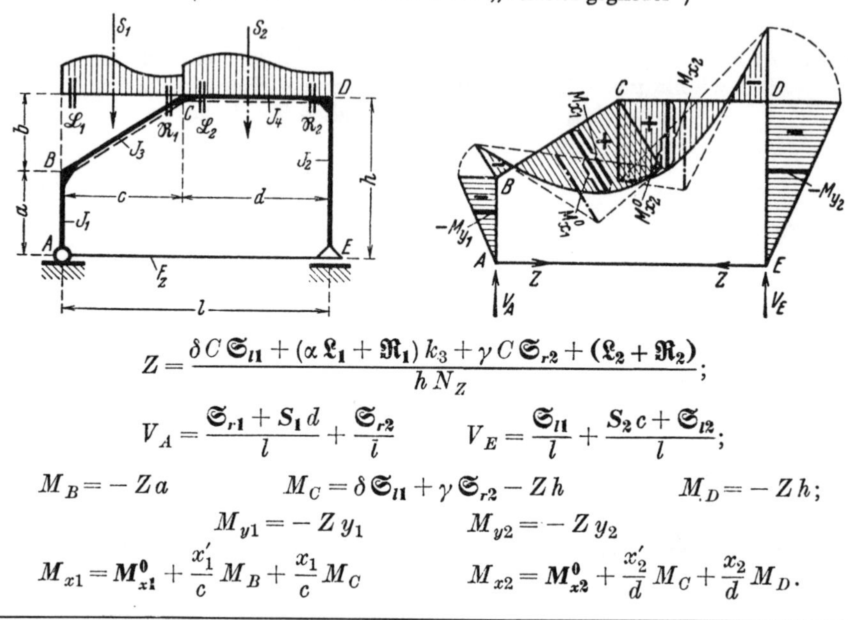

$$Z = \frac{\delta C \mathfrak{S}_{l1} + (\alpha \mathfrak{L}_1 + \mathfrak{R}_1) k_3 + \gamma C \mathfrak{S}_{r2} + (\mathfrak{L}_2 + \mathfrak{R}_2)}{h N_Z};$$

$$V_A = \frac{\mathfrak{S}_{r1} + S_1 d}{l} + \frac{\mathfrak{S}_{r2}}{l} \qquad V_E = \frac{\mathfrak{S}_{l1}}{l} + \frac{S_2 c + \mathfrak{S}_{l2}}{l};$$

$$M_B = -Z a \qquad M_C = \delta \mathfrak{S}_{l1} + \gamma \mathfrak{S}_{r2} - Z h \qquad M_D = -Z h;$$

$$M_{y1} = -Z y_1 \qquad M_{y2} = -Z y_2$$

$$M_{x1} = \boldsymbol{M}^0_{x1} + \frac{x_1'}{c} M_B + \frac{x_1}{c} M_C \qquad M_{x2} = \boldsymbol{M}^0_{x2} + \frac{x_2'}{d} M_C + \frac{x_2}{d} M_D.$$

Fall 62/2: Gleichmäßige Wärmezunahme im ganzen Rahmen außer im Zugband (Festes Gelenk bei A oder E)

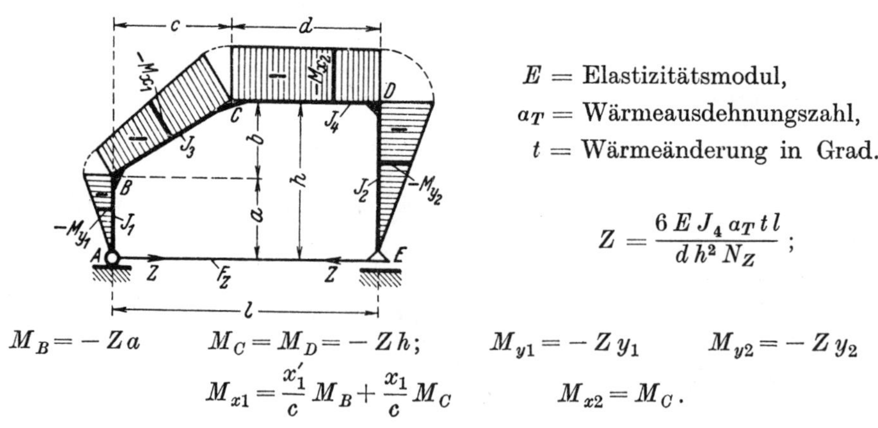

E = Elastizitätsmodul,

α_T = Wärmeausdehnungszahl,

t = Wärmeänderung in Grad.

$$Z = \frac{6 E J_4 \alpha_T t l}{d h^2 N_Z};$$

$$M_B = -Z a \qquad M_C = M_D = -Z h; \qquad M_{y1} = -Z y_1 \qquad M_{y2} = -Z y_2$$

$$M_{x1} = \frac{x_1'}{c} M_B + \frac{x_1}{c} M_C \qquad M_{x2} = M_C.$$

Bemerkung: Bei Wärmeabnahme kehren alle Kräfte ihren Pfeilsinn um und alle Momente erhalten entgegengesetztes Vorzeichen*).

*) Siehe hierzu die Fußnote Seite 241.

Siehe hierzu den Abschnitt „**Belastungsglieder**“

Fall 62/3: Schrägstab beliebig waagerecht belastet (Festes Gelenk bei A)

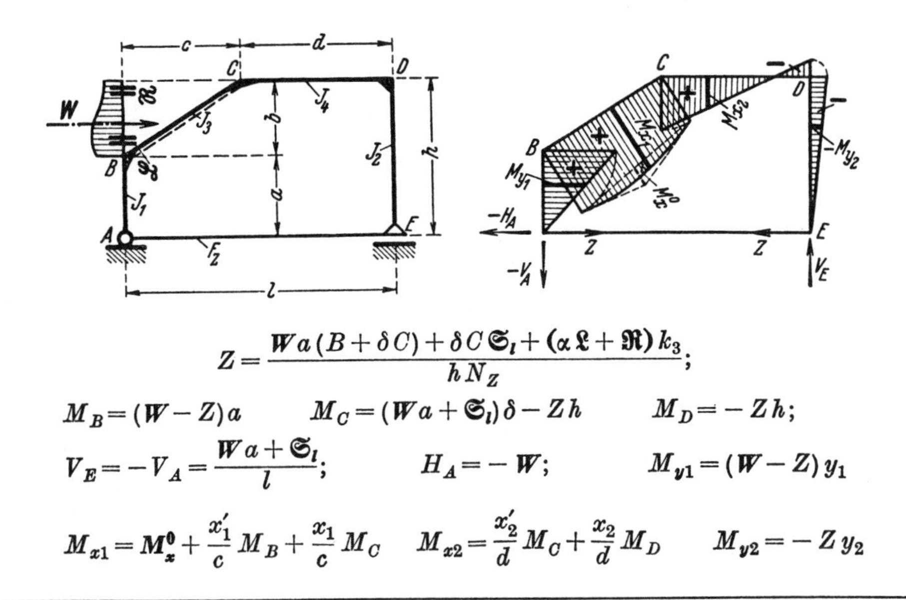

$$Z = \frac{W a (B + \delta C) + \delta C \mathfrak{S}_l + (\alpha \mathfrak{L} + \mathfrak{R}) k_3}{h N_Z};$$

$$M_B = (W - Z) a \qquad M_C = (W a + \mathfrak{S}_l)\delta - Z h \qquad M_D = -Z h;$$

$$V_E = -V_A = \frac{W a + \mathfrak{S}_l}{l}; \qquad H_A = -W; \qquad M_{y1} = (W - Z) y_1$$

$$M_{x1} = M_x^0 + \frac{x_1'}{c} M_B + \frac{x_1}{c} M_C \qquad M_{x2} = \frac{x_2'}{d} M_C + \frac{x_2}{d} M_D \qquad M_{y2} = -Z y_2$$

Fall 62/4: Linker Stiel beliebig waagerecht belastet (Festes Gelenk bei A)

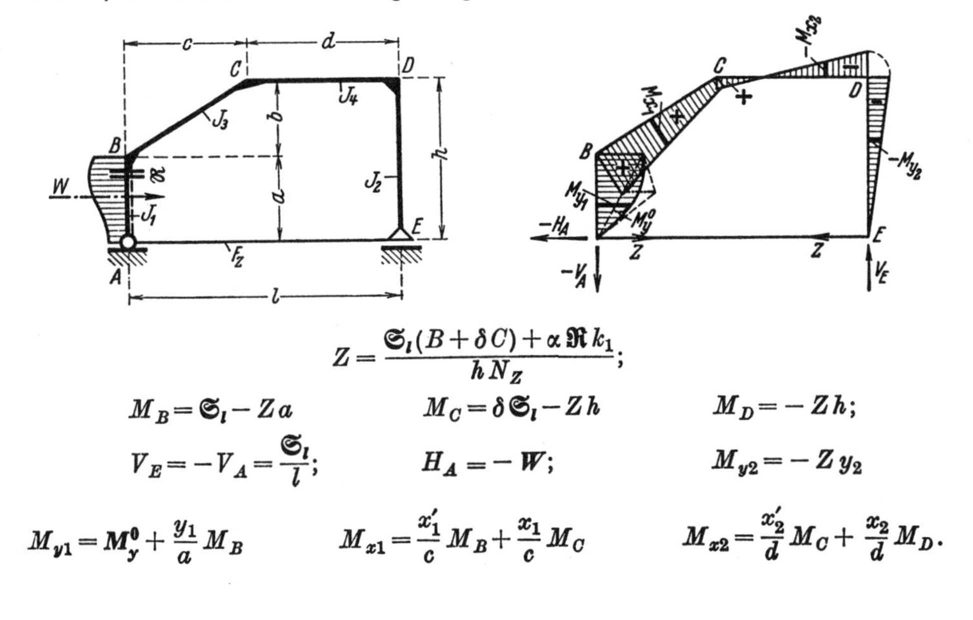

$$Z = \frac{\mathfrak{S}_l (B + \delta C) + \alpha \mathfrak{R} k_1}{h N_Z};$$

$$M_B = \mathfrak{S}_l - Z a \qquad M_C = \delta \mathfrak{S}_l - Z h \qquad M_D = -Z h;$$

$$V_E = -V_A = \frac{\mathfrak{S}_l}{l}; \qquad H_A = -W; \qquad M_{y2} = -Z y_2$$

$$M_{y1} = M_y^0 + \frac{y_1}{a} M_B \qquad M_{x1} = \frac{x_1'}{c} M_B + \frac{x_1}{c} M_C \qquad M_{x2} = \frac{x_2'}{d} M_C + \frac{x_2}{d} M_D.$$

Siehe hierzu den Abschnitt **„Belastungsglieder“**

Fall 62/5: Rechter Stiel beliebig waagerecht belastet (Festes Gelenk bei E)

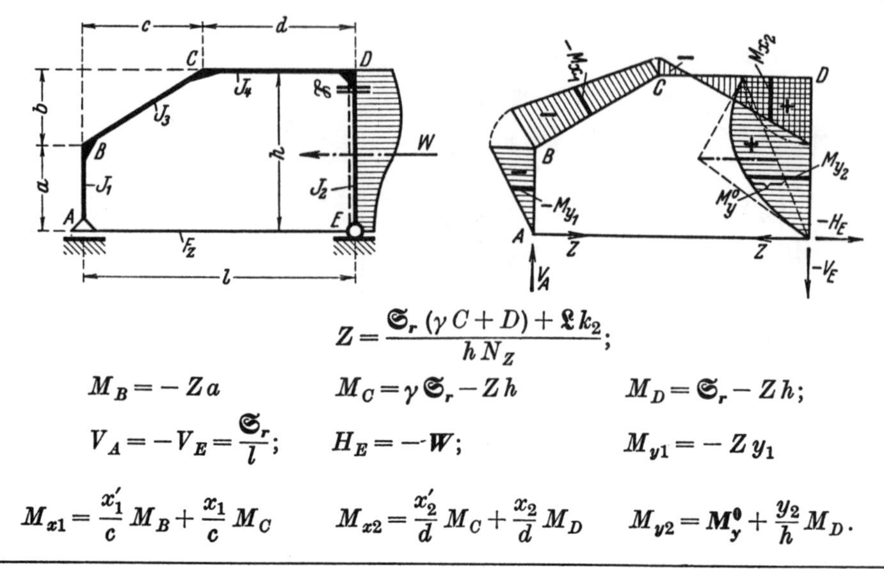

$$Z = \frac{\mathfrak{S}_r\,(\gamma\,C + D) + \mathfrak{L}\,k_2}{h\,N_Z};$$

$$M_B = -\,Z\,a \qquad M_C = \gamma\,\mathfrak{S}_r - Z\,h \qquad M_D = \mathfrak{S}_r - Z\,h;$$

$$V_A = -\,V_E = \frac{\mathfrak{S}_r}{l}; \qquad H_E = -\,W; \qquad M_{y1} = -\,Z\,y_1$$

$$M_{x1} = \frac{x_1'}{c}\,M_B + \frac{x_1}{c}\,M_C \qquad M_{x2} = \frac{x_2'}{d}\,M_C + \frac{x_2}{d}\,M_D \qquad M_{y2} = M_y^0 + \frac{y_2}{h}\,M_D.$$

Fall 62/6: Rechter Stiel beliebig waagerecht belastet (Festes Gelenk bei A)

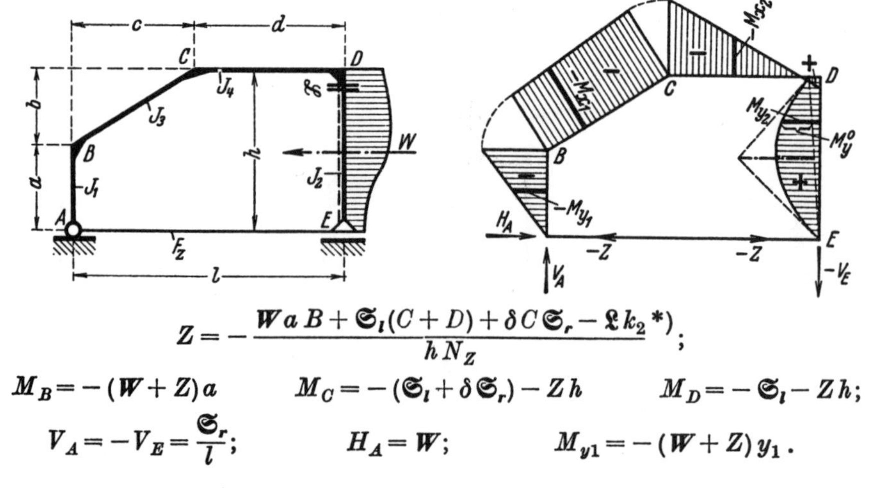

$$Z = -\,\frac{W\,a\,B + \mathfrak{S}_l\,(C + D) + \delta\,C\,\mathfrak{S}_r - \mathfrak{L}\,k_2\,{}^{*)}}{h\,N_Z};$$

$$M_B = -\,(W + Z)\,a \qquad M_C = -\,(\mathfrak{S}_l + \delta\,\mathfrak{S}_r) - Z\,h \qquad M_D = -\,\mathfrak{S}_l - Z\,h;$$

$$V_A = -\,V_E = \frac{\mathfrak{S}_r}{l}; \qquad H_A = W; \qquad M_{y1} = -\,(W + Z)\,y_1.$$

Anschriebe für M_{x1}, M_{x2} und M_{y2} genau wie oben.

*) Siehe hierzu die Fußnote Seite 241.

Siehe hierzu den Abschnitt „**Belastungsglieder**"

Fall 62/7: Schrägstab beliebig waagerecht belastet (Festes Gelenk bei E)

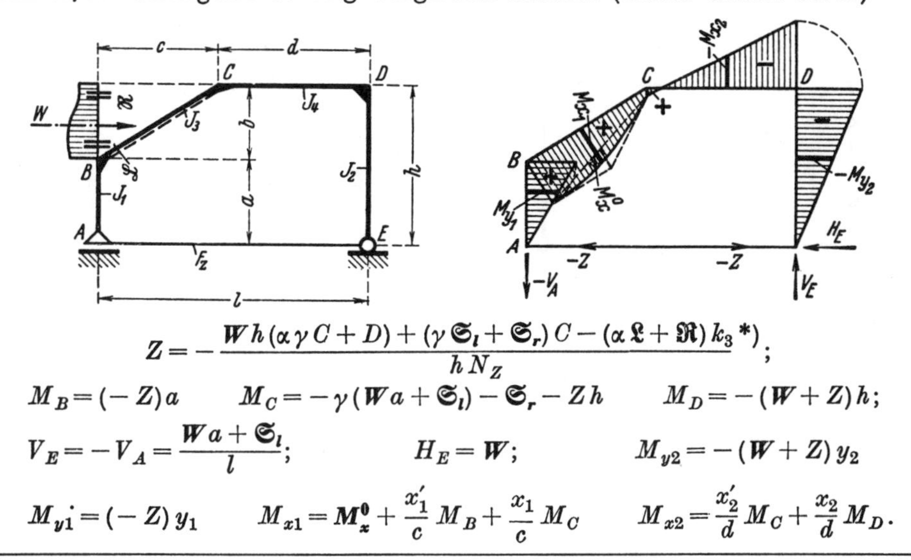

$$Z = -\frac{W h(\alpha\gamma C + D) + (\gamma\,\mathfrak{S}_l + \mathfrak{S}_r)\,C - (\alpha\,\mathfrak{L} + \mathfrak{R})\,k_3\,{}^{*)}}{h N_Z};$$

$M_B = (-Z)\,a \qquad M_C = -\gamma\,(W a + \mathfrak{S}_l) - \mathfrak{S}_r - Z h \qquad M_D = -(W + Z)\,h;$

$V_E = -V_A = \dfrac{W a + \mathfrak{S}_l}{l}; \qquad H_E = W; \qquad M_{y2} = -(W + Z)\,y_2$

$M_{y1} = (-Z)\,y_1 \qquad M_{x1} = M_x^0 + \dfrac{x_1'}{c} M_B + \dfrac{x_1}{c} M_C \qquad M_{x2} = \dfrac{x_2'}{d} M_C + \dfrac{x_2}{d} M_D.$

Fall 62/8: Linker Stiel beliebig waagerecht belastet (Festes Gelenk bei E)

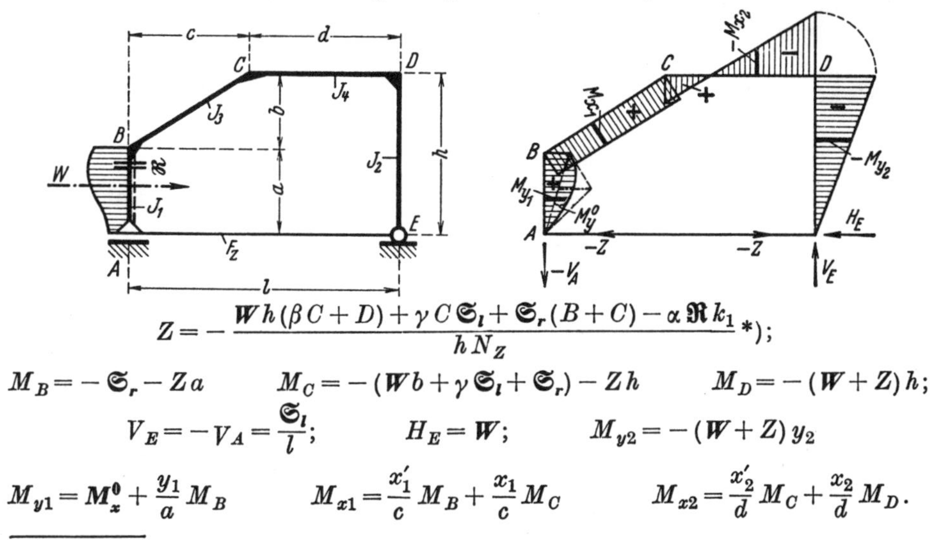

$$Z = -\frac{W h(\beta C + D) + \gamma\,C\,\mathfrak{S}_l + \mathfrak{S}_r\,(B + C) - \alpha\,\mathfrak{R}\,k_1}{h N_Z}\,{}^{*)};$$

$M_B = -\mathfrak{S}_r - Z a \qquad M_C = -(W b + \gamma\,\mathfrak{S}_l + \mathfrak{S}_r) - Z h \qquad M_D = -(W + Z)\,h;$

$V_E = -V_A = \dfrac{\mathfrak{S}_l}{l}; \qquad H_E = W; \qquad M_{y2} = -(W + Z)\,y_2$

$M_{y1} = M_x^0 + \dfrac{y_1}{a} M_B \qquad M_{x1} = \dfrac{x_1'}{c} M_B + \dfrac{x_1}{c} M_C \qquad M_{x2} = \dfrac{x_2'}{d} M_C + \dfrac{x_2}{d} M_D.$

*) Bei den obigen zwei Belastungsfällen sowie bei dem Fall 62/6, Seite 240, unten und bei Wärmeabnahme (s. S. 238 unten) wird Z negativ, d. h. das Zugband erhält Druck. Dieser Umstand hat selbstverständlich nur dann einen Sinn, wenn die Druckkraft kleiner bleibt als die Zugkraft aus ständiger Last, so daß stets ein Rest Zugkraft im Zugbande verbleibt.

Rahmenform 63

Rechteckförmiger Zweigelenkrahmen mit einer abgeschrägten Ecke

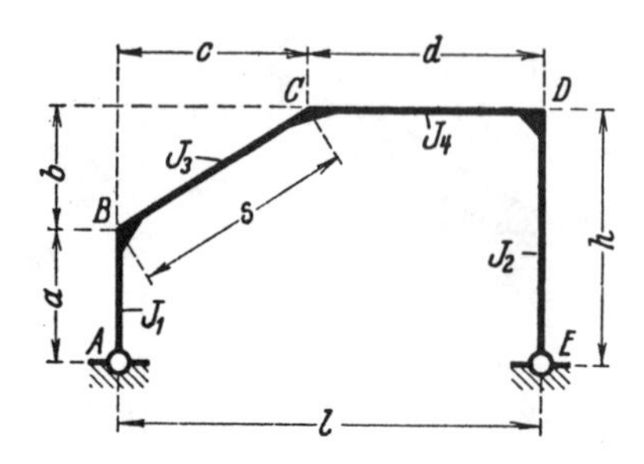

Rahmenform, Abmessungen und Bezeichnungen

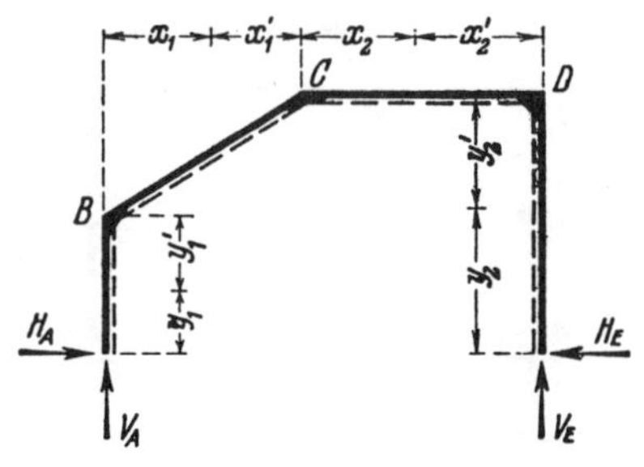

Festlegung der positiven Richtung aller Stützkräfte und der Koordinaten beliebiger Stabpunkte. Positive Biegungsmomente erzeugen an der gestrichelten Stabseite Zug

Für alle **Festwerte** und **Formeln für äußere Belastung** der Rahmenform 63 gelten die Angaben der Rahmenform 61 mit folgenden Vereinfachungen:

$$v = 0 \qquad n = 0 \qquad m = 1.$$

Bemerkung: Für Rahmenform 63 können aber auch die Angaben der Rahmenform 62 verwendet werden mit der Maßgabe $L = 0$, also $N_Z = N$ (starres Zugband). Es ist dann lediglich zu beachten, daß die Horizontalkräfte H_A und H_E (siehe obiges rechtes Titelbild) unter sinngemäßem Einschluß der Zugbandkraft Z zu bilden sind.

Fall 63/1: Gleichmäßige Wärmezunahme im ganzen Rahmen

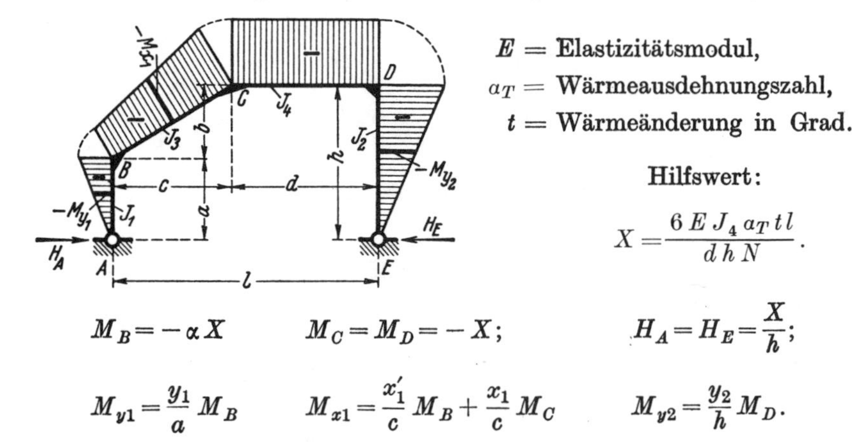

E = Elastizitätsmodul,

α_T = Wärmeausdehnungszahl,

t = Wärmeänderung in Grad.

Hilfswert:

$$X = \frac{6\,E\,J_4\,\alpha_T\,t\,l}{d\,h\,N}.$$

$$M_B = -\alpha X \qquad M_C = M_D = -X; \qquad H_A = H_E = \frac{X}{h};$$

$$M_{y1} = \frac{y_1}{a} M_B \qquad M_{x1} = \frac{x_1'}{c} M_B + \frac{x_1}{c} M_C \qquad M_{y2} = \frac{y_2}{h} M_D.$$

Bemerkung: Bei Wärme**ab**nahme kehren alle Kräfte ihren Pfeilsinn um und alle Momente erhalten entgegengesetztes Vorzeichen.

Rahmenform 64

Rahmen mit einseitig abgeschrägtem waagerechtem Riegel und senkrechten Stielen mit einer Fußeinspannung und einem Fußgelenk in verschiedener Höhenlage

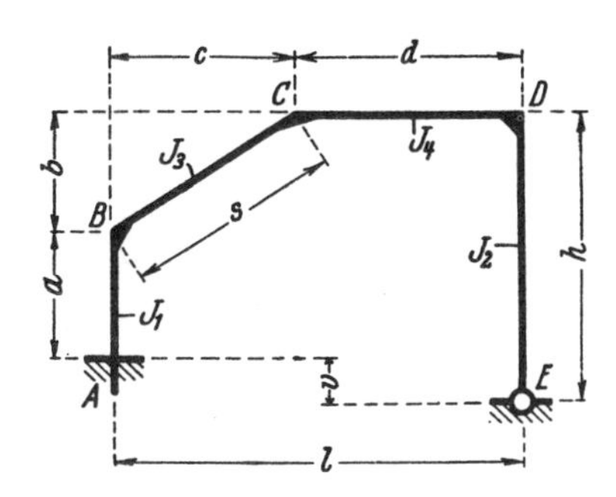

Rahmenform, Abmessungen und Bezeichnungen

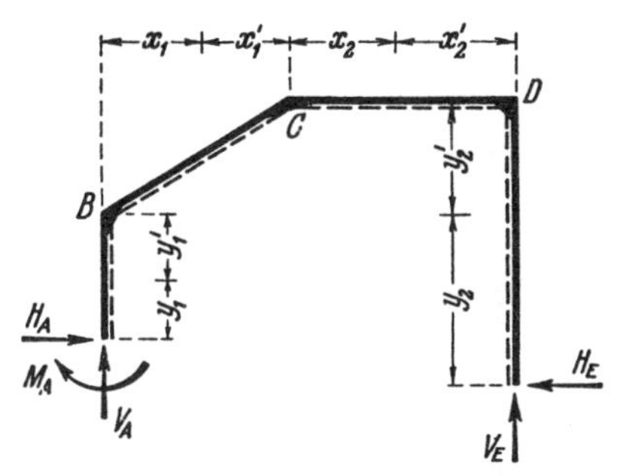

Festlegung der positiven Richtung aller Stützkräfte und der Koordinaten beliebiger Stabpunkte. Positive Biegungsmomente erzeugen an der gestrichelten Stabseite Zug

Festwerte: $k_1 = \frac{J_4}{J_1} \cdot \frac{a}{d}$ $\quad k_2 = \frac{J_4}{J_2} \cdot \frac{h}{d}$ $\quad k_3 = \frac{J_4}{J_3} \cdot \frac{s}{d}$;

$$\alpha = \frac{a}{h} \qquad \beta = \frac{b}{h} \qquad \gamma = \frac{c}{l} \qquad \delta = \frac{d}{l}; \qquad m = \gamma + \beta\,\delta;$$

$$C_1 = k_3 + 2\,\delta\,(k_3 + 1) \qquad R_1 = 6\,k_1 + (2 + \delta)\,k_3 + \delta\,C_1$$

$$C_2 = 2\,m\,(k_3 + 1) + 1 \qquad R_2 = 2\,(\alpha^2 k_1 + 1 + k_2) + m\,(C_2 + 1)$$

$$K = m\,C_1 + \delta - 3\,\alpha\,k_1; \qquad N = R_1\,R_2 - K^2;$$

$$n_{11} = \frac{R_2}{N} \qquad n_{12} = n_{21} = \frac{K}{N} \qquad n_{22} = \frac{R_1}{N}.$$

Anschriebe für die Momente in beliebigen Stabpunkten aller nicht direkt belasteten Stäbe für alle Lastfälle der Rahmenform 64

$$M_{x1} = \frac{x_1'}{c} \cdot M_B + \frac{x_1}{c} \cdot M_C \qquad M_{x2} = \frac{x_2'}{d} \cdot M_C + \frac{x_2}{d} \cdot M_D$$

$$M_{y1} = \frac{y_1'}{a} \cdot M_A + \frac{y_1}{a} \cdot M_B \qquad M_{y2} = \frac{y_2}{h} \cdot M_D.$$

Siehe hierzu den Abschnitt „**Belastungsglieder**“

Fall 64/1: Schrägstab beliebig senkrecht belastet

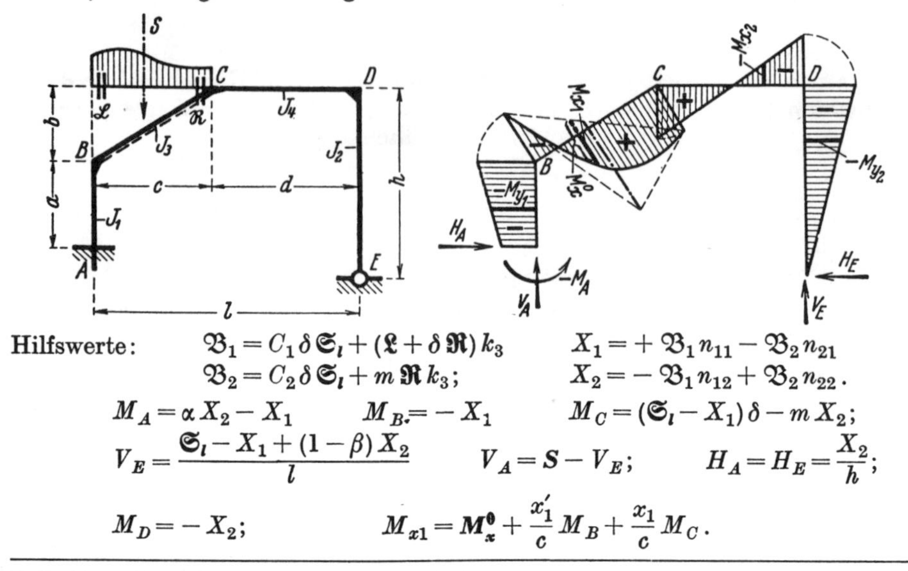

Hilfswerte:

$$\mathfrak{B}_1 = C_1 \delta \mathfrak{S}_l + (\mathfrak{L} + \delta \mathfrak{R}) k_3 \qquad X_1 = + \mathfrak{B}_1 n_{11} - \mathfrak{B}_2 n_{21}$$

$$\mathfrak{B}_2 = C_2 \delta \mathfrak{S}_l + m \mathfrak{R} k_3; \qquad X_2 = - \mathfrak{B}_1 n_{12} + \mathfrak{B}_2 n_{22}.$$

$$M_A = \alpha X_2 - X_1 \qquad M_B = -X_1 \qquad M_C = (\mathfrak{S}_l - X_1)\delta - m X_2;$$

$$V_E = \frac{\mathfrak{S}_l - X_1 + (1-\beta) X_2}{l} \qquad V_A = S - V_E; \qquad H_A = H_E = \frac{X_2}{h};$$

$$M_D = -X_2; \qquad M_{x1} = M_x^0 + \frac{x_1'}{c} M_B + \frac{x_1}{c} M_C.$$

Fall 64/2: Riegel beliebig senkrecht belastet

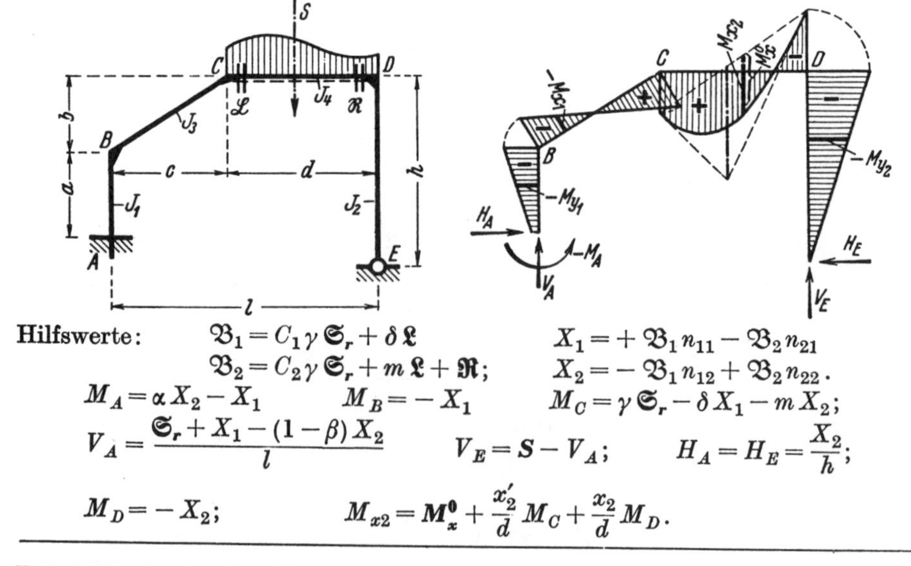

Hilfswerte:

$$\mathfrak{B}_1 = C_1 \gamma \mathfrak{S}_r + \delta \mathfrak{L} \qquad X_1 = + \mathfrak{B}_1 n_{11} - \mathfrak{B}_2 n_{21}$$

$$\mathfrak{B}_2 = C_2 \gamma \mathfrak{S}_r + m \mathfrak{L} + \mathfrak{R}; \qquad X_2 = - \mathfrak{B}_1 n_{12} + \mathfrak{B}_2 n_{22}.$$

$$M_A = \alpha X_2 - X_1 \qquad M_B = -X_1 \qquad M_C = \gamma \mathfrak{S}_r - \delta X_1 - m X_2;$$

$$V_A = \frac{\mathfrak{S}_r + X_1 - (1-\beta) X_2}{l} \qquad V_E = S - V_A; \qquad H_A = H_E = \frac{X_2}{h};$$

$$M_D = -X_2; \qquad M_{x2} = M_x^0 + \frac{x_2'}{d} M_C + \frac{x_2}{d} M_D.$$

Fall 64/3: Senkrechte Einzellast P am Eckpunkt C

Bildung sinngemäß wie beim Fall 61/3, Seite 234.

Siehe hierzu den Abschnitt „**Belastungsglieder**“

Fall 64/4: Schrägstab beliebig waagerecht belastet

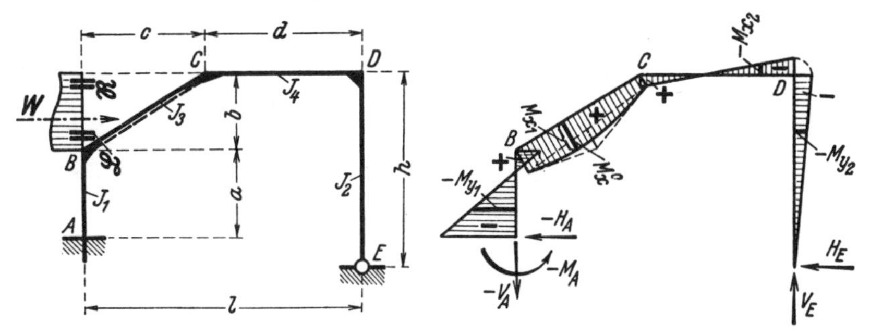

Hilfswerte:

$$\mathfrak{B}_1 = 3\,W a k_1 - C_1 \delta \mathfrak{S}_l - (\mathfrak{L} + \delta \mathfrak{R})\, k_3 \qquad X_1 = + \mathfrak{B}_1 n_{11} - \mathfrak{B}_2 n_{21}$$

$$\mathfrak{B}_2 = 2\,\alpha W a k_1 + C_2 \delta \mathfrak{S}_l + m \mathfrak{R} k_3; \qquad X_2 = - \mathfrak{B}_1 n_{12} + \mathfrak{B}_2 n_{22}.$$

$$M_A = - W a + X_1 + \alpha X_2 \qquad M_B = X_1 \qquad H_E = \frac{X_2}{h} \qquad H_A = -(W - H_E);$$

$$M_C = (\mathfrak{S}_l + X_1)\,\delta - m X_2 \qquad M_D = - X_2;$$

$$V_E = - V_A = \frac{\mathfrak{S}_l + X_1 + (1-\beta) X_2}{l}; \qquad M_{x1} = \mathbf{M}_x^0 + \frac{x_1'}{c} M_B + \frac{x_1}{c} M_C.$$

Fall 64/5: Linker Stiel beliebig waagerecht belastet

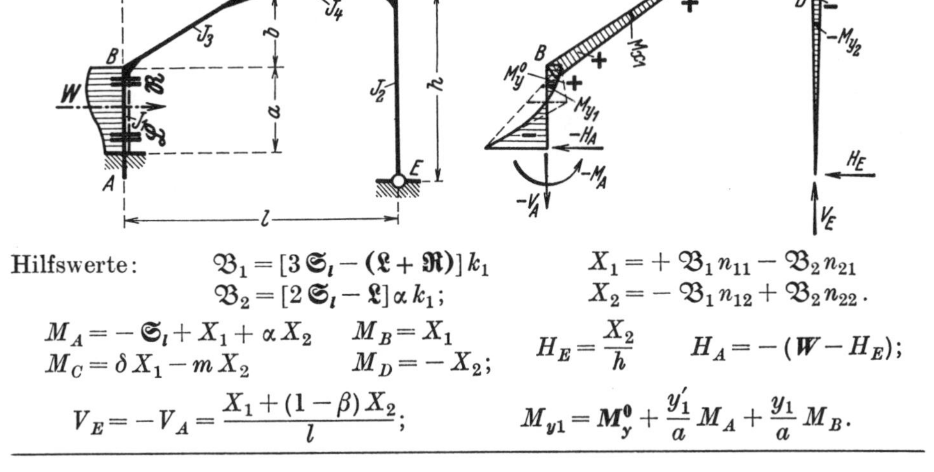

Hilfswerte:

$$\mathfrak{B}_1 = [3\,\mathfrak{S}_l - (\mathfrak{L} + \mathfrak{R})]\, k_1 \qquad X_1 = + \mathfrak{B}_1 n_{11} - \mathfrak{B}_2 n_{21}$$

$$\mathfrak{B}_2 = [2\,\mathfrak{S}_l - \mathfrak{L}]\, \alpha k_1; \qquad X_2 = - \mathfrak{B}_1 n_{12} + \mathfrak{B}_2 n_{22}.$$

$$M_A = - \mathfrak{S}_l + X_1 + \alpha X_2 \qquad M_B = X_1 \qquad H_E = \frac{X_2}{h} \qquad H_A = -(W - H_E);$$

$$M_C = \delta X_1 - m X_2 \qquad M_D = - X_2;$$

$$V_E = - V_A = \frac{X_1 + (1-\beta) X_2}{l}; \qquad M_{y1} = \mathbf{M}_y^0 + \frac{y_1'}{a} M_A + \frac{y_1}{a} M_B.$$

Fall 64/6: Waagerechte Einzellast P am Eckpunkt B

Bildung sinngemäß wie beim Fall 61/6, Seite 235.

Fall 64/7: Rechter Stiel beliebig waagerecht belastet

(Siehe hierzu den Abschnitt „**Belastungsglieder**")

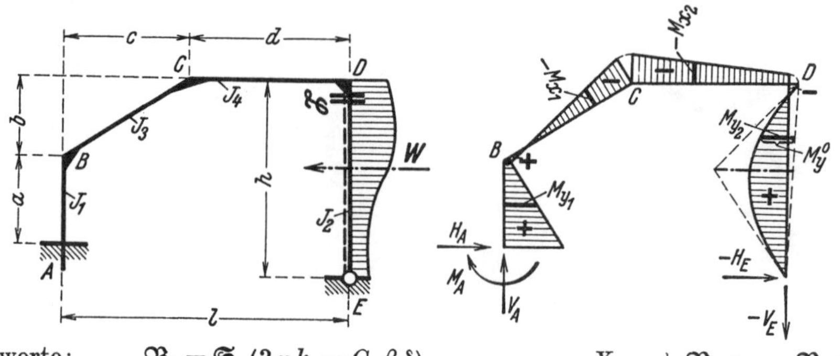

Hilfswerte:

$$\mathfrak{B}_1 = \mathfrak{S}_r (3\alpha k_1 - C_1 \beta\delta) \qquad X_1 = +\mathfrak{B}_1 n_{11} - \mathfrak{B}_2 n_{21}$$

$$\mathfrak{B}_2 = \mathfrak{S}_r (2\alpha^2 k_1 + C_2 \beta\delta) - \mathfrak{L} k_2; \qquad X_2 = -\mathfrak{B}_1 n_{12} + \mathfrak{B}_2 n_{22}.$$

$$M_A = \alpha(\mathfrak{S}_r - X_2) - X_1 \qquad M_B = -X_1 \qquad M_{y2} = M_y^0 + \frac{y_2}{h} M_D;$$

$$M_C = -\delta(\beta\mathfrak{S}_r + X_1) + m X_2 \qquad M_D = X_2;$$

$$V_A = -V_E = \frac{\beta\mathfrak{S}_r + X_1 + (1-\beta) X_2}{l}; \qquad H_A = \frac{\mathfrak{S}_r - X_2}{h} \qquad H_E = -(W - H_A).$$

Fall 64/8: Waagerechte Einzellast P am Eckpunkt D

In Fall 64/7 ist zu setzen:

$$W = P \qquad \mathfrak{S}_r = Ph; \qquad \mathfrak{L} = 0 \qquad M_y^0 = 0.$$

Fall 64/9: Gleichmäßige Wärme**zu**nahme im ganzen Rahmen

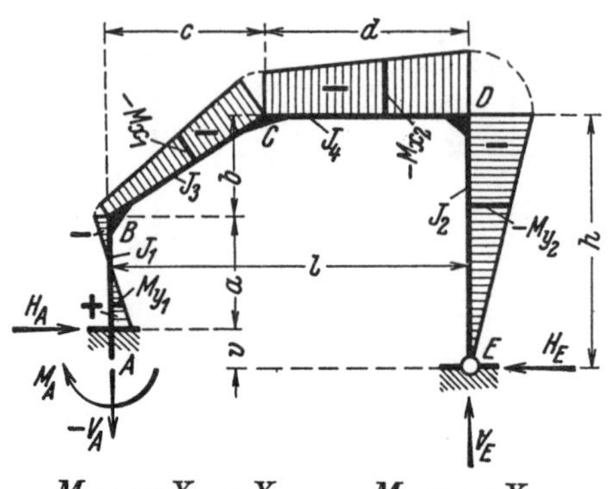

E = Elastizitätsmodul,
α_T = Wärmeausdehnungszahl,
t = Wärmeänderung in Grad.

Hilfwerte:

$$v = h - (a+b)^*); \qquad T = \frac{6 E J_4 \alpha_T t}{d}$$

$$X_1 = T\left[-\frac{v}{l} n_{11} + \left(\frac{l}{h} + \frac{(1-\beta) v}{l}\right) n_{21}\right]$$

$$X_2 = T\left[-\frac{v}{l} n_{12} + \left(\frac{l}{h} + \frac{(1-\beta) v}{l}\right) n_{22}\right].$$

$$M_A = \alpha X_2 - X_1 \qquad M_B = -X_1 \qquad M_C = -\delta X_1 - m X_2 \qquad M_D = -X_2;$$

$$V_E = -V_A = \frac{(1-\beta) X_2 - X_1}{l}; \qquad H_A = H_E = \frac{X_2}{h}; \qquad M_{y2} = \frac{y_2}{h} M_D.$$

Bemerkung: Bei Wärme**ab**nahme kehren alle Kräfte ihren Pfeilsinn um und alle Momente erhalten entgegengesetztes Vorzeichen.

*) Für $(a+b) > h$ wird v negativ!

Rahmenform 65

Rahmen mit einseitig abgeschrägtem waagerechtem Riegel und senkrechten Stielen mit einem Fußgelenk und einer Fußeinspannung in verschiedener Höhenlage

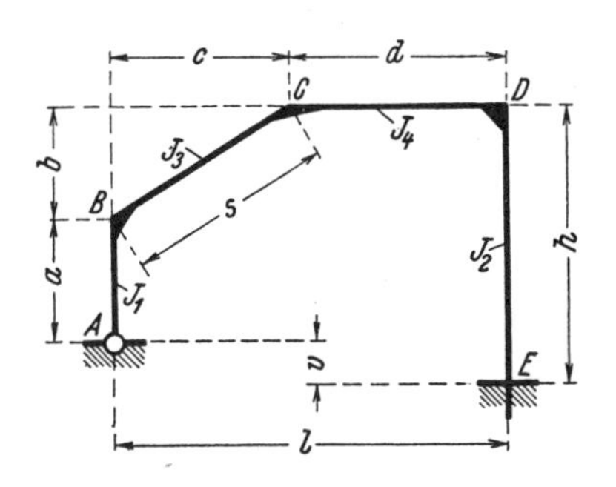

Rahmenform, Abmessungen und Bezeichnungen

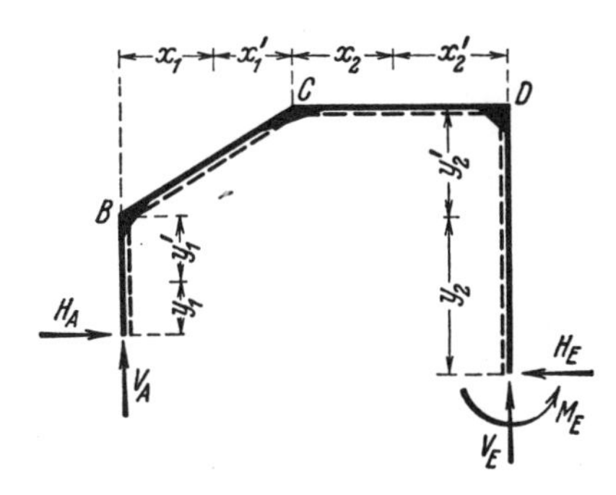

Festlegung der positiven Richtung aller Stützkräfte und der Koordinaten beliebiger Stabpunkte. Positive Biegungsmomente erzeugen an der gestrichelten Stabseite Zug

Festwerte: $k_1 = \frac{J_4}{J_1} \cdot \frac{a}{d}$ $\qquad k_2 = \frac{J_4}{J_2} \cdot \frac{h}{d}$ $\qquad k_3 = \frac{J_4}{J_3} \cdot \frac{s}{d}$

$$\alpha = \frac{h}{a} \qquad \beta = \frac{b}{a} \qquad \gamma = \frac{c}{l} \qquad \delta = \frac{d}{l}; \qquad m = \delta(1+\beta);$$

$$C_1 = k_3 + 2m(k_3+1) \qquad R_1 = 2(k_1 + \alpha^2 k_2) + (2+m)k_3 + mC_1$$

$$C_2 = 2\gamma(k_3+1)+1 \qquad R_2 = \gamma(C_2+1) + 2(1+3k_2)$$

$$K = 3\alpha k_2 - m - \gamma C_1; \qquad N = R_1 R_2 - K^2;$$

$$n_{11} = \frac{R_2}{N} \qquad n_{12} = n_{21} = \frac{K}{N} \qquad n_{22} = \frac{R_1}{N}.$$

Anschriebe für die Momente in beliebigen Stabpunkten aller nicht direkt belasteten Stäbe für alle Lastfälle der Rahmenform 65

$$M_{x1} = \frac{x_1'}{c} \cdot M_B + \frac{x_1}{c} \cdot M_C \qquad M_{x2} = \frac{x_2'}{d} \cdot M_C + \frac{x_2}{d} \cdot M_D$$

$$M_{y1} = \frac{y_1}{a} \cdot M_B \qquad M_{y2} = \frac{y_2}{h} \cdot M_D + \frac{y_2'}{h} \cdot M_E.$$

Siehe hierzu den Abschnitt „**Belastungsglieder**"

Fall 65/1: Schrägstab beliebig senkrecht belastet

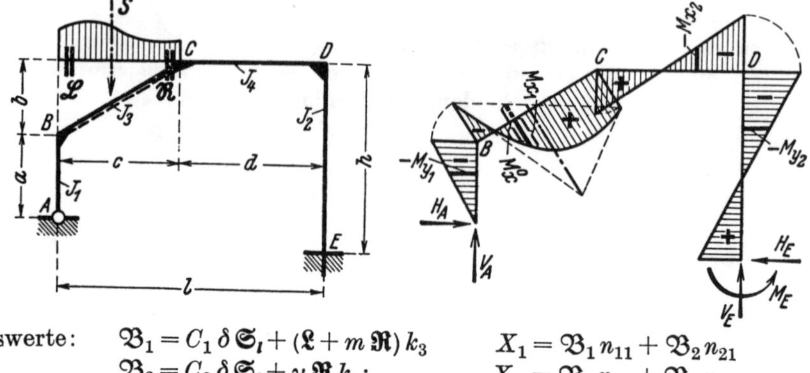

Hilfswerte: $\mathfrak{B}_1 = C_1\,\delta\,\mathfrak{S}_l + (\mathfrak{L} + m\,\mathfrak{R})\,k_3$ $\quad X_1 = \mathfrak{B}_1 n_{11} + \mathfrak{B}_2 n_{21}$

$\mathfrak{B}_2 = C_2\,\delta\,\mathfrak{S}_l + \gamma\,\mathfrak{R}\,k_3;$ $\quad X_2 = \mathfrak{B}_1 n_{12} + \mathfrak{B}_2 n_{22}.$

$M_B = -X_1 \qquad M_C = \delta\,\mathfrak{S}_l - m X_1 - \gamma X_2 \qquad M_D = -X_2;$

$$V_E = \frac{\mathfrak{S}_l - (1+\beta)\,X_1 + X_2}{l} \qquad V_A = S - V_E; \qquad H_A = H_E = \frac{X_1}{a};$$

$$M_E = \alpha X_1 - X_2 \qquad M_{x1} = M_x^0 + \frac{x_1'}{c} M_B + \frac{x_1}{c} M_C.$$

Fall 65/2: Riegel beliebig senkrecht belastet

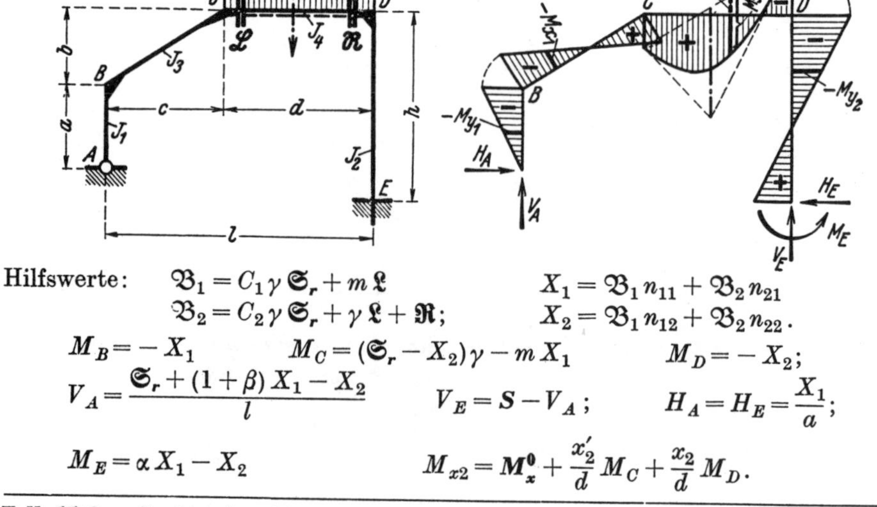

Hilfswerte: $\mathfrak{B}_1 = C_1\,\gamma\,\mathfrak{S}_r + m\,\mathfrak{L}$ $\quad X_1 = \mathfrak{B}_1 n_{11} + \mathfrak{B}_2 n_{21}$

$\mathfrak{B}_2 = C_2\,\gamma\,\mathfrak{S}_r + \gamma\,\mathfrak{L} + \mathfrak{R};$ $\quad X_2 = \mathfrak{B}_1 n_{12} + \mathfrak{B}_2 n_{22}.$

$M_B = -X_1 \qquad M_C = (\mathfrak{S}_r - X_2)\,\gamma - m X_1 \qquad M_D = -X_2;$

$$V_A = \frac{\mathfrak{S}_r + (1+\beta)\,X_1 - X_2}{l} \qquad V_E = S - V_A; \qquad H_A = H_E = \frac{X_1}{a};$$

$$M_E = \alpha X_1 - X_2 \qquad M_{x2} = M_x^0 + \frac{x_2'}{d} M_C + \frac{x_2}{d} M_D.$$

Fall 65/3: Senkrechte Einzellast P am Eckpunkt C
Bildung sinngemäß wie beim Fall 61/3, Seite 234.

Siehe hierzu den Abschnitt „**Belastungsglieder**“

Fall 65/4: Schrägstab beliebig waagerecht belastet

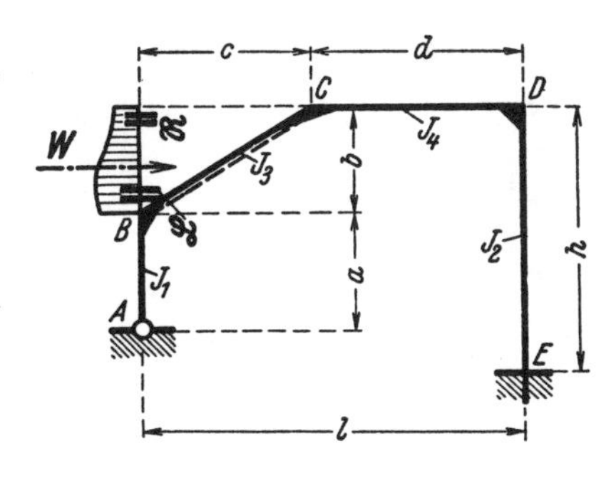

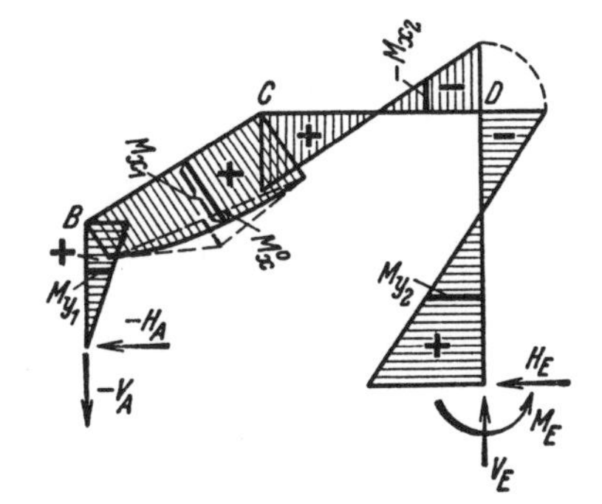

Hilfswerte:

$$\mathfrak{B}_1 = 2\alpha\, \boldsymbol{W} h\, k_2 + C_1\, \delta\, \mathfrak{S}_r - (\mathfrak{L} + m\, \mathfrak{R})\, k_3 \qquad X_1 = +\, \mathfrak{B}_1 n_{11} - \mathfrak{B}_2 n_{21}$$

$$\mathfrak{B}_2 = 3\, \boldsymbol{W} h\, k_2 - C_2\, \delta\, \mathfrak{S}_r + \gamma\, \mathfrak{R}\, k_3; \qquad X_2 = -\, \mathfrak{B}_1 n_{12} + \mathfrak{B}_2 n_{22}.$$

$$M_B = X_1 \qquad M_C = -\delta\, \mathfrak{S}_r + m\, X_1 - \gamma\, X_2 \qquad H_A = -\frac{X_1}{a} \qquad H_E = \boldsymbol{W} + H_A;$$

$$M_D = -X_2 \qquad M_E = \boldsymbol{W} h - \alpha\, X_1 - X_2;$$

$$V_A = -V_E = \frac{\mathfrak{S}_r - (1+\beta)\, X_1 - X_2}{l}; \qquad M_{x1} = \boldsymbol{M}_x^0 + \frac{x_1'}{c}\, M_B + \frac{x_1}{c}\, M_C.$$

Fall 65/5: Linker Stiel beliebig waagerecht belastet

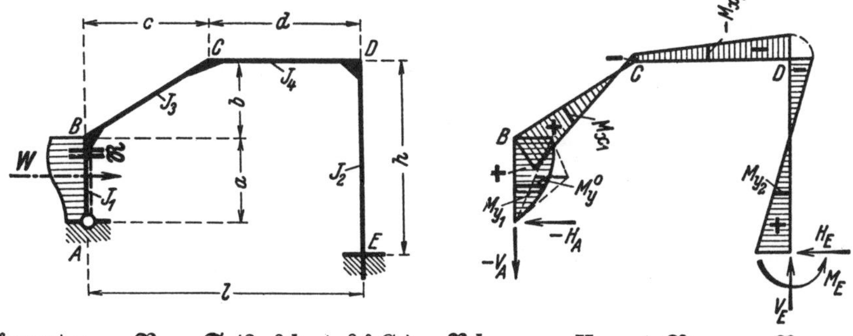

Hilfswerte:

$$\mathfrak{B}_1 = \mathfrak{S}_l (2\alpha^2 k_2 + \beta\, \delta\, C_1) - \mathfrak{R}\, k_1 \qquad X_1 = +\, \mathfrak{B}_1 n_{11} - \mathfrak{B}_2 n_{21}$$

$$\mathfrak{B}_2 = \mathfrak{S}_l (3\alpha\, k_2 - \beta\, \delta\, C_2); \qquad X_2 = -\, \mathfrak{B}_1 n_{12} + \mathfrak{B}_2 n_{22}.$$

$$M_B = X_1 \qquad M_C = -\beta\, \delta\, \mathfrak{S}_l + m\, X_1 - \gamma\, X_2 \qquad M_{y1} = \boldsymbol{M}_y^0 + \frac{y_1}{a}\, M_B;$$

$$M_D = -X_2 \qquad M_E = (\mathfrak{S}_l - X_1)\, \alpha - X_2;$$

$$V_A = -V_E = \frac{\beta\, \mathfrak{S}_l - (1+\beta)\, X_1 - X_2}{l}; \qquad H_E = \frac{\mathfrak{S}_l - X_1}{a} \qquad H_A = -(\boldsymbol{W} - H_E).$$

Fall 65/6: Waagerechte Einzellast am Eckpunkt B

Bildung sinngemäß wie beim Fall 61/6, Seite 235.

Fall 65/7: Rechter Stiel beliebig waagerecht belastet

(Siehe hierzu den Abschnitt **„Belastungsglieder"**)

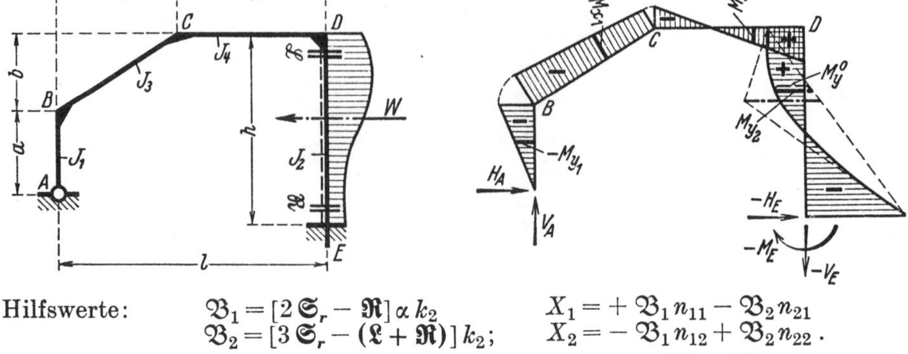

Hilfswerte:

$$\mathfrak{B}_1 = [2\,\mathfrak{S}_r - \mathfrak{R}]\,\alpha\,k_2 \qquad X_1 = +\,\mathfrak{B}_1 n_{11} - \mathfrak{B}_2 n_{21}$$

$$\mathfrak{B}_2 = [3\,\mathfrak{S}_r - (\mathfrak{L} + \mathfrak{R})]\,k_2; \qquad X_2 = -\,\mathfrak{B}_1 n_{12} + \mathfrak{B}_2 n_{22}\,.$$

$$M_B = -X_1 \qquad M_C = -m\,X_1 + \gamma\,X_2 \qquad M_D = X_2$$

$$M_E = -\,\mathfrak{S}_r + \alpha\,X_1 + X_2 \qquad M_{y2} = \boldsymbol{M}_y^0 + \frac{y_2}{h} M_D + \frac{y_2'}{h} M_E\,;$$

$$V_A = -\,V_E = \frac{(1+\beta)\,X_1 + X_2}{l}\,; \qquad H_A = \frac{X_1}{a} \qquad H_E = -\,(\boldsymbol{W} - H_A)\,.$$

Fall 65/8: Waagerechte Einzellast am Eckpunkt D

In Fall 65/7 ist zu setzen:

$$\boldsymbol{W} = P \qquad \mathfrak{S}_r = P\,h\,; \qquad \mathfrak{L} = \mathfrak{R} = 0 \qquad \boldsymbol{M}_y^0 = 0\,.$$

Fall 65/9: Gleichmäßige Wärmezunahme im ganzen Rahmen

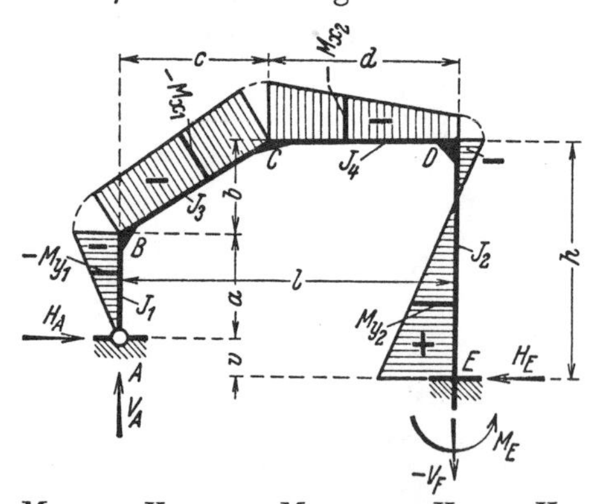

E = Elastizitätsmodul,

a_T = Wärmeausdehnungszahl,

t = Wärmeänderung in Grad.

Hilfswerte:

$$v = h - (a + b)^{*})\,; \qquad T = \frac{6\,E\,J_4\,a_T\,t}{d}\,;$$

$$X_1 = T\left[\left(\frac{l}{a} - \frac{(1+\beta)\,v}{l}\right) n_{11} + \frac{v}{l}\,n_{21}\right]$$

$$X_2 = T\left[\left(\frac{l}{a} - \frac{(1+\beta)\,v}{l}\right) n_{12} + \frac{v}{l}\,n_{22}\right].$$

$$M_B = -X_1 \qquad M_C = -m\,X_1 - \gamma\,X_2 \qquad M_D = -X_2 \qquad M_E = \alpha\,X_1 - X_2\,;$$

$$V_A = -V_E = \frac{(1+\beta)\,X_1 - X_2}{l} \qquad H_A = H_E = \frac{X_1}{a}\,.$$

Bemerkung: Bei Wärme**ab**nahme kehren alle Kräfte ihren Pfeilsinn um und alle Momente erhalten entgegengesetztes Vorzeichen.

*) Für $(a + b) > h$ wird v negativ!

Rahmenform 66

Eingespannter Rahmen mit senkrechten Stielen mit Fußpunkten in verschiedener Höhenlage, waagerechtem Riegel und einer abgeschrägten Ecke

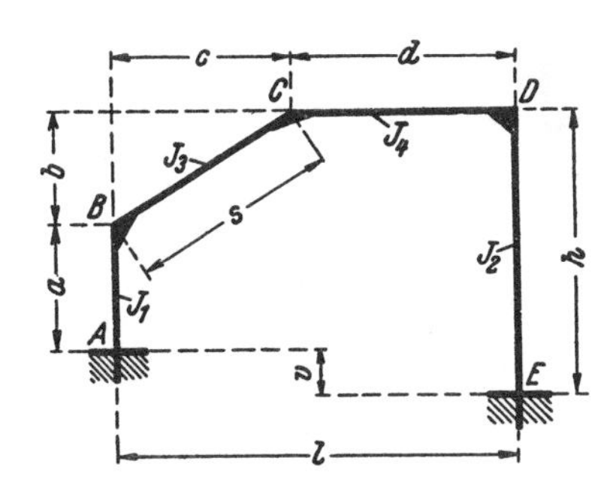

Rahmenform, Abmessungen und Bezeichnungen

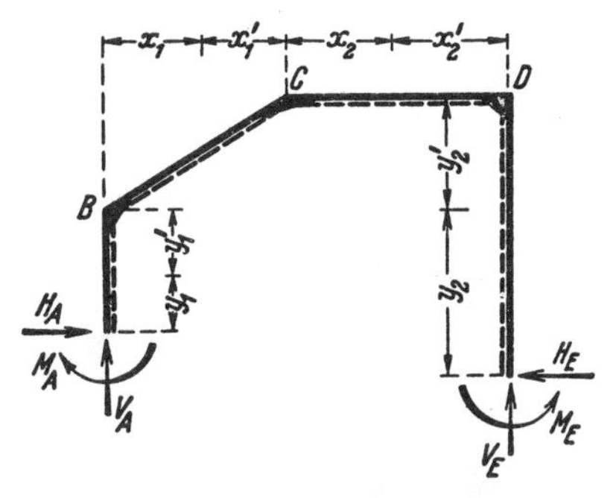

Festlegung der positiven Richtung aller Stützkräfte und der Koordinaten beliebiger Stabpunkte. Positive Biegungsmomente erzeugen an der gestrichelten Stabseite Zug

Festwerte:

$$k_1 = \frac{J_4}{J_1} \cdot \frac{a}{d} \qquad k_2 = \frac{J_4}{J_2} \cdot \frac{h}{d} \qquad k_3 = \frac{J_4}{J_3} \cdot \frac{s}{d}\,;$$

$$\alpha = \frac{a}{h} \qquad \beta = \frac{b}{h} \qquad \gamma = \frac{c}{l} \qquad \delta = \frac{d}{l} \qquad (\gamma + \delta = 1)\,;$$

$$C_1 = k_3 + 2\delta(k_3 + 1) \qquad C_2 = 2\gamma(k_3 + 1) + 1 \qquad C_3 = 2\beta\delta(k_3 + 1)\,;$$

$$R_1 = 6k_1 + (2 + \delta)k_3 + \delta C_1 \qquad K_1 = 3k_2 - \beta\delta C_2$$

$$R_2 = \gamma(C_2 + 1) + 2(1 + 3k_2) \qquad K_2 = 3\alpha k_1 - \beta\delta C_1$$

$$R_3 = 2(\alpha^2 k_1 + k_2) + \beta\delta C_3\,; \qquad K_3 = \gamma C_1 + \delta\,;$$

$$N = R_1 R_2 R_3 + 2K_1 K_2 K_3 - R_1 K_1^2 - R_2 K_2^2 - R_3 K_3^2\,;$$

$$n_{11} = \frac{R_2 R_3 - K_1^2}{N} \qquad n_{12} = n_{21} = \frac{-R_3 K_3 + K_1 K_2}{N}$$

$$n_{22} = \frac{R_1 R_3 - K_2^2}{N} \qquad n_{13} = n_{31} = \frac{+R_2 K_2 - K_1 K_3}{N}$$

$$n_{33} = \frac{R_1 R_2 - K_3^2}{N} \qquad n_{23} = n_{32} = \frac{+R_1 K_1 - K_2 K_3}{N}\,.$$

Siehe hierzu den Abschnitt **„Belastungsglieder"**

Fall 66/1: Schrägstab beliebig senkrecht belastet*)

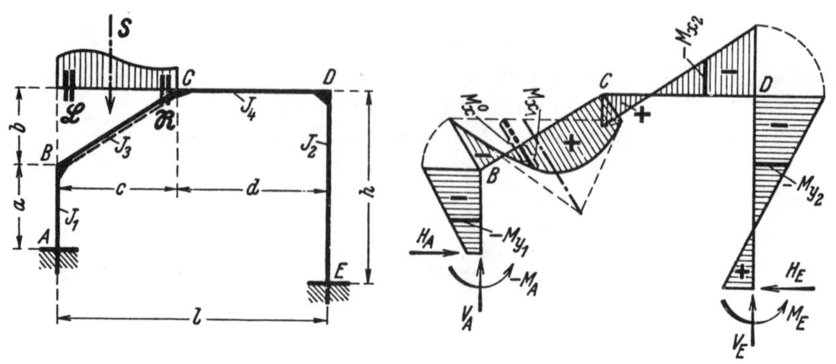

Hilfswerte: $\mathfrak{B}_1 = C_1 \delta \mathfrak{S}_l + (\mathfrak{L} + \delta \mathfrak{R}) k_3$ $\quad X_1 = \mathfrak{B}_1 n_{11} + \mathfrak{B}_2 n_{21} + \mathfrak{B}_3 n_{31}$

$\mathfrak{B}_2 = C_2 \delta \mathfrak{S}_l + \gamma \mathfrak{R} k_3$ $\quad X_2 = \mathfrak{B}_1 n_{12} + \mathfrak{B}_2 n_{22} + \mathfrak{B}_3 n_{32}$

$\mathfrak{B}_3 = C_3 \delta \mathfrak{S}_l + \beta \delta \mathfrak{R} k_3$ $\quad X_3 = \mathfrak{B}_1 n_{13} + \mathfrak{B}_2 n_{23} + \mathfrak{B}_3 n_{33}$

$M_A = \alpha X_3 - X_1 \qquad M_B = -X_1 \qquad M_D = -X_2 \qquad M_E = X_3 - X_2$

$$M_C = (\mathfrak{S}_l - X_1 - \beta X_3)\delta - \gamma X_2;$$

$$V_E = \frac{\mathfrak{S}_l - X_1 + X_2 - \beta X_3}{l} \qquad V_A = S - V_E; \qquad H_A = H_E = \frac{X_3}{h}.$$

Fall 66/2: Riegel beliebig senkrecht belastet*)

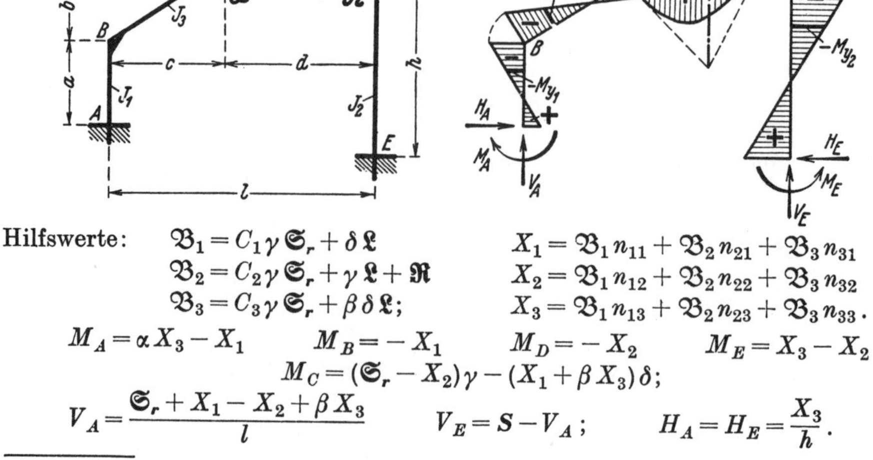

Hilfswerte: $\mathfrak{B}_1 = C_1 \gamma \mathfrak{S}_r + \delta \mathfrak{L}$ $\quad X_1 = \mathfrak{B}_1 n_{11} + \mathfrak{B}_2 n_{21} + \mathfrak{B}_3 n_{31}$

$\mathfrak{B}_2 = C_2 \gamma \mathfrak{S}_r + \gamma \mathfrak{L} + \mathfrak{R}$ $\quad X_2 = \mathfrak{B}_1 n_{12} + \mathfrak{B}_2 n_{22} + \mathfrak{B}_3 n_{32}$

$\mathfrak{B}_3 = C_3 \gamma \mathfrak{S}_r + \beta \delta \mathfrak{L};$ $\quad X_3 = \mathfrak{B}_1 n_{13} + \mathfrak{B}_2 n_{23} + \mathfrak{B}_3 n_{33}.$

$M_A = \alpha X_3 - X_1 \qquad M_B = -X_1 \qquad M_D = -X_2 \qquad M_E = X_3 - X_2$

$$M_C = (\mathfrak{S}_r - X_2)\gamma - (X_1 + \beta X_3)\delta;$$

$$V_A = \frac{\mathfrak{S}_r + X_1 - X_2 + \beta X_3}{l} \qquad V_E = S - V_A; \qquad H_A = H_E = \frac{X_3}{h}.$$

*) Wegen M_x und M_y siehe Seite 256.

Siehe hierzu den Abschnitt „**Belastungsglieder**"

Fall 66/3: Schrägstab beliebig waagerecht belastet*)

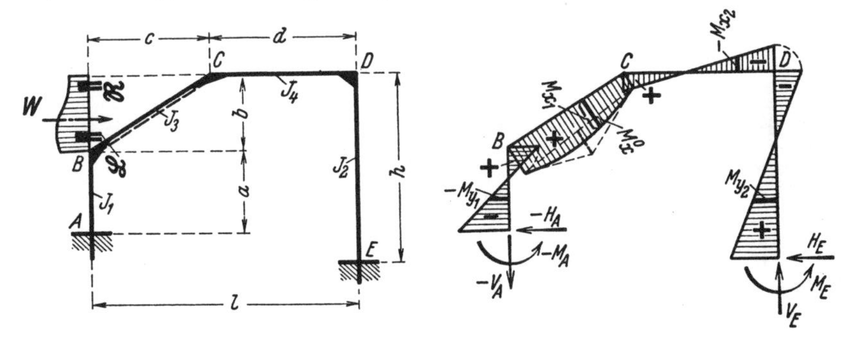

Hilfswerte:

$$\mathfrak{B}_1 = 3\,\boldsymbol{W} a\, k_1 - C_1 \delta\, \mathfrak{S}_l - (\mathfrak{L} + \delta\, \mathfrak{R})\, k_3 \qquad X_1 = +\,\mathfrak{B}_1 n_{11} - \mathfrak{B}_2 n_{21} - \mathfrak{B}_3 n_{31}$$

$$\mathfrak{B}_2 = C_2 \delta\, \mathfrak{S}_l + \gamma\, \mathfrak{R}\, k_3 \qquad X_2 = -\,\mathfrak{B}_1 n_{12} + \mathfrak{B}_2 n_{22} + \mathfrak{B}_3 n_{32}$$

$$\mathfrak{B}_3 = 2\,\boldsymbol{W} a\, \alpha\, k_1 + C_3 \delta\, \mathfrak{S}_l + \beta\, \delta\, \mathfrak{R}\, k_3; \qquad X_3 = -\,\mathfrak{B}_1 n_{13} + \mathfrak{B}_2 n_{23} + \mathfrak{B}_3 n_{33}.$$

$$M_A = -\,\boldsymbol{W} a + X_1 + \alpha X_3 \qquad M_B = X_1 \qquad M_D = -\,X_2$$

$$M_C = (\mathfrak{S}_l + X_1 - \beta X_3)\,\delta - \gamma X_2 \qquad M_E = X_3 - X_2;$$

$$V_E = -\,V_A = \frac{\mathfrak{S}_l + X_1 + X_2 - \beta X_3}{l}; \qquad H_E = \frac{X_3}{h} \qquad H_A = -\,(\boldsymbol{W} - H_E).$$

Fall 66/4: Linker Stiel beliebig waagerecht belastet*)

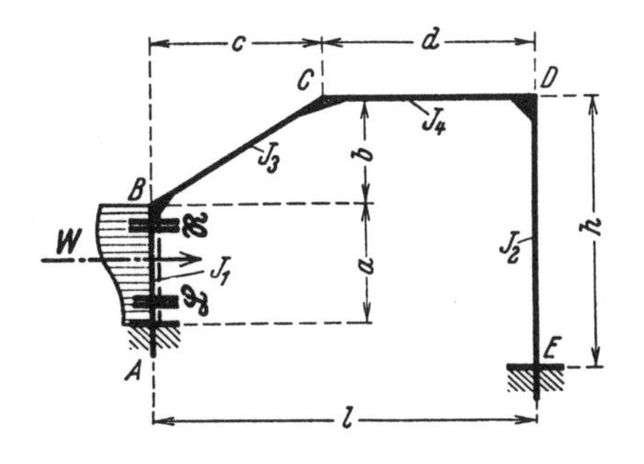

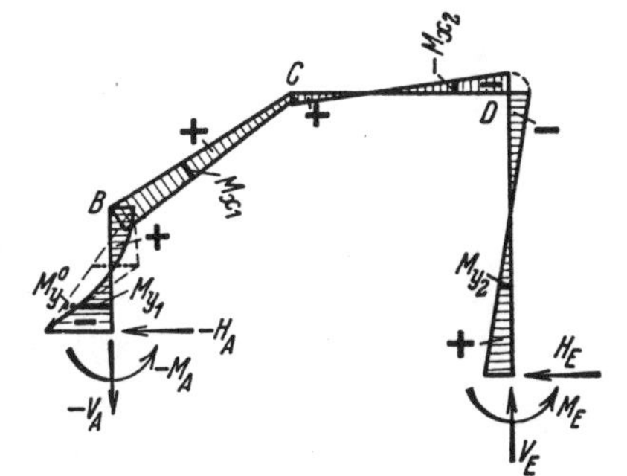

Hilfswerte:

$$\mathfrak{B}_1 = [3\,\mathfrak{S}_l - (\mathfrak{L} + \mathfrak{R})]\, k_1 \qquad X_1 = +\,\mathfrak{B}_1 n_{11} - \mathfrak{B}_3 n_{31}$$

$$\mathfrak{B}_3 = [2\,\mathfrak{S}_l - \mathfrak{L}]\, \alpha\, k_1; \qquad X_2 = -\,\mathfrak{B}_1 n_{12} + \mathfrak{B}_3 n_{32}$$

$$X_3 = -\,\mathfrak{B}_1 n_{13} + \mathfrak{B}_3 n_{33}.$$

$$M_A = -\,\mathfrak{S}_l + X_1 + \alpha X_3 \qquad M_B = X_1 \qquad M_D = -\,X_2$$

$$M_C = (X_1 - \beta X_3)\,\delta - \gamma X_2 \qquad M_E = X_3 - X_2;$$

$$V_E = -\,V_A = \frac{X_1 + X_2 - \beta X_3}{l}; \qquad H_E = \frac{X_3}{h} \qquad H_A = -\,(\boldsymbol{W} - H_E).$$

*) Wegen M_x und M_y siehe Seite 256.

Fall 66/5: Rechter Stiel beliebig waagerecht belastet*)

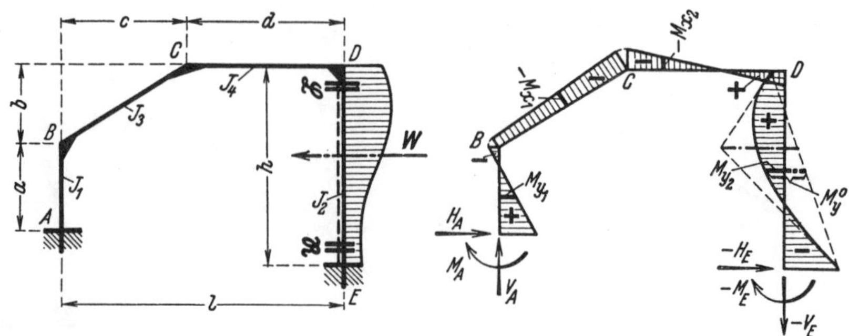

Hilfswerte:

$$\mathfrak{B}_2 = [3\,\mathfrak{S}_r - (\mathfrak{L} + \mathfrak{R})]\,k_2 \qquad X_1 = -\,\mathfrak{B}_2 n_{21} + \mathfrak{B}_3 n_{31}$$

$$\mathfrak{B}_3 = [2\,\mathfrak{S}_r - \mathfrak{R}]\,k_2; \qquad X_2 = +\,\mathfrak{B}_2 n_{22} - \mathfrak{B}_3 n_{32}$$

$$X_3 = -\,\mathfrak{B}_2 n_{23} + \mathfrak{B}_3 n_{33}.$$

$$M_A = \alpha X_3 - X_1 \qquad M_B = -X_1 \qquad M_E = -\,\mathfrak{S}_r + X_2 + X$$

$$M_C = -(X_1 + \beta X_3)\,\delta + \gamma X_2 \qquad M_D = X_2;$$

$$V_A = -V_E = \frac{X_1 + X_2 + \beta X_3}{l}; \qquad H_A = \frac{X_3}{h} \qquad H_E = -(W - H_A).$$

Fall 66/6: Gleichmäßige Wärmezunahme im ganzen Rahmen*)

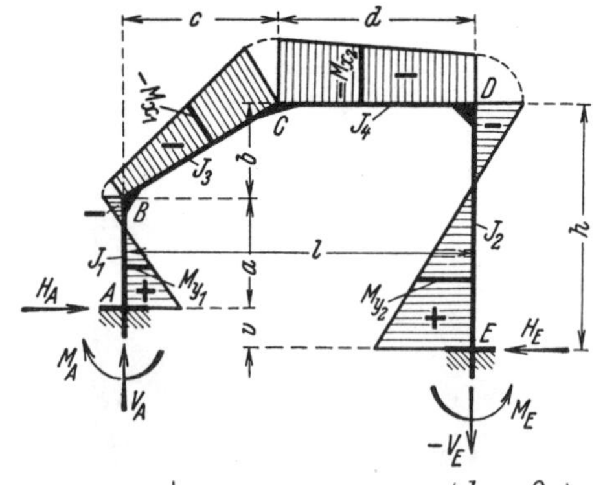

E = Elastizitätsmodul,

a_T = Wärmeausdehnungszahl,

t = Wärmeänderung in Grad.

Hilfswerte:

$$v = h - (a + b)\,^{**});$$

$$T = \frac{6\,E\,J_4\,a_T\,t}{d};$$

$$X_1 = T\left[\frac{v}{l}(-n_{11} + n_{21}) + \left(\frac{l}{h} - \frac{\beta v}{l}\right) n_{31}\right] \qquad M_A = \alpha X_3 - X_1$$

$$X_2 = T\left[\frac{v}{l}(-n_{12} + n_{22}) + \left(\frac{l}{h} - \frac{\beta v}{l}\right) n_{32}\right] \qquad M_B = -X_1 \qquad M_D = -X_2$$

$$X_3 = T\left[\frac{v}{l}(-n_{13} + n_{23}) + \left(\frac{l}{h} - \frac{\beta v}{l}\right) n_{33}\right] \qquad M_E = X_3 - X_2$$

$$V_A = -V_E = \frac{X_1 - X_2 + \beta X_3}{l} \qquad H_A = H_E = \frac{X_3}{h} \qquad M_C = -(X_1 + \beta X_3)\,\delta - \gamma X_2.$$

Bemerkung: Bei Wärmeabnahme kehren alle Kräfte ihren Pfeilsinn um und alle Momente erhalten entgegengesetztes Vorzeichen.

*) Wegen M_x und M_y siehe Seite 256. **) Für $(a + b) > h$ wird v negativ!

Fall 66/7: Waagerechte Einzellast am Eckpunkt B*)

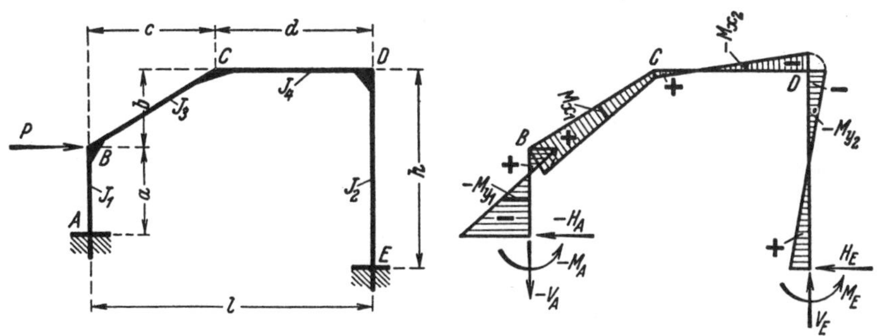

Hilfswerte:

$$X_1 = P a k_1 (+3 n_{11} - 2 \alpha n_{31}) \qquad M_B = X_1$$
$$X_2 = P a k_1 (-3 n_{12} + 2 \alpha n_{32}) \qquad M_D = -X_2$$
$$X_3 = P a k_1 (-3 n_{13} + 2 \alpha n_{33}). \qquad M_E = X_3 - X_2$$
$$M_A = -Pa + X_1 + \alpha X_3 \qquad M_C = (X_1 - \beta X_3)\delta - \gamma X_2;$$
$$V_E = -V_A = \frac{X_1 + X_2 - \beta X_3}{l}; \qquad H_E = \frac{X_3}{h} \qquad H_A = -(P - H_E).$$

Fall 66/8: Waagerechte Einzellast am Eckpunkt D*)

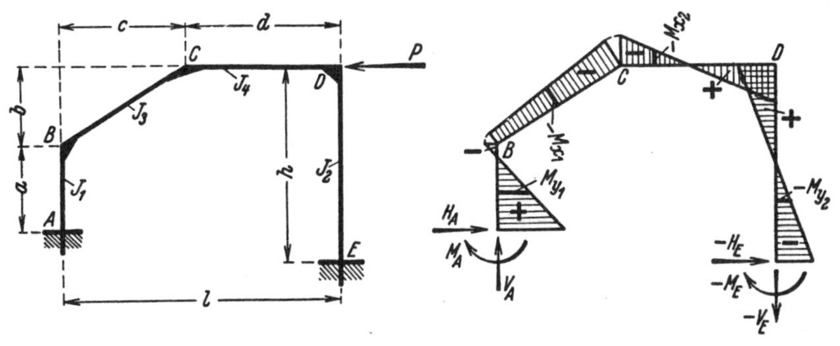

Hilfswerte:

$$X_1 = P h k_2 (-3 n_{21} + 2 n_{31}) \qquad M_A = \alpha X_3 - X_1$$
$$X_2 = P h k_2 (+3 n_{22} - 2 n_{32}) \qquad M_B = -X_1$$
$$X_3 = P h k_2 (-3 n_{23} + 2 n_{33}). \qquad M_D = X_2$$
$$M_C = -(X_1 + \beta X_3)\delta + \gamma X_2 \qquad M_E = -Ph + X_2 + X_3;$$
$$V_A = -V_E = \frac{X_1 + X_2 + \beta X_3}{l}; \qquad H_A = \frac{X_3}{h} \qquad H_E = -(P - H_A).$$

Bemerkung: Bei einer von links nach rechts gerichteten waagerechten Last P, am Eckpunkt C angreifend, gelten vorstehende Formeln mit der Maßgabe, daß alle Momente und Kräfte umgekehrtes Vorzeichen erhalten.

*) Wegen M_x und M_y siehe Seite 256.

Fall 66/9: Senkrechte Einzellast am Eckpunkt C

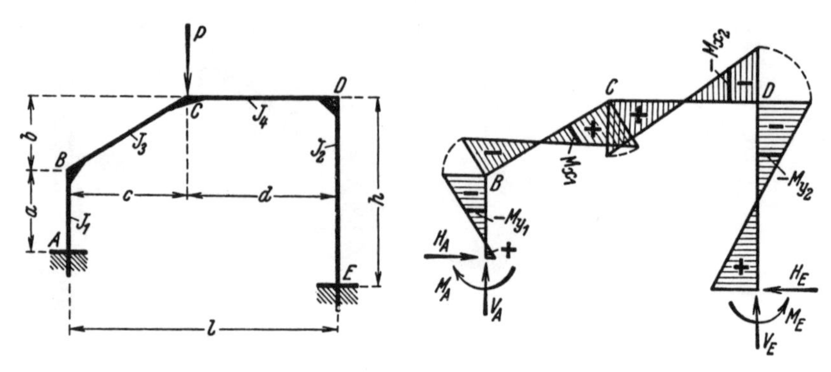

Hilfswerte:

$$X_1 = \frac{P c d}{l} (C_1 n_{11} + C_2 n_{21} + C_3 n_{31})$$

$$X_2 = \frac{P c d}{l} (C_1 n_{12} + C_2 n_{22} + C_3 n_{32})$$

$$X_3 = \frac{P c d}{l} (C_1 n_{13} + C_2 n_{23} + C_3 n_{33})$$

$$M_A = \alpha X_3 - X_1 \qquad M_B = -X_1 \qquad M_D = -X_2 \qquad M_E = X_3 - X_2$$

$$M_C = \frac{P c d}{l} - (X_1 + \beta X_3) \delta - \gamma X_2;$$

$$V_A = \frac{P d + X_1 - X_2 + \beta X_3}{l} \qquad V_E = P - V_A; \qquad H_A = H_E = \frac{X_3}{h}.$$

Anschriebe für die Momente in beliebigen Stabpunkten für alle Belastungsfälle der Rahmenform 66

Anteile aus den Einspann- und Eckmomenten allein:

$$M_{y1} = \frac{y_1'}{a} M_A + \frac{y_1}{a} M_B \qquad M_{y2} = \frac{y_2}{h} M_D + \frac{y_2'}{h} M_E$$

$$M_{x1} = \frac{x_1'}{c} M_B + \frac{x_1}{c} M_C \qquad M_{x2} = \frac{x_2'}{d} M_C + \frac{x_2}{d} M_D.$$

Zu diesen Werten kommt für die direkt belasteten Stäbe jeweils das Glied M_y^0 bzw. M_x^0 hinzu.

Rahmenform 67

Eingespannter Rechteckrahmen mit einer abgeschrägten Ecke

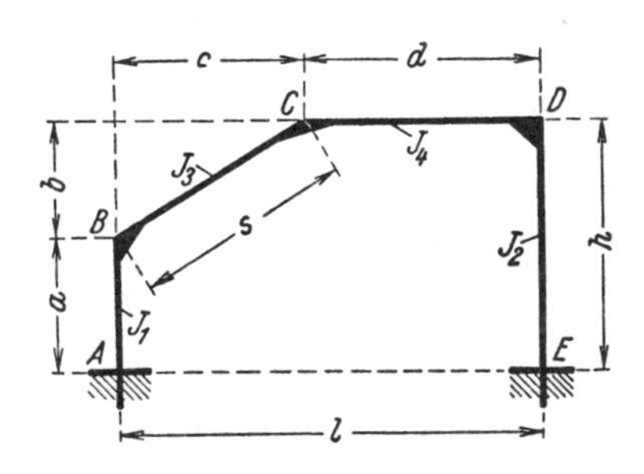

Rahmenform, Abmessungen und Bezeichnungen

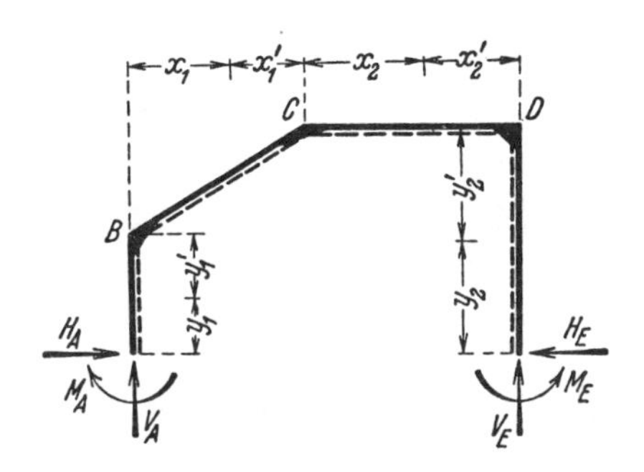

Festlegung der positiven Richtung aller Stützkräfte und der Koordinaten beliebiger Stabpunkte. Positive Biegungsmomente erzeugen an der gestrichelten Stabseite Zug

Alle **Festwerte** und **Formeln für äußere Belastung** lauten genau wie für Rahmenform 66. Siehe hierzu die Seiten 251 bis 256.

Für **gleichmäßige Wärmeänderung** vereinfachen sich (wegen $v = 0$) die ,,Hilfswerte" auf Seite 254 unten wie folgt:

$$T' = \frac{6\,E\,J_4\,\alpha_T\,t}{d} \cdot \frac{l}{h};$$

$$X_1 = T' \cdot n_{31} \qquad X_2 = T' \cdot n_{32} \qquad X_3 = T' \cdot n_{33}.$$

Rahmenform 68

Zweigelenk-Shedrahmen

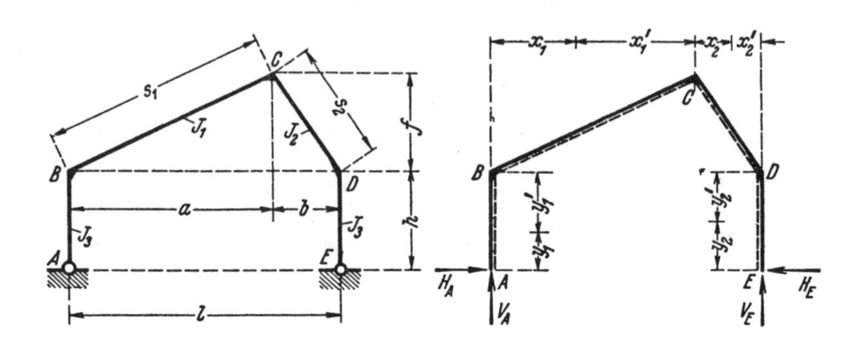

Rahmenform, Abmessungen und Bezeichnungen

Festlegung der positiven Richtung aller Stützkräfte und der Koordinaten beliebiger Stabpunkte

Festwerte:

$$k_1 = \frac{J_3}{J_1} \cdot \frac{s_1}{h} \qquad k_2 = \frac{J_3}{J_2} \cdot \frac{s_2}{h}; \qquad \alpha = \frac{a}{l} \qquad \beta = \frac{b}{l} \qquad (\alpha + \beta = 1);$$

$$\varphi = \frac{f}{h} \qquad m = 1 + \varphi; \qquad \begin{aligned} B &= 2 + (2 + m)\,k_1 \\ C &= (1 + 2m)(k_1 + k_2) \\ D &= 2 + (2 + m)\,k_2; \end{aligned}$$

$$N = B + mC + D = 4 + 2(1 + m + m^2)(k_1 + k_2).$$

Anschriebe für die Momente in beliebigen Stabpunkten aller nicht direkt belasteten Stäbe für alle Lastfälle der Rahmenform 68

$$M_{x1} = \frac{x_1'}{a} \cdot M_B + \frac{x_1}{a} \cdot M_C \qquad M_{x2} = \frac{x_2'}{b} \cdot M_C + \frac{x_2}{b} \cdot M_D$$

$$M_{y1} = \frac{y_1}{h} \cdot M_B \qquad M_{y2} = \frac{y_2}{h} \cdot M_D.$$

Bemerkung: Zu diesen Werten kommt für die direkt belasteten Stäbe jeweils das Glied M_x^0 bzw. M_y^0.

Siehe hierzu den Abschnitt „**Belastungsglieder**"

Fall 68/1: Linker Schrägstab beliebig waagerecht belastet

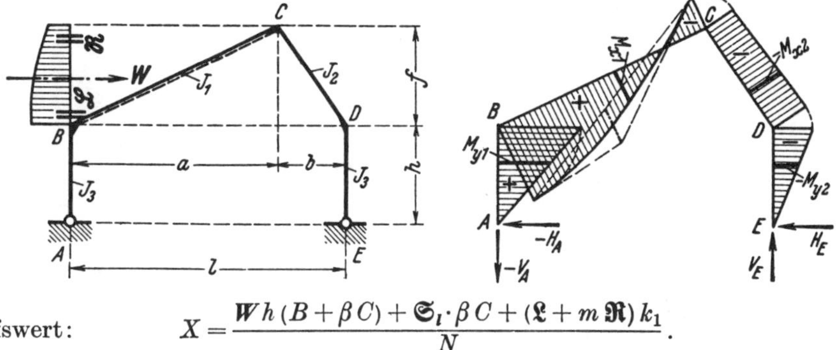

Hilfswert: $$X = \frac{\boldsymbol{W} h (B + \beta C) + \mathfrak{S}_l \cdot \beta C + (\mathfrak{L} + m \mathfrak{R}) k_1}{N}.$$

$$M_B = \boldsymbol{W} h - X \qquad M_C = \beta(\boldsymbol{W} h + \mathfrak{S}_l) - m X \qquad M_D = -X;$$

$$V_E = -V_A = \frac{\boldsymbol{W} h + \mathfrak{S}_l}{l}; \qquad H_E = \frac{X}{h} \qquad H_A = -(\boldsymbol{W} - H_E).$$

Fall 68/2: Linker Stiel beliebig waagerecht belastet

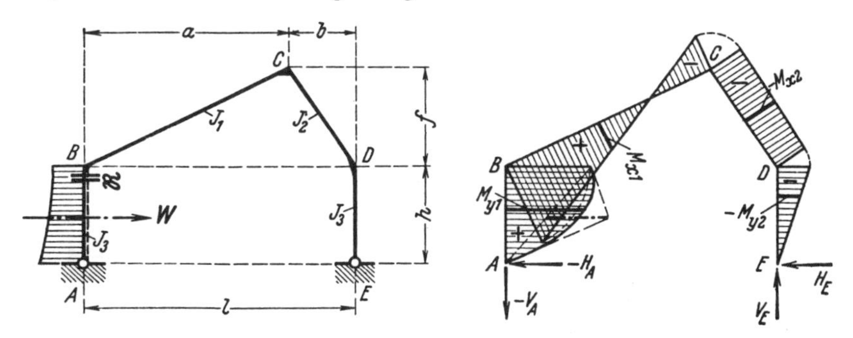

Hilfswert: $$X = \frac{\mathfrak{S}_l (B + \beta C) + \mathfrak{R}}{N}. \qquad M_{y1} = \boldsymbol{M}_y^0 + \frac{y_1}{h} \cdot M_B;$$

$$M_B = \mathfrak{S}_l - X \qquad M_C = \beta \mathfrak{S}_l - m X \qquad M_D = -X;$$

$$V_E = -V_A = \frac{\mathfrak{S}_l}{l}; \qquad H_E = \frac{X}{h} \qquad H_A = -(\boldsymbol{W} - H_E).$$

Fall 68/3: Waagerechte Einzellast P am Eckpunkt B*)

$$X = P h \cdot \frac{B + \beta C}{N}. \qquad M_B = P h - X \qquad M_C = P h \cdot \beta - m X \qquad M_D = -X;$$

$$V_E = -V_A = \frac{P h}{l}; \qquad H_E = \frac{X}{h} \qquad H_A = -P + \frac{X}{h}.$$

*) Folgt aus Fall 68/1 für $\boldsymbol{W} = P$, oder aus Fall 68/2 für $\boldsymbol{W} = P$ und $\mathfrak{S}_l = P h$, während alle übrigen Belastungsglieder verschwinden.

Siehe hierzu den Abschnitt „**Belastungsglieder**"

Fall 68/4: Rechter Schrägstab beliebig waagerecht belastet

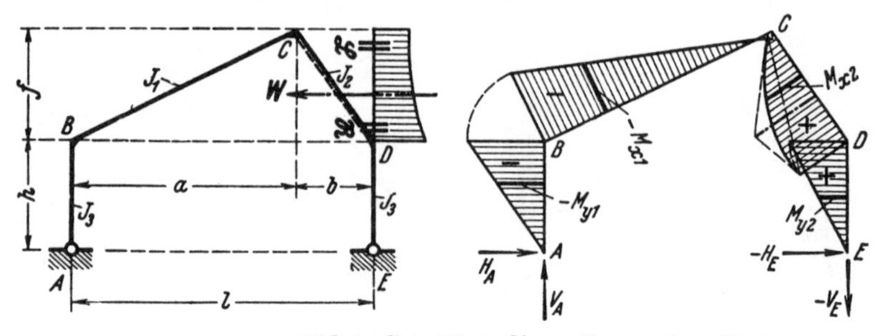

Hilfswert: $$X = \frac{Wh(\alpha C + D) + \mathfrak{S}_r \cdot \alpha C + (m\mathfrak{L} + \mathfrak{R})k_2}{N}.$$

$M_B = -X \qquad M_C = \alpha(Wh + \mathfrak{S}_r) - mX \qquad M_D = Wh - X;$

$V_A = -V_E = \dfrac{Wh + \mathfrak{S}_r}{l}; \qquad H_A = \dfrac{X}{h} \qquad H_E = -(W - H_A).$

Fall 68/5: Rechter Stiel beliebig waagerecht belastet

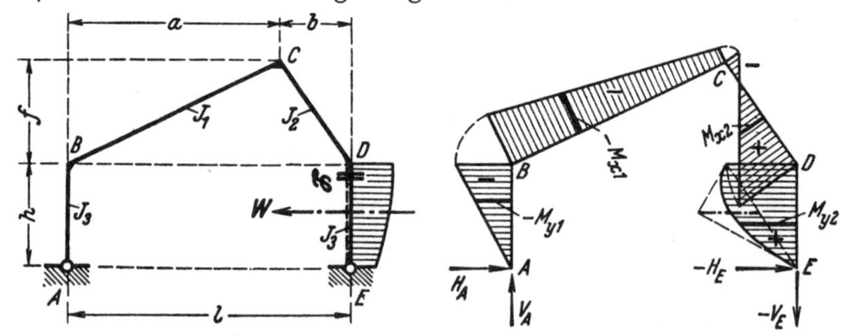

Hilfswert: $X = \dfrac{\mathfrak{S}_r(\alpha C + D) + \mathfrak{L}}{N}. \qquad M_{y2} = M_y^0 + \dfrac{y_2}{h} \cdot M_D;$

$M_B = -X \qquad M_C = \alpha\mathfrak{S}_r - mX \qquad M_D = \mathfrak{S}_r - X;$

$V_A = -V_E = \dfrac{\mathfrak{S}_r}{l}; \qquad H_A = \dfrac{X}{h} \qquad H_E = -(W - H_A).$

Fall 68/6: Waagerechte Einzellast P am Eckpunkt D*)

$X = Ph \cdot \dfrac{\alpha C + D}{N}. \qquad M_B = -X \qquad M_C = Ph \cdot \alpha - mX \qquad M_D = Ph - X;$

$V_A = -V_E = \dfrac{Ph}{l}; \qquad H_A = \dfrac{X}{h} \qquad H_E = -P + \dfrac{X}{h}.$

*) Folgt aus Fall 68/4 für $W = P$, oder aus Fall 68/5 für $W = P$ und $\mathfrak{S}_r = Ph$, während alle übrigen Belastungsglieder verschwinden.

Siehe hierzu den Abschnitt „**Belastungsglieder**"

Fall 68/7: Linker Schrägstab beliebig senkrecht belastet

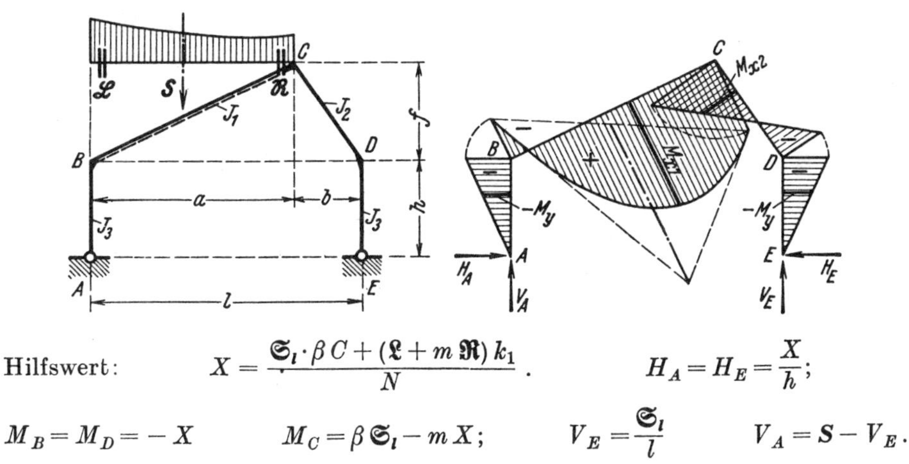

Hilfswert: $X = \dfrac{\mathfrak{S}_l \cdot \beta C + (\mathfrak{L} + m\,\mathfrak{R})\,k_1}{N}$. $H_A = H_E = \dfrac{X}{h}$;

$M_B = M_D = -X$ $M_C = \beta\,\mathfrak{S}_l - m X$; $V_E = \dfrac{\mathfrak{S}_l}{l}$ $V_A = S - V_E$.

Fall 68/8: Rechter Schrägstab beliebig senkrecht belastet

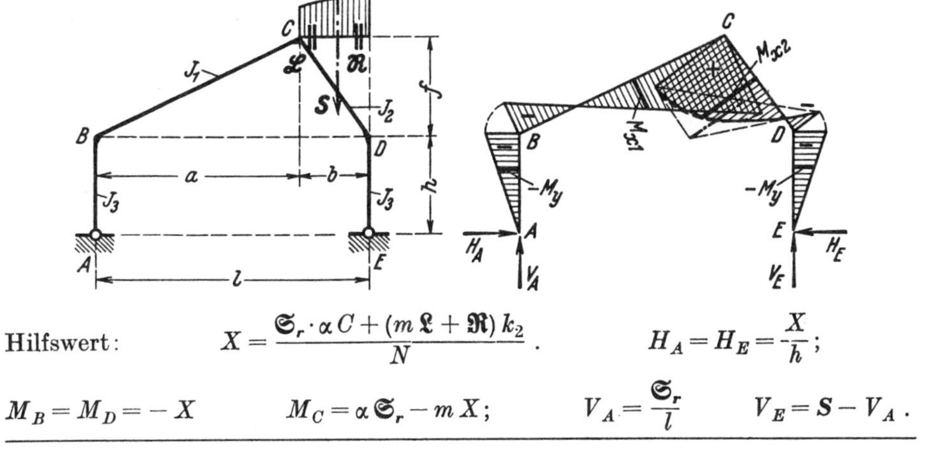

Hilfswert: $X = \dfrac{\mathfrak{S}_r \cdot \alpha C + (m\,\mathfrak{L} + \mathfrak{R})\,k_2}{N}$. $H_A = H_E = \dfrac{X}{h}$;

$M_B = M_D = -X$ $M_C = \alpha\,\mathfrak{S}_r - m X$; $V_A = \dfrac{\mathfrak{S}_r}{l}$ $V_E = S - V_A$.

Fall 68/9: Senkrechte Einzellast P am Punkte C*)

$$M_B = M_D = -\frac{P a b}{l} \cdot \frac{C}{N} \qquad M_C = +\frac{P a b}{l} \cdot \frac{B + D}{N};$$

$$V_A = \frac{P b}{l} \qquad V_E = \frac{P a}{l}; \qquad H_A = H_E = \frac{-M_B}{h}.$$

*) Folgt aus Fall 68/7 für $S = P$ und $\mathfrak{S}_l = Pa$, oder aus Fall 68/8 für $S = P$ und $\mathfrak{S}_r = Pb$, während alle übrigen Belastungsglieder verschwinden.

Fall 68/10: Waagerechte Einzellast am Firstpunkt C

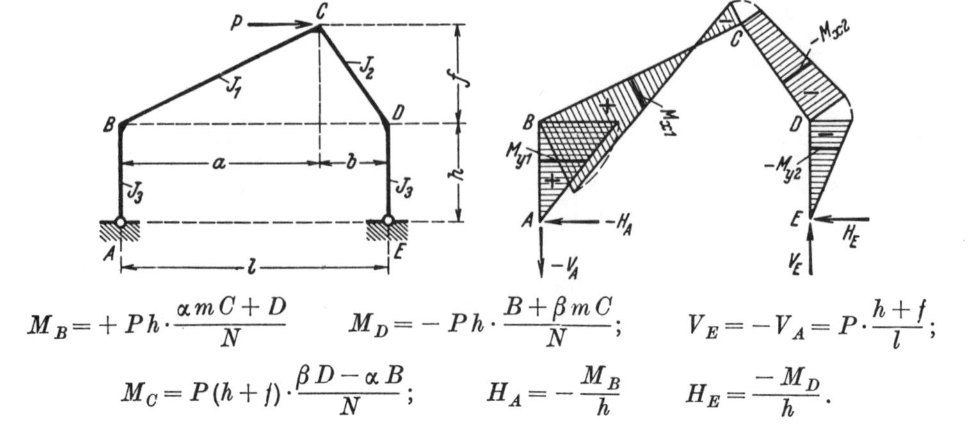

$$M_B = +Ph \cdot \frac{\alpha m C + D}{N} \qquad M_D = -Ph \cdot \frac{B + \beta m C}{N}; \qquad V_E = -V_A = P \cdot \frac{h+f}{l};$$

$$M_C = P(h+f) \cdot \frac{\beta D - \alpha B}{N}; \qquad H_A = -\frac{M_B}{h} \qquad H_E = \frac{-M_D}{h}.$$

Bemerkung: Fall 68/10 folgt aus Fall 68/1 für $\mathfrak{W} = P$ und $\mathfrak{S}_l = Pf$, oder aus Fall 68/4 für $\mathfrak{W} = -P$ und $\mathfrak{S}_r = -Pf$, während alle übrigen Belastungsglieder verschwinden.

Fall 68/11: Gleichmäßige Wärmezunahme im ganzen Rahmen*)

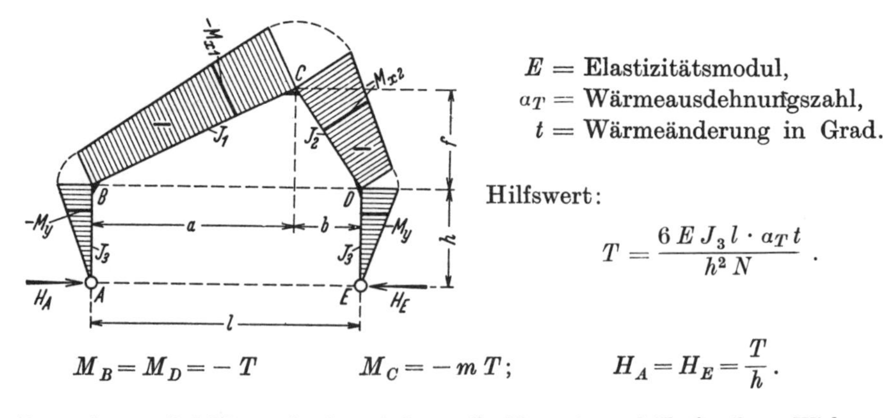

E = Elastizitätsmodul,
α_T = Wärmeausdehnungszahl,
t = Wärmeänderung in Grad.

Hilfswert:

$$T = \frac{6 E J_3 l \cdot \alpha_T t}{h^2 N}.$$

$$M_B = M_D = -T \qquad M_C = -mT; \qquad H_A = H_E = \frac{T}{h}.$$

Bemerkung: Bei Wärmeabnahme kehren alle Momente und Kräfte ihren Wirkungssinn um.

Fall 68/12: Gleichmäßige Wärmezunahme nur des Schrägstabes s_1 oder nur des Schrägstabes s_2

In Fall 68/11 tritt an Stelle des Hilfswertes T der Wert

$$T_1 = \alpha \cdot T \qquad \text{oder} \qquad T_2 = \beta \cdot T.$$

*) Gleichmäßige Wärmeänderung eines oder beider Stiele erzeugt keine Momente und Kräfte.

Rahmenform 69

Shedrahmen mit einem festen Fußgelenk und einem waagerecht beweglichen Auflager, verbunden durch ein elastisches Zugband

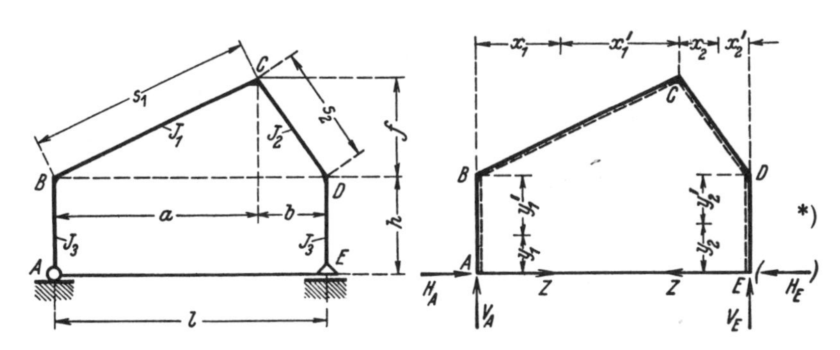

Rahmenform, Abmessungen und Bezeichnungen

Festlegung der positiven Richtung aller Stützkräfte und der Koordinaten beliebiger Stabpunkte

Festwerte:

$$k_1 = \frac{J_3}{J_1} \cdot \frac{s_1}{h} \qquad k_2 = \frac{J_3}{J_2} \cdot \frac{s_2}{h}; \qquad \alpha = \frac{a}{l} \qquad \beta = \frac{b}{l} \qquad (\alpha + \beta = 1);$$

$$\varphi = \frac{f}{h} \qquad m = 1 + \varphi; \qquad \begin{aligned} B &= 2 + (2 + m)\,k_1 \\ C &= (1 + 2m)\,(k_1 + k_2) \\ D &= 2 + (2 + m)\,k_2; \end{aligned}$$

$$N = B + mC + D = 4 + 2(1 + m + m^2)(k_1 + k_2);$$

$$L = \frac{6\,J_3\,l}{h^3 F_Z} \cdot \frac{E}{E_Z}; \qquad N_Z = N + L.$$

E = Elastizitätsmodul des Rahmenbaustoffes,
E_Z = Elastizitätsmodul des Zugbandstoffes,
F_Z = Querschnittsfläche des Zugbandes.

Bemerkung: Die Anschriebe für die Momente in beliebigen Stabpunkten lauten genau wie für Rahmenform 68, siehe Seite 258.

*) H_E tritt auf wenn das feste Gelenk bei E ist.

Fall 69/1: Beide Schrägstäbe beliebig senkrecht belastet (Festes Gelenk bei A oder E)

(Siehe hierzu den Abschnitt **„Belastungsglieder“**)

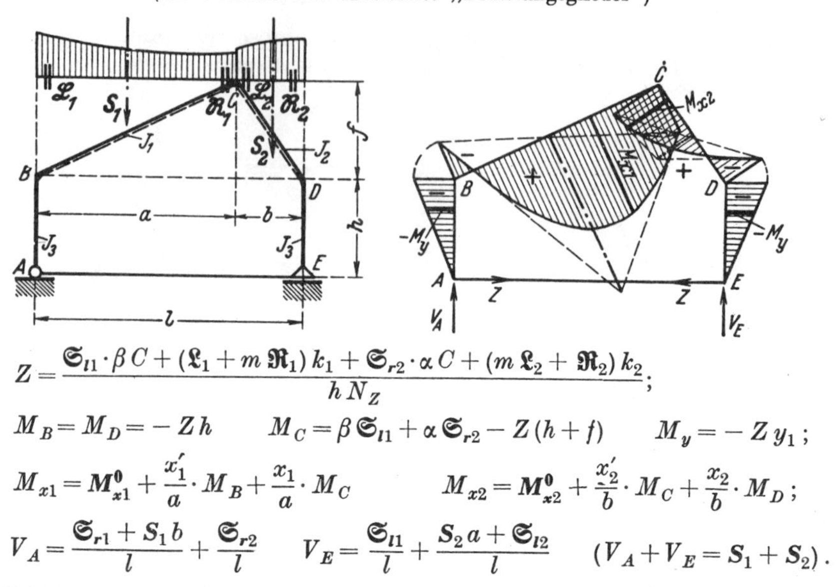

$$Z = \frac{\mathfrak{S}_{l1} \cdot \beta C + (\mathfrak{L}_1 + m\,\mathfrak{R}_1)\,k_1 + \mathfrak{S}_{r2} \cdot \alpha C + (m\,\mathfrak{L}_2 + \mathfrak{R}_2)\,k_2}{h\,N_Z};$$

$$M_B = M_D = -Z h \qquad M_C = \beta\,\mathfrak{S}_{l1} + \alpha\,\mathfrak{S}_{r2} - Z(h+f) \qquad M_y = -Z y_1;$$

$$M_{x1} = M^0_{x1} + \frac{x'_1}{a} \cdot M_B + \frac{x_1}{a} \cdot M_C \qquad M_{x2} = M^0_{x2} + \frac{x'_2}{b} \cdot M_C + \frac{x_2}{b} \cdot M_D;$$

$$V_A = \frac{\mathfrak{S}_{r1} + S_1 b}{l} + \frac{\mathfrak{S}_{r2}}{l} \qquad V_E = \frac{\mathfrak{S}_{l1}}{l} + \frac{S_2 a + \mathfrak{S}_{l2}}{l} \qquad (V_A + V_E = S_1 + S_2).$$

Fall 69/2: Gleichmäßige Wärmezunahme im ganzen Rahmen

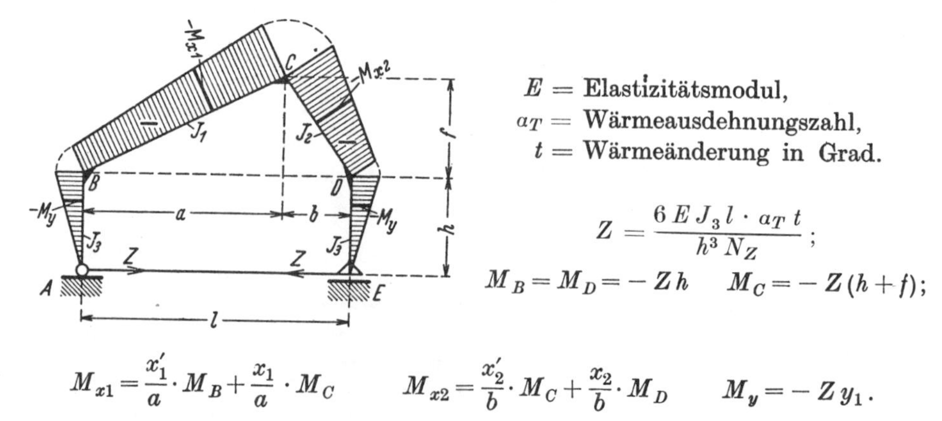

E = Elastizitätsmodul,
α_T = Wärmeausdehnungszahl,
t = Wärmeänderung in Grad.

$$Z = \frac{6\,E\,J_3\,l \cdot \alpha_T\,t}{h^3\,N_Z};$$

$$M_B = M_D = -Z h \qquad M_C = -Z(h+f);$$

$$M_{x1} = \frac{x'_1}{a} \cdot M_B + \frac{x_1}{a} \cdot M_C \qquad M_{x2} = \frac{x'_2}{b} \cdot M_C + \frac{x_2}{b} \cdot M_D \qquad M_y = -Z y_1.$$

Bemerkungen: Gleichmäßige Wärmezunahme eines oder beider Stiele erzeugt keine Momente und Kräfte. — Bei gleichmäßiger Wärmezunahme nur des Schrägstabes s_1 oder nur des Schrägstabes s_2 ist in der Formel für Z die Länge l durch die Teillänge a bzw. b zu ersetzen. — Bei Wärmeabnahme kehren alle Momente und Kräfte ihren Wirkungssinn um*).

*) Bei Wärmeabnahme wird $Z = -Z'$, wobei Z' eine Druckkraft ist. Siehe hierzu die Fußnote Seite 266.

Festwerte siehe Seite 263

Siehe hierzu den Abschnitt „Belastungsglieder"

Fall 69/3: Linker Schrägstab beliebig waagerecht belastet (Festes Gelenk bei A)

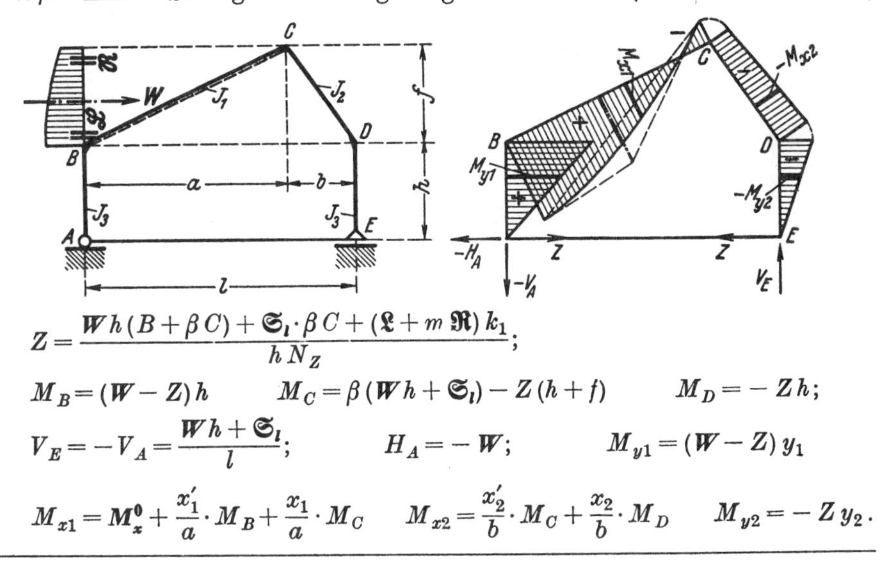

$$Z = \frac{\mathfrak{W} h (B + \beta C) + \mathfrak{S}_l \cdot \beta C + (\mathfrak{L} + m\,\mathfrak{R}) k_1}{h N_Z};$$

$M_B = (\mathfrak{W} - Z) h \qquad M_C = \beta(\mathfrak{W} h + \mathfrak{S}_l) - Z(h + f) \qquad M_D = -Zh;$

$V_E = -V_A = \dfrac{\mathfrak{W} h + \mathfrak{S}_l}{l}; \qquad H_A = -\mathfrak{W}; \qquad M_{y1} = (\mathfrak{W} - Z) y_1$

$M_{x1} = \mathbf{M}_x^0 + \dfrac{x_1'}{a} \cdot M_B + \dfrac{x_1}{a} \cdot M_C \qquad M_{x2} = \dfrac{x_2'}{b} \cdot M_C + \dfrac{x_2}{b} \cdot M_D \qquad M_{y2} = -Z y_2.$

Fall 69/4: Linker Stiel beliebig waagerecht belastet (Festes Gelenk bei A)

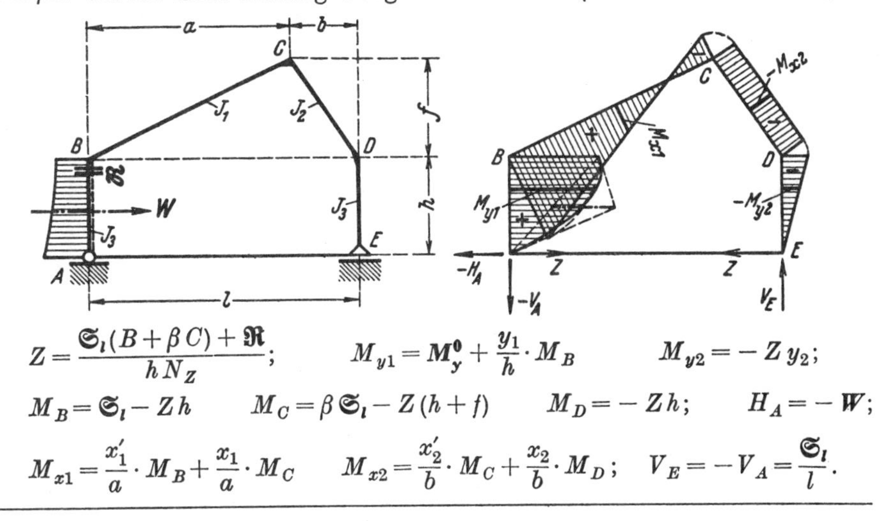

$Z = \dfrac{\mathfrak{S}_l(B + \beta C) + \mathfrak{R}}{h N_Z}; \qquad M_{y1} = \mathbf{M}_y^0 + \dfrac{y_1}{h} \cdot M_B \qquad M_{y2} = -Z y_2;$

$M_B = \mathfrak{S}_l - Zh \qquad M_C = \beta \mathfrak{S}_l - Z(h + f) \qquad M_D = -Zh; \qquad H_A = -\mathfrak{W};$

$M_{x1} = \dfrac{x_1'}{a} \cdot M_B + \dfrac{x_1}{a} \cdot M_C \qquad M_{x2} = \dfrac{x_2'}{b} \cdot M_C + \dfrac{x_2}{b} \cdot M_D; \qquad V_E = -V_A = \dfrac{\mathfrak{S}_l}{l}.$

Fall 69/5: Waagerechte Einzellast P am Eckpunkt B (Festes Gelenk bei A)

Die Formeln ergeben sich aus Fall 69/3 für $\mathfrak{W} = P$, oder aus Fall 69/4 für $\mathfrak{W} = P$ und $\mathfrak{S}_l = Ph$, während alle übrigen Belastungsglieder verschwinden.

Siehe hierzu den Abschnitt „**Belastungsglieder**"

Fall 69/6: Linker Schrägstab beliebig waagerecht belastet (Festes Gelenk bei E)

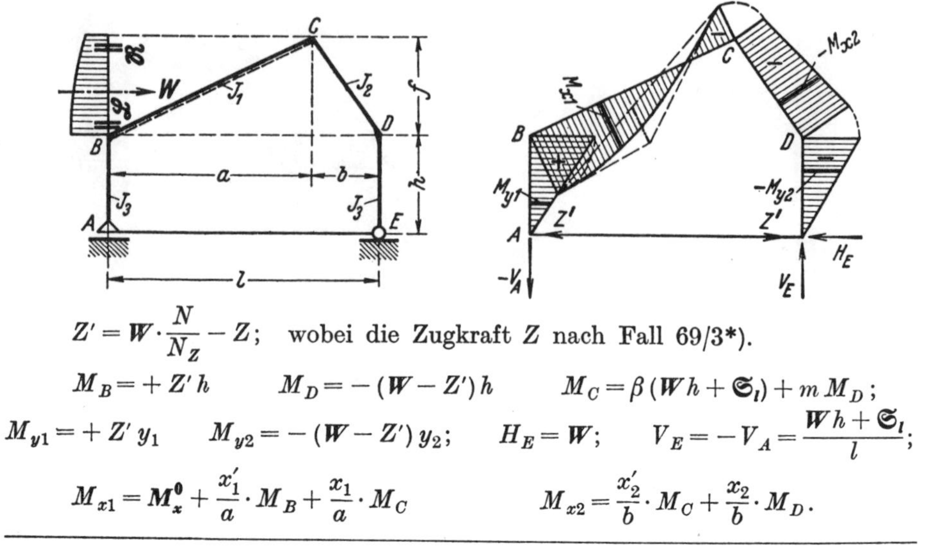

$$Z' = W \cdot \frac{N}{N_Z} - Z;$$ wobei die Zugkraft Z nach Fall 69/3*).

$$M_B = +Z'h \qquad M_D = -(W - Z')h \qquad M_C = \beta(Wh + \mathfrak{S}_l) + m\,M_D;$$

$$M_{y1} = +Z'y_1 \qquad M_{y2} = -(W - Z')y_2; \qquad H_E = W; \qquad V_E = -V_A = \frac{Wh + \mathfrak{S}_l}{l};$$

$$M_{x1} = \mathbf{M}_x^0 + \frac{x_1'}{a} \cdot M_B + \frac{x_1}{a} \cdot M_C \qquad M_{x2} = \frac{x_2'}{b} \cdot M_C + \frac{x_2}{b} \cdot M_D.$$

Fall 69/7: Linker Stiel beliebig waagerecht belastet (Festes Gelenk bei E)

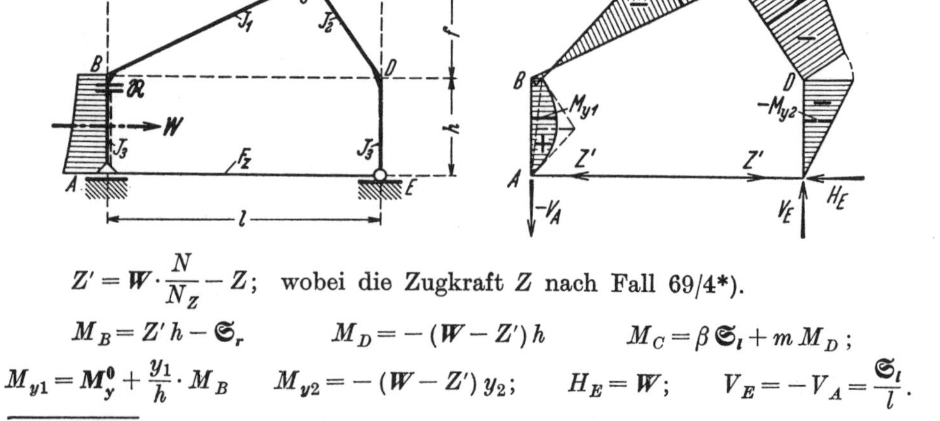

$$Z' = W \cdot \frac{N}{N_Z} - Z;$$ wobei die Zugkraft Z nach Fall 69/4*).

$$M_B = Z'h - \mathfrak{S}_r \qquad M_D = -(W - Z')h \qquad M_C = \beta\,\mathfrak{S}_l + m\,M_D;$$

$$M_{y1} = \mathbf{M}_y^0 + \frac{y_1}{h} \cdot M_B \qquad M_{y2} = -(W - Z')y_2; \qquad H_E = W; \qquad V_E = -V_A = \frac{\mathfrak{S}_l}{l}.$$

*) Die Zugbandkraft Z' ist bei obigen 2 Fällen eine Druckkraft. Dieser Umstand hat selbstverständlich nur dann einen Sinn, wenn diese Druckkraft kleiner bleibt als die Zugkraft aus ständiger Last, so daß stets ein Rest Zugkraft im Zugbande verbleibt. Das gleiche gilt für die Fälle 69/11 und 12 Seite 268, sowie für den Fall der Wärmeabnahme, siehe Seite 264.

Siehe hierzu den Abschnitt „**Belastungsglieder**"

Fall 69/8: Rechter Schrägstab beliebig waagerecht belastet (Festes Gelenk bei E)

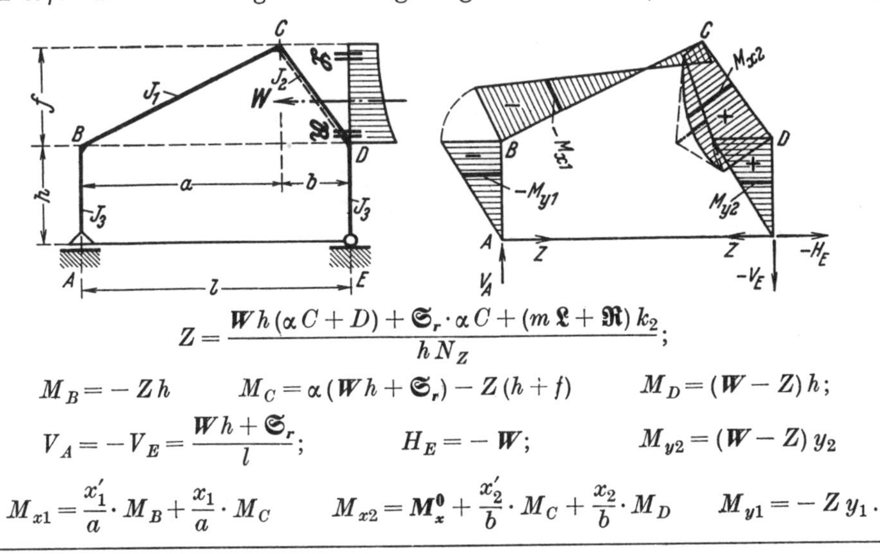

$$Z = \frac{\mathfrak{W} h(\alpha C + D) + \mathfrak{S}_r \cdot \alpha C + (m\,\mathfrak{L} + \mathfrak{R})\,k_2}{h N_Z};$$

$M_B = -Zh \qquad M_C = \alpha(\mathfrak{W} h + \mathfrak{S}_r) - Z(h+f) \qquad M_D = (\mathfrak{W} - Z)\,h;$

$V_A = -V_E = \dfrac{\mathfrak{W} h + \mathfrak{S}_r}{l}; \qquad H_E = -\mathfrak{W}; \qquad M_{y2} = (\mathfrak{W} - Z)\,y_2$

$M_{x1} = \dfrac{x_1'}{a} \cdot M_B + \dfrac{x_1}{a} \cdot M_C \qquad M_{x2} = \mathbf{M}_x^0 + \dfrac{x_2'}{b} \cdot M_C + \dfrac{x_2}{b} \cdot M_D \qquad M_{y1} = -Z y_1.$

Fall 69/9: Rechter Stiel beliebig waagerecht belastet (Festes Gelenk bei E)

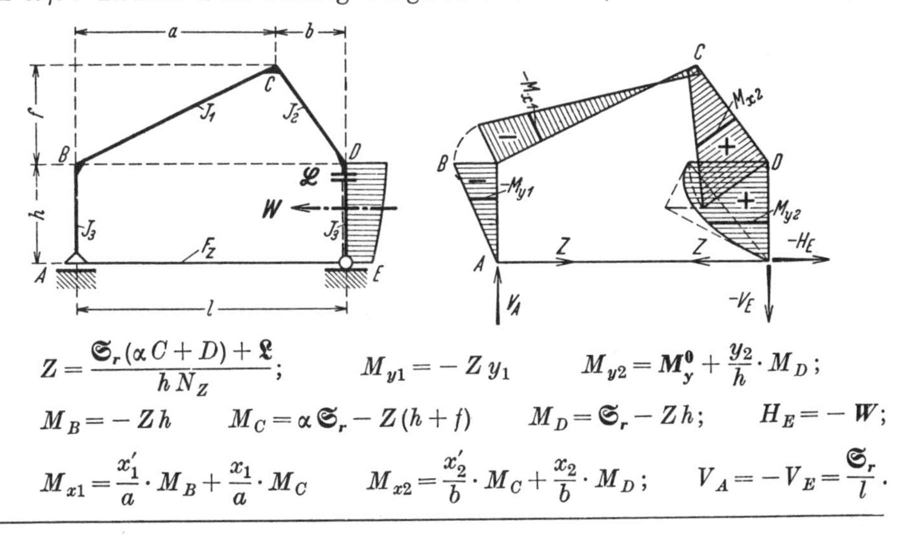

$Z = \dfrac{\mathfrak{S}_r(\alpha C + D) + \mathfrak{L}}{h N_Z}; \qquad M_{y1} = -Z y_1 \qquad M_{y2} = \mathbf{M}_y^0 + \dfrac{y_2}{h} \cdot M_D;$

$M_B = -Zh \qquad M_C = \alpha\,\mathfrak{S}_r - Z(h+f) \qquad M_D = \mathfrak{S}_r - Zh; \qquad H_E = -\mathfrak{W};$

$M_{x1} = \dfrac{x_1'}{a} \cdot M_B + \dfrac{x_1}{a} \cdot M_C \qquad M_{x2} = \dfrac{x_2'}{b} \cdot M_C + \dfrac{x_2}{b} \cdot M_D; \qquad V_A = -V_E = \dfrac{\mathfrak{S}_r}{l}.$

Fall 69/10: Waagerechte Einzellast P am Eckpunkt D (Festes Gelenk bei E)

Die Formeln ergeben sich aus Fall 69/8 für $\mathfrak{W} = P$, oder aus Fall 69/9 für $\mathfrak{W} = P$ und $\mathfrak{S}_r = Ph$, während alle übrigen Belastungsglieder verschwinden.

Siehe hierzu den Abschnitt „**Belastungsglieder**"

Fall 69/11: Rechter Schrägstab beliebig waagerecht belastet (Festes Gelenk bei A)

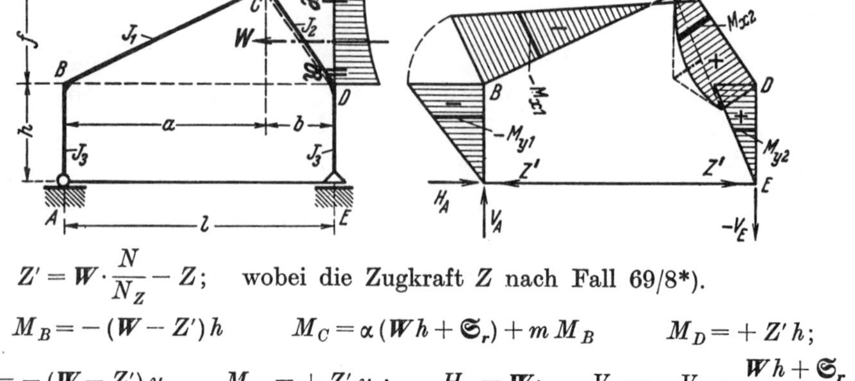

$$Z' = \boldsymbol{W} \cdot \frac{N}{N_Z} - Z;$$ wobei die Zugkraft Z nach Fall 69/8*).

$$M_B = -(\boldsymbol{W} - Z')h \qquad M_C = \alpha(\boldsymbol{W}h + \mathfrak{S}_r) + m\,M_B \qquad M_D = +Z'h;$$

$$M_{y1} = -(\boldsymbol{W} - Z')\,y_1 \qquad M_{y2} = +Z'y_2; \qquad H_A = \boldsymbol{W}; \qquad V_A = -V_E = \frac{\boldsymbol{W}h + \mathfrak{S}_r}{l};$$

$$M_{x1} = \frac{x_1'}{a} \cdot M_B + \frac{x_1}{a} \cdot M_C \qquad M_{x2} = \boldsymbol{M}_x^0 + \frac{x_2'}{b} \cdot M_C + \frac{x_2}{b} \cdot M_D .$$

Fall 69/12: Rechter Stiel beliebig waagerecht belastet (Festes Gelenk bei A)

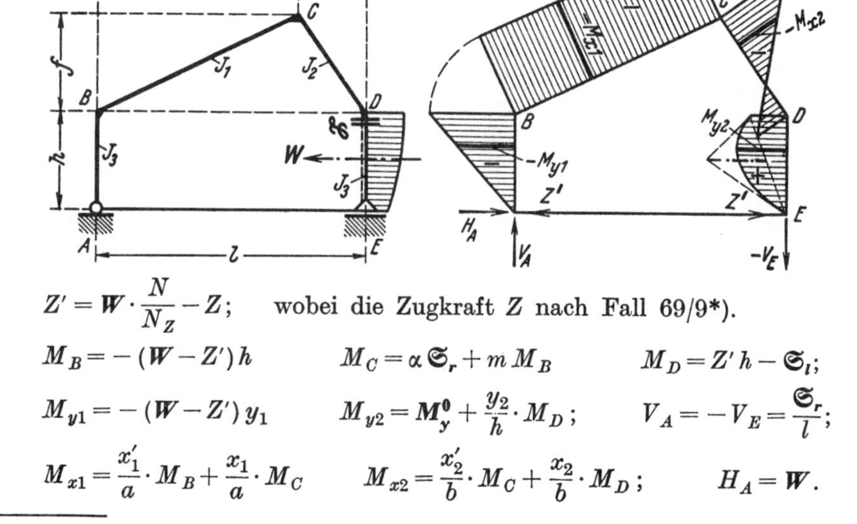

$$Z' = \boldsymbol{W} \cdot \frac{N}{N_Z} - Z;$$ wobei die Zugkraft Z nach Fall 69/9*).

$$M_B = -(\boldsymbol{W} - Z')h \qquad M_C = \alpha\,\mathfrak{S}_r + m\,M_B \qquad M_D = Z'h - \mathfrak{S}_l;$$

$$M_{y1} = -(\boldsymbol{W} - Z')\,y_1 \qquad M_{y2} = \boldsymbol{M}_y^0 + \frac{y_2}{h} \cdot M_D; \qquad V_A = -V_E = \frac{\mathfrak{S}_r}{l};$$

$$M_{x1} = \frac{x_1'}{a} \cdot M_B + \frac{x_1}{a} \cdot M_C \qquad M_{x2} = \frac{x_2'}{b} \cdot M_C + \frac{x_2}{b} \cdot M_D; \qquad H_A = \boldsymbol{W}.$$

*) Die Zugbandkraft Z' ist bei obigen 2 Fällen eine Druckkraft. Siehe hierzu die Fußnote Seite 266.

Rahmenform 70

Zweigelenk-Shedrahmen mit elastischem Zugband in Traufenhöhe

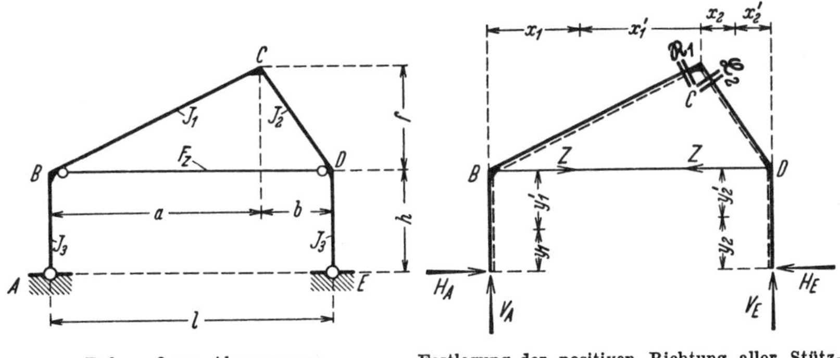

Rahmenform, Abmessungen und Bezeichnungen

Festlegung der positiven Richtung aller Stützkräfte und der Koordinaten beliebiger Stabpunkte

Allgemeines

Die Rahmenform 70 (mit Zugband) wird am zweckmäßigsten als Erweiterung der Rahmenform 68 (ohne Zugband) aufgefaßt und behandelt. Es läßt sich dadurch der Einfluß des elastischen Zugbandes übersichtlich verfolgen.

Rechnungsgang

Erster Schritt: Für jeden zu behandelnden Lastfall werden die Eckmomente M_B, M_C, M_D und die Auflagerkräfte H_A, H_E, V_A, V_E nach Rahmenform 68 (siehe die Seiten 258 bis 262) zahlenmäßig errechnet.

Zweiter Schritt:

a) Zusätzliche Festwerte für Rahmenform 70

$$\gamma = \frac{B+D}{N} \qquad \delta = \frac{C}{N} \qquad (\gamma + m\,\delta = 1); \qquad G = \frac{[8 + 3\,(k_1 + k_2)]\,(k_1 + k_2)}{N}$$

$$L = \frac{6\,J_3}{f^2 F_Z} \cdot \frac{l}{h} \cdot \frac{E}{E_Z} \qquad\qquad N_Z = G + L\,.$$

E = Elastizitätsmodul des Rahmenbaustoffes,
E_Z = Elastizitätsmodul des Zugbandstoffes,
F_Z = Querschnittsfläche des Zugbandes.

Bemerkung: Für starres Zugband ist $L = 0$, also $N_Z = G$ zu setzen.

b) Zugbandkraft

$$Z \cdot f = \frac{M_B k_1 + 2 M_C (k_1 + k_2) + M_D k_2 + \mathfrak{R}_1 k_1 + \mathfrak{L}_2 k_2}{N_Z} \; {}^{*)}.$$

Bemerkung: Die in der Formel für $Z \cdot f$ auftretenden Belastungsglieder $\mathfrak{R}_1$ und $\mathfrak{L}_2$ beziehen sich auf die im rechten Titelbild (siehe Seite 269) gekennzeichneten Stabstellen und sind der jeweiligen Stabbelastung entsprechend wie üblich einzusetzen**).

Dritter Schritt:

a) Eckmomente und Auflagerkräfte der Rahmenform 70

$$\overline{M}_B = M_B + \delta \cdot Zf \qquad \overline{M}_C = M_C - \gamma \cdot Zf \qquad \overline{M}_D = M_D + \delta \cdot Zf\,;$$

$$\overline{H}_A = H_A - \varphi\,\delta \cdot Z \qquad \overline{H}_E = H_E - \varphi\,\delta \cdot Z\,; \qquad \overline{V}_A = V_A \quad \overline{V}_E = V_E\,.$$

Bemerkung: Zwecks Unterscheidung wurden die Momente und Kräfte für Rahmenform 70 überstrichen.

b) Momente an beliebigen Stabpunkten der Rahmenform 70.

Die Anschriebe für die $\overline{M}_x$ und $\overline{M}_y$ lauten genau wie für Rahmenform 68, nur müssen für M_B, M_C, M_D die neuen Werte $\overline{M}_B$, $\overline{M}_C$, $\overline{M}_D$ eingesetzt werden.

---

*) Bei verschiedenen Lastfällen wird Z negativ, d. h. das Zugband erhält Druck. Dieser Umstand hat selbstverständlich nur dann einen Sinn, wenn die Druckkraft kleiner bleibt als die Zugkraft aus ständiger Last, so daß stets ein Rest Zugkraft im Zugbande verbleibt.

**) Bei Verwendung der Lastfälle der Rahmenform 68 ist in obige Zf-Formel für die Belastungsglieder $\mathfrak{R}_1$ und $\mathfrak{L}_2$ im einzelnen folgendes einzusetzen:

Fall 68/1: $\mathfrak{R}_1 = \mathfrak{R}$; $\mathfrak{L}_2 = 0$; Fall 68/4: $\mathfrak{R}_1 = 0$; $\mathfrak{L}_2 = \mathfrak{L}$;

Fall 68/7: $\mathfrak{R}_1 = \mathfrak{R}$; $\mathfrak{L}_2 = 0$; Fall 68/8: $\mathfrak{R}_1 = 0$; $\mathfrak{L}_2 = \mathfrak{L}$;

Fall 68/11: $\mathfrak{R}_1 k_1 + \mathfrak{L}_2 k_2 = 6\,E J_3 \cdot \alpha_T\, t \cdot l/hf$;

Fall 68/12: $\mathfrak{R}_1 k_1 + \mathfrak{L}_2 k_2 = 6\,E J_3 \cdot \alpha_T (a \cdot t_1 + b \cdot t_2)\,/\,hf$.

Für alle übrigen Lastfälle, einschließlich des „Falles der gleichmäßigen Wärmeänderung im ganzen Rahmen einschließlich im Zugband", ist in der Zf-Formel $\mathfrak{R}_1 = \mathfrak{L}_2 = 0$ zu setzen.

Rahmenform 71

Eingespannter Shedrahmen

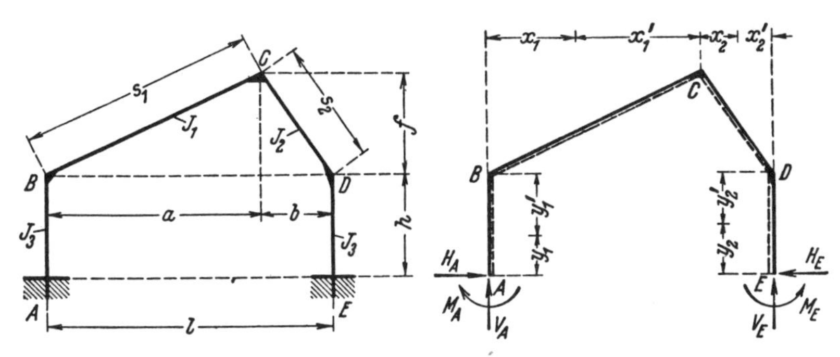

Rahmenform, Abmessungen und Bezeichnungen

Festlegung der positiven Richtung aller Stützkräfte und der Koordinaten beliebiger Stabpunkte.

Festwerte:

$$k_1 = \frac{J_3}{J_1} \cdot \frac{s_1}{h} \qquad k_2 = \frac{J_3}{J_2} \cdot \frac{s_2}{h}\,; \qquad \alpha = \frac{a}{l} \qquad \beta = \frac{b}{l}\,; \qquad \varphi = \frac{f}{h}\,;$$

$$C_1 = 2\,\beta\,(k_1 + k_2) + k_1 \qquad C_2 = 2\,\alpha\,(k_1 + k_2) + k_2 \qquad C_3 = 2\,\varphi\,(k_1 + k_2)\,;$$

$$R_1 = 6 + \beta\,C_1 + (2 + \beta)\,k_1 \qquad K_1 = 3 - \varphi\,C_2$$

$$R_2 = 6 + \alpha\,C_2 + (2 + \alpha)\,k_2 \qquad K_2 = 3 - \varphi\,C_1$$

$$R_3 = 4 + \varphi\,C_3\,; \qquad K_3 = \alpha\,C_1 + \beta\,k_2 = \beta\,C_2 + \alpha\,k_1\,;$$

$$\begin{aligned} N &= R_1\,R_2\,R_3 + 2\,K_1\,K_2\,K_3 - R_1\,K_1^2 - R_2\,K_2^2 - R_3\,K_3^2 = \\ &= 6\,[6 + 3\,(k_1 + k_2)\,(3 + 6\,\varphi + 4\,\varphi^2) + 2\,k_1\,(2\,\alpha^2 + 3\,\beta) + \\ &+ 2\,k_2\,(3\,\alpha + 2\,\beta^2) + k_1\,k_2\,(8 + 9\,\varphi + 8\,\varphi^2) + 2\,(\alpha\,k_1 - \beta\,k_2)^2 + \\ &+ 3\,\varphi\,k_1^2\,(\alpha + \varphi) + 3\,\varphi\,k_2^2\,(\beta + \varphi) + \varphi^2\,k_1\,k_2\,(k_1 + k_2)]\,. \end{aligned}$$

$$n_{11} = \frac{R_2\,R_3 - K_1^2}{N} \qquad n_{12} = n_{21} = \frac{R_3\,K_3 - K_1\,K_2}{N}$$

$$n_{22} = \frac{R_1\,R_3 - K_2^2}{N} \qquad n_{13} = n_{31} = \frac{R_2\,K_2 - K_1\,K_3}{N}$$

$$n_{33} = \frac{R_1\,R_2 - K_3^2}{N} \qquad n_{23} = n_{32} = \frac{R_1\,K_1 - K_2\,K_3}{N}$$

Siehe hierzu den Abschnitt „**Belastungsglieder**"

Fall 71/1: Linker Schrägstab beliebig senkrecht belastet

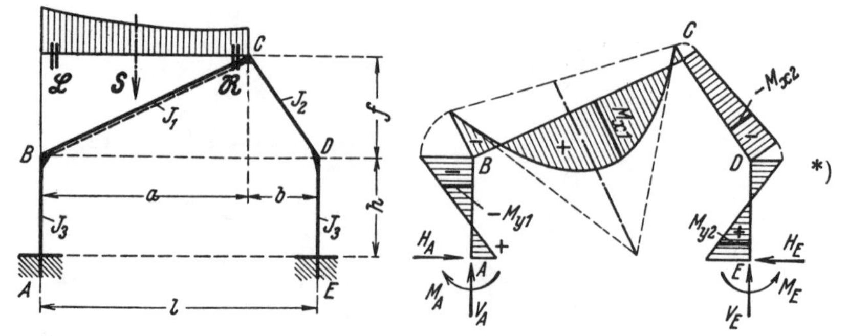

Hilfswerte:

$$\mathfrak{B}_1 = \beta C_1 \mathfrak{S}_l + (\mathfrak{L} + \beta \mathfrak{R}) k_1 \qquad X_1 = + \mathfrak{B}_1 n_{11} - \mathfrak{B}_2 n_{21} + \mathfrak{B}_3 n_{31}$$
$$\mathfrak{B}_2 = \beta C_2 \mathfrak{S}_l + \alpha \mathfrak{R} k_1 \qquad X_2 = - \mathfrak{B}_1 n_{12} + \mathfrak{B}_2 n_{22} + \mathfrak{B}_3 n_{32}$$
$$\mathfrak{B}_3 = \beta C_3 \mathfrak{S}_l + \varphi \mathfrak{R} k_1; \qquad X_3 = + \mathfrak{B}_1 n_{13} + \mathfrak{B}_2 n_{23} + \mathfrak{B}_3 n_{33}.$$
$$M_B = -X_1 \qquad M_C = \beta \mathfrak{S}_l - \beta X_1 - \alpha X_2 - \varphi X_3 \qquad M_D = -X_2$$
$$M_A = X_3 - X_1 \qquad M_E = X_3 - X_2;$$
$$V_E = \frac{\mathfrak{S}_l - X_1 + X_2}{l} \qquad V_A = \boldsymbol{S} - V_E; \qquad H_A = H_E = \frac{X_3}{h}.$$

Fall 71/2: Rechter Schrägstab beliebig senkrecht belastet

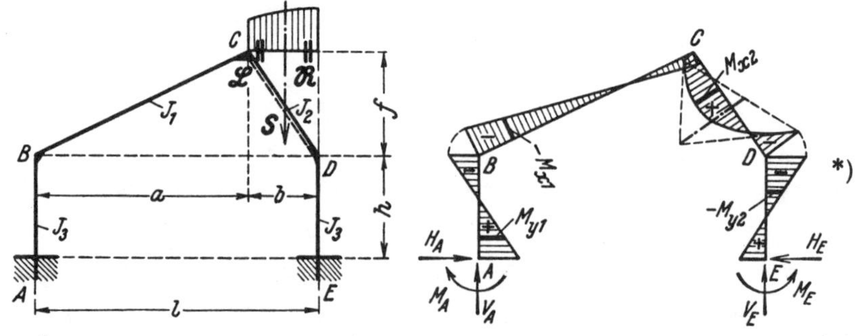

Hilfswerte:

$$\mathfrak{B}_1 = \alpha C_1 \mathfrak{S}_r + \beta \mathfrak{L} k_2 \qquad X_1 = + \mathfrak{B}_1 n_{11} - \mathfrak{B}_2 n_{21} + \mathfrak{B}_3 n_{31}$$
$$\mathfrak{B}_2 = \alpha C_2 \mathfrak{S}_r + (\alpha \mathfrak{L} + \mathfrak{R}) k_2 \qquad X_2 = - \mathfrak{B}_1 n_{12} + \mathfrak{B}_2 n_{22} + \mathfrak{B}_3 n_{32}$$
$$\mathfrak{B}_3 = \alpha C_3 \mathfrak{S}_r + \varphi \mathfrak{L} k_2; \qquad X_3 = + \mathfrak{B}_1 n_{13} + \mathfrak{B}_2 n_{23} + \mathfrak{B}_3 n_{33}.$$
$$M_B = -X_1 \qquad M_C = \alpha \mathfrak{S}_r - \beta X_1 - \alpha X_2 - \varphi X_3 \qquad M_D = -X_2$$
$$M_A = X_3 - X_1 \qquad M_E = X_3 - X_2;$$
$$V_A = \frac{\mathfrak{S}_r + X_1 - X_2}{l} \qquad V_E = \boldsymbol{S} - V_A; \qquad H_A = H_E = \frac{X_3}{h}.$$

*) Wegen M_x und M_y siehe Seite 276.

Siehe hierzu den Abschnitt „**Belastungsglieder**"

Fall 71/3: Linker Schrägstab beliebig waagerecht belastet

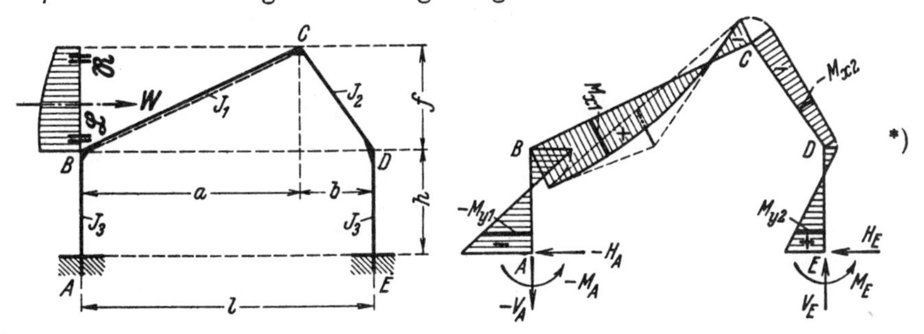

Hilfswerte:

$$\mathfrak{B}_1 = 3\,W h - \beta\, C_1\, \mathfrak{S}_l - (\mathfrak{L} + \beta\, \mathfrak{R})\, k_1 \qquad X_1 = +\,\mathfrak{B}_1 n_{11} + \mathfrak{B}_2 n_{21} - \mathfrak{B}_3 n_{31}$$

$$\mathfrak{B}_2 = \beta\, C_2\, \mathfrak{S}_l + \alpha\, \mathfrak{R}\, k_1 \qquad X_2 = +\,\mathfrak{B}_1 n_{12} + \mathfrak{B}_2 n_{22} + \mathfrak{B}_3 n_{32}$$

$$\mathfrak{B}_3 = 2\,W h + \beta\, C_3\, \mathfrak{S}_l + \varphi\, \mathfrak{R}\, k_1; \qquad X_3 = -\,\mathfrak{B}_1 n_{13} + \mathfrak{B}_2 n_{23} + \mathfrak{B}_3 n_{33}.$$

$$M_B = +\,X_1 \qquad M_C = \beta\, \mathfrak{S}_l + \beta\, X_1 - \alpha\, X_2 - \varphi\, X_3 \qquad M_D = -\,X_2$$

$$M_A = -\,W h + X_1 + X_3 \qquad M_E = X_3 - X_2;$$

$$V_E = -\,V_A = \frac{\mathfrak{S}_l + X_1 + X_2}{l}; \qquad H_E = \frac{X_3}{h} \qquad H_A = -\,(W - H_E).$$

Fall 71/4: Linker Stiel beliebig waagerecht belastet

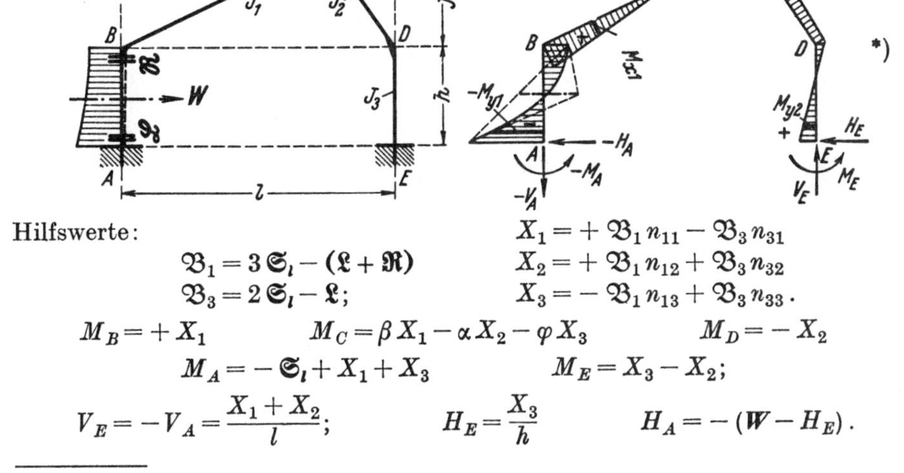

Hilfswerte:

$$\mathfrak{B}_1 = 3\,\mathfrak{S}_l - (\mathfrak{L} + \mathfrak{R}) \qquad X_1 = +\,\mathfrak{B}_1 n_{11} - \mathfrak{B}_3 n_{31}$$

$$\mathfrak{B}_3 = 2\,\mathfrak{S}_l - \mathfrak{L}; \qquad X_2 = +\,\mathfrak{B}_1 n_{12} + \mathfrak{B}_3 n_{32}$$

$$X_3 = -\,\mathfrak{B}_1 n_{13} + \mathfrak{B}_3 n_{33}.$$

$$M_B = +\,X_1 \qquad M_C = \beta\, X_1 - \alpha\, X_2 - \varphi\, X_3 \qquad M_D = -\,X_2$$

$$M_A = -\,\mathfrak{S}_l + X_1 + X_3 \qquad M_E = X_3 - X_2;$$

$$V_E = -\,V_A = \frac{X_1 + X_2}{l}; \qquad H_E = \frac{X_3}{h} \qquad H_A = -\,(W - H_E).$$

*) Wegen M_x und M_y siehe Seite 276.

Siehe hierzu den Abschnitt „**Belastungsglieder**"

Fall 71/5: Rechter Schrägstab beliebig waagerecht belastet

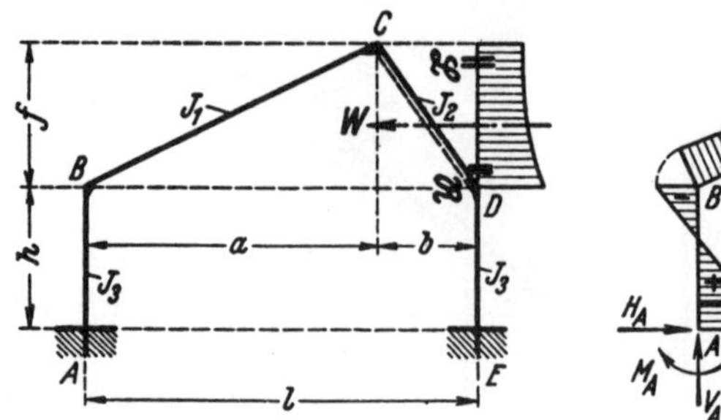

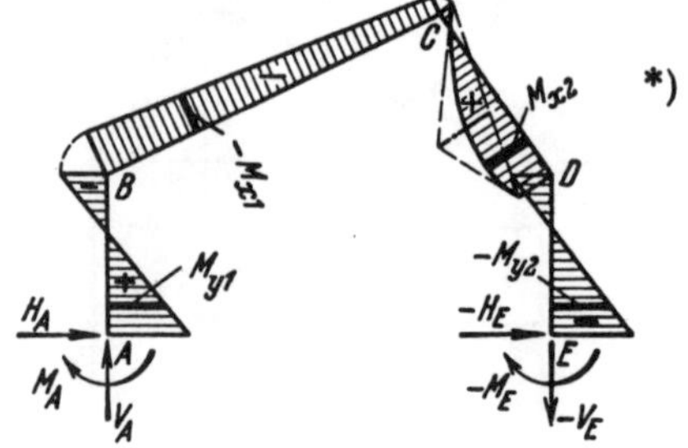

*)

Hilfswerte:

$\mathfrak{B}_1 = \alpha C_1 \mathfrak{S}_r + \beta \mathfrak{L} k_2$ $\quad X_1 = \mathfrak{B}_1 n_{11} + \mathfrak{B}_2 n_{21} + \mathfrak{B}_3 n_{31}$

$\mathfrak{B}_2 = 3 W h - \alpha C_2 \mathfrak{S}_r - (\alpha \mathfrak{L} + \mathfrak{R}) k_2$ $\quad X_2 = \mathfrak{B}_1 n_{12} + \mathfrak{B}_2 n_{22} - \mathfrak{B}_3 n_{32}$

$\mathfrak{B}_3 = 2 W h + \alpha C_3 \mathfrak{S}_r + \varphi \mathfrak{L} k_2;$ $\quad X_3 = \mathfrak{B}_1 n_{13} - \mathfrak{B}_2 n_{23} + \mathfrak{B}_3 n_{33}.$

$M_B = -X_1 \qquad M_C = \alpha \mathfrak{S}_r - \beta X_1 + \alpha X_2 - \varphi X_3 \qquad M_D = +X_2$

$M_A = X_3 - X_1 \qquad M_E = -W h + X_2 + X_3.$

$$V_A = -V_E = \frac{\mathfrak{S}_r + X_1 + X_2}{l}; \qquad H_A = \frac{X_3}{h} \qquad H_E = -(W - H_A).$$

Fall 71/6: Rechter Stiel beliebig waagerecht belastet

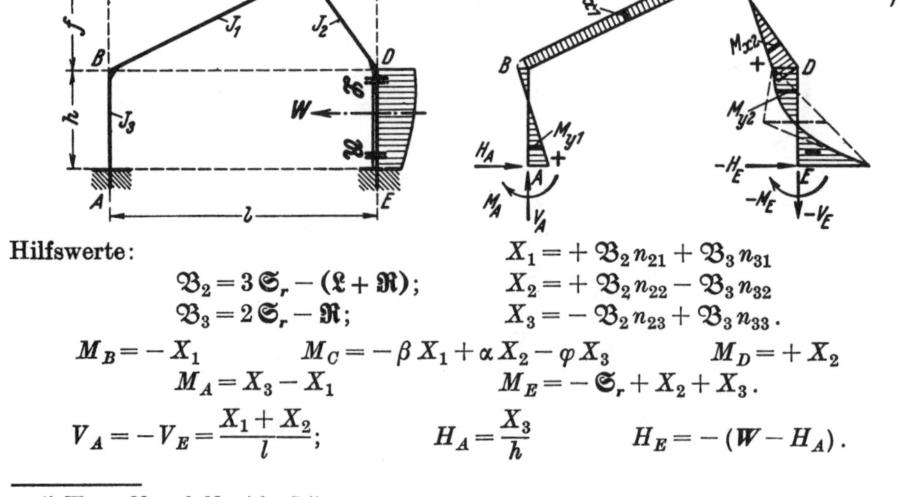

*)

Hilfswerte:

$\mathfrak{B}_2 = 3 \mathfrak{S}_r - (\mathfrak{L} + \mathfrak{R});$ $\quad X_1 = +\mathfrak{B}_2 n_{21} + \mathfrak{B}_3 n_{31}$

$\mathfrak{B}_3 = 2 \mathfrak{S}_r - \mathfrak{R};$ $\quad X_2 = +\mathfrak{B}_2 n_{22} - \mathfrak{B}_3 n_{32}$

$\quad X_3 = -\mathfrak{B}_2 n_{23} + \mathfrak{B}_3 n_{33}.$

$M_B = -X_1 \qquad M_C = -\beta X_1 + \alpha X_2 - \varphi X_3 \qquad M_D = +X_2$

$M_A = X_3 - X_1 \qquad M_E = -\mathfrak{S}_r + X_2 + X_3.$

$$V_A = -V_E = \frac{X_1 + X_2}{l}; \qquad H_A = \frac{X_3}{h} \qquad H_E = -(W - H_A).$$

*) Wegen M_x und M_y siehe Seite 276.

Fall 71/7: Waagerechte Einzellast am Firstpunkt C*)

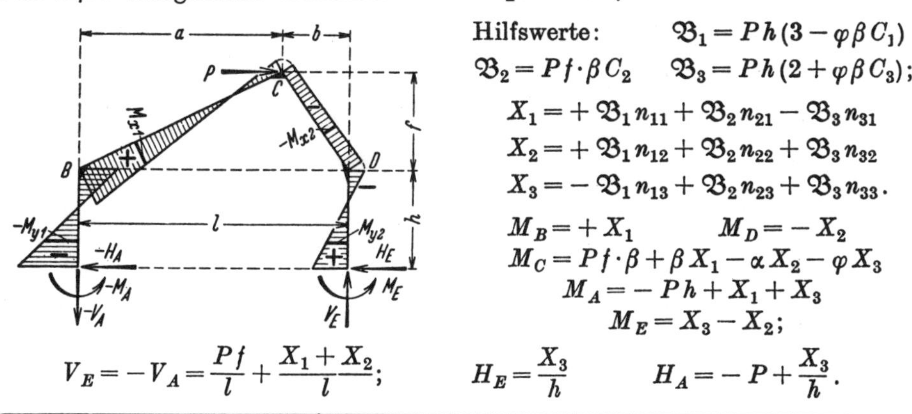

Hilfswerte: $\mathfrak{B}_1 = Ph(3 - \varphi\beta C_1)$

$\mathfrak{B}_2 = Pf \cdot \beta C_2 \qquad \mathfrak{B}_3 = Ph(2 + \varphi\beta C_3);$

$$X_1 = +\mathfrak{B}_1 n_{11} + \mathfrak{B}_2 n_{21} - \mathfrak{B}_3 n_{31}$$
$$X_2 = +\mathfrak{B}_1 n_{12} + \mathfrak{B}_2 n_{22} + \mathfrak{B}_3 n_{32}$$
$$X_3 = -\mathfrak{B}_1 n_{13} + \mathfrak{B}_2 n_{23} + \mathfrak{B}_3 n_{33}.$$

$$M_B = +X_1 \qquad M_D = -X_2$$
$$M_C = Pf \cdot \beta + \beta X_1 - \alpha X_2 - \varphi X_3$$
$$M_A = -Ph + X_1 + X_3$$
$$M_E = X_3 - X_2;$$

$$V_E = -V_A = \frac{Pf}{l} + \frac{X_1 + X_2}{l}; \qquad H_E = \frac{X_3}{h} \qquad H_A = -P + \frac{X_3}{h}.$$

Fall 71/8: Waagerechte Einzellast am Eckpunkt B

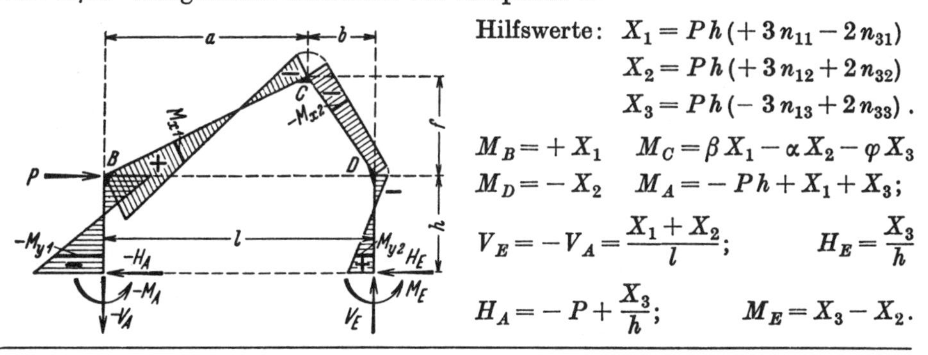

Hilfswerte: $X_1 = Ph(+3n_{11} - 2n_{31})$

$$X_2 = Ph(+3n_{12} + 2n_{32})$$
$$X_3 = Ph(-3n_{13} + 2n_{33}).$$

$$M_B = +X_1 \qquad M_C = \beta X_1 - \alpha X_2 - \varphi X_3$$
$$M_D = -X_2 \qquad M_A = -Ph + X_1 + X_3;$$

$$V_E = -V_A = \frac{X_1 + X_2}{l}; \qquad H_E = \frac{X_3}{h}$$

$$H_A = -P + \frac{X_3}{h}; \qquad M_E = X_3 - X_2.$$

Fall 71/9: Waagerechte Einzellast am Eckpunkt D

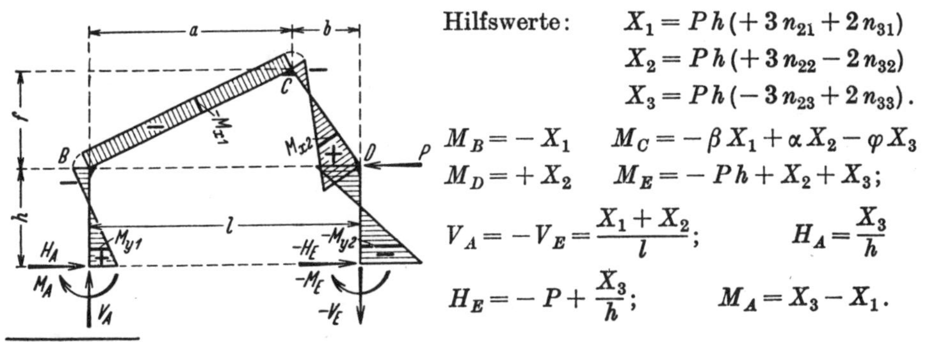

Hilfswerte: $X_1 = Ph(+3n_{21} + 2n_{31})$

$$X_2 = Ph(+3n_{22} - 2n_{32})$$
$$X_3 = Ph(-3n_{23} + 2n_{33}).$$

$$M_B = -X_1 \qquad M_C = -\beta X_1 + \alpha X_2 - \varphi X_3$$
$$M_D = +X_2 \qquad M_E = -Ph + X_2 + X_3;$$

$$V_A = -V_E = \frac{X_1 + X_2}{l}; \qquad H_A = \frac{X_3}{h}$$

$$H_E = -P + \frac{X_3}{h}; \qquad M_A = X_3 - X_1.$$

*) Die Formeln für Fall 71/7 haben sich aus Fall 71/3 ergeben für $\mathfrak{W} = P$, $\mathfrak{S}_l = Pf$ und $\mathfrak{L} = \mathfrak{R} = 0$. Zur Kontrolle könnte ein entsprechender Formelsatz aus Fall 71/5 gewonnen werden für $\mathfrak{W} = -P$, $\mathfrak{S}_r = -Pf$ und $\mathfrak{L} = \mathfrak{R} = 0$.

Fall 71/10: Senkrechte Einzellast am Firstpunkt C

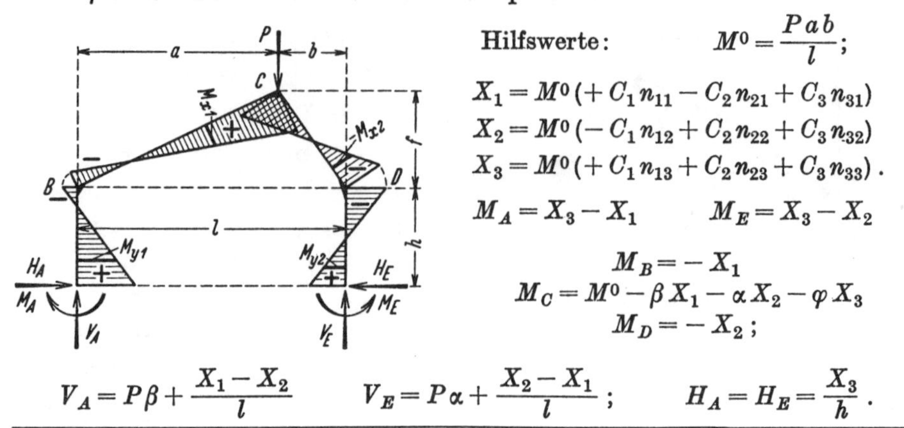

Hilfswerte: $M^0 = \frac{P\,a\,b}{l}$;

$$X_1 = M^0(+C_1 n_{11} - C_2 n_{21} + C_3 n_{31})$$
$$X_2 = M^0(-C_1 n_{12} + C_2 n_{22} + C_3 n_{32})$$
$$X_3 = M^0(+C_1 n_{13} + C_2 n_{23} + C_3 n_{33})\,.$$
$$M_A = X_3 - X_1 \qquad M_E = X_3 - X_2$$
$$M_B = -X_1$$
$$M_C = M^0 - \beta X_1 - \alpha X_2 - \varphi X_3$$
$$M_D = -X_2\,;$$

$$V_A = P\beta + \frac{X_1 - X_2}{l} \qquad V_E = P\alpha + \frac{X_2 - X_1}{l}\,; \qquad H_A = H_E = \frac{X_3}{h}\,.$$

Fall 71/11: Gleichmäßige Wärmezunahme im ganzen Rahmen*)

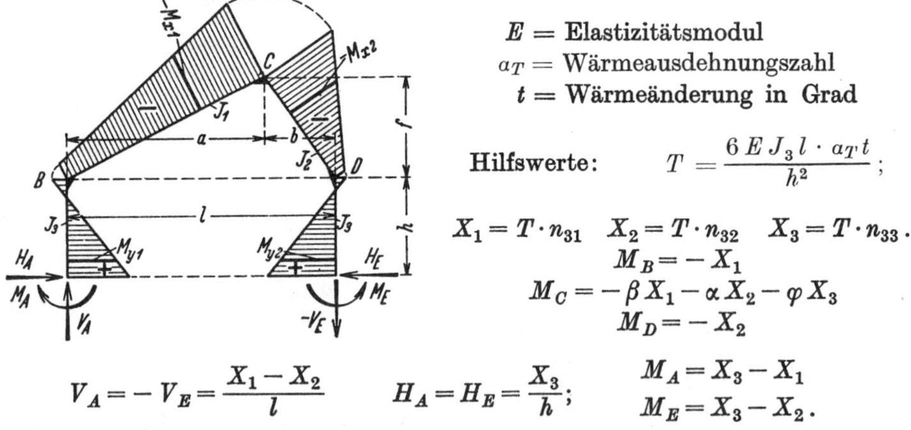

E = Elastizitätsmodul
a_T = Wärmeausdehnungszahl
t = Wärmeänderung in Grad

Hilfswerte: $T = \frac{6\,E\,J_3\,l \cdot a_T\,t}{h^2}$;

$$X_1 = T \cdot n_{31} \quad X_2 = T \cdot n_{32} \quad X_3 = T \cdot n_{33}\,.$$
$$M_B = -X_1$$
$$M_C = -\beta X_1 - \alpha X_2 - \varphi X_3$$
$$M_D = -X_2$$

$$V_A = -V_E = \frac{X_1 - X_2}{l} \qquad H_A = H_E = \frac{X_3}{h}; \qquad M_A = X_3 - X_1 \quad M_E = X_3 - X_2\,.$$

Bemerkung: Bei Wärmeabnahme kehren alle Momente und Kräfte ihren Wirkungssinn um.

Anschriebe für die Momente in beliebigen Stabpunkten für alle Belastungsfälle der Rahmenform 71

Anteile aus den Einspann- und Eckmomenten allein:

$$M_{y1} = \frac{y_1'}{h} M_A + \frac{y_1}{h} M_B \qquad M_{y2} = \frac{y_2}{h} M_D + \frac{y_2'}{h} M_E$$

$$M_{x1} = \frac{x_1'}{a} M_B + \frac{x_1}{a} M_C \qquad M_{x2} = \frac{x_2'}{b} M_C + \frac{x_2}{b} M_D\,.$$

Zu diesen Werten kommt für die direkt belasteten Stäbe jeweils das Glied M_y^0 bzw. M_x^0 hinzu.

*) Gleichmäßige Wärmeänderung beider Stiele gleichzeitig erzeugt keine Momente und Kräfte.

Rahmenform 72

Eingespannter Shedrahmen mit elastischem Zugband in Traufhöhe

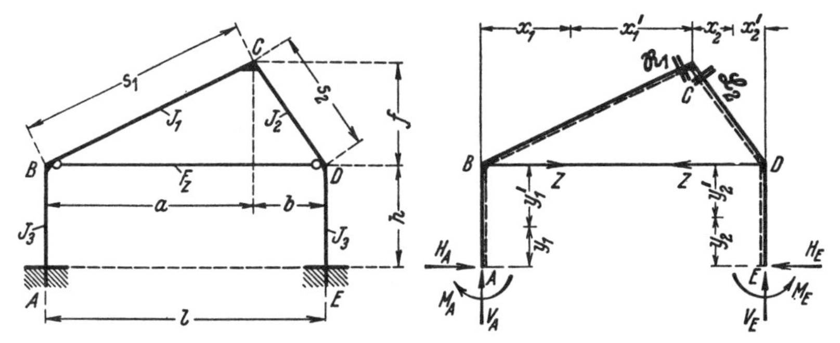

Rahmenform, Abmessungen und Bezeichnungen

Festlegung der positiven Richtung aller Stützkräfte und der Koordinaten beliebiger Stabpunkte

Allgemeines

Die Rahmenform 72 (mit Zugband) wird am zweckmäßigsten als Erweiterung der Rahmenform 71 (ohne Zugband) aufgefaßt und behandelt. Es läßt sich dadurch der Einfluß des elastischen Zugbandes übersichtlich verfolgen.

Rechnungsgang

Erster Schritt: Für jeden zu behandelnden Lastfall werden die Einspann- und Eckmomente M_A, M_B, M_C, M_D, M_E und die Auflagerkräfte H_A, H_E, V_A, V_E nach Rahmenform 71 (siehe die Seiten 271 bis 276) zahlenmäßig errechnet.

Zweiter Schritt:

a) Zusätzliche Festwerte für Rahmenform 72

$$m_1 = +3n_{11} - 3n_{21} - 4n_{31} \qquad m_a = 1 - m_3 - m_1$$

$$m_2 = -3n_{12} + 3n_{22} - 4n_{32} \qquad m_e = 1 - m_3 - m_2$$

$$m_3 = -3n_{13} - 3n_{23} + 4n_{33}\,; \qquad m_c = \varphi m_3 - \beta m_1 - \alpha m_2 .$$

$$L = \frac{6J_3}{h^2 F_Z} \cdot \frac{l}{f} \cdot \frac{E}{E_Z} \qquad G = 2m_c(k_1 + k_2) - m_1 k_1 - m_2 k_2 \qquad N_Z = G + L .$$

E = Elastizitätsmodul des Rahmenbaustoffes,
E_Z = Elastizitätsmodul des Zugbandstoffes,
F_Z = Querschnittsfläche des Zugbandes.

Bemerkung: Für starres Zugband ist $L = 0$, also $N_Z = G$ zu setzen.

b) Zugbandkraft

$$Z \cdot h = \frac{M_B k_1 + 2\,M_C(k_1 + k_2) + M_D k_2 + \mathfrak{R}_1 k_1 + \mathfrak{L}_2 k_2}{N_Z} \;{}^{*)}.$$

Bemerkung: Die in der Formel für $Z \cdot h$ auftretenden Belastungsglieder $\mathfrak{R}_1$ und $\mathfrak{L}_2$ beziehen sich auf die im rechten Titelbild (siehe Seite 277) gekennzeichneten Stabstellen und sind der jeweiligen Stabbelastung entsprechend wie üblich einzusetzen**).

Dritter Schritt:

a) Eck- und Einspannmomente sowie Auflagerkräfte der Rahmenform 72

$$\overline{M}_B = M_B + Zh \cdot m_1 \qquad \overline{M}_C = M_C - Zh \cdot m_c \qquad \overline{M}_D = M_D + Zh \cdot m_2$$

$$\overline{M}_A = M_A - Zh \cdot m_a \qquad \overline{M}_E = M_E - Zh \cdot m_e;$$

$$\overline{H}_A = H_A - Z(1 - m_3) \qquad \overline{H}_E = H_E - Z(1 - m_3); \qquad \overline{V}_A = V_A \qquad \overline{V}_E = V_E.$$

Bemerkung: Zwecks Unterscheidung wurden die Momente und Kräfte für Rahmenform 72 überstrichen.

b) Momente an beliebigen Stabpunkten der Rahmenform 72.

Die Anschriebe für die $\overline{M}_x$ und $\overline{M}_y$ lauten genau wie für Rahmenform 71, nur müssen für M_A bis M_E die neuen Werte $\overline{M}_A$ bis $\overline{M}_E$ eingesetzt werden.

---

*) Bei verschiedenen Lastfällen wird Z negativ, d. h. das Zugband erhält Druck. Dieser Umstand hat selbstverständlich nur dann einen Sinn, wenn diese Druckkraft kleiner bleibt als die Zugkraft aus ständiger Last, so daß stets ein Rest Zugkraft im Zugbarde verbleibt.

**) Bei Verwendung der Lastfälle der Rahmenform 71 ist in obige Zh-Formel für die Belastungsglieder $\mathfrak{R}_1$ und $\mathfrak{L}_2$ im einzelnen folgendes einzusetzen:

Fall 71/1: $\mathfrak{R}_1 = \mathfrak{R}$; $\mathfrak{L}_2 = 0$; Fall 71/2: $\mathfrak{R}_1 = 0$; $\mathfrak{L}_2 = \mathfrak{L}$;

Fall 71/3: $\mathfrak{R}_1 = \mathfrak{R}$; $\mathfrak{L}_2 = 0$; Fall 71/5: $\mathfrak{R}_1 = 0$; $\mathfrak{L}_2 = \mathfrak{L}$;

Fall 71/11: $\mathfrak{R}_1 k_1 + \mathfrak{L}_2 k_2 = 6\,E J_3 \cdot \alpha_T t \cdot l / h f$.

Für alle übrigen Lastfälle, einschließlich des „Falles der gleichmäßigen Wärmeänderung im ganzen Rahmen einschließlich im Zugband“, ist in der Zh-Formel $\mathfrak{R}_1 = \mathfrak{L}_2 = 0$ zu setzen.

Rahmenform 73

Symmetrischer Trapez-Zweigelenkrahmen

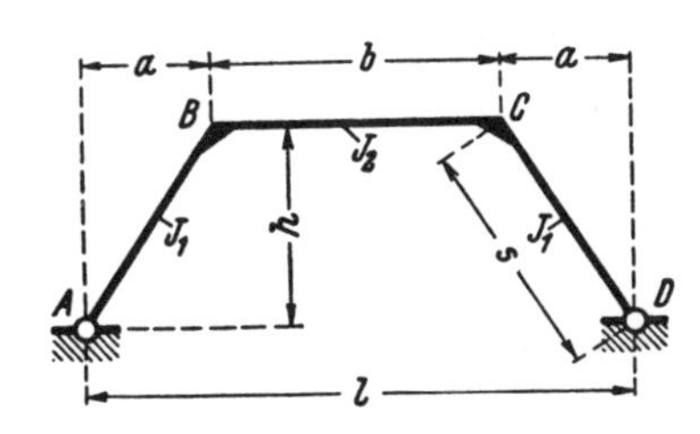

Rahmenform, Abmessungen und Bezeichnungen

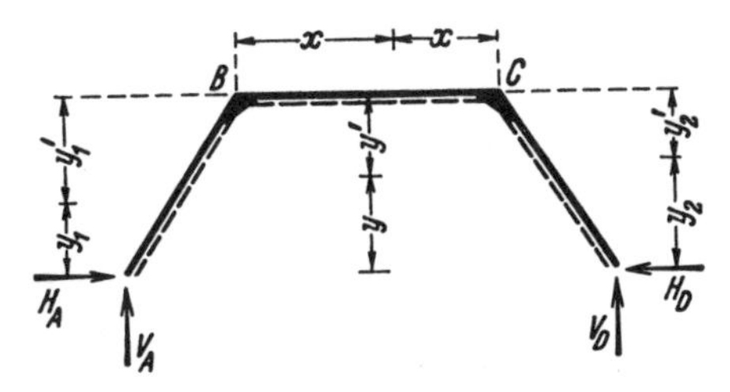

Festlegung der positiven Richtung aller Stützkräfte und der Koordinaten beliebiger Stabpunkte. Für symmetrische Lastfälle werden y und y' verwendet. Positive Biegungsmomente erzeugen an der gestrichelten Stabseite Zug

Festwerte:

$$k = \frac{J_2}{J_1} \cdot \frac{s}{b}; \qquad \alpha = \frac{a}{l} \qquad \beta = \frac{b}{l}; \qquad N = 2k + 3.$$

Bemerkung: Die Formelanschriebe für Momente in beliebigen Stabpunkten lauten genau wie bei den entsprechenden Fällen der Rahmenform 74, siehe Seite 285 bis 288 — oder auch wie bei Rahmenform 76, siehe Seite 295, mit der Maßgabe $(h_1 = h_2) = h$.

Fall 73/1: Gleichmäßige Wärmezunahme im ganzen Rahmen

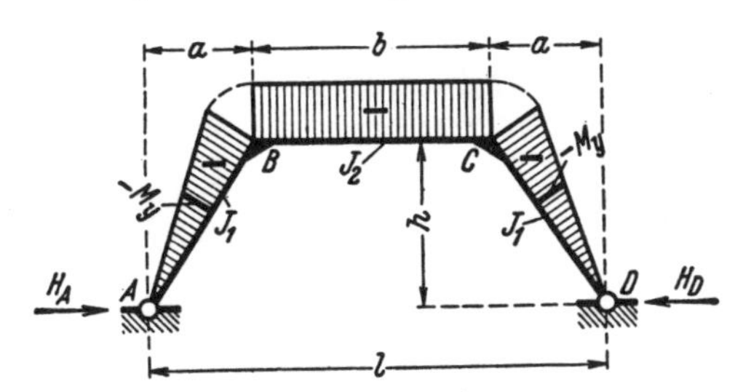

E = Elastizitätsmodul,
α_T = Wärmeausdehnungszahl,
t = Wärmeänderung in Grad.

$$M_B = M_C = -\frac{3\,E\,J_2\,\alpha_T\,t\,l}{b\,h\,N};$$

$$H_A = H_D = \frac{-M_B}{h}; \qquad M_y = -H_A\,y.$$

Bemerkung: Bei Wärmeabnahme kehren alle Kräfte ihren Pfeilsinn um und alle Momente erhalten entgegengesetztes Vorzeichen.

Siehe hierzu den Abschnitt „**Belastungsglieder**"

Fall 73/2: Riegel beliebig senkrecht belastet

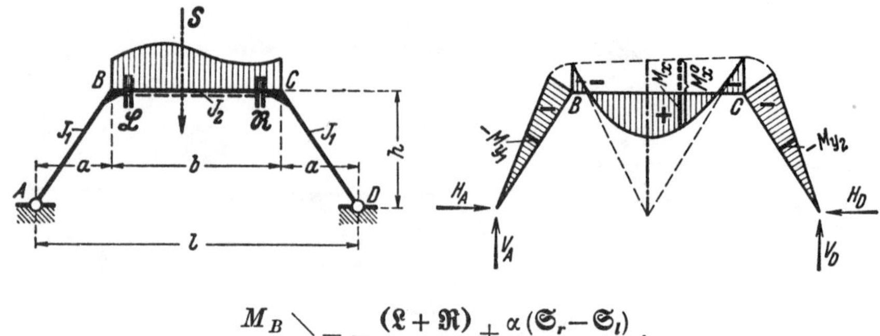

$$\left.\begin{matrix} M_B \\ M_C \end{matrix}\right\rangle = -\frac{(\mathfrak{L}+\mathfrak{R})}{2N} \pm \frac{\alpha(\mathfrak{S}_r - \mathfrak{S}_l)}{2};$$

$$V_A = \frac{\mathfrak{S}_r + S\,a}{l} \qquad V_D = \frac{S\,a + \mathfrak{S}_l}{l}; \qquad H_A = H_D = \frac{S\,a\,N + (\mathfrak{L}+\mathfrak{R})}{2\,h\,N};$$

$$M_{y1} = \frac{y_1}{h} M_B \qquad M_x = M_x^0 + \frac{x'}{b} M_B + \frac{x}{b} M_C \qquad M_{y2} = \frac{y_2}{h} M_C.$$

Sonderfall 73/2a: Symmetrische Riegellast ($\mathfrak{R} = \mathfrak{L}$; $\mathfrak{S}_l = \mathfrak{S}_r$)

$$M_B = M_C = -\frac{\mathfrak{L}}{N} \qquad M_y = \frac{y}{h} M_B \qquad M_x = M_x^0 + M_B;$$

$$V_A = V_D = \frac{S}{2}; \qquad H_A = H_D = \frac{S\,a}{2\,h} + \frac{\mathfrak{L}}{N\,h}.$$

Fall 73/3: Riegel beliebig antimetrisch belastet ($\mathfrak{R} = -\mathfrak{L}$; $\mathfrak{S}_l = -\mathfrak{S}_r$)

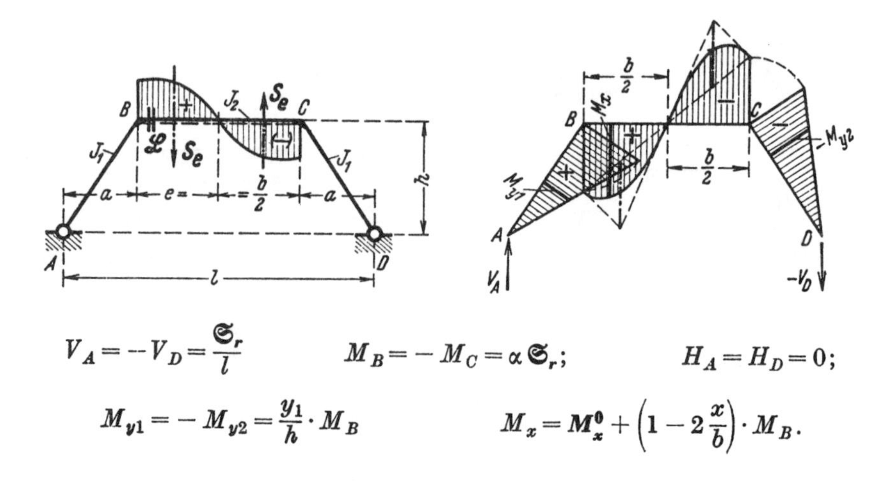

$$V_A = -V_D = \frac{\mathfrak{S}_r}{l} \qquad M_B = -M_C = \alpha\,\mathfrak{S}_r; \qquad H_A = H_D = 0;$$

$$M_{y1} = -M_{y2} = \frac{y_1}{h} \cdot M_B \qquad M_x = M_x^0 + \left(1 - 2\frac{x}{b}\right) \cdot M_B.$$

Siehe hierzu den Abschnitt **„Belastungsglieder“**

Fall 73/4: Linker Stiel beliebig senkrecht belastet

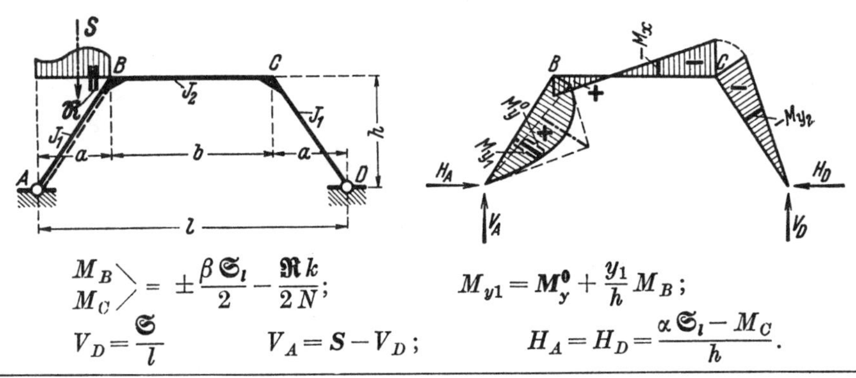

$$\left.\begin{matrix} M_B \\ M_C \end{matrix}\right\rangle = \pm \frac{\beta \mathfrak{S}_l}{2} - \frac{\mathfrak{R} k}{2N}; \qquad M_{y1} = M_y^0 + \frac{y_1}{h} M_B;$$

$$V_D = \frac{\mathfrak{S}}{l} \qquad V_A = S - V_D; \qquad H_A = H_D = \frac{\alpha \mathfrak{S}_l - M_C}{h}.$$

Fall 73/5: Beide Stiele beliebig senkrecht, aber gleich und symmetrisch zur Rahmen-Symmetrieachse belastet

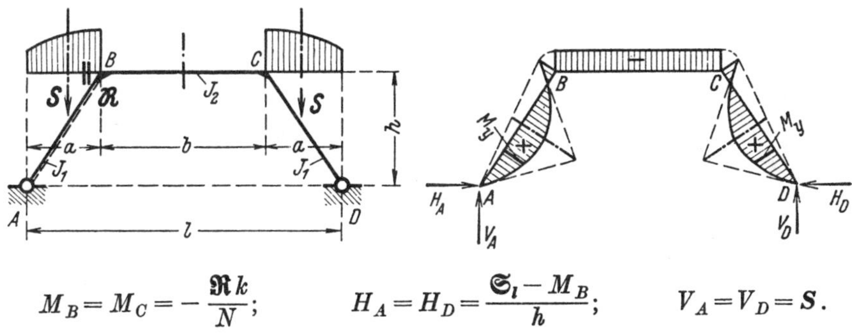

$$M_B = M_C = -\frac{\mathfrak{R} k}{N}; \qquad H_A = H_D = \frac{\mathfrak{S}_l - M_B}{h}; \qquad V_A = V_D = S.$$

Bemerkung: Alle Belastungsglieder sind auf den linken Stiel bezogen.

Fall 73/6: Beide Stiele beliebig senkrecht, aber gleich und antimetrisch zur Rahmen-Symmetrieachse belastet

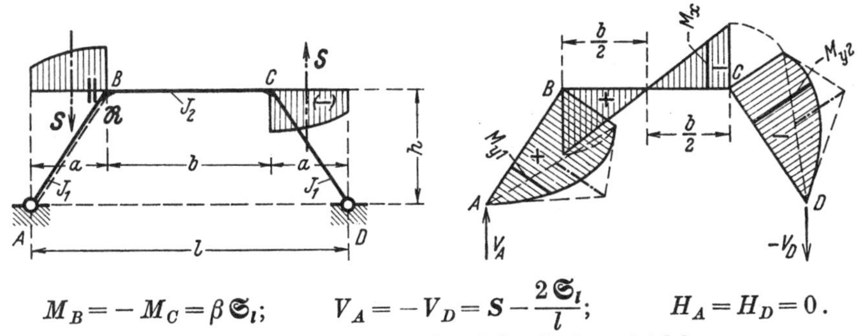

$$M_B = -M_C = \beta \mathfrak{S}_l; \qquad V_A = -V_D = S - \frac{2 \mathfrak{S}_l}{l}; \qquad H_A = H_D = 0.$$

Bemerkung: Alle Belastungsglieder sind auf den linken Stiel bezogen.

Siehe hierzu den Abschnitt **„Belastungsglieder"**

Fall 73/7: Linker Stiel beliebig waagerecht belastet

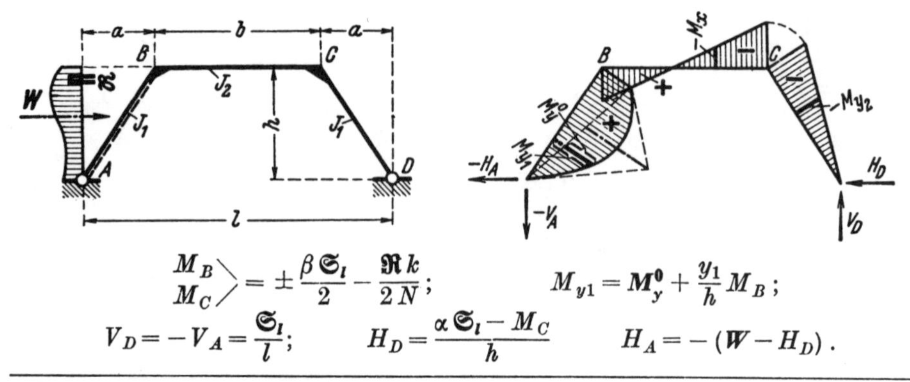

$$\left.\begin{matrix}M_B\\M_C\end{matrix}\right\rangle = \pm\frac{\beta\mathfrak{S}_l}{2} - \frac{\mathfrak{R}k}{2N}; \qquad M_{y1} = M_y^0 + \frac{y_1}{h}M_B;$$

$$V_D = -V_A = \frac{\mathfrak{S}_l}{l}; \qquad H_D = \frac{\alpha\mathfrak{S}_l - M_C}{h} \qquad H_A = -(W - H_D).$$

Fall 73/8: Beide Stiele beliebig waagerecht, aber gleich und symmetrisch zur Rahmen-Symmetrieachse belastet

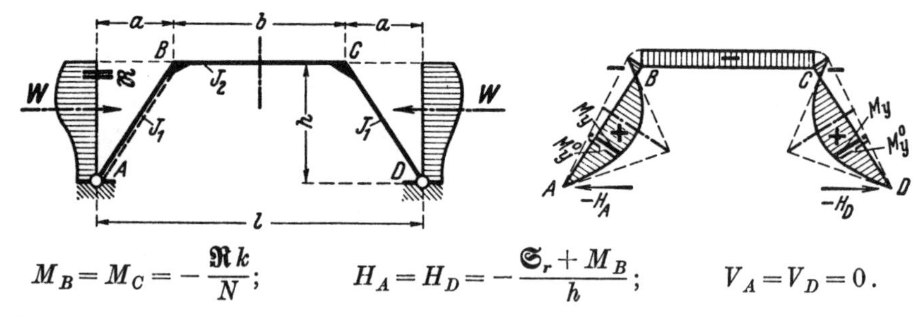

$$M_B = M_C = -\frac{\mathfrak{R}k}{N}; \qquad H_A = H_D = -\frac{\mathfrak{S}_r + M_B}{h}; \qquad V_A = V_D = 0.$$

Bemerkung: Alle Belastungsglieder sind auf den linken Stiel bezogen.

Fall 73/9: Beide Stiele beliebig waagerecht, aber gleich und antimetrisch zur Rahmen-Symmetrieachse belastet

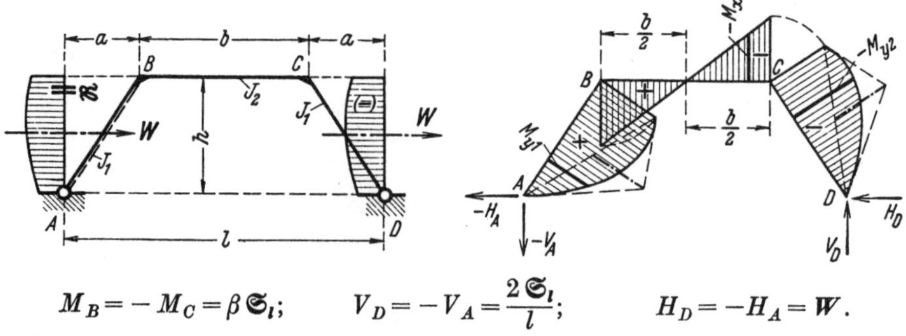

$$M_B = -M_C = \beta\mathfrak{S}_l; \qquad V_D = -V_A = \frac{2\mathfrak{S}_l}{l}; \qquad H_D = -H_A = W.$$

Bemerkung: Alle Belastungsglieder sind auf den linken Stiel bezogen.

Fall 73/10: Zwei gleiche senkrechte Einzellasten in den Eckpunkten B und C

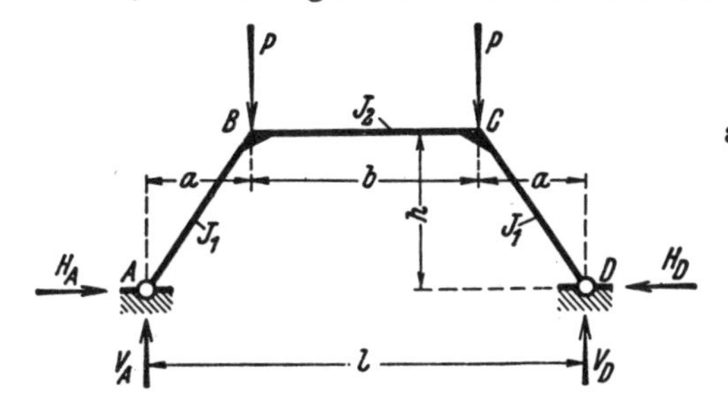

Es treten keine Biegungsmomente auf.

$$V_A = V_D = P$$

$$H_A = H_D = \frac{Pa}{h}.$$

Fall 73/11: Senkrechte Einzellast am Eckpunkt B

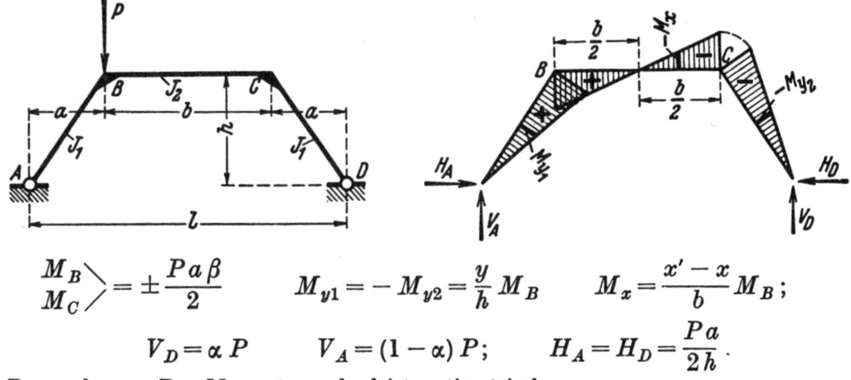

$$\left.\begin{matrix} M_B \\ M_C \end{matrix}\right> = \pm \frac{Pa\beta}{2} \qquad M_{y1} = -M_{y2} = \frac{y}{h} M_B \qquad M_x = \frac{x' - x}{b} M_B;$$

$$V_D = \alpha P \qquad V_A = (1-\alpha) P; \qquad H_A = H_D = \frac{Pa}{2h}.$$

Bemerkung: Der Momentenverlauf ist antimetrisch.

Fall 73/12 und 13: Senkrechtes Kräftepaar Pb an den Eckpunkten B und C, und waagerechte Einzellast W in Riegelhöhe (antimetrischer Lastfall)

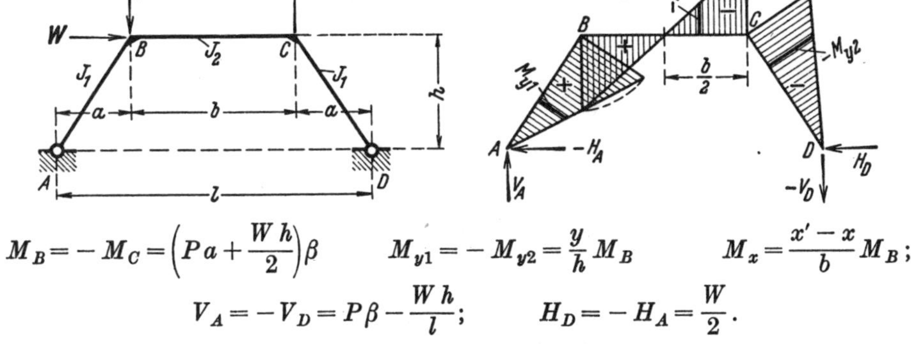

$$M_B = -M_C = \left(Pa + \frac{Wh}{2}\right)\beta \qquad M_{y1} = -M_{y2} = \frac{y}{h} M_B \qquad M_x = \frac{x' - x}{b} M_B;$$

$$V_A = -V_D = P\beta - \frac{Wh}{l}; \qquad H_D = -H_A = \frac{W}{2}.$$

Bemerkung: Der Momentenverlauf ist dem von Fall 73/11 affin.

Rahmenform 74

Symmetrischer Trapezrahmen mit einem festen Gelenk und einem waagerecht beweglichen Auflager, verbunden durch ein elastisches Zugband

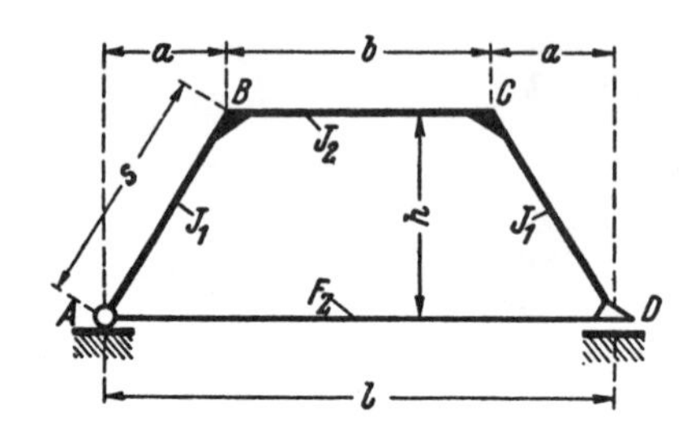

Rahmenform, Abmessungen und Bezeichnungen

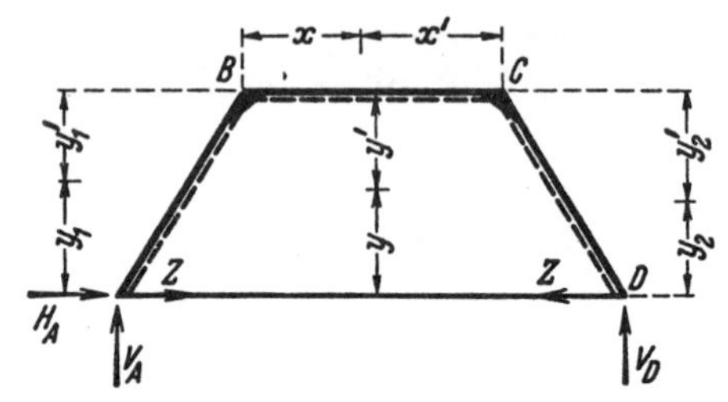

Festlegung der positiven Richtung aller Stützkräfte und der Koordinaten beliebiger Stabpunkte. Für symmetrische Lastfälle werden y und y' verwendet. Positive Biegungsmomente erzeugen an der gestrichelten Stabseite Zug

Festwerte:

$$k = \frac{J_2}{J_1} \cdot \frac{s}{b}; \qquad \alpha = \frac{a}{l} \qquad \beta = \frac{b}{l};$$

$$N = 2k + 3 \qquad L = \frac{3 J_2}{h^2 F_Z} \cdot \frac{E}{E_Z} \cdot \frac{l}{b}; \qquad N_Z = N + L.$$

E = Elastizitätsmodul des Rahmenbaustoffes,
E_Z = Elastizitätsmodul des Zugbandstoffes,
F_Z = Querschnittsfläche des Zugbandes.

Siehe hierzu den Abschnitt „**Belastungsglieder**"

Fall 74/1: Ganzer Rahmen beliebig senkrecht, aber symmetrisch belastet

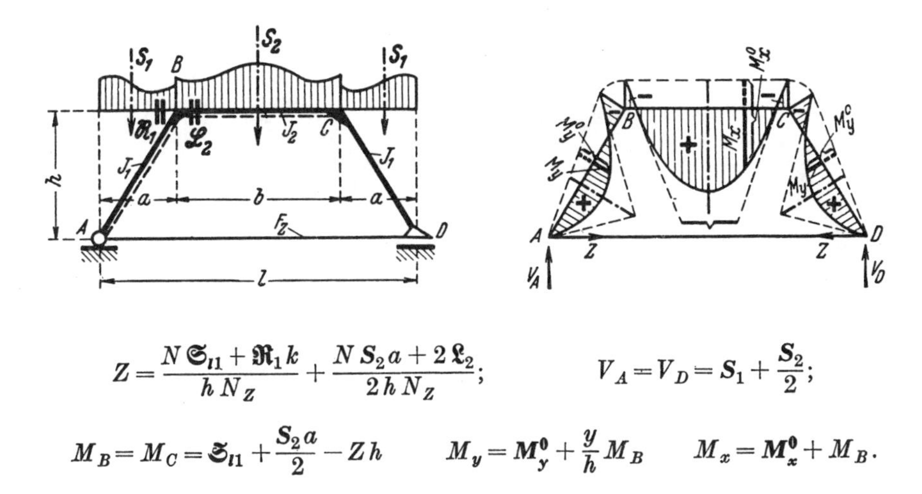

$$Z = \frac{N\,\mathfrak{S}_{l1} + \mathfrak{R}_1 k}{h\,N_Z} + \frac{N\,S_2 a + 2\,\mathfrak{L}_2}{2\,h\,N_Z}; \qquad V_A = V_D = S_1 + \frac{S_2}{2};$$

$$M_B = M_C = \mathfrak{S}_{l1} + \frac{S_2 a}{2} - Z h \qquad M_y = M_y^0 + \frac{y}{h} M_B \qquad M_x = M_x^0 + M_B.$$

Bemerkung: Die Belastungsglieder mit dem Zeiger 1 sind auf den linken Stiel bezogen

Fall 74/3: Linker Stiel beliebig waagerecht belastet

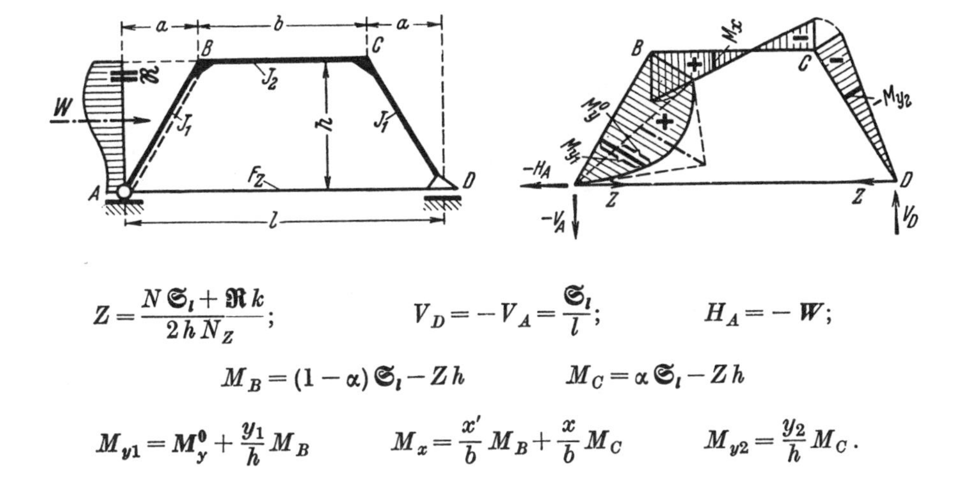

$$Z = \frac{N\,\mathfrak{S}_l + \mathfrak{R}\,k}{2\,h\,N_Z}; \qquad V_D = -V_A = \frac{\mathfrak{S}_l}{l}; \qquad H_A = -W;$$

$$M_B = (1-\alpha)\,\mathfrak{S}_l - Z h \qquad M_C = \alpha\,\mathfrak{S}_l - Z h$$

$$M_{y1} = M_y^0 + \frac{y_1}{h} M_B \qquad M_x = \frac{x'}{b} M_B + \frac{x}{b} M_C \qquad M_{y2} = \frac{y_2}{h} M_C.$$

Siehe hierzu den Abschnitt „**Belastungsglieder**"

Fall 74/2: Riegel beliebig senkrecht belastet

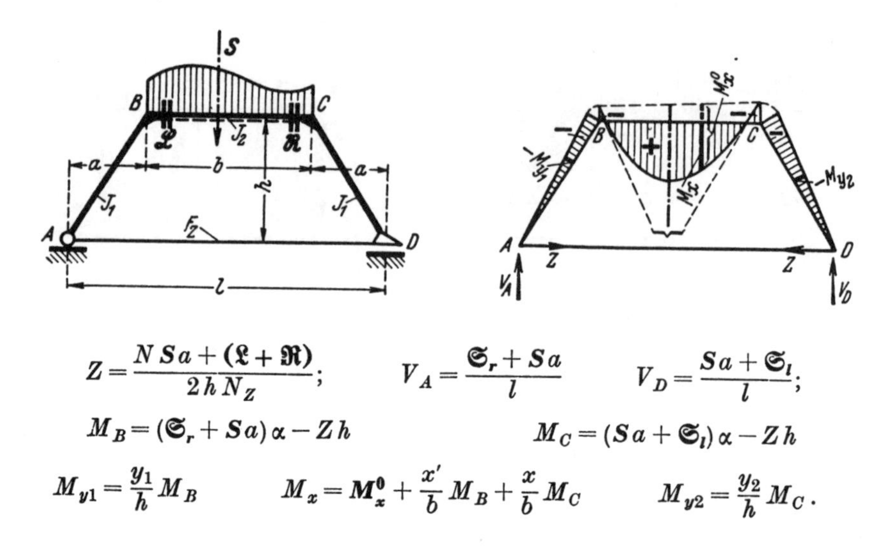

$$Z = \frac{N\,S\,a + (\mathfrak{L} + \mathfrak{R})}{2\,h\,N_Z}; \qquad V_A = \frac{\mathfrak{S}_r + S\,a}{l} \qquad V_D = \frac{S\,a + \mathfrak{S}_l}{l};$$

$$M_B = (\mathfrak{S}_r + S\,a)\,\alpha - Z\,h \qquad M_C = (S\,a + \mathfrak{S}_l)\,\alpha - Z\,h$$

$$M_{y1} = \frac{y_1}{h}\,M_B \qquad M_x = \mathbf{M}_x^0 + \frac{x'}{b}\,M_B + \frac{x}{b}\,M_C \qquad M_{y2} = \frac{y_2}{h}\,M_C\,.$$

Fall 74/4: Linker Stiel beliebig senkrecht belastet

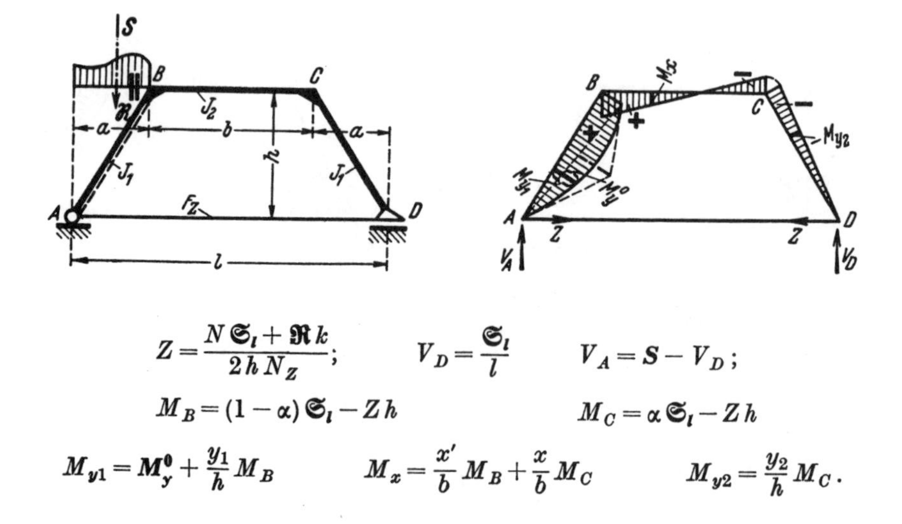

$$Z = \frac{N\,\mathfrak{S}_l + \mathfrak{R}\,k}{2\,h\,N_Z}; \qquad V_D = \frac{\mathfrak{S}_l}{l} \qquad V_A = S - V_D;$$

$$M_B = (1 - \alpha)\,\mathfrak{S}_l - Z\,h \qquad M_C = \alpha\,\mathfrak{S}_l - Z\,h$$

$$M_{y1} = \mathbf{M}_y^0 + \frac{y_1}{h}\,M_B \qquad M_x = \frac{x'}{b}\,M_B + \frac{x}{b}\,M_C \qquad M_{y2} = \frac{y_2}{h}\,M_C\,.$$

Siehe hierzu den Abschnitt „**Belastungsglieder**"

Fall 74/5: Rechter Stiel beliebig waagerecht belastet

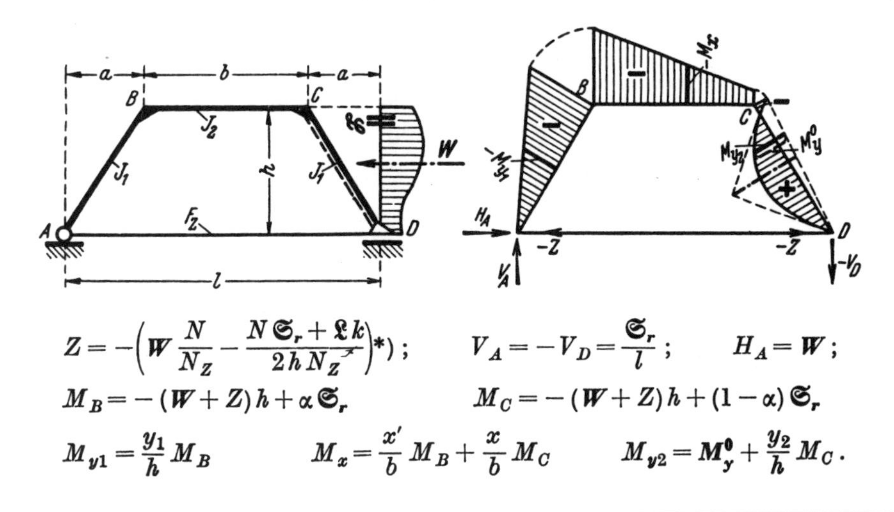

$$Z = -\left(W \frac{N}{N_Z} - \frac{N\mathfrak{S}_r + \mathfrak{L}k}{2hN_Z}\right)^{*)}; \qquad V_A = -V_D = \frac{\mathfrak{S}_r}{l}; \qquad H_A = W;$$

$$M_B = -(W + Z)h + \alpha\mathfrak{S}_r \qquad M_C = -(W + Z)h + (1-\alpha)\mathfrak{S}_r$$

$$M_{y1} = \frac{y_1}{h} M_B \qquad M_x = \frac{x'}{b} M_B + \frac{x}{b} M_C \qquad M_{y2} = M_y^0 + \frac{y_2}{h} M_C.$$

Fall 74/6: Beide Stiele beliebig waagerecht, aber gleich belastet (Symmetriefall)

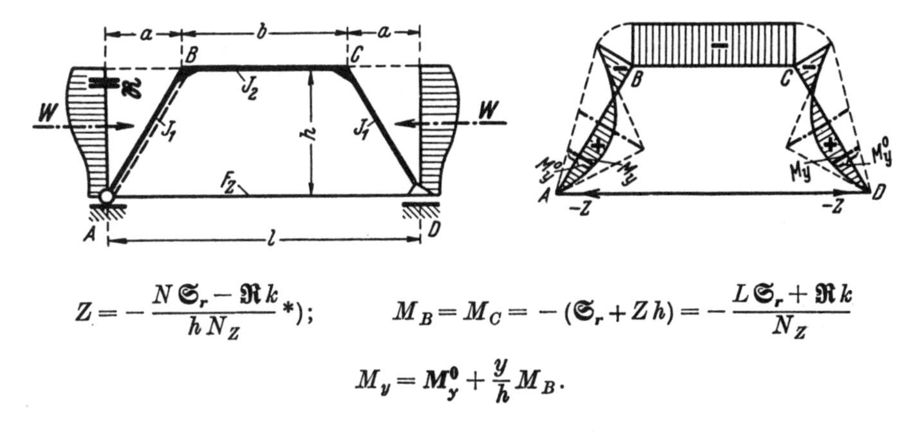

$$Z = -\frac{N\mathfrak{S}_r - \mathfrak{R}k}{hN_Z}{}^{*)}; \qquad M_B = M_C = -(\mathfrak{S}_r + Zh) = -\frac{L\mathfrak{S}_r + \mathfrak{R}k}{N_Z}$$

$$M_y = M_y^0 + \frac{y}{h} M_B.$$

Bemerkung: Alle Belastungsglieder sind auf den linken Stiel bezogen.

*) Bei obigen zwei Belastungsfällen sowie bei Wärmeabnahme (s. S. 288 unten) wird Z negativ, d. h. das Zugband erhält Druck. Dieser Umstand hat selbstverständlich nur dann einen Sinn, wenn die Druckkraft kleiner bleibt als die Zugkraft aus ständiger Last, so daß stets ein Rest Zugkraft im Zugbande verbleibt.

Fall 74/7: Waagerechte Einzellast in Riegelhöhe

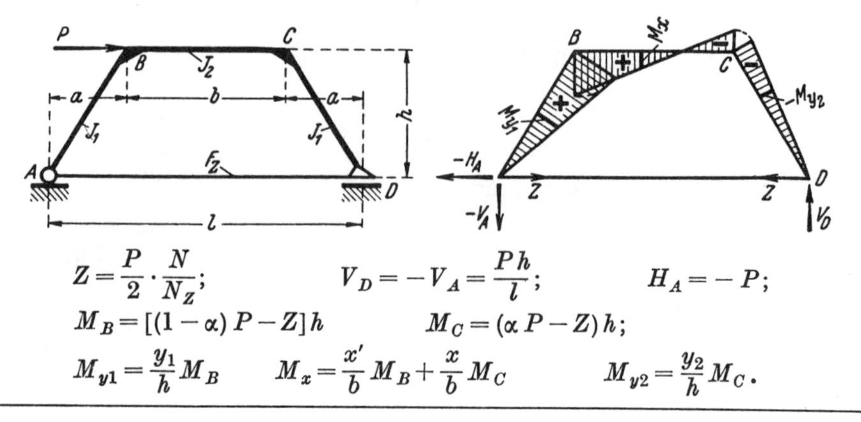

$$Z = \frac{P}{2} \cdot \frac{N}{N_Z}; \qquad V_D = -V_A = \frac{Ph}{l}; \qquad H_A = -P;$$

$$M_B = [(1-\alpha)P - Z]h \qquad M_C = (\alpha P - Z)h;$$

$$M_{y1} = \frac{y_1}{h} M_B \qquad M_x = \frac{x'}{b} M_B + \frac{x}{b} M_C \qquad M_{y2} = \frac{y_2}{h} M_C.$$

Fall 74/8: Zwei gleiche senkrechte Einzellasten in den Eckpunkten B und C

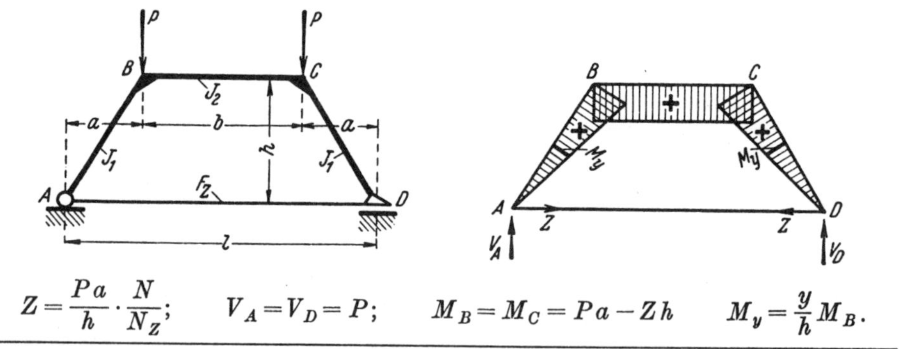

$$Z = \frac{Pa}{h} \cdot \frac{N}{N_Z}; \qquad V_A = V_D = P; \qquad M_B = M_C = Pa - Zh \qquad M_y = \frac{y}{h} M_B.$$

Fall 74/9: Gleichmäßige Wärmezunahme im ganzen Rahmen

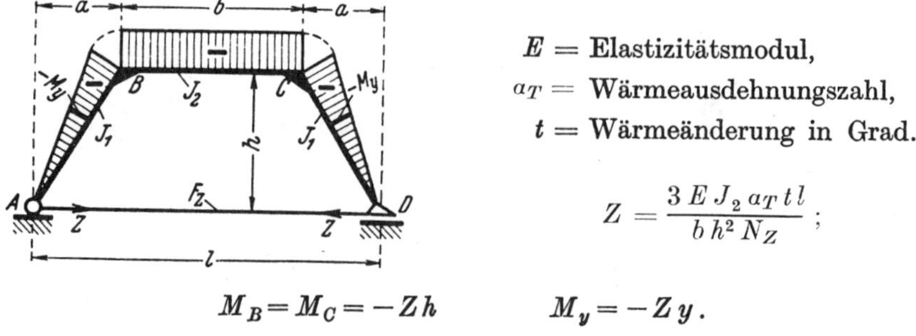

E = Elastizitätsmodul,

α_T = Wärmeausdehnungszahl,

t = Wärmeänderung in Grad.

$$Z = \frac{3 E J_2 \alpha_T t l}{b h^2 N_Z};$$

$$M_B = M_C = -Zh \qquad M_y = -Zy.$$

Bemerkung: Bei Wärmeabnahme kehren alle Kräfte ihren Pfeilsinn um und alle Momente erhalten entgegengesetztes Vorzeichen*).

*) Siehe hier die Fußnote zu Seite 287.

Rahmenform 75

Symmetrischer eingespannter Trapezrahmen

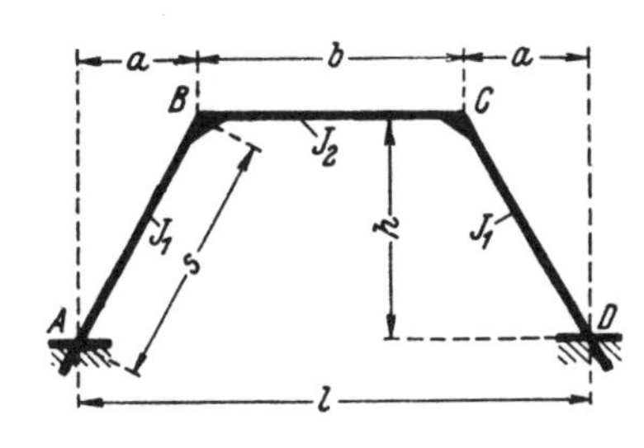

Rahmenform, Abmessungen und Bezeichnungen

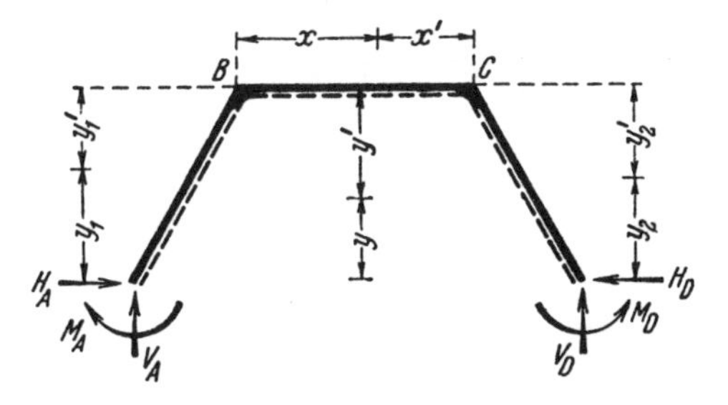

Festlegung der positiven Richtung aller Stützkräfte und der Koordinaten beliebiger Stabpunkte. Für symmetrische Lastfälle werden y und y' verwendet. Positive Biegungsmomente erzeugen an der gestrichelten Stabseite Zug

Festwerte:

$$k = \frac{J_2}{J_1} \cdot \frac{s}{b}; \qquad \alpha = \frac{a}{l} \qquad \beta = \frac{b}{l};$$

$$K_1 = 2k + 3 \qquad K_2 = k(1+\beta) + \beta(1+k);$$

$$N_1 = k + 2 \qquad N_2 = 2(1+\beta+\beta^2)k + \beta^2.$$

Fall 75/1: Gleichmäßige Wärmezunahme im ganzen Rahmen

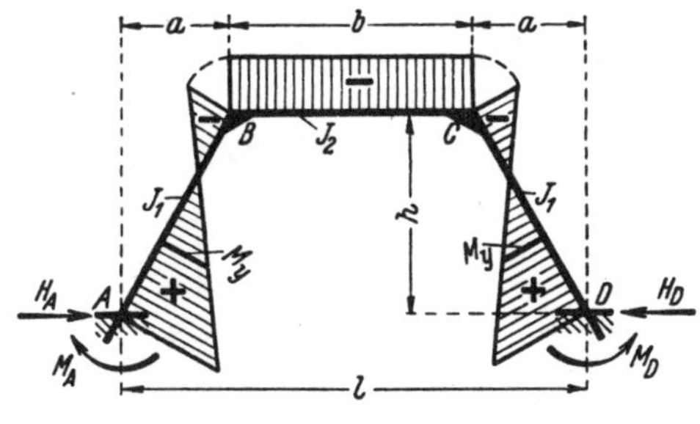

E = Elastizitätsmodul,

α_T = Wärmeausdehnungszahl,

t = Wärmeänderung in Grad.

Hilfswert: $T = \frac{3 E J_1 l \cdot \alpha_T t}{s h N_1}$

$$M_A = M_D = +T(k+1) \qquad M_B = M_C = -Tk; \qquad V_A = V_D = 0$$

$$H_A = H_D = \frac{M_A - M_B}{h}; \qquad M_y = \frac{y'}{h} M_A + \frac{y}{h} M_B.$$

Bemerkung: Bei Wärme**ab**nahme kehren alle Kräfte ihren Pfeilsinn um und alle Momente erhalten entgegengesetztes Vorzeichen.

Siehe hierzu den Abschnitt „**Belastungsglieder**"

Fall 75/2: Riegel beliebig senkrecht belastet

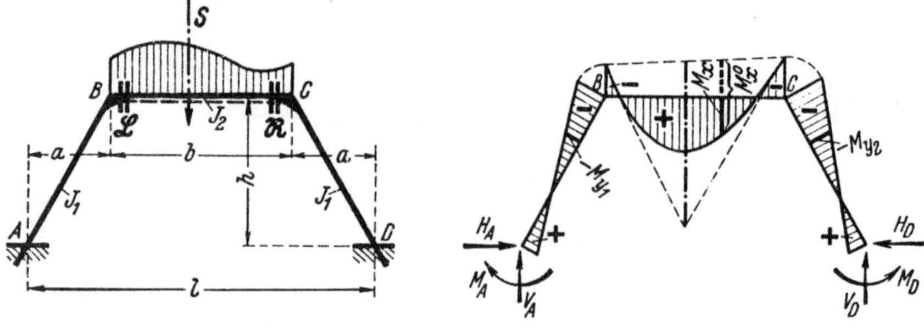

Hilfswerte: $X_1 = \frac{(\mathfrak{L} + \mathfrak{R})}{6\,N_1}$ $X_3 = \frac{\alpha\,(\mathfrak{S}_r - \mathfrak{S}_l)\,K_2 + \beta\,(\mathfrak{L} - \mathfrak{R})}{2\,N_2}$

$$\left.\begin{matrix} M_A \\ M_D \end{matrix}\right\rangle = + X_1 \mp X_3 \qquad \left.\begin{matrix} M_B \\ M_C \end{matrix}\right\rangle = -2\,X_1 \pm \left[\frac{\alpha\,(\mathfrak{S}_r - \mathfrak{S}_l)}{2} - \beta\,X_3\right];$$

$$H_A = H_D = \frac{S\,a}{2\,h} + \frac{3\,X_1}{h}; \qquad \left.\begin{matrix} V_A \\ V_D \end{matrix}\right\rangle = \frac{S}{2} \pm \left[\frac{(\mathfrak{S}_r - \mathfrak{S}_l)}{2\,l} + \frac{2\,X_3}{l}\right];$$

$$M_x = M_x^0 + \frac{x'}{b}\,M_B + \frac{x}{b}\,M_C\,.$$

Sonderfall 75/2a: Symmetrische Riegellast ($\mathfrak{R} = \mathfrak{L}$; $\mathfrak{S}_l = \mathfrak{S}_r$)

$$M_A = M_D = +\frac{\mathfrak{L}}{3\,N_1} \qquad M_y = M_A \cdot \left(1 - 3\,\frac{y}{h}\right); \qquad V_A = V_D = \frac{S}{2}$$

$$M_B = M_C = -\frac{2\,\mathfrak{L}}{3\,N_1}; \qquad M_x = M_x^0 + M_B; \qquad H_A = H_D = \frac{S\,a}{2\,h} + \frac{\mathfrak{L}}{h\,N_1}.$$

Fall 75/3: Riegel beliebig antimetrisch belastet ($\mathfrak{R} = -\mathfrak{L}$; $\mathfrak{S}_l = -\mathfrak{S}_r$)

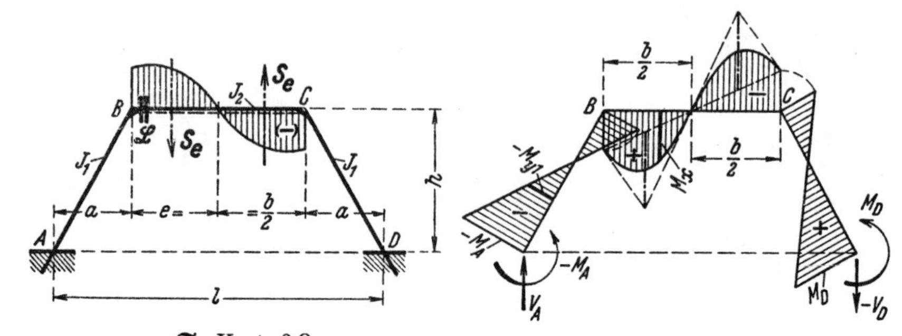

$$M_D = -M_A = \frac{\alpha\,\mathfrak{S}_r\,K_2 + \beta\,\mathfrak{L}}{N_2} \qquad M_B = -M_C = \alpha\,\mathfrak{S}_r - \beta\,M_D; \qquad H_A = H_D = 0;$$

$$V_A = -V_D = \frac{\mathfrak{S}_r + 2\,M_D}{l} = \frac{\mathfrak{S}_r - 2\,M_B}{b}; \qquad M_x = M_x^0 + \frac{x' - x}{b} \cdot M_B\,.$$

Siehe hierzu den Abschnitt „**Belastungsglieder**“

Fall 75/4: Linker Stiel beliebig senkrecht belastet

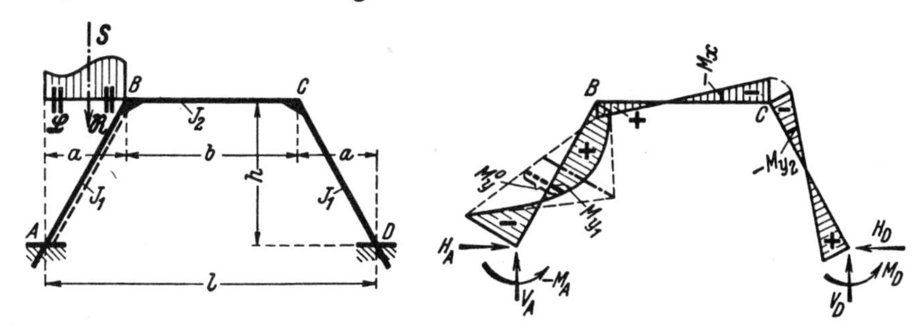

Hilfswerte:

$$X_1 = \frac{\mathfrak{L} K_1 - \mathfrak{R} k}{6 N_1} \qquad X_2 = \frac{(2\mathfrak{R} - \mathfrak{L}) k}{6 N_1} \qquad X_3 = \frac{\beta \mathfrak{S}_l K_2 + (\mathfrak{L} + \beta \mathfrak{R}) k}{2 N_2}.$$

$$\left.\begin{matrix} M_A \\ M_D \end{matrix}\right\rangle = -X_1 \mp X_3 \qquad \left.\begin{matrix} M_B \\ M_C \end{matrix}\right\rangle = -X_2 \pm \beta\left(\frac{\mathfrak{S}_l}{2} - X_3\right);$$

$$H_A = H_D = \frac{\mathfrak{S}_l}{2h} - \frac{X_1 - X_2}{h}; \qquad V_D = \frac{\mathfrak{S}_l - 2X_3}{l} \qquad V_A = S - V_D;$$

$$M_{y1} = M_y^0 + \frac{y_1'}{h} M_A + \frac{y_1}{h} M_B \qquad M_{y2} = \frac{y_2}{h} M_C + \frac{y_2'}{h} M_D$$

$$M_x = \frac{x'}{b} M_B + \frac{x}{b} M_C.$$

Fall 75/5: Beide Stiele beliebig senkrecht, aber gleich und symmetrisch zur Rahmen-Symmetrieachse belastet

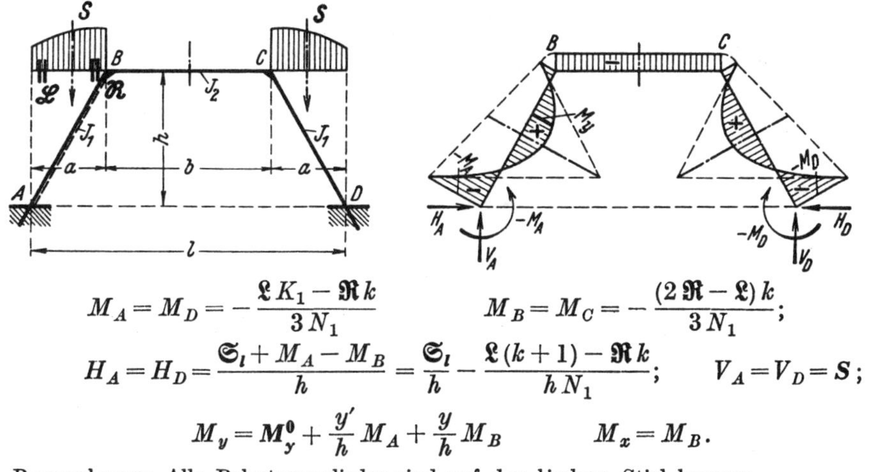

$$M_A = M_D = -\frac{\mathfrak{L} K_1 - \mathfrak{R} k}{3 N_1} \qquad M_B = M_C = -\frac{(2\mathfrak{R} - \mathfrak{L}) k}{3 N_1};$$

$$H_A = H_D = \frac{\mathfrak{S}_l + M_A - M_B}{h} = \frac{\mathfrak{S}_l}{h} - \frac{\mathfrak{L}(k+1) - \mathfrak{R} k}{h N_1}; \qquad V_A = V_D = S;$$

$$M_y = M_y^0 + \frac{y'}{h} M_A + \frac{y}{h} M_B \qquad M_x = M_B.$$

Bemerkung: Alle Belastungsglieder sind auf den linken Stiel bezogen.

Siehe hierzu den Abschnitt **„Belastungsglieder"**

Fall 75/6: Linker Stiel beliebig waagerecht belastet

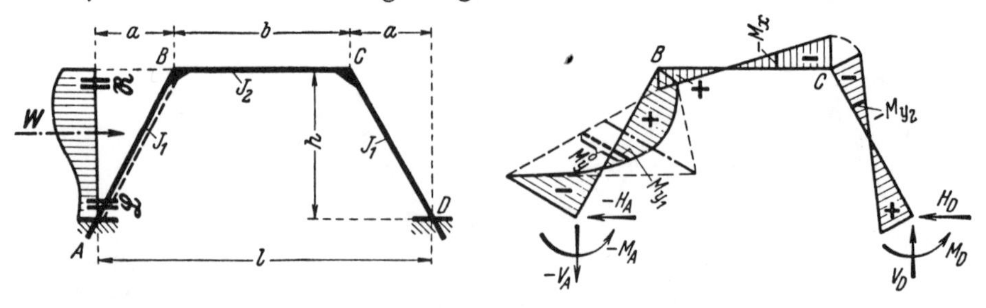

Hilfswerte:

$$X_1 = \frac{\mathfrak{L} k_1 - \mathfrak{R} k}{6 N_1} \qquad X_2 = \frac{(2\,\mathfrak{R} - \mathfrak{L})\,k}{6 N_1} \qquad X_3 = \frac{\beta\,\mathfrak{S}_l K_2 + (\mathfrak{L} + \beta\,\mathfrak{R})\,k}{2 N_2}.$$

$$\left.\begin{matrix} M_A \\ M_D \end{matrix}\right\rangle = -X_1 \mp X_3 \qquad \left.\begin{matrix} M_B \\ M_C \end{matrix}\right\rangle = -X_2 \pm \beta\left(\frac{\mathfrak{S}_l}{2} - X_3\right);$$

$$H_D = \frac{\mathfrak{S}_l}{2h} - \frac{X_1 - X_2}{h} \qquad H_A = -(W - H_D); \qquad V_D = -V_A = \frac{\mathfrak{S}_l - 2 X_3}{l};$$

$$M_{y1} = M_y^0 + \frac{y_1'}{h} M_A + \frac{y_1}{h} M_B \qquad M_{y2} = \frac{y_2}{h} M_C + \frac{y_2'}{h} M_D$$

$$M_x = \frac{x'}{b} M_B + \frac{x}{b} M_C.$$

Fall 75/7: Beide Stiele beliebig waagerecht, aber gleich und symmetrisch zur Rahmen-Symmetrieachse belastet

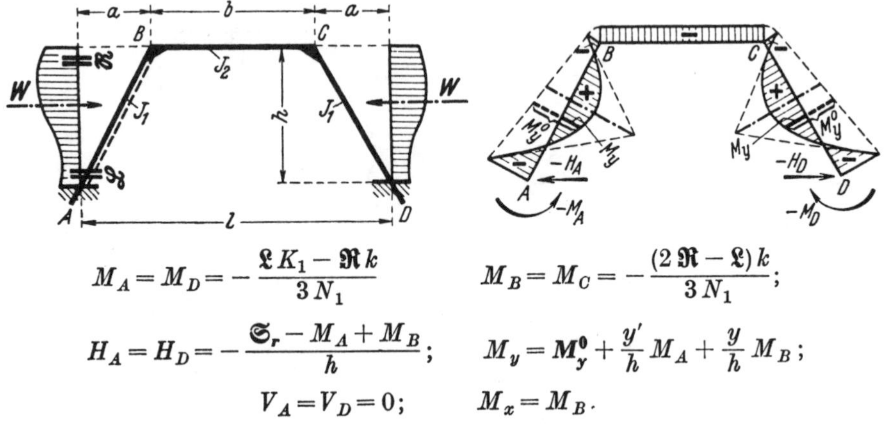

$$M_A = M_D = -\frac{\mathfrak{L} K_1 - \mathfrak{R} k}{3 N_1} \qquad M_B = M_C = -\frac{(2\,\mathfrak{R} - \mathfrak{L})\,k}{3 N_1};$$

$$H_A = H_D = -\frac{\mathfrak{S}_r - M_A + M_B}{h}; \qquad M_y = M_y^0 + \frac{y'}{h} M_A + \frac{y}{h} M_B;$$

$$V_A = V_D = 0; \qquad M_x = M_B.$$

Bemerkung: Alle Belastungsglieder sind auf den linken Stiel bezogen.

Siehe hierzu den Abschnitt **„Belastungsglieder"**

Fall 75/8: Beide Stiele beliebig senkrecht, aber gleich und antimetrisch zur Rahmen-Symmetrieachse belastet

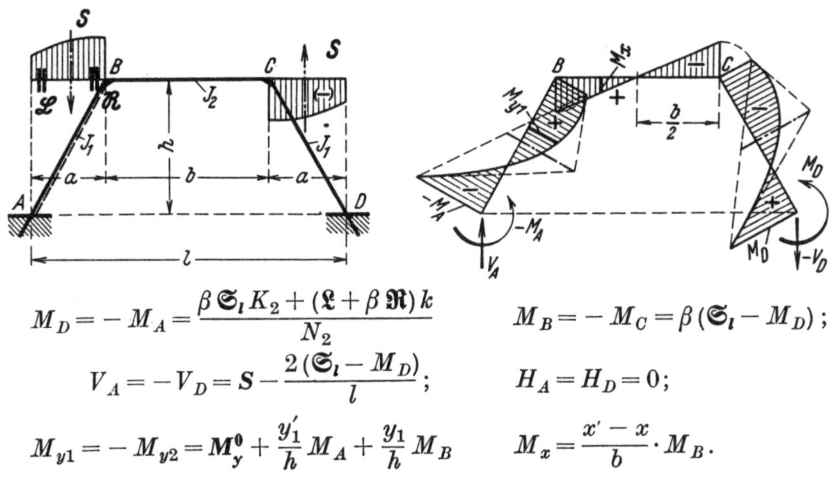

$$M_D = -M_A = \frac{\beta\,\mathfrak{S}_l K_2 + (\mathfrak{L} + \beta\,\mathfrak{R})\,k}{N_2} \qquad M_B = -M_C = \beta\,(\mathfrak{S}_l - M_D);$$

$$V_A = -V_D = \boldsymbol{S} - \frac{2\,(\mathfrak{S}_l - M_D)}{l}; \qquad H_A = H_D = 0;$$

$$M_{y1} = -M_{y2} = \boldsymbol{M}_y^0 + \frac{y_1'}{h} M_A + \frac{y_1}{h} M_B \qquad M_x = \frac{x' - x}{b} \cdot M_B.$$

Bemerkung: Alle Belastungsglieder sind auf den linken Stiel bezogen.

Fall 75/9: Senkrechtes Kräftepaar Pb an den Eckpunkten B und C (vgl. Lastbild Fall 73/12, Seite 283)

In Fall 75/8 ist zu setzen:

$$\boldsymbol{S} = P \qquad \mathfrak{S}_l = Pa; \qquad \mathfrak{L} = \mathfrak{R} = 0 \qquad \boldsymbol{M}_y^0 = 0.$$

Fall 75/10: Beide Stiele beliebig waagerecht, aber gleich und antimetrisch zur Rahmen-Symmetrieachse belastet

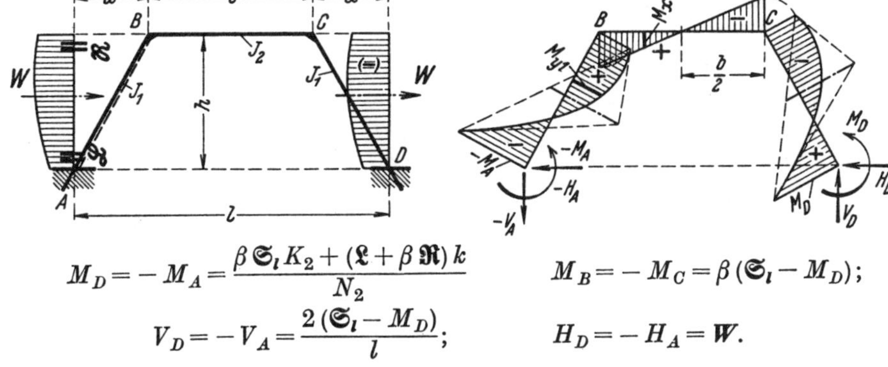

$$M_D = -M_A = \frac{\beta\,\mathfrak{S}_l K_2 + (\mathfrak{L} + \beta\,\mathfrak{R})\,k}{N_2} \qquad M_B = -M_C = \beta\,(\mathfrak{S}_l - M_D);$$

$$V_D = -V_A = \frac{2\,(\mathfrak{S}_l - M_D)}{l}; \qquad H_D = -H_A = \boldsymbol{W}.$$

M_y und M_x wie beim Fall 75/8.

Bemerkung: Alle Belastungsglieder sind auf den linken Stiel bezogen.

Fall 75/11: Zwei gleiche senkrechte Einzellasten in den Eckpunkten B und C

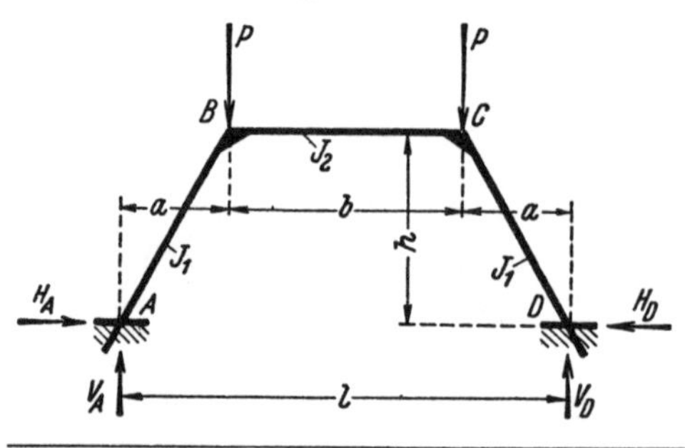

Es treten keine Biegungsmomente auf.

$$V_A = V_D = P;$$

$$H_A = H_D = \frac{P a}{h}.$$

Fall 75/12: Senkrechte Einzellast am Eckpunkt B

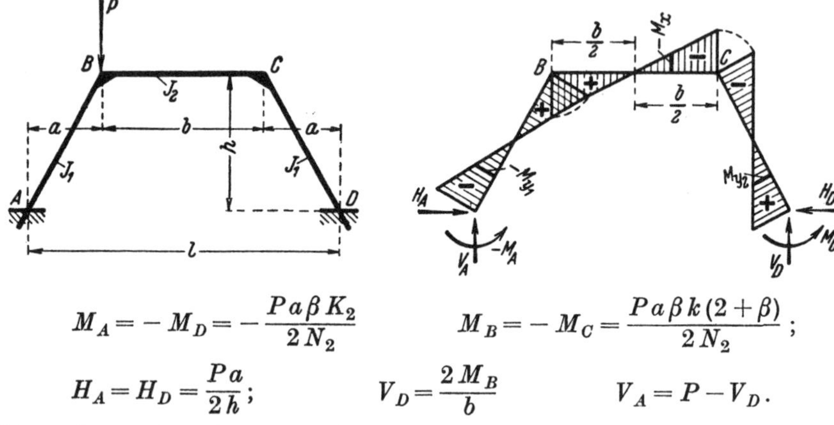

$$M_A = -M_D = -\frac{P a \beta K_2}{2 N_2} \qquad M_B = -M_C = \frac{P a \beta k (2+\beta)}{2 N_2};$$

$$H_A = H_D = \frac{P a}{2 h}; \qquad V_D = \frac{2 M_B}{b} \qquad V_A = P - V_D.$$

Bemerkung: Der Momentenverlauf ist antimetrisch.

Fall 75/13: Waagerechte Einzellast in Riegelhöhe

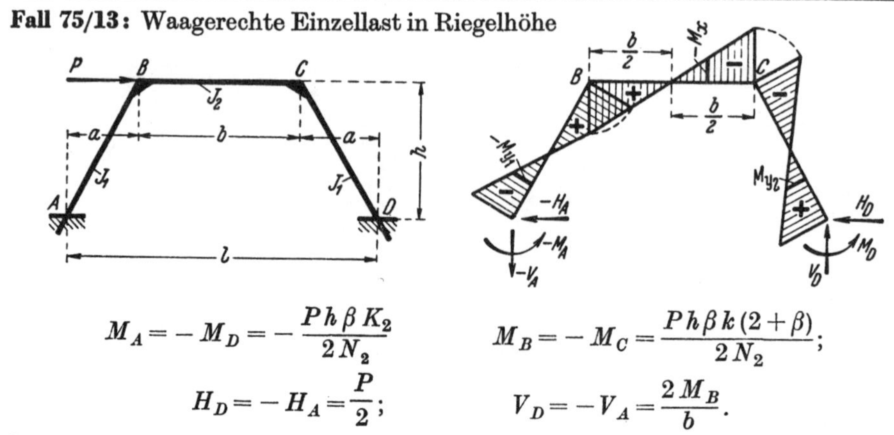

$$M_A = -M_D = -\frac{P h \beta K_2}{2 N_2} \qquad M_B = -M_C = \frac{P h \beta k (2+\beta)}{2 N_2};$$

$$H_D = -H_A = \frac{P}{2}; \qquad V_D = -V_A = \frac{2 M_B}{b}.$$

Bemerkung: Der Momentenverlauf ist antimetrisch und dem von Fall 75/12 affin.

Rahmenform 76

Trapezförmiger Zweigelenkrahmen mit waagerechtem Riegel und ungleich hohen Stielen mit verschiedener Neigung

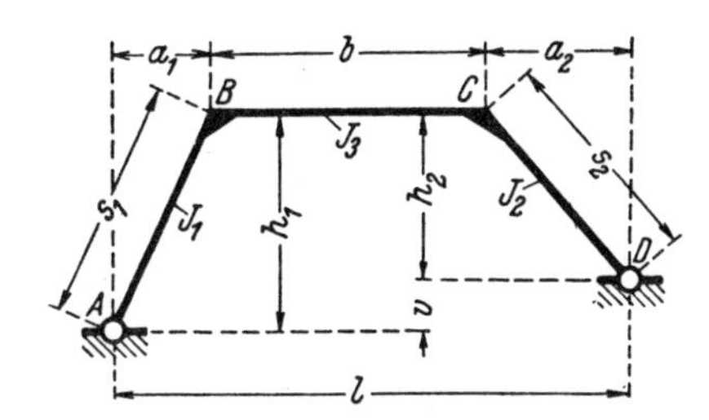

Rahmenform, Abmessungen und Bezeichnungen

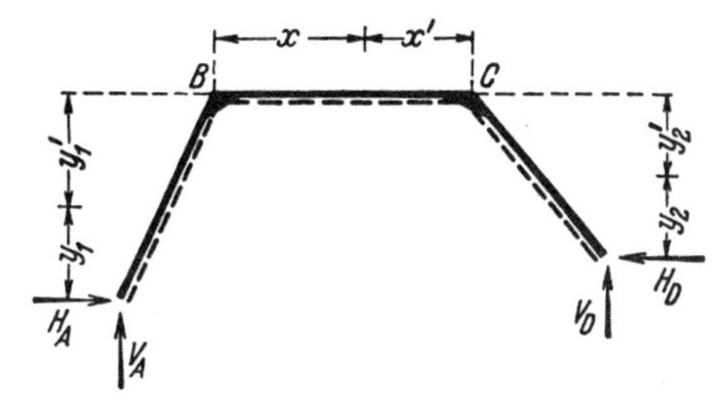

Festlegung der positiven Richtung aller Stützkräfte und der Koordinaten beliebiger Stabpunkte. Positive Biegungsmomente erzeugen an der gestrichelten Stabseite Zug

Festwerte:

$$k_1 = \frac{J_3}{J_1} \cdot \frac{s_1}{b} \qquad k_2 = \frac{J_3}{J_2} \cdot \frac{s_2}{b}; \qquad n = \frac{h_2}{h_1}; \qquad v = h_1 - h_2{*});$$

$$\alpha_1 = \frac{a_1}{l} \qquad \beta_1 = 1 - \alpha_1 \qquad \alpha_2 = \frac{a_2}{l} \qquad \beta_2 = 1 - \alpha_2; \qquad r = \frac{v}{h_1}{*});$$

$$m_1 = n\,\alpha_1 + \beta_1 \qquad B = 2\,m_1\,(k_1 + 1) + m_2 \qquad K_1 = \beta_1\,B + \alpha_2\,C$$

$$m_2 = \alpha_2 + n\,\beta_2; \qquad C = m_1 + 2\,m_2\,(1 + k_2) \qquad K_2 = \alpha_1\,B + \beta_2\,C;$$

$$N = m_1\,B + m_2\,C = K_1 + n\,K_2\,.$$

Anschriebe für die Momente in beliebigen Stabpunkten für alle Lastfälle der Rahmenform 76

Anteile aus den Eckmomenten allein:

$$M_{y1} = \frac{y_1}{h_1} M_B \qquad M_x = \frac{x'}{b} M_B + \frac{x}{b} M_C \qquad M_{y2} = \frac{y_2}{h_2} M_C\,.$$

Zu diesen Werten kommt für den jeweils direkt belasteten Stab das Glied $\boldsymbol{M_y^0}$ bzw. $\boldsymbol{M_x^0}$ hinzu.

---

*) Für $h_2 > h_1$ wird v und somit auch r negativ!

Fall 76/1: Riegel beliebig senkrecht belastet

(Siehe hierzu den Abschnitt „**Belastungsglieder**")

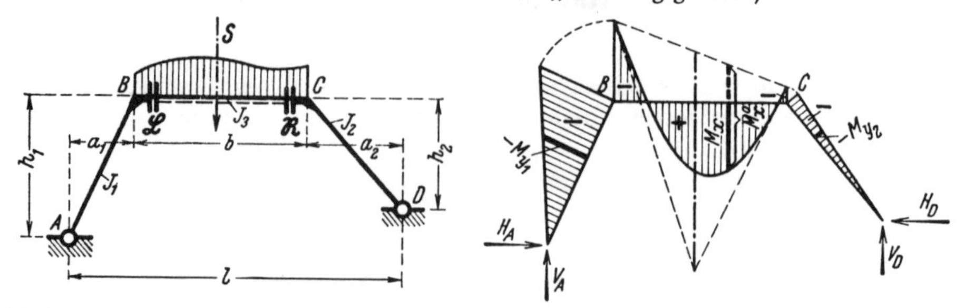

Hilfswerte:

$$a = \frac{a_1 a_2}{l}; \qquad X = \frac{\mathfrak{L} m_1 + \mathfrak{S}_r \alpha_1 B + S a (B + C) + \mathfrak{S}_l \alpha_2 C + \mathfrak{R} m_2}{N}$$

$$M_B = \alpha_1 \mathfrak{S}_r + S a - m_1 X \qquad M_C = S a + \alpha_2 \mathfrak{S}_l - m_2 X;$$

$$V_A = \frac{\mathfrak{S}_r + S a_2 + r X}{l} \qquad V_D = S - V_A; \qquad H_A = H_D = \frac{X}{h_1}.$$

Sonderfall 76/1a: Symmetrische Riegellast ($\mathfrak{R} = \mathfrak{L}$; $\mathfrak{S}_l = \mathfrak{S}_r$)

$$X = \frac{\mathfrak{L}(m_1 + m_2) + (S l/2)[B \alpha_1 (\beta_1 + \alpha_2) + C \alpha_2 (\alpha_1 + \beta_2)]}{N}$$

$$M_B = S \alpha_1 \left(\frac{b}{2} + a_2\right) - m_1 X \qquad M_C = S \alpha_2 \left(a_1 + \frac{b}{2}\right) - m_2 X;$$

$$V_A = \frac{S}{l}\left(\frac{b}{2} + a_2\right) + \frac{r X}{l} \qquad V_D = \frac{S}{l}\left(a_1 + \frac{b}{2}\right) - \frac{r X}{l} = S - V_A.$$

Fall 76/2: Gleichmäßige Wärme**zu**nahme im ganzen Rahmen

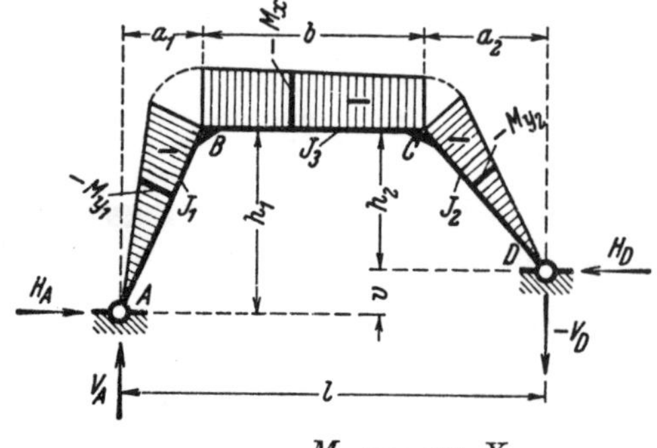

E = Elastizitätsmodul,
α_T = Wärmeausdehnungszahl,
t = Wärmeänderung in Grad.

Hilfswert:

$$X = \frac{6 E J_3 \alpha_T t (l^2 + v^2)}{l b h_1 N}.$$

$$M_B = -m_1 X \qquad M_C = -m_2 X;$$

$$V_A = -V_D = \frac{r X}{l}; \qquad H_A = H_D = \frac{X}{h_1}.$$

Bemerkung: Bei Wärme**ab**nahme kehren alle Kräfte ihren Pfeilsinn um und alle Momente erhalten entgegengesetztes Vorzeichen.

Siehe hierzu den Abschnitt „**Belastungsglieder**"

Fall 76/3: Linker Stiel beliebig senkrecht belastet

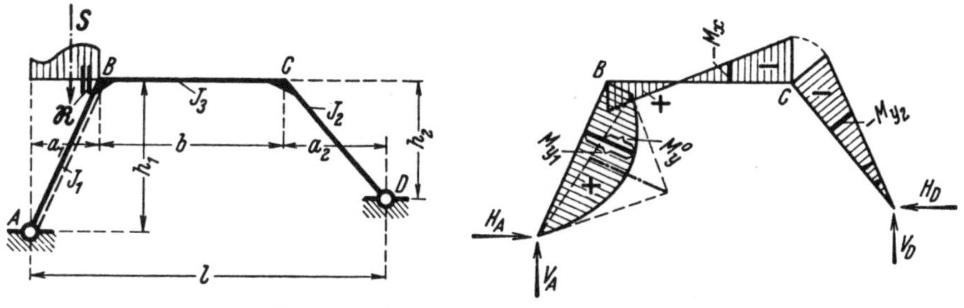

Hilfswert: $X = \dfrac{\mathfrak{S}_l K_1 + \mathfrak{R} k_1 m_1}{N}$.

$M_B = \beta_1 \mathfrak{S}_l - m_1 X$

$M_C = \alpha_2 \mathfrak{S}_l - m_2 X$;

$$V_D = \frac{\mathfrak{S}_l - r X}{l} \qquad V_A = S - V_D; \qquad H_A = H_D = \frac{X}{h_1}.$$

Sonderfall 76/3a: Senkrechte Einzellast am Eckpunkt B

$$M_B = + \frac{P b \alpha_1 n C}{N} \qquad M_C = - \frac{P b \alpha_1 n B}{N};$$

$$V_D = \frac{M_B - M_C}{b} \qquad V_A = P - V_D; \qquad H_A = H_D = \frac{P a_1 K_1}{h_1 N}$$

Fall 76/4: Linker Stiel beliebig waagerecht belastet

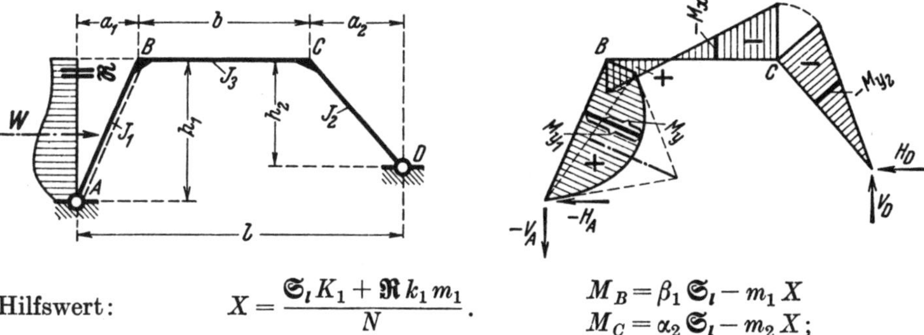

Hilfswert: $X = \dfrac{\mathfrak{S}_l K_1 + \mathfrak{R} k_1 m_1}{N}$.

$M_B = \beta_1 \mathfrak{S}_l - m_1 X$

$M_C = \alpha_2 \mathfrak{S}_l - m_2 X$;

$$V_D = -V_A = \frac{\mathfrak{S}_l - r X}{l}; \qquad H_D = \frac{X}{h_1} \qquad H_A = -(W - H_D).$$

Sonderfall 76/4a: Waagerechte Einzellast am Eckpunkt B

$$M_B = + \frac{P h_2 b C}{l N} \qquad M_C = - \frac{P h_2 b B}{l N};$$

$$V_D = -V_A = \frac{M_B - M_C}{b}; \qquad H_A = - \frac{P n K_2}{N} \qquad H_D = \frac{P K_1}{N}.$$

Siehe hierzu den Abschnitt „**Belastungsglieder**"

Fall 76/5: Rechter Stiel beliebig senkrecht belastet

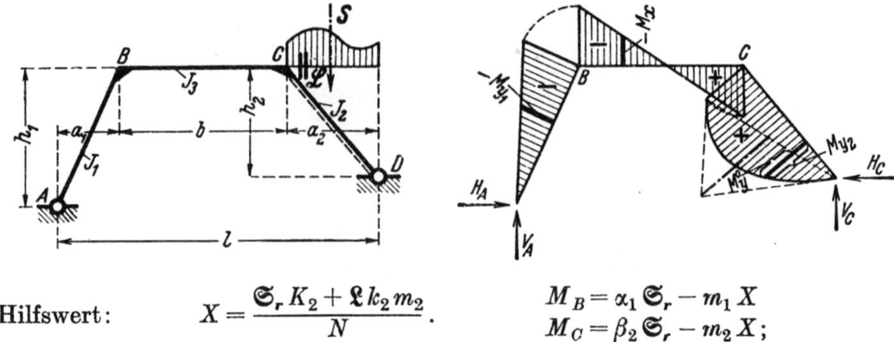

Hilfswert:
$$X = \frac{\mathfrak{S}_r K_2 + \mathfrak{L} k_2 m_2}{N}. \qquad \begin{aligned} M_B &= \alpha_1 \mathfrak{S}_r - m_1 X \\ M_C &= \beta_2 \mathfrak{S}_r - m_2 X; \end{aligned}$$

$$V_A = \frac{\mathfrak{S}_r + r X}{l} \qquad V_D = S - V_A; \qquad H_A = H_D = \frac{X}{h_1}.$$

Sonderfall 76/5a: Senkrechte Einzellast am Eckpunkt C

$$M_B = -\frac{P b \alpha_2 C}{N} \qquad M_C = +\frac{P b \alpha_2 B}{N};$$

$$V_A = \frac{M_C - M_B}{b} \qquad V_D = P - V_A; \qquad H_A = H_D = \frac{P a_2 K_2}{h_1 N}.$$

Fall 76/6: Rechter Stiel beliebig waagerecht belastet

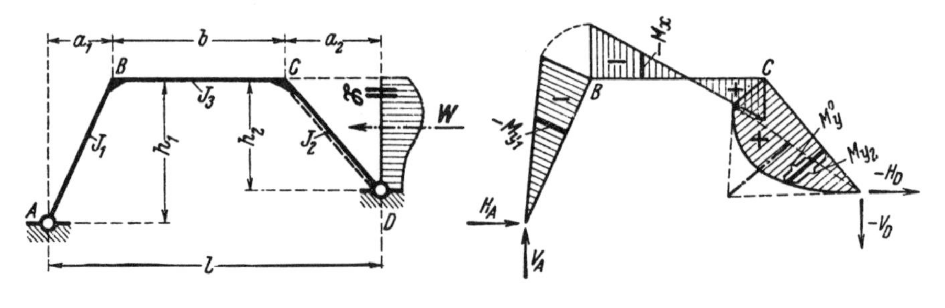

Hilfswert:
$$X = \frac{\mathfrak{S}_r K_2 + \mathfrak{L} k_2 m_2}{N}. \qquad \begin{aligned} M_B &= \alpha_1 \mathfrak{S}_r - m_1 X \\ M_C &= \beta_2 \mathfrak{S}_r - m_2 X; \end{aligned}$$

$$V_A = -V_D = \frac{\mathfrak{S}_r + r X}{l}; \qquad H_A = \frac{X}{h_1} \qquad H_D = -(W - H_A).$$

Sonderfall 76/6a: Waagerechte Einzellast am Eckpunkt C

Formeln wie beim Sonderfall 76/4a, jedoch mit umgekehrten Vorzeichen.

Rahmenform 77

Trapezrahmen mit waagerechtem Riegel und verschieden geneigten Stielen mit einem festen Fußgelenk und einem waagerecht beweglichen Auflager, verbunden durch ein elastisches Zugband

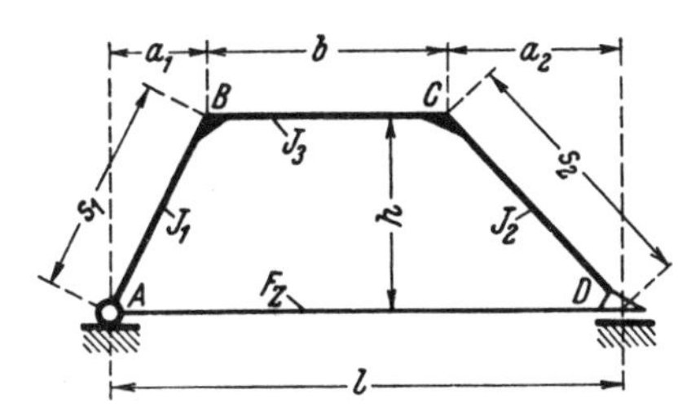

Rahmenform, Abmessungen und Bezeichnungen

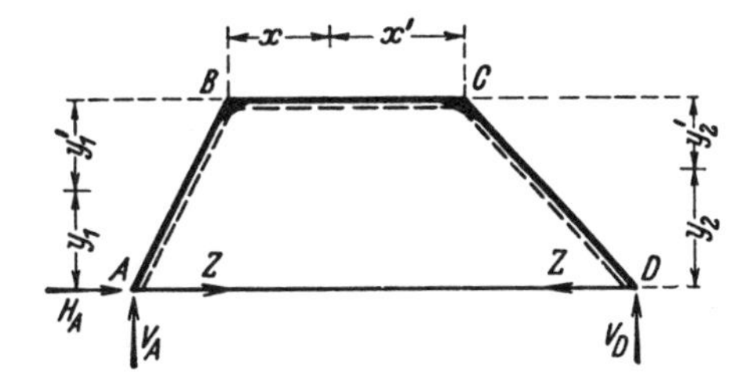

Festlegung der positiven Richtung aller Stützkräfte und der Koordinaten beliebiger Stabpunkte. Positive Biegungsmomente erzeugen an der gestrichelten Stabseite Zug

Festwerte: $k_1 = \frac{J_3}{J_1} \cdot \frac{s_1}{b}$ $\qquad k_2 = \frac{J_3}{J_2} \cdot \frac{s_2}{b};$

$$\alpha_1 = \frac{a_1}{l} \qquad \beta_1 = 1 - \alpha_1 \qquad \alpha_2 = \frac{a_2}{l} \qquad \beta_2 = 1 - \alpha_2;$$

$$B = 2k_1 + 3 \qquad K_1 = \beta_1 B + \alpha_2 C$$
$$C = 3 + 2k_2 \qquad K_2 = \alpha_1 B + \beta_2 C; \qquad L = \frac{6J_3}{h^2 F_Z} \cdot \frac{E}{E_Z} \cdot \frac{l}{b};$$
$$N = B + C = K_1 + K_2 \qquad N_Z = N + L.$$

E = Elastizitätsmodul des Rahmenbaustoffes,
E_Z = Elastizitätsmodul des Zugbandstoffes,
F_Z = Querschnittsfläche des Zugbandes.

Anschriebe für die Momente in beliebigen Stabpunkten für alle Lastfälle der Rahmenform 77

Anteile aus den Eckmomenten allein:

$$M_{y1} = \frac{y_1}{h} M_B \qquad M_x = \frac{x'}{b} M_B + \frac{x}{b} M_C \qquad M_{y2} = \frac{y_2}{h} M_C.$$

Zu diesen Werten kommt für den jeweils direkt belasteten Stab das Glied M_y^0 bzw. M_x^0 hinzu.

Fall 77/1: Riegel beliebig senkrecht belastet

(Siehe hierzu den Abschnitt **„Belastungsglieder"**)

$$a = \frac{a_1 a_2}{l}; \qquad Z = \frac{\mathfrak{S}_r \alpha_1 B + \mathfrak{S}_l \alpha_2 C + \boldsymbol{S} a N + (\mathfrak{L} + \mathfrak{R})}{h N_Z};$$

$$V_A = \frac{\mathfrak{S}_r}{l} + \boldsymbol{S} \alpha_2 \qquad V_D = \boldsymbol{S} \alpha_1 + \frac{\mathfrak{S}_l}{l} \qquad (V_A + V_D = \boldsymbol{S});$$

$$M_B = \alpha_1 \mathfrak{S}_r + \boldsymbol{S} a - Z h \qquad M_C = \boldsymbol{S} a + \alpha_2 \mathfrak{S}_l - Z h.$$

Sonderfall 77/1a: Symmetrische Riegellast ($\mathfrak{R} = \mathfrak{L}$; $\mathfrak{S}_l = \mathfrak{S}_r$)

$$Z = \frac{2\mathfrak{L} + (\boldsymbol{S} l/2)\,[B \alpha_1 (\beta_1 + \alpha_2) + C \alpha_2 (\alpha_1 + \beta_2)]}{h N_Z};$$

$$V_A = \frac{\boldsymbol{S}}{l}\left(\frac{b}{2} + a_2\right) \qquad V_D = \frac{\boldsymbol{S}}{l}\left(a_1 + \frac{b}{2}\right) \qquad (V_A + V_D = \boldsymbol{S});$$

$$M_B = \boldsymbol{S} \alpha_1 \left(\frac{b}{2} + a_2\right) - Z h \qquad M_C = \boldsymbol{S} \alpha_2 \left(a_1 + \frac{b}{2}\right) - Z h.$$

Fall 77/2: Gleichmäßige Wärmezunahme im ganzen Rahmen

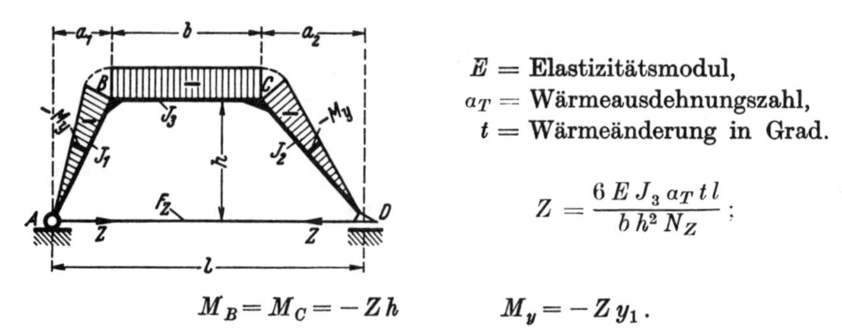

E = Elastizitätsmodul,
α_T = Wärmeausdehnungszahl,
t = Wärmeänderung in Grad.

$$Z = \frac{6 E J_3 \alpha_T t l}{b h^2 N_Z};$$

$$M_B = M_C = -Z h \qquad M_y = -Z y_1.$$

Bemerkung: Bei Wärme**ab**nahme kehren alle Kräfte ihren Pfeilsinn um und alle Momente erhalten entgegengesetztes Vorzeichen*).

*) Siehe hierzu die Fußnote Seite 302.

Siehe hierzu den Abschnitt „**Belastungsglieder**"

Fall 77/3: Linker Stiel beliebig senkrecht belastet

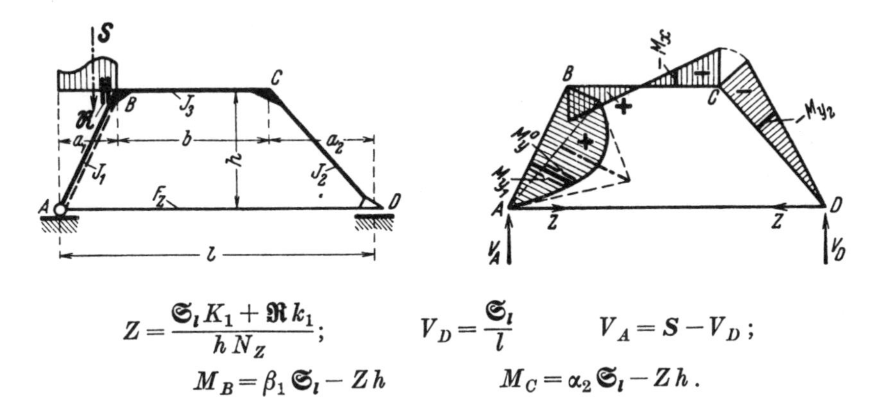

$$Z = \frac{\mathfrak{S}_l K_1 + \mathfrak{R} k_1}{h N_Z}; \qquad V_D = \frac{\mathfrak{S}_l}{l} \qquad V_A = S - V_D;$$

$$M_B = \beta_1 \mathfrak{S}_l - Zh \qquad M_C = \alpha_2 \mathfrak{S}_l - Zh.$$

Sonderfall 77/3a: Senkrechte Einzellast am Eckpunkt B

$$Z = \frac{P a_1}{h} \cdot \frac{K_1}{N_Z}; \qquad V_D = \alpha_1 \cdot P \qquad V_A = \beta_1 \cdot P = P - V_D;$$

$$M_B = P a_1 \cdot \beta_1 - Zh \qquad M_C = P a_1 \cdot \alpha_2 - Zh.$$

Fall 77/4: Rechter Stiel beliebig senkrecht belastet

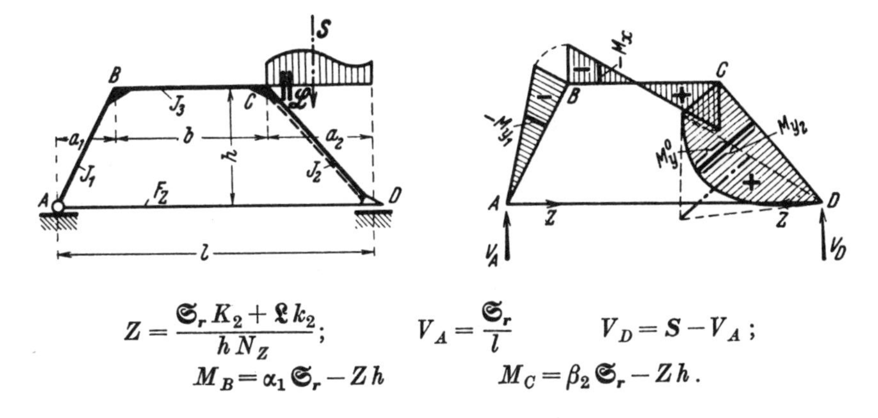

$$Z = \frac{\mathfrak{S}_r K_2 + \mathfrak{L} k_2}{h N_Z}; \qquad V_A = \frac{\mathfrak{S}_r}{l} \qquad V_D = S - V_A;$$

$$M_B = \alpha_1 \mathfrak{S}_r - Zh \qquad M_C = \beta_2 \mathfrak{S}_r - Zh.$$

Sonderfall 77/4a: Senkrechte Einzellast am Eckpunkt C

$$Z = \frac{P a_2}{h} \cdot \frac{K_2}{N_Z}; \qquad V_A = \alpha_2 \cdot P \qquad V_D = \beta_2 \cdot P = P - V_A;$$

$$M_B = P a_2 \cdot \alpha_1 - Zh \qquad M_C\, P a_2 \cdot \beta_2 - Zh.$$

Siehe hierzu den Abschnitt „**Belastungsglieder**“

Fall 77/5: Linker Stiel beliebig waagerecht belastet

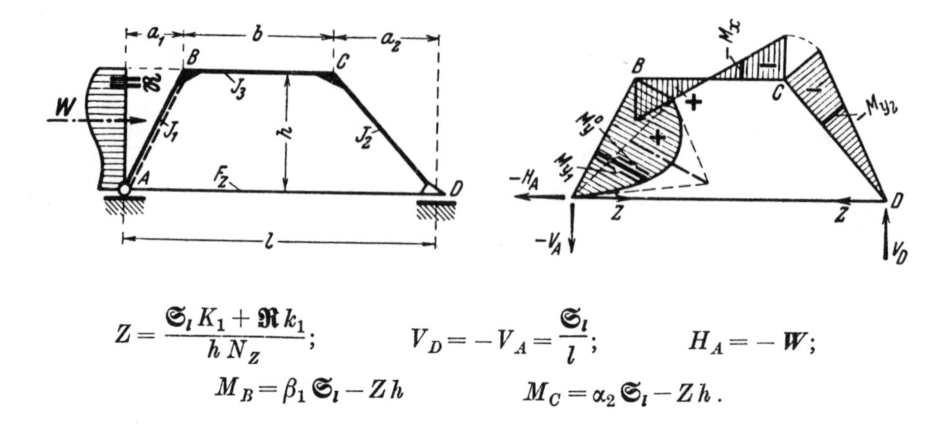

$$Z = \frac{\mathfrak{S}_l K_1 + \mathfrak{R} k_1}{h N_Z}; \qquad V_D = -V_A = \frac{\mathfrak{S}_l}{l}; \qquad H_A = -W;$$

$$M_B = \beta_1 \mathfrak{S}_l - Z h \qquad M_C = \alpha_2 \mathfrak{S}_l - Z h.$$

Sonderfall 77/5a: Waagerechte Einzellast am Eckpunkt B

$$Z = P \cdot \frac{K_1}{N_Z}; \qquad \begin{aligned} M_B &= (\beta_1 P - Z) h \\ M_C &= (\alpha_2 P - Z) h \end{aligned} \qquad V_D = -V_A = \frac{P h}{l}.$$

Fall 77/6: Rechter Stiel beliebig waagerecht belastet

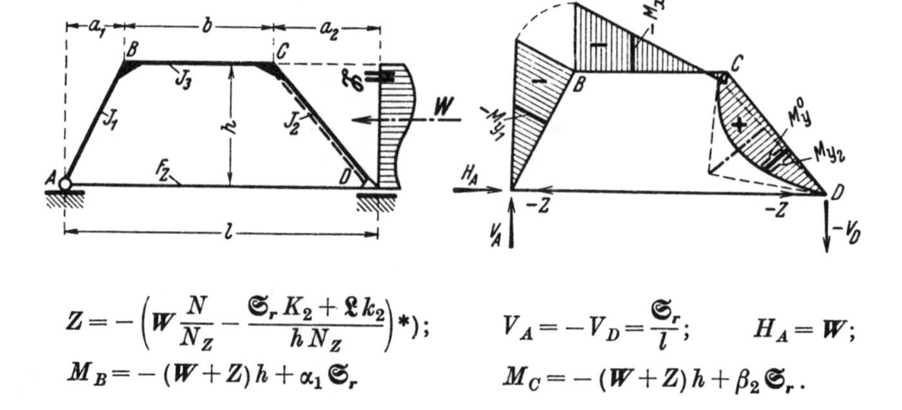

$$Z = -\left(W \frac{N}{N_Z} - \frac{\mathfrak{S}_r K_2 + \mathfrak{L} k_2}{h N_Z}\right)^{*)}; \qquad V_A = -V_D = \frac{\mathfrak{S}_r}{l}; \qquad H_A = W;$$

$$M_B = -(W + Z) h + \alpha_1 \mathfrak{S}_r \qquad M_C = -(W + Z) h + \beta_2 \mathfrak{S}_r.$$

---

*) Bei dem obigen Belastungsfall sowie bei Wärmeabnahme (s. S. 300 unten) wird Z negativ, d. h. das Zugband erhält Druck. Dieser Umstand hat selbstverständlich nur dann einen Sinn, wenn die Druckkraft kleiner bleibt als die Zugkraft aus ständiger Last, so daß stets ein Rest Zugkraft im Zugbande verbleibt.

Rahmenform 78

Trapez-Zweigelenkrahmen mit waagerechtem Riegel und verschieden geneigten Stielen

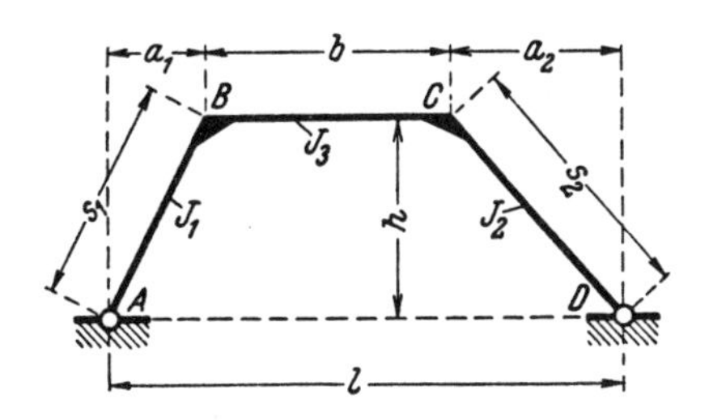

Rahmenform, Abmessungen und Bezeichnungen

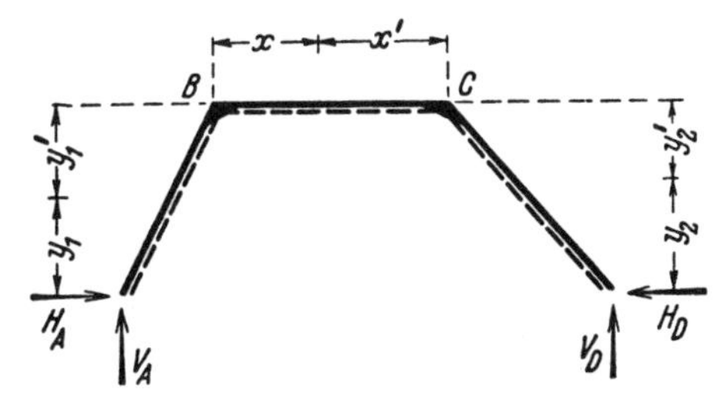

Festlegung der positiven Richtung aller Stützkräfte und der Koordinaten beliebiger Stabpunkte. Positive Biegungsmomente erzeugen an der gestrichelten Stabseite Zug

Für alle **Festwerte** und **Formeln für äußere Belastung** der Rahmenform 78 gelten die Angaben der Rahmenform 76 mit den Vereinfachungen $(h_1 = h_2) = h$, $v = 0$, $n = 1$, $r = 0$, $(m_1 = m_2) = 1$. Es werden somit:

$$B = 2k_1 + 3 \qquad K_1 = \beta_1 B + \alpha_2 C$$
$$C = 3 + 2k_2 \qquad K_2 = \alpha_1 B + \beta_2 C \qquad N = B + C = K_1 + K_2.$$

Bemerkung: Für Rahmenform 78 können aber auch die Angaben der Rahmenform 77 verwendet werden mit der Maßgabe $L = 0$, also $N_Z = N$ (starres Zugband). Es ist dann lediglich zu beachten, daß die Horizontalkräfte H_A und H_D (siehe obiges rechtes Titelbild) unter sinngemäßem Einschluß der Zugbandkraft Z zu bilden sind.

Fall 78/1: Gleichmäßige Wärmezunahme im ganzen Rahmen

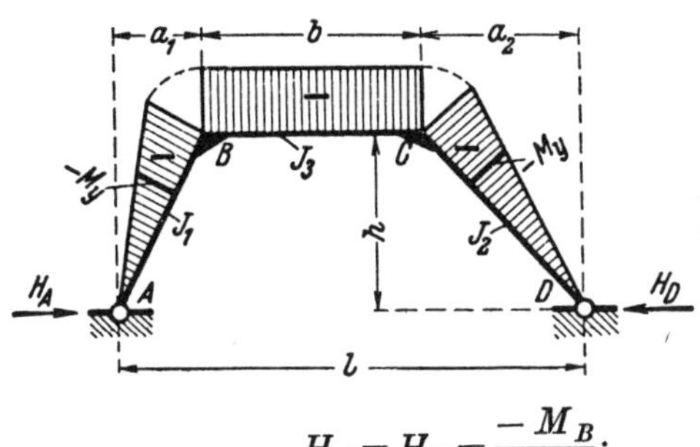

E = Elastizitätsmodul,
α_T = Wärmeausdehnungszahl,
t = Wärmeänderung in Grad.

$$M_B = M_C = -\frac{6\,E\,J_3\,\alpha_T\,t\,l}{b\,h\,N}$$

$$H_A = H_D = \frac{-M_B}{h}; \qquad M_y = \frac{y_1}{h} M_B.$$

Bemerkung: Bei Wärmeabnahme kehren alle Kräfte ihren Pfeilsinn um und alle Momente erhalten entgegengesetztes Vorzeichen.

Rahmenform 79

Trapezförmiger Rahmen mit waagerechtem Riegel und ungleich hohen Stielen mit verschiedener Neigung, mit einem Fußgelenk und einer Fußeinspannung

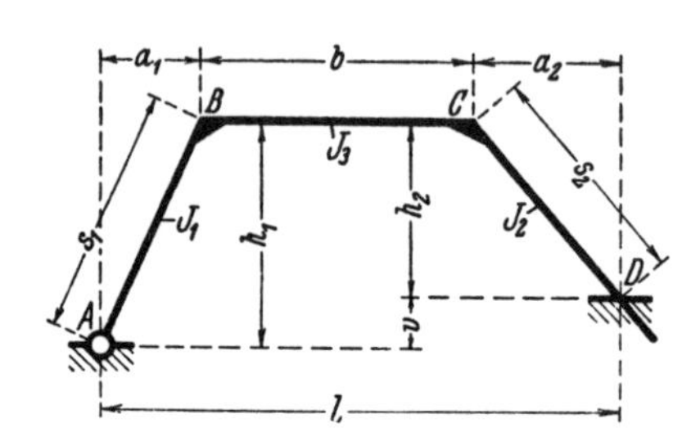

Rahmenform, Abmessungen und Bezeichnungen

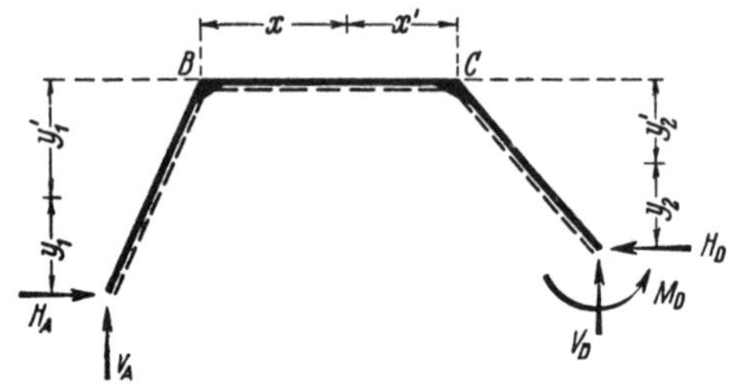

Festlegung der positiven Richtung aller Stützkräfte und der Koordinaten beliebiger Stabpunkte. Positive Biegungsmomente erzeugen an der gestrichelten Stabseite Zug

Festwerte:

$$k_1 = \frac{J_3}{J_1} \cdot \frac{s_1}{b} \qquad k_2 = \frac{J_3}{J_2} \cdot \frac{s_2}{b}; \qquad n = \frac{h_2}{h_1}; \qquad \alpha_1 = \frac{a_1}{b} \qquad \alpha_2 = \frac{a_2}{b};$$

$$\beta = \delta n + \alpha_2 \qquad \gamma = n \alpha_1 + 1 + \alpha_2 \qquad \delta = \alpha_1 + 1;$$

$$D = (1 + 2\gamma) k_2 \qquad R_1 = 2(k_1 + 1 + \beta^2 k_2)$$

$$K = \beta D - 1 \qquad R_2 = 2(1 + k_2) + \gamma(k_2 + D);$$

$$N = R_1 R_2 - K^2; \qquad n_{11} = \frac{R_2}{N} \qquad n_{12} = n_{21} = \frac{K}{N} \qquad n_{22} = \frac{R_1}{N}.$$

Siehe hierzu den Abschnitt „**Belastungsglieder**"

Fall 79/1: Linker Stiel beliebig senkrecht belastet

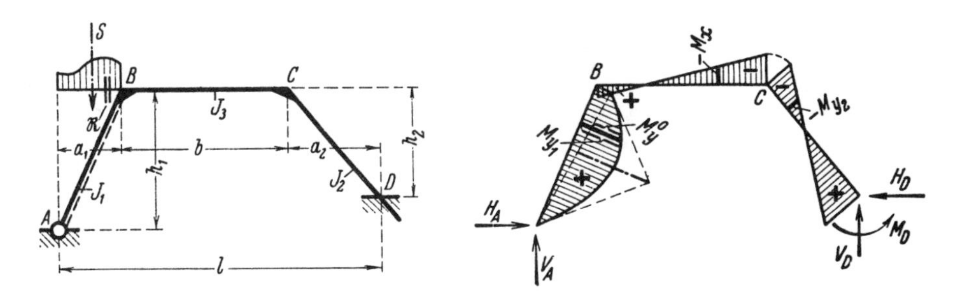

Hilfswerte:

$$\mathfrak{B}_1 = 2n\mathfrak{S}_l\beta k_2 - \mathfrak{R} k_1 \qquad X_1 = +\mathfrak{B}_1 n_{11} - \mathfrak{B}_2 n_{21}$$

$$\mathfrak{B}_2 = n\mathfrak{S}_l D; \qquad X_2 = -\mathfrak{B}_1 n_{12} + \mathfrak{B}_2 n_{22}.$$

$$M_B = X_1 \qquad M_C = -X_2 \qquad M_D = n\mathfrak{S}_l - \beta X_1 - \gamma X_2;$$

$$V_D = \frac{X_1 + X_2}{b} \qquad V_A = \boldsymbol{S} - V_D; \qquad H_A = H_D = \frac{\mathfrak{S}_l - \delta X_1 - \alpha_1 X_2}{h_1};$$

$$M_{y1} = \boldsymbol{M}_y^0 + \frac{y_1}{h_1} M_B \qquad M_x = \frac{x'}{b} M_B + \frac{x}{b} M_C \qquad M_{y2} = \frac{y_2}{h_2} M_C + \frac{y_2'}{h_2} M_D.$$

Fall 79/2: Linker Stiel beliebig waagerecht belastet

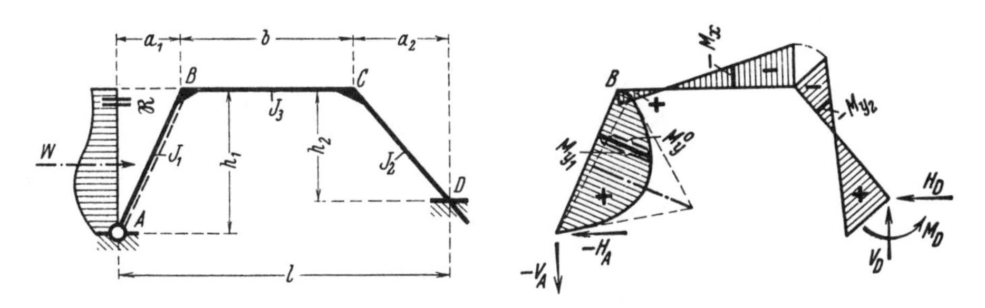

Alle Anschriebe lauten genau wie oben, mit Ausnahme derjenigen für die V- und H-Kräfte:

$$V_D = -V_A = \frac{X_1 + X_2}{b}; \qquad H_D = \frac{\mathfrak{S}_l - \delta X_1 - \alpha_1 X_2}{h_1} \qquad H_A = -(\boldsymbol{W} - H_D).$$

Siehe hierzu den Abschnitt „**Belastungsglieder**"

Fall 79/3: Rechter Stiel beliebig senkrecht belastet

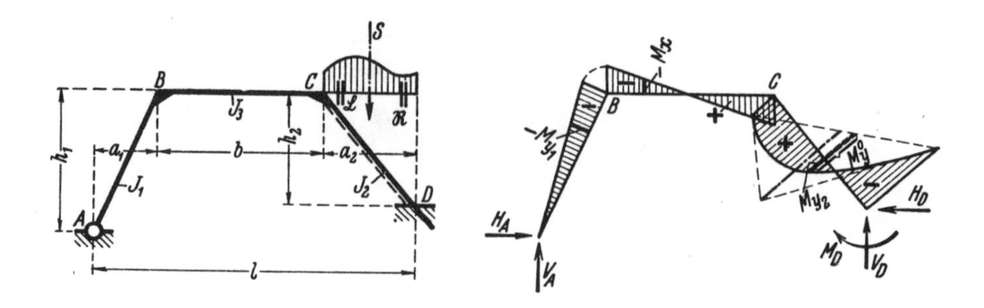

Hilfswerte:

$$\mathfrak{B}_1 = (2\mathfrak{S}_r - \mathfrak{R})\beta k_2 \qquad X_1 = +\mathfrak{B}_1 n_{11} - \mathfrak{B}_2 n_{21}$$

$$\mathfrak{B}_2 = \mathfrak{S}_r D - (\mathfrak{L} + \gamma \mathfrak{R}) k_2; \qquad X_2 = -\mathfrak{B}_1 n_{12} + \mathfrak{B}_2 n_{22}.$$

$$M_B = -X_1 \qquad M_C = X_2 \qquad M_D = -\mathfrak{S}_r + \beta X_1 + \gamma X_2;$$

$$V_A = \frac{X_1 + X_2}{b} \qquad V_D = S - V_A; \qquad H_A = H_D = \frac{\delta X_1 + \alpha_1 X_2}{h_1};$$

$$M_{y1} = \frac{y_1}{h_1} M_B \qquad M_x = \frac{x'}{b} M_B + \frac{x}{b} M_C \qquad M_{y2} = M_y^0 + \frac{y_2}{h_2} M_C + \frac{y_2'}{2} M_D.$$

Fall 79/4: Rechter Stiel beliebig waagerecht belastet

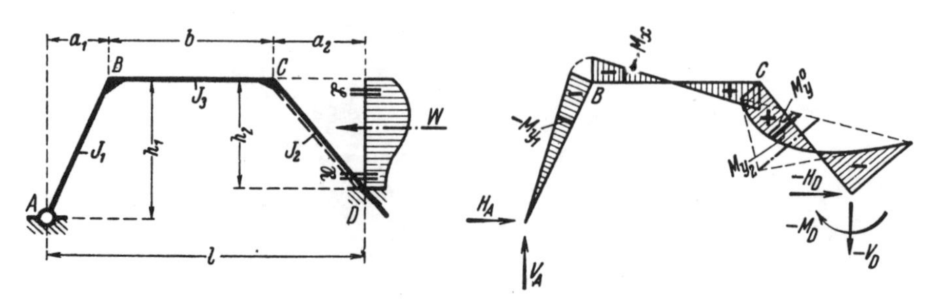

Alle Anschriebe lauten genau wie oben, mit Ausnahme derjenigen für die V- und H-Kräfte:

$$V_A = -V_D = \frac{X_1 + X_2}{b}; \qquad H_A = \frac{\delta X_1 + \alpha_1 X_2}{h_1} \qquad H_D = -(W - H_A).$$

Fall 79/5: Riegel beliebig senkrecht belastet

(Siehe hierzu den Abschnitt „**Belastungsglieder**")

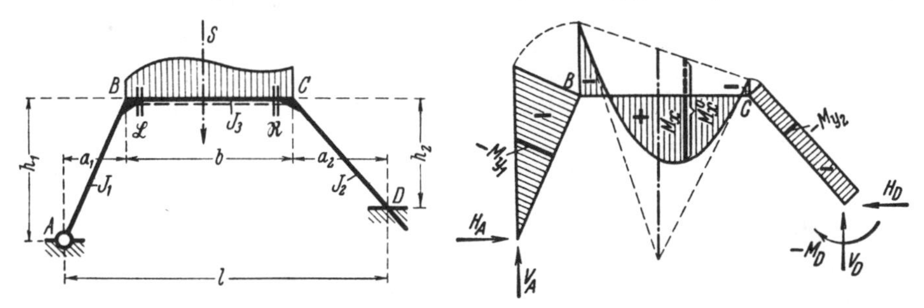

Hilfswerte:

$$\mathfrak{B}_1 = \mathfrak{L} + 2(\alpha_2 \mathfrak{S}_l - n\,\alpha_1 \mathfrak{S}_r)\beta k_2 \qquad X_1 = \mathfrak{B}_1 n_{11} + \mathfrak{B}_2 n_{21}$$

$$\mathfrak{B}_2 = \mathfrak{R} - D(\alpha_2 \mathfrak{S}_l - n\,\alpha_1 \mathfrak{S}_r); \qquad X_2 = \mathfrak{B}_1 n_{12} + \mathfrak{B}_2 n_{22}.$$

$$M_B = -X_1 \qquad M_C = -X_2 \qquad M_D = -(\alpha_2 \mathfrak{S}_l - n\,\alpha_1 \mathfrak{S}_r) + \beta X_1 - \gamma X_2;$$

$$V_A = \frac{\mathfrak{S}_r + X_1 - X_2}{b} \qquad V_D = S - V_A; \qquad H_A = H_D = \frac{\alpha_1(\mathfrak{S}_r - X_2) + \delta X_1}{h_1};$$

$$M_{y1} = \frac{y_1}{h_1} M_B \qquad M_x = M_x^0 + \frac{x'}{b} M_B + \frac{x}{b} M_C \qquad M_{y2} = \frac{y_2}{h_2} M_C + \frac{y_2}{h_2} M_D.$$

Fall 79/6: Gleichmäßige Wärmezunahme im ganzen Rahmen

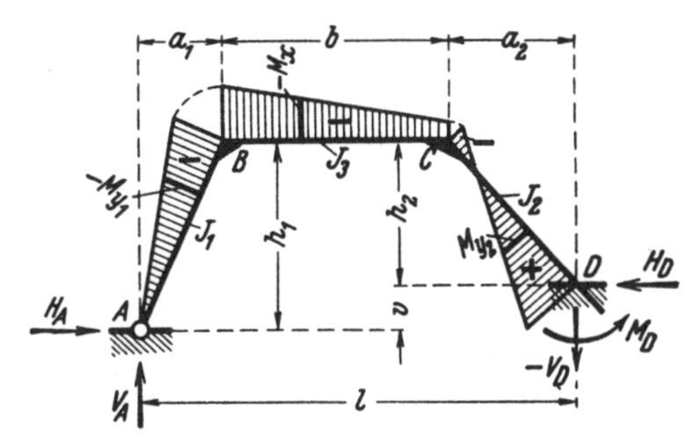

E = Elastizitätsmodul,
α_T = Wärmeausdehnungszahl,
t = Wärmeänderung in Grad.

Hilfswerte:

$$v = h_1 - h_2\text{*}); \qquad T = \frac{6\,E\,J_3\,\alpha_T\,t}{b};$$

$$\mathfrak{B}_1 = \frac{v}{b} + \frac{l\delta}{h_1} \qquad \mathfrak{B}_2 = \frac{v}{b} + \frac{l\alpha_1}{h_1}; \qquad \begin{aligned} X_1 &= T(\mathfrak{B}_1 n_{11} - \mathfrak{B}_2 n_{21}) \\ X_2 &= T(\mathfrak{B}_1 n_{12} - \mathfrak{B}_2 n_{22}). \end{aligned}$$

$$M_B = -X_1 \qquad M_C = -X_2 \qquad M_D = \beta X_1 - \gamma X_2;$$

$$V_A = -V_D = \frac{X_1 - X_2}{b}; \qquad H_A = H_D = \frac{\delta X_1 - \alpha_1 X_2}{h_1}.$$

Anschriebe für M_{y1}, M_{y2} und M_x genau wie oben, mit $M_x^0 = 0$.

Bemerkung: Bei Wärmeabnahme kehren alle Kräfte ihren Pfeilsinn um und alle Momente erhalten entgegengesetztes Vorzeichen.

*) Für $h_2 > h_1$ wird v negativ!

Rahmenform 80

Eingespannter trapezförmiger Rahmen mit waagerechtem Riegel und ungleich hohen Stielen mit verschiedener Neigung

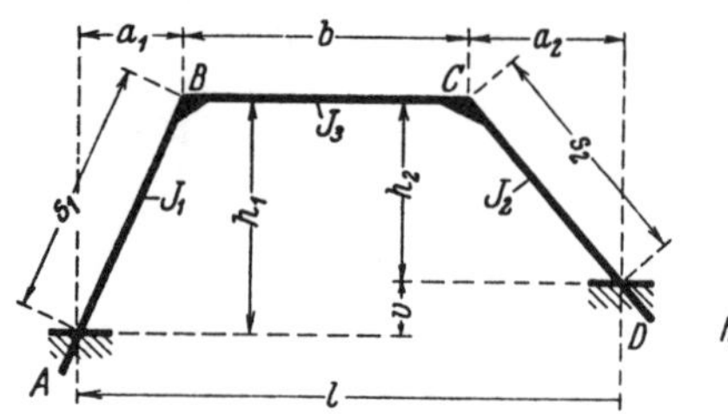

Rahmenform, Abmessungen und Bezeichnungen

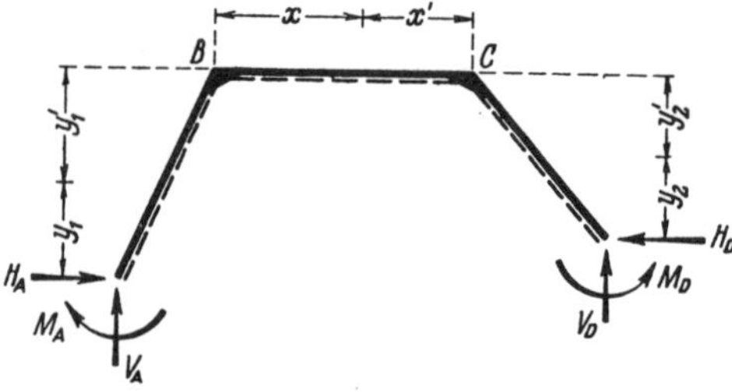

Festlegung der positiven Richtung aller Stützkräfte und der Koordinaten beliebiger Stabpunkte. Positive Biegungsmomente erzeugen an der gestrichelten Stabseite Zug

Festwerte:

$$k_1 = \frac{J_3}{J_1} \cdot \frac{s_1}{b} \qquad k_2 = \frac{J_3}{J_2} \cdot \frac{s_2}{b}; \qquad n = \frac{h_2}{h_1}; \qquad \alpha_1 = \frac{a_1}{b} \qquad \alpha_2 = \frac{a_2}{b};$$

$$A = (2\alpha_1 + 3)\,k_1 \qquad D = (3 + 2\alpha_2)\,k_2; \qquad \beta_1 = \alpha_1 + 1 \qquad \beta_2 = 1 + \alpha_2;$$

$$R_1 = 2\,(A + \alpha_1 \beta_1 k_1 + 1 + \alpha_2^2 k_2) \qquad K_1 = n\,D - 2\,\alpha_1 k_1$$

$$R_2 = 2\,(\alpha_1^2 k_1 + 1 + \alpha_2 \beta_2 k_2 + D) \qquad K_2 = A - 2\,\alpha_2 n\,k_2$$

$$R_3 = 2\,(k_1 + n^2 k_2); \qquad K_3 = \alpha_1 A + \alpha_2 D - 1;$$

$$N = R_1 R_2 R_3 - 2\,K_1 K_2 K_3 - R_1 K_1^2 - R_2 K_2^2 - R_3 K_3^2;$$

$$n_{11} = \frac{R_2 R_3 - K_1^2}{N} \qquad n_{12} = n_{21} = \frac{K_1 K_2 + R_3 K_3}{N}$$

$$n_{22} = \frac{R_1 R_3 - K_2^2}{N} \qquad n_{13} = n_{31} = \frac{K_1 K_3 + R_2 K_2}{N}$$

$$n_{33} = \frac{R_1 R_2 - K_3^2}{N} \qquad n_{23} = n_{32} = \frac{K_2 K_3 + R_1 K_1}{N}.$$

Bemerkung: Die Anschriebe für die Momente an beliebigen Stabpunkten für alle Lastfälle der Rahmenform 80 siehe Seite 312 unten.

Siehe hierzu den Abschnitt „**Belastungsglieder**"

Fall 80/1: Linker Stiel beliebig senkrecht belastet

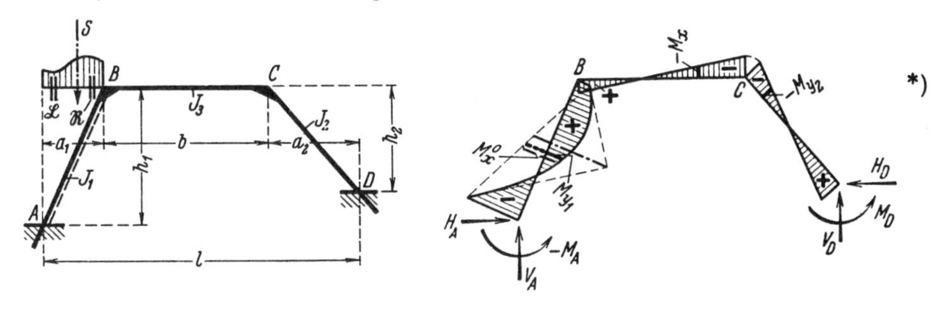

Hilfswerte:

$$\mathfrak{B}_1 = \mathfrak{S}_l A - (\beta_1 \mathfrak{L} + \mathfrak{R}) k_1 \qquad X_1 = + \mathfrak{B}_1 n_{11} - \mathfrak{B}_2 n_{21} - \mathfrak{B}_3 n_{31}$$

$$\mathfrak{B}_2 = (2\,\mathfrak{S}_l - \mathfrak{L})\,\alpha_1 k_1 \qquad X_2 = - \mathfrak{B}_1 n_{12} + \mathfrak{B}_2 n_{22} + \mathfrak{B}_3 n_{32}$$

$$\mathfrak{B}_3 = (2\,\mathfrak{S}_l - \mathfrak{L})\,k_1\,; \qquad X_3 = - \mathfrak{B}_1 n_{13} + \mathfrak{B}_2 n_{23} + \mathfrak{B}_3 n_{33}\,.$$

$$M_A = -\mathfrak{S}_l + \beta_1 X_1 + \alpha_1 X_2 + X_3 \qquad M_B = X_1$$

$$M_C = -X_2 \qquad M_D = -\alpha_2 X_1 - \beta_2 X_2 + n X_3\,;$$

$$V_D = \frac{X_1 + X_2}{b} \qquad V_A = \boldsymbol{S} - V_D\,; \qquad H_A = H_D = \frac{X_3}{h_1}\,.$$

Fall 80/2: Linker Stiel beliebig waagerecht belastet

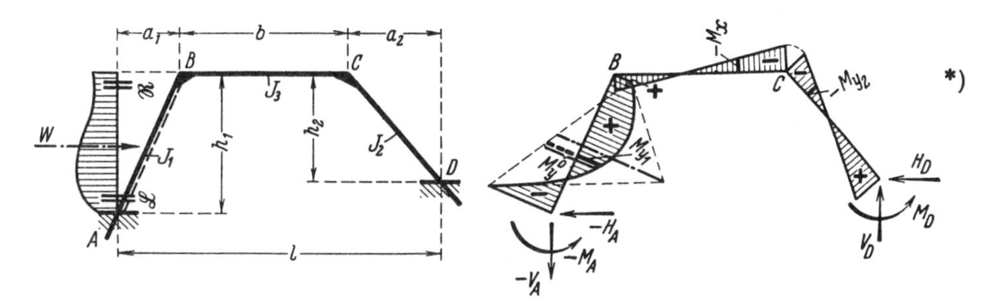

Alle Anschriebe lauten genau wie oben, mit Ausnahme derjenigen für die V- und H-Kräfte:

$$V_D = -V_A = \frac{X_1 + X_2}{b}\,; \qquad H_D = \frac{X_3}{h_1} \qquad H_A = -(\boldsymbol{W} - H_D)\,.$$

*) Wegen M_y und M_x siehe Seite 312 unten.

Siehe hierzu den Abschnitt „**Belastungsglieder**"

Fall 80/3: Rechter Stiel beliebig senkrecht belastet

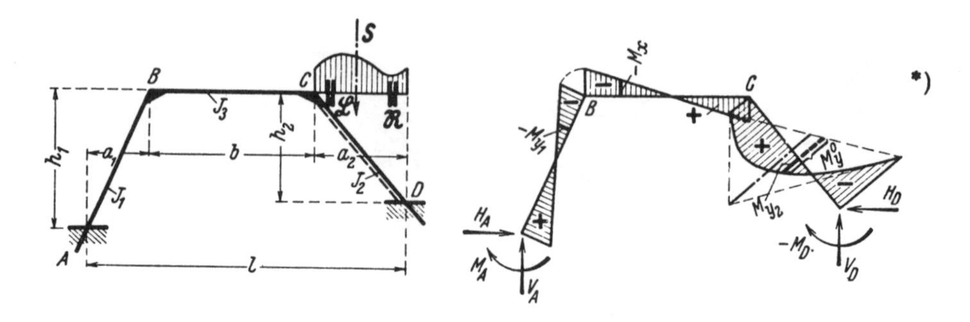

Hilfswerte:

$$\mathfrak{B}_1 = (2\mathfrak{S}_r - \mathfrak{R})\,\alpha_2 k_2 \qquad X_1 = +\mathfrak{B}_1 n_{11} - \mathfrak{B}_2 n_{21} + \mathfrak{B}_3 n_{31}$$

$$\mathfrak{B}_2 = \mathfrak{S}_r D - (\mathfrak{L} + \beta_2 \mathfrak{R})\,k_2 \qquad X_2 = -\mathfrak{B}_1 n_{12} + \mathfrak{B}_2 n_{22} - \mathfrak{B}_3 n_{32}$$

$$\mathfrak{B}_3 = (2\mathfrak{S}_r - \mathfrak{R})\,n\,k_2\,; \qquad X_3 = +\mathfrak{B}_1 n_{13} - \mathfrak{B}_2 n_{23} + \mathfrak{B}_3 n_{33}\,.$$

$$M_A = X_3 - \beta_1 X_1 - \alpha_1 X_2 \qquad M_B = -X_1$$

$$M_C = X_2 \qquad M_D = -\mathfrak{S}_r + \alpha_2 X_1 + \beta_2 X_2 + n X_3\,;$$

$$V_A = \frac{X_1 + X_2}{b} \qquad V_D = \boldsymbol{S} - V_A\,; \qquad H_A = H_D = \frac{X_3}{h_1}\,.$$

Fall 80/4: Rechter Stiel beliebig waagerecht belastet

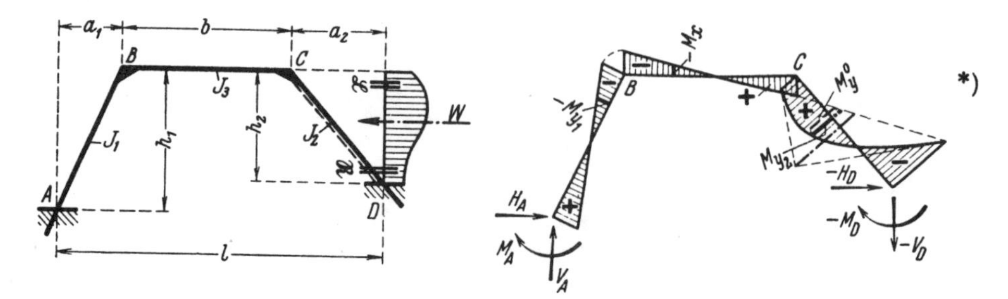

Alle Anschriebe lauten genau wie oben, mit Ausnahme derjenigen für die V- und H-Kräfte:

$$V_A = -V_D = \frac{X_1 + X_2}{b}\,; \qquad H_A = \frac{X_3}{h_1} \qquad H_D = -(\boldsymbol{W} - H_A)\,.$$

*) Wegen M_y und M_x siehe Seite 312 unten.

Fall 80/5: Riegel beliebig senkrecht belastet

(Siehe hierzu den Abschnitt **„Belastungsglieder“**)

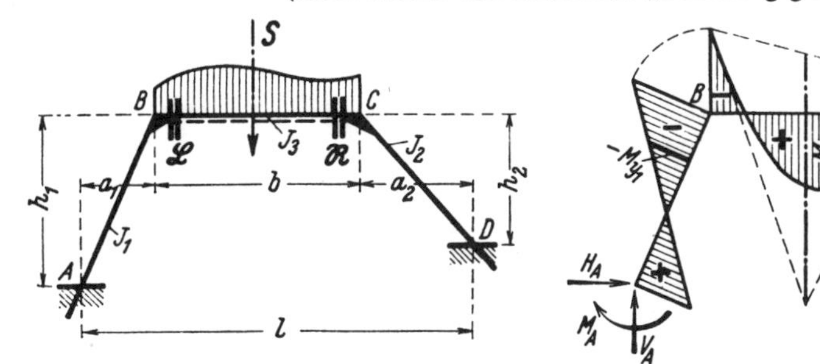

*)

Hilfswerte:

$$\mathfrak{B}_1 = \mathfrak{S}_r\,\alpha_1 A - 2\,\mathfrak{S}_l\,\alpha_2^2 k_2 - \mathfrak{L} \qquad X_1 = -\,\mathfrak{B}_1 n_{11} - \mathfrak{B}_2 n_{21} + \mathfrak{B}_3 n_{31}$$

$$\mathfrak{B}_2 = \mathfrak{S}_l\,\alpha_2 D - 2\,\mathfrak{S}_r\,\alpha_1^2 k_1 - \mathfrak{R} \qquad X_2 = -\,\mathfrak{B}_1 n_{12} - \mathfrak{B}_2 n_{22} + \mathfrak{B}_3 n_{32}$$

$$\mathfrak{B}_3 = 2\,(\mathfrak{S}_r\,\alpha_1 k_1 + n\,\mathfrak{S}_l\,\alpha_2 k_2)\,; \qquad X_3 = -\,\mathfrak{B}_1 n_{13} - \mathfrak{B}_2 n_{23} + \mathfrak{B}_3 n_{33}\,.$$

$$M_A = -\,\alpha_1(\mathfrak{S}_r - X_2) - \beta_1 X_1 + X_3 \qquad M_B = -\,X_1$$

$$M_D = -\,\alpha_2(\mathfrak{S}_l - X_1) - \beta_2 X_2 + n\,X_3 \qquad M_C = -\,X_2\,;$$

$$V_A = \frac{\mathfrak{S}_r + X_1 - X_2}{b} \qquad V_D = S - V_A\,; \qquad H_A = H_D = \frac{X_3}{h_1}\,.$$

Fall 80/6: Gleichmäßige Wärmezunahme im ganzen Rahmen

*)

E = Elastizitätsmodul,

α_T = Wärmeausdehnungszahl,

t = Wärmeänderung in Grad.

Hilfswerte:

$$v = h_1 - h_2\,^{**})\,; \qquad T = \frac{6\,E\,J_3\,\alpha_T\,t}{b}\,;$$

$$X_1 = T\left[\frac{v}{b}(n_{11} - n_{21}) + \frac{l}{h_1} n_{31}\right] \qquad V_A = -V_D = \frac{X_1 - X_2}{b}\,; \qquad M_B = -\,X_1$$

$$X_2 = T\left[\frac{v}{b}(n_{12} - n_{22}) + \frac{l}{h_1} n_{32}\right] \qquad H_A = H_D = \frac{X_3}{h_1}\,; \qquad M_C = -\,X_2$$

$$X_3 = T\left[\frac{v}{b}(n_{13} - n_{23}) + \frac{l}{h_1} n_{33}\right]. \qquad M_A = -\,\beta_1 X_1 + \alpha_1 X_2 + X_3$$

$$M_D = \alpha_2 X_1 - \beta_2 X_2 + n\,X_3\,.$$

Bemerkung: Bei Wärme**ab**nahme kehren alle Kräfte ihren Pfeilsinn um und alle Momente erhalten entgegengesetztes Vorzeichen.

*) Wegen M_y und M_x siehe Seite 312 unten.

**) Für $h_2 > h_1$ wird v negativ!

Rahmenform 81

Eingespannter Trapezrahmen mit waagerechtem Riegel und verschieden geneigten Stielen

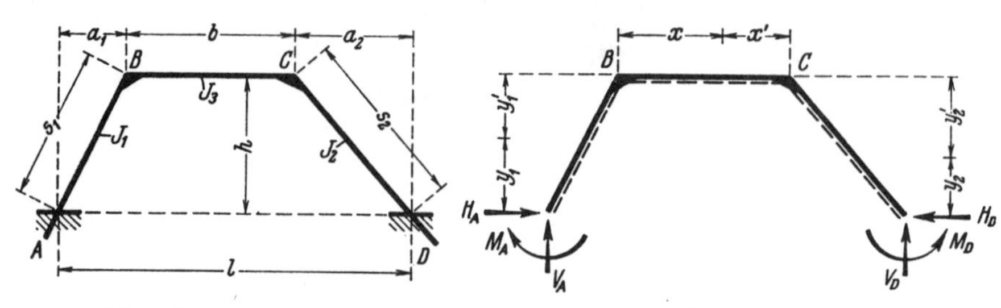

Rahmenform, Abmessungen und Bezeichnungen

Festlegung der positiven Richtung aller Stützkräfte und der Koordinaten beliebiger Stabpunkte. Positive Biegungsmomente erzeugen an der gestrichelten Stabseite Zug

Es gelten alle **Festwerte** und **Formeln für äußere Belastung** der Rahmenform 80 mit der Maßgabe, daß $n = 1$ zu setzen ist (wegen $h_1 = h_2 = h$). Siehe hierzu die Seiten 308 bis 311.

Für **gleichmäßige Wärmeänderung** vereinfachen sich (wegen $v = 0$) die Hilfswerte von Seite 311 unten wie folgt:

$$T = \frac{6\,E\,J_3\,\alpha_T\,t}{b} \cdot \frac{l}{h}\,;$$

$$X_1 = T\,n_{31}\,, \qquad X_2 = T\,n_{32}\,, \qquad X_3 = T\,n_{33}\,.$$

Anschriebe für die Momente an beliebigen Stabpunkten für alle Lastfälle der Rahmenform 80 (siehe Seite 309 bis 311)

Anteile aus den Einspann- und Eckmomenten allein:

$$M_{y1} = \frac{y_1'}{h_1} M_A + \frac{y_1}{h_1} M_B \qquad M_x = \frac{x'}{b} M_B + \frac{x}{b} M_C \qquad M_{y2} = \frac{y_2}{h_2} M_C + \frac{y_2'}{h_2} M_D\,.$$

Zu diesen Werten kommt für den jeweils direkt belasteten Stab das Glied $\boldsymbol{M_y^0}$ bzw. $\boldsymbol{M_x^0}$ hinzu.

Rahmenform 82

Zweigelenkrahmen mit waagerechtem Riegel, einem schrägen und einem senkrechten Stiel

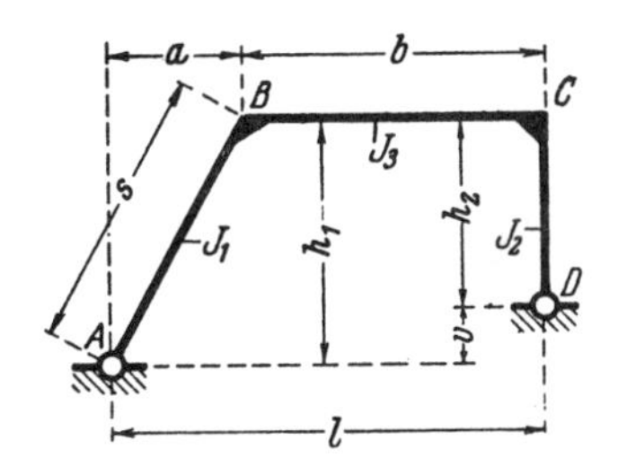

Rahmenform, Abmessungen und Bezeichnungen

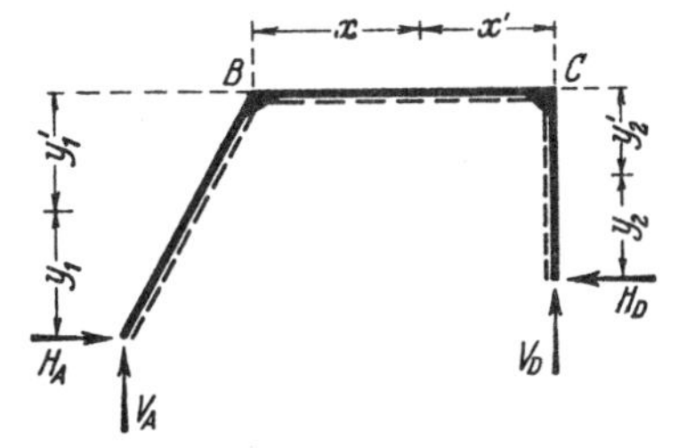

Festlegung der positiven Richtung aller Stützkräfte und der Koordinaten beliebiger Stabpunkte. Positive Biegungsmomente erzeugen an der gestrichelten Stabseite Zug

Festwerte:

$$k_1 = \frac{J_3}{J_1} \cdot \frac{s}{b} \qquad k_2 = \frac{J_3}{J_2} \cdot \frac{h_2}{b}; \qquad n = \frac{h_2}{h_1}; \qquad \alpha = \frac{a}{l} \qquad \beta = \frac{b}{l};$$

$$m = \alpha n + \beta; \qquad B = 2m(k_1 + 1) + n \qquad C = m + 2n(1 + k_2);$$

$$K = \alpha B + C; \qquad N = mB + nC = \beta B + nK;$$

$$v = h_1 - h_2 \text{*)} \qquad r = \frac{v}{h_1} \text{*)}.$$

Fall 82/1: Gleichmäßige Wärmezunahme im ganzen Rahmen

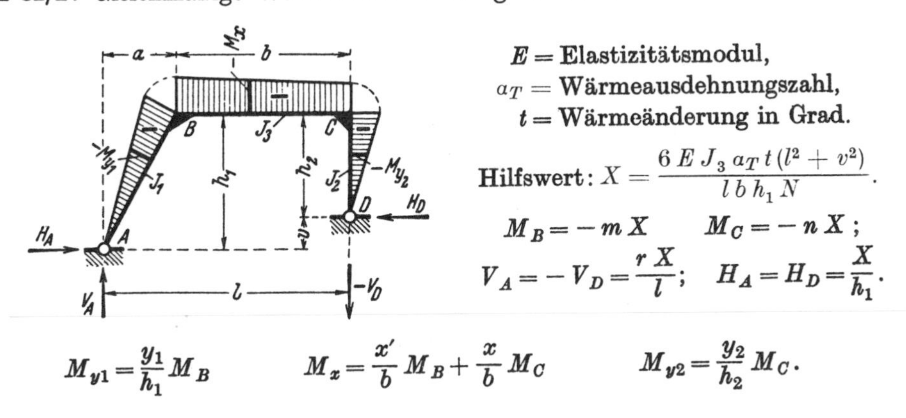

E = Elastizitätsmodul,

α_T = Wärmeausdehnungszahl,

t = Wärmeänderung in Grad.

$$\text{Hilfswert: } X = \frac{6\,E\,J_3\,\alpha_T\,t\,(l^2 + v^2)}{l\,b\,h_1\,N}.$$

$$M_B = -mX \qquad M_C = -nX;$$

$$V_A = -V_D = \frac{rX}{l}; \qquad H_A = H_D = \frac{X}{h_1}.$$

$$M_{y1} = \frac{y_1}{h_1} M_B \qquad M_x = \frac{x'}{b} M_B + \frac{x}{b} M_C \qquad M_{y2} = \frac{y_2}{h_2} M_C.$$

Bemerkung: Bei Wärmeabnahme kehren alle Kräfte ihren Pfeilsinn um und alle Momente erhalten entgegengesetztes Vorzeichen.

*) Für $h_2 > h_1$ wird v und somit auch r negativ!

Siehe hierzu den Abschnitt „**Belastungsglieder**“

Fall 82/2: Linker Stiel beliebig senkrecht belastet

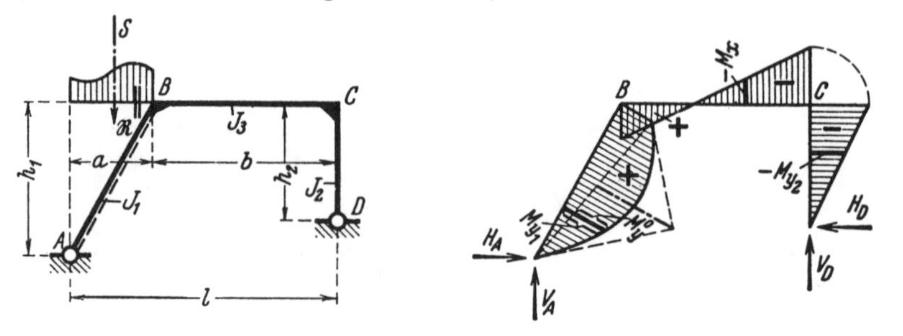

Hilfswert: $X = \frac{\beta B \mathfrak{S}_l + \mathfrak{R} k_1 m}{N}$. $\quad M_B = \beta \mathfrak{S}_l - m X$
$M_C = -n X$;

$$V_D = \frac{\mathfrak{S}_l - r X}{l} \qquad V_A = S - V_D; \qquad H_A = H_D = \frac{X}{h_1}.$$

Die M_y und M_x wie beim Fall 82/1, plus M_y^0 bei M_{y1}.

Sonderfall 82/2a: Senkrechte Einzellast P am Eckpunkt B

$$M_B = + \frac{P a b}{l} \cdot \frac{n C}{N} \qquad M_C = - \frac{P a b}{l} \cdot \frac{n B}{N};$$

$$V_D = \frac{M_B - M_C}{b} \qquad V_A = P - V_D \qquad H_A = H_D = \frac{P a b}{l h_1} \cdot \frac{B}{N}.$$

Die M_y und M_x wie beim Fall 82/1.

Fall 82/3: Riegel beliebig senkrecht belastet

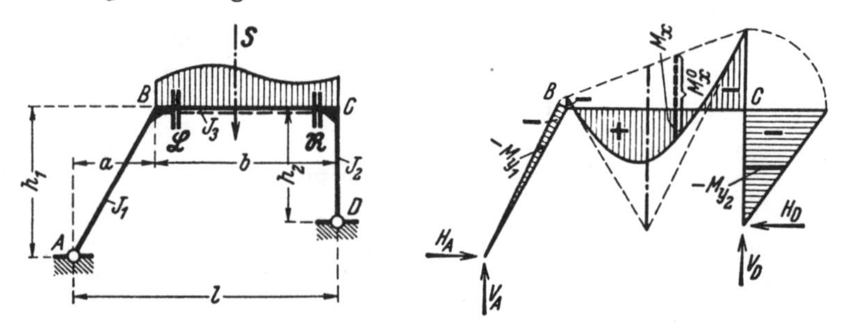

Hilfswert: $X = \frac{\alpha B \mathfrak{S}_r + \mathfrak{L} m + \mathfrak{R} n}{N}$ $\quad M_B = \alpha \mathfrak{S}_r - m X$
$M_C = -n X$;

$$V_A = \frac{\mathfrak{S}_r + r X}{l} \qquad V_D = S - V_A; \qquad H_A = H_D = \frac{X}{h_1}.$$

Die M_y und M_x wie beim Fall 82/1, plus M_x^0 bei M_x.

Siehe hierzu den Abschnitt „**Belastungsglieder**"

Fall 82/4: Linker Stiel beliebig waagerecht belastet

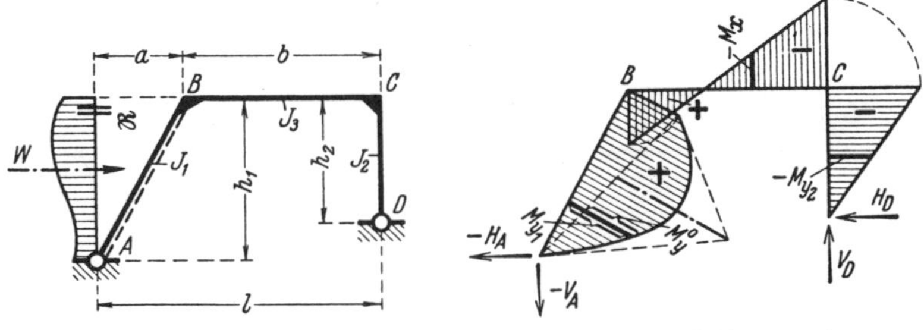

Hilfswert: $$X = \frac{\beta B \mathfrak{S}_l + \mathfrak{R} k_1 m}{N}.$$ $$M_B = \beta \mathfrak{S}_l - m X$$ $$M_C = -n X;$$

$$V_D = -V_A = \frac{\mathfrak{S}_l - r X}{l}; \qquad H_D = \frac{X}{h_1} \qquad H_A = -(W - H_D).$$

Die M_y und M_x wie beim Fall 82/1, plus M_y^0 bei M_{y1}.

Sonderfall 82/4a: Waagerechte Einzellast P am Eckpunkt B

$$M_B = +\frac{P h_2 \beta C}{N} \qquad M_C = -\frac{P h_2 \beta B}{N};$$

$$V_D = -V_A = \frac{M_B - M_C}{b}; \qquad H_A = -\frac{P n K}{N} \qquad H_D = \frac{P \beta B}{N}.$$

Die M_y und M_x wie beim Fall 82/1.

Fall 82/5: Rechter Stiel beliebig waagerecht belastet

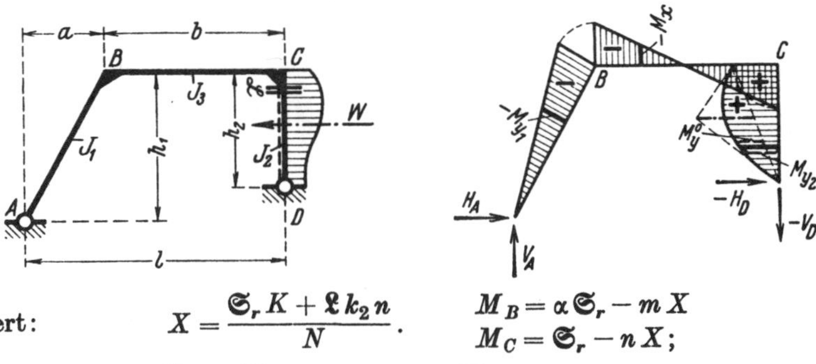

Hilfswert: $$X = \frac{\mathfrak{S}_r K + \mathfrak{L} k_2 n}{N}.$$ $$M_B = \alpha \mathfrak{S}_r - m X$$ $$M_C = \mathfrak{S}_r - n X;$$

$$V_A = -V_D = \frac{\mathfrak{S}_r + r X}{l}; \qquad H_A = \frac{X}{h_1} \qquad H_D = -(W - H_A).$$

Die M_y und M_x wie beim Fall 82/1, plus M_y^0 bei M_{y2}.

Rahmenform 83

Trapezrahmen mit waagerechtem Riegel, einem schrägen und einem senkrechten Stiel mit einem festen Fußgelenk und einem waagerecht beweglichen Auflager, verbunden durch ein elastisches Zugband

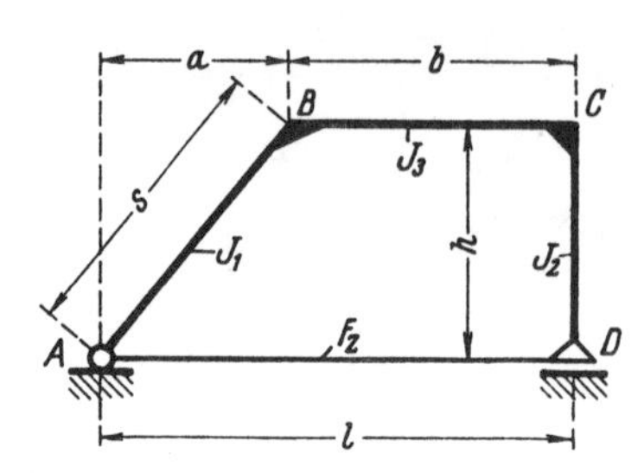

Rahmenform, Abmessungen und Bezeichnungen

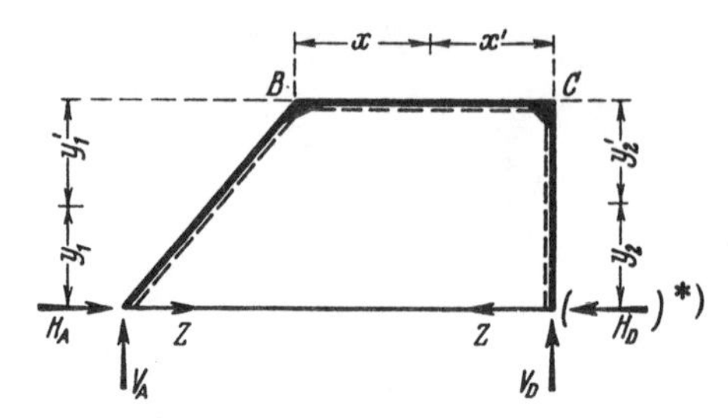

Festlegung der positiven Richtung aller Stützkräfte und der Koordinaten beliebiger Stabpunkte. Positive Biegungsmomente erzeugen an der gestrichelten Stabseite Zug

Festwerte:

$$k_1 = \frac{J_3}{J_1} \cdot \frac{s}{b} \qquad k_2 = \frac{J_3}{J_2} \cdot \frac{h}{b} \qquad \alpha = \frac{a}{l} \qquad \beta = \frac{b}{l}$$

$$B = 2k_1 + 3 \qquad C = 3 + 2k_2 \qquad K = \alpha B + C$$

$$N = B + C \qquad L = \frac{6J_3}{h^2 F_Z} \cdot \frac{E}{E_Z} \cdot \frac{l}{b} \qquad N_Z = N + L.$$

E = Elastizitätsmodul des Rahmenbaustoffes,
E_Z = Elastizitätsmodul des Zugbandstoffes,
F_Z = Querschnittsfläche des Zugbandes.

Fall 83/1: Gleichmäßige Wärmezunahme im ganzen Rahmen

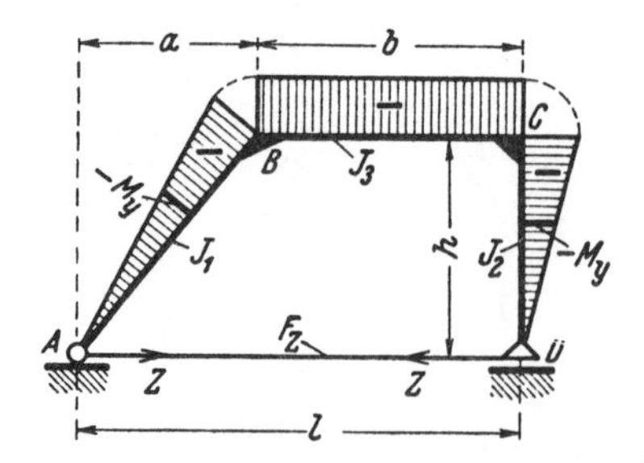

E = Elastizitätsmodul,
α_T = Wärmeausdehnungszahl,
t = Wärmeänderung in Grad.

$$Z = \frac{6 E J_3 \alpha_T t l}{b h^2 N_Z};$$

$$M_B = M_C = -Z h \qquad M_y = -Z y_1.$$

Bemerkung: Bei Wärmeabnahme kehren alle Kräfte ihren Pfeilsinn um und alle Momente erhalten entgegengesetztes Vorzeichen (siehe hierzu auch die Fußnote Seite 318).

*) H_D tritt auf, wenn das feste Gelenk bei D ist.

Siehe hierzu den Abschnitt „**Belastungsglieder**"

Fall 83/2: Linker Stiel beliebig waagerecht belastet (Festes Gelenk bei A)

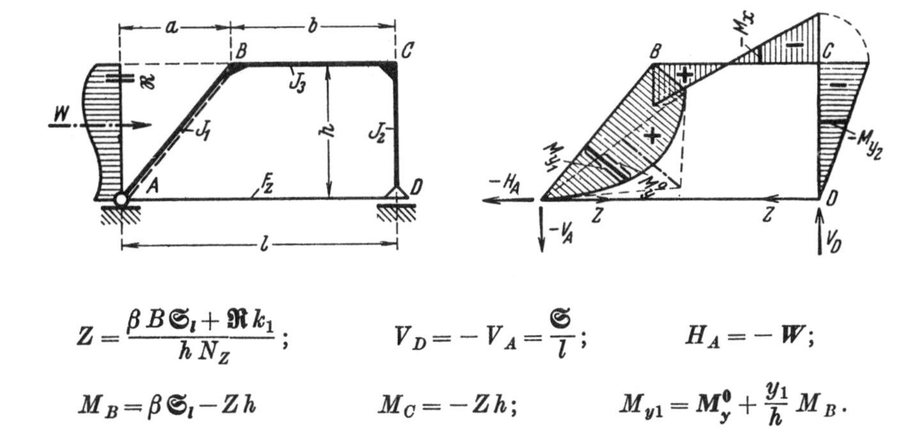

$$Z = \frac{\beta B \mathfrak{S}_l + \mathfrak{R} k_1}{h N_Z}; \qquad V_D = -V_A = \frac{\mathfrak{S}}{l}; \qquad H_A = -W;$$

$$M_B = \beta \mathfrak{S}_l - Z h \qquad M_C = -Z h; \qquad M_{y1} = \mathbf{M}_y^0 + \frac{y_1}{h} M_B.$$

Sonderfall 83/2a: Waagerechte Einzellast P am Eckpunkt B

$$Z = P \cdot \frac{\beta B}{N_Z}; \qquad V_D = -V_A = \frac{P h}{l}; \qquad H_A = -P;$$

$$M_B = (\beta P - Z) h \qquad M_C = -Z h. \qquad (\mathbf{M}_y^0 = 0).$$

Fall 83/3: Rechter Stiel beliebig waagerecht belastet (Festes Gelenk bei D)

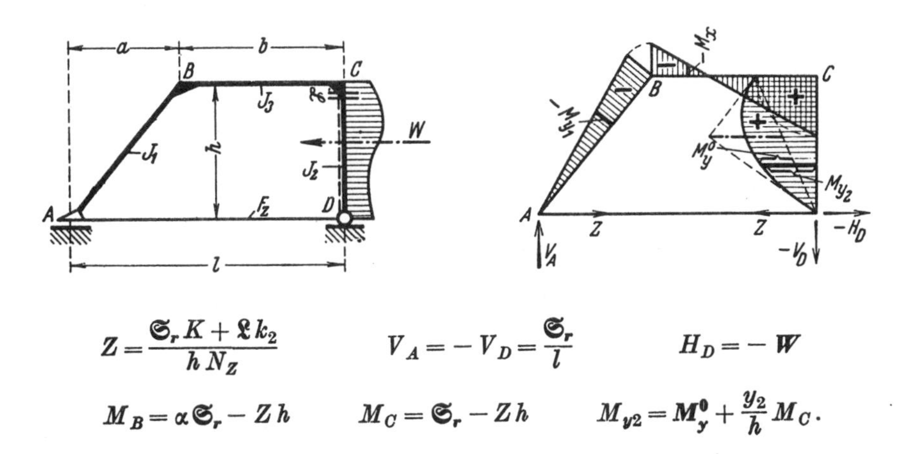

$$Z = \frac{\mathfrak{S}_r K + \mathfrak{L} k_2}{h N_Z} \qquad V_A = -V_D = \frac{\mathfrak{S}_r}{l} \qquad H_D = -W$$

$$M_B = \alpha \mathfrak{S}_r - Z h \qquad M_C = \mathfrak{S}_r - Z h \qquad M_{y2} = \mathbf{M}_y^0 + \frac{y_2}{h} M_C.$$

Rahmenform 83 Festwerte siehe Seite 316

Siehe hierzu den Abschnitt „**Belastungsglieder**"

Fall 83/4: Linker Stiel beliebig waagerecht belastet (Festes Gelenk bei D)

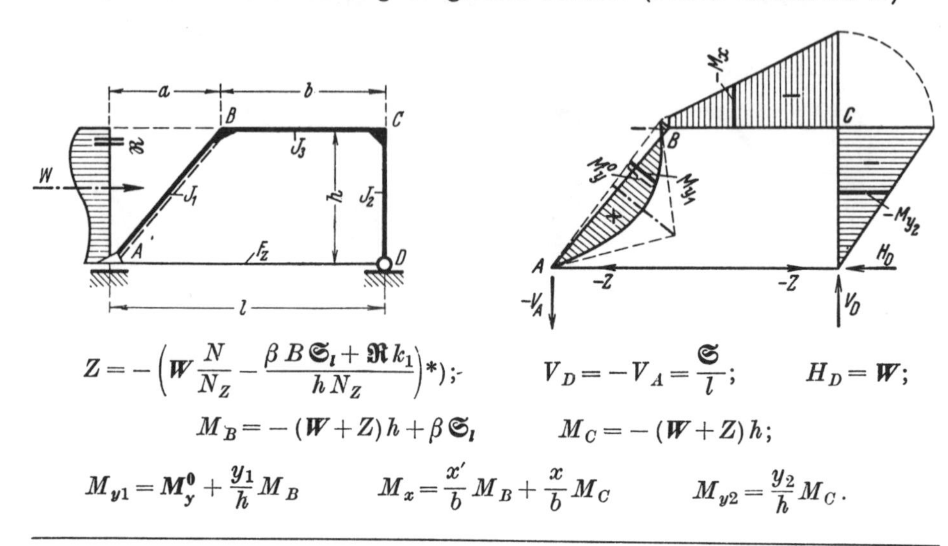

$$Z = -\left(W\frac{N}{N_Z} - \frac{\beta B \mathfrak{S}_l + \mathfrak{R} k_1}{h N_Z}\right)^{*)}; \qquad V_D = -V_A = \frac{\mathfrak{S}}{l}; \qquad H_D = W;$$

$$M_B = -(W + Z)h + \beta \mathfrak{S}_l \qquad M_C = -(W + Z)h;$$

$$M_{y1} = M_y^0 + \frac{y_1}{h} M_B \qquad M_x = \frac{x'}{b} M_B + \frac{x}{b} M_C \qquad M_{y2} = \frac{y_2}{h} M_C.$$

Fall 83/5: Rechter Stiel beliebig waagerecht belastet (Festes Gelenk bei A)

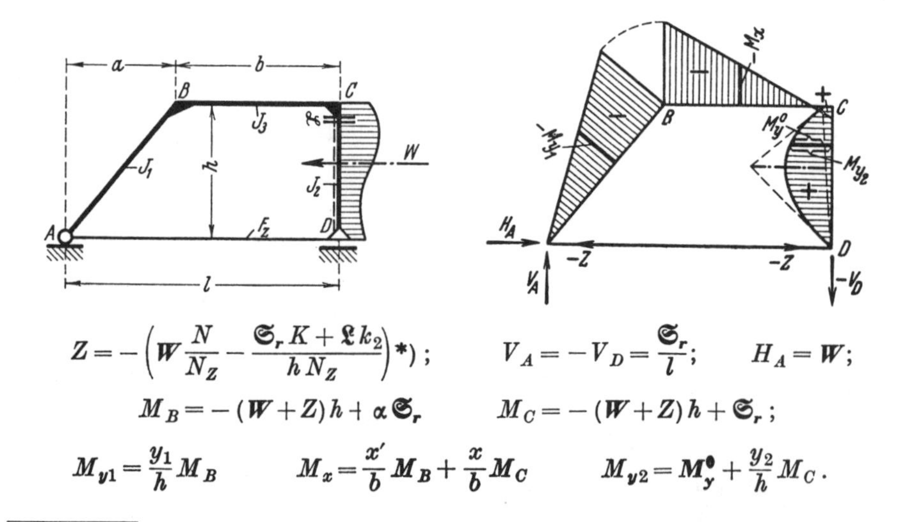

$$Z = -\left(W\frac{N}{N_Z} - \frac{\mathfrak{S}_r K + \mathfrak{L} k_2}{h N_Z}\right)^{*)}; \qquad V_A = -V_D = \frac{\mathfrak{S}_r}{l}; \qquad H_A = W;$$

$$M_B = -(W + Z)h + \alpha \mathfrak{S}_r \qquad M_C = -(W + Z)h + \mathfrak{S}_r;$$

$$M_{y1} = \frac{y_1}{h} M_B \qquad M_x = \frac{x'}{b} M_B + \frac{x}{b} M_C \qquad M_{y2} = M_y^0 + \frac{y_2}{h} M_C.$$

---

*) Bei obigen Belastungsfällen sowie bei Wärmeabnahme (s. S. 316 unten) wird Z negativ, d. h. das Zugband erhält Druck. Dieser Umstand hat selbstverständlich nur dann einen Sinn, wenn die Druckkraft kleiner bleibt als die Zugkraft aus ständiger Last, so daß stets ein Rest Zugkraft im Zugbande verbleibt.

Siehe hierzu den Abschnitt „**Belastungsglieder**“

Fall 83/6: Linker Stiel beliebig senkrecht belastet (Festes Gelenk bei A oder D)

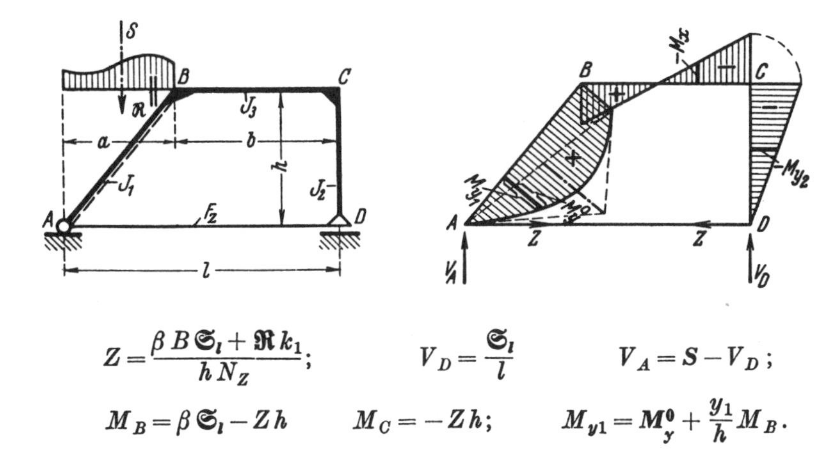

$$Z = \frac{\beta B \mathfrak{S}_l + \mathfrak{R} k_1}{h N_Z}; \qquad V_D = \frac{\mathfrak{S}_l}{l} \qquad V_A = S - V_D;$$

$$M_B = \beta \mathfrak{S}_l - Z h \qquad M_C = -Z h; \qquad M_{y1} = M_y^0 + \frac{y_1}{h} M_B.$$

Sonderfall 83/6a: Senkrechte Einzellast P am Eckpunkt B

$$Z \cdot h = \frac{P a b}{l} \cdot \frac{\beta B}{N_Z}; \qquad V_A = \beta P \qquad V_D = \alpha P;$$

$$M_B = \frac{P a b}{l} - Z h \qquad M_C = -Z h. \qquad (M_y^0 = 0).$$

Fall 83/7: Riegel beliebig senkrecht belastet (Festes Gelenk bei A oder D)

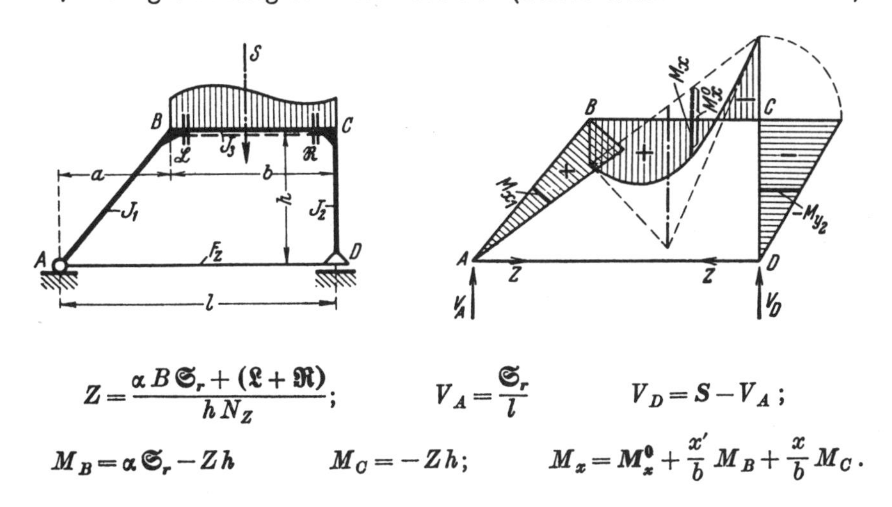

$$Z = \frac{\alpha B \mathfrak{S}_r + (\mathfrak{L} + \mathfrak{R})}{h N_Z}; \qquad V_A = \frac{\mathfrak{S}_r}{l} \qquad V_D = S - V_A;$$

$$M_B = \alpha \mathfrak{S}_r - Z h \qquad M_C = -Z h; \qquad M_x = M_x^0 + \frac{x'}{b} M_B + \frac{x}{b} M_C.$$

Rahmenform 84

Trapez-Zweigelenkrahmen mit waagerechtem Riegel, einem schrägen und einem senkrechten Stiel

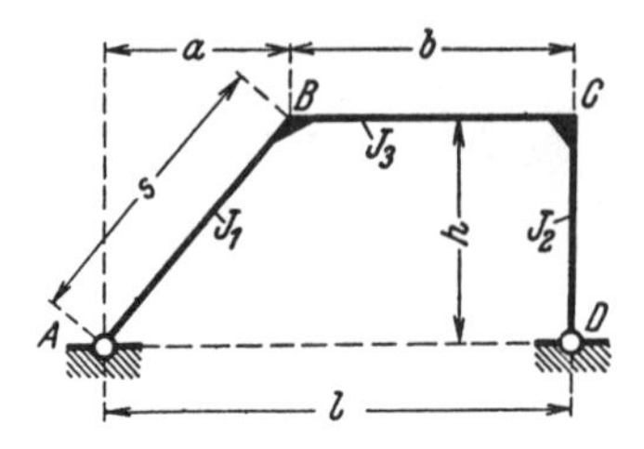

Rahmenform, Abmessungen und Bezeichnungen

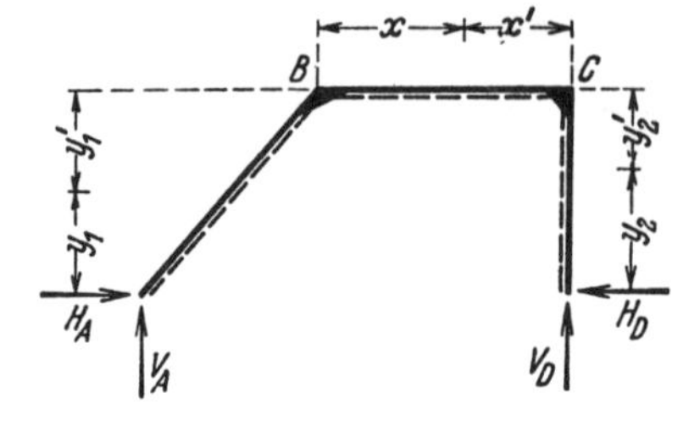

Festlegung der positiven Richtung aller Stützkräfte und der Koordinaten beliebiger Stabpunkte. Positive Biegungsmomente erzeugen an der gestrichelten Stabseite Zug

Für alle **Festwerte** und **Formeln für äußere Belastung** der Rahmenform 84 gelten die Angaben der Rahmenform 82 mit den Vereinfachungen $(h_1 = h_2) = h$, $v = 0$, $n = m = 1$, $r = 0$. Es werden somit:

$$B = 2k_1 + 3 \qquad C = 3 + 2k_2 \qquad K = \alpha B + C$$

$$N = B + C = \beta B + K.$$

Bemerkung: Für Rahmenform 84 können aber auch die Angaben der Rahmenform 83 verwendet werden mit der Maßgabe $L = 0$, also $N_Z = N$ (starres Zugband). Es ist dann lediglich zu beachten, daß die Horizontalkräfte H_A und H_D (siehe obiges rechtes Titelbild) unter sinngemäßem Einschluß der Zugbandkraft Z zu bilden sind.

Fall 84/1: Gleichmäßige Wärmezunahme im ganzen Rahmen

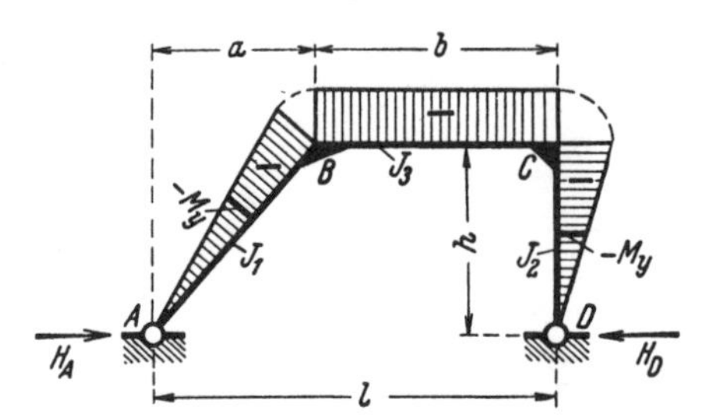

E = Elastizitätsmodul,

α_T = Wärmeausdehnungszahl,

t = Wärmeänderung in Grad.

$$M_B = M_C = -\frac{6\,E\,J_3\,\alpha_T\,t\,l}{b\,h\,N};$$

$$H_A = H_D = \frac{-M_B}{h} \qquad M_y = \frac{y_1}{h} M_B.$$

Bemerkung: Bei Wärmeabnahme kehren alle Kräfte ihren Pfeilsinn um und alle Momente erhalten entgegengesetztes Vorzeichen.

Rahmenform 85

Trapezförmiger Rahmen mit waagerechtem Riegel, einem senkrechten, gelenkig gelagerten Stiel und einem schrägen, eingespannten Stiel mit Fußpunkten in verschiedener Höhenlage

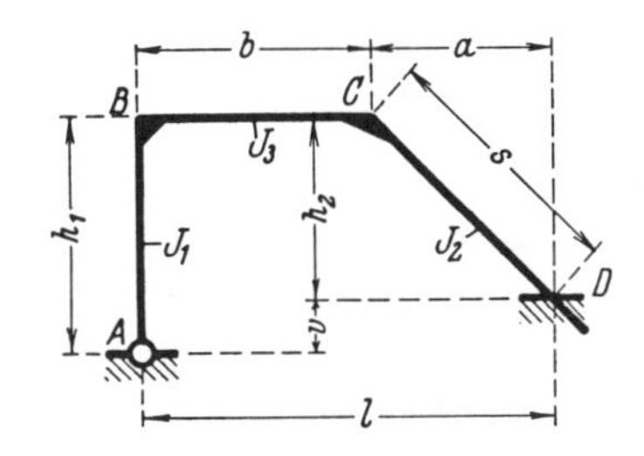

Rahmenform, Abmessungen und Bezeichnungen

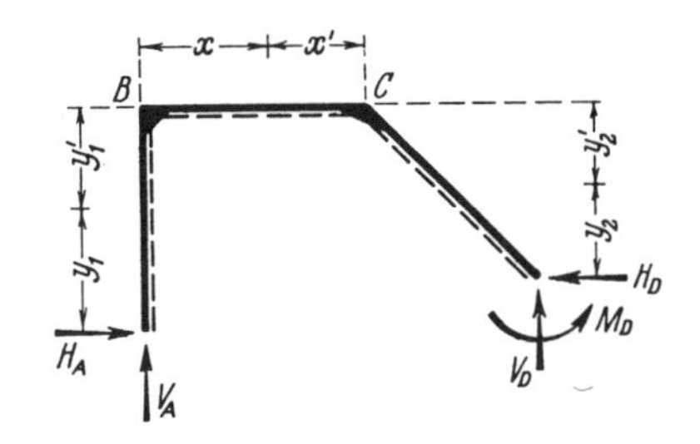

Festlegung der positiven Richtung aller Stützkräfte und der Koordinaten beliebiger Stabpunkte. Positive Biegungsmomente erzeugen an der gestrichelten Stabseite Zug

Festwerte:

$$k_1 = \frac{J_3}{J_1} \cdot \frac{h_1}{b} \qquad k_2 = \frac{J_3}{J_2} \cdot \frac{s}{b}\,; \qquad n = \frac{h_2}{h_1} \qquad \alpha = \frac{a}{b}$$

$$\beta = n + \alpha \qquad \lambda = \frac{l}{b}; \qquad D = (1 + 2\lambda)\,k_2\,;$$

$$R_1 = 2\,(k_1 + 1 + \beta^2 k_2) \qquad K = \beta D - 1$$

$$R_2 = 2\,(1 + k_2) + \lambda\,(k_2 + D)\,; \qquad N = R_1 R_2 - K^2\,;$$

$$n_{11} = \frac{R_2}{N} \qquad n_{12} = n_{21} = \frac{K}{N} \qquad n_{22} = \frac{R_1}{N}\,.$$

Fall 85/1: Senkrechte und waagerechte Einzellast am Eckpunkt C

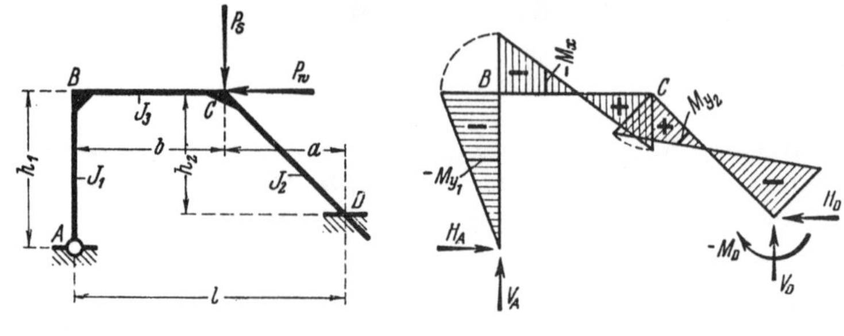

Hilfswerte:

$$X_1 = (P_s a + P_w h_2)(+2\beta k_2 n_{11} - D n_{21})$$
$$X_2 = (P_s a + P_w h_2)(-2\beta k_2 n_{12} + D n_{22}).$$

$$M_B = -X_1 \qquad M_C = X_2 \qquad M_D = -(P_s a + P_w h_2) + \beta X_1 + \lambda X_2;$$

$$V_A = \frac{X_1 + X_2}{b} \qquad V_D = S - V_A; \qquad H_A = \frac{X_1}{h_1} \qquad H_D = -(P_w - H_A);$$

$$M_{y1} = \frac{y_1}{h_1} M_B \qquad M_x = \frac{x'}{b} M_B + \frac{x}{b} M_C \qquad M_{y2} = \frac{y_2}{h_2} M_C + \frac{y_2'}{h_2} M_D.$$

Fall 85/2: Gleichmäßige Wärmezunahme im ganzen Rahmen

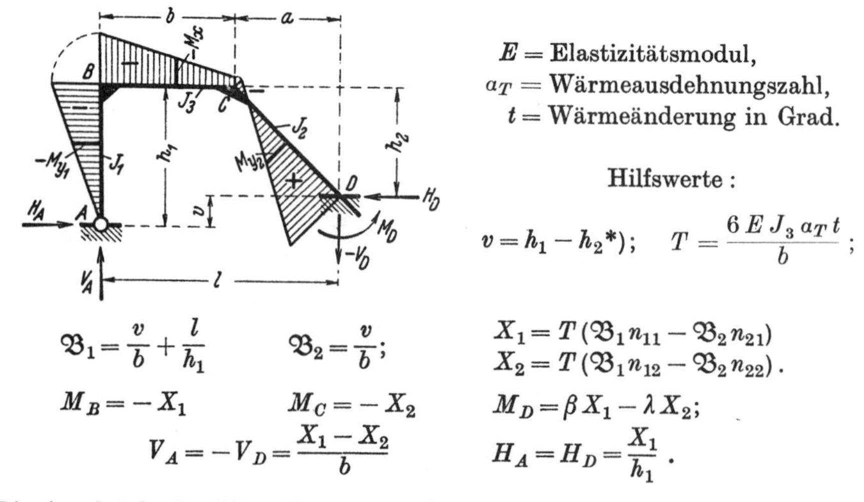

E = Elastizitätsmodul,
α_T = Wärmeausdehnungszahl,
t = Wärmeänderung in Grad.

Hilfswerte:

$$v = h_1 - h_2{}^*); \qquad T = \frac{6\,E\,J_3\,\alpha_T\,t}{b};$$

$$\mathfrak{B}_1 = \frac{v}{b} + \frac{l}{h_1} \qquad \mathfrak{B}_2 = \frac{v}{b}; \qquad X_1 = T(\mathfrak{B}_1 n_{11} - \mathfrak{B}_2 n_{21})$$
$$X_2 = T(\mathfrak{B}_1 n_{12} - \mathfrak{B}_2 n_{22}).$$

$$M_B = -X_1 \qquad M_C = -X_2 \qquad M_D = \beta X_1 - \lambda X_2;$$

$$V_A = -V_D = \frac{X_1 - X_2}{b} \qquad H_A = H_D = \frac{X_1}{h_1}.$$

Die Anschriebe für M_{y1}, M_x und M_{y2} lauten genau wie oben.

Bemerkung: Bei Wärmeabnahme kehren alle Kräfte ihren Pfeilsinn um und alle Momente erhalten entgegengesetztes Vorzeichen.

*) Für $h_2 > h_1$ wird v negativ!

Siehe hierzu den Abschnitt **„Belastungsglieder"**

Fall 85/3: Riegel beliebig senkrecht belastet

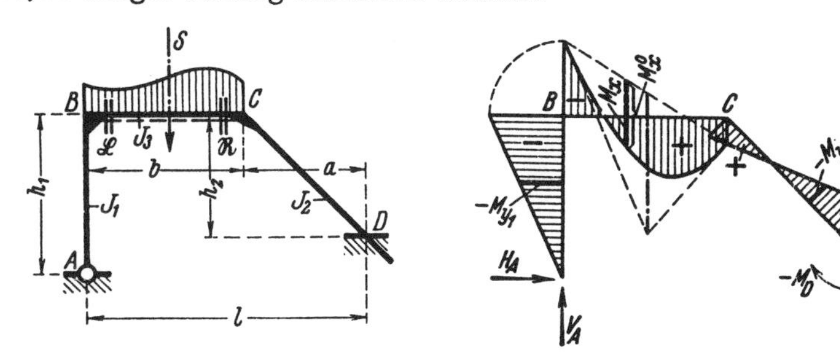

Hilfswerte:

$\mathfrak{B}_1 = \mathfrak{L} + 2\alpha\beta k_2 \mathfrak{S}_l$ $\qquad X_1 = \mathfrak{B}_1 n_{11} + \mathfrak{B}_2 n_{21}$

$\mathfrak{B}_2 = \mathfrak{R} - \alpha D \mathfrak{S}_l;$ $\qquad X_2 = \mathfrak{B}_1 n_{12} + \mathfrak{B}_2 n_{22}.$

$M_B = -X_1 \qquad M_C = -X_2 \qquad M_D = -\alpha \mathfrak{S}_l + \beta X_1 - \lambda X_2;$

$V_A = \frac{\mathfrak{S}_r + X_1 - X_2}{b} \qquad V_D = S - V_A; \qquad H_A = H_D = \frac{X_1}{h_1};$

$M_{y1} = \frac{y_1}{h_1} M_B \qquad M_x = M_x^0 + \frac{x'}{b} M_B + \frac{x}{b} M_C \qquad M_{y2} = \frac{y_2}{h_2} M_C + \frac{y_2'}{h_2} M_D.$

Fall 85/4 Linker Stiel beliebig waagerecht belastet

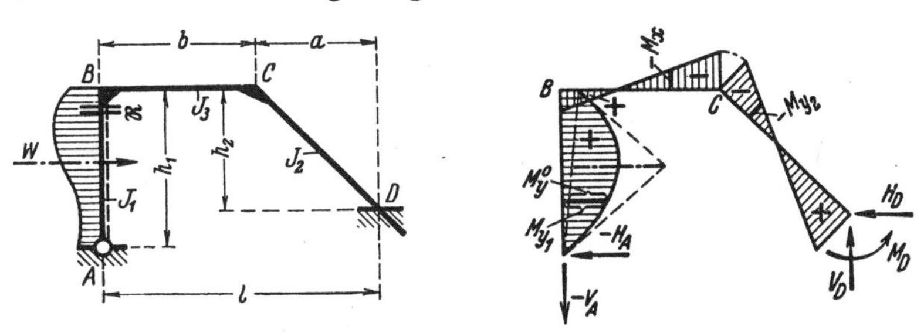

Hilfswerte:

$\mathfrak{B}_1 = 2n \mathfrak{S}_l \beta k_2 - \mathfrak{R} k_1$ $\qquad X_1 = +\mathfrak{B}_1 n_{11} - \mathfrak{B}_2 n_{21}$

$\mathfrak{B}_2 = n \mathfrak{S}_l D;$ $\qquad X_2 = -\mathfrak{B}_1 n_{12} + \mathfrak{B}_2 n_{22}.$

$M_B = X_1 \qquad M_C = -X_2 \qquad M_D = n \mathfrak{S}_l - \beta X_1 - \lambda X_2;$

$V_D = -V_A = \frac{X_1 + X_2}{b}; \qquad H_D = \frac{\mathfrak{S}_l - X_1}{h_1} \qquad H_A = -(W - H_D);$

$M_{y1} = M_y^0 + \frac{y_1}{h_1} M_B \qquad M_x = \frac{x'}{b} M_B + \frac{x}{b} M_C \qquad M_{y2} = \frac{y_2}{h_2} M_C + \frac{y_2'}{h_2} M_D.$

Siehe hierzu den Abschnitt „**Belastungsglieder**“

Fall 85/5: Rechter Stiel beliebig senkrecht belastet

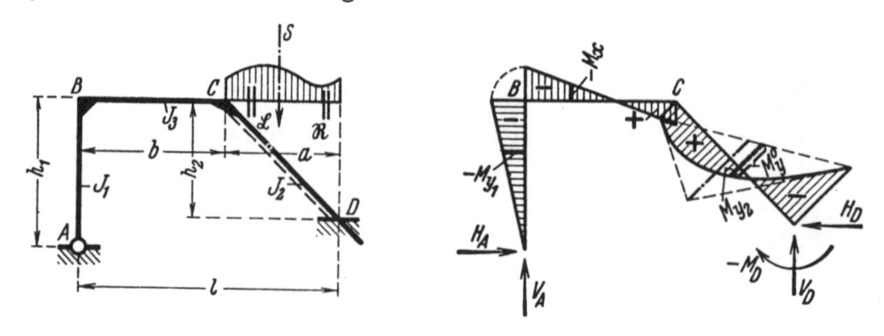

Hilfswerte:

$$\mathfrak{B}_1 = (2\,\mathfrak{S}_r - \mathfrak{R})\,\beta\, k_2 \qquad X_1 = +\mathfrak{B}_1 n_{11} - \mathfrak{B}_2 n_{21}$$

$$\mathfrak{B}_2 = \mathfrak{S}_r D - (\mathfrak{L} + \lambda\,\mathfrak{R})\, k_2; \qquad X_2 = -\mathfrak{B}_1 n_{12} + \mathfrak{B}_2 n_{22}.$$

$$M_B = -X_1 \qquad M_C = X_2 \qquad M_D = -\mathfrak{S}_r + \beta X_1 + \lambda X_2;$$

$$V_A = \frac{X_1 + X_2}{b} \qquad V_D = S - V_A; \qquad H_A = H_D = \frac{X_1}{h_1};$$

$$M_{y1} = \frac{y_1}{h_1} M_B \qquad M_x = \frac{x'}{b} M_B + \frac{x}{b} M_C \qquad M_{y2} = M_y^0 + \frac{y_2}{h_2} M_C + \frac{y_2'}{h_2} M_D.$$

Fall 85/6: Rechter Stiel beliebig waagerecht belastet

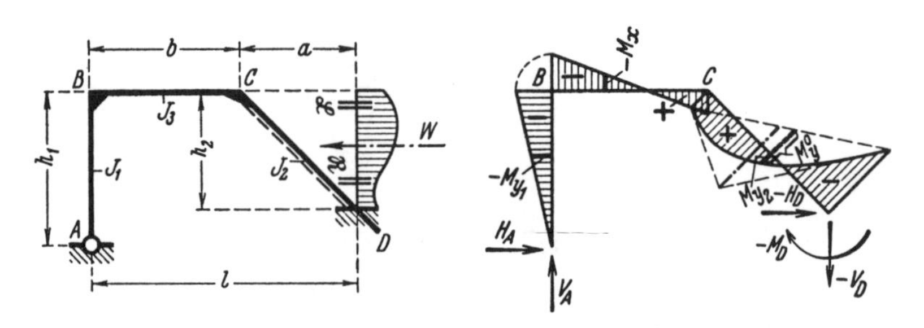

Alle Anschriebe lauten genau wie oben, mit Ausnahme derjenigen für die V- und H-Kräfte:

$$V_A = -V_D = \frac{X_1 + X_2}{b}; \qquad H_A = \frac{X_1}{h_1} \qquad H_D = -(W - H_A).$$

Rahmenform 86

Trapezförmiger Rahmen mit waagerechtem Riegel, einem schrägen, gelenkig gelagerten Stiel und einem senkrechten, eingespannten Stiel mit Fußpunkten in verschiedener Höhenlage

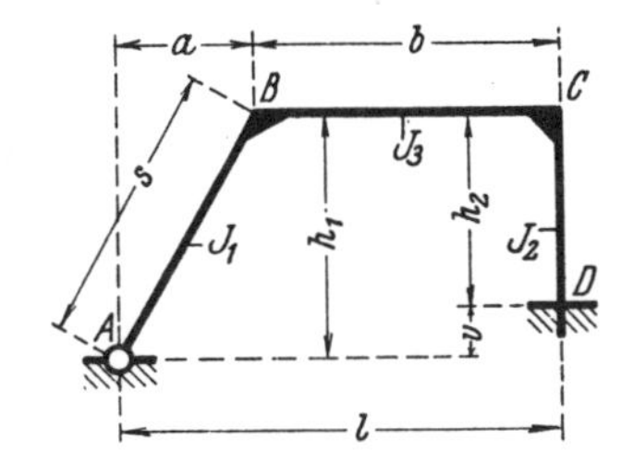

Rahmenform, Abmessungen und Bezeichnungen

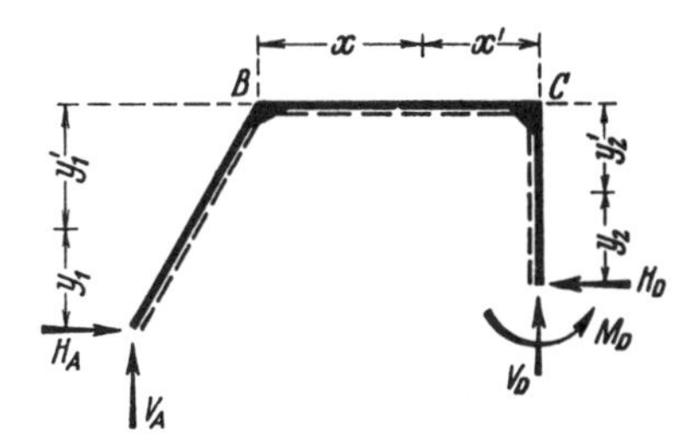

Festlegung der positiven Richtung aller Stützkräfte und der Koordinaten beliebiger Stabpunkte. Positive Biegungsmomente erzeugen an der gestrichelten Stabseite Zug

Festwerte:

$$k_1 = \frac{J_3}{J_1} \cdot \frac{s}{b} \qquad k_2 = \frac{J_3}{J_2} \cdot \frac{h_2}{b}\ ; \qquad n = \frac{h_2}{h_1} \qquad \alpha = \frac{a}{b}$$

$$\gamma = 1 + \alpha n \qquad \lambda = \frac{l}{b}\ ; \qquad D = (1 + 2\gamma)\, k_2\ ;$$

$$R_1 = 2\,(k_1 + 1 + n^2 \lambda^2 k_2) \qquad K = \lambda n D - 1$$

$$R_2 = 2\,(1 + k_2) + \gamma\,(k_2 + D)\ ; \qquad N = R_1 R_2 - K^2\ ;$$

$$n_{11} = \frac{R_2}{N} \qquad n_{12} = n_{21} = \frac{K}{N} \qquad n_{22} = \frac{R_1}{N}\,.$$

Fall 86/1: Riegel beliebig senkrecht belastet

(Siehe hierzu den Abschnitt **„Belastungsglieder“**)

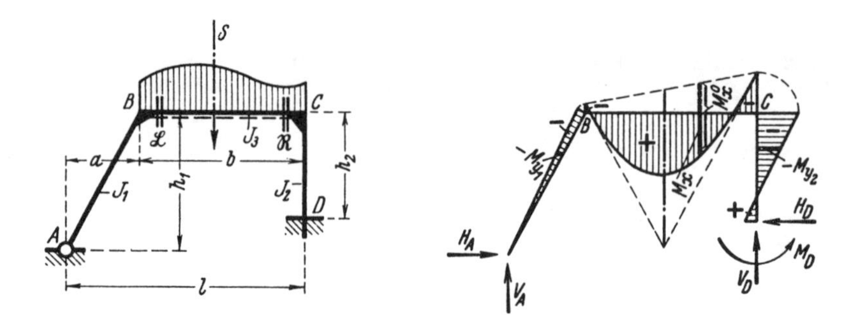

Hilfswerte:

$$\mathfrak{B}_1 = \mathfrak{L} - 2\alpha\lambda n^2 k_2 \mathfrak{S}_r \qquad X_1 = \mathfrak{B}_1 n_{11} + \mathfrak{B}_2 n_{21}$$

$$\mathfrak{B}_2 = \mathfrak{R} + \alpha n D \mathfrak{S}_r \qquad X_2 = \mathfrak{B}_1 n_{12} + \mathfrak{B}_2 n_{22}.$$

$$M_B = -X_1 \qquad M_C = -X_2 \qquad M_D = n(\alpha\mathfrak{S}_r + \lambda X_1) - \gamma X_2;$$

$$V_A = \frac{\mathfrak{S}_r + X_1 - X_2}{b} \qquad V_D = S - V_A; \qquad H_A = H_D = \frac{\alpha(\mathfrak{S}_r - X_2) + \lambda X_1}{h_1};$$

$$M_{y1} = \frac{y_1}{h_1} M_B \qquad M_x = M_x^0 + \frac{x'}{b} M_B + \frac{x}{b} M_C \qquad M_{y2} = \frac{y_2}{h_2} M_C + \frac{y_2'}{h_2} M_D.$$

Alle anderen Belastungsfälle lauten formelmäßig wie bei Rahmenform 79, mit der Maßgabe: $\alpha_1 = \alpha$ und $\beta = \lambda n$.

Im einzelnen:

beliebige senkrechte Belastung des linken Stieles: siehe Fall 79/1, Seite 305;

beliebige waagerechte Belastung des linken Stieles: siehe Fall 79/2, Seite 305;

beliebige waagerechte Belastung des rechten Stieles: siehe Fall 79/4, Seite 306;

gleichmäßige Wärmezunahme im ganzen Rahmen: siehe Fall 79/6, Seite 307;

Rahmenform 87

Eingespannter trapezförmiger Rahmen mit waagerechtem Riegel, einem schrägen und einem senkrechten Stiel mit Fußpunkten in verschiedener Höhenlage

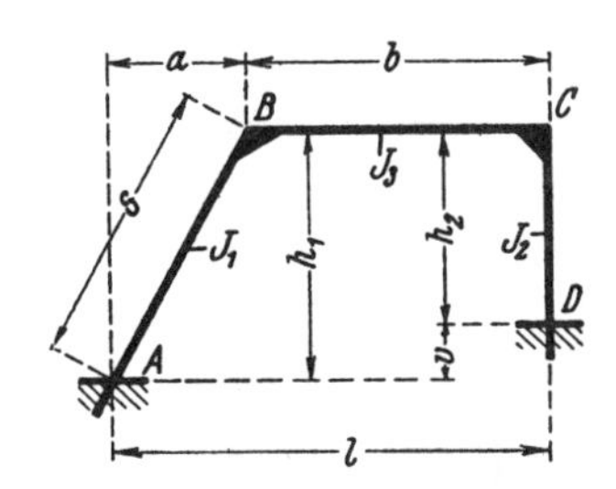

Rahmenform, Abmessungen und Bezeichnungen

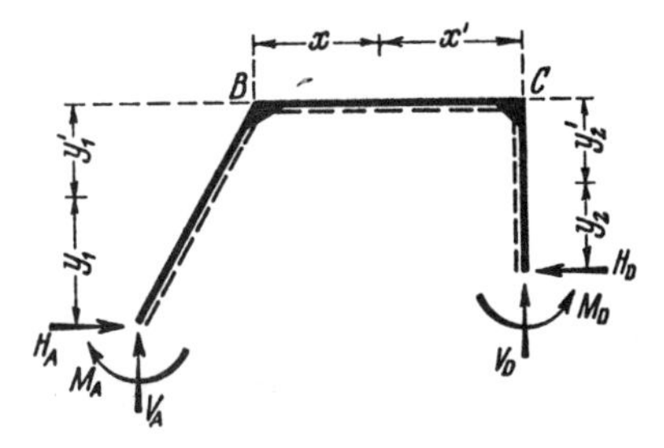

Festlegung der positiven Richtung aller Stützkräfte und der Koordinaten beliebiger Stabpunkte. Positive Biegungsmomente erzeugen an der gestrichelten Stabseite Zug

Festwerte:

$$k_1 = \frac{J_3}{J_1} \cdot \frac{s}{b} \qquad k_2 = \frac{J_3}{J_2} \cdot \frac{h_2}{b}; \qquad n = \frac{h_2}{h_1} \qquad \alpha = \frac{a}{b} \qquad \lambda = \frac{l}{b};$$

$$K_1 = 3\,n\,k_2 - 2\,\alpha\,k_1 \qquad R_1 = 2\,(K_2 + \alpha\,\lambda\,k_1 + 1)$$

$$K_2 = (2\,\alpha + 3)\,k_1 \qquad R_2 = 2\,(\alpha^2 k_1 + 1 + 3\,k_2)$$

$$K_3 = \alpha\,K_2 - 1\,; \qquad R_3 = 2\,(k_1 + n^2 k_2)\,;$$

$$N = R_1\,R_2\,R_3 - 2\,K_1\,K_2\,K_3 - R_1\,K_1^2 - R_2\,K_2^2 - R_3\,K_3^2\,;$$

$$n_{11} = \frac{R_2\,R_3 - K_1^2}{N} \qquad n_{12} = n_{21} = \frac{K_1\,K_2 + R_3\,K_3}{N}$$

$$n_{22} = \frac{R_1\,R_3 - K_2^2}{N} \qquad n_{13} = n_{31} = \frac{K_1\,K_3 + R_2\,K_2}{N}$$

$$n_{33} = \frac{R_1\,R_2 - K_3^2}{N} \qquad n_{23} = n_{32} = \frac{K_2\,K_3 + R_1\,K_1}{N}.$$

Fall 87/1: Gleichmäßige Wärmezunahme im ganzen Rahmen

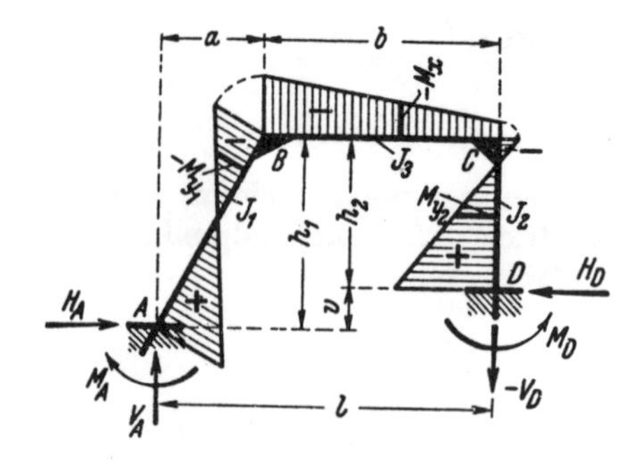

E = Elastizitätsmodul,

α_T = Wärmeausdehnungszahl,

t = Wärmeänderung in Grad.

Hilfswerte:

$$v = h_1 - h_2 {}^{*});$$

$$T = \frac{6\,E\,J_3\,\alpha_T\,t}{b};$$

$$X_1 = T\left[\frac{v}{b}(n_{11} - n_{21}) + \frac{l}{h_1} n_{31}\right]$$

$$X_2 = T\left[\frac{v}{b}(n_{12} - n_{22}) + \frac{l}{h_1} n_{32}\right]$$

$$X_3 = T\left[\frac{v}{b}(n_{13} - n_{23}) + \frac{l}{h_1} n_{33}\right].$$

$$M_A = \alpha X_2 - \lambda X_1 + X_3 \qquad M_B = -X_1$$

$$M_D = n X_3 - X_2 \qquad M_C = -X_2;$$

$$V_A = -V_D = \frac{X_1 - X_2}{b}; \qquad H_A = H_D = \frac{X_3}{h_1}.$$

Bemerkung: Bei Wärmeabnahme kehren die Kräfte ihren Pfeilsinn um und alle Momente erhalten entgegengesetztes Vorzeichen.

Anschriebe für die Momente in beliebigen Stabpunkten für alle Lastfälle der Rahmenform 87

Anteile aus den Einspann- und Eckmomenten allein:

$$M_x = \frac{x'}{b} M_B + \frac{x}{b} M_C$$

$$M_{y1} = \frac{y_1'}{h_1} M_A + \frac{y_1}{h_1} M_B \qquad M_{y2} = \frac{y_2}{h_2} M_C + \frac{y_2'}{h_2} M_D.$$

Zu diesen Werten kommt für den jeweils direkt belasteten Stab das Glied M_x^0 bzw. M_y^0 hinzu.

*) Für $h_2 > h_1$ wird v negativ!

Siehe hierzu den Abschnitt „**Belastungsglieder**"

Fall 87/2: Linker Stiel beliebig senkrecht belastet

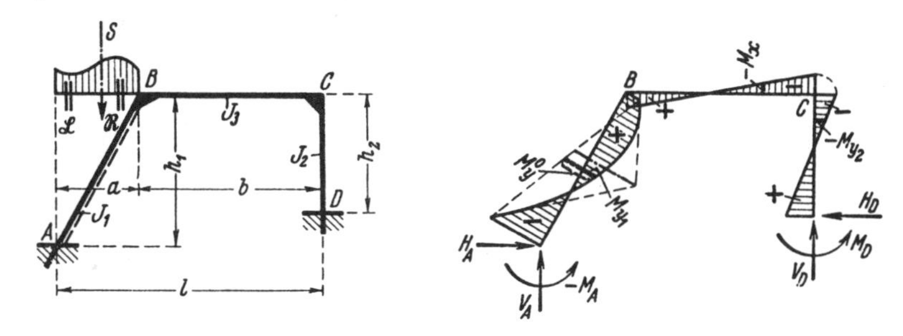

Hilfswerte:

$$\mathfrak{B}_1 = \mathfrak{S}_l K_2 - (\lambda \mathfrak{L} + \mathfrak{R}) k_1 \qquad X_1 = + \mathfrak{B}_1 n_{11} - \mathfrak{B}_2 n_{21} - \mathfrak{B}_3 n_{31}$$

$$\mathfrak{B}_2 = (2 \mathfrak{S}_l - \mathfrak{L}) \alpha k_1 \qquad X_2 = - \mathfrak{B}_1 n_{12} + \mathfrak{B}_2 n_{22} + \mathfrak{B}_3 n_{32}$$

$$\mathfrak{B}_3 = (2 \mathfrak{S}_l - \mathfrak{L}) k_1; \qquad X_3 = - \mathfrak{B}_1 n_{13} + \mathfrak{B}_2 n_{23} + \mathfrak{B}_3 n_{33}.$$

$$M_A = - \mathfrak{S}_l + \lambda X_1 + \alpha X_2 + X_3 \qquad M_B = X_1$$

$$M_C = - X_2 \qquad M_D = n X_3 - X_2;$$

$$V_D = \frac{X_1 + X_2}{b} \qquad V_A = S - V_D; \qquad H_A = H_D = \frac{X_3}{h_1}.$$

Fall 87/3: Linker Stiel beliebig waagerecht belastet

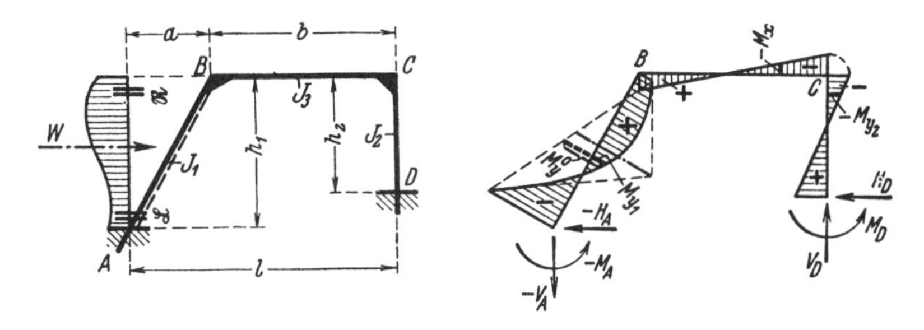

Alle Anschriebe lauten genau wie oben, mit Ausnahme derjenigen für die V- und H-Kräfte:

$$V_D = - V_A = \frac{X_1 + X_2}{b}; \qquad H_D = \frac{X_3}{h_1} \qquad H_A = - (W - H_D).$$

Fall 87/4: Riegel beliebig senkrecht belastet

(Siehe hierzu den Abschnitt **„Belastungsglieder"**)

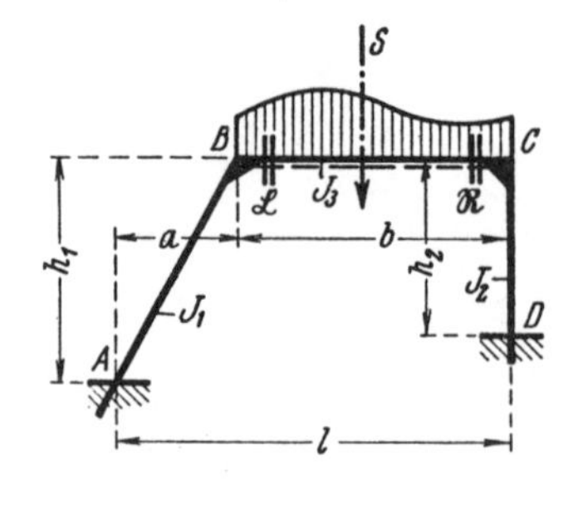

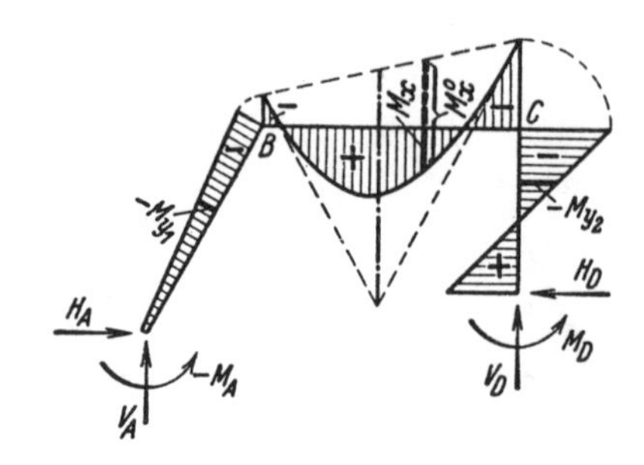

Hilfswerte:

$$\mathfrak{B}_1 = \mathfrak{S}_r \alpha K_2 - \mathfrak{L} \qquad X_1 = -\mathfrak{B}_1 n_{11} + \mathfrak{B}_2 n_{21} + \mathfrak{B}_3 n_{31}$$

$$\mathfrak{B}_2 = 2\,\mathfrak{S}_r \alpha^2 k_1 + \mathfrak{R} \qquad X_2 = -\mathfrak{B}_1 n_{12} + \mathfrak{B}_2 n_{22} + \mathfrak{B}_3 n_{32}$$

$$\mathfrak{B}_3 = 2\,\mathfrak{S}_r \alpha k_1; \qquad X_3 = -\mathfrak{B}_1 n_{13} + \mathfrak{B}_2 n_{23} + \mathfrak{B}_3 n_{33}.$$

$$M_A = -\alpha(\mathfrak{S}_r - X_2) - \lambda X_1 + X_3 \qquad M_B = -X_1$$

$$M_D = n X_3 - X_2 \qquad M_C = -X_2;$$

$$V_A = \frac{\mathfrak{S}_r + X_1 - X_2}{b} \qquad V_D = \boldsymbol{S} - V_A; \qquad H_A = H_D = \frac{X_3}{h_1}.$$

Fall 87/5: Senkrechte Einzellast am Eckpunkt B

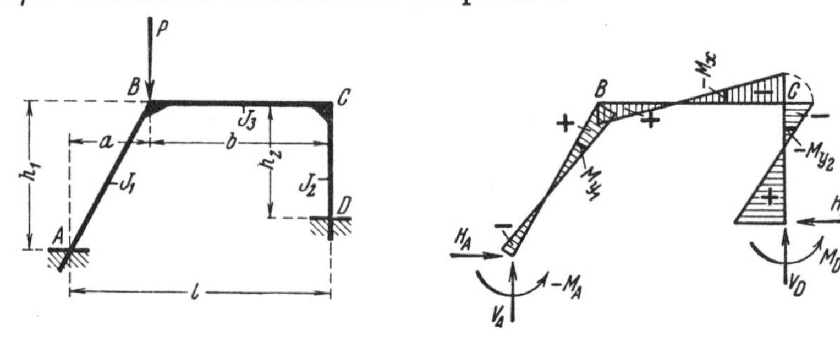

Hilfswerte:

$$X_1 = P a k_1 [+ (2\alpha + 3) n_{11} - 2(\alpha n_{21} + n_{31})]$$

$$X_2 = P a k_1 [- (2\alpha + 3) n_{12} + 2(\alpha n_{22} + n_{32})] \qquad M_B = X_1$$

$$X_3 = P a k_1 [- (2\alpha + 3) n_{13} + 2(\alpha n_{23} + n_{33})]. \qquad M_C = -X_2$$

$$M_A = -P a + \lambda X_1 + \alpha X_2 + X_3 \qquad M_D = n X_3 - X_2;$$

$$V_D = \frac{X_1 + X_2}{b} \qquad V_A = P - V_D; \qquad H_A = H_D = \frac{X_3}{h_1}.$$

Fall 87/6: Rechter Stiel beliebig waagerecht belastet

(Siehe hierzu den Abschnitt „**Belastungsglieder**")

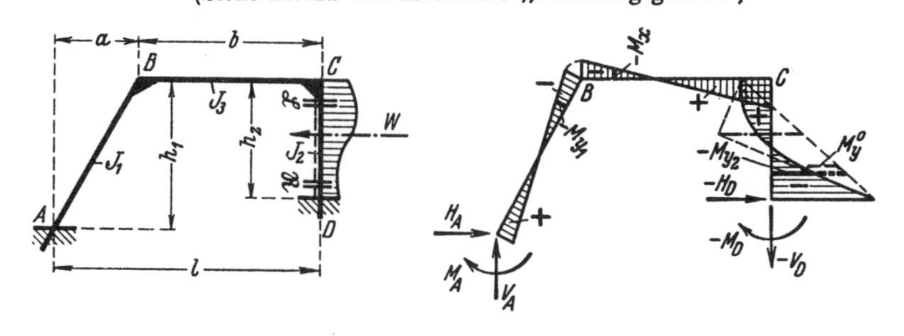

Hilfswerte:

$$\mathfrak{B}_2 = [3\,\mathfrak{S}_r - (\mathfrak{L} + \mathfrak{R})]\,k_2$$
$$\mathfrak{B}_3 = (2\,\mathfrak{S}_r - \mathfrak{R})\,n\,k_2;$$

$$X_1 = -\mathfrak{B}_2 n_{21} + \mathfrak{B}_3 n_{31}$$
$$X_2 = +\mathfrak{B}_2 n_{22} - \mathfrak{B}_3 n_{32}$$
$$X_3 = -\mathfrak{B}_2 n_{23} + \mathfrak{B}_3 n_{33}$$

$$M_A = X_3 - \lambda X_1 - \alpha X_2 \qquad M_B = -X_1$$
$$M_C = X_2 \qquad M_D = -\mathfrak{S}_r + X_2 + n X_3;$$

$$H_A = \frac{X_3}{h_1} \qquad H_D = -(W - H_A); \qquad V_A = -V_D = \frac{X_1 + X_2}{b}.$$

Fall 87/7: Waagerechte Einzellast am Eckpunkt C

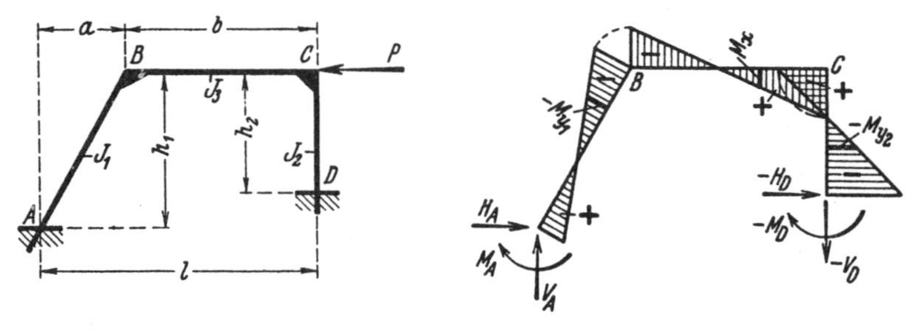

Hilfswerte:

$$X_1 = P h_2 k_2 (-3 n_{21} + 2 n n_{31})$$
$$X_2 = P h_2 k_2 (+3 n_{22} - 2 n n_{32})$$
$$X_3 = P h_2 k_2 (-3 n_{23} + 2 n n_{33}).$$

$$M_B = -X_1$$
$$M_C = X_2$$

$$M_A = X_3 - \lambda X_1 - \alpha X_2 \qquad M_D = -P h_2 + X_2 + n X_3;$$

$$H_A = \frac{X_3}{h_1} \qquad H_D = -(P - H_A); \qquad V_A = -V_D = \frac{X_1 + X_2}{b}.$$

Rahmenform 88

Eingespannter Trapezrahmen mit waagerechtem Riegel, einem schrägen und einem senkrechten Stiel

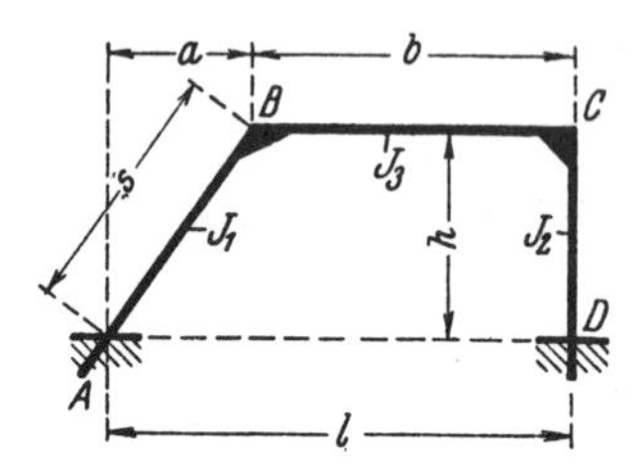

Rahmenform, Abmessungen und Bezeichnungen

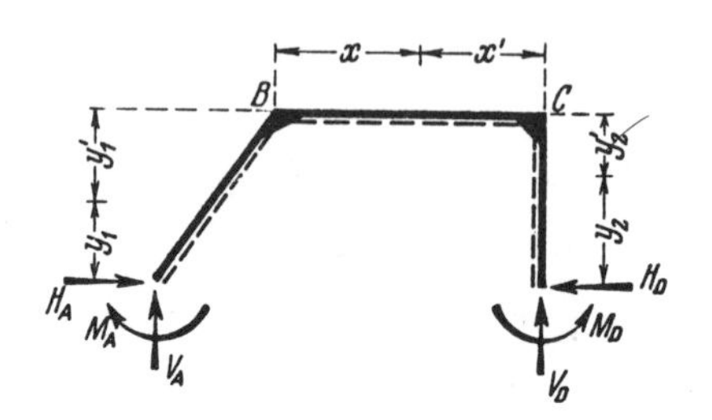

Festlegung der positiven Richtung aller Stützkräfte und der Koordinaten beliebiger Stabpunkte. Positive Biegungsmomente erzeugen an der gestrichelten Stabseite Zug

Es gelten alle **Festwerte** und **Formeln für äußere Belastung** der Rahmenform 87 — siehe die Seiten 327 bis 331 — mit folgenden Vereinfachungen:

$$(h_1 = h_2) = h \qquad\qquad n = 1.$$

Für **gleichmäßige Wärmeänderung** vereinfachen sich (wegen $v = 0$) die Hilfswerte von Seite 328 wie folgt:

$$T' = \frac{6\, E\, J_3\, \alpha_T\, t}{b} \cdot \frac{l}{h}\,;$$

$$X_1 = T' n_{31} \qquad\qquad X_2 = T' n_{32} \qquad\qquad X_3 = T' n_{33}\,.$$

Rahmenform 89

Symmetrischer Hallen-Zweigelenkrahmen mit senkrechten Stielen und gebrochenem Riegel

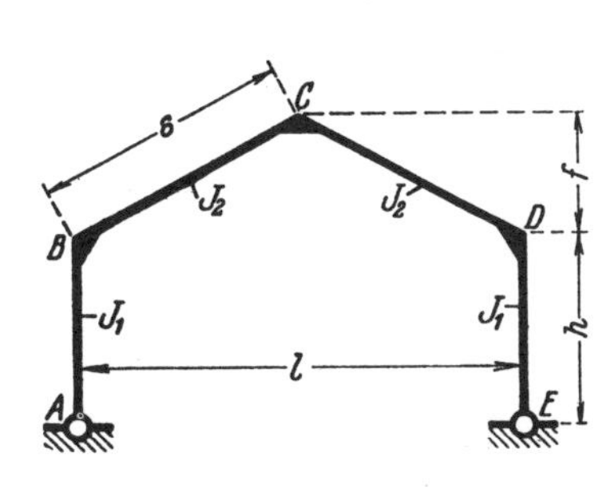

Rahmenform, Abmessungen und Bezeichnungen

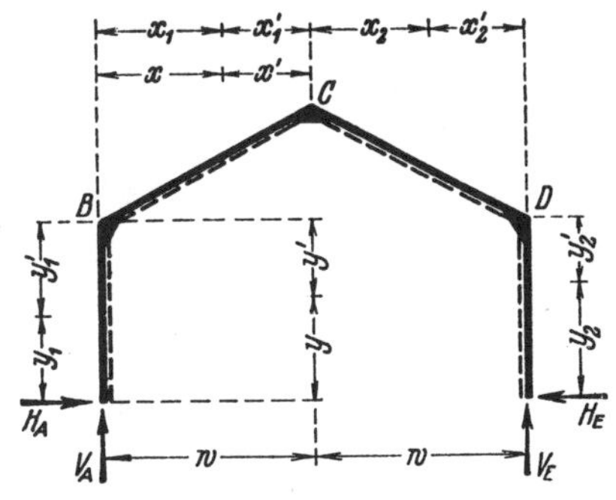

Festlegung der positiven Richtung aller Stützkräfte und der Koordinaten beliebiger Stabpunkte. Bei symmetrischen Lastfällen werden x, x' und y, y' benutzt. Positive Biegungsmomente erzeugen an der gestrichelten Stabseite Zug

Festwerte: $k=\frac{J_2}{J_1}\cdot\frac{h}{s}$ $\varphi=\frac{f}{h}$ $m=1+\varphi;$

$B=2(k+1)+m$ $C=1+2m;$ $N=B+mC.$

Anschriebe für die Momente in beliebigen Stabpunkten für alle Lastfälle der Rahmenform 89

a) Für unsymmetrische Lastfälle:

$$M_{x1}=M_x^0+\frac{x_1'}{w}M_B+\frac{x_1}{w}M_C \qquad M_{x2}=\frac{x_2'}{w}M_C+\frac{x_2}{w}M_D$$

$$M_{y1}=M_y^0+\frac{y_1}{h}M_B \qquad M_{y2}=\frac{y_2}{h}M_D; \qquad \left(w=\frac{l}{2}\right).$$

b) Für symmetrische Lastfälle:

$$M_x=M_x^0+\frac{x'}{w}M_B+\frac{x}{w}M_C \qquad M_y=M_y^0+\frac{y}{h}M_B.$$

c) Für antimetrische Lastfälle ist $M'_{x2}=-M_{x1}$; $M_{y2}=-M_{y1}$.

Bemerkung: Bei nicht direkt belastetem Schrägstab oder Stiel entfällt das Glied M_x^0 bzw. M_y^0.

Fall 89/1: Rechteck-Vollast auf dem linken Riegel

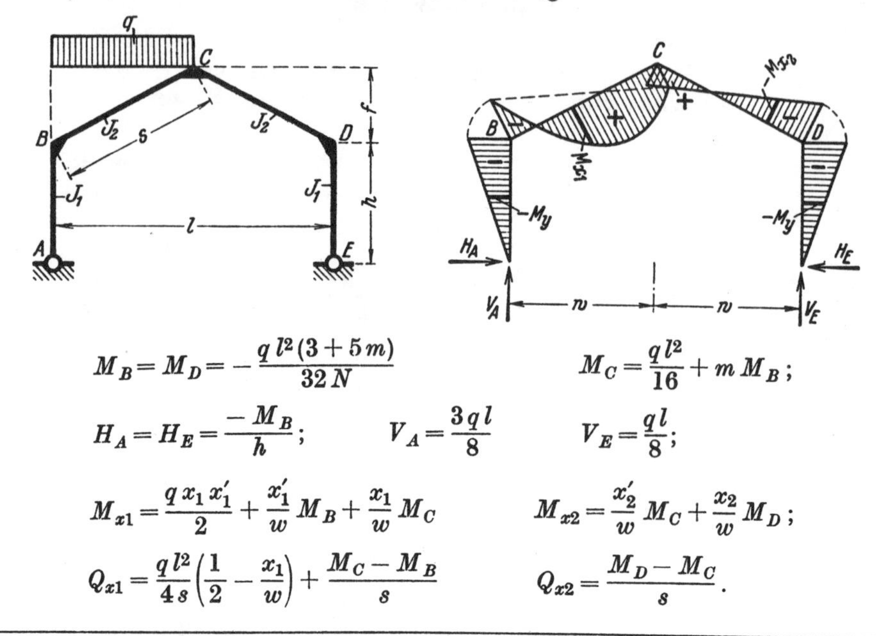

$$M_B = M_D = -\frac{q\,l^2(3+5m)}{32N} \qquad M_C = \frac{q\,l^2}{16} + m\,M_B;$$

$$H_A = H_E = \frac{-M_B}{h}; \qquad V_A = \frac{3\,q\,l}{8} \qquad V_E = \frac{q\,l}{8};$$

$$M_{x1} = \frac{q\,x_1\,x_1'}{2} + \frac{x_1'}{w} M_B + \frac{x_1}{w} M_C \qquad M_{x2} = \frac{x_2'}{w} M_C + \frac{x_2}{w} M_D;$$

$$Q_{x1} = \frac{q\,l^2}{4\,s}\left(\frac{1}{2} - \frac{x_1}{w}\right) + \frac{M_C - M_B}{s} \qquad Q_{x2} = \frac{M_D - M_C}{s}.$$

Fall 89/2: Rechteck-Vollast über beide Riegel

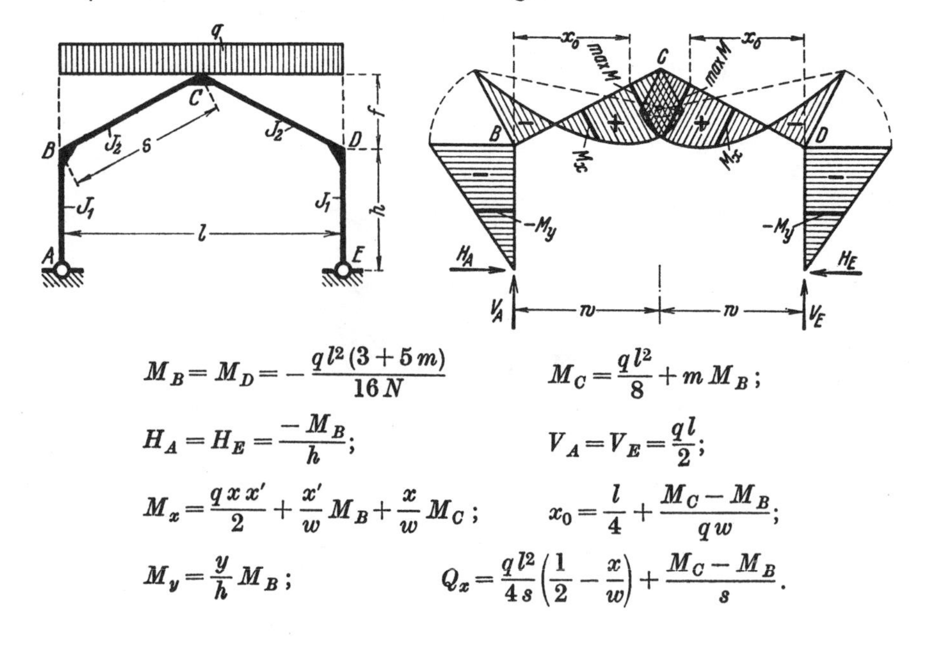

$$M_B = M_D = -\frac{q\,l^2(3+5m)}{16N} \qquad M_C = \frac{q\,l^2}{8} + m\,M_B;$$

$$H_A = H_E = \frac{-M_B}{h}; \qquad V_A = V_E = \frac{q\,l}{2};$$

$$M_x = \frac{q\,x\,x'}{2} + \frac{x'}{w} M_B + \frac{x}{w} M_C; \qquad x_0 = \frac{l}{4} + \frac{M_C - M_B}{q\,w};$$

$$M_y = \frac{y}{h} M_B; \qquad Q_x = \frac{q\,l^2}{4\,s}\left(\frac{1}{2} - \frac{x}{w}\right) + \frac{M_C - M_B}{s}.$$

Siehe hierzu den Abschnitt „**Belastungsglieder**"

Fall 89/3: Linker Riegel beliebig senkrecht belastet

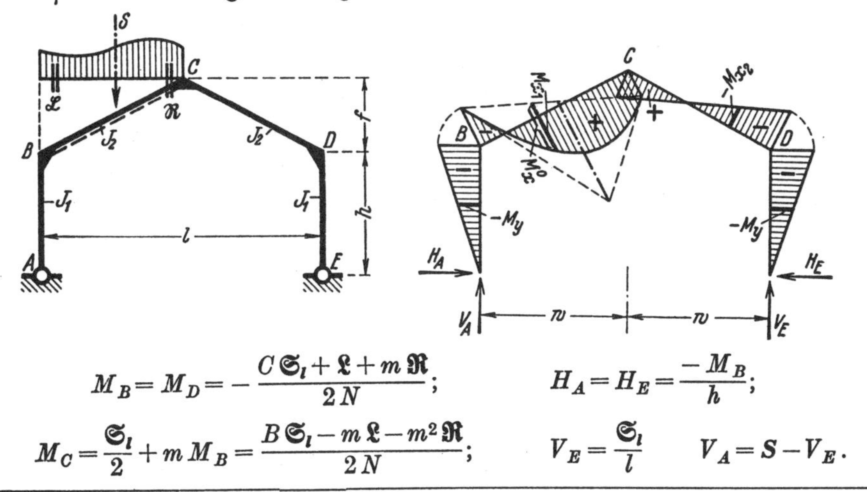

$$M_B = M_D = -\frac{C\,\mathfrak{S}_l + \mathfrak{L} + m\,\mathfrak{R}}{2N}; \qquad H_A = H_E = \frac{-M_B}{h};$$

$$M_C = \frac{\mathfrak{S}_l}{2} + m\,M_B = \frac{B\,\mathfrak{S}_l - m\,\mathfrak{L} - m^2\,\mathfrak{R}}{2N}; \qquad V_E = \frac{\mathfrak{S}_l}{l} \qquad V_A = S - V_E.$$

Fall 89/4: Beide Riegel beliebig senkrecht, aber gleich und symmetrisch zur Rahmenmitte belastet

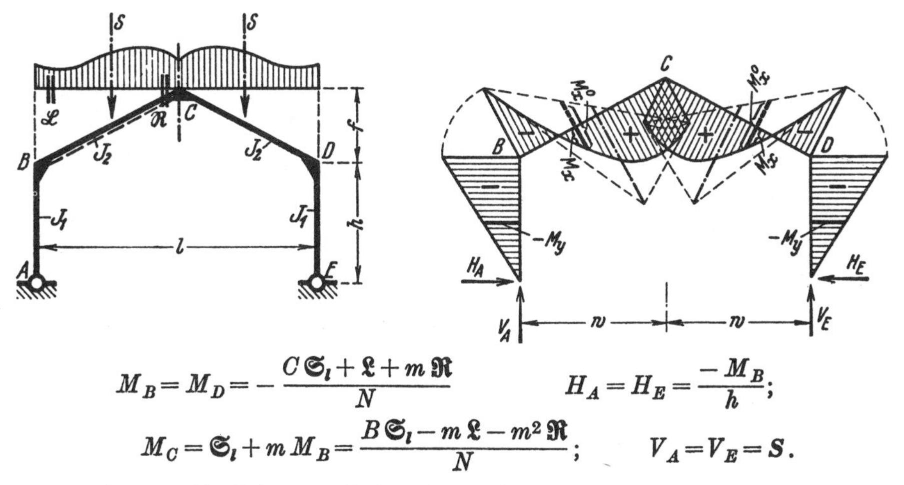

$$M_B = M_D = -\frac{C\,\mathfrak{S}_l + \mathfrak{L} + m\,\mathfrak{R}}{N} \qquad H_A = H_E = \frac{-M_B}{h};$$

$$M_C = \mathfrak{S}_l + m\,M_B = \frac{B\,\mathfrak{S}_l - m\,\mathfrak{L} - m^2\,\mathfrak{R}}{N}; \qquad V_A = V_E = S.$$

Bemerkung: Alle Belastungsglieder sind auf den linken Riegel bezogen. — Alle Eckmomente sind doppelt so groß wie beim Fall 89/3.

Sonderfall 89/4a: Senkrechte Einzellast P im Firstpunkt C

$$(\mathfrak{S}_l = P\,w/2; \quad S = P/2).$$

$$M_B = M_D = -\frac{Pl}{4}\cdot\frac{C}{N} \qquad M_C = +\frac{Pl}{4}\cdot\frac{B}{N}; \qquad V_A = V_E = \frac{P}{2}; \qquad H_A = H_E = \frac{-M_B}{h}.$$

Siehe hierzu den Abschnitt **„Belastungsglieder"**

Fall 89/5: Beide Riegel beliebig senkrecht, aber gleich und antimetrisch zur Rahmenmitte belastet

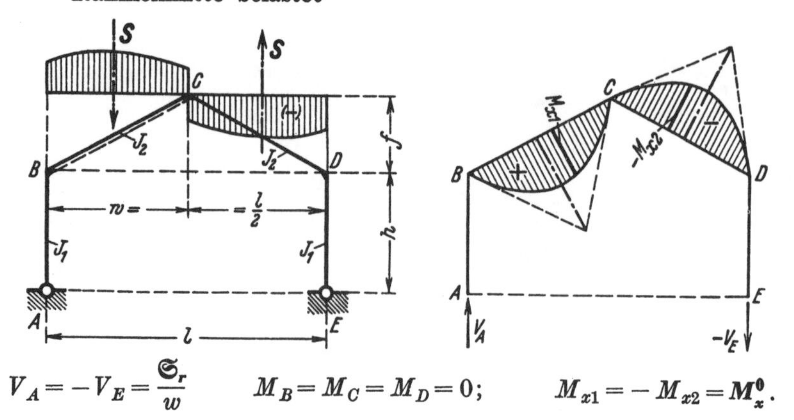

$$V_A = -V_E = \frac{\mathfrak{S}_r}{w} \qquad M_B = M_C = M_D = 0; \qquad M_{x1} = -M_{x2} = \boldsymbol{M}_x^0.$$

Bemerkung: Alle Belastungsglieder ($\mathfrak{S}_r$ und $\boldsymbol{M}_x^0$) sind auf den linken Riegel bezogen.

Fall 89/6: Linker Riegel beliebig waagerecht belastet

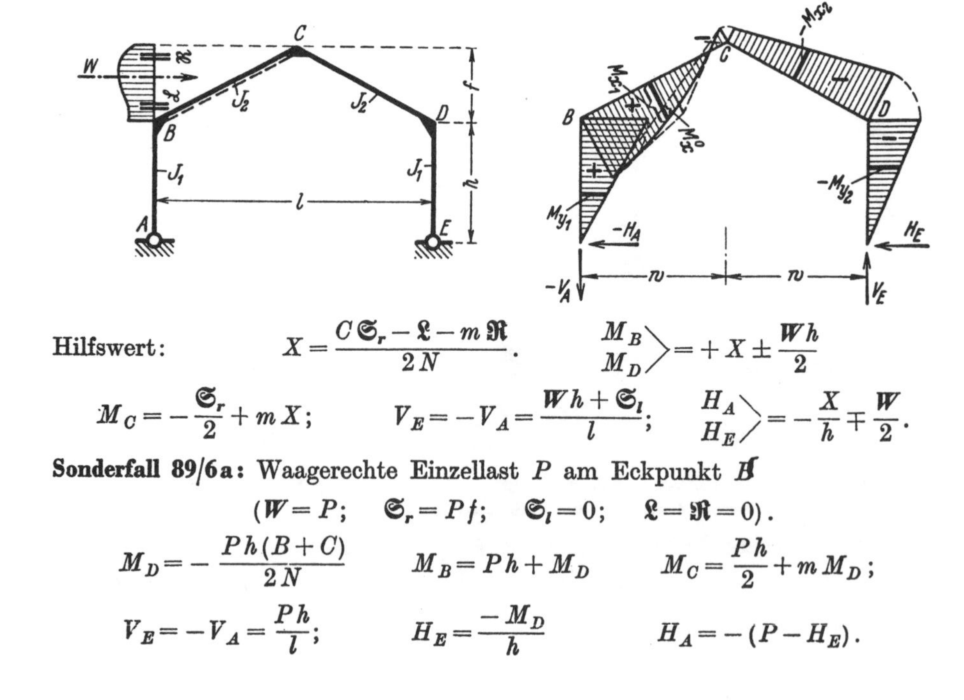

Hilfswert:
$$X = \frac{C\,\mathfrak{S}_r - \mathfrak{L} - m\,\mathfrak{R}}{2N}. \qquad \left.\begin{matrix} M_B \\ M_D \end{matrix}\right\rangle = +X \pm \frac{\boldsymbol{W}h}{2}$$

$$M_C = -\frac{\mathfrak{S}_r}{2} + mX; \qquad V_E = -V_A = \frac{\boldsymbol{W}h + \mathfrak{S}_l}{l}; \qquad \left.\begin{matrix} H_A \\ H_E \end{matrix}\right\rangle = -\frac{X}{h} \mp \frac{\boldsymbol{W}}{2}.$$

Sonderfall 89/6a: Waagerechte Einzellast P am Eckpunkt B

$$(\boldsymbol{W} = P; \quad \mathfrak{S}_r = Pf; \quad \mathfrak{S}_l = 0; \quad \mathfrak{L} = \mathfrak{R} = 0).$$

$$M_D = -\frac{Ph(B+C)}{2N} \qquad M_B = Ph + M_D \qquad M_C = \frac{Ph}{2} + m\,M_D;$$

$$V_E = -V_A = \frac{Ph}{l}; \qquad H_E = \frac{-M_D}{h} \qquad H_A = -(P - H_E).$$

Siehe hierzu den Abschnitt „**Belastungsglieder**“

Fall 89/7: Beide Riegel beliebig waagerecht, aber gleich und symmetrisch zur Rahmenmitte belastet

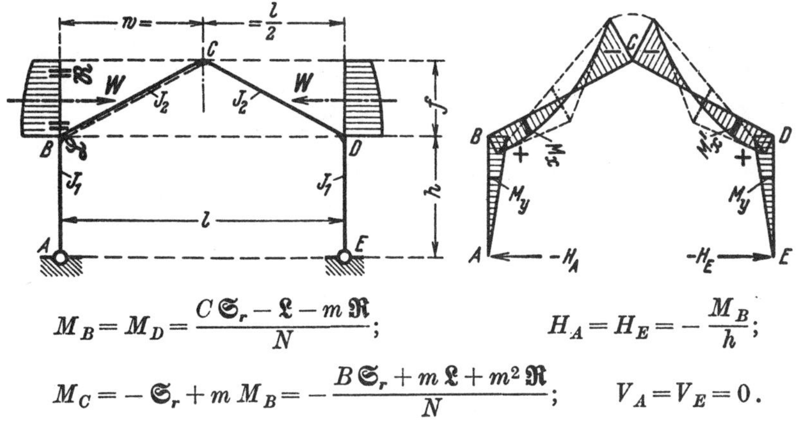

$$M_B = M_D = \frac{C\mathfrak{S}_r - \mathfrak{L} - m\,\mathfrak{R}}{N}; \qquad H_A = H_E = -\frac{M_B}{h};$$

$$M_C = -\mathfrak{S}_r + m\,M_B = -\frac{B\mathfrak{S}_r + m\,\mathfrak{L} + m^2\,\mathfrak{R}}{N}; \qquad V_A = V_E = 0.$$

Bemerkung: Alle Belastungsglieder sind auf den linken Riegel bezogen.

Fall 89/8: Beide Riegel beliebig waagerecht, aber gleich und antimetrisch zur Rahmenmitte belastet

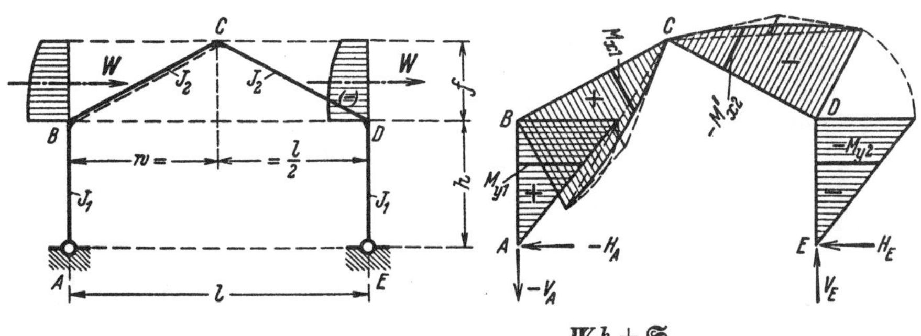

$$M_B = -M_D = \mathfrak{W}h \qquad M_C = 0; \qquad V_E = -V_A = \frac{\mathfrak{W}h + \mathfrak{S}_l}{w}; \qquad H_E = -H_A = \mathfrak{W}$$

Bemerkung: Die Belastungsglieder $\mathfrak{W}$ und $\mathfrak{S}_l$ sind auf den linken Riegel bezogen.

Sonderfall 89/8a: Waagerechte Einzellast P am Firstpunkt C
($\mathfrak{W} = P/2$; $\mathfrak{S}_l = Pf/2$)

$$M_B = -M_D = \frac{Ph}{2} \qquad M_C = 0; \qquad V_E = -V_A = \frac{Phm}{l}; \qquad H_E = -H_A = \frac{P}{2}.$$

Siehe hierzu den Abschnitt „**Belastungsglieder**"

Fall 89/9: Linker Stiel beliebig waagerecht belastet

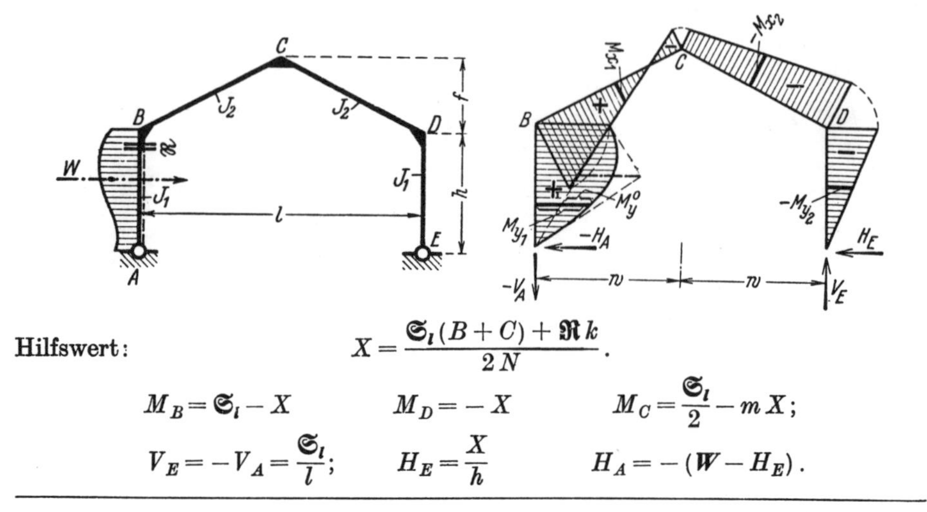

Hilfswert: $$X = \frac{\mathfrak{S}_l (B + C) + \mathfrak{R} k}{2N}.$$

$$M_B = \mathfrak{S}_l - X \qquad M_D = -X \qquad M_C = \frac{\mathfrak{S}_l}{2} - m X;$$

$$V_E = -V_A = \frac{\mathfrak{S}_l}{l}; \qquad H_E = \frac{X}{h} \qquad H_A = -(W - H_E).$$

Fall 89/10: Beide Stiele beliebig waagerecht, aber gleich und symmetrisch zur Rahmenmitte belastet

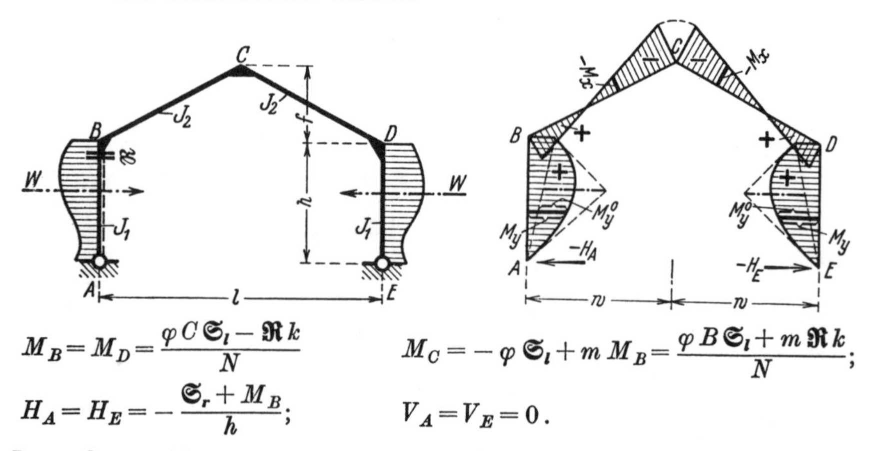

$$M_B = M_D = \frac{\varphi C \mathfrak{S}_l - \mathfrak{R} k}{N} \qquad M_C = -\varphi \mathfrak{S}_l + m M_B = \frac{\varphi B \mathfrak{S}_l + m \mathfrak{R} k}{N};$$

$$H_A = H_E = -\frac{\mathfrak{S}_r + M_B}{h}; \qquad V_A = V_E = 0.$$

Bemerkung: Alle Belastungsglieder sind auf den linken Stiel bezogen.

Sonderfall 89/10a: Zwei gleiche waagerechte Einzellasten P von außen her an den Eckpunkten B und D

$$(\mathfrak{S}_l = P h; \qquad \mathfrak{S}_r = 0; \qquad \mathfrak{R} = 0).$$

$$M_B = M_D = +P f \cdot \frac{C}{N} \qquad M_C = -P f \cdot \frac{B}{N}; \qquad H_A = H_E = -\frac{M_B}{h} = -P \cdot \frac{\varphi C}{N}.$$

Fall 89/11: Beide Stiele beliebig waagerecht, aber gleich und antimetrisch zur Rahmenmitte belastet. (Siehe hierzu den Abschnitt **„Belastungsglieder"**)

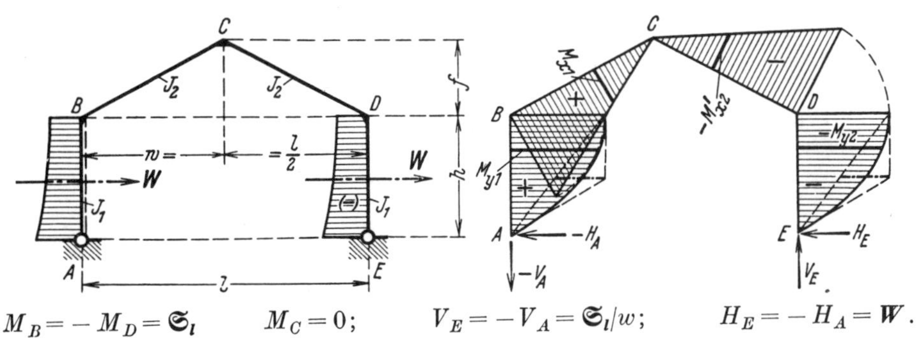

$M_B = -M_D = \mathfrak{S}_l$ $\quad M_C = 0;$ $\quad V_E = -V_A = \mathfrak{S}_l/w;$ $\quad H_E = -H_A = \boldsymbol{W}.$

Bemerkung: Die Belastungsglieder $\mathfrak{S}_l$ und $\boldsymbol{W}$ sind auf den linken Stiel bezogen.

Sonderfall 89/11a: Zwei gleiche waagerechte Einzellasten P von links her an den Eckpunkten B und D. ($\mathfrak{S}_l = Ph$; $\boldsymbol{W} = P$).

$M_B = -M_D = Ph$ $\quad M_C = 0;$ $\quad V_E = -V_A = Ph/w;$ $\quad H_E = -H_A = P.$

Fall 89/12: Gleichmäßige Wärmezunahme im ganzen Rahmen — s. S. 341!

Fall 89/13: Gleichmäßig verteilte Windlasten in Form von Druck (p = positiv) und Sog (p = negativ) rechtwinklig zu den Stabachsen wirkend*)

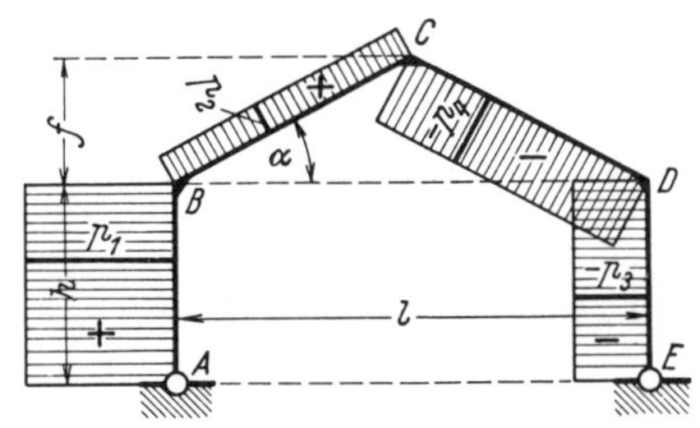

Dieser allgemeine Wind-Lastfall läßt sich praktisch zerlegen in einen symmetrischen — siehe Fall 89/14 — und in einen antimetrischen — siehe Fall 89/15 —; bzw. dieser allgemeine Wind-Lastfall wird erhalten durch Überlagerung der beiden Fälle 89/14 und 15.

Bemerkung: Bei flachen Dächern wird auch p_2 negativ.

Formeln zum **Fall 89/15** von Seite 340:

Mit Bezug auf Fall 89/13 ist $\quad p_{1a} = \frac{p_1 - p_3}{2} \quad p_{2a} = \frac{p_2 - p_4}{2}.$

$$M_B = -M_D = \frac{p_{1a} h^2}{2} + p_{2a} f h \qquad M_C = 0; \qquad M_y = \frac{p_{1a} \cdot y y'}{2} + \frac{y}{h} \cdot M_B$$

$$M_z = \frac{p_{2a} \cdot z z'}{2} + \frac{z'}{s} \cdot M_B; \qquad V_E = -V_A = \frac{p_{1a} h^2}{l} + \frac{p_{2a}(2m \cdot f h - s^2)}{l};$$

$$H_E = -H_A = p_{1a} h + p_{2a} f; \qquad Q_z = p_{2a} s \left(\frac{1}{2} - \frac{z}{s}\right) - \frac{M_B}{s}.$$

*) Nach DIN 1055, Blatt 4, ist mit Bezug auf den vorliegenden Fall stets ($p_3 = p_4$) = − 0,4 q (d. h. gleicher Sog für Stiel und Riegel).

Fall 89/14: Der ganze Rahmen gleichmäßig verteilt von außen her rechtwinklig zu den Stabachsen und symmetrisch zur Rahmenmitte belastet (Symmetrischer Anteil aus Windlast — nur Druck)

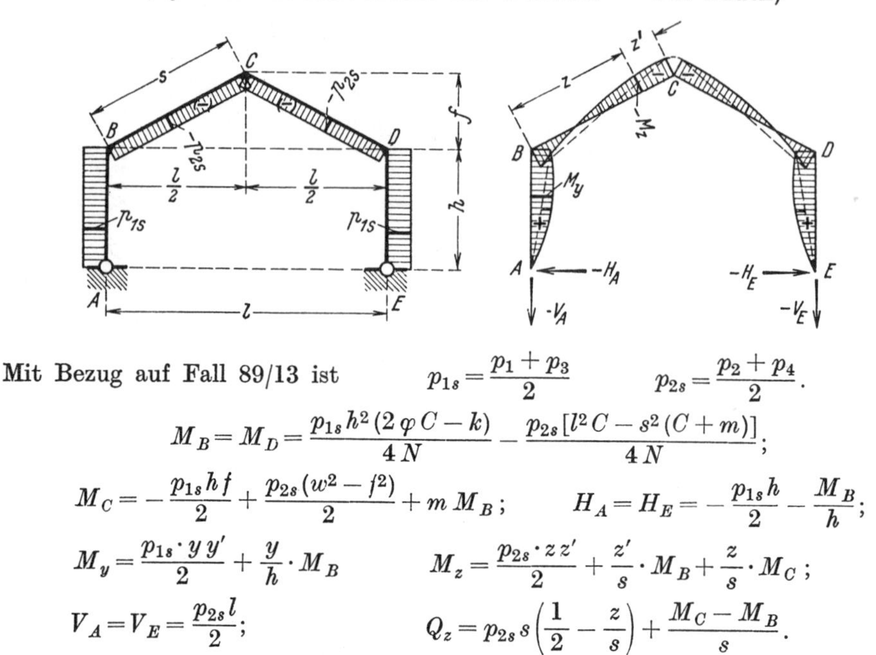

Mit Bezug auf Fall 89/13 ist $\qquad p_{1s} = \dfrac{p_1 + p_3}{2} \qquad p_{2s} = \dfrac{p_2 + p_4}{2}$.

$$M_B = M_D = \frac{p_{1s} h^2 (2\varphi C - k)}{4N} - \frac{p_{2s}[l^2 C - s^2 (C + m)]}{4N};$$

$$M_C = -\frac{p_{1s} h f}{2} + \frac{p_{2s}(w^2 - f^2)}{2} + m M_B; \qquad H_A = H_E = -\frac{p_{1s} h}{2} - \frac{M_B}{h};$$

$$M_y = \frac{p_{1s} \cdot y y'}{2} + \frac{y}{h} \cdot M_B \qquad M_z = \frac{p_{2s} \cdot z z'}{2} + \frac{z'}{s} \cdot M_B + \frac{z}{s} \cdot M_C;$$

$$V_A = V_E = \frac{p_{2s} l}{2}; \qquad Q_z = p_{2s} s \left(\frac{1}{2} - \frac{z}{s}\right) + \frac{M_C - M_B}{s}.$$

Bemerkung: Für flache Dachneigung wird $M_B = M_D$ negativ.

Fall 89/15: Der ganze Rahmen gleichmäßig verteilt rechtwinklig zu den Stabachsen belastet, und zwar die linke Rahmenhälfte von außen her, die rechte von innen her — im ganzen antimetrisch zur Rahmenmitte (Antimetrischer Anteil aus Windlast — Druck und Sog)

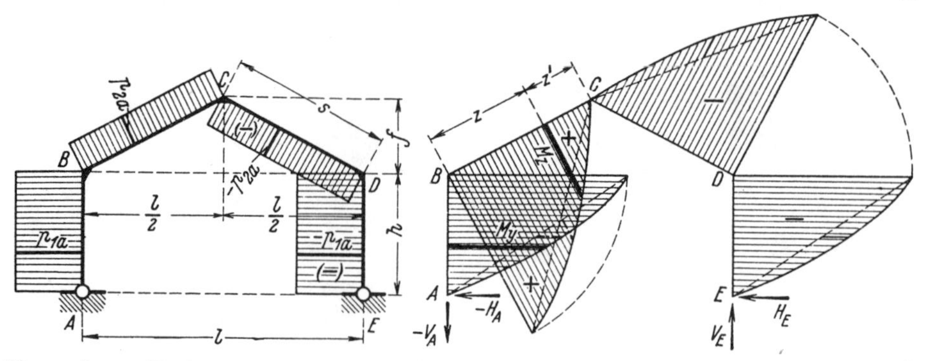

Formeln zu Fall 89/15 siehe Seite **339** unten!

Rahmenform 90

Symmetrischer Hallenrahmen mit gebrochenem Riegel und senkrechten Stielen mit einem festen Gelenk und einem waagerecht beweglichen Auflager, verbunden durch ein elastisches Zugband

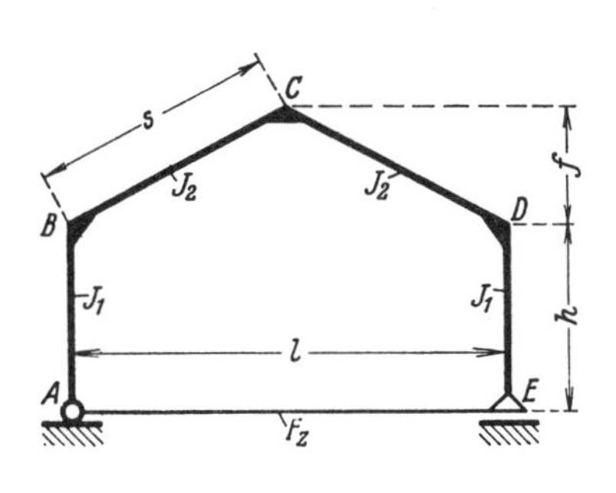

Rahmenform, Abmessungen und Bezeichnungen

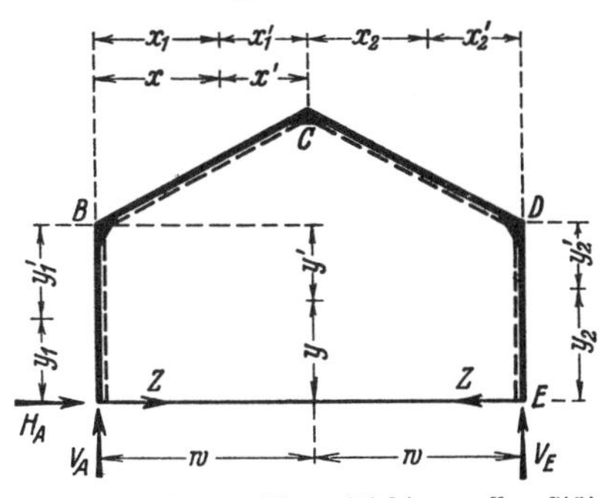

Festlegung der positiven Richtung aller Stützkräfte und der Koordinaten beliebiger Stabpunkte. Bei symmetrischen Lastfällen werden x, x' und y, y' benutzt. Positive Biegungsmomente erzeugen an der gestrichelten Stabseite Zug

Festwerte:

$$k = \frac{J_2}{J_1} \cdot \frac{h}{s}; \qquad \varphi = \frac{f}{h}; \qquad L = \frac{3\,J_2}{h^2 F_Z} \cdot \frac{E}{E_Z} \cdot \frac{l}{s}; \qquad w = \frac{l}{2};$$

$$m = 1 + \varphi; \qquad B = 2\,(k+1) + m \qquad C = 1 + 2\,m;$$

$$N = B + m\,C; \qquad N_Z = N + L.$$

E = Elastizitätsmodul des Rahmenbaustoffes,
E_Z = Elastizitätsmodul des Zugbandstoffes,
F_Z = Querschnittsfläche des Zugbandes.

Noch zu Rahmenform 89 gehörend:

Fall 89/12: Gleichmäßige Wärmezunahme im ganzen Rahmen *)

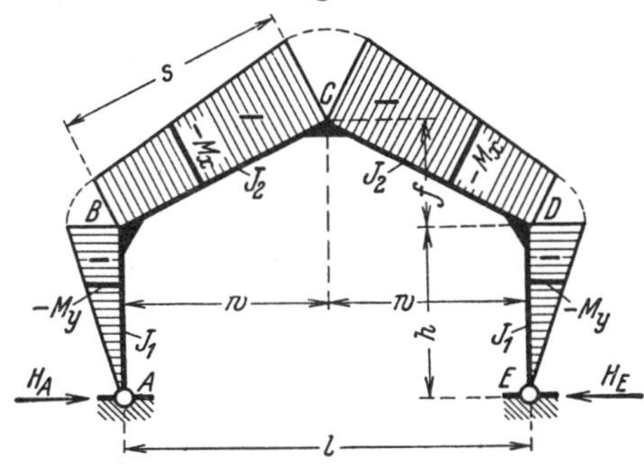

E = Elastizitätsmodul,
α_T = Wärmeausdehnungszahl,
t = Wärmeänderung in Grad.

$$M_B = M_D = -\frac{3\,E\,J_2\,l \cdot \alpha_T\,t}{s\,h\,N}$$

$$M_C = m\,M_B;$$

$$H_A = H_E = \frac{-M_B}{h}.$$

Bemerkung: Bei Wärmeabnahme kehren alle Kräfte ihren Pfeilsinn um und alle Momente erhalten entgegengesetztes Vorzeichen.

*) Einen statischen Einfluß liefern nur die zwei Riegelstäbe. — Bei Wärmezunahme nur eines Riegelstabes werden alle Momente und Kräfte halb so groß.

Fall 90/1: Beide Halbriegel beliebig senkrecht belastet

(Siehe hierzu den Abschnitt **„Belastungsglieder“**)

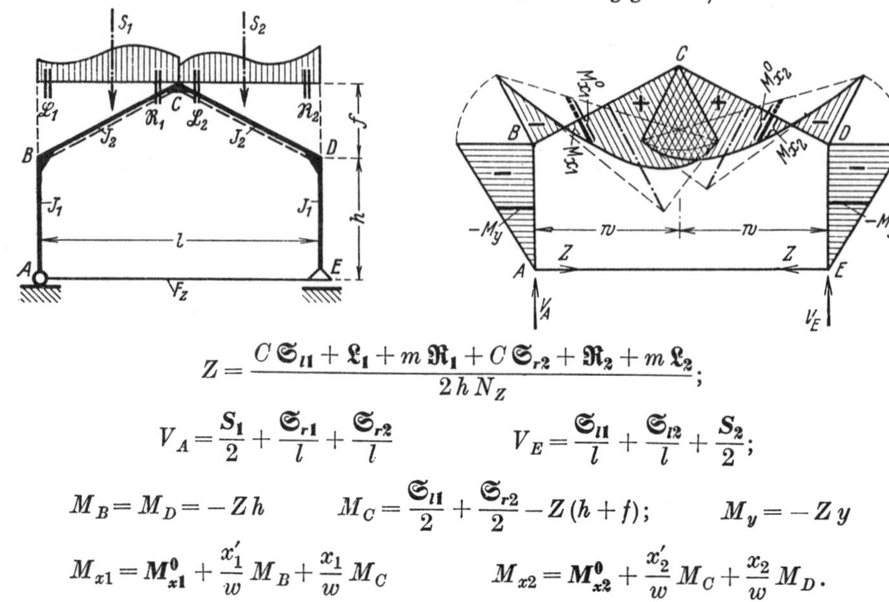

$$Z = \frac{C\,\mathfrak{S}_{l1} + \mathfrak{L}_1 + m\,\mathfrak{R}_1 + C\,\mathfrak{S}_{r2} + \mathfrak{R}_2 + m\,\mathfrak{L}_2}{2\,h\,N_Z};$$

$$V_A = \frac{S_1}{2} + \frac{\mathfrak{S}_{r1}}{l} + \frac{\mathfrak{S}_{r2}}{l} \qquad V_E = \frac{\mathfrak{S}_{l1}}{l} + \frac{\mathfrak{S}_{l2}}{l} + \frac{S_2}{2};$$

$$M_B = M_D = -Z\,h \qquad M_C = \frac{\mathfrak{S}_{l1}}{2} + \frac{\mathfrak{S}_{r2}}{2} - Z\,(h+f); \qquad M_y = -Z\,y$$

$$M_{x1} = \mathbf{M}^0_{x1} + \frac{x_1'}{w}\,M_B + \frac{x_1}{w}\,M_C \qquad M_{x2} = \mathbf{M}^0_{x2} + \frac{x_2'}{w}\,M_C + \frac{x_2}{w}\,M_D.$$

Bemerkung: Für in bezug auf Punkt C symmetrische Riegellast ist $\mathfrak{R}_2 = \mathfrak{L}_1$, $\mathfrak{L}_2 = \mathfrak{R}_1$, $\mathfrak{S}_{r2} = \mathfrak{S}_{l1}$ und $V_A = V_E = S_2 = S_1$.

Fall 90/2: Gleichmäßige Wärmezunahme im ganzen Rahmen

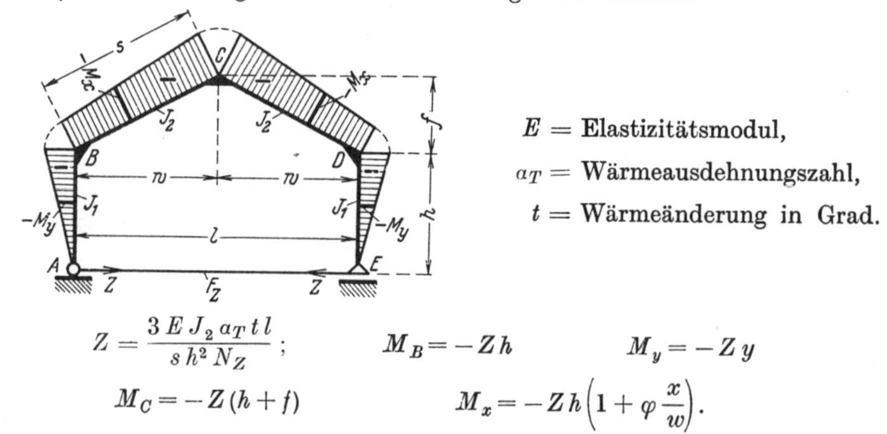

E = Elastizitätsmodul,

α_T = Wärmeausdehnungszahl,

t = Wärmeänderung in Grad.

$$Z = \frac{3\,E\,J_2\,\alpha_T\,t\,l}{s\,h^2\,N_Z}; \qquad M_B = -Z\,h \qquad M_y = -Z\,y$$

$$M_C = -Z\,(h+f) \qquad M_x = -Z\,h\left(1 + \varphi\,\frac{x}{w}\right).$$

Bemerkung: Bei Wärme**ab**nahme kehren alle Kräfte ihren Pfeilsinn um und alle Momente erhalten entgegengesetztes Vorzeichen*).

*) Siehe hierzu die Fußnote Seite 344.

Siehe hierzu den Abschnitt **„Belastungsglieder"**

Fall 90/3: Linker Riegel beliebig waagerecht belastet

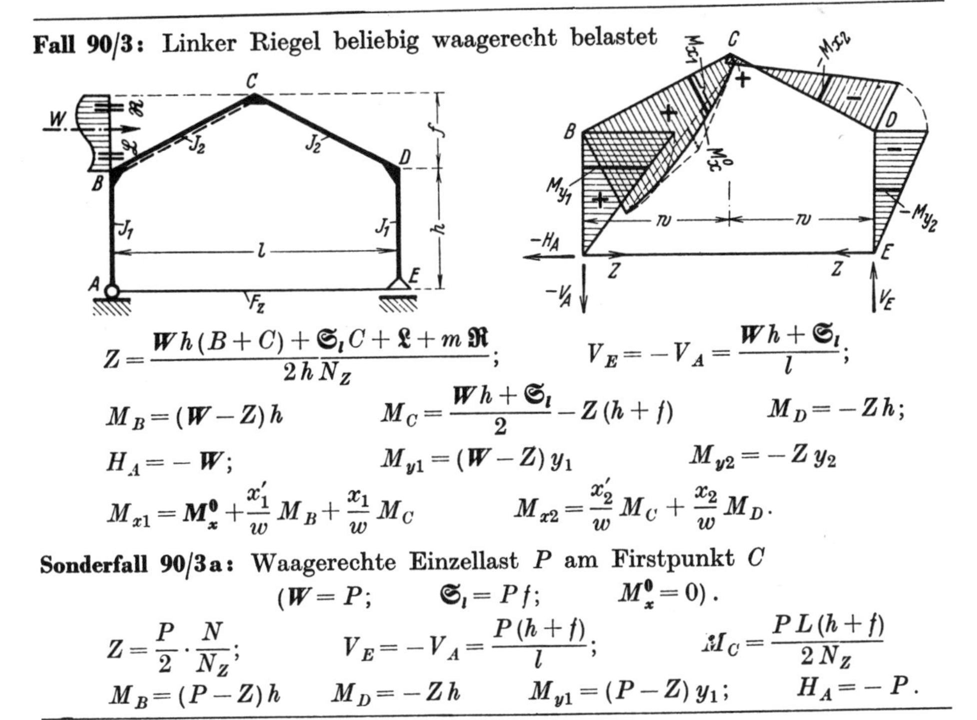

$$Z = \frac{\boldsymbol{W} h (B + C) + \mathfrak{S}_l C + \mathfrak{L} + m \mathfrak{R}}{2 h N_Z}; \qquad V_E = -V_A = \frac{\boldsymbol{W} h + \mathfrak{S}_l}{l};$$

$$M_B = (\boldsymbol{W} - Z) h \qquad M_C = \frac{\boldsymbol{W} h + \mathfrak{S}_l}{2} - Z(h + f) \qquad M_D = -Z h;$$

$$H_A = -\boldsymbol{W}; \qquad M_{y1} = (\boldsymbol{W} - Z) y_1 \qquad M_{y2} = -Z y_2$$

$$M_{x1} = \boldsymbol{M}_x^0 + \frac{x_1'}{w} M_B + \frac{x_1}{w} M_C \qquad M_{x2} = \frac{x_2'}{w} M_C + \frac{x_2}{w} M_D.$$

Sonderfall 90/3a: Waagerechte Einzellast P am Firstpunkt C

$$(\boldsymbol{W} = P; \qquad \mathfrak{S}_l = P f; \qquad \boldsymbol{M}_x^0 = 0).$$

$$Z = \frac{P}{2} \cdot \frac{N}{N_Z}; \qquad V_E = -V_A = \frac{P(h + f)}{l}; \qquad M_C = \frac{P L (h + f)}{2 N_Z}$$

$$M_B = (P - Z) h \qquad M_D = -Z h \qquad M_{y1} = (P - Z) y_1; \qquad H_A = -P.$$

Fall 90/4: Linker Stiel beliebig waagerecht belastet

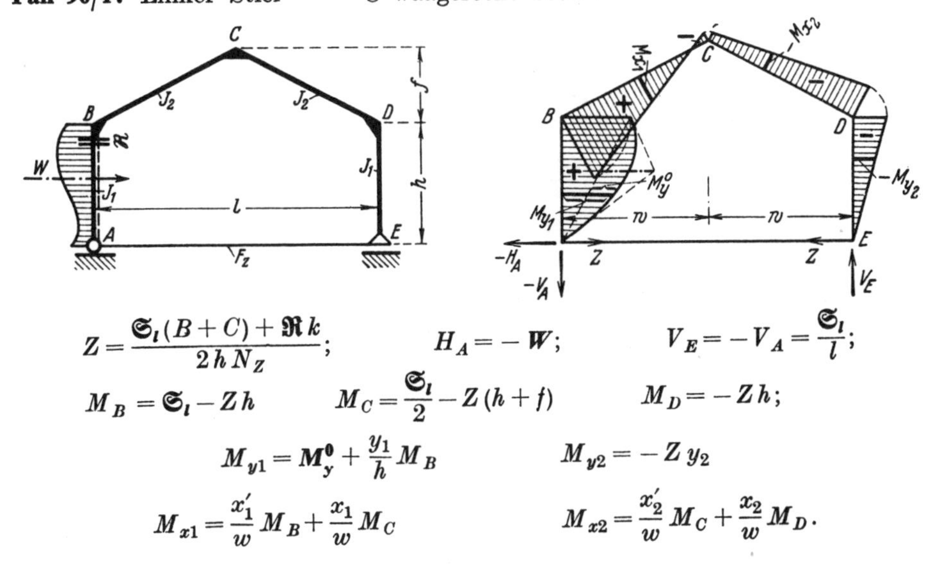

$$Z = \frac{\mathfrak{S}_l (B + C) + \mathfrak{R} k}{2 h N_Z}; \qquad H_A = -\boldsymbol{W}; \qquad V_E = -V_A = \frac{\mathfrak{S}_l}{l};$$

$$M_B = \mathfrak{S}_l - Z h \qquad M_C = \frac{\mathfrak{S}_l}{2} - Z(h + f) \qquad M_D = -Z h;$$

$$M_{y1} = \boldsymbol{M}_y^0 + \frac{y_1}{h} M_B \qquad M_{y2} = -Z y_2$$

$$M_{x1} = \frac{x_1'}{w} M_B + \frac{x_1}{w} M_C \qquad M_{x2} = \frac{x_2'}{w} M_C + \frac{x_2}{w} M_D.$$

Siehe hierzu den Abschnitt „**Belastungsglieder**“

Fall 90/5: Rechter Riegel beliebig waagerecht belastet

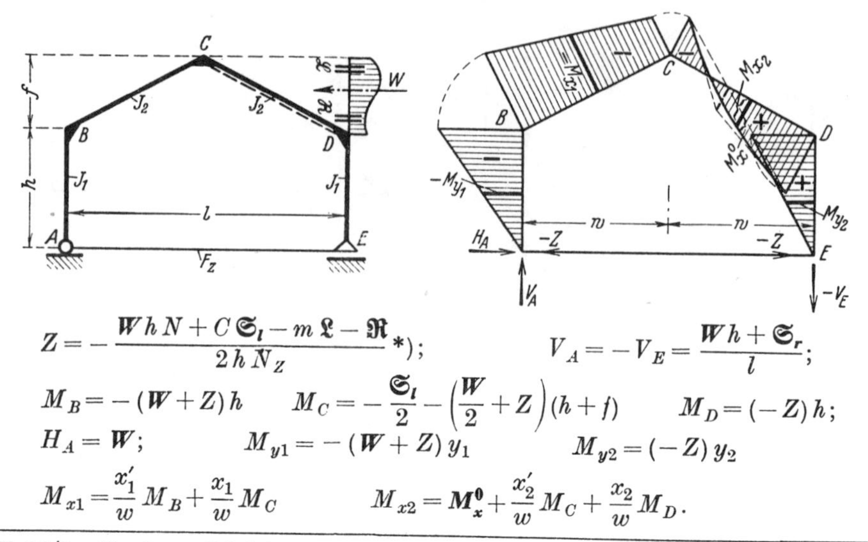

$$Z = -\frac{\mathfrak{W} h N + C\mathfrak{S}_l - m\mathfrak{L} - \mathfrak{R}}{2hN_Z}*); \qquad V_A = -V_E = \frac{\mathfrak{W}h + \mathfrak{S}_r}{l};$$

$$M_B = -(\mathfrak{W}+Z)h \qquad M_C = -\frac{\mathfrak{S}_l}{2} - \left(\frac{\mathfrak{W}}{2}+Z\right)(h+f) \qquad M_D = (-Z)h;$$

$$H_A = \mathfrak{W}; \qquad M_{y1} = -(\mathfrak{W}+Z)y_1 \qquad M_{y2} = (-Z)y_2$$

$$M_{x1} = \frac{x_1'}{w}M_B + \frac{x_1}{w}M_C \qquad M_{x2} = \mathbf{M_x^0} + \frac{x_2'}{w}M_C + \frac{x_2}{w}M_D.$$

Fall 90/6: Rechter Stiel beliebig waagerecht belastet

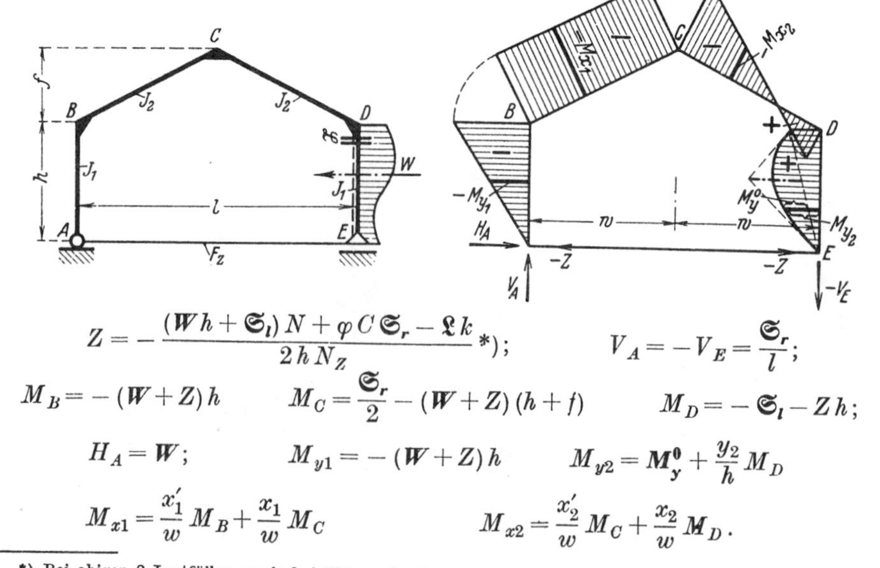

$$Z = -\frac{(\mathfrak{W}h + \mathfrak{S}_l)N + \varphi C\mathfrak{S}_r - \mathfrak{L}k}{2hN_Z}*); \qquad V_A = -V_E = \frac{\mathfrak{S}_r}{l};$$

$$M_B = -(\mathfrak{W}+Z)h \qquad M_C = \frac{\mathfrak{S}_r}{2} - (\mathfrak{W}+Z)(h+f) \qquad M_D = -\mathfrak{S}_l - Zh;$$

$$H_A = \mathfrak{W}; \qquad M_{y1} = -(\mathfrak{W}+Z)h \qquad M_{y2} = \mathbf{M_y^0} + \frac{y_2}{h}M_D$$

$$M_{x1} = \frac{x_1'}{w}M_B + \frac{x_1}{w}M_C \qquad M_{x2} = \frac{x_2'}{w}M_C + \frac{x_2}{w}M_D.$$

*) Bei obigen 2 Lastfällen sowie bei Wärmeabnahme (s. S. 342) wird Z negativ, d. h. das Zugband erhält Druck. Dieser Umstand hat selbstverständlich nur dann einen Sinn, wenn die Druckkraft kleiner bleibt als die Zugkraft aus ständiger Last, so daß stets ein Rest Zugkraft im Zugbande verbleibt.

Rahmenform 91

Symmetrischer Hallen-Zweigelenkrahmen mit senkrechten Stielen, gebrochenem Riegel und einem elastischen Zugband in Stielhöhe

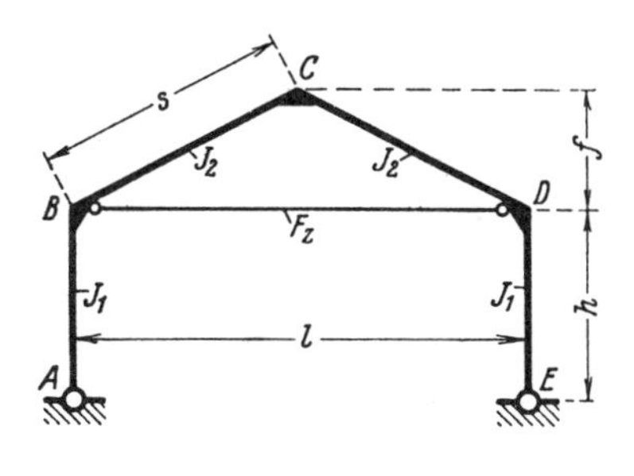

Rahmenform, Abmessungen und Bezeichnungen

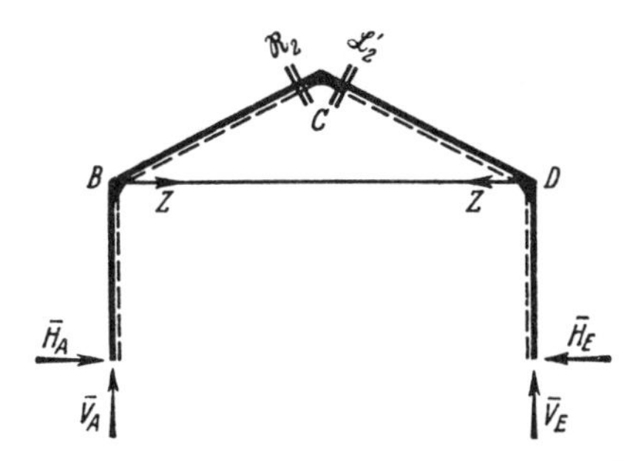

Festlegung der positiven Richtung aller Stützkräfte. Koordinaten beliebiger Stabpunkte genau wie bei Rahmenform 89 (s. S. 333). Positive Biegungsmomente erzeugen an der gestrichelten Stabseite Zug

Allgemeines

Die Rahmenform 91 (mit Zugband) wird am zweckmäßigsten als Erweiterung der Rahmenform 89 (ohne Zugband) aufgefaßt und behandelt. Es läßt sich dadurch der Einfluß des elastischen Zugbandes übersichtlich verfolgen.

Rechnungsgang

Erster Schritt: Für jeden zu behandelnden Lastfall werden die Eckmomente M_B, M_C, M_D und die Auflagerkräfte H_A, H_E, V_A, V_E nach Rahmenform 89 (siehe die Seiten 333 bis 340) zahlenmäßig errechnet.

Zweiter Schritt:

a) Zusätzliche Festwerte für Rahmenform 91

$$\beta = \frac{B}{N} \qquad \gamma = \frac{C}{N}; \qquad L = \frac{3\,J_2}{f^2 F_Z} \cdot \frac{E}{E_Z} \cdot \frac{l}{s}; \qquad N_Z = \frac{4k+3}{N} + L\,.$$

E = Elastizitätsmodul des Rahmenbaustoffes,
E_Z = Elastizitätsmodul des Zugbandstoffes,
F_Z = Querschnittsfläche des Zugbandes.

Bemerkung: Für starres Zugband ist $L = 0$ zu setzen.

b) Zugbandkraft

$$Z = \frac{M_B + M_D + 4\,M_C + \mathfrak{R}_2 + \mathfrak{L}'_2}{2\,f\,N_Z}\ ^{*)}.$$

Bemerkung: Die in der Formel für Z auftretenden Belastungsglieder $\mathfrak{R}_2$ und $\mathfrak{L}'_2$ beziehen sich auf die in der rechten Titelabbildung (s. S. 345) gekennzeichneten Riegelstellen und sind der jeweiligen Riegelbelastung entsprechend wie üblich einzusetzen**).

Dritter Schritt:

a) Eckmomente und Auflagerkräfte der Rahmenform 91

$$\overline{M}_B = M_B + \gamma Z f \qquad \overline{M}_C = M_C - \beta Z f \qquad \overline{M}_D = M_D + \gamma Z f$$

$$\overline{H}_A = H_A - \varphi\gamma Z \qquad \overline{H}_E = H_E - \varphi\gamma Z \qquad \overline{V}_A = V_A \qquad \overline{V}_E = V_E\,.$$

Bemerkung: Zwecks Unterscheidung wurden die Momente und Kräfte für Rahmenform 91 überstrichen.

b) Momente in beliebigen Stabpunkten der Rahmenform 91.

Die Anschriebe für die $\overline{M}_x$ und $\overline{M}_y$ lauten genau wie für Rahmenform 89, nur müssen für M_B, M_C, M_D die neuen Werte $\overline{M}_B$, $\overline{M}_C$, $\overline{M}_D$ eingesetzt werden.

---

*) Bei verschiedenen Belastungsfällen wird Z negativ, d. h. das Zugband erhält Druck. Dieser Umstand hat selbstverständlich nur dann einen Sinn, wenn die Druckkraft kleiner bleibt als die Zugkraft aus ständiger Last, so daß stets ein Rest Zugkraft im Zugbande verbleibt.

**) Bei Verwendung der Lastfälle der Rahmenform 89 ist in die Z-Formel f ür die Belastungsglieder $\mathfrak{R}$ und $\mathfrak{L}'_2$ im einzelnen folgendes einzusetzen:

Fall 89/1: $\mathfrak{R}_2 = \frac{q\,l^2}{16}$; $\mathfrak{L}'_2 = 0$; Fall 89/2: $\mathfrak{R}_2 + \mathfrak{L}'_2 = \frac{q\,l^2}{8}$;

Fall 89/3: $\mathfrak{R}_2 = \mathfrak{R}$; $\mathfrak{L}'_2 = 0$; Fall 89/4: $\mathfrak{R}_2 + \mathfrak{L}'_2 = 2\,\mathfrak{R}$;

Fall 89/6: $\mathfrak{R}_2 = \mathfrak{R}$; $\mathfrak{L}'_2 = 0$; Fall 89/7: $\mathfrak{R}_2 + \mathfrak{L}'_2 = 2\,\mathfrak{R}$;

Fall 89/12: $\mathfrak{R}_2 + \mathfrak{L}'_2 = \frac{6\,E\,J_2\,l \cdot a_T\,t}{s\,f}$; Fall 89/14: $\mathfrak{R}_2 + \mathfrak{L}'_2 = \frac{p_{2s} \cdot s^2}{2}$.

Für alle übrigen Lastfälle, einschließlich des „Falles der gleichmäßigen Wärmeänderung im ganzen Rahmen einschließlich im Zugband" ist in der Z-Formel $\mathfrak{R}_2 = \mathfrak{L}'_2 = 0$ zu setzen. Alle antimetrischen Lastfälle der Rahmenform 89 (Fälle 89/5, 8, 11 und 15) gelten unverändert auch für Rahmenform 91, weil bei denselben die Zugbandkraft Z verschwindet.

Rahmenform 92

Symmetrischer, eingespannter Hallenrahmen mit senkrechten Stielen und gebrochenem Riegel

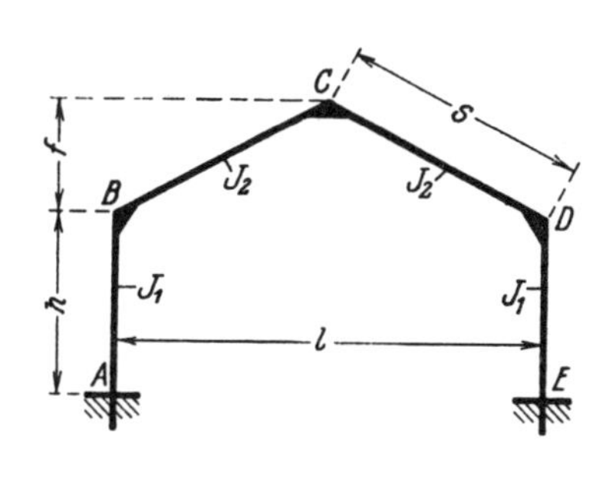

Rahmenform, Abmessungen und Bezeichnungen

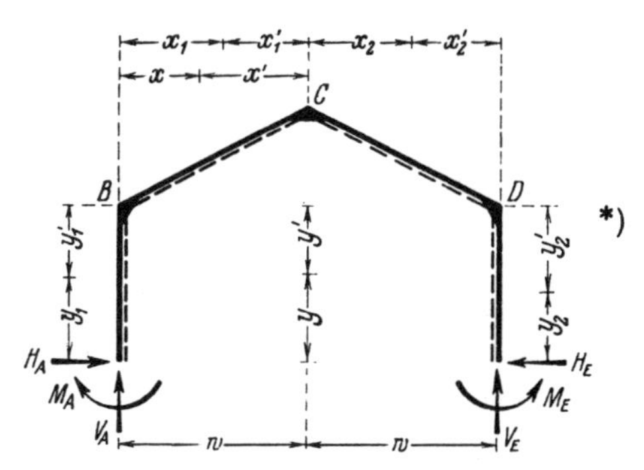

Festlegung der positiven Richtung aller Stützkräfte und der Koordinaten beliebiger Stabpunkte. Bei symmetrischen Lastfällen werden x, x' und y, y' benutzt. Positive Biegungsmomente erzeugen an der gestrichelten Stabseite Zug

Festwerte:

$$k = \frac{J_2}{J_1} \cdot \frac{h}{s} \qquad \varphi = \frac{f}{h} \qquad m = 1 + \varphi \qquad B = 3k + 2 \qquad C = 1 + 2m$$

$$K_1 = 2(k + 1 + m + m^2) \qquad K_2 = 2(k + \varphi^2) \qquad R = \varphi C - k$$

$$N_1 = K_1 K_2 - R^2 \qquad N_2 = 6k + 2.$$

Anschriebe für die Momente in beliebigen Stabpunkten der nicht direkt belasteten Stäbe für alle Belastungsfälle der Rahmenform 92

$$M_{y1} = \frac{y_1'}{h} M_A + \frac{y_1}{h} M_B \qquad M_{y2} = \frac{y_2}{h} M_D + \frac{y_2'}{h} M_E$$

$$M_{x1} = \frac{x_1'}{w} M_B + \frac{x_1}{w} M_C \qquad M_{x2} = \frac{x_2'}{w} M_C + \frac{x_2}{w} M_D.$$

*) $w = \frac{l}{2}$ wird lediglich eingeführt zwecks einfacher und übersichtlicher Darstellung der Momente M_x an beliebiger Stelle des Riegels.

Siehe hierzu den Abschnitt **„Belastungsglieder"**

Fall 92/1: Linker Riegel beliebig senkrecht belastet

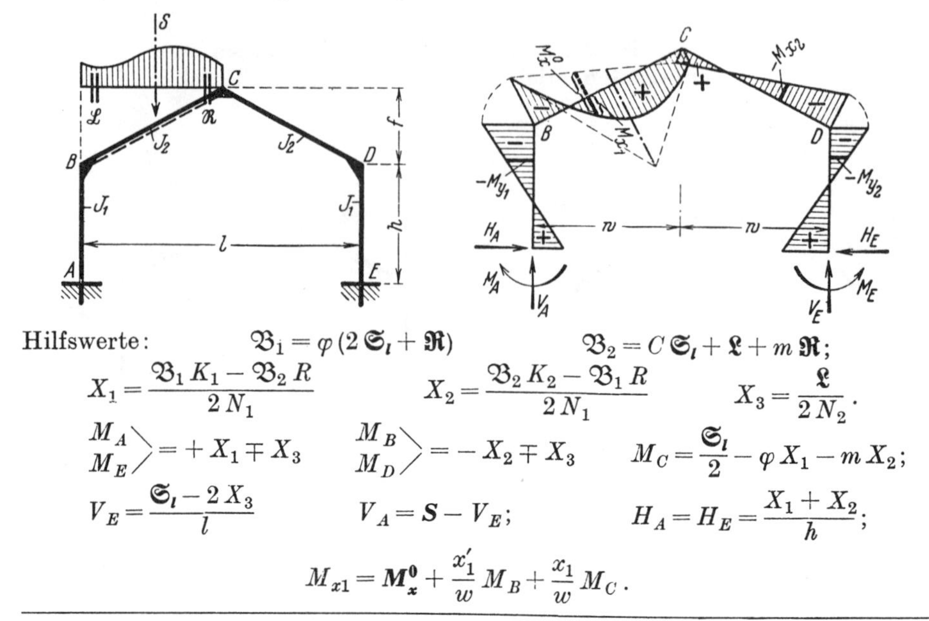

Hilfswerte: $\mathfrak{B}_1 = \varphi(2\,\mathfrak{S}_l + \mathfrak{R})$ $\quad \mathfrak{B}_2 = C\,\mathfrak{S}_l + \mathfrak{L} + m\,\mathfrak{R}$;

$$X_1 = \frac{\mathfrak{B}_1 K_1 - \mathfrak{B}_2 R}{2 N_1} \qquad X_2 = \frac{\mathfrak{B}_2 K_2 - \mathfrak{B}_1 R}{2 N_1} \qquad X_3 = \frac{\mathfrak{L}}{2 N_2}.$$

$$\left.\begin{matrix} M_A \\ M_E \end{matrix}\right\rangle = +X_1 \mp X_3 \qquad \left.\begin{matrix} M_B \\ M_D \end{matrix}\right\rangle = -X_2 \mp X_3 \qquad M_C = \frac{\mathfrak{S}_l}{2} - \varphi X_1 - m X_2;$$

$$V_E = \frac{\mathfrak{S}_l - 2 X_3}{l} \qquad V_A = \boldsymbol{S} - V_E; \qquad H_A = H_E = \frac{X_1 + X_2}{h};$$

$$M_{x1} = \boldsymbol{M}_x^0 + \frac{x_1'}{w} M_B + \frac{x_1}{w} M_C.$$

Fall 92/2: Beide Riegel beliebig senkrecht, aber gleich und symmetrisch zur Rahmenmitte belastet

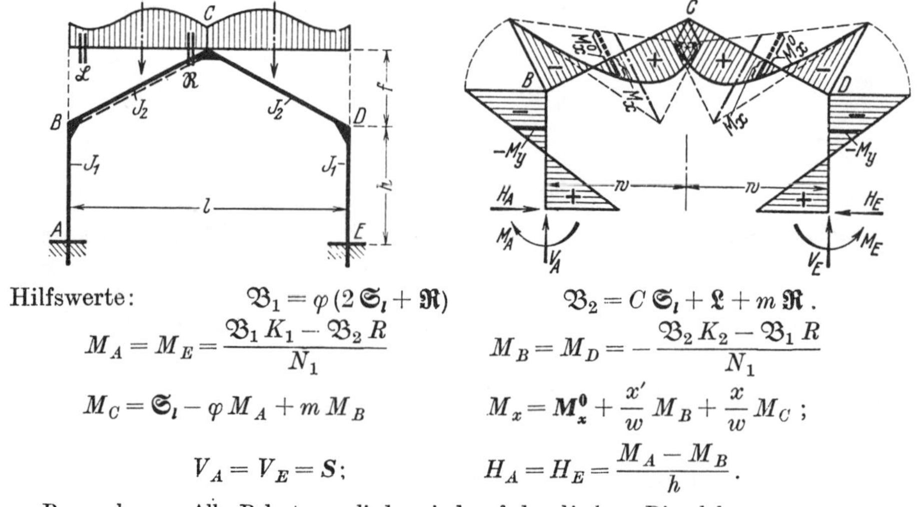

Hilfswerte: $\mathfrak{B}_1 = \varphi(2\,\mathfrak{S}_l + \mathfrak{R})$ $\quad \mathfrak{B}_2 = C\,\mathfrak{S}_l + \mathfrak{L} + m\,\mathfrak{R}$.

$$M_A = M_E = \frac{\mathfrak{B}_1 K_1 - \mathfrak{B}_2 R}{N_1} \qquad M_B = M_D = -\frac{\mathfrak{B}_2 K_2 - \mathfrak{B}_1 R}{N_1}$$

$$M_C = \mathfrak{S}_l - \varphi M_A + m M_B \qquad M_x = \boldsymbol{M}_x^0 + \frac{x'}{w} M_B + \frac{x}{w} M_C;$$

$$V_A = V_E = \boldsymbol{S}; \qquad H_A = H_E = \frac{M_A - M_B}{h}.$$

Bemerkung: Alle Belastungsglieder sind auf den linken Riegel bezogen.

Fall 92/3: Beide Riegel beliebig senkrecht, aber gleich und antimetrisch zur Rahmenmitte belastet

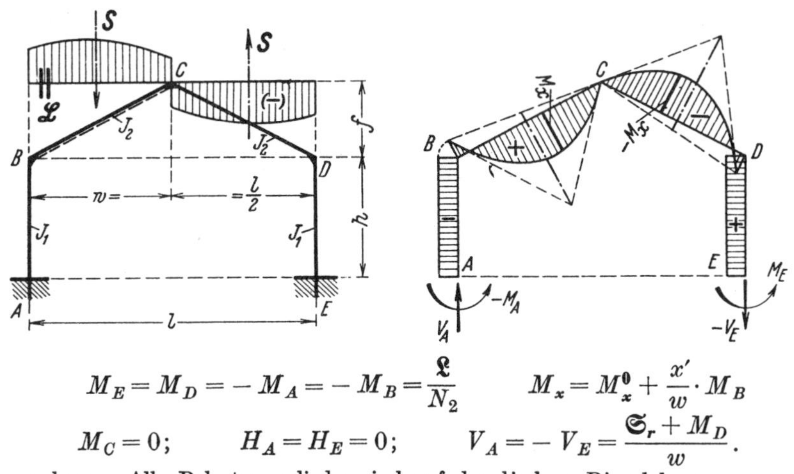

$$M_E = M_D = -M_A = -M_B = \frac{\mathfrak{L}}{N_2} \qquad M_x = M_x^0 + \frac{x'}{w}\cdot M_B$$

$$M_C = 0; \qquad H_A = H_E = 0; \qquad V_A = -V_E = \frac{\mathfrak{S}_r + M_D}{w}.$$

Bemerkung: Alle Belastungsglieder sind auf den linken Riegel bezogen.

Fall 92/4: Linker Riegel beliebig waagerecht belastet*)

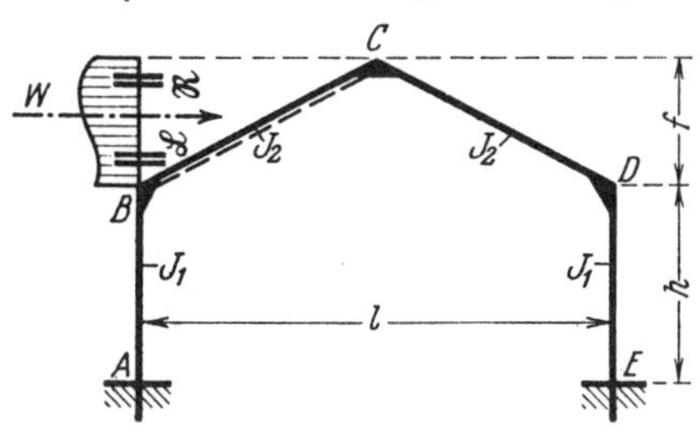

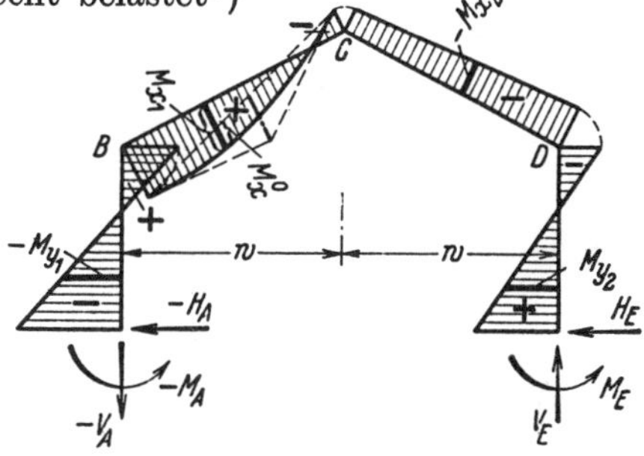

Hilfswerte: $\mathfrak{B}_1 = \varphi\,(2\,\mathfrak{S}_r - \mathfrak{R})$ $\qquad \mathfrak{B}_2 = C\,\mathfrak{S}_r - (\mathfrak{L} + m\,R)$;

$$X_1 = \frac{\mathfrak{B}_1 K_1 - \mathfrak{B}_2 R}{2\,N_1} \qquad X_2 = \frac{\mathfrak{B}_2 K_2 - \mathfrak{B}_1 R}{2\,N_1} \qquad X_3 = \frac{\mathbf{W}\,h\,B + \mathfrak{L}}{2\,N_2}.$$

$$\left.\begin{matrix} M_A \\ M_E \end{matrix}\right\rangle = -X_1 \mp X_3 \qquad \left.\begin{matrix} M_B \\ M_D \end{matrix}\right\rangle = +X_2 \pm \left(\frac{\mathbf{W}h}{2} - X_3\right) \qquad M_C = -\frac{\mathfrak{S}_r}{2} + \varphi\,X_1 + m\,X_2;$$

$$V_E = -V_A = \frac{\mathbf{W}h + \mathfrak{S}_l - 2\,X_3}{l} \qquad H_E = \frac{\mathbf{W}}{2} - \frac{X_1 + X_2}{h} \qquad H_A = -(\mathbf{W} - H_E).$$

Sonderfall 92/4a: Waagerechte Einzellast P am Firstpunkt C

$$M_A = -M_E = -\frac{P\,h\,B}{2\,N_2} \qquad M_B = -M_D = +\frac{3\,P\,h\,k}{2\,N_2} \qquad M_C = 0;$$

$$V_E = -V_A = \frac{P\,(h+f) + 2\,M_A}{l} \qquad H_E = -H_A = \frac{P}{2}.$$

*) Formel für M_{x_1} wie M_x bei Fall 92/5 mit x_1' und x_1.

Zu den Fällen Seite 349/350 siehe den Abschnitt **„Belastungsglieder"**

Fall 92/5: Beide Riegel beliebig waagerecht, aber gleich und symmetrisch zur Rahmenmitte belastet.

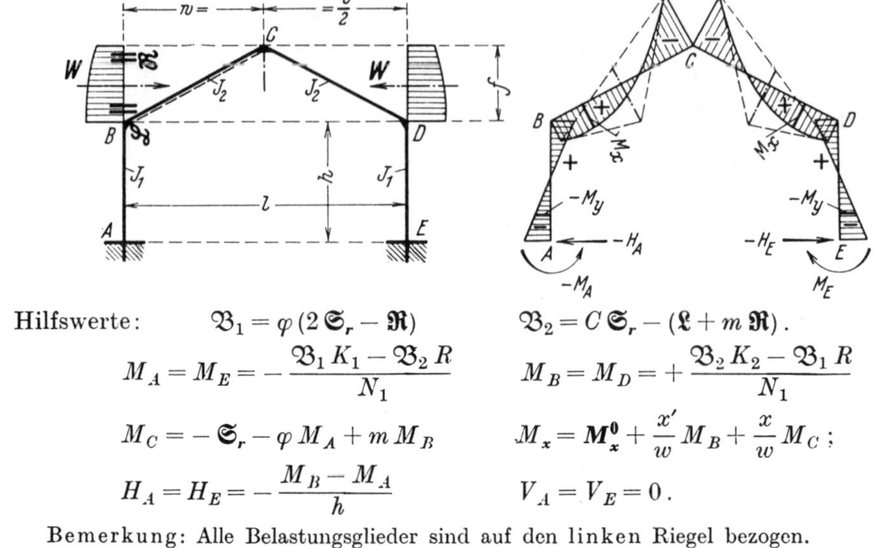

Hilfswerte: $\mathfrak{B}_1 = \varphi(2\,\mathfrak{S}_r - \mathfrak{R})$ $\qquad \mathfrak{B}_2 = C\,\mathfrak{S}_r - (\mathfrak{L} + m\,\mathfrak{R})$.

$$M_A = M_E = -\frac{\mathfrak{B}_1 K_1 - \mathfrak{B}_2 R}{N_1} \qquad M_B = M_D = +\frac{\mathfrak{B}_2 K_2 - \mathfrak{B}_1 R}{N_1}$$

$$M_C = -\mathfrak{S}_r - \varphi M_A + m M_B \qquad M_x = M_x^0 + \frac{x'}{w} M_B + \frac{x}{w} M_C;$$

$$H_A = H_E = -\frac{M_B - M_A}{h} \qquad V_A = V_E = 0.$$

Bemerkung: Alle Belastungsglieder sind auf den linken Riegel bezogen.

Fall 92/6: Beide Riegel beliebig waagerecht, aber gleich und antimetrisch zur Rahmenmitte belastet

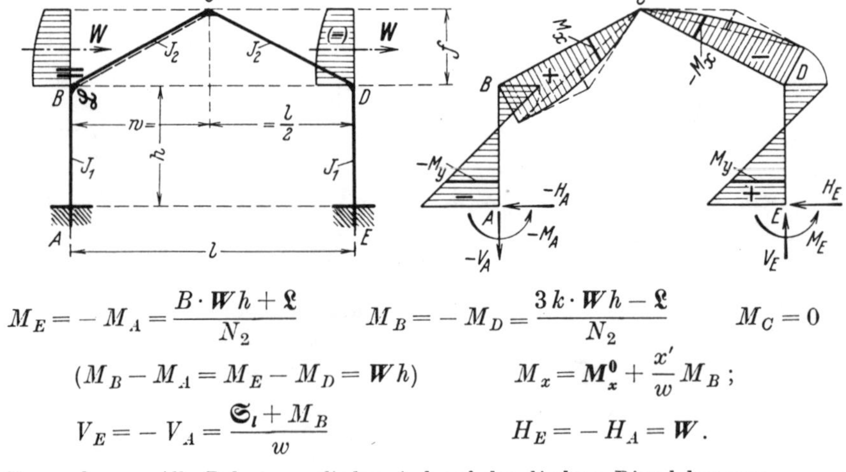

$$M_E = -M_A = \frac{B \cdot \boldsymbol{W} h + \mathfrak{L}}{N_2} \qquad M_B = -M_D = \frac{3k \cdot \boldsymbol{W} h - \mathfrak{L}}{N_2} \qquad M_C = 0$$

$$(M_B - M_A = M_E - M_D = \boldsymbol{W} h) \qquad M_x = M_x^0 + \frac{x'}{w} M_B;$$

$$V_E = -V_A = \frac{\mathfrak{S}_l + M_B}{w} \qquad H_E = -H_A = \boldsymbol{W}.$$

Bemerkung: Alle Belastungsglieder sind auf den linken Riegel bezogen.

Siehe hierzu den Abschnitt „**Belastungsglieder**“

Fall 92/7: Linker Stiel beliebig waagerecht belastet

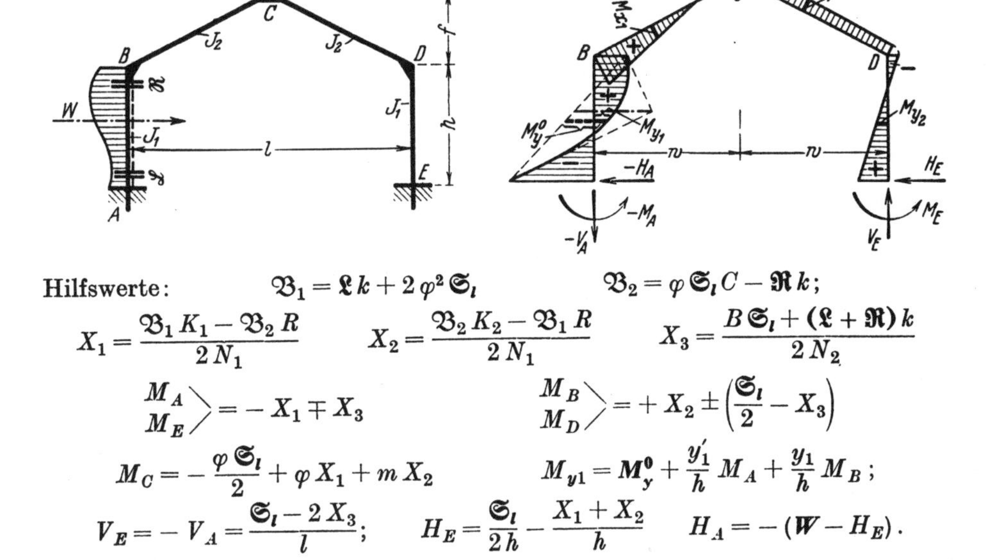

Hilfswerte: $\mathfrak{B}_1 = \mathfrak{L}k + 2\varphi^2 \mathfrak{S}_l$ $\qquad \mathfrak{B}_2 = \varphi \mathfrak{S}_l C - \mathfrak{R}k;$

$$X_1 = \frac{\mathfrak{B}_1 K_1 - \mathfrak{B}_2 R}{2N_1} \qquad X_2 = \frac{\mathfrak{B}_2 K_2 - \mathfrak{B}_1 R}{2N_1} \qquad X_3 = \frac{B\mathfrak{S}_l + (\mathfrak{L} + \mathfrak{R})k}{2N_2}$$

$$\left.\begin{matrix} M_A \\ M_E \end{matrix}\right\rangle = -X_1 \mp X_3 \qquad \left.\begin{matrix} M_B \\ M_D \end{matrix}\right\rangle = +X_2 \pm \left(\frac{\mathfrak{S}_l}{2} - X_3\right)$$

$$M_C = -\frac{\varphi \mathfrak{S}_l}{2} + \varphi X_1 + m X_2 \qquad M_{y1} = \boldsymbol{M}_y^0 + \frac{y_1'}{h} M_A + \frac{y_1}{h} M_B;$$

$$V_E = -V_A = \frac{\mathfrak{S}_l - 2X_3}{l}; \qquad H_E = \frac{\mathfrak{S}_l}{2h} - \frac{X_1 + X_2}{h} \qquad H_A = -(\boldsymbol{W} - H_E).$$

Fall 92/8: Beide Stiele beliebig waagerecht, aber gleich und a n t i m e t r i s c h zur Rahmenmitte belastet

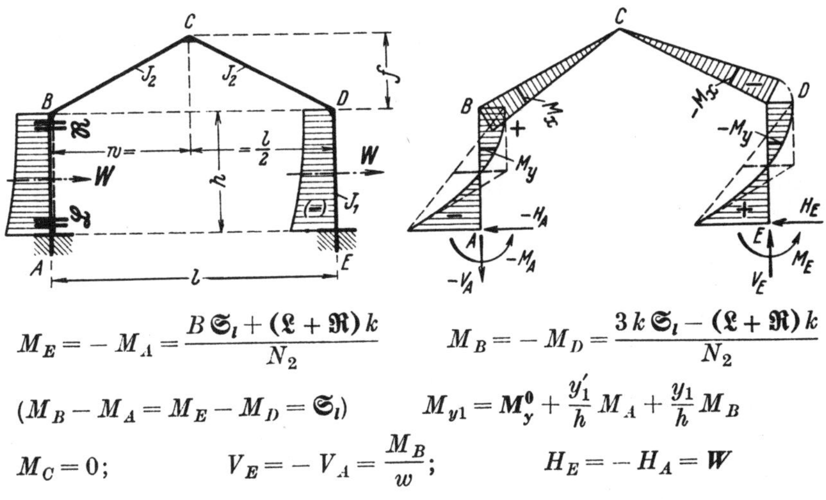

$$M_E = -M_A = \frac{B\mathfrak{S}_l + (\mathfrak{L} + \mathfrak{R})k}{N_2} \qquad M_B = -M_D = \frac{3k\mathfrak{S}_l - (\mathfrak{L} + \mathfrak{R})k}{N_2}$$

$$(M_B - M_A = M_E - M_D = \mathfrak{S}_l) \qquad M_{y1} = \boldsymbol{M}_y^0 + \frac{y_1'}{h} M_A + \frac{y_1}{h} M_B$$

$$M_C = 0; \qquad V_E = -V_A = \frac{M_B}{w}; \qquad H_E = -H_A = \boldsymbol{W}$$

B e m e r k u n g: Alle Belastungsglieder sind auf den l i n k e n Stiel bezogen.

Fall 92/9: Beide Stiele beliebig waagerecht, aber gleich und symmetrisch zur Rahmenmitte belastet

(Siehe hierzu den Abschnitt **„Belastungsglieder"**)

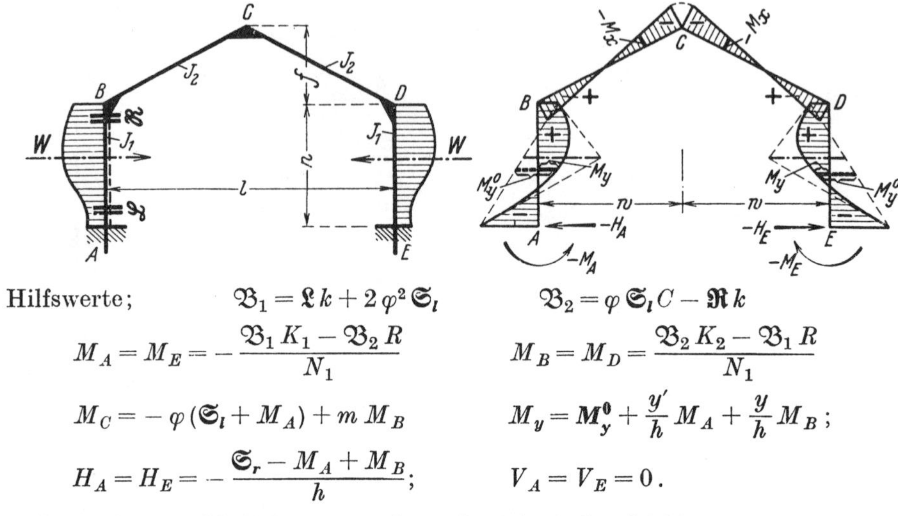

Hilfswerte; $\mathfrak{B}_1 = \mathfrak{L}\,k + 2\,\varphi^2\,\mathfrak{S}_l$ $\quad \mathfrak{B}_2 = \varphi\,\mathfrak{S}_l\,C - \mathfrak{R}\,k$

$$M_A = M_E = -\frac{\mathfrak{B}_1 K_1 - \mathfrak{B}_2 R}{N_1} \qquad M_B = M_D = \frac{\mathfrak{B}_2 K_2 - \mathfrak{B}_1 R}{N_1}$$

$$M_C = -\varphi\,(\mathfrak{S}_l + M_A) + m\,M_B \qquad M_y = M_y^0 + \frac{y'}{h} M_A + \frac{y}{h} M_B\,;$$

$$H_A = H_E = -\frac{\mathfrak{S}_r - M_A + M_B}{h}; \qquad V_A = V_E = 0\,.$$

Bemerkung; Alle Belastungsglieder sind auf den linken Stiel bezogen.

Fall 92/10: Gleichmäßige Wärmezunahme im ganzen Rahmen (Symmetrischer Lastfall)*)

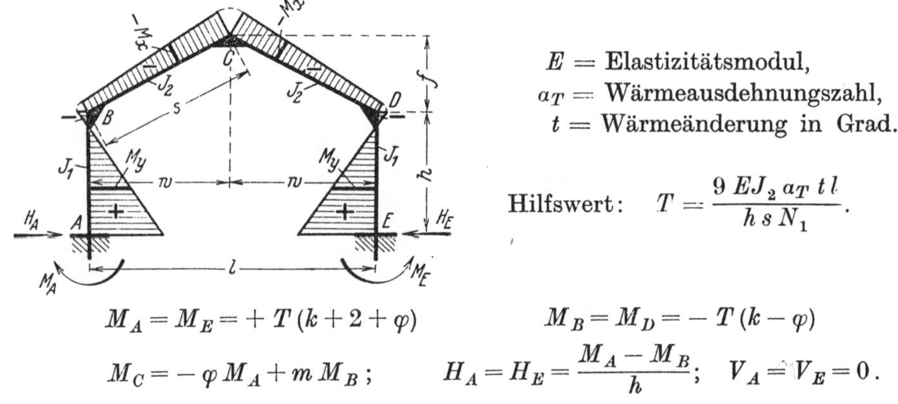

E = Elastizitätsmodul,

α_T = Wärmeausdehnungszahl,

t = Wärmeänderung in Grad.

Hilfswert: $T = \dfrac{9\,E J_2\,\alpha_T\,t\,l}{h\,s\,N_1}$.

$$M_A = M_E = +\,T\,(k + 2 + \varphi) \qquad M_B = M_D = -\,T\,(k - \varphi)$$

$$M_C = -\,\varphi\,M_A + m\,M_B\,; \qquad H_A = H_E = \frac{M_A - M_B}{h}; \quad V_A = V_E = 0\,.$$

Bemerkung: Bei Wärmeabnahme kehren alle Kräfte ihren Pfeilsinn um und alle Momente erhalten entgegengesetztes Vorzeichen.

*) Einen statischen Einfluß liefert nur die Wärmeänderung der zwei Riegelstäbe. Gleichzeitige und gleiche Wärmeänderung der beiden Stiele geht spannungslos vor sich. — Für den **antimetrischen Wärmeänderungsfall** (d. h. linke Rahmenhälfte mit $+t_1$ und $+t_2$, rechte mit $-t_1$ und $-t_2$) ist in Fall 92/3 zu setzen $\mathfrak{L} = 12\,E J_2\,\alpha_T \cdot (h t_1 + f t_2)/s l$, während alle übrigen Belastungsglieder verschwinden ($\mathfrak{S}_r = 0$; $M_x^0 = 0$).

Fall 92/11: Senkrechte Einzellast am Firstpunkt C

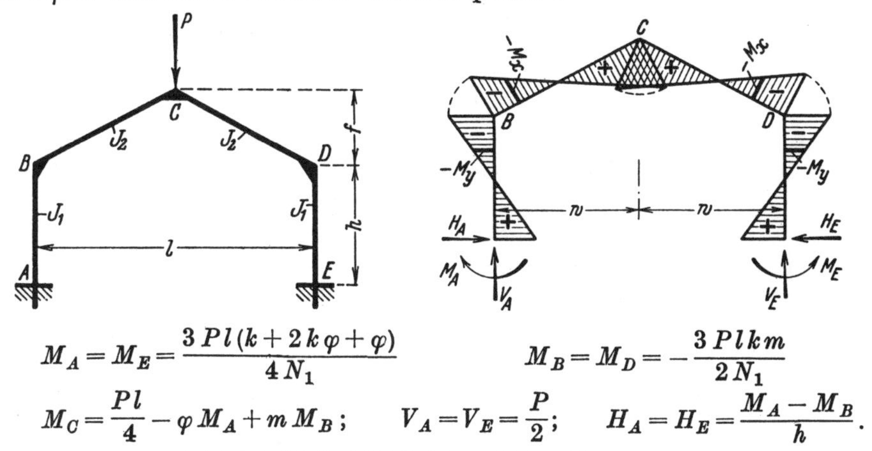

$$M_A = M_E = \frac{3\,P\,l\,(k + 2\,k\,\varphi + \varphi)}{4\,N_1} \qquad M_B = M_D = -\frac{3\,P\,l\,k\,m}{2\,N_1}$$

$$M_C = \frac{P\,l}{4} - \varphi\,M_A + m\,M_B\,; \qquad V_A = V_E = \frac{P}{2}\,; \qquad H_A = H_E = \frac{M_A - M_B}{h}\,.$$

Fall 92/12: Waagerechte Einzellast am Traufpunkt B

Hilfswerte: $X_1 = \dfrac{3\,P\,f\,(k + 2\,\varphi\,k + \varphi)}{2\,N_1} \qquad X_2 = \dfrac{3\,P\,f\,m\,k}{N_1} \qquad X_3 = \dfrac{P\,h\,B}{2\,N_2}\,.$

$$\left.\begin{matrix}M_A\\M_E\end{matrix}\right\rangle = -X_1 \mp X_3 \qquad \left.\begin{matrix}M_B\\M_D\end{matrix}\right\rangle = X_2 \pm \left(\frac{P\,h}{2} - X_3\right) \qquad M_C = -\frac{P\,f}{2} + \varphi\,X_1 + m\,X_2\,;$$

$$V_E = -V_A = \frac{P\,h - 2\,X_3}{l}\,; \qquad H_E = \frac{P}{2} - \frac{X_1 + X_2}{h} \qquad H_A = -(P - H_E)\,.$$

Formeln zum Fall 92/15 von Seite 354

Mit Bezug auf Fall 92/13 (s. S. 355) ist $\quad p_{1a} = \dfrac{p_1 - p_3}{2} \qquad p_{2a} = \dfrac{p_2 - p_4}{2}\,.$

$$M_B = -M_D = \frac{p_{1a}\,h^2 \cdot k}{N_2} + \frac{p_{2a}\,(12\,k \cdot f\,h - s^2)}{4\,N_2} \qquad M_C = 0$$

$$M_E = -M_A = \frac{p_{1a}\,h^2\,(2\,k + 1)}{N_2} + \frac{p_{2a}\,(4\,B \cdot f\,h + s^2)}{4\,N_2}\,;$$

$$V_E = -V_A = \frac{p_{1a}\,h^2}{l} + \frac{p_{2a}\,(2\,m \cdot f\,h - s^2)}{l} - \frac{M_E}{w}\,; \qquad H_E = -H_A = p_{1a}\,h + p_{2a}\,f\,.$$

Fall 92/14: Der ganze Rahmen gleichmäßig verteilt von außen her rechtwinklig zu den Stabachsen und symmetrisch zur Rahmenmitte belastet (Symmetrischer Anteil aus Windlast — nur Druck)

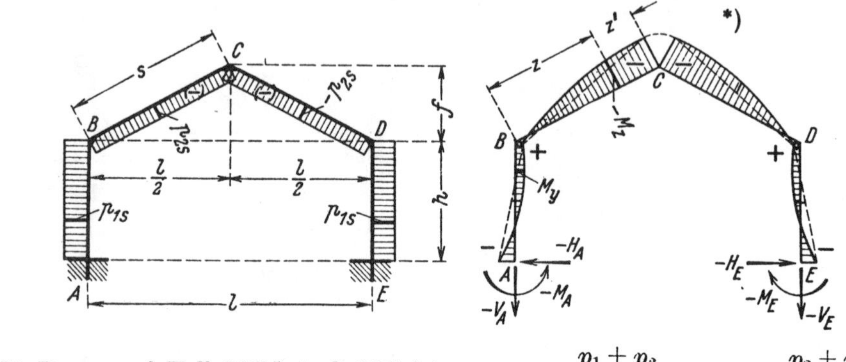

Mit Bezug auf Fall 92/13 (s. S. 355) ist $p_{1s} = \frac{p_1 + p_3}{2}$ $p_{2s} = \frac{p_2 + p_4}{2}$.

Hilfswerte: $\mathfrak{B}_1 = \frac{p_{1s} h^2}{4}(k + 4\varphi^2) + \frac{p_{2s} f^2}{4} \cdot 3\varphi - \frac{p_{2s} w^2}{4} \cdot 5\varphi$

$$\mathfrak{B}_2 = \frac{p_{1s} h^2}{4}(2\varphi C - k) + \frac{p_{2s} f^2}{4}(1 + 3m) - \frac{p_{2s} w^2}{4}(3 + 5m).$$

$$M_A = M_E = \frac{-\mathfrak{B}_1 K_1 + \mathfrak{B}_2 R}{N_1} \quad M_B = M_D = \frac{-\mathfrak{B}_1 R + \mathfrak{B}_2 K_2}{N_1}; \quad V_A = V_E = \frac{p_{2s} l}{2};$$

$$M_C = -\frac{p_{1s} h f}{2} + \frac{p_{2s}(w^2 - f^2)}{2} - \varphi M_A + m M_B; \quad H_A = H_E = -\frac{p_{1s} h}{2} + \frac{M_A - M_B}{h}.$$

Bemerkung: Für flache Dachneigung wird $M_B = M_D$ negativ.

Fall 92/15: Der ganze Rahmen gleichmäßig verteilt rechtwinklig zu den Stabachsen belastet, und zwar die linke Rahmenhälfte von außen her, die rechte von innen her — im ganzen antimetrisch zur Rahmenmitte (Antimetrischer Anteil aus Windlast — Druck und Sog)

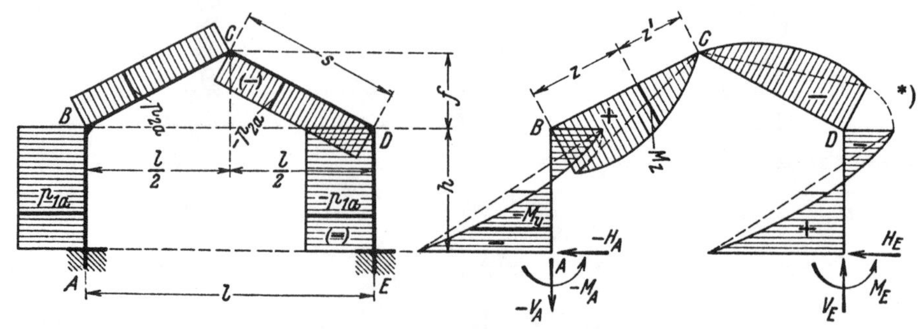

Formeln zu Fall 92/15 siehe Seite 353 unten.

*) Die Formeln für M_z und Q_z lauten für Fall 92/14 wie bei Fall 89/14, für Fall 92/15 wie bei Fall 89/15 Seite 340.

Rahmenform 93

Symmetrischer, eingespannter Hallenrahmen mit senkrechten Stielen, gebrochenem Riegel und einem elastischen Zugband in Stielhöhe

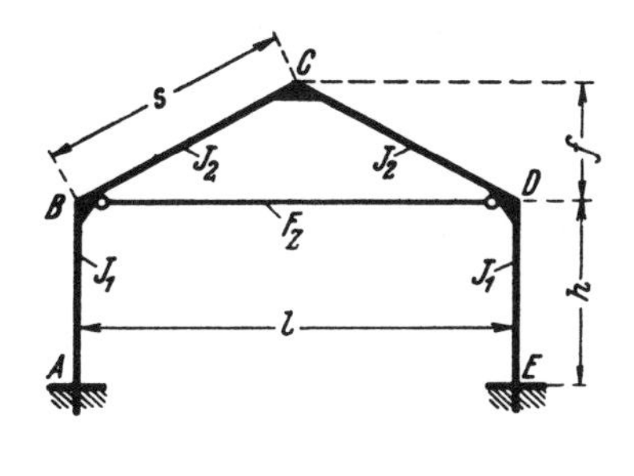

Rahmenform, Abmessungen und Bezeichnungen

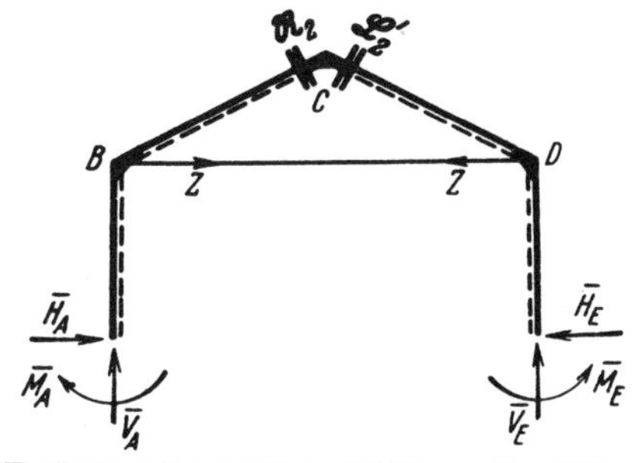

Festlegung der positiven Richtung aller Stützkräfte. Koordinaten beliebiger Stabpunkte genau wie bei der Rahmenform 92 (s. S. 347). Positive Biegungsmomente erzeugen an der gestrichelten Stabseite Zug

Allgemeines

Die Rahmenform 93 (mit Zugband) wird am zweckmäßigsten als Erweiterung der Rahmenform 92 (ohne Zugband) aufgefaßt und behandelt. Es läßt sich dadurch der Einfluß des elastischen Zugbandes übersichtlich verfolgen.

Rechnungsgang

Erster Schritt: Für jeden zu behandelnden Lastfall werden die Einspann- und Eckmomente M_A, M_B, M_C, M_D, M_E und die Auflagerkräfte H_A, H_E, V_A, V_E nach Rahmenform 92 (siehe die Seiten 347 bis 354) zahlenmäßig errechnet. (Fortsetzung der Rahmenform 93 siehe Seite 356)

Noch zu Rahmenform 92 gehörend:

Fall 92/13: Gleichmäßig verteilte Windlasten in Form von Druck (p = positiv) und Sog (p = negativ) rechtwinklig zu den Stabachsen wirkend*)

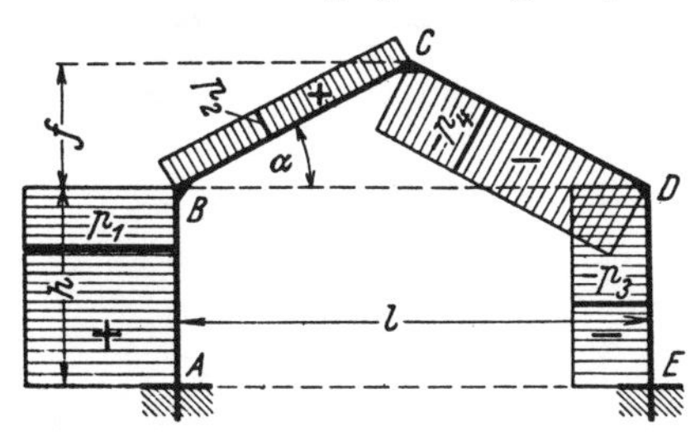

Dieser allgemeine Wind-Lastfall läßt sich praktisch zerlegen in einen symmetrischen — siehe Fall 92/14 — und in einen antimetrischen — siehe Fall 92/15 —; bzw. dieser allgemeine Wind-Lastfall wird erhalten durch Überlagerung der beiden Fälle 92/14 und 15.

Bemerkung: Bei flachen Dächern wird auch p_2 negativ.

*) Nach DIN 1055, Blatt 4, ist mit Bezug auf den vorliegenden Fall stets ($p_3 = p_4$) = $-$ 0,4 q (d. h. gleicher Sog für Stiel und Riegel).

Zweiter Schritt:

a) Zusätzliche Festwerte für Rahmenform 93

$$\alpha = \frac{3(mk + \varphi k + \varphi)}{N_1} \qquad \beta = \frac{6mk}{N_1} \qquad \gamma = \frac{3k(k+1+m)}{N_1}$$

$$L = \frac{3J_2}{f^2 F_Z} \cdot \frac{E}{E_Z} \cdot \frac{l}{s} \qquad N_Z = 2\gamma - \beta + L.$$

E = Elastizitätsmodul des Rahmenbaustoffes,
E_Z = Elastizitätsmodul des Zugbandstoffes,
F_Z = Querschnittsfläche des Zugbandes.

Bemerkung: Für starres Zugband ist $L = 0$ zu setzen.

b) Zugbandkraft

$$Z = \frac{M_B + M_D + 4M_C + \mathfrak{R}_2 + \mathfrak{L}_2'}{2fN_Z} \text{*)}.$$

Bemerkung: Die in der Formel für Z auftretenden Belastungsglieder $\mathfrak{R}_2$ und $\mathfrak{L}_2'$ beziehen sich auf die in der rechten Titelabbildung (s. S. 355) gekennzeichneten Riegelstellen und sind der jeweiligen Riegelbelastung entsprechend wie üblich einzusetzen**).

Dritter Schritt:

a) Einspann- und Eckmomente sowie Auflagerkräfte der Rahmenform 93

$$\overline{M}_B = M_B + \beta Z f \qquad \overline{M}_C = M_C - \gamma Z f \qquad \overline{M}_D = M_D + \beta Z f$$

$$\overline{M}_A = M_A - \alpha Z f \qquad \overline{M}_E = M_E - \alpha Z f$$

$$\overline{H}_A = H_A - \varphi(\alpha + \beta) Z \qquad \overline{H}_E = H_E - \varphi(\alpha + \beta) Z \qquad \overline{V}_A = V_A \qquad \overline{V}_E = V_E.$$

Bemerkung: Zwecks Unterscheidung wurden die Momente und Kräfte für Rahmenform 93 überstrichen.

b) Momente an beliebigen Stabpunkten der Rahmenform 93.

Die Anschriebe für $\overline{M}_x$ und $\overline{M}_y$ lauten genau wie für Rahmenform 92, nur müssen für M_A, M_B, M_C, M_D, M_E die neuen Werte $\overline{M}_A$, $\overline{M}_B$, $\overline{M}_C$, $\overline{M}_D$, $\overline{M}_E$ eingesetzt werden.

---

*) Bei verschiedenen Belastungsfällen wird Z negativ, d. h., das Zugband erhält Druck. Dieser Umstand hat selbstverständlich nur dann einen Sinn, wenn die Druckkraft kleiner bleibt als die Zugkraft aus ständiger Last, so daß stets ein Rest Zugkraft im Zugbande verbleibt.

**) Bei Verwendung der Lastfälle der Rahmenform 92 ist in die Z-Formel für die Belastungsglieder $\mathfrak{R}_2$ und $\mathfrak{L}_2'$ im einzelnen folgendes einzusetzen:

Fall 92/1: $\mathfrak{R}_2 = \mathfrak{R}$; $\mathfrak{L}_2' = 0$; Fall 92/2: $\mathfrak{R}_2 + \mathfrak{L}_2' = 2\mathfrak{R}$;

Fall 92/4: $\mathfrak{R}_2 = \mathfrak{R}$; $\mathfrak{L}_2' = 0$; Fall 92/5: $\mathfrak{R}_2 + \mathfrak{L}_2' = 2\mathfrak{R}$;

Fall 92/10: $\mathfrak{R}_2 + \mathfrak{L}_2' = \dfrac{6EJ_2 l \cdot \alpha_T t}{sf}$; Fall 92/14: $\mathfrak{R}_2 + \mathfrak{L}_2' = \dfrac{p_{2s} \cdot s^2}{2}$.

Für alle übrigen Lastfälle, einschließlich des „Falles der gleichmäßigen Wärmeänderung im ganzen Rahmen einschließlich im Zugband" ist in der Z-Formel $\mathfrak{R}_2 = \mathfrak{L}_2' = 0$ zu setzen. Alle antimetrischen Lastfälle der Rahmenform 92 (Fälle 92/3, 6, 8 und 15) gelten unverändert auch für Rahmenform 93, weil bei denselben die Zugkraft Z verschwindet.

Rahmenform 94

Symmetrischer Hallen-Zweigelenkrahmen mit schrägen Stielen und gebrochenem Riegel

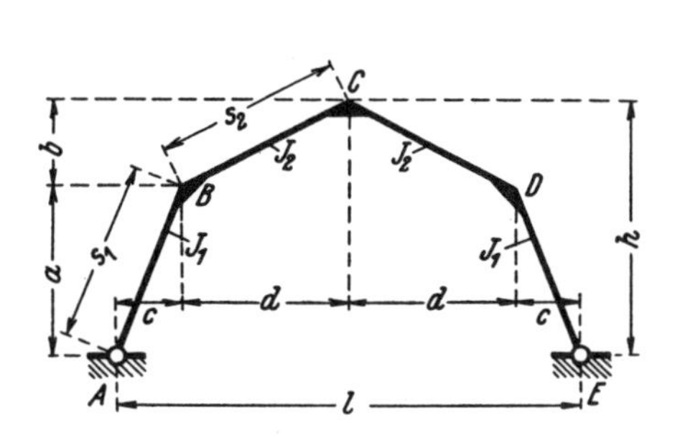

Rahmenform, Abmessungen und Bezeichnungen

Festlegung der positiven Richtung aller Stützkräfte und der Koordinaten beliebiger Stabpunkte. Bei symmetrischen Lastfällen werden x, x' und y, y' benutzt. Positive Biegungsmomente erzeugen an der gestrichelten Stabseite Zug

Festwerte:

$$k = \frac{J_2}{J_1} \cdot \frac{s_1}{s_2}; \qquad \varphi = \frac{b}{a} \qquad m = \frac{h}{a}; \qquad \gamma = \frac{c}{l} \qquad \delta = \frac{d}{l};$$

$$B = 2(k+1) + m \qquad C = 1 + 2m; \qquad N = B + mC.$$

Anschriebe der Momente an beliebiger Stelle der nicht direkt belasteten Stäbe für alle Belastungsfälle der Rahmenform 94

$$M_{y1} = \frac{y_1}{a} M_B \qquad M_{x1} = \frac{x_1'}{d} M_B + \frac{x_1}{d} M_C$$

$$M_{y2} = \frac{y_2}{a} M_D \qquad M_{x2} = \frac{x_2'}{d} M_C + \frac{x_2}{d} M_D.$$

Bemerkung: An Stelle der obigen Formen mit y und x können selbstverständlich auch die Formen mit z benutzt werden — siehe die Fälle 94/13 und 14, Seite 364 mit 363.

Fall 94/1: Senkrechte Einzellasten an den Eckpunkten B, C, D, symmetrisch zur Rahmenmitte*)

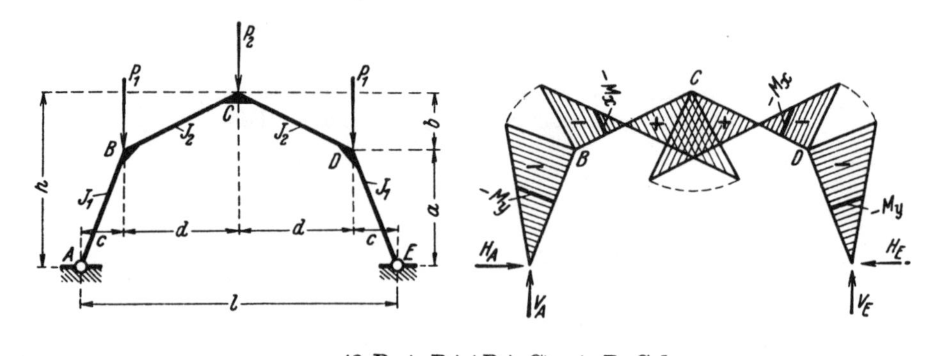

Hilfswert: $$X = \frac{(2\,P_1 + P_2)\,(B + C)\,c + P_2\,C\,d}{2\,N}.$$

$$M_B = M_D = \left(P_1 + \frac{P_2}{2}\right)c - X \qquad M_C = P_1\,c + \frac{P_2\,l}{4} - m\,X;$$

$$V_A = V_E = P_1 + \frac{P_2}{2}; \qquad H_A = H_E = \frac{X}{a};$$

$$M_y = \frac{y}{a}\,M_B \qquad M_x = \frac{x'}{d}\,M_B + \frac{x}{d}\,M_C.$$

Fall 94/2: Waagerechte Einzellast P am Firstpunkt C (Antimetrischer Lastfall)

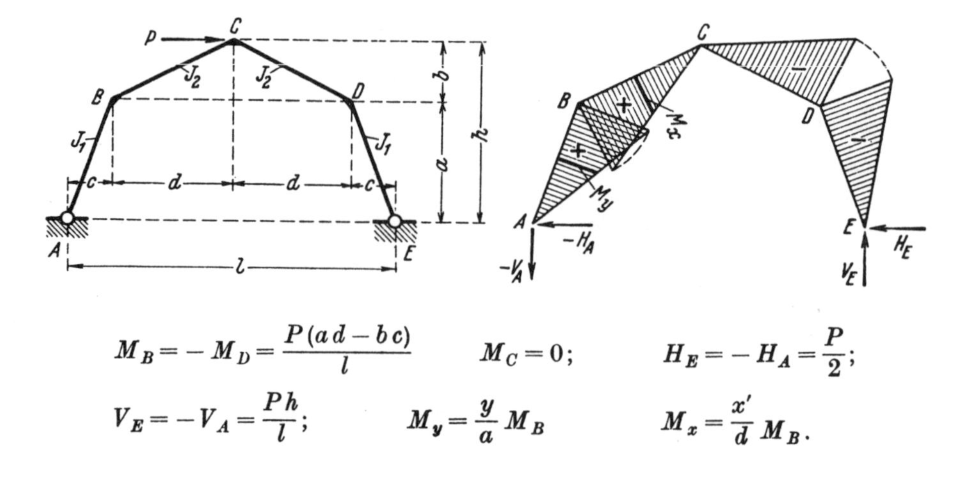

$$M_B = -M_D = \frac{P\,(a\,d - b\,c)}{l} \qquad M_C = 0; \qquad H_E = -H_A = \frac{P}{2};$$

$$V_E = -V_A = \frac{P\,h}{l}; \qquad M_y = \frac{y}{a}\,M_B \qquad M_x = \frac{x'}{d}\,M_B.$$

*) Das Momentenflächenbild entspricht einer Annahme $P_2 > P_1$.

Siehe hierzu den Abschnitt **„Belastungsglieder"**

Fall 94/3: Linker Stiel beliebig senkrecht belastet

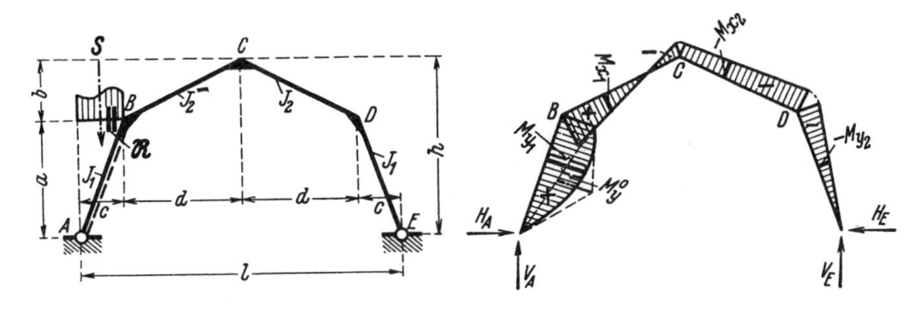

Hilfswert: $X = \dfrac{\mathfrak{S}_l(B+C) + \mathfrak{R}k}{2N}$.

$$M_B = (1-\gamma)\mathfrak{S}_l - X \qquad M_D = -X + \gamma\,\mathfrak{S}_l$$

$$M_C = -mX + \frac{\mathfrak{S}_l}{2}; \qquad M_{y1} = \mathbf{M}_y^0 + \frac{y_1}{a} M_B;$$

$$V_E = \frac{\mathfrak{S}_l}{l} \qquad V_A = \mathbf{S} - V_E; \qquad H_A = H_E = \frac{X}{a}.$$

Fall 94/4: Linker Riegel beliebig senkrecht belastet

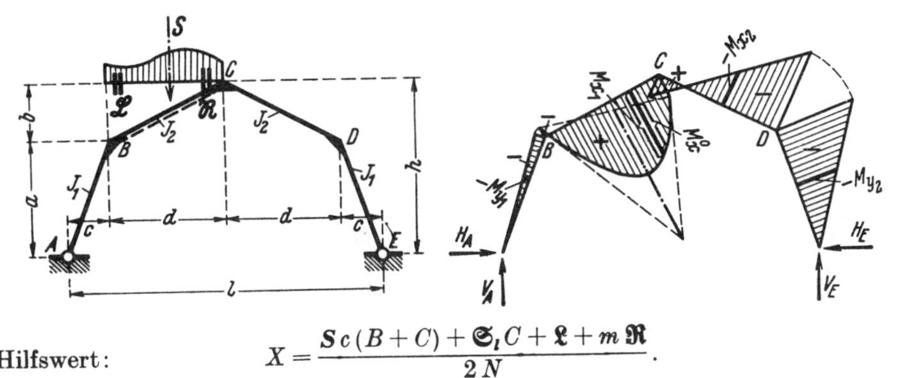

Hilfswert: $X = \dfrac{\mathbf{S}c(B+C) + \mathfrak{S}_l C + \mathfrak{L} + m\,\mathfrak{R}}{2N}$.

$$M_B = \gamma\,\mathfrak{S}_r + \frac{\mathbf{S}c}{2} - X \qquad M_D = -X + \gamma(\mathbf{S}c + \mathfrak{S}_l)$$

$$M_C = \frac{\mathbf{S}c + \mathfrak{S}_l}{2} - mX; \qquad M_{x1} = \mathbf{M}_x^0 + \frac{x_1'}{d} M_B + \frac{x_1}{d} M_C;$$

$$V_E = \frac{\mathbf{S}c + \mathfrak{S}_l}{l} \qquad V_A = \mathbf{S} - V_E; \qquad H_A = H_E = \frac{X}{a}.$$

Siehe hierzu den Abschnitt **„Belastungsglieder“**

Fall 94/5: Linker Riegel beliebig waagerecht belastet

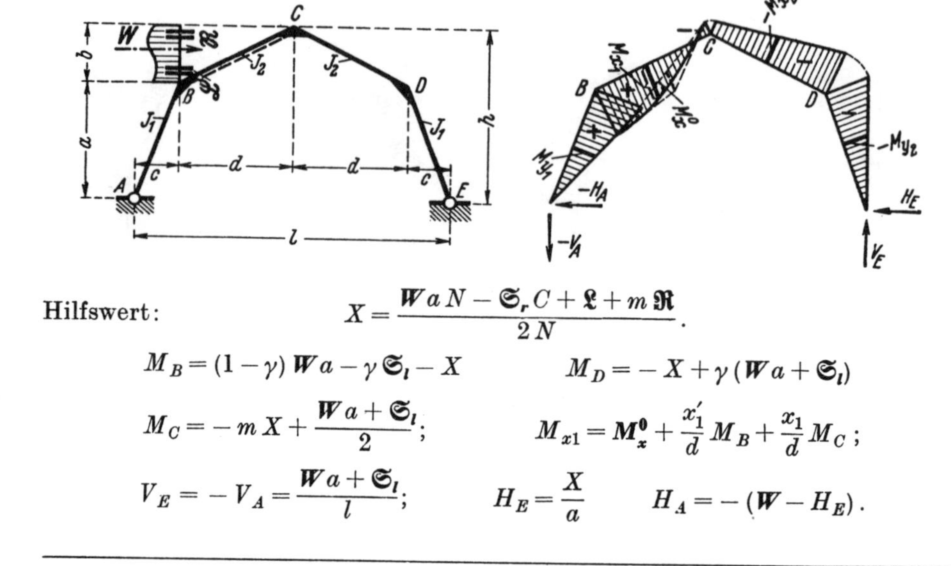

Hilfswert:
$$X = \frac{\mathfrak{W}\,a\,N - \mathfrak{S}_r\,C + \mathfrak{L} + m\,\mathfrak{R}}{2\,N}.$$

$$M_B = (1-\gamma)\,\mathfrak{W}\,a - \gamma\,\mathfrak{S}_l - X \qquad M_D = -X + \gamma\,(\mathfrak{W}\,a + \mathfrak{S}_l)$$

$$M_C = -m\,X + \frac{\mathfrak{W}\,a + \mathfrak{S}_l}{2}; \qquad M_{x1} = \mathbf{M}_x^0 + \frac{x_1'}{d}\,M_B + \frac{x_1}{d}\,M_C;$$

$$V_E = -V_A = \frac{\mathfrak{W}\,a + \mathfrak{S}_l}{l}; \qquad H_E = \frac{X}{a} \qquad H_A = -(\mathfrak{W} - H_E).$$

Fall 94/6: Linker Stiel beliebig waagerecht belastet

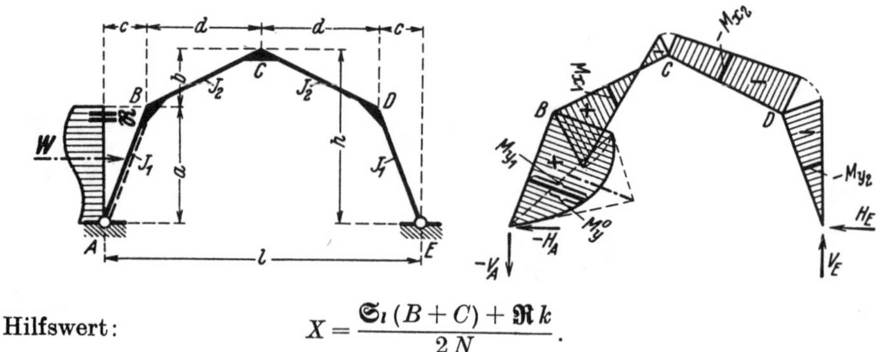

Hilfswert:
$$X = \frac{\mathfrak{S}_l\,(B + C) + \mathfrak{R}\,k}{2\,N}.$$

$$M_B = (1-\gamma)\,\mathfrak{S}_l - X \qquad M_D = -X + \gamma\,\mathfrak{S}_l$$

$$M_C = -m\,X + \frac{\mathfrak{S}_l}{2}; \qquad M_{y1} = \mathbf{M}_y^0 + \frac{y_1}{a}\,M_B;$$

$$V_E = -V_A = \frac{\mathfrak{S}_l}{l}; \qquad H_E = \frac{X}{a} \qquad H_A = -(\mathfrak{W} - H_E).$$

Siehe hierzu den Abschnitt **„Belastungsglieder“**

Fall 94/7: Ganzer Rahmen beliebig senkrecht, aber symmetrisch zur Rahmenmitte belastet

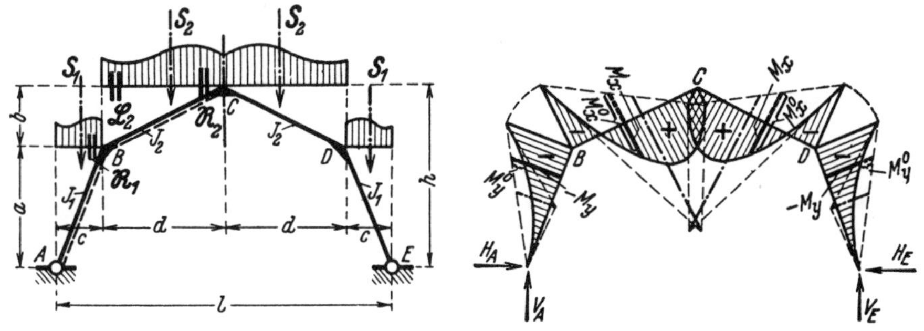

Hilfswert: $$X = \frac{(\mathfrak{S}_{l1} + S_2 c)(B + C) + \mathfrak{S}_{l2} C + \mathfrak{R}_1 k + \mathfrak{L}_2 + m\,\mathfrak{R}_2}{N}.$$

$$M_B = M_D = \mathfrak{S}_{l1} + S_2 c - X \qquad M_C = \mathfrak{S}_{l1} + S_2 c + \mathfrak{S}_{l2} - m X;$$

$$V_A = V_E = S_1 + S_2; \qquad H_A = H_E = \frac{X}{a};$$

$$M_y = M_y^0 + \frac{y}{a} M_B \qquad M_x = M_x^0 + \frac{x'}{d} M_B + \frac{x}{d} M_C.$$

Bemerkung: Alle Belastungsglieder sind auf die linke Rahmenhälfte bezogen.

Fall 94/8: Ganzer Rahmen beliebig senkrecht, aber antimetrisch zur Rahmenmitte belastet

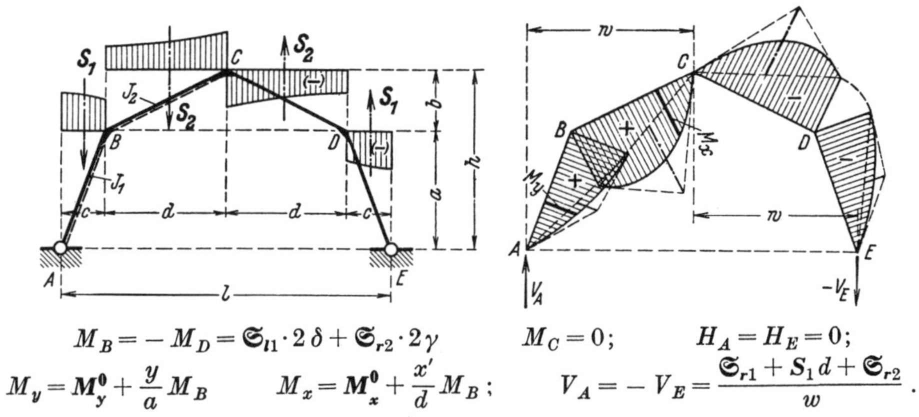

$$M_B = -M_D = \mathfrak{S}_{l1} \cdot 2\delta + \mathfrak{S}_{r2} \cdot 2\gamma \qquad M_C = 0; \qquad H_A = H_E = 0;$$

$$M_y = M_y^0 + \frac{y}{a} M_B \qquad M_x = M_x^0 + \frac{x'}{d} M_B; \qquad V_A = -V_E = \frac{\mathfrak{S}_{r1} + S_1 d + \mathfrak{S}_{r2}}{w}.$$

Bemerkung: Alle Belastungsglieder sind auf die linke Rahmenhälfte bezogen.

Sonderfall 94/8a: Senkrechtes Kräftepaar P an den Eckpunkten B und D

Alle Belastungsglieder verschwinden bis auf $S_1 = P$ und $\mathfrak{S}_{l1} = Pc$.

Siehe hierzu den Abschnitt „**Belastungsglieder**"

Fall 94/9: Ganzer Rahmen beliebig waagerecht von außen her, aber symmetrisch zur Rahmenmitte belastet*)

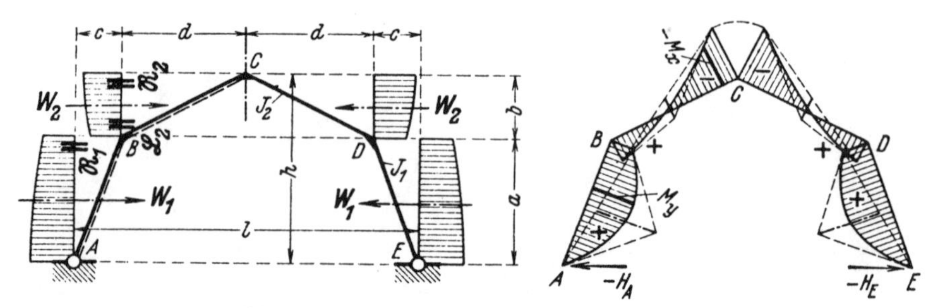

Hilfswert: $$X = \frac{(\mathfrak{S}_{l1} + \mathfrak{W}_2 a)(B + C) + \mathfrak{S}_{l2} C + \mathfrak{R}_1 k + \mathfrak{L}_2 + m\,\mathfrak{R}_2}{N}.$$

$$M_B = M_D = \mathfrak{S}_{l1} + \mathfrak{W}_2 a - X \qquad M_C = \mathfrak{S}_{l1} + \mathfrak{W}_2 a + \mathfrak{S}_{l2} - m X;$$

$$H_A = H_E = -(\mathfrak{W}_1 + \mathfrak{W}_2) + \frac{X}{a}; \qquad V_A = V_E = 0.$$

Sonderfall 94/9a: Zwei gleiche waagerechte Einzellasten P von außen her an den Eckpunkten B und D

Alle Belastungsglieder verschwinden bis auf $\mathfrak{W}_1 = P$; $\mathfrak{S}_{l1} = Pa$.

Fall 94/10: Ganzer Rahmen beliebig waagerecht von links her, aber antimetrisch zur Rahmenmitte belastet*)

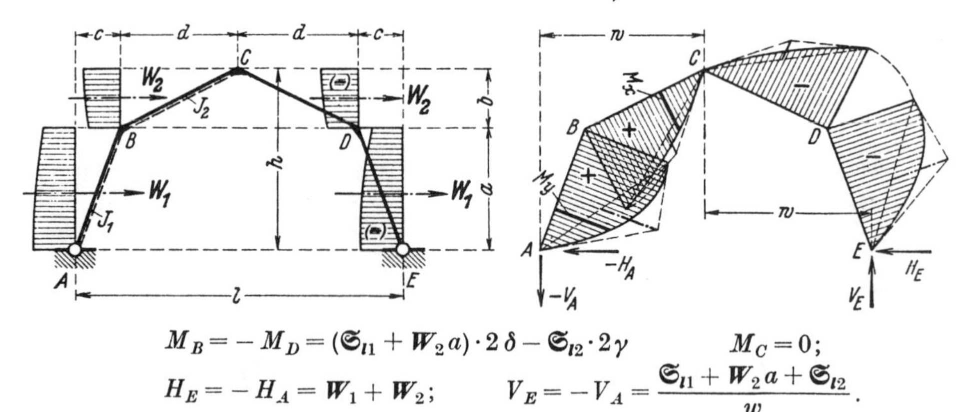

$$M_B = -M_D = (\mathfrak{S}_{l1} + \mathfrak{W}_2 a)\cdot 2\delta - \mathfrak{S}_{l2}\cdot 2\gamma \qquad M_C = 0;$$

$$H_E = -H_A = \mathfrak{W}_1 + \mathfrak{W}_2; \qquad V_E = -V_A = \frac{\mathfrak{S}_{l1} + \mathfrak{W}_2 a + \mathfrak{S}_{l2}}{w}.$$

Sonderfall 94/10a: Zwei gleiche waagerechte Einzellasten P von links her an den Eckpunkten B und D

Alle Belastungsglieder verschwinden bis auf $\mathfrak{W}_1 = P$ und $\mathfrak{S}_{l1} = Pa$.

*) Alle Belastungsglieder sind auf die linke Rahmenhälfte bezogen. — Formeln für M_x und M_y wie beim gegenüberliegenden Fall 94/7 bzw. 94/8.

Fall 94/11: Gleichmäßige Wärme**zu**nahme im ganzen Rahmen

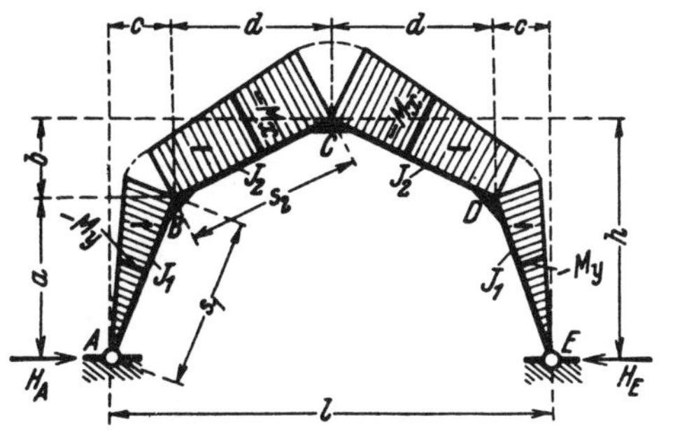

E = Elastizitätsmodul,
a_T = Wärmeausdehnungszahl,
t = Wärmeänderung in Grad.

Hilfswert: $T = \dfrac{3\,E\,J_2\,a_T\,t\,l}{s_2\,a\,N}$.*)

$$M_B = M_D = -T \qquad M_C = -m\,T \qquad H_A = H_E = \frac{T}{a}.$$

Bemerkung: Bei Wärme**ab**nahme kehren alle Kräfte ihren Pfeilsinn um und alle Momente erhalten entgegengesetztes Vorzeichen.

Fall 94/12: Gleichmäßig verteilte Windlasten in Form von Druck (p = positiv) und Sog (p = negativ) rechtwinklig zu den Stabachsen wirkend**)

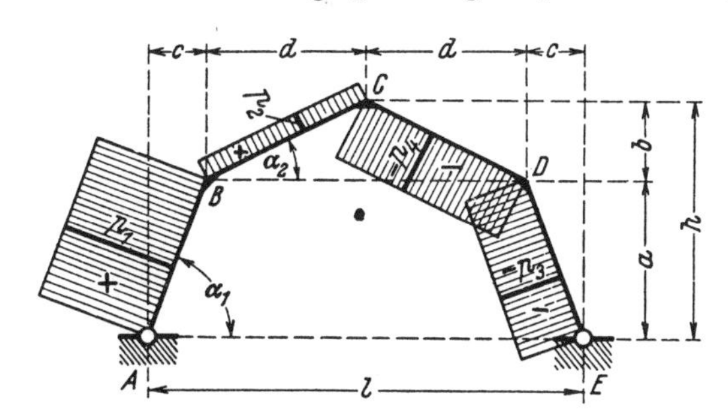

Dieser allgemeine Wind-Lastfall läßt sich praktisch zerlegen in einen symmetrischen — siehe Fall 94/13 — und in einen antimetrischen — siehe Fall 94/14 —; bzw. dieser allgemeine Wind-Lastfall wird erhalten durch Überlagerung der beiden Fälle 94/13 und 14, Seite 364.

Bemerkung: Bei flachen Dächern wird auch p_2 negativ.

Momente und Querkräfte in beliebigen Stabpunkten der linken Rahmenhälfte bei den Fällen 94/13 und 14, Seite 364

$$M_{z1} = \frac{p_{1s}\cdot z_1\,z_1'}{2} + \frac{z_1}{s_1}\cdot M_B \qquad M_{z2} = \frac{p_{2s}\cdot z_2\,z_2'}{2} + \frac{z_2'}{s_2}\cdot M_B + \frac{z_2}{s_2}\cdot M_C\,;$$

$$Q_{z1} = p_{1s}\,s_1\left(\frac{1}{2} - \frac{z_1}{s_1}\right) + \frac{M_B}{s_1} \qquad Q_{z2} = p_{2s}\,s_2\left(\frac{1}{2} - \frac{z_2}{s_2}\right) + \frac{M_C - M_B}{s_2}.$$

Bemerkung: Bei Fall 94/14 ist sinngemäß p_{1a} und p_{2a} sowie $M_C = 0$ zu setzen.

*) Der Hilfswert läßt sich aufspalten zu $T = \dfrac{3\,E\,J_2\,a_T\,(2c\cdot t_1 + 2d\cdot t_2)}{s_2\,a\,N}$, wobei t_1 zum Stabpaar s_1 und t_2 zum Stabpaar s_2 gehört. — Bei Wärme**zu**nahme nur einer Rahmenhälfte (bzw. nur eines Schrägstabes) wird T nur halb so groß. Der Momentenverlauf bleibt stets symmetrisch.

**) Nach DIN 1055, Blatt 4, ist mit Bezug auf den vorliegenden Fall stets $(p_3 = p_4) = -0{,}4\,q$ (d. h. gleicher Sog für beide verschieden geneigte Schrägstäbe).

Fall 94/13: Der ganze Rahmen gleichmäßig verteilt von außen her rechtwinklig zu den Stabachsen und symmetrisch zur Rahmenmitte belastet (Symmetrischer Anteil aus Windlast — nur Druck)

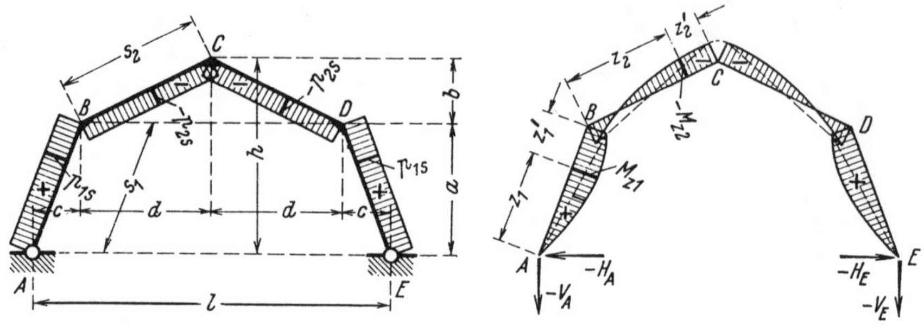

Mit Bezug auf Fall 94/12 ist $p_{1s} = \frac{p_1 + p_3}{2}$ $p_{2s} = \frac{p_2 + p_4}{2}$.

$$M_B = M_D = \frac{p_{1s}\, s_1^2 (2\,\varphi\, C - k)}{4\,N} + \frac{p_{2s}\,[(a\,b + c\,d)\cdot 4\,\varphi\, C - s_2^2\,(3 + 5\,m)]}{4\,N}$$

$$M_C = -\frac{p_{1s}\, s_1^2 \cdot \varphi}{2} + p_{2s}\left[\frac{s_2^2}{2} - (a\,b + c\,d)\,\varphi\right] + m\,M_B\,;$$

$$V_A = V_E = p_{1s}\,c + p_{2s}\,d\,; \qquad H_A = H_E = -\frac{p_{1s}\,(a^2 - c^2)}{2\,a} + \frac{p_{2s}\,c\,d}{a} - \frac{M_B}{a}.$$

Formeln für M_z und Q_z siehe Seite 363 unten.

Fall 94/14: Der ganze Rahmen gleichmäßig verteilt rechtwinklig zu den Stabachsen belastet, und zwar die linke Rahmenhälfte von außen her, die rechte von innen her — im ganzen antimetrisch zur Rahmenmitte (Antimetrischer Anteil aus Windlast — Druck und Sog)

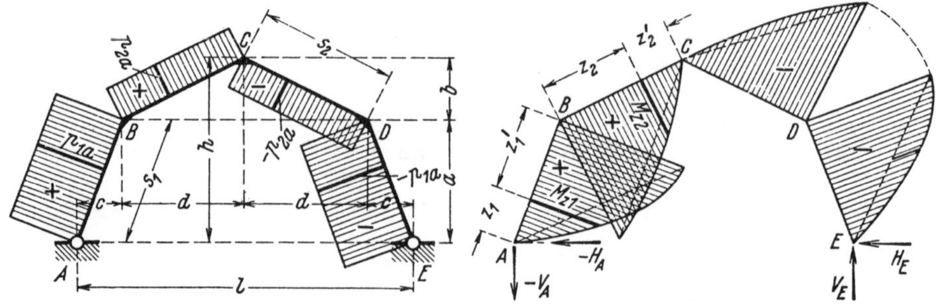

Mit Bezug auf Fall 94/12 ist $p_{1a} = \frac{p_1 - p_3}{2}$ $p_{2a} = \frac{p_2 - p_4}{2}$.

$$M_B = -M_D = p_{1a}\, s_1^2 \cdot \delta + p_{2a}\,[2\,\delta \cdot a\,b + \gamma\,(d^2 - b^2)] \qquad M_C = 0\,;$$

$$H_E = -H_A = p_{1a}\,a + p_{2a}\,b\,; \qquad V_E = -V_A = \frac{p_{1a}\,(s_1^2 - l\,c)}{w} + \frac{p_{2a}\,(2\,h\,b - s_2^2)}{w}.$$

Formeln für M_z und Q_z siehe Seite 363 unten.

Rahmenform 95

Symmetrischer Hallenrahmen mit gebrochenem Riegel und schrägen Stielen mit einem festen Fußgelenk und einem waagerecht beweglichen Auflager, verbunden durch ein elastisches Zugband

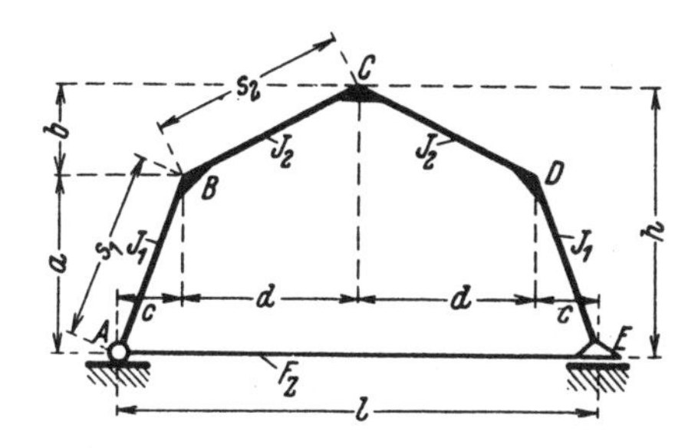

Rahmenform, Abmessungen und Bezeichnungen

Festlegung der positiven Richtung aller Stützkräfte und der Koordinaten beliebiger Stabpunkte. Positive Biegungsmomente erzeugen an der gestrichelten Stabseite Zug

Festwerte: Wie bei Rahmenform 94, Seite 357.

Zusätzliche Festwerte:

$$L = \frac{3\,J_2}{a^2 F_Z} \cdot \frac{E}{E_Z} \cdot \frac{l}{s_2} \qquad N_Z = N + L\,.$$

E = Elastizitätsmodul des Rahmenbaustoffes,
E_Z = Elastizitätsmodul des Zugbandstoffes,
F_Z = Querschnittsfläche des Zugbandes.

Für Rahmenform 95 gelten die Fälle 94/1, 3, 4, 5, 6, 7 und 11 (siehe Seite 358 bis 363) mit der Maßgabe, daß der „Nenner N“ durch den „Nenner N_Z“ zu ersetzen ist. Für die Fälle 94/1, 3, 4, 7 und 11 ist dann $(H_A = H_E) = Z$, während für die Fälle 94/5 und 6 gilt $H_E = Z$ und $H_A = -W$. Die restlichen Fälle 94 sind für Rahmenform 95 nicht ohne weiteres verwendbar. Indessen kann unter Zuhilfenahme der nachstehenden Fälle 95/1 und 2 jeder beliebige zusammengesetzte Lastfall gebildet werden.

Siehe hierzu den Abschnitt „**Belastungsglieder**"

Fall 95/1: Rechter Riegel beliebig waagerecht belastet

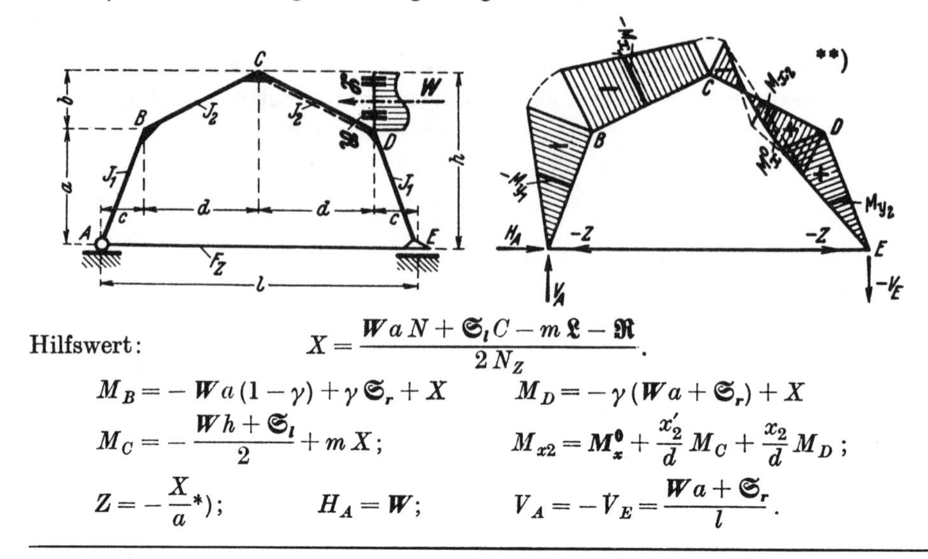

Hilfswert: $$X = \frac{\mathfrak{W} a N + \mathfrak{S}_l C - m \mathfrak{L} - \mathfrak{R}}{2 N_Z}.$$

$$M_B = -\mathfrak{W} a (1-\gamma) + \gamma \mathfrak{S}_r + X \qquad M_D = -\gamma(\mathfrak{W} a + \mathfrak{S}_r) + X$$

$$M_C = -\frac{\mathfrak{W} h + \mathfrak{S}_l}{2} + m X; \qquad M_{x2} = M_x^0 + \frac{x_2'}{d} M_C + \frac{x_2}{d} M_D;$$

$$Z = -\frac{X}{a}\text{*)}; \qquad H_A = \mathfrak{W}; \qquad V_A = -V_E = \frac{\mathfrak{W} a + \mathfrak{S}_r}{l}.$$

Fall 95/2: Rechter Stiel beliebig waagerecht belastet

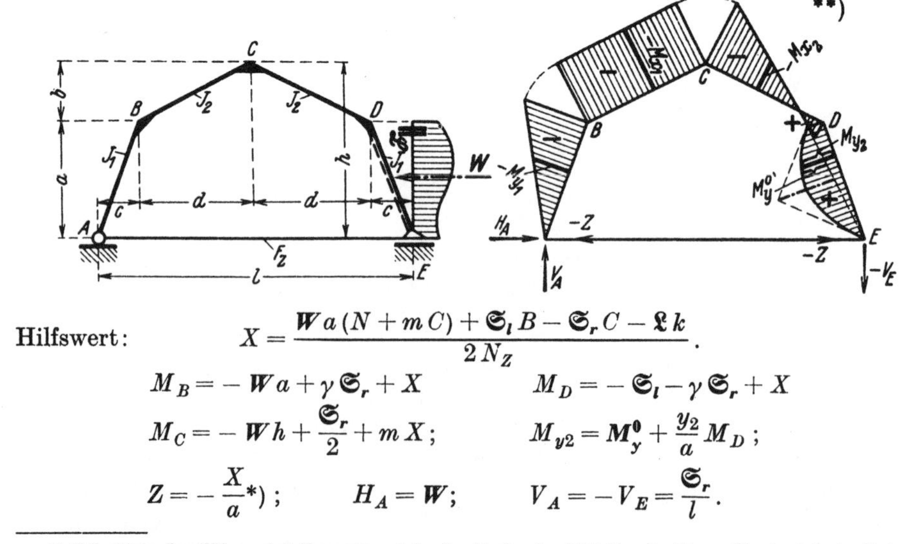

Hilfswert: $$X = \frac{\mathfrak{W} a (N + m C) + \mathfrak{S}_l B - \mathfrak{S}_r C - \mathfrak{L} k}{2 N_Z}.$$

$$M_B = -\mathfrak{W} a + \gamma \mathfrak{S}_r + X \qquad M_D = -\mathfrak{S}_l - \gamma \mathfrak{S}_r + X$$

$$M_C = -\mathfrak{W} h + \frac{\mathfrak{S}_r}{2} + m X; \qquad M_{y2} = M_y^0 + \frac{y_2}{a} M_D;$$

$$Z = -\frac{X}{a}\text{*)}; \qquad H_A = \mathfrak{W}; \qquad V_A = -V_E = \frac{\mathfrak{S}_r}{l}.$$

*) Bei obigen Lastfällen wird Z negativ, d. h. das Zugband erhält Druck. Dieser Umstand hat selbstverständlich nur dann einen Sinn, wenn die Druckkraft kleiner bleibt als die Zugkraft aus ständiger Last, so daß stets ein Rest Zugkraft im Zugbande verbleibt.

**) Die Anschriebe von M_x und M_y für alle nicht unmittelbar belasteten Stäbe siehe Seite 357.

Rahmenform 96

Symmetrischer Hallen-Zweigelenkrahmen mit schrägen Stielen, gebrochenem Riegel und einem elastischen Zugband in Stielhöhe

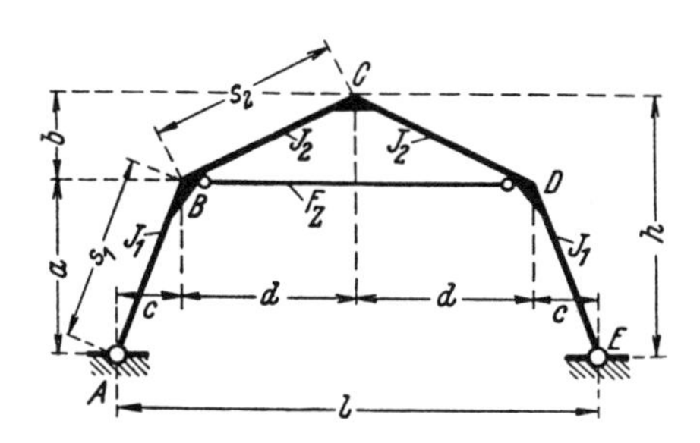

Rahmenform, Abmessungen und Bezeichnungen

Festlegung der positiven Richtung aller Stützkräfte. Koordinaten beliebiger Stabpunkte genau wie bei der Rahmenform 94 (s. S. 357). Positive Biegungsmomente erzeugen an der gestrichelten Stabseite Zug

Allgemeines

Die Rahmenform 96 (mit Zugband) wird am zweckmäßigsten als Erweiterung der Rahmenform 94 (ohne Zugband) aufgefaßt und behandelt. Es läßt sich dadurch der Einfluß des elastischen Zugbandes übersichtlich verfolgen.

Rechnungsgang

Erster Schritt: Für jeden zu behandelnden Lastfall werden die Eckmomente M_B, M_C, M_D und die Auflagerkräfte H_A, H_E, V_A, V_E nach Rahmenform 94 (siehe die Seiten 357 bis 364) zahlenmäßig errechnet.

Zweiter Schritt:

a) Zusätzliche Festwerte für Rahmenform 96

$$\beta_1 = \frac{B}{N} \qquad \gamma_1 = \frac{C}{N}; \qquad L = \frac{6J_2}{b^2 F_Z} \cdot \frac{E}{E_Z} \cdot \frac{d}{s_2}; \qquad N_Z = \frac{4k+3}{N} + L.$$

E = Elastizitätsmodul des Rahmenbaustoffes,
E_Z = Elastizitätsmodul des Zugbandstoffes,
F_Z = Querschnittsfläche des Zugbandes.

Bemerkung: Für starres Zugband ist $L = 0$ zu setzen.

b) Zugbandkraft

$$Z = \frac{M_B + M_D + 4\,M_C + \mathfrak{R}_2 + \mathfrak{L}_2'}{2\,b\,N_Z} \,{}^{*)}.$$

Bemerkung: Die in der Formel für Z auftretenden Belastungsglieder $\mathfrak{R}_2$ und $\mathfrak{L}_2'$ beziehen sich auf die in der rechten Titelabbildung (s. S. 367) gekennzeichneten Riegelstellen und sind der jeweiligen Riegelbelastung entsprechend wie üblich einzusetzen**).

Dritter Schritt:

a) Eckmomente und Auflagerkräfte der Rahmenform 96

$$\overline{M}_B = M_B + \gamma_1 Z b \qquad \overline{M}_C = M_C - \beta_1 Z b \qquad \overline{M}_D = M_D + \gamma_1 Z b$$
$$\overline{H}_A = H_A - \varphi\gamma_1 Z \qquad \overline{H}_E = H_E - \varphi\gamma_1 Z \qquad \overline{V}_A = V_A \quad \overline{V}_E = V_E.$$

Bemerkung: Zwecks Unterscheidung wurden die Momente und Kräfte für Rahmenform 96 überstrichen.

b) Momente an beliebigen Stabpunkten der Rahmenform 96.

Die Anschriebe für die $\overline{M}_x$ und $\overline{M}_y$ lauten genau wie für Rahmenform 94, nur müssen für M_B, M_C, M_D die neuen Werte $\overline{M}_B$, $\overline{M}_C$, $\overline{M}_D$ eingesetzt werden.

---

*) Bei verschiedenen Belastungsfällen wird Z negativ, d. h. das Zugband erhält Druck. Dieser Umstand hat selbstverständlich nur dann einen Sinn, wenn die Druckkraft kleiner bleibt als die Zugkraft aus ständiger Last, so daß stets ein Rest Zugkraft im Zugbande verbleibt.

**) Bei Verwendung der Lastfälle der Rahmenform 94 ist in die Z-Formel für die Belastungsglieder $\mathfrak{R}_2$ und $\mathfrak{L}_2'$ im einzelnen folgendes einzusetzen:

Fall 94/4: $\mathfrak{R}_2 = \mathfrak{R}$; $\mathfrak{L}_2' = 0$; Fall 94/5: $\mathfrak{R}_2 = \mathfrak{R}$; $\mathfrak{L}_2' = 0$;

Fall 94/7: $\mathfrak{R}_2 + \mathfrak{L}_2' = 2\,\mathfrak{R}_2$; Fall 94/9: $\mathfrak{R}_2 + \mathfrak{L}_2' = 2\,\mathfrak{R}_2$;

Fall 94/11: $\mathfrak{R}_2 + \mathfrak{L}_2' = \dfrac{12\,E\,J_1 d \cdot \alpha_T\, t}{s_1 b}$; Fall 94/13: $\mathfrak{R}_2 + \mathfrak{L}_2' = \dfrac{p_{2s} \cdot s_2^2}{2}$.

Für alle übrigen Lastfälle, einschließlich des „Falles der gleichmäßigen Wärmeänderung im ganzen Rahmen einschließlich im Zugband" ist in der Z-Formel $\mathfrak{R}_2 = \mathfrak{L}_2' = 0$ zu setzen. Alle antimetrischen Lastfälle der Rahmenform 94 (Fälle 94/2, 8, 10 und 14) gelten unverändert auch für Rahmenform 96, weil bei denselben die Zugbandkraft Z verschwindet.

Rahmenform 97

Symmetrischer, eingespannter Hallenrahmen mit schrägen Stielen und gebrochenem Riegel

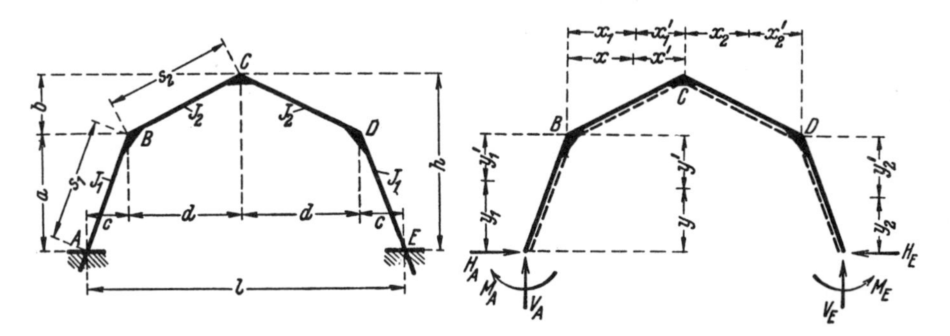

Rahmenform, Abmessungen und Bezeichnungen

Festlegung der positiven Richtung aller Stützkräfte und der Koordinaten beliebiger Stabpunkte. Bei symmetrischen Lastfällen werden x, x' und y, y' benutzt. Positive Biegungsmomente erzeugen an der gestrichelten Stabseite Zug

Festwerte:

$$k=\frac{J_2}{J_1}\cdot\frac{s_1}{s_2}\,;\qquad \varphi=\frac{b}{a}\qquad m=\frac{h}{a}=1+\varphi\,;\qquad \gamma=\frac{2c}{l}\qquad \delta=\frac{2d}{l}\,;$$

$$B=k+2\,\delta\,(k+1)\qquad C=1+2m$$

$$K_1=2\,(k+1+m+m^2)\qquad K_2=2\,(k+\varphi^2)\qquad R=\varphi\,C-k\,;$$

$$N_1=K_1K_2-R^2\qquad N_2=k\,(2+\delta)+\delta\,B\,.$$

Anschriebe für die Momente an beliebigen Stabpunkten für alle Belastungsfälle der Rahmenform 97

Die Anteile aus den Einspann- und Eckmomenten allein lauten wie folgt*):

$$M_{y1}=\frac{y_1'}{a}\,M_A+\frac{y_1}{a}\,M_B\qquad M_{y2}=\frac{y_2}{a}\,M_D+\frac{y_2'}{a}\,M_E$$

$$M_{x1}=\frac{x_1'}{d}\,M_B+\frac{x_1}{d}\,M_C\qquad M_{x2}=\frac{x_2'}{d}\,M_C+\frac{x_2}{d}\,M_D\,.$$

Zu diesen Werten kommt für die direkt belasteten Stäbe jeweils das Glied M_y^0 bzw. M_x^0 hinzu.

*) An Stelle der nachstehenden Formen mit y und x können selbstverständlich auch die Formen mit z benutzt werden — siehe die Fälle 97/13 und 14, Seite 376 mit 375.

Siehe hierzu den Abschnitt „**Belastungsglieder**"

Fall 97/1: Linker Stiel beliebig senkrecht belastet

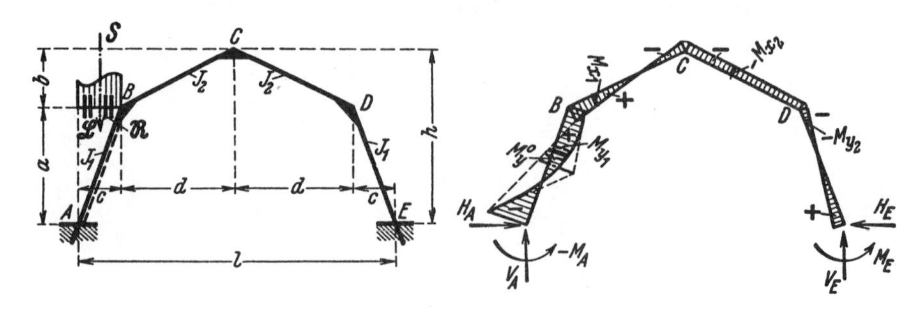

Hilfswerte:

$$\mathfrak{B}_1 = 2\varphi^2 \mathfrak{S}_l + \mathfrak{L}k \qquad \mathfrak{B}_2 = \varphi \mathfrak{S}_l C - \mathfrak{R}k \qquad \mathfrak{B}_3 = \delta \mathfrak{S}_l B + (\mathfrak{L} + \delta \mathfrak{R})k;$$

$$X_1 = \frac{\mathfrak{B}_1 K_1 - \mathfrak{B}_2 R}{2N_1} \qquad X_2 = \frac{\mathfrak{B}_2 K_2 - \mathfrak{B}_1 R}{2N_1} \qquad X_3 = \frac{\mathfrak{B}_3}{2N_2}.$$

$$\left.\begin{matrix}M_A\\M_E\end{matrix}\right\rangle = -X_1 \mp X_3 \qquad \left.\begin{matrix}M_B\\M_D\end{matrix}\right\rangle = +X_2 \pm \delta\left(\frac{\mathfrak{S}_l}{2} - X_3\right)$$

$$M_C = -\frac{\varphi \mathfrak{S}_l}{2} + \varphi X_1 + m X_2;$$

$$V_E = \frac{\mathfrak{S}_l - 2X_3}{l} \qquad V_A = S - V_E; \qquad H_A = H_E = \frac{\mathfrak{S}_l}{2a} - \frac{X_1 + X_2}{a}.$$

Fall 97/2: Linker Stiel beliebig waagerecht belastet

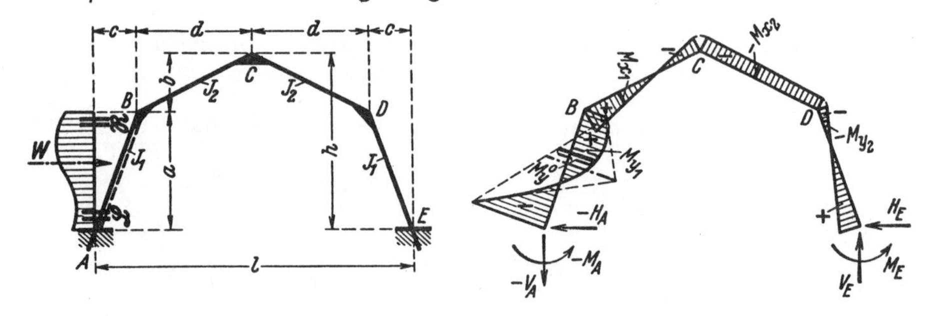

Alle Anschriebe lauten genau wie oben mit Ausnahme derjenigen für die V- und H-Kräfte:

$$V_E = -V_A = \frac{\mathfrak{S}_l - 2X_3}{l}; \qquad H_E = \frac{\mathfrak{S}_l}{2a} - \frac{X_1 + X_2}{a} \qquad H_A = -(W - H_E).$$

Fall 97/3: Linker Riegel beliebig waagerecht belastet

(Siehe hierzu den Abschnitt **„Belastungsglieder"**)

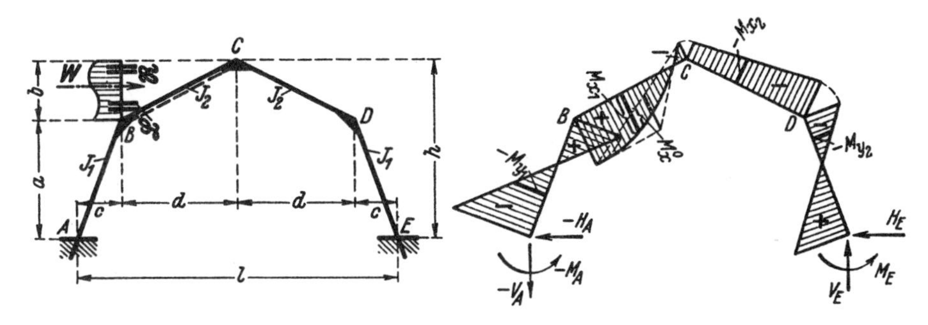

Hilfswerte:

$$\mathfrak{B}_1 = \varphi\,(2\,\mathfrak{S}_r - \mathfrak{R}) \qquad \mathfrak{B}_2 = C\,\mathfrak{S}_r - (\mathfrak{L} + m\,\mathfrak{R}) \qquad \mathfrak{B}_3 = (\delta\,W a - \gamma\,\mathfrak{S}_l)\,B + \delta\,\mathfrak{L};$$

$$X_1 = \frac{\mathfrak{B}_1 K_1 - \mathfrak{B}_2 R}{2 N_1} \qquad X_2 = \frac{\mathfrak{B}_2 K_2 - \mathfrak{B}_1 R}{2 N_1} \qquad X_3 = \frac{\mathfrak{B}_3}{2 N_2}.$$

$$\left.\begin{matrix} M_A \\ M_E \end{matrix}\right\rangle = -X_1 \mp X_3 \qquad \left.\begin{matrix} M_B \\ M_D \end{matrix}\right\rangle = +X_2 \pm \left(\frac{\delta\,W a - \gamma\,\mathfrak{S}_l}{2} - \delta\,X_3\right)$$

$$M_C = -\frac{\mathfrak{S}_r}{2} + \varphi\,X_1 + m\,X_2; \qquad V_E = -V_A = \frac{W a + \mathfrak{S}_l - 2\,X_3}{l};$$

$$H_E = \frac{W}{2} - \frac{X_1 + X_2}{a} \qquad H_A = -(W - H_E).$$

Fall 97/4: Waagerechte Einzellast am Firstpunkt C

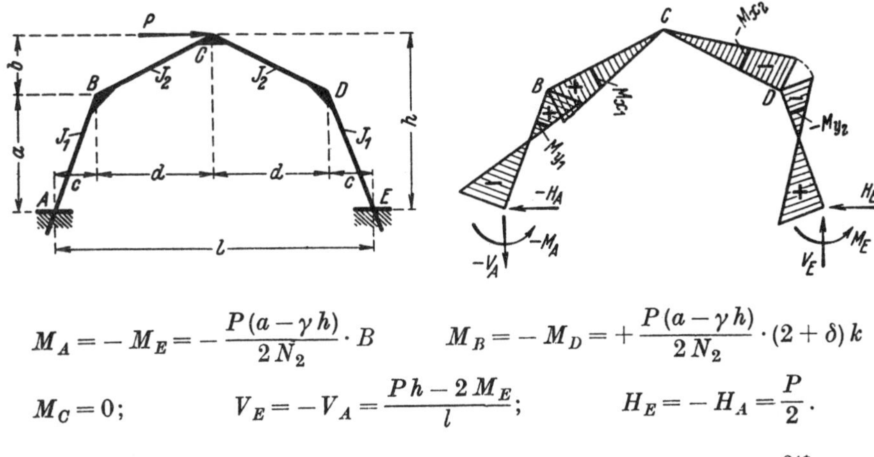

$$M_A = -M_E = -\frac{P\,(a - \gamma\,h)}{2\,N_2} \cdot B \qquad M_B = -M_D = +\frac{P\,(a - \gamma\,h)}{2\,N_2} \cdot (2 + \delta)\,k$$

$$M_C = 0; \qquad V_E = -V_A = \frac{P\,h - 2\,M_E}{l}; \qquad H_E = -H_A = \frac{P}{2}.$$

Fall 97/5: Linker Riegel beliebig senkrecht belastet
(Siehe hierzu den Abschnitt **„Belastungsglieder"**)

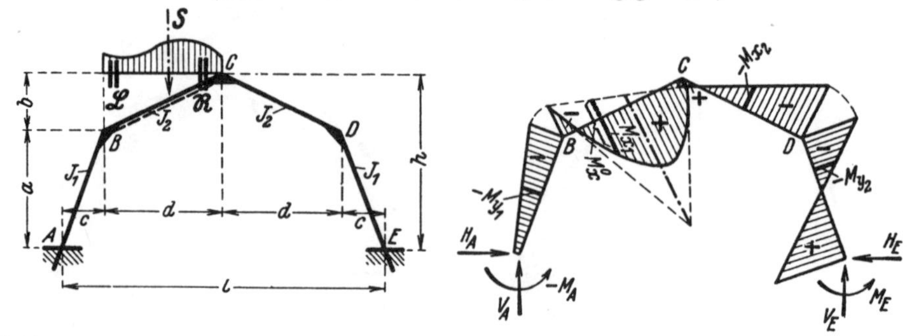

Hilfswerte:

$$\mathfrak{B}_1 = \varphi\,[2\,(\mathfrak{S}_l - \varphi\,\boldsymbol{S}\,c) + \mathfrak{R}] \qquad \mathfrak{B}_2 = C\,(\mathfrak{S}_l - \varphi\,\boldsymbol{S}\,c) + \mathfrak{L} + m\,\mathfrak{R};$$

$$X_1 = \frac{\mathfrak{B}_1 K_1 - \mathfrak{B}_2 R}{2 N_1} \qquad X_2 = \frac{\mathfrak{B}_2 K_2 - \mathfrak{B}_1 R}{2 N_1} \qquad X_3 = \frac{\gamma\,\mathfrak{S}_r B + \delta\,\mathfrak{L}}{2 N_2}.$$

$$\left.\begin{matrix} M_A \\ M_E \end{matrix}\right\rangle = + X_1 \mp X_3 \qquad \left.\begin{matrix} M_B \\ M_D \end{matrix}\right\rangle = - X_2 \pm \left(\frac{\gamma\,\mathfrak{S}_r}{2} - \delta X_3\right)$$

$$M_C = \frac{\mathfrak{S}_l - \varphi\,\boldsymbol{S}\,c}{2} - \varphi X_1 - m X_2;$$

$$V_E = \frac{\boldsymbol{S}\,c + \mathfrak{S}_l - 2 X_3}{l} \qquad V_A = \boldsymbol{S} - V_E; \qquad H_A = H_E = \frac{\boldsymbol{S}\,c}{2a} + \frac{X_1 + X_2}{a}.$$

Fall 97/6: Senkrechte Einzellasten an den Eckpunkten B, C, D, symmetrisch zur Rahmenmitte

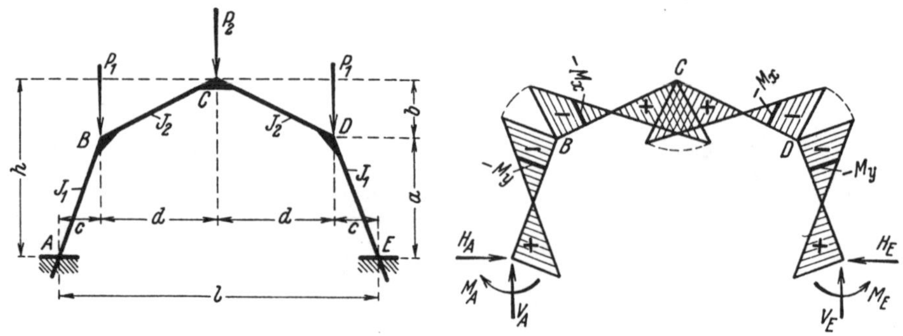

Hilfswert:
$$\mathfrak{B} = -P_1 \varphi c + \frac{P_2}{2}(d - \varphi c).$$

$$M_A = M_E = \frac{3\,\mathfrak{B}\,(k + 2k\varphi + \varphi)}{N_1} \qquad M_B = M_D = -\frac{6\,\mathfrak{B}\,k m}{N_1}$$

$$M_C = \mathfrak{B} - \varphi M_A + m M_B;$$

$$V_A = V_E = P_1 + \frac{P_2}{2}; \qquad H_A = H_E = \frac{V_A c + M_A - M_B}{a}.$$

Siehe hierzu den Abschnitt „**Belastungsglieder**“

Fall 97/7: Ganzer Rahmen beliebig senkrecht, aber symmetrisch zur Rahmenmitte belastet

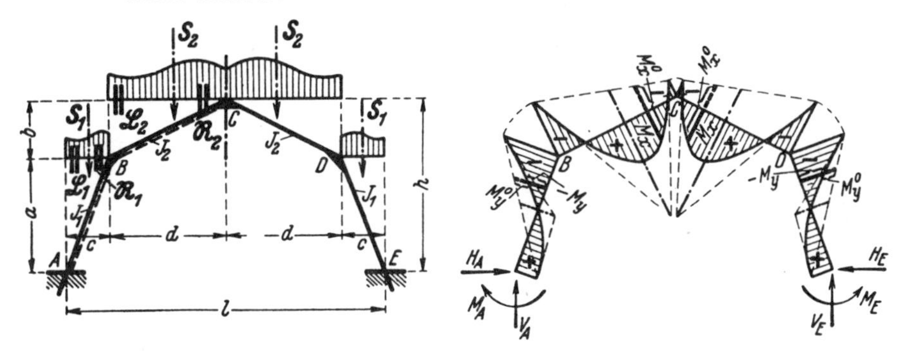

Hilfswerte:

$$\mathfrak{B}_1 = -[2\varphi^2 \mathfrak{S}_{l1} + \mathfrak{L}_1 k] + \varphi[2(\mathfrak{S}_{l2} - \varphi S_2 c) + \mathfrak{R}_2]$$

$$\mathfrak{B}_2 = [\varphi \mathfrak{S}_{l1} C - \mathfrak{R}_1 k] - [C(\mathfrak{S}_{l2} - \varphi S_2 c) + \mathfrak{L}_2 + m \mathfrak{R}_2].$$

$$M_A = M_E = \frac{\mathfrak{B}_1 K_1 + \mathfrak{B}_2 R}{N_1} \qquad M_B = M_D = \frac{\mathfrak{B}_2 K_2 - \mathfrak{B}_1 R}{N_1};$$

$$M_C = -\varphi \mathfrak{S}_{l1} + (\mathfrak{S}_{l2} - \varphi S_2 c) - \varphi M_A + m M_B;$$

$$V_A = V_E = S_1 + S_2; \qquad H_A = H_E = \frac{\mathfrak{S}_{l1} + S_2 c + M_A - M_B}{a}.$$

Bemerkung: Alle Belastungsglieder sind auf die linke Rahmenhälfte bezogen.

Fall 97/8: Ganzer Rahmen beliebig senkrecht, aber antimetrisch zur Rahmenmitte belastet

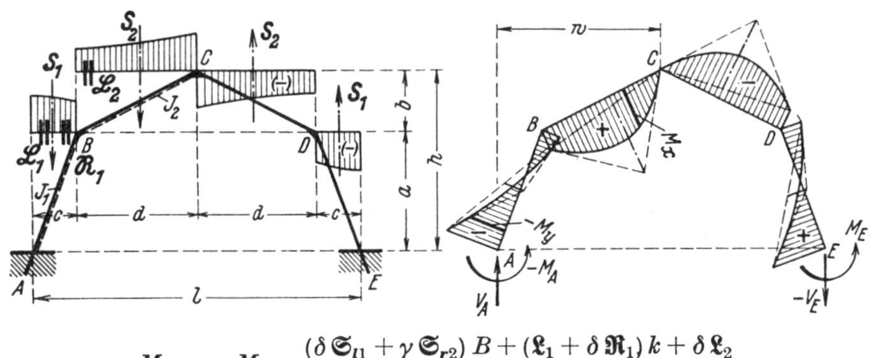

$$M_E = -M_A = \frac{(\delta \mathfrak{S}_{l1} + \gamma \mathfrak{S}_{r2}) B + (\mathfrak{L}_1 + \delta \mathfrak{R}_1) k + \delta \mathfrak{L}_2}{N_2}$$

$$M_B = -M_D = \delta \mathfrak{S}_{l1} + \gamma \mathfrak{S}_{r2} - \delta M_E \qquad M_C = 0;$$

$$V_A = -V_E = \frac{\mathfrak{S}_{r1} + S_1 d + \mathfrak{S}_{r2} + M_E}{w} \qquad H_A = H_E = 0.$$

Bemerkung: Alle Belastungsglieder sind auf die linke Rahmenhälfte bezogen.

Siehe hierzu den Abschnitt „**Belastungsglieder**“

Fall 97/9: Ganzer Rahmen beliebig waagerecht von außen her, aber symmetrisch zur Rahmenmitte belastet

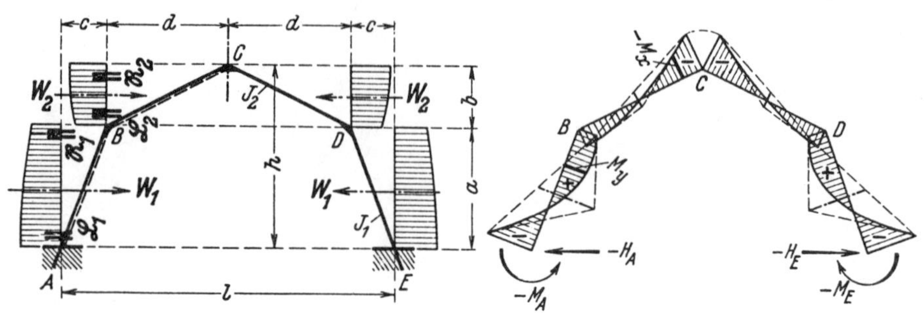

Hilfswerte:

$$\mathfrak{B}_1 = [2\,\varphi^2\,\mathfrak{S}_{l1} + \mathfrak{L}_1\,k] + \varphi\,[2\,\mathfrak{S}_{r2} - \mathfrak{R}_2]$$

$$\mathfrak{B}_2 = [\varphi\,C\,\mathfrak{S}_{l1} - \mathfrak{R}_1\,k] + [C\,\mathfrak{S}_{r2} - (\mathfrak{L}_2 + m\,\mathfrak{R}_2)]\,.$$

$$M_A = M_E = \frac{\mathfrak{B}_2\,R - \mathfrak{B}_1\,K_1}{N_1} \qquad M_B = M_D = \frac{\mathfrak{B}_2\,K_2 - \mathfrak{B}_1\,R}{N_1}$$

$$M_C = -\,\varphi\,\mathfrak{S}_{l1} - \mathfrak{S}_{r2} - \varphi\,M_A + m\,M_B\,;$$

$$H_A = H_E = -\frac{\mathfrak{S}_{r1}}{a} + \frac{M_A - M_B}{a} \qquad V_A = V_E = 0\,.$$

Bemerkung: Alle Belastungsglieder sind auf die linke Rahmenhälfte bezogen.

Fall 97/10: Ganzer Rahmen beliebig waagerecht von links her, aber antimetrisch zur Rahmenmitte belastet

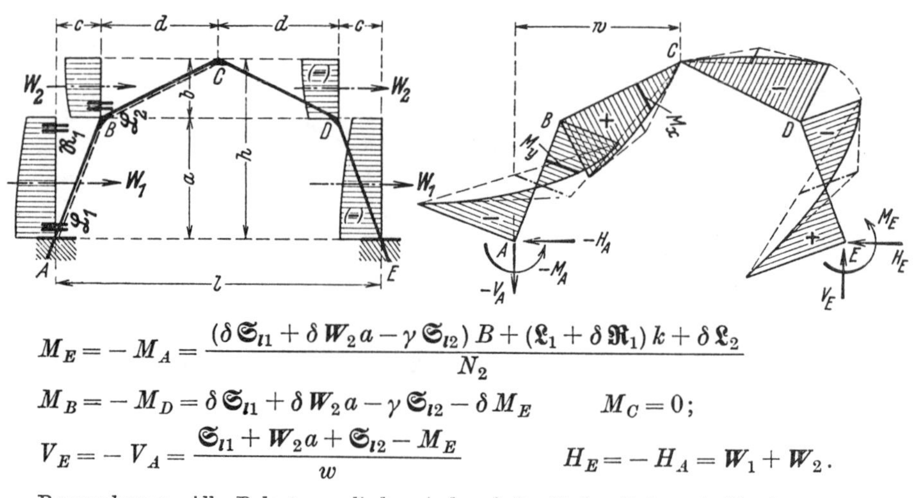

$$M_E = -\,M_A = \frac{(\delta\,\mathfrak{S}_{l1} + \delta\,\boldsymbol{W}_2\,a - \gamma\,\mathfrak{S}_{l2})\,B + (\mathfrak{L}_1 + \delta\,\mathfrak{R}_1)\,k + \delta\,\mathfrak{L}_2}{N_2}$$

$$M_B = -\,M_D = \delta\,\mathfrak{S}_{l1} + \delta\,\boldsymbol{W}_2\,a - \gamma\,\mathfrak{S}_{l2} - \delta\,M_E \qquad M_C = 0\,;$$

$$V_E = -\,V_A = \frac{\mathfrak{S}_{l1} + \boldsymbol{W}_2\,a + \mathfrak{S}_{l2} - M_E}{w} \qquad H_E = -\,H_A = \boldsymbol{W}_1 + \boldsymbol{W}_2\,.$$

Bemerkung: Alle Belastungsglieder sind auf die linke Rahmenhälfte bezogen.

Fall 97/11: Gleichmäßige Wärmezunahme im ganzen Rahmen*)

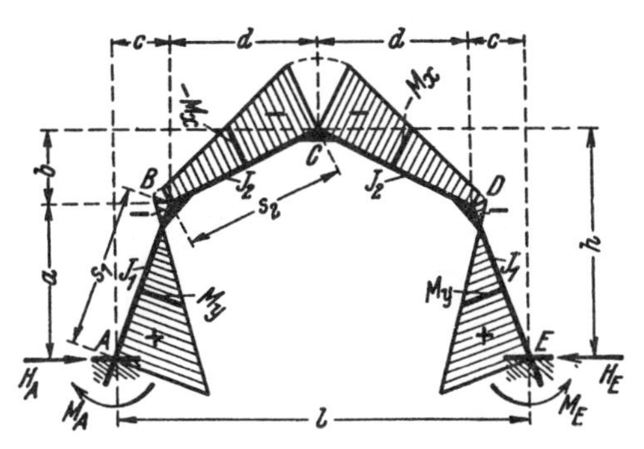

E = Elastizitätsmodul,
a_T = Wärmeausdehnungszahl,
t = Wärmeänderung in Grad.

Hilfswert: $T = \dfrac{3\,E\,J_2\,a_T\,t\,l}{s_2\,a\,N_1}$.

$$M_A = M_E = +\,T\,(K_1 - R)$$
$$M_B = M_D = -\,T\,(K_2 - R)$$
$$M_C = -\,\varphi\,M_A + m\,M_B\,;$$
$$H_A = H_E = \frac{M_A - M_B}{a}.$$

Bemerkung: Bei Wärmeabnahme kehren alle Momente und Kräfte ihren Wirkungssinn um.

Fall 97/12: Gleichmäßig verteilte Windlasten in Form von Druck (p = positiv) und Sog (p = negativ) rechtwinklig zu den Stabachsen wirkend**)

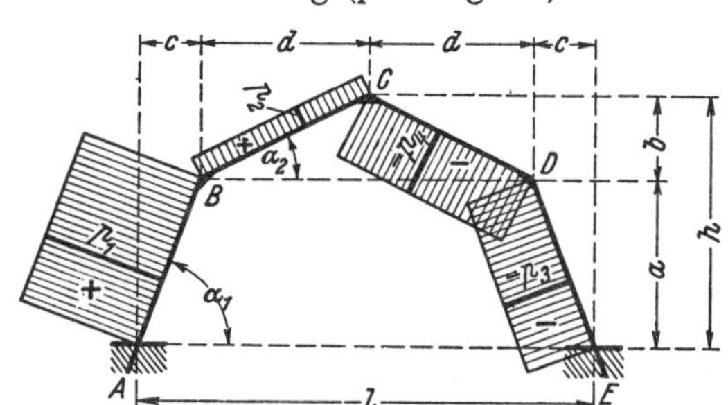

Dieser allgemeine Wind-Lastfall läßt sich praktisch zerlegen in einen symmetrischen — siehe Fall 97/13 — und in einen antimetrischen — siehe Fall 97/14 —; bzw. dieser allgemeine Wind-Lastfall wird erhalten durch Überlagerung der beiden Fälle 97/13 und 14, Seite 376.

Bemerkung: Bei flachen Dächern wird auch p_2 negativ.

Momente und Querkräfte in beliebigen Stabpunkten der linken Rahmenhälfte bei den Fällen 97/13 und 14, Seite 376

$$M_{z1} = \frac{p_{1s}\cdot z_1 z_1'}{2} + \frac{z_1'}{s_1}\,M_A + \frac{z_1}{s_1}\,M_B \qquad M_{z2} = \frac{p_{2s}\cdot z_2 z_2'}{2} + \frac{z_2'}{s_2}\,M_B + \frac{z_2}{s_2}\,M_C\,.$$

$$Q_{z1} = p_{1s}\,s_1\left(\frac{1}{2} - \frac{z_1}{s_1}\right) + \frac{M_B - M_A}{s_1} \qquad Q_{z2} = p_{2s}\,s_2\left(\frac{1}{2} - \frac{z_2}{s_2}\right) + \frac{M_C - M_B}{s_2}\,.$$

Bemerkung: Bei Fall 97/14 ist sinngemäß p_{1a} und p_{2a} sowie $M_C = 0$ zu setzen.

*) Der Hilfswert läßt sich aufspalten zu $T = 3\,E\,J_2\,a_T(2\,c\cdot t_1 + 2\,d\cdot t_2)/s_2\,a\,N_1$, wobei t_1 zum Stabpaar s_1 und t_2 zum Stabpaar s_1 gehört. — Für den **antimetrischen Wärmeänderungsfall** (d. h. linke Rahmenhälfte mit $+\,t_1$ und $+\,t_2$, rechte mit $-\,t_1$ und $-\,t_2$) ist in Fall 97/8 zu setzen $\delta\,\mathfrak{L}_2 = 12\,E\,J_2\,a_T(at_1 + bt_2)/s_2 l$, während alle übrigen Belastungsglieder verschwinden.

**) Nach DIN 1055, Blatt 4, ist mit Bezug auf den vorliegenden Fall stets $(p_3 = p_4) = -\,0{,}4\,q$ (d. h. gleicher Sog für beide verschieden geneigte Schrägstäbe).

Fall 97/13: Der ganze Rahmen gleichmäßig verteilt von außen her rechtwinklig zu den Stabachsen und symmetrisch zur Rahmenmitte belastet (Symmetrischer Anteil aus Windlast, d. h. nur Druck) *)

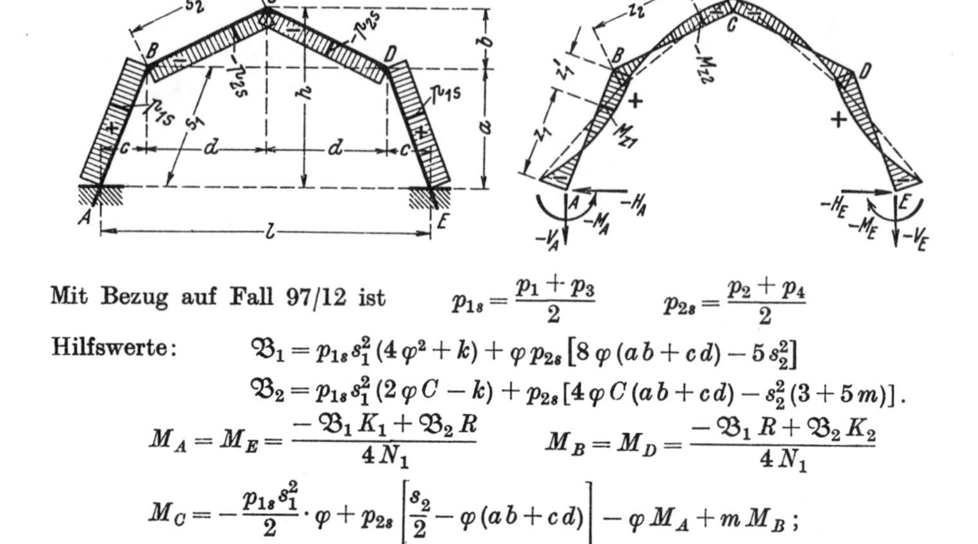

Mit Bezug auf Fall 97/12 ist $\quad p_{1s} = \dfrac{p_1 + p_3}{2} \qquad p_{2s} = \dfrac{p_2 + p_4}{2}$

Hilfswerte:

$$\mathfrak{B}_1 = p_{1s} s_1^2 (4\varphi^2 + k) + \varphi p_{2s} \left[8\varphi(ab + cd) - 5 s_2^2\right]$$

$$\mathfrak{B}_2 = p_{1s} s_1^2 (2\varphi C - k) + p_{2s} \left[4\varphi C (ab + cd) - s_2^2 (3 + 5m)\right].$$

$$M_A = M_E = \frac{-\mathfrak{B}_1 K_1 + \mathfrak{B}_2 R}{4 N_1} \qquad M_B = M_D = \frac{-\mathfrak{B}_1 R + \mathfrak{B}_2 K_2}{4 N_1}$$

$$M_C = -\frac{p_{1s} s_1^2}{2} \cdot \varphi + p_{2s} \left[\frac{s_2}{2} - \varphi(ab + cd)\right] - \varphi M_A + m M_B;$$

$$V_A = V_E = p_{1s} c + p_{2s} d; \qquad H_A = H_E = -\frac{p_{1s}(a^2 - c^2)}{2a} + \frac{p_{2s} c d}{a} + \frac{M_A - M_B}{a}.$$

Fall 97/14: Der ganze Rahmen gleichmäßig verteilt rechtwinklig zu den Stabachsen belastet, und zwar die linke Rahmenhälfte von außen her, die rechte von innen her — im ganzen antimetrisch zur Rahmenmitte (Antimetrischer Anteil aus Windlast, d. h. Druck und Sog) *)

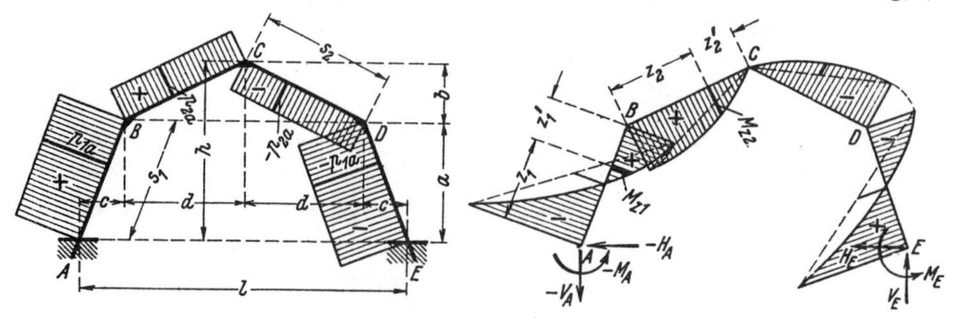

Formeln für Fall 97/14 siehe Seite 377 unten.

*) Formeln für M_z (und Q_z) siehe Seite 375.

Rahmenform 98

Symmetrischer, eingespannter Hallenrahmen mit schrägen Stielen, gebrochenem Riegel und einem elastischen Zugband in Stielhöhe

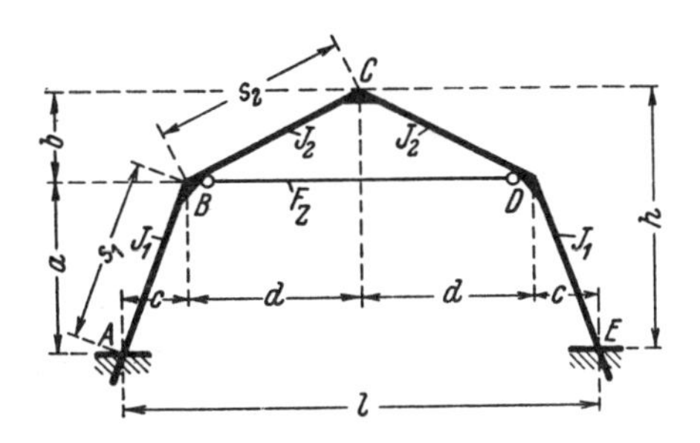

Rahmenform, Abmessungen und Bezeichnungen

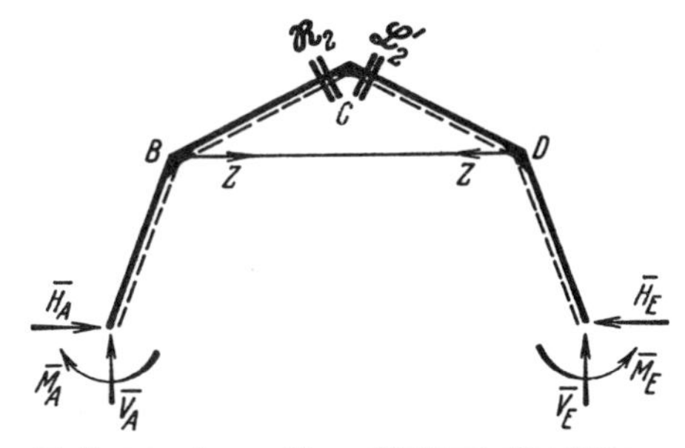

Festlegung der positiven Richtung aller Stützkräfte. Koordinaten beliebiger Stabpunkte genau wie bei Rahmenform 97 (s. S. 369). Positive Biegungsmomente erzeugen an der gestrichelten Stabseite Zug

Allgemeines

Die Rahmenform 98 (mit Zugband) wird am zweckmäßigsten als Erweiterung der Rahmenform 97 (ohne Zugband) aufgefaßt und behandelt. Es läßt sich dadurch der Einfluß des elastischen Zugbandes übersichtlich verfolgen.

Rechnungsgang

Erster Schritt: Für jeden zu behandelnden Lastfall werden die Eck- und Einspannmomente M_A, M_B, M_C, M_D, M_E sowie die Auflagerkräfte H_A, H_E, V_A, V_E nach Rahmenform 97 (siehe die Seiten 369 bis 376) zahlenmäßig errechnet.

(Fortsetzung Rahmenform 98 siehe Seite 378)

Noch zu Rahmenform 97 gehörend. **Formeln zu Fall 97/14, Seite 376:**

Mit Bezug auf Fall 97/12 ist $\quad p_{1a} = \dfrac{p_1 - p_3}{2} \qquad p_{2a} = \dfrac{p_2 - p_4}{2}$.

$$M_E = -M_A = \frac{p_{1a} s_1^2}{4 N_2}[2\,\delta\,B + (1+\delta)\,k] + \frac{p_{2a}}{4 N_2}[\delta\,s_2^2 + 2\gamma\,B\,(d^2 - b^2) + 4\,\delta\,B \cdot a\,b]$$

$$M_B = -M_D = \frac{p_{1a} s_1^2}{2} \cdot \delta + \frac{p_{2a}}{2}[\gamma\,(d^2 - b^2) + 2\,\delta \cdot a\,b] - \delta\,M_E \qquad M_C = 0;$$

$$V_E = -V_A = \frac{p_{1a}(s_1^2 - l\,c)}{l} + \frac{p_{2a}(2\,h\,b - s_2^2)}{l} - \frac{M_E}{w}; \quad H_E = -H_A = p_{1a}\,a + p_{2a}\,b\,.$$

Zweiter Schritt:

a) Zusätzliche Festwerte für Rahmenform 98

$$\alpha_1 = \frac{3(mk+\varphi k+\varphi)}{N_1} \qquad \beta_1 = \frac{6mk}{N_1} \qquad \gamma_1 = \frac{3k(k+1+m)}{N_1};$$

$$L = \frac{6J_2}{b^2 F_Z} \cdot \frac{E}{E_Z} \cdot \frac{d}{s_2} \qquad N_Z = 2\gamma_1 - \beta_1 + L.$$

E = Elastizitätsmodul des Rahmenbaustoffes,
E_Z = Elastizitätsmodul des Zugbandstoffes,
F_Z = Querschnittsfläche des Zugbandes.

Bemerkung: Für starres Zugband ist $L = 0$ zu setzen.

b) Zugbandkraft

$$Z = \frac{M_B + M_D + 4M_C + \mathfrak{R}_2 + \mathfrak{L}_2'}{2bN_Z} \text{*)}.$$

Bemerkung: Die in der Formel für Z auftretenden Belastungsglieder $\mathfrak{R}_2$ und $\mathfrak{L}_2'$ beziehen sich auf die in der rechten Titelabbildung (s. S. 377) gekennzeichneten Riegelstellen und sind der jeweiligen Riegelbelastung entsprechend wie üblich einzusetzen**).

Dritter Schritt:

a) Eck- und Einspannmomente sowie Auflagerkräfte der Rahmenform 98

$$\overline{M}_B = M_B + \beta_1 Zb \qquad \overline{M}_C = M_C - \gamma_1 Zb \qquad \overline{M}_D = M_D + \beta_1 Zb$$

$$\overline{M}_A = M_A - \alpha_1 Zb \qquad \overline{M}_E = M_E - \alpha_1 Zb$$

$$\overline{H}_A = H_A - \varphi(\alpha_1 + \beta_1)Z \qquad \overline{H}_E = H_E - \varphi(\alpha_1 + \beta_1)Z \qquad \overline{V}_A = V_A \qquad \overline{V}_E = V_E.$$

Bemerkung: Zwecks Unterscheidung wurden die Momente und Kräfte für Rahmenform 98 überstrichen.

b) Momente an beliebigen Stabpunkten der Rahmenform 98.

Die Anschriebe für $\overline{M}_x$ und $\overline{M}_y$ lauten genau wie für Rahmenform 97, nur müssen für M_A, M_B, M_C, M_D, M_E die neuen Werte $\overline{M}_A$, $\overline{M}_B$, $\overline{M}_C$, $\overline{M}_D$, $\overline{M}_E$ eingesetzt werden.

---

*) Bei verschiedenen Belastungsfällen wird Z negativ, d. h. das Zugband erhält Druck. Dieser Umstand hat selbstverständlich nur dann einen Sinn, wenn die Druckkraft kleiner bleibt als die Zugkraft aus ständiger Last, so daß stets ein Rest Zugkraft im Zugbande verbleibt.

**) Bei Verwendung der Lastfälle der Rahmenform 97 ist in die Z-Formel für die Belastungsglieder $\mathfrak{R}_2$ und $\mathfrak{L}_2'$ im einzelnen folgendes einzusetzen.

Fall 97/3: $\mathfrak{R}_2 = \mathfrak{R}$; $\mathfrak{L}_2' = 0$; Fall 97/5: $\mathfrak{R}_2 = \mathfrak{R}$; $\mathfrak{L}_2' = 0$;

Fall 97/7: $\mathfrak{R}_2 + \mathfrak{L}_2' = 2\mathfrak{R}_2$; Fall 97/9: $\mathfrak{R}_2 + \mathfrak{L}_2' = 2\mathfrak{R}_2$;

Fall 97/11: $\mathfrak{R}_2 + \mathfrak{L}_2' = \frac{12EJ_2 d\alpha_T t}{s_2 b}$; Fall 97/13: $\mathfrak{R}_2 + \mathfrak{L}_2' = \frac{p_{2s} \cdot s_2^2}{2}$.

Für alle übrigen Lastfälle, einschließlich des „Falles der gleichmäßigen Wärmeänderung im ganzen Rahmen einschließlich im Zugband" ist in der Z-Formel $\mathfrak{R}_2 = \mathfrak{L}_2' = 0$ zu setzen. Alle antimetrischen Lastfälle der Rahmenform 97 (Fälle 97/4, 8, 10 und 14) gelten unverändert auch für Rahmenform 98, weil bei denselben die Zugbandkraft Z verschwindet.

Rahmenform 99

Symmetrischer Zweigelenk-Rechteckrahmen mit abgeschrägten Ecken

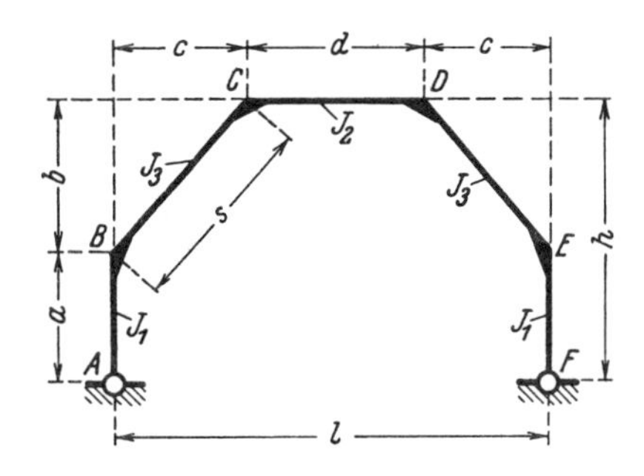

Rahmenform, Abmessungen und Bezeichnungen

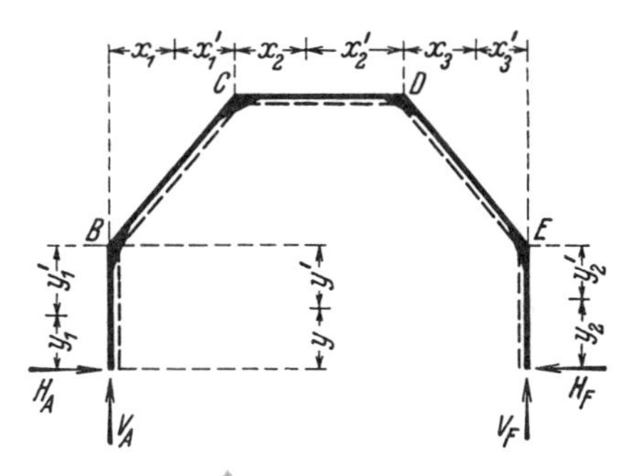

Festlegung der positiven Richtung aller Stützkräfte und der Koordinaten beliebiger Stabpunkte. Bei symmetrischen Lastfällen werden y und y' benutzt. Positive Biegungsmomente erzeugen an der gestrichelten Stabseite Zug

Festwerte:

$$k_1 = \frac{J_3}{J_1} \cdot \frac{a}{s} \qquad k_2 = \frac{J_3}{J_2} \cdot \frac{d}{s}; \qquad \alpha = \frac{a}{h} \qquad \gamma = \frac{c}{l} \qquad \delta = \frac{d}{l};$$

$$B = 2\alpha(k_1 + 1) + 1 \qquad C = \alpha + 2 + 3k_2; \qquad N = \alpha B + C.$$

Anschriebe der Momente an beliebiger Stelle der nicht direkt belasteten Stäbe für alle Belastungsfälle der Rahmenform 99

$$M_{x1} = \frac{x_1'}{c} M_B + \frac{x_1}{c} M_C \qquad M_{x2} = \frac{x_2'}{d} M_C + \frac{x_2}{d} M_D$$

$$M_{x3} = \frac{x_3'}{c} M_D + \frac{x_3}{c} M_E \qquad M_{y1} = \frac{y_1}{a} M_B \qquad M_{y2} = \frac{y_2}{a} M_E.$$

Fall 99/1: Gleichmäßige Wärmezunahme im ganzen Rahmen

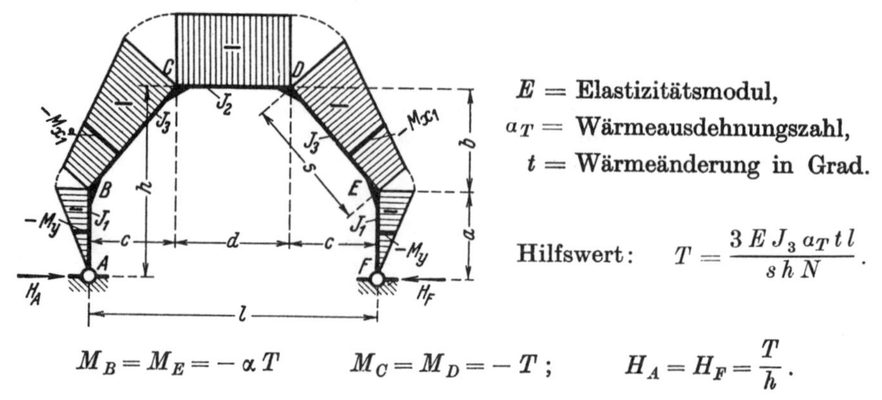

E = Elastizitätsmodul,

α_T = Wärmeausdehnungszahl,

t = Wärmeänderung in Grad.

Hilfswert: $T = \frac{3\,E\,J_3\,\alpha_T\,t\,l}{s\,h\,N}$.

$$M_B = M_E = -\alpha T \qquad M_C = M_D = -T\,; \qquad H_A = H_F = \frac{T}{h}.$$

Bemerkung: Bei Wärmeabnahme kehren alle Kräfte ihren Pfeilsinn um und alle Momente erhalten entgegengesetztes Vorzeichen.

Allgemeiner Fall 99/1a: Der Hilfswert T läßt sich aufspalten in

$$T = \frac{3\,E\,J_3\,\alpha_T}{s\,h\,N}(c \cdot t_1 + d \cdot t_2 + c \cdot t_3)\,,$$

wobei t_1 zum linken Schrägstab, t_2 zum Riegel, und t_3 zum rechten Schrägstab gehören.

Bemerkung: Etwaige Wärmeänderung eines oder beider Stiele liefert keinen statischen Beitrag.

Fall 99/2: Waagerechte Einzellast in Riegelhöhe

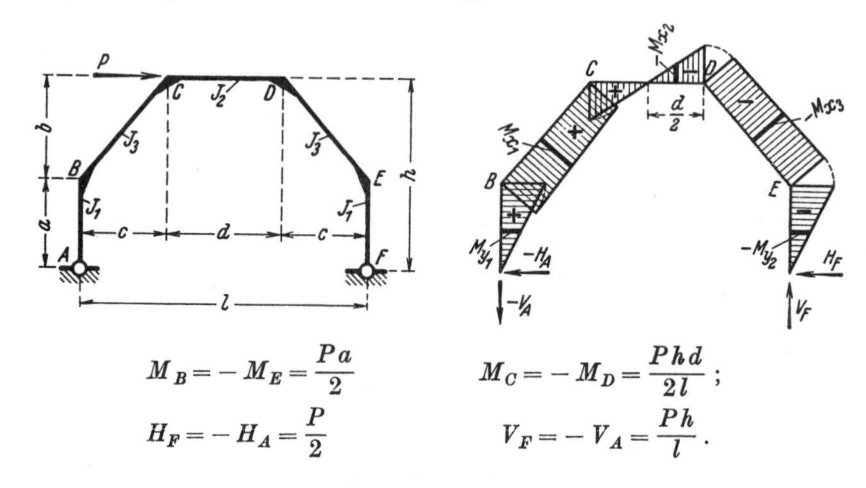

$$M_B = -M_E = \frac{P\,a}{2} \qquad M_C = -M_D = \frac{P\,h\,d}{2\,l}\,;$$

$$H_F = -H_A = \frac{P}{2} \qquad V_F = -V_A = \frac{P\,h}{l}.$$

Siehe hierzu den Abschnitt „**Belastungsglieder**"

Fall 99/3: Linker Schrägstab beliebig senkrecht belastet

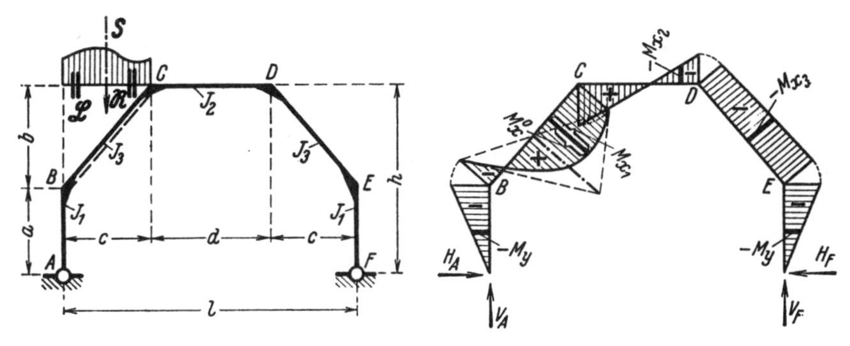

Hilfswert: $X = \dfrac{C\,\mathfrak{S}_l + \alpha\,\mathfrak{L} + \mathfrak{R}}{2\,N}$. $\qquad M_{x1} = \boldsymbol{M}_x^0 + \dfrac{x_1'}{c}\,M_B + \dfrac{x_1}{c}\,M_C$;

$M_B = M_E = -\,\alpha X \qquad M_C = (1-\gamma)\,\mathfrak{S}_l - X \qquad M_D = \gamma\,\mathfrak{S}_l - X$;

$V_F = \dfrac{\mathfrak{S}_l}{l} \qquad V_A = \boldsymbol{S} - V_F; \qquad H_A = H_F = \dfrac{X}{h}$.

Sonderfall 99/3a: Senkrechte Einzellast P im Eckpunkt C

Es ist zu setzen $\mathfrak{S}_l = Pc$; sowie $\mathfrak{L} = \mathfrak{R} = 0$ und $\boldsymbol{M}_x^0 = 0$.

Fall 99/4: Riegel beliebig senkrecht belastet

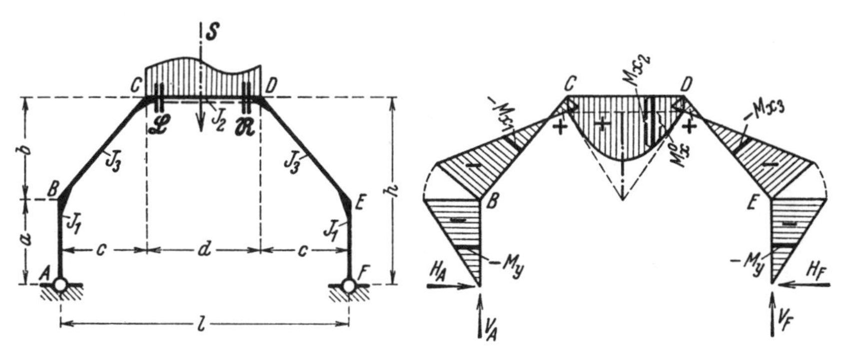

Hilfswert: $X = \dfrac{\boldsymbol{S}\,c\,C + (\mathfrak{L} + \mathfrak{R})\,k_2}{2\,N}$. $\qquad M_{x2} = \boldsymbol{M}_x^0 + \dfrac{x_2'}{d}\,M_C + \dfrac{x_2}{d}\,M_D$;

$M_B = M_E = -\,\alpha X \qquad M_C = \gamma\,(\mathfrak{S}_r + \boldsymbol{S}\,c) - X \qquad M_D = \gamma\,(\boldsymbol{S}\,c + \mathfrak{S}_l) - X$;

$V_A = \dfrac{\mathfrak{S}_r + \boldsymbol{S}\,c}{l} \qquad V_F = \dfrac{\boldsymbol{S}\,c + \mathfrak{S}_l}{l}; \qquad H_A = H_F = \dfrac{X}{h}$.

Siehe hierzu den Abschnitt „**Belastungsglieder**"

Fall 99/5: Linker Schrägstab beliebig waagerecht belastet

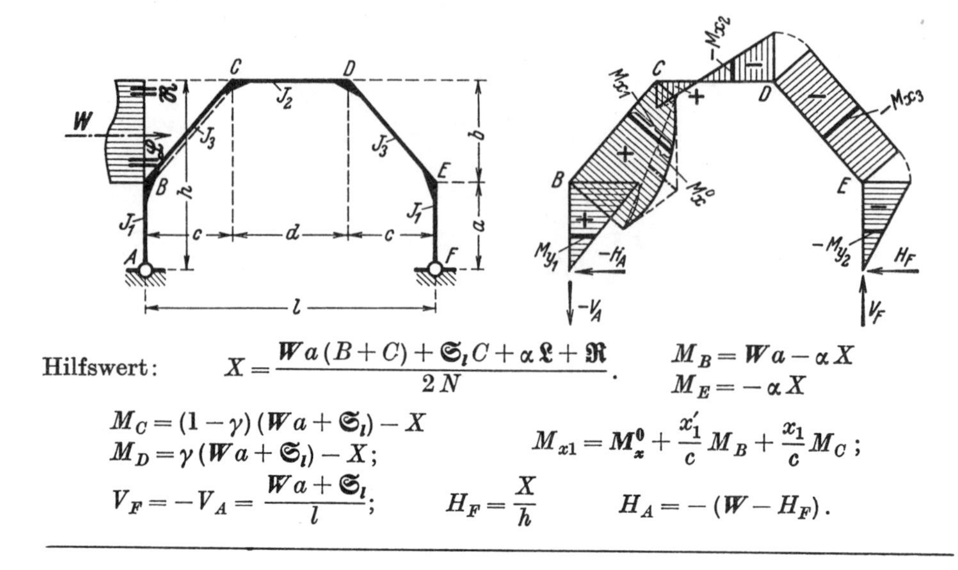

Hilfswert: $$X = \frac{\boldsymbol{W} a (B + C) + \mathfrak{S}_l C + \alpha \mathfrak{L} + \mathfrak{R}}{2N}.$$

$$M_B = \boldsymbol{W} a - \alpha X \qquad M_E = -\alpha X$$

$$M_C = (1 - \gamma)(\boldsymbol{W} a + \mathfrak{S}_l) - X$$
$$M_D = \gamma (\boldsymbol{W} a + \mathfrak{S}_l) - X; \qquad M_{x1} = \boldsymbol{M}_x^0 + \frac{x_1'}{c} M_B + \frac{x_1}{c} M_C;$$

$$V_F = -V_A = \frac{\boldsymbol{W} a + \mathfrak{S}_l}{l}; \qquad H_F = \frac{X}{h} \qquad H_A = -(\boldsymbol{W} - H_F).$$

Fall 99/6: Linker Stiel beliebig waagerecht belastet

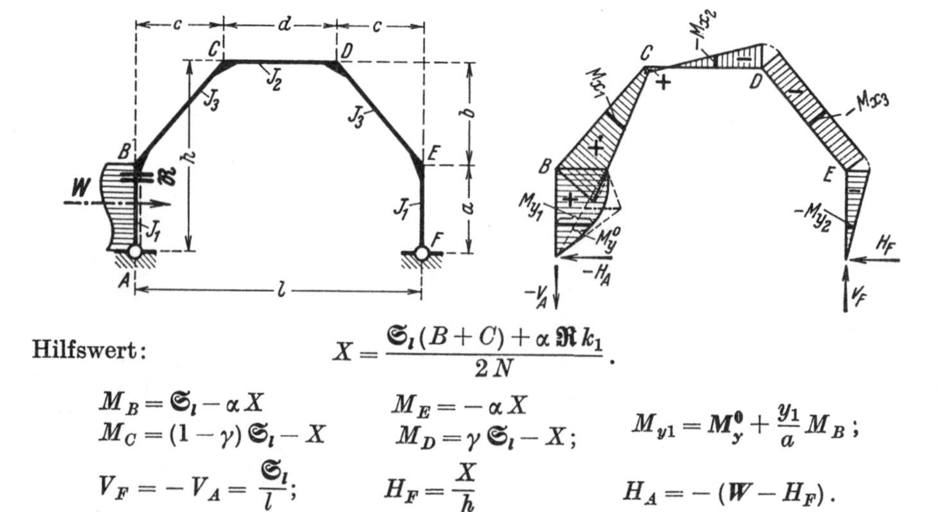

Hilfswert: $$X = \frac{\mathfrak{S}_l (B + C) + \alpha \mathfrak{R} k_1}{2N}.$$

$$M_B = \mathfrak{S}_l - \alpha X \qquad M_E = -\alpha X$$
$$M_C = (1 - \gamma)\mathfrak{S}_l - X \qquad M_D = \gamma \mathfrak{S}_l - X; \qquad M_{y1} = \boldsymbol{M}_y^0 + \frac{y_1}{a} M_B;$$

$$V_F = -V_A = \frac{\mathfrak{S}_l}{l}; \qquad H_F = \frac{X}{h} \qquad H_A = -(\boldsymbol{W} - H_F).$$

Sonderfall 99/6a: Waagerechte Einzellast am Eckpunkt B

Es ist zu setzen $\mathfrak{S}_l = Pa$ und $\boldsymbol{W} = P$; sowie $\mathfrak{R} = 0$ und $\boldsymbol{M}_y^0 = 0$.

Siehe hierzu den Abschnitt „**Belastungsglieder**“

Fall 99/7: Der ganze Rahmen beliebig senkrecht, aber symmetrisch zur Rahmenmitte belastet

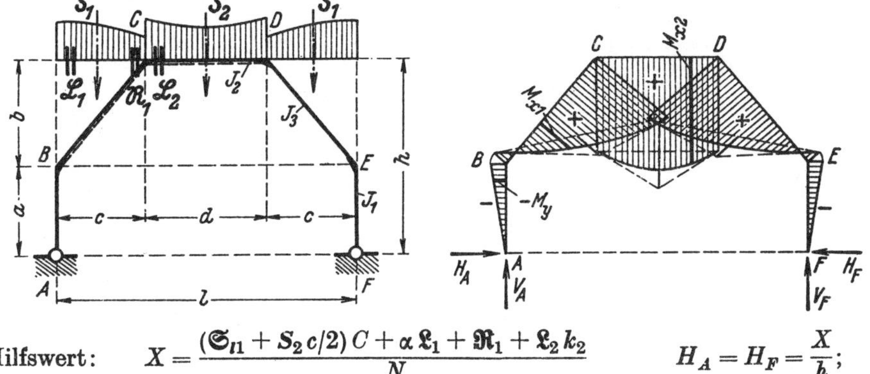

Hilfswert: $X = \dfrac{(\mathfrak{S}_{l1} + S_2 c/2)\,C + \alpha\,\mathfrak{L}_1 + \mathfrak{R}_1 + \mathfrak{L}_2 k_2}{N}$ $H_A = H_F = \dfrac{X}{h}$;

$M_B = M_E = -\alpha X$ $M_C = M_D = (\mathfrak{S}_{l1} + S_2 c/2) - X$;

$M_{x1} = M_x^0 + \dfrac{x_1'}{c} M_B + \dfrac{x_1}{c} M_C$ $M_{x2} = M_x^0 + M_C$; $V_A = V_F = S_1 + \dfrac{S_2}{2}$.

Bemerkung: Alle Belastungsglieder sind auf die linke Rahmenhälfte bezogen.

Sonderfall 99/7a: Zwei gleiche senkrechte Einzellasten P über C und D

Es ist zu setzen $S_1 = P$ und $\mathfrak{S}_{l1} = Pc$, während alle übrigen Belastungsglieder verschwinden.

Fall 99/8: Der ganze Rahmen beliebig senkrecht, aber antimetrisch belastet

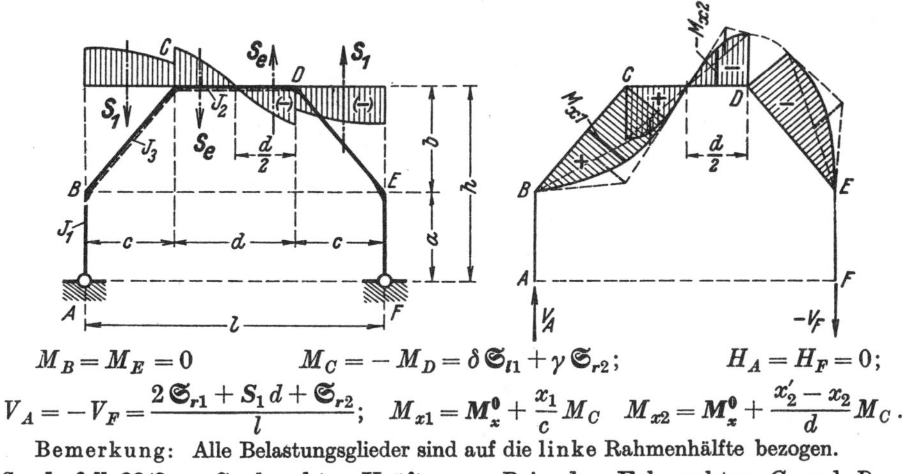

$M_B = M_E = 0$ $M_C = -M_D = \delta\,\mathfrak{S}_{l1} + \gamma\,\mathfrak{S}_{r2}$; $H_A = H_F = 0$;

$V_A = -V_F = \dfrac{2\,\mathfrak{S}_{r1} + S_1 d + \mathfrak{S}_{r2}}{l}$; $M_{x1} = M_x^0 + \dfrac{x_1}{c} M_C$ $M_{x2} = M_x^0 + \dfrac{x_2' - x_2}{d} M_C$.

Bemerkung: Alle Belastungsglieder sind auf die linke Rahmenhälfte bezogen.

Sonderfall 99/8a: Senkrechtes Kräftepaar P in den Eckpunkten C und D

$M_B = M_E = 0$ $M_C = -M_D = \delta\,Pc$; $V_A = -V_F = \delta\,P$; $M_x^0 = 0$.

Siehe hierzu den Abschnitt „**Belastungsglieder**"

Fall 99/9: Der ganze Rahmen beliebig waagerecht von außen her, aber symmetrisch zur Rahmenmitte belastet*)

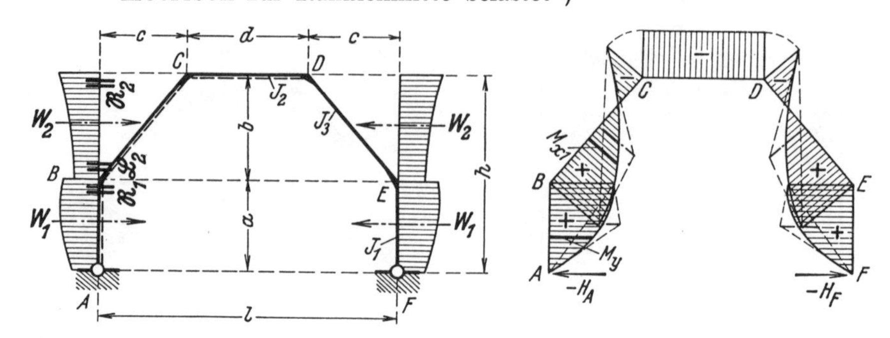

Hilfswert: $X = \dfrac{\mathfrak{S}_{l1}(B+C) + \alpha\,\mathfrak{R}_1 k_1}{N} + \dfrac{\mathfrak{W}_2 a (B+C) + \mathfrak{S}_{l2} C + \alpha\,\mathfrak{L}_2 + \mathfrak{R}_2}{N}$.

$M_B = M_E = \mathfrak{S}_{l1} + \mathfrak{W}_2 a - \alpha X \qquad M_C = M_D = \mathfrak{S}_{l1} + \mathfrak{W}_2 a + \mathfrak{S}_{l2} - X$.

$H_A = H_E = -\mathfrak{W}_1 - \mathfrak{W}_2 + \dfrac{X}{h}; \qquad V_A = V_F = 0$.

Fall 99/10: Der ganze Rahmen beliebig waagerecht von links her, aber antimetrisch zur Rahmenmitte belastet*)

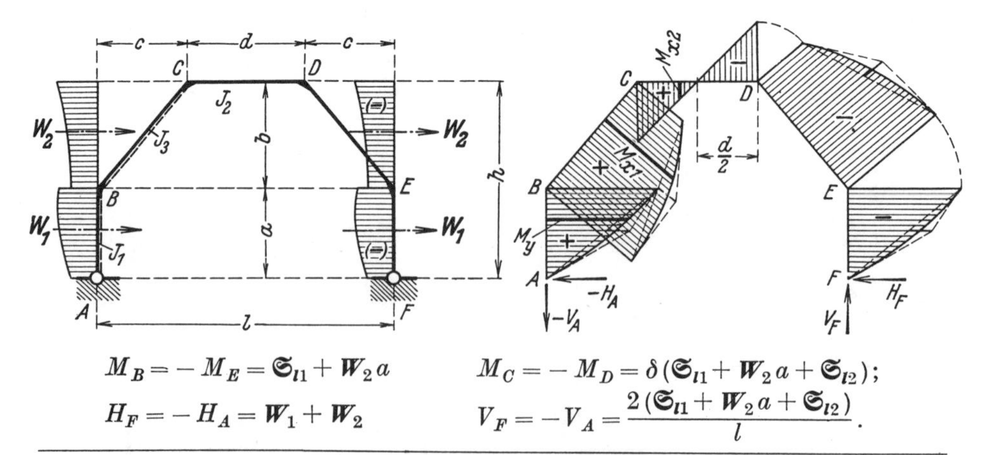

$M_B = -M_E = \mathfrak{S}_{l1} + \mathfrak{W}_2 a \qquad M_C = -M_D = \delta(\mathfrak{S}_{l1} + \mathfrak{W}_2 a + \mathfrak{S}_{l2})$;

$H_F = -H_A = \mathfrak{W}_1 + \mathfrak{W}_2 \qquad V_F = -V_A = \dfrac{2(\mathfrak{S}_{l1} + \mathfrak{W}_2 a + \mathfrak{S}_{l2})}{l}$.

Sonderfälle 99/9a und 99/10a: Zwei gleiche waagerechte Einzellasten P von außen her bzw. von links her an den Eckpunkten B und E.

Es ist zu setzen $\mathfrak{W}_1 = P$ und $\mathfrak{S}_{l1} = Pa$, während alle übrigen Belastungsglieder verschwinden.

*) Alle Belastungsglieder sind auf die linke Rahmenhälfte bezogen. — Ferner lauten M_{y_1} wie bei Fall 99/6 und M_{x_1} wie bei Fall 99/5.

Rahmenform 100

Symmetrischer Rechteckrahmen mit abgeschrägten Ecken, mit einem festen Fußgelenk und einem waagerecht beweglichen Auflager, verbunden durch ein elastisches Zugband

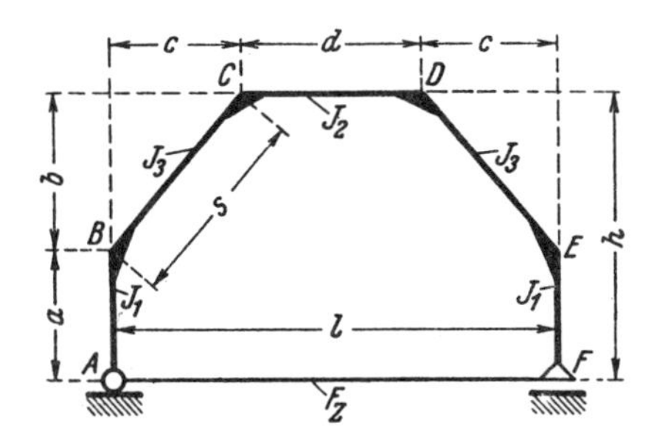

Rahmenform, Abmessungen und Bezeichnungen

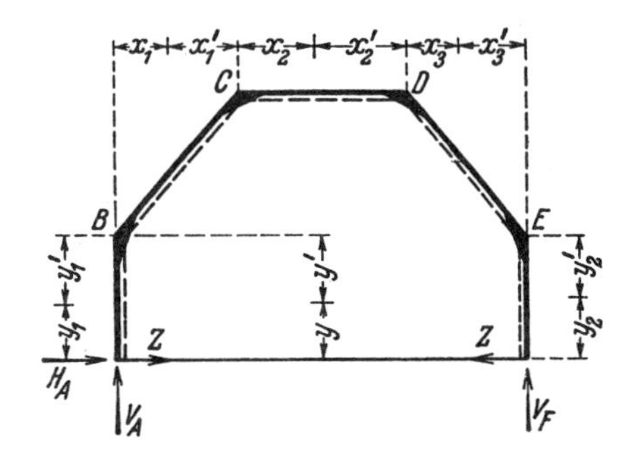

Festlegung der positiven Richtung aller Stützkräfte und der Koordinaten beliebiger Stabpunkte. Bei symmetrischen Lastfällen werden y und y' benutzt. Positive Biegungsmomente erzeugen an der gestrichelten Stabseite Zug

Festwerte: Wie bei Rahmenform 99, Seite 379.

Zusätzliche Festwerte:

$$L = \frac{3\,J_3}{h^2 F_Z} \cdot \frac{E}{E_Z} \cdot \frac{l}{s} \qquad N_Z = N + L\,.$$

E = Elastizitätsmodul des Rahmenbaustoffes,
E_Z = Elastizitätsmodul des Zugbandstoffes,
F_Z = Querschnittsfläche des Zugbandes.

Für Rahmenform 100 gelten die Fälle 99/1, 3, 4, 5, 6 und 7 (siehe Seite 380 bis 383) mit der Maßgabe, daß N durch N_Z zu ersetzen ist. Für die Fälle 99/1, 3, 4 und 7 ist dann $(H_A = H_F) = Z$, während für die Fälle 99/5 und 6 gilt $H_F = Z$ und $H_A = -W$. Die restlichen Fälle 99 sind für Rahmenform 100 nicht ohne weiteres verwendbar. Indessen kann unter Zuhilfenahme der nachstehenden Fälle 100/1 und 2 jeder beliebige zusammengesetzte Lastfall gebildet werden. Für den Fall einer waagerechten Einzellast in Riegelhöhe (vgl. Fall 99/2 Seite 380) gilt für Rahmenform 100 folgendes:

$$Z = \frac{P}{2} \cdot \frac{N}{N_Z}; \qquad M_B = (P - Z)\,a \qquad M_C = (1 - \gamma)\,P h - Z h$$
$$M_E = -Z a \qquad M_D = \gamma\,P h - Z h\,.$$

Rahmenform 100 Festwerte siehe Seite 385

Siehe hierzu den Abschnitt „**Belastungsglieder**"

Fall 100/1: Rechter Schrägstab beliebig waagerecht belastet

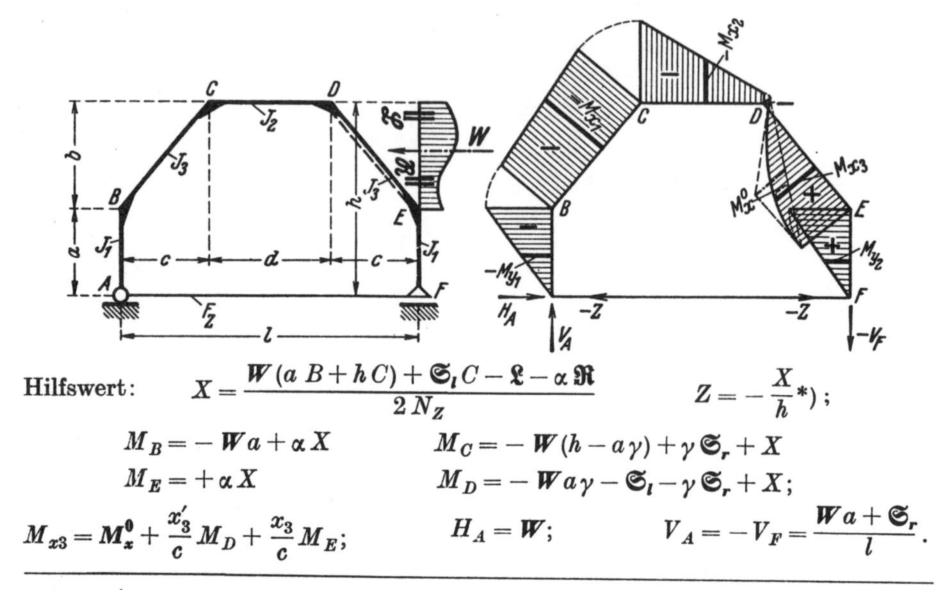

Hilfswert: $X = \dfrac{\boldsymbol{W}(a\,B + h\,C) + \mathfrak{S}_l\,C - \mathfrak{L} - \alpha\,\mathfrak{R}}{2\,N_Z}$ $Z = -\dfrac{X}{h}$*);

$M_B = -\boldsymbol{W}a + \alpha X$ $M_C = -\boldsymbol{W}(h - a\gamma) + \gamma\,\mathfrak{S}_r + X$

$M_E = +\alpha X$ $M_D = -\boldsymbol{W}a\gamma - \mathfrak{S}_l - \gamma\,\mathfrak{S}_r + X;$

$M_{x3} = \boldsymbol{M}_x^0 + \dfrac{x_3'}{c}M_D + \dfrac{x_3}{c}M_E;$ $H_A = \boldsymbol{W};$ $V_A = -V_F = \dfrac{\boldsymbol{W}a + \mathfrak{S}_r}{l}.$

Fall 100/2: Rechter Stiel beliebig waagerecht belastet

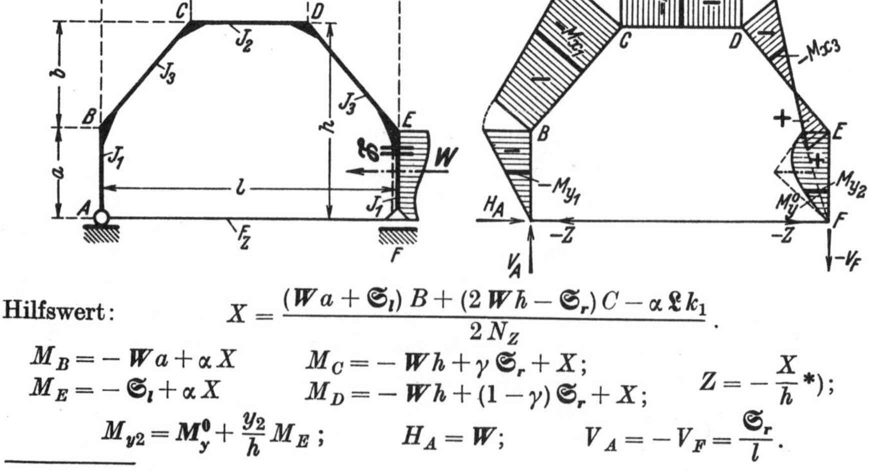

Hilfswert: $X = \dfrac{(\boldsymbol{W}a + \mathfrak{S}_l)\,B + (2\,\boldsymbol{W}h - \mathfrak{S}_r)\,C - \alpha\,\mathfrak{L}\,k_1}{2\,N_Z}.$

$M_B = -\boldsymbol{W}a + \alpha X$ $M_C = -\boldsymbol{W}h + \gamma\,\mathfrak{S}_r + X;$

$M_E = -\mathfrak{S}_l + \alpha X$ $M_D = -\boldsymbol{W}h + (1-\gamma)\,\mathfrak{S}_r + X;$ $Z = -\dfrac{X}{h}$*);

$M_{y2} = \boldsymbol{M}_y^0 + \dfrac{y_2}{h}M_E;$ $H_A = \boldsymbol{W};$ $V_A = -V_F = \dfrac{\mathfrak{S}_r}{l}.$

*) Bei obigen Lastfällen wird Z negativ, d. h. das Zugband erhält Druck. Dieser Umstand hat selbstverständlich nur dann einen Sinn, wenn die Druckkraft kleiner bleibt als die Zugkraft aus ständiger Last, so daß stets ein Rest Zugkraft im Zugbande verbleibt.

**) Die Anschriebe von M_x und M_y für alle nicht direkt belasteten Stäbe s. S. 379.

Rahmenform 101

Symmetrischer eingespannter Rechteckrahmen mit abgeschrägten Ecken

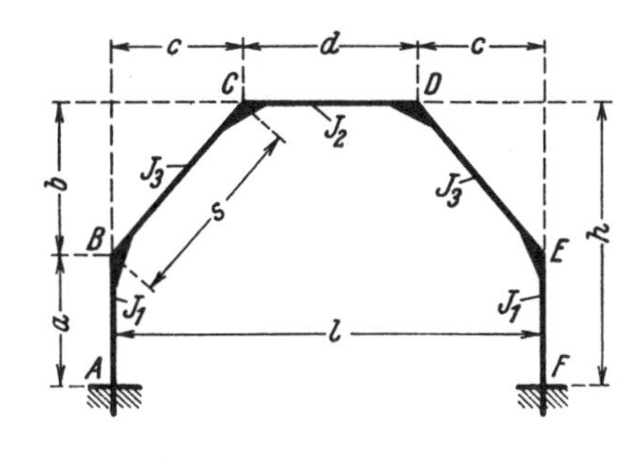

Rahmenform, Abmessungen und Bezeichnungen

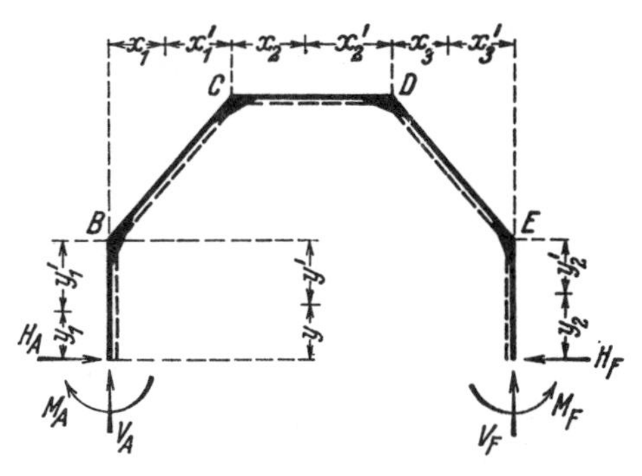

Festlegung der positiven Richtung aller Stützkräfte und der Koordinaten beliebiger Stabpunkte. Bei symmetrischen Lastfällen werden y und y' benutzt. Positive Biegungsmomente erzeugen an der gestrichelten Stabseite Zug

Festwerte:

$$k_1 = \frac{J_3}{J_1} \cdot \frac{a}{s} \qquad k_2 = \frac{J_3}{J_2} \cdot \frac{d}{s}; \qquad \gamma = \frac{c}{l} \qquad \delta = \frac{d}{l};$$

$$\varphi = \frac{b}{a} \qquad m = \frac{h}{a} = 1 + \varphi; \qquad (2\gamma + \delta = 1);$$

$$C_1 = \varphi (2 + 3 k_2) \qquad K_1 = 2 (k_1 + 1) + m (1 + C_2)$$

$$C_2 = 1 + m (2 + 3 k_2) \qquad K_2 = 2 k_1 + \varphi C_1$$

$$R = \varphi C_2 - k_1; \qquad N_1 = K_1 K_2 - R^2;$$

$$B = 3 k_1 + 2 + \delta \qquad C_3 = 1 + \delta (2 + k_2); \qquad N_2 = 3 k_1 + B + \delta C_3 .$$

Anschriebe für die Momente an beliebigen Stabpunkten für alle Belastungsfälle der Rahmenform 101

Die Anteile aus den Einspann- und Eckmomenten allein lauten wie folgt:

$$M_{x1} = \frac{x_1'}{c} M_B + \frac{x_1}{c} M_C \qquad M_{x2} = \frac{x_2'}{d} M_C + \frac{x_2}{d} M_D \qquad M_{x3} = \frac{x_3'}{c} M_D + \frac{x_3}{c} M_E$$

$$M_{y1} = \frac{y_1'}{a} M_A + \frac{y_1}{a} M_B \qquad M_{y2} = \frac{y_2}{a} M_E + \frac{y_2'}{a} M_F .$$

Zu diesen Werten kommt für die unmittelbar belasteten Stäbe jeweils das Glied $\boldsymbol{M_x^0}$ bzw. $\boldsymbol{M_y^0}$ hinzu.

Fall 101/1: Gleichmäßige Wärmezunahme im ganzen Rahmen (Symmetrischer Lastfall)

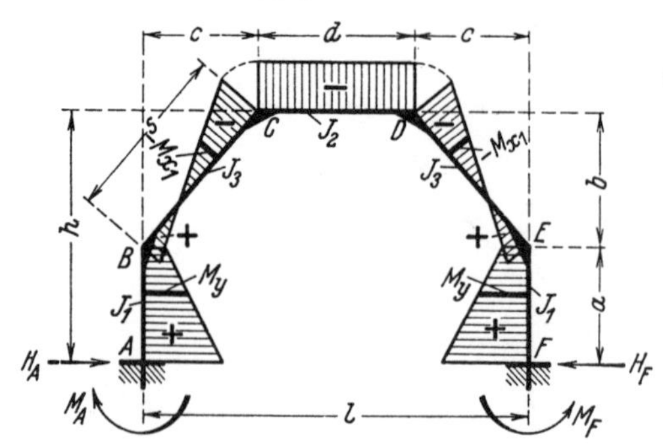

E = Elastizitätsmodul,
α_T = Wärmeausdehnungszahl,
t = Wärmeänderung in Grad.

Hilfswert: $T = \frac{3\,E\,J_3\,\alpha_T\,t\,l}{a\,s\,N_1}$.

$$M_A = M_F = T\,(K_1 - R)$$
$$M_B = M_E = T\,(R - K_2)$$
$$M_C = M_D = -\varphi\,M_A + m\,M_B\,;$$
$$H_A = H_F = \frac{M_A - M_B}{a}.$$

Bemerkung: Bei Wärmeabnahme kehren alle Kräfte ihren Pfeilsinn um und alle Momente erhalten entgegengesetztes Vorzeichen.

Allgemeiner Fall 101/1a: Der Hilfswert T läßt sich aufspalten zu

$$T = \frac{3\,E\,J_3\,\alpha_T}{a\,s\,N_1}(2\,c\cdot t_3 + d\cdot t_2)\,\text{*)}$$

wobei t_3 zum Schrägstabpaar s und t_2 zum Riegel d gehört.

Antimetrischer Wärmeänderungsfall 101/1b: Linker Stiel mit $+t_1$, rechter mit $-t_1$; linker Schrägstab mit $+t_3$, rechter mit $-t_3$**).

$$M_F = M_E = -M_B = -M_A = \frac{12\,E\,J_3\,\alpha_T}{s\,l\,N_2}(a\cdot t_1 + b\cdot t_3) \quad M_D = -M_C = \delta\,M_F.$$

Fall 101/2: Waagerechte Einzellast in Riegelhöhe

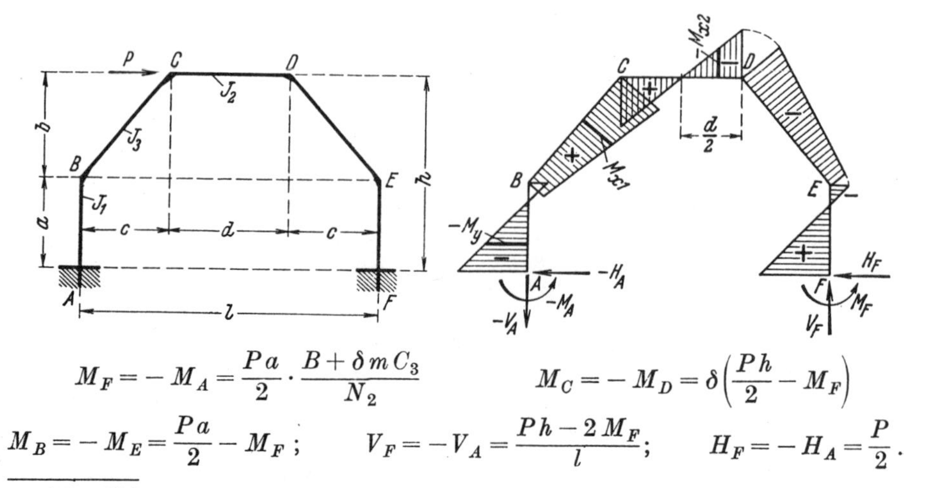

$$M_F = -M_A = \frac{P\,a}{2}\cdot\frac{B + \delta\,m\,C_3}{N_2} \qquad M_C = -M_D = \delta\left(\frac{P\,h}{2} - M_F\right)$$

$$M_B = -M_E = \frac{P\,a}{2} - M_F\,; \qquad V_F = -V_A = \frac{P\,h - 2\,M_F}{l}; \qquad H_F = -H_A = \frac{P}{2}.$$

*) Das Stielpaar a mit der Wärmezunahme t_1 liefert keinen statischen Beitrag.

**) Bei Antimetrie liefert der Riegel d keinen Beitrag.

Zu den Seiten 389/390 siehe den Abschnitt „**Belastungsglieder**“

Fall 101/3: Linker Schrägstab beliebig senkrecht belastet

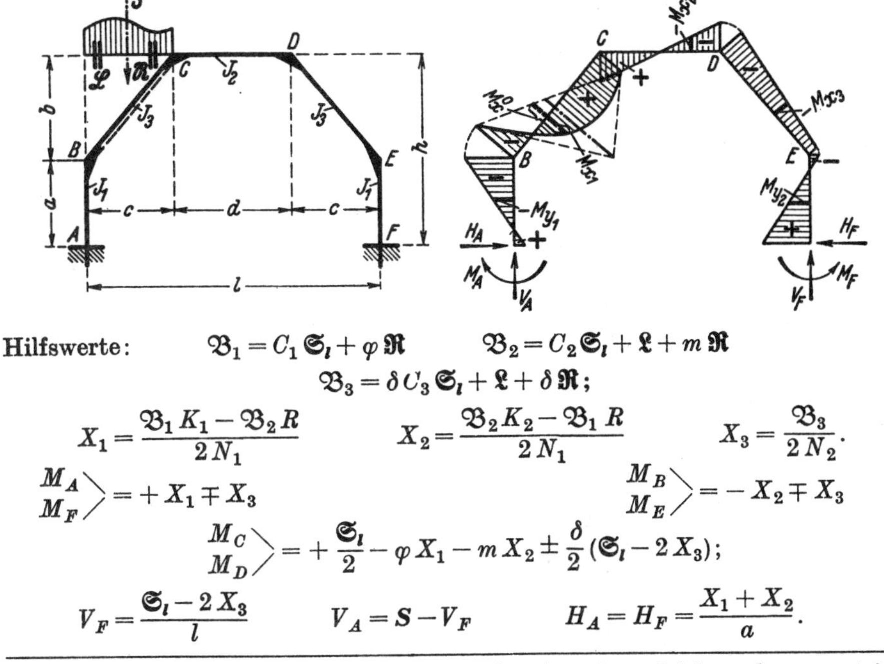

Hilfswerte: $\mathfrak{B}_1 = C_1\,\mathfrak{S}_l + \varphi\,\mathfrak{R}$ $\qquad \mathfrak{B}_2 = C_2\,\mathfrak{S}_l + \mathfrak{L} + m\,\mathfrak{R}$

$$\mathfrak{B}_3 = \delta\,C_3\,\mathfrak{S}_l + \mathfrak{L} + \delta\,\mathfrak{R};$$

$$X_1 = \frac{\mathfrak{B}_1 K_1 - \mathfrak{B}_2 R}{2 N_1} \qquad X_2 = \frac{\mathfrak{B}_2 K_2 - \mathfrak{B}_1 R}{2 N_1} \qquad X_3 = \frac{\mathfrak{B}_3}{2 N_2}.$$

$$\left.\begin{matrix} M_A \\ M_F \end{matrix}\right\rangle = + X_1 \mp X_3 \qquad \left.\begin{matrix} M_B \\ M_E \end{matrix}\right\rangle = - X_2 \mp X_3$$

$$\left.\begin{matrix} M_C \\ M_D \end{matrix}\right\rangle = + \frac{\mathfrak{S}_l}{2} - \varphi X_1 - m X_2 \pm \frac{\delta}{2}(\mathfrak{S}_l - 2 X_3);$$

$$V_F = \frac{\mathfrak{S}_l - 2 X_3}{l} \qquad V_A = S - V_F \qquad H_A = H_F = \frac{X_1 + X_2}{a}.$$

Fall 101/4: Beide Schrägstäbe beliebig senkrecht, aber gleich und symmetrisch zur Rahmenmitte belastet

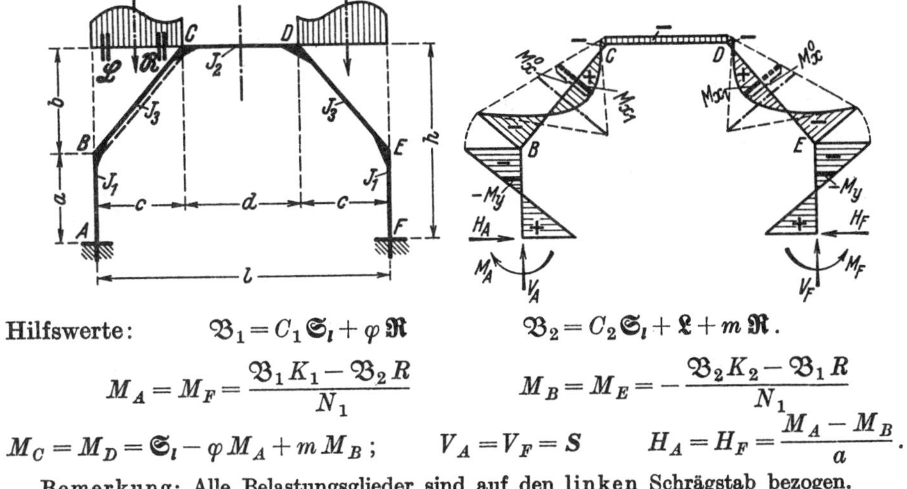

Hilfswerte: $\mathfrak{B}_1 = C_1\,\mathfrak{S}_l + \varphi\,\mathfrak{R}$ $\qquad \mathfrak{B}_2 = C_2\,\mathfrak{S}_l + \mathfrak{L} + m\,\mathfrak{R}.$

$$M_A = M_F = \frac{\mathfrak{B}_1 K_1 - \mathfrak{B}_2 R}{N_1} \qquad M_B = M_E = - \frac{\mathfrak{B}_2 K_2 - \mathfrak{B}_1 R}{N_1}$$

$$M_C = M_D = \mathfrak{S}_l - \varphi M_A + m M_B; \qquad V_A = V_F = S \qquad H_A = H_F = \frac{M_A - M_B}{a}.$$

Bemerkung: Alle Belastungsglieder sind auf den linken Schrägstab bezogen.

Fall 101/5: Riegel beliebig senkrecht belastet

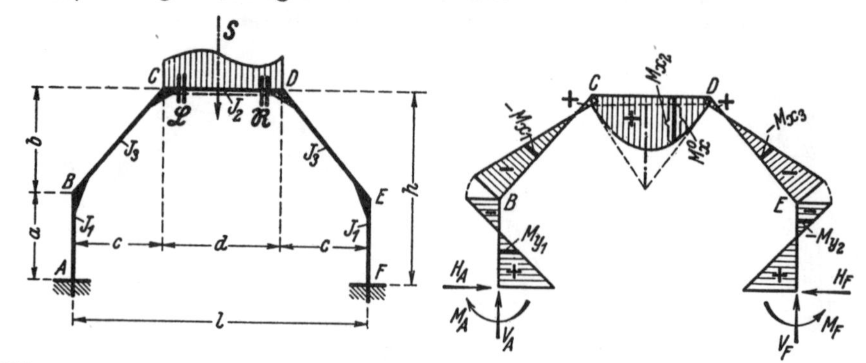

Hilfswerte:

$$\mathfrak{B}_3 = (\mathfrak{S}_r - \mathfrak{S}_l)\,\gamma\, C_3 + (\mathfrak{L} - \mathfrak{R})\,\delta\, k_2$$

$$\mathfrak{B}_1 = S\,c\,C_1 + (\mathfrak{L} + \mathfrak{R})\,\varphi\, k_2 \qquad \mathfrak{B}_2 = S\,c\,C_2 + (\mathfrak{L} + \mathfrak{R})\, m\, k_2;$$

$$X_1 = \frac{\mathfrak{B}_1 K_1 - \mathfrak{B}_2 R}{2 N_1} \qquad X_2 = \frac{\mathfrak{B}_2 K_2 - \mathfrak{B}_1 R}{2 N_1} \qquad X_3 = \frac{\mathfrak{B}_3}{2 N_2}.$$

$$\left.\begin{matrix} M_A \\ M_F \end{matrix}\right\rangle = + X_1 \mp X_3 \qquad \left.\begin{matrix} M_B \\ M_E \end{matrix}\right\rangle = - X_2 \mp X_3; \qquad H_A = H_F = \frac{X_1 + X_2}{a}$$

$$\left.\begin{matrix} M_C \\ M_D \end{matrix}\right\rangle = + \frac{S\,c}{2} - \varphi X_1 - m X_2 \pm \left[\frac{\gamma}{2}(\mathfrak{S}_r - \mathfrak{S}_l) - \delta X_3\right];$$

$$V_A = \frac{S\,c + \mathfrak{S}_r + 2 X_3}{l} \qquad V_F = \frac{S\,c + \mathfrak{S}_l - 2 X_3}{l}.$$

Sonderfall 101/5a: Symmetrische Riegellast ($\mathfrak{S}_l = \mathfrak{S}_r$; $\mathfrak{R} = \mathfrak{L}$). $X_3 = 0$!

Fall 101/6: Ganzer Rahmen beliebig senkrecht, aber antimetrisch zur Rahmenmitte belastet

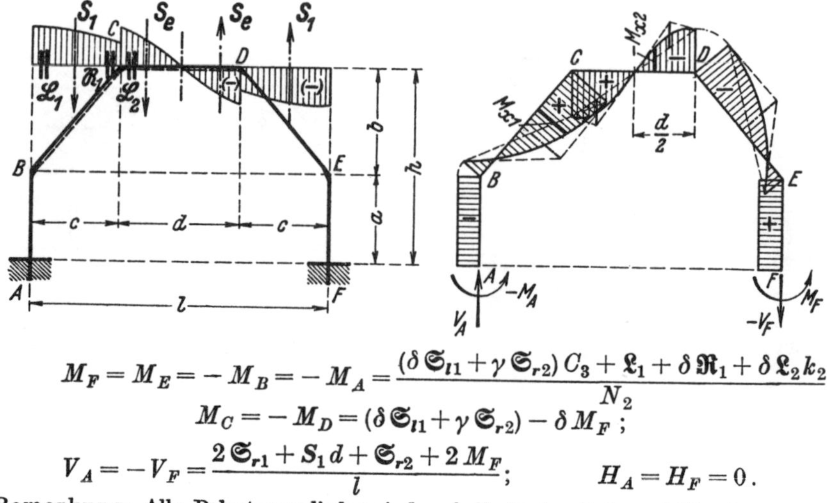

$$M_F = M_E = - M_B = - M_A = \frac{(\delta\,\mathfrak{S}_{l1} + \gamma\,\mathfrak{S}_{r2})\,C_3 + \mathfrak{L}_1 + \delta\,\mathfrak{R}_1 + \delta\,\mathfrak{L}_2 k_2}{N_2}$$

$$M_C = - M_D = (\delta\,\mathfrak{S}_{l1} + \gamma\,\mathfrak{S}_{r2}) - \delta\, M_F;$$

$$V_A = - V_F = \frac{2\,\mathfrak{S}_{r1} + S_1 d + \mathfrak{S}_{r2} + 2 M_F}{l}; \qquad H_A = H_F = 0.$$

Bemerkung: Alle Belastungsglieder sind auf die linke Rahmenhälfte bezogen.

Zu den Seiten 391/392 siehe den Abschnitt „**Belastungsglieder**"

Fall 101/7: Ganzer Rahmen beliebig waagerecht von außen her, aber symmetrisch zur Rahmenmitte belastet

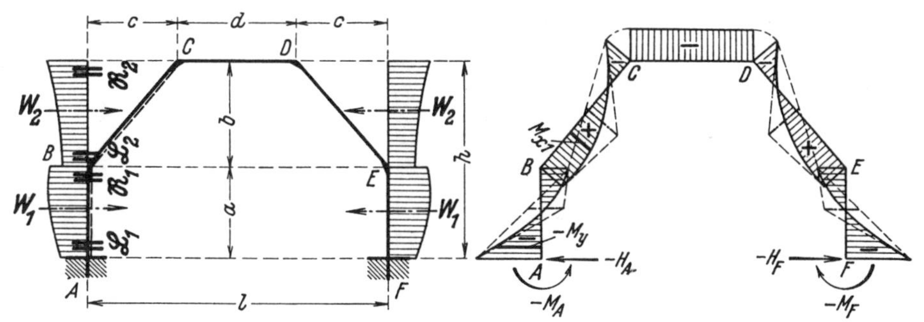

Hilfswerte:

$$\mathfrak{B}_1 = \varphi\, C_1\, \mathfrak{S}_{l1} + \mathfrak{L}_1 k_1 + C_1\, \mathfrak{S}_{r2} - \varphi\, \mathfrak{R}_2$$

$$\mathfrak{B}_2 = \varphi\, C_2\, \mathfrak{S}_{l1} - \mathfrak{R}_1 k_1 + C_2\, \mathfrak{S}_{r2} - \mathfrak{L}_2 - m\, \mathfrak{R}_2 .$$

$$M_A = M_F = -\frac{\mathfrak{B}_1 K_1 - \mathfrak{B}_2 R}{N_1} \qquad M_B = M_E = \frac{\mathfrak{B}_2 K_2 - \mathfrak{B}_1 R}{N_1};$$

$$M_C = M_D = -\varphi\, \mathfrak{S}_{l1} - \mathfrak{S}_{r2} - \varphi\, M_A + m\, M_B ;$$

$$H_A = H_F = -\frac{\mathfrak{S}_{l1}}{a} + \frac{M_A - M_B}{a}; \qquad V_A = V_F = 0 .$$

Bemerkung: Alle Belastungsglieder sind auf die linke Rahmenhälfte bezogen.

Fall 101/8: Ganzer Rahmen beliebig waagerecht von links her, aber antimetrisch zur Rahmenmitte belastet

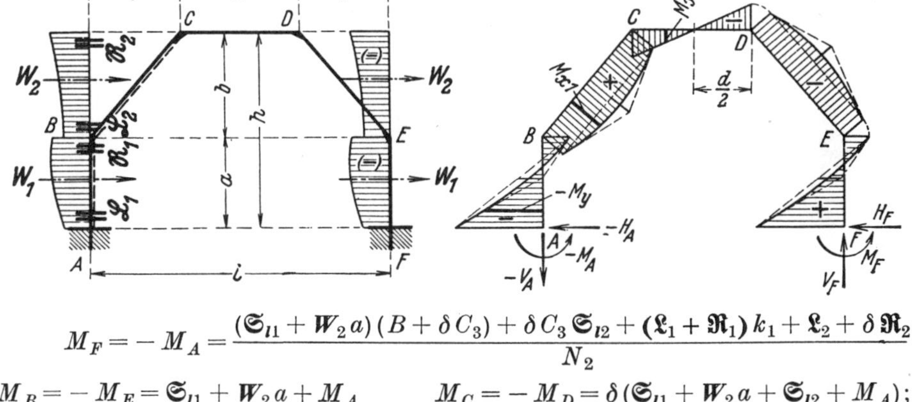

$$M_F = -M_A = \frac{(\mathfrak{S}_{l1} + W_2 a)(B + \delta C_3) + \delta C_3\, \mathfrak{S}_{l2} + (\mathfrak{L}_1 + \mathfrak{R}_1)\, k_1 + \mathfrak{L}_2 + \delta\, \mathfrak{R}_2}{N_2}$$

$$M_B = -M_E = \mathfrak{S}_{l1} + W_2 a + M_A \qquad M_C = -M_D = \delta(\mathfrak{S}_{l1} + W_2 a + \mathfrak{S}_{l2} + M_A);$$

$$V_F = -V_A = \frac{\mathfrak{S}_{l1} + W_2 a + \mathfrak{S}_{l2} + M_A}{l/2}; \qquad H_F = -H_A = W_1 + W_2 .$$

Bemerkung: Alle Belastungsglieder sind auf die linke Rahmenhälfte bezogen.

Fall 101/9: Linker Schrägstab beliebig waagerecht belastet

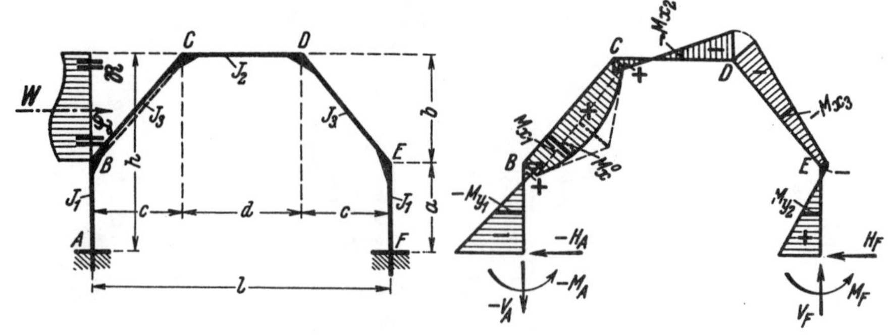

Hilfswerte:

$$\mathfrak{B}_1 = C_1 \mathfrak{S}_r - \varphi \mathfrak{R} \qquad \mathfrak{B}_2 = C_2 \mathfrak{S}_r - (\mathfrak{L} + m \mathfrak{R})$$

$$\mathfrak{B}_3 = \boldsymbol{W} a (B + \delta C_3) + \delta C_3 \mathfrak{S}_l + \mathfrak{L} + \delta \mathfrak{R};$$

$$X_1 = \frac{\mathfrak{B}_1 K_1 - \mathfrak{B}_2 R}{2 N_1} \qquad X_2 = \frac{\mathfrak{B}_2 K_2 - \mathfrak{B}_1 R}{2 N_1} \qquad X_3 = \frac{\mathfrak{B}_3}{2 N_2}.$$

$$\begin{matrix} M_A \\ M_F \end{matrix} \Big\rangle = - X_1 \mp X_3 \qquad \begin{matrix} M_B \\ M_E \end{matrix} \Big\rangle = + X_2 \pm \left(\frac{\boldsymbol{W} a}{2} - X_3 \right)$$

$$\begin{matrix} M_C \\ M_D \end{matrix} \Big\rangle = - \frac{\mathfrak{S}_r}{2} + \varphi X_1 + m X_2 \pm \frac{\delta}{2} (\boldsymbol{W} a + \mathfrak{S}_l - 2 X_3);$$

$$V_F = - V_A = \frac{\boldsymbol{W} a + \mathfrak{S}_l - 2 X_3}{l}; \qquad H_F = \frac{\boldsymbol{W}}{2} - \frac{X_1 + X_2}{a} \qquad H_A = - (\boldsymbol{W} - H_F).$$

Fall 101/10: Linker Stiel beliebig waagerecht belastet

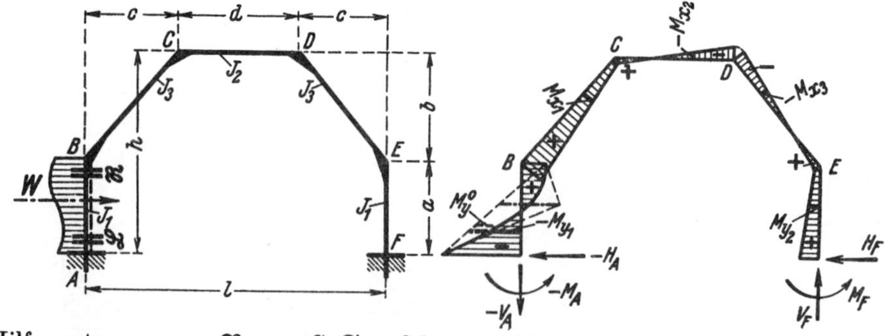

Hilfswerte:

$$\mathfrak{B}_1 = \varphi C_1 \mathfrak{S}_l + \mathfrak{L} k_1 \qquad \mathfrak{B}_2 = \varphi C_2 \mathfrak{S}_l - \mathfrak{R} k_1$$

$$\mathfrak{B}_3 = \mathfrak{S}_l (B + \delta C_3) + (\mathfrak{L} + \mathfrak{R}) k_1;$$

die Anschriebe für X_1, X_2 und X_3 lauten genau wie oben.

$$\begin{matrix} M_A \\ M_F \end{matrix} \Big\rangle = - X_1 \mp X_3 \qquad \begin{matrix} M_B \\ M_E \end{matrix} \Big\rangle = + X_2 \pm \left(\frac{\mathfrak{S}_l}{2} - X_3 \right)$$

$$\begin{matrix} M_C \\ M_D \end{matrix} \Big\rangle = - \frac{\varphi \mathfrak{S}_l}{2} + \varphi X_1 + m X_2 \pm \delta \left(\frac{\mathfrak{S}_l}{2} - X_3 \right);$$

$$V_F = - V_A = \frac{\mathfrak{S}_l - 2 X_3}{l}; \qquad H_F = \frac{\mathfrak{S}_l}{2a} - \frac{X_1 + X_2}{a} \qquad H_A = - (\boldsymbol{W} - H_F).$$

Rahmenform 102

Symmetrischer Zweigelenkrahmen mit senkrechten Stielen und parabolisch gekrümmtem Riegel

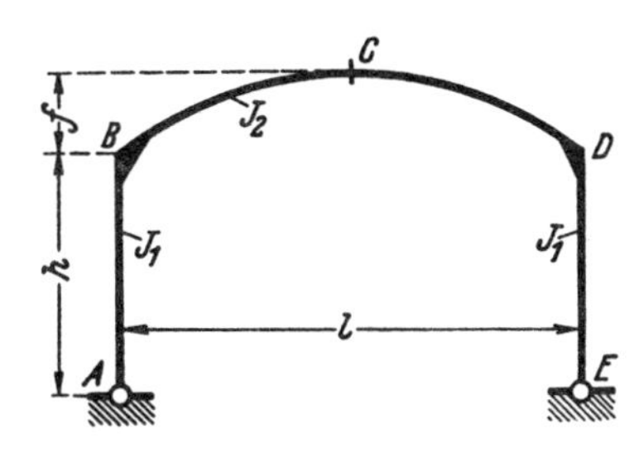

Rahmenform, Abmessungen und Bezeichnungen

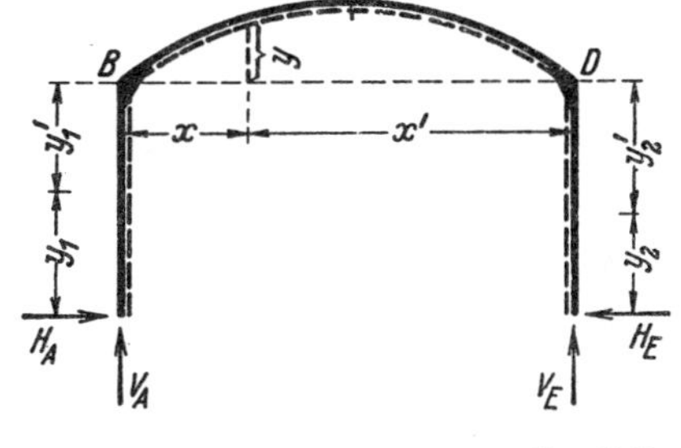

Festlegung der positiven Richtung aller Stützkräfte und der Koordinaten beliebiger Stabpunkte. Positive Biegungsmomente erzeugen an der gestrichelten Stabseite Zug

Festwerte:

$$k = \frac{J_2}{J_1} \cdot \frac{h}{l}; \qquad \varphi = \frac{f}{h};$$

$$B = 2k + 3 + 2\varphi \qquad C = 2\varphi\left(1 + \frac{4}{5}\varphi\right); \qquad N = B + C.$$

Gleichung des parabolischen Riegels: $y = \frac{4f}{l^2} x x' = 4f \cdot \omega_R$ [1]).

Die Formeln der Rahmenform 102 gelten praktisch genau nur für Rahmen mit **flach** gekrümmtem Riegel, weil der Einfachheit wegen bei der Berechnung für den Riegel $ds = dx$ gesetzt wurde[2]).Aus diesem Grunde sind die Riegelmomentenflächen nicht an die Parabel, sondern an deren Sehne BD angetragen worden.

Da für die hier in Frage kommenden kleinen Werte des Pfeilverhältnisses $f : l$ der Kreisbogen nur wenig von der Parabel abweicht, so gelten die Formeln der Rahmenform 102 praktisch genau auch für Rahmen mit **kreisförmig** gekrümmtem Riegel.

---

[1]) Zahlentafeln für die Omega-Funktion $\omega_R = \xi - \xi^2 = \xi\,\xi'$ siehe in „Kleinlogel u. Haselbach, **Belastungsglieder**“, 9. Aufl.

[2]) anstatt $ds = dx/\cos\alpha_x$

Siehe hierzu den Abschnitt „**Belastungsglieder**"

Fall 102/1: Riegel beliebig senkrecht belastet

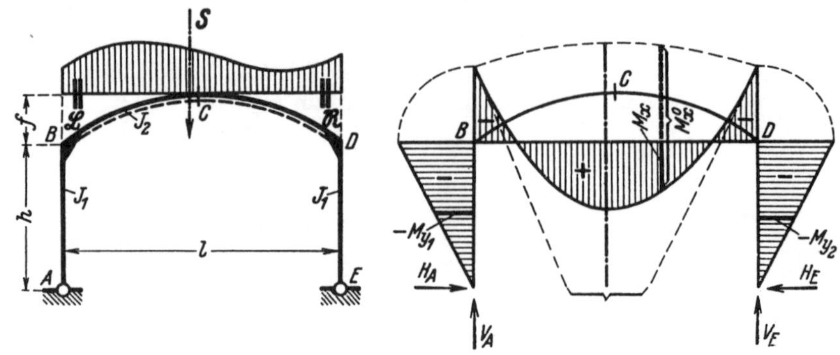

$$M_B = M_D = -\frac{(\mathfrak{L}+\mathfrak{R})+\varphi\,\mathfrak{P}}{2N} \qquad M_C = M_C^0 + (1+\varphi)\,M_B; \qquad H_A = H_E = \frac{-M_B}{h};$$

$$M_x = M_x^0 + M_B\left(1+\frac{y}{h}\right) \qquad M_{y1} = M_{y2} = \frac{y_1}{h}M_B; \qquad V_A = \frac{\mathfrak{S}_r}{l} \qquad V_E = \frac{\mathfrak{S}_l}{l}.$$

Bemerkung: Die nur für parabolisch gekrümmte Stäbe geltenden Belastungsglieder $\mathfrak{P}$ sind für die wichtigsten Belastungsfälle auf Seite 399 zusammengestellt. M_C^0 ist das Moment des einfachen Balkens BD in Feldmitte.

Sonderfall 102/1a: Symmetrische Riegellast ($\mathfrak{R} = \mathfrak{L}$; $\mathfrak{S}_l = \mathfrak{S}_r$).

$$M_B = M_D = -\frac{2\,\mathfrak{L}+\varphi\,\mathfrak{P}}{2N}; \qquad V_A = V_E = \frac{S}{2}.$$

Sonderfall 102/1b: Senkrechte Einzellast P im Scheitelpunkt C

$$M_B = M_D = -\frac{Pl}{16}\cdot\frac{6+5\varphi}{N}; \qquad M_C^0 = \frac{Pl}{4}; \qquad V_A = V_E = \frac{P}{2}.$$

Fall 102/2: Riegel beliebig senkrecht, aber antimetrisch belastet ($\mathfrak{R} = -\mathfrak{L}$; $\mathfrak{S}_l = -\mathfrak{S}_r$; $\mathfrak{P} = 0$).

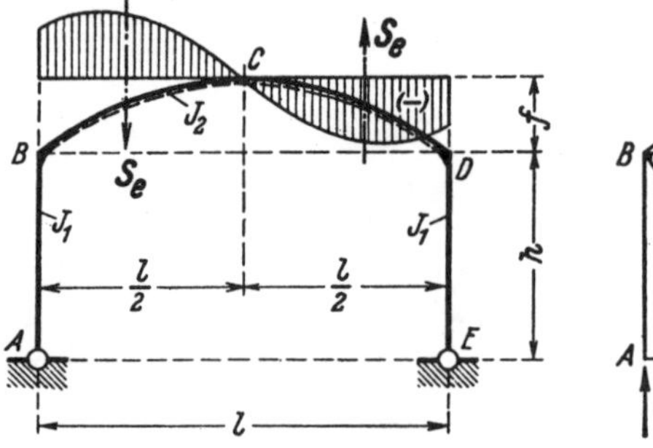

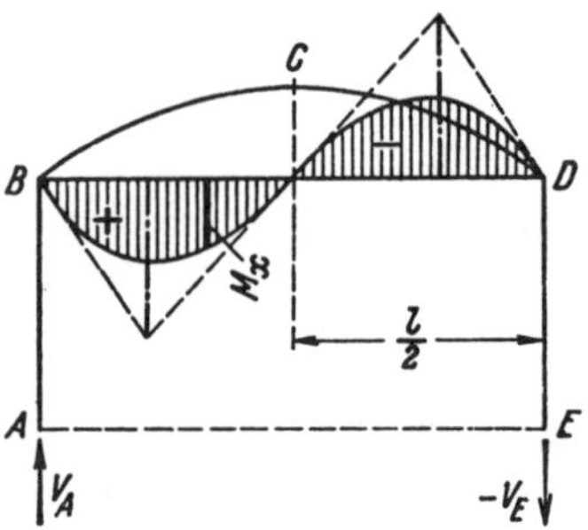

$$M_B = M_C = M_D = 0 \qquad M_x = M_x^0; \qquad V_A = -V_E = \frac{\mathfrak{S}_r}{l}; \qquad H_A = H_E = 0.$$

Bemerkung: Bei diesem Lastfall wird der Riegel zum statisch bestimmten einfachen Balken.

Festwerte siehe Seite 393

Siehe hierzu den Abschnitt „**Belastungsglieder**"

Fall 102/3: Linker Stiel beliebig waagerecht belastet

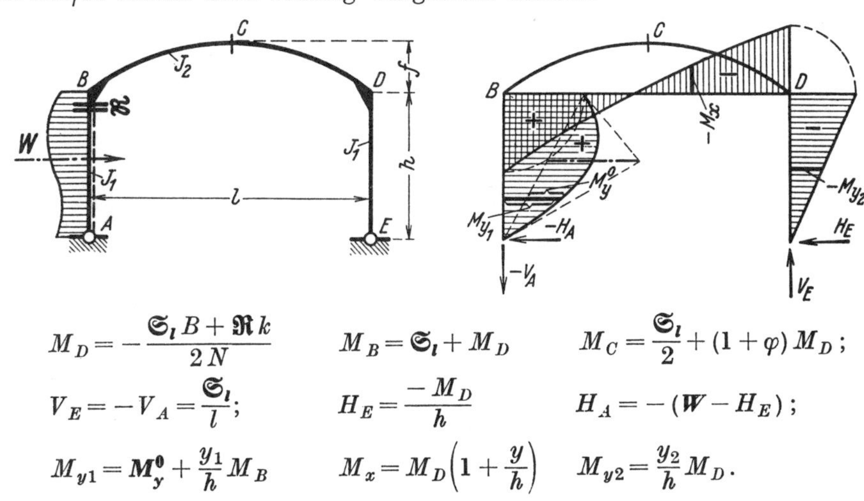

$$M_D = -\frac{\mathfrak{S}_l B + \mathfrak{R} k}{2N} \qquad M_B = \mathfrak{S}_l + M_D \qquad M_C = \frac{\mathfrak{S}_l}{2} + (1+\varphi) M_D;$$

$$V_E = -V_A = \frac{\mathfrak{S}_l}{l}; \qquad H_E = \frac{-M_D}{h} \qquad H_A = -(W - H_E);$$

$$M_{y1} = M_y^0 + \frac{y_1}{h} M_B \qquad M_x = M_D\left(1 + \frac{y}{h}\right) \qquad M_{y2} = \frac{y_2}{h} M_D.$$

Sonderfall 102/3a: Waagerechte Einzellast P am Eckpunkt B

Es ist zu setzen: $W = P \qquad \mathfrak{S}_l = Ph; \qquad \mathfrak{R} = 0 \qquad M_y^0 = 0.$

Fall 102/4: Beide Stiele beliebig waagerecht von außen her, aber gleich und symmetrisch zur Rahmenmitte belastet

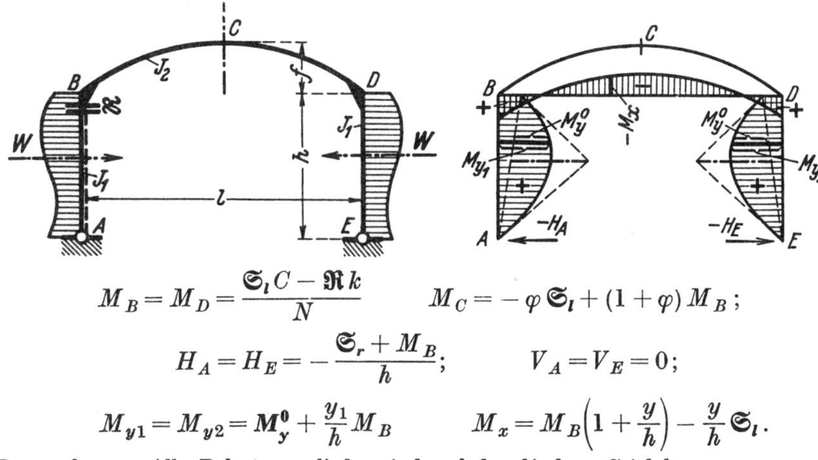

$$M_B = M_D = \frac{\mathfrak{S}_l C - \mathfrak{R} k}{N} \qquad M_C = -\varphi \mathfrak{S}_l + (1+\varphi) M_B;$$

$$H_A = H_E = -\frac{\mathfrak{S}_r + M_B}{h}; \qquad V_A = V_E = 0;$$

$$M_{y1} = M_{y2} = M_y^0 + \frac{y_1}{h} M_B \qquad M_x = M_B\left(1 + \frac{y}{h}\right) - \frac{y}{h}\mathfrak{S}_l.$$

Bemerkung: Alle Belastungsglieder sind auf den linken Stiel bezogen.

Sonderfall 102/4a: Zwei waagerechte Einzellasten P von außen her an den Eckpunkten B und D

Es ist zu setzen: $\mathfrak{S}_l = Ph; \qquad \mathfrak{S}_r = 0 \qquad \mathfrak{R} = 0 \qquad M_y^0 = 0.$

Fall 102/5: Beide Stiele beliebig waagerecht von links her, aber gleich belastet (Antimetriefall)

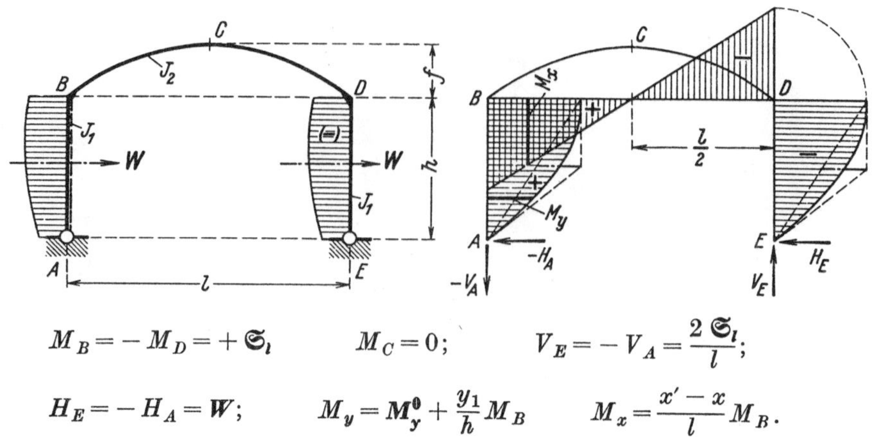

$$M_B = -M_D = +\mathfrak{S}_l \qquad M_C = 0; \qquad V_E = -V_A = \frac{2\,\mathfrak{S}_l}{l};$$

$$H_E = -H_A = W; \qquad M_y = M_y^0 + \frac{y_1}{h} M_B \qquad M_x = \frac{x' - x}{l} M_B.$$

Bemerkung: Alle Belastungsglieder sind auf den linken Stiel bezogen.

Fall 102/6: Waagerechte Rechteck-Vollast von links her auf den Riegel wirkend

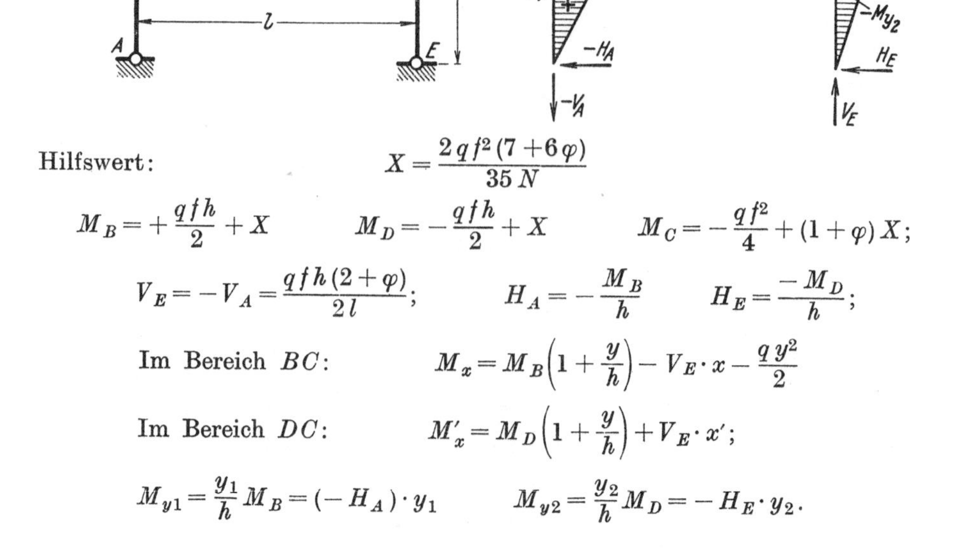

Hilfswert:
$$X = \frac{2\,q\,f^2\,(7 + 6\,\varphi)}{35\,N}$$

$$M_B = +\frac{q\,f\,h}{2} + X \qquad M_D = -\frac{q\,f\,h}{2} + X \qquad M_C = -\frac{q\,f^2}{4} + (1 + \varphi)\,X;$$

$$V_E = -V_A = \frac{q\,f\,h\,(2 + \varphi)}{2\,l}; \qquad H_A = -\frac{M_B}{h} \qquad H_E = \frac{-M_D}{h};$$

Im Bereich BC:
$$M_x = M_B\left(1 + \frac{y}{h}\right) - V_E \cdot x - \frac{q\,y^2}{2}$$

Im Bereich DC:
$$M_x' = M_D\left(1 + \frac{y}{h}\right) + V_E \cdot x';$$

$$M_{y1} = \frac{y_1}{h} M_B = (-H_A) \cdot y_1 \qquad M_{y2} = \frac{y_2}{h} M_D = -H_E \cdot y_2.$$

Fall 102/7: Zwei gleiche waagerechte Rechteck-Vollasten von außen her auf den Riegel wirkend (Symmetriefall)

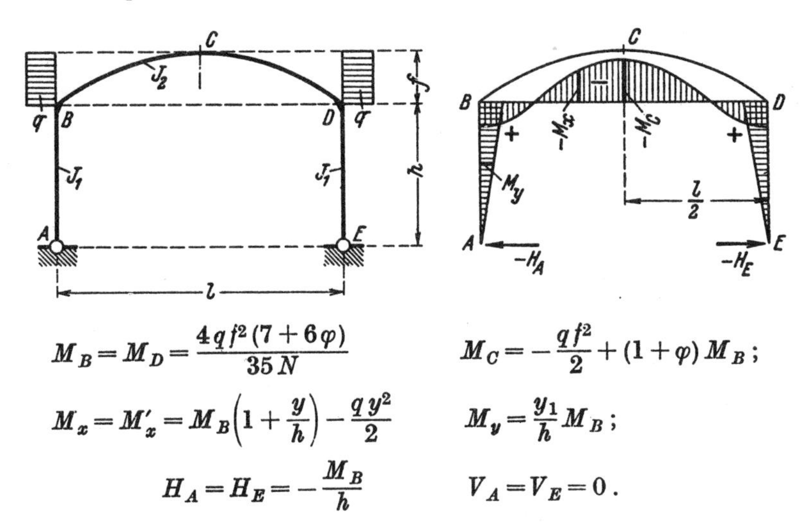

$$M_B = M_D = \frac{4qf^2(7+6\varphi)}{35N} \qquad M_C = -\frac{qf^2}{2} + (1+\varphi) M_B;$$

$$M_x = M'_x = M_B\left(1 + \frac{y}{h}\right) - \frac{qy^2}{2} \qquad M_y = \frac{y_1}{h} M_B;$$

$$H_A = H_E = -\frac{M_B}{h} \qquad V_A = V_E = 0.$$

Fall 102/8: Zwei gleiche waagerechte Rechteck-Vollasten von links her auf den Riegel wirkend (Druck und Sog; Antimetriefall)

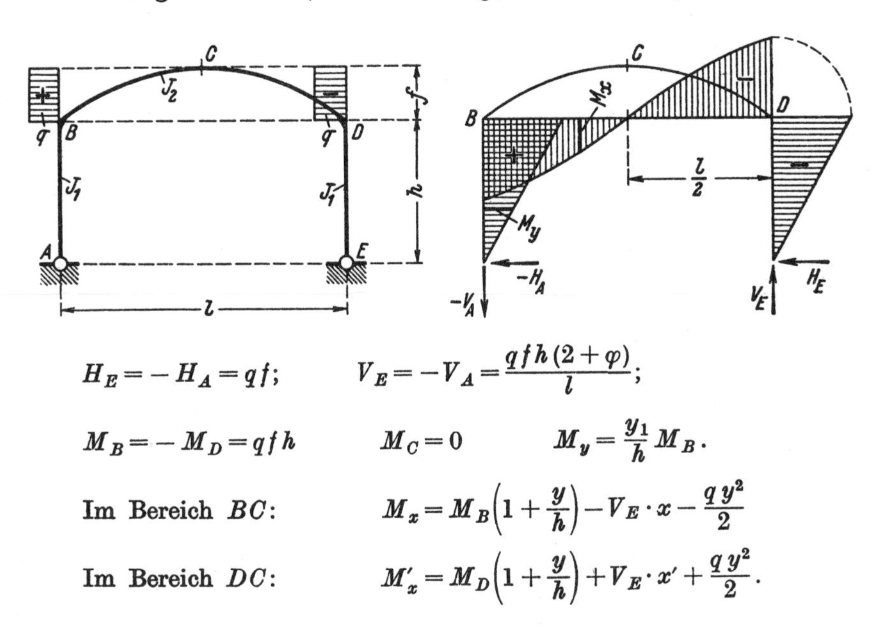

$$H_E = -H_A = qf; \qquad V_E = -V_A = \frac{qfh(2+\varphi)}{l};$$

$$M_B = -M_D = qfh \qquad M_C = 0 \qquad M_y = \frac{y_1}{h} M_B.$$

Im Bereich BC: $$M_x = M_B\left(1 + \frac{y}{h}\right) - V_E \cdot x - \frac{qy^2}{2}$$

Im Bereich DC: $$M'_x = M_D\left(1 + \frac{y}{h}\right) + V_E \cdot x' + \frac{qy^2}{2}.$$

Fall 102/9: Waagerechte Einzellast am Scheitelpunkt C

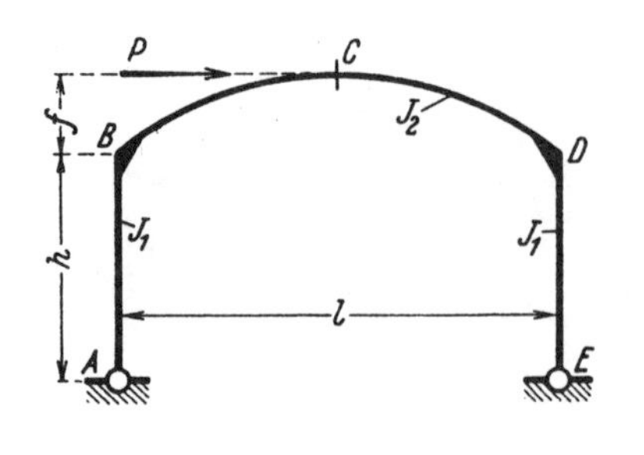

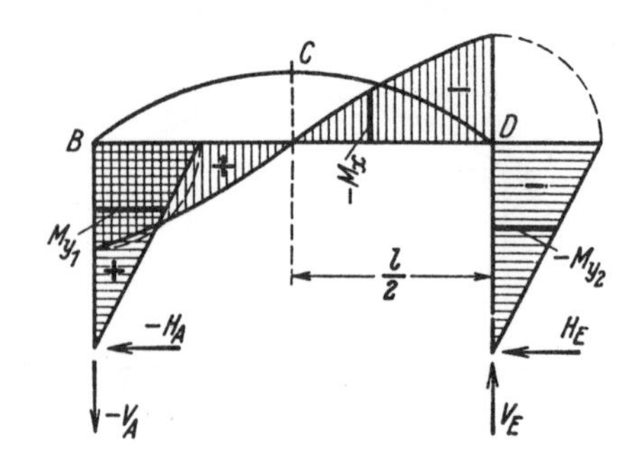

$$H_E = -H_A = \frac{P}{2}; \qquad V_E = -V_A = \frac{P(h+f)}{l};$$

$$M_B = -M_D = \frac{Ph}{2} \qquad M_C = 0 \qquad M_{y1} = -M_{y2} = \frac{P}{2} y_1$$

Im Bereich BC: $\quad M_x = +\frac{P}{2}(h+y) - V_E \cdot x$

Im Bereich DC: $\quad M'_x = -\frac{P}{2}(h+y) + V_E \cdot x'$.

Fall 102/10: Gleichmäßige Wärme**zu**nahme im ganzen Rahmen*)

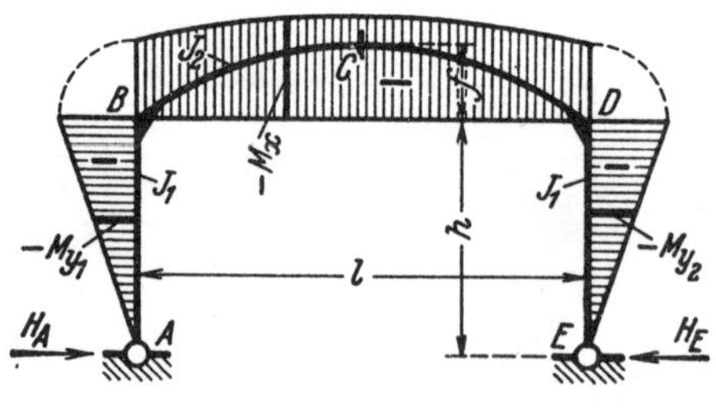

E = Elastizitätsmodul,
a_T = Wärmeausdehnungszahl,
t = Wärmeänderung in Grad.

$$M_B = M_D = -\frac{3\,E\,J_2\,a_T\,t}{h\,N}$$

$$M_C = (1+\varphi) M_B \qquad M_x = M_B\left(1 + \frac{y}{h}\right)$$

$$H_A = H_E = \frac{-M_B}{h}; \qquad M_{y1} = M_{y2} = \frac{y_1}{h} M_B.$$

Bemerkung: Bei Wärme**ab**nahme kehren alle Kräfte ihren Pfeilsinn um und alle Momente erhalten entgegengesetztes Vorzeichen.

*) Einen statischen Beitrag liefert nur die Wärmeänderung des Riegels. Gleichmäßige Wärmeänderung eines oder beider Stiele erzeugt keine Momente und Kräfte.

Hilfstafel zu den Rahmenformen 102 bis 105

Belastungsglieder $\mathfrak{P}$ für parabolisch gekrümmte Stäbe für die wichtigsten Lastfälle

Lastfall	Belastungsglied
	$\mathfrak{P} = \frac{2}{5} q l^2$
	$\mathfrak{P} = \frac{1}{5} q l^2$
	$\alpha = \frac{a}{l}$ $\quad \mathfrak{P} = \frac{2}{5} q a^2 (5 - 5\alpha^2 + 2\alpha^3)$
	$\alpha = \frac{a}{l}$ $\quad \mathfrak{P} = \frac{1}{5} q a^2 (5 - 5\alpha^2 + 2\alpha^3)$
	$\beta = \frac{b}{l}$ $\quad \mathfrak{P} = \frac{1}{40} q b l (5 - \beta^2)^2$
	$\alpha = \frac{a}{l}$ $\quad \beta = \frac{b}{l}$ $\quad \mathfrak{P} = 2 \frac{P a b}{l} (1 + \alpha\beta)$
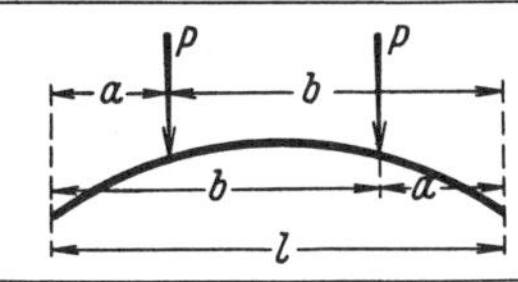	$\alpha = \frac{a}{l}$ $\quad \beta = \frac{b}{l}$ $\quad \mathfrak{P} = 4 \frac{P a b}{l} (1 + \alpha\beta)$
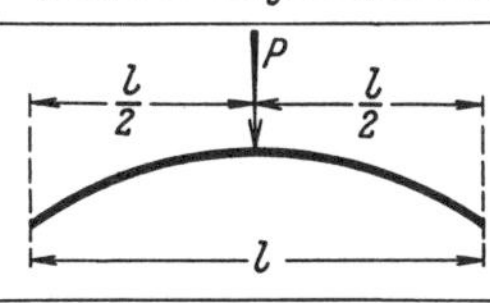	$\mathfrak{P} = \frac{5}{8} P l$
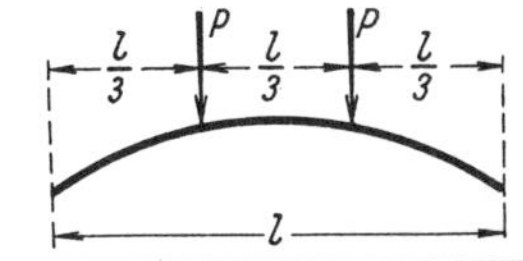	$\mathfrak{P} = \frac{88}{81} P l$
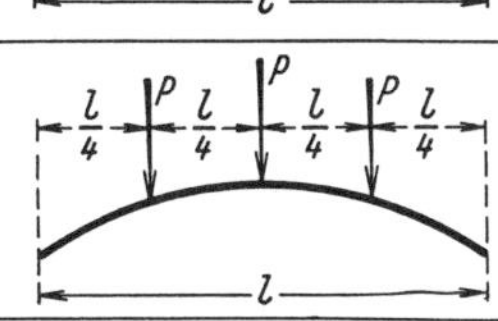	$\mathfrak{P} = \frac{97}{64} P l$
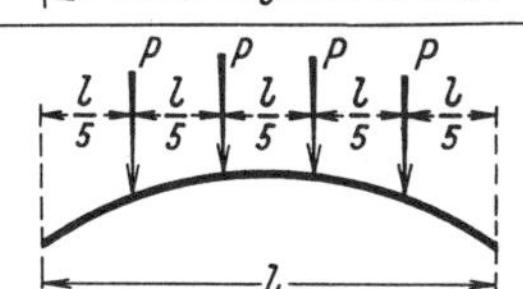	$\mathfrak{P} = \frac{1208}{625} P l$
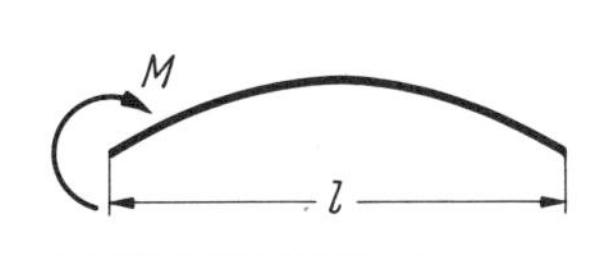	$\mathfrak{P} = 2 M$
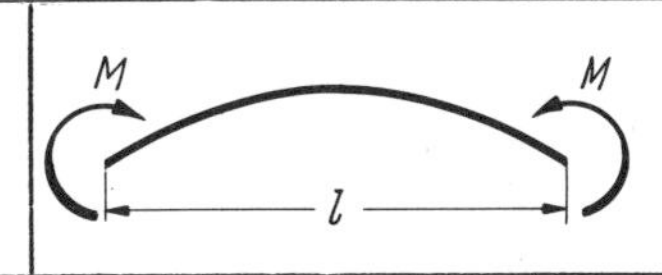	$\mathfrak{P} = 4 M$

Bemerkung: Für antimetrische Lastfälle wird $\mathfrak{P} = 0$.

Zahlentafel für $\eta_{\mathfrak{P}}$

ξ	ξ'	$\eta_{\mathfrak{P}}$
0,00	1,00	0,0000
01	99	0200
02	98	0400
03	97	0599
04	96	0797
05	95	0995
06	94	1192
07	93	1387
08	92	1580
09	91	1772
0,10	0,90	0,1962
11	89	2150
12	88	2335
13	87	2518
14	86	2698
15	85	2875
16	84	3049
17	83	3220
18	82	3388
19	81	3552
0,20	0,80	0,3712
21	79	3868
22	78	4021
23	77	4169
24	76	4313
25	75	4453
26	74	4588
27	73	4719
28	72	4845
29	71	4966
0,30	0,70	0,5082
31	69	5193
32	68	5299
33	67	5400
34	66	5495
35	65	5585
36	64	5670
37	63	5749
38	62	5822
39	61	5890
0,40	0,60	0,5952
41	59	6008
42	58	6059
43	57	6103
44	56	6142
45	55	6175
46	54	6202
47	53	6223
48	52	6238
49	51	6247
0,50	0,50	0,6250

Faktor l

Der allgemeine Ausdruck für $\mathfrak{P}$ lautet

$$\mathfrak{P} = 6 \cdot \int_0^l M_x^0 \, \eta \, d\xi \; ; \quad \text{mit } \eta = 4\,\xi\,\xi' = 4\,\omega_R$$

$$\mathfrak{P} = 24 \cdot \int_0^l M_x^0 \, \omega_R \, d\xi \, .$$

$\mathfrak{P}$ hat wie die Belastungsglieder $\mathfrak{L}$ und $\mathfrak{R}$ die Dimension eines Biegemomentes (tm).

Für eine wandernde Einzellast „1" erhält man aus dem vorstehenden Integral die Einflußlinie

$$\eta_{\mathfrak{P}} = 2\,l\,\xi\xi'\,(1 + \xi\xi') = 2\,l\,\omega_R\,(1 + \omega_R)\,.$$

Die Ordinaten $\eta_{\mathfrak{P}}$ sind in der nebenstehenden Tabelle für die Schrittweite 0,01 angegeben. Die Tabellenwerte sind noch mit l zu multiplizieren.

Die Auswertung der Einflußlinie ergibt

für n Einzellasten P: $\quad \mathfrak{P} = \sum_0^n P_i \cdot \eta_{\mathfrak{P}i}$,

für eine Streckenlast $p(x)$

$$\mathfrak{P} = \int_0^l p(x)\,\eta_{\mathfrak{P}}\,dx$$

Falls $p(x)$ nicht formelmäßig darstellbar, oder das Integral nicht direkt lösbar ist, kann ein numerisches Verfahren angewandt werden, z. B. die Simpson'sche Regel. Sie liefert bei Unterteilung des Integrationsbereiches l in m Teile

$$\mathfrak{P} = \int_0^l p\,\eta\,dx = \int_0^l y\;dx =$$

$$= \frac{l}{3m} \cdot (y_0 + 4\,y_1 + 2\,y_2 + 4\,y_3 \ldots + y_m)$$

mit m gerade und $y_i = p_i\,\eta_i$

Ein anderer Weg zur Bestimmung von $\mathfrak{P}$ ist die direkte oder numerische Auswertung des obenstehenden allgemeinen Ausdrucks für $\mathfrak{P}$.

Bemerkung: Zahlentafeln für die Omega-Funktion $\omega_R = \xi - \xi^2 = \xi\xi'$ siehe in Kleinlogel und Haselbach, **„Belastungsglieder"**, 9. Aufl. Die Belastungsglieder $\mathfrak{P}$ sind auch in Kleinlogel und Haselbach, „Mehrfeldrahmen", 7. Aufl., Band II. eingeführt.

Rahmenform 103

Symmetrischer Hallenrahmen mit parabolisch gekrümmtem Riegel und senkrechten Stielen mit einem festen Gelenk und einem waagerecht beweglichen Auflager, verbunden durch ein elastisches Zugband

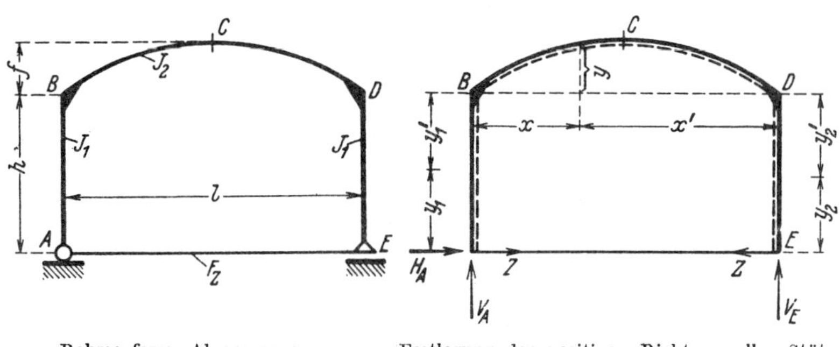

Rahmenform, Abmessungen und Bezeichnungen

Festlegung der positiven Richtung aller Stützkräfte und der Koordinaten beliebiger Stabpunkte. Positive Biegungsmomente erzeugen an der gestrichelten Stabseite Zug

Festwerte und Gleichung des parabolischen Riegels wie bei Rahmenform 102, Seite 393*).

Zusätzliche Festwerte:

$$L = \frac{3 J_2}{h^2 F_Z} \cdot \frac{E}{E_Z} \qquad N_Z = N + L .$$

E = Elastizitätsmodul des Rahmenbaustoffes,
E_Z = Elastizitätsmodul des Zugbandstoffes,
F_Z = Querschnittsfläche des Zugbandes.

Für Rahmenform 103 gelten die Fälle 102/1, 3, 6 und 10 (siehe Seite 394 bis 398) mit der Maßgabe, daß N durch N_Z zu ersetzen ist. Für die Fälle 102/1 und 10 ist dann $(H_A = H_E) = Z$, während für die Fälle 102/3 und 6 gilt $H_E = Z$ und $H_A = -W$, bzw. $H_A = -qf$. Die restlichen Fälle 102 sind für Rahmenform 103 nicht ohne weiteres verwendbar. Siehe hierfür die nachstehenden Fälle 103/1 bis 4.

*) Im übrigen gilt betreffend die Riegelkrümmung auch für Rahmenform 103 das auf Seite 393 Gesagte.

Siehe hierzu den Abschnitt „**Belastungsglieder**“

Fall 103/1: Rechter Stiel beliebig waagerecht belastet

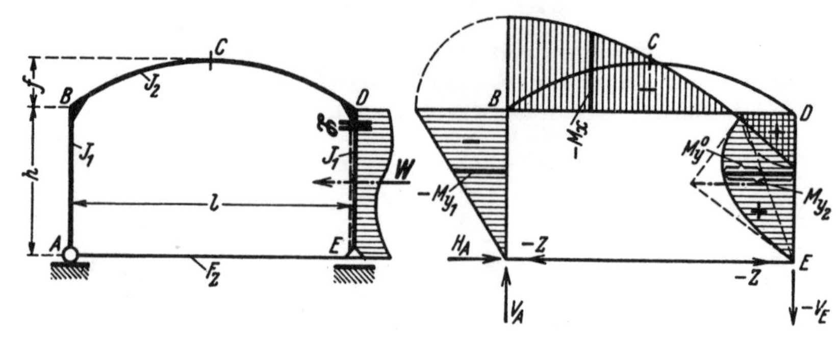

Hilfswert: $$X = \frac{\mathbf{W}h(N+C) + \mathfrak{S}_l B - \mathfrak{L}k}{2N_Z}. \qquad M_B = -\mathbf{W}h + X$$

$$M_C = -\mathbf{W}(h+f) + \frac{\mathfrak{S}_r}{2} + (1+\varphi)X \qquad M_D = -\mathfrak{S}_l + X$$

$$M_x = \frac{x'}{l}M_B + \frac{x}{l}M_D - \left(\mathbf{W} - \frac{X}{h}\right)y \qquad M_{y2} = \mathbf{M}_y^0 + \frac{y_2}{h}M_D$$

$$M_{y1} = \frac{y_1}{h}M_B; \qquad V_A = -V_E = \frac{\mathfrak{S}_r}{l}; \qquad Z = -\frac{X}{h}\,^{*)} \qquad H_A = +\mathbf{W}$$

Fall 103/2: Beide Stiele beliebig waagerecht, aber gleich belastet (Symmetriefall)

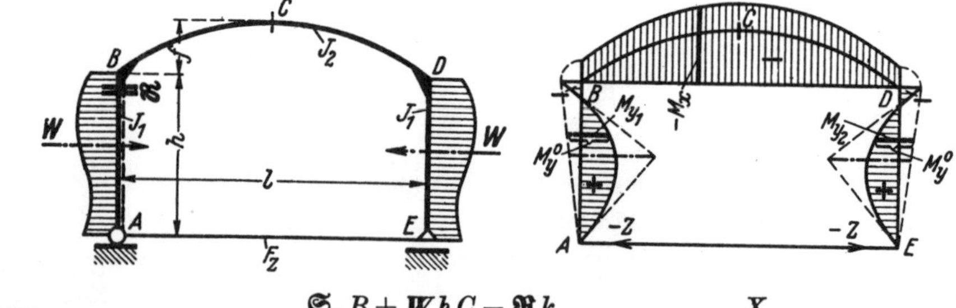

Hilfswert: $$X = \frac{\mathfrak{S}_r B + \mathbf{W}hC - \mathfrak{R}k}{N_Z} \qquad Z = -\frac{X}{h}\,^{*)};$$

$$M_B = M_D = -\mathfrak{S}_r + X \qquad M_C = -\mathfrak{S}_r - \mathbf{W}f + (1+\varphi)X$$

$$M_{y1} = M_{y2} = \mathbf{M}_y^0 + \frac{y_1}{h}M_B \qquad M_x = -\mathfrak{S}_r - \mathbf{W}y + \left(1 + \frac{y}{h}\right)X.$$

Bemerkung: Alle Belastungsglieder sind auf den **linken** Stiel bezogen.

*) Bei obigen zwei Lastfällen sowie bei dem Fall 103/3, Seite 403 oben, wird Z negativ, d. h. das Zugband erhält Druck. Dieser Umstand hat selbstverständlich nur dann einen Sinn, wenn die Druckkraft kleiner bleibt als die Zugkraft aus ständiger Last, so daß stets ein Rest Zugkraft im Zugbande verbleibt.

Fall 103/3: Waagerechte Rechteck-Vollast von rechts her auf den Riegel wirkend

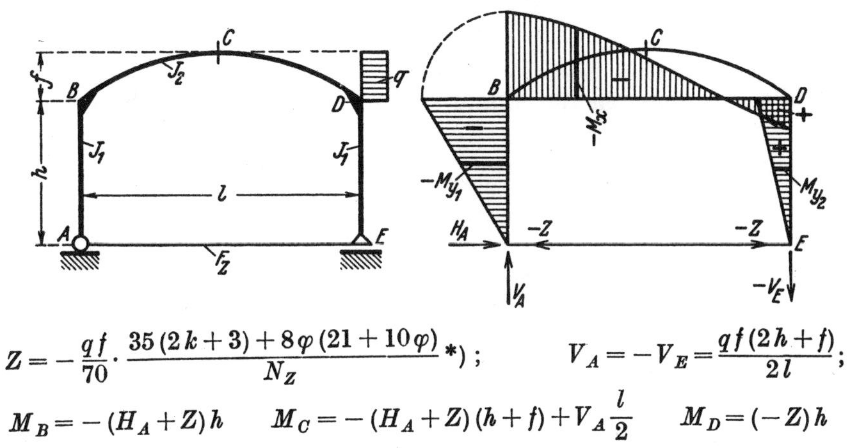

$$Z = -\frac{qf}{70} \cdot \frac{35(2k+3) + 8\varphi(21+10\varphi)}{N_Z} \text{*)}; \qquad V_A = -V_E = \frac{qf(2h+f)}{2l};$$

$$M_B = -(H_A + Z)h \qquad M_C = -(H_A + Z)(h+f) + V_A \frac{l}{2} \qquad M_D = (-Z)h$$

$$H_A = +qf \qquad M_{y1} = -(H_A + Z)y_1 \qquad M_{y2} = (-Z)y_2.$$

Im Bereich BC: $\quad M_x = M_B - (H_A + Z)y + V_A \cdot x$

Im Bereich DC: $\quad M'_x = M_D - Zy - V_A \cdot x' - \frac{qy^2}{2}.$

Fall 103/4: Waagerechte Einzellast am Scheitelpunkt C

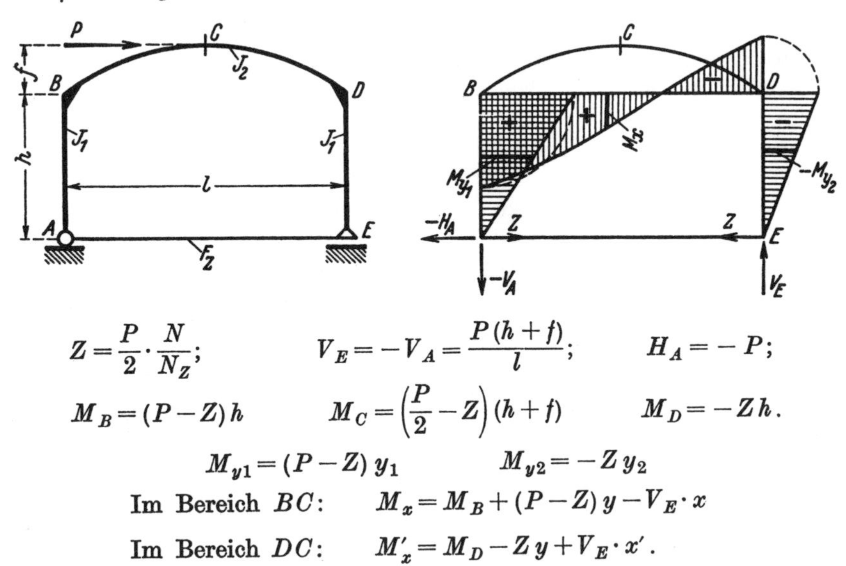

$$Z = \frac{P}{2} \cdot \frac{N}{N_Z}; \qquad V_E = -V_A = \frac{P(h+f)}{l}; \qquad H_A = -P;$$

$$M_B = (P - Z)h \qquad M_C = \left(\frac{P}{2} - Z\right)(h+f) \qquad M_D = -Zh.$$

$$M_{y1} = (P - Z)y_1 \qquad M_{y2} = -Zy_2$$

Im Bereich BC: $\quad M_x = M_B + (P - Z)y - V_E \cdot x$

Im Bereich DC: $\quad M'_x = M_D - Zy + V_E \cdot x'.$

*) Siehe hierzu die Fußnote Seite 402.

Rahmenform 104

Symmetrischer Zweigelenkrahmen mit senkrechten Stielen, parabolisch gekrümmtem Riegel und einem elastischen Zugband in Stielhöhe

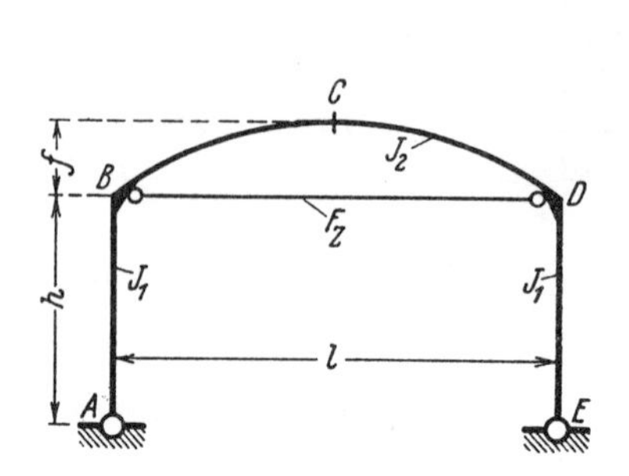

Rahmenform, Abmessungen und Bezeichnungen

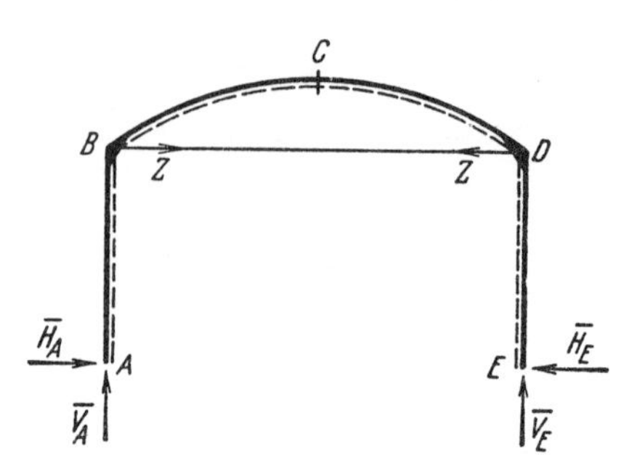

Festlegung der positiven Richtung aller Stützkräfte. Koordinaten beliebiger Stabpunkte genau wie bei Rahmenform 102 (s. S. 393). Positive Biegungsmomente erzeugen an der gestrichelten Stabseite Zug

Allgemeines

Die Rahmenform 104 (mit Zugband) wird am zweckmäßigsten als Erweiterung der Rahmenform 102 (ohne Zugband) aufgefaßt und behandelt. Es läßt sich dadurch der Einfluß des elastischen Zugbandes übersichtlich verfolgen.

Rechnungsgang

Erster Schritt: Für jeden zu behandelnden Lastfall werden die Momente M_B, M_C, M_D und die Auflagerkräfte H_A, H_E, V_A, V_E nach Rahmenform 102 (siehe die Seiten 393 bis 398) zahlenmäßig errechnet.

Zweiter Schritt:

a) Zusätzliche Festwerte für Rahmenfom 104

$$\beta = \frac{C}{N} \qquad \gamma = \frac{\varphi B - C}{N} \qquad L = \frac{15 J_2}{2 f^2 F_Z} \cdot \frac{E}{E_Z} \qquad N_Z = \frac{2(4k+1)}{N} + L .$$

E = Elastizitätsmodul des Rahmenbaustoffes,
E_Z = Elastizitätsmodul des Zugbandstoffes,
F_Z = Querschnittsfläche des Zugbandes.

b) Zugbandkraft

$$Z = \frac{\dfrac{M_B + M_D}{2} + 4\,(M_C - \mathfrak{M}_C^0) + \dfrac{5}{4}\,\mathfrak{P}}{f N_Z} \; {}^{*)}.$$

Bemerkung: Die in der Formel für Z auftretenden Belastungsglieder $\mathfrak{M}_C^0$ und $\mathfrak{P}$ haben die gleiche Bedeutung wie Seite 394.

Dritter Schritt:

a) Eckmomente und Auflagerkräfte der Rahmenform 104

$$\overline{M}_B = M_B + \beta Z h \qquad \overline{M}_C = M_C - \gamma Z h \qquad \overline{M}_D = M_D + \beta Z h$$

$$\overline{H}_A = H_A - \beta Z \qquad \overline{H}_E = H_E - \beta Z \qquad \overline{V}_A = V_A \qquad \overline{V}_E = V_E.$$

Bemerkung: Zwecks Unterscheidung wurden die Momente und Kräfte für Rahmenform 104 überstrichen.

b) Momente in beliebigen Stabpunkten der Rahmenform 104

$$\overline{M}_x = M_x + \beta Z h \left(1 + \frac{y}{h}\right) - Z h$$

$$\overline{M}_{y1} = M_{y1} + \beta Z y_1 \qquad \overline{M}_{y2} = M_{y2} + \beta Z y_2.$$

Schlußbemerkung

Nach dem vorstehend angegebenen Rechnungsgang können die Lastfälle 102/1, 3, 4 und 10, Seite 394, 395, und 398, behandelt werden**).

Die antimetrischen Fälle 102/2, 5, 8 und 9 gelten unverändert auch für Rahmenform 104, weil bei diesen Lastfällen die Zugbandkraft Z verschwindet.

Für die Fälle 102/6 und 7, Seite 396/397, sind für den Zugbandfall keine Formeln gegeben. Die Last qf kann aber mit guter Näherung durch zwei waagerechte Einzellasten von je $P = qf/2$ ersetzt werden, welche bei Fall 102/6 in den Punkten B und C, bei Fall 102/7 in den Punkten B und D angreifen.

---

*) Bei verschiedenen Belastungsfällen wird Z negativ, d. h. das Zugband erhält Druck. Dieser Umstand hat selbstverständlich nur dann einen Sinn, wenn die Druckkraft kleiner bleibt als die Zugkraft aus ständiger Last, so daß stets ein Rest Zugkraft im Zugbande verbleibt.

**) Für den Fall der gleichmäßigen Wärmezunahme im ganzen Rahmen, außer im Zugband, ist zu setzen: $\mathfrak{P} = 6 E J_2 \alpha_T t/f$. Für den Fall der Wärmeänderung im ganzen Rahmen, einschließlich im Zugband, ist $\mathfrak{P} = 0$ zu setzen.

Rahmenform 105

Symmetrischer, eingespannter Rahmen mit senkrechten Stielen und parabolisch gekrümmtem Riegel

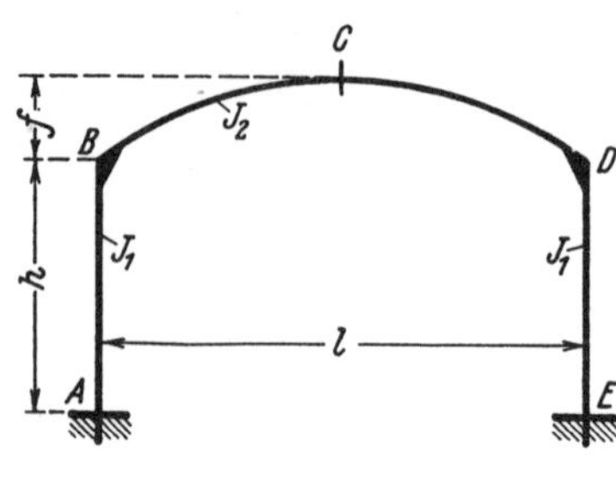

Rahmenform, Abmessungen und Bezeichnungen

Festlegung der positiven Richtung aller Stützkräfte und der Koordinaten beliebiger Stabpunkte. Positive Biegungsmomente erzeugen an der gestrichelten Stabseite Zug

Festwerte:

$$k = \frac{J_2}{J_1} \cdot \frac{h}{l}; \qquad \varphi = \frac{f}{h}; \qquad K_1 = 2k + \frac{8}{5}\varphi^2 \qquad K_2 = 3(2k+1)$$

$$R = 3k - 2\varphi; \qquad N_1 = K_1 K_2 - R^2 \qquad N_2 = 6k + 1.$$

Gleichung des parabolischen Riegels: $y = \frac{4f}{l^2} x x' = 4f \cdot \omega_R$[1]).

Die Formeln für Rahmenform 105 gelten praktisch genau nur für Rahmen mit **flach** gekrümmtem Riegel, weil der Einfachheit wegen bei der Berechnung für den Riegel $ds = dx$ gesetzt wurde[2]). Aus diesem Grunde sind die Riegelmomentenflächen nicht an die Parabel, sondern an deren Sehne BD angetragen worden.

Da für die hier in Frage kommenden kleinen Werte des Pfeilverhältnisses $f:l$ der Kreisbogen nur wenig von der Parabel abweicht, so gelten die Formeln der Rahmenform 105 praktisch genau genug auch für Rahmen mit **kreisförmig** gekrümmtem Riegel.

[1]) Zahlentafeln für die Omega-Funktion $\omega_R = \xi - \xi^2 = \xi \xi'$ siehe in „Kleinlogel u. Haselbach, **Belastungsglieder**", 9. Aufl.

[2]) anstatt $ds = dx/\cos\alpha_x$

Fall 105/1: Riegel beliebig senkrecht belastet

(Siehe hierzu den Abschnitt „**Belastungsglieder**")

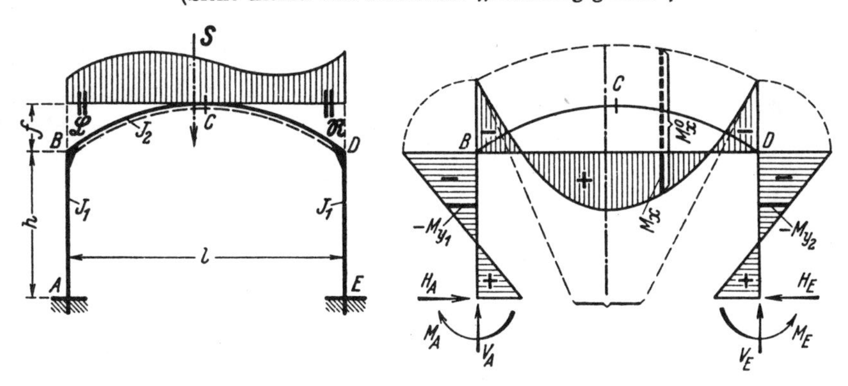

Hilfswerte:

$$X_1 = \frac{(\mathfrak{L} + \mathfrak{R}) K_1 + \mathfrak{P} \varphi R}{2 N_1} \qquad X_2 = \frac{(\mathfrak{L} + \mathfrak{R}) R + \mathfrak{P} \varphi K_2}{2 N_1} \qquad X_3 = \frac{(\mathfrak{L} - \mathfrak{R})}{2 N_2}.$$

$$\left.\begin{matrix} M_A \\ M_E \end{matrix}\right\rangle = X_2 - X_1 \mp X_3 \qquad \left.\begin{matrix} M_B \\ M_D \end{matrix}\right\rangle = - X_1 \mp X_3$$

$$M_C = \boldsymbol{M_C^0} - X_1 - \varphi X_2 \,{}^{*)}; \qquad M_x = \boldsymbol{M_x^0} + \frac{x'}{l} M_B + \frac{x}{l} M_D - \frac{y}{h} X_2$$

$$M_{y1} = M_A - \frac{y_1}{h} X_2 \qquad M_{y2} = M_E - \frac{y_2}{h} X_2;$$

$$V_A = \frac{\mathfrak{S}_r + 2 X_3}{l} \qquad V_E = \boldsymbol{S} - V_A; \qquad H_A = H_E = \frac{X_2}{h}.$$

Bemerkung: Die nur für parobolisch gekrümmte Stäbe geltenden Belastungsglieder $\mathfrak{P}$ sind für die wichtigsten Belastungsfälle auf Seite 399 zusammengestellt.

Sonderfall 105/1a: Symmetrische Riegellast **($\mathfrak{R} = \mathfrak{L}$; $\mathfrak{S}_l = \mathfrak{S}_r$)**; $(X_3 = 0)$.

$$M_A = M_E = X_2 - X_1 \qquad M_B = M_D = - X_1 \qquad M_C = \boldsymbol{M_C^0} - X_1 - \varphi X_2; {}^{*)}$$

$$V_A = V_E = \frac{\boldsymbol{S}}{2}; \qquad H_A = H_E = \frac{X_2}{h}; \qquad M_x = \boldsymbol{M_x^0} - X_1 - \frac{y}{h} X_2.$$

Sonderfall 105/1b: Antimetrische Riegellast **($\mathfrak{R} = -\mathfrak{L}$; $\mathfrak{S}_l = -\mathfrak{S}_r$)**.

$$M_E = M_D = - M_B = - M_A = \frac{\mathfrak{L}}{N_2} \qquad M_x = \boldsymbol{M_x^0} - \frac{\mathfrak{L}}{N_2} \cdot \frac{x' - x}{l}$$

$$M_C = 0; \qquad V_A = - V_E = \frac{\mathfrak{S}_r + 2 M_D}{l}; \qquad H_A = H_E = 0.$$

*) $\boldsymbol{M_C^0}$ ist das Moment des einfachen Balkens BD in Feldmitte.

Siehe hierzu den Abschnitt „**Belastungsglieder**"

Fall 105/2: Linker Stiel beliebig waagerecht belastet

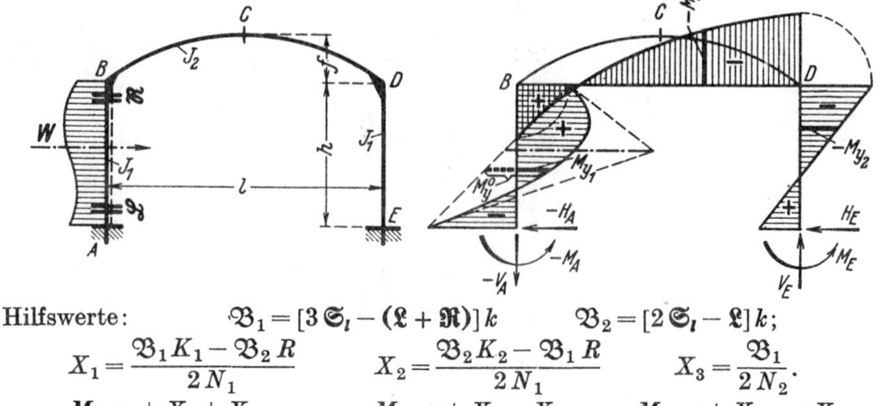

Hilfswerte: $\mathfrak{B}_1 = [3\,\mathfrak{S}_l - (\mathfrak{L} + \mathfrak{R})]\,k \qquad \mathfrak{B}_2 = [2\,\mathfrak{S}_l - \mathfrak{L}]\,k;$

$$X_1 = \frac{\mathfrak{B}_1 K_1 - \mathfrak{B}_2 R}{2 N_1} \qquad X_2 = \frac{\mathfrak{B}_2 K_2 - \mathfrak{B}_1 R}{2 N_1} \qquad X_3 = \frac{\mathfrak{B}_1}{2 N_2}.$$

$$M_B = +X_1 + X_3 \qquad M_D = +X_1 - X_3 \qquad M_C = +X_1 - \varphi X_2$$

$$M_A = -\,\mathfrak{S}_l + X_1 + X_2 + X_3 \qquad M_E = +X_1 + X_2 - X_3;$$

$$V_E = -V_A = \frac{2 X_3}{l}; \qquad H_E = +\frac{X_2}{h} \qquad H_A = -(W - H_E);$$

$$M_{y1} = M_y^0 + \frac{y_1'}{h} M_A + \frac{y_1}{h} M_B \qquad M_{y2} = \frac{y_2}{h} M_D + \frac{y_2'}{h} M_E$$

$$M_x = \frac{x'}{l} M_B + \frac{x}{l} M_D - \frac{y}{h} X_2.$$

Fall 105/3: Beide Stiele beliebig waagerecht von außen her, aber gleich und symmetrisch zur Rahmenmitte belastet

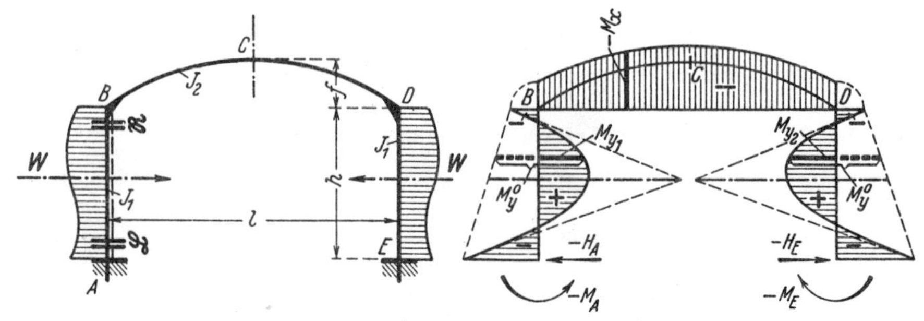

Hilfswerte: $\mathfrak{B}_1 = [3\,\mathfrak{S}_l - (\mathfrak{L} + \mathfrak{R})]\,k \qquad \mathfrak{B}_2 = [2\,\mathfrak{S}_l - \mathfrak{L}]\,k;$

$$X_1 = \frac{\mathfrak{B}_1 K_1 - \mathfrak{B}_2 R}{N_1} \qquad X_2 = \frac{\mathfrak{B}_2 K_2 - \mathfrak{B}_1 R}{N_1}. \qquad H_A = H_E = -W + \frac{X_2}{h};$$

$$M_B = M_D = +X_1 \qquad M_C = +X_1 - \varphi X_2 \qquad M_A = M_E = -\,\mathfrak{S}_l + X_1 + X_2$$

$$M_{y1} = M_{y2} = M_y^0 + \frac{y_1'}{h} M_A + \frac{y_1}{h} M_B \qquad M_x = M_B - \frac{y}{h} X_2.$$

Bemerkung: Alle Belastungsglieder sind auf den linken Stiel bezogen.

Fall 105/4: Beide Stiele beliebig waagerecht von links her, aber gleich belastet (Antimetriefall)

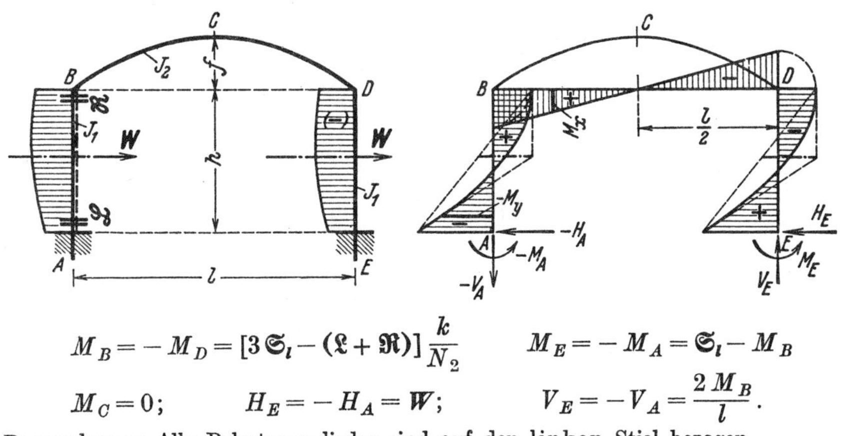

$$M_B = -M_D = [3\mathfrak{S}_l - (\mathfrak{L} + \mathfrak{R})]\frac{k}{N_2} \qquad M_E = -M_A = \mathfrak{S}_l - M_B$$

$$M_C = 0; \qquad H_E = -H_A = W; \qquad V_E = -V_A = \frac{2\,M_B}{l}.$$

Bemerkung: Alle Belastungsglieder sind auf den linken Stiel bezogen.

Fall 105/5: Waagerechte Rechteck-Vollast von links her auf den Riegel wirkend

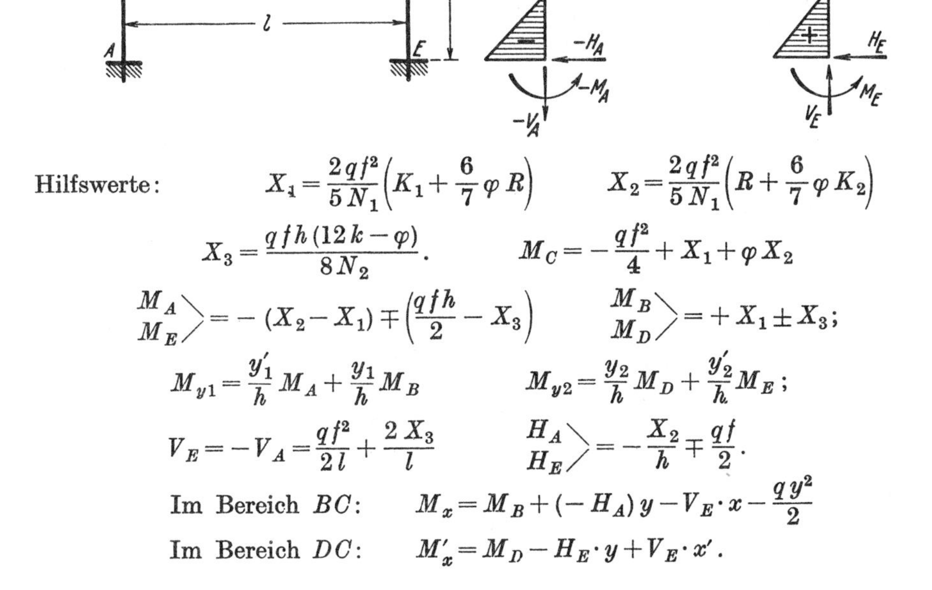

Hilfswerte: $$X_1 = \frac{2\,q\,f^2}{5\,N_1}\left(K_1 + \frac{6}{7}\,\varphi\,R\right) \qquad X_2 = \frac{2\,q\,f^2}{5\,N_1}\left(R + \frac{6}{7}\,\varphi\,K_2\right)$$

$$X_3 = \frac{q\,f\,h\,(12\,k - \varphi)}{8\,N_2}. \qquad M_C = -\frac{q\,f^2}{4} + X_1 + \varphi\,X_2$$

$$\left.\begin{matrix} M_A \\ M_E \end{matrix}\right\rangle = -(X_2 - X_1) \mp \left(\frac{q\,f\,h}{2} - X_3\right) \qquad \left.\begin{matrix} M_B \\ M_D \end{matrix}\right\rangle = +X_1 \pm X_3;$$

$$M_{y1} = \frac{y_1'}{h}\,M_A + \frac{y_1}{h}\,M_B \qquad M_{y2} = \frac{y_2}{h}\,M_D + \frac{y_2'}{h}\,M_E;$$

$$V_E = -V_A = \frac{q\,f^2}{2\,l} + \frac{2\,X_3}{l} \qquad \left.\begin{matrix} H_A \\ H_E \end{matrix}\right\rangle = -\frac{X_2}{h} \mp \frac{q\,f}{2}.$$

Im Bereich BC: $\quad M_x = M_B + (-H_A)\,y - V_E \cdot x - \frac{q\,y^2}{2}$

Im Bereich DC: $\quad M_x' = M_D - H_E \cdot y + V_E \cdot x'.$

Fall 105/6: Zwei gleiche waagerechte Rechteck-Vollasten von außen her auf den Riegel wirkend (Symmetriefall)

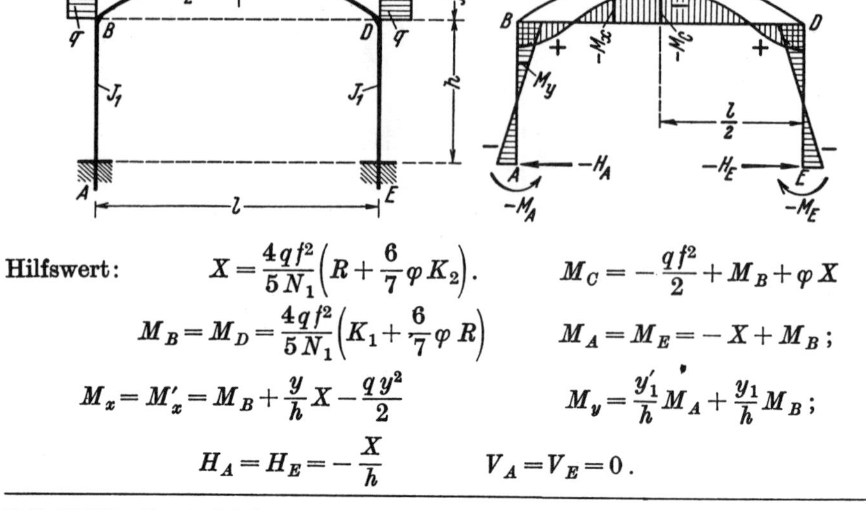

Hilfswert: $X = \frac{4qf^2}{5N_1}\left(R + \frac{6}{7}\varphi K_2\right)$. $M_C = -\frac{qf^2}{2} + M_B + \varphi X$

$$M_B = M_D = \frac{4qf^2}{5N_1}\left(K_1 + \frac{6}{7}\varphi R\right) \qquad M_A = M_E = -X + M_B;$$

$$M_x = M'_x = M_B + \frac{y}{h}X - \frac{qy^2}{2} \qquad M_y = \frac{y'_1}{h}M_A + \frac{y_1}{h}M_B;$$

$$H_A = H_E = -\frac{X}{h} \qquad V_A = V_E = 0.$$

Fall 105/7: Zwei gleiche waagerechte Rechteck-Vollasten von links her auf den Riegel wirkend (Druck und Sog; Antimetriefall)

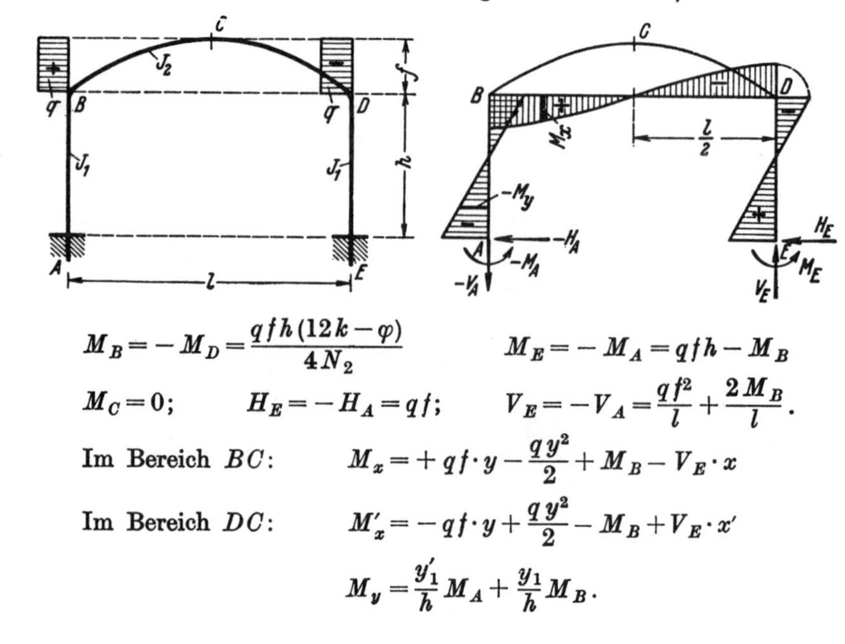

$$M_B = -M_D = \frac{qfh(12k - \varphi)}{4N_2} \qquad M_E = -M_A = qfh - M_B$$

$$M_C = 0; \qquad H_E = -H_A = qf; \qquad V_E = -V_A = \frac{qf^2}{l} + \frac{2M_B}{l}.$$

Im Bereich BC: $$M_x = +qf\cdot y - \frac{qy^2}{2} + M_B - V_E\cdot x$$

Im Bereich DC: $$M'_x = -qf\cdot y + \frac{qy^2}{2} - M_B + V_E\cdot x'$$

$$M_y = \frac{y'_1}{h}M_A + \frac{y_1}{h}M_B.$$

Fall 105/8: Waagerechte Einzellast am Scheitelpunkt C

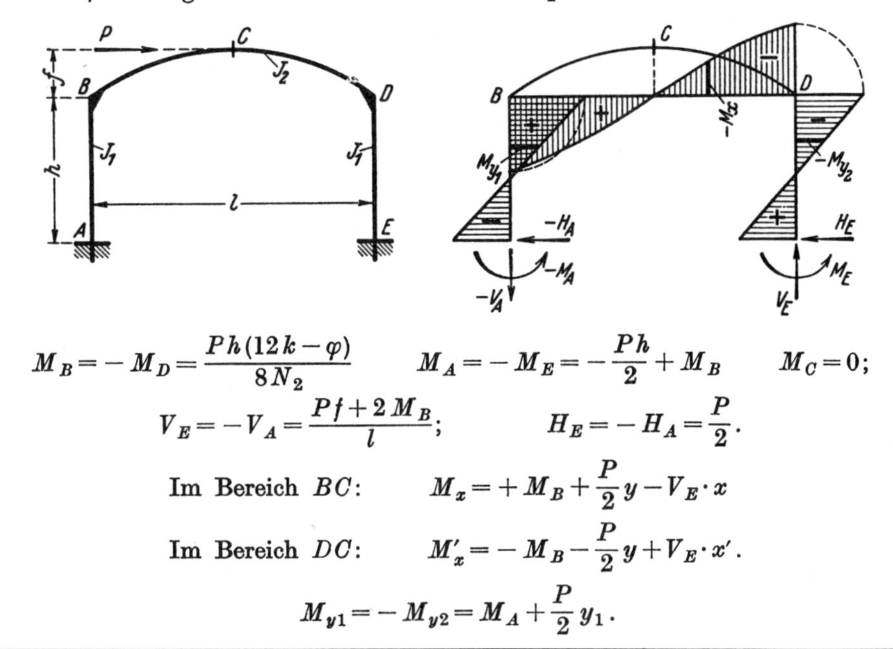

$$M_B = -M_D = \frac{Ph(12k - \varphi)}{8N_2} \qquad M_A = -M_E = -\frac{Ph}{2} + M_B \qquad M_C = 0;$$

$$V_E = -V_A = \frac{Pf + 2M_B}{l}; \qquad H_E = -H_A = \frac{P}{2}.$$

Im Bereich BC: $\quad M_x = +M_B + \frac{P}{2}y - V_E \cdot x$

Im Bereich DC: $\quad M'_x = -M_B - \frac{P}{2}y + V_E \cdot x'.$

$$M_{y1} = -M_{y2} = M_A + \frac{P}{2}y_1.$$

Fall 105/9: Gleichmäßige Wärmezunahme im ganzen Rahmen*)

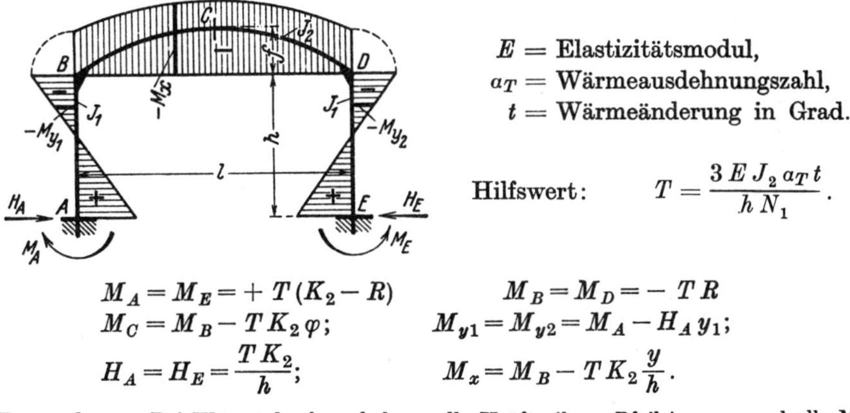

E = Elastizitätsmodul,
α_T = Wärmeausdehnungszahl,
t = Wärmeänderung in Grad.

Hilfswert: $\quad T = \frac{3EJ_2\alpha_T t}{hN_1}.$

$$M_A = M_E = +T(K_2 - R) \qquad M_B = M_D = -TR$$

$$M_C = M_B - TK_2\varphi; \qquad M_{y1} = M_{y2} = M_A - H_A y_1;$$

$$H_A = H_E = \frac{TK_2}{h}; \qquad M_x = M_B - TK_2\frac{y}{h}.$$

Bemerkung: Bei Wärme**ab**nahme kehren alle Kräfte ihren Pfeilsinn um und alle Momente erhalten entgegengesetztes Vorzeichen.

*) Einen statischen Beitrag liefert nur die Wärmeänderung des Riegels. Gleichmäßige und gleichzeitige Wärmeänderung beider Stiele erzeugt keine Momente und Kräfte. — Für den **antimetrischen Wärmeänderungsfall** (d. h. linker Stiel mit + t, rechter mit — t) ist in den Formeln des Sonderfalles 105/1 b, Seite 407, zu setzen $\mathfrak{L} = 12\,E\,J_1 h \cdot \alpha_T\, t\,/\,l^2$ sowie $\mathfrak{S}_r = 0$ und $M_x^0 = 0$.

Rahmenform 106

Symmetrischer geschlossener Rechteckrahmen mit äußerlich statisch bestimmter Lagerung

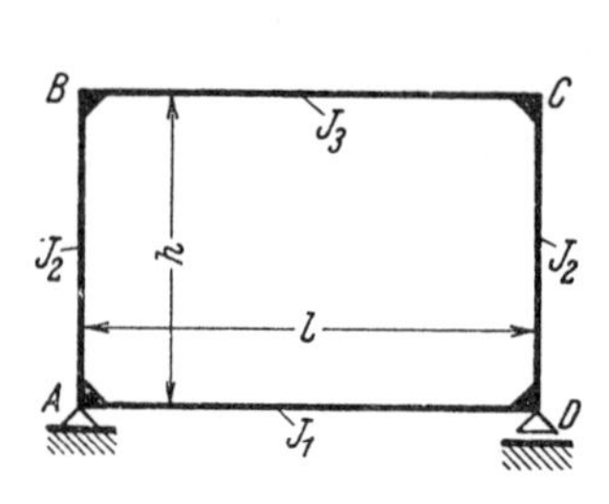

Rahmenform, Abmessungen und Bezeichnungen

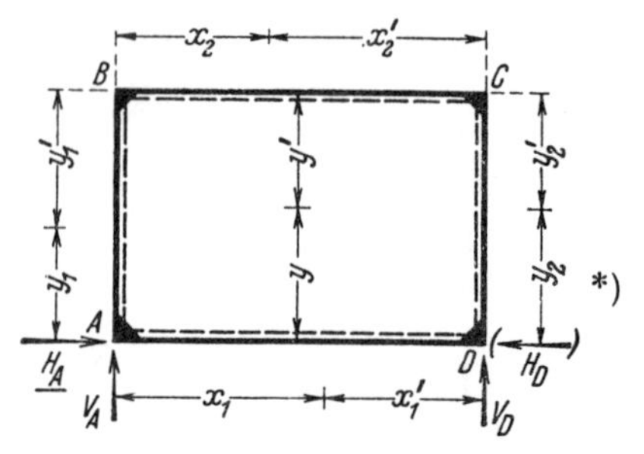

Festlegung der positiven Richtung aller Stützkräfte und der Koordinaten beliebiger Stabpunkte. Bei symmetrischen Lastfällen werden y und y' benutzt. Positive Biegungsmomente erzeugen an der gestrichelten Stabseite Zug

Festwerte:

$$k_1 = \frac{J_3}{J_1} \qquad k_2 = \frac{J_3}{J_2} \cdot \frac{h}{l};$$

$$K_1 = 2k_2 + 3 \qquad K_2 = 3k_1 + 2k_2 \qquad R_1 = 3k_2 + 1 \qquad R_2 = k_1 + 3k_2;$$

$$F_1 = K_1 K_2 - k_2^2 \qquad F_2 = 1 + k_1 + 6k_2.$$

Bezeichnung der Axialkräfte:

im unteren Riegel N_1	im linken Stiel N_2
im oberen Riegel N_3	im rechten Stiel N'_2.

Bemerkung: Die Axialkräfte zählen bei Druck positiv, bei Zug negativ.

Anschriebe für die Momente in beliebigen Stabpunkten der nicht unmittelbar belasteten Stäbe für alle Belastungsfälle der Rahmenform 106

$$M_{x1} = \frac{x'_1}{l} M_A + \frac{x_1}{l} M_D \qquad M_{x2} = \frac{x'_2}{l} M_B + \frac{x_2}{l} M_C$$

$$M_{y1} = \frac{y'_1}{h} M_A + \frac{y_1}{h} M_B \qquad M_{y2} = \frac{y_2}{h} M_C + \frac{y'_2}{h} M_D.$$

*) H_D tritt auf, wenn das feste Lager bei D ist.

Fall 106/1: Rechteck-Vollast auf dem oberen Riegel

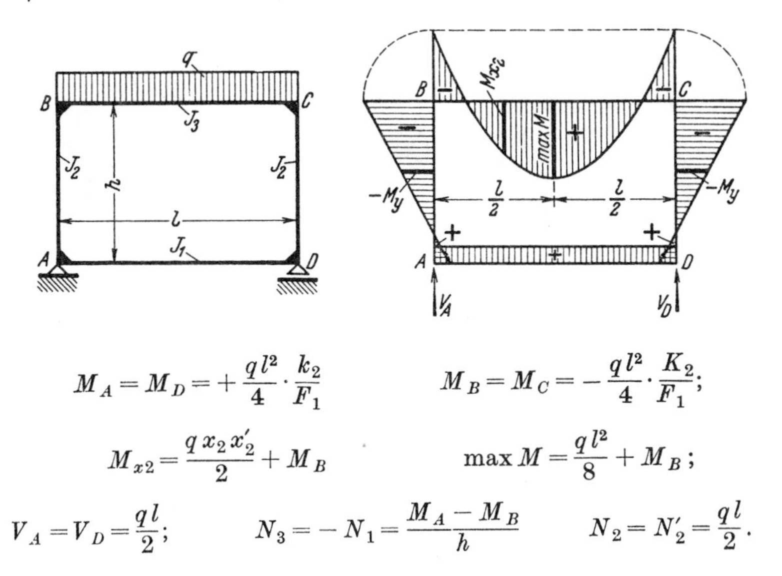

$$M_A = M_D = +\frac{q l^2}{4} \cdot \frac{k_2}{F_1} \qquad M_B = M_C = -\frac{q l^2}{4} \cdot \frac{K_2}{F_1};$$

$$M_{x2} = \frac{q x_2 x_2'}{2} + M_B \qquad \max M = \frac{q l^2}{8} + M_B;$$

$$V_A = V_D = \frac{q l}{2}; \qquad N_3 = -N_1 = \frac{M_A - M_B}{h} \qquad N_2 = N_2' = \frac{q l}{2}.$$

Fall 106/2: Rechteck-Vollast auf dem unteren Riegel

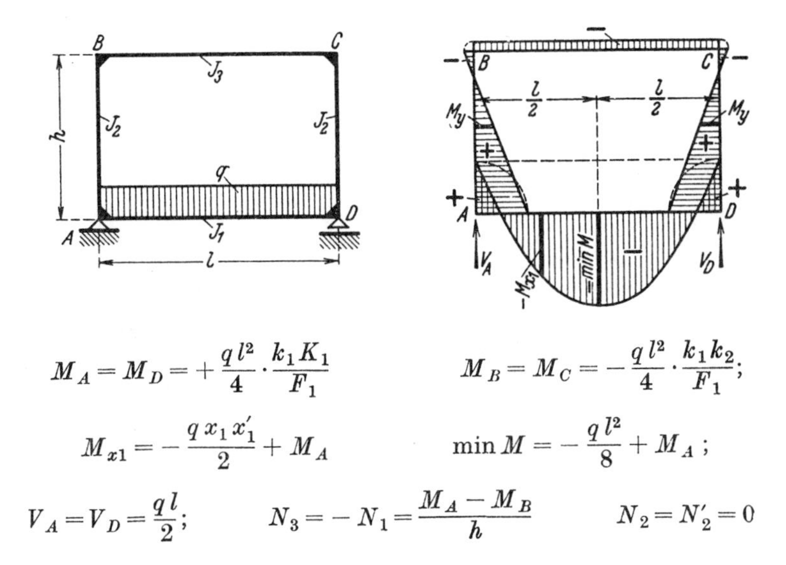

$$M_A = M_D = +\frac{q l^2}{4} \cdot \frac{k_1 K_1}{F_1} \qquad M_B = M_C = -\frac{q l^2}{4} \cdot \frac{k_1 k_2}{F_1};$$

$$M_{x1} = -\frac{q x_1 x_1'}{2} + M_A \qquad \min M = -\frac{q l^2}{8} + M_A;$$

$$V_A = V_D = \frac{q l}{2}; \qquad N_3 = -N_1 = \frac{M_A - M_B}{h} \qquad N_2 = N_2' = 0$$

Siehe hierzu den Abschnitt „**Belastungsglieder**“

Fall 106/3: Oberer Riegel beliebig senkrecht belastet

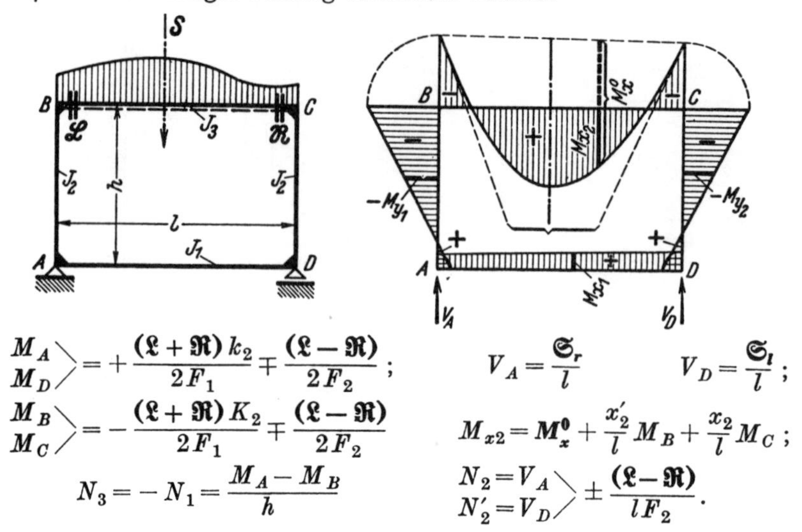

$$\left.\begin{matrix}M_A\\M_D\end{matrix}\right\rangle = + \frac{(\mathfrak{L}+\mathfrak{R})\,k_2}{2F_1} \mp \frac{(\mathfrak{L}-\mathfrak{R})}{2F_2}; \qquad V_A = \frac{\mathfrak{S}_r}{l} \qquad V_D = \frac{\mathfrak{S}_l}{l};$$

$$\left.\begin{matrix}M_B\\M_C\end{matrix}\right\rangle = - \frac{(\mathfrak{L}+\mathfrak{R})\,K_2}{2F_1} \mp \frac{(\mathfrak{L}-\mathfrak{R})}{2F_2} \qquad M_{x2} = \mathbf{M}_x^0 + \frac{x_2'}{l} M_B + \frac{x_2}{l} M_C;$$

$$N_3 = -N_1 = \frac{M_A - M_B}{h} \qquad \left.\begin{matrix}N_2 = V_A\\N_2' = V_D\end{matrix}\right\rangle \pm \frac{(\mathfrak{L}-\mathfrak{R})}{l F_2}.$$

Sonderfall 106/3a: Symmetrische Riegellast ($\mathfrak{R} = \mathfrak{L}$; $\mathfrak{S}_l = \mathfrak{S}_r$).

$$M_A = M_D = +\mathfrak{L}\cdot\frac{k_2}{F_1} \qquad M_B = M_C = -\mathfrak{L}\cdot\frac{K_2}{F_1} \qquad M_{x2} = \mathbf{M}_x^0 + M_B;$$

$$V_A = V_D = \frac{S}{2}; \qquad N_3 = -N_1 = \frac{M_A - M_B}{h} \qquad N_2 = N_2' = \frac{S}{2}.$$

Fall 106/4: Oberer Riegel beliebig antimetrisch belastet
(Sonderfall zu Fall 106/3 mit $\mathfrak{R} = -\mathfrak{L}$; $\mathfrak{S}_l = -\mathfrak{S}_r$).

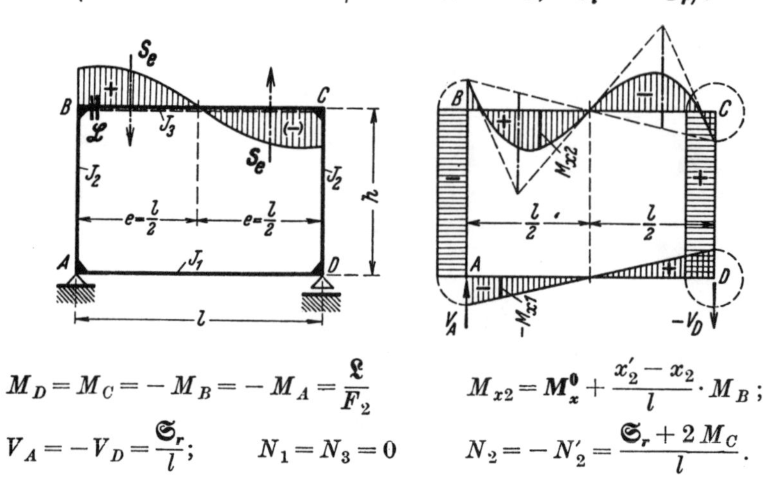

$$M_D = M_C = -M_B = -M_A = \frac{\mathfrak{L}}{F_2} \qquad M_{x2} = \mathbf{M}_x^0 + \frac{x_2' - x_2}{l}\cdot M_B;$$

$$V_A = -V_D = \frac{\mathfrak{S}_r}{l}; \qquad N_1 = N_3 = 0 \qquad N_2 = -N_2' = \frac{\mathfrak{S}_r + 2\,M_C}{l}.$$

Siehe hierzu den Abschnitt „**Belastungsglieder**"

Fall 106/5: Unterer Riegel beliebig senkrecht von unten her belastet*)

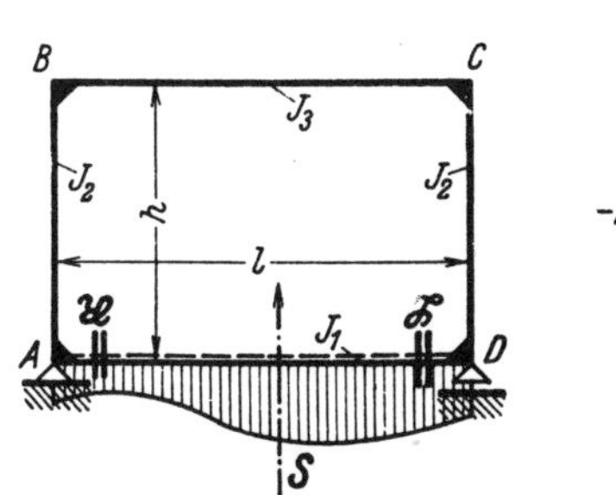

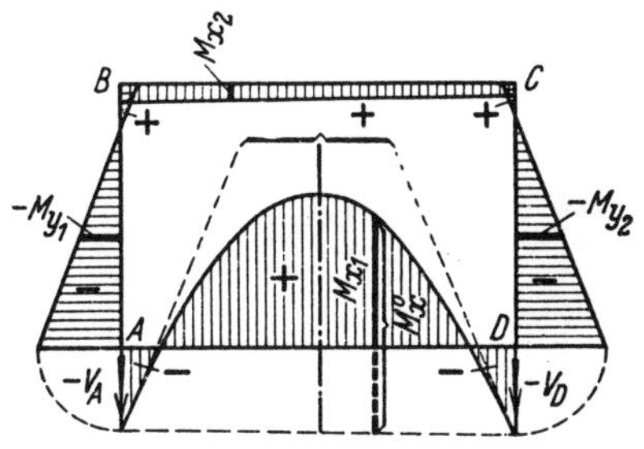

$$\left.\begin{matrix}M_A\\M_D\end{matrix}\right\rangle = -\frac{(\mathfrak{L}+\mathfrak{R})\,k_1 K_1}{2F_1} \pm \frac{(\mathfrak{L}-\mathfrak{R})\,k_1}{2F_2} \qquad M_{x1} = \boldsymbol{M_x^0} + \frac{x_1'}{l}\,M_A + \frac{x_1}{l}\,M_D\,;$$

$$\left.\begin{matrix}M_B\\M_C\end{matrix}\right\rangle = +\frac{(\mathfrak{L}+\mathfrak{R})\,k_1 k_2}{2F_1} \pm \frac{(\mathfrak{L}-\mathfrak{R})\,k_1}{2F_2}; \qquad V_A = -\frac{\mathfrak{S}_l}{l} \qquad V_D = -\frac{\mathfrak{S}_r}{l};$$

$$N_1 = -N_3 = \frac{M_B - M_A}{h} \qquad N_2' = -N_2 = \frac{(\mathfrak{L}-\mathfrak{R})\,k_1}{l F_2}.$$

Sonderfall 106/5a: Symmetrische Riegellast $(\mathfrak{R} = \mathfrak{L};\quad \mathfrak{S}_l = \mathfrak{S}_r)$

$$M_A = M_D = -\mathfrak{L}\cdot\frac{k_1 K_1}{F_1} \qquad M_B = M_C = +\mathfrak{L}\cdot\frac{k_1 k_2}{F_1} \qquad M_{x1} = \boldsymbol{M_x^0} + M_A\,;$$

$$V_A = V_D = -\frac{S}{2}; \qquad N_1 = -N_3 = \frac{M_B - M_A}{h} \qquad N_2 = N_2' = 0\,.$$

Fall 106/6: Unterer Riegel beliebig antimetrisch belastet
(Sonderfall zu Fall 106/5 mit $\mathfrak{R} = -\mathfrak{L};\quad \mathfrak{S}_l = -\mathfrak{S}_r$).

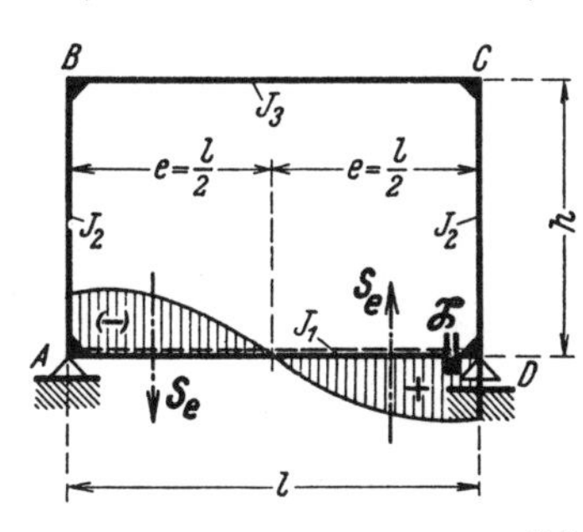

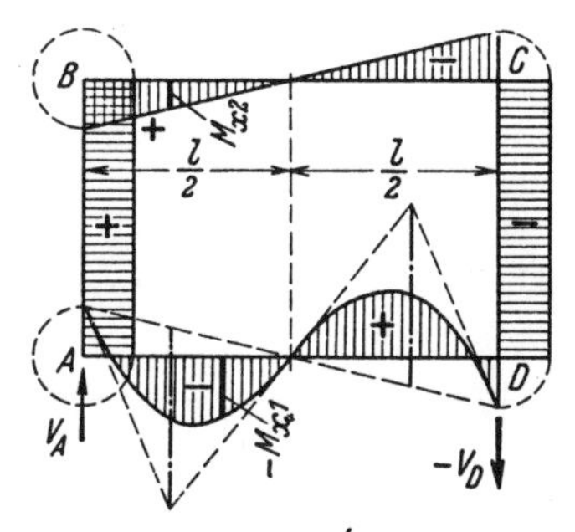

$$M_A = M_B = -M_C = -M_D = \frac{\mathfrak{L}\,k_1}{F_2} \qquad M_{x1} = \boldsymbol{M_x^0} + \frac{x_1' - x_1}{l}\cdot M_A\,;$$

$$V_A = -V_D = \frac{\mathfrak{S}_r}{l}. \qquad N_1 = N_3 = 0 \qquad N_2 = -N_2 = \frac{2\,M_B}{l}.$$

*) Entsprechend der Lage der strichlierten Linie (durchweg an der Innenseite des Rahmens) mußte positive Belastung des unteren Riegels von unten nach oben wirkend angesetzt werden. Bei entgegengesetzter Lastrichtung sind $\mathfrak{L}$ und $\mathfrak{R}$ sowie $\mathfrak{S}_r$ und $\mathfrak{S}_l$ mit negativem Vorzeichen in die Formeln einzusetzen.

Siehe hierzu den Abschnitt „**Belastungsglieder**"

Fall 106/7: Linker Stiel beliebig waagerecht belastet

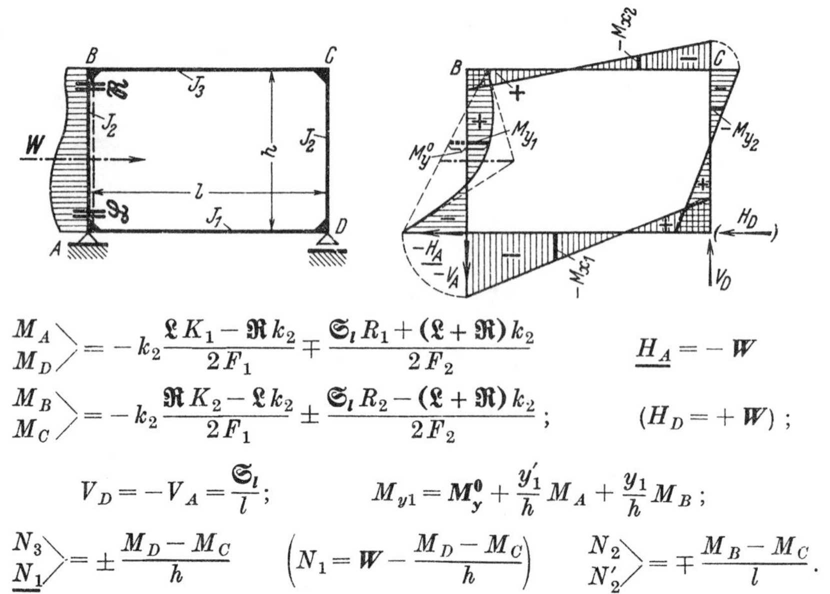

$$\left.\begin{matrix} M_A \\ M_D \end{matrix}\right\rangle = -k_2 \frac{\mathfrak{L} K_1 - \mathfrak{R} k_2}{2 F_1} \mp \frac{\mathfrak{S}_l R_1 + (\mathfrak{L} + \mathfrak{R}) k_2}{2 F_2} \qquad \underline{H_A} = -\boldsymbol{W}$$

$$\left.\begin{matrix} M_B \\ M_C \end{matrix}\right\rangle = -k_2 \frac{\mathfrak{R} K_2 - \mathfrak{L} k_2}{2 F_1} \pm \frac{\mathfrak{S}_l R_2 - (\mathfrak{L} + \mathfrak{R}) k_2}{2 F_2}; \qquad (H_D = +\boldsymbol{W});$$

$$V_D = -V_A = \frac{\mathfrak{S}_l}{l}; \qquad M_{y1} = \boldsymbol{M_y^0} + \frac{y_1'}{h} M_A + \frac{y_1}{h} M_B;$$

$$\left.\begin{matrix} N_3 \\ \underline{N_1} \end{matrix}\right\rangle = \pm \frac{M_D - M_C}{h} \qquad \left(N_1 = \boldsymbol{W} - \frac{M_D - M_C}{h}\right) \qquad \left.\begin{matrix} N_2 \\ N_2' \end{matrix}\right\rangle = \mp \frac{M_B - M_C}{l}.$$

Bemerkung: Für festes Lager bei D treten an Stelle der unterstrichenen Werte die eingeklammerten.

Fall 106/8: Beide Stiele beliebig waagerecht von außen her, aber gleich und symmetrisch zur Rahmenmitte belastet

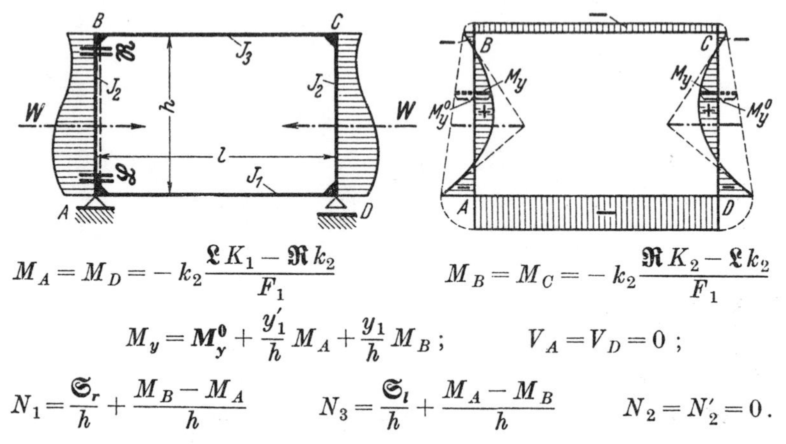

$$M_A = M_D = -k_2 \frac{\mathfrak{L} K_1 - \mathfrak{R} k_2}{F_1} \qquad M_B = M_C = -k_2 \frac{\mathfrak{R} K_2 - \mathfrak{L} k_2}{F_1}$$

$$M_y = \boldsymbol{M_y^0} + \frac{y_1'}{h} M_A + \frac{y_1}{h} M_B; \qquad V_A = V_D = 0;$$

$$N_1 = \frac{\mathfrak{S}_r}{h} + \frac{M_B - M_A}{h} \qquad N_3 = \frac{\mathfrak{S}_l}{h} + \frac{M_A - M_B}{h} \qquad N_2 = N_2' = 0.$$

Bemerkung: Alle Belastungsglieder sind auf den linken Stiel bezogen.

Fall 106/9: Beide Stiele beliebig waagerecht von links her, aber gleich belastet (Antimetrischer Lastfall)

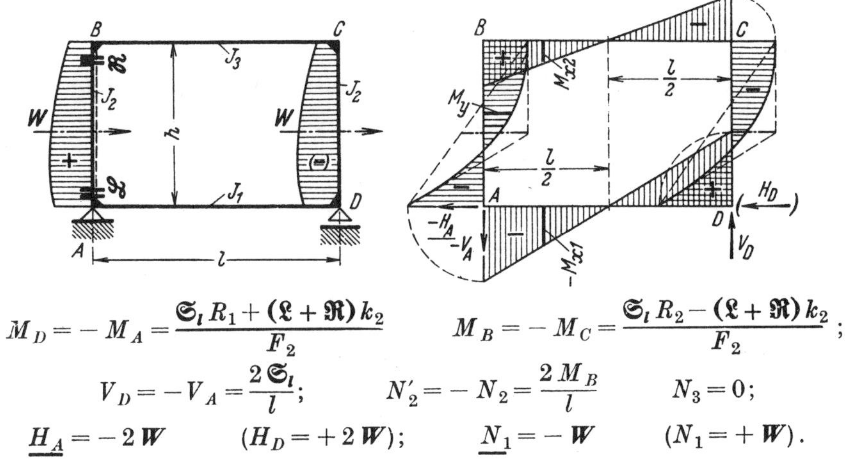

$$M_D = -M_A = \frac{\mathfrak{S}_l R_1 + (\mathfrak{L} + \mathfrak{R}) k_2}{F_2} \qquad M_B = -M_C = \frac{\mathfrak{S}_l R_2 - (\mathfrak{L} + \mathfrak{R}) k_2}{F_2};$$

$$V_D = -V_A = \frac{2\,\mathfrak{S}_l}{l}; \qquad N_2' = -N_2 = \frac{2\,M_B}{l} \qquad N_3 = 0;$$

$$\underline{H_A} = -2\,W \qquad (H_D = +2\,W); \qquad \underline{N_1} = -W \qquad (N_1 = +W).$$

Bemerkungen: Für festes Lager bei D treten an Stelle der unterstrichenen Werte die eingeklammerten. — Alle Belastungsglieder sind auf den linken Stiel bezogen.

Fall 106/10: Waagerechte Einzellast in Höhe des oberen Riegels

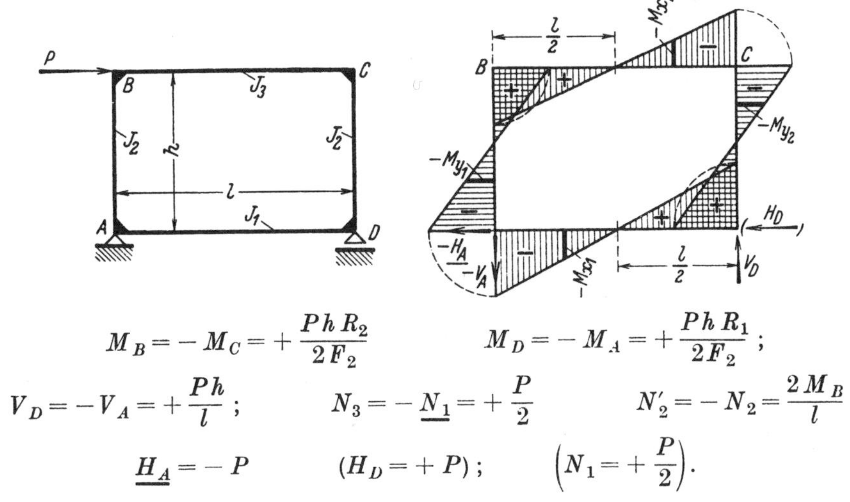

$$M_B = -M_C = +\frac{P h R_2}{2 F_2} \qquad M_D = -M_A = +\frac{P h R_1}{2 F_2};$$

$$V_D = -V_A = +\frac{P h}{l}; \qquad N_3 = -\underline{N_1} = +\frac{P}{2} \qquad N_2' = -N_2 = \frac{2\,M_B}{l}$$

$$\underline{H_A} = -P \qquad (H_D = +P); \qquad \left(N_1 = +\frac{P}{2}\right).$$

Bemerkung: Für festes Lager bei D treten an Stelle der unterstrichenen Werte die eingeklammerten.

Fall 106/11: Gleichmäßige Wärmeänderung im ganzen Rahmen.
Es werden keine Momente und Kräfte ausgelöst.

Rahmenform 107

Quadratischer geschlossener Rahmen mit gleichen Stabträgheitsmomenten und mit äußerlich statisch bestimmter Lagerung

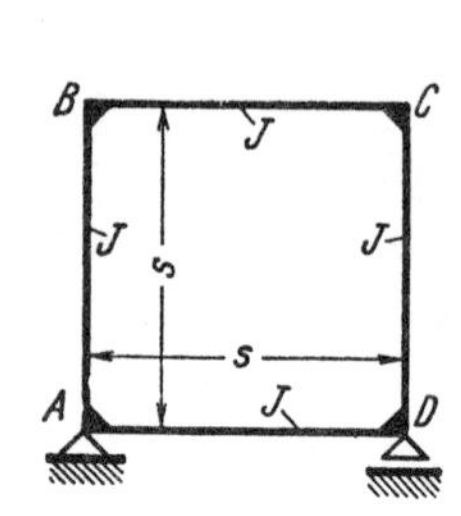

Rahmenform, Abmessungen und Bezeichnungen

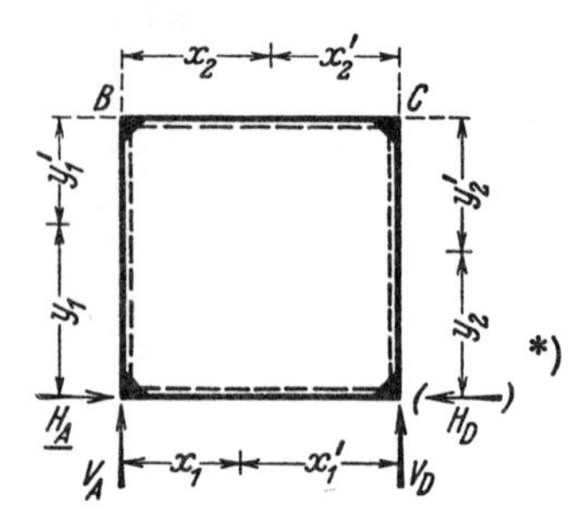

Festlegung der positiven Richtung aller Stützkräfte und der Koordinaten beliebiger Stabpunkte. Positive Biegungsmomente erzeugen an der gestrichelten Stabseite Zug

Bezeichnung der Axialkräfte:

im unteren Riegel N_1	im linken Stiel N_2
im oberen Riegel N_3	im rechten Stiel N'_2.

Bemerkung: Die Axialkräfte zählen bei Druck positiv, bei Zug negativ.

Anschriebe für die Momente an beliebigen Stabpunkten für alle Belastungsfälle der Rahmenform 107

Die Anteile aus den Eckmomenten allein lauten wie folgt:

$$M_{x1} = \frac{x'_1}{s} M_A + \frac{x_1}{s} M_D \qquad M_{x2} = \frac{x'_2}{s} M_B + \frac{x_2}{s} M_C$$

$$M_{y1} = \frac{y'_1}{s} M_A + \frac{y_1}{s} M_B \qquad M_{y2} = \frac{y_2}{s} M_C + \frac{y'_2}{s} M_D.$$

Zu diesen Werten kommt für die unmittelbar belasteten Stäbe jeweils das Glied $\boldsymbol{M}^0_x$ bzw. $\boldsymbol{M}^0_y$ hinzu.

*) H_D tritt auf, wenn das feste Lager bei D ist.

Siehe hierzu den Abschnitt **„Belastungsglieder"**

Fall 107/1: Oberer Riegel beliebig senkrecht belastet

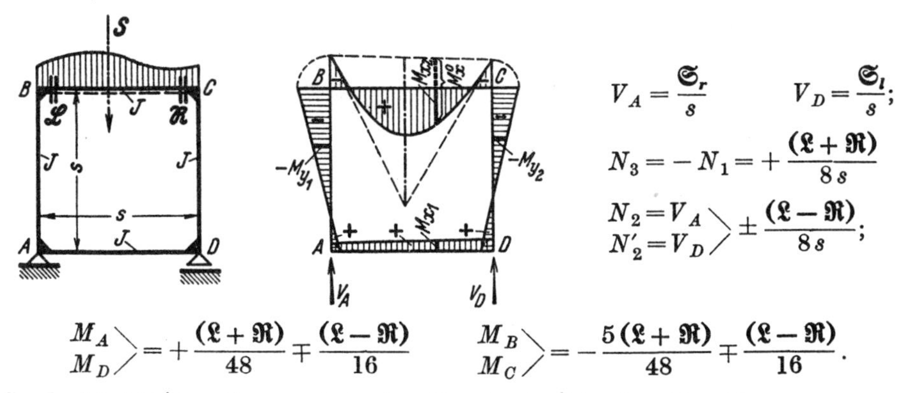

$$V_A = \frac{\mathfrak{S}_r}{s} \qquad V_D = \frac{\mathfrak{S}_l}{s};$$

$$N_3 = -N_1 = +\frac{(\mathfrak{L}+\mathfrak{R})}{8s}$$

$$\left.\begin{matrix} N_2 = V_A \\ N_2' = V_D \end{matrix}\right\rangle \pm \frac{(\mathfrak{L}-\mathfrak{R})}{8s};$$

$$\left.\begin{matrix} M_A \\ M_D \end{matrix}\right\rangle = +\frac{(\mathfrak{L}+\mathfrak{R})}{48} \mp \frac{(\mathfrak{L}-\mathfrak{R})}{16} \qquad \left.\begin{matrix} M_B \\ M_C \end{matrix}\right\rangle = -\frac{5(\mathfrak{L}+\mathfrak{R})}{48} \mp \frac{(\mathfrak{L}-\mathfrak{R})}{16}.$$

Sonderfall 107/1a: Symmetrische Riegellast $(\mathfrak{R}=\mathfrak{L};\ \mathfrak{S}_l=\mathfrak{S}_r)$.

$$M_A = M_D = +\frac{\mathfrak{L}}{24} \qquad M_B = M_C = -\frac{5\mathfrak{L}}{24}; \qquad V_A = V_D = N_2 = N_2' = \frac{S}{2}.$$

Sonderfall 107/1b: Antimetrische Riegellast $(\mathfrak{R}=-\mathfrak{L};\ \mathfrak{S}_l=-\mathfrak{S}_r)$.

$$M_D = M_C = -M_B = -M_A = \frac{\mathfrak{L}}{8}; \qquad V_A = -V_D = \frac{\mathfrak{S}_r}{s}; \qquad N_2 = -N_2' = \frac{\mathfrak{S}_r}{s} + \frac{\mathfrak{L}}{4s}.$$

Fall 107/2: Unterer Riegel beliebig senkrecht von unten her belastet*)

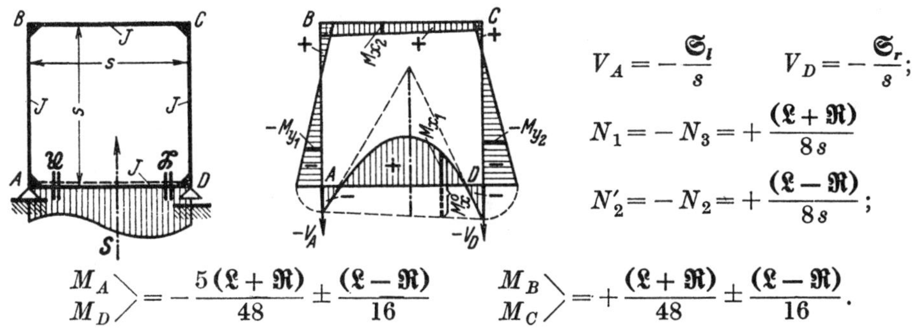

$$V_A = -\frac{\mathfrak{S}_l}{s} \qquad V_D = -\frac{\mathfrak{S}_r}{s};$$

$$N_1 = -N_3 = +\frac{(\mathfrak{L}+\mathfrak{R})}{8s}$$

$$N_2' = -N_2 = +\frac{(\mathfrak{L}-\mathfrak{R})}{8s};$$

$$\left.\begin{matrix} M_A \\ M_D \end{matrix}\right\rangle = -\frac{5(\mathfrak{L}+\mathfrak{R})}{48} \pm \frac{(\mathfrak{L}-\mathfrak{R})}{16} \qquad \left.\begin{matrix} M_B \\ M_C \end{matrix}\right\rangle = +\frac{(\mathfrak{L}+\mathfrak{R})}{48} \pm \frac{(\mathfrak{L}-\mathfrak{R})}{16}.$$

Sonderfall 107/2a: Symmetrische Riegellast $(\mathfrak{R}=\mathfrak{L};\ \mathfrak{S}_l=\mathfrak{S}_r)$.

$$M_A = M_D = -\frac{5\mathfrak{L}}{24} \qquad M_B = M_C = +\frac{\mathfrak{L}}{24}; \qquad V_A = V_D = -\frac{S}{2}.$$

Sonderfall 107/2b: Antimetrische Riegellast $(\mathfrak{R}=-\mathfrak{L};\ \mathfrak{S}_l=-\mathfrak{S}_r)$.

$$M_A = M_B = -M_C = -M_D = \frac{\mathfrak{L}}{8} \qquad V_A = -V_D = \frac{\mathfrak{S}_r}{l} \qquad N_2' = -N_2 = \frac{\mathfrak{L}}{4s}.$$

*) Siehe hierzu die Fußnote Seite 415.

Siehe hierzu den Abschnitt „**Belastungsglieder**"

Fall 107/3: Linker Stiel beliebig waagerecht belastet

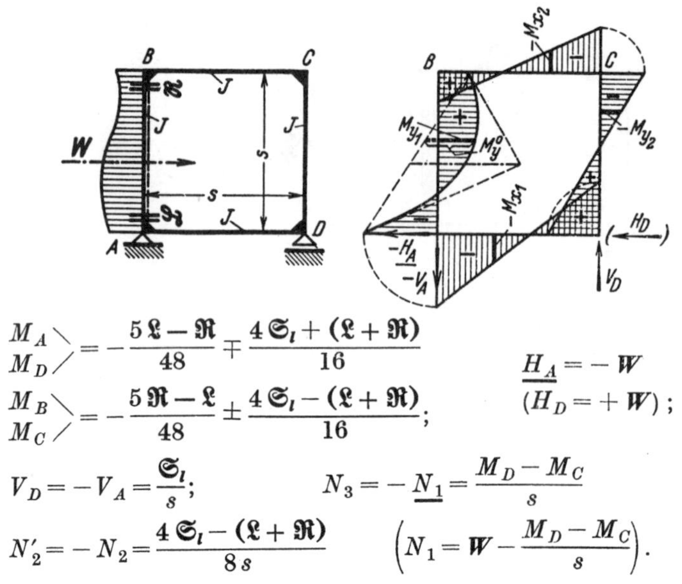

$$\left.\begin{matrix} M_A \\ M_D \end{matrix}\right\} = -\frac{5\mathfrak{L}-\mathfrak{R}}{48} \mp \frac{4\mathfrak{S}_l + (\mathfrak{L}+\mathfrak{R})}{16} \qquad \underline{H_A} = -\boldsymbol{W}$$

$$\left.\begin{matrix} M_B \\ M_C \end{matrix}\right\} = -\frac{5\mathfrak{R}-\mathfrak{L}}{48} \pm \frac{4\mathfrak{S}_l - (\mathfrak{L}+\mathfrak{R})}{16}; \qquad (H_D = +\boldsymbol{W});$$

$$V_D = -V_A = \frac{\mathfrak{S}_l}{s}; \qquad N_3 = -\underline{N_1} = \frac{M_D - M_C}{s}$$

$$N_2' = -N_2 = \frac{4\mathfrak{S}_l - (\mathfrak{L}+\mathfrak{R})}{8s} \qquad \left(N_1 = \boldsymbol{W} - \frac{M_D - M_C}{s}\right).$$

Bemerkung: Für festes Lager bei D treten an Stelle der unterstrichenen Werte die eingeklammerten.

Fall 107/4: Beide Stiele beliebig waagerecht von außen her, aber symmetrisch zur Rahmenmitte belastet

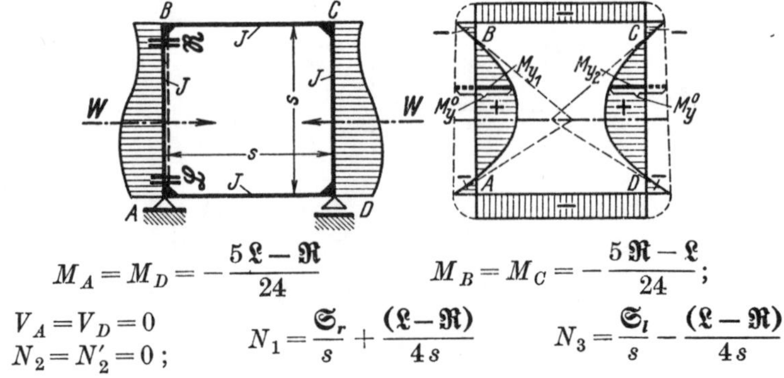

$$M_A = M_D = -\frac{5\mathfrak{L}-\mathfrak{R}}{24} \qquad M_B = M_C = -\frac{5\mathfrak{R}-\mathfrak{L}}{24};$$

$$V_A = V_D = 0 \qquad N_1 = \frac{\mathfrak{S}_r}{s} + \frac{(\mathfrak{L}-\mathfrak{R})}{4s} \qquad N_3 = \frac{\mathfrak{S}_l}{s} - \frac{(\mathfrak{L}-\mathfrak{R})}{4s}$$

$$N_2 = N_2' = 0;$$

Bemerkung: Alle Belastungsglieder sind auf den linken Stiel bezogen.

Sonderfall 107/4a: Stiellasten in sich symmetrisch $(\mathfrak{R} = \mathfrak{L})$

$$M_A = M_B = M_C = M_D = -\frac{\mathfrak{L}}{6}; \qquad N_1 = N_3 = \frac{\boldsymbol{W}}{2}.$$

Fall 107/5: Beide Stiele beliebig waagerecht von links her, aber gleich belastet (Antimetrischer Lastfall)

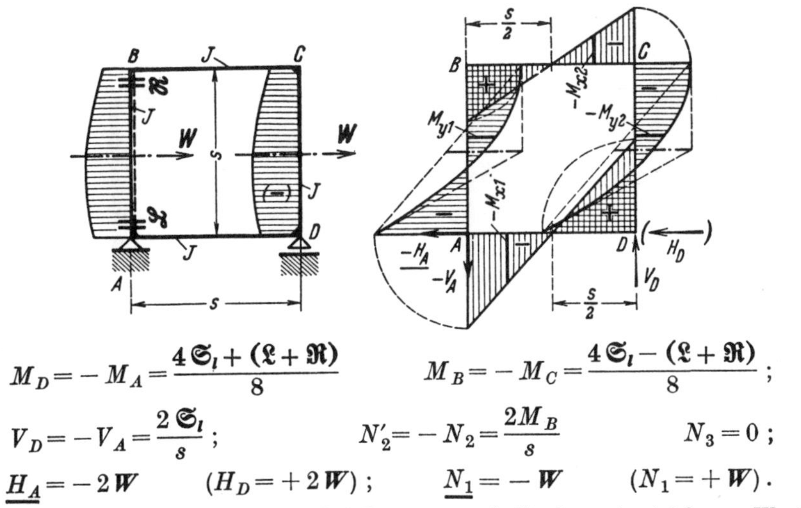

$$M_D = -M_A = \frac{4\,\mathfrak{S}_l + (\mathfrak{L} + \mathfrak{R})}{8} \qquad M_B = -M_C = \frac{4\,\mathfrak{S}_l - (\mathfrak{L} + \mathfrak{R})}{8}\,;$$

$$V_D = -V_A = \frac{2\,\mathfrak{S}_l}{s}\,; \qquad N'_2 = -N_2 = \frac{2M_B}{s} \qquad N_3 = 0\,;$$

$$\underline{H_A} = -2\,\mathbf{W} \qquad (H_D = +2\,\mathbf{W})\,; \qquad \underline{N_1} = -\mathbf{W} \qquad (N_1 = +\mathbf{W})\,.$$

Bemerkungen: Für festes Lager bei D treten an Stelle der unterstrichenen Werte die eingeklammerten. — Alle Belastungsglieder sind auf den linken Stiel bezogen.

Sonderfall 107/5a: Stiellasten in sich symmetrisch $(\mathfrak{R} = \mathfrak{L})$.

$$M_D = -M_A = \frac{\mathbf{W}s + \mathfrak{L}}{4} \qquad M_B = -M_C = \frac{\mathbf{W}s - \mathfrak{L}}{4}\,; \qquad V_D = -V_A = \mathbf{W}\,.$$

Fall 107/6: Waagerechte Einzellast in Höhe des oberen Riegels

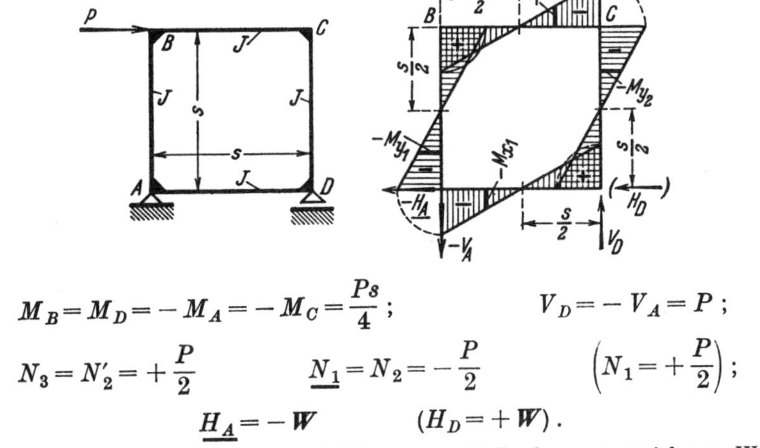

$$M_B = M_D = -M_A = -M_C = \frac{Ps}{4}\,; \qquad V_D = -V_A = P\,;$$

$$N_3 = N'_2 = +\frac{P}{2} \qquad \underline{N_1} = N_2 = -\frac{P}{2} \qquad \left(N_1 = +\frac{P}{2}\right);$$

$$\underline{H_A} = -\mathbf{W} \qquad (H_D = +\mathbf{W})\,.$$

Bemerkung: Für festes Auflager bei D treten an Stelle der unterstrichenen Werte die eingeklammerten.

Rahmenform 108

Geschlossener Rechteckrahmen mit 4 verschiedenen Stabträgheitsmomenten und mit äußerlich statisch bestimmter Lagerung

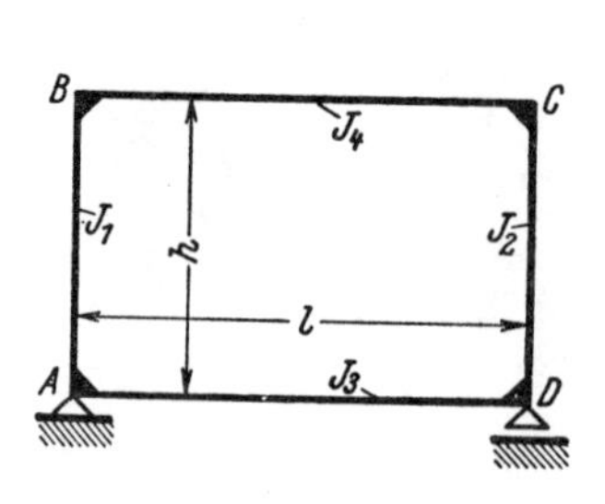

Rahmenform, Abmessungen und Bezeichnungen

Festlegung der positiven Richtung aller Stützkräfte und der Koordinaten beliebiger Stabpunkte. Positive Biegungsmomente erzeugen an der gestrichelten Stabseite Zug

Festwerte:

$$k_1 = \frac{J_4}{J_1} \cdot \frac{h}{l} \qquad k = \frac{J_4}{J_3} \qquad k_2 = \frac{J_4}{J_2} \cdot \frac{h}{l}$$

$$r_1 = k_1 + k \qquad r = 1 + k \qquad r_2 = k + k_2$$

$$R_1 = 2(3k_1 + r) \qquad R = 2(r_1 + k + r_2) \qquad R_2 = 2(r + 3k_2);$$

$$F = R(R_1 R_2 - r^2) - 9(R_1 r_2^2 - 2 r r_1 r_2 + R_2 r_1^2).$$

$$n_{11} = \frac{R R_2 - 9 r_2^2}{F} \qquad n_{12} = n_{21} = \frac{9 r_1 r_2 - R r}{F}$$

$$n_{22} = \frac{R R_1 - 9 r_1^2}{F} \qquad n_{13} = n_{31} = \frac{3(r_1 R_2 - r r_2)}{F}$$

$$n_{33} = \frac{R_1 R_2 - r^2}{F} \qquad n_{23} = n_{32} = \frac{3(R_1 r_2 - r_1 r)}{F}.$$

Bezeichnung der Axialkräfte:

im linken Stiel N_1	im unteren Riegel N_3
im rechten Stiel N_2	im oberen Riegel N_4.

Bemerkung: Die Axialkräfte zählen bei Druck positiv, bei Zug negativ.

Anschriebe für die Momente an beliebigen Stabpunkten der nicht unmittelbar belasteten Stäbe für alle Belastungsfälle der Rahmenform 108

$$M_{x1} = \frac{x_1'}{l} M_A + \frac{x_1}{l} M_D \qquad M_{x2} = \frac{x_2'}{l} M_B + \frac{x_2}{l} M_C$$

$$M_{y1} = \frac{y_1'}{h} M_A + \frac{y_1}{h} M_B \qquad M_{y2} = \frac{y_2}{h} M_C + \frac{y_2'}{h} M_D.$$

*) H_D tritt auf, wenn das feste Lager bei D ist.

Siehe hierzu den Abschnitt „**Belastungsglieder**“

Fall 108/1: Oberer Riegel beliebig senkrecht belastet

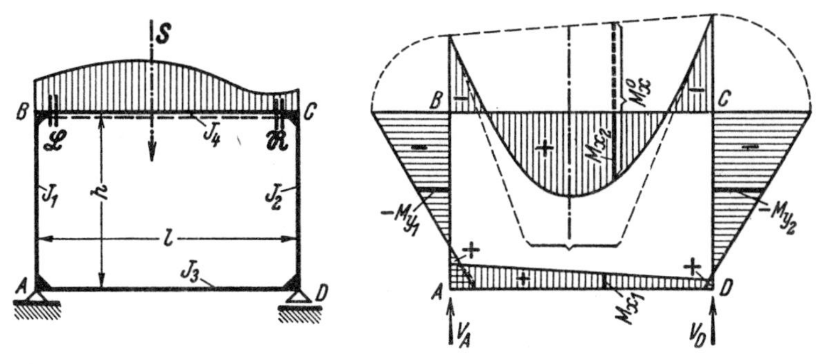

Hilfswerte:

$$X_1 = \mathfrak{L} n_{11} + \mathfrak{R} n_{21} \qquad X_2 = \mathfrak{L} n_{12} + \mathfrak{R} n_{22} \qquad X_3 = \mathfrak{L} n_{13} + \mathfrak{R} n_{23}.$$

$$M_B = -X_1 \qquad M_C = -X_2 \qquad M_A = X_3 - X_1 \qquad M_D = X_3 - X_2;$$

$$M_{x2} = M_x^0 + \frac{x_2'}{l} M_B + \frac{x_2}{l} M_C; \qquad V_A = \frac{\mathfrak{S}_r}{l} \qquad V_D = \frac{\mathfrak{S}_l}{l};$$

$$N_1 = V_A + \frac{X_1 - X_2}{l} \qquad N_2 = V_D - \frac{X_1 - X_2}{l} \qquad N_4 = -N_3 = \frac{X_3}{h}.$$

Fall 108/2: Unterer Riegel beliebig senkrecht von unten her belastet*)

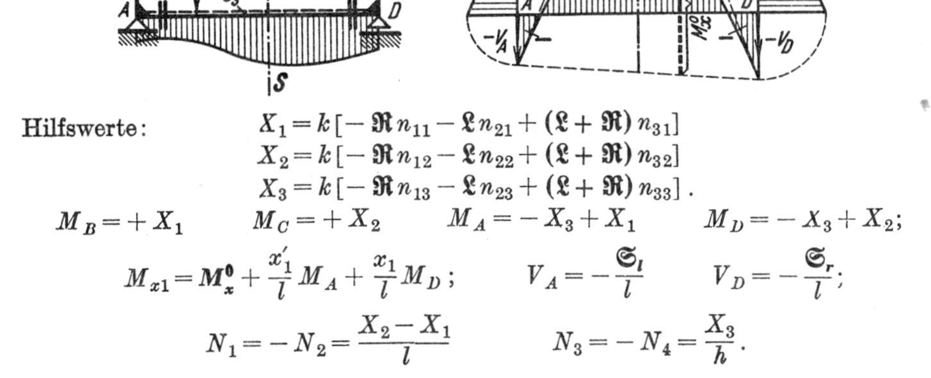

Hilfswerte:

$$X_1 = k[-\mathfrak{R} n_{11} - \mathfrak{L} n_{21} + (\mathfrak{L} + \mathfrak{R}) n_{31}]$$
$$X_2 = k[-\mathfrak{R} n_{12} - \mathfrak{L} n_{22} + (\mathfrak{L} + \mathfrak{R}) n_{32}]$$
$$X_3 = k[-\mathfrak{R} n_{13} - \mathfrak{L} n_{23} + (\mathfrak{L} + \mathfrak{R}) n_{33}].$$

$$M_B = +X_1 \qquad M_C = +X_2 \qquad M_A = -X_3 + X_1 \qquad M_D = -X_3 + X_2;$$

$$M_{x1} = M_x^0 + \frac{x_1'}{l} M_A + \frac{x_1}{l} M_D; \qquad V_A = -\frac{\mathfrak{S}_l}{l} \qquad V_D = -\frac{\mathfrak{S}_r}{l};$$

$$N_1 = -N_2 = \frac{X_2 - X_1}{l} \qquad N_3 = -N_4 = \frac{X_3}{h}.$$

*) Siehe hierzu die Fußnote Seite 415.

Siehe hierzu den Abschnitt „**Belastungsglieder**"

Fall 108/3: Linker Stiel beliebig waagerecht belastet

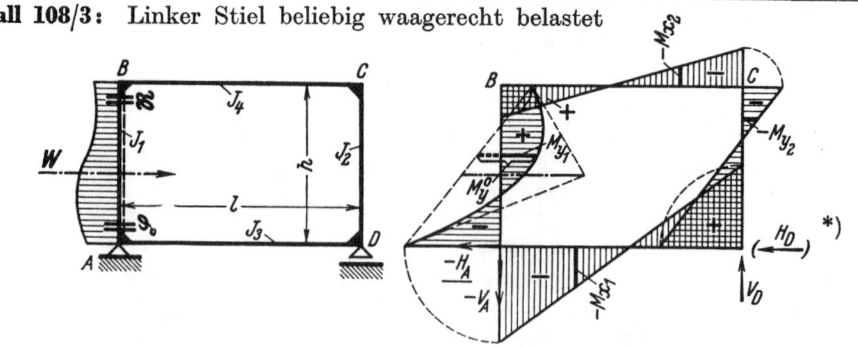

Hilfswerte: $\mathfrak{B}_1 = \mathfrak{S}_l(k_1 + 2r_1) - (\mathfrak{L} + \mathfrak{R})\,k_1$ $\quad X_1 = +\mathfrak{B}_1 n_{11} + \mathfrak{B}_2 n_{21} - \mathfrak{B}_3 n_{31}$

$\mathfrak{B}_2 = \mathfrak{S}_l k$ $\quad X_2 = -\mathfrak{B}_1 n_{12} - \mathfrak{B}_2 n_{22} + \mathfrak{B}_3 n_{32}$

$\mathfrak{B}_3 = \mathfrak{S}_l(2r_1 + k) - \mathfrak{L} k_1;$ $\quad X_3 = -\mathfrak{B}_1 n_{13} - \mathfrak{B}_2 n_{23} + \mathfrak{B}_3 n_{33}.$

$M_B = +X_1 \qquad M_C = -X_2 \qquad M_A = -\mathfrak{S}_l + X_1 + X_3 \qquad M_D = +X_3 - X_2;$

$M_{y1} = M_y^0 + \frac{y_1'}{h} M_A + \frac{y_1}{h} M_B; \qquad V_D = -V_A = \frac{\mathfrak{S}_l}{l}; \qquad \underline{H_A} = -W \qquad (H_D = +W);$

$N_2 = -N_1 = \frac{X_1 + X_2}{l} \qquad N_4 = -\underline{N_3} = \frac{X_3}{h} \qquad \left(N_3 = W - \frac{X_3}{h}\right).$

Fall 108/4: Rechter Stiel beliebig waagerecht belastet

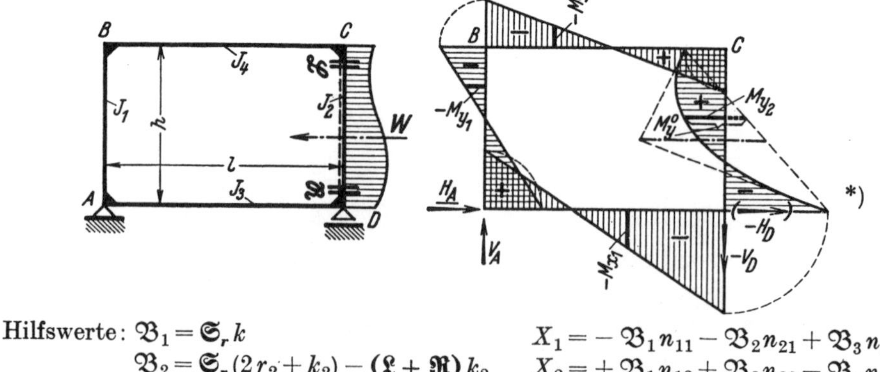

Hilfswerte: $\mathfrak{B}_1 = \mathfrak{S}_r k$ $\quad X_1 = -\mathfrak{B}_1 n_{11} - \mathfrak{B}_2 n_{21} + \mathfrak{B}_3 n_{31}$

$\mathfrak{B}_2 = \mathfrak{S}_r(2r_2 + k_2) - (\mathfrak{L} + \mathfrak{R})\,k_2$ $\quad X_2 = +\mathfrak{B}_1 n_{12} + \mathfrak{B}_2 n_{22} - \mathfrak{B}_3 n_{32}$

$\mathfrak{B}_3 = \mathfrak{S}_r(k + 2r_2) - \mathfrak{R} k_2;$ $\quad X_3 = -\mathfrak{B}_1 n_{13} - \mathfrak{B}_2 n_{23} + \mathfrak{B}_3 n_{33}.$

$M_B = -X_1 \qquad M_C = +X_2 \qquad M_A = +X_3 - X_1 \qquad M_D = -\mathfrak{S}_r + X_2 + X_3;$

$M_{y2} = M_y^0 + \frac{y_2}{h} M_C + \frac{y_2'}{h} M_D; \qquad V_A = -V_D = \frac{\mathfrak{S}_r}{l}; \qquad \underline{H_A} = +W \qquad (H_D = -W);$

$N_1 = -N_2 = \frac{X_1 + X_2}{l} \qquad N_4 = \frac{X_3}{h} \qquad \underline{N_3} = W - \frac{X_3}{h} \qquad \left(N_3 = -\frac{X_3}{h}\right).$

*) Für festes Lager bei D treten an Stelle der unterstrichenen Werte die eingeklammerten.

Rahmenform 109

Symmetrischer geschlossener Rechteckrahmen mit Flächenlagerung

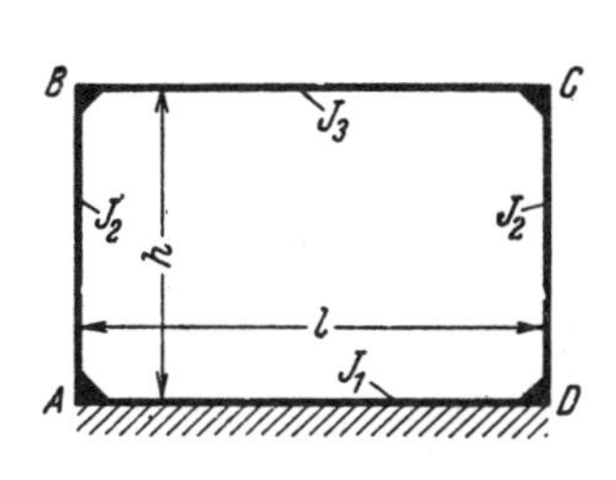

Rahmenform, Abmessungen und Bezeichnungen

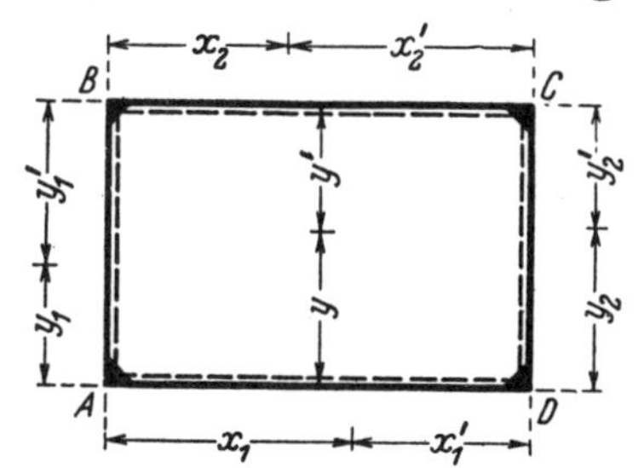

Festlegung der Koordinaten beliebiger Stabpunkte. Für symmetrische Lastfälle werden y und y' verwendet. Positive Biegungsmomente erzeugen an der gestrichelten Stabseite Zug

Festwerte:

$$k_1 = \frac{J_3}{J_1} \qquad k_2 = \frac{J_3}{J_2} \cdot \frac{h}{l}; \qquad K_1 = 2k_2 + 3 \qquad K_2 = 3k_1 + 2k_2$$

$$K_3 = 3k_2 + 1 - \frac{k_1}{5} \qquad K_4 = \frac{6k_1}{5} + 3k_2; \qquad F_1 = K_1 K_2 - k_2^2 \qquad F_2 = 1 + k_1 + 6k_2.$$

Bezeichnung der Axialkräfte:

im unteren Riegel N_1	im linken Stiel N_2
im oberen Riegel N_3	im rechten Stiel N_2'

Bemerkung: Die Axialkräfte zählen bei Druck positiv, bei Zug negativ.

Zur Beachtung

Alle Formeln zu dieser Rahmenform gelten nur unter Annahme geradliniger Begrenzung des Bodendruckdiagrammes.**)

Der bei unsymmetrischen Belastungsfällen auftretende negative Bodendruck ist nur dann zulässig, wenn derselbe bei Addition jeder möglichen Gruppe von Belastungsfällen wieder verschwindet.

Anschriebe für die Momente in beliebigen Stabpunkten der nicht unmittelbar belasteten Stäbe für Rahmenform 109

$$M_{y1} = \frac{y_1'}{h} M_A + \frac{y_1}{h} M_B \qquad M_{x2} = \frac{x_2'}{l} M_B + \frac{x_2}{l} M_C \qquad M_{y2} = \frac{y_2}{h} M_C + \frac{y_2'}{h} M_D.$$

Hilfswerte zur Darstellung von M_{x1}:

$$\omega_D' = \frac{x_1'}{l} - \left(\frac{x_1'}{l}\right)^3, \qquad \omega_D = \frac{x_1}{l} - \left(\frac{x_1}{l}\right)^3, \qquad \omega_V = \frac{x_1 x_1'}{l^2} \cdot \frac{x_1' - x_1}{l}. \text{*)}$$

*) Zahlentafeln für die Omega-Funktionen $\omega'_D = \xi' - \xi'^3$, $\omega_D = \xi - \xi^3$ und $\omega_V = \xi\xi'(\xi' - \xi)$ siehe in „Kleinlogel u. Haselbach, **Belastungsglieder**", 9. Aufl.

) Für gekrümmte Bodendruckdiagramme (z. B. gemäß irgendeinem der Kurven-Lastfälle 86 bis 112 im Hilfsbuch „Belastungsglieder**") ist Rahmenform 106 zu verwenden — wobei die Auflager-Einzelkräfte sinnentsprechend zu eliminieren sind.

Siehe hierzu den Abschnitt „**Belastungsglieder**"

Fall 109/1: Oberer Riegel beliebig senkrecht belastet

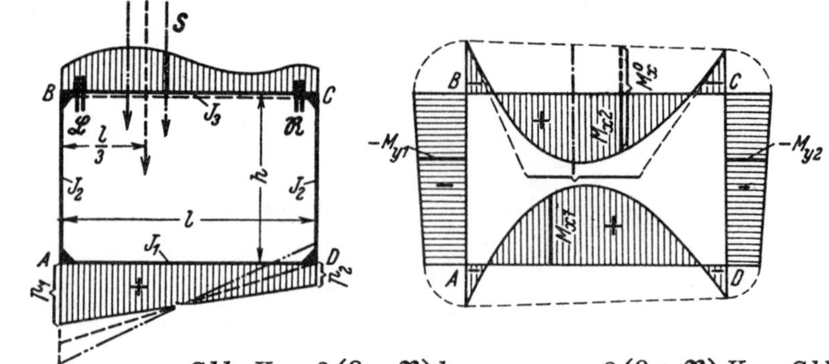

Hilfswerte: $X_1 = \dfrac{S l k_1 K_1 - 2(\mathfrak{L} + \mathfrak{R}) k_2}{4 F_1}$ $\qquad X_2 = \dfrac{2(\mathfrak{L} + \mathfrak{R}) K_2 - S l k_1 k_2}{4 F_1}$

$$X_3 = \frac{10(\mathfrak{L} - \mathfrak{R}) + (\mathfrak{S}_r - \mathfrak{S}_l) k_1}{20 F_2} \qquad p_1 = \frac{2(2\mathfrak{S}_r - \mathfrak{S}_l)}{l^2}$$

$$\left.\begin{matrix} M_A \\ M_D \end{matrix}\right\rangle = -X_1 \mp X_3 \qquad \left.\begin{matrix} M_B \\ M_C \end{matrix}\right\rangle = -X_2 \mp X_3; \qquad p_2 = \frac{2(2\mathfrak{S}_l - \mathfrak{S}_r)}{l^2};$$

$$M_{x1} = \frac{p_1 l^2}{6} \cdot \omega'_T + \frac{x'_1}{l} M_A + \frac{x_1}{l} M_D \,{}^{*)} \qquad M_{x2} = M_x^0 + \frac{x'_2}{l} M_B + \frac{x_2}{l} M_C;$$

$$N_1 = -N_3 = \frac{X_1 - X_2}{h} \qquad N_2 = \frac{\mathfrak{S}_r + 2X_3}{l} \qquad N'_2 = \frac{\mathfrak{S}_l - 2X_3}{l}.$$

Bemerkung: Für S in $l/3$ ist $\mathfrak{S}_r = 2\,\mathfrak{S}_l$ und somit $p_2 = 0$; für S innerhalb $l/3$, also $\mathfrak{S}_r > 2\,\mathfrak{S}_l$ wird p_2 negativ.

Fall 109/2: Oberer Riegel beliebig senkrecht, aber symmetrisch belastet

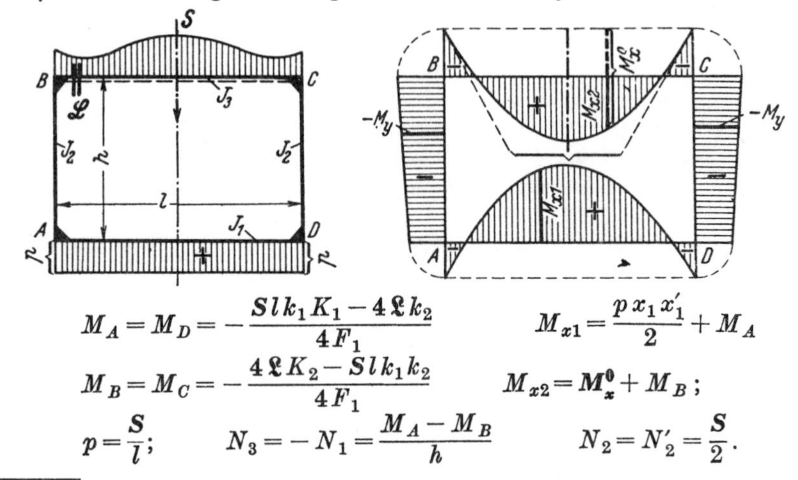

$$M_A = M_D = -\frac{S l k_1 K_1 - 4\mathfrak{L} k_2}{4F_1} \qquad M_{x1} = \frac{p x_1 x'_1}{2} + M_A$$

$$M_B = M_C = -\frac{4\mathfrak{L} K_2 - S l k_1 k_2}{4F_1} \qquad M_{x2} = M_x^0 + M_B;$$

$$p = \frac{S}{l}; \qquad N_3 = -N_1 = \frac{M_A - M_B}{h} \qquad N_2 = N'_2 = \frac{S}{2}.$$

*) Es ist $\omega'_T = \omega'_D + i\,\omega_D$ mit $i = p_2/p_1$. Zahlentafeln für die Omega-Funktion ω'_T für i von $+1$ bis -1 mit dem Intervall 0,1 für i siehe in dem in der Fußnote Seite 425 genannten Werk.

Siehe hierzu den Abschnitt **„Belastungsglieder"**

Fall 109/3: Linker Stiel beliebig waagerecht belastet

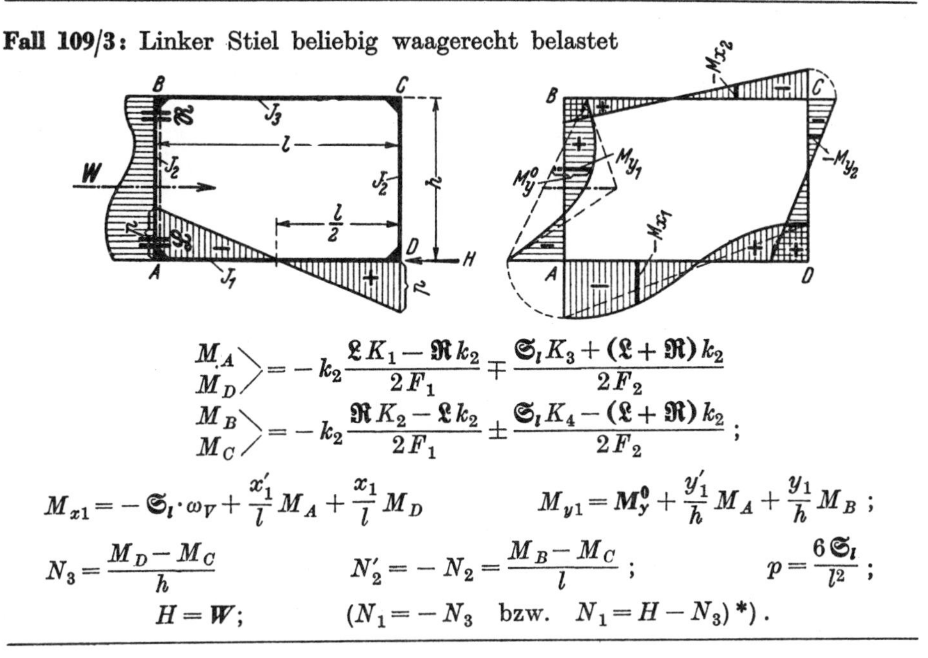

$$\left.\begin{matrix} M_A \\ M_D \end{matrix}\right\rangle = -k_2 \frac{\mathfrak{L} K_1 - \mathfrak{R} k_2}{2F_1} \mp \frac{\mathfrak{S}_l K_3 + (\mathfrak{L} + \mathfrak{R}) k_2}{2F_2}$$

$$\left.\begin{matrix} M_B \\ M_C \end{matrix}\right\rangle = -k_2 \frac{\mathfrak{R} K_2 - \mathfrak{L} k_2}{2F_1} \pm \frac{\mathfrak{S}_l K_4 - (\mathfrak{L} + \mathfrak{R}) k_2}{2F_2};$$

$$M_{x1} = -\mathfrak{S}_l \cdot \omega_V + \frac{x_1'}{l} M_A + \frac{x_1}{l} M_D \qquad M_{y1} = M_y^0 + \frac{y_1'}{h} M_A + \frac{y_1}{h} M_B;$$

$$N_3 = \frac{M_D - M_C}{h} \qquad N_2' = -N_2 = \frac{M_B - M_C}{l}; \qquad p = \frac{6\mathfrak{S}_l}{l^2};$$

$$H = W; \qquad (N_1 = -N_3 \text{ bzw. } N_1 = H - N_3)\,^{*)}.$$

Fall 109/4: Beide Stiele beliebig waagerecht von außen her, aber symmetrisch zur Rahmenmitte belastet

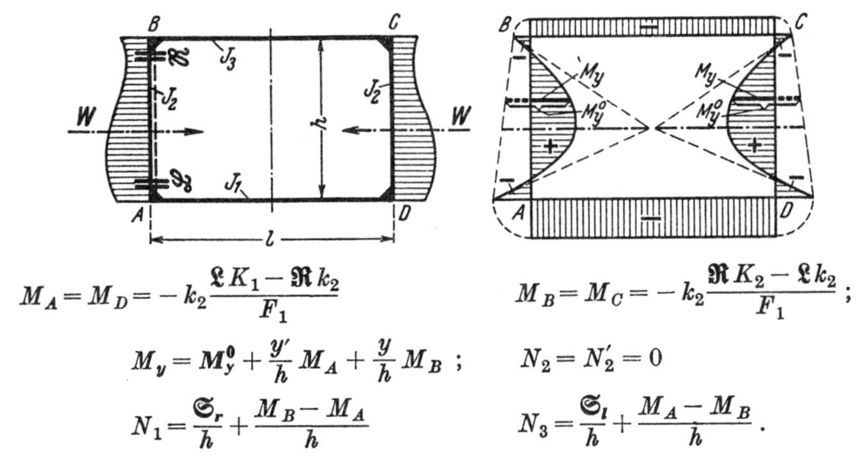

$$M_A = M_D = -k_2 \frac{\mathfrak{L} K_1 - \mathfrak{R} k_2}{F_1} \qquad M_B = M_C = -k_2 \frac{\mathfrak{R} K_2 - \mathfrak{L} k_2}{F_1};$$

$$M_y = M_y^0 + \frac{y'}{h} M_A + \frac{y}{h} M_B; \qquad N_2 = N_2' = 0$$

$$N_1 = \frac{\mathfrak{S}_r}{h} + \frac{M_B - M_A}{h} \qquad N_3 = \frac{\mathfrak{S}_l}{h} + \frac{M_A - M_B}{h}.$$

Bemerkung: Alle Belastungsglieder sind auf den linken Stiel bezogen. — Es tritt kein Bodendruck auf.

*) Die für N_1 angegebenen Größen sind Grenzwerte. Die wirkliche Größe und Verteilung von N_1 hängt von der Art der Übertragung der Schubkraft H ab (z. B. Sohlenreibung).

Siehe hierzu den Abschnitt „**Belastungsglieder**“

Fall 109/5: Oberer Riegel beliebig antimetrisch belastet (Sonderfall zu Fall 109/1 mit $\mathfrak{R} = -\mathfrak{L}$ und $\mathfrak{S}_l = -\mathfrak{S}_r$)

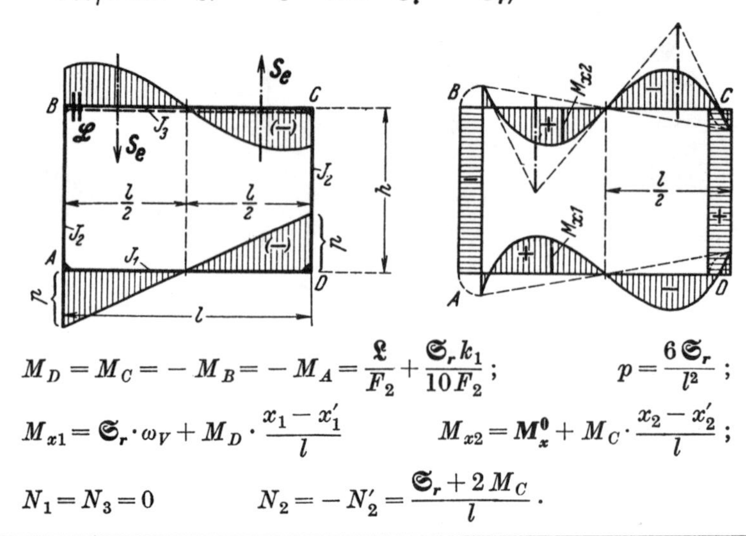

$$M_D = M_C = -M_B = -M_A = \frac{\mathfrak{L}}{F_2} + \frac{\mathfrak{S}_r k_1}{10 F_2}; \qquad p = \frac{6\,\mathfrak{S}_r}{l^2};$$

$$M_{x1} = \mathfrak{S}_r \cdot \omega_V + M_D \cdot \frac{x_1 - x_1'}{l} \qquad M_{x2} = \boldsymbol{M}_x^0 + M_C \cdot \frac{x_2 - x_2'}{l};$$

$$N_1 = N_3 = 0 \qquad N_2 = -N_2' = \frac{\mathfrak{S}_r + 2\,M_C}{l}.$$

Fall 109/6: Beide Stiele beliebig waagerecht von links her, aber gleich belastet (Antimetrischer Lastfall)

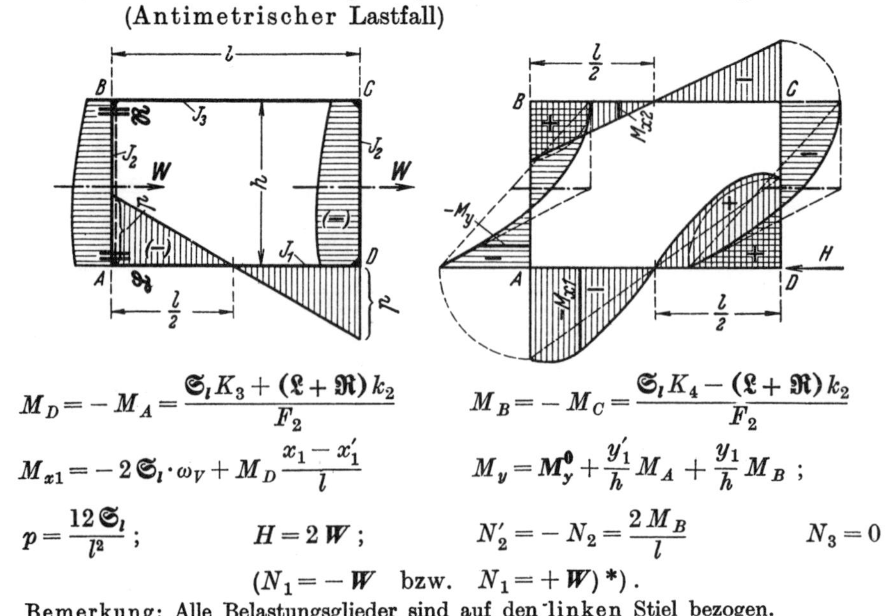

$$M_D = -M_A = \frac{\mathfrak{S}_l K_3 + (\mathfrak{L} + \mathfrak{R})\,k_2}{F_2} \qquad M_B = -M_C = \frac{\mathfrak{S}_l K_4 - (\mathfrak{L} + \mathfrak{R})\,k_2}{F_2}$$

$$M_{x1} = -2\,\mathfrak{S}_l \cdot \omega_V + M_D \frac{x_1 - x_1'}{l} \qquad M_y = \boldsymbol{M}_y^0 + \frac{y_1'}{h} M_A + \frac{y_1}{h} M_B;$$

$$p = \frac{12\,\mathfrak{S}_l}{l^2}; \qquad H = 2\,\boldsymbol{W}; \qquad N_2' = -N_2 = \frac{2\,M_B}{l} \qquad N_3 = 0$$

$$(N_1 = -\boldsymbol{W} \quad \text{bzw.} \quad N_1 = +\boldsymbol{W})\,^{*)}.$$

Bemerkung: Alle Belastungsglieder sind auf den linken Stiel bezogen.

*) Siehe hierzu die Fußnote Seite 427.

Fall 109/7: Senkrechte Einzellast am Eckpunkt B

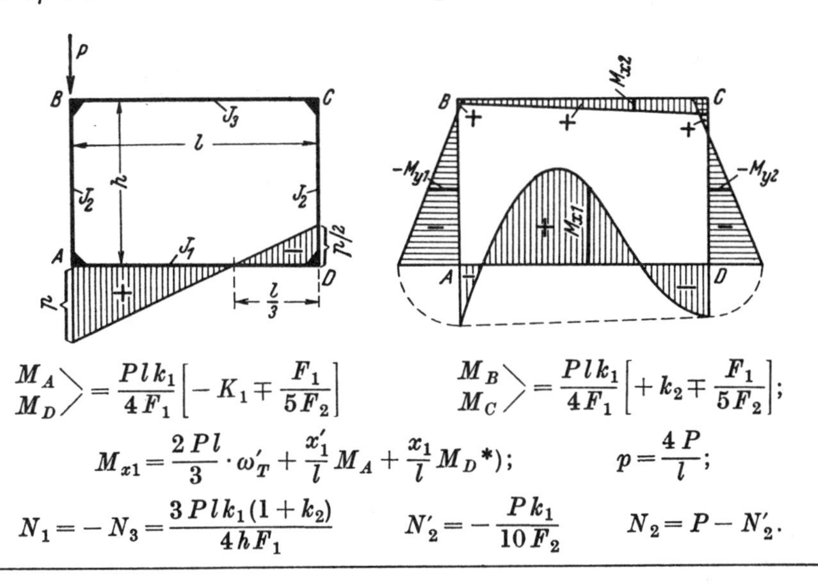

$$\left.\begin{matrix} M_A \\ M_D \end{matrix}\right\rangle = \frac{P l k_1}{4 F_1}\left[-K_1 \mp \frac{F_1}{5 F_2}\right] \qquad \left.\begin{matrix} M_B \\ M_C \end{matrix}\right\rangle = \frac{P l k_1}{4 F_1}\left[+k_2 \mp \frac{F_1}{5 F_2}\right];$$

$$M_{x1} = \frac{2 P l}{3} \cdot \omega'_T + \frac{x'_1}{l} M_A + \frac{x_1}{l} M_D\,^{*)}; \qquad p = \frac{4 P}{l};$$

$$N_1 = -N_3 = \frac{3 P l k_1 (1 + k_2)}{4 h F_1} \qquad N'_2 = -\frac{P k_1}{10 F_2} \qquad N_2 = P - N'_2.$$

Fall 109/8: Senkrechte Einzellasten an den Eckpunkten B und C (Symmetrischer Lastfall)

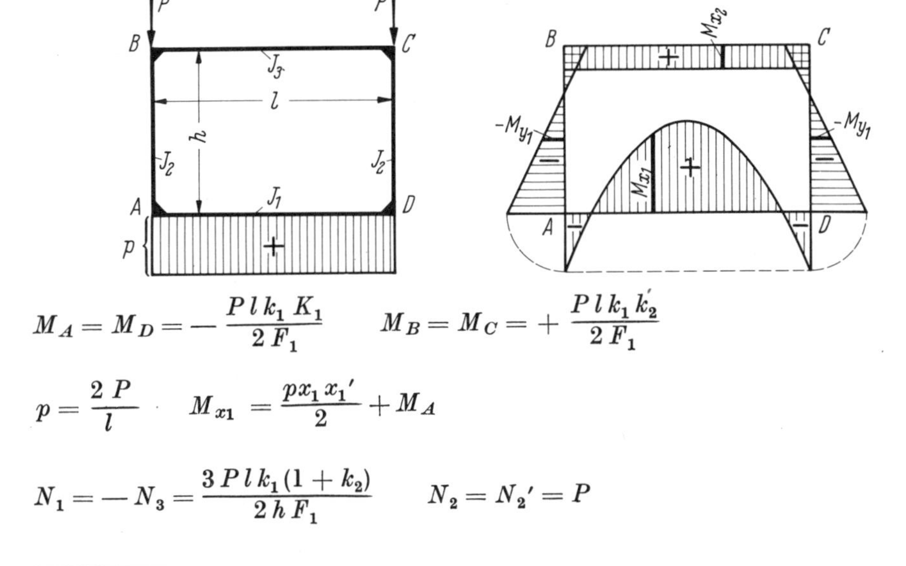

$$M_A = M_D = -\frac{P l k_1 K_1}{2 F_1} \qquad M_B = M_C = +\frac{P l k_1 k'_2}{2 F_1}$$

$$p = \frac{2 P}{l} \qquad M_{x1} = \frac{p x_1 x_1'}{2} + M_A$$

$$N_1 = -N_3 = \frac{3 P l k_1 (1 + k_2)}{2 h F_1} \qquad N_2 = N_2' = P$$

*) Es ist $\omega'_T = \omega'_D - i\,\omega_D$ mit $i = 1/2$. Siehe weiter die Fußnote Seite 426.

Fall 109/9: Waagerechte Einzellast am Eckpunkt B

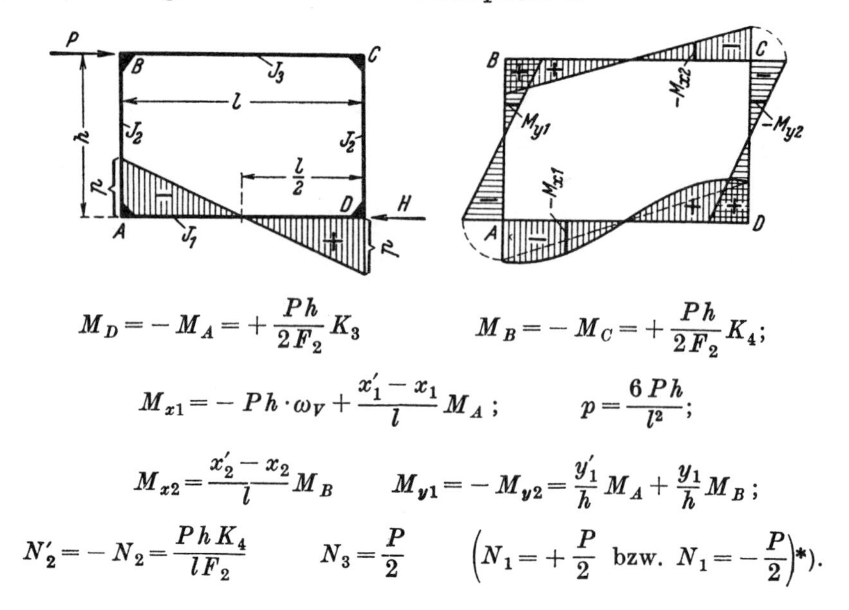

$$M_D = -M_A = +\frac{Ph}{2F_2}K_3 \qquad M_B = -M_C = +\frac{Ph}{2F_2}K_4;$$

$$M_{x1} = -Ph\cdot\omega_V + \frac{x_1' - x_1}{l}M_A; \qquad p = \frac{6Ph}{l^2};$$

$$M_{x2} = \frac{x_2' - x_2}{l}M_B \qquad M_{y1} = -M_{y2} = \frac{y_1'}{h}M_A + \frac{y_1}{h}M_B;$$

$$N_2' = -N_2 = \frac{PhK_4}{lF_2} \qquad N_3 = \frac{P}{2} \qquad \left(N_1 = +\frac{P}{2} \text{ bzw. } N_1 = -\frac{P}{2}\right)\text{*)}.$$

Fall 109/10: Oberer Riegel gleichmäßig verteilt belastet

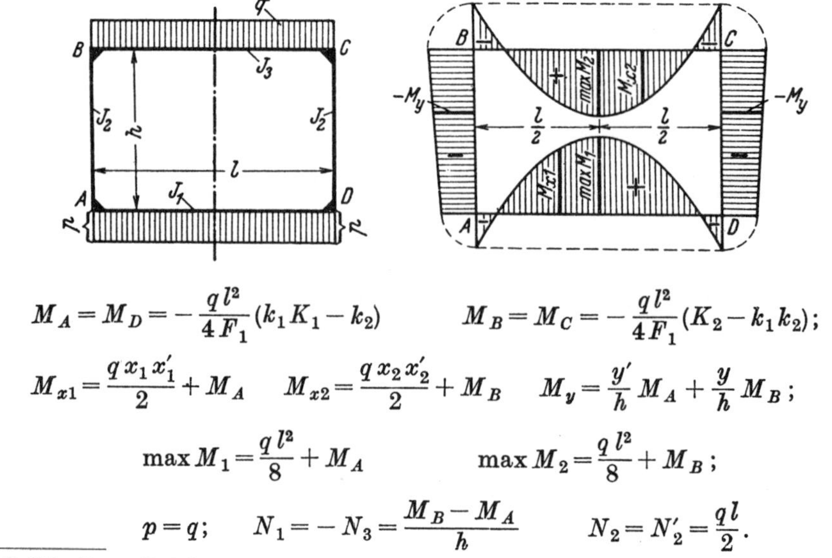

$$M_A = M_D = -\frac{ql^2}{4F_1}(k_1K_1 - k_2) \qquad M_B = M_C = -\frac{ql^2}{4F_1}(K_2 - k_1k_2);$$

$$M_{x1} = \frac{qx_1x_1'}{2} + M_A \qquad M_{x2} = \frac{qx_2x_2'}{2} + M_B \qquad M_y = \frac{y'}{h}M_A + \frac{y}{h}M_B;$$

$$\max M_1 = \frac{ql^2}{8} + M_A \qquad \max M_2 = \frac{ql^2}{8} + M_B;$$

$$p = q; \qquad N_1 = -N_3 = \frac{M_B - M_A}{h} \qquad N_2 = N_2' = \frac{ql}{2}.$$

*) Siehe hierzu die Fußnote Seite 427.

Fall 109/11: Linker Stiel gleichmäßig verteilt belastet

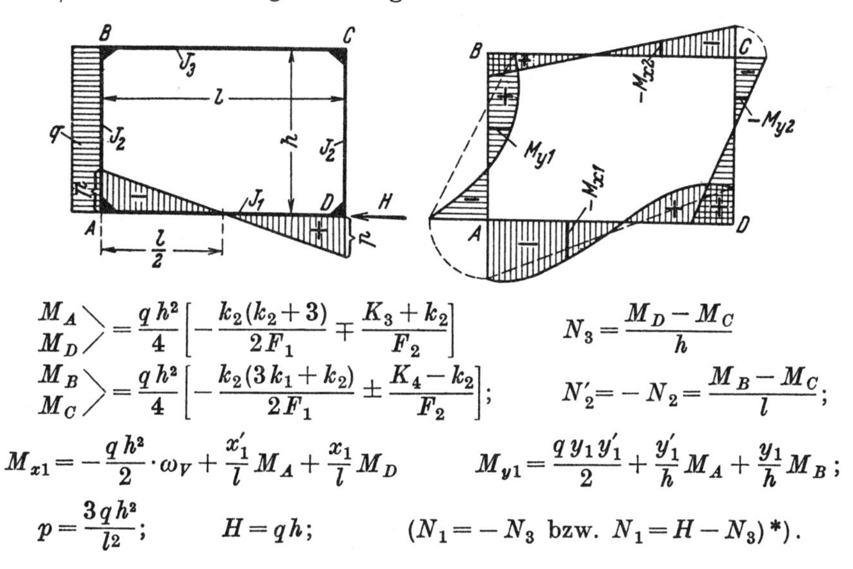

$$\left.\begin{matrix} M_A \\ M_D \end{matrix}\right\rangle = \frac{q h^2}{4}\left[-\frac{k_2(k_2+3)}{2F_1} \mp \frac{K_3+k_2}{F_2}\right] \qquad N_3 = \frac{M_D - M_C}{h}$$

$$\left.\begin{matrix} M_B \\ M_C \end{matrix}\right\rangle = \frac{q h^2}{4}\left[-\frac{k_2(3k_1+k_2)}{2F_1} \pm \frac{K_4-k_2}{F_2}\right]; \qquad N'_2 = -N_2 = \frac{M_B - M_C}{l};$$

$$M_{x1} = -\frac{q h^2}{2}\cdot\omega_V + \frac{x'_1}{l}M_A + \frac{x_1}{l}M_D \qquad M_{y1} = \frac{q\, y_1 y'_1}{2} + \frac{y'_1}{h}M_A + \frac{y_1}{h}M_B;$$

$$p = \frac{3qh^2}{l^2}; \qquad H = qh; \qquad (N_1 = -N_3 \text{ bzw. } N_1 = H - N_3)\,^{*}).$$

Fall 109/12: Rechtecklast an beiden Stielen (Symmetrischer Lastfall)

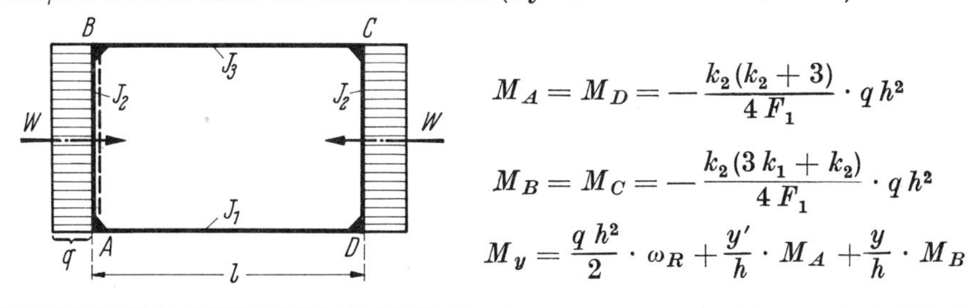

$$M_A = M_D = -\frac{k_2(k_2+3)}{4F_1}\cdot q h^2$$

$$M_B = M_C = -\frac{k_2(3k_1+k_2)}{4F_1}\cdot q h^2$$

$$M_y = \frac{q h^2}{2}\cdot\omega_R + \frac{y'}{h}\cdot M_A + \frac{y}{h}\cdot M_B$$

Fall 109/13: Dreiecklast an beiden Stielen (Symmetrischer Lastfall)

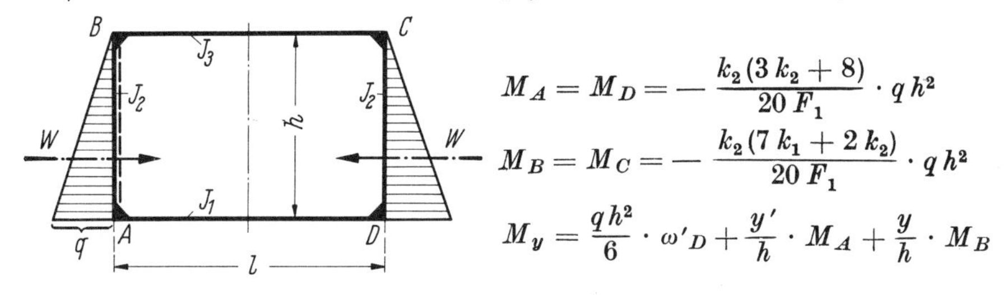

$$M_A = M_D = -\frac{k_2(3k_2+8)}{20F_1}\cdot q h^2$$

$$M_B = M_C = -\frac{k_2(7k_1+2k_2)}{20F_1}\cdot q h^2$$

$$M_y = \frac{q h^2}{6}\cdot\omega'_D + \frac{y'}{h}\cdot M_A + \frac{y}{h}\cdot M_B$$

*) Siehe hierzu die Fußnote Seite 427.

Rahmenform 110

Quadratischer geschlossener Rahmen mit gleichen Stabträgheitsmomenten und mit Flächenlagerung

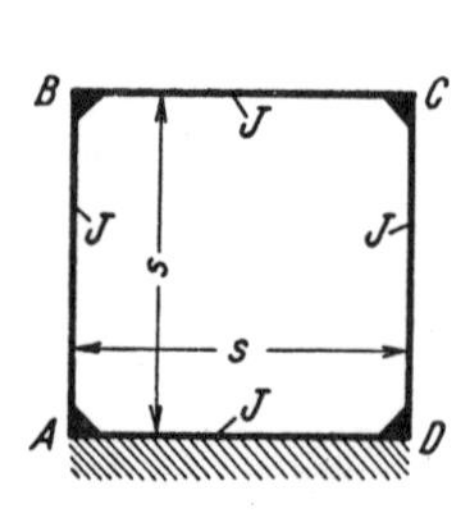

Rahmenform, Abmessungen und Bezeichnungen

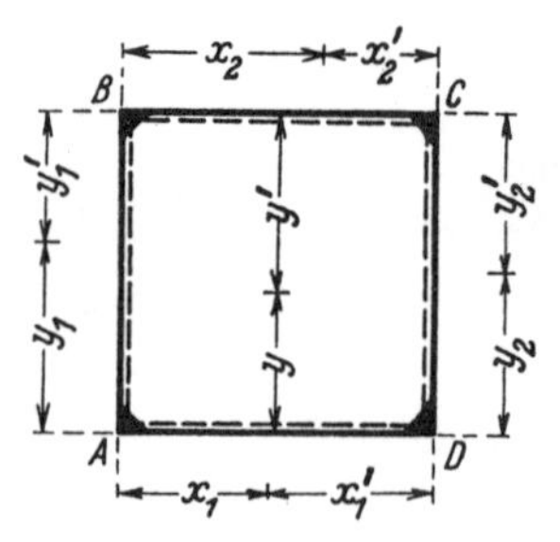

Festlegung der Koordinaten beliebiger Stabpunkte. Für symmetrische Lastfälle werden y und y' verwendet. Positive Biegungsmomente erzeugen an der gestrichelten Stabseite Zug

Bezeichnung der Axialkräfte:

im unteren Riegel N_1	im linken Stiel N_2
im oberen Riegel N_3	im rechten Stiel N'_2.

Bemerkung: Die Axialkräfte zählen bei Druck positiv, bei Zug negativ.

Zur Beachtung

Alle Formeln zu dieser Rahmenform gelten nur unter Annahme geradliniger Begrenzung des Bodendruckdiagrammes**).

Der bei unsymmetrischen Belastungsfällen auftretende negative Bodendruck ist nur dann zulässig, wenn derselbe bei Addition jeder möglichen Gruppe von Belastungsfällen wieder verschwindet.

Anschriebe für die Momente an beliebigen Stabpunkten der nicht unmittelbar belasteten Stäbe für Rahmenform 110

$$M_{x2} = \frac{x'_2}{s} M_B + \frac{x_2}{s} M_C$$

$$M_{y1} = \frac{y'_1}{s} M_A + \frac{y_1}{s} M_B \qquad M_{y2} = \frac{y_2}{s} M_C + \frac{y'_2}{s} M_D .$$

Hilfswerte zur Darstellung von M_{x1}:

$$\omega'_D = \frac{x'_1}{s} - \left(\frac{x'_1}{s}\right)^3, \qquad \omega_D = \frac{x_1}{s} - \left(\frac{x_1}{s}\right)^3, \qquad \omega_V = \frac{x_1 x'_1}{s^2} \cdot \frac{x'_1 - x_1}{s} *).$$

*) Wegen Zahlentafeln siehe die Fußnote Seite 425.

**) Wegen krummlinig begrenzter Bodendruckdiagramme siehe die Fußnote Seite 425.

Siehe hierzu den Abschnitt „**Belastungsglieder**"

Fall 110/1: Oberer Riegel beliebig senkrecht belastet

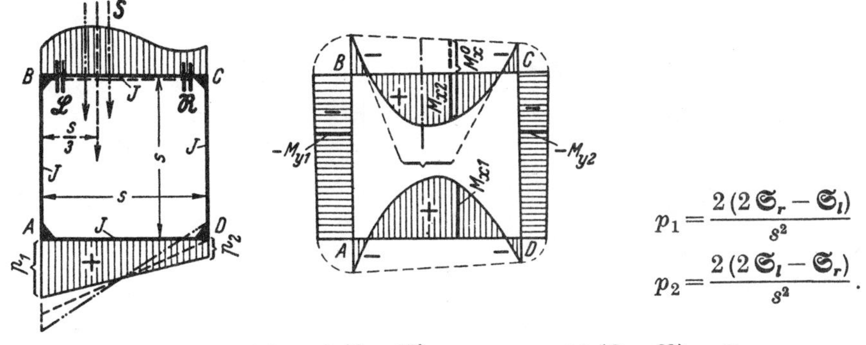

$$p_1 = \frac{2(2\mathfrak{S}_r - \mathfrak{S}_l)}{s^2}$$

$$p_2 = \frac{2(2\mathfrak{S}_l - \mathfrak{S}_r)}{s^2}.$$

Hilfswerte: $X_1 = \frac{5Ss - 2(\mathfrak{L} + \mathfrak{R})}{96}$ $\qquad X_2 = \frac{10(\mathfrak{L} + \mathfrak{R}) - Ss}{96}$

$$X_3 = \frac{(\mathfrak{L} - \mathfrak{R})}{16} + \frac{(\mathfrak{S}_r - \mathfrak{S}_l)}{160}.$$

$$\left.\begin{matrix} M_A \\ M_D \end{matrix}\right\rangle = -X_1 \mp X_3 \qquad M_{x1} = \frac{p_1 s^2}{6} \cdot \omega'_T + \frac{x'_1}{s} M_A + \frac{x_1}{s} M_D{}^{*})$$

$$\left.\begin{matrix} M_B \\ M_C \end{matrix}\right\rangle = -X_2 \mp X_3 \qquad M_{x2} = M_x^0 + \frac{x'_2}{s} M_B + \frac{x_2}{s} M_C;$$

$$N_1 = -N_3 = \frac{X_1 - X_2}{s} \qquad N_2 = \frac{\mathfrak{S}_r + 2X_3}{s} \qquad N'_2 = \frac{\mathfrak{S}_l - 2X_3}{s}.$$

Bemerkung: Für S in $s/3$ ist $\mathfrak{S}_r = 2\,\mathfrak{S}_l$ und somit $p_2 = 0$; für S innerhalb $s/3$, also $\mathfrak{S}_r > 2\,\mathfrak{S}_l$ wird p_2 negativ.

Fall 110/2: Oberer Riegel beliebig senkrecht, aber symmetrisch belastet

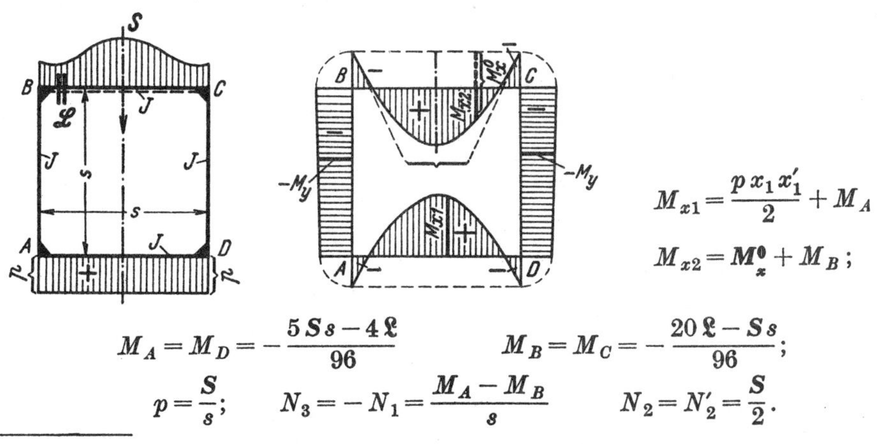

$$M_{x1} = \frac{p\,x_1 x'_1}{2} + M_A$$

$$M_{x2} = M_x^0 + M_B;$$

$$M_A = M_D = -\frac{5Ss - 4\mathfrak{L}}{96} \qquad M_B = M_C = -\frac{20\mathfrak{L} - Ss}{96};$$

$$p = \frac{S}{s}; \qquad N_3 = -N_1 = \frac{M_A - M_B}{s} \qquad N_2 = N'_2 = \frac{S}{2}.$$

*) Es ist $\omega'_T = \omega'_D + i\,\omega_D$ mit $i = p_2/p_1$. Wegen Zahlentafeln siehe die Fußnote Seite 426.

Siehe hierzu den Abschnitt „**Belastungsglieder**"

Fall 110/3: Linker Stiel beliebig waagerecht belastet

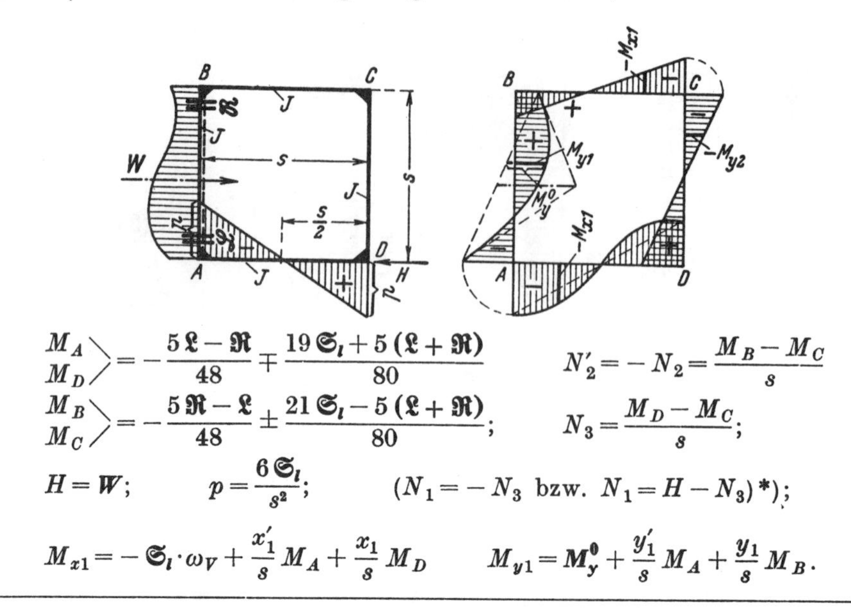

$$\left.\begin{matrix}M_A\\M_D\end{matrix}\right\rangle = -\frac{5\mathfrak{L}-\mathfrak{R}}{48} \mp \frac{19\mathfrak{S}_l+5(\mathfrak{L}+\mathfrak{R})}{80} \qquad N_2' = -N_2 = \frac{M_B-M_C}{s}$$

$$\left.\begin{matrix}M_B\\M_C\end{matrix}\right\rangle = -\frac{5\mathfrak{R}-\mathfrak{L}}{48} \pm \frac{21\mathfrak{S}_l-5(\mathfrak{L}+\mathfrak{R})}{80}; \qquad N_3 = \frac{M_D-M_C}{s};$$

$$H = W; \qquad p = \frac{6\mathfrak{S}_l}{s^2}; \qquad (N_1 = -N_3 \text{ bzw. } N_1 = H - N_3)^{*});$$

$$M_{x1} = -\mathfrak{S}_l\cdot\omega_V + \frac{x_1'}{s}M_A + \frac{x_1}{s}M_D \qquad M_{y1} = M_y^0 + \frac{y_1'}{s}M_A + \frac{y_1}{s}M_B.$$

Fall 110/4: Beide Stiele beliebig waagerecht von außen her, aber symmetrisch zur Rahmenmitte belastet

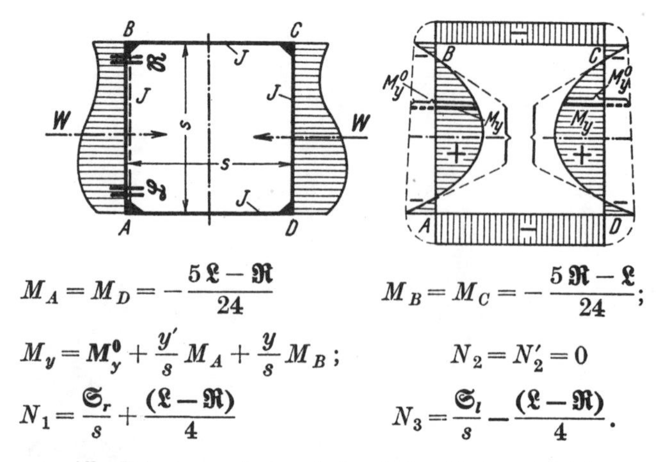

$$M_A = M_D = -\frac{5\mathfrak{L}-\mathfrak{R}}{24} \qquad M_B = M_C = -\frac{5\mathfrak{R}-\mathfrak{L}}{24};$$

$$M_y = M_y^0 + \frac{y'}{s}M_A + \frac{y}{s}M_B; \qquad N_2 = N_2' = 0$$

$$N_1 = \frac{\mathfrak{S}_r}{s} + \frac{(\mathfrak{L}-\mathfrak{R})}{4} \qquad N_3 = \frac{\mathfrak{S}_l}{s} - \frac{(\mathfrak{L}-\mathfrak{R})}{4}.$$

Bemerkung: Alle Belastungsglieder sind auf den linken Stiel bezogen. — Es tritt kein Bodendruck auf.

*) Die für N_1 angegebenen Größen sind Grenzwerte. Die wirkliche Größe und Verteilung von N_1 hängt von der Art der Übertragung der Schubkraft H ab (z. B. Sohlenreibung).

Siehe hierzu den Abschnitt „**Belastungsglieder**“

Fall 110/5: Oberer Riegel beliebig antimetrisch belastet
(Sonderfall zu Fall 110/1 mit $\mathfrak{R} = -\mathfrak{L}$ und $\mathfrak{S}_l = -\mathfrak{S}_r$)

$$M_D = M_C = -M_B = -M_A = \frac{\mathfrak{L}}{8} + \frac{\mathfrak{S}_r}{80}; \qquad p = \frac{6\,\mathfrak{S}_r}{s^2};$$

$$M_{x1} = \mathfrak{S}_r \cdot \omega_V + M_D \cdot \frac{x_1 - x_1'}{s} \qquad M_{x2} = \mathbf{M}_x^0 + M_C \cdot \frac{x_2 - x_2'}{s}$$

$$N_1 = N_3 = 0 \qquad N_2 = -N_2' = \frac{\mathfrak{S}_r + 2\,M_C}{s}.$$

Fall 110/6: Beide Stiele beliebig waagerecht von links her, aber gleich belastet
(Amtimetrischer Lastfall)

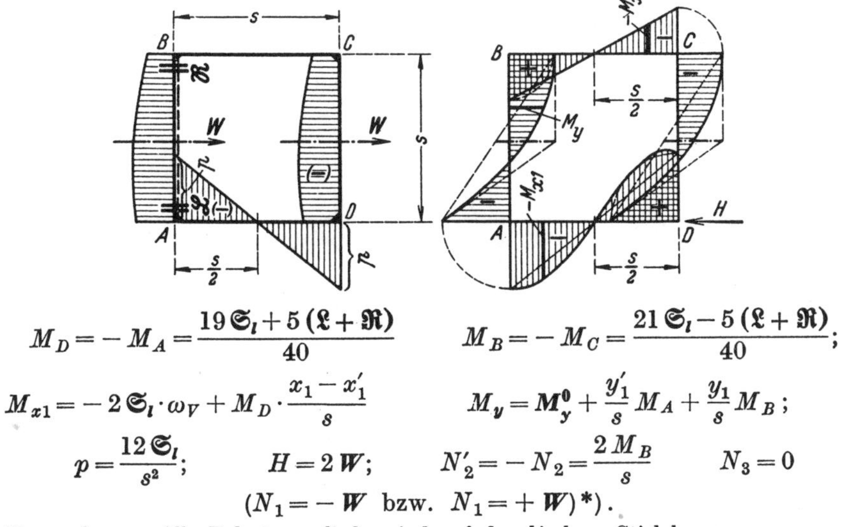

$$M_D = -M_A = \frac{19\,\mathfrak{S}_l + 5\,(\mathfrak{L} + \mathfrak{R})}{40} \qquad M_B = -M_C = \frac{21\,\mathfrak{S}_l - 5\,(\mathfrak{L} + \mathfrak{R})}{40};$$

$$M_{x1} = -2\,\mathfrak{S}_l \cdot \omega_V + M_D \cdot \frac{x_1 - x_1'}{s} \qquad M_y = \mathbf{M}_y^0 + \frac{y_1'}{s} M_A + \frac{y_1}{s} M_B;$$

$$p = \frac{12\,\mathfrak{S}_l}{s^2}; \qquad H = 2\,W; \qquad N_2' = -N_2 = \frac{2\,M_B}{s} \qquad N_3 = 0$$

$$(N_1 = -W \text{ bzw. } N_1 = +W)^{*}).$$

Bemerkung: Alle Belastungsglieder sind auf den linken Stiel bezogen.

*) Siehe hierzu die Fußnote Seite 434.

Fall 110/7: Senkrechte Einzellast am Eckpunkt B

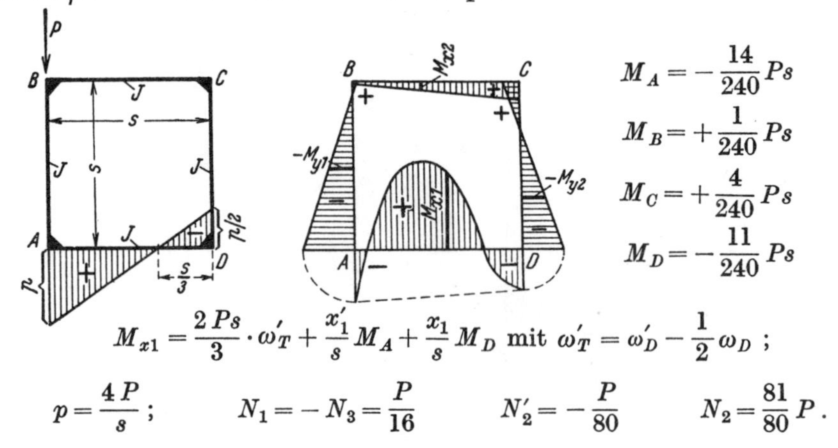

$$M_A = -\frac{14}{240} Ps \qquad M_B = +\frac{1}{240} Ps \qquad M_C = +\frac{4}{240} Ps \qquad M_D = -\frac{11}{240} Ps$$

$$M_{x1} = \frac{2\,Ps}{3} \cdot \omega'_T + \frac{x'_1}{s} M_A + \frac{x_1}{s} M_D \text{ mit } \omega'_T = \omega'_D - \frac{1}{2} \omega_D \,;$$

$$p = \frac{4\,P}{s}\,; \qquad N_1 = -N_3 = \frac{P}{16} \qquad N'_2 = -\frac{P}{80} \qquad N_2 = \frac{81}{80} P\,.$$

Fall 110/8: Senkrechte Einzellasten an den Eckpunkten B und C (Symmetrischer Lastfall)

$$p = \frac{2\,P}{s} \qquad N_1 = -N_3 = \frac{P}{8} \qquad N_2 = N'_2 = P$$

$$M_A = M_D = -\frac{5}{48} Ps \qquad M_B = M_C = +\frac{1}{48} Ps$$

Bemerkung: Vergleiche die Abbildungen zum Lastfall 109/8, Seite 429.

Fall 110/9: Waagerechte Einzellast am Eckpunkt B

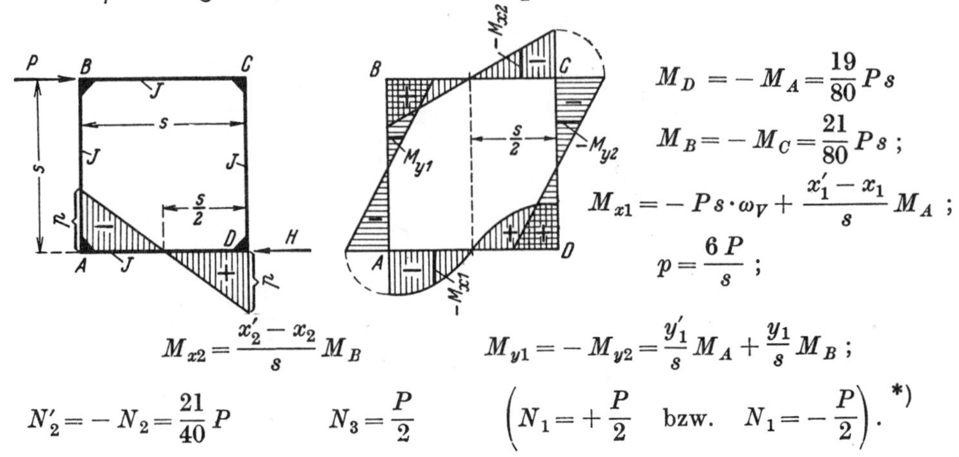

$$M_D = -M_A = \frac{19}{80} Ps \qquad M_B = -M_C = \frac{21}{80} Ps\,;$$

$$M_{x1} = -Ps \cdot \omega_V + \frac{x'_1 - x_1}{s} M_A\,; \qquad p = \frac{6\,P}{s}\,;$$

$$M_{x2} = \frac{x'_2 - x_2}{s} M_B \qquad M_{y1} = -M_{y2} = \frac{y'_1}{s} M_A + \frac{y_1}{s} M_B\,;$$

$$N'_2 = -N_2 = \frac{21}{40} P \qquad N_3 = \frac{P}{2} \qquad \left(N_1 = +\frac{P}{2} \text{ bzw. } N_1 = -\frac{P}{2}\right).\ ^{*)}$$

*) Siehe hierzu die Fußnote Seite 434.

Rahmenform 111

Unsymmetrischer geschlossener Dreieckrahmen mit äußerlich statisch bestimmter Lagerung

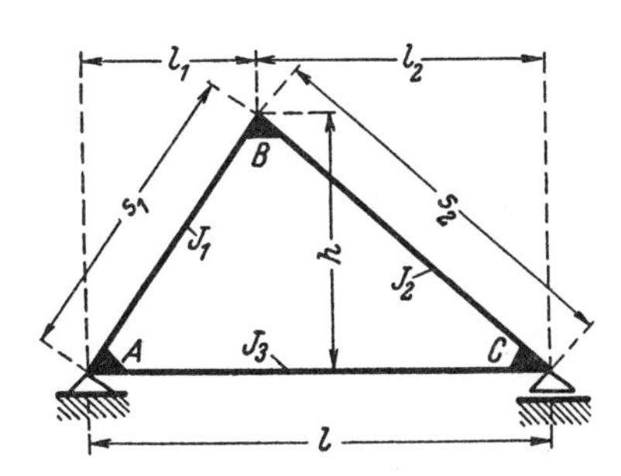

Rahmenform, Abmessungen und Bezeichnungen

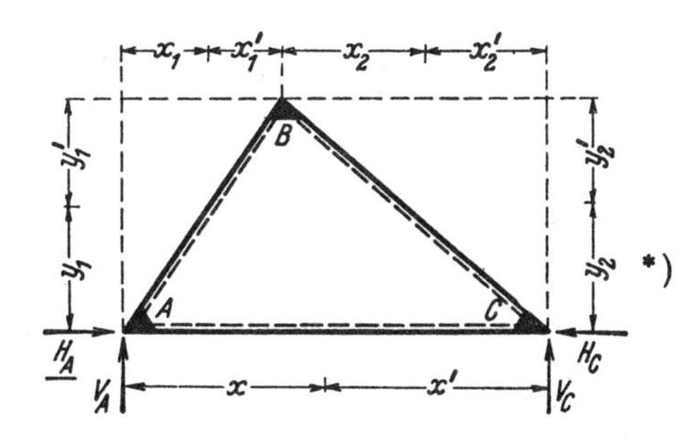

Festlegung der positiven Richtung aller Stützkräfte und der Koordinaten beliebiger Stabpunkte. Positive Biegungsmomente erzeugen an der gestrichelten Stabseite Zug

Festwerte:

$$k_1 = \frac{J_3}{J_1} \cdot \frac{s_1}{l} \qquad k_2 = \frac{J_3}{J_2} \cdot \frac{s_2}{l}\,; \qquad K = k_1 + k_1 k_2 + k_2\,; \qquad F = 6K(k_1 + 1 + k_2)\,;$$

$$n_{11} = \frac{4K + 3k_2^2}{F} \qquad n_{12} = n_{21} = \frac{2K - 3k_2}{F}$$

$$n_{22} = \frac{4K + 3}{F} \qquad n_{13} = n_{31} = \frac{2K - 3k_1 k_2}{F}$$

$$n_{33} = \frac{4K + 3k_1^2}{F} \qquad n_{23} = n_{32} = \frac{2K - 3k_1}{F}.$$

Anschriebe der Momente an beliebiger Stelle der nicht direkt belasteten Stäbe für alle Belastungsfälle der Rahmenform 111

$$M_{x1} = \frac{x_1'}{l_1} M_A + \frac{x_1}{l_1} M_B \qquad M_{x2} = \frac{x_2'}{l_2} M_B + \frac{x_2}{l_2} M_C$$

$$M_x = \frac{x'}{l} M_A + \frac{x}{l} M_C.$$

Bezeichnung der Axialkräfte**)

Im linken Schrägstab N_1; im rechten Schrägstab N_2; im waagerechten Stab N_3.

Bemerkung: Die Axialkräfte zählen bei Druck positiv, bei Zug negativ.

*) H_C tritt auf, wenn das feste Lager bei C ist.

**) Der zusätzliche Zeiger o bzw. u bedeutet: N am obern bzw. am untern Stabende.

Anteile der Axialkräfte aus den Eckmomenten allein

Spitzer Winkel bei B Stumpfer Winkel bei B

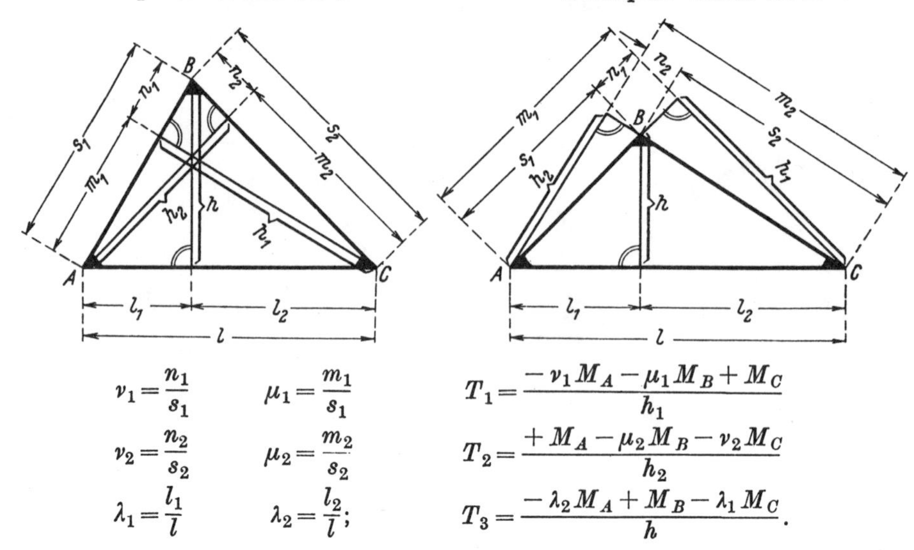

$$\nu_1 = \frac{n_1}{s_1} \qquad \mu_1 = \frac{m_1}{s_1} \qquad T_1 = \frac{-\nu_1 M_A - \mu_1 M_B + M_C}{h_1}$$

$$\nu_2 = \frac{n_2}{s_2} \qquad \mu_2 = \frac{m_2}{s_2} \qquad T_2 = \frac{+M_A - \mu_2 M_B - \nu_2 M_C}{h_2}$$

$$\lambda_1 = \frac{l_1}{l} \qquad \lambda_2 = \frac{l_2}{l}; \qquad T_3 = \frac{-\lambda_2 M_A + M_B - \lambda_1 M_C}{h}.$$

Für stumpfen Winkel bei B sind n_1 und n_2 und somit auch ν_1 und ν_2 **negativ** zu nehmen.

Lastfall 111/1: Drehmoment M am Firstpunkt B

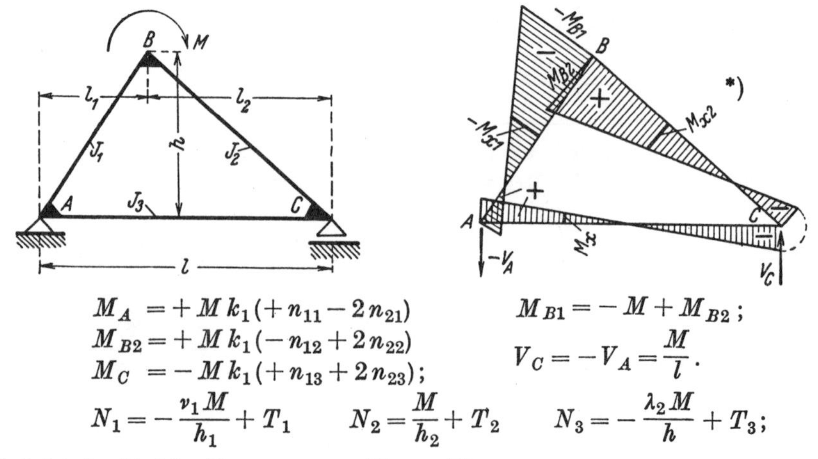

$$M_A = +M k_1 (+n_{11} - 2 n_{21}) \qquad M_{B1} = -M + M_{B2};$$

$$M_{B2} = +M k_1 (-n_{12} + 2 n_{22}) \qquad V_C = -V_A = \frac{M}{l}.$$

$$M_C = -M k_1 (+n_{13} + 2 n_{23});$$

$$N_1 = -\frac{\nu_1 M}{h_1} + T_1 \qquad N_2 = \frac{M}{h_2} + T_2 \qquad N_3 = -\frac{\lambda_2 M}{h} + T_3;$$

hierbei ist in T_1 bis T_3 zu setzen $M_B \mathrel{\widehat{=}} M_{B2}$.

*) Die Anschriebe für die M_x siehe Seite 437. Hierbei ist in M_{x1} bzw. M_{x2} entsprechend M_{B1} bzw. M_{B2} einzusetzen.

Siehe hierzu den Abschnitt „**Belastungsglieder**"

Fall 111/2: Linker Schrägstab beliebig senkrecht belastet

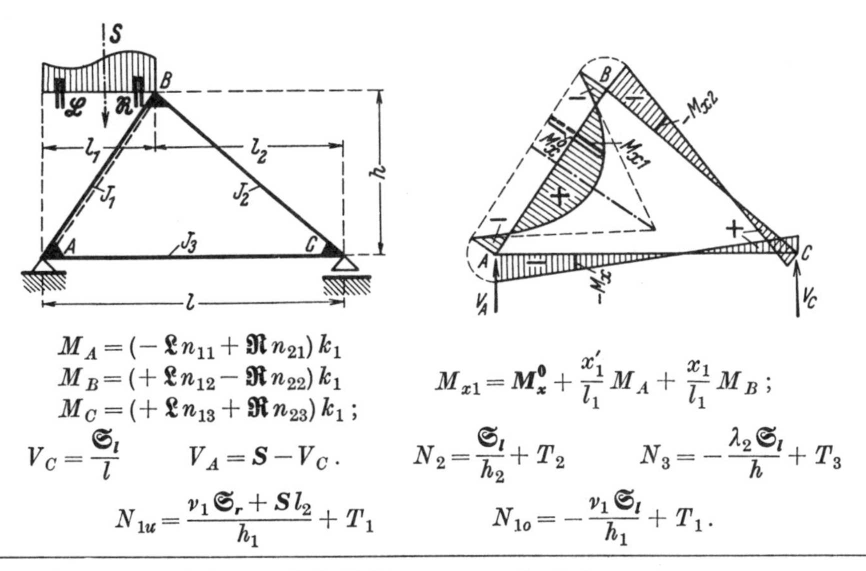

$$M_A = (-\mathfrak{L}\,n_{11} + \mathfrak{R}\,n_{21})\,k_1$$
$$M_B = (+\mathfrak{L}\,n_{12} - \mathfrak{R}\,n_{22})\,k_1 \qquad M_{x1} = \boldsymbol{M}_x^0 + \frac{x_1'}{l_1} M_A + \frac{x_1}{l_1} M_B\,;$$
$$M_C = (+\mathfrak{L}\,n_{13} + \mathfrak{R}\,n_{23})\,k_1\,;$$

$$V_C = \frac{\mathfrak{S}_l}{l} \qquad V_A = \boldsymbol{S} - V_C\,. \qquad N_2 = \frac{\mathfrak{S}_l}{h_2} + T_2 \qquad N_3 = -\frac{\lambda_2 \mathfrak{S}_l}{h} + T_3$$

$$N_{1u} = \frac{\nu_1 \mathfrak{S}_r + \boldsymbol{S}\,l_2}{h_1} + T_1 \qquad N_{1o} = -\frac{\nu_1 \mathfrak{S}_l}{h_1} + T_1\,.$$

Fall 111/3: Linker Schrägstab beliebig waagerecht belastet

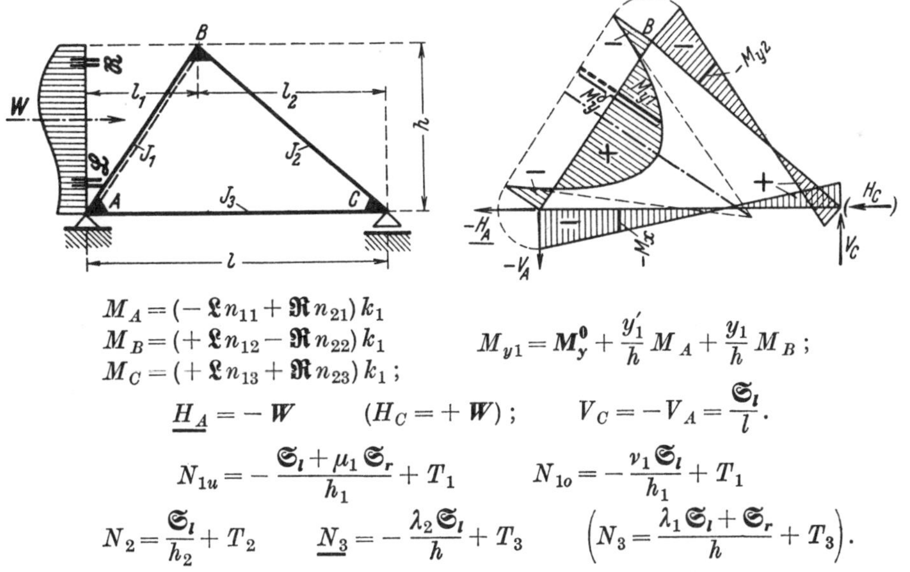

$$M_A = (-\mathfrak{L}\,n_{11} + \mathfrak{R}\,n_{21})\,k_1$$
$$M_B = (+\mathfrak{L}\,n_{12} - \mathfrak{R}\,n_{22})\,k_1 \qquad M_{y1} = \boldsymbol{M}_y^0 + \frac{y_1'}{h} M_A + \frac{y_1}{h} M_B\,;$$
$$M_C = (+\mathfrak{L}\,n_{13} + \mathfrak{R}\,n_{23})\,k_1\,;$$

$$\underline{H_A} = -\boldsymbol{W} \qquad (H_C = +\boldsymbol{W})\,; \qquad V_C = -V_A = \frac{\mathfrak{S}_l}{l}.$$

$$N_{1u} = -\frac{\mathfrak{S}_l + \mu_1 \mathfrak{S}_r}{h_1} + T_1 \qquad N_{1o} = -\frac{\nu_1 \mathfrak{S}_l}{h_1} + T_1$$

$$N_2 = \frac{\mathfrak{S}_l}{h_2} + T_2 \qquad \underline{N_3} = -\frac{\lambda_2 \mathfrak{S}_l}{h} + T_3 \qquad \left(N_3 = \frac{\lambda_1 \mathfrak{S}_l + \mathfrak{S}_r}{h} + T_3\right).$$

Bemerkung: Für festes Lager bei C treten an Stelle der unterstrichenen Werte die eingeklammerten.

Siehe hierzu den Abschnitt „**Belastungsglieder**"

Fall 111/4: Rechter Schrägstab beliebig senkrecht belastet

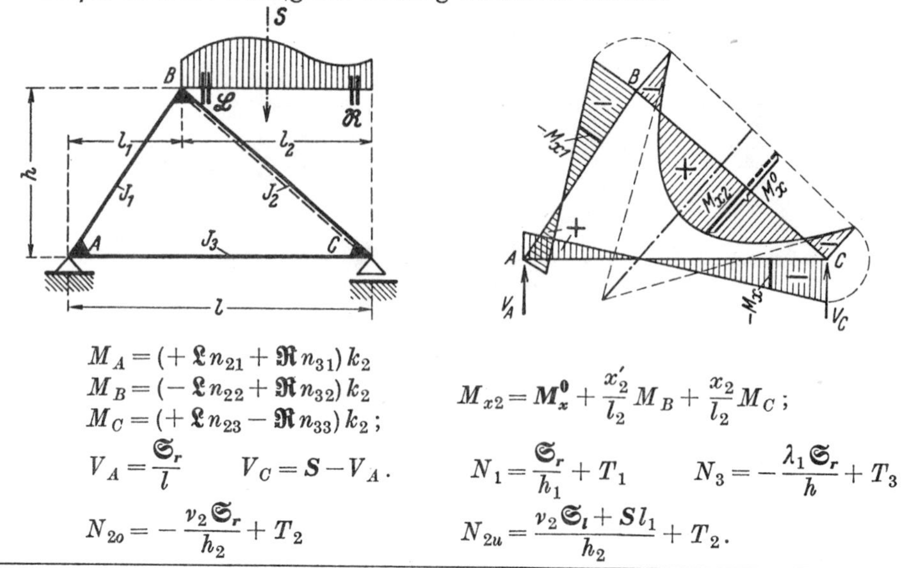

$$M_A = (+\mathfrak{L} n_{21} + \mathfrak{R} n_{31})\, k_2$$
$$M_B = (-\mathfrak{L} n_{22} + \mathfrak{R} n_{32})\, k_2$$
$$M_C = (+\mathfrak{L} n_{23} - \mathfrak{R} n_{33})\, k_2\,;$$

$$M_{x2} = \boldsymbol{M}_x^0 + \frac{x_2'}{l_2} M_B + \frac{x_2}{l_2} M_C\,;$$

$$V_A = \frac{\mathfrak{S}_r}{l} \qquad V_C = \boldsymbol{S} - V_A\,. \qquad N_1 = \frac{\mathfrak{S}_r}{h_1} + T_1 \qquad N_3 = -\frac{\lambda_1 \mathfrak{S}_r}{h} + T_3$$

$$N_{2o} = -\frac{\nu_2 \mathfrak{S}_r}{h_2} + T_2 \qquad N_{2u} = \frac{\nu_2 \mathfrak{S}_l + \boldsymbol{S} l_1}{h_2} + T_2\,.$$

Fall 111/5: Rechter Schrägstab beliebig waagerecht belastet

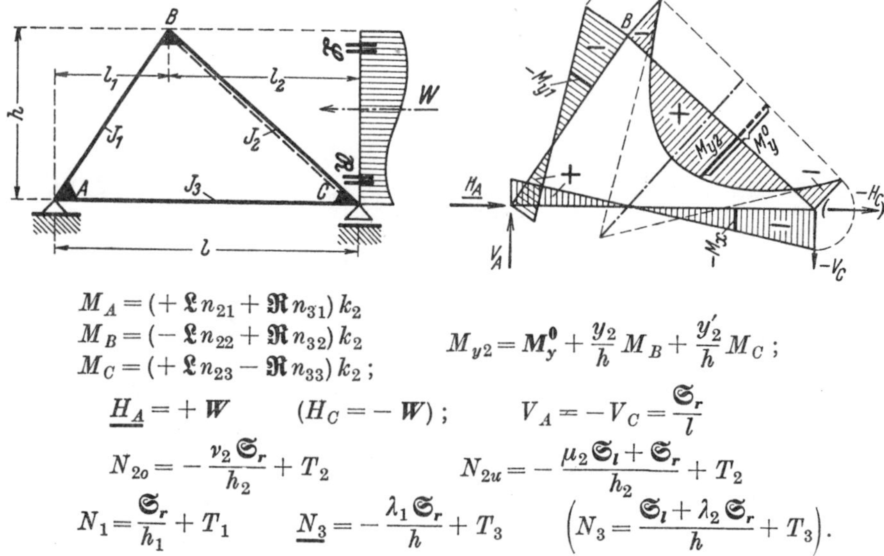

$$M_A = (+\mathfrak{L} n_{21} + \mathfrak{R} n_{31})\, k_2$$
$$M_B = (-\mathfrak{L} n_{22} + \mathfrak{R} n_{32})\, k_2$$
$$M_C = (+\mathfrak{L} n_{23} - \mathfrak{R} n_{33})\, k_2\,;$$

$$M_{y2} = \boldsymbol{M}_y^0 + \frac{y_2}{h} M_B + \frac{y_2'}{h} M_C\,;$$

$$\underline{H_A} = +\boldsymbol{W} \qquad (H_C = -\boldsymbol{W})\,; \qquad V_A = -V_C = \frac{\mathfrak{S}_r}{l}$$

$$N_{2o} = -\frac{\nu_2 \mathfrak{S}_r}{h_2} + T_2 \qquad N_{2u} = -\frac{\mu_2 \mathfrak{S}_l + \mathfrak{S}_r}{h_2} + T_2$$

$$N_1 = \frac{\mathfrak{S}_r}{h_1} + T_1 \qquad \underline{N_3} = -\frac{\lambda_1 \mathfrak{S}_r}{h} + T_3 \qquad \left(N_3 = \frac{\mathfrak{S}_l + \lambda_2 \mathfrak{S}_r}{h} + T_3\right).$$

Bemerkung: Für festes Lager bei C treten an Stelle der unterstrichenen Werte die eingeklammerten.

Fall 111/6: Waagerechter Stab beliebig senkrecht von oben her belastet

(Siehe hierzu den Abschnitt **„Belastungsglieder"**)

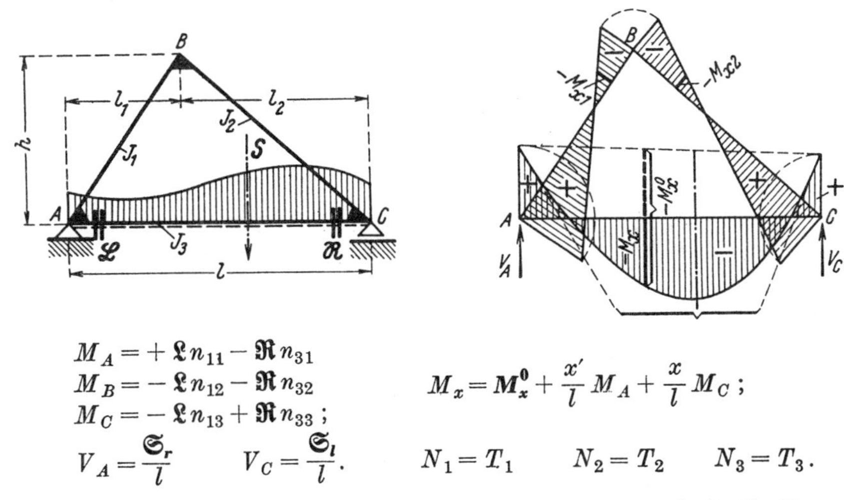

$$M_A = +\mathfrak{L} n_{11} - \mathfrak{R} n_{31}$$
$$M_B = -\mathfrak{L} n_{12} - \mathfrak{R} n_{32}$$
$$M_C = -\mathfrak{L} n_{13} + \mathfrak{R} n_{33}\,;$$
$$M_x = \boldsymbol{M_x^0} + \frac{x'}{l} M_A + \frac{x}{l} M_C\,;$$
$$V_A = \frac{\mathfrak{S}_r}{l} \qquad V_C = \frac{\mathfrak{S}_l}{l}. \qquad N_1 = T_1 \qquad N_2 = T_2 \qquad N_3 = T_3.$$

Bemerkung: Um die eindeutige Festlegung der Belastungsglieder $\mathfrak{L}$, $\mathfrak{R}$, $\mathfrak{S}_r$, $\mathfrak{S}_l$ in bezug auf die gestrichelte Stabseite zu wahren, mußte hier im Belastungsbild konsequenterweise die untere Stabseite gestrichelt werden. Für die Momentenvorzeichen gilt jedoch auch hier die Titelfigur Seite 437.

Fall 111/7 und 8: Senkrechte bzw. waagerechte Einzellast am Eckpunkt *B*

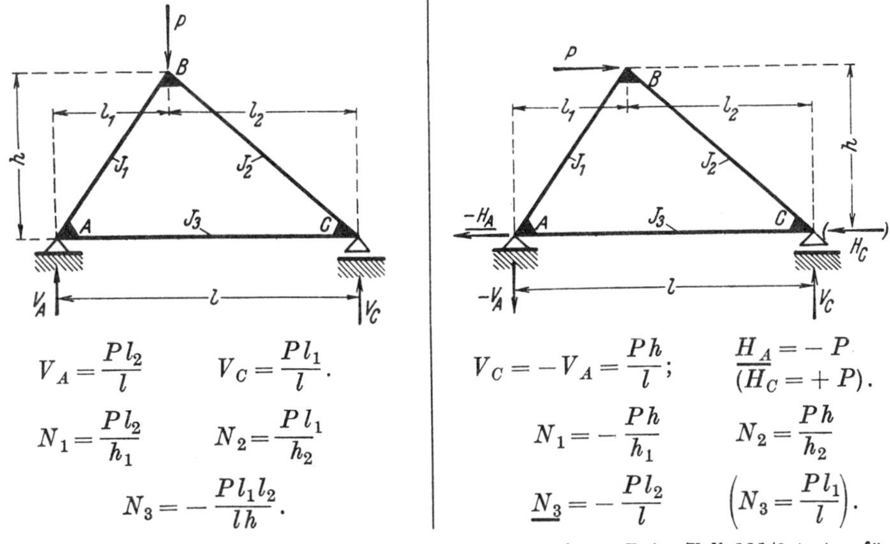

Fall 111/7:

$$V_A = \frac{P l_2}{l} \qquad V_C = \frac{P l_1}{l}.$$
$$N_1 = \frac{P l_2}{h_1} \qquad N_2 = \frac{P l_1}{h_2}$$
$$N_3 = -\frac{P l_1 l_2}{l h}.$$

Fall 111/8:

$$V_C = -V_A = \frac{P h}{l}; \qquad \underline{H_A = -P} \quad (H_C = +P).$$
$$N_1 = -\frac{P h}{h_1} \qquad N_2 = \frac{P h}{h_2}$$
$$\underline{N_3} = -\frac{P l_2}{l} \qquad \left(N_3 = \frac{P l_1}{l}\right).$$

Bemerkungen: Es treten keine Biegungsmomente auf. — Beim Fall 111/8 treten für festes Lager bei *C* an Stelle der unterstrichenen Werte die eingeklammerten.

Rahmenform 112

Symmetrischer geschlossener Rechteckrahmen mit äußerlich statisch bestimmter Lagerung

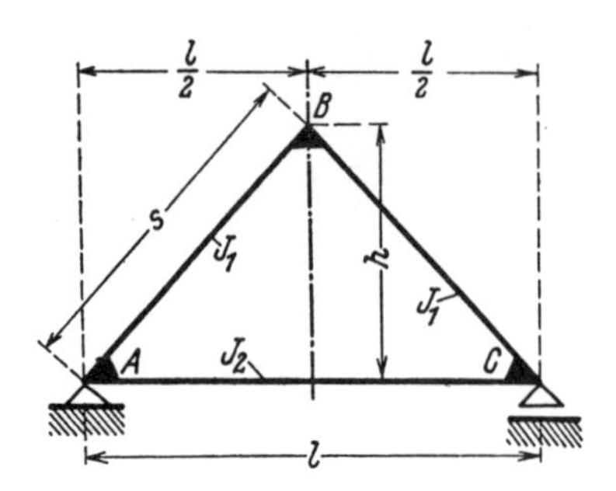

Rahmenform, Abmessungen und Bezeichnungen

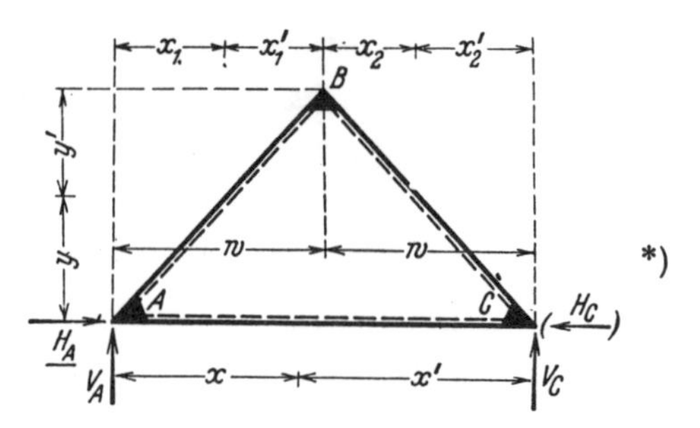

Festlegung der positiven Richtung aller Stützkräfte und der Koordinaten beliebiger Stabpunkte. Positive Biegungsmomente erzeugen an der gestrichelten Stabseite Zug

*)

Festwerte:

$$k = \frac{J_2}{J_1} \cdot \frac{s}{l}; \qquad F_1 = 2 + k \qquad F_2 = 1 + 2k.$$

Anschriebe der Momente an beliebiger Stelle der nicht direkt belasteten Stäbe für alle Belastungsfälle der Rahmenform 112

$$M_{x1} = \frac{x'}{w} M_A + \frac{x_1}{w} M_B \qquad M_{x2} = \frac{x_2'}{w} M_B + \frac{x_2}{w} M_C$$

$$M_x = \frac{x'}{l} M_A + \frac{x}{l} M_C.$$

Bezeichnung der Axialkräfte**)

Im linken Schrägstab N_1; im rechten Schrägstab N_2; im waagerechten Stab N.

Bemerkung: Die Axialkräfte zählen bei Druck positiv, bei Zug negativ.

---

*) $w = l/2$ wird eingeführt zwecks einfacher und übersichtlicher Darstellung der Momente M_x der Schrägstäbe sowie der Axialkräfte bei Last-Symmetrie und -Antimetrie.

H_C tritt auf, wenn das feste Lager bei C ist.

**) Der zusätzliche Zeiger o bzw. u bedeutet: N am oberen bzw. am unteren Stabende.

Anteile der Axialkräfte aus den Eckmomenten allein

Spitzer Winkel bei B Stumpfer Winkel bei B

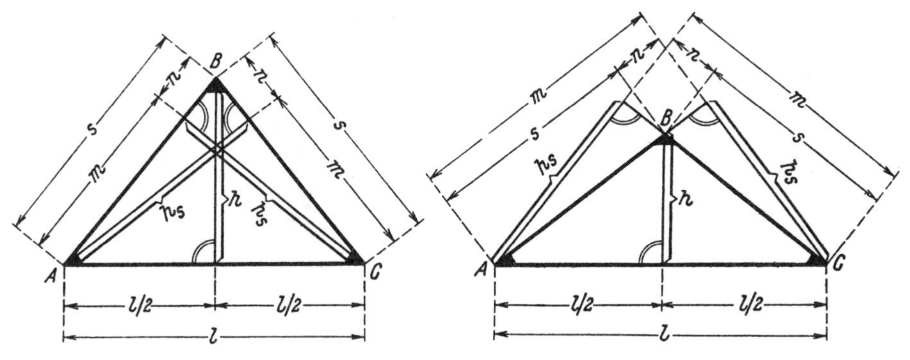

a) Für beliebige unsymmetrische Rahmenlast:

$$\mu = \frac{m}{s} \qquad \nu = \frac{n}{s} = 1 - \mu ; \qquad T = \frac{-M_A + 2M_B - M_C}{2h}$$

$$T_1 = \frac{-\nu M_A - \mu M_B + M_C}{h_s} \qquad T_2 = \frac{+M_A - \mu M_B - \nu M_C}{h_s}.$$

Bemerkung: Für stumpfen Winkel bei B ist n und somit auch ν **negativ** zu nehmen. Für rechten Winkel bei B werden $(m = h_s) = s$; $\mu = 1$; $\nu = 0$.

b) Für beliebige symmetrische Rahmenlast:

$$T' = \frac{M_B - M_A}{h} \qquad T'_1 = T'_2 = -T' \cdot \frac{w}{s}.$$

Fall 112/1: Drehmoment M am Firstpunkt B

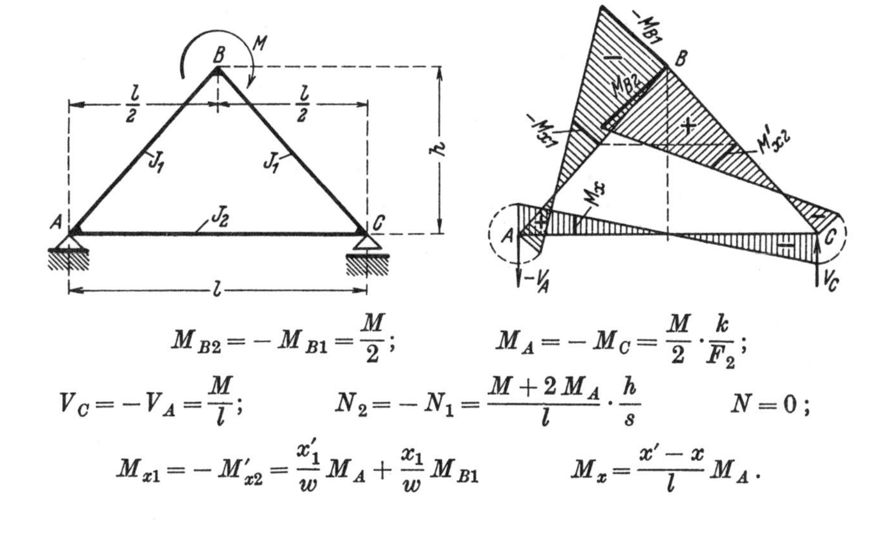

$$M_{B2} = -M_{B1} = \frac{M}{2}; \qquad M_A = -M_C = \frac{M}{2} \cdot \frac{k}{F_2};$$

$$V_C = -V_A = \frac{M}{l}; \qquad N_2 = -N_1 = \frac{M + 2M_A}{l} \cdot \frac{h}{s} \qquad N = 0;$$

$$M_{x1} = -M'_{x2} = \frac{x'_1}{w} M_A + \frac{x_1}{w} M_{B1} \qquad M_x = \frac{x' - x}{l} M_A.$$

Fall 112/2: Waagerechter Stab beliebig senkrecht von oben her belastet

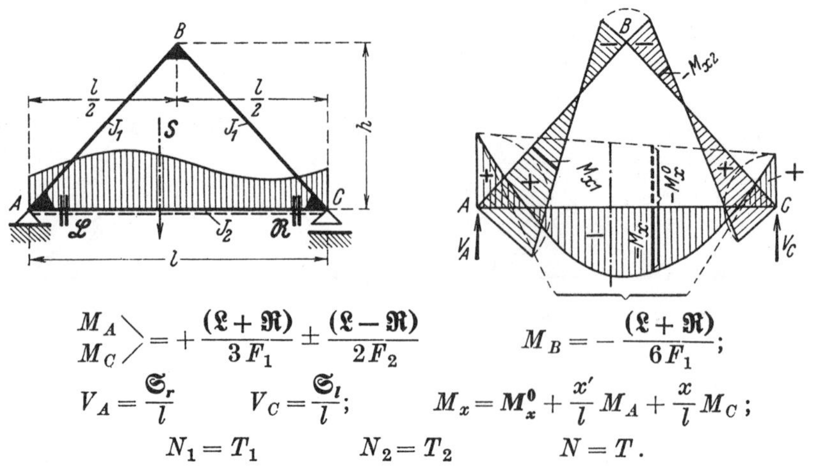

$$\left.\begin{matrix} M_A \\ M_C \end{matrix}\right\rangle = + \frac{(\mathfrak{L} + \mathfrak{R})}{3F_1} \pm \frac{(\mathfrak{L} - \mathfrak{R})}{2F_2} \qquad M_B = -\frac{(\mathfrak{L} + \mathfrak{R})}{6F_1};$$

$$V_A = \frac{\mathfrak{S}_r}{l} \qquad V_C = \frac{\mathfrak{S}_l}{l}; \qquad M_x = M_x^0 + \frac{x'}{l} M_A + \frac{x}{l} M_C;$$

$$N_1 = T_1 \qquad N_2 = T_2 \qquad N = T.$$

Bemerkung: Um die eindeutige Festlegung der Belastungsglieder $\mathfrak{L}$, $\mathfrak{R}$, $\mathfrak{S}_r$, $\mathfrak{S}_l$ in bezug auf die gestrichelte Stabseite zu wahren, mußte hier im Belastungsbild konsequenterweise die untere Stabseite gestrichelt werden. Für die Momentenvorzeichen gilt jedoch auch hier die Titelfigur Seite 442.

Sonderfall 112/2a: Symmetrische Feldlast ($\mathfrak{R} = \mathfrak{L}$; $\mathfrak{S}_l = \mathfrak{S}_r$).

$$M_A = M_C = + \frac{2\mathfrak{L}}{3F_1} \qquad M_B = -\frac{\mathfrak{L}}{3F_1}; \qquad M_x = M_x^0 + M_A;$$

$$V_A = V_C = \frac{S}{2}; \qquad N_1 = N_2 = T_1' \qquad N = T'$$

Fall 112/3: Waagerechter Stab beliebig antimetrisch belastet (Sonderfall zu Fall 112/2 mit $\mathfrak{R} = -\mathfrak{L}$ und $\mathfrak{S}_l = -\mathfrak{S}_r$).

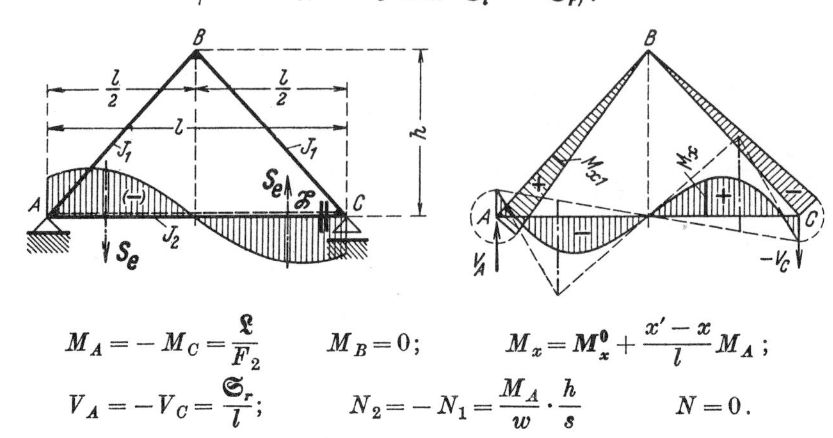

$$M_A = -M_C = \frac{\mathfrak{L}}{F_2} \qquad M_B = 0; \qquad M_x = M_x^0 + \frac{x' - x}{l} M_A;$$

$$V_A = -V_C = \frac{\mathfrak{S}_r}{l}; \qquad N_2 = -N_1 = \frac{M_A}{w} \cdot \frac{h}{s} \qquad N = 0.$$

Siehe hierzu den Abschnitt „**Belastungsglieder**"

Fall 112/4: Linker Schrägstab beliebig senkrecht belastet

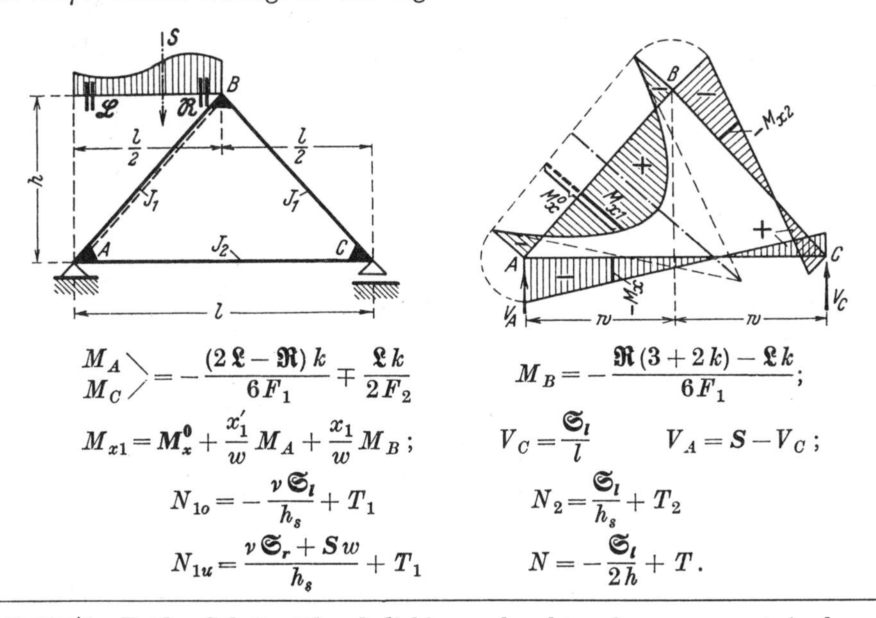

$$M_A \atop M_C \Big\rangle = -\frac{(2\mathfrak{L}-\mathfrak{R})\,k}{6F_1} \mp \frac{\mathfrak{L}\,k}{2F_2} \qquad M_B = -\frac{\mathfrak{R}(3+2k)-\mathfrak{L}\,k}{6F_1};$$

$$M_{x1} = \boldsymbol{M}_x^0 + \frac{x_1'}{w} M_A + \frac{x_1}{w} M_B; \qquad V_C = \frac{\mathfrak{S}_l}{l} \qquad V_A = \boldsymbol{S} - V_C;$$

$$N_{1o} = -\frac{\nu\,\mathfrak{S}_l}{h_s} + T_1 \qquad N_2 = \frac{\mathfrak{S}_l}{h_s} + T_2$$

$$N_{1u} = \frac{\nu\,\mathfrak{S}_r + \boldsymbol{S}\,w}{h_s} + T_1 \qquad N = -\frac{\mathfrak{S}_l}{2h} + T.$$

Fall 112/5: Beide Schrägstäbe beliebig senkrecht, aber symmetrisch zur Rahmenmitte belastet

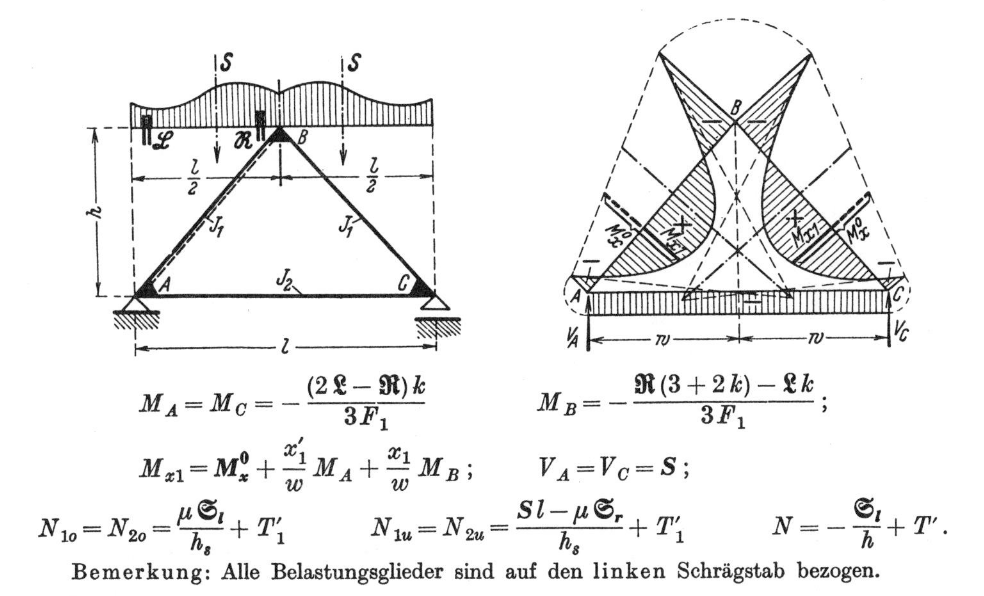

$$M_A = M_C = -\frac{(2\mathfrak{L}-\mathfrak{R})\,k}{3F_1} \qquad M_B = -\frac{\mathfrak{R}(3+2k)-\mathfrak{L}\,k}{3F_1};$$

$$M_{x1} = \boldsymbol{M}_x^0 + \frac{x_1'}{w} M_A + \frac{x_1}{w} M_B; \qquad V_A = V_C = \boldsymbol{S};$$

$$N_{1o} = N_{2o} = \frac{\mu\,\mathfrak{S}_l}{h_s} + T_1' \qquad N_{1u} = N_{2u} = \frac{\boldsymbol{S}\,l - \mu\,\mathfrak{S}_r}{h_s} + T_1' \qquad N = -\frac{\mathfrak{S}_l}{h} + T'.$$

Bemerkung: Alle Belastungsglieder sind auf den linken Schrägstab bezogen.

Siehe hierzu den Abschnitt **„Belastungsglieder"**

Fall 112/6: Linker Schrägstab beliebig waagerecht belastet

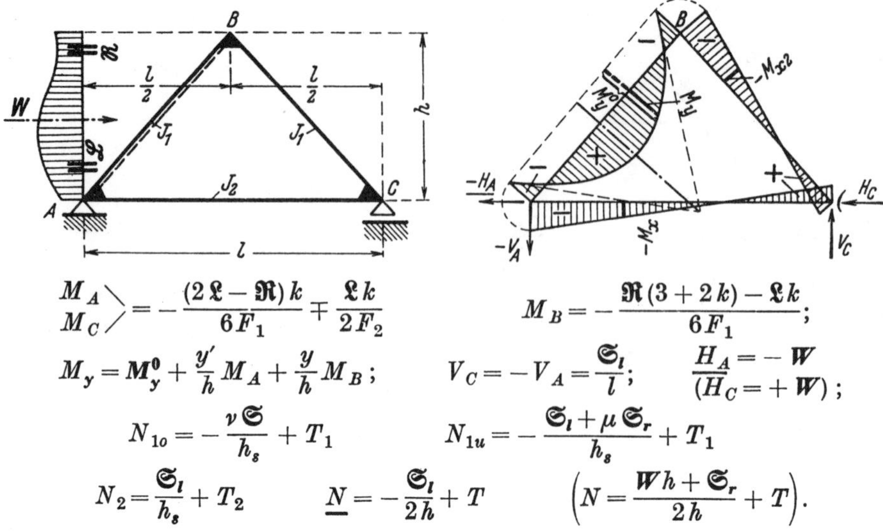

$$\left.\begin{matrix} M_A \\ M_C \end{matrix}\right\rangle = -\frac{(2\mathfrak{L}-\mathfrak{R})k}{6F_1} \mp \frac{\mathfrak{L}k}{2F_2} \qquad M_B = -\frac{\mathfrak{R}(3+2k)-\mathfrak{L}k}{6F_1};$$

$$M_y = M_y^0 + \frac{y'}{h}M_A + \frac{y}{h}M_B; \qquad V_C = -V_A = \frac{\mathfrak{S}_l}{l}; \qquad \frac{H_A = -W}{(H_C = +W)};$$

$$N_{1o} = -\frac{\nu\mathfrak{S}}{h_s} + T_1 \qquad N_{1u} = -\frac{\mathfrak{S}_l + \mu\mathfrak{S}_r}{h_s} + T_1$$

$$N_2 = \frac{\mathfrak{S}_l}{h_s} + T_2 \qquad \underline{N} = -\frac{\mathfrak{S}_l}{2h} + T \qquad \left(N = \frac{Wh + \mathfrak{S}_r}{2h} + T\right).$$

Bemerkung: Für festes Lager bei C treten an Stelle der unterstrichenen Werte die eingeklammerten.

Fall 112/7: Beide Schrägstäbe beliebig waagerecht, aber symmetrisch zur Rahmenmitte belastet

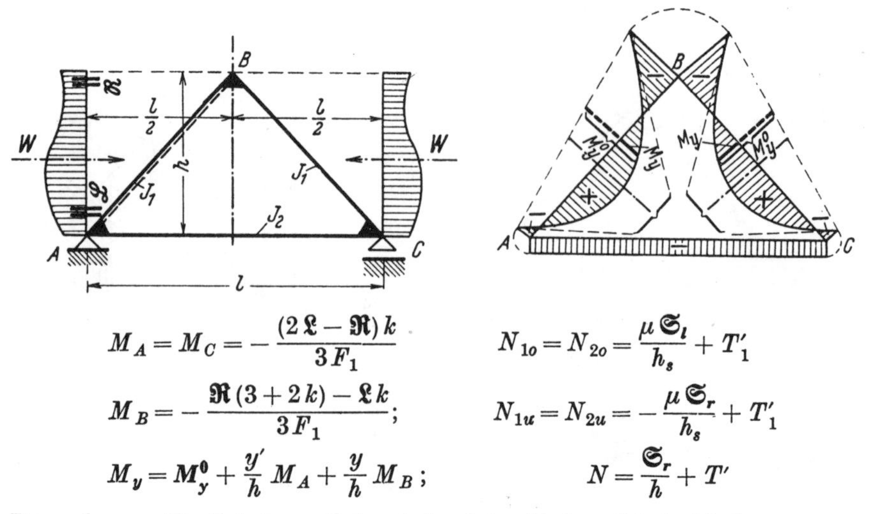

$$M_A = M_C = -\frac{(2\mathfrak{L}-\mathfrak{R})k}{3F_1} \qquad N_{1o} = N_{2o} = \frac{\mu\mathfrak{S}_l}{h_s} + T_1'$$

$$M_B = -\frac{\mathfrak{R}(3+2k)-\mathfrak{L}k}{3F_1}; \qquad N_{1u} = N_{2u} = -\frac{\mu\mathfrak{S}_r}{h_s} + T_1'$$

$$M_y = M_y^0 + \frac{y'}{h}M_A + \frac{y}{h}M_B; \qquad N = \frac{\mathfrak{S}_r}{h} + T'$$

Bemerkung: Alle Belastungsglieder sind auf den linken Schrägstab bezogen.

Fall 112/8: Beide Schrägstäbe beliebig senkrecht, aber antimetrisch zur Rahmenmitte belastet

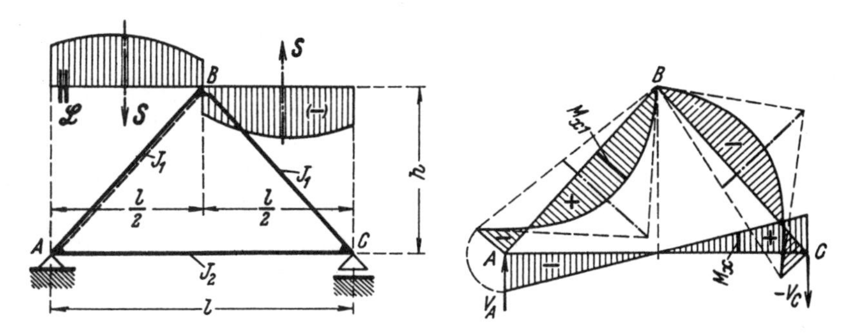

$$M_C = -M_A = \frac{\mathfrak{L}k}{F_2} \qquad M_B = 0; \qquad M_{x1} = \mathbf{M}_x^0 + \frac{x_1'}{w} M_A\,; \qquad V_A = -V_C = \frac{\mathfrak{S}_r}{w};$$

$$N_{2o} = -N_{1o} = \frac{\mathfrak{S}_l + M_A}{w} \cdot \frac{h}{s} \qquad N_{1u} = -N_{2u} = \frac{\mathfrak{S}_r - M_A}{w} \cdot \frac{h}{s} \qquad N = 0.$$

Bemerkung: Alle Belastungsglieder sind auf den linken Schrägstab bezogen.

Fall 112/9: Beide Schrägstäbe beliebig waagerecht von links her, aber antimetrisch zur Rahmenmitte belastet

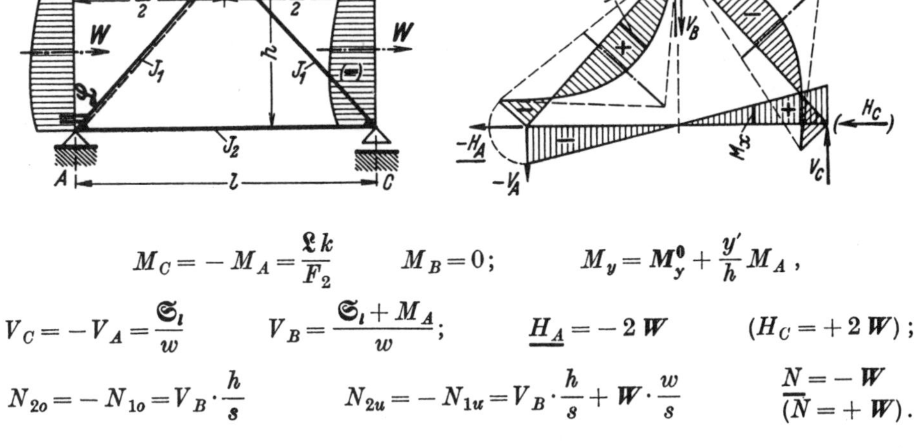

$$M_C = -M_A = \frac{\mathfrak{L}k}{F_2} \qquad M_B = 0; \qquad M_y = \mathbf{M}_y^0 + \frac{y'}{h} M_A\,,$$

$$V_C = -V_A = \frac{\mathfrak{S}_l}{w} \qquad V_B = \frac{\mathfrak{S}_l + M_A}{w}; \qquad \underline{H_A} = -2\,\mathbf{W} \qquad (H_C = +2\,\mathbf{W});$$

$$N_{2o} = -N_{1o} = V_B \cdot \frac{h}{s} \qquad N_{2u} = -N_{1u} = V_B \cdot \frac{h}{s} + \mathbf{W} \cdot \frac{w}{s} \qquad \underline{N} = -\mathbf{W} \quad (\overline{N} = +\mathbf{W}).$$

Bemerkungen: Alle Belastungsglieder sind auf den linken Schrägstab bezogen. — Für festes Lager bei C treten an Stelle der unterstrichenen Werte die eingeklammerten.

Fall 112/10: Gleichmäßig verteilte symmetrische Vollast, rechtwinklig zu den Schrägstäben wirkend

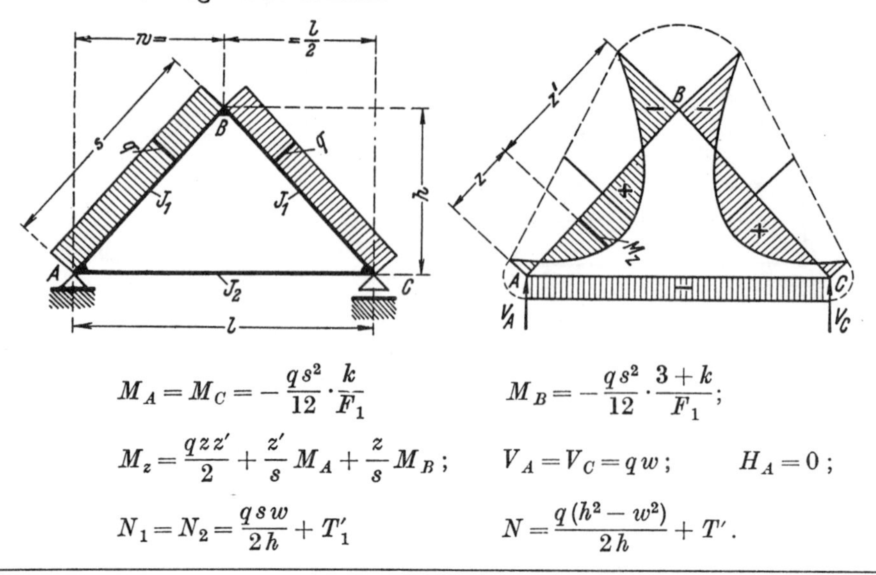

$$M_A = M_C = -\frac{q s^2}{12} \cdot \frac{k}{F_1} \qquad M_B = -\frac{q s^2}{12} \cdot \frac{3+k}{F_1};$$

$$M_z = \frac{q z z'}{2} + \frac{z'}{s} M_A + \frac{z}{s} M_B; \qquad V_A = V_C = q w; \qquad H_A = 0;$$

$$N_1 = N_2 = \frac{q s w}{2h} + T_1' \qquad N = \frac{q(h^2 - w^2)}{2h} + T'.$$

Fall 112/11: Gleichmäßig verteilte antimetrische Vollast, rechtwinklig zu den Schrägstäben wirkend (Druck und Sog)

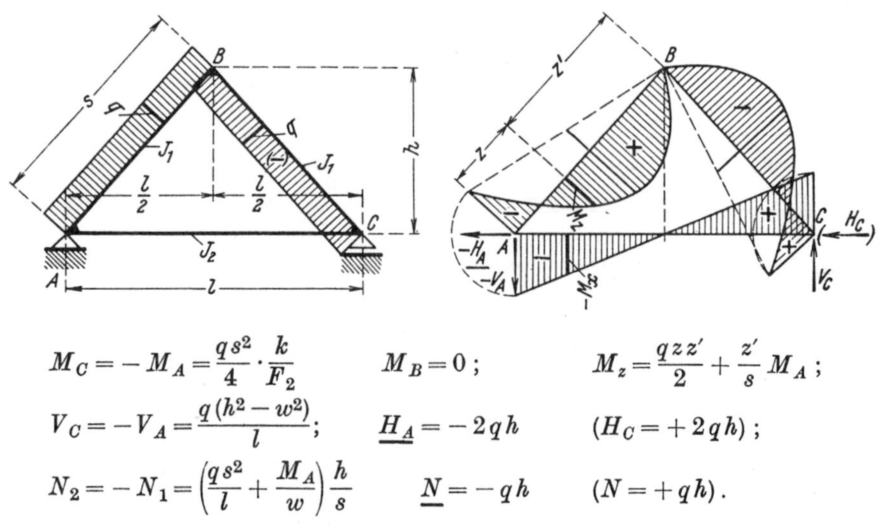

$$M_C = -M_A = \frac{q s^2}{4} \cdot \frac{k}{F_2} \qquad M_B = 0; \qquad M_z = \frac{q z z'}{2} + \frac{z'}{s} M_A;$$

$$V_C = -V_A = \frac{q(h^2 - w^2)}{l}; \qquad \underline{H_A} = -2qh \qquad (H_C = +2qh);$$

$$N_2 = -N_1 = \left(\frac{q s^2}{l} + \frac{M_A}{w}\right)\frac{h}{s} \qquad \underline{N} = -qh \qquad (N = +qh).$$

Bemerkung: Für festes Lager bei C treten an Stelle der unterstrichenen Werte die eingeklammerten.

Rahmenform 113

Gleichseitiger geschlossener Dreieckrahmen mit gleichen Stabträgheitsmomenten und mit äußerlich statisch bestimmter Lagerung

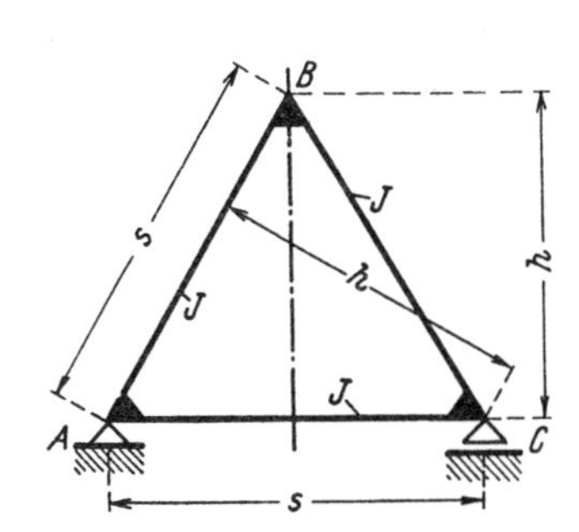

Rahmenform, Abmessungen und Bezeichnungen

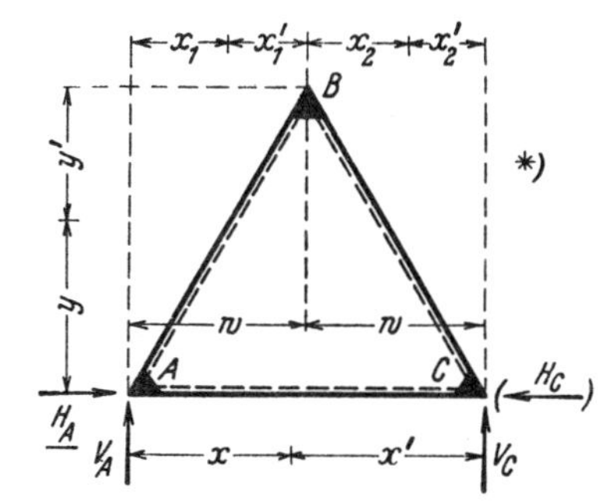

Festlegung der positiven Richtung aller Stützkräfte und der Koordinaten beliebiger Stabpunkte. Positive Biegungsmomente erzeugen an der gestrichelten Stabseite Zug

Beziehungen zwischen den Rahmenabmessungen

$$h = \frac{s\sqrt{3}}{2} \approx 0{,}8660\, s \qquad s = \frac{2h}{\sqrt{3}} \approx 1{,}1547\, h \qquad w = \frac{s}{2}.$$

Anschriebe der Momente an beliebiger Stelle der nicht direkt belasteten Stäbe für alle Belastungsfälle

$$M_{x1} = \frac{x_1'}{w} M_A + \frac{x_1}{w} M_B \qquad M_{x2} = \frac{x_2'}{w} M_B + \frac{x_2}{w} M_C$$

$$M_x = \frac{x'}{s} M_A + \frac{x}{s} M_C.$$

Bezeichnung der Axialkräfte**)

Im linken Schrägstab N_1; im rechten Schrägstab N_2; im waagerechten Stab N.

Bemerkung: Die Axialkräfte zählen bei Druck positiv, bei Zug negativ.

*) $w = s/2$ wird eingeführt zwecks einfacher und übersichtlicher Darstellung der Momente M_x der Schrägstäbe sowie der Axialkräfte bei Last-Symmetrie und -Antimetrie.

H_C tritt auf, wenn das feste Lager bei C ist.

**) Der zusätzliche Zeiger o bzw. u bedeutet: N am oberen bzw. am unteren Stabende.

Anteile der Axialkräfte aus den Eckmomenten allein

a) Für beliebige unsymmetrische Rahmenlast:

$$T_1 = \frac{2M_C - M_A - M_B}{2h} \qquad T_2 = \frac{2M_A - M_B - M_C}{2h}$$

$$T = \frac{2M_B - M_A - M_C}{2h}.$$

b) Für beliebige symmetrische Rahmenlast:

$$T_1' = T_2' = \frac{M_A - M_B}{2h} \qquad T' = \frac{M_B - M_A}{h}.$$

Fall 113/1: Waagerechter Stab beliebig senkrecht von oben her belastet
(Siehe hierzu den Abschnitt „**Belastungsglieder**")

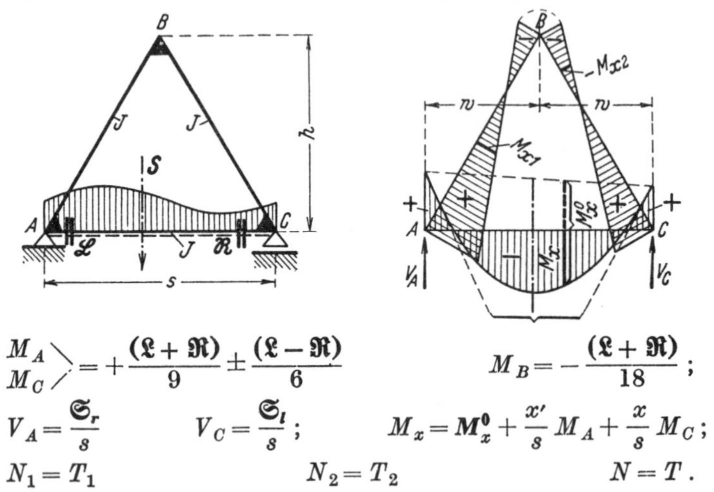

$$\left.\begin{matrix} M_A \\ M_C \end{matrix}\right\rangle = +\frac{(\mathfrak{L}+\mathfrak{R})}{9} \pm \frac{(\mathfrak{L}-\mathfrak{R})}{6} \qquad M_B = -\frac{(\mathfrak{L}+\mathfrak{R})}{18};$$

$$V_A = \frac{\mathfrak{S}_r}{s} \qquad V_C = \frac{\mathfrak{S}_l}{s}; \qquad M_x = M_x^0 + \frac{x'}{s} M_A + \frac{x}{s} M_C;$$

$$N_1 = T_1 \qquad N_2 = T_2 \qquad N = T.$$

Bemerkung: Um die eindeutige Festlegung der Belastungsglieder $\mathfrak{L}$, $\mathfrak{R}$, $\mathfrak{S}_r$, $\mathfrak{S}_l$ in bezug auf die gestrichelte Stabseite zu wahren, mußte hier im Belastungsbild konsequenterweise die untere Stabseite gestrichelt werden. Für die Momentenvorzeichen gilt jedoch auch hier die Titelfigur Seite 449.

Sonderfall 113/1a: Symmetrische Feldlast ($\mathfrak{R} = \mathfrak{L}$; $\mathfrak{S}_l = \mathfrak{S}_r$).

$$M_A = M_C = +\frac{2\mathfrak{L}}{9} \qquad M_B = -\frac{\mathfrak{L}}{9}; \qquad M_x = M_x^0 + M_A;$$

$$V_A = V_C = \frac{S}{2}; \qquad N_1 = N_2 = \frac{\mathfrak{L}}{6h} \qquad N = -\frac{\mathfrak{L}}{3h}.$$

Sonderfall 113/1b: Antimetrische Feldlast ($\mathfrak{R} = -\mathfrak{L}$; $\mathfrak{S}_l = -\mathfrak{S}_r$).

$$M_A = -M_C = \frac{\mathfrak{L}}{3} \qquad M_B = 0; \qquad M_x = M_x^0 + \frac{x' - x}{s} M_A;$$

$$V_A = -V_C = \frac{\mathfrak{S}_r}{s} \qquad N_2 = -N_1 = \frac{\mathfrak{L}}{2h} \qquad N = 0.$$

Bemerkung: Lastbild und Momentenbild rd. wie beim Fall 112/3, Seite 444.

Siehe hierzu den Abschnitt „**Belastungsglieder**“

Fall 113/2: Linker Schrägstab beliebig senkrecht belastet

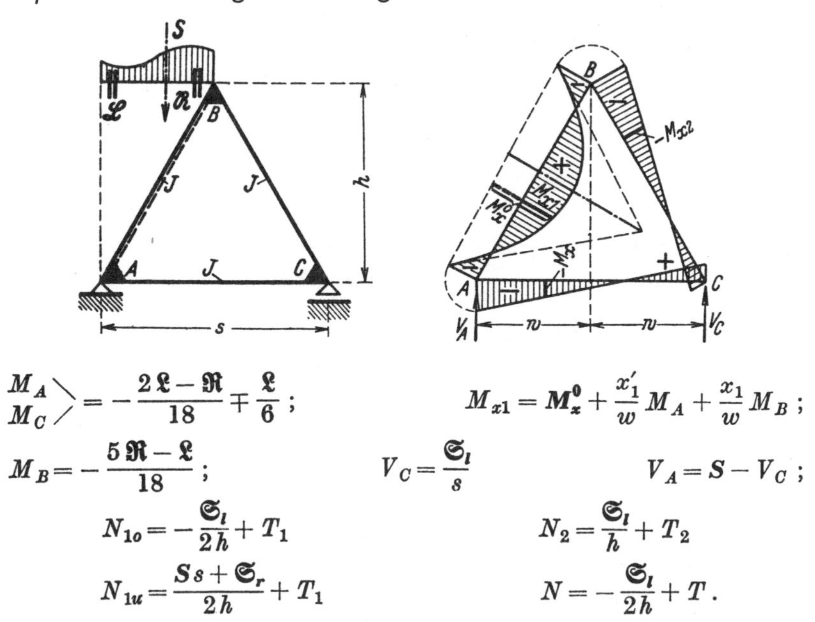

$$\left.\begin{matrix} M_A \\ M_C \end{matrix}\right\rangle = -\frac{2\,\mathfrak{L}-\mathfrak{R}}{18} \mp \frac{\mathfrak{L}}{6}\,; \qquad M_{x1} = M_x^0 + \frac{x_1'}{w} M_A + \frac{x_1}{w} M_B\,;$$

$$M_B = -\frac{5\,\mathfrak{R}-\mathfrak{L}}{18}\,; \qquad V_C = \frac{\mathfrak{S}_l}{s} \qquad V_A = S - V_C\,;$$

$$N_{1o} = -\frac{\mathfrak{S}_l}{2h} + T_1 \qquad N_2 = \frac{\mathfrak{S}_l}{h} + T_2$$

$$N_{1u} = \frac{Ss + \mathfrak{S}_r}{2h} + T_1 \qquad N = -\frac{\mathfrak{S}_l}{2h} + T\,.$$

Fall 113/3: Beide Schrägstäbe beliebig senkrecht, aber symmetrisch zur Rahmenmitte belastet

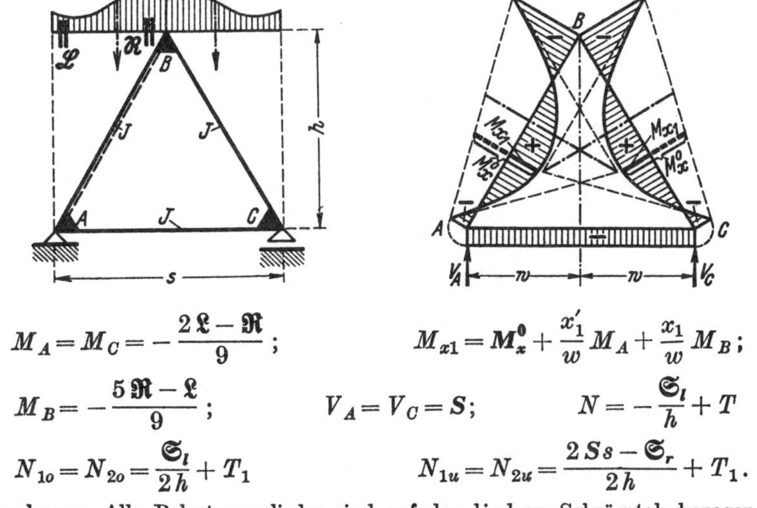

$$M_A = M_C = -\frac{2\,\mathfrak{L}-\mathfrak{R}}{9}\,; \qquad M_{x1} = M_x^0 + \frac{x_1'}{w} M_A + \frac{x_1}{w} M_B\,;$$

$$M_B = -\frac{5\,\mathfrak{R}-\mathfrak{L}}{9}\,; \qquad V_A = V_C = S; \qquad N = -\frac{\mathfrak{S}_l}{h} + T$$

$$N_{1o} = N_{2o} = \frac{\mathfrak{S}_l}{2h} + T_1 \qquad N_{1u} = N_{2u} = \frac{2\,Ss - \mathfrak{S}_r}{2h} + T_1\,.$$

Bemerkung: Alle Belastungsglieder sind auf den linken Schrägstab bezogen.

Siehe hierzu den Abschnitt **„Belastungsglieder"**

Fall 113/4: Linker Schrägstab beliebig waagerecht belastet

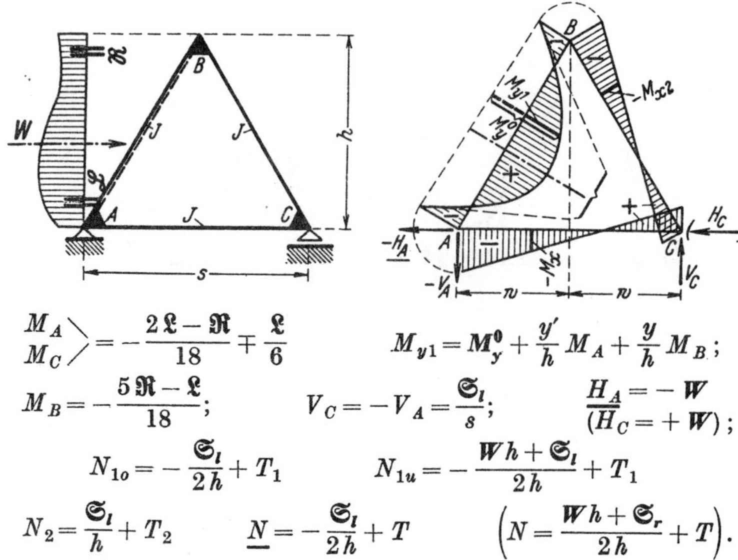

$$\left.\begin{matrix} M_A \\ M_C \end{matrix}\right\rangle = -\frac{2\mathfrak{L} - \mathfrak{R}}{18} \mp \frac{\mathfrak{L}}{6} \qquad M_{y1} = M_y^0 + \frac{y'}{h} M_A + \frac{y}{h} M_B\,;$$

$$M_B = -\frac{5\mathfrak{R} - \mathfrak{L}}{18}; \qquad V_C = -V_A = \frac{\mathfrak{S}_l}{s}; \qquad \underline{H_A = -W} \quad (H_C = +W)\,;$$

$$N_{1o} = -\frac{\mathfrak{S}_l}{2h} + T_1 \qquad N_{1u} = -\frac{Wh + \mathfrak{S}_l}{2h} + T_1$$

$$N_2 = \frac{\mathfrak{S}_l}{h} + T_2 \qquad \underline{N} = -\frac{\mathfrak{S}_l}{2h} + T \qquad \left(N = \frac{Wh + \mathfrak{S}_r}{2h} + T\right).$$

Bemerkung: Für festes Lager bei C treten an Stelle der unterstrichenen Werte die eingeklammerten.

Fall 113/5: Beide Stäbe beliebig waagerecht, aber symmetrisch zur Rahmenmitte belastet

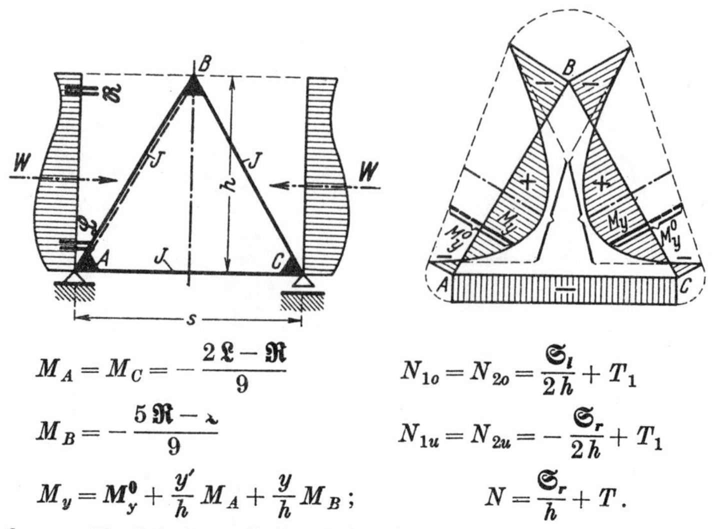

$$M_A = M_C = -\frac{2\mathfrak{L} - \mathfrak{R}}{9} \qquad N_{1o} = N_{2o} = \frac{\mathfrak{S}_l}{2h} + T_1$$

$$M_B = -\frac{5\mathfrak{R} - \mathfrak{L}}{9} \qquad N_{1u} = N_{2u} = -\frac{\mathfrak{S}_r}{2h} + T_1$$

$$M_y = M_y^0 + \frac{y'}{h} M_A + \frac{y}{h} M_B\,; \qquad N = \frac{\mathfrak{S}_r}{h} + T.$$

Bemerkung: Alle Belastungsglieder sind auf den linken Schrägstab bezogen.

Fall 113/6: Beide Schrägstäbe beliebig senkrecht. aber antimetrisch zur Rahmenmitte belastet

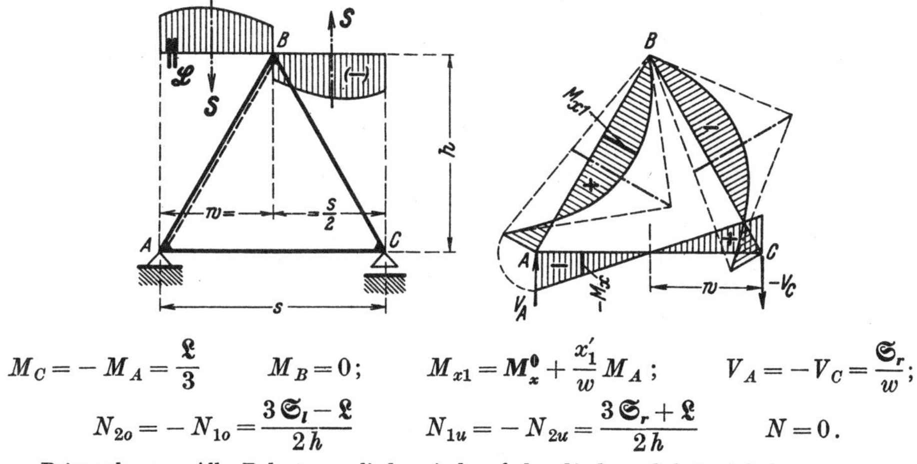

$$M_C = -M_A = \frac{\mathfrak{L}}{3} \qquad M_B = 0; \qquad M_{x1} = M_x^0 + \frac{x_1'}{w} M_A; \qquad V_A = -V_C = \frac{\mathfrak{S}_r}{w};$$

$$N_{2o} = -N_{1o} = \frac{3\mathfrak{S}_l - \mathfrak{L}}{2h} \qquad N_{1u} = -N_{2u} = \frac{3\mathfrak{S}_r + \mathfrak{L}}{2h} \qquad N = 0.$$

Bemerkung: Alle Belastungsglieder sind auf den linken Schrägstab bezogen.

Fall 113/7: Beide Schrägstäbe beliebig waagerecht von links her, aber antimetrisch zur Rahmenmitte belastet

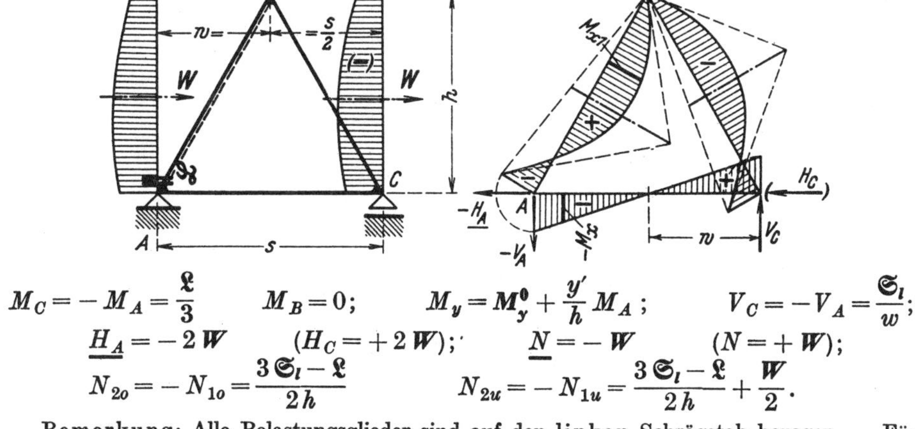

$$M_C = -M_A = \frac{\mathfrak{L}}{3} \qquad M_B = 0; \qquad M_y = M_y^0 + \frac{y'}{h} M_A; \qquad V_C = -V_A = \frac{\mathfrak{S}_l}{w};$$

$$\underline{H_A} = -2W \qquad (H_C = +2W); \qquad \underline{N} = -W \qquad (N = +W);$$

$$N_{2o} = -N_{1o} = \frac{3\mathfrak{S}_l - \mathfrak{L}}{2h} \qquad N_{2u} = -N_{1u} = \frac{3\mathfrak{S}_l - \mathfrak{L}}{2h} + \frac{W}{2}.$$

Bemerkung: Alle Belastungsglieder sind auf den linken Schrägstab bezogen. — Für festes Lager bei C treten an Stelle der unterstrichenen Werte die eingeklammerten.

Sonderfall 113/7a: Waagerechte Einzellast P am Firstpunkt B

Es treten keine Biegungsmomente auf.

$$V_C = -V_A = \frac{P\sqrt{3}}{2} \approx 0{,}8660 \cdot P; \qquad \underline{H_A} = -P \qquad (H_C = +P);$$

$$\underline{N} = -\frac{P}{2} \qquad \left(N = +\frac{P}{2}\right) \qquad N_2 = -N_1 = P.$$

Fall 113/8: Gleichmäßig verteilte symmetrische Vollast, rechtwinklig zu den Schrägstäben wirkend

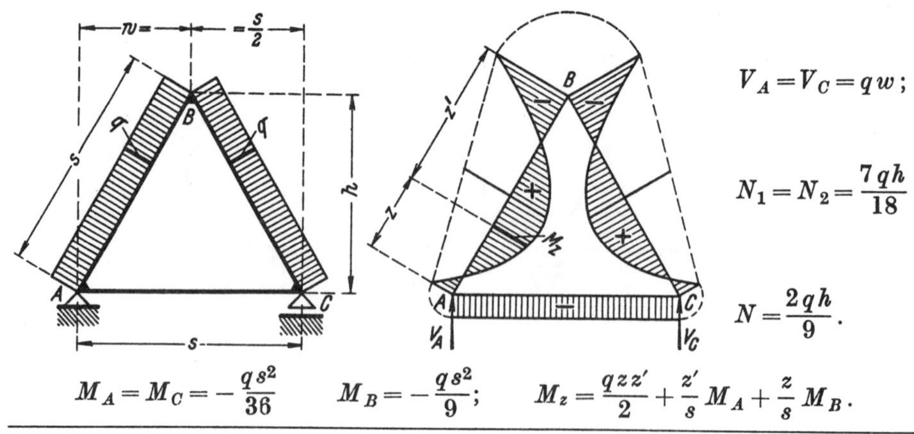

$$V_A = V_C = q w;\qquad N_1 = N_2 = \frac{7 q h}{18}\qquad N = \frac{2 q h}{9}.$$

$$M_A = M_C = -\frac{q s^2}{36}\qquad M_B = -\frac{q s^2}{9};\qquad M_z = \frac{q z z'}{2} + \frac{z'}{s} M_A + \frac{z}{s} M_B.$$

Fall 113/9: Gleichmäßig verteilte antimetrische Vollast, rechtwinklig zu den Schrägstäben wirkend (Druck und Sog)

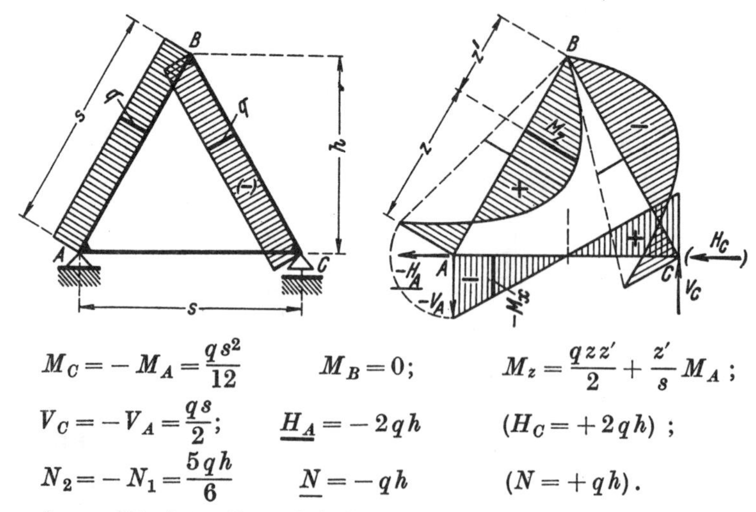

$$M_C = -M_A = \frac{q s^2}{12}\qquad M_B = 0;\qquad M_z = \frac{q z z'}{2} + \frac{z'}{s} M_A;$$

$$V_C = -V_A = \frac{q s}{2};\qquad \underline{H_A} = -2 q h\qquad (H_C = +2 q h);$$

$$N_2 = -N_1 = \frac{5 q h}{6}\qquad \underline{N} = -q h\qquad (N = +q h).$$

Bemerkung: Für festes Lager bei C treten an Stelle der unterstrichenen Werte die eingeklammerten.

Fall 113/10: Drehmoment M im Uhrzeigersinne am Eckpunkt B

$$M_A = -M_C = \frac{M}{6}\qquad M_{B2} = -M_{B1} = \frac{M}{2};\qquad V_C = -V_A = \frac{M}{s};$$

$$N_1 = -\frac{M}{h}\qquad N_2 = +\frac{M}{h}\qquad N = 0.$$

Bemerkung: Lastbild und Momentenbild rd. wie beim Fall 112/1, Seite 443.

Rahmenform 114

Geschlossene doppelt symmetrische Rechteckrahmen (Zellen) mit starren Zugbändern und nur mit gleichmäßig verteilter Innenbelastung

(Für Behälter, Silos u. dgl.)

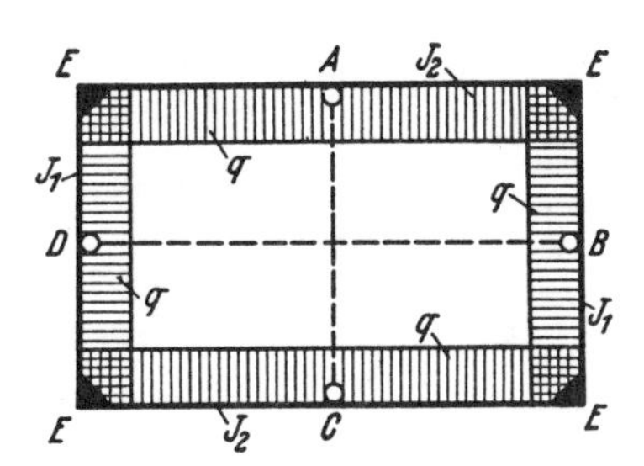

Die Abmessungen und Festwerte sind für jeden einzelnen Fall besonders angegeben.

Bezeichnung der Axialkräfte

In den senkrechten Stäben (mit J_1) N_1
in den waagerechten Stäben (mit J_2) N_2.

Bemerkung: Bei dieser Rahmenform wurde von der Regel, die Momentenflächen stets an der Stabseite anzutragen, an welcher die Momente **Zug** erzeugen, abgewichen, indem die Momentenflächen an der **Druck**seite der Stäbe angetragen wurden. Dies geschah der besseren Darstellungsmöglichkeit wegen. Es bedeutet hier also + außen Zug, — innen Zug. Ferner wurden die Axialkräfte, ebenfalls im Gegensatz zu der bisherigen Regel, dann als positiv betrachtet, wenn dieselben **Zug** erzeugen. Das geschah, weil hier sämtliche Axialkräfte Zugkräfte sind. (Nach den für die Rahmenformen 1 bis 113 gültigen Regeln würden die Momentenflächen und Axialkräfte der Rahmenform 114 bedeuten, daß gleichmäßig verteilte Belastung der ganzen Zelle von außen her vorliegt.)

 Siehe hierzu Titelblatt Seite 455

Fall 114/1: Rechteckzelle ohne Zugband

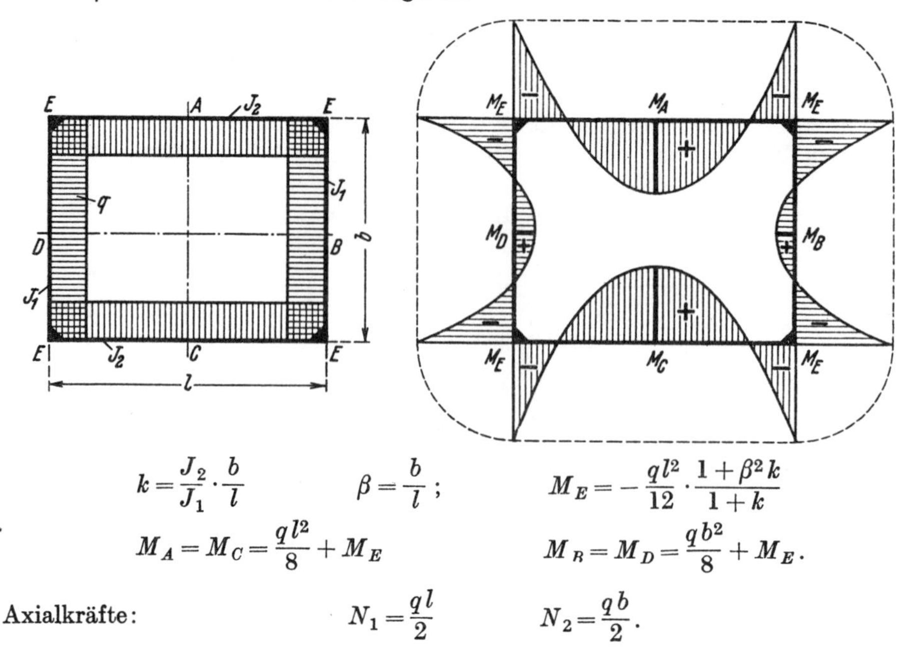

$$k=\frac{J_2}{J_1}\cdot\frac{b}{l}\qquad \beta=\frac{b}{l}\,;\qquad M_E=-\frac{q\,l^2}{12}\cdot\frac{1+\beta^2 k}{1+k}$$

$$M_A=M_C=\frac{q\,l^2}{8}+M_E\qquad M_B=M_D=\frac{q\,b^2}{8}+M_E.$$

Axialkräfte: $\quad N_1=\frac{q\,l}{2}\qquad N_2=\frac{q\,b}{2}.$

Fall 114/2: Rechteckzelle mit einem starren Zugband

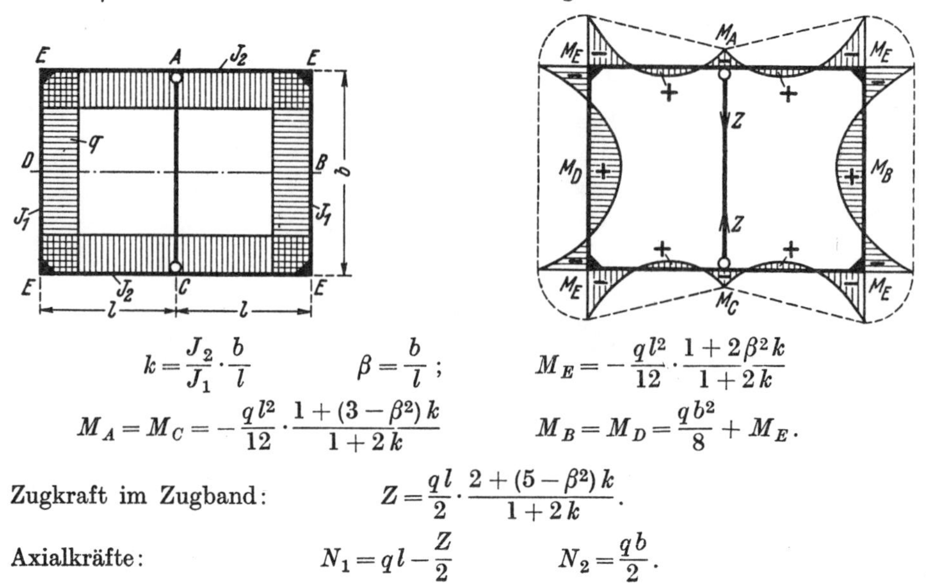

$$k=\frac{J_2}{J_1}\cdot\frac{b}{l}\qquad \beta=\frac{b}{l}\,;\qquad M_E=-\frac{q\,l^2}{12}\cdot\frac{1+2\beta^2 k}{1+2k}$$

$$M_A=M_C=-\frac{q\,l^2}{12}\cdot\frac{1+(3-\beta^2)\,k}{1+2\,k}\qquad M_B=M_D=\frac{q\,b^2}{8}+M_E.$$

Zugkraft im Zugband: $\quad Z=\frac{q\,l}{2}\cdot\frac{2+(5-\beta^2)\,k}{1+2\,k}.$

Axialkräfte: $\quad N_1=q\,l-\frac{Z}{2}\qquad N_2=\frac{q\,b}{2}.$

Fall 114/3: Rechteckzelle mit dem Seitenverhältnis 1 : 2, gleichen Stabträgheitsmomenten und einem starren Zugband zwischen den Langseiten

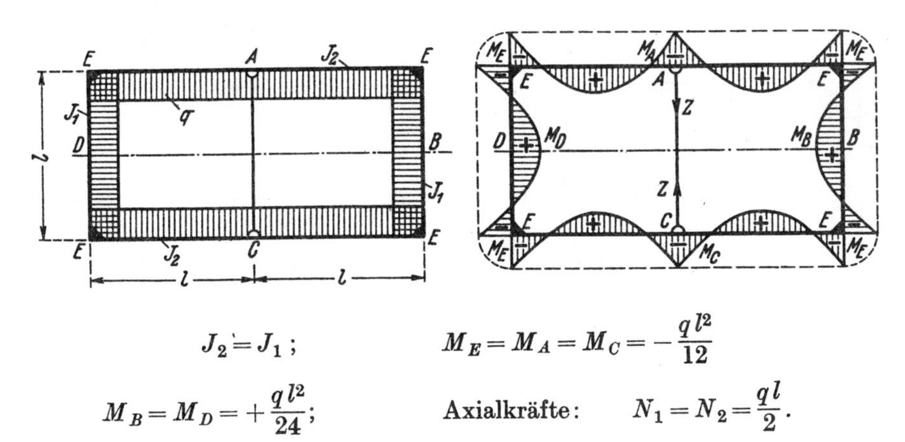

$$J_2 = J_1\,; \qquad M_E = M_A = M_C = -\frac{q\,l^2}{12}$$

$$M_B = M_D = +\frac{q\,l^2}{24}; \qquad \text{Axialkräfte:} \quad N_1 = N_2 = \frac{q\,l}{2}.$$

Zugkraft im Zugband: $Z = ql$.

Fall 114/4: Rechteckzelle mit 2 starren Zugbändern zwischen den Langseiten

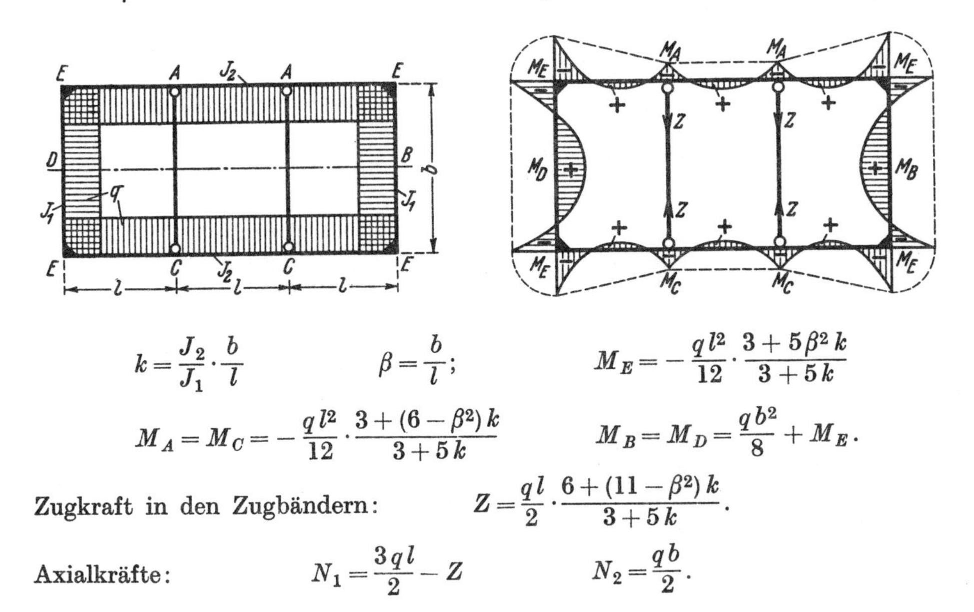

$$k = \frac{J_2}{J_1}\cdot\frac{b}{l} \qquad \beta = \frac{b}{l}; \qquad M_E = -\frac{q\,l^2}{12}\cdot\frac{3+5\beta^2 k}{3+5k}$$

$$M_A = M_C = -\frac{q\,l^2}{12}\cdot\frac{3+(6-\beta^2)\,k}{3+5k} \qquad M_B = M_D = \frac{q\,b^2}{8} + M_E.$$

Zugkraft in den Zugbändern: $$Z = \frac{q\,l}{2}\cdot\frac{6+(11-\beta^2)\,k}{3+5k}.$$

Axialkräfte: $$N_1 = \frac{3\,q\,l}{2} - Z \qquad N_2 = \frac{q\,b}{2}.$$

Fall 114/5: Rechteckzelle mit 2 gekreuzten starren Zugbändern

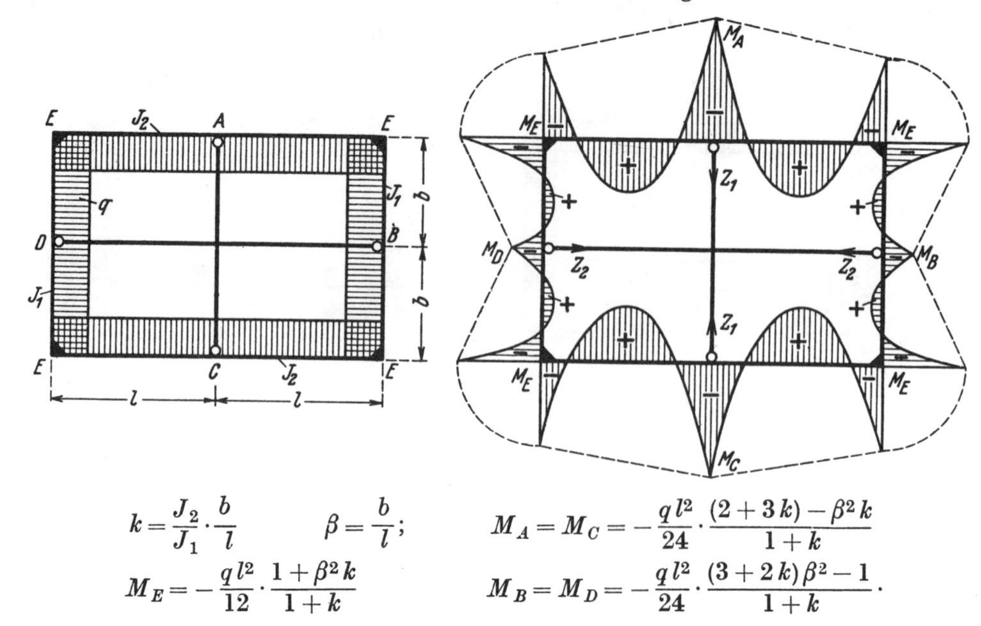

$$k = \frac{J_2}{J_1} \cdot \frac{b}{l} \qquad \beta = \frac{b}{l}; \qquad M_A = M_C = -\frac{q l^2}{24} \cdot \frac{(2 + 3k) - \beta^2 k}{1 + k}$$

$$M_E = -\frac{q l^2}{12} \cdot \frac{1 + \beta^2 k}{1 + k} \qquad M_B = M_D = -\frac{q l^2}{24} \cdot \frac{(3 + 2k)\beta^2 - 1}{1 + k}.$$

Zugkräfte in den Zugbändern:

$$AC: \quad Z_1 = \frac{q l}{4} \cdot \frac{(4 + 5k) - \beta^2 k}{1 + k} \qquad BD: \quad Z_2 = \frac{q l}{4\beta} \cdot \frac{(5 + 4k)\beta^2 - 1}{1 + k}.$$

Axialkräfte: $\quad N_1 = q l - \frac{Z_1}{2} \qquad N_2 = q b - \frac{Z_2}{2}.$

Fall 114/6: Quadratzelle mit gleichen Stabträgheitsmomenten und mit 2 gekreuzten starren Zugbändern

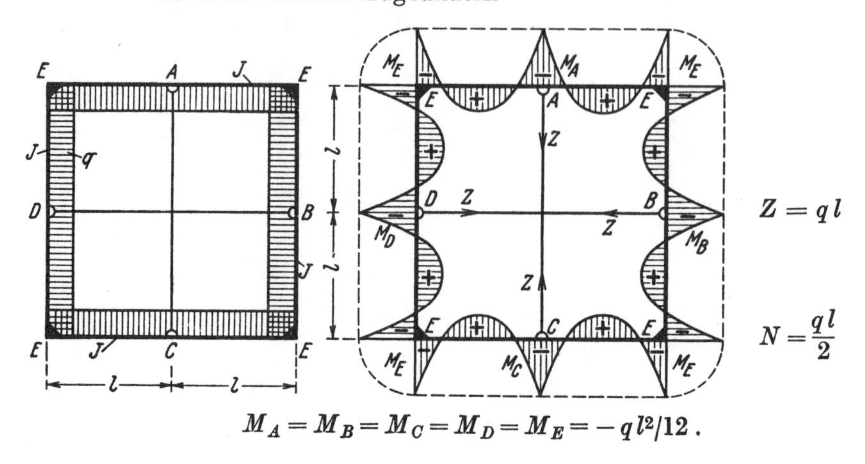

$$Z = q l$$

$$N = \frac{q l}{2}$$

$$M_A = M_B = M_C = M_D = M_E = -q l^2/12.$$

Anhang

1. Belastungsglieder

a) Allgemeines

In den Rahmenformeln für beliebige Stabbelastung treten folgende fettgedruckten Größen auf:

$$\mathfrak{L}, \mathfrak{R}; \quad \mathfrak{S}_r, \mathfrak{S}_l; \quad S, W; \quad M_x^0, M_y^0.\,^{*)}$$

Diese Größen werden allgemein als „Belastungsglieder“ (im weiteren Sinne) bezeichnet, weil dieselben nur von Form, Größe und Wirkungsweise der äußeren Stabbelastung abhängig sind, nicht aber von Form und Abmessungen des Rahmens.

Bei Anwendung der Belastungsglieder ist jeder Rahmenstab als einfacher Balken aufzufassen, der aus dem Rahmengefüge herausgelöst zu denken ist.

Wegen der Bedeutung der eigentlichen Belastungsglieder $\mathfrak{L}$ und $\mathfrak{R}$ (Belastungsglieder im engeren Sinne) siehe den Hinweis in der „Einleitung“, Ziff. 6, Seite XX. Das Vorhandensein der Belastungsglieder in den Belastungsbildern der Rahmenformen ist gekennzeichnet durch Doppelstriche || dicht an den Enden des jeweils belasteten Stabes selbst (siehe Bild 1) oder — bei schrägen Stäben — an den Enden der senkrechten bzw. waagerechten Projektion des Laststabes (siehe den Klammerhinweis in Ziff. 6 der „Einleitung“).

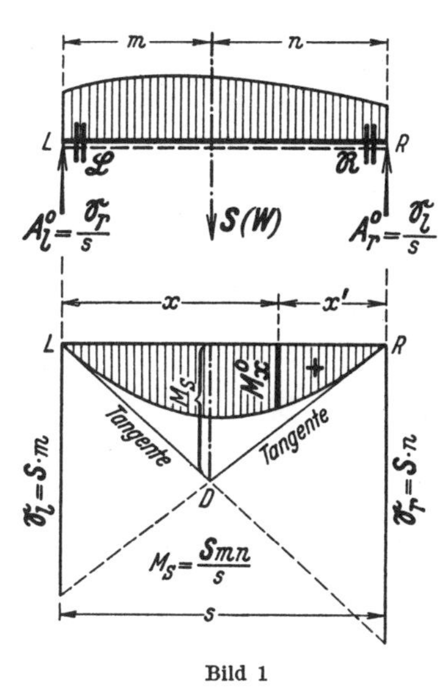

Bild 1

S ist die Lastresultierende der gegebenen äußeren Belastung eines Stabes allgemein. Dieselbe wird aber bei waagerechter Belastung mit **W** bezeichnet. $\mathfrak{S}_r$ und $\mathfrak{S}_l$ sind die statischen Momente der Lastresultierenden **S** (oder **W**), bezogen auf den rechten bzw. linken Feldendpunkt. Graphisch stellen diese Werte die Abschnitte dar, welche von den Endtangenten der Momentenlinie des einfachen Balkens auf den Stützenloten abgeschnitten werden. Die Endtangenten bilden das Dreieck LDR (s. Bild 1) mit der Ordinate M_S; das ist die Momentenfläche für **S** als alleinige Einzellast gedacht.

Das Moment an beliebiger Stelle des einfachen Balkens wird bei senkrechter Last immer mit M_x^0, bei waagerechter Last in der Regel mit M_y^0 bezeichnet. Die Auflagerdrücke A_l^0 und A_r^0 lassen sich formal durch die statischen Momente $\mathfrak{S}_r$ und $\mathfrak{S}_l$ ausdrücken (s. Bild 1).

*) Bei gleichzeitiger Belastung mehrerer Stäbe erscheinen diese Größen mit zusätzlichem Zahlenzeiger.

b) Formelsammlung der Belastungsglieder

Die folgenden Seiten enthalten eine Zusammenstellung von Belastungsgliedern für die wichtigsten bzw. häufigsten Stabbelastungsfälle in knapper Form — sozusagen als Notbehelf. Wegen weiterer Angaben für die hier gebotenen Lastfälle, wie Momentenfläche, Querkraftfläche und Querkraftformeln, ferner für Gleichung der Biegelinie und Einzeldurchbiegungen sowie Volleinspannmomente usw. — und vor allem für weitere praktisch vorkommende Lastfälle (im ganzen 115) muß auf das Hilfsbuch **„Belastungsglieder“***) verwiesen werden.

Bei den nachstehenden, von 1 bis 19 durchnumerierten „Lastfällen“ bedeuten die in eckigen Klammern beigefügten Zahlen die Lastfallnummern im Hilfsbuch **„Belastungsglieder“**. Zu den Lastfällen mit * sind im genannten Hilfsbuch auch noch Zahlentafeln gegeben.

Lastfall 1 [29]: Gleichmäßig verteilte Vollast

$$\mathfrak{L} = \mathfrak{R} = \frac{q s^2}{4} \qquad \mathfrak{S}_r = \mathfrak{S}_l = \frac{q s^2}{2}$$

$$S = q s \qquad M_x^0 = \frac{q x x'}{2}$$

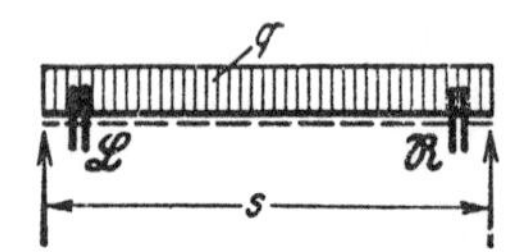

Lastfall 2 [31*]: Zwei gleiche gleichmäßig verteilte Streckenlasten von den Stabenden her

$$\alpha = \frac{a}{s} \qquad \beta = \frac{b}{s} \qquad \mathfrak{L} = \mathfrak{R} = \frac{q a^2 (2 + \beta)}{2}$$

$$\mathfrak{S}_r = \mathfrak{S}_l = q a s \qquad S = 2 q a\,.$$

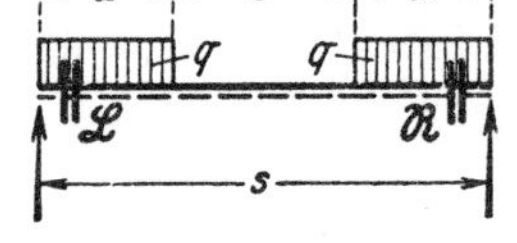

Im linken Bereich a:

$$M_x^0 = q x \left(a - \frac{x}{2}\right)$$

Im Bereich b:

$$M_x^0 = \frac{q a^2}{2}$$

Im rechten Bereich a:

$$M_x^0 = q x' \left(a - \frac{x'}{2}\right).$$

Lastfall 3 [32*]: Gleichmäßig verteilte Streckenlast in mittiger Lage

$$\alpha = \frac{a}{s} \qquad \beta = \frac{b}{s} \qquad \mathfrak{L} = \mathfrak{R} = \frac{q b s (3 - \beta^2)}{8}$$

$$\mathfrak{S}_r = \mathfrak{S}_l = \frac{q b s}{2} \qquad S = q b\,.$$

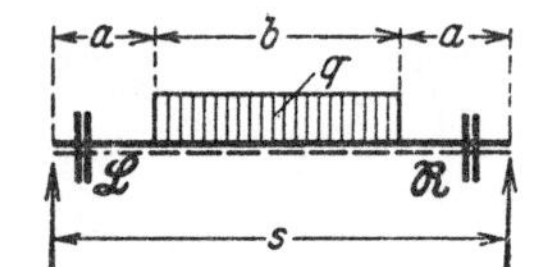

Im linken Bereich a:

$$M_x^0 = \frac{q b}{2} x$$

Im Bereich b:

$$M_x^0 = \frac{q}{2} [b x - (x - a)^2]$$

Im rechten Bereich a:

$$M_x^0 = \frac{q b}{2} x'\,.$$

---

*) Kleinlogel/Haselbach „**Belastungsglieder**, Statische und elastische Werte für den einfachen und eingespannten Balken als Element von Stabwerken.“ Neunte Auflage, vollständig neu bearbeitet von Dipl.-Ing. W. Haselbach, Baurat. Berlin/München 1966. Verlag von Wilhelm Ernst & Sohn. XII und 268 Seiten.

Lastfall 4 [26*]: Gleichmäßig verteilte Streckenlast von links her

$$\alpha = \frac{a}{s} \qquad \beta = \frac{b}{s}. \qquad \boldsymbol{S} = q\,a;$$

$$\mathfrak{L} = \frac{q\,a^2(1+\beta)^2}{4} \qquad (\mathfrak{L}+\mathfrak{R}) = \frac{q\,a^2(1+2\beta)}{2}$$

$$\mathfrak{R} = \frac{q\,a^2(2-\alpha^2)}{4} \qquad (\mathfrak{L}-\mathfrak{R}) = \frac{q\,a^2\beta^2}{2};$$

$$\mathfrak{S}_r = \frac{q\,a\,(s+b)}{2} \qquad \mathfrak{S}_l = \frac{q\,a^2}{2}.$$

Im Bereich a: $M_x^0 = \left(\frac{\mathfrak{S}_r}{s} - \frac{q\,x}{2}\right)x$ Im Bereich b: $M_x^0 = \frac{\mathfrak{S}_l}{s}\,x'$.

Lastfall 5 [27*]: Gleichmäßig verteilte Streckenlast von rechts her

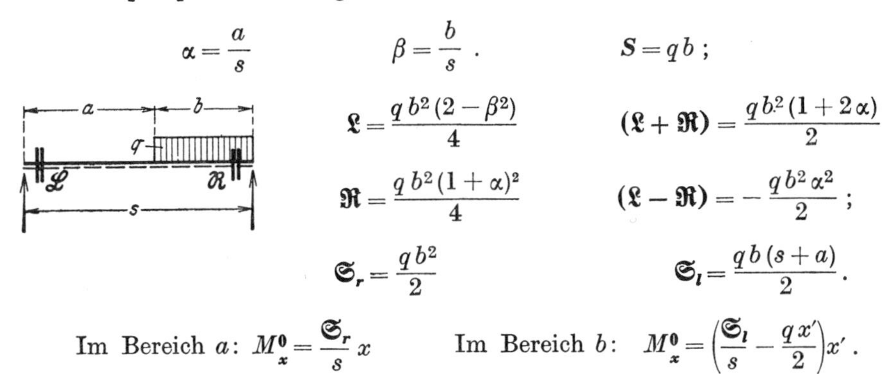

$$\alpha = \frac{a}{s} \qquad \beta = \frac{b}{s}. \qquad \boldsymbol{S} = q\,b;$$

$$\mathfrak{L} = \frac{q\,b^2(2-\beta^2)}{4} \qquad (\mathfrak{L}+\mathfrak{R}) = \frac{q\,b^2(1+2\alpha)}{2}$$

$$\mathfrak{R} = \frac{q\,b^2(1+\alpha)^2}{4} \qquad (\mathfrak{L}-\mathfrak{R}) = -\frac{q\,b^2\alpha^2}{2};$$

$$\mathfrak{S}_r = \frac{q\,b^2}{2} \qquad \mathfrak{S}_l = \frac{q\,b\,(s+a)}{2}.$$

Im Bereich a: $M_x^0 = \frac{\mathfrak{S}_r}{s}\,x$ Im Bereich b: $M_x^0 = \left(\frac{\mathfrak{S}_l}{s} - \frac{q\,x'}{2}\right)x'$.

Lastfall 6 [4*]: Einzellast an beliebiger Stelle

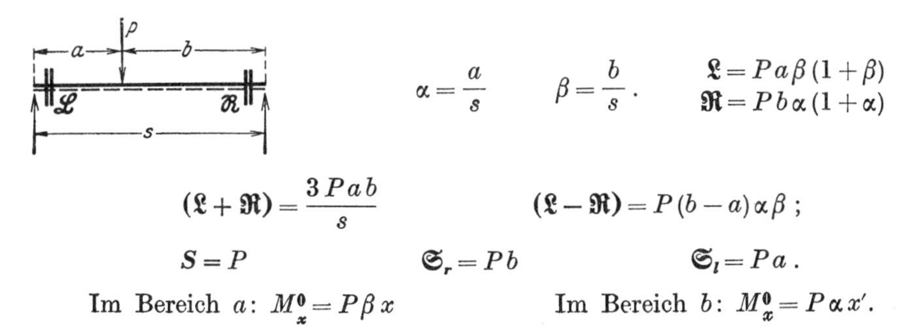

$$\alpha = \frac{a}{s} \qquad \beta = \frac{b}{s}. \qquad \mathfrak{L} = P\,a\,\beta\,(1+\beta) \qquad \mathfrak{R} = P\,b\,\alpha\,(1+\alpha)$$

$$(\mathfrak{L}+\mathfrak{R}) = \frac{3\,P\,a\,b}{s} \qquad (\mathfrak{L}-\mathfrak{R}) = P\,(b-a)\,\alpha\,\beta;$$

$$\boldsymbol{S} = P \qquad \mathfrak{S}_r = P\,b \qquad \mathfrak{S}_l = P\,a.$$

Im Bereich a: $M_x^0 = P\,\beta\,x$ Im Bereich b: $M_x^0 = P\,\alpha\,x'$.

Lastfall 7 [6]: Einzellast in Stabmitte

$$\mathfrak{L} = \mathfrak{R} = \frac{3}{8} P s \qquad \mathfrak{S}_r = \mathfrak{S}_l = \frac{P s}{2} \qquad S = P.$$

In der linken Stabhälfte: $M_x^0 = \frac{P}{2} x$.

Lastfall 8 [5*]: 2 gleiche Einzellasten in symmetrischer Stellung

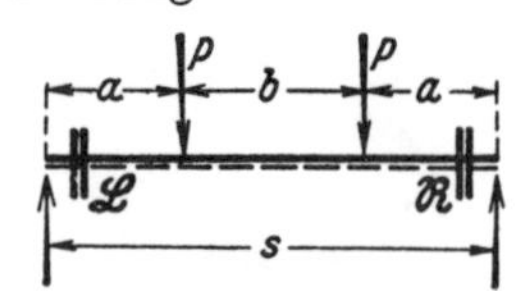

$$\alpha = \frac{a}{s}. \qquad S = 2P$$

$$\mathfrak{L} = \mathfrak{R} = 3 P a (1 - \alpha) \qquad \mathfrak{S}_r = \mathfrak{S}_l = P s.$$

Im linken Bereich a: $M_x^0 = P x$ Im Bereich b: $M_x^0 = P a$.

Lastfall 9 [8]: 2 gleiche Einzellasten in den Drittelpunkten

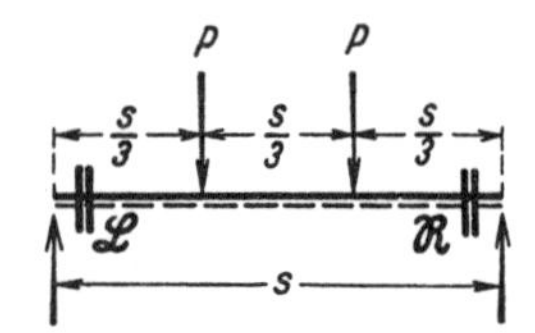

$$\mathfrak{L} = \mathfrak{R} = \frac{2}{3} P s \qquad \mathfrak{S}_r = \mathfrak{S}_l = P s \qquad S = 2P.$$

Im linken Stabdrittel: $M_x^0 = P x$

Im mittleren Stabdrittel: $M_x^0 = \frac{P s}{3}$.

Lastfall 10 [11]: 3 gleiche Einzellasten in den Viertelpunkten

$$\mathfrak{L} = \mathfrak{R} = \frac{15}{16} P s \qquad \mathfrak{S}_r = \mathfrak{S}_l = \frac{3}{2} P s.$$

Im linken Stabviertel: $M_x^0 = \frac{3}{2} P x$;

Im zweiten Stabviertel: $M_x^0 = P\left(\frac{s}{4} + \frac{x}{2}\right)$. $S = 3P$.

Lastfall 11 [46]: Dreieck-Vollast mit der Spitze rechts

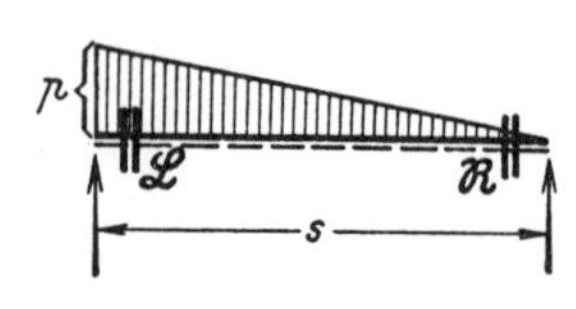

$$\mathfrak{L} = \frac{8 p s^2}{60} = \frac{2 p s^2}{15} \qquad \mathfrak{R} = \frac{7 p s^2}{60}$$

$$(\mathfrak{L} + \mathfrak{R}) = \frac{p s^2}{4} \qquad (\mathfrak{L} - \mathfrak{R}) = \frac{p s^2}{60}.$$

$$\mathfrak{S}_r = \frac{p s^2}{3} \qquad \mathfrak{S}_l = \frac{p s^2}{6} \qquad S = \frac{p s}{2}.$$

$$M_x^0 = \frac{p s^2}{6} \cdot \omega_D' \quad \text{wobei} \quad \omega_D' = \frac{x'}{s} - \left(\frac{x'}{s}\right)^3 *).$$

*) Siehe die Fußnote * S. 463.

Lastfall 12 [45]: Dreieck-Vollast mit der Spitze links

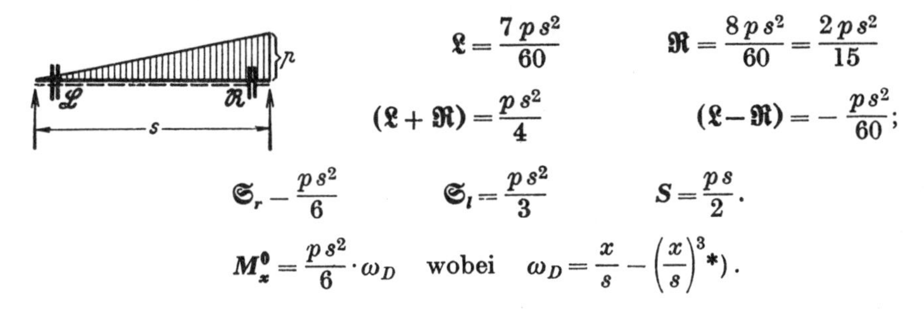

$$\mathfrak{L} = \frac{7\,p\,s^2}{60} \qquad \mathfrak{R} = \frac{8\,p\,s^2}{60} = \frac{2\,p\,s^2}{15}$$

$$(\mathfrak{L} + \mathfrak{R}) = \frac{p\,s^2}{4} \qquad (\mathfrak{L} - \mathfrak{R}) = -\frac{p\,s^2}{60};$$

$$\mathfrak{S}_r = \frac{p\,s^2}{6} \qquad \mathfrak{S}_l = \frac{p\,s^2}{3} \qquad S = \frac{p\,s}{2}.$$

$$M_x^0 = \frac{p\,s^2}{6} \cdot \omega_D \quad \text{wobei} \quad \omega_D = \frac{x}{s} - \left(\frac{x}{s}\right)^3 *).$$

Lastfall 13 [73]: Angriffsmoment am linken Stabende**)

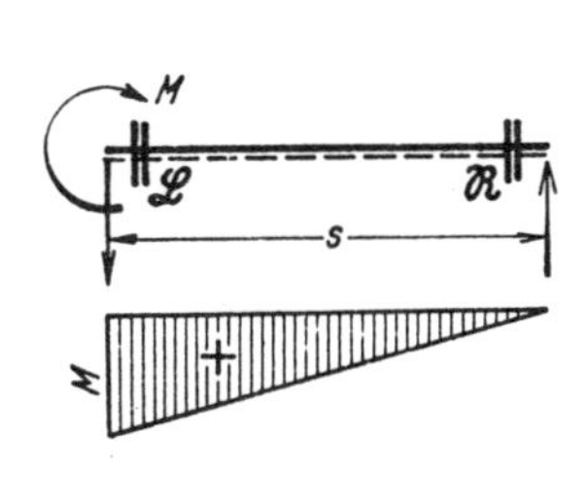

$$\mathfrak{L} = 2\,M \qquad (\mathfrak{L} + \mathfrak{R}) = 3\,M$$

$$\mathfrak{R} = M \qquad (\mathfrak{L} - \mathfrak{R}) = M;$$

$$\mathfrak{S}_r = -M \qquad \mathfrak{S} = +M.$$

$$M_x^0 = \frac{x'}{s}\,M.$$

Lastfall 14 [74]: Angriffsmoment am rechten Stabende**)

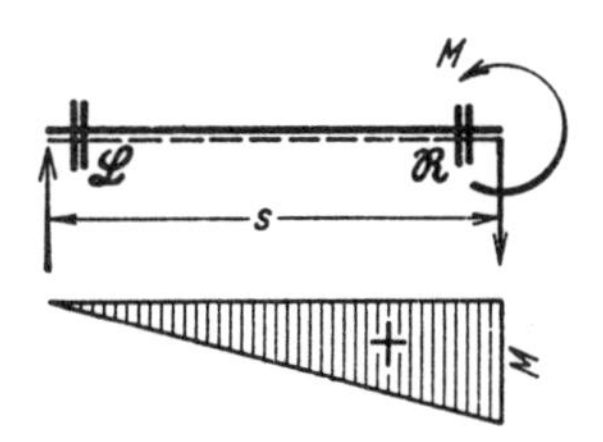

$$\mathfrak{L} = M \qquad (\mathfrak{L} + \mathfrak{R}) = 3\,M$$

$$\mathfrak{R} = 2\,M \qquad (\mathfrak{L} - \mathfrak{R}) = -M;$$

$$\mathfrak{S}_r = +M \qquad \mathfrak{S}_l = -M.$$

$$M_x^0 = \frac{x}{s}\,M.$$

Lastfall 15 [75]: 2 gleiche symmetrisch wirkende Angriffsmomente an den Stabenden**)

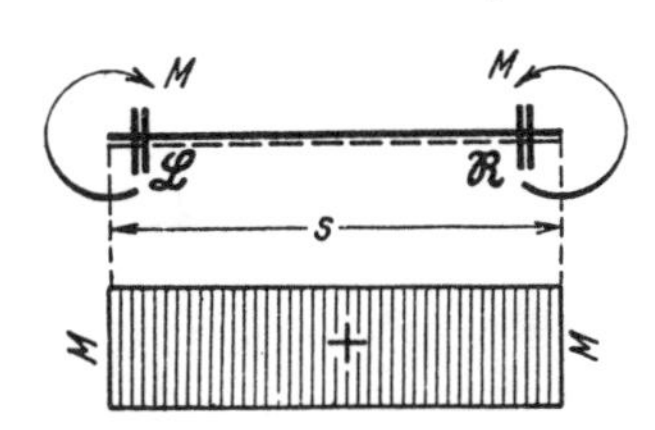

$$\mathfrak{L} = \mathfrak{R} = 3\,M \qquad \mathfrak{S}_r = \mathfrak{S}_l = 0$$

$$M_x^0 = M.$$

*) Tabellen der ω_D'- und ω_D-Zahlen befinden sich im Hilfsbuch **„Belastungsglieder"**; siehe die Fußnote Seite 460.

**) Für alle Momentenangriffe ist $S = 0$.

Lastfälle 16 bis 19: Konsol-Einzellast am senkrechten Rahmenstiel

$$\text{Allgemein gilt } \alpha = \frac{a}{s} \qquad \beta = \frac{b}{s} \qquad (\alpha + \beta = 1); \qquad \mathfrak{W} = 0.$$

Lastfall 16 [79]

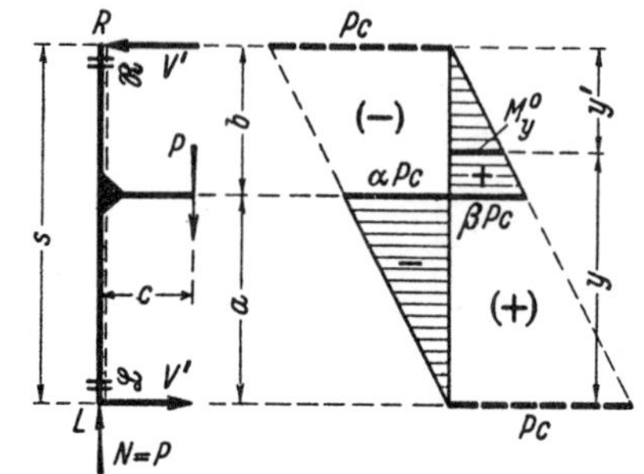

$$\mathfrak{L} = Pc(3\beta^2 - 1) \qquad \mathfrak{R} = Pc(1 - 3\alpha^2)$$
$$(\mathfrak{L} + \mathfrak{R}) = 3\,Pc(\beta - \alpha)$$
$$(\mathfrak{L} - \mathfrak{R}) = Pc(1 - 6\alpha\beta);$$
$$\mathfrak{S}_r = -Pc \qquad \mathfrak{S}_l = +Pc.$$

Im Bereich a: $\quad$ Im Bereich b:

$$M_y^0 = -\frac{y}{s}Pc \qquad M_y^0 = +\frac{y'}{s}Pc.$$

Lastfall 17 [80]

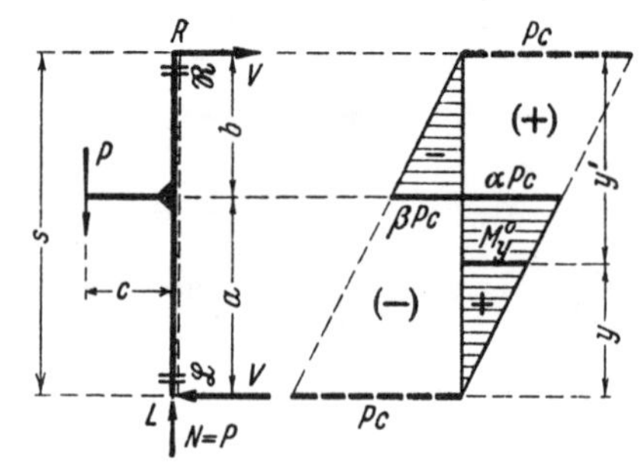

$$\mathfrak{L} = Pc(1 - 3\beta^2) \qquad \mathfrak{R} = Pc(3\alpha^2 - 1)$$
$$(\mathfrak{L} + \mathfrak{R}) = 3\,Pc(\alpha - \beta)$$
$$(\mathfrak{L} - \mathfrak{R}) = Pc(6\alpha\beta - 1);$$
$$\mathfrak{S}_r = +Pc \qquad \mathfrak{S}_l = -Pc.$$

Im Bereich a: $\quad$ Im Bereich b:

$$M_y^0 = +\frac{y}{s}Pc \qquad M_y^0 = -\frac{y'}{s}Pc.$$

Lastfall 18 [81]

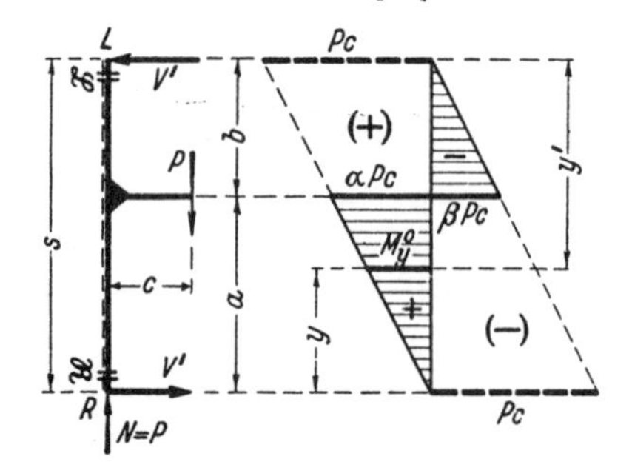

$$\mathfrak{L} = Pc(3\alpha^2 - 1) \qquad \mathfrak{R} = Pc(1 - 3\beta^2)$$
$$(\mathfrak{L} + \mathfrak{R}) = 3\,Pc(\alpha - \beta)$$
$$(\mathfrak{L} - \mathfrak{R}) = Pc(1 - 6\alpha\beta);$$
$$\mathfrak{S}_r = -Pc \qquad \mathfrak{S}_l = +Pc.$$

Im Bereich a: $\quad$ Im Bereich b:

$$M_y^0 = +\frac{y}{s}Pc \qquad M_y^0 = -\frac{y'}{s}Pc.$$

Lastfall 19 [82]

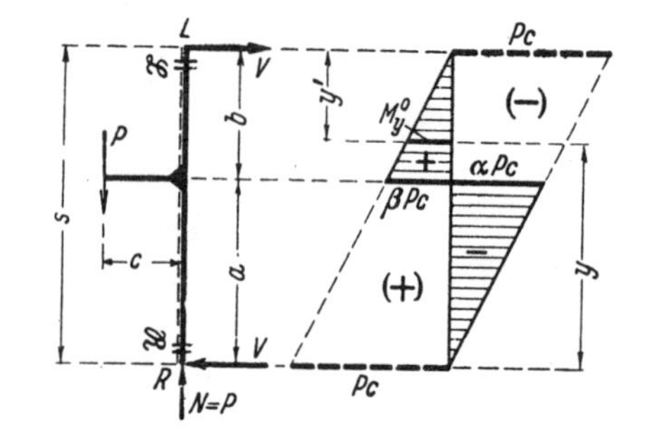

$$\mathfrak{L} = Pc(1 - 3\alpha^2) \qquad \mathfrak{R} = Pc(3\beta^2 - 1)$$
$$(\mathfrak{L} + \mathfrak{R}) = 3\,Pc(\beta - \alpha)$$
$$(\mathfrak{L} - \mathfrak{R}) = Pc(6\alpha\beta - 1);$$
$$\mathfrak{S}_r = +Pc \qquad \mathfrak{S}_l = -Pc.$$

Im Bereich a: $\quad$ Im Bereich b:

$$M_y^0 = -\frac{y}{s}Pc \qquad M_y^0 = +\frac{y'}{s}Pc.$$

2. Momentenangriffe und Kragarmlasten

a) Allgemeines

Unmittelbare Formelanschriebe der statischen Größen für Momentenangriffe und Kragarmlasten sind in diesem Buche nur für einige wichtige bzw. häufige Rahmenformen gegeben. Aber alle diese Belastungsarten lassen sich ja mit Hilfe der Formeln für beliebige Stabbelastung erledigen. Die einzige Forderung ist nur, die aus dem Abschnitt „1. Belastungsglieder" zu entnehmenden Werte der Belastungsglieder richtig, d. h. unter Beachtung der gestrichelten Stabseite und der Vorzeichen in die Rahmenformeln einzusetzen. Da hierbei immerhin einiges zu beachten ist, soll für den weniger Geübten die Handhabung im nachfolgenden gezeigt werden. Um auf beschränktem Raum an ein und derselben Rahmenform möglichst viel und vollständig zu zeigen, wird eine einfache Rahmenform mit runden Abmessungszahlen gewählt. Bei jeder schwierigeren Rahmenform ist dann der Rechnungsgang im Prinzip der gleiche.

b) Beispiel: Momentenangriffe und Kragarmlasten bei Rahmenform 49

Für die anzusetzenden Bezeichnungen der Rahmenabmessungen sowie für die Festlegung der positiven Richtung aller Stützkräfte usw. ist das Titelblatt der Rahmenform 49, Seite 189, maßgebend.

Es sollen die in Bild 2 dargestellten 6 Fälle von Momentenangriffen und Kragarmlasten behandelt werden.

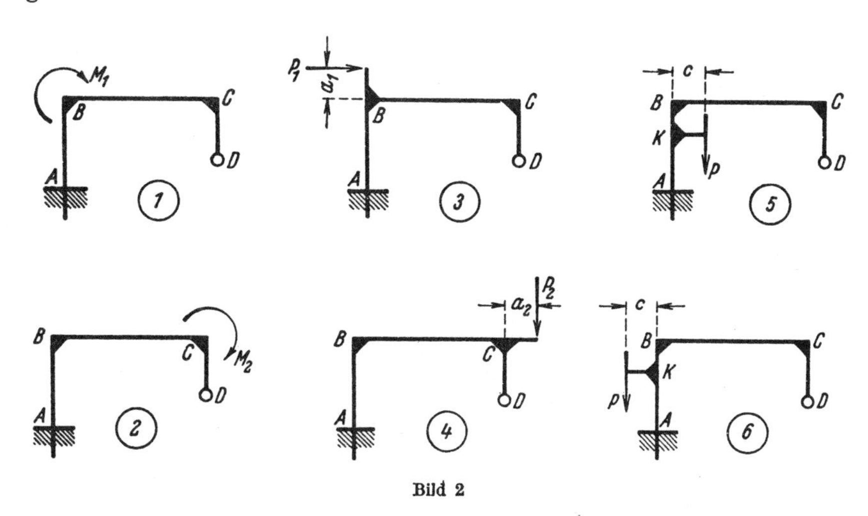

Bild 2

Die Stababmessungen seien gegeben mit:

$$l = 10{,}0 \text{ m} \qquad h_1 = 6{,}0 \text{ m} \qquad h_2 = 4{,}0 \text{ m}.$$

Ferner sei der Einfachheit wegen $k_1 = k_2 = 1$.

Mit diesen Zahlen werden die Festwerte S. 189 wie folgt:

$$m = \frac{6{,}0}{4{,}0} = 1{,}5$$

$$N = 3\,(1{,}5 \cdot 1 + 1)^2 + 4 \cdot 1\,(3 + 1{,}5^2) + 4 \cdot 1\,(3 \cdot 1 + 1) = 55{,}75$$

$$n_{11} = \frac{2\,(1{,}5^2 \cdot 1 + 1 + 1)}{55{,}75} = 0{,}1525 \qquad n_{22} = \frac{2\,(3 \cdot 1 + 1)}{55{,}75} = 0{,}1435$$

$$n_{12} = n_{21} = \frac{3 \cdot 1{,}5 \cdot 1 - 1}{55{,}75} = 0{,}0628\,.$$

Lastfall 1: Angriff eines Momentes M_1 im Eckpunkt B

Erste Möglichkeit. Betrachtet man den Momentenangriff M_1 als äußere Belastung des Riegels, so kommt der Fall 49/3, Seite 191, „Riegel beliebig senkrecht belastet" in Frage.

Die Wirkung des Momentenangriffs auf den einfachen Balken l sowie die Belastungsglieder sind zu entnehmen aus dem Abschnitt „Belastungsglieder", Lastfall 13, S. 463. In Bild 3 ist der Riegel als einfacher Balken dargestellt.

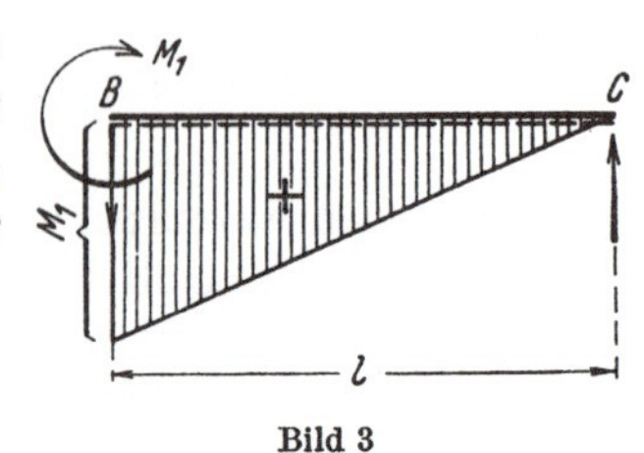

Bild 3

Es ist mit $M = M_1$ und $s = l$:

$$\mathfrak{L} = 2\,M_1 \qquad \mathfrak{R} = M_1 \qquad \mathfrak{S}_r = -\,M_1 \qquad \mathfrak{S}_l = +\,M_1\,.$$

Nach den Rahmenformeln Fall 49/3 werden nunmehr die Hilfswerte

$$X_1 = \mathfrak{L}\,n_{11} + \mathfrak{R}\,n_{21} = 2\,M_1 \cdot 0{,}1525 + M_1 \cdot 0{,}0628 = 0{,}3678\,M_1$$
$$X_2 = \mathfrak{L}\,n_{12} + \mathfrak{R}\,n_{22} = 2\,M_1 \cdot 0{,}0628 + M_1 \cdot 0{,}1435 = 0{,}2691\,M_1\,.$$

Weiterhin erhält man die Einspann- und Eckmomente zu

$$M_A = 1{,}5 \cdot 0{,}2691\,M_1 - 0{,}3678\,M_1 = +\,0{,}0359\,M_1$$
$$M_B = -\,0{,}3678\,M_1 \qquad M_C = -\,0{,}2691\,M_1\,.$$

Diese Momente, an die Systemachse angetragen, ergeben zunächst den in Bild 4 dargestellten Schlußlinienzug 1 bis 6. Für die Stiele sind die Geraden 1—2 und 5—6 die endgültigen Momentenlinien, da hier ja keine äußere Belastung vorliegt. An die Schlußlinie 3—4 des Riegels muß aber noch die M^0-Fläche aus Bild 3 angetragen werden, so daß für den Riegel die endgültige Momentenlinie 3′—4 entsteht. Das Riegel-Eckmoment — hier mit M_{BR} bezeichnet — ergibt sich also zu

$$M_{BR} = M_B + M_1 = -\,0{,}3678\,M_1 + M_1 = +\,0{,}6322\,M_1\,.$$

Der Vollständigkeit wegen kann man das zuerst errechnete Eckmoment M_B, welches ja nur im Stiel erscheint, mit M_{BS} bezeichnen.

Schließlich erhält man weiterhin nach Fall 49/3

$$V_A = \frac{-M_1}{10,0} + \frac{0,3678\,M_1 - 0,2691\,M_1}{10,0} = -0,0901\,M_1$$

$$V_D = -V_A = +0,0901\,M_1 \qquad H_A = H_D = \frac{0,2691\,M_1}{4,0} = 0,0673\,M_1\,.$$

In Bild 4 sind die Pfeile der Auflagerkräfte eingetragen.

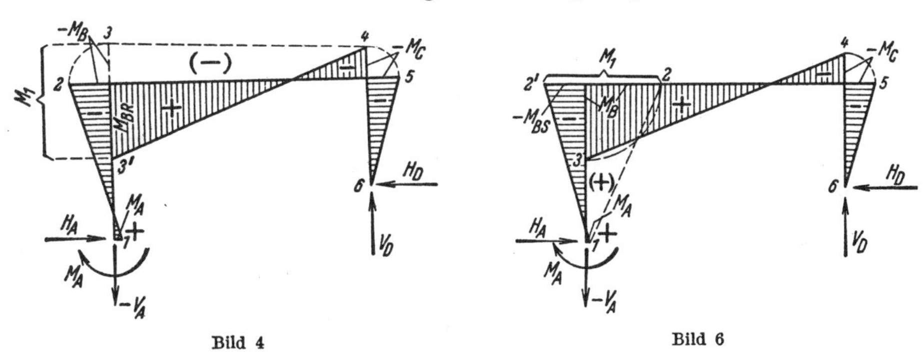

Bild 4 Bild 6

Zweite Möglichkeit. Ebensogut hätte man den Momentenangriff M_1 als äußere Belastung des linken Stieles auffassen können. Es käme dann der etwas umständlichere Fall 49/1, Seite 190, „Linker Stiel beliebig waagerecht belastet" in Frage.

Unter Beachtung der Lage des Angriffsmoments M_1 zur gestrichelten Stabseite des linken Stieles h_1 sind die Belastungsglieder nach Lastfall 14, Seite 463, des Abschnitts „Belastungsglieder" anzusetzen. Es ist nur noch zu beachten, daß das Moment M_1 des vorliegenden Beispiels entgegengesetzten Drehsinn hat im Vergleich zu dem Moment M des Lastfalles 14. In Bild 5 ist der Stiel als einfacher Balken samt M^0-Fläche dargestellt.

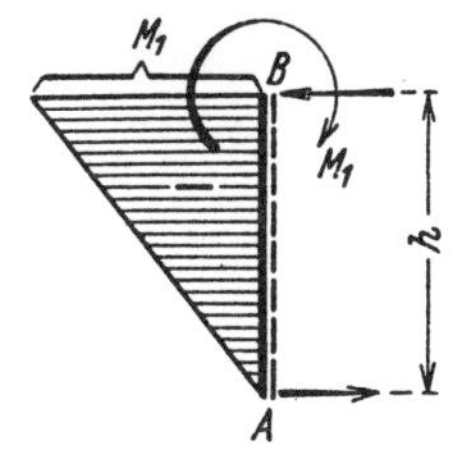

Bild 5

Es ist mit $M = -M_1$ und $s = h_1$:

$$\mathfrak{L} = -M_1 \qquad \mathfrak{R} = -2\,M_1 \qquad (\mathfrak{L} + \mathfrak{R}) = -3\,M_1$$

$$\mathfrak{S}_r = -M_1 \qquad \mathfrak{S}_l = -(-M_1) = +M_1 \qquad (\mathfrak{W} = 0)\,.$$

Nach den Rahmenformeln Fall 49/1 werden nunmehr die Hilfswerte wie folgt:

$$\mathfrak{B}_1 = [3\,M_1 - (-3\,M_1)]\,1 \quad = 6,0\,M_1$$

$$\mathfrak{B}_2 = [2\,M_1 - (-M_1)]\,1,5 \cdot 1 = 4,5\,M_1\,.$$

$$X_1 = M_1\,(+6,0 \cdot 0,1525 - 4,5 \cdot 0,0628) = +0,6324\,M_1$$

$$X_2 = M_1\,(-6,0 \cdot 0,0628 + 4,5 \cdot 0,1435) = +0,2690\,M_1\,.$$

Weiterhin die Einspann- und Eckmomente

$$M_A = M_1\,(-1 + 0,6324 + 1,5 \cdot 0,2690) = +0,0359\,M_1$$

$$M_B = +0,6324\,M_1 \qquad M_C = -0,2690\,M_1\,.$$

Diese Momente, wiederum an die Systemachse angetragen, ergeben zunächst den in Bild 6 dargestellten Schlußlinienzug 1 bis 6. Jetzt sind die Geraden 3—4 und 5—6 die endgültigen Momentenlinien für Riegel und rechten Stiel. An die Schlußlinie 1—2 des linken Stieles muß die M^0-Fläche aus Bild 5 angetragen werden, so daß die endgültige Momentenlinie 1—2′ entsteht. Das Stiel-Eckmoment M_{BS} ergibt sich mithin zu

$$M_{BS} = M_B - M_1 = +0{,}6324\,M_1 - M_1 = -0{,}3676\,M_1\,.$$

Bis auf unwesentliche Abweichungen in der vierten Dezimalstelle stimmen also die Ergebnisse der beiden Rechenmöglichkeiten genau überein.

Schließlich seien noch die Auflagerkräfte auch nach Fall 49/1 angesetzt:

$$V_D = -V_A = \frac{(0{,}6324 + 0{,}2690)\,M_1}{10{,}0} = 0{,}0901\,M_1$$

und, da $W = 0$,

$$H_D = H_A = \frac{0{,}2690\,M_1}{4{,}0} = 0{,}0673\,M_1\,.$$

Lastfall 2: Angriff eines Momentes M_2 im Eckpunkt C

Mit dem Hinweis auf die sehr ausführliche Beschreibung beim Lastfall 1 gestaltet sich die Behandlung des Lastfalles 2 kurzgefaßt wie folgt.

Erste Möglichkeit. Auffassung von M_2 als äußere Belastung des Riegels.

Berechnung nach den Rahmenformeln Fall 49/3, S. 191. Belastungsglieder nach Lastfall 14, S. 463. Bild 7 zeigt die Sachlage am einfachen Balken l.

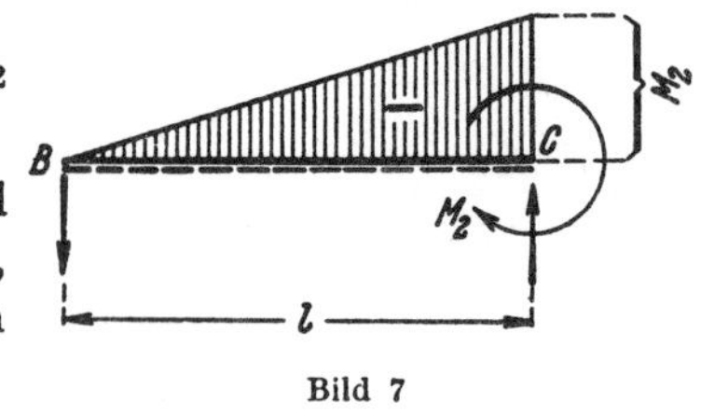

Bild 7

Mit $M = -M_2$ und $s = l$ werden

$$\mathfrak{L} = -M_2 \qquad \mathfrak{R} = -2\,M_2 \qquad \mathfrak{S}_r = -M_2 \qquad \mathfrak{S}_l = +M_2\,.$$

Eingesetzt in die Formeln von Fall 49/3

$$X_1 = -M_2\,(0{,}1525 + 2\cdot 0{,}0628) = -0{,}2781\,M_2$$

$$X_2 = -M_2\,(0{,}0628 + 2\cdot 0{,}1435) = -0{,}3498\,M_2$$

$$M_A = M_2\,(-1{,}5\cdot 0{,}3498 + 0{,}2781) = -0{,}2466\,M_2$$

$$M_B = +0{,}2781\,M_2 \qquad M_C = M_{CS} = +0{,}3498\,M_2$$

$$M_{CR} = M_{CS} - M_2 = M_2\,(+0{,}3498 - 1) = -0{,}6502\,M_2$$

$$V_A = \frac{M_2\,(-1 - 0{,}2781 + 0{,}3498)}{10{,}0} = -0{,}0928\,M_2 = -V_D$$

$$H_A = H_D = \frac{-0{,}3498\,M_2}{4{,}0} = -0{,}0875\,M_2\,.$$

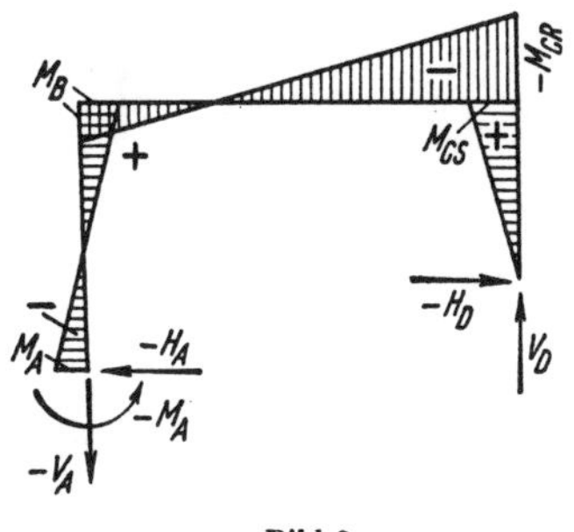

Bild 8

In Bild 8 ist die endgültige Momentenfläche mit den zugehörigen Auflagerkräften aufgetragen.

Zweite Möglichkeit (zur Kontrolle): Auffassung von M_2 als äußere Belastung des rechten Stieles.

Berechnung nach den Rahmenformeln Fall 49/2, S. 190. Belastungsglieder nach Lastfall 13, S. 463, mit $M = + M_2$ (s. Bild 9).

$\mathfrak{L} = +2M_2 \qquad \mathfrak{S}_r = -M_2 \qquad \mathfrak{W} = 0.$

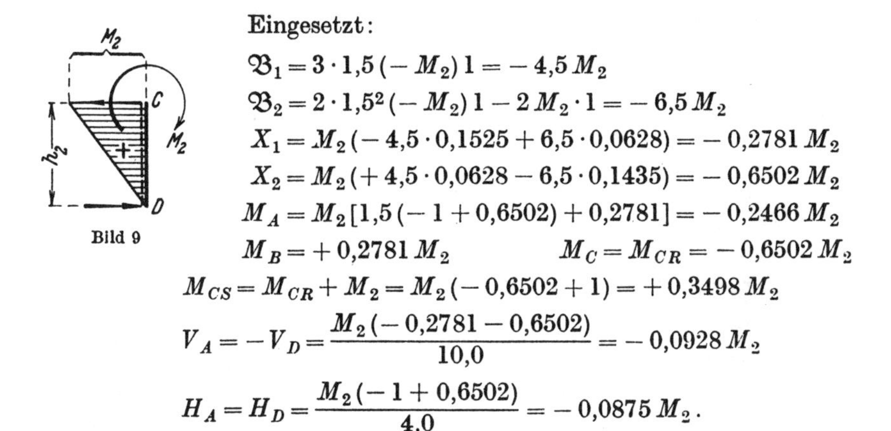

Bild 9

Eingesetzt:

$$\mathfrak{B}_1 = 3 \cdot 1{,}5\,(-M_2)\,1 = -4{,}5\,M_2$$

$$\mathfrak{B}_2 = 2 \cdot 1{,}5^2\,(-M_2)\,1 - 2\,M_2 \cdot 1 = -6{,}5\,M_2$$

$$X_1 = M_2\,(-4{,}5 \cdot 0{,}1525 + 6{,}5 \cdot 0{,}0628) = -0{,}2781\,M_2$$

$$X_2 = M_2\,(+4{,}5 \cdot 0{,}0628 - 6{,}5 \cdot 0{,}1435) = -0{,}6502\,M_2$$

$$M_A = M_2\,[1{,}5\,(-1 + 0{,}6502) + 0{,}2781] = -0{,}2466\,M_2$$

$$M_B = +0{,}2781\,M_2 \qquad M_C = M_{CR} = -0{,}6502\,M_2$$

$$M_{CS} = M_{CR} + M_2 = M_2\,(-0{,}6502 + 1) = +0{,}3498\,M_2$$

$$V_A = -V_D = \frac{M_2\,(-0{,}2781 - 0{,}6502)}{10{,}0} = -0{,}0928\,M_2$$

$$H_A = H_D = \frac{M_2\,(-1 + 0{,}6502)}{4{,}0} = -0{,}0875\,M_2\,.$$

Die beiden Möglichkeiten zeitigen somit die gleichen Endergebnisse.

Lastfall 3: Angriff einer waagerechten Einzellast P_1 am nach oben verlängerten linken Stiel

Hier liegt ein zusammengesetzter Lastfall vor. Wie in Bild 10 gezeigt ist, läßt sich der Lastfall 3 in die 2 einfachen Lastfälle 3a und 3b zerlegen.

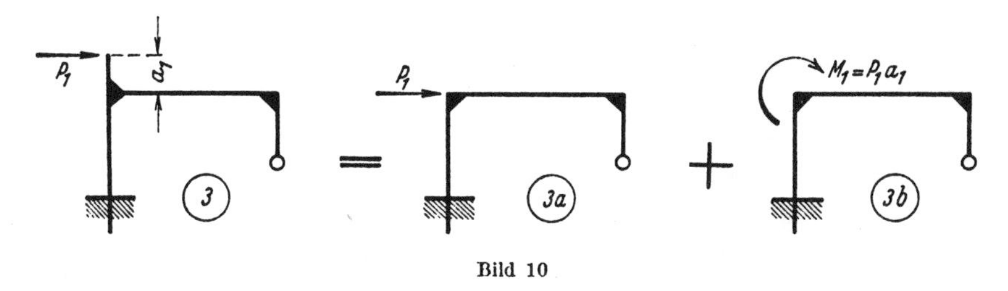

Bild 10

Fall 3a wird nach Fall 49/1, S. 190, berechnet, wobei P_1 als Belastung des linken Stieles aufgefaßt wird.

Nach „Belastungsglieder“, Lastfall 6, S. 461, ist für eine Belastung gemäß Bild 11 mit $P = P_1$, $s = a = h_1$ und $b = 0$

$\mathfrak{L} = \mathfrak{R} = 0 \qquad \mathfrak{S}_l = + P_1 h_1 = 6{,}0\, P_1 \qquad \mathfrak{S}_r = 0 \qquad S = W = P_1.$

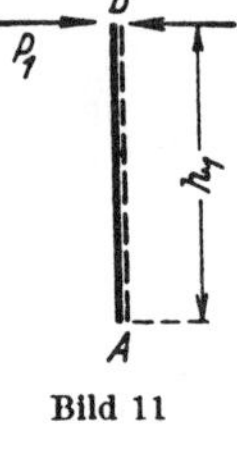

Bild 11

In die Formeln von Fall 49/1 eingesetzt:

$$\mathfrak{B}_1 = [3 \cdot 6{,}0\, P_1 - 0]\, 1 = 18{,}0\, P_1$$
$$\mathfrak{B}_2 = [2 \cdot 6{,}0\, P_1 - 0]\, 1{,}5 \cdot 1 = 18{,}0\, P_1.$$

Da zufällig $\mathfrak{B}_1 = \mathfrak{B}_2$ geworden ist, so kommt

$$X_1 = 18{,}0\, P_1 (+ 0{,}1525 - 0{,}0628) = 1{,}615\, P_1$$
$$X_2 = 18{,}0\, P_1 (- 0{,}0628 + 0{,}1435) = 1{,}453\, P_1$$
$$M_A = P_1 (- 6{,}0 + 1{,}615 + 1{,}5 \cdot 1{,}453) = - 2{,}206\, P_1$$
$$M_B = + 1{,}615\, P_1 \qquad M_C = - 1{,}453\, P_1$$
$$V_D = - V_A = \frac{(1{,}615 + 1{,}453)\, P_1}{10{,}0} = 0{,}307\, P_1$$
$$H_D = \frac{1{,}453\, P_1}{4{,}0} = 0{,}363\, P_1 \qquad H_A = - (P_1 - 0{,}363\, P_1) = - 0{,}637\, P_1.$$

Fall 3b ist genau derselbe wie Lastfall 1, nur ist $M_1 = P_1 a_1$ zu setzen. Mit Bezug auf die Ergebnisse des Lastfalles 1 von S. 466/467 kann also sofort geschrieben werden

$$M_A = + 0{,}0359\, P_1 a_1 \qquad M_C = - 0{,}2691\, P_1 a_1$$
$$M_{BS} = - 0{,}3678\, P_1 a_1 \qquad M_{BR} = + 0{,}6322\, P_1 a_1$$
$$V_D = - V_A = 0{,}0901\, P_1 a_1 \qquad H_A = H_D = 0{,}0673\, P_1 a_1.$$

Die Fälle 3a und 3b, zu Fall 3 zusammengesetzt, geben schließlich

$$M_A = (- 2{,}206 + 0{,}0359\, a_1)\, P_1 \qquad M_C = - (1{,}453 + 0{,}2691\, a_1)\, P_1$$
$$M_{BS} = (+ 1{,}615 - 0{,}3678\, a_1)\, P_1 \qquad M_{BR} = + (1{,}615 + 0{,}6322\, a_1)\, P_1$$
$$V_D = - V_A = (0{,}307 + 0{,}0901\, a_1)\, P_1$$
$$H_A = (- 0{,}637 + 0{,}0673\, a_1)\, P_1 \qquad H_D = (0{,}363 + 0{,}0673\, a_1)\, P_1.$$

Beispielsweise werden für $P_1 = 1$ kN und $a_1 = 2{,}0$ m die Momente und Kräfte wie folgt:

$$M_A = - 2{,}134 \text{ kNm} \qquad M_C = - 1{,}991 \text{ kNm}$$
$$M_{BS} = + 0{,}879 \text{ kNm} \qquad M_{BR} = + 2{,}879 \text{ kNm}$$
$$V_A = - V_D = - 0{,}487 \text{ kN.}$$
$$H_A = - 0{,}502 \text{ kN} \qquad H_D = 0{,}498 \text{ kN.}$$

In Bild 12 ist der Momentenverlauf dargestellt.

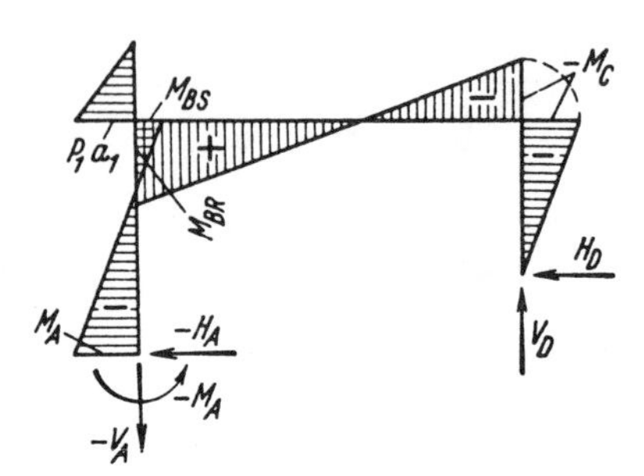

Bild 12

Lastfall 4: Angriff einer senkrechten Einzellast P_2 am nach rechts verlängerten Riegel

Auch dieser Lastfall ist ein zusammengesetzter und läßt sich gemäß Bild 13 in 2 einfache Lastfälle zerlegen.

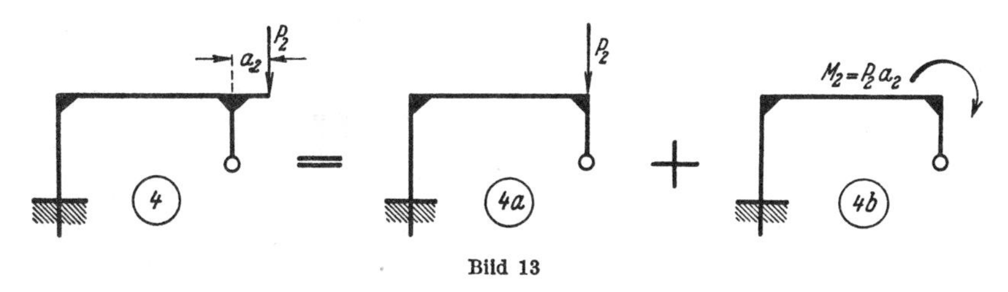

Bild 13

Fall 4a bedarf keiner besonderen Berechnung. P_2 wird unmittelbar als Axialkraft durch den rechten Stiel geleitet und erzeugt lediglich den Auflagerdruck $V_D = P_2$.

Fall 4b ist genau derselbe wie Lastfall 2, nur ist $M_2 = P_2\, a_2$ zu setzen.

Lastfall 5: Konsollast an der Innenseite des linken Stieles (s. Bild 2, S. 465)

Dieser Lastfall ließe sich, ähnlich wie Lastfall 4, ebenfalls in 2 einfache Lastfälle zerlegen, nämlich in

Fall 5a: Einzellast P im Punkte K der Stielachse und

Fall 5b: Momentenangriff $M = Pc$ im Punkte K.

Da aber der Fall der Konsollast häufig auftritt (Kranbahnen!), sind hierfür auf S. 464 handgerechte Belastungsglieder gegeben.

Im vorliegenden Lastfall 5 liegt sowohl die gestrichelte Linie als auch die Krankonsole rechts der senkrechten Stielachse. Demnach sind die Belastungsglieder Lastfall 16, S. 464, zu verwenden.

Es sei gegeben $a = 4{,}80$ m, $b = 1{,}20$ m. Dann ist mit $s = h_1 = 6{,}0$ m

$$\alpha = \frac{4{,}80}{6{,}0} = 0{,}8 \qquad \beta = 1 - 0{,}8 = 0{,}2$$

$$\mathfrak{L} = Pc\,(3 \cdot 0{,}2^2 - 1) = -0{,}88\,Pc \qquad \mathfrak{S}_r = -Pc$$

$$\mathfrak{R} = Pc\,(1 - 3 \cdot 0{,}8^2) = -0{,}92\,Pc \qquad \mathfrak{S}_l = +Pc$$

$$(\mathfrak{L} + \mathfrak{R}) = -1{,}80\,Pc \qquad \mathfrak{W} = 0.$$

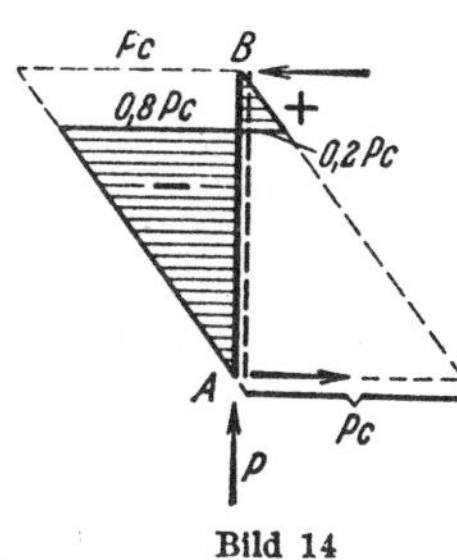

Bild 14

Die M^0-Fläche hat die in Bild 14 dargestellte Gestalt.

Zur Berechnung der Rahmenmomente kommt der Fall 49/1, S. 190, „Linker Stiel beliebig waagerecht belastet" in Frage. Daß hier keine waagerechte Belastung vorliegt, sondern ein Momentenangriff, kommt lediglich darin zum Ausdruck, daß $\mathfrak{W} = 0$ ist.

$$\mathfrak{B}_1 = Pc[3 \cdot 1 - (-1{,}80)]1 \qquad = 4{,}80\,Pc$$
$$\mathfrak{B}_2 = Pc[2 \cdot 1 - (-0{,}88)]1{,}5 \cdot 1 = 2{,}88\,Pc$$
$$X_1 = Pc(+4{,}80 \cdot 0{,}1525 - 2{,}88 \cdot 0{,}0628) = 0{,}551\,Pc$$
$$X_2 = Pc(-4{,}80 \cdot 0{,}0628 + 2{,}88 \cdot 0{,}1435) = 0{,}112\,Pc$$
$$M_A = Pc[-1 + 0{,}551 + 1{,}5 \cdot 0{,}112] = -0{,}281\,Pc$$
$$M_B = +0{,}551\,Pc \qquad M_C = -0{,}112\,Pc.$$

Bei der Ausrechnung der Auflagerdrücke ist zu beachten, daß der Formelanschrieb für $V_D = -V_A$ bei Fall 49/1 im vorliegenden Fall nur für den Fall 5b, also nur für den Momentenangriff Pc gilt. Der Fall 5a, Einzellast P in der Stielachse, erzeugt für sich allein $V_A = P$ und $V_D = 0$. Unter Beachtung dieses Umstandes kommt also

$$V_A = P - \frac{0{,}551\,Pc + 0{,}112\,Pc}{10{,}0} = (1 - 0{,}066\,c)\,P$$

$$V_D = +0{,}066\,Pc \qquad H_D = H_A = \frac{0{,}112\,Pc}{4{,}0} = 0\,028\,Pc.$$

In Bild 15 ist der Momentenverlauf dargestellt. Der Deutlichkeit wegen wurde der linke Stiel vom Rahmen abgetrennt. Die M^0-Fläche Bild 14 ist an die gestrichelte Schlußlinie anzutragen. Die endgültigen Momente am Knotenpunkt K errechnen sich nach der Formel für M_{y1} von Fall 49/1 wie folgt:

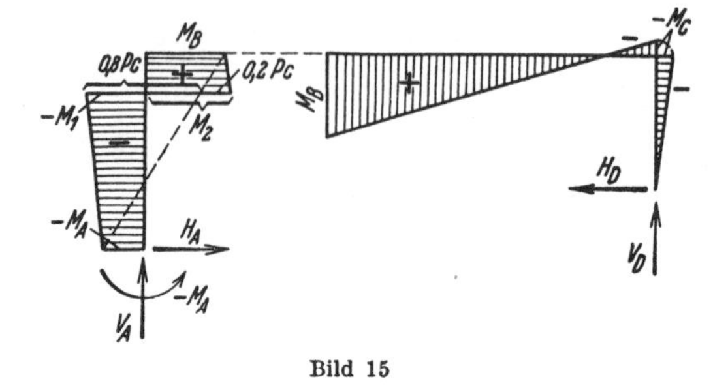

Bild 15

$$M_1 = -0{,}8\,Pc + 0{,}2\,(-0{,}281\,Pc) + 0{,}8 \cdot 0{,}551\,Pc = -0{,}415\,Pc$$
$$M_2 = M_1 + Pc = +0{,}585\,Pc.$$

Lastfall 6: Konsollast an der Außenseite des linken Stieles

Wenn die gleichen Maße a und b vorliegen wie beim Lastfall 5, so hat jetzt das Moment Pc gegenüber demselben vom Lastfall 5 nur den Drehsinn gewechselt. Das hat zur Folge, daß für den Lastfall 6 der Momentenverlauf des Lastfalles 5 gilt, aber mit durchweg entgegengesetzten Vorzeichen (s. Bild 15). Das gleiche gilt natürlich von den Kräften aus dem Moment Pc. Für V_A ist zu beachten, daß der Teilfall „Einzellast im Punkte K der Stielachse" bei beiden Lastfällen (5 und 6) der gleiche ist. Es ist also für den Lastfall 6

$$V_A = (1 + 0{,}066\,c)\,P \qquad V_D = -0{,}066\,Pc.$$

Wenn der Lastfall 5 nicht schon fertig vorläge, so müßten für den Lastfall 6 die Belastungsglieder nach S. 464, Lastfall 17, ermittelt werden. Eine Betrachtung dieser Formeln zeigt aber, daß diese die mit -1 multiplizierten Formeln des Lastfalles 16, S. 464, sind.

3. Einflußlinien

a) Allgemeines

Die Verwendung von Einflußlinien kommt praktisch wohl nur für Rahmen mit waagerechtem oder schwach geneigtem Riegel in Frage; also etwa für die Rahmenformen 1 bis 14, **38 bis 60,** 73 bis 88 und **106 bis 110.**

Alle Einflußlinien-Gleichungen für eine über den Riegel wandernde Einzellast $P = 1$ haben die Grundform

(1) $$y = e' \cdot \omega'_D + e \cdot \omega_D .$$

Diese Grundform stellt den Einfluß der statisch unbestimmten Riegelendpunktmomente dar. Für alle Eck- und Einspannmomente gilt die Form der Gl. 1 unmittelbar. Bei den Einflußlinien-Gleichungen für Feldmomente, Querkräfte und Auflagerdrücke tritt je noch ein Glied zur Grundform Gl. 1 hinzu als Anteil vom „Riegel als einfacher Balken" (s. später).

Die Größen e' und e sind Rahmen-Festwerte, die natürlich auch mit negativem Vorzeichen auftreten können.

Die ω-Zahlen sind Funktionen der Verhältniszahlen

(2) $$\xi = \frac{x}{l} \quad \text{und} \quad \xi' = \frac{x'}{l} .$$

Es ist nämlich

(3) $$\omega'_D = \xi' - \xi'^3 \quad \text{und} \quad \omega_D = \xi - \xi^3 .$$

In Bild 16 ist die Grundform der Einflußlinie dargestellt. t und t' sind die Abschnitte der Endtangenten der Einflußlinie auf den Gegensenkrechten. Nach **„Belastungsglieder"**[1]), Seite 46, Bild 21 ergeben sich sofort

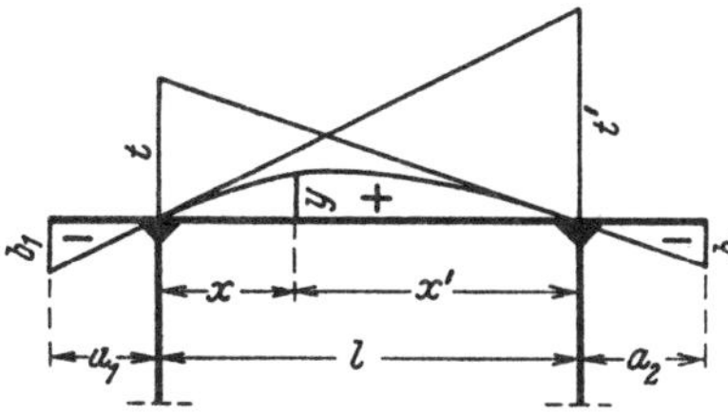

(4) $$\begin{cases} t = e' + 2e & \text{und} \\ t' = 2e' + e . \end{cases}$$

Bild 16

Sind kragarmartige Riegelverlängerungen vorhanden, so setzt sich die Riegel-Einflußlinie geradlinig als Tangente auf die ganze Kragarmlänge fort. Mit Bezug auf Bild 16 werden dann die Kragarm-Endordinaten wie folgt:

(5) $$b_1 = -t'\alpha_1 \quad \text{und} \quad b_2 = -t\alpha_2 ,$$

wobei

(6) $$\alpha_1 = \frac{a_1}{l} \quad \text{und} \quad \alpha_2 = \frac{a_2}{l} .$$

Ausgangspunkt für die Aufstellung der Einflußlinien-Gleichungen für eine bestimmte Rahmenform ist jeweils der Lastfall „Riegel beliebig senkrecht belastet". In diesen Rahmenformeln ist zu setzen:

[1]) Siehe die Fußnote * S. 460.

$$(7)\quad \begin{cases} \mathfrak{L} = l \cdot \omega_D' & \mathfrak{R} = l \cdot \omega_D \\ \mathfrak{S}_r = l \cdot \xi' & \mathfrak{S}_l = l \cdot \xi \qquad S = 1 \,. \end{cases}$$

Die praktische Anwendung des obigen soll nachstehend an einem Zahlenbeispiel gezeigt werden[2]).

b) Zahlenbeispiel für die Aufstellung von Einflußlinien-Gleichungen

Für den in Bild 17 dargestellten Rahmen der Form 44 sollen die Einflußlinien für eine über den durch beiderseitige Kragarme verlängerten Riegel wandernde Einzellast $P = 1$ für alle statischen Größen errechnet und konstruiert werden.

Die Rahmenabmessungen sind folgende:

$l = 8{,}40$ m $\qquad h = 4{,}80$ m

$a_1 = 1{,}35$ m $\qquad a_2 = 1{,}80$ m .

Die Stabträgheitsmomente wurden wie folgt festgelegt:

$J_1 = 0{,}0072$ m^4 $\qquad J_2 = 0{,}0216$ m^4

$J_3 = 0{,}0114$ m^4.

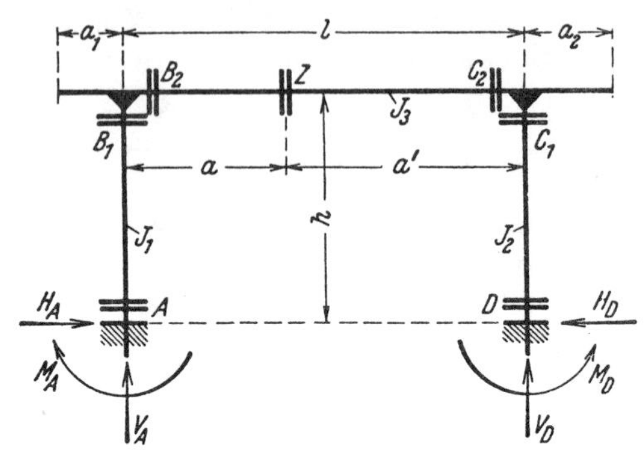

Bild 17

Zunächst werden die Festwerte nach Titelblatt S. 173 bzw. 185 errechnet.

$$k_1 = \frac{114}{72} \cdot \frac{4{,}80}{8{,}40} = 0{,}905 \qquad k_2 = \frac{114}{216} \cdot \frac{4{,}80}{8{,}40} = 0{,}302$$

$$\begin{array}{l|r} R_1 = 2\,(3 \cdot 0{,}905 + 1) = 7{,}430 & k_1^2 = 0{,}819 \\ R_2 = 2\,(1 + 3 \cdot 0{,}302) = 3{,}812 & k_1 k_2 = 0{,}273 \\ R_3 = 2\,(0{,}905 + 0{,}302) = 2{,}414 & k_2^2 = 0{,}091 \end{array}$$

$$N = (6 \cdot 0{,}273 + 2{,}414)\,(0{,}905 + 1 + 0{,}302) + 12 \cdot 0{,}273 = 12{,}22$$

$$n_{11} = \frac{3{,}810 \cdot 2{,}414 - 9 \cdot 0{,}091}{3 \cdot 12{,}22} = 0{,}2286$$

$$n_{22} = \frac{7{,}430 \cdot 2{,}414 - 9 \cdot 0{,}819}{3 \cdot 12{,}22} = 0{,}2884$$

$$n_{33} = \frac{7{,}430 \cdot 3{,}812 - 1}{3 \cdot 12{,}22} = 0{,}7450$$

$$n_{12} = n_{21} = \frac{9 \cdot 0{,}273 - 2{,}414}{3 \cdot 12{,}22} = 0{,}0011$$

$$n_{13} = n_{31} = \frac{0{,}905 \cdot 3{,}812 - 0{,}302}{12{,}22} = 0{,}2574$$

$$n_{23} = n_{32} = \frac{7{,}430 \cdot 0{,}302 - 0{,}905}{12{,}22} = 0{,}1096$$

[2]) Eine sehr ausführliche Herleitung der Einflußlinien bzw. Einflußlinien-Gleichungen für den „einfachen Balken als Element des Durchlaufträgers" und für „Durchlaufträger" selbst — welche Herleitungen sinngemäß natürlich auch für „Rahmenriegel" gelten — befindet sich in dem Werk „Kleinlogel u. Haselbach, **Durchlaufträger**", 7. Auflage, zweiter Band — Abschnitt O, Seite 405 bis 478.

Für die Rahmenform 44 sind keine besonderen Formeln für beliebige Belastung der Einzelstäbe gegeben. Vielmehr ist auf Seite 173 auf die Benutzung der diesbezüglichen Formeln der Rahmenform 48 hingewiesen mit der Maßgabe, daß dort $h_1 = h_2 = h$ und $n = 1$ zu setzen ist. Somit geschieht die weitere Berechnung nach S. 188 **Fall 48/5**: „Riegel beliebig senkrecht belastet".

Es ist nun nach den Formeln 7, S. 474, zu setzen:

$$\mathfrak{L} = 8{,}40\,\omega'_D \qquad \mathfrak{R} = 8{,}40\,\omega_D \qquad \mathfrak{S}_r = 8{,}40\,\xi' \qquad S = 1\,.$$

Die Hilfswerte X lauten dann:

$$X_1 = 8{,}40\,(0{,}2286\,\omega'_D + 0{,}0011\,\omega_D) = 1{,}920\,\omega'_D + 0{,}009\,\omega_D$$

$$X_2 = 8{,}40\,(0{,}0011\,\omega'_D + 0{,}2884\,\omega_D) = 0{,}009\,\omega'_D + 2{,}423\,\omega_D$$

$$X_3 = 8{,}40\,(0{,}2574\,\omega'_D + 0{,}1096\,\omega_D) = 2{,}162\,\omega'_D + 0{,}921\,\omega_D\,.$$

Bemerkung: Es bleibt dem Rechnenden überlassen, die Riegellänge $l = 8{,}40$ m entweder gleich von Anfang an mit einzumultiplizieren oder jeweils erst später, wenn die Einflußlinien ausgewertet werden. — Wegen der Darstellungsform der Einflußlinien-Gleichungen mittels ω'_T- und ω_T-Werten muß auf das Buch **„Belastungsglieder"** (a. a. O.) verwiesen werden.

Einflußlinie für das Einspannungsmoment M_A

Nach Fall 48/5 ist $M_A = X_3 - X_1$, also

$$y = (2{,}162 - 1{,}920)\,\omega'_D + (0{,}921 - 0{,}009)\,\omega_D = 0{,}242\,\omega'_D + 0{,}912\,\omega_D\,.$$

Die Tangentenabschnitte werden nach Gl. 4, S. 454,

$$t = 0{,}242 + 2 \cdot 0{,}912 = 2{,}066\,\text{m} \qquad t' = 2 \cdot 0{,}242 + 0{,}912 = 1\,396\,\text{m}\,.$$

$$\text{Mit} \quad \alpha_1 = \frac{1{,}35}{8{,}40} = 0{,}161 \quad \text{und} \quad \alpha_2 = \frac{1{,}80}{8{,}40} = 0{,}214$$

nach Gl. 6, S. 473, werden nach Gl. 5, S. 473, die Endordinaten der Kragarme

$$b_1 = -\,1{,}396 \cdot 0{,}161 = -\,0{,}224\,\text{m} \qquad b_2 = -\,2{,}066 \cdot 0{,}214 = -\,0{,}443\,\text{m}\,.$$

Die Ordinaten y errechnet man am besten tabellarisch. Für vorliegendes Beispiel möge die Ermittlung der Ordinaten in den Zehntelpunkten des Riegels genügen. Hierbei werden die ω'_D- und ω_D-Zahlen aus **„Belastungsglieder"** (a. a. O.) S. 233 entnommen.

ξ	ω'_D	ω_D	$0{,}242\,\omega'_D$	$0{,}912\,\omega_D$	y (in m)
0,0	0,0	0,0	0,0	0,0	0,0
0,1	0,171	0,099	0,042	0,090	0,132
0,2	0,288	0,192	0,070	0,175	0,245
0,3	0,357	0,273	0,086	0,249	0,335
0,4	0,384	0,336	0,093	0,307	0,400
0,5	0,375	0,375	0,090	0,342	0,432
0,6	0,336	0,384	0,081	0,350	0,431
0,7	0,273	0,357	0,066	0,326	0,392
0,8	0,192	0,288	0,046	0,262	0,308
0,9	0,099	0,171	0,024	0,156	0,180
1,0	0,0	0,0	0,0	0,0	0,0

Die Einflußlinie ist in Bild 18, S. 479, aufgetragen.

Einflußlinie für das Stielkopfmoment M_{B1}

Nach Fall 48/5, Seite 188, ist $M_B = -X_1$; mithin

$$y = -1{,}920\,\omega'_D - 0{,}009\,\omega_D\,.$$

Ferner werden

$t = -1{,}920 - 2\cdot 0\,009 = -1{,}938\,\text{m}$ $\qquad t' = -2\cdot 1{,}920 - 0{,}009 = -3{,}849\,\text{m}$

$b_1 = 3{,}849\cdot 0{,}161 = +0{,}615\,\text{m}$ $\qquad b_2 = 1{,}938\cdot 0{,}214 = +0{,}416\,\text{m}\,.$

Die Ermittlung der Ordinaten y geht entsprechend vor sich wie für M_A. In Bild 18 ist die Einflußlinie aufgetragen.

Einflußlinie für das Stützmoment M_{B2}

Diese Einflußlinie ist bis auf den Kragarm a_1 genau wie für M_{B1}. Es wird jetzt

$$b_1 = +0{,}615 - a_1 = +0{,}615 - 1{,}35 = -0{,}735\,\text{m}\,.$$

In Bild 18, S. 479, ist die Einflußlinie für M_{B2} mit derjenigen für M_{B1} zusammengelegt. Die Abweichung beim linken Kragarm ist gestrichelt.

Einflußlinie für das Stielkopfmoment M_{C1}

Nach Fall 48/5 ist $M_C = -X_2$; mithin

$$y = -0{,}009\,\omega'_D - 2{,}423\,\omega_D\,.$$

$t = -0{,}009 - 2\cdot 2{,}423 = -4{,}855\,\text{m}$ $\qquad t' = -2\cdot 0{,}009 - 2{,}423 = -2{,}441\,\text{m}$

$b_1 = 2{,}441\cdot 0{,}161 = +0{,}392\,\text{m}$ $\qquad b_2 = 4{,}855\cdot 0{,}214 = +1{,}037\,\text{m}\,.$

In Bild 18 ist die Einflußlinie dargestellt.

Einflußlinie für das Stützmoment M_{C2}

Diese Einflußlinie ist bis auf den Kragarm a_2 genau wie für M_{C1}. Es wird jetzt

$$b_2 = +1{,}037 - 1{,}80 = -0{,}763\,\text{m}\,.$$

Siehe hierzu die Darstellung in Bild 18.

Einflußlinie für das Einspannmoment M_D

Nach Fall 48/5 ist $M_D = n\,X_3 - X_2$, also wird mit $n = 1$

$y = (2{,}162 - 0{,}009)\,\omega'_D + (0{,}921 - 2{,}423)\,\omega_D = 2{,}153\,\omega'_D - 1{,}502\,\omega_D$

$t = 2{,}153 - 2\cdot 1{,}502 = -0{,}851\,\text{m}$ $\qquad t' = 2\cdot 2{,}153 - 1{,}502 = +2{,}804\,\text{m}$

$b_1 = -2{,}804\cdot 0{,}161 = -0{,}453\,\text{m}$ $\qquad b_2 = +0{,}851\cdot 0{,}214 = +0{,}182\,\text{m}\,.$

In Bild 18, S. 479, ist die Einflußlinie dargestellt.

Einflußlinie für das Riegel-Feldmoment M_Z.

Als Ausgangspunkt für die Aufstellung der Einflußlinien-Gleichung dient die beim Fall 48/5, Seite 188, angegebene Gleichung für das Moment an beliebiger Stelle des Riegels

$$M_x = \mathbf{M}_x^0 + \frac{x'}{l}\,M_B + \frac{x}{l}\,M_C\,.$$

Soll die Einflußlinien-Gleichung für den durch a und a' festgelegten Punkt Z (s. Bild 17, S. 474) gebildet werden, so müssen in obiger Gleichung x' durch a' und x durch a ersetzt werden. Es wird gesetzt

$$\alpha' = \frac{a'}{l} \quad \text{und} \quad \alpha = \frac{a}{l}. \tag{8}$$

Der Ausdruck M_x^0, das ist das Moment des einfachen Balkens, muß etwas näher betrachtet werden. Bewegt sich die Einzellast $P = 1$ im Bereiche a oder im Bereiche a', so ist

$$M_Z^0 = \frac{1\,x}{l} a' = a' \xi \quad \text{bzw.} \quad M_Z^0 = \frac{1\,x'}{l} a = a \xi'.$$

Somit lautet die Einflußlinien-Gleichung zunächst wie folgt:

$$\left\{ \begin{array}{ll} y = a'\xi + \alpha' y_B + \alpha y_C & \text{(für den Bereich } a) \\ y' = a\xi' + \alpha' y_B + \alpha y_C & \text{(für den Bereich } a'). \end{array} \right. \tag{9}$$

Hierin sollen y_B und y_C die bereits aufgestellten Einflußlinien-Gleichungen für die Momente M_B und M_C bedeuten.

Es soll z. B. für $\alpha = 0{,}4$, $\alpha' = 0{,}6$ die Gleichung aufgestellt werden.

Aus den Beziehungen Gl. 8 folgt zunächst

$$a = 0{,}4 \cdot 8{,}40 = 3{,}36\,\text{m} \qquad a' = 8{,}40 - 3{,}36 = 5{,}04\,\text{m}.$$

Nach S. 476 war

$$y_B = -1{,}920\,\omega_D' - 0{,}009\,\omega_D \qquad y_C = -0{,}009\,\omega_D' - 2{,}423\,\omega_D.$$

Somit wird nach Gl. 9:

$$y = 5{,}04\,\xi - 0{,}6\,(1{,}920\,\omega_D' + 0{,}009\,\omega_D) - 0{,}4\,(0{,}009\,\omega_D' + 2{,}423\,\omega_D)$$

$$y = 5{,}04\,\xi - 1{,}156\,\omega_D' - 0{,}975\,\omega_D$$

$$y' = 3{,}36\,\xi' - 1{,}156\,\omega_D' - 0{,}975\,\omega_D.$$

Die Tangentenabschnitte nach Gl. 4 erhalten je noch ein Zusatzglied. Es wird

$$t = a + e' + 2e \quad \text{und} \quad t' = a' + 2e' + e. \tag{10}$$

Die Zahlen eingesetzt ergibt

$$t = 3{,}36 - 1{,}156 - 2 \cdot 0{,}975 = +\,0{,}254\,\text{m}$$

$$t' = 5{,}04 - 2 \cdot 1{,}156 - 0{,}975 = +\,1{,}753\,\text{m}.$$

Die Anschriebe für die Endordinaten der Kragarme gelten auch hier gemäß Gl. 5.

$$b_1 = -1{,}753 \cdot 0{,}161 = -0{,}283\,\text{m} \qquad b_2 = -0{,}254 \cdot 0{,}214 = -0{,}054\,\text{m}.$$

Die Ausrechnung der Einflußlinien-Gleichung für y und y' geschieht wiederum tabellarisch. In Bild 18 ist die fertige Einflußlinie aufgetragen.

Auf die gleiche Weise wurden die in Bild 18 weiterhin dargestellten Einflußlinien für die Punkte Z in $\alpha = 0{,}5$ und $0{,}6$ gefunden.

Einflußlinie für den Horizontalschub H

Nach Fall 48/5 ist $H_A = H_D = H = \frac{X_3}{h}$, mithin

$$y = \frac{2{,}162\,\omega'_D + 0{,}921\,\omega_D}{4{,}80} = 0{,}451\,\omega'_D + 0{,}192\,\omega_D\,.$$

In Bild 18 ist die H-Linie aufgetragen.

Einflußlinie für den Auflagerdruck V_A

Nach Fall 48/5 ist $V_A = \frac{\mathfrak{S}_r + X_1 - X_2}{l}$.

Mit Bezug auf die Anschriebe und Ausrechnungen S. 475 wird

$$y = \xi' + (0{,}2286 - 0{,}0011)\,\omega'_D + (0{,}0011 - 0{,}2884)\,\omega_D$$

$$y = \xi' + 0{,}227\,\omega'_D - 0{,}287\,\omega_D\,.$$

Der Tangentenabschnitt t und die Kragarmendordinate b_1 erhalten gegenüber den Ausdrücken der Gl. 4 und 5 noch je ein Zusatzglied. Es wird nämlich

$$(11) \qquad t = 1 + e' + 2e \qquad\qquad b_1 = (1 + \alpha_1) - t'\alpha_1\,.$$

Das gibt jetzt:

$$t = 1 + 0{,}227 - 2 \cdot 0{,}287 = +0{,}653 \qquad t' = 2 \cdot 0{,}227 - 0{,}287 = +0{,}167$$

$$b_1 = 1{,}161 - 0{,}167 \cdot 0{,}161 = +1{,}134 \qquad b_2 = -0{,}653 \cdot 0{,}214 = -0{,}140\,.$$

In Bild 18 ist die V_A-Linie aufgetragen.

Einflußlinie für den Auflagerdruck V_D

Nach Fall 48/5 ist $V_D = \boldsymbol{S} - V_A$; also wird mit $\boldsymbol{S} = 1$ und der Gleichung für V_A

$$y = \xi - 0{,}227\,\omega'_D + 0{,}287\,\omega_D\,.$$

Entsprechend lauten jetzt

$$(12) \qquad t' = 1 + 2e' + e \qquad\qquad b_2 = (1 + \alpha_2) - t\alpha_2\,.$$

Somit wird nun

$$t = -0{,}227 + 2 \cdot 0{,}287 = +0{,}347 \qquad t' = 1 - 2 \cdot 0{,}227 + 0{,}287 = +0\ 833$$

$$b_1 = -0{,}833 \cdot 0{,}161 = -0{,}134 \qquad b_2 = 1{,}214 - 0{,}347 \cdot 0{,}214 = +1\ 140\,.$$

Die V_D-Linie ist als letzte in Bild 18 aufgetragen.

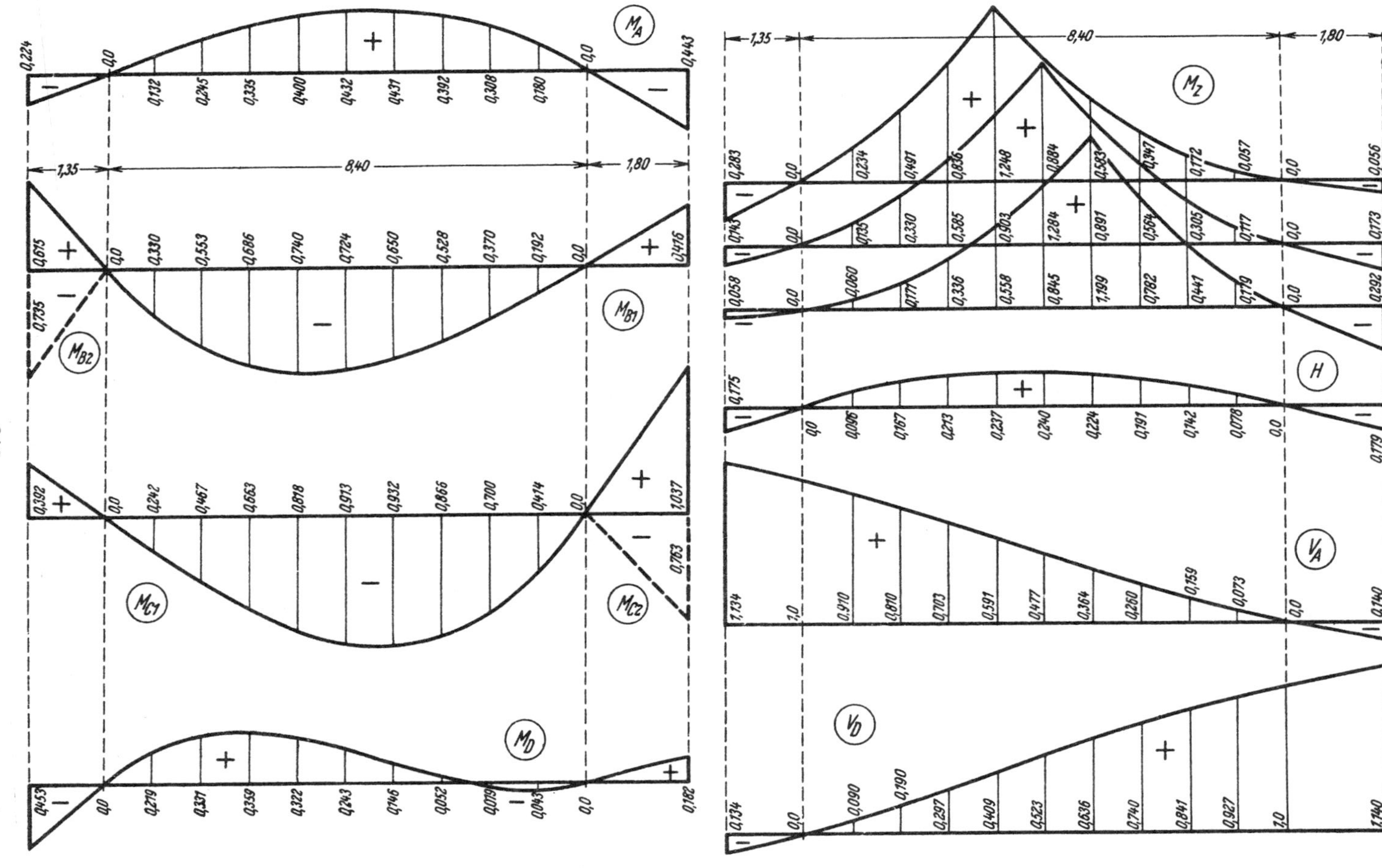

Bild 18. Längenmaßstab 1 : 125. Momentenmaßstab 20 mm = 1 tm. Kräftemaßstab 20 mm = 1 t.

4. Wärmeänderung einzelner Rahmenstäbe

a) Ungleichmäßige Wärmeänderung

Die unterschiedliche Erwärmung der oberen und der unteren Faser eines Rahmenstabes läßt sich mit den Formeln für beliebige Stabbelastung behandeln.

Nach Lastfall 113 der „Belastungsglieder"*) sind die folgenden Belastungsglieder für den betreffenden Stab einzusetzen:

$$S = 0\,;\quad \mathfrak{S}_r = \mathfrak{S}_l = 0,\quad \mathfrak{L} = \mathfrak{R} = 3\,E\,J \cdot \alpha_T \cdot \Delta\, t/d\,.$$

Hierbei bedeuten: $E\,J$ Biegesteifigkeit,
α_T Wärmeausdehnungszahl,
$\Delta\, t = t_u - t_o$ Temperaturdifferenz zwischen unterer und oberer Stabfaser,
d Stabdicke (Stabhöhe).

Ein Anwendungsbeispiel hierzu folgt im Abschnitt c).

b) Gleichmäßige Wärmeänderung

Eine gleichmäßige Erwärmung des ganzen Stabes um t^0 bewirkt bekanntlich die Dehnung $\varepsilon = \alpha_T \cdot t$ und auf die Länge l die Stab-Verlängerung $\Delta\, l = \alpha_T \cdot t \cdot l$. Eine gleichmäßige Abkühlung um t^0 ergibt eine gleichgroße Verkürzung.

An den Stäben der kinematischen Gelenkkette eines Rahmens entstehen dadurch Stabdrehwinkel ψ, die außer von $\Delta\, l$ vom geometrischen Aufbau des Rahmensystems abhängen.[1]) Für rechtwinklige Rahmenknoten wird hierzu anhand der Rahmenform 49 ein Beispiel gezeigt.

Der Lastfall 114 der „Belastungsglieder"*) liefert für einen Stabdrehwinkel ψ, der im Uhrzeigersinn positiv zu rechnen ist:

$$S = 0\,;\quad \mathfrak{S}_r = \mathfrak{S}_l = 0\,,\quad \mathfrak{L} = -\,\mathfrak{R} = \frac{6\,E\,J}{l} \cdot \psi\,.$$

Mit den Formeln für beliebige Stabbelastung kann also auch der Fall Stabdrehwinkel erledigt werden.

---

*) Siehe die Fußnote Seite 460.
[1]) Siehe z. B. in „Kleinlogel und Haselbach, **Durchlaufträger**", Siebente Auflage, II. Band, Seite 364.

c) Beispiel: Wärmeänderung des Riegels bei Rahmenform 49

Für die Rahmenform 49 soll nun berechnet werden, welche Schnittgrößen bei Erwärmung des Riegels entstehen. Die Ausgangstemperatur beträgt $+10^0$ C. Der Riegel soll an der Oberseite auf $+30^0$ C und an der Unterseite auf $+20^0$ C erwärmt werden, wobei der Temperaturverlauf in dem symmetrisch gedachten Riegel linear sein soll.

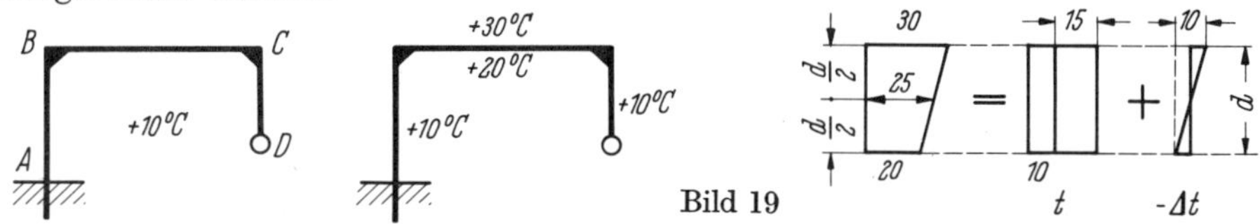

Bild 19

Da der Riegel im Mittel auf 25^0 erwärmt ist, hat er eine gleichmäßige Wärmeänderung von $t = 25 - 10 = 15^0$ erfahren. Die ungleichmäßige Wärmeänderung beträgt

$$\Delta t = t_u - t_o = 20 - 30 = -10°.$$

Die Stababmessungen seien wie beim Beispiel unter 2 b), Seite 465

$$l = 10{,}0\,\text{m} \quad h_1 = 6{,}0\,\text{m} \quad h_2 = 4{,}0\,\text{m} \quad k_1 = k_2 = 1.$$

Aus den gewählten k-Werten folgt $J_2 = \frac{h_2}{h_1} \cdot J_1 = \frac{2}{3} \cdot J_1$.

Die Festwerte können übernommen werden: $m = 1{,}5$

$$N = 55{,}75 \quad n_{11} = 0{,}1525 \quad n_{22} = 0{,}1435 \quad n_{12} = n_{21} = 0{,}0628.$$

Lastfall 1: Gleichmäßige Wärmeänderung des Riegels um $t = 15^0$, Verlängerung des Riegels $\Delta l = \alpha_T \cdot t \cdot l = 10^{-5} \cdot 15 \cdot 10 = 0{,}0015$ m

Erste Möglichkeit. Die Verschiebung Δl am Rahmenknoten B angebracht ergibt im linken Stiel einen Stabdrehwinkel

$$\psi_1 = -\frac{\Delta l}{h_1},$$

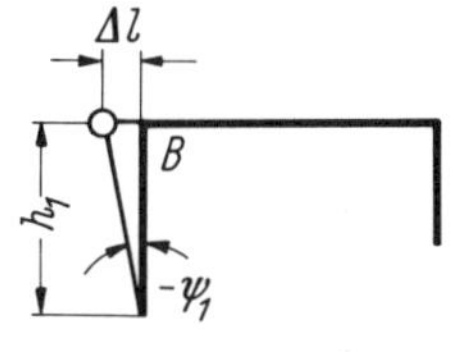

Bild 20

die zugehörigen Belastungsglieder sind

$$\mathfrak{W} = 0\,;\ \mathfrak{S}_l = \mathfrak{S}_r = 0\,,\ \mathfrak{L} = -\mathfrak{R} = \frac{6\,E\,J_1}{h_1} \cdot \left(-\frac{\Delta l}{h_1}\right) =$$

$$-\frac{6 \cdot 2{,}1 \cdot 10^6}{6} \cdot \frac{0{,}0015}{6} \cdot J_1 = -525\,J_1\,.$$

Nach den Rahmenformeln Fall 49/1 werden die Hilfswerte

$$\mathfrak{B}_1 = 0 \text{ (wegen } \mathfrak{S}_l = 0\,,\ \mathfrak{L} + \mathfrak{R} = 0)$$

$$\mathfrak{B}_2 = -\mathfrak{L}\, m\, k_1 = +525\, J_1 \cdot 1{,}5 \cdot 1 = +788\, J_1$$

$$X_1 = -\mathfrak{B}_2 \cdot n_{21} = -788 \cdot J_1 \cdot 0{,}0628 = \quad -49{,}4\, J_1$$

$$X_2 = +\mathfrak{B}_2 \cdot n_{22} = +788\, J_1 \cdot 0{,}1435 = \quad +113\, J_1\,.$$

Die Einspann- und Eckmomente werden

$$M_A = +X_1 + m\, X_2 = -49{,}4\, J_1 + 1{,}5 \cdot 113\, J_1 \qquad = +120{,}1\, J_1$$

$$M_B = +X_1 = -49{,}4\, J_1 \qquad M_C = -X_2 \qquad = -113\, J_1$$

Zweite Möglichkeit. Die Verschiebung Δl am Rahmenknoten C angebracht ergibt im rechten Stiel einen Stabdrehwinkel

$$\psi_2 = +\frac{\Delta l}{h_2}\,,$$

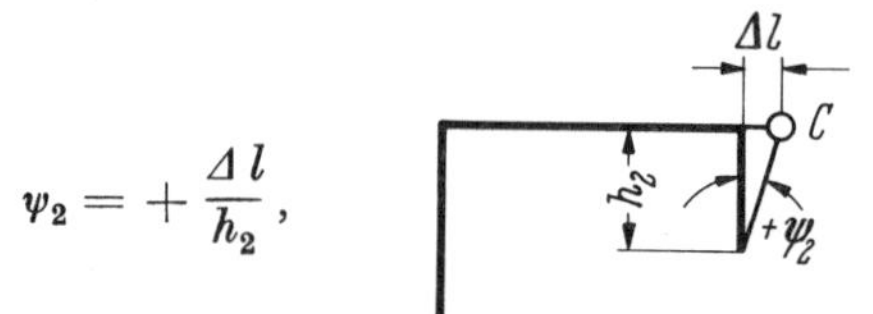

Bild 21

die zugehörigen Belastungsglieder sind

$$\mathfrak{L} = -\mathfrak{R} = \frac{6\, E\, J_2\, \Delta l}{h_2^2} = \frac{6 \cdot 2{,}1 \cdot 10^6 \cdot 0{,}0015}{16} \cdot J_2 = 1181\, J_2$$

$$= 1181 \cdot \frac{2}{3} \cdot J_1 = 788\, J_1\,.$$

Nun ist der Fall 49/2 anzuwenden, und man erhält die Hilfswerte

$$\mathfrak{B}_1 = 0 \text{ wegen } \mathfrak{S}_r = 0$$

$$\mathfrak{B}_2 = -\mathfrak{L}\, k_2 = -788\, J_1$$

$$X_1 = -\mathfrak{B}_2 \cdot n_{21} = +788\, J_1 \cdot 0{,}0628 = +49{,}4\, J_1$$

$$X_2 = +\mathfrak{B}_2 \cdot n_{22} = -788\, J_1 \cdot 0{,}1435 = -113\, J_1\,.$$

Die Einspann- und Eckmomente werden

$$M_A = -m\, X_2 - X_1 = +1{,}5 \cdot 113\, J_1 - 49{,}4\, J_1 \qquad = +120{,}1\, J_1$$

$$M_B = -X_1 = -49{,}4\, J_1 \qquad M_C = X_2 \qquad = -113\ \ J_1\,.$$

Beide Möglichkeiten für den Ansatz der Längenänderung des Riegels liefern also die gleichen Endergebnisse. In Bild 22 ist der Momentenverlauf dargestellt.

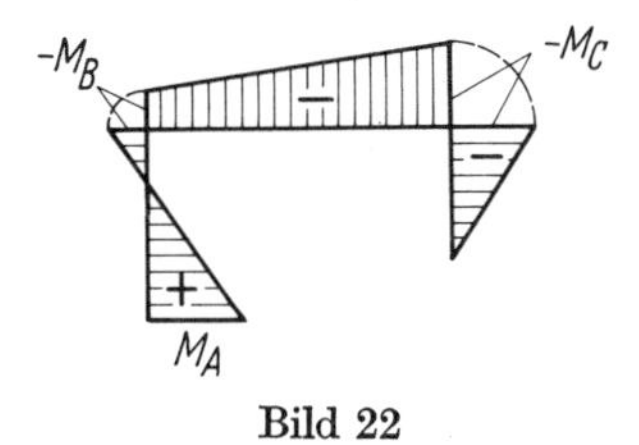

Bild 22

Lastfall 2: Ungleichmäßige Wärmeänderung des Riegels um $\Delta\, t = -10^0$

Die Belastungsglieder sind jetzt

$$\mathfrak{L} = \mathfrak{R} = \frac{3\, E\, J_3\, a_T \Delta\, t}{d} = \frac{3 \cdot 2{,}1 \cdot 10^6 \cdot 10^{-5} \cdot (-10)}{d} \cdot J_3 = -\ 630 \cdot \frac{J_3}{d}$$

oder, wenn man der Kürze halber $d = 1$ m setzt

$$\mathfrak{L} = \mathfrak{R} = -630\, J_3\,.$$

Nach den Rahmenformeln 49/3 ergeben sich nun folgende Hilfswerte:

$$X_1 = \mathfrak{L} \cdot n_{11} + \mathfrak{R} \cdot n_{21} = -630\, J_3 \cdot (0{,}01525 + 0{,}0628) = -135{,}8\, J_3$$
$$X_2 = \mathfrak{L} \cdot n_{12} + \mathfrak{R} \cdot n_{22} = -630\, J_3 \cdot (0{,}0628 + 0{,}1435) = -130{,}0\, J_3\,.$$

Weiterhin erhält man die Einspann- und Eckmomente

$$M_A = m\, X_2 - X_1 = -1{,}5 \cdot 130{,}0\, J_3 + 135{,}8\, J_3 = -59{,}2\, J_3$$
$$M_B = -X_1 = +\ 135{,}8\, J_3$$
$$M_C = -X_2 = +\ 130{,}0\, J_3\,.$$

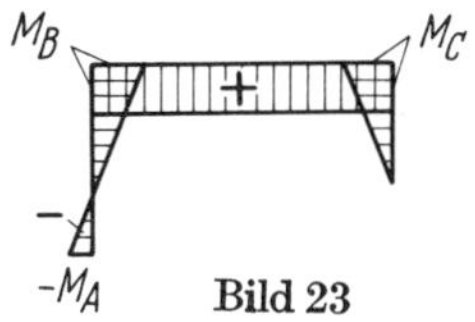

Bild 23 zeigt die errechneten Biegemomente.

Bild 23